高等学校教材

电路基础

(第3版)

主编　范世贵
编者　王淑敏　段哲民　范世贵

西北工業大學出版社

【内容简介】 本书是1993年出版的《电路基础》的第3版，内容符合教育部颁布的电路课程教学基本要求，并有适当的扩充、加深和提高。

全书内容共20章：电路基本概念与定律，电阻电路等效变换，电路分析基本方法，电路定理，正弦电流电路，耦合电感与理想变压器电路，谐振电路，非正弦周期电流电路，三相电路，网络图论与网络方程，含运算放大器电路，二端口网络，一阶电路时域分析，二阶电路时域分析，动态电路 s 域分析，网络函数，状态变量法，非线性电阻电路，非线性动态电路，均匀传输线。每章后有习题及答案。

本书可作为电子、通信、自控、自动化、计算机、电力、信号与信息、检测技术等专业的电路课程教材，也可供其他专业学生及工程技术人员参考。

图书在版编目(CIP)数据

电路基础/范世贵主编．—3版．—西安：西北工业大学出版社，2007.3(2018.1重印)
ISBN 978-7-5612-0935-6

Ⅰ．电…　Ⅱ．范…　Ⅲ．电路理论—高等学校—教材　Ⅳ．TM13

中国版本图书馆CIP数据核字(2001)第062453号

出版发行：西北工业大学出版社
通信地址：西安市友谊西路127号　**邮编**：710072
电　　话：(029)88493844
网　　址：www.nwpup.com
印 刷 者：陕西向阳印务有限公司
开　　本：787 mm×1 092 mm　1/16
印　　张：31.125
字　　数：755千字
版　　次：2007年3月第3版　2018年1月第4次印刷
定　　价：68.00元

第3版前言

本书是《电路基础》的第3版，旨在适应教育改革进一步深入发展的需要，适应21世纪高新科技迅猛发展的需要，适应我国建设创新型国家、培养创新型人才的需要。

与第2版相比，本版继续保持了重视基本内容、基本概念、基本理论和基本方法，精选传统内容，适度反映新内容，理论联系实际，讲究教学方法，专业适用面宽，适于自学和教学等特色和风格，更加重视了科技创新意识、科学研究与技术研究方法论的培养，以及科学思想方法、智力发展和非智力素质的培养，同时增加了一些反映近年来国内外教学内容和教学法研究的新成果。

与第2版相比，本版在宏观体系上基本上未有变动，部分内容做了微调。将三相电路从第6章改为第9章，将含运算放大器电路从第12章改为第11章，将二端口网络从第11章改为第12章，其余章次均未变动。做了这样的微调后，本书在宏观体系上更趋科学合理。

与第2版相比，本版在微观结构和具体内容上有较多的修订和重写。在第1章(电路基本概念与定律)中，增加了"电子习惯电路"一节；在第2章(电阻电路等效变换)中，增加了"等效电路与电路等效变换的概念"和"电阻串联和电导并联"两节，删去了"理想电源的等效分裂与合并"；在第3章(电路分析基本方法)中，删去了"支路电压法""2b法"，加强了"回路电流法"的内容；在第4章(电路定理)中，精简了"替代定理"的内容；在第5章(正弦电流电路)中，增加了"复数"一节，供自学和复习用；在第6章(耦合电感与理想变压器电路)中，删去了"全耦合变压器""一般变压器"两节，增加了"含耦合电感电路分析计算"和"含理想变压器电路分析计算"两节；在第7章(谐振电路)中，删去了"耦合谐振电路的频率特性与通频带"一节；在第8章(非正弦周期电流电路)中，删去了"非正弦周期信号的频谱"和"非周期信号的频谱分析"两节，增加了"滤波电路的概念"一节；在第9章(三相电路)中，增加了"三相负载"一节；在第10章(网络图论与网络方程)中，删去了"改进的节点法"和用特勒根定理证明"复数功率守恒"的内容；将第11章(含运算放大器电路)中的"回转器"和"负阻抗变换器"两节移到了第12章(二端口网络)中，以"二端口元件"作为一节讲述，并删去了"用运算放大器实现受控源"一节，在第12章(二端口网络)中，增加了"有载二端口网络分析计算"一节，加强了二端口网络理论的实际应用；在第13章(一阶电路时域分析)中，加强了"电信号"的内容，并增加了"用卷积积分法求电路的零状态响应"一节；在第14章(二阶电路时域分析)中，删去了"高阶电路"一节，并大力精简了二阶电路时域分析的内容，重点讲述最基本的概念和知识——二阶电路微分方程的列写和电路参数对电路零输入响应性质的影响；在第15章(动态电路 s 域分析)中，增加了"用拉普拉斯变换法求解电路的微分方程"一节；在第16章(网络函数)中，加强了网络函数应用的内容，更明确了网络函数在9个方面的应用，并增加了一些例题；在第17章(状态变量法)中，删去了“状态空间和状态轨迹”一节；在第18章(非线性电阻电路)中，删去了“牛顿-拉夫逊法”和“友模型和友网络”两节；在第19章(非线性动态电路)中，对“分段线性化分析”一节进行了重写和删减；第20章(均匀传输线)基本上保持原状。在对各章具体内容进行修订的同时，对各章中的例题也进行了较大地调整，删去了一些例题，补充了一些新的例题，使例题的总数量稍有增多。本版对各章的习题全部进行了重新精选，使每章习题的数量适中，质量提高，使基本题、中等题、提高题的比例大体控制为50：35：15，这样，既保证了质量，也不增加学生的学习负担。

在进行了上述的修订后，本书在宏观结构上更趋科学合理，在内容的深度、新度、量度、广度上更符合课程教学的基本要求和培养目标的要求，符合21世纪现代科技发展的需要，不但为后续的课程提供了基础知识，同时也为学生毕业后在工作岗位上的“可持续发展”提供了知识储备。

书中标有“*”号的仍为选学内容，供学有余力或有不同专业要求的学生自学，以拓宽知识面，或适应研究生招生考试复习的需要。

西北工业大学出版社出版的《电路基础导教·导学·导考》一书，是与本书配套的自学辅导用书，该书对本书中的习题全部做了解答。该书中每章的内容都包括5个部分：知识脉络图解，重点、难点解读，典型例题分析，考试、考研指点(含考试、考研真题选解)，本章习题全解。在选用本书做为教科书时，若能同时选用《电路基础导教·导学·导考》一书作为教学辅导用书，对于提高教学质量和学习效果，定会有很大裨益。

王淑敏、段哲民、范世贵负责完成了本版的修订工作。

本书的出版得到了西北工业大学电子信息工程学院和西北工业大学出版社的大力支持，谨表诚挚谢意。

编　者

2006年10月

第2版前言

本书的第1版已出版、发行了8年。本版为修订的第2版，旨在适应现代科技和教育改革进一步深入发展的需要，旨在适应我国国民经济与社会发展对培养高质量人才的需求。

与第1版相比，本版保持了第1版重视基本内容、基本概念和基本方法，精选传统内容，适度反映新内容，理论联系实际，专业适用面宽，适于自学等特色和风格。在宏观体系和具体内容上进行了以下的变动和调整：将电路元件集中在了第1章，并对第1章进行了改写；在第3章中增加了“回路法”一节；将正弦稳态电路一章大部分进行了重写；将三相电路单独列为一章（第6章），在内容上有所加强，要求上适当提高，以适应强电专业需要和工业发电、输电、配电、用电知识；将谐振电路和非正弦周期电流电路与信号频谱两章调整为第8,9章；将网络图论与网络方程调整为第10章；在二端口网络一章中增加了“二端口网络的等效网络”一节；将运算放大器的电路符号改为国家现行的标准符号，并局部进行了改写；将高阶电路时域分析一章中的“单位冲激响应”内容删去，并突出和强调了电路微分方程的列写；将非线性电阻电路调整为第18章，将节次作了调整，并局部进行了改写，突出了概念和方法，适当降低了数值计算的要求；增加了“均匀传输线”一章，作为第20章。与以上内容变动和调整相对应，习题上也有相应的变动和调整。

书中标有“ * ”号的仍为选学内容，供学有余力或有不同专业要求的学生自学，以拓宽知识面。

参加本版修订和编写工作的有王淑敏（第6,18,19章），段哲民（第1,5章），其余各章的修订、编写工作以及对全书的统稿由范世贵完成。

书中可能存在不足和错误之处，敬请读者指正，来信请寄西北工业大学电子工程学院。

编　者

2001年4月

第 1 版前言

电路基础(即电路分析基础或电路)课程是电子、自控、自动化、通信、计算机、电力等各类专业的一门技术基础课,主要研究电路的基本规律与分析计算方法,在教学计划中起着继往开来的作用。一方面它以高等数学、工程数学和物理学为基础;另一方面,它本身又是后续的技术基础课与专业课的基础,也是学生毕业后从事专业技术工作的重要理论基础。它是学生合理知识结构中的重要组成部分,在发展智力、培养能力和良好的非智力素质方面,均起着极为重要的作用。为适应提高教学质量的需要,我们根据国家教委颁布的《电路分析基础课程教学基本要求》和西北工业大学拟订的《电路基础课程教学大纲》编写出讲义,在多年教学实践的基础上,经过反复修改后编成了本书。

本书在编写中考虑了以下特点:

贯彻"打好基础,精选内容,逐步更新,利于教学"的原则,使本书能成为一本教师好教,学生好学,既有一定深度和新度,又有一定广度的基本教材,尽力克服烦琐哲学与形而上学。

提高起点。高等数学、工程数学与物理学中学过的内容原则上不再重复,像线性代数方程组的求解,复数理论与计算,傅立叶级数,常微分方程的解法,拉普拉斯变换,线性代数,电路基本物理量(电压、电流、电荷、磁通、功率、能量),电阻、电感、电容、电源的串并联等,必要时只简要提及或直接引用其结论。

在精选传统内容的前提下,适当反映新内容,如非线性电路、有源电路、网络图论与方程、频率特性、回转器、卷积法、网络函数、状态变量法等。

讲究教学法,循序渐近,遵循学生接受知识的规律。教材的体系是先静态后动态,先稳态后瞬态,先单频后多频,先基本分析法后系统分析法,先时域分析后变域分析,先输入输出法后状态变量法。对电路元件的介绍分散进行,使元件与电路紧密结合,以避免"开中药铺"和目的性不明确的缺点,同时体现知识增长的阶梯性。

为适应微电子技术的迅速发展与电子计算机的广泛应用,本书自始至终贯穿了现代电路理论的观点与方法。如端口特性、端口等效与端口线性的概念;将全响应分解为 3 种方式:零状态响应与零输入响应,自由响应与强迫响应,瞬态响应与稳态响应;网络响应的零极点分析与固有频率的概念;对于电路元件以物理原型为基础,但最终升华到严格从数学模型上进行定义;引用拓扑学的成果,把电路视作特定拓扑结构的支路集与节点集,把 KCL,KVL 严谨地建立在电荷守恒、能量守恒、电路参数集中化假设的基础上;把电路的基本变量定为 4 个:电流、电压、电荷、磁通和 2 个基本复合量:功率和能量;把电路的基本规律分成 3 个组成部分:电路元件的规律性,电路的拓扑(互连)规律性,信号规律性;强调了电路基本方程的列写与灵活运用，加强了支路法和特勒根定理等。

注意了坚持传授知识、发展智力与培养能力相统一的教学原则。在培养能力方面，着重培养学生的科学思维能力，分析与解决问题的能力，研究问题的方法论。另外还注意培养学生良好的非智力素质，严谨的科学作风与治学态度。

在内容上较全面地覆盖了电子、自控、自动化、通信、计算机、电力等各类专业所需要的内容，因而以上各类专业可根据学时多少灵活选用。例如自控、自动化、电力等专业，可全部讲授；电子、通信专业，由于其教学计划中设置有信号与系统课程，因此第 15～17 章可不讲授，而留在信号与系统课中讲授；计算机专业由于学时少，则可选取专业需要的部分章节讲授。教材中打有“*”号的为选学内容，不计在总学时之内。

西北工业大学出版社出版的《电路基础计算机辅助教学》与《电路基础自学指导》，作为本教材的配套教材可供同时使用，对于提高本课程的教学质量会有裨益。

本书由范世贵主编并负责编写第 1～14 章，第 15～17 章由孙传斌编写，第 18 章由王淑敏编写。

本书的编写和出版得到了西北工业大学电子工程系和出版社领导的支持和指导；电工基础教研室黄正中、邓存贵教授以及吉玉琴、段哲民副教授都给予了热诚的帮助；还有其他 10 多位老师在多年的教学工作中使用了本教材，参与了讨论，提出过许多宝贵意见。编者对以上同志深表感谢。

本书承西安电子科技大学吴大正教授审阅，提出了不少宝贵意见，谨致谢意。

由于编者水平有限，书中不妥之处在所难免，敬请赐教。

编　者

1993 年 2 月

目　录

第1章 电路基本概念与定律

内容提要

本章讲述电路的基本概念与定律。电路与电路模型，电路基本物理量，电功率与电能量，电阻元件与欧姆定律，电感元件，电容元件，理想电源，受控电源，基尔霍夫定律，电子习惯电路。本章内容是电路理论的基本概念与基础。

1.1 电路与电路模型

一、电路的定义[①]

电流流通的路径称为电路。

二、电路的功能

电路的功能如下：

(1)实现电能的产生、传输、分配和转化。例如高电压、大电流的电力电路等。

(2)实现电信号的产生、传输、变换和处理。例如低电压、小电流的电子电路及计算机电路、控制电路等。

在电路的2个功能中，前者矛盾的主要方面是“电功率”和“电能”；后者矛盾的主要方面是“电信号”，即电压信号或者电流信号。

三、实际电路

为了实现电路的功能，人们将所需的实际电器元件或设备，按一定的方式连接而构成的电路称为实际电路，如图1.1.1(a)所示即为最简单的实际手电筒电路。它是由4个部分组成：干电池(作为电源)、导线(作为传输线)、开关S(起控制作用)、灯泡(作为用电器，也称负载)。

四、电路模型

把实际的电路加以科学抽象和理想化以后而得到的电路，称为理想化电路，也称电路模型。

实际的电器元件和设备的种类是很多的，如各种电源、电阻器、电感器、电容器、变压器、晶

---

① 电路的严格定义见1.9节中的叙述。

体管、固体组件等等，它们中发生的物理现象是很复杂的。因此，为了便于对实际电路进行分析和数学描述，进一步研究电路的特性和功能，就必须进行科学地抽象，用一些模型来代替实际电器元件和设备的外部特性和功能，这种模型即称为电路模型，构成电路模型的元件称为模型元件，也称理想电路元件。理想电路元件只是实际电器元件和设备在一定条件下的理想化模型，它能反映实际电器元件和设备在一定条件下的主要电磁性能，并用规定的模型元件符号来表示。如图 1.1.1(a) 所示的实际手电筒电路，可用图 1.1.1(b) 所示的电路模型来代替。其中电压 U_S 和电阻 R_S 的串联组合即为干电池的模型，电阻 R_l 为导线的模型，电阻 R_L 为电灯的模型。

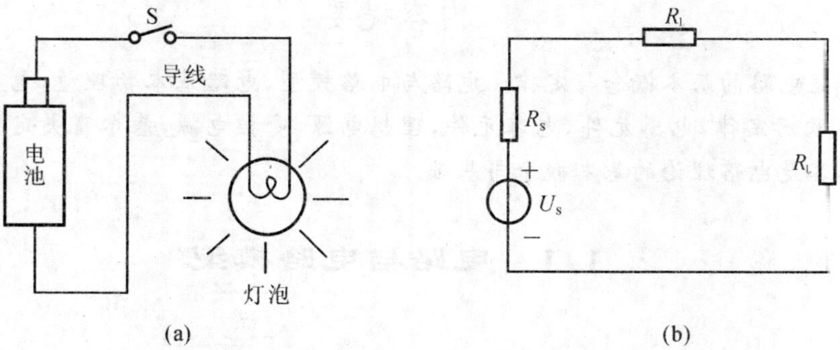

图 1.1.1 实际手电筒电路及其电路模型

以理想电路元件及其组合作为电路理论的研究对象，即形成了电路模型理论。今后研究的电路均为模型电路。

五、电路图

将电路模型画在平面上而形成的图称为电路图。电路图只反映各理想电路元件的作用及其相互连接方式，并不反映实际设备的内部结构、几何形状及相互位置。

1.2 电路的基本物理量

电路的基本物理量有电流、电位、电压。

一、电流

(1) 定义：电荷(包括正电荷与负电荷) 的定向移动即形成电流。

(2) 电流的大小，即电流强度。单位时间内通过导体横截面的电量称为电流强度，即

$$i(t) = \frac{dq(t)}{dt}$$

式中 $dq(t)$ 为 dt 时间内通过导体横截面的电量，$i(t)$ 为电流强度。电流强度 $i(t)$ 的国际单位是安[培](A)，1 A(安[培]) = 1 $\frac{\text{C(库[仑])}}{\text{s(秒)}}$；另外还有千安(kA)，毫安(mA)，微安(μA)。1 kA = 10^3 A，1 mA = 10^{-3} A，1 μA = 10^{-6} A。

电流是电路中的一种物理现象，电流强度 $i(t)$ 是描述电流大小的物理量，不可把电流与电

流强度混淆。但在实用中为了表述的简便，人们往往把电流强度 $i(t)$ 简称为"电流"，所以，在本书中谈到"电流"，大多指的就是电流强度 $i(t)$，但有时也兼有双重意义。

当 $i(t)$ 随时间变量 t 变化时，称为变化电流，用 $i(t)$ 表示，也直接把 $i(t)$ 写成小写字母 i，即 i 指的就是 $i(t)$。当 $i(t)$ 不随时间 t 变化时，称为恒定电流，用大写字母 I 表示，此时 $i(t)=I$。

(3) 电流的实际方向：人们已取得共识与认同，规定正电荷定向移动的方向为电流的实际方向（或者负电荷定向移动的反方向为电流的实际方向）。

(4) 电流的参考正方向，简称参考方向。电路中电流的实际方向，在人们对电路未进行分析计算之前是不知道的，因此为了对电路进行分析计算和列写电路方程，就需要对电流设定一个参考正方向，简称参考方向，如图 1.2.1 所示电路中电流 $i(t)$ 的方向就是参考方向（不一定就是电流 i 的实际方向）。若所求得的 $i(t)>0$，就说明电流 $i(t)$ 的实际方向与参考方向一致；若所求得的 $i(t)<0$，就说明 $i(t)$ 的实际方向与参考方向相反。可见，电流 $i(t)$ 是一个标量。

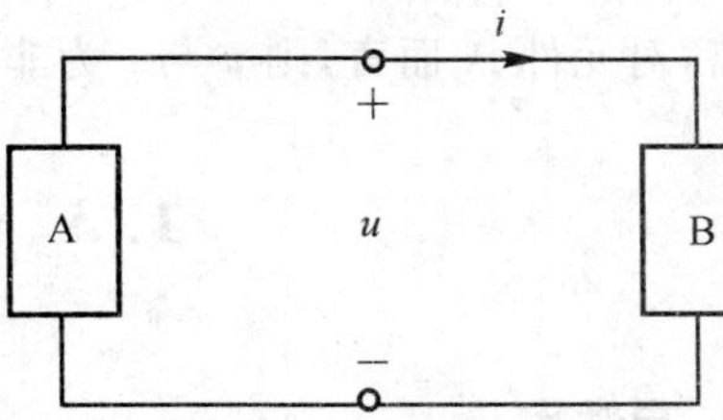

图 1.2.1　电流的参考方向与电压的参考极性

电路中电流的参考方向是任意规定的。电路图中电流 $i(t)$ 的方向恒为参考方向。

二、电位

电场力把单位正电荷从电场中的 a 点沿任意路径移动到无穷远处（此处的电场强度为零）电场力所做的功，称为电场中 a 点的电位，用 φ_a 表示，国际单位为伏[特](V)，1V(伏[特]) $= 1\ \frac{\text{J(焦[尔])}}{\text{C(库[仑])}}$。电位 φ_a 为标量，φ_a 可为正($\varphi_a>0$)，可为负($\varphi_a<0$)，可为零($\varphi_a=0$)。

三、电压

(1) 定义：电场中 a,b 两点之间的电位之差，称为 a,b 两点之间的电压，用 u_{ab} 表示，国际单位也为伏[特](V)，即

$$u_{ab}=\varphi_a-\varphi_b$$

若 $u_{ab}>0$，则 a 点的实际电位 φ_a 就高于 b 点的实际电位 φ_b，即 $\varphi_a>\varphi_b$；若 $u_{ab}<0$，则 a 点的实际电位 φ_a 就低于 b 点的实际电位 φ_b，即 $\varphi_a<\varphi_b$；若 $u_{ab}=0$，则 a,b 两点的实际电位相等，即 $\varphi_a=\varphi_b$。可见，电压 u_{ab} 也是标量。

同理 $u_{ba}=\varphi_b-\varphi_a$，且 $u_{ab}=-u_{ba}$，即 u_{ab} 与 u_{ba} 互为相反数。

为避免数值的过大或过小，有时用加词头的单位表示电压值：千伏(kV)，毫伏(mV)，微伏(μV)。1 kV $=10^3$ V，1 mV $=10^{-3}$ V，1 μV $=10^{-6}$ V。

(2) 电压的实际"+"、"−"极性：人们已取得共识与认同，把实际电位高的点标以"+"极，把实际电位低的点标以"−"极。

(3) 电压的参考"+"、"−"极性：简称电压的参考极性。电路中电压的实际"+"、"−"极性，在人们对电路未进行分析计算之前是未知的，因此，为了对电路进行分析计算和列写电路方程，就需要对电压设定一个参考"+"、"−"极性。如图 1.2.1 所示电路中电压 u 的"+"、"−"极就是参考极性（不一定就是电压 u 的实际"+"、"−"极性）。若所求得的 a,b 两点间电压 $u_{ab}>0$，就

说明 a 点的实际电位 φ_a 高于 b 点的实际电位 φ_b；若 $u_{ab} < 0$，就说明 a 点的实际电位 φ_a 低于 b 点的实际电位 φ_b；若 $u_{ab} = 0$，就说明 a，b 两点的实际电位相等。

电压的参考极性是任意设定的。电路图中的"+"、"−"极性恒为电压的参考极性。

四、电流与电压的关联参考方向

对一个确定的电路元件而言，若电流 i 的参考方向是从电压 u 参考极性的"+"极流向"−"极，则称电流 i 与电压 u 为关联参考方向，简称关联方向，否则即为非关联方向。如图 1.2.1 所示电路，对元件 A 而言，则 u 与 i 为非关联方向；对元件 B 而言，则 u 与 i 为关联方向。

1.3 电功率与电能量

一、电功率

电场力在单位时间内所做的功，称为电功率，即

$$p(t) = \frac{\mathrm{d}w(t)}{\mathrm{d}t}$$

式中 $\mathrm{d}w(t)$ 为 $\mathrm{d}t$ 时间内电场力所做的功，$p(t)$ 为电功率。电功率也简称功率，电功率 $p(t)$ 是描述电场力做功快慢的物理量。

电功率 $p(t)$ 的国际单位是瓦[特](W)，$1\ \mathrm{W} = 1\ \frac{\mathrm{J}(焦[尔])}{\mathrm{s}\ (秒)}$。另外还有兆瓦(MW)，千瓦(kW)，毫瓦(mW)，微瓦(μW)。$1\ \mathrm{MW} = 10^6\ \mathrm{W}$，$1\ \mathrm{kW} = 10^3\ \mathrm{W}$，$1\ \mathrm{mW} = 10^{-3}\ \mathrm{W}$，$1\ \mu\mathrm{W} = 10^{-6}\ \mathrm{W}$。

为了简便，以后也把 $p(t)$ 简写为 p。

二、电功与电能量

电场力在时间区间 $t \in [0,t]$ 内所做的功，称为电功，也称电能量，用 $w(t)$ 或 w 表示，其计算公式为

$$w(t) = w = \int_0^t p(\tau)\mathrm{d}\tau$$

式中 $p(t)$ 为电功率。电功(电能量)的国际单位为焦[尔](J)，另一个单位为千瓦时(kW·h)(旧称度)，$1\ \mathrm{kW \cdot h} = 3.6 \times 10^6\ \mathrm{J}$。

三、电路元件的功率

描述电路元件的功率可以有两种定义："吸收功率"与"发出功率"。对同一个电路元件而言，"吸收的功率"与"发出的功率"互为相反数，即 $P_{吸} = -P_{发}$ 或 $P_{发} = -P_{吸}$。

如图 1.3.1(a) 所示的电路中，若电压 u 与电流 i 为关联方向，用"吸收功率"描述，则电路元件吸收的功率为

$$P_{吸} = ui$$

当 $P_{吸} > 0$ 时，说明电路元件实际是吸收功率；当 $P_{吸} < 0$ 时，说明电路元件实际是发出功率。

若用"发出功率"描述，如图 1.3.1(a) 电路元件发出的功率为

$$P_{发} = -ui$$

当 $P_{发} < 0$ 时，说明电路元件实际是吸收功率；当 $P_{发} > 0$ 时，说明电路元件实际是发出功率。

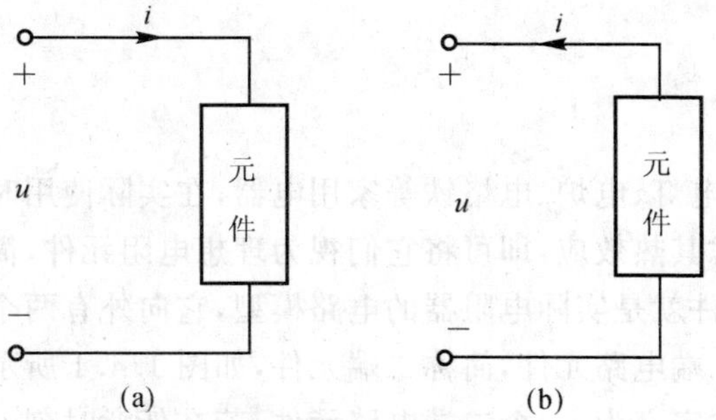

图 1.3.1　电路元件的功率

从上述结果可知 $P_{吸} = -P_{发}$ 或 $P_{发} = -P_{吸}$，即对同一个电路元件而言，$P_{吸}$ 与 $P_{发}$ 互为相反数，即不论用哪一种“功率定义”描述，所得结果都是相同且正确的。

如果电压 u 与电流 i 为非并联方向，如图 1.3.1(b) 所示，用“吸收功率”的定义描述，则电路元件吸收的功率为

$$P_{吸} = -ui$$

当 $P_{吸} > 0$ 时，说明电路元件实际是吸收功率；当 $P_{吸} < 0$ 时，说明电路元件实际是发出功率。

若用“发出功率”的定义描述，则图 1.3.1(b) 所示电路元件发出的功率为

$$P_{发} = ui$$

当 $P_{发} < 0$ 时，说明电路元件实际是吸收功率；当 $P_{发} > 0$ 时，说明电路元件实际是发出功率。

从上述结果同样可知 $P_{吸} = -P_{发}$ 或 $P_{发} = -P_{吸}$，即对同一个电路元件而言，$P_{吸}$ 与 $P_{发}$ 互为相反数，即不论用哪一种“功率定义”描述，所得结果都是相同且正确的。

因为电压 u 与电流 i 都是标量，故电功率 $P = ui$ 或 $P = -ui$ 也是标量。

例 1.3.1　如图 1.3.1(a) 所示，已知 $u = 10$ V，$i = -2$ A；如图 1.3.1(b) 所示，已知 $u = -10$ V，$i = 2$ A。试判断电路元件实际是吸收功率还是发出功率。

解　不论是用“发出功率”的定义，还是用“吸收功率”的定义求解，都会得到正确的解答。对于图 1.3.1(a)，用“发出功率”的定义求解。因为 u 与 i 为关联方向，故该电路元件发出的功率为

$$P_{发} = -ui = -10 \times (-2) = 20 \text{ W}$$

因为 $P_{发} = 20 \text{ W} > 0$，故该电路元件实际是发出功率。

对于图 1.3.1(b)，用“吸收功率”的定义求解。因为 u 与 i 为非关联方向，故该电路元件吸收的功率为

$$P_{吸} = -ui = -(-10) \times 2 = 20 \text{ W}$$

因为 $P_{吸} = 20 \text{ W} > 0$，故该电路元件实际是吸收功率。

1.4 电阻元件与欧姆定律

一、定义

实际的电阻器以及电灯、电炉、电烙铁等家用电器，在实际使用时，若不考虑它们的电场效应和磁场效应，而只考虑其热效应，即可将它们视为理想电阻元件，简称电阻元件。可见，电阻元件就是实际电阻器的电路模型，它向外有两个引出端，所以电阻元件是二端电路元件，简称二端元件，如图 1.4.1 所示。

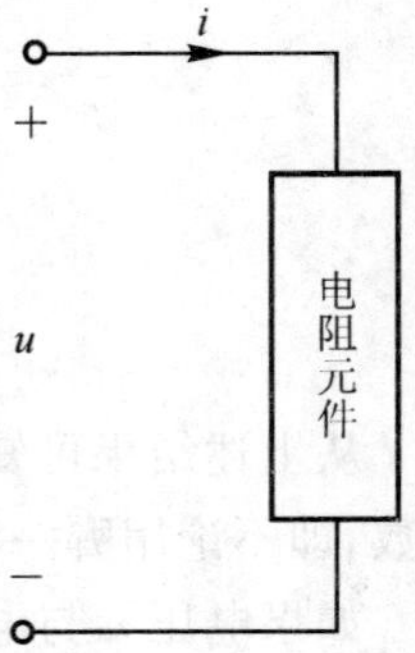

图 1.4.1 电阻元件

从数学上，电阻元件定义为：一个二端电路元件，若在任意时刻 t，其端电压 u 与其中电流 i 之间的关系，可用 u-i（或 i-u）平面上过坐标原点的曲线确定，则称此二端元件为电阻元件。

二、线性电阻元件

设电阻元件两端的电压 u 与其中的电流 i 为关联方向，如图 1.4.1 所示。若电阻元件的电压 u 与电流 i 的关系曲线（称为伏安关系曲线）为通过 u-i（或 i-u）平面上坐标原点的直线，如图 1.4.2(a)，(b) 所示，则称此电阻元件为线性电阻元件，简称线性电阻。线性电阻元件有如下的性质：

(1) 直线的斜率为电阻元件的电阻值 R，即

$$\tan\alpha = \frac{u}{i} = R = \text{定值}$$

可见，直线的斜率 $\tan\alpha$ 即为电阻元件的电阻值 R，这样就可用一个电阻 R 来作为线性电阻元件的电路模型，如图 1.4.2(c) 所示。电阻 R 的单位为欧[姆]（Ω）。当 α 为锐角时（见图 1.4.2(a)），$\tan\alpha = R > 0$，电阻为正电阻，正电阻为消耗电能的元件。当 α 为钝角时（见图 1.4.2(b)），$\tan\alpha = R < 0$，电阻为负电阻，负电阻为产生电能的元件。

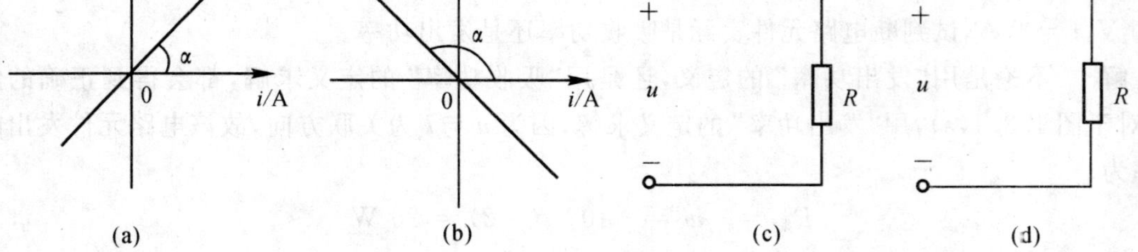

图 1.4.2 线性电阻元件

电阻 R 的倒数 G 称为电导，即

$$G = \frac{1}{R}$$

电导 G 的单位为西[门子]（S）。

(2) u-i 关系曲线关于坐标原点对称，这说明线性电阻元件具有双向性。因此在使用线性

电阻元件时，它的两个引出端是没有区别的，在电路中可以任意连接。

(3) 线性电阻元件的伏安关系遵循欧姆定律。对于图 1.4.2(c)(u 与 i 为关联方向)，欧姆定律为

$$u = Ri$$

或

$$i = \frac{1}{R}u = Gu$$

但对于图 1.4.2(d)(u 与 i 为非关联方向)，则欧姆定律为

$$u = -Ri$$

或

$$i = -\frac{1}{R}u = -Gu$$

可见，欧姆定律方程中等号右端是取"+"号还是取"−"号，是与电压 u 的参考极性和电流 i 的参考方向密切相关。当 u 与 i 为关联方向时，等号右端取"+"号；当 u 与 i 为非关联方向时，等号右端取"−"号。

在电路分析中，为了叙述的简便，往往并不把电阻 R 中电流 i 的参考方向及其两端电压 u 的参考极性同时都设定出来，而是只设定两者中之一，如图 1.4.3(a)，(b) 所示，此时"不言而喻"，就认为 u 与 i 相互是关联方向，即欧姆定律方程一定为 $u = Ri$，等号右端取"+"号。

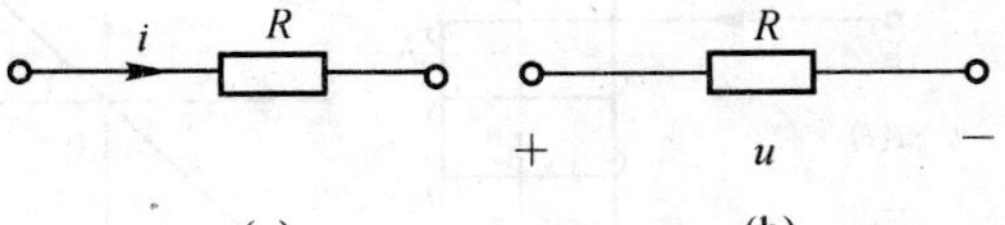

图 1.4.3 "不言而喻"的意义

三、线性电阻元件的功率与能量

(1) 功率：当 u 与 i 为关联方向时(见图 1.4.2(c))，电阻 R 吸收的功率为

$$P = ui = Ri^2 = \frac{1}{R}u^2$$

当 u 与 i 为非关联方向时(见图 1.4.2(d))，电阻 R 吸收的功率为

$$P = -ui = Ri^2 = \frac{1}{R}u^2$$

从上两式都可看出，当电阻元件为正电阻(即 $R > 0$)时，恒有 $P > 0$，即正电阻恒为消耗功率的元件；当电阻元件为负电阻(即 $R < 0$)时，恒有 $P < 0$，即负电阻恒为发出功率的元件。

(2) 电能量：电阻元件在时间区间 $t \in [0,t]$ 内吸收的能量为

$$w(t) = \int_0^t p(\tau)\mathrm{d}\tau = \int_0^t R[i(\tau)]^2\mathrm{d}\tau = R\int_0^t [i(\tau)]^2\mathrm{d}\tau$$

可见，当 $R > 0$ 时，恒有 $w(t) > 0$，即正电阻元件恒为消耗电能的元件，即耗能元件，它把所吸收的电能转化为热能；当 $R < 0$ 时，恒有 $w(t) < 0$，即负电阻元件恒为产生电能的元件。

1.5　电感元件

一、定义

用导线在某种材料做成的芯子上绕制成的螺旋管称为电感线圈，也称电感器，如图 1.5.1(a) 所示，图中 N 为线圈的匝数。若不考虑电感线圈的电场效应和热效应，而只考虑它的

磁场效应，则此种电感线圈即可视为理想电感元件，简称电感元件。可见电感元件就是实际电感器的电路模型，它也是二端电路元件。

从数学上，电感元件定义为：一个二端电路元件，若在任意时刻 t，通过它的电流 i 与其磁链 Ψ 之间的关系，可用 i-Ψ（或 Ψ-i）平面上过坐标原点的曲线确定，则称此二端元件为电感元件。

二、磁通量与磁链

若给线圈中通以电流 $i(t)$，则电流 $i(t)$ 即要在线圈中产生磁通量 $\Phi(t)$，$\Phi(t)$ 的参考方向与 $i(t)$ 的参考方向之间符合右手螺旋关系，如图 1.5.1(a) 所示。磁通量 $\Phi(t)$ 的单位为韦[伯](Wb)。

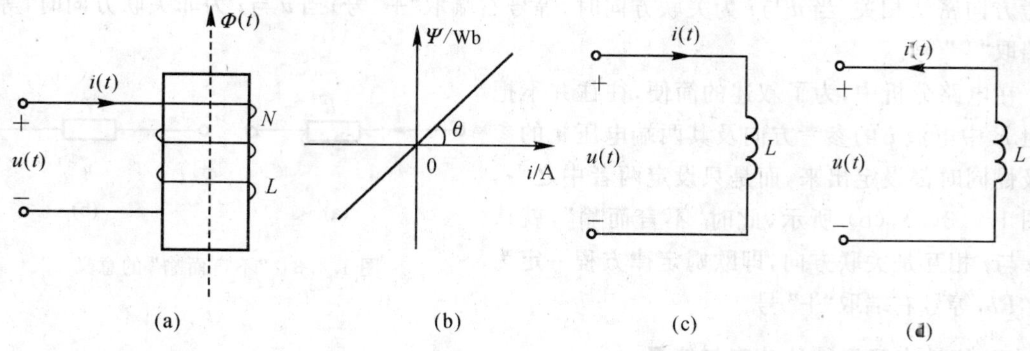

图 1.5.1 电感元件及其电路符号

磁通量 $\Phi(t)$ 与线圈匝数 N 的乘积称为磁链，用 $\Psi(t)$ 表示。若认为磁通量 $\Phi(t)$ 与线圈的每一匝都交链，则有

$$\Psi(t) = N\Phi(t)$$

磁链 $\Psi(t)$ 的单位也为韦[伯](Wb)。

三、电感 *L*

线圈中单位电流产生的磁链称为自感，也称电感，用 L 表示，即

$$L = \frac{\Psi(t)}{i(t)} = N\frac{\Phi(t)}{i(t)}$$

电感 L 表征了电感元件产生磁链的能力。L 值大，产生磁链的能力就强；L 值小，产生磁链的能力就弱。

电感 L 的国际单位为亨[利]$(1\text{H} = 1\ \frac{\text{Wb}}{\text{A}})$。$L$ 的单位还使用：毫亨(mH)，微亨(μH)。$1\ \text{mH} = 10^{-3}\ \text{H}$；$1\ \mu\text{H} = 10^{-6}\ \text{H}$。

四、线性电感元件

若电感元件的磁链 $\Psi(t)$ 与电流 $i(t)$ 的关系曲线（称为韦安特性曲线）为通过 Ψ-i 平面上

坐标原点的直线，如图 1.5.1(b) 所示，则此电感元件称为线性电感元件，直线的斜率即为电感 L，即

$$\tan\theta = \frac{\Psi(t)}{i(t)} = L$$

故有

$$\Psi(t) = Li(t)$$

线性电感元件的自感 L 为一个常量，与电压 $u(t)$ 和电流 $i(t)$ 无关，其电路模型如图 1.5.1(c)，(d) 所示。

五、伏安关系

如图 1.5.1(c) 所示，设线性电感元件两端的电压 $u(t)$ 与其中的电流 $i(t)$ 为关联方向，则根据电磁感应定律与楞茨定律，可得线性电感元件电压 $u(t)$ 与电流 $i(t)$ 的关系（称为伏安关系）为微分关系，即

$$u(t) = \frac{\mathrm{d}\Psi(t)}{\mathrm{d}t} = L\frac{\mathrm{d}i(t)}{\mathrm{d}t}$$

这说明电感元件为一动态元件，也称记忆元件或储能元件。

如果 $u(t)$ 与 $i(t)$ 为非关联方向，如图 1.5.1(d) 所示，则其伏安关系为

$$u(t) = -L\frac{\mathrm{d}i(t)}{\mathrm{d}t}$$

六、磁场能量

若 $u(t)$ 与 $i(t)$ 为关联方向，如图 1.5.1(c) 所示，则电感元件吸收的功率为

$$p(t) = u(t)i(t) = Li(t)\frac{\mathrm{d}i(t)}{\mathrm{d}t}$$

电感元件在时间区间 $t \in (-\infty, t]$ 内吸收的能量为

$$w(t) = \int_{-\infty}^{t} p(\tau)\mathrm{d}\tau = \int_{-\infty}^{t} Li(\tau)\frac{\mathrm{d}i(\tau)}{\mathrm{d}\tau}\mathrm{d}\tau =$$

$$L\int_{i(-\infty)}^{i(t)} i(\tau)\mathrm{d}i(\tau) = \frac{1}{2}L[i(\tau)]^2\Big|_{i(-\infty)}^{i(t)} = \frac{1}{2}L[i(t)]^2 - \frac{1}{2}L[i(-\infty)]^2$$

因为必有 $i(-\infty) = 0$，故

$$w(t) = \frac{1}{2}L[i(t)]^2$$

即在任意时刻 t，电感元件吸收的能量是与该时刻电流 $i(t)$ 的平方成正比，且恒有 $w(t) \geqslant 0$，此能量 $w(t)$ 并不被消耗，而是储存在电感元件的磁场中，故称为磁场能量。因此，电感元件是储能元件。

例 1.5.1　图 1.5.2(a) 所示电路，已知电流 $i(t)$ 的曲线如图 1.5.2(b) 所示。(1) 求电压 $u(t)$ 的曲线，并写出 $u(t)$ 的函数表达式；(2) 求 $t = 3$ s 时的磁场能量 $w(3\ \mathrm{s})$；(3) 求电感元件吸收的功率 $p(t)$。

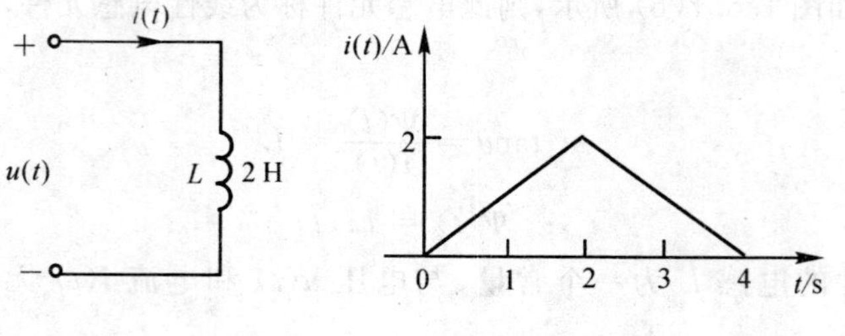

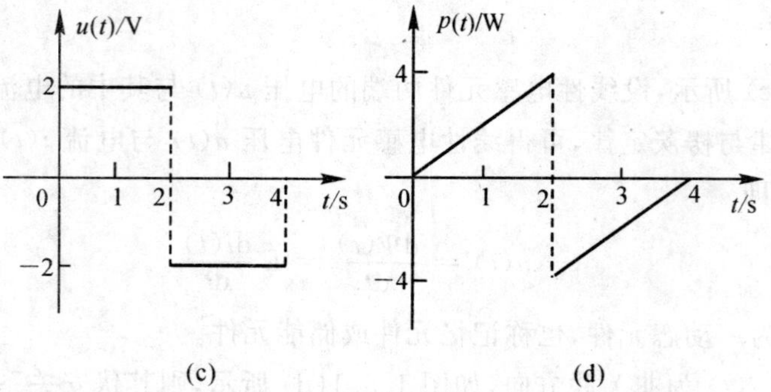

图　1.5.2

解　(1) 根据式 $u(t)=L\dfrac{\mathrm{d}i(t)}{\mathrm{d}t}=2\dfrac{\mathrm{d}i(t)}{\mathrm{d}t}$，可画出电压 $u(t)$ 的曲线，如图 1.5.2(c) 所示，故可写出 $u(t)$ 的函数式为

$$u(t)=\begin{cases}0, & t<0\\ 2\ \mathrm{V}, & 0<t<2\ \mathrm{s}\\ -2\ \mathrm{V}, & 2\ \mathrm{s}<t<4\ \mathrm{s}\\ 0, & t>4\ \mathrm{s}\end{cases}$$

(2) 当 $t=3$ s 时，$i(3\ \mathrm{s})=1$ A，故 $t=3$ s 时的磁场能量为

$$w(3\ \mathrm{s})=\frac{1}{2}L[i(3\ \mathrm{s})]^2=\frac{1}{2}\times 2\times[1]^2=1\ \mathrm{J}$$

(3) 电感元件吸收的功率为

$$p(t)=u(t)i(t)$$

$p(t)$ 的曲线如图 1.5.2(d) 所示。由 $p(t)$ 的曲线看出，在时间区间 $t\in[0,2)$ 内，$p(t)>0$，说明电感元件是吸收功率；在时间区间 $t\in(2,4]$ 内，$p(t)<0$，说明电感元件是发出功率。

1.6　电容元件

一、定义

将两个金属片(或导体)用绝缘介质隔开，即构成一个能储存电量 $q(t)$ 的电器，称为电容器，如图 1.6.1(a) 所示。若只考虑电容器的电场效应而不考虑它的磁场效应和热效应，则此种电容器可视为理想电容元件，简称电容元件。可见电容元件就是实际电容器的电路模型，它也是一个理想的二端电路元件。

从数学上，电容元件定义为：一个二端电路元件，若在任意时刻 t，其端电压 u 与储存的电量 q 之间的关系，可用 $u-q$（或 $q-u$）平面上过坐标原点的曲线确定，则称此二端元件为电容元件。

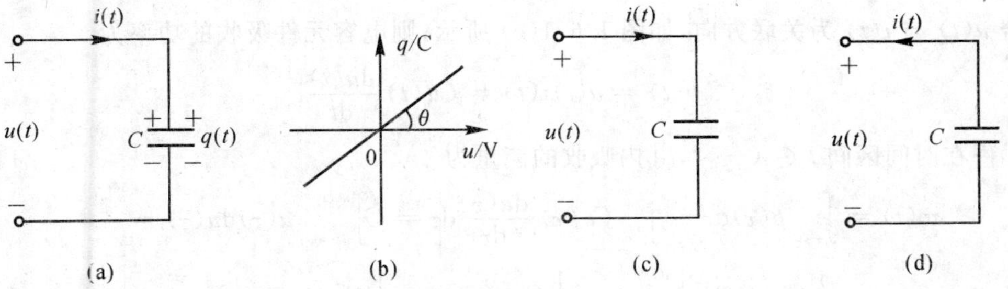

图 1.6.1　电容元件及其电路符号

二、电容 C

单位电压下所储存的电量称为电容元件的电容量，简称电容，用 C 表示，即

$$C=\frac{q(t)}{u(t)}$$

式中 $q(t)$ 为电容元件极板上储存的电量。电容 C 表示了电容元件储存电荷的能力。C 大，储存电荷的能力就强；C 小，储存电荷的能力就弱。

电容 C 的国际单位为法[拉]($1\text{F}=1\ \frac{\text{C}}{\text{V}}$)。$C$ 的单位还有：微法(μF)、皮法(pF)。$1\mu\text{F}=10^{-6}\text{F}$，$1\text{pF}=10^{-12}\text{F}$。

三、线性电容元件

若电容元件的电量 $q(t)$ 与电压 $u(t)$ 的关系曲线（称为库伏特性曲线）为通过 $q-u$ 平面上坐标原点的直线，如图 1.6.1(b) 所示，则此电容元件称为线性电容元件，直线的斜率即为电容 C，即

$$\tan\theta=\frac{q(t)}{u(t)}=C$$

故有

$$q(t)=Cu(t)$$

线性电容元件 C 为一个常量，与电量 $q(t)$ 和电压 $u(t)$ 无关，其电路模型如图 1.6.1(c)，(d) 所示。

四、伏安关系

如图 1.6.1(c) 所示，设线性电容元件两端的电压 $u(t)$ 与其中的电流 $i(t)$ 为关联方向，则其伏安关系为微分关系，即

$$i(t)=\frac{\mathrm{d}q(t)}{\mathrm{d}t}=C\frac{\mathrm{d}u(t)}{\mathrm{d}t}$$

这说明电容元件也为一动态元件，也称记忆元件。

但若 $u(t)$ 与 $i(t)$ 为非关联方向，如图 1.6.1(d) 所示，则其伏安关系为

$$i(t)=-C\frac{\mathrm{d}u(t)}{\mathrm{d}t}$$

五、电场能量

若 $u(t)$ 与 $i(t)$ 为关联方向，如图 1.6.1(c) 所示，则电容元件吸收的功率为

$$p(t)=u(t)i(t)=Cu(t)\frac{\mathrm{d}u(t)}{\mathrm{d}t}$$

电容元件在时间区间 $t\in(-\infty,t]$ 内吸收的能量为

$$w(t)=\int_{-\infty}^{t}p(\tau)\mathrm{d}\tau=\int_{-\infty}^{t}Cu(\tau)\frac{\mathrm{d}u(\tau)}{\mathrm{d}\tau}\mathrm{d}\tau=C\int_{u(-\infty)}^{u(t)}u(\tau)\mathrm{d}u(\tau)=$$

$$\frac{1}{2}C[u(\tau)]^2\Big|_{u(-\infty)}^{u(t)}=\frac{1}{2}C[u(t)]^2-\frac{1}{2}C[u(-\infty)]^2$$

因为必有 $u(-\infty)=0$，故

$$w(t)=\frac{1}{2}C[u(t)]^2$$

即在任意时刻 t，电容元件吸收的能量是与该时刻电压 $u(t)$ 的平方成正比，且恒有 $w(t)\geqslant 0$，此能量 $w(t)$ 并不被消耗，而是储存在电容元件的电场中，故称为电场能量。因此，电容元件也是储能元件。

例 1.6.1 图 1.6.2(a) 所示电路，已知 $u(t)$ 的曲线如图 1.6.2(b) 所示。(1) 求 $i(t)$ 的表达式，并画出 $i(t)$ 的曲线；(2) 求 $t=5$ s 时的电场能量 $w(5\text{ s})$；(3) 求电容元件吸收的功率 $p(t)$。

解 (1)
$$i(t)=-C\frac{\mathrm{d}u(t)}{\mathrm{d}t}=-0.5\frac{\mathrm{d}u(t)}{\mathrm{d}t}$$

$i(t)$ 的曲线如图 1.6.2(c) 所示，则 $i(t)$ 的表达式为

$$i(t)=\begin{cases}0, & t<0\\ -1\text{ A}, & 0<t<2\text{ s}\\ 0, & 2\text{ s}<t<4\text{ s}\\ 1\text{ A}, & 4\text{ s}<t<6\text{ s}\\ 0, & t>6\text{ s}\end{cases}$$

(2) $t=5$ s 时，$u(5\text{ s})=2$ V，故 $t=5$ s 时的电场能量为

$$w(5\text{ s})=\frac{1}{2}C[u(5\text{ s})]^2=\frac{1}{2}\times 0.5\times 2^2=1\text{ J}$$

(3) 电容元件吸收的功率为 $p(t)=-u(t)i(t)$，$p(t)$ 的曲线如图 1.6.2(d) 所示。由图可见，在时间区间 $t\in[0,2)$ 内，$p(t)>0$，说明电容元件吸收功率；在时间区间 $t\in[4,6)$ 内，$p(t)<0$，说明电容元件发出功率。

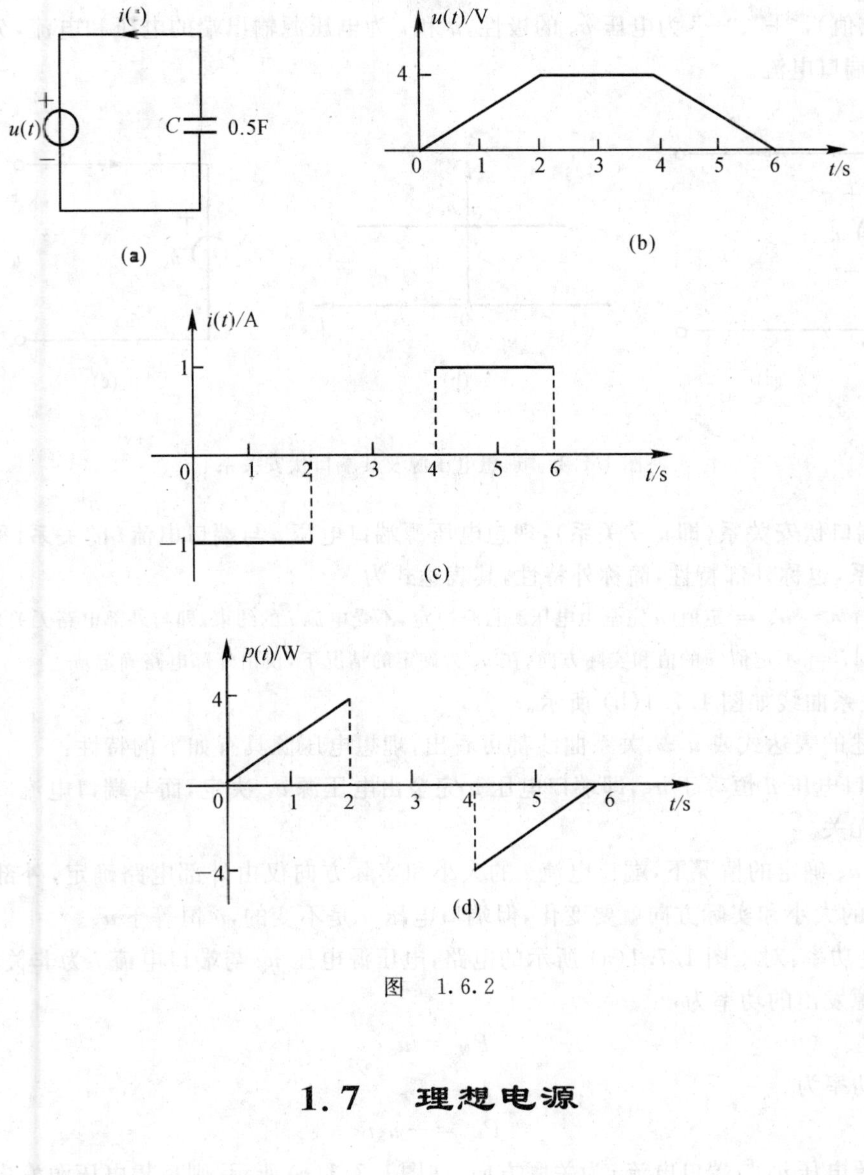

图　1.6.2

1.7　理想电源

一、电源的定义

由于电路的功能有两种，因此电源的定义也有两种。

(1) 产生电能或储存电能的设备称为电源，例如发电机、蓄电池等，均为电源。

(2) 产生电压信号或电流信号的设备也称为“电源”，这种“电源”实际上是“信号源”，也称信号发生器，例如实验室中使用的正弦波信号发生器，脉冲信号发生器等。

理想电源是实际电源的理想电路模型，分为两种：理想电压源和理想电流源。

二、理想电压源

(1) 定义与电路符号：用来产生电压的电源称为电压源。理想电压源的电路符号如图

1.7.1(a) 所示，它向外有两个引出端，故也为二端电路元件，其中 u_S 为电压源所产生的电压的大小(即数值)，“+”、“−” 为电压 u_S 的极性，u 和 i 为电压源输出端的电压和电流，分别称为端口电压和端口电流。

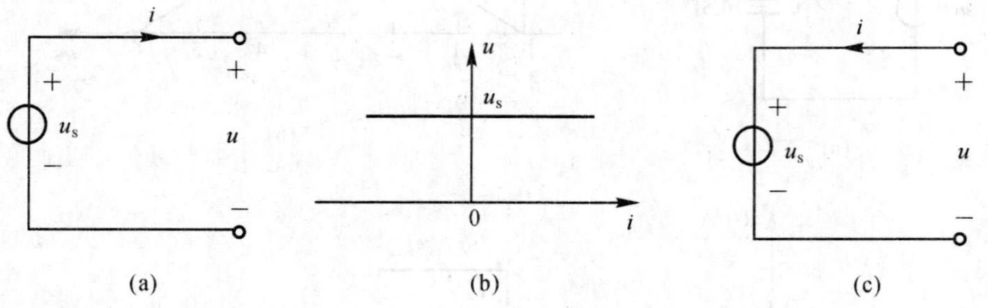

图 1.7.1　理想电压源及其端口伏安关系

(2) 端口伏安关系(即 u-i 关系)：理想电压源端口电压 u 与端口电流 i 的关系，称为端口上的伏安关系，也称外部特性，简称外特性，其表达式为

$$\begin{cases} u = u_S = \text{定值}(u\text{完全由电压源自身决定，不受电流 }i\text{ 的约束，即与外部电路无关}) \\ i = \text{不定值}(i\text{ 的值和实际方向，在 }u_S\text{ 为确定的情况下，仅由外部电路确定}) \end{cases}$$

u 与 i 的关系曲线如图 1.7.1(b) 所示。

从上述的表达式或 u-i 关系曲线都可看出，理想电压源具有如下的特性：

1) 端口电压 u 恒等于 u_S，即端口电压 u 完全由电压源 u_S 决定，而与端口电流 i 无关，即 u 与外电路无关。

2) 在 u_S 确定的情况下，端口电流 i 的大小和实际方向仅由外部电路确定，外部电路变化了，电流 i 的大小和实际方向就要变化，但端口电压 u 是不变的，u 恒等于 u_S。

(3) 电功率：对于图 1.7.1(a) 所示的电路，电压源电压 u_S 与端口电流 i 为非关联方向，则理想电压源发出的功率为

$$P_{发} = u_S i$$

而吸收的功率为

$$P_{吸} = -u_S i$$

但若电压源电压 u_S 与端口电流 i 为关联方向，如图 1.7.1(c) 所示，则理想电压源发出的功率和吸收的功率分别为

$$P_{发} = -u_S i$$

$$P_{吸} = u_S i$$

例 1.7.1　图 1.7.2(a)，(b) 所示电路。(1) 求端口电压 u 和端口电流 i；(2) 求 10 V 理想电压源发出的功率 $P_{发}$。

解　(1) 对于图 1.7.2(a) 电路，有

$$u = 10\ \text{V}$$

$$i = \frac{10+20}{10} = 3\ \text{A}$$

$$P_{发} = ui = 10i = 10 \times 3 = 30\ \text{W}$$

由于 $P_{发} = 30\ \mathrm{W} > 0$,故 10 V 理想电压源实际为发出功率。

(2) 对于图 1.7.2(b) 电路,有

$$u = 10\ \mathrm{V}$$

$$i = \frac{10-20}{10} = -1\ \mathrm{A}$$

$$P_{发} = ui = 10 \times (-1) = -10\ \mathrm{W}$$

$i = -1\ \mathrm{A} < 0$,说明图 1.7.2(b) 电路中电流 i 的实际方向是向"左"流的,即与图 1.7.2(a) 电路电流 i 的实际方向相反。又由于 $P_{发} = -10\mathrm{W} < 0$,故此 10 V 理想电压源实际是吸收功率。

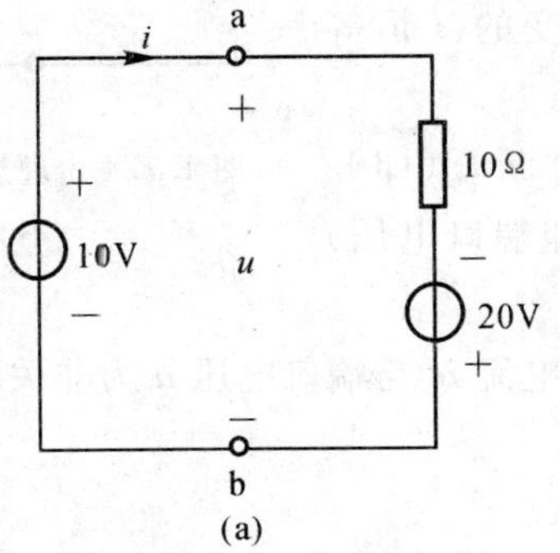

图　1.7.2

上述计算结果表明,在此两电路中,端口电压 u 的大小均为 10 V,且"+"、"−"极性也相同,但电流 i 的大小和实际方向都不相同,这是因为这两个电路中 a,b 端以右的电路(即外电路)是不同的。这些结果都说明了理想电压源的特性。

三、理想电流源

(1) 定义与电路符号:用来产生电流的电源称为电流源。理想电流源的电路符号如图 1.7.3(a) 所示,它向外有两个引出端,故也为二端电路元件,其中 i_S 为电流源所产生的电流的大小(即数值),箭头"↑"为电流 i_S 的方向,u 和 i 为电流源输出端的电压和电流,分别称为端口电压和端口电流。

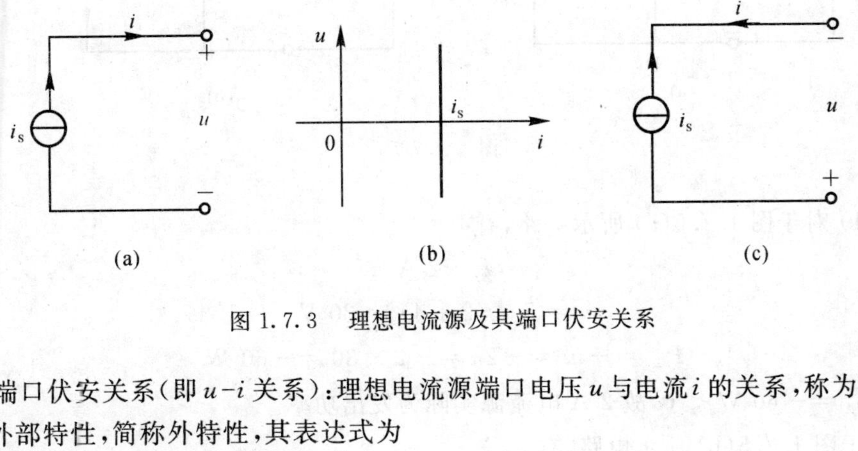

图 1.7.3　理想电流源及其端口伏安关系

(2) 端口伏安关系(即 u-i 关系):理想电流源端口电压 u 与电流 i 的关系,称为端口伏安关系,也称外部特性,简称外特性,其表达式为

$$\begin{cases} i = i_S = \text{定值}(i\text{的值完全由电流源自身决定,不受电压}u\text{的约束,即与外电路无关}) \\ u = \text{不定值}(u\text{的值和实际的“+”、“−”极,在}i_S\text{为确定的情况下,仅由外电路确定}) \end{cases}$$

u 与 i 的关系曲线如图 1.7.3(b) 所示。

从上述的数学表达式或 u-i 关系曲线,都可看出理想电流源具有如下的特性:

1) 端口电流 i 恒等于 i_S,即端口电流 i 完全由电流源 i_S 决定,而与端口电压 u 无关,即与外电路无关。

2) 在 i_S 为确定的情况下,端口电压 u 的大小和实际“+”、“−”极性仅由外电路确定,外电路变化了,电压 u 的大小和实际“+”、“−”极性就要变化,但端口电流 i 是不变的,i 恒等于 i_S。

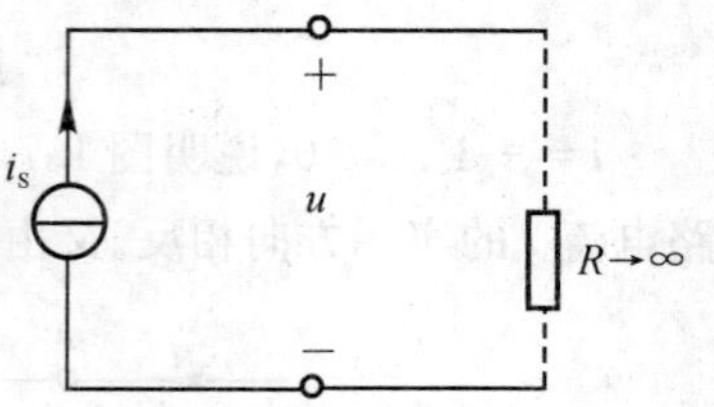

图 1.7.4　理想电流源端口不允许开路

注意:理想电流源的输出端(即端口)不允许断开(即开路),如图 1.7.4 所示,否则电流源两端的电压(即端口电压)$u = i_S R \to \infty$,这是不允许的。

(3) 电功率:如图 1.7.3(a) 所示电路,电流源电流 i_S 与端口电压 u 为非关联方向,则理想电流源发出的功率为

$$P_{发} = ui_S$$

而吸收的功率为

$$P_{吸} = -ui_S$$

但若电流源电流 i_S 与端口电压 u 为关联方向,如图 1.7.3(c) 所示,则理想电流源发出的功率和吸收的功率分别为

$$P_{发} = -ui_S$$
$$P_{吸} = ui_S$$

例 1.7.2　图 1.7.5(a),(b) 所示电路。(1) 求端口电流 i 和端口电压 u;(2) 求 2 A 电流源吸收的功率。

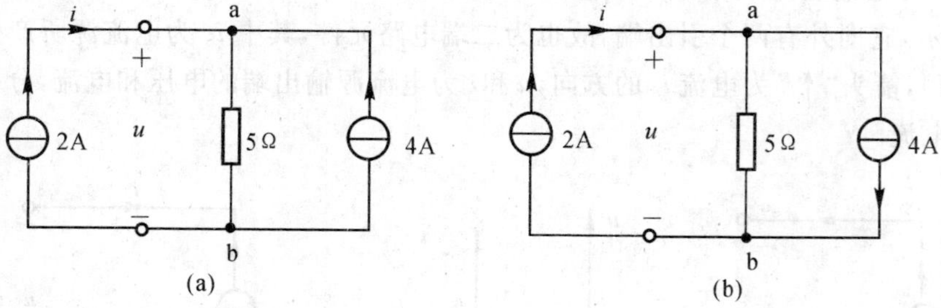

图　1.7.5

解　(1) 对于图 1.7.5(a) 所示电路,有

$$i = 2\ \text{A}$$
$$u = 5 \times (2 + 4) = 30\ \text{V}$$
$$P_{吸} = -iu = -2u = -2 \times 30 = -60\ \text{W}$$

由于 $P_{吸} = -60\ \text{W} < 0$,故 2 A 电流源实际为发出功率。

(2) 对于图 1.7.5(b) 所示电路,有

$$i = 2\ \text{A}$$

$$u = 5\times(2-4) = -10\ \text{V}$$

$$P_{\text{吸}} = -iu = -2\times(-10) = 20\ \text{W}$$

$u=-10\ \text{V}<0$，说明电路中电压 u 的实际"+"、"−"极性为上"−"下"+"，即与图 1.7.5(a) 电路中电压 u 的实际极性相反。又由于 $P_{\text{吸}} = 20\ \text{W} > 0$，故 2 A 电流源实际是吸收功率。

上述计算结果表明，在这两个电路中，端口电流 i 的大小均为 2 A，且方向也相同，但端口电压 u 的大小和实际的"+"、"−"极性都不相同了，这是因为这两个电路中 a，b 端以右的电路（即外电路）是不同的。这些结果都说明了理想电流源的特性。

四、独立源

由于理想电压源电压 u_S 的大小和"+"、"−"极性，理想电流源电流 i_S 的大小和方向，都是完全由它们自身决定的，而与电路中其他部分的电压和电流无关，故把理想电压源和理想电流源称为独立电源，简称独立源。

1.8　受控电源

一、定义

若电压源电压的大小和"+"、"−"极性，电流源电流的大小和方向都不是独立的，而是受电路中其他处的电压或电流控制，则此种电压源和电流源称为非独立电压源和非独立电流源，也称受控电压源和受控电流源，统称为受控电源，简称受控源。受控源的电路符号为菱形，以与独立源的电路符号相区别，如图 1.8.1 所示。

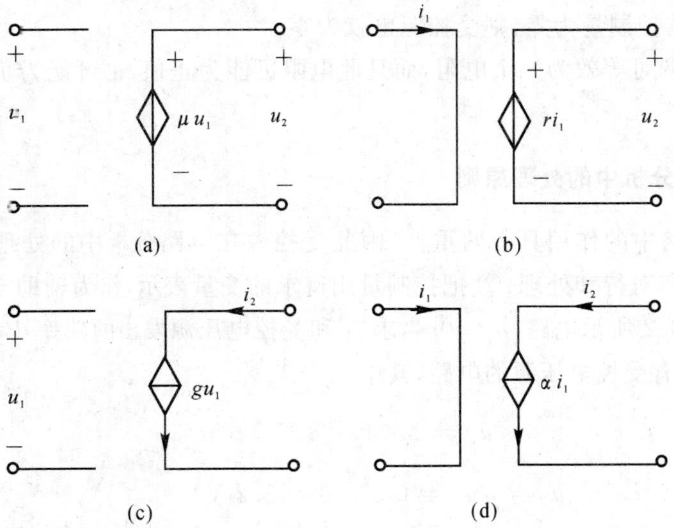

图 1.8.1　受控源及其分类

二、分类

受控源向外有两对端钮，一对为输入端钮，另一对为输出端钮。输入端钮施加控制电压或控制电流，输出端钮则输出被控制的电压或电流。因此，理想的受控源电路可有 4 种。

(1) 电压控制电压源(VCVS)①，如图 1.8.1(a) 所示，其中 u_1 为控制量，u_2 为被控制量，$u_2=\mu u_1$，$\mu=\dfrac{u_2}{u_1}$ 为控制因子，μ 为无量纲的电压比因子。

(2) 电流控制电压源(CCVS)②，如图 1.8.1(b) 所示，其中 i_1 为控制量，u_2 为被控制量，$u_2=ri_1$，$r=\dfrac{u_2}{i_1}$ 为控制因子，单位为欧[姆](Ω)。

(3) 电压控制电流源(VCCS)③，如图 1.8.1(c) 所示，其中 u_1 为控制量，i_2 为被控制量，$i_2=gu_1$，$g=\dfrac{i_2}{u_1}$ 为控制因子，单位为西[门子](S)。

(4) 电流控制电流源(CCCS)④，如图 1.8.1(d) 所示，其中 i_1 为控制量，i_2 为被控制量，$i_2=\alpha i_1$，$\alpha=\dfrac{i_2}{i_1}$ 为控制因子，α 为无量纲的电流比因子。

受控源实际上是有源器件(电子管、晶体管、场效应管、运算放大器等) 的电路模型。

三、受控源的性质

受控源在电路中的作用具有两重性：电源性与电阻性。

(1) 电源性：由于受控源也是电源，因此它在电路中与独立源具有同样的外特性，其处理原则也与独立源相同。但应注意，受控源与独立源在本质上不相同。独立源在电路中直接起激励作用，而受控源则不是直接起激励作用，它仅表示“控制量”与“被控制量”的关系。控制量存在，则受控源就存在；若控制量为零，则受控源也就为零。

(2) 电阻性：受控源可等效为一个电阻，而且此电阻可能为正值，也可能为负值，这就是受控源的电阻性。

四、受控源在电路分析中的处理原则

由于受控源在电路中的作用具有两重性，因此受控源在电路分析中的处理原则有 2 个：① 受控源与独立源同样对待和处理；② 把控制量用待求的变量表示，作为辅助方程。

例 1.8.1 图 1.8.2 所示电路，$\mu=0.4$，求 i_2 和受控电压源发出的功率 $P_{发}$。

解 这是一个含有受控电压源的电路，其中

$$u_1=2\times 4=8\ \text{V}$$

$$u_2=\mu u_1=0.4\times 8=3.2\ \text{V}$$

---

① VCVS——Voltage Controlled Voltage Source

② CCVS——Current Controlled Voltage Source

③ VCCS——Voltage Controlled Current Source

④ CCCS——Current Controlled Current Source

$$i_2 = \frac{u_2}{4} = \frac{3.2}{4} = 0.8\ \text{A}$$

$$P_{发} = \mu u_1 i_2 = 3.2 \times 0.8 = 2.56\ \text{W}$$

由于 $P_{发} = 2.56\text{W} > 0$，故受控电压源 μu_1 在电路中起电源的作用，即产生电能的作用。

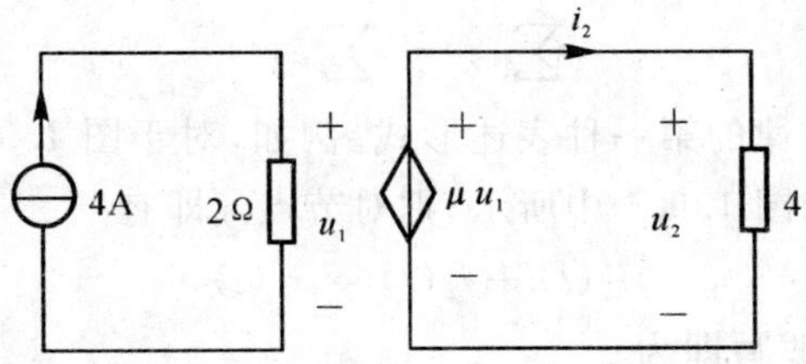

图　1.8.2

1.9　基尔霍夫定律

基尔霍夫定律是电路的基本定律，是电路分析与计算的理论基础。

一、名词术语

先以图 1.9.1 所示电路为例介绍有关电路图的一些术语和概念。

(1) 支路：按狭义的定义，我们把通过同一电流的电路称为支路，如图 1.9.1 所示的电路共有 3 条支路：通过同一电流 i_1 的支路 bca；通过同一电流 i_2 的支路 bda；通过同一电流 i_3 的支路 aeb。其中支路 bca 和支路 bda 中既有电阻又有电源，称为有源支路；支路 aeb 中只有电阻而无电源，称为无源支路。支路是电路的基石。

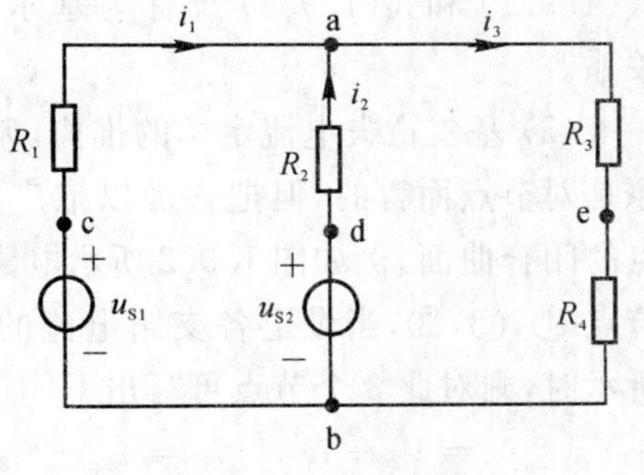

图 1.9.1　电路举例

(2) 节点：按狭义的定义，我们把 3 条和 3 条以上支路的连接点称为节点，如图 1.9.1 电路中共有两个节点 a 和 b。但要注意，有时也把两个电路元件的连接点称为节点，图中的点 c，d，e 都可分别视为一个节点。

(3) 回路：由支路构成的闭合路径称为回路，如图 1.9.1 所示电路中共有 3 个回路，即 adbca 回路，aebda 回路，aebca 回路。

(4) 网孔回路：若回路的内部区域没有任何别的节点和支路，则这样的回路称为网孔回路，简称网孔，如图 1.9.1 所示的电路中有两个网孔回路：adbca 回路，aebda 回路。

网孔回路一定是回路，但回路不一定都是网孔回路。

(5) 电路的定义：由支路和节点构成的集合体称为电路，也称电网络。支路是电路的基石。支路电压，支路电流，支路功率是电路分析与求解的基本对象。

二、基尔霍夫电流定律(KCL)

基尔霍夫电流定律(简称 KCL①) 是描述电路中各支路电流间相互关系的定律,其数学描述形式有两种。

(1) 在任意时刻 t 流入某个节点的支路电流的总和等于流出该节点的支路电流的总和,即

$$\sum i_{入} = \sum i_{出} \tag{1.9.1}$$

此结论称为基尔霍夫电流定律的第一种表述形式。例如,对于图 1.9.1 所示的电路,设定各支路电流的大小和参考方向如图 1.9.1 中所示,则对节点 a 即有

$$i_1(t) + i_2(t) = i_3(t)$$

(2) 将式(1.9.1) 加以改写即为

$$\sum i_{入} - \sum i_{出} = 0$$

或

$$-\sum i_{入} + \sum i_{出} = 0$$

将上两式可总括写为

$$\sum i(t) = 0 \tag{1.9.2}$$

此式即为基尔霍夫电流定律的第二种表述形式,即连接在任一个节点上的所有支路电流的代数和恒等于零。在写此方程时,若把流出节点的电流取为"+",则流入节点的电流即为"—";反之则相反。例如,对于图 1.9.1 所示电路可写出

$$-i_1(t) - i_2(t) + i_3(t) = 0$$

或

$$i_1(t) + i_2(t) - i_3(t) = 0$$

式(1.9.1) 和式(1.9.2) 统称为基尔霍夫电流定律,它描述了电路中各支路电流间的相互关系。

(3) 基尔霍夫电流定律的推广。基尔霍夫电流定律(KCL) 原是对节点而言的,但把它加以推广,也可适用于包围许多节点的闭合曲面。例如图 1.9.2 所示电路,闭合曲面 S 内部有 3 个节点 ①,②,③,当设定各支路电流的大小和参考方向如图中所示时,则对此 3 个节点可写出 KCL 方程为

$$i_1 = i_{12} - i_{31},\quad i_2 = i_{23} - i_{12},\quad i_3 = i_{31} - i_{23}$$

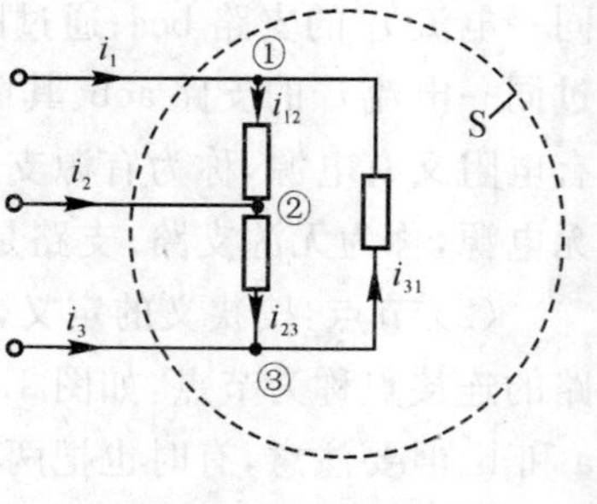

图 1.9.2 KCL 推广于闭合曲面

将 3 式相加得

$$i_1 + i_2 + i_3 = 0$$

写成一般形式即为

$$\sum i(t) = 0 \tag{1.9.3}$$

即流入(或流出) 一个闭合曲面 S 的所有支路电流的代数和恒等于零。此即为广义的 KCL。在写此方程时,若把流入闭合曲面 S 的电流视为"+",则流出闭合曲面 S 的电流即为"—";反之则相反。

---

① KCL——Kirchhoff's Current Law

三、基尔霍夫电压定律(KVL)

基尔霍夫电压定律(简称 KVL[①])是描述电路中各支路电压间相互关系的定律，其数学描述形式也有两种。

(1) 在任意时刻 t 沿任一回路中所有支路或元件上电压的代数和恒为零，即

$$\sum u(t) = 0 \tag{1.9.4}$$

此结论称为基尔霍夫电压定律(KVL)。

在写此方程时，应首先为回路设定一个绕行方向，凡电压的参考极性从"+"到"−"与回路的绕行方向一致者，则该电压项前面取"+"号，否则取"−"号。例如，对于图 1.9.3 所示电路，设定各元件电压的参考极性和回路的绕行方向如图中所示，则可列写出该回路的KVL方程为

$$u_1 + u_2 - u_{S2} + u_3 - u_{S3} - u_{S4} - u_4 = 0 \tag{1.9.5}$$

将此方程改写为

$$-u_1 - u_2 + u_{S2} - u_3 + u_{S3} + u_{S4} + u_4 = 0$$

此方程说明，若把回路的绕行方向设定为与前者相反，并不影响方程的本质和正确性。故回路的绕行方向可任意设定。

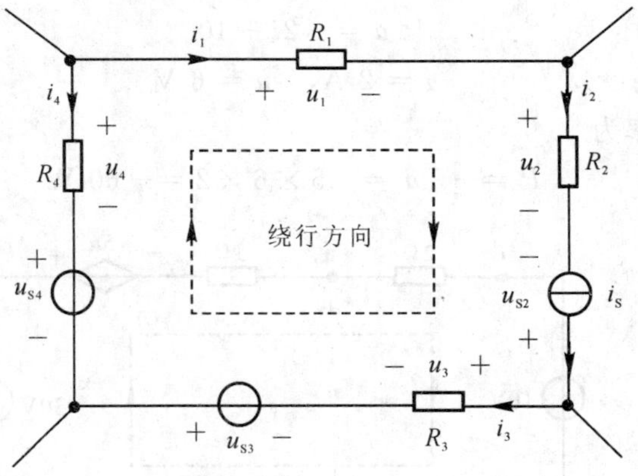

图 1.9.3　电路中的一个回路

(2) 若电路中的电阻元件均为线性电阻元件，则应用欧姆定律，式(1.9.5)可写为

$$R_1 i_1 + R_2 i_2 - u_{S2} + R_3 i_3 - u_{S3} - u_{S4} - R_4 i_4 = 0$$

即

$$R_1 i_1 + R_2 i_2 + R_3 i_3 - R_4 i_4 = u_{S2} + u_{S3} + u_{S4}$$

推广到一般情况即为

$$\sum R_k i_k = \sum u_{Sk} \tag{1.9.6}$$

由此可知，在任意时刻 t，按照一定的回路绕行方向，沿任一回路中所有线性电阻元件上电压降低的代数和，等于该回路中所有电源电压升高的代数和。式(1.9.6)就是线性电阻电路中基尔霍夫电压定律的又一种形式。在写此方程时，凡支路电流的参考方向与回路的绕行方向一致时，等号左端的项前面取"+"号，否则取"−"号；凡电源电压的参考极性从"−"到"+"与回路

① KVL——Kirchhoff's Voltage Law

的绕行方向一致时，等号右端的项前面取"+"号，否则取"−"号。

四、两种约束的概念

基尔霍夫电流定律(KCL)描述了电路中各支路电流之间的约束关系，基尔霍夫电压定律(KVL)描述了电路中各支路电压之间的约束关系，它们都与电路元件的性质无关，而只取决于电路的连接方式，所以称为连接方式约束或拓扑约束，而把所写出的方程称为 KCL 约束方程和 KVL 约束方程。

电路的另一种约束是电路元件电流与电压关系的约束，即电路元件伏安关系的约束，这种约束与电路的连接方式无关，而只取决于电路元件的性质，称为电路元件约束，简称元件约束。

电路的连接方式约束与电路的元件约束，是电路分析的基本依据，这个理论贯穿在本课程的始终。

例 1.9.1 图 1.9.4 所示电路，求 i，u 及受控电压源吸收的功率。

解 此电路中含有一个电压控制的受控电压源。求解含受控源的电路，应掌握两条原则：① 受控源与独立源同样处理；② 将受控源的控制量用待求的变量表示作为辅助方程。对所给电路，设定回路的绕行方向为逆时针方向，如图中所示，于是可列写出回路 KVL 方程为

$$-(2+3)i = 30 - 5u - 10 = 20 - 5u$$

又有

$$u = -2i + 10$$

联立求解得

$$i = 2\ \text{A}, \quad u = 6\ \text{V}$$

受控电压源吸收的功率为

$$P = -5ui = -5 \times 6 \times 2 = -60\ \text{W}$$

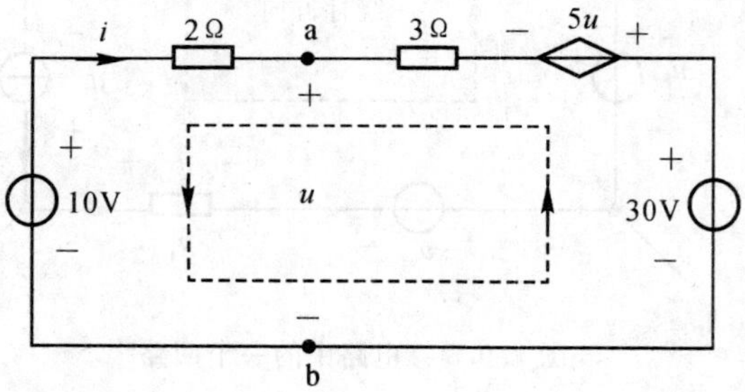

图 1.9.4

例 1.9.2 图 1.9.5 所示电路，求 i_1 和电压 u_{ad}。

解 (1) 对节点 b 列写 KCL 方程为

$$i_1 = i_1 + i$$

故得

$$i = 0$$

(2) 对电路左边的回路可列写出 KVL 方程为

$$(2+3)i_1 = 10 - 5$$

故得

$$i_1 = 1\ \text{A}$$

又得

$$u_{ad} = 3i_1 + 1i - 1 - 2 \times 1 = 3 \times 1 + 1 \times 0 - 3 = 0$$

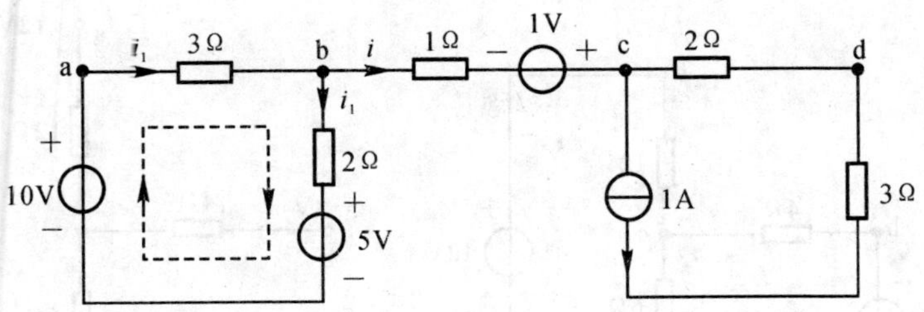

图　1.9.5

例 1.9.3　图 1.9.6 所示电路，求 i,u 及支路 ab 发出的功率。

解

$$u=(i-u)\times 1=i-u$$

故

$$i=2u$$

又

$$u=-2i+4-2i-0.5i=-4.5i+4=-4.5\times 2u+4=-9u+4$$

解得

$$u=0.4\ \text{V}$$

又得

$$i=2u=2\times 0.4=0.8\ \text{A}$$

又

$$u_{ab}=2i+u+0.5i=2.5i+u=2.5\times 0.8+0.4=2.4\ \text{V}$$

或者

$$u_{ab}=4-2i=4-2\times 0.8=2.4\ \text{V}$$

故 ab 支路发出的功率为

$$P_{发}=u_{ab}i=2.4\times 0.8=1.92\ \text{W}$$

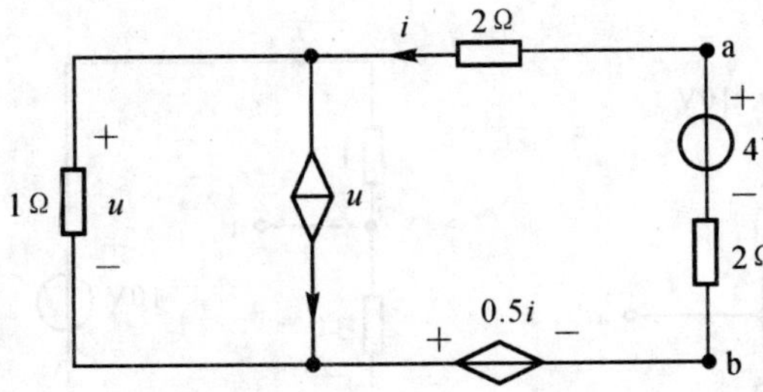

图　1.9.6

1.10　电子习惯电路

一、参考节点

为了电路分析的需要，人们往往设定电路中某一个节点的电位为零，此电位为零的节点即称为参考节点，也称“接地”，并用符号“⊥”表示。在电力工程中常选地球作为参考节点，在电子电路中常选与仪器金属外壳相连接的公共导线作为参考节点，此公共导线称为“地线”。参考节点的选取是任意的，但一个电路中只能选取一个参考节点。如图 1.10.1(a) 所示电路中的 o 点即为参考节点。

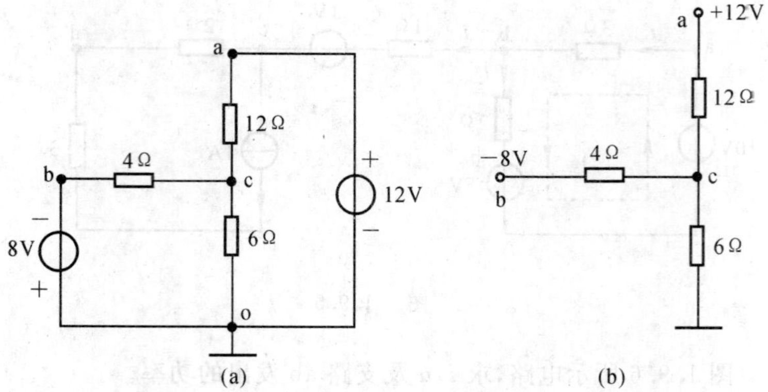

图 1.10.1 电子习惯电路

二、电子习惯电路

在参考节点选定以后，电路中每一个节点与参考节点之间的电压即为相应节点的电位，称为节点电压。如图 1.10.1(a) 所示电路中节点 a 与参考节点 o 之间的电压 $u_{ao}=\varphi_a-\varphi_o=\varphi_a-0=\varphi_a=12\ \text{V}$；同理，节点 b 与参考节点 o 之间的电压 $u_{bo}=\varphi_b-\varphi_o=\varphi_b-0=\varphi_b=-8\ \text{V}$。

为了简化电路图，在电子电路中人们并不把电源直接画出，而是将图 1.10.1(a) 所示电路画成图 1.10.1(b) 所示的电路，图 1.10.1(b) 电路即称为图 1.10.1(a) 所示电路的"电子习惯电路"，而图 1.10.1(a) 所示电路则称为一般性电路。

例 1.10.1 求图 1.10.2(a) 电路中 a 点的电位 φ_a。

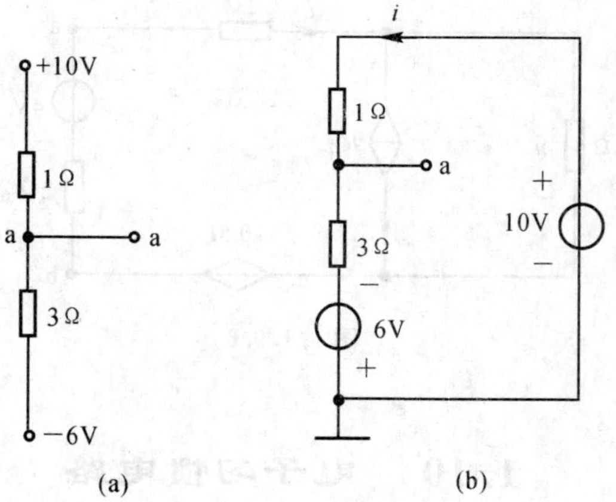

图 1.10.2

解 将图 1.10.2(a) 所示的电子习惯电路改画成如图 1.10.2(b) 所示的一般性电路，于是根据图 1.10.2(b) 电路得

$$i=\frac{10+6}{1+3}=4\ \text{A}$$

故

$$\varphi_a=3i-6=3\times4-6=6\ \text{V}$$

例 1.10.2 将图 1.10.3(a) 所示的一般性电路改画成电子习惯电路。

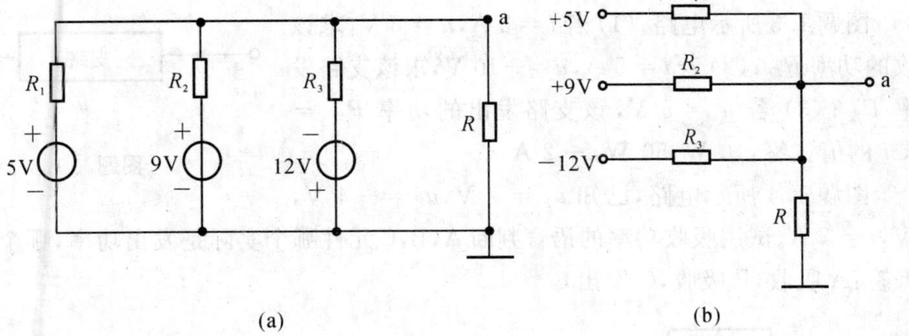

图　1.10.3

解　对应的电子习惯电路如图 1.10.3(b) 所示。

例 1.10.3　图 1.10.4(a) 所示电路，求电流 i。

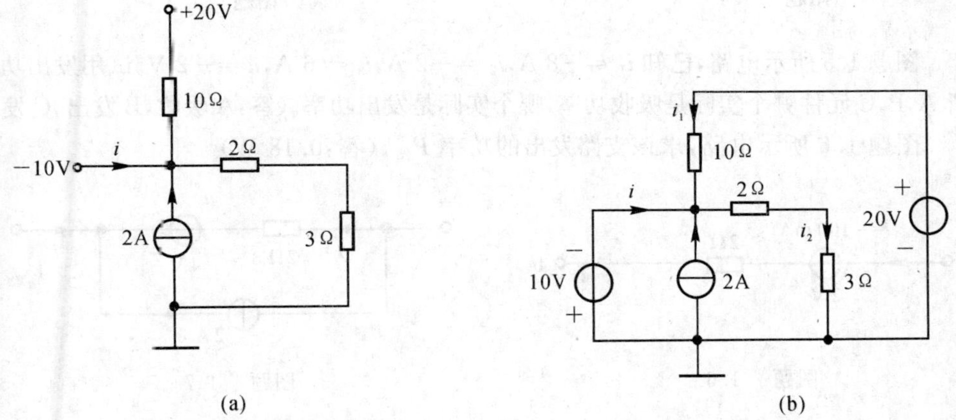

图　1.10.4

解　将图 1.10.4(a) 所示的电子习惯电路改画成如图 1.10.4(b) 所示的一般性电路，于是根据图 1.10.4(b) 所示的电路得

$$i_1 = \frac{20 + 10}{10} = 3\ \text{A}$$

$$i_2 = -\frac{10}{2 + 3} = -2\ \text{A}$$

故
$$i = -i_1 + i_2 - 2 = -3 - 2 - 2 = -7\ \text{A}$$

习　题　一

1.1　已知电量 $q(t) = 2t^2 + 3t + 5$(C)，求 $t = 1$ s 和 $t = 3$ s 时的电流值 $i(1)$ 和 $i(3)$。（答：7 A，15 A）

1.2　已知电路中 a，b，c 三点的电位分别为 $\varphi_a = 3$ V，$\varphi_b = 2$ V，$\varphi_c = -2$ V。求电压 u_{ab}，

u_{ca}，u_{bc}。(答：1 V，－5 V，4 V)

1.3　图题 1.3 所示电路。(1) 若 $i=2$ A，$u=5$ V，求该支路吸收的功率 $P_{吸}$；(2) 若 $i=5$ A，$u=-10$ V，求该支路发出的功率 $P_{发}$；(3) 若 $u=5$ V，该支路发出的功率 $P_{发}=10$ W，求 i 的值。(答：10 W，50 W，－2 A)

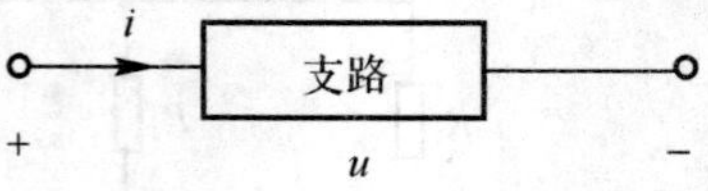

图题 1.3

1.4　图题 1.4 所示电路，已知 $u_1=2$ V，$u_2=-4$ V，$u_3=6$ V，$i=2$ A。试用吸收功率的语言判断 A，B，C 元件哪个实际是发出功率，哪个实际是吸收功率。(答：A 吸收，B 吸收，C 发出)

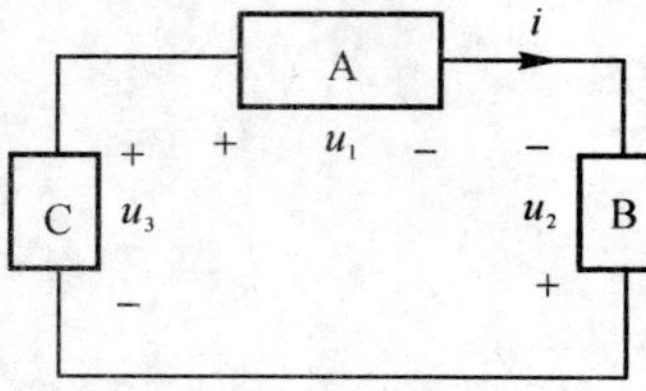

图题 1.4

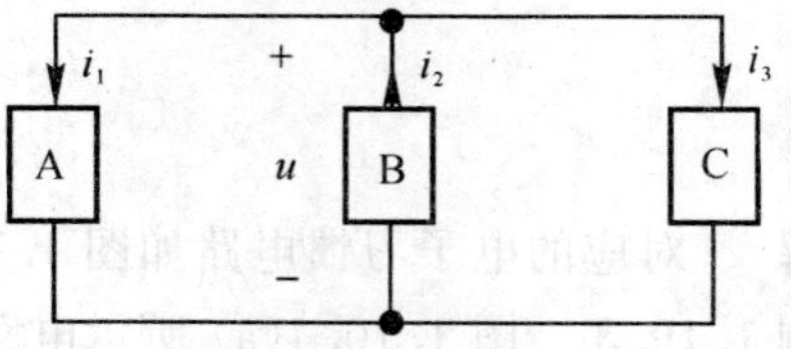

图题 1.5

1.5　图题 1.5 所示电路，已知 $i_1=-8$ A，$i_2=-2$ A，$i_3=6$ A，$u=-2$ V。试用发出功率的语言判断 A，B，C 元件哪个实际是吸收功率，哪个实际是发出功率。(答：A 吸收，B 发凸，C 发出)

1.6　图题 1.6 所示电路，求该支路发出的功率 $P_{发}$。(答：0.18 W)

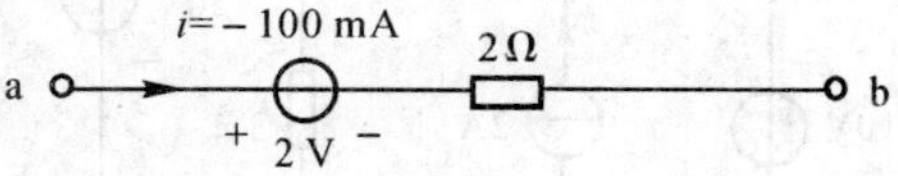

图题 1.6

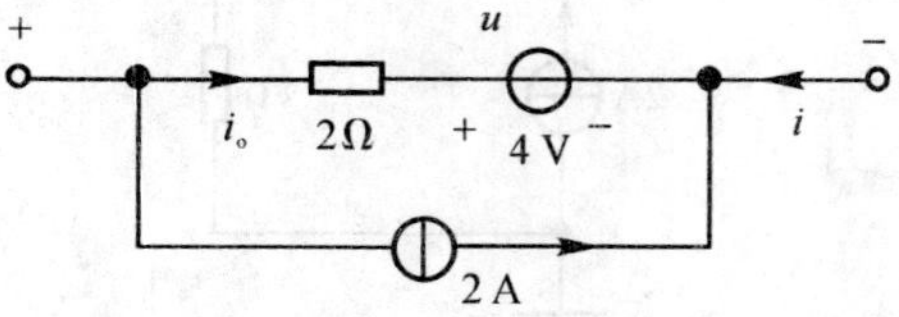

图题 1.7

1.7　图题 1.7 所示电路，已知电压 $u=-10$ V。求该支路吸收的功率 $P_{吸}$。(答：50 W)

1.8　图题 1.8(a) 所示电路，已知电流 $i(t)$ 的波形如图题 1.8(b) 所示。(1) 求电压 $u(t)$ 和电感吸收的功率 $p(t)$，并画出它们的波形；(2) 求 $t=1.5$ s 时的功率值和磁场能量值。(答：3 W，2.25 J)

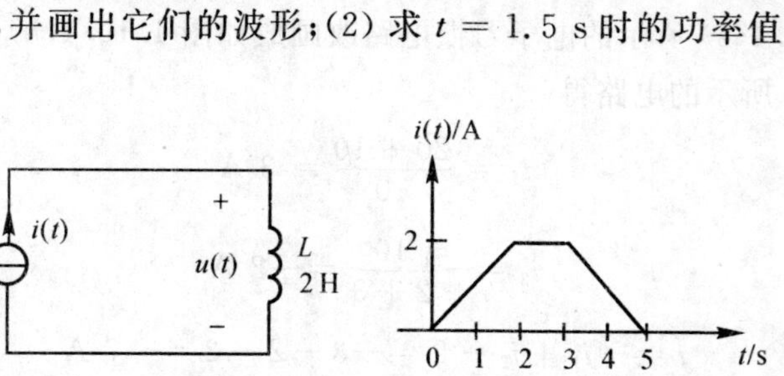

(a)　　(b)

图题 1.8

1.9　图题 1.9(a) 所示电路，已知电压 $u(t)$ 的波形如图题 1.9(b) 所示。(1) 求电流 $i(t)$ 和电容吸收的功率 $p(t)$，并画出它们的波形；(2) 求 $t=1$ s 时的功率值和电场能量值。(答：1 W，0.5 J)

1.10　图题 1.10 所示电路，求各个元件吸收的功率。(答：－150 W，50 W，40 W，160 W，

-100 W)

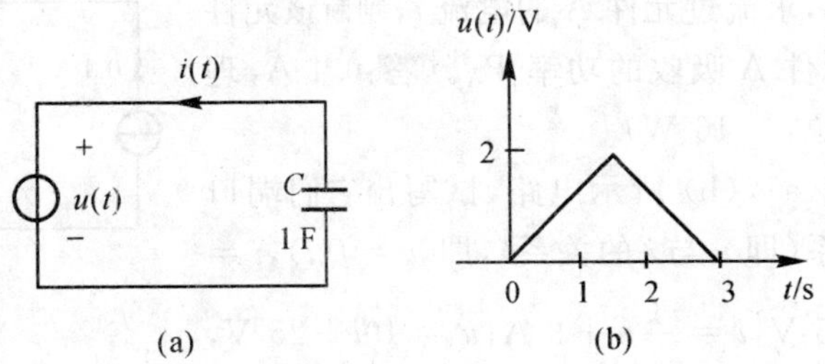

图题　1.9

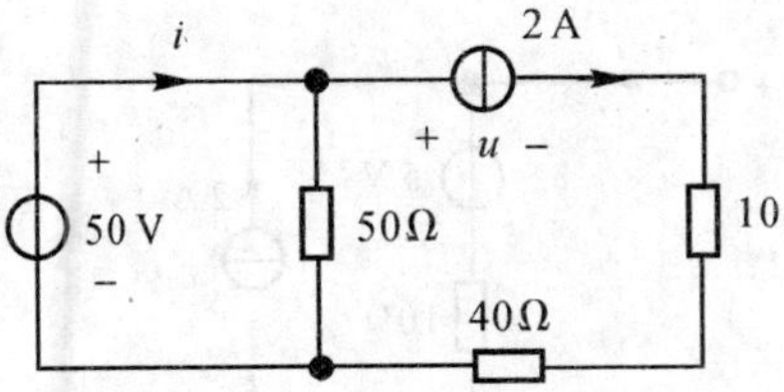

图题　1.10

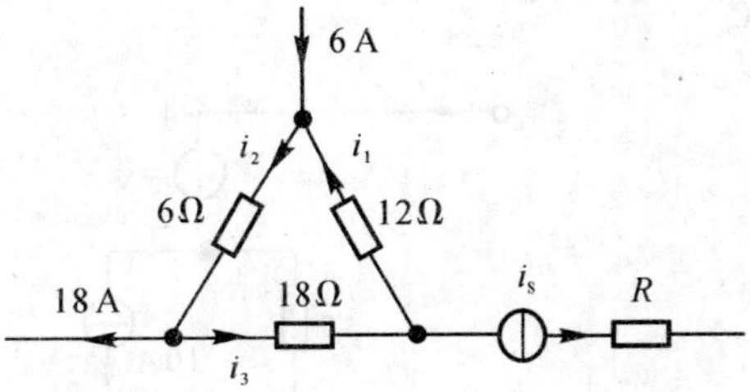

图题　1.11

1.11　图题 1.11 所示电路，求 i_S 和 i_1。(答：-12 A，6 A)

1.12　图题 1.12 所示电路，下列方程中正确的是(　　)。(答：D，F，G，H，I 正确)

A. $R_1 i_1 - R_2 i_2 + R_3 i_S - R_4 i_4 = u_{S1} + u_{S2} - u_{S3} - u_{S4}$

B. $R_1 i_1 - R_2 i_2 + R_3 i_S + R_4 i_4 = u_{S1} - u_{S2} - u_{S3} + u_{S4}$

C. $-R_1 i_1 + R_2 i_2 + R_3 i_S - R_4 i_4 = u_{S1} + u_{S2} - u_{S3} - u_{S4}$

D. $R_1 i_1 - R_2 i_2 - R_3 i_S + R_4 i_4 = u_{S1} + u_{S2} - u_{S3} - u_{S4}$

E. $i_A + i_B - i_C - i_D = 0$

F. $i_1 + i_S - i_A + i_B = 0$

G. $i_1 + i_S - i_C + i_D = 0$

H. $i_2 + i_S - i_A - i_D = 0$

I. $i_B + i_2 - i_S = 0$

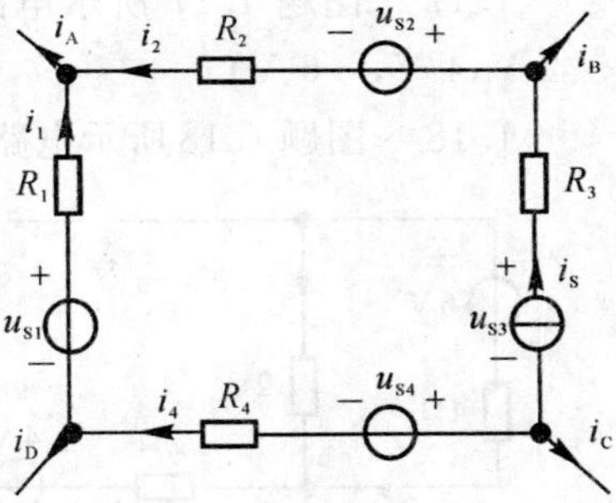

图题　1.12

1.13　图题 1.13 所示电路中，电压 $u =$ ________ V，电流 $i_1 =$ ________ A，电流 $i_2 =$ ________ A。(答：4 V，5 A，-5 A)

1.14　图题 1.14 所示电路，求电流 i 和受控电压源发出的功率。(答：$\frac{4}{3}$ A；$-\frac{8}{3}$ W)

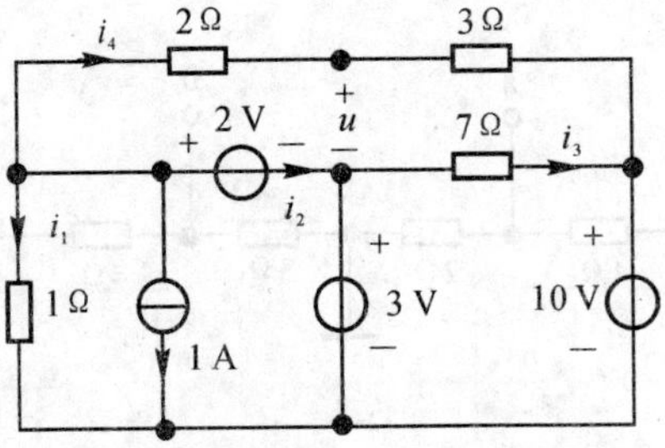

图题　1.13

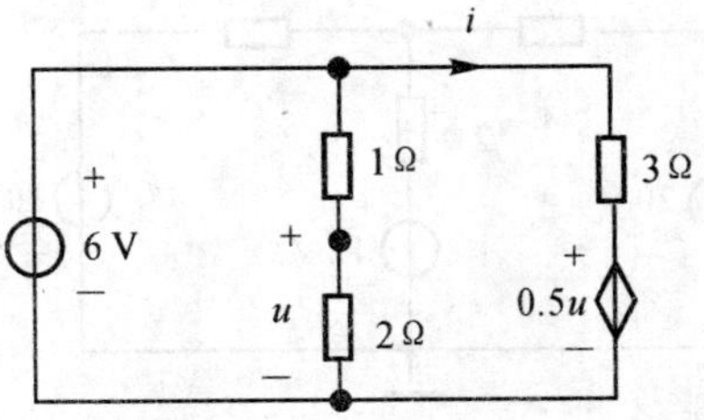

图题　1.14

1.15 图题 1.15 所示电路，已知 0.1 A 电流源在 30 s 内吸收的能量为 120 J，求流过元件 A 的电流 i，判断该元件为何种元件，并求该元件 A 吸收的功率 P_A。(答：0.4 A，理想电流源或理想电压源，-16 W)

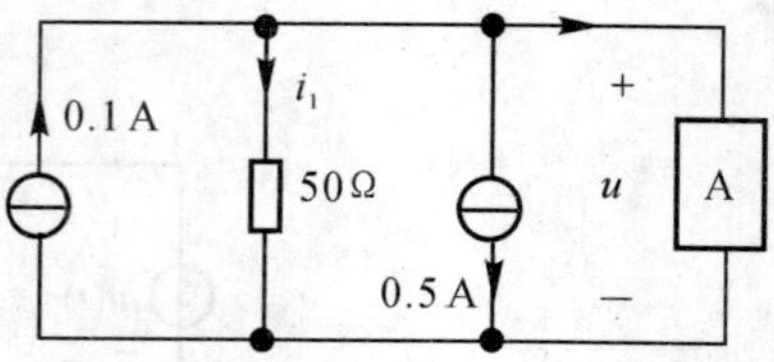

图题 1.15

1.16 图题 1.16(a)，(b) 所示电路，试写出它们端口上两种形式的伏安关系(即 u 与 i 的关系)，即 $u=f(i)$，$i=g(u)$。(答：$u=5i-45$ V，$i=\frac{1}{5}u+9$ A；$u=10i+25$ V，$i=\frac{1}{10}u-2.5$ A)

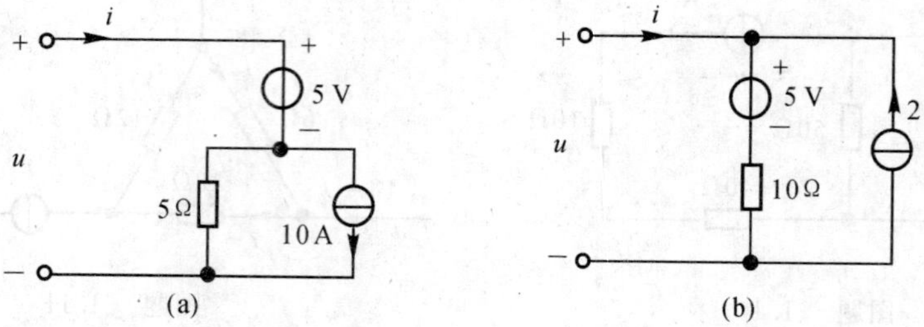

图题 1.16

1.17 图题 1.17 所示电路，端口 a，b 开路，求 a，b 点的电位 φ_a，φ_b，并求电压 u_{ab}。(答：-2 V，4 V，-6 V)

1.18 图题 1.18 所示电路，求 i 和 u，并求右边 ab 支路发出的功率。(答：1 A，8 V，-6 W)

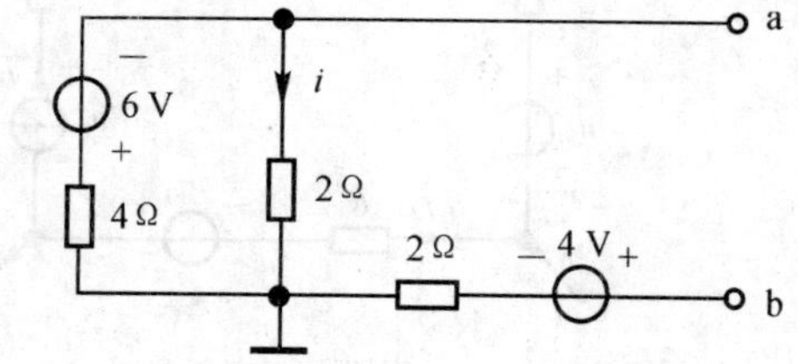

图题 1.17

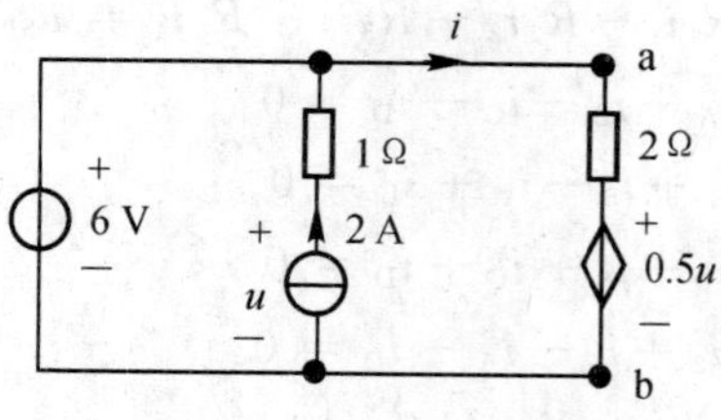

图题 1.18

1.19 将图题 1.19 所示电路画成电子习惯电路。

1.20 将图题 1.20 示电路画成一般性电路，并求电压 u_{ab}。(答：-2 V)

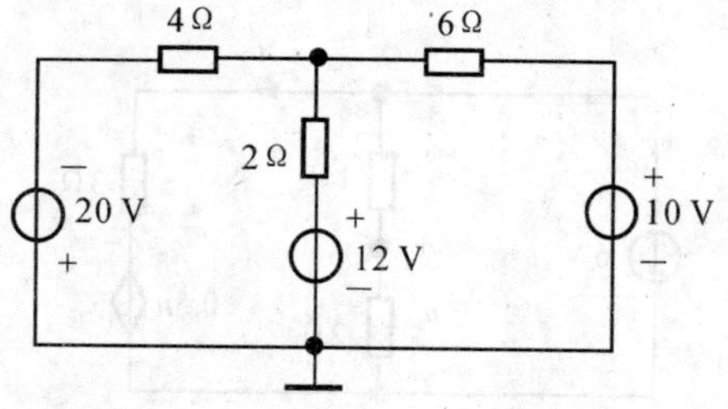

图题 1.19

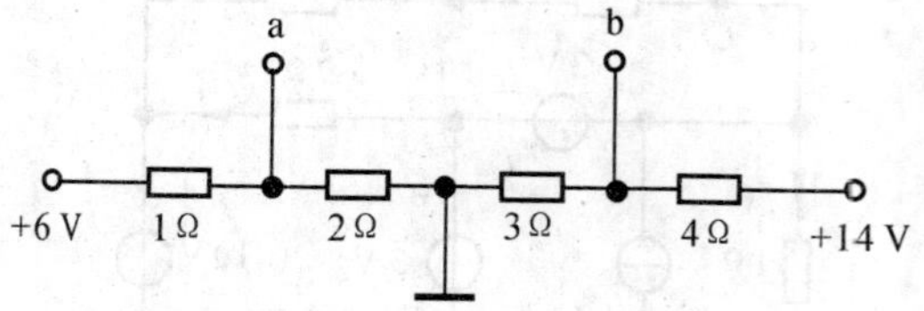

图题 1.20

第 2 章 电阻电路等效变换

内容提要

本章讲述等效电路与电路等效变换的概念，电阻的串联与电导的并联，无源三端电路及其相互等效变换，实际电源的电路模型及其相互等效变换，单口电路的输入电阻及其求解。

2.1 等效电路与电路等效变换的概念

一、端口与一端口电路

向外部有两个引出端且两端上的电流为同一电流（这称为端口条件），这样的两端即构成电路的一个端口，简称一端口或单口，相应的电路称为一端口电路或单口电路。如图 2.1.1 所示的 a，b 端即构成一个端口，此电路即为一端口（即单口）电路，端口上的 u 和 i 分别称为端口电压和端口电流，u 与 i 的关系称为端口的伏安关系，也称外部特性，简称外特性。

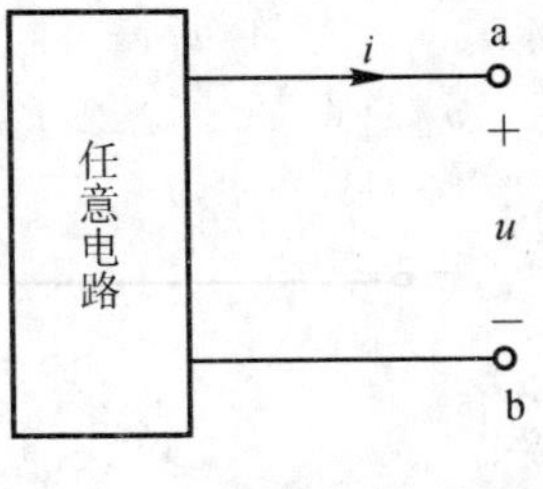

图 2.1.1　端口与一端口电路的定义

二、等效电路

如图 2.1.2 所示的 N_1 和 N_2 是两个内部结构和元件数值均不同的一端口电路，若这两个一端口电路端口上的 $u-i$ 关系（即伏安关系）完全相同，即称 N_1 和 N_2 对端口 $u-i$ 关系而言互为等效电路，简称等效电路。注意，N_1 和 N_2 的内部不一定等效，这里的“等效”，只是对电路外部等效，即对端口等效。

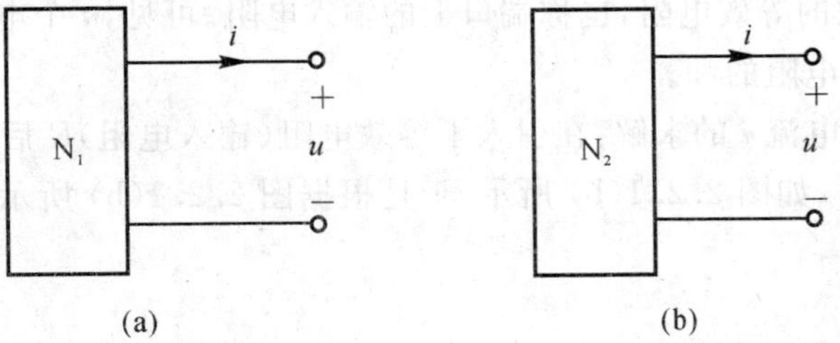

图 2.1.2　等效电路的定义

三、电路等效变换的条件与等效变换

在保持端口上 u-i 关系(即端口伏安关系)不变的条件下,把图 2.1.2 所示的电路 N_1 变换为电路 N_2,或者把 N_2 变换为 N_1,即称为电路的等效变换,图中 N_1,N_2 两个电路的端口 u-i 关系是完全相同的。可见,等效变换的条件是在变换时,必须保持两个电路端口上的 u-i 关系完全相同。

四、电路等效变换的目的与作用

电路等效变换的目的与作用有 3 个:① 从应用角度看,是为了简化电路的分析计算,把难以求解的电路变得容易;② 从研究的角度看,是为了进一步研究更深层次的电路理论并获得更新的理论成果;③ 电路等效变换本身就是电路理论研究的重要课题和领域之一。

*2.2 电阻串联与电导并联

一、电阻串联

(1) 定义:若流过各个电阻的电流为同一电流①,则这些电阻即为串联连接,简称串联。如图 2.2.1(a) 所示即为 n 个电阻的串联,因为流过这 n 个电阻的电流均为同一电流 i。

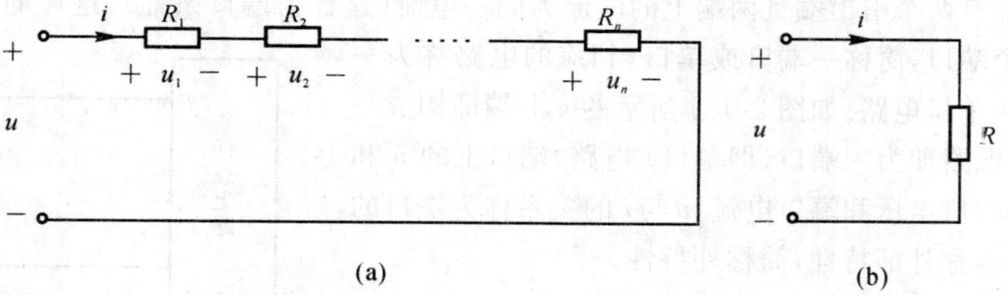

图 2.2.1 电阻的串联

(2) 等效电阻(输入电阻)R:设 u 与 i 为关联方向,则有

$$u = u_1 + u_2 + \cdots + u_n = R_1 i + R_2 i + \cdots + R_n i = (R_1 + R_2 + \cdots + R_n) i$$

故

$$u = Ri$$

式中

$$R = R_1 + R_2 + \cdots + R_n = \sum_{k=1}^{n} R_k$$

R 称为 n 个电阻串联的等效电阻,也称端口上的输入电阻。可见,n 个电阻串联的等效电阻(即输入电阻)等于 n 个电阻的和。

(3) 等效电路及电流 i 的求解:在引入了等效电阻(输入电阻)R 后,即可作出图 2.2.1(a) 所示电路的等效电路,如图 2.2.1(b) 所示。于是根据图 2.2.1(b) 所示的等效电路,即可求得电流 i,即

① 同一电流一定相等,但相等的电流不一定是同一电流。同一电流与相等的电流概念不同。

$$i = \frac{u}{R} = \frac{u}{\sum_{k=1}^{n} R_k}$$

(4) 电压比与分压公式。因有

$$u_1 = R_1 i$$
$$u_2 = R_2 i$$
$$\cdots\cdots$$
$$u_n = R_n i$$

故有

$$u_1 : u_2 : \cdots : u_n = R_1 : R_2 : \cdots : R_n$$

即各电阻上的电压值与各电阻的值成正比。

又有

$$u_1 = R_1 \frac{u}{R} = \frac{R_1}{R_1 + R_2 + \cdots + R_n} u$$
$$u_2 = \frac{R_2}{R_1 + R_2 + \cdots + R_n} u$$
$$\cdots\cdots$$
$$u_n = \frac{R_n}{R_1 + R_2 + \cdots + R_n} u$$

以上各式称为电阻串联的分压公式。

(5) 功率关系:图 2.2.1(a) 电路中各个电阻吸收的功率为

$$P_1 = R_1 i^2$$
$$P_2 = R_2 i^2$$
$$\cdots\cdots$$
$$P_n = R_n i^2$$

故 n 个电阻吸收的总功率为

$$P = P_1 + P_2 + \cdots + P_n$$

即

$$P = R_1 i^2 + R_2 i^2 + \cdots + R_n i^2 = (R_1 + R_2 + \cdots + R_n) i^2 = R i^2$$

式中 Ri^2 就是图 2.2.1(b) 所示电路中等效电阻 R 吸收的功率。故图 2.2.1(b) 电路中等效电阻 R 吸收的功率,就等于图 2.2.1(a) 电路中 n 个电阻吸收的总功率。

又有

$$P_1 : P_2 : \cdots : P_n = R_1 : R_2 : \cdots : R_n$$

即各电阻吸收的功率与各电阻的值成正比。

二、电导并联

(1) 定义:若加在各个电导两端的电压为同一电压,则这些电导即为并联连接,简称并联。如图 2.2.2(a) 所示即为 n 个电导的并联,因为加在这 n 个电导上的电压均为同一电压 u。

(2) 等效电导(输入电导):设 u 与 i 为关联方向,则有

$$i = i_1 + i_2 + \cdots + i_n = G_1 u + G_2 u + \cdots + G_n i_n = (G_1 + G_2 + \cdots + G_n) i$$

故

$$i = Gu$$

式中

$$G = G_1 + G_2 + \cdots + G_n = \sum_{k=1}^{n} G_k$$

G 称为 n 个电导并联的等效电导,也称端口上的输入电导。可见,n 个电导并联的等效电导(即

输入电导）等于 n 个电导的和。

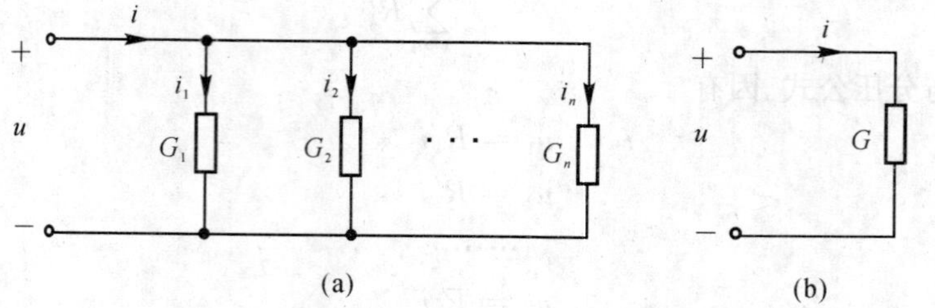

图 2.2.2 电导的并联

(3) 等效电路及电压 u 的求解：在引入了等效电导（输入电导）G 后，我们即可作出如图 2.2.2(b) 所示的等效电路。于是根据图 2.2.2(b) 所示的等效电路，即可求得电压 u，即

$$u = \frac{i}{G} = \frac{i}{\sum_{k=1}^{n} G_k}$$

(4) 电流比与分流公式：因有

$$i_1 = G_1 u$$
$$i_2 = G_2 u$$
$$\cdots\cdots$$
$$i_n = G_n u$$

故有
$$i_1 : i_2 : \cdots : i_n = G_1 : G_2 : \cdots : G_n$$
即各电导中的电流值与各电导的值成正比。

又有
$$i_1 = G_1 \frac{i}{G} = \frac{G_1}{G_1 + G_2 + \cdots + G_n} i$$

$$i_2 = \frac{G_2}{G_1 + G_2 + \cdots + G_n} i$$
$$\cdots\cdots$$
$$i_n = \frac{G_n}{G_1 + G_2 + \cdots + G_n} i$$

以上各式称为电导并联的分流公式。

(5) 功率关系：图 2.2.2(a) 所示电路中各个电导吸收的功率为

$$P_1 = G_1 u^2$$
$$P_2 = G_2 u^2$$
$$\cdots\cdots$$
$$P_n = G_n u^2$$

故 n 个电导吸收的总功率为

$$P = P_1 + P_2 + \cdots + P_n$$

即
$$P = G_1 u^2 + G_2 u^2 + \cdots + G_n u^2 = (G_1 + G_2 + \cdots + G_n) u^2 = G i^2$$

式中 Gi^2 就是图 2.2.2(b) 所示电路中等效电导 G 吸收的功率。故图 2.2.2(b) 电路中等效电导 G 吸收的功率，就等于图 2.2.2(a) 电路中 n 个电导吸收的总功率。

又有　$P_1 : P_2 : \cdots : P_n = G_1 : G_2 : \cdots : G_n$

即各电导吸收的功率与各电导的值成正比。

(6) 两个电阻的并联：两个电阻并联的电路如图 2.2.3 所示。利用上面 n 个电导并联所得到的公式，可以推导出两个电阻并联的等效电阻为

$$R = \frac{R_1 R_2}{R_1 + R_2}$$

其分流公式为

$$i_1 = \frac{R_2}{R_1 + R_2} i$$

$$i_2 = \frac{R_1}{R_1 + R_2} i$$

且有

$$\frac{i_1}{i_2} = \frac{R_2}{R_1}$$

$$\frac{P_1}{P_2} = \frac{R_2}{R_1}$$

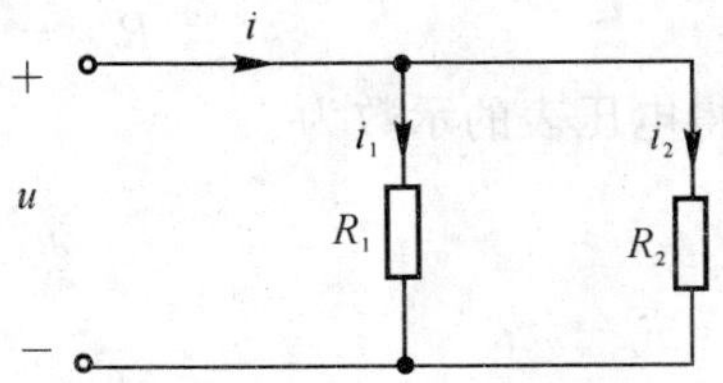

图 2.2.3　两个电阻并联

即两个电阻中的电流之比，吸收的功率之比，都与两个电阻的值成反比。

例 2.2.1　图 2.2.4 所示电路，求 i_1 和 u。

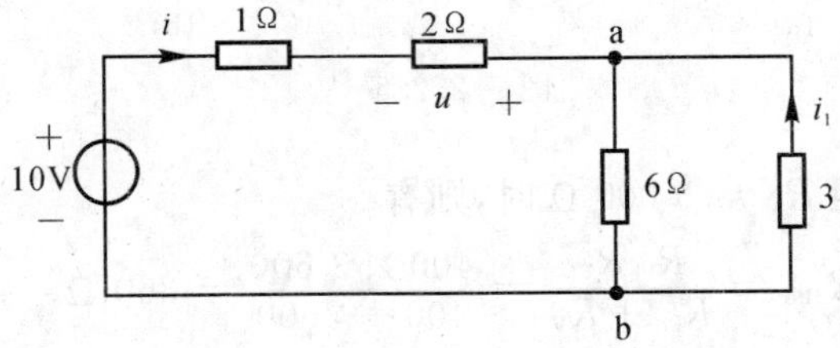

图　2.2.4

解

$$R_{ab} = \frac{6 \times 3}{6 + 3} = 2\ \Omega$$

$$R = 1 + 2 + R_{ab} = 3 + 2 = 5\ \Omega$$

$$i = \frac{10}{R} = \frac{10}{5} = 2\ \text{A}$$

$$u = -2i = -2 \times 2 = -4\ \text{V}$$

$$i_1 = \frac{-6}{6+3} i = -\frac{2}{3} \times 2 = -\frac{4}{3}\ \text{A}$$

例 2.2.2　图 2.2.5(a) 所示电路是一个简单的分压器电路，滑动变阻器的总电阻 $R = 1\ 000\ \Omega$，电源电压 $u_S = 18$ V，当滑动端 P 在图示位置时，$R_{aP} = 600\ \Omega$。(1) 求电压 u_2；(2) 若用内电阻 $R_V = 1\ 200\ \Omega$ 的电压表测量 u_2（见图 2.2.5(b)），求电压表的读数；(3) 若用内电阻 $R_V = 3\ 600\ \Omega$ 的电玉表测量 u_2，求电压表的读数。

解　(1)

$$R_{Pb} = R - R_{aP} = 1\ 000 - 600 = 400\ \Omega$$

$$u_2 = \frac{R_{Pb}}{R} u_S = \frac{400}{1\ 000} \times 18 = 7.2\ \text{V}$$

(2) 当用电压表测量电压 u_2 时，就相当于在 P，b 两点上并联了一个电阻 R_V，如图

2.2.5(b) 所示，于是 P，b 两点之间的等效电阻为

$$R'_{Pb} = \frac{R_{Pb}R_V}{R_{Pb}+R_V} = \frac{400\times 1\,200}{400+1\,200} = 300\ \Omega$$

进而又得 a，b 两点之间的等效电阻为

$$R_{ab} = R_{aP} + R'_{Pb} = 600 + 300 = 900\ \Omega$$

故得电压表的示数为

$$u_2 = \frac{R'_{Pb}}{R_{ab}}u_S = \frac{300}{900}\times 18 = 6\ \text{V}$$

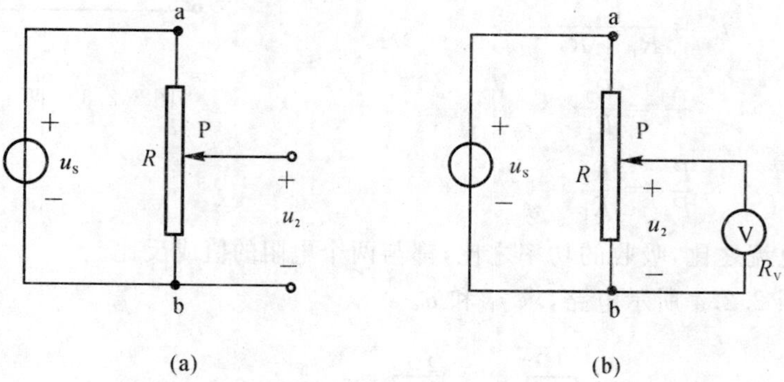

图 2.2.5

（3）当电压表的内电阻 $R_V = 3\,000\ \Omega$ 时，则有

$$R''_{Pb} = \frac{R_{Pb}R_V}{R_{Pb}+R_V} = \frac{400\times 3\,600}{400+3600} = 360\ \Omega$$

$$R_{ab} = R_{aP} + R''_{Pb} = 600 + 360 = 960\ \Omega$$

故得电压表的示数为

$$u_2 = \frac{R''_{Pb}}{R_{ab}}u_S = \frac{360}{960}\times 18 = 6.75\ \text{V}$$

由上述计算结果可见，电压表内电阻 R_V 的值越大，测量的结果越精确。

2.3 无源三端电路及其相互等效变换

一、定义

向外有 3 个引出端且内部不含任何电源（独立源与受控源）的电路，称为无源三端电路。

二、分类

无源三端电路有两种：一种是星形（Y 形）电路，如图 2.3.1(a) 所示；另一种是三角形（△ 形）电路，如图 2.3.1(b) 所示。无源三端电路中的电阻既不是串联，也不是并联。

三、等效变换

在电路分析中，可把这两种无源三端电路进行相互等效变换，其条件是对应节点上的端电

流相等，即 $i_1 = i'_1, i_2 = i'_2, i_3 = i'_3$，相应两节点的电压相等，即 $u_{12} = u'_{12}, u_{23} = u'_{23}, u_{31} = u'_{31}$。下面推导它们两者相互等效变换的公式。

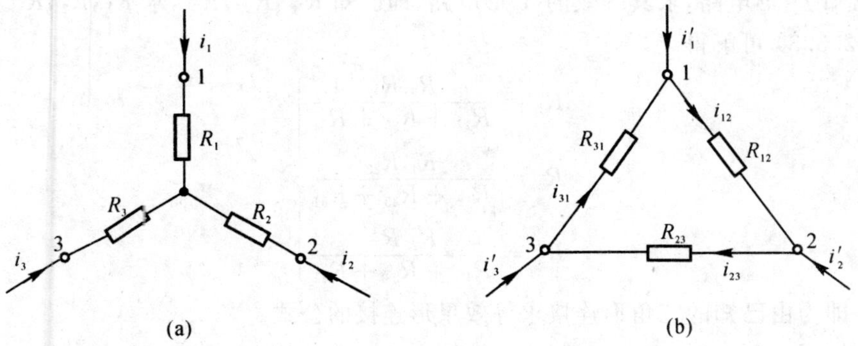

图 2.3.1　无源三端电路

(1) 已知 Y 形电路，求其等效的 △ 形电路，即已知 R_1, R_2, R_3，求 R_{12}, R_{23}, R_{31}。

对于图 2.3.1(b) 电路有

$$\left.\begin{aligned} i'_1 &= i_{12} - i_{31} = \frac{u'_{12}}{R_{12}} - \frac{u'_{31}}{R_{31}} = \frac{u_{12}}{R_{12}} - \frac{u_{31}}{R_{31}} \\ i'_2 &= i_{23} - i_{12} = \frac{u'_{23}}{R_{23}} - \frac{u'_{12}}{R_{12}} = \frac{u_{23}}{R_{23}} - \frac{u_{12}}{R_{12}} \\ i'_3 &= i_{31} - i_{23} = \frac{u'_{31}}{R_{31}} - \frac{u'_{23}}{R_{23}} = \frac{u_{31}}{R_{31}} - \frac{u_{23}}{R_{23}} \end{aligned}\right\} \tag{2.3.1}$$

对于图 2.3.1(a) 电路有

$$\begin{cases} u_{12} = R_1 i_1 - R_2 i_2 \\ u_{23} = R_2 i_2 - R_3 i_3 \\ i_1 + i_2 + i_3 = 0 \end{cases}$$

联立求解得

$$\left.\begin{aligned} i_1 &= \frac{R_3}{R_1R_2 + R_2R_3 + R_3R_1} u_{12} - \frac{R_2}{R_1R_2 + R_2R_3 + R_3R_1} u_{31} \\ i_2 &= \frac{R_1}{R_1R_2 + R_2R_3 + R_3R_1} u_{23} - \frac{R_3}{R_1R_2 + R_2R_3 + R_3R_1} u_{12} \\ i_3 &= \frac{R_2}{R_1R_2 + R_2R_3 + R_3R_1} u_{31} - \frac{R_1}{R_1R_2 + R_2R_3 + R_3R_1} u_{23} \end{aligned}\right\} \tag{2.3.2}$$

由于应有 $i_1 = i'_1, i_2 = i'_2, i_3 = i'_3$，故式(2.3.1)和式(2.3.2)应相等，且对应项的系数也应相等。于是得

$$\left.\begin{aligned} R_{12} &= \frac{R_1R_2 + R_2R_3 + R_3R_1}{R_3} \\ R_{23} &= \frac{R_1R_2 + R_2R_3 + R_3R_1}{R_1} \\ R_{31} &= \frac{R_1R_2 + R_2R_3 + R_3R_1}{R_2} \end{aligned}\right\} \tag{2.3.3}$$

式(2.3.3)即为由已知的星形连接求等效三角形连接的公式。

特例：当 $R_1 = R_2 = R_3 = R_Y$ 时，则有

$$R_{12} = R_{23} = R_{31} = R_{\triangle} = 3R_Y$$

(2) 已知 △ 形电路，求其等效的 Y 形电路，即已知 R_{12}, R_{23}, R_{31}，求 R_1, R_2, R_3。由式(2.3.3)可解得

$$\left.\begin{aligned} R_1 &= \frac{R_{31}R_{12}}{R_{12}+R_{23}+R_{31}} \\ R_2 &= \frac{R_{12}R_{23}}{R_{12}+R_{23}+R_{31}} \\ R_3 &= \frac{R_{23}R_{31}}{R_{12}+R_{23}+R_{31}} \end{aligned}\right\} \qquad (2.3.4)$$

式(2.3.4)即为由已知的三角形连接求等效星形连接的公式。

特例：当 $R_{12} = R_{23} = R_{31} = R_{\triangle}$ 时，则有

$$R_1 = R_2 = R_3 = R_Y = \frac{1}{3}R_{\triangle}$$

例 2.3.1 图 2.3.2(a) 所示电路。求等效电阻 R_{ab} 及各支路电流。

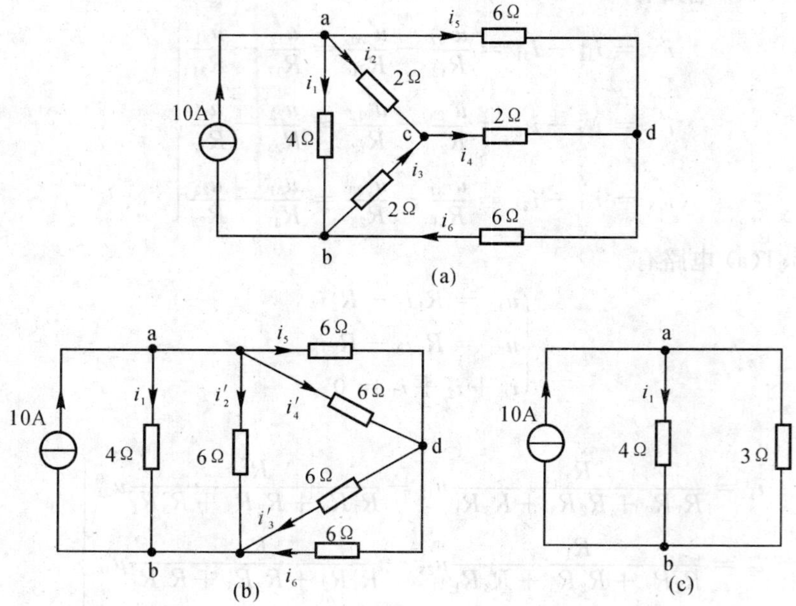

图 2.3.2

解 将星形连接的 3 个 2Ω 电阻，等效变换为三角形连接的 3 个 6Ω 电阻，如图 2.3.2(b) 所示。然后再利用电阻串并联简化原则，将图 2.3.2(b) 电路简化成图 2.3.2(c) 所示电路。于是根据图 2.3.2 (c) 得

$$R_{ab} = \frac{4 \times 3}{4+3} = \frac{12}{7}\ \Omega$$

$$i_1 = \frac{3}{4+3} \times 10 = \frac{30}{7}\ \text{A}$$

$$u_{ab} = 4i_1 = \frac{120}{7}\ \text{V}$$

再回到图 2.3.2(b) 所示电路得

$$i'_2 = \frac{u_{ab}}{6} = \frac{20}{7}\ \text{A}$$

$$i'_3 = i'_4 = i_5 = i_6 = \frac{1}{2}(10 - i_1 - i'_2) = \frac{10}{7}\ \text{A}$$

再回到图 2.3.2(a) 所示电路得

$$i_2 = 10 - i_1 - i_5 = \frac{30}{7}\ \text{A}$$

$$i_3 = i_1 + i_6 - 10 = -\frac{30}{7}\ \text{A}$$

$$i_4 = i_6 - i_5 = 0$$

例 2.3.2　图 2.3.3(a) 所示电路，求 i 和 u。

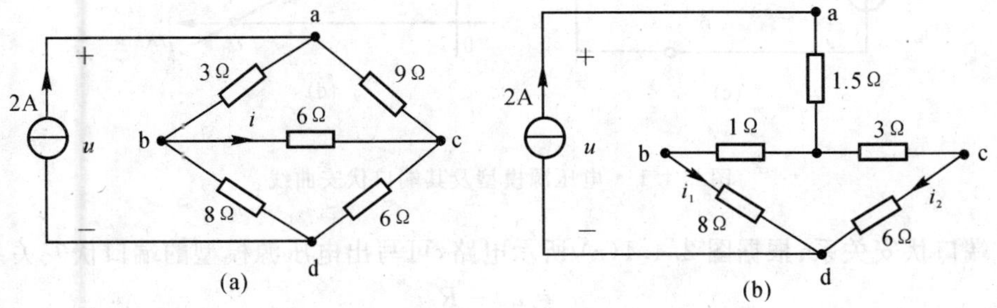

图　2.3.3

解　将 a,b,c 三个节点之间的 △ 形电路，等效变换为 Y 形电路，如图 2.3.3(b) 所示。故得 a,d 之间的等效电阻为

$$R_{ad} = 1.5 + \frac{(1+8)(3+6)}{(1+8)+(3+6)} = 6\ \Omega$$

故
$$u = 2R_{ad} = 2 \times 6 = 12\ \text{V}$$

又因
$$i_1 = \frac{3+6}{(1+8)+(3+6)} \times 2 = 1\ \text{A}$$

$$i_2 = 2 - i_1 = 2 - 1 = 1\ \text{A}$$

故
$$u_{bc} = -1i_1 + 3i_2 = -1 \times 1 + 3 \times 1 = 2\ \text{V}$$

故得
$$i = \frac{u_{bc}}{6} = \frac{2}{6} = \frac{1}{3}\ \text{A}$$

2.4　实际电源的电路模型及其相互等效变换

一、实际电压源的电路模型及其端口伏安关系

(1) 电路模型：一个实际的电压源可以用一个电阻 R_S 和一个理想电压源的串联组合来作为它的电路模型，如图 2.4.1(a) 所示，称为电压源模型。其中 u_S 为实际电压源的电压，R_S 为实际电压源的内电阻，u 和 i 分别为端口电压与端口电流。

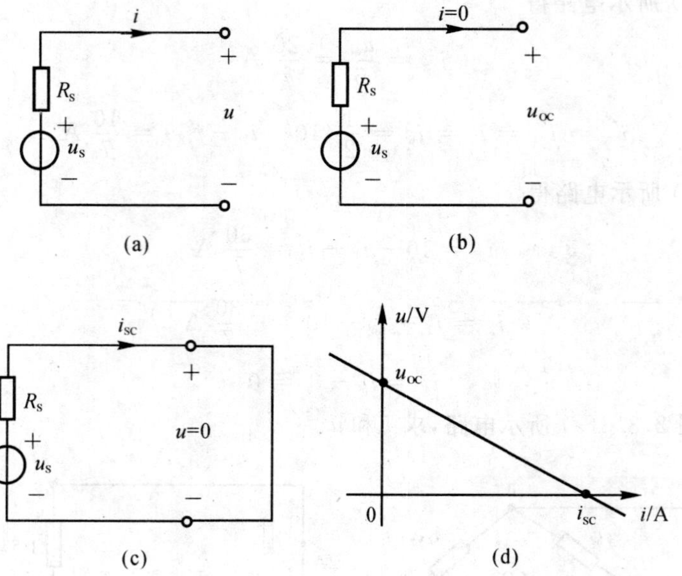

图 2.4.1　电压源模型及其端口伏安曲线

(2) 端口伏安关系：根据图 2.4.1(a) 所示电路，可写出电压源模型的端口伏安关系为

$$u = u_S - R_S i \tag{2.4.1}$$

当端口电流 $i=0$ 时，称为电压源端口开路，如图 2.4.1(b) 所示。端口开路时的电压称为端口开路电压，用 u_{OC} 表示。由式(2.4.1) 可得

$$u_{OC} = u_S$$

当端口电压 $u=0$ 时，称为电压源端口短路，如图 2.4.1(c) 所示。端口短路时的电流称为端口短路电流，用 i_{SC} 表示。由式(2.4.1) 可得

$$i_{SC} = \frac{u_S}{R_S} = \frac{u_{OC}}{R_S} \tag{2.4.2}$$

根据式(2.4.1) 可画出电压源模型端口 u 与 i 的关系曲线，如图 2.4.1(d) 所示，称为电压源的端口伏安特性，也称电压源模型的外特性。可见，u 随 i 的增大而直线减小。

二、实际电流源的电路模型及其端口伏安关系

(1) 电路模型：一个实际的电流源可以用一个电阻 R_S 和一个理想电流源的并联组合来作为它的电路模型，如图 2.4.2(a) 所示，称为电流源模型。其中 i_S 为实际电流源的电流，R_S 为实际电流源的内电阻，u 和 i 分别为端口电压与端口电流。

(2) 端口伏安关系：根据图 2.4.2(a) 所示电路，可写出电流源模型的端口伏安关系为

$$i = i_S - \frac{u}{R_S} \tag{2.4.3}$$

当端口电压 $u=0$ 时，称为电流源端口短路，如图 2.4.2(b) 所示。端口短路时的电流称为端口短路电流，用 i_{SC} 表示。由式(2.4.3) 可得

$$i_{SC} = i_S$$

当端口电流 $i=0$ 时，称为电流源端口开路，如图 2.4.2(c) 所示。端口开路时的电压称为端口

开路电压，用 u_{OC} 表示。由式(2.4.3)可得

$$u_{OC} = R_S i_S = R_S i_{SC} \tag{2.4.4}$$

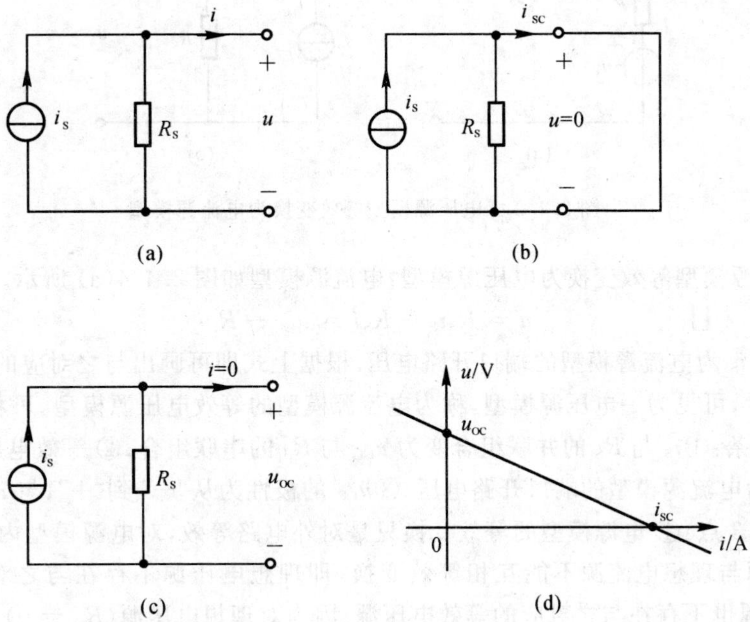

图 2.4.2　电流源模型及其端口伏安曲线

根据式(2.4.3)可画出电流源模型端口 u 与 i 的关系曲线，如图 2.4.2(d)所示，称为电流源的端口伏安特性，也称电流源模型的外特性。可见，u 随 i 的增大也是直线减小。

又由式(2.4.2)或式(2.4.4)都可以得到

$$R_S = \frac{u_{OC}}{i_{SC}} \tag{2.4.5}$$

式(2.4.5)说明，电压源和电流源的内电阻 R_S，都可通过求端口开路电压 u_{OC} 和端口短路电流 i_{SC} 得到(注意，当出现 $u_{OC} = i_{SC} = 0$ 时，此法失效)。

三、两种电源模型的相互等效变换

为了电路分析的需要，往往需要将电压源模型与电流源模型进行等效变换，等效变换后所得到的电路称为等效电路。下面就来推导它们等效变换的原则与关系式。

(1) 电压源模型等效变换为电流源模型：电压源模型如图 2.4.3(a)所示。由式(2.4.1)有

$$i = \frac{u_S}{R_S} - \frac{u}{R_S} = i_{SC} - \frac{u}{R_S}$$

式中 $i_{SC} = \frac{u_S}{R_S}$ 为电压源模型的端口短路电流。根据上式即可画出与之对应的等效电路，如图 2.4.3(b)所示，可见为一电流源模型，称为电压源模型的等效电流源模型。将这种等效变换原则总结为 3 条：①u_S 与 R_S 的串联组合变为 i_{SC} 与 R_S 的并联组合；② 等效电流源模型的电流 $i_{SC} = \frac{u_S}{R_S}$，为电压源模型的端口短路电流；③i_{SC} 的方向为从 u_S 的“−”指向 u_S 的“+”。

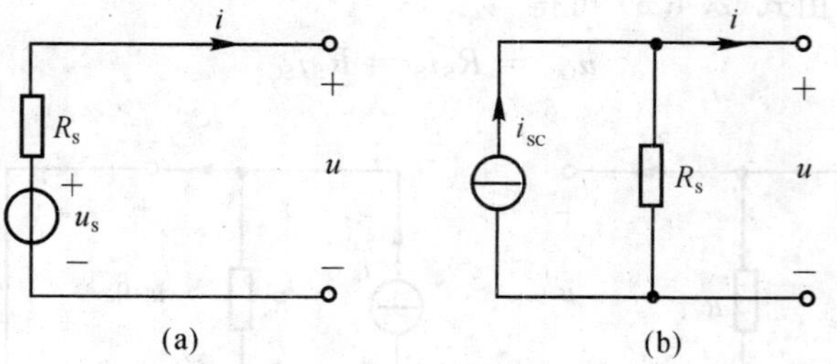

图 2.4.3 电压源模型等效变换为电流源模型

(2) 电流源模型等效变换为电压源模型：电流源模型如图 2.4.4(a) 所示。由式(2.4.3) 有

$$u = R_S i_S - R_S i = u_{OC} - R_S i$$

其中 $u_{OC} = R_S i_S$ 为电流源模型的端口开路电压。根据上式即可画出与之对应的等效电路，如图 2.4.4(b) 所示，可见为一电压源模型，称为电流源模型的等效电压源模型。可将这种等效变换原则总结为 3 条：①i_S 与 R_S 的并联组合变为 u_{OC} 与 R_S 的串联组合；② 等效电压源模型的电压 $u_{OC} = R_S i_S$，为电流源模型的端口开路电压；③u_{OC} 的极性为从"−"到"+"，与 i_S 的方向一致。

需要指出 3 点：① 电源模型的等效变换只是对外电路等效，对电源模型内部是不等效的；② 理想电压源与理想电流源不能互相等效变换，即理想电压源不存在与之对应的等效电流源，理想电流源也不存在与之对应的等效电压源。因为对理想电压源($R_S = 0$) 而言，其端口短路电流 $i_{SC} \to \infty$，对理想电流源($R_S \to \infty$) 而言，其端口开路电压 $u_{OC} \to \infty$，都不是有限值，故两者之间不存在等效变换的条件；③ 受控电压源与受控电流源相互等效变换的原则与上述原则相同，其变换结果仍是受控源。

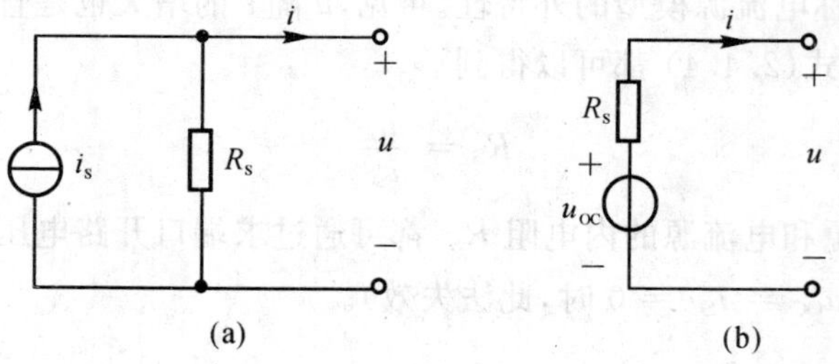

图 2.4.4 电流源模型等效变换为电压源模型

例 2.4.1 图 2.4.5(a) 所示电路，求 i_1, i_2, i_3。

解 利用电源模型等效变换的原理，可依次将图 2.4.5(a) 等效变换为图 2.4.5(b)，(c)。于是根据图 2.4.5(c) 可求得

$$i_3 = \frac{1}{1+5} \times 6 = 1\ \text{A}$$

$$u_3 = 5i_3 = 5 \times 1 = 5\ \text{V}$$

再根据图 2.4.5(a) 得

$$i_1 = \frac{24 - u_3}{2} = 9.5\ \text{A}$$

$$i_2 = \frac{-12 - u_3}{2} = -8.5\ \text{A}$$

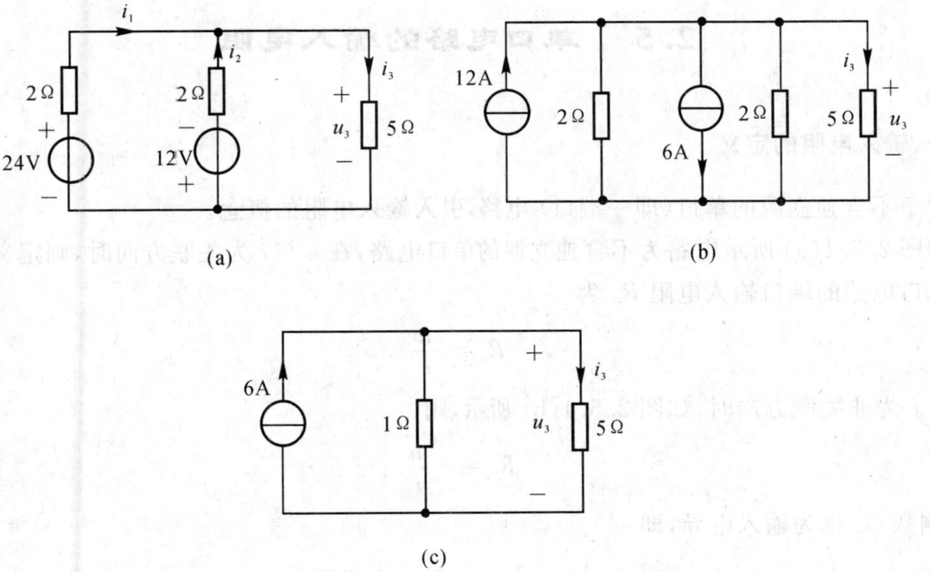

图　2.4.5

例 2.4.2　图 2.4.6(a) 所示电路，求 i 及受控电压源吸收的功率。

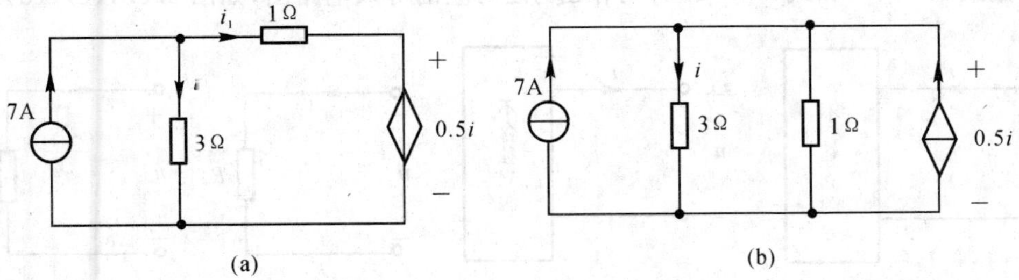

图　2.4.6

解　这是含有受控源的电路。在对含受控源的电路进行等效变换时，控制量 i 所在的支路不能变动，受控源与独立源同样处理。

将图 2.4.6(a) 所示电路等效变换为图 2.4.6(b) 所示电路，于是根据图 2.4.6(b) 所示电路得

$$i = \frac{1}{3+1}(7+0.5i)$$

解得

$$i = 2\ \mathrm{A}$$

再回到图 2.4.6(a) 所示电路，得

$$i_1 = 7 - i = 7 - 2 = 5\ \mathrm{A}$$

故受控电压源吸收的功率为

$$P = 0.5ii_1 = 0.5 \times 2 \times 5 = 5\ \mathrm{W}$$

2.5 单口电路的输入电阻

一、输入电阻的定义

对于不含独立源的单口(即一端口)电路,引入输入电阻的概念。

如图 2.5.1(a) 所示电路为不含独立源的单口电路,在 u 与 i 为关联方向时,则定义不含独立源单口电路的端口输入电阻 R_o 为

$$R_o = \frac{u}{i} \tag{2.5.1}$$

若 u 与 i 为非关联方向时,如图 2.5.1(b) 所示,则

$$R_o = -\frac{u}{i} \tag{2.5.2}$$

R_o 的倒数 G_o 称为输入电导,即

$$G_o = \frac{1}{R_o} = \frac{i}{u} \quad (u\text{ 与 }i\text{ 为关联方向})$$

或

$$G_o = \frac{1}{R_o} = -\frac{i}{u} \quad (u\text{ 与 }i\text{ 为非联方向})$$

根据式(2.5.1) 和式(2.5.2) 即可作出与之对应的等效电路图,如图 2.5.1(c),(d) 所示。

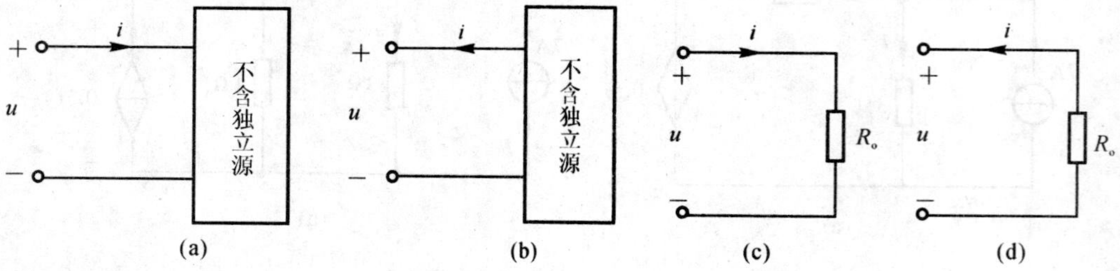

图 2.5.1 输入电阻 R_o 的定义

二、输入电阻 R_o 的求法

单口电路输入电阻的求解方法,应视单口电路的具体情况确定。

(1) 不含任何电源(独立源与受控源)的单口电路:求此种单口电路的输入电阻 R_o,可直接利用电阻串联、并联简化和 Y—△ 等效变换的方法求解。

例 2.5.1 图 2.5.2(a) 所示电路,求 a,b 端口的输入电阻 R_o。

解 将图 2.5.2(a) 中 3 个 1 Ω 电阻连接成的 Y 形电路,等效变换为图 2.5.2(b) 中的 △ 形电路。于是根据图 2.5.2(b) 所示电路,即可求得 a,b 端口的输入电阻为

$$R_o = \frac{3 \times 1.5}{3 + 1.5} = 1\ \Omega$$

(2) 含受控源(不含独立源)的单口电路:求此种单口电路的输入电阻 R_o,应根据输入电阻 R_o 的定义式(2.5.1),用外加电源的方法求解,可以外加电压源,也可以外加电流源。

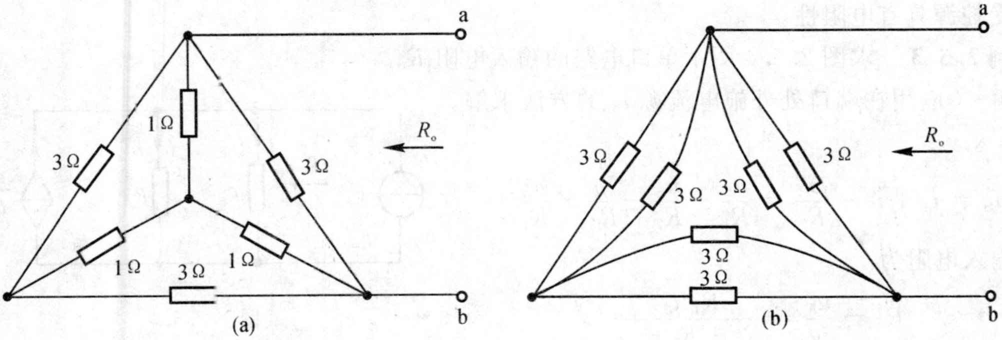

图　2.5.2

例 2.5.2　求图 2.5.3(a) 所示单口电路的输入电阻(等效电阻)R_o。

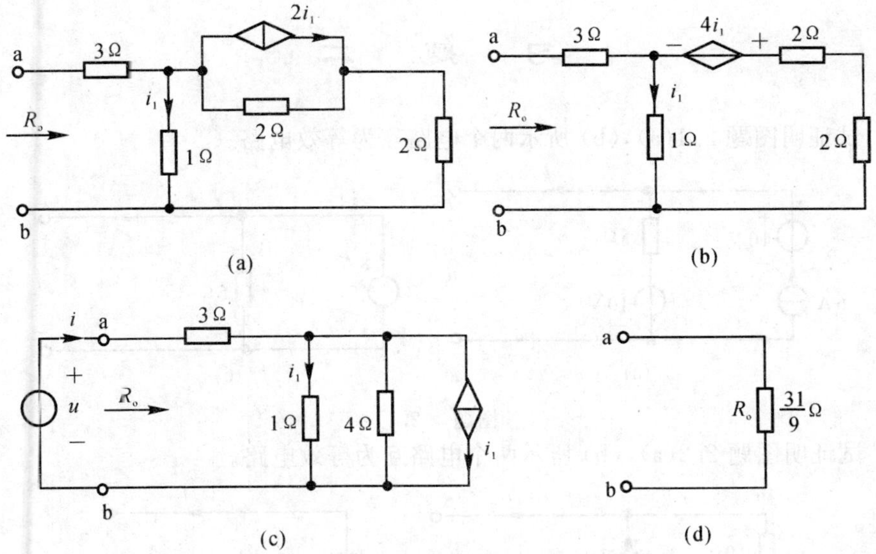

图 2.5.3　含受控源的单口电路

解　先将受控电流源 $2i_1$ 与 2 Ω 电阻的并联组合，等效变换为受控电压源 $4i_1$ 与电阻2 Ω 的串联组合，其变换原则与独立电压源和独立电流源的相互等效变换原则全同，如图 2.5.3(b) 所示。然后再将受控电压源 $4i_1$ 与电阻(2 Ω+2 Ω) 的串联组合，等效变换为受控电流源 i_1 与电阻 4 Ω 的并联组合，如图 2.5.3(c) 所示。可见简化后的电路 2.5.3(c) 保留了控制变量 i_1 支路不动。于是根据图 2.5.3(c) 所示电路，从端口 ab 处外施电压源 u 以求得电流 i，即

$$i = i_1 + \frac{u-3i}{4} + i_1$$

又有

$$i_1 = \frac{u-3i}{1}$$

联立求解即得输入电阻(等效电阻) 为

$$R_o = \frac{u}{i} = \frac{31}{9}\ \Omega$$

其等效电路如图 2.5.3(d) 所示。可见含受控源单口电路的等效电阻 R_o 为一电阻元件，从而表

明了受控源具有电阻性。

例 2.5.3 求图 2.5.4 所示单口电路的输入电阻 R_o。

解 应用在端口处外施电流源 i_S 的方法求解。则有

$$i_S = i_1 + i_2 - \frac{\mu i_1}{R_2} = \frac{u_S}{R_1} + \frac{u_S}{R_2} - \frac{\mu}{R_2} \times \frac{u_S}{R_1}$$

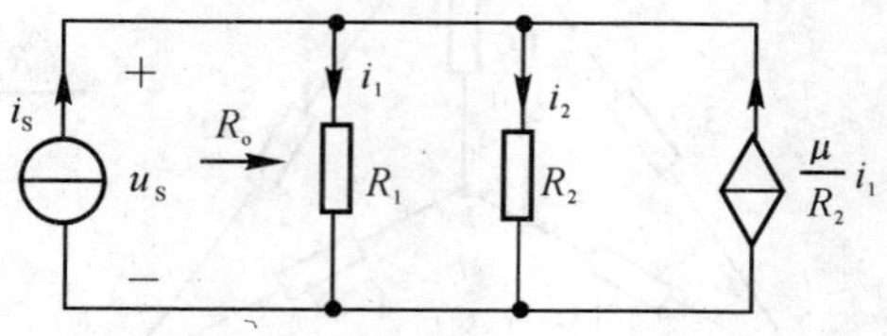

图 2.5.4

故得输入电阻为

$$R_o = \frac{u_S}{i_S} = \frac{R_1 R_2}{R_1 + R_2 - \mu}$$

可见，当 $\mu > (R_1 + R_2)$ 时，R_o 为负值。例如若取 $\mu = 2(R_1 + R_2)$，则 $R_o = -\frac{R_1 R_2}{R_1 + R_2}$。负电阻表示该含受控源的单口电路是向外电路提供能量。

习 题 二

2.1 试证明图题 2.1(a)，(b) 所示两个电路互为等效电路。

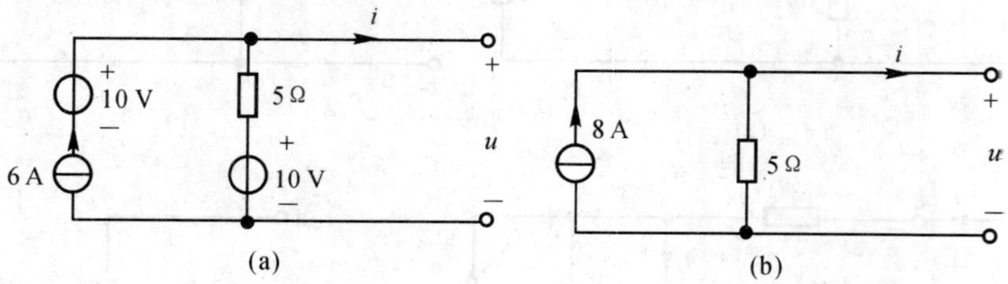

图题 2.1

2.2 试证明图题 2.2(a)，(b) 所示两个电路互为等效电路。

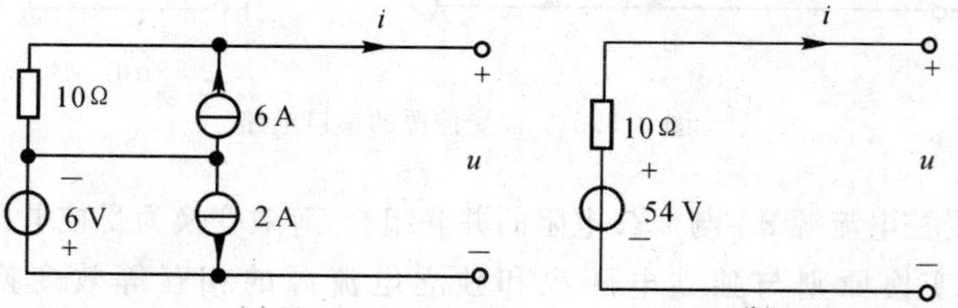

图题 2.2

2.3 求图题 2.3(a)，(b)，(c)，(d) 所示各电路的等效电流源电路。

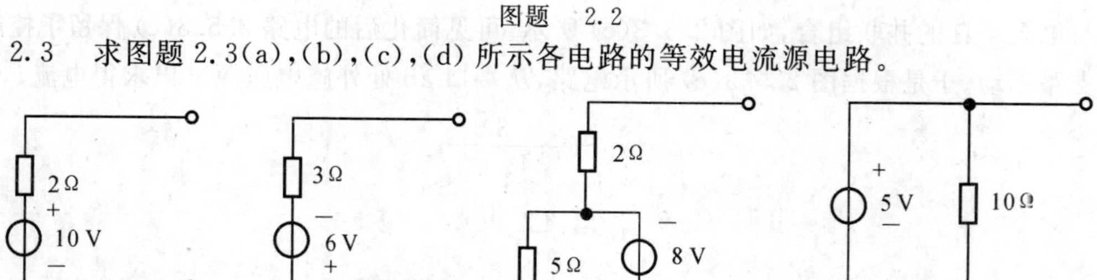

图题 2.3

2.4　求图题 2.4(a),(b),(c),(d) 所示各电路的等效电压源电路。

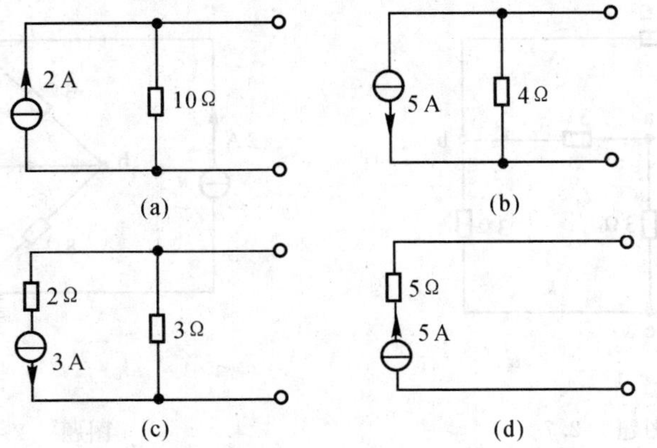

图题　2.4

2.5　求证图题 2.5(a),(b) 所示两个电路互为等效电路。

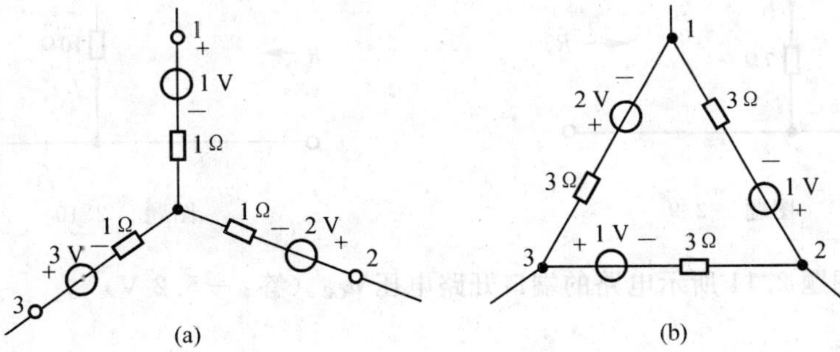

图题　2.5

2.6　图题 2.6 所示电路,求 i 和电压源支路发出的功率 $P_{发}$。(答:1.5 A,18 W)

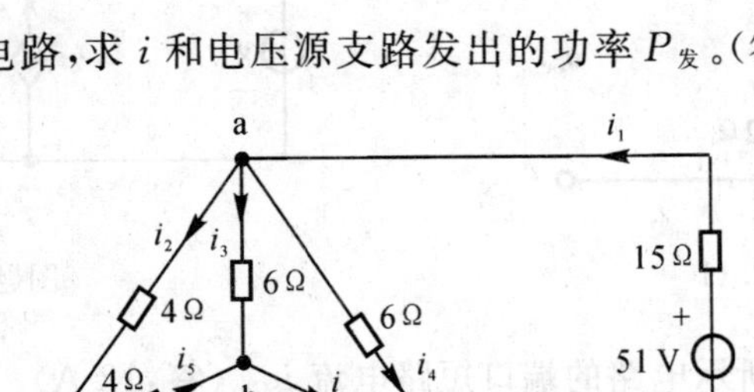

图题　2.6

2.7　求图题 2.7 所示电路中的电压 u_1 和 3 A 电流源吸收的功率 $P_{吸}$。(答:9 V,−39 W)

2.8　求图题 2.8 所示电路中的 i 和 u 及 2 A 电流源发出的功率 $P_{发}$。(答:$\frac{1}{3}$ A,12 V,24 W)

2.9　求图题 2.9 所示电路的端口输入电阻 R_o。(答:3.6 Ω)

2.10　求图题 2.10 所示电路的端口输入电阻 R_o。(答:−32 Ω)

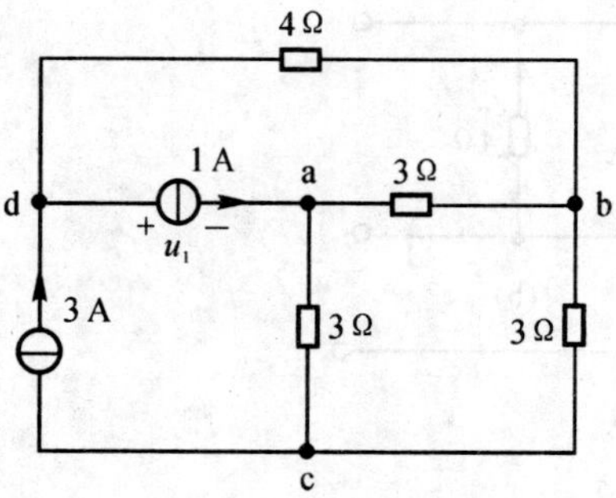

图题 2.7

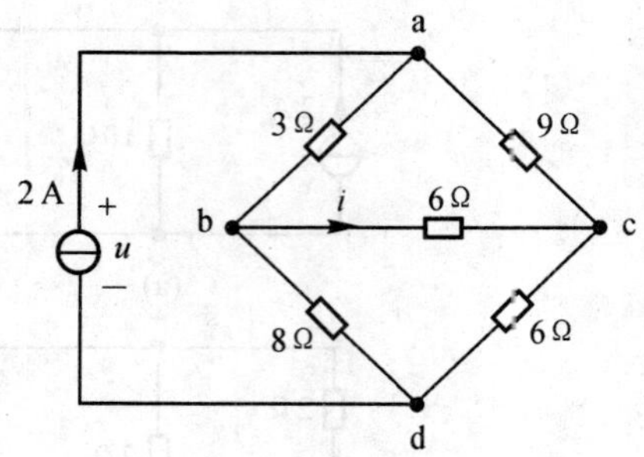

图题 2.8

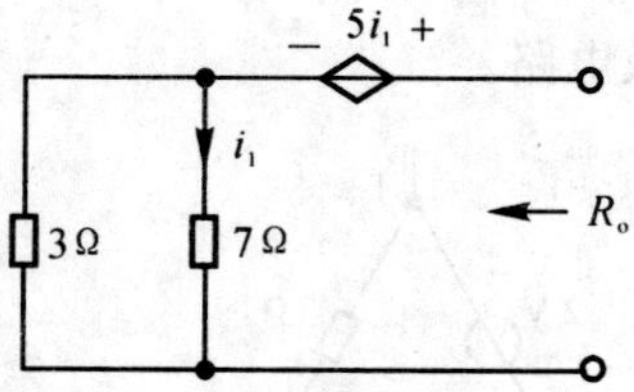

图题 2.9

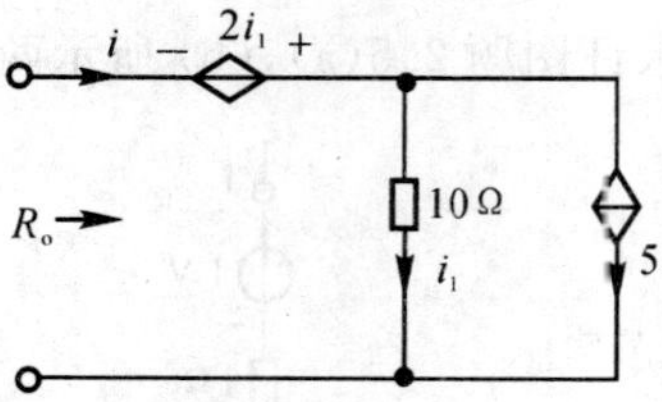

图题 2.10

2.11 求图题 2.11 所示电路的端口开路电压 u_{OC}。(答：−5.2 V)

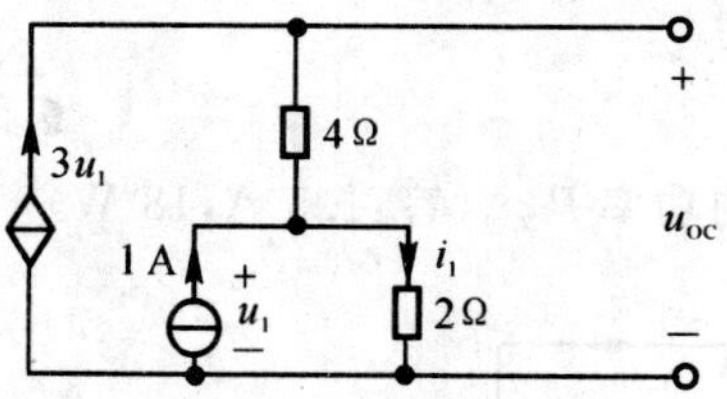

图题 2.11

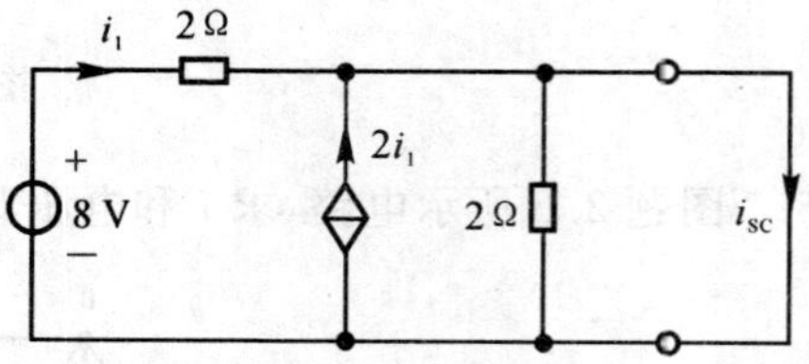

图题 2.12

2.12 求图题 2.12 所示电路的端口短路电流 i_{SC}。(答：12 A)

2.13 求图题2.13所示电路中的电流 i_2 与受控电压源 $6i_1$ 发出的功率 $P_{发}$。(答：1.5 A，0)

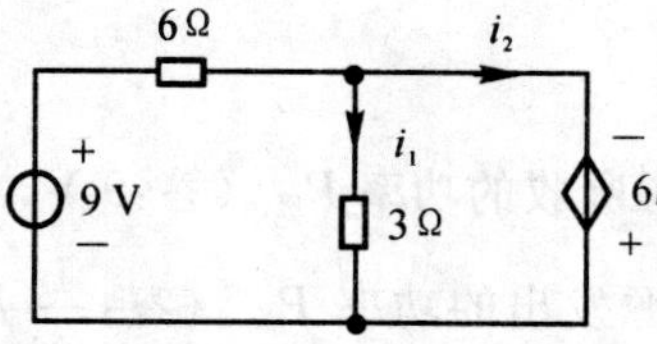

图题 2.13

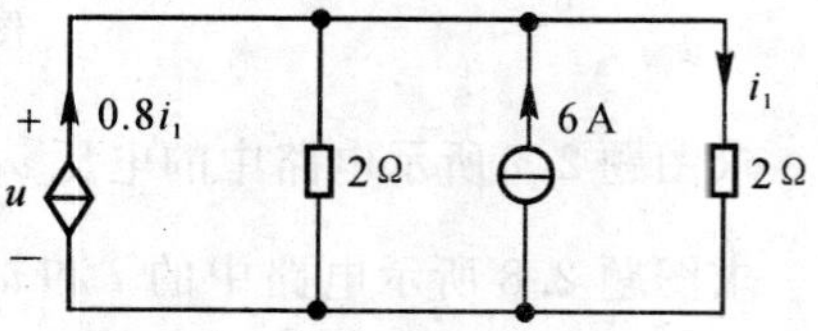

图题 2.14

2.14 图题 2.14 所示电路。求受控电流源发出的功率 $P_{发}$。(答：40 W)

2.15　图题 2.15 所示电路，求 $2i$ 受控电压源吸收的功率 $P_{吸}$。(答：-20 W)

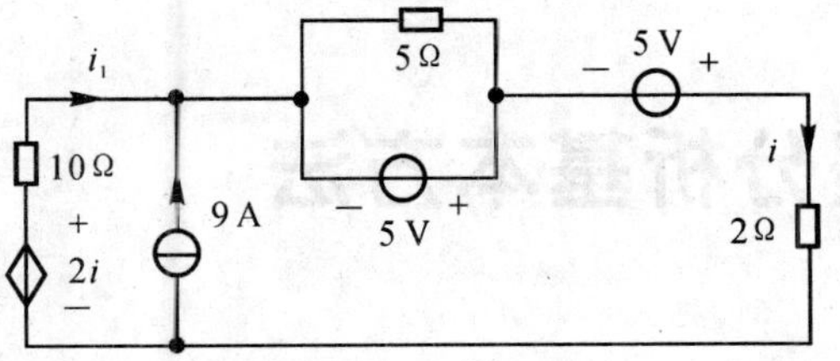

图题　2.15

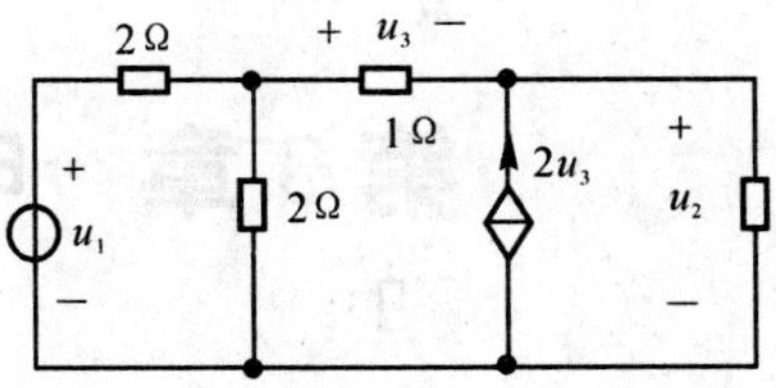

图题　2.16

2.16　图题 2.16 所示电路，求 $\frac{u_2}{u_1}$ 的值。(答：$\frac{3}{10}$)

2.17　图题 2.17 所示电路，求受控电压源吸收的功率 $P_{吸}$。(答：9 W)

2.18　图题 2.18 所示电路，求端口的伏安关系(即 u 与 i 的关系)，并画出 $u.i$ 曲线及其等效电流源电路。(答：$u=-4i-3$)

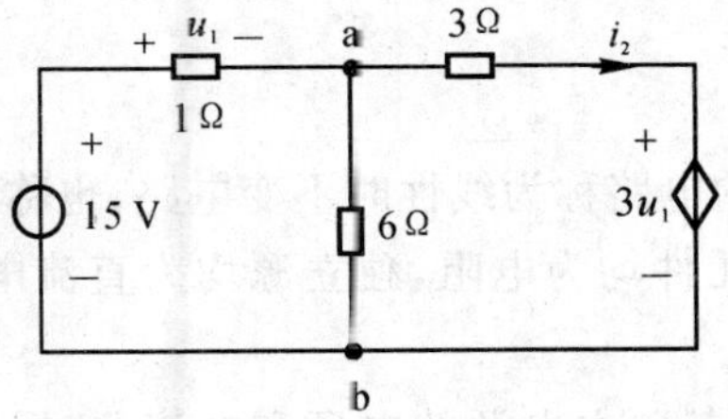

图题　2.17

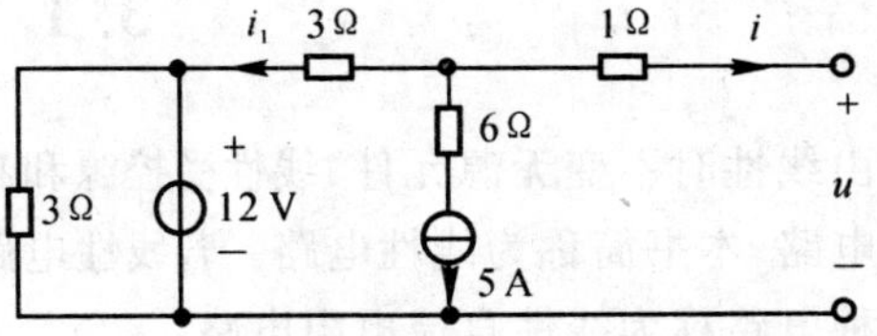

图题　2.18

2.19　图题 2.19 所示电路，求受控电流源吸收的功率 $P_{吸}$。(答：-112 W)

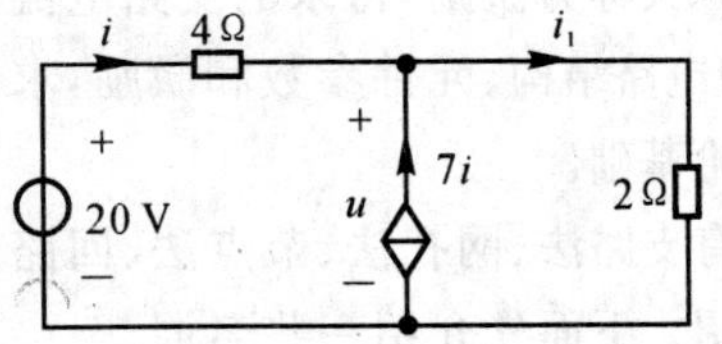

图题　2.19

第3章 电路分析基本方法

内容提要

本章讲述电路分析的基本方法：支路电流法，网孔电流法，回路电流法，节点电位法。支路是电路的基石，支路电流和支路电压是求解电路的基本对象和变量，支路伏安关系的正确列写是学好本章的基础。

3.1 引 言

由线性时不变无源元件、线性受控源和独立源组成的电路称为线性时不变电路，也称线性定常电路，本书简称为线性电路。若线性电路中的无源元件均为电阻，独立源均为直流电源，则这种电路称为线性直流电阻电路。

所谓电路分析，就是给定电路的结构、元件参数以及各独立电源的电压和电流，依据电路的两种约束，求出电路中所有的支路电流和支路电压。但由于支路电流和支路电压是由元件的约束关系——伏安方程联系的，因此，只要求得了支路电流和支路电压中两者之一，就可认为电路分析的任务完成了。

由于电路中作用的独立电源又称为激励，待求的支路电流和支路电压又称为响应，故电路分析又可理解成是，根据给定的电路结构、元件参数和激励，求出电路的响应。

两种约束是电路分析的理论基础。

线性电路分析的基本方法有支路法、网孔法、节点法、回路法、割集法。本章中先介绍前4种方法，割集法在第10章中介绍。下面先介绍一些名词。

(1) 平面电路与非平面电路：凡能画在平面上而不会有任何两条支路在一个非节点处相交的电路称为平面电路，否则称为非平面电路或立体电路。如图3.1.1(a)，(b)均为平面电路，其中图(b)可改画成图(a)那样；图3.1.1(c)则为非平面电路。以后所研究的电路，如不特别声明，均指平面电路而言。

(2) 网孔回路：由平面电路中的一些支路构成的闭合路径，且在这个闭合路径的内部不存在别的任何支路和节点，则这样的闭合路径称为网孔回路，简称网孔。但要注意，网孔是回路，但回路不一定都是网孔。对于非平面电路，则不便于定义网孔。

(3) 外网孔：由平面电路中最外面的一些支路构成的闭合路径称为外网孔，因为这个闭合路径的外部区域中不存在任何别的支路和节点，符合网孔的定义。但我们以后在讲到平面电路的网孔时，一般不把外网孔计在其内。

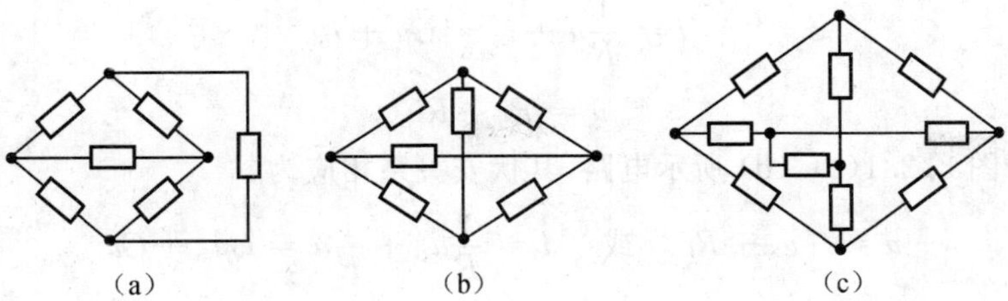

图 3.1.1　平面电路与非平面电路

3.2　支路电流法

支路是电路的基石，支路电流与支路电压是电路分析与求解的基本对象，当支路电流与支路电压求得后，支路功率(吸收的或发出的)也就可迎刃而解。

一、含独立源支路的伏安关系

图 3.2.1(a) 所示为含独立电压源的支路，支路电压为 u，支路电流为 i，u 的参考极性和 i 的参考方向都是任意设定的。该支路的伏安关系为

$$u = Ri + u_S$$

或

$$i = -\frac{1}{R}u_S + \frac{1}{R}u = -Gu_S + Gu$$

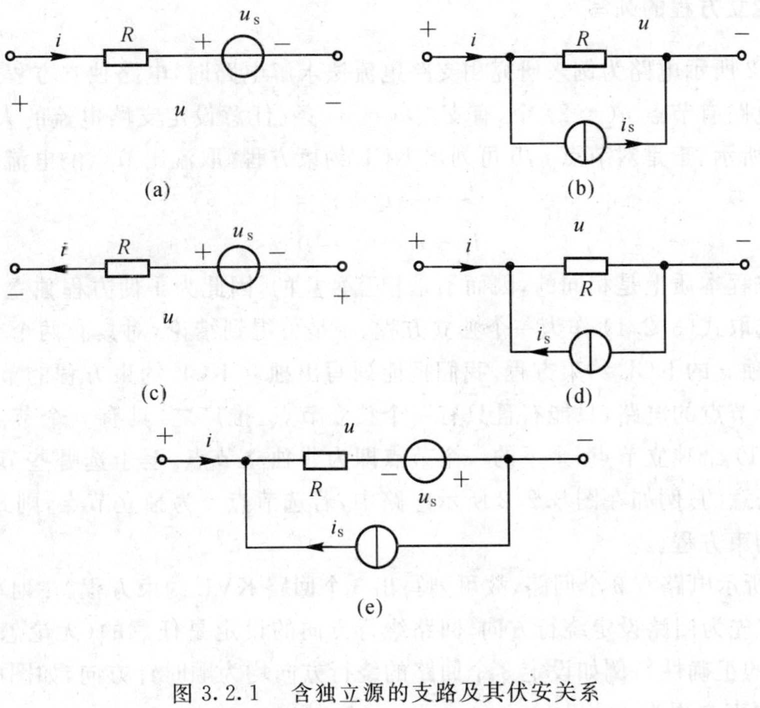

图 3.2.1　含独立源的支路及其伏安关系

图 3.2.1(b) 所示为含独立电流源的支路，支路电压为 u，支路电流为 i，u 的参考极性和 i 的参考方向都是任意设定的。该支路的伏安关系为

$$i = \frac{1}{R}u + i_S = Gu + i_S$$

或
$$u = Ri - Ri_S$$

同理，对于图 3.2.1(c)，(d) 所示电路，其伏安关系相应为

$$u = -u_S + Ri \quad 或 \quad i = \frac{1}{R}u_S + \frac{1}{R}u = Gu_S + Gu$$

$$u = Ri + Ri_S \quad 或 \quad i = -i_S + \frac{1}{R}u = -i_S + Gu$$

图 3.2.1(e) 所示为一般性支路，其伏安关系为

$$u = Ri + Ri_S - u_S$$

或
$$i = \frac{1}{R}u + \frac{1}{R}u_S - i_S = Gu + Gu_S - i_S$$

以上各式中 $G = \frac{1}{R}$。

二、支路电流法的定义

设电路有 b 条支路，n 个节点。

直接以 b 个支路电流为待求变量，对 $(n-1)$ 个独立节点列写 KCL 约束方程；对 $[b-(n-1)]$ 个独立回路列写 KVL 约束方程，然后对这 b 个独立方程联立求解的方法，称为支路电流法，简称支路法。

三、电路独立方程的列写

以图 3.2.2 所示电路为例来研究用支路电流法求解电路时，电路独立方程列写的方法、原则与规律。该电路有节点 $n(=2)$ 个，有支路 $b(=3)$ 条。任意设定支路电流的大小和参考方向如图 3.2.2 中所示。于是对节点 a，b 可列出 KCL 约束方程(取流出节点的电流为正) 为

对节点 a：
$$-i_1 + i_2 + i_3 = 0 \tag{3.2.1}$$

对节点 b：
$$i_1 - i_2 - i_3 = 0 \tag{3.2.2}$$

显然，这两个方程本质上是相同的，因而不是相互独立的。因此为了使方程独立，只能选取两者中之一，例如选取式(3.2.1) 作为一个独立方程。于是可得到结论，对具有两个节点的电路，只能列写出一个独立的 KCL 约束方程。我们把能列写出独立 KCL 约束方程的节点称为独立节点，故具有两个节点的电路，只能有且只有一个独立节点。推广之，具有 n 个节点的电路，只能有且只有 $(n-1)$ 个独立节点，余下的一个节点即为非独立节点。至于选哪些节点作为独立节点，原则上是任意的。例如在图 3.2.2 所示电路中，若选节点 a 为独立节点，则式(3.2.1) 即为独立的 KCL 约束方程。

图 3.2.2 所示电路有 3 个回路，故可列写出 3 个回路 KVL 约束方程。在列写回路 KVL 约束方程时，应首先为回路设定绕行方向。回路绕行方向的设定是任意的(无论怎样设定都不会影响计算结果的正确性)，例如设定 3 个回路的绕行方向均为顺时针方向，如图中所示，则可列出回路 KVL 约束方程为

对网孔回路 Ⅰ：
$$R_1 i_1 + (R_3 + R_4) i_3 = u_{S1} \tag{3.2.3}$$

对网孔回路 Ⅱ：
$$R_2 i_2 - (R_3 + R_4) i_3 = u_{S2} \tag{3.2.4}$$

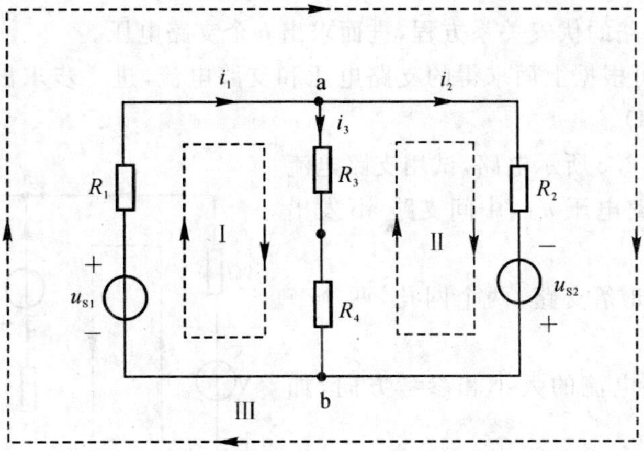

图　3.2.2

对外部回路 Ⅲ：

$$R_1 i_1 + R_2 i_2 = u_{S1} + u_{S2} \tag{3.2.5}$$

显然，这 3 个方程不互相独立，因为其中的任一个方程都可由其他两个相加或相减而得到，例如将式(3.2.3) 与式(3.2.4) 相加即得到式(3.2.5)。这就是说，在这 3 个方程中，只能有其中的两个是独立的，如果选取式(3.2.3) 和式(3.2.4) 作为独立的 KVL 约束方程，那么独立 KVL 约束方程的个数为 2，正好等于该电路网孔回路的个数。推广到一般情况可得到两个结论：① 独立 KVL 约束方程的个数就等于网孔回路的个数；② 在列写电路的 KVL 约束方程时，为了简便，一般都把回路选定为网孔回路，根据网孔回路列写出的 KVL 方程一定是独立的。所以把能列写出独立的 KVL 约束方程的回路称为独立回路，故网孔回路一定是独立回路，独立回路的个数就等于电路网孔回路的个数。

若选两个网孔回路为独立回路，选节点 a 为独立节点，则图 3.2.2 所示电路就有 3 个独立方程，即

$$-i_1 + i_3 + i_3 = 0$$
$$R_1 i_1 + (R_3 + R_4) i_3 = u_{S1}$$
$$R_2 i_2 - (R_3 + R_4) i_3 = u_{S2}$$

若此方程组中的 R_1，R_2，R_3，R_4，u_{S1}，u_{S2} 均为已知，则联立求解此方程组，即可求得 3 个支路电流 i_1，i_2，i_3，这就是支路电流法的含义。

在支路电流 i_1，i_2，i_3 求得后，即可根据支路的伏安方程求出支路电压，进而又可根据已求得的支路电流和支路电压求得支路功率(发出的功率或吸收的功率)。

四、支路电流法的步骤

(1) 画出电路图。

(2) 设定各支路电流的大小和参考方向。

(3) 对$(n-1)$ 个独立节点列写$(n-1)$ 个独立的 KCL 约束方程。

(4) 选网孔回路为独立回路，设定网孔回路的绕行方向，对网孔回路列写 $b-(n-1)$ 个独立的 KVL 约束方程。

(5) 联立求解所列出的 b 个独立方程，即得 b 个支路电流。

(6) 写出每个支路的伏安关系方程，进而求出 b 个支路电压。

(7) 若有必要，可根据上面求得的支路电压和支路电流，进一步求出各支路的功率(吸收的功率或发出的功率)。

例 3.2.1 图 3.2.3 所示电路，试用支路电流法求各支路电流，支路电压 u_{ab}，中间支路 ab 发出的功率 $P_发$。

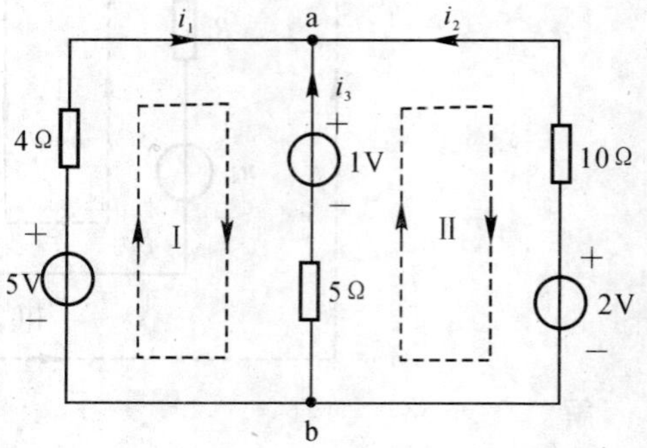

图 3.2.3

解 该电路有 3 条支路，两个网孔，两个节点，一个独立节点。

(1) 设定各支路电流的大小和参考方向，如图 3.2.3 中所示。

(2) 选节点 a 为独立节点，故对独立节点 a 可列写出 KCL 方程为

$$i_1 + i_2 + i_3 = 0$$

(3) 对网孔回路 Ⅰ 和 Ⅱ 设定绕行方向，如图 3.2.3 中所示。故对网孔回路 Ⅰ 和 Ⅱ 可分别列写出 KVL 方程为

$$4i_1 - 5i_3 = 5 - 1$$

$$-10i_2 + 5i_3 = -2 + 1$$

以上 3 式联立求解得 $i_1 = 0.5\ \text{A}, i_2 = -0.1\ \text{A}, i_3 = -0.4\ \text{A}$。

(4) 支路电压 u_{ab} 为

$$u_{ab} = 1 - 5i_3 = 1 - 5 \times (-0.4) = 3\ \text{V}$$

(5) 中间支路 ab 发出的功率为

$$P_发 = u_{ab} i_3 = 3 \times (-0.4) = -1.2\ \text{W}$$

例 3.2.2 试用支路电流法求图 3.2.4 所示电路的支路电流，支路电压 u，中间 ab 支路吸收的功率 $P_吸$。

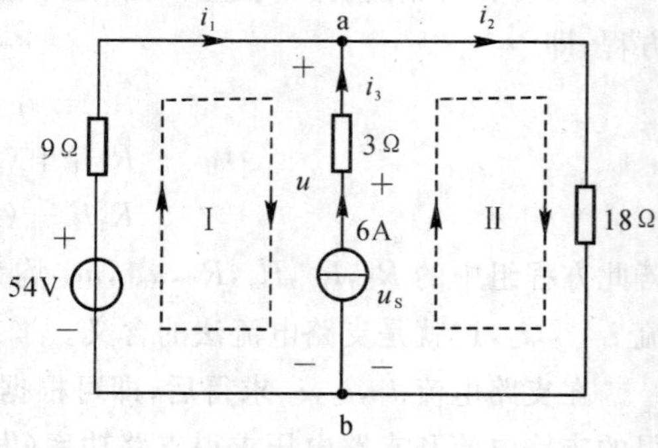

图 3.2.4

解 此电路的特点是电路中除了作用有 54 V 的独立电压源外，还作用有一个 6 A 独立电流源。因此，为了用支路电流法求解，就必须先给 6 A 电流源两端设定一个未知的电压 u_S，如图 3.2.4 中所示。该电路有 3 条支路，两个网孔回路，两个节点，1 个独立节点。

(1) 设定各支路电流的大小和参考方向，如图 3.2.4 中所示。

(2) 选节点 a 为独立节点，故对节点 a 可列写出 KCL 方程为

$$i_1 + i_3 - i_2 = 0$$

(3) 对网孔回路 Ⅰ 和 Ⅱ 设定绕行方向，如图 3.2.4 中所示。故对网孔回路 Ⅰ 和 Ⅱ 可列写出 KVL 方程为

$$9i_1 - 3i_3 = 54 - u_S$$

$$18i_2 + 3i_3 = u_S$$

又有

$$i_3 = 6\ \text{A}$$

联立求解得

$$i_1 = -2\ \text{A},\quad i_2 = 4\ \text{A},\quad i_3 = 6\ \text{A},\quad u_S = 90\ \text{V}$$

(4) 支路电压 u 为

$$u = -3i_3 + u_S = -3 \times 6 + 90 = 72\ \text{V}$$

(5) ab 支路吸收的功率为

$$P_{吸} = -ui_3 = -72 \times 6 = -432\ \text{W}$$

例 3.2.3　图 3.2.5 所示电路，试用支路电流法求支路电流，电压 u_{cb}，受控电压源吸收的功率 $P_{吸}$。

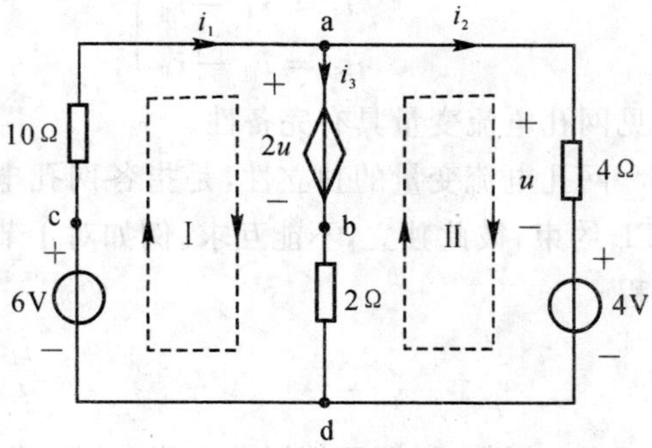

图　3.2.5

解　该电路中含有一个电压 u 控制的电压源 $2u$。求解含受控源的电路时，应把握住两点：① 受控源与独立源同样处理；② 将控制量 u 用待求的变量（支路电流）表示。

(1) 设定各支路电流的大小和参考方向，如图 3.2.5 中所示。

(2) 选节点 a 为独立节点，故对节 a 可列写出 KCL 方程为

$$i_1 - i_2 - i_3 = 0$$

(3) 对网孔回路 Ⅰ 和 Ⅱ 设定绕行方向，如图 3.1.5 中所示。故对网孔回路 Ⅰ 和 Ⅱ 可列写出 KVL 方程为

$$10i_1 + 2i_3 = 6 - 2u$$

$$4i_2 - 2i_3 = -4 + 2u$$

又有

$$u = 4i_2$$

联立求解得 $i_1 = -1\ \text{A}, i_2 = 3\ \text{A}, i_3 = -4\ \text{A}, u = 12\ \text{V}$。

(4) 电压

$$u_{cb} = 10i_1 + 2u = 10 \times (-1) + 2 \times 12 = 14\ \text{V}$$

(5) 受控电压源吸收的功率为

$$P_{吸} = 2ui_3 = 2 \times 12 \times (-4) = -96\ \text{W}$$

3.3　网孔电流法

一、定义

由人们主观设想的在网孔回路中流动的电流，称为网孔电流，如图 3.3.1 中的 $i_{Ⅰ}$，$i_{Ⅱ}$，$i_{Ⅲ}$ 所示，它们的大小和参考方向均是任意设定的。

以网孔电流为待求变量，根据 KVL 对各网孔回路列写 KVL 约束方程而对电路进行分析的方法，称为网孔电流法，简称网孔法。

二、网孔电流变量的完备性和独立性

网孔电流变量的完备性，是指电路中所有的支路电流都可由网孔电流求得。设各支路电流的大小和参考方向如图 3.3.1 中所示。若认为各网孔电流已被求出，则可得各支路电流为

$$\left.\begin{aligned} i_1 &= i_{\text{I}} \\ i_2 &= -i_{\text{II}} \\ i_3 &= i_{\text{III}} \\ i_4 &= i_{\text{I}} - i_{\text{III}} \\ i_5 &= i_{\text{I}} - i_{\text{II}} \\ i_6 &= i_{\text{III}} - i_{\text{II}} \end{aligned}\right\} \quad (3.3.1)$$

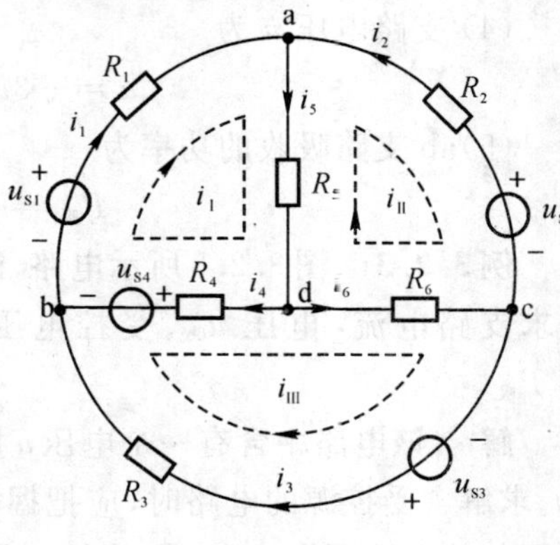

图 3.3.1　网孔法

可见网孔电流变量具有完备性。

网孔电流变量的独立性，是指各网孔电流之间不受 KCL 约束，彼此独立，不能互求。例如对于节点 a，可列出方程

$$i_1 + i_2 = i_5$$

即

$$i_{\text{I}} - i_{\text{II}} = i_{\text{I}} - i_{\text{II}}$$

此式为一恒等式，即不管网孔电流 i_{I}，i_{II} 为何值都恒成立。对于其他节点也能得到类似结果，所以网孔电流变量具有独立性。

由于网孔电流变量具有完备性与独立性，所以可作为电路分析的变量。

三、网孔 KVL 约束方程的列写与求解

在列写网孔回路的 KVL 约束方程时，应首先设定网孔电流的大小和参考方向。为了使所列方程有规律和容易写出，一般设定网孔电流的参考方向都是均为顺时针或均为反时针，而且回路的循行方向就取为与网孔电流的参考方向一致。显然，网孔电流的个数以及所列 KVL 约束方程的个数，都一定是等于网孔数。例如对于图 3.3.1 所示电路可列出如下方程

$$\left.\begin{aligned} &\text{网孔 I：} && (R_1 + R_4 + R_5)i_{\text{I}} - R_5 i_{\text{II}} - R_4 i_{\text{III}} = u_{S1} - u_{S4} \\ &\text{网孔 II：} && -R_5 i_{\text{I}} + (R_2 + R_5 + R_6)i_{\text{II}} - R_6 i_{\text{III}} = -u_{S2} \\ &\text{网孔 III：} && -R_4 i_{\text{I}} - R_6 i_{\text{II}} + (R_3 + R_4 + R_6)i_{\text{III}} = u_{S3} + u_{S4} \end{aligned}\right\} \quad (3.3.2)$$

此方程组称为网孔回路电压方程组，简称网孔方程。解之即得各网孔电流 i_{I}，i_{II}，i_{III}。

在式(3.3.2)中，令 $R_{11} = R_1 + R_4 + R_5$，$R_{22} = R_2 + R_5 + R_6$，$R_{33} = R_3 + R_4 + R_6$，它们分别为网孔 Ⅰ、网孔 Ⅱ、网孔 Ⅲ 的自电阻，恒为正值；令 $R_{12} = R_{21} = -R_5$，$R_{13} = R_{31} = -R_4$，$R_{23} = R_{32} = -R_6$；R_{12}，R_{21} 均称为网孔 Ⅰ 与网孔 Ⅱ 的互电阻，R_{13}，R_{31} 均称为网孔 Ⅰ 与网孔 Ⅲ 的互电阻，R_{23}，R_{32} 均称为网孔 Ⅱ 与网孔 Ⅲ 的互电阻。若设定网孔电流的参考方向均为同一方向（同为顺时针方向或同为反时针方向），则互电阻均为负值，式(3.3.2)中即属此种情况；若设定网孔电流的参考方向不是均为同一方向（即有的为顺时针方向，有的为反时针方向），则互电阻中有的为正值，有的则为负值（若流过互电阻的相邻两个网孔电流的方向相同，则互电阻前取“+”号，否则取“-”号）。令 $u_{S11} = u_{S1} - u_{S4}$，$u_{S22} = -u_{S2}$，$u_{S33} = u_{S3} + u_{S4}$，它们分别为网孔 Ⅰ、网孔 Ⅱ、网孔 Ⅲ 的所有电源电压升高的代数和。这样式(3.3.2)即可写为

$$\left.\begin{aligned} R_{11}i_{\mathrm{I}} + R_{12}i_{\mathrm{II}} + R_{13}i_{\mathrm{III}} &= u_{S11} \\ R_{21}i_{\mathrm{I}} + R_{22}i_{\mathrm{II}} + R_{23}i_{\mathrm{III}} &= u_{S22} \\ R_{31}i_{\mathrm{I}} + R_{32}i_{\mathrm{II}} + R_{33}i_{\mathrm{III}} &= u_{S33} \end{aligned}\right\} \tag{3.3.3}$$

可见网孔回路方程的列写是很有规律的。

将式(3.3.3)写成矩阵形式即为

$$\begin{bmatrix} R_{11} & R_{12} & R_{13} \\ R_{21} & R_{22} & R_{23} \\ R_{31} & R_{32} & R_{33} \end{bmatrix}\begin{bmatrix} i_{\mathrm{I}} \\ i_{\mathrm{II}} \\ i_{\mathrm{III}} \end{bmatrix} = \begin{bmatrix} u_{S11} \\ u_{S22} \\ u_{S33} \end{bmatrix} \tag{3.3.4}$$

或

$$\boldsymbol{R}\,\boldsymbol{i}_{\mathrm{M}} = \boldsymbol{u}_{\mathrm{M}} \tag{3.3.5}$$

其中

$$\boldsymbol{R} = \begin{bmatrix} R_{11} & R_{12} & R_{13} \\ R_{21} & R_{22} & R_{23} \\ R_{31} & R_{32} & R_{33} \end{bmatrix} \tag{3.3.6}$$

称为网孔回路电阻矩阵，为一对称阵；

$$\boldsymbol{i}_{\mathrm{M}} = \begin{bmatrix} i_{\mathrm{I}} \\ i_{\mathrm{II}} \\ i_{\mathrm{III}} \end{bmatrix}$$

称为网孔回路电流列向量；

$$\boldsymbol{u}_{\mathrm{M}} = \begin{bmatrix} u_{S11} \\ u_{S22} \\ u_{S33} \end{bmatrix} \tag{3.3.7}$$

称为网孔回路电压源电压列向量。

式(3.3.4)或式(3.3.5)为矩阵形式的网孔回路方程。求解式(3.3.5)得

$$\boldsymbol{i}_{\mathrm{M}} = \boldsymbol{R}^{-1}\boldsymbol{u}_{\mathrm{M}} \tag{3.3.8}$$

式中 $\boldsymbol{R}^{-1}$ 为 $\boldsymbol{R}$ 的逆矩阵。

四、支路电流与支路电压的求解

将所求得的 $i_{\mathrm{I}}, i_{\mathrm{II}}, i_{\mathrm{III}}$ 代入式(3.3.1)，即可求得各支路电流。进一步又可根据支路的伏安关系求得各支路电压为

$$\begin{aligned} u_{ab} &= u_{S1} - R_1 i_1 = u_{S1} - R_1 i_{\mathrm{I}} \\ u_{ad} &= R_5 i_5 = R_5(i_{\mathrm{I}} - i_{\mathrm{II}}) \\ u_{ac} &= u_{S2} - R_2 i_2 = u_{S2} - R_2 i_{\mathrm{II}} \\ u_{bd} &= -u_{S4} - R_4 i_4 = -u_{S4} - R_4(i_{\mathrm{I}} - i_{\mathrm{III}}) \\ u_{cd} &= -R_6 i_6 = -R_6(i_{\mathrm{III}} - i_{\mathrm{II}}) \\ u_{bc} &= u_{S3} - R_3 i_3 = u_{S3} - R_3 i_{\mathrm{III}} \end{aligned}$$

五、网孔电流法的一般步骤

(1) 画出电路图。

(2) 设定各网孔电流的大小和参考方向。其参考方向一般都取为同一方向，即同为顺时针

方向或同为反时针方向。

(3) 对各网孔回路列写 KVL 约束方程,方程个数与网孔个数相等。

(4) 联立求解 KVL 约束方程组,即可得各网孔电流。

(5) 设定各支路电流的大小和参考方向,根据所求得的网孔电流,即可求出各支路电流和各支路电压,并进一步求出支路功率。至此,求解工作即告完毕。

例 3.3.1 求图 3.3.2 所示电路的各支路电流和支路电压。

解 该电路的支路数 $b=6$,网孔数 $l=3$。设各网孔电流的大小和参考方向如图中所示。于是可列出网孔回路的 KVL 方程为

$$\begin{cases}(10+10+20)i_{\mathrm{I}}-10i_{\mathrm{II}}-10i_{\mathrm{III}}=50-20\\-10i_{\mathrm{I}}+(10+40+5)i_{\mathrm{II}}-40i_{\mathrm{III}}=20-10\\-10i_{\mathrm{I}}-40i_{\mathrm{II}}+(50+40+10)i_{\mathrm{III}}=0\end{cases}$$

即

$$\begin{cases}40i_{\mathrm{I}}-10i_{\mathrm{II}}-10i_{\mathrm{III}}=30\\-10i_{\mathrm{I}}+55i_{\mathrm{II}}-40i_{\mathrm{III}}=10\\-10i_{\mathrm{I}}-40i_{\mathrm{II}}+100i_{\mathrm{III}}=0\end{cases}$$

写成矩阵形式为

$$\begin{bmatrix}40&-10&-10\\-10&50&-40\\-10&-40&100\end{bmatrix}\begin{bmatrix}i_{\mathrm{I}}\\i_{\mathrm{II}}\\i_{\mathrm{III}}\end{bmatrix}=\begin{bmatrix}30\\10\\0\end{bmatrix}$$

解之得 $i_{\mathrm{I}}=0.99\ \mathrm{A}$,$i_{\mathrm{II}}=0.61\ \mathrm{A}$,$i_{\mathrm{III}}=0.34\ \mathrm{A}$。

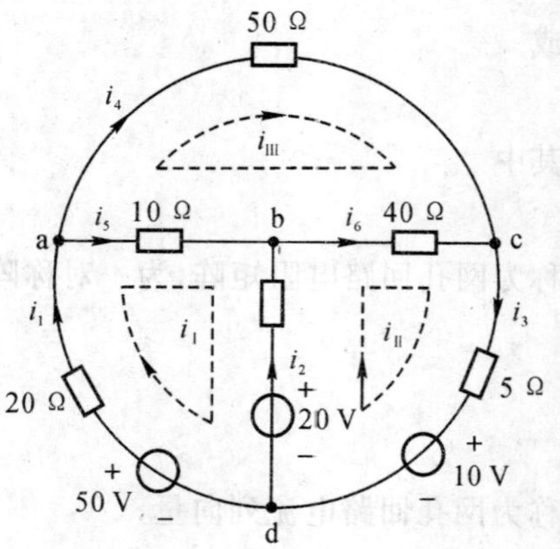

图 3.3.2

设各支路电流的大小和参考方向如图中所示,故得

$$i_1=i_{\mathrm{I}}=0.99\ \mathrm{A}$$
$$i_2=i_{\mathrm{II}}-i_{\mathrm{I}}=-0.38\ \mathrm{A}$$
$$i_3=i_{\mathrm{II}}=0.61\ \mathrm{A}$$
$$i_4=i_{\mathrm{III}}=0.34\ \mathrm{A}$$
$$i_5=i_{\mathrm{I}}-i_{\mathrm{III}}=0.65\ \mathrm{A}$$
$$i_6=i_{\mathrm{II}}-i_{\mathrm{III}}=0.27\ \mathrm{A}$$

进一步又可求得各支路电压为

$$u_{\mathrm{ab}}=10i_5=6.5\ \mathrm{V}$$
$$u_{\mathrm{bc}}=40i_6=10.8\ \mathrm{V}$$
$$u_{\mathrm{ac}}=50i_4=17\ \mathrm{V}$$
$$u_{\mathrm{ad}}=-20i_1+50=30.2\ \mathrm{V}$$
$$u_{\mathrm{bd}}=-10i_2+20=23.8\ \mathrm{V}$$
$$u_{\mathrm{cd}}=5i_3+10=13.05\ \mathrm{V}$$

当支路电流与支路电压求得后,即可很容易地求得各支路的功率。例如支路 bd 吸收的功率为 $P_{\mathrm{bd}}=u_{\mathrm{bd}}(-i_2)=23.8\times0.38=9.04\ \mathrm{W}$;支路 ad 发出的功率为 $P_{\mathrm{ad}}=u_{\mathrm{ad}}i_1=30.2\times0.99=29.9\ \mathrm{W}$。

例 3.3.2 图 3.3.3 所示电路,试用网孔电流法求 i_4。

解 此电路的特点是电路中含有电流源。求解此种电路可用两种方法。

方法一 设定三个网孔电流的大小和参考方向如图 3.3.3 中所示,于是可列出方程

$$\begin{cases} i_{\mathrm{I}} = 1.6 \\ -10i_{\mathrm{I}} + 18i_{\mathrm{II}} - 4i_{\mathrm{III}} = 0 \\ -4i_{\mathrm{II}} + 6i_{\mathrm{III}} = -70 \end{cases}$$

联立求解得　$i_{\mathrm{I}} = 1.6\ \mathrm{A}$，$i_{\mathrm{II}} = -2\ \mathrm{A}$，$i_{\mathrm{III}} = -13\ \mathrm{A}$

故　$i_4 = i_{\mathrm{II}} - i_{\mathrm{III}} = -2 - (-13) = 11\ \mathrm{A}$

方法二　设电流源两端的电压为 u_{S}，则可列出方程

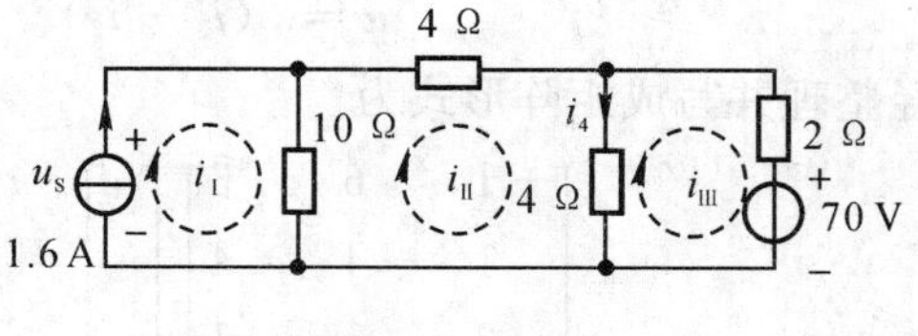

图　3.3.3

$$\begin{cases} 10i_{\mathrm{I}} - 10i_{\mathrm{II}} = u_{\mathrm{S}} \\ -10i_{\mathrm{I}} + 18i_{\mathrm{II}} - 4i_{\mathrm{III}} = 0 \\ -4i_{\mathrm{II}} + 6i_{\mathrm{III}} = -70 \\ i_{\mathrm{I}} = 1.6 \end{cases}$$

联立求解得　$i_{\mathrm{I}} = 1.6\ \mathrm{A}$，$i_{\mathrm{II}} = -2\ \mathrm{A}$，$i_{\mathrm{III}} = -13\ \mathrm{A}$，$u_{\mathrm{S}} = 36\ \mathrm{V}$

故　$i_4 = i_{\mathrm{II}} - i_{\mathrm{III}} = 11\ \mathrm{A}$

3.4　含受控源电路的网孔分析

含受控源电路的网孔分析方法与步骤，与只含独立源电路的网孔分析方法全同。在列网孔回路的 KVL 方程时，受控源与独立源同样处理，但要将控制变量用待求的网孔电流变量表示，以作为辅助方程。

一、含受控电压源电路

例 3.4.1　用网孔法分析图 3.4.1 所示电路。

解　设定网孔电流 i_1, i_2, i_3 及其参考方向如图中所示。故可列出网孔回路 KVL 方程

网孔 1：　$6i_1 - i_2 - 3i_3 = 0$

网孔 2：　$-i_1 + 4i_2 - 3i_3 = -6$

网孔 3：　$-3i_1 - 3i_2 + 8i_3 = 12 - 2u$

又有　$u = 1(i_2 - i_1)$

经整理并写成矩阵形式为

$$\begin{bmatrix} 6 & -1 & -3 \\ -1 & 4 & -3 \\ -5 & -1 & 8 \end{bmatrix} \begin{bmatrix} i_1 \\ i_2 \\ i_3 \end{bmatrix} = \begin{bmatrix} 0 \\ -6 \\ 12 \end{bmatrix}$$

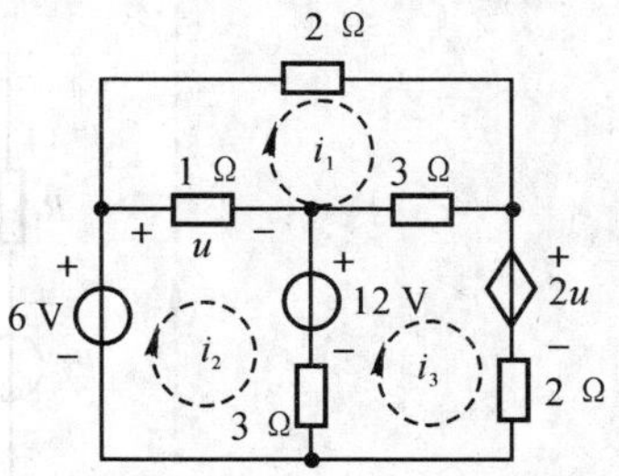

图 3.4.1　含受控电压源的电路

可见含受控源电路的网孔回路电阻矩阵已不再是对称阵了。解之得 $i_1 = 1.29\ \mathrm{A}$，$i_2 = 0.61\ \mathrm{A}$，$i_3 = 2.38\ \mathrm{A}$，$u = -0.68\ \mathrm{V}$。请读者进一步求出各支路电流和支路电压。

二、含受控电流源电路

含受控电流源电路的网孔分析，首先应假定出受控电流源的端电压，然后列写出网孔回路的 KVL 方程与有关的辅助方程求解。

例 3.4.2　用网孔法分析图 3.4.2 所示电路。

解　设受控电流源的端电压为 u_1，于是可列出方程

网孔 1：　$3i_1 - i_2 - 2i_3 + u_1 = 10$

网孔 2：　$-i_1 + 6i_2 - 3i_3 = 0$

网孔 3：　$-2i_1 - 3i_2 + 6i_3 - u_1 = 0$

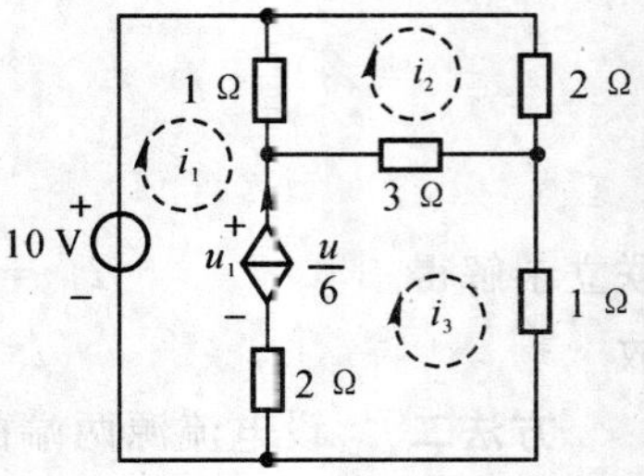

图 3.4.2　含受控电流源电路

又有

$$i_3 - i_1 = \frac{1}{6}u$$

$$u = 3(i_3 - i_2)$$

经整理并写成矩阵形式为

$$\begin{bmatrix} -1 & 6 & -3 \\ 1 & -4 & 4 \\ -2 & 1 & 1 \end{bmatrix} \begin{bmatrix} i_1 \\ i_2 \\ i_3 \end{bmatrix} = \begin{bmatrix} 0 \\ 10 \\ 0 \end{bmatrix}$$

解得 $i_1 = 3.6$ A，$i_2 = 2.8$ A，$i_3 = 4.4$ A；$u = 4.8$ V，$u_1 = 11$ V。请读者进一步求出各支路电流和支路电压。

*3.5　回路电流法

我们已经知道网孔回路是回路，但回路不一定都是网孔回路。回路概念的外延要大于网孔回路概念的外延，回路包含了网孔回路。

一、回路电流的定义

由人们主观设想的在回路中流动的电流，称为回路电流。如图 3.5.1 中的 i_{I}，i_{II}，i_{III} 就是该电路中的 3 个回路电流。这 3 个回路电流之间不互相独立，即回路电流不是一组独立变量，在这 3 个回路电流中只能有其中任意的两个才是一组独立、完备的变量。

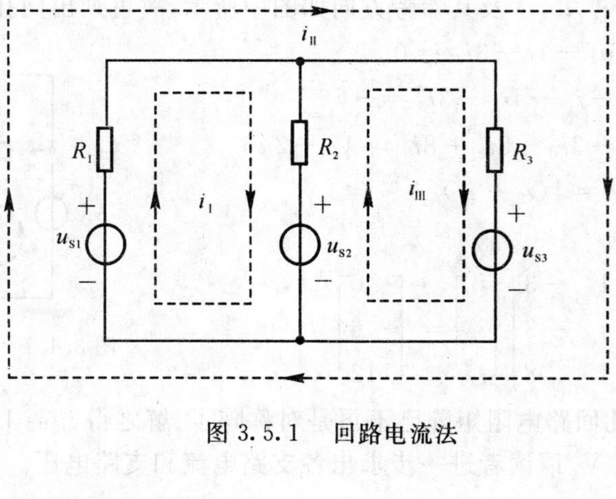

图 3.5.1　回路电流法

二、回路电流法

以一组独立完备的回路电流为待求变量，依据 KVL 对各个独立回路列写 KVL 方程而对电路进行分析的方法，称为回路电流法，简称回路法。

三、电路独立方程的列写

以图 3.5.2 所示电路为例来研究应用回路电流法求解电路时，电路独立方程列写的方法、原则与规律。

该电路有 3 个回路，根据 3.1 节中的论证，它只能有两个独立回路。若选两个网孔回路为独立回路，这就是上一节中讲述的网孔电流法；若选左边的网孔回路和外回路为两个独立回路，这就是回路电流法了。

设定两个回路电流的大小和参考方向，如图 3.3.2 中所示的 i_{I}，i_{II}，而且回路的绕行方向就取为与回路电流的参考方向一致。于是对两个回路可列写出 KVL 方程为

$$(R_1 + R_2)i_{\mathrm{I}} + R_1 i_{\mathrm{II}} = u_{S1} - u_{S2} \tag{3.5.1}$$

$$R_1 i_{\mathrm{I}} + (R_1 + R_3)i_{\mathrm{II}} = u_{S1} - u_{S3} \tag{3.5.2}$$

方程中“+”、“−”号出现的规律与 3.1 节中的完全相同。可见，若 R_1，R_2，R_3，u_{S1}，u_{S2}，u_{S3} 均为已知，则联立求解此方程组，即可求得两个回路电流 i_{I}，i_{II}，这就是回路电流法的涵义。

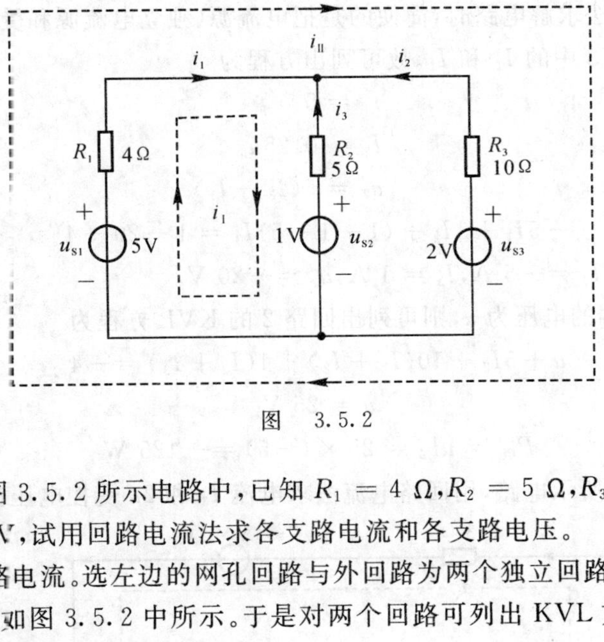

图　3.5.2

例 3.5.1　在图 3.5.2 所示电路中，已知 $R_1 = 4\ \Omega$，$R_2 = 5\ \Omega$，$R_3 = 10\ \Omega$，$u_{S1} = 5\ \mathrm{V}$，$u_{S2} = 1\ \mathrm{V}$，$u_{S3} = 2\ \mathrm{V}$，试用回路电流法求各支路电流和各支路电压。

解　(1) 求回路电流。选左边的网孔回路与外回路为两个独立回路，并设定两个回路电流的大小和参考方向，如图 3.5.2 中所示。于是对两个回路可列出 KVL 方程为式(3.5.1) 和式(3.5.2)，将已知数据代入此方程组即为

$$\begin{cases}(4+5)i_{\mathrm{I}} + 4i_{\mathrm{II}} = 5-1 \\ 4i_{\mathrm{I}} + (4+10)i_{\mathrm{II}} = 5-2\end{cases}$$

即

$$\begin{cases}9i_{\mathrm{I}} + 4i_{\mathrm{II}} = 4 \\ 4i_{\mathrm{I}} + 14i_{\mathrm{II}} = 3\end{cases}$$

联立求解得 $i_{\mathrm{I}} = 0.4\ \mathrm{A}$，$i_{\mathrm{II}} = 0.1\ \mathrm{A}$。

(2) 求支路电流。设定各支路电流的大小和参考方向如图 3.5.2 中所示，于是得

$$i_1 = i_{\mathrm{I}} + i_{\mathrm{II}} = 0.4 + 0.1 = 0.5\ \mathrm{A}$$

$$i_2 = -i_{\mathrm{II}} = -0.1\ \mathrm{A}$$

$$i_3 = -i_{\mathrm{III}} = -0.4\ \mathrm{A}$$

(3) 各支路电压的求法与例 3.2.1 完全相同，不再重复。

例 3.5.2 图 3.5.3 所示电路，用回路电流法求受控电流源 $0.25u_2$ 吸收的功率 $P_{吸}$。

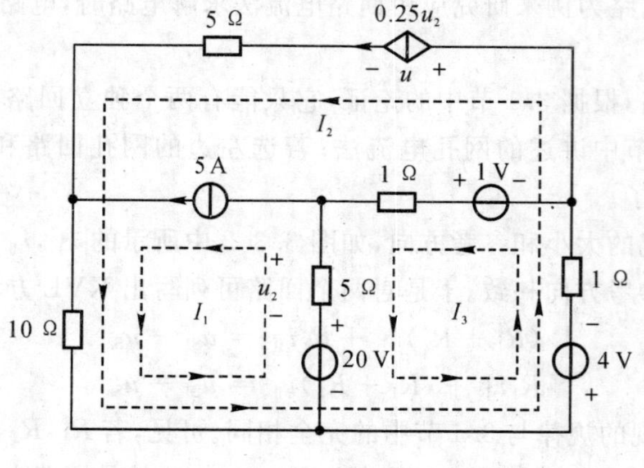

图 3.5.3

解 用回路电流法求解电路时，简便的是把电流源(独立电流源和受控电流源)的电流选为回路电流，如图 3.5.3 中的 I_1 和 I_2。故可列出方程为

$$I_1 = 5$$

$$I_2 = 0.25u_2$$

$$u_2 = 5(I_3 - I_1)$$

$$-5I_1 + 1I_2 + (1+1+5)I_3 = 1 - 20 - 4$$

联立求解得 $I_1 = 5\ \text{A}, I_2 = -5\ \text{A}, I_3 = 1\ \text{A}, u_2 = -20\ \text{V}$。

设受控电流源两端的电压为 u，则可列出回路 2 的 KVL 方程为

$$u + 5I_2 + 10(I_1 + I_2) + 1(I_2 + I_3) = -4$$

解得

$$u = 25\ \text{V}$$

故

$$P_{吸} = uI_2 = 25 \times (-5) = -125\ \text{W}$$

3.5.3 图 3.5.4 所示电路，用回路电流法求电流 I_3 和 $2u$ 受控电压源发出的功率 $P_{发}$。

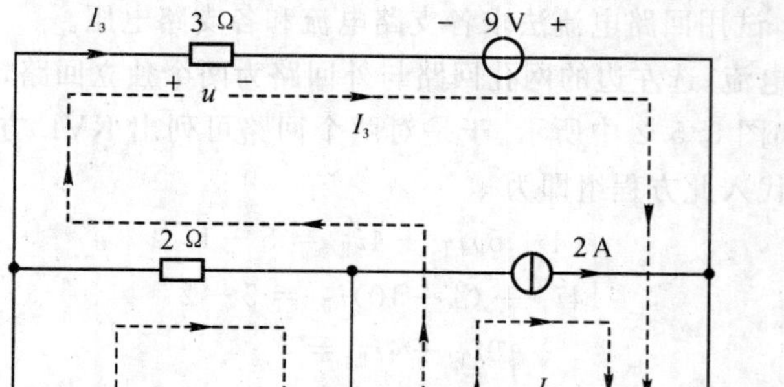

图 3.5.4

解　选独立回路如图中所示，于是可列出方程为

$$I_1 = 3$$

$$I_2 = 2$$

$$(3+3+5+2)I_3 - (5+2)I_1 + (5+3)I_2 = 9 + 2u$$

$$u = 3I_3$$

联立求解得　$I_1 = 3\ \text{A}, I_2 = 2\ \text{A}, I_3 = 2\ \text{A}, u = 6\ \text{V}$。故

$$P_{发} = (I_2 + I_3) \times 2u = 4 \times 2 \times 6 = 48\ \text{W}$$

例 3.5.4　图 3.5.5 所示电路，用回路电流法求 1 A 电流源发出的功率 $P_{发}$。

解　选独立回路电流如图中所示，于是可列出方程为

$$i_{\mathrm{I}} = 1$$

$$i_{\mathrm{II}} = 1.5u_1$$

$$u_1 = -2i_{\mathrm{III}}$$

$$-4i_{\mathrm{I}} - 10i_{\mathrm{II}} + (2+10+4)i_{\mathrm{III}} = -2 - 50i_3$$

$$i_3 = -i_{\mathrm{I}} + i_{\mathrm{II}}$$

联立求解得 $i_{\mathrm{I}} = 1\ \text{A}, i_{\mathrm{II}} = 1.5\ \text{A}, i_{\mathrm{III}} = -0.5\ \text{A}, u_1 = 1\ \text{V}, i_3 = 0.5\ \text{A}$。

设 1 A 电流源两端的电压为 u，则有

$$u = 4(i_{\mathrm{I}} - i_{\mathrm{III}}) - 16i_3 = -2\ \text{V}$$

故

$$P_{发} = 1\,u = 1 \times (-2) = -2\ \text{W}$$

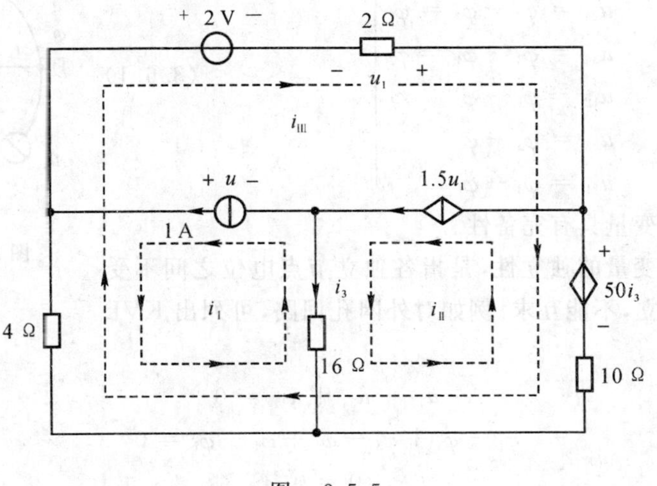

图　3.5.5

四、回路法与网孔法的比较

网孔法的优点是直观、简便，容易接受和操作。其缺点是：① 模式固定死板，使人的智慧和主观能动性的发挥被限制了；② 当电路中存在有电流源（独立的和受控的）时，为了列写回路的 KVL 方程，就必须在理想电流源的两端设定未知的电压，这就增加了待求变量的个数和独立方程的个数，使求解的工作量加大了；③ 只适用于平面电路，而不能用于立体电路。

回路法的优点是：① 灵活性大，为人的智慧和主观能动性的发挥提供了较大的空间，要求用脑子思考，有技巧性地选择独立回路及独立回路电流；② 当电路中存在有电流源（独立的和

受控的）时，若把电流源电流选为独立回路电流，即可无须在电流源两端设定未知的电压了，这就使待求变量的个数和独立方程的个数减少，使求解的工作量减少；③ 既适用于平面电路，也适用于立体电路。关于回路法的深入研究将在第10章中讲授。

3.6 节点电位法

一、定义

以独立节点电位为待求变量，根据KCL对各独立节点列写KCL约束方程，而对电路进行分析的方法称为节点电位法，简称节点法。独立方程的个数等于独立节点的个数，即$(n-1)$个。非独立节点的电位取为零，称为参考节点，也称“接地”，并用符号“⊥”表示。

二、独立节点电位变量的完备性与独立性

独立节点电位变量的完备性，是指电路中所有的支路电压，都可由独立节点电位求得。例如图3.6.1所示电路，它有4个节点，5个支路电流。对4个节点进行编号如图中所示，并取节点④为参考节点，即取节点④的电位$\varphi_4=0$，则节点①，②，③即为独立节点。设它们的电位分别为$\varphi_1,\varphi_2,\varphi_3$。今若$\varphi_1,\varphi_2,\varphi_3$已知，则各支路电压即均可求得为

$$\left.\begin{aligned}u_{14}&=\varphi_1-\varphi_4=\varphi_1\\u_{24}&=\varphi_2-\varphi_4=\varphi_2\\u_{34}&=\varphi_3-\varphi_4=\varphi_3\\u_{12}&=\varphi_1-\varphi_2\\u_{23}&=\varphi_2-\varphi_3\\u_{31}&=\varphi_3-\varphi_1\end{aligned}\right\}\quad(3.6.1)$$

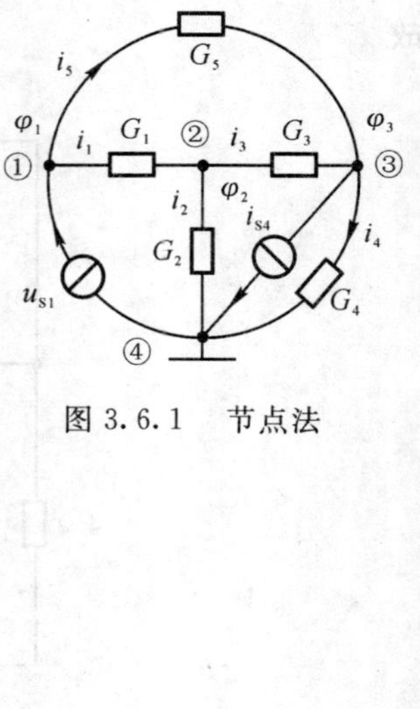

图3.6.1 节点法

可见独立节点电位变量具有完备性。

独立节点电位变量的独立性，是指各独立节点电位之间不受KVL约束，彼此独立，不能互求。例如对外网孔回路，可列出KVL方程

$$u_{13}+u_{34}+u_{41}=0$$

即

$$\varphi_1-\varphi_3+\varphi_3-\varphi_4+\varphi_4-\varphi_1=0$$

即

$$0=0$$

此式为一恒等式，即不管$\varphi_1,\varphi_3,\varphi_4$为何值都恒成立。对其他回路也能得到同样结果，所以，独立节点电位变量具有独立性。

由于独立节点电位变量具有完备性与独立性，因此可作为电路分析的变量。

三、独立节点KCL约束方程的列写与求解

在图3.6.1所示电路中，设各支路电流的大小和参考方向如图中所示。于是对3个独立节点可列出方程

$$\left.\begin{aligned} &\text{节点 ①:} && i_1+i_5=i_{S1} \\ &\text{节点 ②:} && -i_1+i_2+i_3=0 \\ &\text{节点 ③:} && -i_3+i_4-i_5=-i_{S4} \end{aligned}\right\} \tag{3.6.2}$$

又有

$$\left.\begin{aligned} i_1 &= G_1(\varphi_1-\varphi_2) \\ i_2 &= G_2\varphi_2 \\ i_3 &= G_3(\varphi_2-\varphi_3) \\ i_4 &= G_4\varphi_3 \\ i_5 &= G_5(\varphi_1-\varphi_3) \end{aligned}\right\} \tag{3.6.3}$$

代入式(3.6.2)并整理得

$$\left.\begin{aligned} (G_1+G_5)\varphi_1-G_1\varphi_2-G_5\varphi_3 &= i_{S1} \\ -G_1\varphi_1+(G_1+G_2+G_3)\varphi_2-G_3\varphi_3 &= 0 \\ -G_5\varphi_1-G_3\varphi_2+(G_3+G_4+G_5)\varphi_3 &= -i_{S4} \end{aligned}\right\} \tag{3.6.4}$$

此方程组称为独立节点电流约束方程，简称节点方程。解此方程组即可得各独立节点电位 φ_1，φ_2，φ_3。

在式(3.6.4)中，令 $G_{11}=G_1+G_5$，$G_{22}=G_1+G_2+G_3$，$G_{33}=G_3+G_4+G_5$，它们分别为节点 ①，②，③ 的自电导，为正值；令 $G_{12}=G_{21}=-G_1$，$G_{13}=G_{31}=-G_5$，$G_{23}=G_{32}=-G_3$。G_{12}，G_{21} 均称为节点 ① 与节点 ② 的互电导；G_{13}，G_{31} 均称为节点 ① 与节点 ③ 的互电导；G_{23}，G_{32} 均称为节点 ② 与节点 ③ 的互电导。互电导为负值。令 $i_{S11}=i_{S1}$，$i_{S22}=0$，$i_{S33}=-i_{S4}$，它们分别为流入各该节点的电流源电流的代数和，流入节点者取“+”号，流出节点者取“−”号。这样式(3.6.4)即可写为

$$\left.\begin{aligned} G_{11}\varphi_1+G_{12}\varphi_2+G_{13}\varphi_3 &= i_{S11} \\ G_{21}\varphi_1+G_{22}\varphi_2+G_{23}\varphi_3 &= i_{S22} \\ G_{31}\varphi_1+G_{32}\varphi_2+G_{33}\varphi_3 &= i_{S33} \end{aligned}\right\} \tag{3.6.5}$$

可见节点方程的列写也是很有规律的。

将式(3.6.5)写成矩阵形式即为

$$\begin{bmatrix} G_{11} & G_{12} & G_{13} \\ G_{21} & G_{22} & G_{23} \\ G_{31} & G_{32} & G_{33} \end{bmatrix}\begin{bmatrix} \varphi_1 \\ \varphi_2 \\ \varphi_3 \end{bmatrix}=\begin{bmatrix} i_{S11} \\ i_{S22} \\ i_{S33} \end{bmatrix} \tag{3.6.6}$$

即

$$\boldsymbol{G\varphi}=\boldsymbol{i}_n \tag{3.6.7}$$

其中

$$\boldsymbol{G}=\begin{bmatrix} G_{11} & G_{12} & G_{13} \\ G_{21} & G_{22} & G_{23} \\ G_{31} & G_{32} & G_{33} \end{bmatrix}$$

称为节点电导矩阵，为一对称阵；

$$\boldsymbol{\varphi}=\begin{bmatrix} \varphi_1 \\ \varphi_2 \\ \varphi_3 \end{bmatrix}$$

称为独立节点电位列向量；

$$\boldsymbol{i}_n = \begin{bmatrix} i_{S11} \\ i_{S22} \\ i_{S33} \end{bmatrix}$$

称为节点电流源电流列向量。

式(3.6.6)或式(3.6.7)即为矩阵形式的节点方程。求解式(3.6.7)即得

$$\boldsymbol{\varphi} = \boldsymbol{G}^{-1}\boldsymbol{i}_n \tag{3.6.8}$$

式中 $\boldsymbol{G}^{-1}$ 为 $\boldsymbol{G}$ 的逆矩阵。

四、支路电压与支路电流的求解

将所求得的 $\varphi_1, \varphi_2, \varphi_3$ 代入式(3.6.1)，即可求得各支路电压。在求支路电流时，同样应先设定它们的大小和参考方向。若设定各支路电流的大小和参考方向如图 3.6.1 中所示，则可根据式(3.6.3)求得各支路电流。

五、节点法的一般步骤

(1) 画出电路图。

(2) 选取参考节点，并设定各独立节点电位的大小和正负极性。一般都是取各独立节点为"+"极端，参考节点为"−"极端。

(3) 对各独立节点列写 KCL 约束方程，方程的个数与独立节点的个数相等。

(4) 联立求解 KCL 约束方程组，即可得各独立节点电位。

(5) 设定各支路电流的大小和参考方向，根据所求得的独立节点电位，即可求出各支路电压和支路电流。至此，求解工作即告完毕。

最后要指出，节点法的应用极为广泛。这是因为：① 它既适用于平面电路，也适用于非平面电路；② 在实际电路中，其独立节点数往往要比网孔数少。

例 3.6.1 图 3.6.2(a) 所示电路，用节点法求各支路电流。

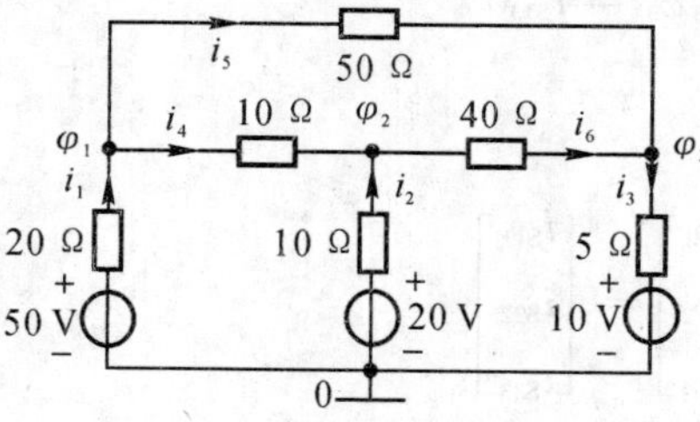

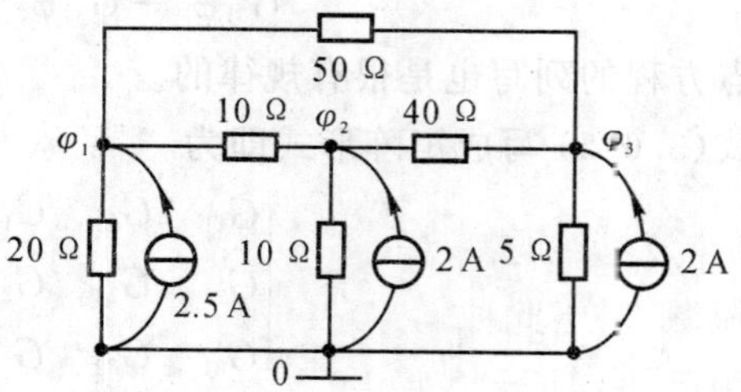

图 3.6.2

解 将图(a)电路等效变换为图(b)电路，4 个节点的编号如图中所示，选 0 点为参考节点，设其余 3 个独立节点的电位为 $\varphi_1, \varphi_2, \varphi_3$。于是可列出节点方程为

$$\begin{cases} \left(\dfrac{1}{20}+\dfrac{1}{50}+\dfrac{1}{10}\right)\varphi_1 - \dfrac{1}{10}\varphi_2 - \dfrac{1}{50}\varphi_3 = 2.5 \\ -\dfrac{1}{10}\varphi_1 + \left(\dfrac{1}{10}+\dfrac{1}{10}+\dfrac{1}{40}\right)\varphi_2 - \dfrac{1}{40}\varphi_3 = 2 \\ -\dfrac{1}{50}\varphi_1 - \dfrac{1}{40}\varphi_2 + \left(\dfrac{1}{5}+\dfrac{1}{40}+\dfrac{1}{50}\right)\varphi_3 = 2 \end{cases}$$

经整理并写成矩阵形式为

$$\begin{bmatrix} 1.7 & -1 & -0.2 \\ -1 & 2.25 & -0.25 \\ -0.2 & -0.25 & 2.45 \end{bmatrix}\begin{bmatrix} \varphi_1 \\ \varphi_2 \\ \varphi_3 \end{bmatrix} = \begin{bmatrix} 25 \\ 20 \\ 20 \end{bmatrix}$$

解之得 $\varphi_1 = 30.2\ \text{V}, \varphi_2 = 23.8\ \text{V}, \varphi_3 = 13.1\ \text{V}$。

设各支路电流的大小和参考方向如图 3.6.2(a) 中所示，则各支路电流为

$$i_1 = \frac{50-\varphi_1}{20} = 0.99\ \text{A}$$

$$i_2 = \frac{20-\varphi_2}{10} = -0.38\ \text{A}$$

$$i_3 = \frac{\varphi_3-10}{5} = 0.62\ \text{A}$$

$$i_5 = \frac{\varphi_1-\varphi_3}{50} = 0.34\ \text{A}$$

$$i_4 = \frac{\varphi_1-\varphi_2}{10} = 0.64\ \text{A}$$

$$i_6 = \frac{\varphi_2-\varphi_3}{40} = 0.27\ \text{A}$$

例 3.6.2　列出图 3.6.3(a) 所示电路的节点方程并求解。

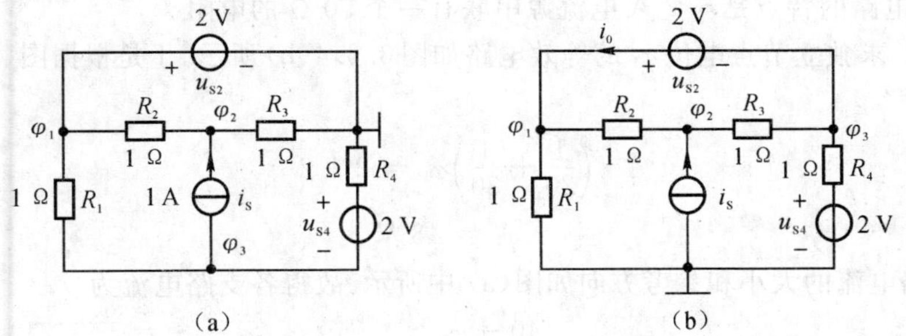

图　3.6.3

解　该电路的特点是在其中的两个节点之间有一个 2 V 的理想电压源，无法将它等效变换为电流源。对于此种电路，若选电压源的一端(例如负端) 作为参考节点，则电压源另一端的电位即为已知，即

$$\varphi_1 = 2\ \text{V}$$

这样，该电路就只有两个未知的节点电位 φ_2 和 φ_3。对应的节点方程为

节点 ②：　$$-\frac{1}{R_2}\varphi_1 + \left(\frac{1}{R_2}+\frac{1}{R_3}\right)\varphi_2 = i_S$$

节点 ③：　$$-\frac{1}{R_1}\varphi_1 + \left(\frac{1}{R_1}+\frac{1}{R_4}\right)\varphi_3 = -i_S - \frac{u_{S4}}{R_4}$$

代入数据，联立求解得 $\varphi_1 = 2\ \text{V}, \varphi_2 = 1.5\ \text{V}, \varphi_3 = -0.5\ \text{V}$。

但若选参考节点如图 3.6.3(b) 所示，则由于 3 个独立节点电位 $\varphi_1, \varphi_2, \varphi_3$ 均为未知，故必须对 3 个独立节点均列出方程，且应设定流过电压源中的电流大小为 i_0 与参考方向，如图

3.6.3(b) 中所示。于是可列出方程为

节点 ①：$$\left(\frac{1}{R_1}+\frac{1}{R_2}\right)\varphi_1-\frac{1}{R_2}\varphi_2-0\varphi_3=i_0$$

节点 ②：$$-\frac{1}{R_2}\varphi_1+\left(\frac{1}{R_2}+\frac{1}{R_3}\right)\varphi_2-\frac{1}{R_3}\varphi_3=i_S$$

节点 ③：$$-0\varphi_1\frac{1}{R_3}\varphi_2+\left(\frac{1}{R_3}+\frac{1}{R_4}\right)\varphi_3=\frac{u_{S4}}{R_4}-i_0$$

又有
$$\varphi_1-\varphi_3=2$$

联立求解得 $\varphi_1=2.5\ \text{V},\varphi_2=2\ \text{V},\varphi_3=0.5\ \text{V},i_0=3\ \text{A}$。读者可进一步求出各支路电流和支路电压。

例 3.6.3 求图 3.6.4(a) 所示电路的各支路电流和电压 u_2。

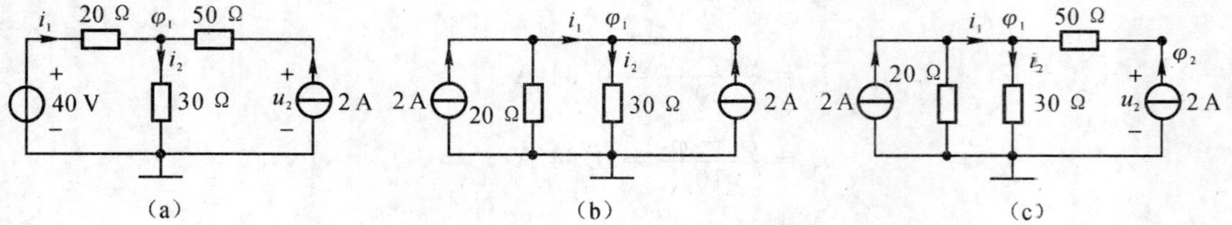

图 3.6.4

解 此电路的特点是与 2 A 电流源串联有一个 50 Ω 的电阻。

方法一 求独立节点电位 φ_1 的等效电路如图 3.6.4(b) 所示。于是根据图(b) 可列出节点方程为

$$\left(\frac{1}{20}+\frac{1}{30}\right)\varphi_1=2+2$$

解得
$$\varphi_1=48\ \text{V}$$

设各支路电流的大小和参考方向如图(a) 中所示。故得各支路电流为

$$i_1=\frac{40-\varphi_1}{20}=-0.4\ \text{A}$$

$$i_2=\frac{\varphi_1}{30}=1.6\ \text{A}$$

而
$$u_2=50\times2+\varphi_1=148\ \text{V}$$

注意，上述的节点方程绝对不能写成

$$\left(\frac{1}{20}+\frac{1}{30}+\frac{1}{50}\right)\varphi_1=\frac{40}{20}+2$$

因为节点方程实质上是 KCL 约束方程。

方法二 按图 3.6.4(c) 所示电路，将节点 2 也视为一个独立节点，则对 1,2 两个独立节点可列出方程为

$$\begin{cases}\left(\dfrac{1}{20}+\dfrac{1}{30}+\dfrac{1}{50}\right)\varphi_1-\dfrac{1}{50}\varphi_2=2\\-\dfrac{1}{50}\varphi_1+\dfrac{1}{50}\varphi_2=2\end{cases}$$

解之得 $\varphi_1=48\ \text{V},\varphi_2=148\ \text{V}$。故得 $u_2=\varphi_2=148\ \text{V}$。

例 3.6.4　求图 3.6.5 电路的各支路电流。

解　该电路的特点是只有两个节点，用节点法求解最为简便。设独立节点的电位为 φ，则可列出方程为

$$\left(\frac{1}{R_1}+\frac{1}{R_2}+\frac{1}{R_3}+\frac{1}{R_4}\right)\varphi=\frac{u_{s1}}{R_1}+\frac{u_{s2}}{R_2}-\frac{u_{s3}}{R_3}+\frac{0}{R_4}$$

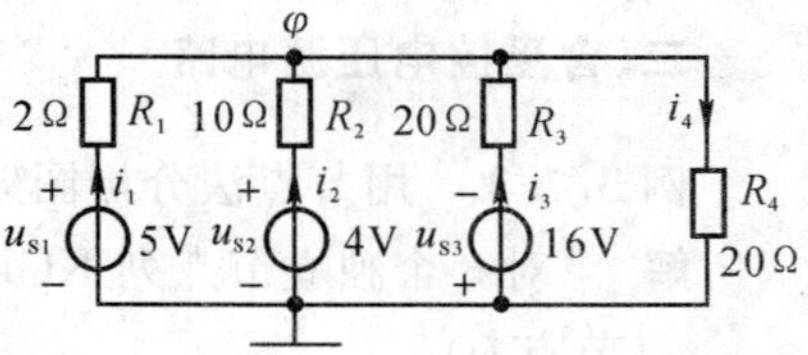

图　3.6.5

故得

$$\varphi=\frac{\sum_{k=1}^{4}\frac{u_{sk}}{R_k}}{\sum_{k=1}^{4}\frac{1}{R_k}}$$

代入数据解得

$$\varphi=3\ \mathrm{V}$$

设定各支路电流的大小和参考方向，如图中所示，故得

$$i_1=\frac{u_{s1}-\varphi}{R_1}=\frac{5-3}{2}=1\ \mathrm{A},\qquad i_2=\frac{u_{s2}-\varphi}{R_2}=\frac{4-3}{10}=0.1\ \mathrm{A}$$

$$i_3=\frac{-u_{s3}-\varphi}{R_3}=\frac{-16-3}{20}=-\frac{19}{20}\ \mathrm{A},\qquad i_4=\frac{\varphi}{R_4}=\frac{3}{20}\ \mathrm{A}$$

3.7　含受控源电路的节点分析

含受控源电路的节点分析方法与步骤，与只含独立源电路的节点分析法全同。在列节点 KCL 方程时，受控源与独立源同样处理，但要将控制变量用待求的节点电位变量表示，以作为辅助方程。

一、含受控电流源电路

例 3.7.1　求图 3.7.1(a) 电路的节点电位 $\varphi_1,\varphi_2,\varphi_3$。

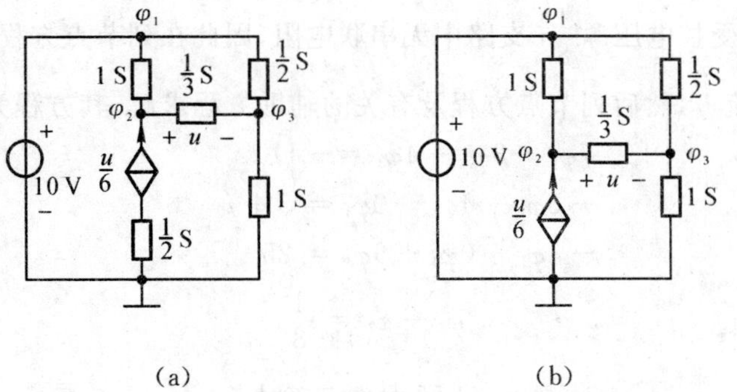

图 3.7.1　含受控电流源电路

解　为求得 $\varphi_1,\varphi_2,\varphi_3$，可作出图(a) 电路的等效电路，如图 3.7.1(b) 所示。于是对 3 个独立节点可列出方程为

节点 ①：　$\varphi_1=10$

节点 ②：　$-\varphi_1+\left(1+\frac{1}{3}\right)\varphi_2-\frac{1}{3}\varphi_3=\frac{u}{6}$

节点 ③：　$-\frac{1}{2}\varphi_1-\frac{1}{3}\varphi_2+\left(\frac{1}{2}+\frac{1}{3}+1\right)\varphi_3=0$

又有 $$\varphi_2-\varphi_3=u$$

联立求解得 $\varphi_1=10\ \text{V}$，$\varphi_2=9.2\ \text{V}$，$\varphi_3=4.4\ \text{V}$，$u=4.8\ \text{V}$

二、含受控电压源电路

例 3.7.2 用节点法分析图 3.7.2 所示电路。

解 对 3 个独立节点列 KCL 方程为

节点 ①： $$\varphi_1=24\ \text{V}$$

节点 ②： $$-\varphi_1+\left(1+\frac{1}{3}\right)\varphi_2-\frac{1}{3}\varphi_3=4$$

节点 ③： $$-\frac{1}{2}\varphi_1-\frac{1}{3}\varphi_2+\left(\frac{1}{3}+\frac{1}{2}+\frac{1}{2}\right)\varphi_3=u$$

又有 $$\varphi_1-\varphi_2=u$$

联立求解得 $\varphi_1=24\ \text{V}$，$\varphi_2=24.67\ \text{V}$，$\varphi_3=14.67\ \text{V}$，$u=-0.67\ \text{V}$

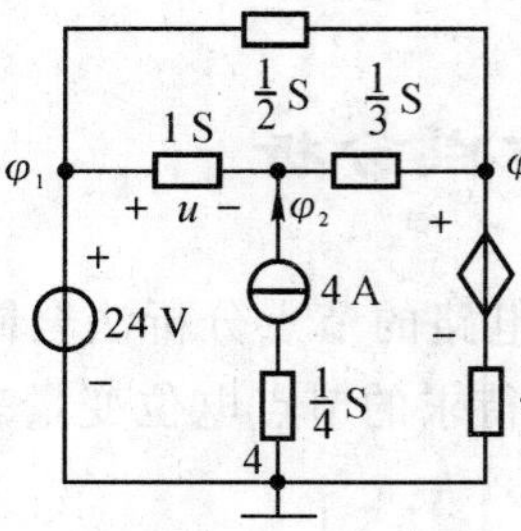

图 3.7.2 含受控电压源电路

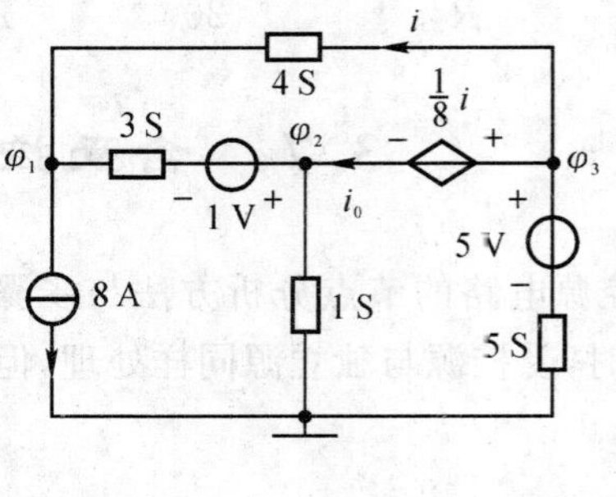

图 3.7.3 含受控理想电压源电路

例 3.7.3 用节点法分析图 3.7.3 所示电路。

解 此电路中受控电压源 $\frac{1}{8}i$ 支路中无串联电阻，因此在列节点方程时，应设定出此理想受控电压源中的电流 i_0，然后列节点方程及有关的辅助方程求解。其方程为

节点 ①： $$7\varphi_1-3\varphi_2-4\varphi_3=-11$$

节点 ②： $$-3\varphi_1+4\varphi_2-0\varphi_3=3+i_0$$

节点 ③： $$-4\varphi_1-0\varphi_2+9\varphi_3=25-i_0$$

又有 $$\varphi_3-\varphi_2=\frac{1}{8}i$$

$$i=4(\varphi_3-\varphi_1)$$

经整理得

$$\begin{cases}7\varphi_1-3\varphi_2-4\varphi_3=-11\\-7\varphi_1+4\varphi_2+9\varphi_3=28\\-\frac{1}{2}\varphi_1+\varphi_2-\frac{1}{2}\varphi_3=0\end{cases}$$

解得 $\varphi_1=1\ \text{V}$，$\varphi_2=2\ \text{V}$，$\varphi_3=3\ \text{V}$，$i=8\ \text{A}$，$\frac{1}{8}i=\frac{1}{8}\times 8=1\ \text{V}$

习　题　三

3.1　图题 3.1 所示电路，试用支路电流法求各支路电流，并求中间支路吸收的功率。(答：0.5 A，−0.1 A，−0.45 A，1.2 W)

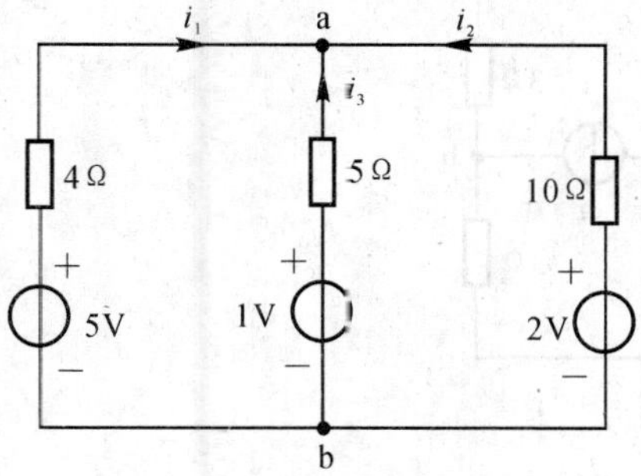

图题　3.1

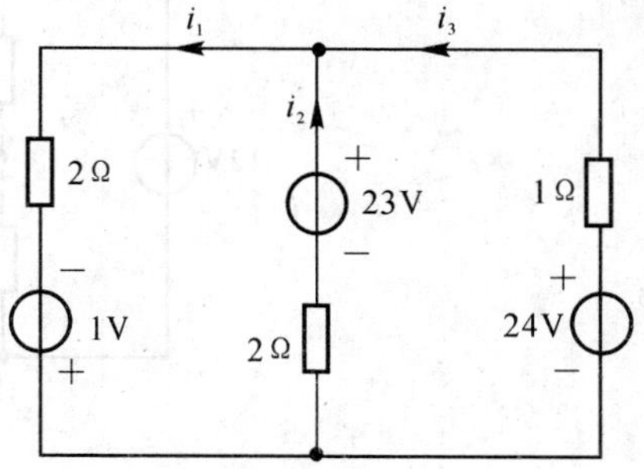

图题　3.2

3.2　图题 3.2 所示电路，试用网孔电流法求各支路电流，并求右边支路发出的功率。(答：9.25 A，2.75 A，6.5 A，113.75 W)

3.3　图题 3.3 所示电路，求电流 i，并求 $2i$ 受控电压源吸收的功率。(答：1 A，−4 W)

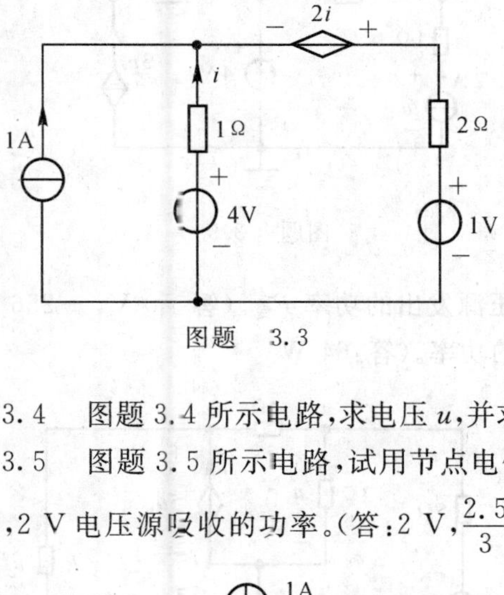

图题　3.3

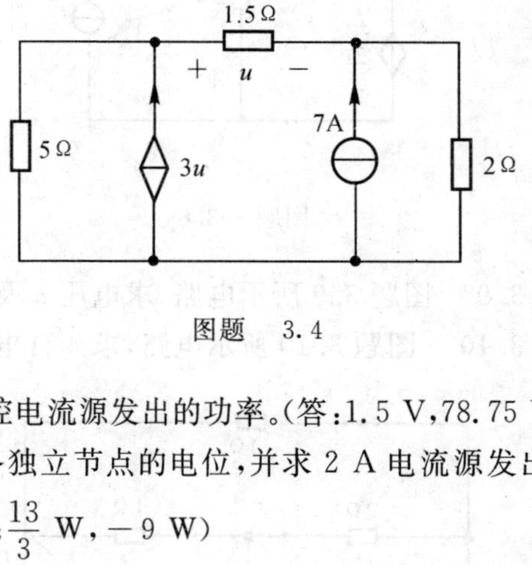

图题　3.4

3.4　图题 3.4 所示电路，求电压 u，并求 $3u$ 受控电流源发出的功率。(答：1.5 V，78.75 W)

3.5　图题 3.5 所示电路，试用节点电位法求各独立节点的电位，并求 2 A 电流源发出的功率，2 V 电压源吸收的功率。(答：2 V，$\frac{2.5}{3}$ V，3 V；$\frac{13}{3}$ W，−9 W)

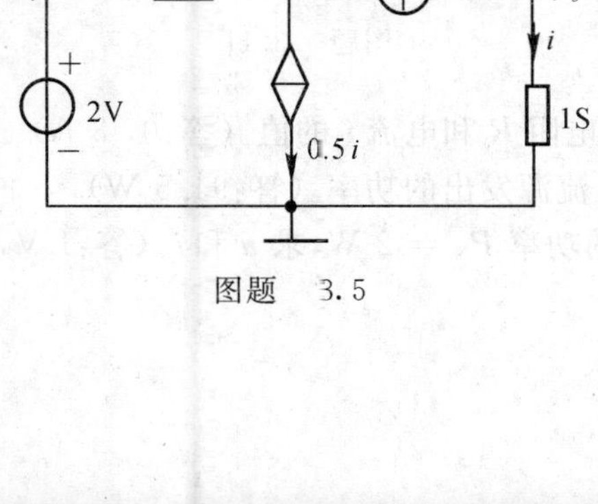

图题　3.5

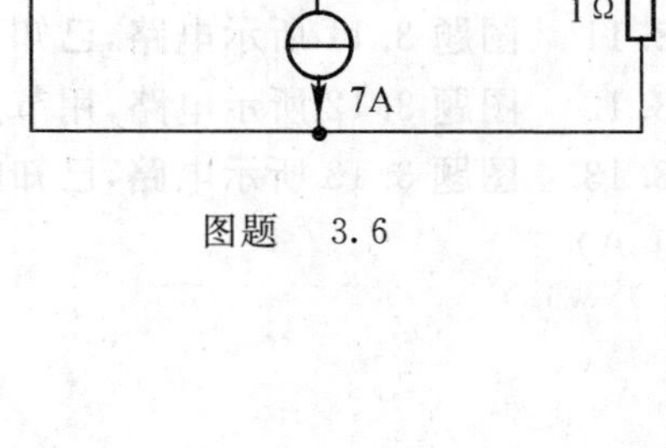

图题　3.6

3.6　图题 3.6 所示电路，试求电阻 $R=1\ \Omega$ 吸收的功率及 7 V 电压源发出的功率。（答：4 W，63 W）

3.7　图题 3.7 所示电路，试求电流 i 和电压 u，并求 ab 支路吸收的功率。（答：6.5 A，−1.5 V，−13.5 W）

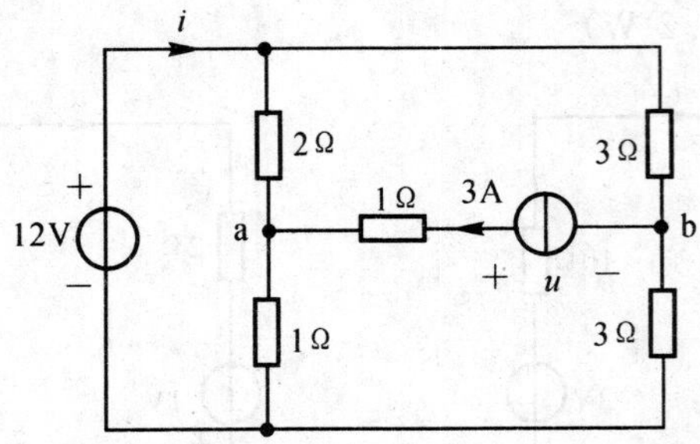

图题　3.7

3.8　图题 3.8 所示电路，求 3 A 电流源发出的功率及左边支路吸收的功率。（答：18 W，0）

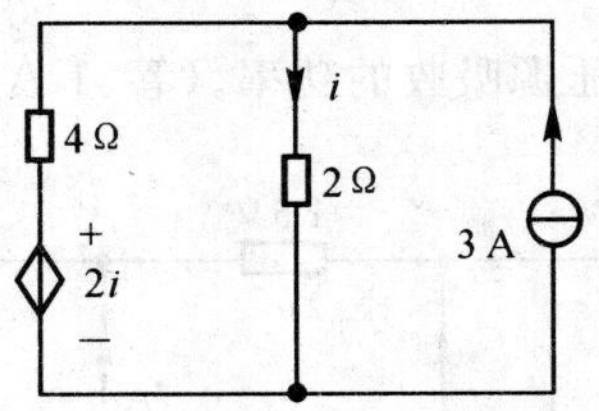

图题　3.8

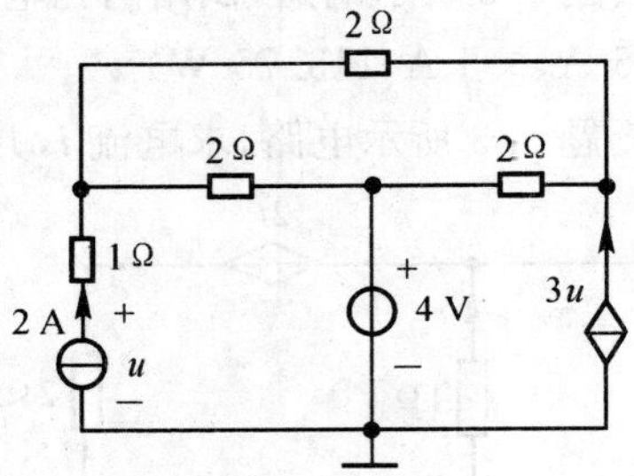

图题　3.9

3.9　图题 3.9 所示电路，求电压 u 及 4 V 电压源发出的功率 $P_{发}$。（答：50 V，−256 W）

3.10　图题 3.10 所示电路，求 4 Ω 电阻吸收的功率。（答：64 W）

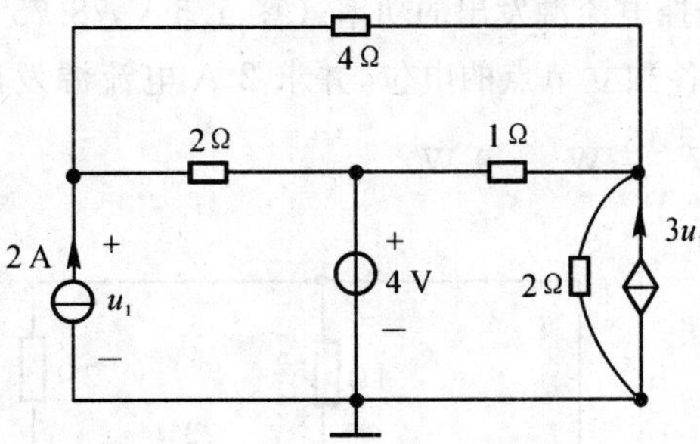

图题　3.10

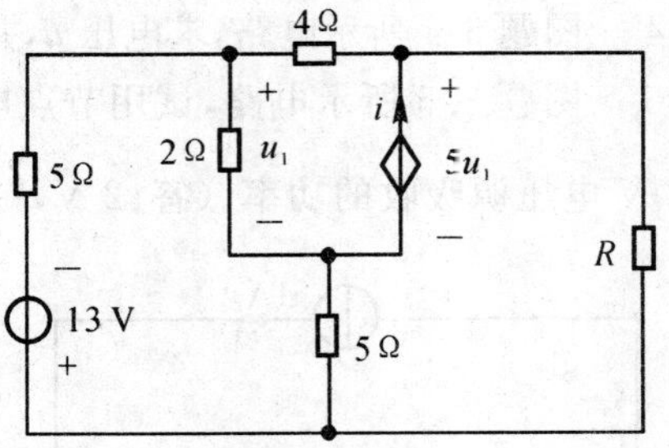

图题　3.11

3.11　图题 3.11 所示电路，已知 $u_1=2$ V，求电阻 R 和电流 i 的值。（答：0，3 A）

3.12　图题 3.12 所示电路，用节点法求受控电流源发出的功率。（答：94.5 W）

3.13　图题 3.13 所示电路，已知电路 N 吸收的功率 $P_N=2$ W，求 u 和 i。（答：1 V，2 A；2 V，1 A）

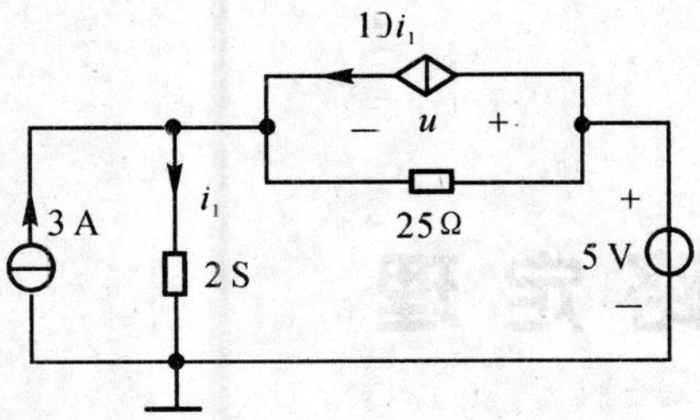

图题　3.12

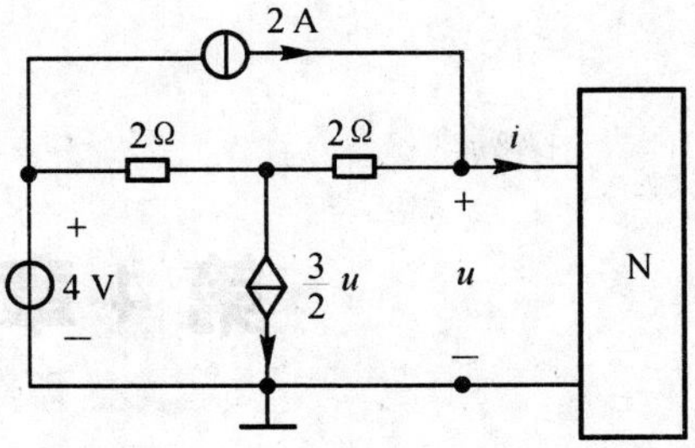

图题　3.13

3.14　图题 3.14 所示电路，用节点法求电压 u_3。（答：－6 V）

3.15　图题 3.15 所示电路，求电流 i。（答：－3 A）

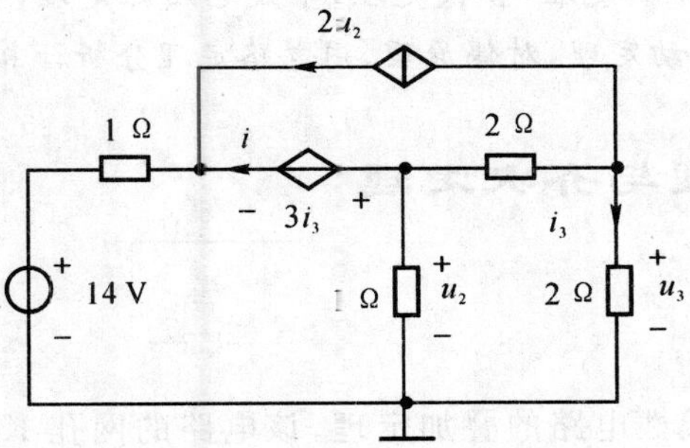

图题　3.14

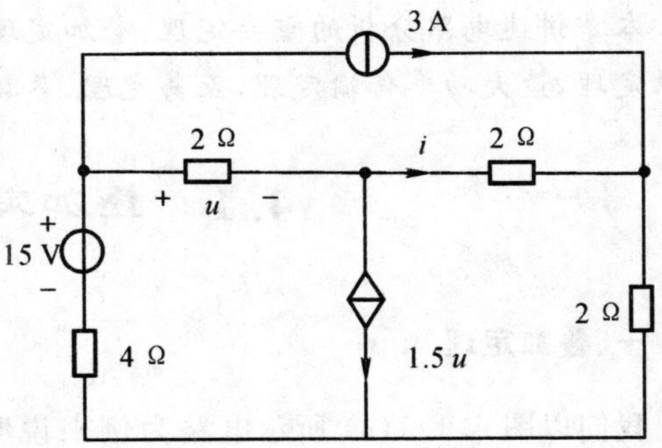

图题　3.15

第4章 电路定理

内容提要

本章讲述电路分析的重要定理：叠加定理，齐次定理，替代定理，等效电压源定理，等效电流源定理，最大功率传输定理，互易定理，参数变动定理，对偶原理，用电路定理分析计算电路。

4.1 叠加定理与齐次定理

一、叠加定理

我们以图 4.1.1(a) 所示电路为例来说明线性电路的叠加定理。该电路的网孔 KVL 方程为

$$\left.\begin{aligned}(R_1+R_2)i_1-R_2i_2&=u_S\\ i_2&=i_S\end{aligned}\right\}$$

联立求解得

$$i_1=\frac{1}{R_1+R_2}u_S+\frac{R_2}{R_1+R_2}i_S=Gu_S+\alpha i_S \tag{4.1.1}$$

其中 $G=\dfrac{1}{R_1+R_2}$，$\alpha=\dfrac{R_2}{R_1+R_2}$，为两个比例常数，其值完全由电路的结构与参数决定。

由式(4.1.1)可见，响应电流 i_1 为激励 u_S 与 i_S 的线性组合函数，它由两个分量组成。一个分量 Gu_S 只与 u_S 有关，另一个分量 αi_S 只与 i_S 有关。当 $i_S=0$（就是将电流源 i_S 开路）时，电路中只有 u_S 单独作用，如图 4.1.1(b) 所示。此时得

$$i'_1=\frac{1}{R_1+R_2}u_S=Gu_S$$

当 $u_S=0$（就是将电压源 u_S 短路）时，电路中只有 i_S 单独作用，如图 4.1.1(c) 所示。此时得

$$i''_1=\frac{R_2}{R_1+R_2}i_S=\alpha i_S$$

由以上两式得

$$i_1=i'_1+i''_1=Gu_S+\alpha i_S$$

此结果说明，两个独立电源 u_S 与 i_S 同时作用时在电路中产生的响应 i_1，等于每个独立电源单独作用时在电路中所产生响应 i'_1 与 i''_1 的代数和。将此结论推广即得叠加定理：线性电路中所有独立电源同时作用时在每一个支路中所产生的响应电流或电压，等于各个独立电源单独作用时在该支路中所产生响应电流或电压的代数和。叠加定理也称叠加性。它说明了线性电路中

独立电源作用的独立性。

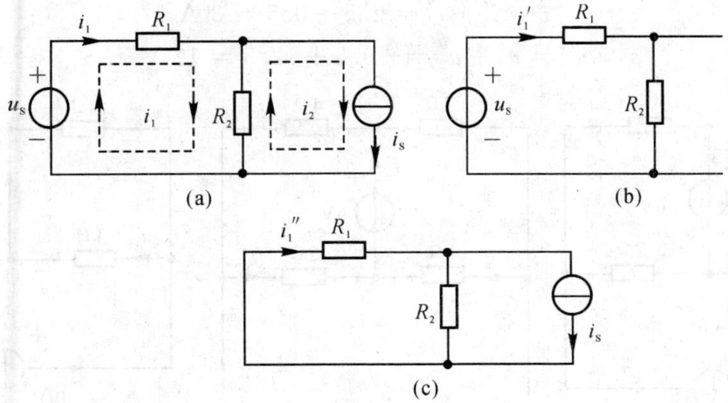

图 4.1.1　叠加定理

应用叠加定理时应强调注意以下几点：

(1) 当一个独立电源单独作用时，其他的独立电源应为零，即独立电压源用短路代替，独立电流源用开路代替。

(2) 叠加定理只能用来求解电路中的电压和电流，不能用于计算电路的功率，因为功率是电流或电压的二次方函数。

(3) 叠加时必须注意各个响应分量是代数和，因此要考虑总响应与各分响应的参考方向或参考极性。当分响应的参考方向或参考极性与总响应的参考方向或参考极性一致时，叠加时取"+"号，反之取"−"号。

(4) 对于含受控源的电路，当独立源单独作用时，所有的受控源均应保留，因为受控源不是激励，且具有电阻性。

例 4.1.1　图 4.1.2(a) 所示电路，试用叠加定理求电压源中的电流 i 和电流源两端的电压 u。

解　求解此类电路，以应用叠加定理简便。

当 6 V 电压源单独作用时，6 A 电流源应开路，如图 4.1.2(b) 所示，于是有

$$i'_1 = \frac{6}{3+1} = 1.5\ \text{A}$$

$$i'_2 = \frac{6}{4+2} = 1\ \text{A}$$

故

$$i' = i'_1 + i'_2 = 1.5 + 1 = 2.5\ \text{A}$$

$$u' = 1i'_1 - 2i'_2 = 1\times 1.5 - 2\times 1 = -0.5\ \text{V}$$

当 6 A 电流源单独作用时，6 V 电压源应短路，如图 4.1.2(c) 所示，于是有

$$i''_1 = \frac{3}{3+1}\times 6 = 4.5\ \text{A}$$

$$i''_2 = \frac{4}{4+2}\times 6 = 4\ \text{A}$$

故

$$i'' = i''_1 - i''_2 = 4.5 - 4 = 0.5\ \text{A}$$

$$u'' = 1i''_1 + 2i''_2 = 1\times 4.5 + 2\times 4 = 12.5\ \text{V}$$

故根据叠加定理得

$$i = i' + i'' = 2.5 + 0.5 = 3\ \text{A}$$
$$u'' = u' + u'' = -0.5 + 12.5 = 12\ \text{V}$$

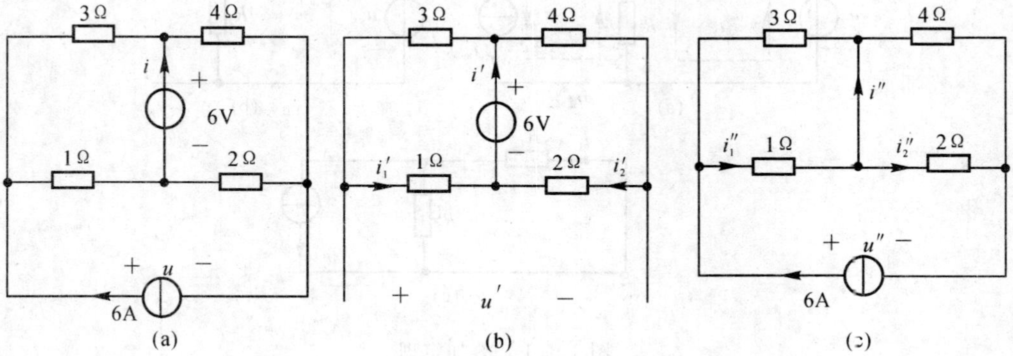

图 4.1.2

例 4.1.2 图 4.1.3(a) 所示电路,试用叠加定理求 3 A 电流源两端的电压 u 和电流 i。

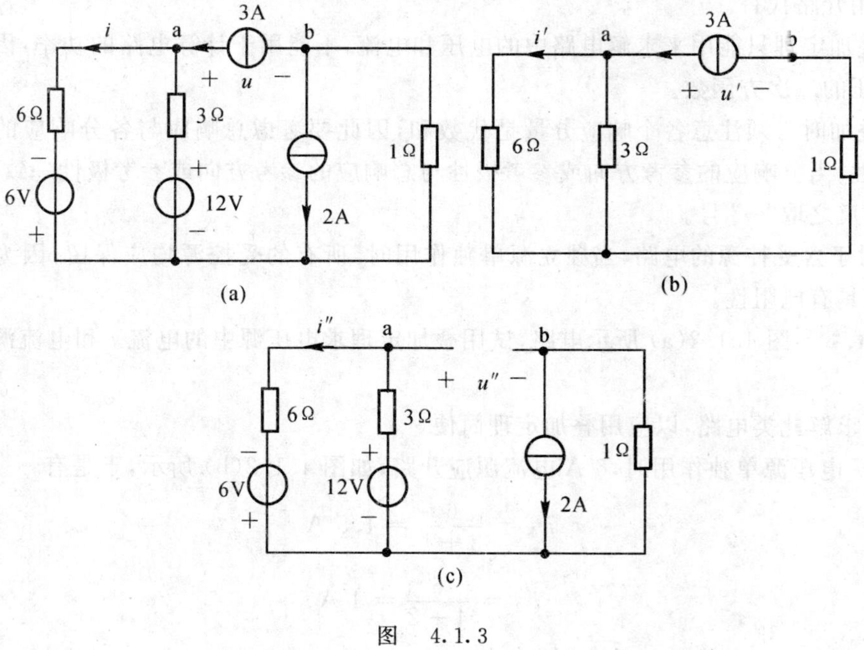

图 4.1.3

解 该电路中的独立源较多,共有 4 个,若每一个独立源都单独作用一次,需要叠加 4 次,这就比较烦琐了。因此,可以采用"独立源分组"单独作用法求解。

当 3 A 电流源单独作用时,其余的独立源均令其为零,即 6 V,12 V 电压源应短路,2 A 电流源应开路,如图 4.1.3(b) 所示,于是有

$$i' = \frac{3}{6+3} \times 3 = 1\ \text{A}$$

$$u' = (\frac{6 \times 3}{6+3} + 1) \times 3 = 9\ \text{V}$$

当 6 V，12 V，2 A 三个独立源分为一组“单独”作用时，3 A 电流源应开路，如图 4.1.3(c) 所示，于是有

$$i'' = \frac{6+12}{6+3} = 2\ \text{A}$$

$$u'' = 6i'' - 6 + 2\times 1 = 6\times 2 - 4 = 8\ \text{V}$$

故根据叠加定理得

$$u = u' + u'' = 9 + 8 = 17\ \text{V}$$

$$i = i' + i'' = 1 + 2 = 3\ \text{A}$$

例 4.1.3　图 4.1.4(a) 所示电路，试用叠加定理求电压 u 和电流 i。

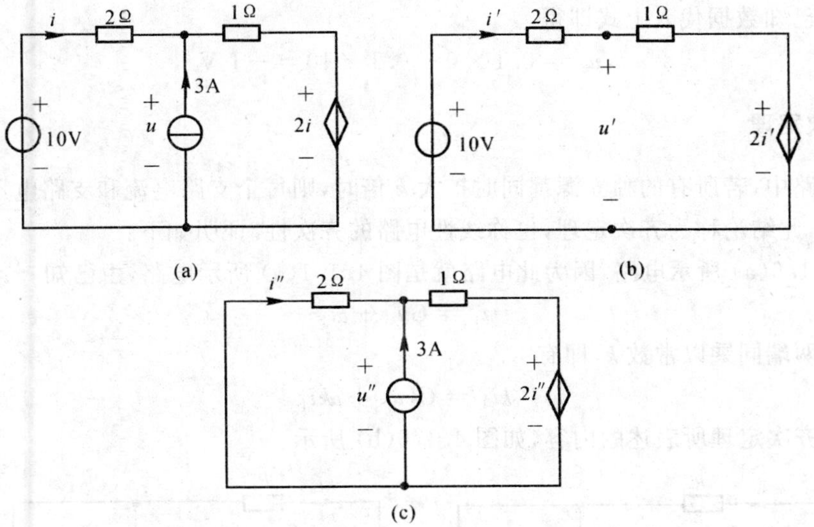

图　4.1.4

解　该电路中含有受控源。用叠加定理求解含受控源的电路，当某一独立源单独作用时，其余的独立源均应为零，即独立电压源应短路，独立电流源应开路，但所有的受控源均应保留，因为受控源不是激励，且具有电阻性。

10 V 电压源单独作用时的电路如图 4.1.4(b) 所示，于是有

$$10 = (2+1)i' + 2i' = 5i'$$

故

$$i' = 2\ \text{A}$$

$$u' = 1\times i'_1 + 2i' = 3i' = 3\times 2 = 6\ \text{V}$$

3 A 电流源单独作用时的电路如图 4.1.4(c) 所示，于是有

$$-2i'' = 1(i''+3) + 2i''$$

故

$$i'' = -0.6\ \text{A}$$

又得

$$u'' = -2i'' = -2\times(-0.6) = 1.2\ \text{V}$$

故根据叠加定理得

$$u = u' + u'' = 6 + 1.2 = 7.2\ \text{V}$$

$$i = i' + i'' = 2 + (-0.6) = 1.4\ \text{A}$$

例 4.1.4　图 4.1.5 所示电路。已知 $u_S = 1$ V，$i_S = 1$ A 时，$u_2 = 0$；$u_S = 10$ V，$i_S = 0$ 时，

$u_2 = 1$ V。求 $u_S = 0, i_S = 10$ A 时的电压 u_2。

解 根据叠加定理，u_2 应是 u_S 和 i_S 的线性组合函数，即

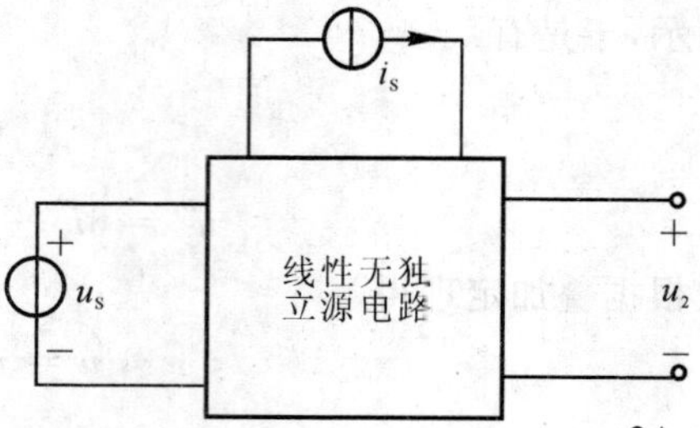

图 4.1.5

$$u_2 = k_1 u_S + k_2 i_S$$

式中 k_1, k_2 为比例常数。将已知数据代入上式有

$$\begin{cases} 0 = k_1 \times 1 + k_2 \times 1 \\ 1 = k_1 \times 10 + k_2 \times 0 \end{cases}$$

联立求解得 $k_1 = 0.1, k_2 = -0.1$，故得

$$u_2 = 0.1 u_S - 0.1 i_S$$

再将第 3 组已知数据代入上式即得

$$u_2 = 0.1 \times 0 - 0.1 \times 10 = -1 \text{ V}$$

二、齐次定理

线性电路中，若所有的独立源都同时扩大 k 倍时，则每个支路电流和支路电压也都随之相应扩大 k 倍，此结论称为齐次定理，也称线性电路的齐次性。证明如下：

如图 4.1.6(a) 所示电路，因为此电路就是图 4.1.1(a) 所示电路，由已知

$$i_1 = G u_S + \alpha i_S$$

给上式等号两端同乘以常数 k，即有

$$k i_1 = G k u_S + \alpha k i_S$$

此结果正是齐次定理所表述的内容，如图 4.1.6(b) 所示。

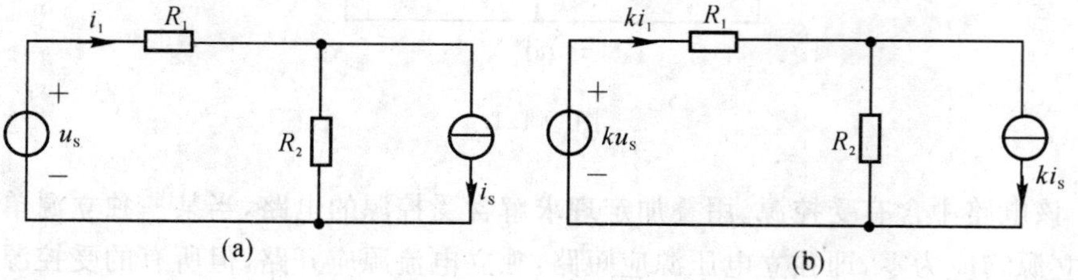

图 4.1.6 齐次定理

例 4.1.5 图 4.1.7(a) 所示电路，试用叠加定理求电流 i；再用齐次定理求图 4.1.7(b) 电路中的电流 i'。

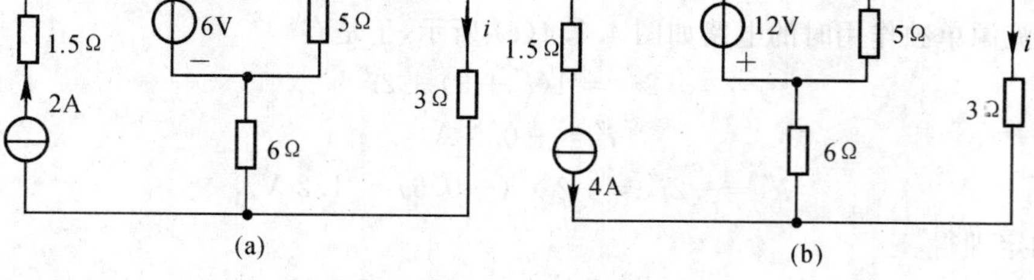

图 4.1.7

解 用叠加定理可求得图 4.1.7(a) 电路中的电流 $i = 2$ A。又因图 4.1.7(b) 电路中的两

个独立源都扩大了(－1) 倍,即 $k=-2$,故

$$i'=ki=-2i=-2\times 2=-4\ \text{A}$$

特例:若线性电阻电路中只作用有一个独立源,则根据齐次定理,电路中的每一个响应都是与产生该响应的激励成正比。

例 4.1.6 图 4.1.8(a),(b) 所示电路,求电流 i_1,u_1 和 i_2,u_2。

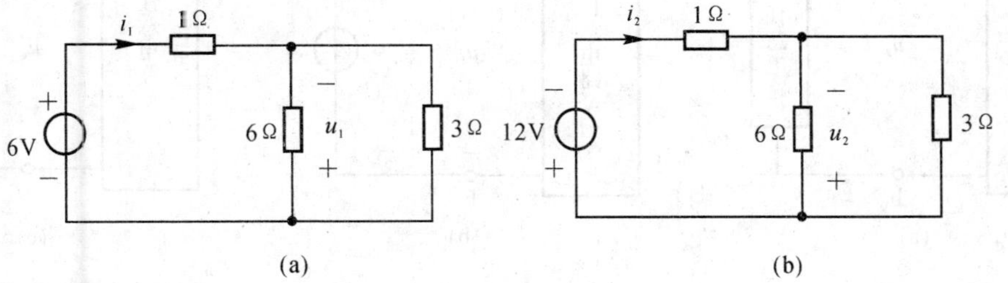

图 4.1.8

解 在图 4.1.8(a) 中,有

$$i_1=\frac{6}{\dfrac{6\times 3}{6+3}+1}=\frac{6}{3}=2\ \text{A}$$

$$u_1=-\frac{3}{3+6}\times 2\times 6=-4\ \text{V}$$

在图 4.1.8(b) 中,由于图 4.1.8(b) 中的电压源电压为图 4.1.8(a) 中电压源电压的(－2)倍,即 $k=\dfrac{-12}{6}=-2$,故

$$i_2=ki_1=-2\times 2=-4\ \text{A}$$

$$u_2=ku_1=-2\times(-4)=8\ \text{V}$$

需要指出的是,叠加定理与齐次定理是线性电路两个互相独立的定理,不能用叠加定理代替齐次定理,也不能片面认为齐次定理是叠加定理的特例。

同时满足叠加定理与齐次定理的电路,称为线性电路。

4.2 替代定理

图 4.2.1(a) 所示电路,设已知任意第 k 条支路的电压为 u_k,电流为 i_k。现对第 k 条支路作如下两种替代:

(1) 用一个电压等于 u_k 的理想电压源替代,如图 4.2.1(b) 所示。由于这种替代并未改变该支路的电压数值和正负极性,而且我们已经知道流过理想电压源中的电流只与外电路有关(因 u_k 未变),现 a,b 两点以左的电路没有改变,故必有 $i'_k=i_k$。故第 k 条支路可用一个电压为 u_k 的理想电压源替代。

(2) 用一个电流等于 i_k 的理想电流源替代,如图 4.2.1(c) 所示。由于这种替代并没有改变该支路电流的数值和方向,而且我们已经知道理想电流源的端电压只与外电路有关(因 i_k 未变),现 a,b 两点以左的电路没有改变,故必有 $u'_k=u_k$。故第 k 条支路可用一个电流为 i_k 的理

想电流源替代。

以上两种替代统称为替代定理或置换定理。

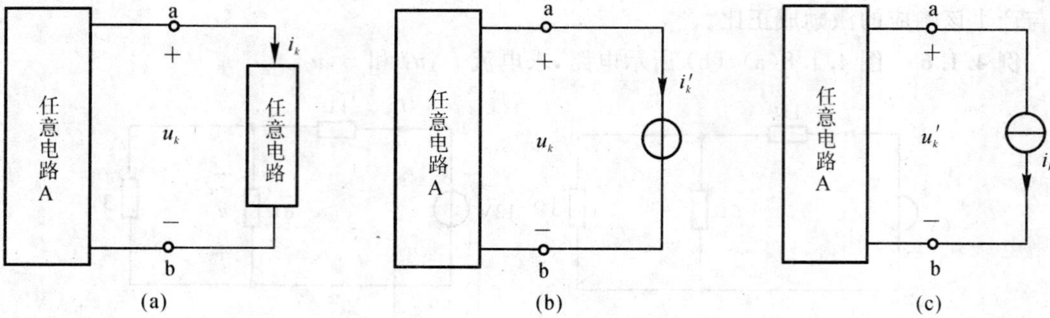

图 4.2.1 替代定理

应用替代定理时必须注意：① 替代电压源 u_k 的正负极性必须和原支路电压 u_k 的正负极性一致，替代电流源 i_k 的方向必须和原支路电流 i_k 的方向一致；② 替代前的电路和替代后的电路的解答均必须是唯一的，否则替代将导致错误；③ 替代与等效是两个不同的概念，不能混淆。如图 4.2.2 中的两个电路 N_1 与 N_2 可以互相替代，但 N_1 与 N_2 这两个电路对外电路来说，却不等效，因为理想电压源与理想电流源的外特性（即 u 与 i 的关系曲线）是根本不相同的。

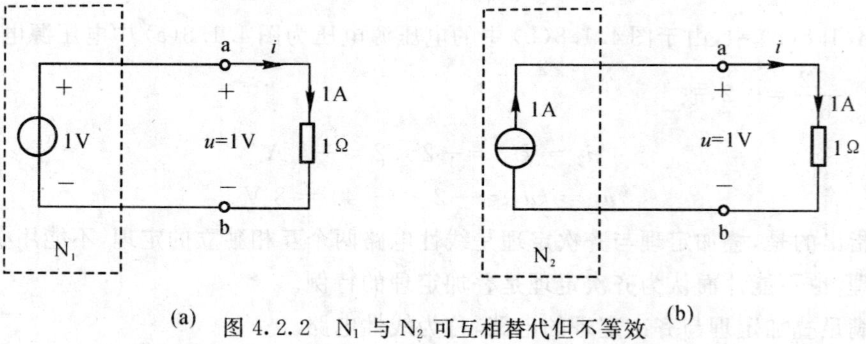

图 4.2.2 N_1 与 N_2 可互相替代但不等效

替代定理的实用和理论价值在于：① 在有些情况下可以使电路的求解简便；② 可以用来推导和证明一些其他的电路定理。

例 4.2.1 图 4.2.3(a) 所示电路，已知 $u = 8$ V，$i = 2$ A，求 R_0 的值。

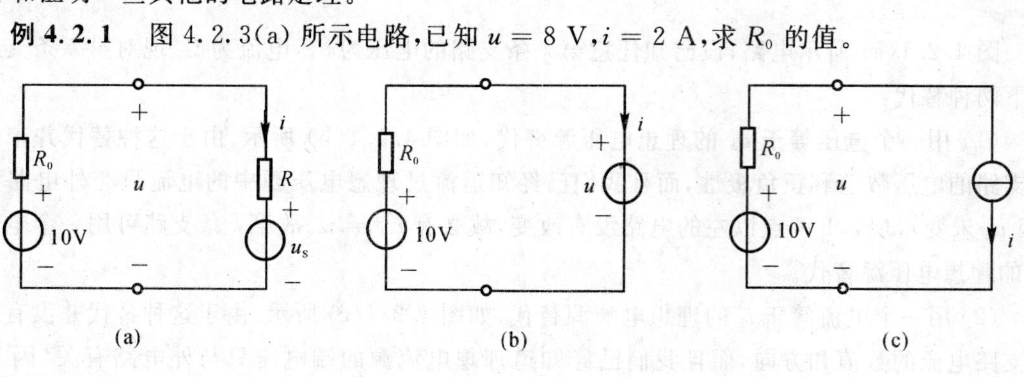

图 4.2.3

解　用两种方法求解。

(1) 一般的方法。根据图 4.2.3(a) 所示电路，则有

$$R_0 i + u = 10$$

得
$$R_0 = \frac{10-u}{i} = \frac{10-8}{2} = 1\ \Omega$$

(2) 用替代定理求。若用电压源替代，则如图 4.2.3(b) 所示，故有

$$R_0 i + u = 10$$

解得
$$R_0 = \frac{10-u}{i} = \frac{10-8}{2} = 1\ \Omega$$

若用电流源替代，则如图 4.2.3(c) 所示，故有

$$R_0 i + u = 10$$

解得
$$R_0 = \frac{10-u}{i} = \frac{10-8}{2} = 1\ \Omega$$

例 4.2.2　图 4.2.4(a) 所示电路，已知 $u_{ab} = 4$ V。试用替代定理求电流 i_1，i_2。

解　将图 4.2.4(a) 所示电路中的 ab 支路用一个 $u_{ab} = 4$ V 的理想电压源替代，如图 4.2.4(b) 电路所示。故得

$$i_2 = \frac{4}{1} = 4\ \text{A}$$

$$i_1 = 8 - i_2 = 8 - 4 = 4\ \text{A}$$

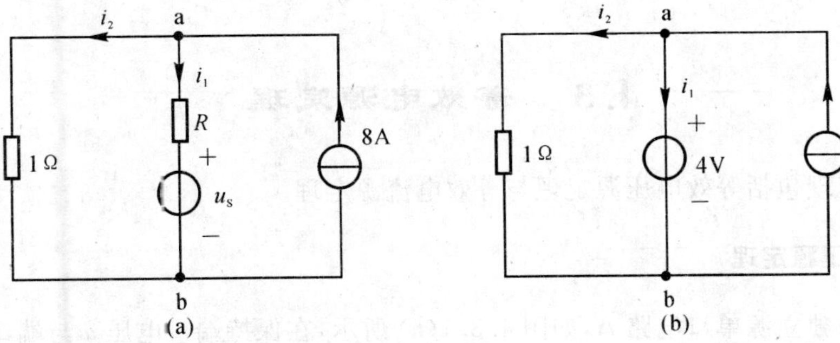

图　4.2.4

例 4.2.3　图 4.2.5(a) 所示电路，已知 $u_{ab} = 0$，求电阻 R 的值。

解　此题用替代定理求解简便。设 ab 支路中的电流为 i，如图 4.2.5(a) 所示，于是有

$$u_{ab} = -3i + 3 = 0$$

故
$$i = 1\ \text{A}$$

故用 1A 理想电流源替代图 4.2.5(a) 中的支路 ab，如图 4.2.5(b) 所示。然后再用节点电位法对图 4.2.5(b) 所示的电路求解。选 d 点为参考节点，设各独立节点的电位为 φ_a，φ_b，φ_c，于是有

$$\varphi_c = 20\ \text{V}$$

对节点 a 列节点电位方程为

$$\left(\frac{1}{2} + \frac{1}{4}\right)\varphi_a - \frac{1}{4}\varphi_c - 0\varphi_b = 1$$

联立求解得 $\varphi_c = 20$ V，$\varphi_a = 8$ V。

又有
$$u_{ab}=\varphi_a-\varphi_b=0$$
故
$$\varphi_b=\varphi_a=8\ \text{V}$$

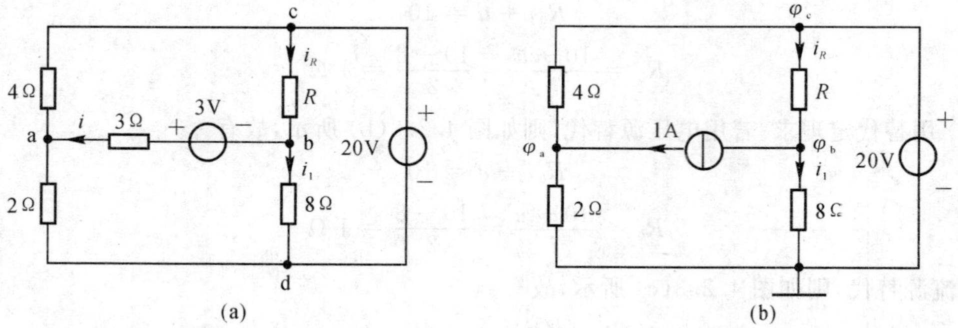

图 4.2.5

设定图 4.2.5(a) 中各支路电流的大小和参考方向如图中所示，于是有
$$i_1=\frac{\varphi_b-\varphi_d}{8}=\frac{8-0}{8}=1\ \text{A}$$
$$i_R=i+i_1=1+1=2\ \text{A}$$
故
$$R=\frac{u_{cb}}{i_R}=\frac{\varphi_c-\varphi_b}{2}=\frac{20-8}{2}=6\ \Omega$$

4.3 等效电源定理

等效电源定理包括等效电压源定理与等效电流源定理。

一、等效电压源定理

一个线性含独立源单口电路 A，如图 4.3.1(a) 所示，在保持端口电压 u 与端口电流 i 的关系（即外特性）不变的条件下，可用一个电压源等效代替，如图 4.3.1(b) 所示；此电压源的电压等于该线性有源单口电路 A 的端口开路电压 u_{OC}，如图 4.3.1(c) 所示，其内电阻 R_o 等于该线性有源单口电路 A 内部所有独立源为零时所得无独立源单口电路的端口输入电阻，如图 4.3.1(d) 所示。此结论称为等效电压源定理，也称戴维南定理。现证明如下：

根据替代定理，可用一个电流等于 i 的理想电流源来等效替代图 4.3.1(a) 电路中的任意电路 B，如图 4.3.2(a) 所示。由于替代后的这个电路是线性的，故根据叠加原理，端口电压 u 等于网络 A 中所有独立源同时作用时所产生的电压分量 u' 与电流源 i 单独作用时所产生的电压分量 u'' 之和，如图 4.3.2(b) 所示。其中 $u'=u_{OC}$，u_{OC} 即为网络 A 的端口开路电压；$u''=-R_oi$，R_o 即为网络 A 的无独立源的端口输入电阻。于是有
$$u=u'+u''=u_{OC}-R_oi$$
与此方程相对应的等效电路如图 4.3.2(c) 所示。最后再把图 4.3.2(c) 中的理想电流源 i 变回到原来的任意电路 B，如图 4.3.2(d) 所示。由于图 4.3.2(d) 与图 4.3.2(a) 等效，而图 4.3.2(a) 又与图 4.3.1(a) 等效，故图 4.3.2(d) 与图 4.3.1(a) 等效。（证毕）

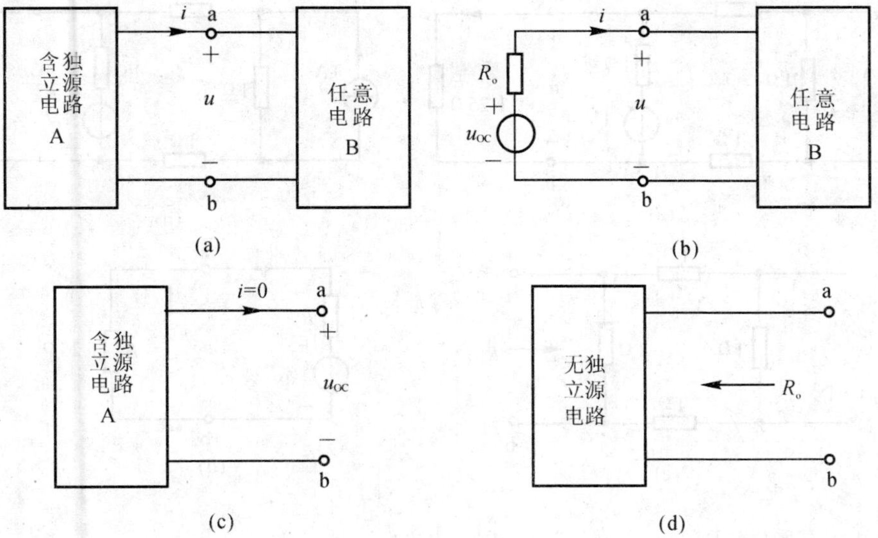

图 4.3.1　等效电压源定理

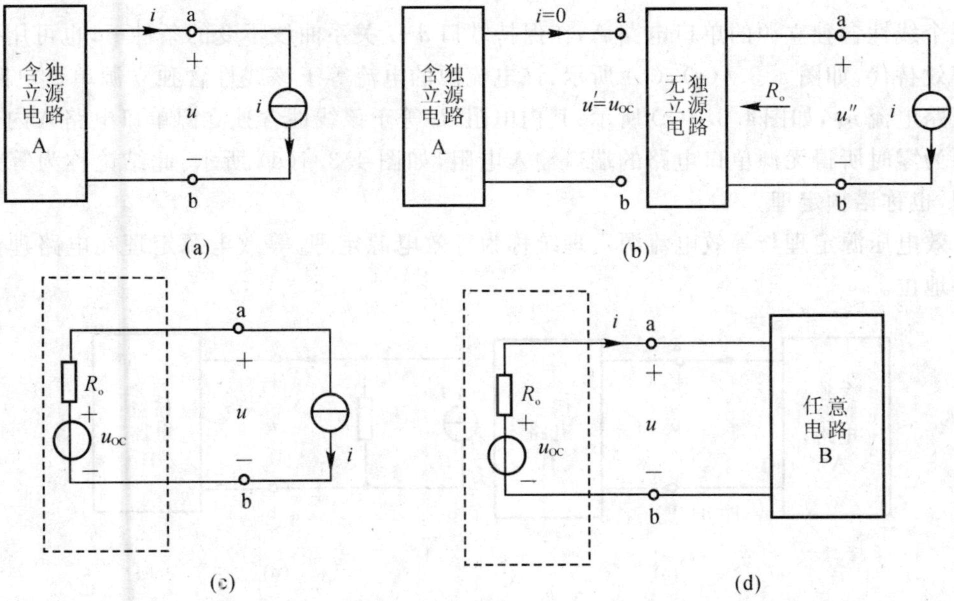

图 4.3.2　等效电压源定理证明

例 4.3.1　图 4.3.3(a) 所示电路，用等效电压源定理求 i, u, P_R。

解　根据图 4.3.3(b) 所示电路可求得端口开路电压 $u_{OC}=1\ \text{V}$，根据图 4.3.3(c) 可求得网络的端口输入电阻 $R_o=0.75\ \Omega$。于是可作出等效电压源电路如图 4.3.3(d) 所示。故得

$$i=\frac{u_{OC}}{R_o+R}=0.5\ \text{A}$$

$$u=Ri=1.25\times 0.5=0.625\ \text{V}$$

$$P_R=Ri^2=ui=0.625\times 0.5=0.312\ 5\ \text{W}$$

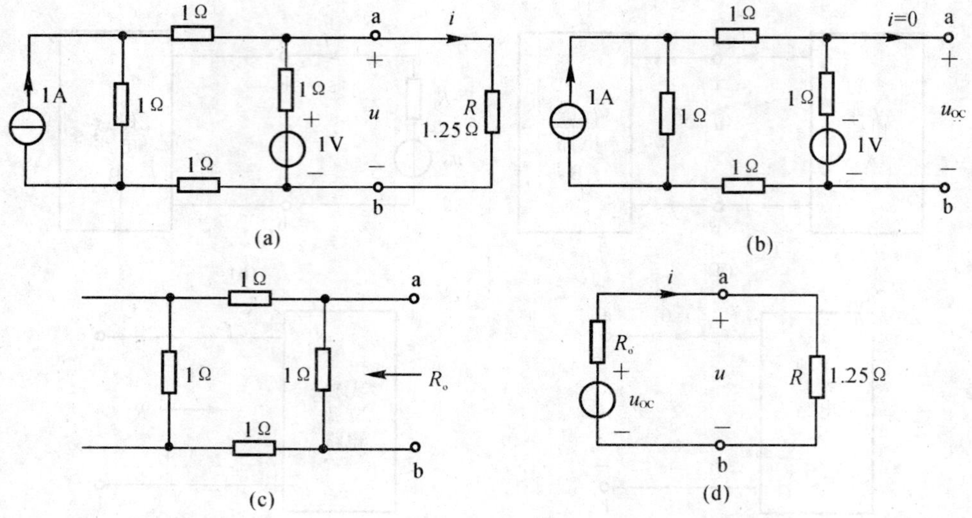

图 4.3.3

二、等效电流源定理

一个线性含独立源的单口电路A，在保持端口 u-i 关系曲线不变的条件下，也可用一个电流源等效替代，如图 4.3.4(a)，(b) 所示；该电流源的电流等于该线性含独立源单口电路A的端口短路电流 i_{SC}，如图 4.3.4(c) 所示；其内电阻 R_0 等于该线性含独立源单口电路A内部所有独立源为零时所得无源单口电路的端口输入电阻，如图 4.3.4(d) 所示。此结论称为等效电流源定理，也称诺顿定理。

等效电压源定理与等效电流源定理统称为等效电源定理。等效电源定理在电路理论中占有重要地位。

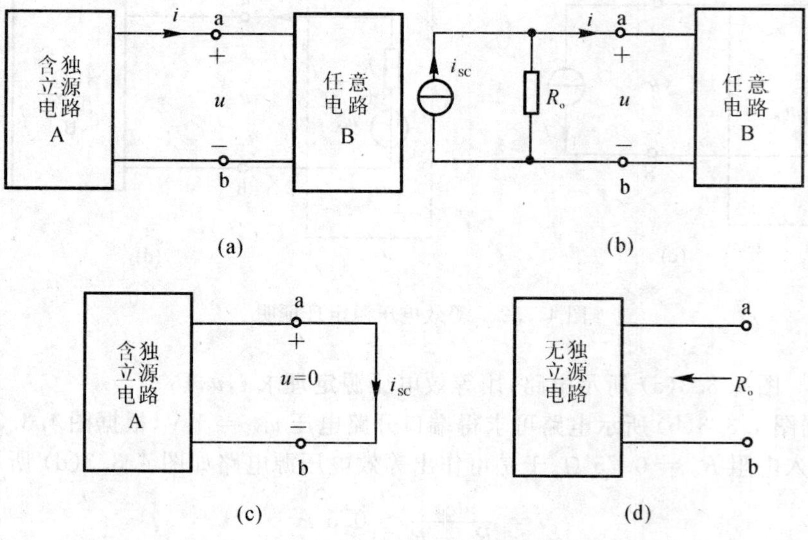

图 4.3.4 等效电流源定理

例 4.3.2 图 4.3.5(a) 所示电路，试求 ab 端口的等效电流源，并求出电压 u 和电流 i。

解 (1) 根据图 4.3.5(b) 所示电路求 ab 端口的短路电流 i_{SC}，于是有

$$i_{SC}=\frac{12}{4}-1=2\ \text{A}$$

(2) 根据图 4.3.5(c) 所示电路求 ab 端口的输入电阻 R_o，于是有

$$R_o=\frac{4\times 12}{4+12}=3\ \Omega$$

(3) 画出等效电流源电路如图 4.3.5(d) 所示，于是有

$$i=\frac{1}{2}\times 2=1\ \text{A}$$

$$u=3i=3\times 1=3\ \text{V}$$

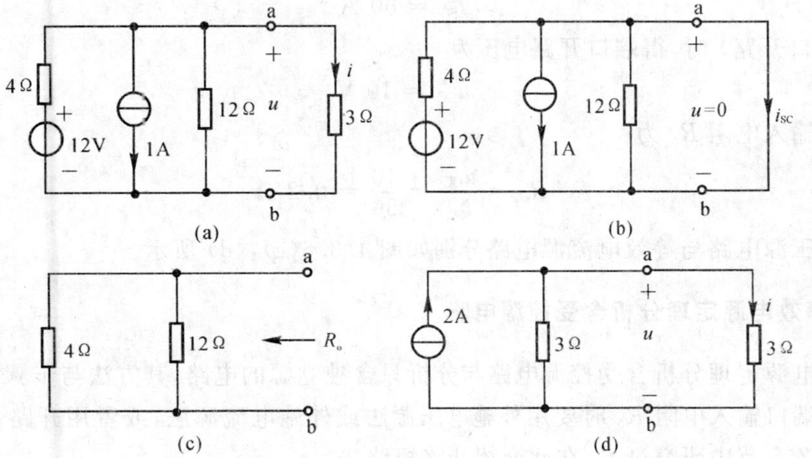

图 4.3.5

例 4.3.3 图 4.3.6(a) 所示含独立源的单口电路 A，已知其外特性（即 u 与 i 的关系曲线）如图 4.3.6(b) 所示。试求其等效电压源电路与等效电流源电路。

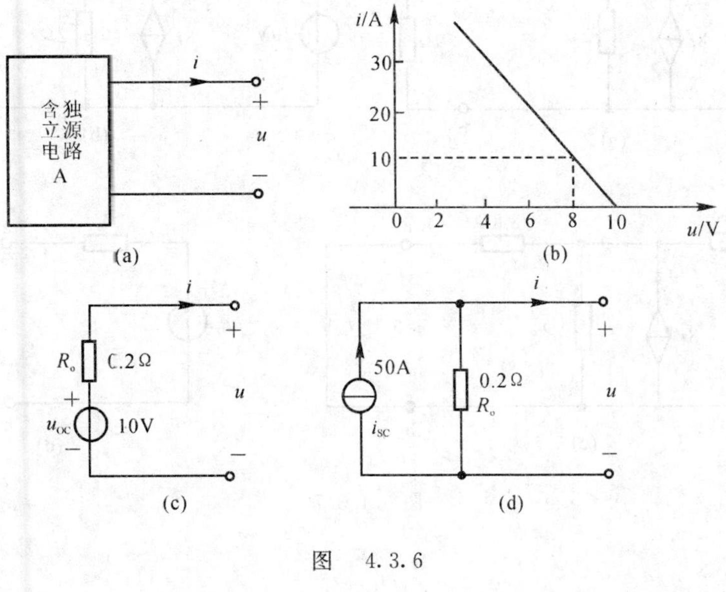

图 4.3.6

解　设外特性曲线的方程为

$$i = au + b$$

将曲线上已知的两个点的坐标代入上式，有

$$\begin{cases} 0 = a \times 10 + b \\ 10 = a \times 8 + b \end{cases}$$

联立求解得

$$a = -5$$

$$b = 50$$

故

$$i = -5u + 50\ \text{A}$$

当 $u = 0$（端口短路）时，得端口短路电流为

$$i_{SC} = 50\ \text{A}$$

当 $i = 0$（端口开路）时，得端口开路电压为

$$u_{OC} = 10\ \text{V}$$

故又得端口输入电阻 R_o 为

$$R_o = \frac{u_{OC}}{i_{SC}} = \frac{10}{50} = 0.2\ \Omega$$

故得等效电压源电路与等效电流源电路分别如图 4.3.6(c)，(d) 所示。

三、用等效电源定理分析含受控源电路

用等效电源定理分析含受控源电路与分析只含独立源的电路，其方法与步骤完全相同，只是在求电路端口输入电阻 R_o 时要用外施电压源法或外施电流源法，或者用开路短路法。前两种方法已在 2.5 节中研究过了，在此介绍开路短路法。

例 4.3.4　用等效电压源定理求图 4.3.7(a) 电路中的电流 i_L。

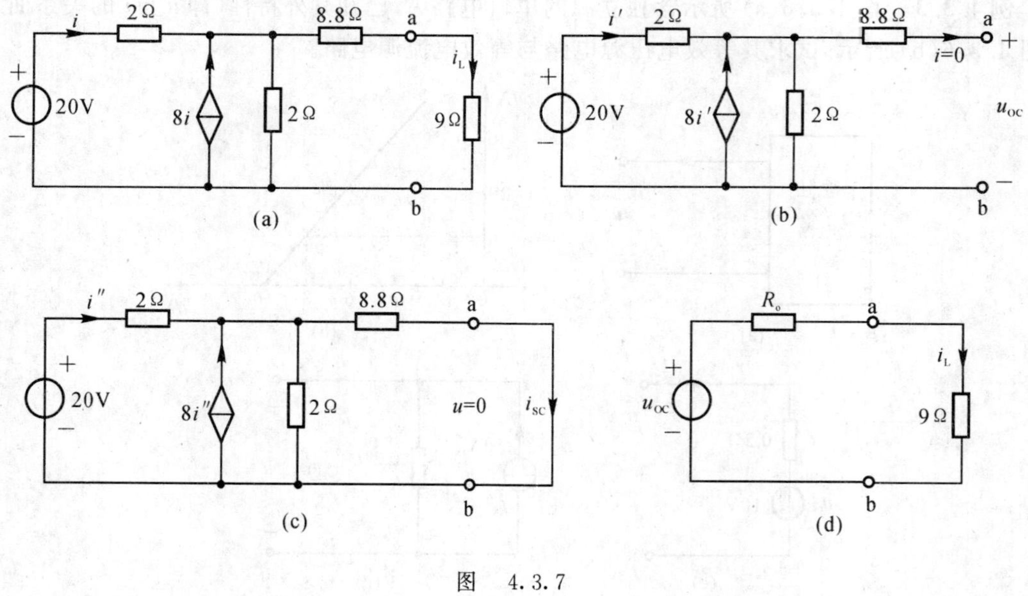

图　4.3.7

解　(1) 根据图 4.3.7(b) 可求得端口开路电压 $u_{OC}=18\ V$。

(2) 根据图 4.3.7(c) 可求得端口短路电流 $i_{SC}=2\ A$，故得端口输入电阻为

$$R_o=\frac{u_{OC}}{i_{SC}}=9\ \Omega$$

(3) 画等效电压源电路如图 4.3.7(d) 所示，于是得

$$i_L=\frac{u_{OC}}{R_o+9}=\frac{18}{9+9}=1\ A$$

例 4.3.5　图 4.3.8(a) 所示电路，试用等效电流源定理求电压 u 和电流 i。

解　(1) 根据图 4.3.8(b) 所示电路求端口开路电压 u_{OC}，即

$$(10+10)i'_1=40-20i'_1$$

解得

$$i'=1\ A$$

故得

$$u_{OC}=10i'_1=10\times1=10\ V$$

(2) 根据图 4.3.8(c) 所示电路求端口短路电流 i_{SC}。因有 $i''_1=0$，故有 $20i''_1=0$，故

$$i_{SC}=\frac{40}{10}=4\ A$$

(3) 用开路短路法求 ab 端口的输入电阻 R_o，即

$$R_o=\frac{u_{OC}}{i_{SC}}=\frac{10}{4}=2.5\ \Omega$$

(4) 画等效电流源电路，如图 4.3.8(d) 所示，故

$$i=\frac{1}{2}\times4=2\ A$$

$$u=2.5i=2.5\times2=5\ V$$

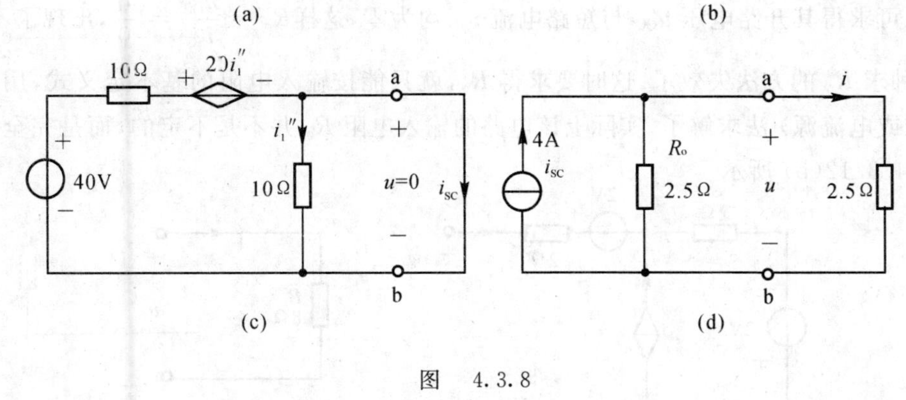

图　4.3.8

*四、关于等效电源定理的几点说明

(1) 并非任何一个线性含独立源单口电路对外电路来说，都同时存在等效电压源电路与等效电流源电路，有的两种等效电源电路都存在，如图 4.3.9 所示；有的只存在其中之一，如图 4.3.10 和图 4.3.11 所示；有的两种等效电源电路都不存在，如图 4.3.12 所示。

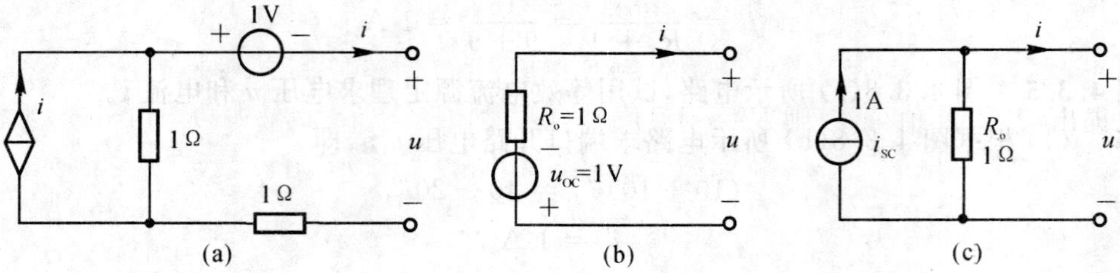

图 4.3.9　两种等效电源电路都存在

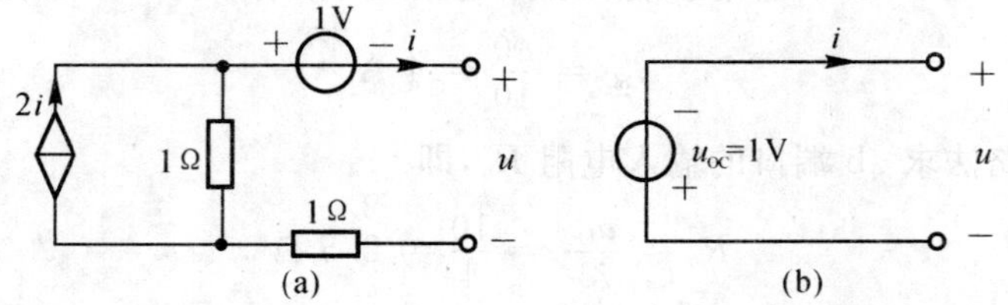

图 4.3.10　只存在等效电压源(理想电压源)电路

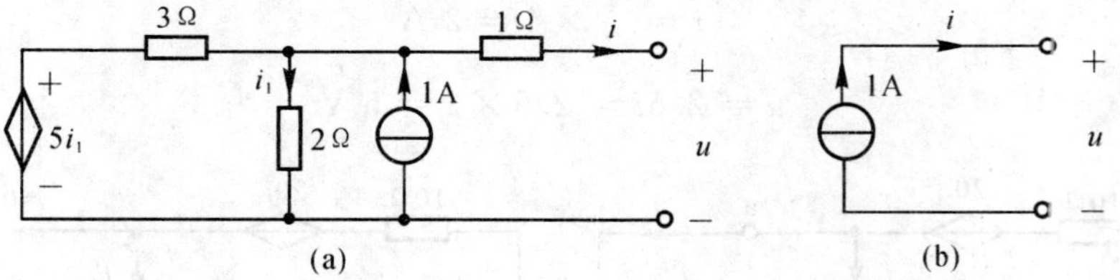

图 4.3.11　只存在等效电流源(理想电流源)电路

(2) 用开路短路法求单口电路的端口输入电阻 R_o 并不总是有效的。例如对图 4.3.12(a) 所示电路，可求得其开路电压 u_{OC} 与短路电流 i_{SC} 均为零，这样 $R_o = \frac{u_{OC}}{i_{SC}} = \frac{0}{0}$，出现了不定型，这说明这种求 R_o 的方法失效了。这时要求得 R_o，就只能按输入电阻的基本定义式，用外施电源(电压源或电流源) 法求解了。实际上该电路的输入电阻 R_o 并不是不定的，而是完全确定的 8 Ω，如图 4.3.12(b) 所示。

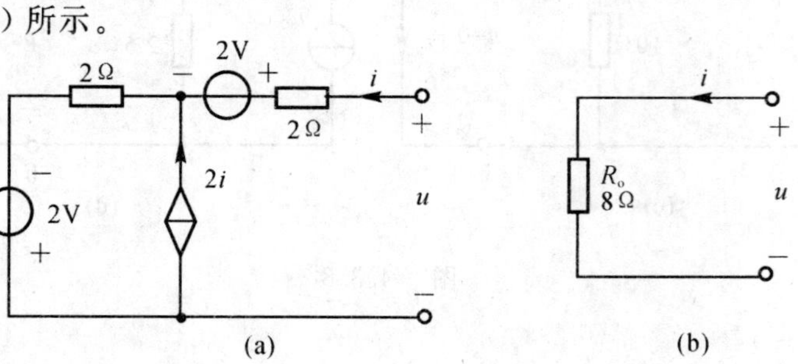

图 4.3.12　两种等效电源电路都不存在

(3) 内、外两电路之间不能存在任何电的与磁的耦合。

4.4　最大功率传输定理

一、电压源供电电路

图 4.4.1(a) 所示为电压源向负载电阻 R 供电的电路。设 u_{OC} 和 R_o 为定值，于是我们会很自然地提出，若 R 的值可变，则 R 等于何值时，它得到的功率最大，最大功率为多大？下面就来回答这些问题。

电路中的电流为

$$i = \frac{u_{OC}}{R_o + R}$$

负载电阻 R 吸收的功率为

$$P = i^2 R = \frac{u_{OC}^2}{(R_o + R)^2} R \tag{4.4.1}$$

令

$$\frac{dP}{dR} = \frac{d}{dR}\left[\frac{u_{OC}^2}{(R_o + R)^2} R\right] = 0$$

得

$$R = R_o \tag{4.4.2}$$

即当 $R = R_o$ 时，负载电阻 R 得到的功率为最大。将 $R = R_o$ 代入式(4.4.1)，得最大功率为

$$P_{max} = \frac{u_{OC}^2}{4R_o} \tag{4.4.3}$$

二、电流源供电电路

若用图 4.4.1(b) 所示的电流源向负载电阻 R 供电，则在 i_{SC} 和 R_o 保持不变而 R 的值可变时，同理可推得当 $R = R_o$ 时，负载电阻 R 获得的功率最大，其最大功率为

$$P_{max} = \frac{1}{4} R_o i_{SC}^2 \tag{4.4.4}$$

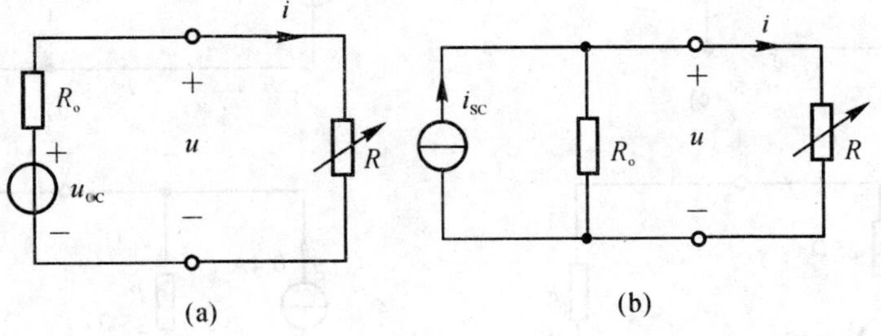

图 4.4.1　最大功率传输定理

归纳以上结果可得结论：用实际的电压源或电流源向负载电阻 R 供电，只有当 $R = R_o$ 时，负载 R 才能得到最大功率，其最大功率为 $P_{max} = \frac{u_{OC}^2}{4R_o}$（对于电压源）或 $P_{max} = \frac{1}{4} R_o i_{SC}^2$（对于电流源）。此结论称为最大功率传输定理，$R = R_o$ 时的电路工作状态，称为负载与电源匹配。

三、供电效率 η

用电压源供电的电路在任意工作状态时的传输效率为

$$\eta=\frac{i^2R}{i^2(R_o+R)}=\frac{R}{R_o+R} \tag{4.4.5}$$

由式(4.4.5)可见，R 值越大，η 越高；当 $R\to\infty$ 时，则 $\eta=1$；当 $R=R_o$ 时，$\eta=50\%$，即匹配时电路的传输效率是相当低的，因为有一半电功率被消耗在电源内阻 R_o 上了。因此在电力工程中是不容许电路工作在匹配状态的，只能工作在 $R>R_o$ 的状态下。但在电子工程中，由于传输的功率数值小，获得最大功率成为矛盾的主要方面，而对效率则往往不予计较。因此，在电子工程中总是应尽力使电路工作在匹配状态。

例 4.4.1　图 4.4.2(a) 所示电路，求 R 为何值时，它能得到最大功率 P_m，P_m 为多大？

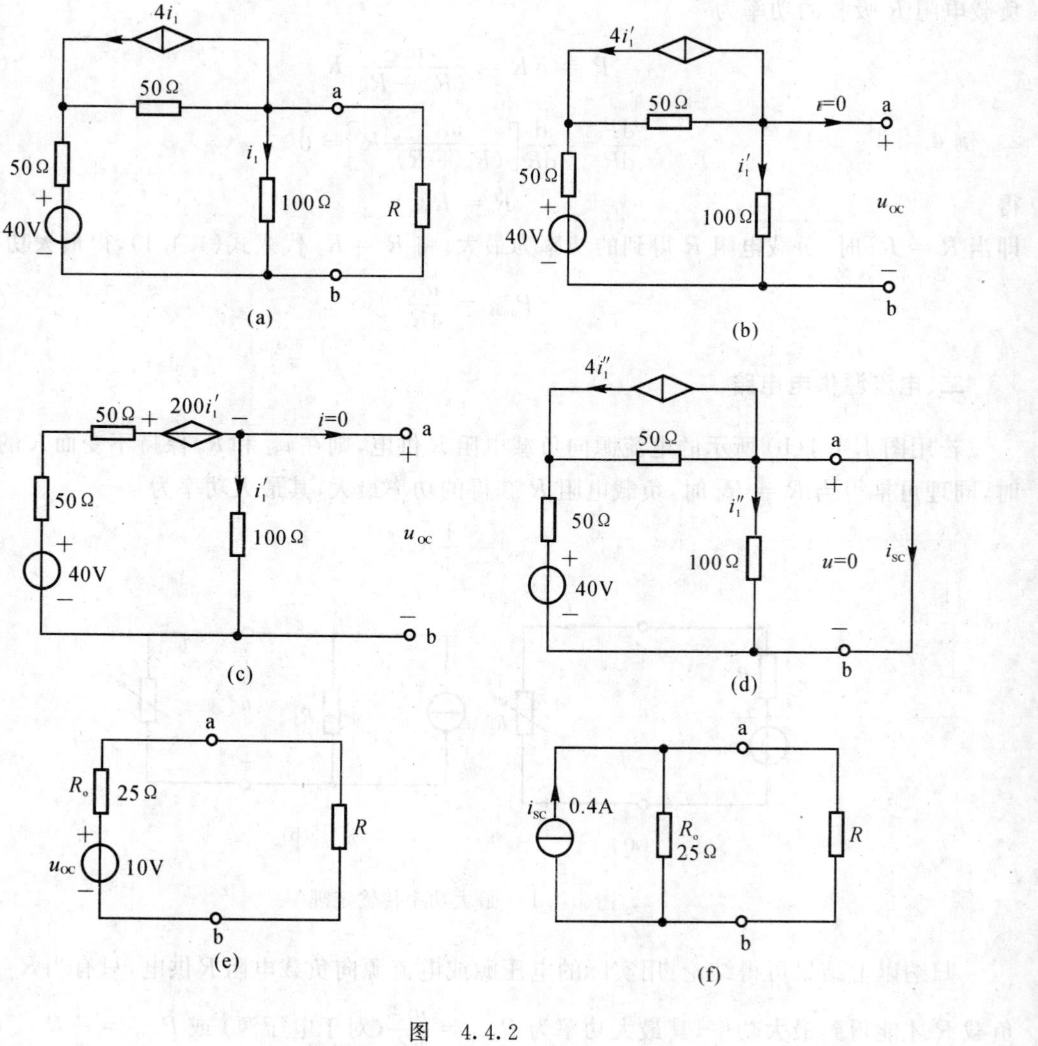

图　4.4.2

解　(1) 根据图 4.4.2(b) 所示电路求端口开路电压 u_{OC}。将图4.4.2(b) 所示电路等效变换为图 4.4.2(c) 所示电路，故有

$$u_{OC}=-200i'_1-(50+50)i'_1+40=-300i'_1+40=-300\times\frac{u_{OC}}{100}+40$$

故得
$$u_{OC}=10\text{ V}$$

（2）根据图 4.4.2(d) 所示电路求端口短路电流 i_{SC}。故有

$$i_{SC}=\frac{40}{50+50}=0.4\text{ A}$$

（3）端口输入电阻 R_o 为

$$R_o=\frac{u_{OC}}{i_{SC}}=\frac{10}{0.4}=25\ \Omega$$

（4）于是可画出等效电压源电路与等效电流源电路，分别如图 4.4.2(e)，(f) 所示。

（5）当 $R=R_o=25\ \Omega$ 时，R 能获得最大功率 P_m，且

$$P_m=\frac{u_{OC}^2}{4R_o}=\frac{10^2}{4\times 25}=1\text{ W}$$

或
$$P_m=\frac{1}{4}R_o i_{SC}^2=\frac{1}{4}\times 25\times 0.4^2=1\text{ W}$$

例 4.4.2　图 4.4.3(a) 所示电路，求该电路向外电路可能供出的最大功率 P_m。

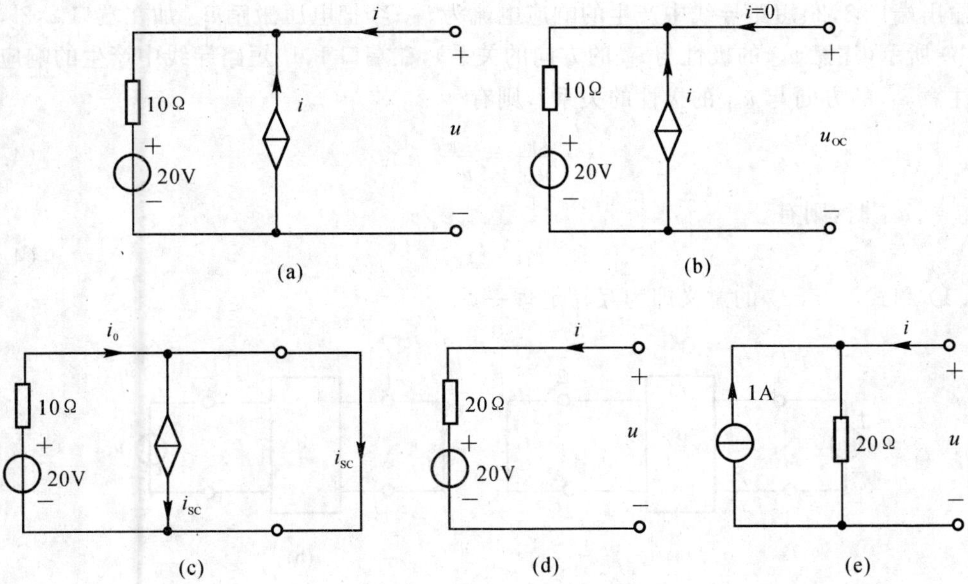

图　4.4.3

解　（1）根据图 4.4.3(b) 所示电路求端口开路电压 u_{OC}，即

$$u_{OC}=20\text{ V}$$

（2）根据图 4.4.3(c) 所示电路求端口短路电流 i_{SC}，即

$$i_0=\frac{20}{10}=2\text{ A}$$

故
$$i_{SC}=\frac{1}{2}i_0=1\text{ A}$$

（3）求端口输入电阻 R_o，即

$$R_o = \frac{u_{OC}}{i_{SC}} = \frac{20}{1} = 20\ \Omega$$

(4) 画出等效电压源电路与等效电流源电路，分别如图 4.4.3(d)，(e) 所示。

(5) 该电路可能向外电路供出的最大功率为

$$P_m = \frac{u_{OC}^2}{4R_o} = \frac{20^2}{4 \times 20} = 5\ \text{W}$$

或
$$P_m = \frac{1}{4} i_{SC}^2 R_o = \frac{1}{4} \times 1^2 \times 20 = 5\ \text{W}$$

4.5 互易定理

在线性无任何电源(独立源与受控源)的传输网络中，当网络的激励与响应的位置互换时，同一的激励将产生相同的响应。此结论称为互易定理，也称互易性。它说明了线性无源网络传输信号的双向性或可逆性，即从甲方向乙方传输的效果，与从乙方向甲方传输的效果全同。

互易定理的内容有三，下面先给出结论，其证明将在 10.6 节中给出。

在图 4.5.1(a) 所示线性无任何电源的电阻网络 P 中，设加在输入端口 1,1′ 的为电压激励 u_{S1}，在输出端口 2,2′ 短路导线中产生的响应电流为 i_{II}；今把电压激励 u_{S2} 加在端口 2,2′，如图 4.5.1(b) 所示(注意 u_{S2} 的极性与 i_{II} 的方向的关系)，在端口 1,1′ 短路导线中产生的响应电流为 $\hat{i}_{\text{I}}$(注意 $\hat{i}_{\text{I}}$ 的方向与 u_{S1} 的极性的关系)，则有

$$\frac{i_{\text{II}}}{u_{S1}} = \frac{\hat{i}_{\text{I}}}{u_{S2}} \tag{4.5.1}$$

当取 $u_{S2} = u_{S1}$ 时，则有

$$\hat{i}_{\text{I}} = i_{\text{II}} \tag{4.5.2}$$

式(4.5.1) 和式(4.5.2) 的意义即为互易定理一。

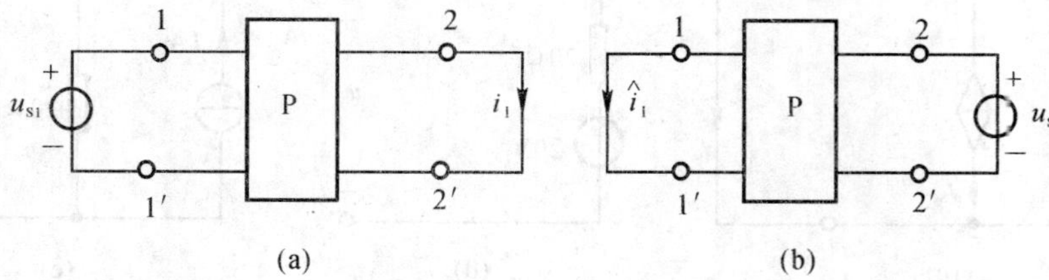

图 4.5.1　互易定理一

如图 4.5.2(a) 所示，设加在 1,1′ 端口的为电流激励 i_{S1}，而在 2,2′ 端口的响应为开路电压 u_{II}；今把电流激励 i_{S2} 加在 2,2′ 端口，如图 4.5.2(b) 所示(注意 i_{S2} 的方向与 u_{II} 的极性的关系)，在 1,1′ 端口的响应为开路电压 $\hat{u}_{\text{I}}$(注意 $\hat{u}_{\text{I}}$ 的极性与 i_{S1} 的方向的关系)，则有

$$\frac{u_{\text{II}}}{i_{S1}} = \frac{\hat{u}_{\text{I}}}{i_{S2}} \tag{4.5.3}$$

当取 $i_{S2} = i_{S1}$ 时，则有

$$u_{\text{II}} = \hat{u}_{\text{I}} \tag{4.5.4}$$

式(4.5.3) 和式(4.5.4) 的意义即为互易定理二。

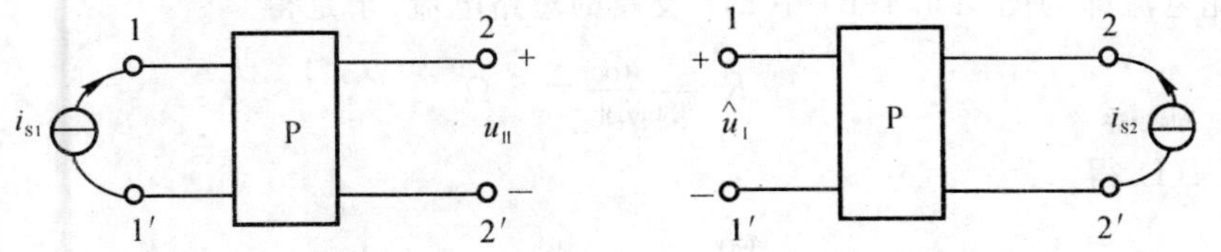

图 4.5.2　互易定理二

如图 4.5.3(a) 所示，设加在 1,1′ 端口的为电流激励 i_{S1}，而在 2,2′ 端口的短路电流为 i_{II}；今把电压激励 u_{S2} 加在 2,2′ 端口，如图 4.5.3(b) 所示（注意 u_{S2} 的极性与 i_{II} 的方向的关系），在 1,1′ 端口的开路电压为 $\hat{u}_1$（注意 $\hat{u}_1$ 的极性与 i_{S1} 的方向的关系），则有

$$\frac{i_{II}}{i_{S1}} = \frac{\hat{u}_1}{u_{S2}} \tag{4.5.5}$$

当在数值上取 $u_{S2} = i_{S1}$ 时，则在数值上就有

$$i_{II} = \hat{u}_1 \tag{4.5.6}$$

式(4.5.5)和式(4.5.6)的意义即为互易定理三。

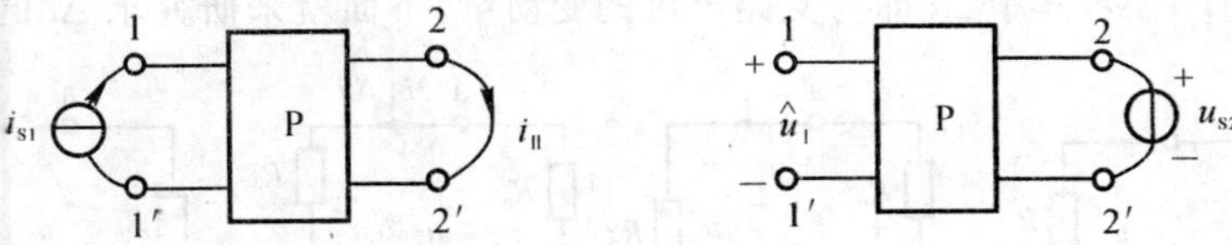

图 4.5.3　互易定理三

互易性是线性无源网络的一个重要性质，在分析网络的传输特性以及接收天线的方向性等方面要经常用到，在电路的计算方面也有用处。

满足互易性的网络称为互易网络。

例 4.5.1　图 4.5.4(a) 电路中的数据为已知，求图 4.5.4(b) 中的电流 i。

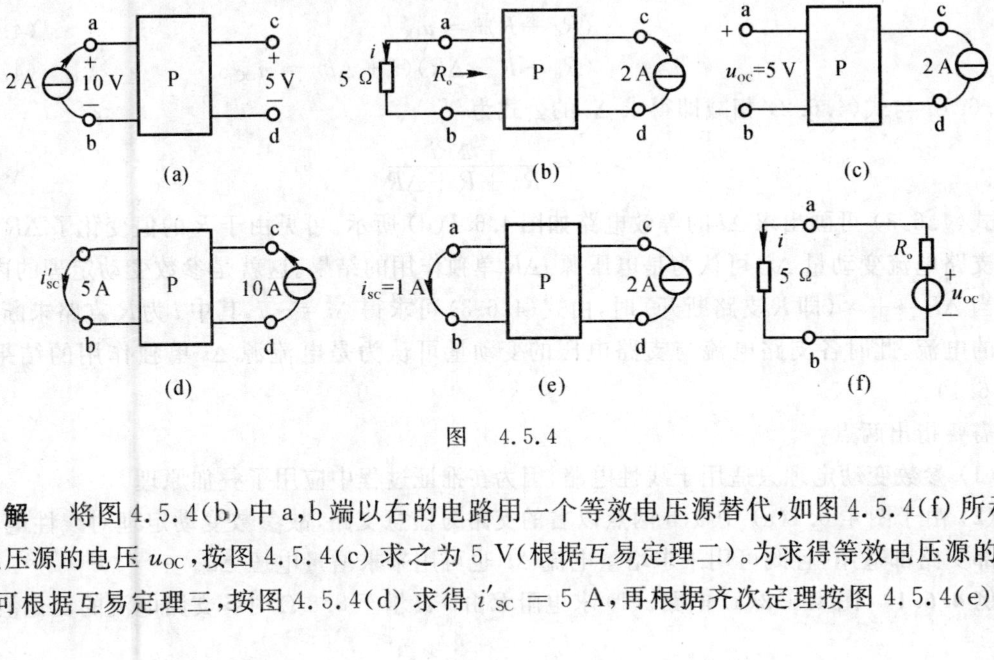

图　4.5.4

解　将图 4.5.4(b) 中 a,b 端以右的电路用一个等效电压源替代，如图 4.5.4(f) 所示，等效电压源的电压 u_{OC}，按图 4.5.4(c) 求之为 5 V（根据互易定理二）。为求得等效电压源的内阻 R_0，可根据互易定理三，按图 4.5.4(d) 求得 $i'_{SC} = 5$ A，再根据齐次定理按图 4.5.4(e) 求得

$i_{SC}=1$ A,此电流即为图 4.5.4(b) 中 a,b 支路的短路电流。于是得

$$R_0=\frac{u_{OC}}{i_{SC}}=5\ \Omega$$

故由图 4.5.4(f) 得

$$i=\frac{u_{OC}}{R_0+5}=\frac{5}{5+5}=0.5\ \text{A}$$

*4.6 参数变动定理

一、参数变动定理

图 4.6.1(a) 中 a,b 两点以左为一含独立源的单口电路 A,a,b 两点以右为该电路中的任意一条支路。今若图 4.6.1(a) 电路 A 为已知,于是可求得其等效电压源电路如图 4.6.1(b) 所示,并进一步可求出 i 和 u。

今设支路电阻 R 变动了一个增量 ΔR(可为正值或负值),如图 4.6.1(c) 所示,则相应的支路电流就要变为 $i+\Delta i$,其中 Δi 即为支路电流的变动量。下面就来研究求 Δi 的一种简便方法。

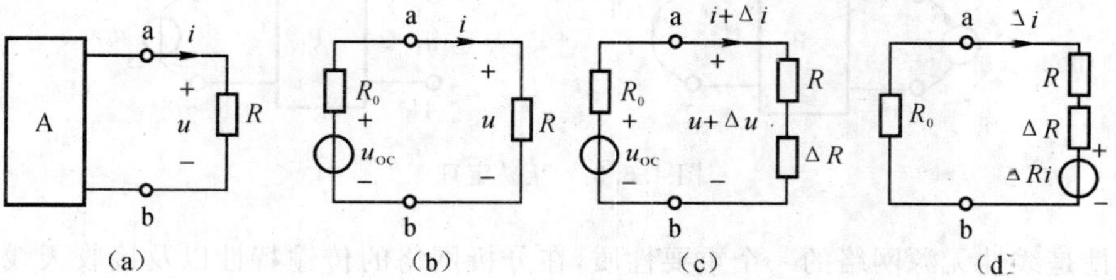

图 4.6.1 参数变动定理

对图 4.6.1(b) 和(c) 两电路可分别列出 KVL 方程为

$$(R_0+R)i=u_{OC} \tag{4.6.1}$$

$$(R_0+R+\Delta R)(i+\Delta i)=u_{OC} \tag{4.6.2}$$

式(4.6.1) 与式(4.6.2) 相减即得求 Δi 的公式为

$$\Delta i=\frac{-\Delta Ri}{R_0+R+\Delta R} \tag{4.6.3}$$

根据式(4.6.3) 可画出求 Δi 的等效电路如图 4.6.1(d) 所示。可见由于 R 的值变化了 ΔR 而引起的支路电流变动量 Δi,可认为是电压源 $i\Delta R$ 单独作用的结果。这就是参数变动定理的内容。

当 $\Delta R\to+\infty$(即 R 支路断开) 时,由式(4.6.3) 可求得 $\Delta i=-i$,其中 i 为 R 支路未断开时其中的电流。此时各支路电流与支路电压的变动量可认为是电流源 Δi 单独作用的结果(见例 4.6.1)。

需要指出两点:

(1) 参数变动定理只适用于线性电路,因为在推证过程中应用了叠加原理。

(2) 由于图 4.6.1(a) 中 a,b 两点以右的支路为任意支路,故参数变动定理对线性电路中的全部支路都适用,且既可用来求增量电流 Δi,也可用来求增量电压 Δu。

例 4.6.1 图 4.6.2(a) 电路。(1) 求电阻 R 由 8 Ω 增至 8.8 Ω 时各支路电流的变化值 Δi,

Δi_1，Δi_2；(2) 将 R 支路短路后，求各支路电流的变化值；(3) 将 R 支路断开后，再求各支路电流的变化值。

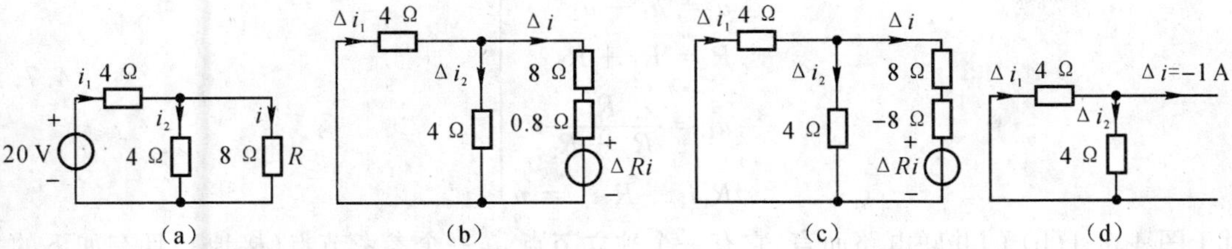

图　4.6.2

解　(1) 根据图 4.6.2(a) 可求得 $i = 1\ \text{A}, i_1 = 3\ \text{A}, i_2 = 2\ \text{A}$。在图 4.6.2(b) 中，$\Delta R = 8.8 - 8 = 0.8\ \Omega, \Delta Ri = 0.8 \times 1 = 0.8\ \text{V}$。故得

$$\Delta i = \frac{-\Delta Ri}{8 + 0.8 + 2} = -74\ \text{mA},\quad \Delta i_1 = \frac{1}{2}\Delta i = -37\ \text{mA},\quad \Delta i_2 = -\frac{1}{2}\Delta i = 37\ \text{mA}$$

(2) 在图 4.6.2(c) 中，$\Delta R = 0 - 8 = -8\ \Omega, \Delta Ri = -8 \times 1 = -8\ \text{V}$。故得

$$\Delta i = \frac{-\Delta Ri}{8 - 8 + 2} = 4\ \text{A},\quad \Delta i_1 = \frac{1}{2}\Delta i = 2\ \text{A},\quad \Delta i_2 = -\frac{1}{2}\Delta i = -2\ \text{A}$$

(3) 对应的电路如图 4.6.2(d) 所示，其中 $\Delta i = -1\ \text{A}$。故得

$$\Delta i_1 = \frac{1}{2}\Delta i = -0.5\ \text{A},\quad \Delta i_2 = -\frac{1}{2}\Delta i = 0.5\ \text{A}$$

二、电路灵敏度概念

当 $|\Delta R| \ll R$ 时，式(4.6.3) 可写为近似式

$$\Delta i \approx \frac{-\Delta Ri}{R_0 + R}$$

再进一步改写为

$$\frac{\Delta i}{i} \approx -\frac{\Delta R}{R_0 + R} = -\frac{\dfrac{\Delta R}{R}}{\dfrac{R_0}{R} + 1}$$

令

$$S_R^i = \frac{\dfrac{\Delta i}{i}}{\dfrac{\Delta R}{R}} = -\frac{1}{\dfrac{R_0}{R} + 1}$$

S_R^i 称为支路电流 i 对支路电阻 R 的灵敏度。它描述了支路电阻 R 的相对变化量所能引起的支路电流 i 的相对变化量。灵敏度计算是现代电路理论的重要内容之一。

*4.7　对偶原理

一、对偶原理

为了说明对偶原理的内容，我们先来研究图 4.7.1 所示的两个简单电路。对于图 4.7.1(a)

的串联电路而言，它有一个内网孔、一个外网孔，且有如下的关系式

$$\left.\begin{aligned} i &= i_1 = i_2 \\ u &= u_1 + u_2 \\ R &= R_1 + R_2 \\ u_1 &= \frac{R_1}{R_1 + R_2}u \\ R_1 i_1 + R_2 i_2 &= u \end{aligned}\right\} \tag{4.7.1}$$

对于图 4.7.1(b) 的并联电路而言，它有一个独立节点 a，一个参考节点(接地)，且有如下的关系式

$$\left.\begin{aligned} u &= u_1 = u_2 \\ i &= i_1 + i_2 \\ G &= G_1 + G_2 \\ i_1 &= \frac{G_1}{G_1 + G_2}i \\ G_1 u_1 + G_2 u_2 &= i \end{aligned}\right\} \tag{4.7.2}$$

将式(4.7.1) 和式(4.7.2) 加以比较可以看出，若将两式中的电路变量 u 和 i 互换，将电路元件 R 和 G 互换，即可从其中的一式直接写出另一式。这种关系即为电路的对偶性，其中的 u 和 i 称为对偶变量，R 和 G 称为对偶元件参数，而图 4.7.1 中的两个电路则称为对偶电路。由此可归纳出电路的对偶原理：若两个电路对偶且对偶元件参数的值相等，则两者对偶变量的关系式(即方程) 及对偶变量的值(响应) 一定全同；相反的叙述也成立。

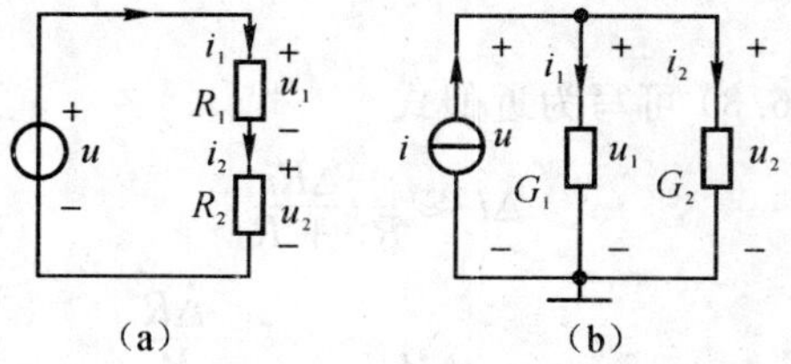

图 4.7.1 串并联对偶电路

(a) 串联电路； (b) 并联电路

对偶原理的内容是十分丰富的。现就已学过的内容汇总于表 4.7.1，其余的内容将随着课程的进行陆续扩充。

表 4.7.1 对偶原理

对偶名称	原电路 N	对偶电路 $\hat{N}$
电路变量	电压 u	电流 i
	电流 i	电压 u
	网孔电流	独立节点电位
	独立节点电位	网孔电流

续表

对偶名称	原电路 N	对偶电路 $\hat{N}$
电路元件参数	电阻 R	电导 G
	电导 G	电阻 R
电路结构	电阻串联	电导并联
	电导并联	电阻串联
	网孔	独立节点
	独立节点	网孔
	外网孔	参考节点(接地)
	参考节点(接地)	外网孔
电路两种约束	$u=Ri$	$i=Gu$
	$i=Gu$	$u=Ri$
	KVL	KCL
	KCL	KVL
电源	理想电压源	理想电流源
	理想电流源	理想电压源
	电压源模型	电流源模型
	电流源模型	电压源模型
受控源	CCVS	VCCS
	VCCS	CCVS
	VCVS	CCCS
	CCCS	VCVS
电路定理	等效电压源定理	等效电流源定理
	等效电流源定理	等效电压源定理
电路状态	开路	短路
	短路	开路
电路方程	网孔 KVL 方程	独立节点 KCL 方程
	独立节点 KCL 方程	网孔 KVL 方程
电路分析方法	网孔法	节点法
	节点法	网孔法

对偶原理的应用价值在于,若已知原电路的电路方程及其解答,则根据对偶关系即可直接写出其对偶电路的电路方程及其解答。它不但为电路的分析与计算提供了一种新方法,使电路的计算方法及对公式的记忆工作减少了一半,而且为研究新的电路开辟了新的蹊径。

二、关于对偶原理的注意点

(1) 对偶与等效是两个不同的概念,不可混淆。另外,对偶也不是相似和对称。

(2) 欲求一个简单电路的对偶电路,通过直接观察即可画出,例如图 4.7.1 的两个电路即是。但要求一个复杂电路的对偶电路,就有些困难了,其具体求法不介绍了。

习　题　四

4.1　图题 4.1 所示电路。(1)6 V 电压源单独作用时的 i' 和 u' 为多大?(2)4 A 电流源单独作用时的 i'' 和 u'' 为多大?(3)6 V 电压源和 4 A 电流源共同作用时的 i 和 u 为多大?(答:3 A,－3 V;－2 A,－2 V;1 A,5 V)

4.2　图题 4.2 所示电路。(1)10 V 电压源单独作用时的 u' 多大?(2)4 A 电流源单独作用时的 u'' 多大?(3)10 V 电压源与 4 A 电流源共同作用时的 u 多大?(4) 若电压源变为 100 V,电流源变为 40 A,此时的 u 为多大?(5) 若电压源变为 20 V,电流源变为 2 A,此时的 u 为大?(答:4 V,9.6 V;13.6 V,136 V;12.8 V)

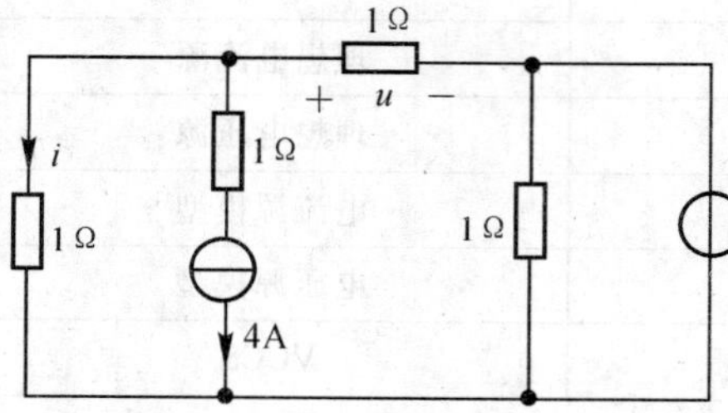

图题　4.1

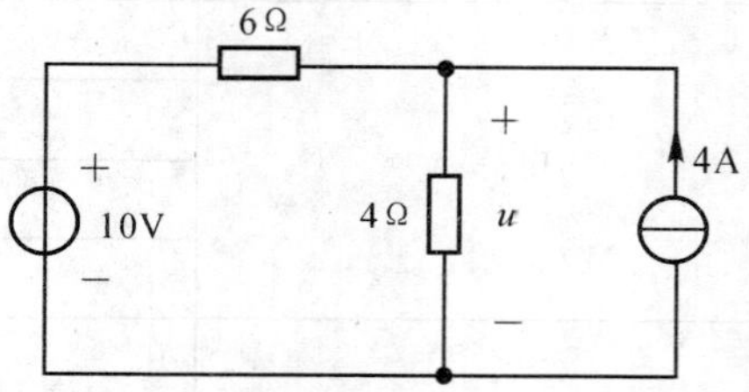

图题　4.2

4.3　图题 4.3 所示电路。(1)4 V 电压源单独作用时的 i' 为多大?(2)1 mA 电流源单独作用时的 i'' 为多大?(3)4V 电压源与 1 mA 电流源共同作用时的 i 为多大?(4) 图题 4.3(b) 所示电路中的 i 为多大?(答:2.5 mA;0.5 mA;7.5 mA;5.5 mA)

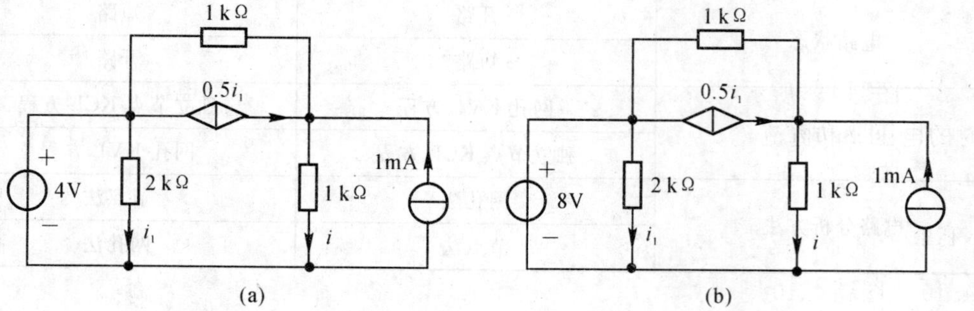

图题　4.3

4.4　图题 4.4 所示电路,其中 N 为含有独立源的电路,已知 $u_S = 0$ 时,$i = 2$ mA;$u_S = 20$ V 时,$i = -2$ mA。求 $u_S = -10$ V 时的电流 i。(答:4 mA)

4.5　图题 4.5 所示电路,试用替代定理求电流 i。(答:1 A)

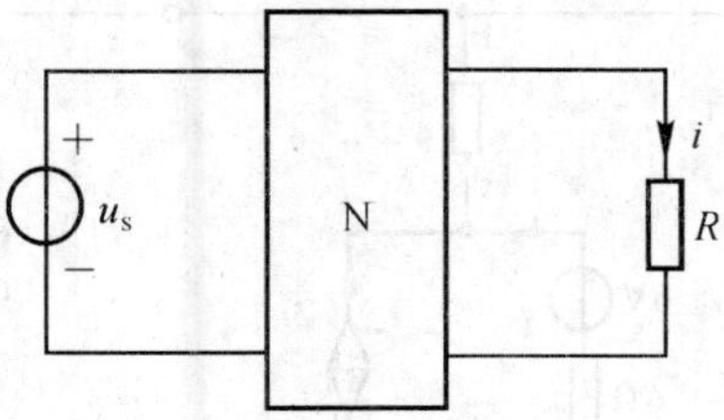

图题　4.4

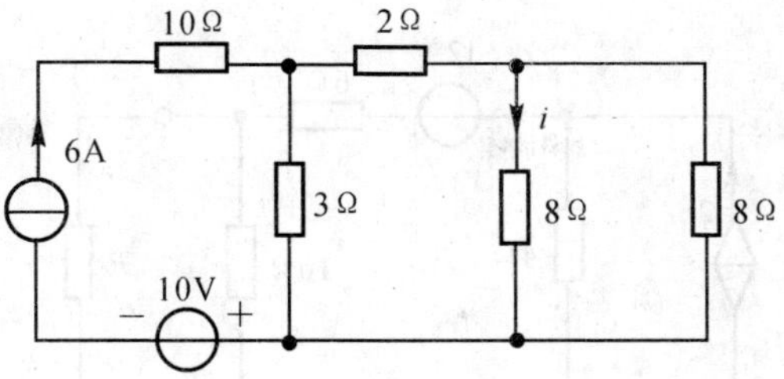

图题　4.5

4.6　图题4.6所示电路，试用替代定理求电流 i。(答：2.5 A)

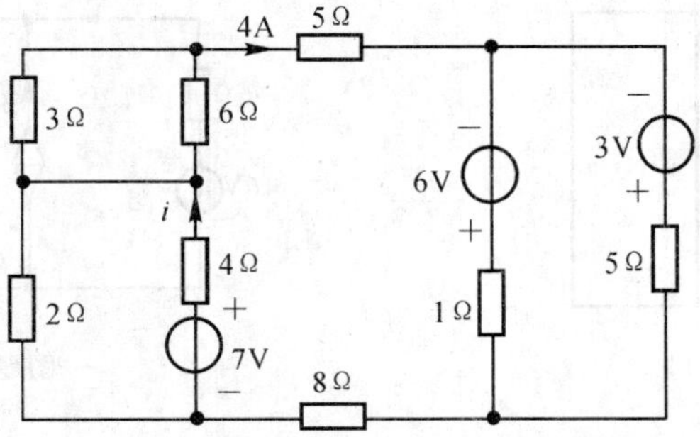

图题　4.6

4.7　图题4.7所示电路，试用替代定理求电压 u。(答：30 V)

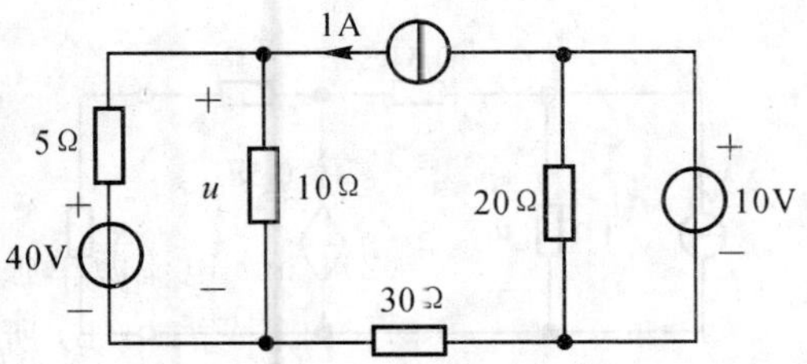

图题　4.7

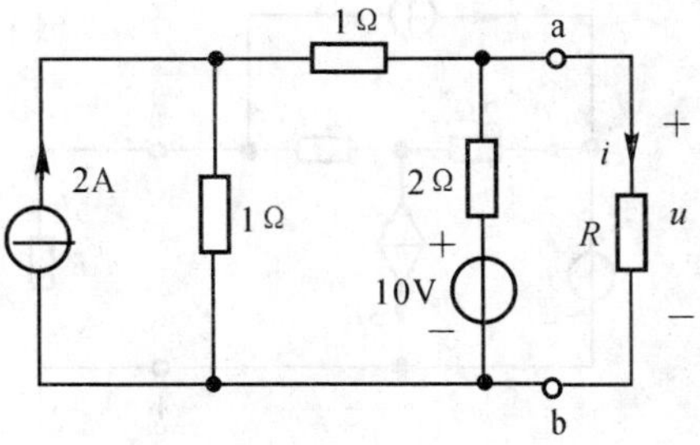

图题　4.8

4.8　图题4.8所示电路。(1) 求端口ab的等效电压源电路与等效电流源电路；(2) 求 $R=2\ \Omega$ 时的电压 u 和电流 i。(答：6 V，1 Ω；6 A，1 Ω；4 V，2 A)

4.9　图题4.9所示电路。(1) 求端口的等效电压源电路与等效电流源电路；(2) 求 R 为可值时，它能获得最大功率 P_m，P_m 为多大？(答：10 V，$\frac{5}{3}$ Ω；6 A，$\frac{5}{3}$ Ω；15 W)

4.10　图题4.10所示电路。(1) 求端口ab的等效电压源电路与等效电流源电路；(2) 求 R 为何值时，它能得到最大功率 P_m，P_m 为多大？(答：12 V，6 Ω；2 A，6 Ω；6 W)

4.11　图题4.11所示电路，已知端口伏安关系为 $u=2\times10^3 i+10$ (V)，求电路N的等效电压源电路与等效电流源电路。(答：6 V，2 kΩ；3 mA，2 kΩ)

4.12　图题4.12所示电路。(1) 求端口ab的等效电压源电路与等效电流源电路；(2) 求端口ab向外电路所能供出的最大功率 P_m。(答：4 V，1 Ω；4 A，1 Ω；4 W)

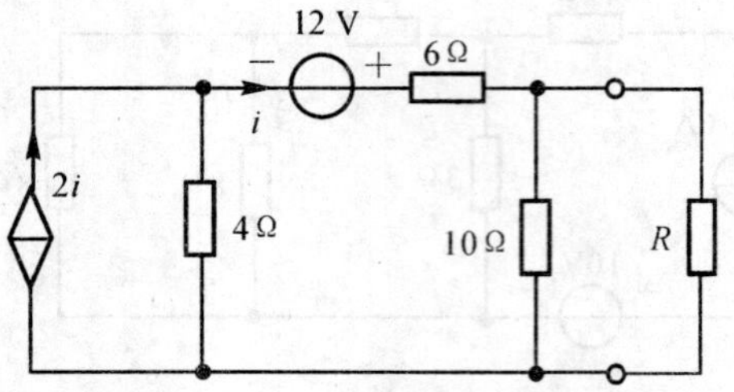

图题　4.9

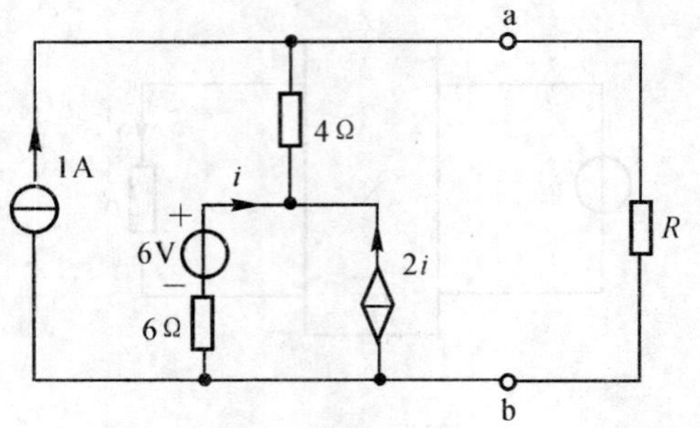

图题　4.10

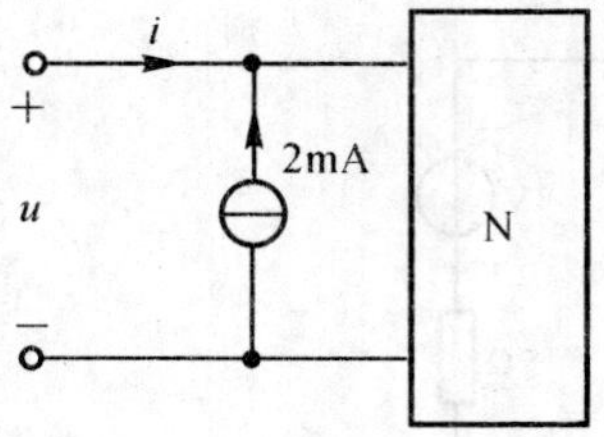

图题　4.11

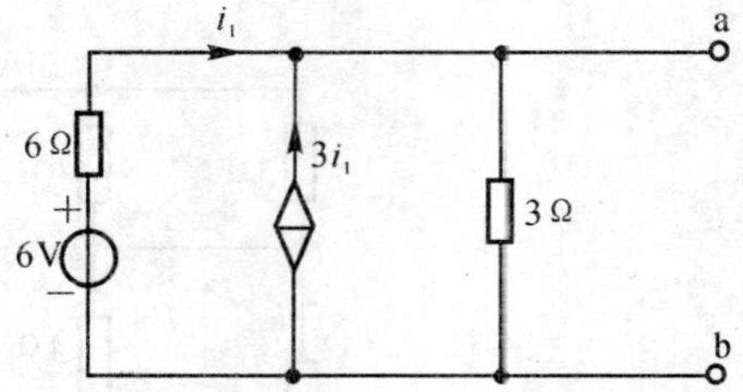

图题　4.12

4.13　图题 4.13 所示电路，已知当 $R = 9\ \Omega$ 时，$i = 0.4$ A。若 R 可以变化，求 R 为何值时，它可以获得最大功率 P_m，P_m 的值多大？(答：1 Ω，4 W)

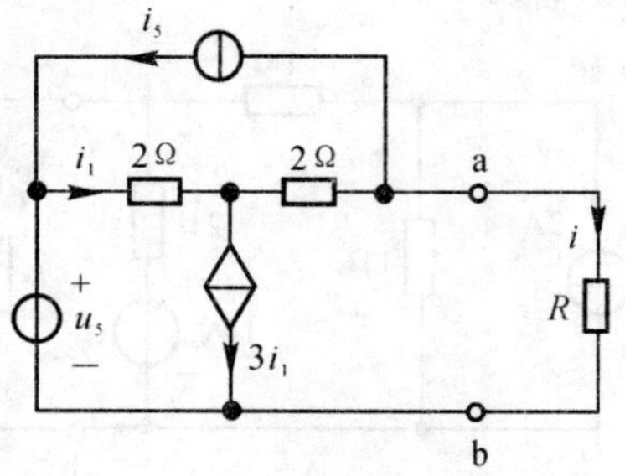

图题　4.13

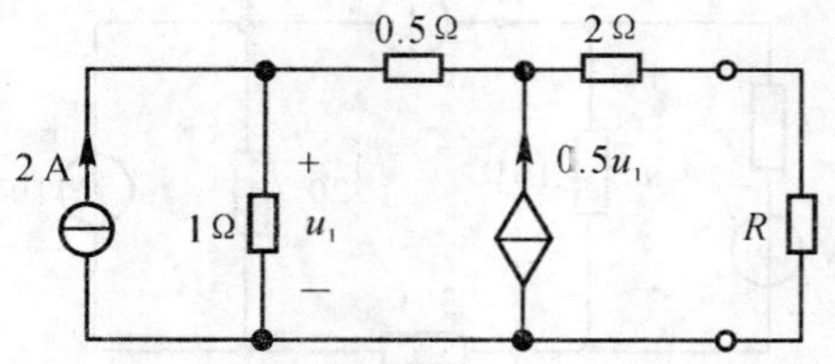

图题　4.14

4.14　图题 4.14 所示电路，求 R 为何值时，它能获得最大功率 P_m，P_m 的值多大？(答：5 Ω，1.25 W)

4.15　图题 4.15(a) 所示电路，已知当 $i_S = 10$ A 时，开路电压 $u_{\mathrm{II}} = -2$ V。试求图题 4.15(b) 电路中的开路电压 $\hat{u}_1$。(答：4 V)

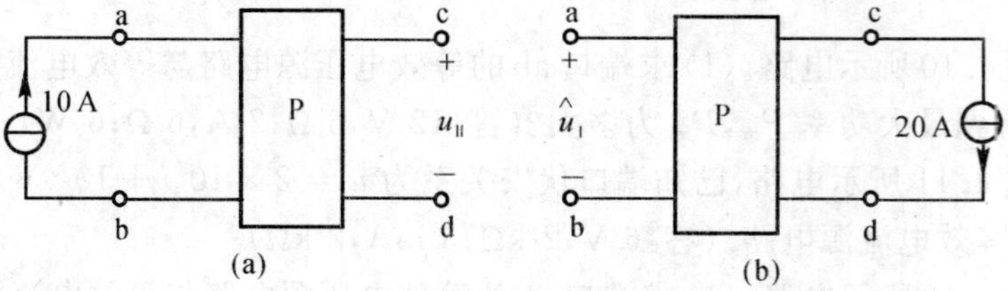

图题　4.15

4.16　图题 4.16(a) 所示电路，已知 $i_1 = 0.3i_S$；图题 4.16(b) 电路中，已知 $i_2 = 0.2i_S$。试用互易定理求 R_1 的值。(答：15 Ω)

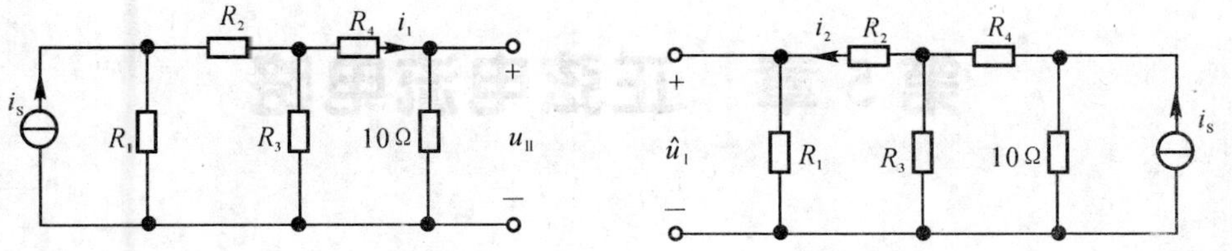

(a)　(b)

图题　4.16

4.17　图题 4.17(a) 所示电路，已知 $u_1 = 0.25u_S$；图题 4.17(b) 电路中，已知 $u_2 = 0.15u_S$。试用互易定理求 R_1 的值。(答：6 Ω)

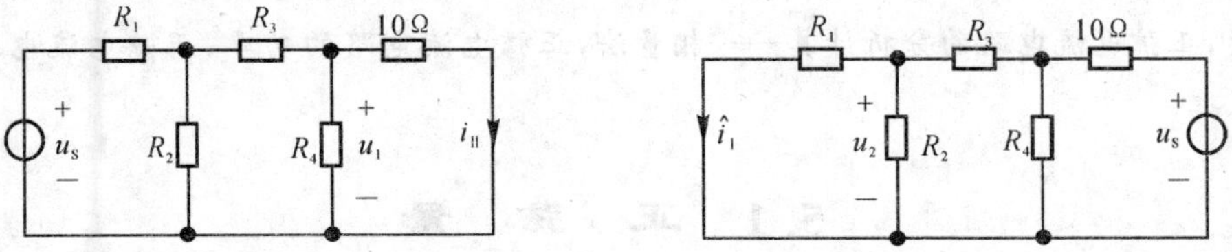

(a)　(b)

图题　4.17

4.18　图题 4.18(a) 所示互易网络中的数据已给出，已知图题 4.18(b) 电路中 5 Ω 电阻吸收的功率为 125 W，求 i_{S2}。(答：20 A)

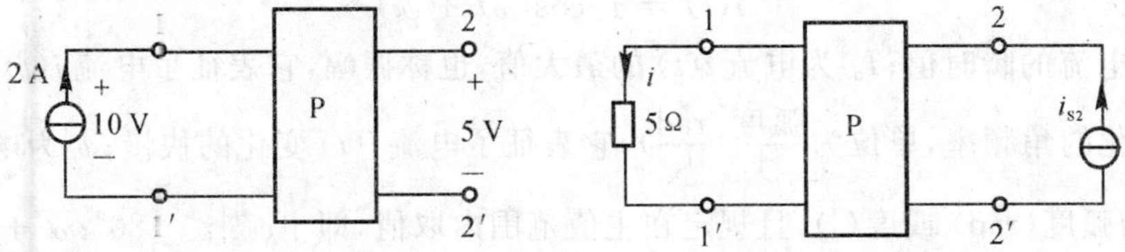

(a)　(b)

图题　4.18

4.19　图题 4.19(a) 所示互易网络中的数据已给出，已知图题 4.19(b) 电路中电流 $i_1 = 4$ A。求 u_{S2}。(答：100 V)

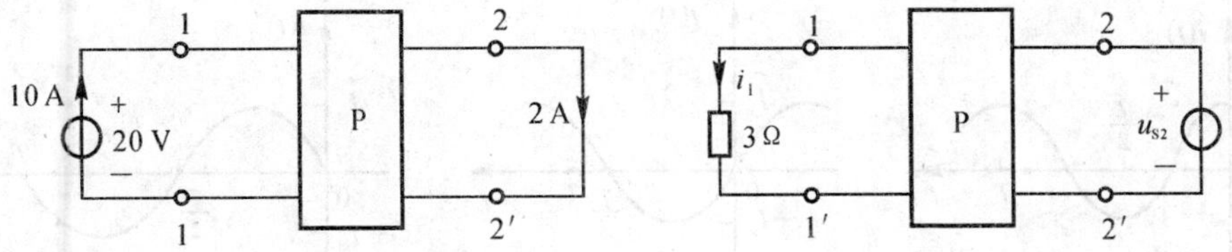

(a)　(b)

图题　4.19

第 5 章 正弦电流电路

内容提要

本章讲述正弦电流电路的基本概念与基础理论。正弦量的时域表示与相量表示，正弦电量的有效值，电路元件伏安关系的相量形式，KCL 与 KVL 的相量形式，阻抗与导纳及其相互等效变换，正弦电流电路的分析计算——相量法，正弦电流电路的功率，正弦电流电路最大功率传输定理。

5.1 正 弦 量

一、定义

随时间 t 按正弦规律变化的电压 $u(t)$ 和电流 $i(t)$，分别称为正弦电压和正弦电流，统称为正弦电量，简称正弦量。例如正弦电流的时间函数表示式为

$$i(t) = I_m\cos(\omega t + \psi_i) \tag{5.1.1}$$

式中 $i(t)$ 为电流的瞬时值；I_m 为电流 $i(t)$ 的最大值，也称振幅，它表征了电流 $i(t)$ 的大小；ω 为电流 $i(t)$ 变化的角频率，单位为$\frac{弧度}{秒}$($\frac{rad}{s}$)，它表征了电流 $i(t)$ 变化的快慢；ψ_i 为电流 $i(t)$ 的初相角，单位为弧度(rad) 或度(°)，且规定在主值范围内取值，即 $|\psi_i| \leqslant 180°$；$\omega t + \psi_i$ 称为电流 $i(t)$ 的相位角，简称相位，它确定了电流 $i(t)$ 的瞬时值。I_m，ω，ψ_i 合称为正弦量的三要素，即当 I_m，ω，ψ_i 三个量已知时，正弦量 $i(t)$ 就唯一确定了。

二、正弦波形

正弦量随时间 t 变化的曲线，称为正弦量的波形，简称正弦波，如图 5.1.1 所示。

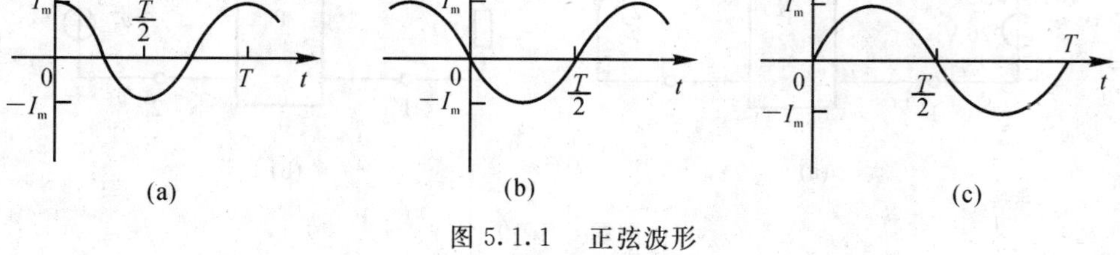

图 5.1.1 正弦波形

(a)$\psi_i = 0$；(b)$\psi_i = 90°$；(c)$\psi_i = -90°$

三、周期与频率

正弦量变化一个循环所经历的时间称为周期，用 T 表示，单位为秒(s)。正弦量每秒钟变化的循环个数称为频率，用 f 表示，单位为赫[兹](Hz)。显然有

$$f=\frac{1}{T} \text{ 和 } T=\frac{1}{f} \tag{5.1.2}$$

ω 与 T，f 的关系为

$$\omega=\frac{2\pi}{T}=2\pi f \tag{5.1.3}$$

可见 ω 与频率 f 成正比，所以才把 ω 称为角频率(它本来的物理意义是角速度)。ω，T，f 三者都是用来说明正弦量变化快慢的，具有同样的物理意义。

将式(5.1.3)代入式(5.1.1)有

$$i(t)=I_{\mathrm{m}}\cos\left(\frac{2\pi}{T}t+\psi_i\right)=I_{\mathrm{m}}\cos(2\pi ft+\psi_i) \tag{5.1.4}$$

例 5.1.1　已知正弦电流 $i(t)$ 的波形如图 5.1.2 所示，角频率 $\omega=10^3$ rad/s。(1) 求 $i(t)$；(2) 求 $i(t)$ 出现最大值的时刻 t_1。

解　(1) 设 $i(t)=I_{\mathrm{m}}\cos(\omega t+\psi_i)$ A，今 $I_{\mathrm{m}}=100$ A，$\omega=10^3$ rad/s，故

$$i(t)=100\cos(10^3t+\psi_i)\ \text{(A)}$$

当 $t=0$ 时，有 $i(0)=50$ A，故

$$i(0)=50=100\cos(10^3\times 0+\psi_i)$$

故

$$\cos\psi_i=\frac{1}{2}$$

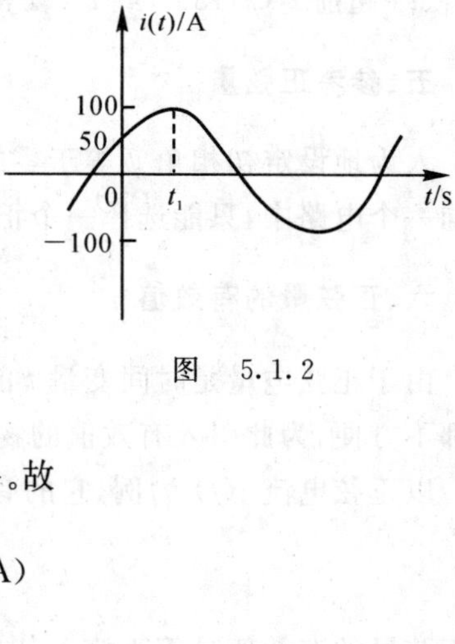

图　5.1.2

故得

$$\psi_i=\pm\frac{\pi}{3}$$

由于 $i(t)$ 的最大值出现在 $t=0$ 之后，因此只能取 $\psi_i=-\frac{\pi}{3}$。故

$$i(t)=100\cos\left(10^3t-\frac{\pi}{3}\right)\ \text{(A)}$$

(2) 当 $t=t_1$ 时，$i(t_1)=100$ A，故有

$$100=100\cos\left(10^3t_1-\frac{\pi}{3}\right),\quad \cos\left(10^3t_1-\frac{\pi}{3}\right)=1,\quad 10^3t_1-\frac{\pi}{3}=0$$

故得

$$t_1=\frac{\pi}{3\times 10^3}=\frac{3.14}{3\times 10^3}=1.047\times 10^{-3}\ \text{s}$$

四、两个同频率正弦量的相位差

设有两个同频率的正弦量

$$u(t)=U_{\mathrm{m}}\cos(\omega t+\psi_u)$$
$$i(t)=I_{\mathrm{m}}\cos(\omega t+\psi_i)$$

则定义它们两者的相位差为

$$\varphi=(\omega t+\psi_u)-(\omega t+\psi_i)=\psi_u-\psi_i$$

可见两个同频率的正弦量的相位差 φ 就等于它们的初相角之差，且为一个常数，与时间变量 t 无关。

若 $\varphi>0$，则称 $u(t)$ 在相位上超前 $i(t)$ 一个角度 φ，或 $i(t)$ 滞后 $u(t)$ 一个角度 φ；若 $\varphi<0$，结论正好与 $\varphi>0$ 时的情况相反；若 $\varphi=0$，则称 $u(t)$ 与 $i(t)$ 同相位，简称同相；若 $\varphi=\pm 90°$，则称 $u(t)$ 与 $i(t)$ 在相位上互相正交；若 $\varphi=\pm\pi$，则称 $u(t)$ 与 $i(t)$ 反相位，简称反相。

注意：对于不同频率的正弦量之间，讨论相位差是无意义的。

通常规定相位差 φ 的取值为 $|\varphi|\leqslant 180°$。

例 5.1.2 已知两个同频率的正弦电流为

$$i_1(t)=10\cos(100\pi t+30°)\ (\mathrm{A})$$
$$i_2(t)=20\sin(100\pi t-15°)\ (\mathrm{A})$$

求相位差 φ。

解 欲求两个同频率正弦量的相位差，必须将它们用同一种函数表示。所以应将 $i_2(t)$ 写为余弦形式，即

$$i_2(t)=20\cos(100\pi t-15°-90°)=20\cos(100\pi t-105°)\ (\mathrm{A})$$

故
$$\varphi=30°-(-105°)=135°$$

即 $i_1(t)$ 超前 $i_2(t)135°$，或 $i_2(t)$ 滞后 $i_1(t)135°$。

五、参考正弦量

人为地设定初相角 ψ 等于零的正弦量，称为参考正弦量。参考正弦量的选择是任意的，但在同一个电路中，只能选择一个正弦量作为参考正弦量。

六、正弦量的有效值

由于正弦电量是时间变量 t 的函数，其瞬时值是随时间而变化的，因此不论是测量还是计算都不方便，为此引入有效值的物理量，有效值用大写字母表示。

以正弦电流 $i(t)$ 为例，它的有效值（用大写字母 I 表示）定义为

$$I=\sqrt{\frac{1}{T}\int_0^T[i(t)]^2\mathrm{d}t} \tag{5.1.5}$$

即正弦量的有效值是等于该正弦量在一个周期内的方均根值。

有效值的物理意义是，在同一个电阻 R 中先后通以直流电流 I 和正弦电流 $i(t)$，如图 5.1.3 所示，若在正弦电流的一个周期 T 内两者产生的热量相等，即有

$$I^2RT=R\int_0^T[i(t)]^2\mathrm{d}t$$

则
$$I=\sqrt{\frac{1}{T}\int_0^T[i(t)]^2\mathrm{d}t}$$

可见正弦电流 $i(t)$ 的有效值，就是在一个周期 T 内与其产生相等热量的直流电流 I。

将 $i(t)=I_{\mathrm{m}}\cos(\omega t+\psi)$ 代入式(5.1.5)中，经过运算即得

$$I=\frac{I_{\mathrm{m}}}{\sqrt{2}}=0.707I_{\mathrm{m}}$$

同理，正弦电压的有效值（用大小字母 U 表示）为

$$U=\frac{U_m}{\sqrt{2}}=0.707U_m$$

即正弦量的有效值是等于其最大值除以$\sqrt{2}$。故又有

$$I_m=\sqrt{2}I$$

$$U_m=\sqrt{2}U$$

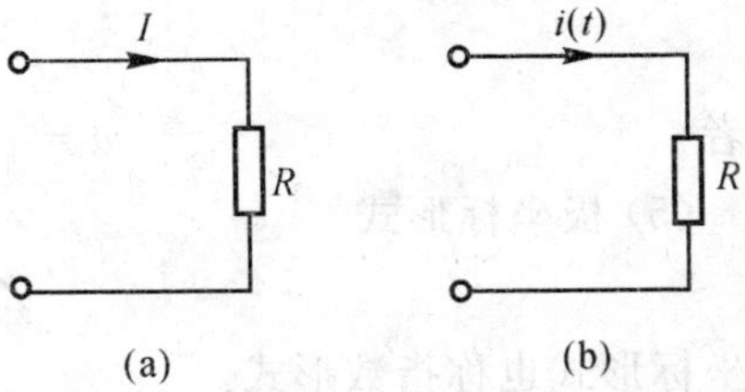

图 5.1.3　正弦量有效值的物理意义

由于有效值能反映正弦电压、正弦电流的电磁效应与热效应，所以通常人们所称正弦电压、正弦电流的大小，除特殊说明者外，一般都是指其有效值。例如工业供电电压为 220 V 就是指的有效值；各种电气设备的额定值，电磁式、电动式仪表测量的数值，均是指有效值。

在引入了有效值的物理量后，正弦电流 $i(t)$ 又可表示为

$$i(t)=\sqrt{2}I\cos(\omega t+\psi_i)$$

需要指出，式(5.1.5) 不仅是正弦量的有效值的定义式，它也是其他一切周期电量有效值的定义式。

*5.2　复　数

一、定义

由实数 a 与虚数 jb 的代数和构成的数称为复数，用 Z 表示，即

$$Z=a+\mathrm{j}b$$

其中 $\mathrm{j}=\sqrt{-1}$，为虚数单位；a 为复数 Z 的实部，b 为复数 Z 的虚部；$a\in\mathbf{R}, b\in\mathbf{R}$。

二、复数平面

以实数数轴和虚数数轴为相互垂直的坐标轴而构成的平面，称为复数平面，简称复平面，如图 5.2.1 所示。其中"+1" 表示实数数轴，"+j" 表示虚数数轴。注意，复数平面与笛卡尔直角坐标平面不是一回事。

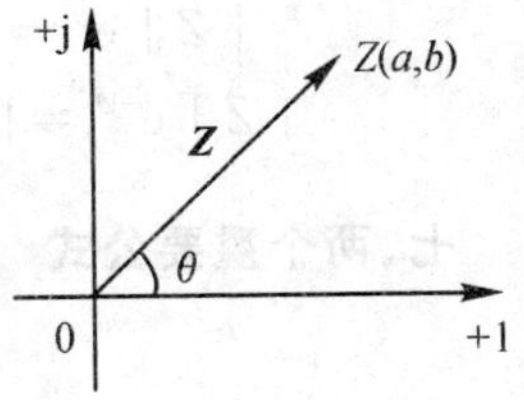

图 5.2.1　复数平面

三、复数的 5 种表示形式

(1) 代数形式：$Z=a+\mathrm{j}b$

(2) 用复数平面上的"点" 表示，如图 5.2.1 中的坐标点 $Z(a,b)$ 所示。

(3) 用复数平面上的向量表示，如图 5.2.1 中的向量 $\mathbf{Z}$ 所示。图中 θ 为向量 $\mathbf{Z}$(即复数 Z) 的辐角，向量 $\mathbf{Z}$(即复数 Z) 的模为 $|Z|=\sqrt{a^2+b^2}$。

(4) 三角函数形式

$$Z=|Z|(\cos\theta+\mathrm{j}\sin\theta)$$

式中

$$|Z|=\sqrt{a^2+b^2}$$

$$\theta = \arctan\frac{b}{a}$$

或者
$$a = |Z|\cos\theta, \quad b = |Z|\sin\theta$$

(5) 极坐标形式

$$Z = |Z|\mathrm{e}^{\mathrm{j}\theta} = |Z|\angle\theta$$

极坐标形式也称指数形式。

四、复数相等

设 $Z_1 = a_1 + \mathrm{j}b_1 = |Z_1|\angle\theta_1 = |Z_1|\mathrm{e}^{\mathrm{j}\theta_1}$，$Z_2 = a_2 + \mathrm{j}b_2 = |Z_2|\angle\theta_2 = |Z_2|\mathrm{e}^{\mathrm{j}\theta_2}$，若 $Z_1 = Z_2$，则有

$$a_1 = a_2, \quad b_1 = b_2$$

或
$$|Z_1| = |Z_2|, \quad \theta_1 = \theta_2$$

即实部与实部相等，虚部与虚部相等；或者模与模相等，辐角与辐角相等。

五、共轭复数

若两个复数的实部相等，虚部互为相反数，则称这两个复数互为共轭复数；或者若两个复数的模相等，辐角互为相反数，则这两个复数互为共轭复数。即若 $Z_1 = a + \mathrm{j}b = |Z|\angle\theta$，$Z_2 = a - \mathrm{j}b = |Z|\angle-\theta$，则 Z_1 与 Z_2 互为共轭复数，其表示为 $Z_2 = Z_1^*$ 或 $Z_1 = Z_2^*$。

六、欧拉公式

$$\mathrm{e}^{\mathrm{j}\theta} = \angle\theta = \cos\theta + \mathrm{j}\sin\theta$$
$$\mathrm{e}^{-\mathrm{j}\theta} = \angle-\theta = \cos\theta - \mathrm{j}\sin\theta$$

或

$$|Z|\mathrm{e}^{\mathrm{j}\theta} = |Z|\angle\theta = |Z|(\cos\theta + \mathrm{j}\sin\theta) = |Z|\cos\theta + \mathrm{j}|Z|\sin\theta$$
$$|Z|\mathrm{e}^{-\mathrm{j}\theta} = |Z|\angle-\theta = |Z|(\cos\theta - \mathrm{j}\sin\theta) = |Z|\cos\theta - \mathrm{j}|Z|\sin\theta$$

七、两个重要公式

$$\cos\theta = \frac{\mathrm{e}^{\mathrm{j}\theta} + \mathrm{e}^{-\mathrm{j}\theta}}{2}$$

$$\sin\theta = \frac{\mathrm{e}^{\mathrm{j}\theta} - \mathrm{e}^{-\mathrm{j}\theta}}{2\mathrm{j}}$$

八、复数的运算

(1) 加、减法运算：宜用代数形式运算。例如设 $Z_1 = a_1 + \mathrm{j}b_1$，$Z_2 = a_2 + \mathrm{j}b_2$，则

$$Z = Z_1 + Z_2 = (a_1 + a_2) + \mathrm{j}(b_1 + b_2)$$
$$Z = Z_1 - Z_2 = (a_1 - a_2) + \mathrm{j}(b_1 - b_2)$$

(2) 乘法运算：宜用极坐标(即指数) 形式运算。例如设 $Z_1 = |Z_1|\mathrm{e}^{\mathrm{j}\theta_1} = |Z_1|\angle\theta_1$，$Z_2 = |Z_2|\mathrm{e}^{\mathrm{j}\theta_2} = |Z_2|\angle\theta_2$，则

$$Z = Z_1Z_2 = |Z_1|\mathrm{e}^{\mathrm{j}\theta_1}|Z_2|\mathrm{e}^{\mathrm{j}\theta_2} = |Z_1||Z_2|\mathrm{e}^{\mathrm{j}(\theta_1+\theta_2)}$$

或者

$$Z = Z_1 Z_2 = |Z_1| \angle\theta_1 |Z_2| \angle\theta_2 = |Z_1||Z_2| \angle\theta_1 + \theta_2$$

(3) 除法运算：宜用极坐标（即指数）形式运算，即

$$Z = \frac{Z_1}{Z_2} = \frac{|Z_1| e^{j\theta_1}}{|Z_2| e^{j\theta_2}} = \frac{|Z_1|}{|Z_2|} e^{j(\theta_1 - \theta_2)}$$

或者

$$Z = \frac{Z_1}{Z_2} = \frac{|Z_1| \angle\theta_1}{|Z_2| \angle\theta_2} = \frac{|Z_1|}{|Z_2|} \angle\theta_1 - \theta_2$$

(4) $ZZ^* = (a + jb)(a - jb) = a^2 + b^2 = |Z|^2$

或者

$$ZZ^* = |Z| \angle\theta \cdot |Z| \angle-\theta = |Z|^2$$

例 5.2.1　已知 $Z = 6 + j8$，$Z_2 = 4 - j3$。求 $Z_1 Z_2$，$\frac{Z_1}{Z_2}$。

解　$Z_1 = 6 + j8 = 10 \angle 53.1^\circ$，　$Z_2 = 4 - j3 = 5 \angle -36.9^\circ$

故

$$Z = Z_1 Z_2 = 10 \angle 53.1^\circ \times 5 \angle -36.9^\circ = 50 \angle 53.1^\circ - 36.9^\circ = 50 \angle 16.2^\circ$$

$$Z = \frac{Z_1}{Z_2} = \frac{10 \angle 53.1^\circ}{5 \angle -36.9^\circ} = 2 \angle 90^\circ = j2$$

九、j 的作用

$$j = 1e^{j90^\circ} = 1 \angle 90^\circ$$

$$-j = 1e^{-j90^\circ} = 1 \angle -90^\circ$$

任一个复数 $Z = |Z| e^{j\theta} = |Z| \angle\theta$ 乘以 j，就是将 Z 逆时针方向旋转 90°，即

$$jZ = |Z| e^{j\theta} e^{j90^\circ} = Ze^{j(\theta + 90^\circ)}$$

或者

$$jZ = |Z| \angle\theta \angle 90^\circ = Z \angle\theta + 90^\circ$$

如图 5.2.2(a) 所示。

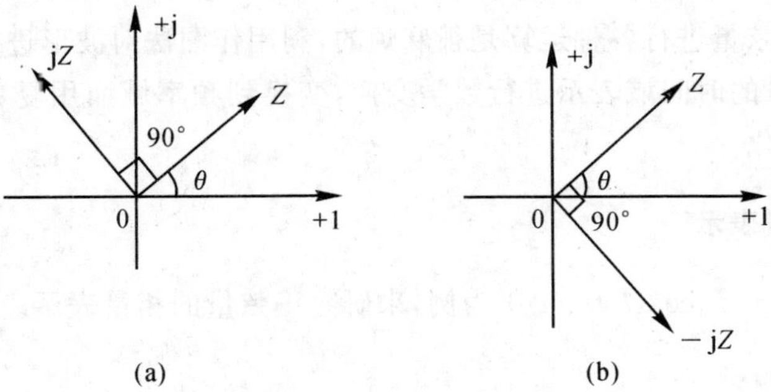

图 5.2.2　j 的作用

任一个复数 $Z = |Z| e^{j\theta} = |Z| \angle\theta$ 乘以 $(-j)$，就是将 Z 顺时针方向旋转 90°，即

$$-jZ = |Z| e^{j\theta} e^{-j90^\circ} = |Z| e^{j(\theta - 90^\circ)}$$

或者

$$-jZ = |Z| \angle\theta \angle -90^\circ = |Z| \angle\theta - 90^\circ$$

如图 5.2.2(b) 所示。可见 j 是一个 90° 的旋转因子。

十、代数形式与极坐标形式的相互变换

(1) 已知代数式 $Z = a + jb$，求极坐标式 $Z = |Z| e^{j\theta} = |Z| \angle\theta$，即

$$|Z| = \sqrt{a^2 + b^2}$$

$$\theta = \arctan \frac{b}{a}$$

例 5.2.2 已知 $Z = -4 - \mathrm{j}3$，求 Z 的极坐标式 $Z = |Z| \angle\theta$。

解

$$|Z| = \sqrt{(-4)^2 + (-3)^2} = 5$$

$$\theta = \arctan \frac{-3}{-4} = -143.1°$$

故

$$Z = |Z| \angle\theta = 5 \angle -143.1° = 5\,\mathrm{e}^{-\mathrm{j}143.1°}$$

(2) 已知极坐标式 $Z = |Z|\,\mathrm{e}^{\mathrm{j}\theta} = |Z| \angle\theta$，求代数式 $Z = a + \mathrm{j}b$，即

$$a = |Z| \cos\theta$$

$$b = |Z| \sin\theta$$

例 5.2.3 已知 $Z = 10 \angle -53.1° = 10\mathrm{e}^{-\mathrm{j}53.1°}$，求 Z 的代数式 $Z = a + \mathrm{j}b$。

解 $Z = 10 \angle -53.1° = 10\mathrm{e}^{-\mathrm{j}53.1°} = 10\cos(-53.1°) + \mathrm{j}10\sin(-53.1°) =$

$10 \times 0.6 - \mathrm{j}10 \times 0.8 = 6 - \mathrm{j}8$

十一、符号 Re 和 Im 的意义

符号 Re 表示取复数 Z 的实部，Im 表示取复数 Z 的虚部。例如设 $Z = a + \mathrm{j}b$，则有

$$\mathrm{Re}[Z] = a$$

$$\mathrm{Im}[Z] = b$$

故

$$Z = a + \mathrm{j}b = \mathrm{Re}[Z] + \mathrm{j}\mathrm{Im}[Z]$$

5.3 正弦量的相量表示

在时间域里对正弦量进行各种运算是很麻烦的，利用作图法对波形进行运算则更是困难。所以，可设法将正弦量的时间域表示进行数学变换，变换到频率域而用复数表示，这将使正弦量的各种运算大大简化。

一、正弦量的相量表示

以正弦电流 $i(t) = I_{\mathrm{m}}\cos(\omega t + \psi_i)$ 为例，来研究正弦量的相量表示。

因有

$$I_{\mathrm{m}}\mathrm{e}^{\mathrm{j}(\omega t + \psi_i)} = I_{\mathrm{m}}\cos(\omega t + \psi_i) + \mathrm{j}I_{\mathrm{m}}\sin(\omega t + \psi_i)$$

对上式等号两端同时取实部，即

$$\mathrm{Re}[I_{\mathrm{m}}\mathrm{e}^{\mathrm{j}(\omega t + \psi_i)}] = I_{\mathrm{m}}\cos(\omega t + \psi_i)$$

故

$$i(t) = I_{\mathrm{m}}\cos(\omega t + \psi_i) = \mathrm{Re}[I_{\mathrm{m}}\mathrm{e}^{\mathrm{j}(\omega t + \psi_i)}] = \mathrm{Re}[I_{\mathrm{m}}\mathrm{e}^{\mathrm{j}\psi_i}\mathrm{e}^{\mathrm{j}\omega t}] = \mathrm{Re}[\dot{I}_{\mathrm{m}}\mathrm{e}^{\mathrm{j}\omega t}] \quad (5.3.1)$$

式中

$$\dot{I}_{\mathrm{m}} = I_{\mathrm{m}}\mathrm{e}^{\mathrm{j}\psi_i} = I_{\mathrm{m}} \angle \psi_i \quad (5.3.2)$$

复数 $\dot{I}_{\mathrm{m}}$ 称为正弦电流 $i(t)$ 的最大值相量，$\dot{I}_{\mathrm{m}}$ 的模就是电流 $i(t)$ 的最大值 I_{m}；$\dot{I}_{\mathrm{m}}$ 的辐角就是电流 $i(t)$ 的初相角 ψ_i。故相量 $\dot{I}_{\mathrm{m}}$ 表征了正弦电流 $i(t)$ 的大小和初相角。

给式(5.3.2)等号两端同除以$\sqrt{2}$，即

$$\frac{\dot{I}_m}{\sqrt{2}}=\frac{I_m}{\sqrt{2}}e^{j\psi_i}=\frac{I_m}{\sqrt{2}}\underline{/\psi_i}$$

故有

$$\dot{I}=Ie^{j\psi_i}=I\underline{/\psi_i} \tag{5.3.3}$$

式中

$$\dot{I}=\frac{\dot{I}_m}{\sqrt{2}}$$

或者

$$\dot{I}_m=\sqrt{2}\dot{I} \tag{5.3.4}$$

复数 $\dot{I}$ 称为正弦电流 $i(t)$ 的有效值相量，$\dot{I}$ 的模就是 $i(t)$ 的有效值 I；$\dot{I}$ 的辐角就是 $i(t)$ 的初相角 ψ_i。相量 $\dot{I}$ 与 $\dot{I}_m$ 具有相同的物理意义。

将式(5.3.4)代入式(5.3.1)中，正弦电流 $i(t)$ 又可表示为

$$i(t)=\mathrm{Re}[\sqrt{2}\dot{I}e^{j\omega t}] \tag{5.3.5}$$

用相量 $\dot{I}_m$ 或 $\dot{I}$ 来表示正弦量，就称为正弦量的相量表示，也称频域表示(与时域表示相对应)。相量 $\dot{I}_m$ 或 $\dot{I}$ 表示了正弦量的大小和初相角。可见，在角频率 ω 为已知时，相量 $\dot{I}_m$ 或 $\dot{I}$ 能完整地表征正弦量。

需要强调指出两点：① 相量 $\dot{I}_m$ 或 $\dot{I}$ 可以表示正弦量，但它本身并不就是正弦量，只有将它们乘以 $e^{j\omega t}$ 或$\sqrt{2}e^{j\omega t}$ 并取其实部以后才等于正弦量本身，如式(5.3.1)或式(5.3.5)所示。② 相量 $\dot{I}_m$ 或 $\dot{I}$ 一定是复数，但复数不一定都是相量，即不是每一个复数都是用来表示正弦量的。

例 5.3.1　已知正弦电压与正弦电流为

$$u(t)=100\sqrt{2}\cos(2\pi ft-30^\circ)\ (\mathrm{V})$$

$$i(t)=10\sqrt{2}\cos(2\pi ft+60^\circ)\ (\mathrm{A})$$

试写出 $u(t)$ 与 $i(t)$ 的相量。

解

$$\dot{U}_m=100\sqrt{2}e^{-j30^\circ}=100\sqrt{2}\underline{/-30^\circ}\ \mathrm{V}$$

或

$$\dot{U}=100e^{-j30^\circ}=100\underline{/-30^\circ}\ \mathrm{V}$$

$$\dot{I}_m=10\sqrt{2}e^{j60^\circ}=10\sqrt{2}\underline{/60^\circ}\ \mathrm{A}$$

或

$$\dot{I}=10e^{j60^\circ}=10\underline{/60^\circ}\ \mathrm{A}$$

例 5.3.2　已知角频率为 ω 的两个正弦电压的相量分别为

$$\dot{U}_{1m}=220\underline{/-60^\circ}\ \mathrm{V}$$

$$\dot{U}_2=110\underline{/30^\circ}\ \mathrm{V}$$

求它们各自所表示的正弦电压 $u_1(t)$ 和 $u_2(t)$。

解

$$u_1(t)=220\cos(\omega t-60^\circ)\ (\mathrm{V})$$

$$u_2(t)=\sqrt{2}\times110\cos(\omega t+30^\circ)\ (\mathrm{V})$$

例 5.3.3　已知正弦电压 $u(t)$ 的相量为 $\dot{U}=-6-j8\ (\mathrm{V})$，求正弦电压$u(t)$。

解

$$\dot{U}=-6-j8=10\underline{/-127^\circ}\ \mathrm{V}$$

故 $$u(t)=10\sqrt{2}\cos(\omega t-127^\circ)\ (\mathrm{V})$$

二、相量图

把表示正弦量的相量$\dot{I}_m$或$\dot{I}$以向量的形式画在复数平面上而得到的图，称为相量图，如图5.3.1(a)，(b)所示。有时为了简便，也可以不画出虚轴(+j)，只画出实轴(+1)，如图5.3.1(c)，(d)所示。

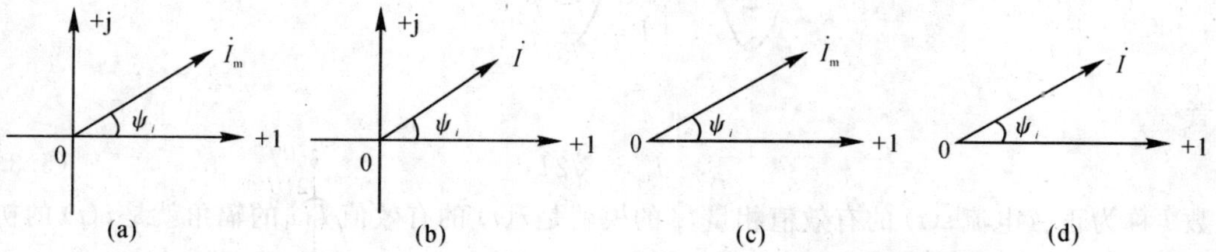

图 5.3.1 相量图

相量图的好处与作用：① 可以从相量图上一目了然地看出各个相量的大小、初相角以及各相量之间的相位关系；② 可以用相量图进行几何运算。

例 5.3.4 已知电压相量$\dot{U}=50\angle{-60^\circ}$ V，电流相量$\dot{I}=10\angle{30^\circ}$ A。(1) 画出它们的相量图；(2) 求$\dot{U}$与$\dot{I}$之间的相位差φ。

解 (1) 相量图如图5.3.2(a)所示，也可以简化成如图5.3.2(b)所示。

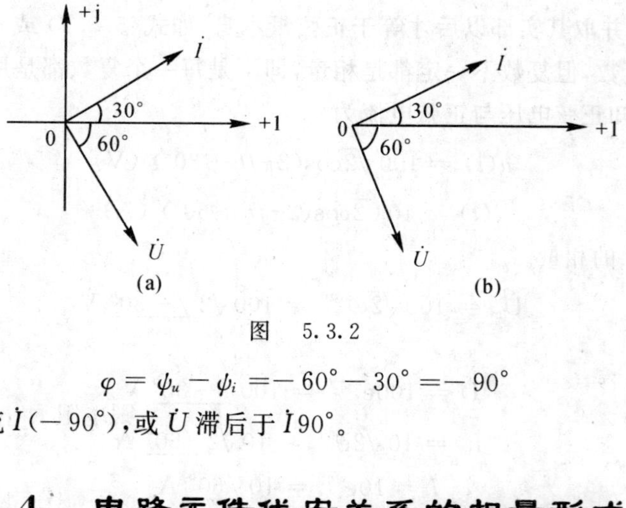

图 5.3.2

(2) $$\varphi=\psi_u-\psi_i=-60^\circ-30^\circ=-90^\circ$$

即电压$\dot{U}$超前于电流$\dot{I}(-90^\circ)$，或$\dot{U}$滞后于$\dot{I}\,90^\circ$。

5.4 电路元件伏安关系的相量形式

一、电阻元件 *R*

(1) 时域伏安关系。电阻元件的时域电路模型，如图5.4.1(a)所示。设$u(t)$与$i(t)$为关联方向，则$u(t)$与$i(t)$的时域伏安关系为

$$\left.\begin{aligned}u(t)&=Ri(t)\\ i(t)&=\frac{1}{R}u(t)\end{aligned}\right\}\tag{5.4.1}$$

式(5.4.1) 对任意的 $u(t)$,$i(t)$ 均成立。

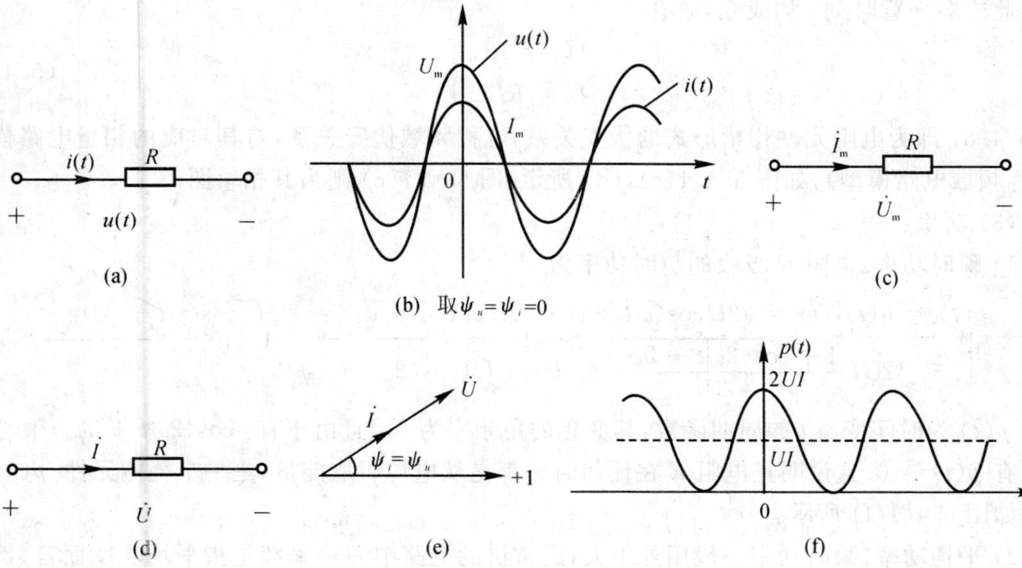

图 5.4.1　电阻元件的伏安关系

设 $u(t)$ 为正弦电压,即

$$u(t) = U_{\mathrm{m}}\cos(\omega t + \psi_u) \tag{5.4.2}$$

则

$$i(t) = \frac{1}{R}u(t) = \frac{U_{\mathrm{m}}}{R}\cos(\omega t + \psi_u)$$

即

$$i(t) = I_{\mathrm{m}}\cos(\omega t + \psi_i) \tag{5.4.3}$$

式中

$$\left.\begin{aligned} I_{\mathrm{m}} &= \frac{U_{\mathrm{m}}}{R} \\ I &= \frac{U}{R} \end{aligned}\right\} \tag{5.4.4}$$

或

$$\left.\begin{aligned} \psi_i &= \psi_u \\ \varphi &= \psi_u - \psi_i = 0 \end{aligned}\right\} \tag{5.4.5}$$

或

从以上结果,可得出如下结论:

1) 比较式(5.4.2) 与(5.4.3) 可知,当 $u(t)$ 为正弦量时,则电阻 R 中的电流 $i(t)$ 也为同一频率的正弦量。

2) 由式(5.4.4) 可知,$u(t)$ 与 $i(t)$ 的最大值或有效值的关系,具有欧姆定律的形式。

3) 由式(5.4.5) 可知,$u(t)$ 与 $i(t)$ 的初相角相等,即 $u(t)$ 与 $i(t)$ 同相位。$u(t)$ 与 $i(t)$ 的波形如图 5.4.1(b) 所示(取 $\psi_i = 0$)。

(2) 相量伏安关系。将式(5.4.2) 中的 $u(t)$ 和式(5.4.3) 中的 $i(t)$ 改写为下式,即

$$u(t) = \mathrm{Re}[\dot{U}_{\mathrm{m}}\mathrm{e}^{\mathrm{j}\omega t}] \tag{5.4.6}$$

$$i(t) = \mathrm{Re}[\dot{I}_{\mathrm{m}}\mathrm{e}^{\mathrm{j}\omega t}] \tag{5.4.7}$$

式中

$$\dot{U}_{\mathrm{m}} = U_{\mathrm{m}}\mathrm{e}^{\mathrm{j}\psi_u} = U_{\mathrm{m}}\angle\psi_u$$

$$\dot{I}_{\mathrm{m}} = I_{\mathrm{m}}\mathrm{e}^{\mathrm{j}\psi_i} = I_{\mathrm{m}}\angle\psi_i$$

将式(5.4.6) 与式(5.4.7) 代入式(5.4.1) 中,即

$$\mathrm{Re}[\dot{U}_{\mathrm{m}}\mathrm{e}^{\mathrm{j}\omega t}] = R\mathrm{Re}[\dot{I}_{\mathrm{m}}\mathrm{e}^{\mathrm{j}\omega t}] = \mathrm{Re}[R\dot{I}_{\mathrm{m}}\mathrm{e}^{\mathrm{j}\omega t}]$$

由于此式对任意时刻 t 均成立，故有

$$\left.\begin{aligned}\dot{U}_{\mathrm{m}} &= R\dot{I}_{\mathrm{m}} \\ \dot{U} &= R\dot{I}\end{aligned}\right\} \tag{5.4.8}$$

或

式(5.4.8)即为电阻元件相量形式的伏安关系，也称频域伏安关系，与其对应的相量电路模型（也称频域电路模型），如图 5.4.1(c)，(d) 所示。图 5.4.1(e) 则为其相量图。

(3) 功率：

1) 瞬时功率。电阻 R 吸收的瞬时功率为

$$p(t) = u(t)i(t) = \sqrt{2}U\cos(\omega t + \psi_u)\sqrt{2}I\cos(\omega t + \psi_i) = 2UI[\cos(\omega t + \psi_u)]^2 =$$

$$2UI\,\frac{1 + \cos(2\omega t + 2\psi_u)}{2} = UI + UI\cos(2\omega t + 2\psi_u)$$

可见 $p(t)$ 为时间变量 t 的周期函数，其变化的角频率为 2ω，且由于有 $|\cos(2\omega t + 2\psi_u)| \leqslant 1$，故必有 $p(t) \geqslant 0$。这说明正电阻 R 在任何时刻都是从电源吸取能量，是一个耗能元件。$p(t)$ 的曲线如图 5.4.1(f) 所示。

2) 平均功率。瞬时功率一般用处不大，通常讲的电路中的功率都是指平均功率而言。例如电灯泡的功率为 100 W，就是指的平均功率。

平均功率定义为瞬时功率 $p(t)$ 在一个周期 T 内的平均值，用大写字母 P 表示，即

$$P = \frac{1}{T}\int_0^T p(t)\mathrm{d}t = \frac{1}{T}\int_0^T UI[1 + \cos(2\omega t + 2\psi_u)]\mathrm{d}t =$$

$$UI = RI^2 = \frac{U^2}{R} = \frac{1}{2}U_{\mathrm{m}}I_{\mathrm{m}} = \frac{1}{2}I_{\mathrm{m}}^2R = \frac{1}{2}\frac{U_{\mathrm{m}}^2}{R}$$

平均功率又称有功功率，单位为 W。以后把平均功率简称为功率。

二、电感元件 L

(1) 时域伏安关系：电感元件的时域电路模型如图 5.4.2(a) 所示。设 $u(t)$ 与 $i(t)$ 为关联方向，则 $u(t)$ 与 $i(t)$ 的时域伏安关系为

$$u(t) = L\,\frac{\mathrm{d}i(t)}{\mathrm{d}t} \tag{5.4.9}$$

式(5.4.9)对任意的 $u(t)$，$i(t)$ 均成立。

今设 $i(t)$ 为正弦电流，则

$$i(t) = I_{\mathrm{m}}\cos(\omega t + \psi_i) \tag{5.4.10}$$

$$u(t) = L\frac{\mathrm{d}i(t)}{\mathrm{d}t} = L\frac{\mathrm{d}}{\mathrm{d}t}[I_{\mathrm{m}}\cos(\omega t + \psi_i)] = \omega LI_{\mathrm{m}}\cos(\omega t + \psi_i + 90°) = U_{\mathrm{m}}\cos(\omega t + \psi_u) \tag{5.4.11}$$

式中

$$\left.\begin{aligned}U_{\mathrm{m}} &= \omega LI_{\mathrm{m}} = X_LI_{\mathrm{m}} \\ U &= \omega LI = X_LI\end{aligned}\right\} \tag{5.4.12}$$

或

U_{m} 与 U 分别为正弦电压 $u(t)$ 的最大值和有效值。

$$X_L = \omega L = 2\pi fL$$

X_L 称为感抗，单位为 Ω。

$$\psi_u = \psi_i + 90° \tag{5.4.13}$$

ψ_u 为正弦电压 $u(t)$ 的初相角。

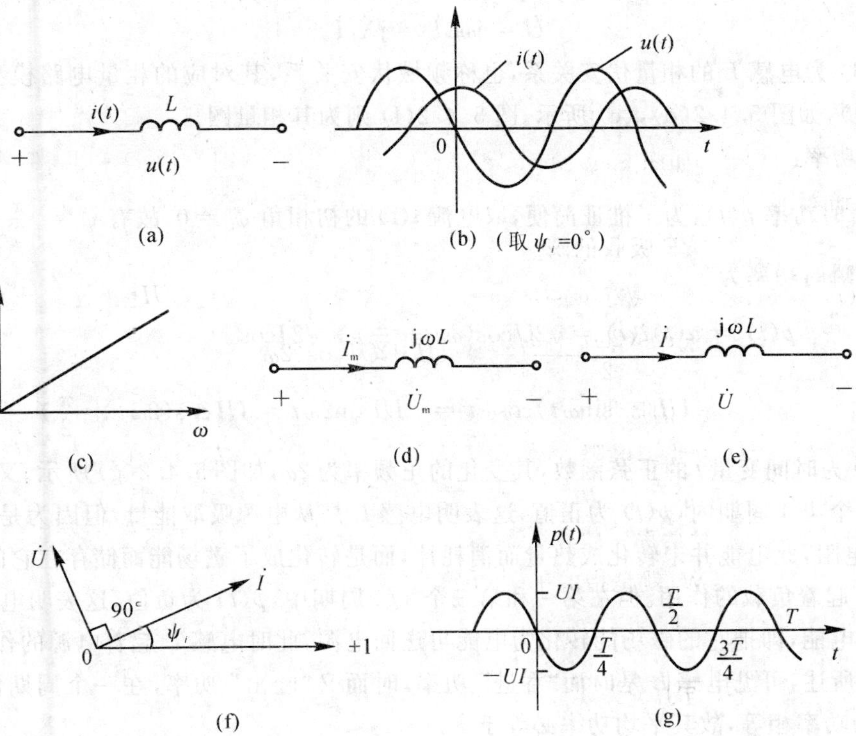

图 5.4.2　电感元件的伏安关系

从以上结果，可得出如下 3 个结论：

1) 比较式(5.4.10)与式(5.4.11)可知，当 $i(t)$ 为正弦量时，则电感 L 两端的电压 $u(t)$ 也为同一频率的正弦量。

2) 由式(5.4.12)可知，$u(t)$ 与 $i(t)$ 的最大值或有效值的关系，具有欧姆定律的形式。

3) 由式(5.4.13)可知，$u(t)$ 在相位上超前 $i(t)90°$，即 $u(t)$ 与 $i(t)$ 的相位差 φ 为

$$\varphi = \psi_u - \psi_i = 90°$$

$u(t)$ 与 $i(t)$ 的波形如图 5.4.2(b) 所示（取 $\psi_i = 0$）。

(2) 感抗频率特性：因感抗 $X_L = \omega L = 2\pi f L$，故感抗 X_L 为角频率 ω 的正比例函数。X_L 随 ω 变化的曲线称为感抗频率特性曲线，简称感抗频率特性，如图 5.4.2(c) 所示。当 $\omega = 0$ 时，$X_L = 0$；当 $\omega \to \infty$ 时，$X_L \to \infty$，即频率 ω 越高，X_L 就越大。

(3) 相量伏安关系：将式(5.4.10)中的 $i(t)$ 和式(5.4.11)中的 $u(t)$ 改写为下式，即

$$i(t) = \mathrm{Re}[\dot{I}_{\mathrm{m}} e^{j\omega t}] \tag{5.4.14}$$

$$u(t) = \mathrm{Re}[\dot{U}_{\mathrm{m}} e^{j\omega t}] \tag{5.4.15}$$

式中

$$\dot{I}_{\mathrm{m}} = I_{\mathrm{m}} e^{j\psi_i} = I_{\mathrm{m}} \angle \psi_i$$

$$\dot{U}_{\mathrm{m}} = U_{\mathrm{m}} e^{j\psi_u} = U_{\mathrm{m}} \angle \psi_u$$

将式(5.4.14)与式(5.4.15)代入式(5.4.9)中，得

$$\mathrm{Re}[\dot{U}_{\mathrm{m}} e^{j\omega t}] = L \frac{\mathrm{d}}{\mathrm{d}t}[\mathrm{Re}(\dot{I}_{\mathrm{m}} e^{j\omega t})] = \mathrm{Re}[L\dot{I}_{\mathrm{m}} \frac{\mathrm{d}}{\mathrm{d}t} e^{j\omega t}] = \mathrm{Re}[j\omega L \dot{I}_{\mathrm{m}} e^{j\omega t}]$$

由于上式对任意时刻 t 均成立，故有

$$\left.\begin{aligned}\dot{U}_{\mathrm{m}} &= \mathrm{j}\omega L\dot{I}_{\mathrm{m}} = \mathrm{j}X_L\dot{I}_{\mathrm{m}} \\ \text{或}\quad \dot{U} &= \mathrm{j}\omega L\dot{I} = \mathrm{j}X_L\dot{I}\end{aligned}\right\} \tag{5.4.16}$$

式(5.4.6) 为电感 L 的相量伏安关系，也称频域伏安关系，其对应的相量电路模型(也称频域电路模型)，如图 5.4.2(d)，(e) 所示。图 5.4.2(f) 则为其相量图。

(4) 功率：

1) 瞬时功率 $p(t)$：为了推证简便，取电流 $i(t)$ 的初相角 $\psi_i = 0$，故有 $\psi_u = \frac{\pi}{2}$。则电感元件 L 吸收的瞬时功率为

$$p(t) = u(t)i(t) = \sqrt{2}U\cos(\omega t + \frac{\pi}{2}) \times \sqrt{2}I\cos\omega t =$$

$$2UI(-\sin\omega t)\cos\omega t = -UI\sin 2\omega t = UI\cos(2\omega t + \frac{\pi}{2})$$

可见 $p(t)$ 为时间变量 t 的正弦函数，其变化的角频率为 2ω，如图 5.4.2(g) 所示。又可看出在第二和第四个 1/4 周期内，$p(t)$ 为正值，这表明电感 L 是从电源吸取能量，但因为是理想电感元件，没有电阻，此电能并未转化成热量而消耗掉，而是转化成了磁场能而储存在它的磁场中，此时电感 L 起着负载的作用。但在第一和第三个 1/4 周期中，$p(t)$ 为负值，这表玥电感 L 是在向电源输送电能，即把它的磁场能转化为电能再送回电源，此时电感 L 起着电源的作用。

综上所述，可见电感 L 是时而“吞进”功率，时而又“吐出”功率，在一个周期内“吞进”与“吐出”的功率相等，故其平均功率必等于零。

2) 平均功率：电感元件吸收的平均功率为

$$P = \frac{1}{T}\int_0^T p(t)\mathrm{d}t = \frac{1}{T}\int_0^T UI\cos(2\omega t + \frac{\pi}{2})\mathrm{d}t = 0$$

即电感元件 L 不消耗有功功率。

3) 无功功率 Q_L：无功功率定义为瞬时功率 $p(t)$ 的最大值，用 Q_L 表示，即

$$Q_L = UI = X_L I^2 = \frac{U^2}{X_L} = \frac{1}{2}U_{\mathrm{m}}I_{\mathrm{m}} = \frac{1}{2}X_L I_{\mathrm{m}}^2 = \frac{1}{2}\frac{U_{\mathrm{m}}^2}{X_L}$$

其单位为乏(Var)，以区别有功功率。无功功率 Q_L 表征了电感 L 中的磁场能量与电源的电能进行交换的最大速率。

三、电容元件 C

(1) 时域伏安关系：电容元件的时域电路模型如图 5.4.3(a) 所示。设 $u(t)$ 与 $i(t)$ 为关联方向，则 $i(t)$ 与 $u(t)$ 的时域伏安关系为

$$i(t) = C\frac{\mathrm{d}u(t)}{\mathrm{d}t} \tag{5.4.17}$$

式(5.4.17) 对任意的 $u(t)$，$i(t)$ 均成立。

设 $u(t)$ 为正弦电压，即

$$u(t) = U_{\mathrm{m}}\cos(\omega t + \psi_u) \tag{5.4.18}$$

则
$$i(t) = C\frac{\mathrm{d}}{\mathrm{d}t}[U_{\mathrm{m}}\cos(\omega t + \psi_u)] = \omega CU_{\mathrm{m}}\cos(\omega t + \psi_u + 90^\circ) =$$

$$\frac{U_m}{\frac{1}{\omega C}}\cos(\omega t+\psi_i)=I_m\cos(\omega t+\psi_i) \tag{5.4.19}$$

式中

$$\left.\begin{aligned} I_m &= \frac{U_m}{\frac{1}{\omega C}}=\frac{U_m}{X_C} \\ I &= \frac{U}{\frac{1}{\omega C}}=\frac{U}{X_C} \end{aligned}\right\} \tag{5.4.20}$$

或

I_m 与 I 分别为正弦电流 $i(t)$ 的最大值与有效值。

$$X_C=\frac{1}{\omega C}=\frac{1}{2\pi fC}$$

X_C 称为容抗，单位为 Ω。

$$\psi_i=\psi_u+90^\circ \tag{5.4.21}$$

ψ_i 为正弦电流 $i(t)$ 的初相角。

从以上结果，可得出如下结论：

1）比较式(5.4.18)与式(5.4.19)可知，当 $u(t)$ 为正弦量时，则电容元件中的电流 $i(t)$ 也为同一频率的正弦量。

2）由式(5.4.20)可知，$i(t)$ 与 $u(t)$ 的最大值或有效值的关系，具有欧姆定律的形式。

3）由式(5.4.21)可知，$u(t)$ 在相位上滞后 $i(t)$ 90°，即 $u(t)$ 与 $i(t)$ 的相位差为

$$\varphi=\psi_u-\psi_i=-90^\circ$$

$u(t)$ 与 $i(t)$ 的波形如图 5.4.3(b) 所示。

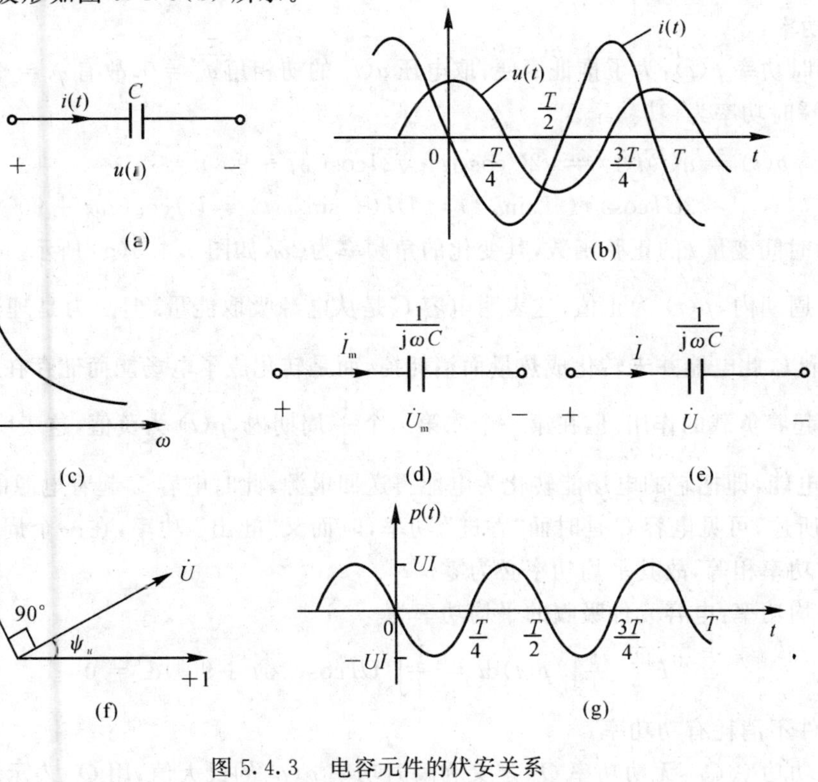

图 5.4.3 电容元件的伏安关系

(2) 容抗频率特性：因容抗 $X_C=\dfrac{1}{\omega C}=\dfrac{1}{2\pi fC}$，可见容抗 X_C 为角频率ω 的反比例函数。X_C 随 ω 变化的曲线称为容抗频率特性曲线，简称容抗频率特性，如图 5.4.3(c) 所示。当 $\omega\to 0$ 时，$X_C\to\infty$；当 $\omega\to\infty$ 时，$X_C\to 0$，即频率 ω 越高，X_C 就越小。

(3) 相量伏安关系：将式(5.4.18) 的 $u(t)$ 与式(5.4.19) 的 $i(t)$ 改写为下式，即

$$u(t)=\mathrm{Re}[\dot{U}_{\mathrm{m}}\mathrm{e}^{\mathrm{j}\omega t}] \tag{5.4.22}$$

$$i(t)=\mathrm{Re}[\dot{I}_{\mathrm{m}}\mathrm{e}^{\mathrm{j}\omega t}] \tag{5.4.23}$$

式中

$$\dot{U}_{\mathrm{m}}=U_{\mathrm{m}}\mathrm{e}^{\mathrm{j}\psi_u}=U_{\mathrm{m}}\angle\psi_u$$

$$\dot{I}_{\mathrm{m}}=I_{\mathrm{m}}\mathrm{e}^{\mathrm{j}\psi_i}=I_{\mathrm{m}}\angle\psi_i$$

将式(5.4.22) 与式(5.4.23) 代入式(5.4.17) 中，即

$$\mathrm{Re}[\dot{I}_{\mathrm{m}}\mathrm{e}^{\mathrm{j}\omega t}]=C\frac{\mathrm{d}}{\mathrm{d}t}[\mathrm{Re}(\dot{U}_{\mathrm{m}}\mathrm{e}^{\mathrm{j}\omega t})]=\mathrm{Re}[C\dot{U}_{\mathrm{m}}\frac{\mathrm{d}}{\mathrm{d}t}\mathrm{e}^{\mathrm{j}\omega t}]=\mathrm{Re}[\mathrm{j}\omega C\dot{U}_{\mathrm{m}}\mathrm{e}^{\mathrm{j}\omega t}]=\mathrm{Re}\left[\frac{\dot{U}_{\mathrm{m}}}{\dfrac{1}{\mathrm{j}\omega C}}\mathrm{e}^{\mathrm{j}\omega t}\right]$$

由于上式对任意时刻 t 均成立，故有

$$\left.\begin{aligned}\dot{I}_{\mathrm{m}}&=\frac{\dot{U}_{\mathrm{m}}}{\dfrac{1}{\mathrm{j}\omega C}}=\frac{\dot{U}_{\mathrm{m}}}{-\mathrm{j}X_C}\\ &\text{或}\\ \dot{I}&=\frac{\dot{U}}{\dfrac{1}{\mathrm{j}\omega C}}=\frac{\dot{U}}{-\mathrm{j}X_C}\end{aligned}\right\} \tag{5.4.24}$$

式(5.4.24) 即为电容元件 C 的相量伏安关系，也称频域伏安关系，与其对应的相量电路模型（也称频域电路模型）如图 5.4.3(d)，(e) 所示，图 5.4.3(f) 则为其相量图。

(4) 功率：

1) 瞬时功率 $p(t)$：为了推证简便，取电压 $u(t)$ 的初相角 $\psi_u=0$，故有 $\psi_i=90°$。则电容元件 C 吸收的瞬时功率为

$$\begin{aligned}p(t)&=u(t)i(t)=\sqrt{2}U\cos\omega t\cdot\sqrt{2}I\cos(\omega t+90°)=\\ &2UI\cos\omega t(-\sin\omega t)=UI(-\sin 2\omega t)=UI\cos(2\omega t+90°)\end{aligned}$$

故 $p(t)$ 为时间变量 t 的正弦函数，其变化的角频率为 2ω，如图 5.4.3(g) 所示。可见在第二个和第四个$\dfrac{1}{4}$ 周期内，$p(t)$ 为正值，这表明电容 C 是从电源吸取能量，但因为是理想电容元件，没有电阻，所以，此电能并未转化成热量而消耗掉，而是转化成了电场能而储存在它的电场中，此时电容 C 起着负载的作用。但在第一个和第三个$\dfrac{1}{4}$ 周期内，$p(t)$ 为负值，这表明电容 C 是在向电源输送电能，即把它的电场能转化为电能再送回电源，此时电容 C 起着电源的作用。

综上所述，可见电容 C 是时而"吞进"功率，时而又"吐出"功率，在一个周期内"吞进"与"吐出"的功率相等，故其平均功率必为零。

2) 平均功率：电容元件吸收的平均功率为

$$P=\frac{1}{T}\int_0^T p(t)\mathrm{d}t=\frac{1}{T}\int_0^T UI\cos(2\omega t+90°)\mathrm{d}t=0$$

即电容元件不消耗有功功率。

3) 无功功率 Q_C：无功功率 Q_C 定义为瞬时功率 $p(t)$ 的最大值，用 Q_C 表示，即

$$Q_C = UI = X_C I^2 = \frac{U^2}{X_C} = \frac{1}{2}U_m I_m = \frac{1}{2}X_C I_m^2 = \frac{1}{2}\frac{U_m^2}{X_C}$$

其单位为乏(Var)。无功功率 Q_C 表征了电容 C 中的电场能量与电源的电能进行交换的最大速率。

现将 R,L,C 元件的相量伏安关系归纳总结如表 5.4.1 所示。

表 5.4.1　R,L,C 元件的相量伏安关系

序号	内容 \ 元件	R	L	C
1	时域电路模型	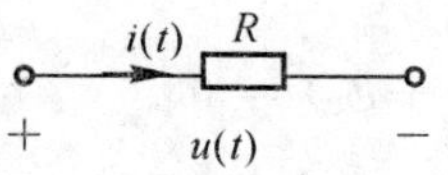	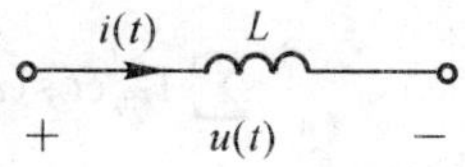	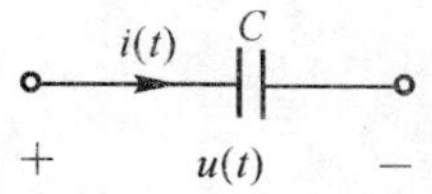
	时域伏安关系	$u(t) = Ri(t)$ $i(t) = \frac{1}{R}u(t)$	$u(t) = L\frac{di(t)}{dt}$	$i(t) = C\frac{du(t)}{dt}$
2	相量电路模型	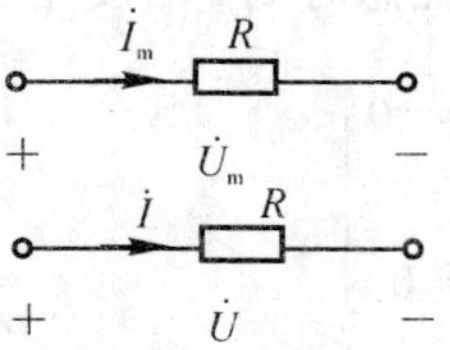	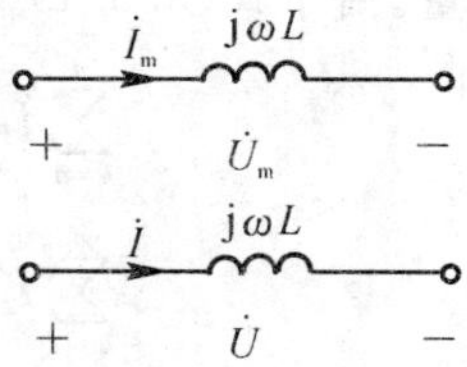	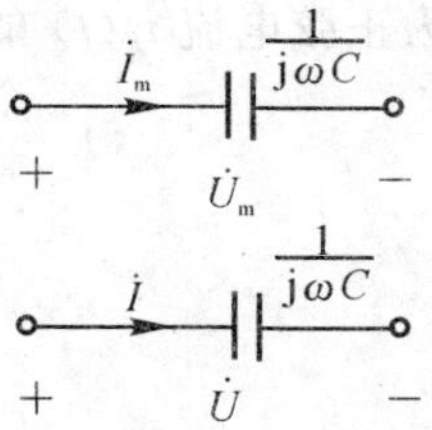
	相量伏安关系	$\dot{U}_m = R\dot{I}_m$ $\dot{U} = R\dot{I}$ $\dot{I}_m = \frac{1}{R}\dot{U}_m$ $\dot{I} = \frac{1}{R}\dot{U}$	$\dot{U}_m = j\omega L\dot{I}_m$ $\dot{U} = j\omega L\dot{I}$ $\dot{I}_m = \frac{\dot{U}_m}{j\omega L}$ $\dot{I} = \frac{\dot{U}}{j\omega L}$	$\dot{U}_m = \frac{1}{j\omega C}\dot{I}_m$ $\dot{U} = \frac{1}{j\omega C}\dot{I}$ $\dot{I}_m = \frac{\dot{U}_m}{\frac{1}{j\omega C}}$ $\dot{I} = \frac{\dot{U}}{\frac{1}{j\omega C}}$
3	相量图	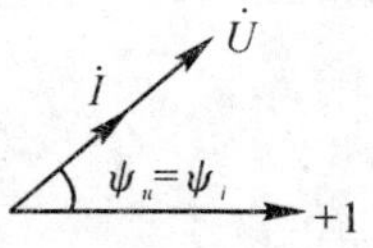	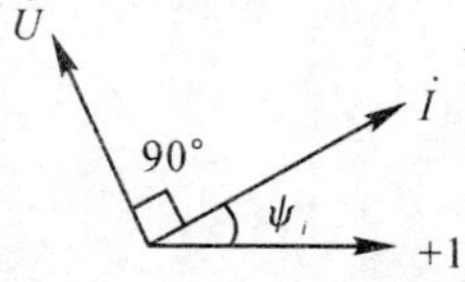	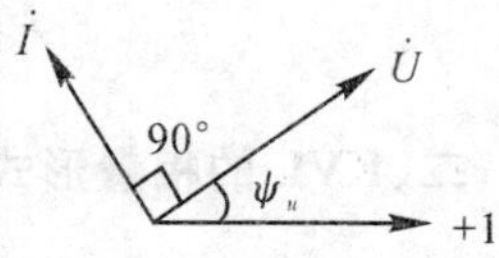
4	平均功率	$P = UI = RI^2 = \frac{U^2}{R} = \frac{1}{2}U_m I_m = \frac{1}{2}RI_m^2 = \frac{1}{2}\frac{U_m^2}{R}$	$P = 0$	$P = 0$

5.5　KCL,KVL 的相量形式

一、KCL 的相量形式

图 5.5.1(a) 所示为正弦电流电路中的部分电路,称为时域电路。设连接在节点 A 上的 n 条支路电流均为同频率的正弦电流,即 $i_k(t)=I_{km}\cos(\omega t+\psi_k)$,$k\in\boldsymbol{Z}^+$,则有

$$\sum_{k=1}^{n} i_k(t)=0$$

即

$$\sum_{k=1}^{n} I_{km}\cos(\omega t+\psi_k)=0$$

即

$$\sum_{k=1}^{n}\mathrm{Re}[\dot{I}_{km}\mathrm{e}^{\mathrm{j}\omega t}]=0 \tag{5.5.1}$$

式中

$$\dot{I}_{km}=I_{km}\mathrm{e}^{\mathrm{j}\psi_k}=I_{km}\angle\psi_k$$

$\dot{I}_{km}$ 为正弦电流 $i_k(t)$ 的相量。由于式(5.5.1) 对任意时刻 t 均成立,故有

$$\left.\begin{aligned}&\sum_{k=1}^{n}\dot{I}_{km}=0\\ \text{或者}\quad&\sum_{k=1}^{n}\dot{I}_k=0\end{aligned}\right\} \tag{5.5.2}$$

式中

$$\dot{I}_k=I_k\mathrm{e}^{\mathrm{j}\psi_k}=I_k\angle\psi_k$$

式(5.5.2) 即为 KCL 的相量形式。它说明连接在节点 A 上的各支路正弦电流相量的代数和为零,如图 5.5.1(b),(c) 所示,称为相量电路模型,也称频域电路模型。

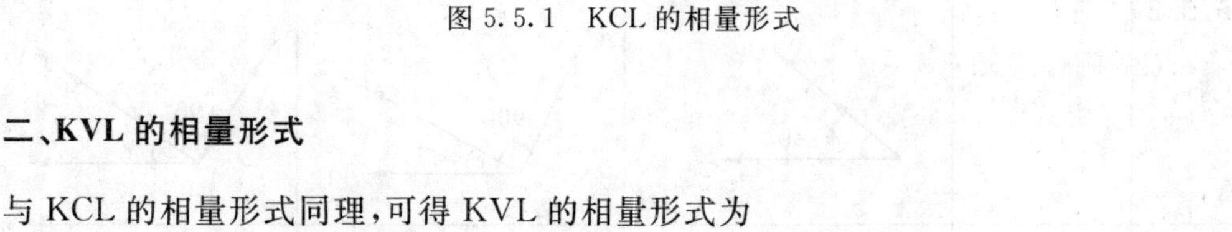

图 5.5.1　KCL 的相量形式

二、KVL 的相量形式

与 KCL 的相量形式同理,可得 KVL 的相量形式为

$$\left.\begin{aligned}&\sum_{k=1}^{n}\dot{U}_{km}=0\\ \text{或者}\quad&\sum_{k=1}^{n}\dot{U}_k=0\end{aligned}\right\} \tag{5.5.3}$$

式中

$$\dot{U}_{km}=U_{km}\mathrm{e}^{\mathrm{j}\psi_k}=U_{km}\angle\psi_k$$

$$\dot{U}_k = U_k e^{j\psi_k} = U_k \angle \psi_k$$

式(5.5.3) 中 $\dot{U}_{km}$ 或 $\dot{U}_k$ 为回路中第 k 条支路正弦电压的相量，n 为该回路中支路的个数。

式(5.5.3) 说明，任意回路中各支路正弦电压相量的代数和为零。

例 5.5.1　图 5.5.2(a) 所示为正弦电流电路，已知 $u(t) = 12\sqrt{2}\cos 2t$ (V)。(1) 求 $i_1(t)$，$i_2(t)$，$i(t)$；(2) 画相量图；(3) 求电阻 R 吸收的平均功率 P。

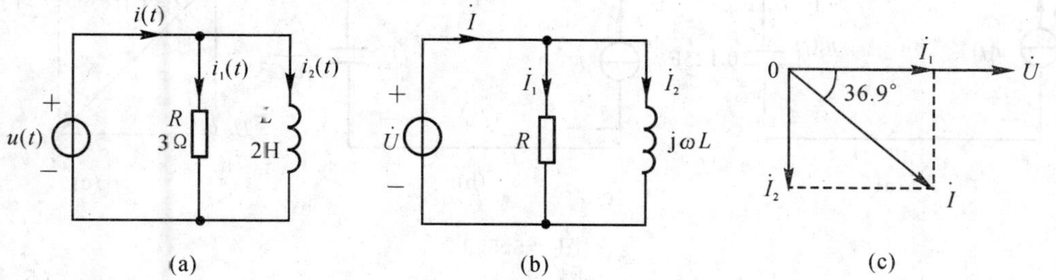

图 5.5.2

解　(1) 图 5.5.2(a) 所示时域电路的相量电路模型如图 5.5.2(b) 所示。其中 $\dot{U} = 12\angle 0°$ V，$j\omega L = j2 \times 2 = j4\ \Omega$。

$$\dot{I}_1 = \frac{\dot{U}}{R} = \frac{12\angle 0°}{3} = 4\angle 0° = 4\text{ A}$$

$$\dot{I}_2 = \frac{\dot{U}}{j\omega L} = \frac{12\angle 0°}{j4} = \frac{12\angle 0°}{4\angle 90°} = 3\angle -90° = -j3\text{ A}$$

$$\dot{I} = \dot{I}_1 + \dot{I}_2 = 4 - j3 = 5\angle -36.9°\text{ A}$$

故得

$$i_1(t) = 4\sqrt{2}\cos 2t\text{ A}$$

$$i_2(t) = 3\sqrt{2}\cos(2t - 90°)\text{ A}$$

$$i(t) = 5\sqrt{2}\cos(2t - 36.9°)\text{ A}$$

相量图如图 5.5.2(c) 所示。

(2) 电阻 R 吸收的平均功率为

$$P = RI_1^2 = 3 \times 4^2 = 48\text{ W}$$

例 5.5.2　图 5.5.3(a) 所示为正弦电流电路，已知 $i(t) = 12\sqrt{2}\cos 2t$ (A)，(1) 求 $u_1(t)$，$u_2(t)$，$u(t)$；(2) 画相量图；(3) 求电阻 R 吸收的平均功率 P。

解　(1) 图 5.5.3(a) 所示时域电路的相量电路模型如图 5.5.3(b) 所示。其中 $\dot{I} = 12\angle 0°$ A，$\dfrac{1}{j\omega C} = -j\dfrac{1}{2 \times 0.125} = -j4\ \Omega$。

$$\dot{U}_1 = R\dot{I} = 3\dot{I} = 3 \times 12\angle 0° = 36\angle 0°\text{ V}$$

$$\dot{U}_2 = \frac{1}{j\omega C}\dot{I} = -jX_C\dot{I} = -j4 \times 12\angle 0° = -j48 = 48\angle -90°\text{ V}$$

$$\dot{U} = \dot{U}_1 + \dot{U}_2 = 36 - j48 = 12(3 - j4) = 12 \times 5\angle -53.1° = 60\angle -53.1°\text{ V}$$

故得

$$u_1(t) = 36\sqrt{2}\cos 2t\text{ (V)}$$

$$u_2(t) = 48\sqrt{2}\cos(2t - 90°)\ (\text{V})$$

$$u(t) = 60\sqrt{2}\cos(2t - 53.1°)\ (\text{V})$$

相量图如图 5.5.3(c) 所示。

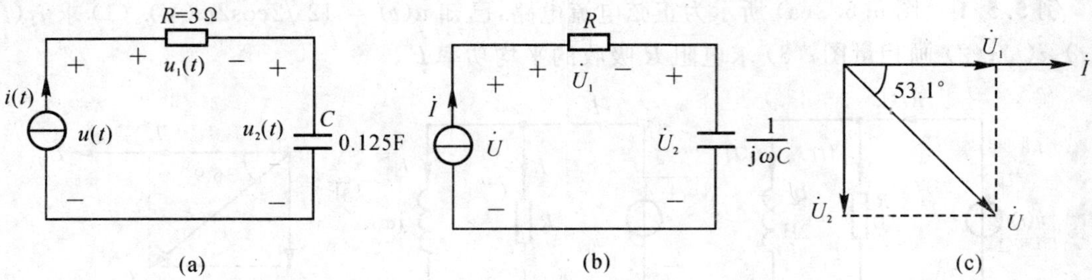

图 5.5.3

(2) 电阻 R 吸收的平均功率为

$$P = RI^2 = 3 \times 12^2 = 432\ \text{W}$$

或

$$P = \frac{U_1^2}{R} = \frac{36^2}{3} = 432\ \text{W}$$

例 5.5.3 图 5.5.4(a) 所示为正弦电流电路,已知 $u(t) = 10\sqrt{2}\cos 2t$ V。(1) 求 $i_1(t)$, $i_2(t)$, $i(t)$;(2) 画相量图;(3) 求电阻 R 吸收的平均功率 P。

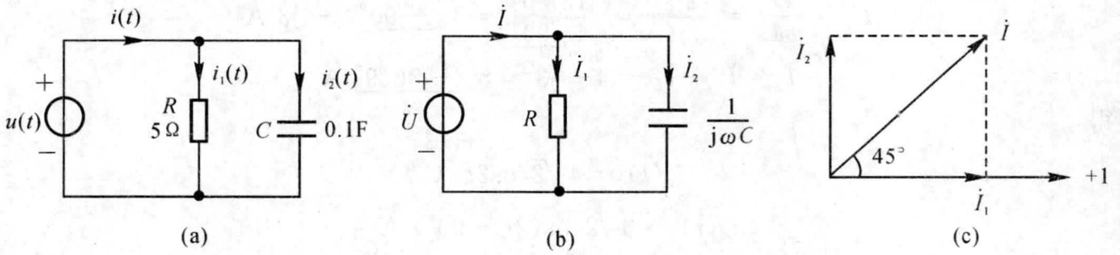

图 5.5.4

解 (1) 图 5.5.4(a) 时域电路的相量电路模型,如图 5.5.4(b) 所示。其中 $\dot{U} = 10\angle 0°$ V, $\frac{1}{j\omega C} = -j\frac{1}{2 \times 0.1} = -j5\ \Omega$。

$$\dot{I}_1 = \frac{\dot{U}}{R} = \frac{10\,\underline{/0°}}{5} = 2\,\underline{/0°} = 2\ \text{A}$$

$$\dot{I}_2 = \frac{\dot{U}}{\frac{1}{j\omega C}} = \frac{10\,\underline{/0°}}{-j5} = j2\ \text{A} = 2\,\underline{/90°}\ \text{A}$$

$$\dot{I} = \dot{I}_1 + \dot{I}_2 = 2 + j2 = 2\sqrt{2}\,\underline{/45°}\ \text{A}$$

故得

$$i_1(t) = 2\sqrt{2}\cos 2t\ (\text{A})$$

$$i_2(t) = 2\sqrt{2}\cos(2t + 90°)\ (\text{A})$$

$$i(t) = 2\sqrt{2} \cdot \sqrt{2}\cos(2t + 45°)\ (\text{A})$$

相量图如图 5.5.4(c) 所示。

(2) 电阻 R 吸收的平均功率为

$$P = RI_1^2 = 5\times 2^2 = 20\ \mathrm{W}$$

例 5.5.4　图 5.5.5(a) 所示正弦电流电路，已知各电压表的示数如图中所示，求电压表 Ⓥ 的示数。

解　用相量图求解。因为电流 $\dot I$ 是共同的，故选取电流 $\dot I$ 为参考正弦量，即取 $\dot I = I\angle 0°\mathrm{A}$，于是可画出相量图如图 5.5.5(b) 所示。由相量图可得

$$U = \sqrt{3^2+4^2} = 5\ \mathrm{V}\quad（有效值只取正值）$$

故电压表 Ⓥ 的示数为 5 V。

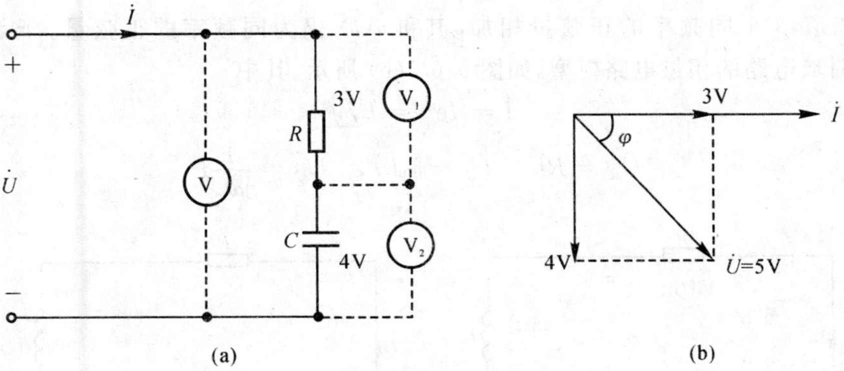

图　5.5.5

例 5.5.5　图 5.5.6(a) 所示正弦电流电路，已知各电流表的示数如图中所示，求电流表Ⓐ₂的示数。

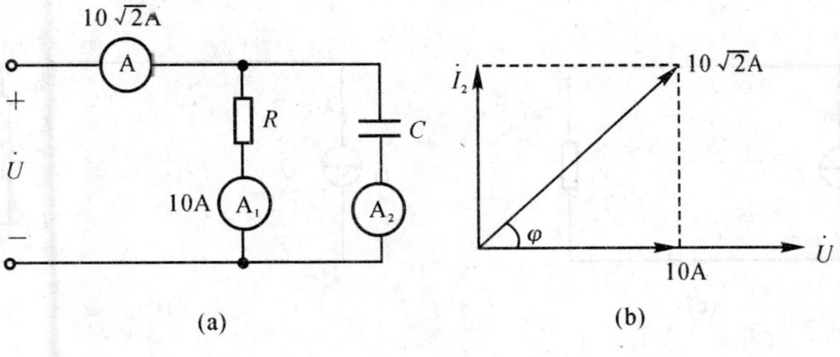

图　5.5.6

解　用相量图求解。因为电压 $\dot U$ 是共同的，故选取电压 $\dot U$ 为参考正弦量，即取 $\dot U = U\underline{/0°}$，于是可画出相量图如图 5.5.6(b) 所示。由相量图可得

$$10\sqrt{2} = \sqrt{10^2+I_2^2}$$

即

$$I_2^2 = 200-100 = 100$$

$$I_2 = 10\ \mathrm{A}\quad（有效值只取正值）$$

故电流表Ⓐ₂的示数为 10 A。

5.6 阻抗与导纳及其相互等效变换

一、阻抗 Z

(1) 定义：图 5.6.1(a) 所示为 R,L,C 时域串联支路。设电流源电流 $i(t)$ 为正弦电流，即

$$i(t)=\sqrt{2}I\cos(\omega t+\psi_i)$$

从前面各节的叙述中已经知道，当流过各个元件中的电流为正弦量时，则各元件上的电压 $u_R(t),u_L(t),u_C(t)$ 也均为同一频率 ω 的正弦量。根据 KVL 有

$$u(t)=u_R(t)+u_L(t)+u_C(t)$$

从数学中知道，3 个同频率的正弦量相加，其和 $u(t)$ 仍为同频率的正弦量。于是可作出图 5.6.1(a) 时域电路的相量电路模型，如图 5.6.1(b) 所示。其中

$$\dot{I}=I\mathrm{e}^{\mathrm{j}\psi_i}=I\angle\psi_i$$

$$\dot{U}_R=R\dot{I},\quad \dot{U}_L=\mathrm{j}\omega L\dot{I},\quad \dot{U}_C=\frac{1}{\mathrm{j}\omega C}\dot{I}$$

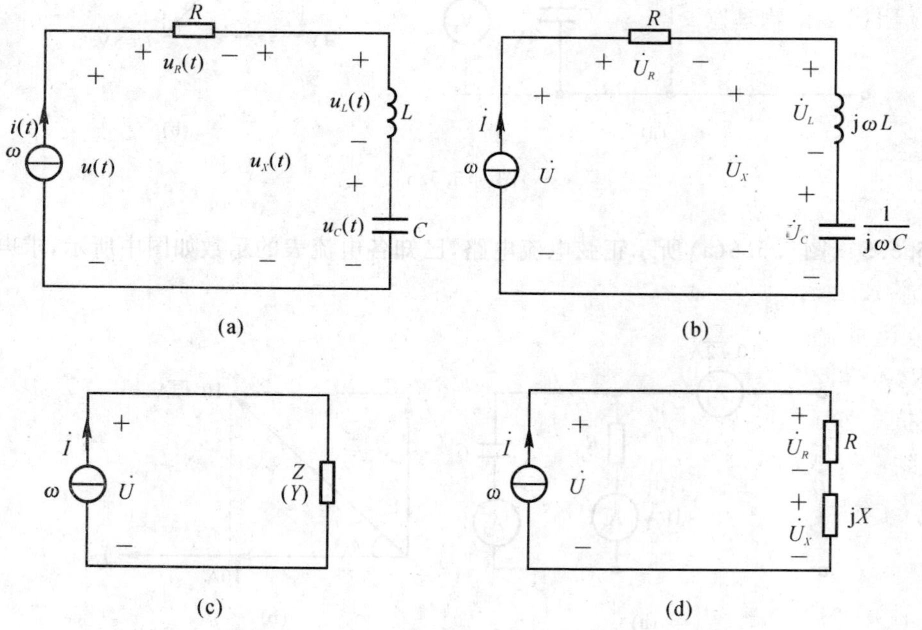

图 5.6.1 R,L,C 串联支路

故根据相量形式的 KVL，可得支路电压为

$$\dot{U}=\dot{U}_R+\dot{U}_L+\dot{U}_C=R\dot{I}+\mathrm{j}\omega L\dot{I}+\frac{1}{\mathrm{j}\omega C}\dot{I}=(R+\mathrm{j}\omega L+\frac{1}{\mathrm{j}\omega C})\dot{I}=Z\dot{I}\qquad(5.6.1)$$

式中

$$Z=R+\mathrm{j}\omega L+\frac{1}{\mathrm{j}\omega C}=R+\mathrm{j}(\omega L-\frac{1}{\omega C})=R+\mathrm{j}(X_L-X_C)=R+\mathrm{j}X\qquad(5.6.2)$$

$$X = X_L - X_C = \omega L - \frac{1}{\omega C} \tag{5.6.3}$$

Z 称为 R,L,C 支路的复数阻抗，简称阻抗，其实部 R 为支路的电阻，其虚部 X 称为支路的电抗，Z 和 X 的单位均为欧(Ω)。

式(5.6.1)即为 R,L,C 串联支路相量形式的欧姆定律。图 5.6.1(c)，(d) 所示则为其等效电路。

将式(5.6.2)改写为

$$Z = |Z|\mathrm{e}^{\mathrm{j}\varphi_Z} = |Z|\angle\varphi_Z = \sqrt{R^2+X^2}\angle\arctan\frac{X}{R}$$

其中

$$|Z| = \sqrt{R^2+X^2} = \sqrt{R^2+(\omega L-\frac{1}{\omega C})^2} \tag{5.6.4}$$

$$\varphi_Z = \arctan\frac{X}{R} = \arctan\frac{X_L-X_C}{R} \tag{5.6.5}$$

$|Z|$ 和 φ_Z 分别为复数阻抗 Z 的模和辐角(称为阻抗角)。$|Z|$ 和 φ_Z 都只与元件的数值有关，且为电源角频率 ω 的函数。

(2) 阻抗 Z 的物理意义：由式(5.6.1)有

$$Z = |Z|\angle\varphi_Z = \frac{\dot{U}}{\dot{I}} = \frac{U\angle\psi_u}{I\angle\psi_i} = \frac{U}{I}\angle\psi_u-\psi_i$$

故

$$|Z| = \frac{U}{I} = \frac{U_{\mathrm{m}}}{I_{\mathrm{m}}}$$

$$\varphi_Z = \psi_u - \psi_i$$

可见阻抗 Z 的模 $|Z|$ 就等于电压与电流有效值(或最大值)之比，阻抗角 φ_Z 就等于电压 $\dot{U}$ 超前于电流 $\dot{I}$ 的相位差。

(3) 阻抗直角三角形与电压直角三角形：由式(5.6.2)、式(5.6.4)和式(5.6.5)看出，$|Z|,R,X$ 三者的关系可以用直角三角形表示，如图 5.6.2(a) 所示，称为阻抗直角三角形。若再将阻抗直角三角形的每一个边乘以电流有效值 I，并考虑有 $U=|Z|I, U_R=RI, U_X=XI$，又可得到电压直角三角形，如图 5.6.2(b) 所示，其中 U_R 为电阻电压，U_X 为电抗电压。故又可得到如下的关系式：

$$\cos\varphi_z = \frac{R}{|Z|} = \frac{U_R}{U}$$

$$\sin\varphi_z = \frac{X}{|Z|} = \frac{U_X}{U}$$

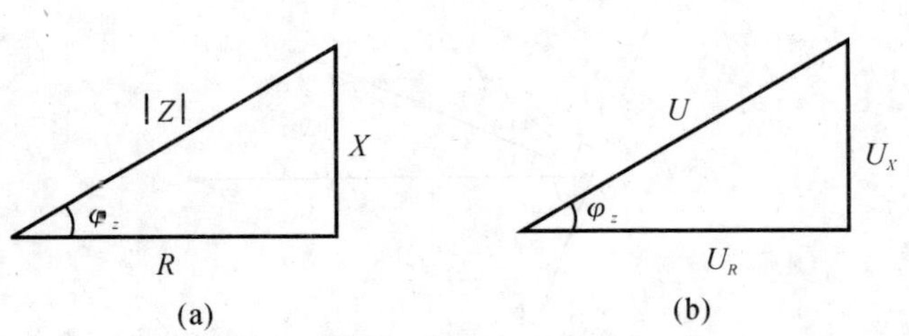

图 5.6.2　阻抗与电压直角三角形

(4) 相量图与电路的性质：为了直观醒目，可作出电压与电流的相量图。由于在串联电路中，电流 $\dot{I}$ 是共同的，所以选取电流 $\dot{I}$ 为参考相量，即取 $\psi_i=0°$，$\dot{I}=I\angle 0°$，这并不影响各个相量之间的相互相位关系。

由式(5.6.5)可知：

当 $X_L>X_C$ 时，有 $U_L=X_LI>U_C=X_CI$，$\varphi_z>0$，其相量图如图 5.6.3(a) 所示，可见 $\dot{U}$ 超前于 $\dot{I}$，电路呈现电感性。

当 $X_L=X_C$ 时，有 $U_L=U_C$，$\varphi_z=0$，其相量图如图 5.6.3(b) 所示，可见 $\dot{U}$ 与 $\dot{I}$ 同相位，电路呈现电阻性。

当 $X_L<X_C$ 时，有 $U_L<U_C$，$\varphi_z<0$，其相量图如图 5.6.3(c) 所示，可见 $\dot{U}$ 滞后于 $\dot{I}$，电路呈现电容性。

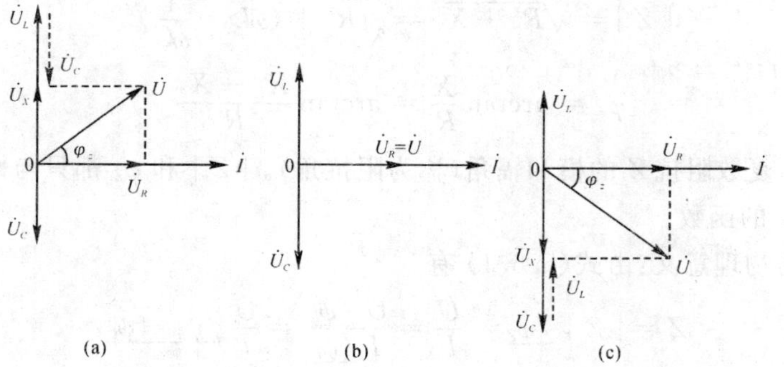

图 5.6.3　R,L,C 串联电路的相量图

例 5.6.1　图 5.6.4(a) 所示电路，已知电流源电流 $i(t)=2\cos(\omega t+30°)$ (A)，频率 $f=200$ Hz，$R=10\ \Omega$，$C=80\ \mu$F，$L=0.01$ H。(1) 求阻抗 Z，并说明电路的性质；(2) 求 $u_R(t),u_C(t),u_L(t),u(t)$；(3) 画出相量图。

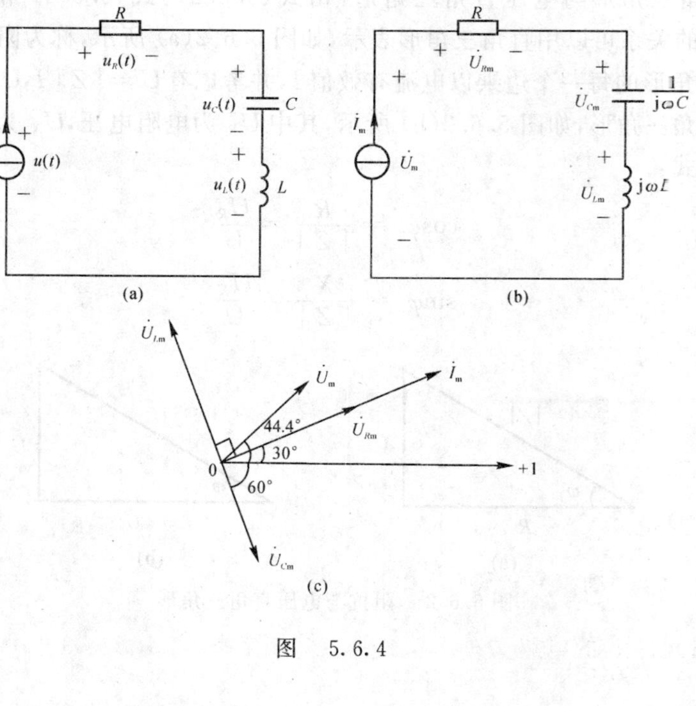

图　5.6.4

解　(1) 图5.6.4(a) 所示时域电路的相量电路模型如图5.6.4(b)所示。其中

$$\dot{I}_{\mathrm{m}} = 2\underline{/30^\circ}\ \mathrm{A}$$

$$\omega = 2\pi f = 2\pi \times 200 = 1\,256\ \mathrm{rad/s}$$

$$\frac{1}{\mathrm{j}\omega C} = \frac{1}{\mathrm{j}2\pi fC} = -\mathrm{j}\frac{1}{2\pi \times 200 \times 80 \times 10^{-6}} =$$

$$-\mathrm{j}10 = 10\underline{/-90^\circ}\ \Omega$$

$$\mathrm{j}\omega L = \mathrm{j}2\pi fL = \mathrm{j}2\pi \times 200 \times 0.01 = \mathrm{j}12.56 = 12.56\underline{/90^\circ}\ \Omega$$

$$Z = R + \frac{1}{\mathrm{j}\omega C} + \mathrm{j}\omega L = 10 - \mathrm{j}10 + \mathrm{j}12.56 = 10 + \mathrm{j}2.56 = 10.32\underline{/14.4^\circ}\ \Omega$$

由于阻抗角 $\varphi_z = 14.4^\circ > 0$，故电路呈现电感性。

(2)
$$\dot{U}_{R\mathrm{m}} = R\dot{I}_{\mathrm{m}} = 10 \times 2\underline{/30^\circ} = 20\underline{/30^\circ}\ \mathrm{V}$$

或

$$\dot{U}_{R\mathrm{m}} = 20\cos 30^\circ + \mathrm{j}20\sin 30^\circ = 17.3 + \mathrm{j}10 = 20\underline{/30^\circ}\ \mathrm{V}$$

$$\dot{U}_{C\mathrm{m}} = \frac{1}{\mathrm{j}\omega C}\dot{I}_{\mathrm{m}} = 10\underline{/-90^\circ} \times 2\underline{/30^\circ} = 20\underline{/-60^\circ}\ \mathrm{V}$$

或

$$\dot{U}_{C\mathrm{m}} = 20\cos(-60^\circ) + \mathrm{j}20\sin(-60^\circ) = 10 - \mathrm{j}17.3 = 20\underline{/-60^\circ}\ \mathrm{V}$$

$$\dot{U}_{L\mathrm{m}} = \mathrm{j}\omega L\dot{I}_{\mathrm{m}} = 12.56\underline{/90^\circ} \times 2\underline{/30^\circ} = 25.1\underline{/120^\circ}\ \mathrm{V}$$

或

$$\dot{U}_{L\mathrm{m}} = 25.1\cos 120^\circ + \mathrm{j}25.1\sin 120^\circ = -12.55 + \mathrm{j}21.74 = 25.1\underline{/120^\circ}\ \mathrm{V}$$

故

$$\dot{U}_{\mathrm{m}} = \dot{U}_{R\mathrm{m}} + \dot{U}_{C\mathrm{m}} + \dot{U}_{L\mathrm{m}} = 17.3 + \mathrm{j}10 + 10 - \mathrm{j}17.3 - 12.55 + \mathrm{j}21.74 =$$
$$14.75 + \mathrm{j}14.44 = 20.64\underline{/44.4^\circ}\ \mathrm{V}$$

或

$$\dot{U}_{\mathrm{m}} = Z\dot{I}_{\mathrm{m}} = 10.32\underline{/14.4^\circ} \times 2\underline{/30^\circ} = 20.64\underline{/44.4^\circ}\ \mathrm{V}$$

故得

$$u_R(t) = 20\cos(\omega t + 30^\circ)\ \mathrm{V}$$
$$u_C(t) = 20\cos(\omega t - 60^\circ)\ \mathrm{V}$$
$$u_L(t) = 25.1\cos(\omega t + 120^\circ)\ \mathrm{V}$$
$$u(t) = 20.64\cos(\omega t + 44.4^\circ)\ \mathrm{V}$$

(3) 相量图如图5.6.4(c)所示。从图中可知，$\dot{U}_{\mathrm{m}}$ 超前于 $\dot{I}_{\mathrm{m}}$，故电路呈现电感性，与第(1)问中的判断相一致。

二、导纳 Y

对于同一支路，定义阻抗 Z 的倒数为导纳 Y，即

$$Y = \frac{1}{Z}$$

导纳的单位为西(S)。

三、R,L,C 单一元件的阻抗与导纳

(1) 单一电阻元件 R 的电路如图5.6.5所示，其阻抗为

$$Z = R$$

其导纳为
$$Y = \frac{1}{R} = G$$

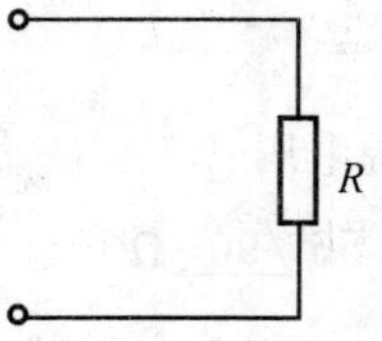

图 5.6.5　电阻电路

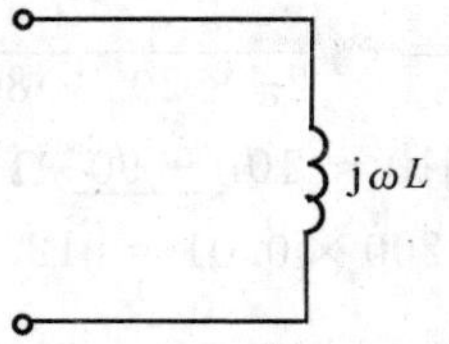

图 5.6.6　电感电路

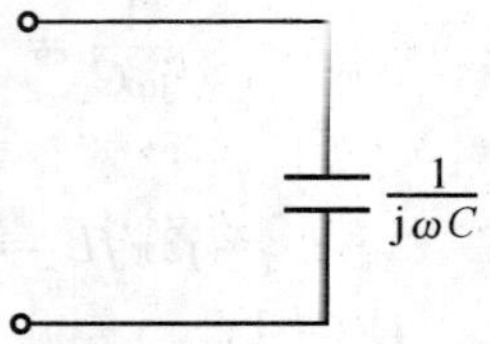

图 5.6.7　电容电路

(2) 单一电感元件 L 的电路如图 5.6.6 所示，其阻抗为
$$Z = \mathrm{j}\omega L = \mathrm{j}X_L$$

其导纳为
$$Y = \frac{1}{\mathrm{j}\omega L} = -\mathrm{j}\frac{1}{X_L} = -\mathrm{j}B_L$$

式中
$$B_L = \frac{1}{X_L} = \frac{1}{\omega L}$$

B_L 称为电感 L 的感纳，单位为 S。

(3) 单一电容元件 C 的电路如图 5.6.7 所示。其阻抗为
$$Z = \frac{1}{\mathrm{j}\omega C} = -\mathrm{j}X_C$$

其导纳为
$$Y = \frac{1}{\frac{1}{\mathrm{j}\omega C}} = \mathrm{j}\frac{1}{X_C} = \mathrm{j}B_C$$

式中
$$B_C = \frac{1}{X_C} = \omega C$$

B_C 称为电容 C 的容纳，单位为 S。

例 5.6.2　图 5.6.8 所示为 R,L,C 并联电路，求电路的导纳 Y。

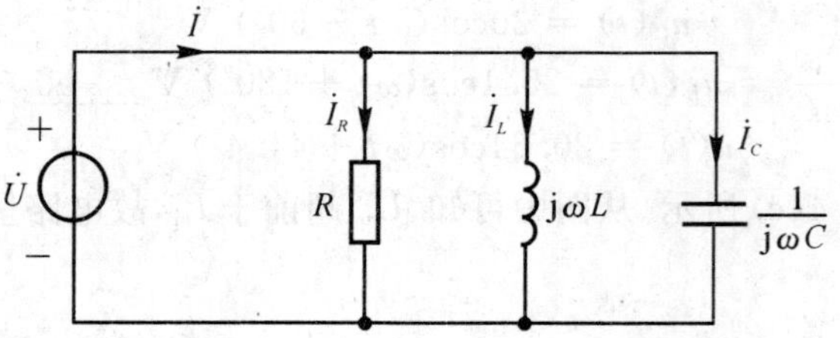

图 5.6.8　R,L,C 并联电路

解
$$\dot{I}_R = \frac{\dot{U}}{R},\quad \dot{I}_L = \frac{\dot{U}}{\mathrm{j}\omega L},\quad \dot{I}_C = \frac{\dot{U}}{\frac{1}{\mathrm{j}\omega C}} = \mathrm{j}\omega C\dot{U}$$

$$\dot{I} = \dot{I}_R + \dot{I}_L + \dot{I}_C = \left(\frac{1}{R} + \frac{1}{\mathrm{j}\omega L} + \mathrm{j}\omega C\right)\dot{U} = Y\dot{U}$$

故得导纳 Y 为

$$Y=\frac{1}{R}+\frac{1}{\mathrm{j}\omega L}+\mathrm{j}\omega C=G+\mathrm{j}(\omega C-\frac{1}{\omega L})=G+\mathrm{j}(B_C-B_L)=G+\mathrm{jB}$$

式中
$$B=B_C-B_L=\omega C-\frac{1}{\omega L}=-(\frac{1}{\omega L}-\omega C)$$

B 称为电纳，单位为 S。

例 5.6.3　图 5.6.9(a) 所示为 R,L,C 并联电路，已知正弦电压源电压 $u(t)$ 的有效值 $U=2$ V，$\omega=10^6$ rad/s。求电流 $i(t)$ 的有效值，画出相量图，并说明电路的性质。

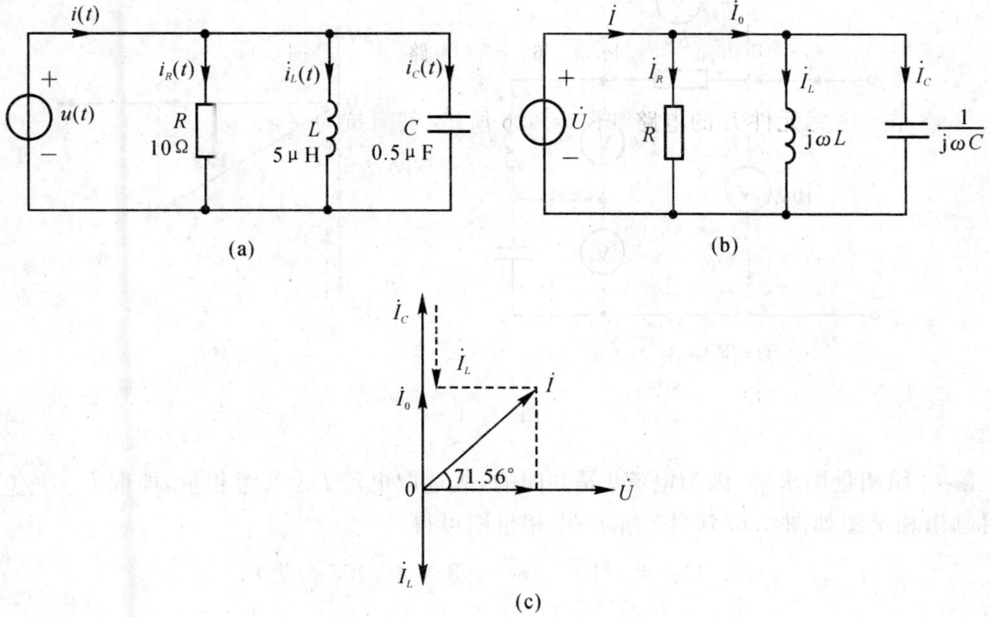

图　5.6.9

解　图 5.6.9(a) 所示时域电路的相量电路模型如图 5.6.9(b) 所示。其中

$$\mathrm{j}\omega L=\mathrm{j}10^6\times5\times10^{-6}=\mathrm{j}5=5\angle 90^\circ\ \Omega$$

$$\frac{1}{\mathrm{j}\omega C}=-\mathrm{j}\frac{1}{10^6\times0.5\times10^{-6}}=-\mathrm{j}2=2\angle -90^\circ\Omega$$

设
$$\dot{U}=2\angle 0^\circ\ \mathrm{V}$$

故

$$\dot{I}_R=\frac{\dot{U}}{R}=\frac{2\angle 0^\circ}{10}=0.2\angle 0^\circ=0.2\ \mathrm{A}$$

$$\dot{I}_L=\frac{\dot{U}}{\mathrm{j}\omega L}=\frac{2\angle 0^\circ}{5\angle 90^\circ}=0.4\angle -90^\circ=-\mathrm{j}0.4\ \mathrm{A}$$

$$\dot{I}_C=\frac{\dot{U}}{\frac{1}{\mathrm{j}\omega C}}=\frac{2\angle 0^\circ}{2\angle -90^\circ}=1\angle 90^\circ=\mathrm{j}1\ \mathrm{A}$$

$$\dot{I}=\dot{I}_R+\dot{I}_L+\dot{I}_C=0.2-\mathrm{j}0.4+\mathrm{j}1=0.2+\mathrm{j}0.6=0.632\angle 71.56^\circ\ \mathrm{A}$$

故得 $i(t)$ 的有效值为 0.632 A。

电压 $\dot{U}$ 与电流 $\dot{I}$ 的相位差为

$$\varphi = \psi_u - \psi_i = 0° - 71.56° = -71.56°$$

由于 $\varphi = -71.56° < 0$，故电路呈现为电容性。

电路的相量图如图 5.6.9(c) 所示。从相量图中也可看出电压 $\dot{U}$ 是滞后于电流 $\dot{I}$ 的，即电路呈现为电容性。

例 5.6.4 图 5.6.10(a) 所示正弦电流电路，已知各电压表的示数如图中所示，求电压表 Ⓥ₃ 的示数。

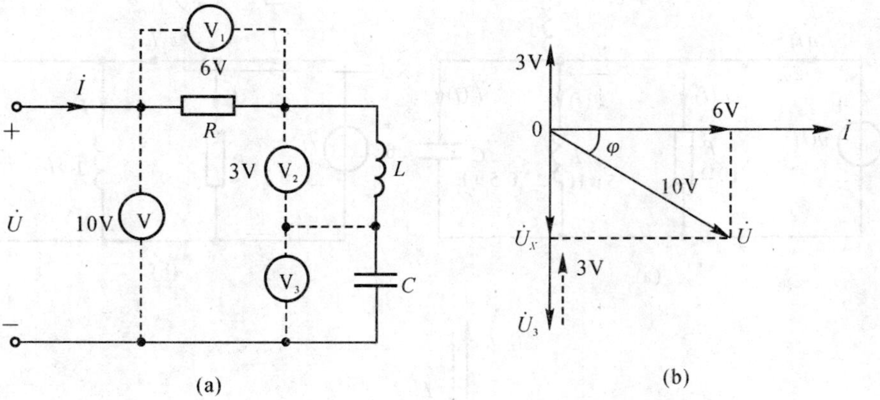

图 5.6.10

解 用相量图求解。因为电流 $\dot{I}$ 是共同的，故选取电流 $\dot{I}$ 为参考相量，即取 $\dot{I} = I\angle 0°$ A，于是可画出相量图如图 5.6.10(b) 所示。由相量图可得

$$U_X = \sqrt{10^2 - 6^2} = 8 \text{ V } (-8\text{V 舍去})$$

又有
$$U_X = U_3 - 3$$
即
$$8 = U_3 - 3$$
故得
$$U_3 = 8 + 3 = 11 \text{ V}$$
故电压表 Ⓥ₃ 的示数为 11 V。

*四、阻抗 Z 与导纳 Y 的相互等效变换

由于对同一个支路既可用阻抗 Z 表示，也可用导纳 Y 表示，所以 Z 与 Y 是等效的，故可相互进行等效变换，其等效变换关系为

$$Y = \frac{1}{Z}$$

或

$$Z = \frac{1}{Y}$$

(1) 已知 Z，求其等效导纳 Y。

例 5.6.5 求图 5.6.11(a) 所示串联电路的等效并联电路，如图 5.6.11(b) 所示，已知频率 $f = 50$ Hz。

解 对于图 5.6.11(a) 电路有

$$Z = 6 + \text{j}8 = 10\angle 53.1° \ \Omega$$

故

$$Y=\frac{1}{Z}=\frac{1}{10\angle 53.1^\circ}=0.1\angle -53.1^\circ=$$

$$0.1\cos(-53.1^\circ)+\mathrm{j}0.1\sin(-53.1^\circ)=0.06-\mathrm{j}0.08(\mathrm{S})$$

对于图 5.6.11(b) 电路有

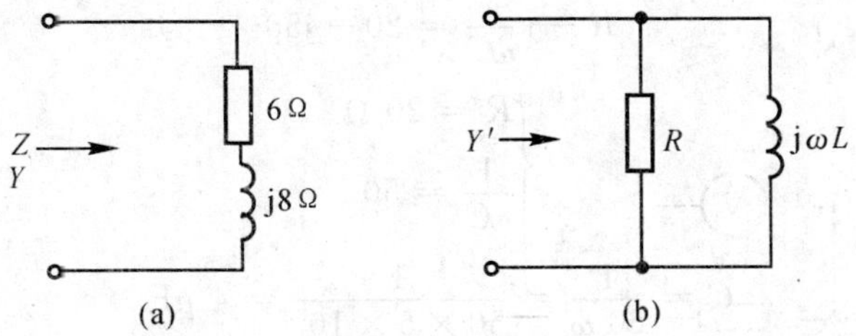

图　5.6.11

$$Y'=\frac{1}{R}+\frac{1}{\mathrm{j}\omega L}=\frac{1}{R}-\mathrm{j}\frac{1}{\omega L}$$

因为有 $Y'=Y$,即应有

$$\frac{1}{R}-\mathrm{j}\frac{1}{\omega L}=0.06-\mathrm{j}0.08$$

故有

$$\begin{cases}\dfrac{1}{R}=0.06\\ \dfrac{1}{\omega L}=0.08\end{cases}$$

故得

$$R=\frac{1}{0.06}=16.67\ \Omega$$

$$L=\frac{1}{0.08\omega}=\frac{1}{0.08\times 2\pi f}=\frac{1}{0.08\times 2\pi\times 50}=0.04\ \mathrm{H}$$

(2) 已知 Y,求其等效阻抗 Z。

例 5.6.6　求图 5.6.12(a) 所示并联电路的等效串联电路,如图 5.6.12(b) 所示,已知 $\omega=5\times 10^3$ rad/s。

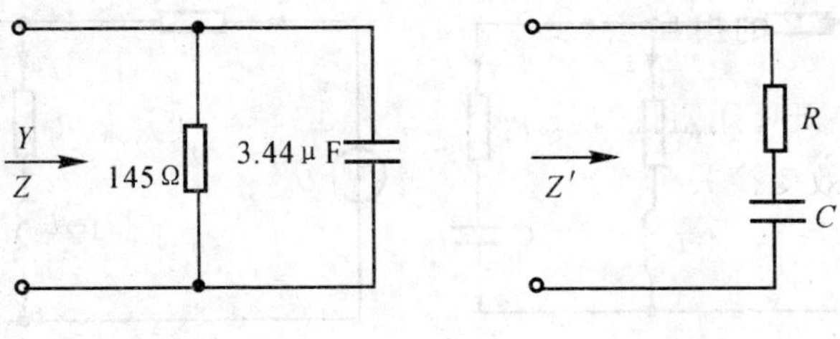

图　5.6.12

解　对于图 5.6.12(a) 电路有

$$Y=\frac{1}{145}+\mathrm{j}5\times 10^3\times 3.44\times 10^{-6}=0.0069+\mathrm{j}0.0172=0.0185\angle 68.2^\circ\ \mathrm{S}$$

故

$$Z=\frac{1}{Y}=\frac{1}{0.0185\angle 68.2^\circ}=20-\mathrm{j}50\ (\Omega)$$

对于图 5.6.12(b) 电路有

$$Z' = R + \frac{1}{\mathrm{j}\omega C} = R - \mathrm{j}\,\frac{1}{\omega C}$$

因为 $Z' = Z$,即应有

$$R - \mathrm{j}\,\frac{1}{\omega C} = 20 - \mathrm{j}50$$

故有

$$\begin{cases} R = 20\ \Omega \\ \dfrac{1}{\omega C} = 50 \end{cases}$$

故

$$C = \frac{1}{50\ \omega} = \frac{1}{50 \times 5 \times 10^3} = 4\ \mu\mathrm{F}$$

5.7 正弦电流电路分析 —— 相量法

由于相量形式的KCL,KVL和欧姆定律在形式上与电阻电路中的KCL,KVL和欧姆定律完全相同,因此在本书前四章中关于电阻电路分析的各种方法(支路电流法,网孔电流法,节点电位法)、定理(叠加定理,齐次定理,等效电源定理,替代定理)以及电路的各种等效变换(电压源与电流源的等效变换,Y—△ 等效变换,电阻的串联与并联简化,单口电路的输入电阻),均适用于正弦电流电路的分析,唯一不同的是,在电阻电路中所有的电量都是进行实数计算,而在正弦电流电路中所有的电量都用相量表示,所有的电量都是进行复数计算。所以,关于正弦电流电路的各种分析方法就不再重复和赘述了,而是直接应用。

用相量对正弦电流电路进行分析计算,称为相量法。

一、阻抗的串联与并联

例 5.7.1 图 5.7.1(a) 所示电路,$R = 8\ \Omega$,$R_1 = 15\ \Omega$,$R_2 = 10\ \Omega$,$L = 4\ \mathrm{mH}$,$C = 20\ \mu\mathrm{F}$,$u(t) = 210\sqrt{2}\cos 5\,000t\ \mathrm{V}$。(1) 求电路的输入阻抗 Z;(2) 求 $i_1(t)$,$i_2(t)$,$i(t)$。

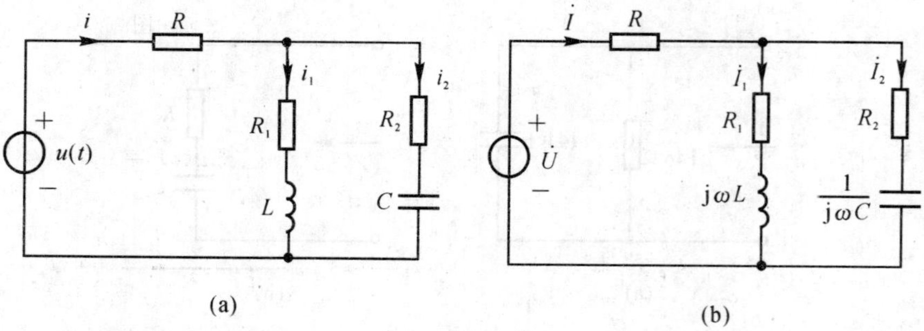

图 5.7.1

解 (1) 该电路的相量电路模型如图 5.7.1(b) 所示。图中 $\dot{U} = 210\,\underline{/0^\circ}\ \mathrm{V}$,$\mathrm{j}\omega L = \mathrm{j}5\,000 \times 4 \times 10^{-3} = \mathrm{j}20\ \Omega$,$\dfrac{1}{\mathrm{j}\omega C} = -\mathrm{j}\,\dfrac{1}{5\,000 \times 20 \times 10^{-6}} = -\mathrm{j}10\ \Omega$。

$$Z_1 = R_1 + \mathrm{j}\omega L = 15 + \mathrm{j}20 = 25\,\underline{/53.1^\circ}\ \Omega$$

$$Z_2 = R_2 + \frac{1}{\mathrm{j}\omega C} = 10 - \mathrm{j}10 = 10\sqrt{2}\,\underline{/-45^\circ}\ \Omega$$

$$Z_{12} = \frac{Z_1 Z_2}{Z_1 + Z_2} = \frac{25\,\underline{/53.1^\circ} \times 10\sqrt{2}\,\underline{/-45^\circ}}{15 + \mathrm{j}20 + 10 - \mathrm{j}10} = \frac{353.5\,\underline{/8.1^\circ}}{25 + \mathrm{j}10} = \frac{353.5\,\underline{/8.1^\circ}}{26.93\,\underline{/21.8^\circ}} = 13.2\,\underline{/-13.7^\circ} = 12.8 - \mathrm{j}3.12\ \Omega$$

$$Z = R + Z_{12} = 8 + 12.8 - \mathrm{j}3.12 = 20.8 - \mathrm{j}3.12 = 21\,\underline{/-8.5^\circ}\ \Omega$$

(2)
$$\dot{I} = \frac{\dot{U}}{Z} = \frac{210\,\underline{/0^\circ}}{21\,\underline{/-8.5^\circ}} = 10\,\underline{/8.5^\circ} = 9.89 + \mathrm{j}1.48\ (\mathrm{A})$$

$$\dot{I}_1 = \frac{Z_2}{Z_1 + Z_2}\dot{I} = \frac{10\sqrt{2}\,\underline{/-45^\circ}}{25 + \mathrm{j}10} \times 10\,\underline{/8.5^\circ} = 5.26\,\underline{/-58.3^\circ} = 2.764 - \mathrm{j}4.475\ \mathrm{A}$$

$$\dot{I}_2 = \frac{Z_1}{Z_1 + Z_2}\dot{I} = 9.29\,\underline{/39.8^\circ}\ \mathrm{A}$$

或

$$\dot{I}_2 = \dot{I} - \dot{I}_1 = 9.89 + \mathrm{j}1.48 - (2.764 - \mathrm{j}4.475) = 7.13 + \mathrm{j}5.95 = 9.29\,\underline{/39.8^\circ}\ \mathrm{A}$$

故得

$$i_1(t) = 5.26\sqrt{2}\cos(5\,000\,t - 58.3^\circ)\ \mathrm{A}$$
$$i_2(t) = 9.29\sqrt{2}\cos(5\,000\,t + 39.8^\circ)\ \mathrm{A}$$
$$i(t) = 10\sqrt{2}\cos(5\,000\,t + 8.5^\circ)\ \mathrm{A}$$

例 5.7.2　图 5.7.2 所示电路，已知 $I = 3$ A，求电流源电流 $\dot{I}_S$ 的有效值 I_S。

解　取 $\dot{I} = 3\,\underline{/0^\circ}$ A，则

$$\dot{I}_1 = \frac{\mathrm{j}2}{1 + \mathrm{j}2}\dot{I}_S$$

$$\dot{I}_2 = \frac{1}{1 - \mathrm{j}2}\dot{I}_S$$

$$\dot{I} = \dot{I}_1 - \dot{I}_2 = \frac{\mathrm{j}2}{1 + \mathrm{j}2}\dot{I}_S - \frac{1}{1 - \mathrm{j}2}\dot{I}_S$$

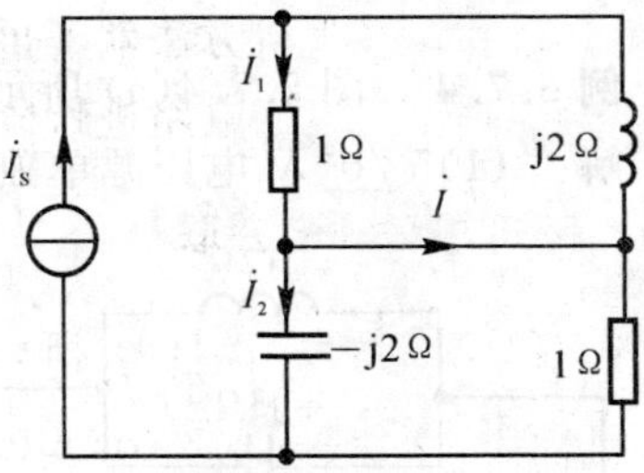

图　5.7.2

即

$$3\angle 0^\circ = \frac{\mathrm{j}2(1 - \mathrm{j}2) - 1(1 + \mathrm{j}2)}{(1 + \mathrm{j}2)(1 - \mathrm{j}2)}\dot{I}_S = \frac{3}{5}\dot{I}_S$$

解得 $\dot{I}_S = 5\,\underline{/0^\circ}$ A，故 $\dot{I}_S$ 的有效值为 $I_S = 5$ A。

例 5.7.3　图 5.7.3(a) 所示电路，N_0 为不含独立源的电路。已知 $u(t) = 100\cos(10t + 30^\circ)$ V，$i(t) = 10\cos(10t + 30^\circ)$ A。求与 N_0 等效的最简单串联电路。

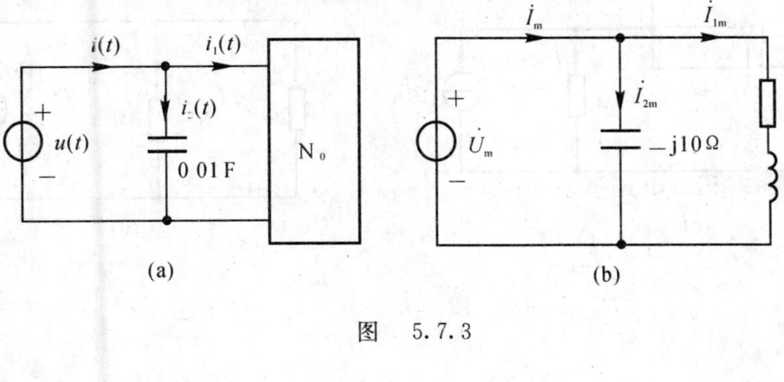

图　5.7.3

解 电压 $u(t)$ 和电流 $i(t)$ 的初相角分别为

$$\psi_u = 30^\circ,\quad \psi_i = 30^\circ$$

相角差为

$$\varphi = \psi_u - \psi_i = 30^\circ - 30^\circ = 0^\circ$$

故 $u(t)$ 与 $i(t)$ 为同相位，则 N_0 的最简单串联电路必为电感性阻抗电路（因与 N_0 并联的是一个电容元件 C），如图 5.7.3(b) 所示。

$$\dot{U}_m = 100\,\underline{/30^\circ}\ \text{V}$$

$$\dot{I}_m = 10\,\underline{/30^\circ}\ \text{A}$$

$$\frac{1}{j\omega C} = \frac{1}{j10\times 0.01} = -j10\ \Omega$$

$$\dot{I}_{2m} = \frac{\dot{U}}{\frac{1}{j\omega C}} = \frac{100\,\underline{/30^\circ}}{-j10} = j10\,\underline{/30^\circ}\ \text{A}$$

故

$$\dot{I}_{1m} = \dot{I}_m - \dot{I}_{2m} = 10\,\underline{/30^\circ} - j10\,\underline{/30^\circ} = 10\,\underline{/30^\circ} + 10\,\underline{/30^\circ - 90^\circ} = 10\,\underline{/30^\circ} + 10\,\underline{/-60^\circ} = 10\sqrt{2}\,\underline{/-15^\circ}\ \text{A}$$

故得 N_0 的等效阻抗为

$$Z = \frac{\dot{U}_m}{\dot{I}_{1m}} = \frac{100\,\underline{/30^\circ}}{10\sqrt{2}\,\underline{/-15^\circ}} = 5\sqrt{2}\,\underline{/45^\circ} = 5 + j5\ (\Omega)$$

即

$$R = 5\ \Omega,\quad X_L = 5\ \Omega$$

二、叠加定理

例 5.7.4 图 5.7.4(a) 所示电路，用叠加定理求电流 $\dot{I}$ 的值。

解 (1) $5\,\underline{/0^\circ}$ V 电压源单独作用，其电路如图 5.7.4(b) 所示。

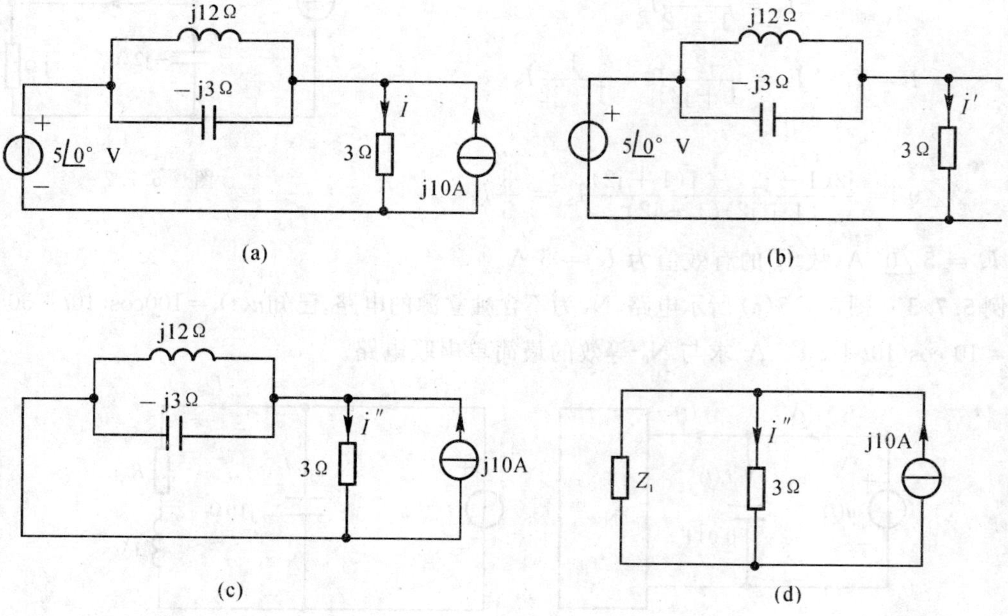

图 5.7.4

$$Z=\frac{j12\times(-j3)}{j12-j3}+3=3-j4=5\,\underline{/-53.1^\circ}\ \Omega$$

$$\dot I'=\frac{5\angle 0^\circ}{Z}=\frac{5\,\underline{/0^\circ}}{5\,\underline{/-53.1^\circ}}=1\,\underline{/53.1^\circ}=0.6+j0.8\ (\mathrm{A})$$

(2)j10 A 电流源单独作用，其电路如图 5.7.4(c) 所示。

$$Z_1=\frac{j12\times(-j3)}{j12-j3}=-j4\ \Omega$$

于是可画出等效电路，如图 5.7.4(d) 所示。故

$$\dot I''=\frac{Z_1}{Z_1+3}\times j10=\frac{-j4}{-j4+3}\times j10=\frac{40}{5\,\underline{/-53.1^\circ}}=8\,\underline{/53.1^\circ}=4.8+j6.4\ (\mathrm{A})$$

(3) 根据叠加定理得

$$\dot I=\dot I'+\dot I''=0.6+j0.8+4.8+j6.4=5.4+j7.2=9\,\underline{/53.1^\circ}\ \mathrm{A}$$

三、节点电位法

例 5.7.5　用节点电位法求图 5.7.5 所示电路中的电流 $\dot I_1$ 和 $\dot I_2$。

解　设独立节点电位为 $\dot\varphi_1,\dot\varphi_2,\dot\varphi_3$，故可列写出各独立节点的 KCL 方程为

$$\dot\varphi_1=3\,\underline{/0^\circ}$$

$$-\frac{1}{2}\dot\varphi_1+\left(\frac{1}{2}+\frac{1}{2}+\frac{1}{j1}\right)\dot\varphi_2-\frac{1}{2}\dot\varphi_3=0$$

$$-0\dot\varphi_1-\frac{1}{2}\dot\varphi_2+\left(\frac{1}{2}+\frac{1}{-j2}\right)\dot\varphi_3=1.5\,\underline{/0^\circ}$$

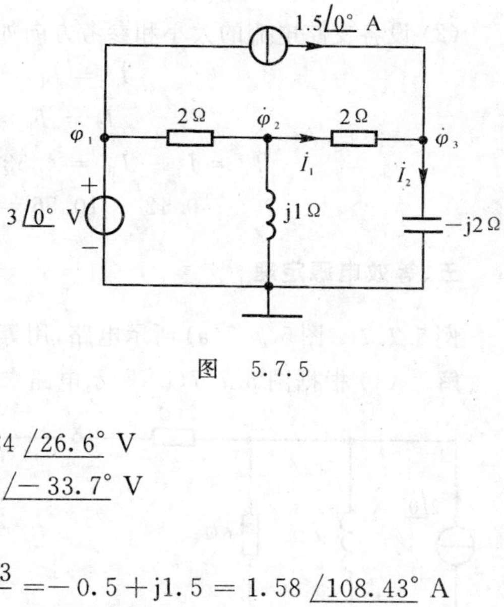

图　5.7.5

将 $\dot\varphi_1=3\,\underline{/0^\circ}$ V 代入上两式并整理之，有

$$2(1-j1)\dot\varphi_2-\dot\varphi_3=3$$

$$-\dot\varphi_2+(1+j1)\dot\varphi_3=3$$

联立求解得

$$\dot\varphi_2=2+j1=2.24\,\underline{/26.6^\circ}\ \mathrm{V}$$

$$\dot\varphi_3=3-j2=3.6\,\underline{/-33.7^\circ}\ \mathrm{V}$$

故得电流

$$\dot I_1=\frac{\dot\varphi_2-\dot\varphi_3}{2}=\frac{2+j1-(3-j2)}{2}=\frac{-1+j3}{2}=-0.5+j1.5=1.58\,\underline{/108.43^\circ}\ \mathrm{A}$$

$$\dot I_2=\frac{\dot\varphi_3}{-j2}=\frac{3.6\,\underline{/-33.7^\circ}}{2\,\underline{/-90^\circ}}=1.8\,\underline{/56.3^\circ}\ \mathrm{A}$$

四、网孔电流法

例 5.7.6　图 5.7.6 所示电路，试用网孔法求各支路电流。

解　(1) 设两个网孔回路电流的大小和参考方向如图 5.7.6 中所示。于是可列写出 KVL 方程为

$$\begin{cases}(j2-j4)\dot I_{\mathrm{I}}-j2\dot I_{\mathrm{II}}=10-20\,\underline{/60^\circ}\\-j2\dot I_{\mathrm{I}}+(5-j2+j2)\dot I_{\mathrm{II}}=20\,\underline{/60^\circ}\end{cases}$$

即

$$\begin{cases}-\mathrm{j}2\dot{I}_{\mathrm{I}}-\mathrm{j}2\dot{I}_{\mathrm{II}}=10-20\angle 60^{\circ}\\ -\mathrm{j}2\dot{I}_{\mathrm{I}}+5\dot{I}_{\mathrm{II}}=20\angle 60^{\circ}\end{cases}$$

联立求解得

$$\dot{I}_{\mathrm{I}}=6.95\angle -49.3^{\circ}=4.53-\mathrm{j}5.28\ (\mathrm{A})$$
$$\dot{I}_{\mathrm{II}}=6.69\angle 52.1^{\circ}=4.11+\mathrm{j}5.28\ (\mathrm{A})$$

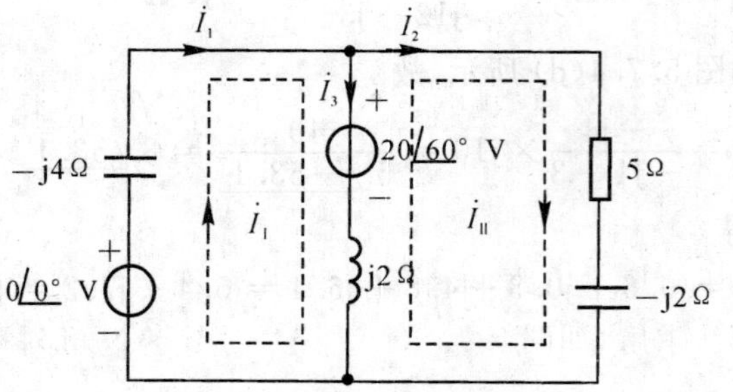

图 5.7.6

(2) 设各支路电流的大小和参考方向如图 5.7.6 中所示。故得

$$\dot{I}_1=\dot{I}_{\mathrm{I}}=6.95\angle -49.3^{\circ}\ \mathrm{A}$$
$$\dot{I}_2=\dot{I}_{\mathrm{II}}=6.69\angle 52.1^{\circ}\ \mathrm{A}$$
$$\dot{I}_3=\dot{I}_{\mathrm{I}}-\dot{I}_{\mathrm{II}}=4.53-\mathrm{j}5.28-(4.11+\mathrm{j}5.28)=$$
$$0.42-\mathrm{j}10.56=10.57\angle -87.72^{\circ}\ \mathrm{A}$$

五、等效电源定理

例 5.7.7 图 5.7.7(a) 所示电路，用等效电压源定理求支路电流 $\dot{I}$。已知 $Z=4-\mathrm{j}11(\Omega)$。

解 (1) 根据图 5.7.7(b) 所示电路求端口开路电压 $\dot{U}_{\mathrm{OC}}$

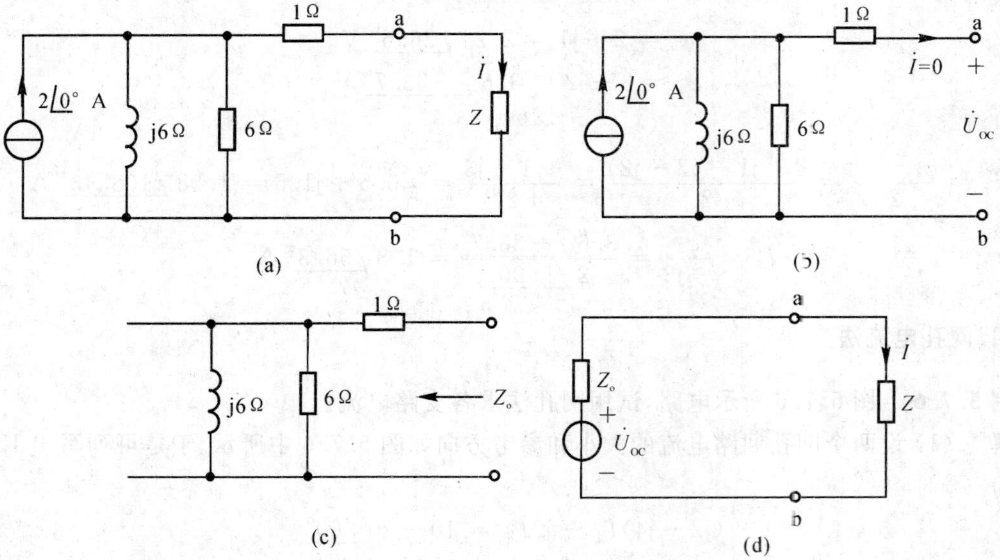

图 5.7.7

$$\dot{U}_{OC}=\frac{6\times j6}{6+j6}\times 2\angle 0^\circ=\frac{36\angle 90^\circ}{6\sqrt{2}\angle 45^\circ}=3\sqrt{2}\angle 45^\circ\ \text{V}$$

(2) 根据图 5.7.7(c) 所示电路求端口输入阻抗 Z_o。

$$Z_o=1+\frac{6\times j6}{6+j6}=1+\frac{36\angle 90^\circ}{6\sqrt{2}\angle 45^\circ}=1+3\sqrt{2}\angle 45^\circ=1+3+j3=4+j3\ (\Omega)$$

(3) 画出等效电压源电路如图 5.7.7(d) 所示。故

$$\dot{I}=\frac{\dot{U}_{OC}}{Z_o+Z}=\frac{3\sqrt{2}\angle 45^\circ}{4+j3+4-j11}=\frac{3\sqrt{2}\angle 45^\circ}{8-j8}=\frac{3\sqrt{2}\angle 45^\circ}{8\sqrt{2}\angle -45^\circ}=\frac{3}{8}\angle 90^\circ\ \text{A}$$

六、单口电路的输入阻抗

例 5.7.8　图 5.7.8(a) 所示电路，求端口输入阻抗 Z_o。

解　用外施电压源法求解，如图 5.7.8(b) 所示。对节点 N 可列写出 KCL 方程为

$$\dot{I}_S+0.5\dot{U}_C=\frac{\dot{U}_S-(6-j6)\dot{I}_S}{j12}$$

又有
$$\dot{U}_C=-j6\dot{I}_S$$
代入上式有
$$(\dot{I}_S-j3\dot{I}_S)j12=\dot{U}_S-(6-j6)\dot{I}_S$$
即
$$j12\dot{I}_S+36\dot{I}_S+(6-j6)\dot{I}_S=\dot{U}_S$$
故得
$$Z_o=\frac{\dot{U}_S}{\dot{I}_S}=42+j6=42.4\angle 8.13^\circ\ \Omega$$

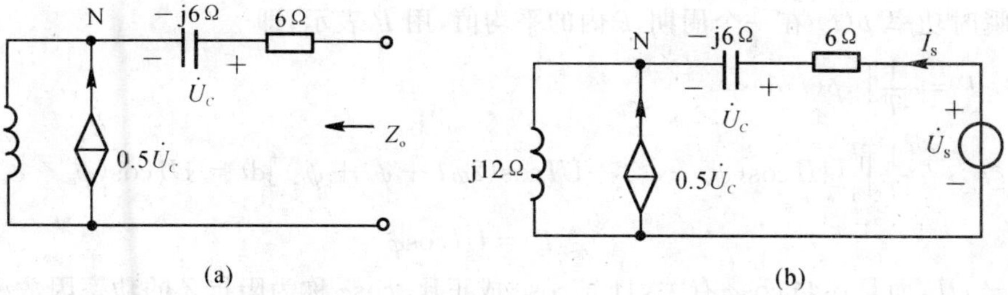

图　5.7.8

5.8　正弦电流电路的功率

一、不含独立源单口电路的功率

图 5.8.1(a) 所示为一任意的不含独立源的单口电路，图 5.8.1(b) 为其相量等效电路，其中 $Z=R+jX$ 为其输入阻抗。

(1) 瞬时功率 $p(t)$。设

$$u(t)=\sqrt{2}U\cos(\omega t+\psi_u)$$
$$i(t)=\sqrt{2}I\cos(\omega t+\psi_i)$$

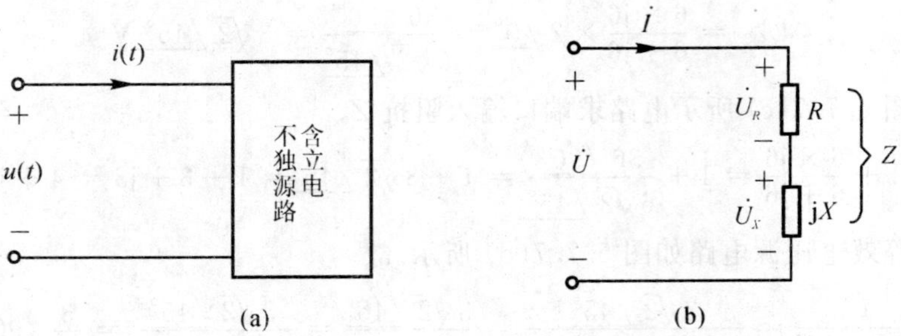

图 5.8.1 不含独立源的单口电路

则该单口电路吸收的瞬时功率为

$$\begin{aligned}p(t)=u(t)i(t)=\sqrt{2}U\cos(\omega t+\psi_u)\times\sqrt{2}I\cos(\omega t+\psi_i)=\\ 2UI\times\frac{1}{2}[\cos(\omega t+\psi_u-\omega t-\psi_i)+\cos(\omega t+\psi_u+\omega t+\psi_i)]=\\ UI\cos(\psi_u-\psi_i)+UI\cos(2\omega t+\psi_u+\psi_i)\end{aligned}\tag{5.8.1}$$

由于此时有

$$\psi_u-\psi_i=\varphi=\arctan\frac{X}{R}$$

φ 为输入阻抗 Z 的阻抗角。故式(5.8.1)又可写为

$$p(t)=UI\cos\varphi+UI\cos(2\omega t+\psi_u+\psi_i)\tag{5.8.2}$$

(2) 平均功率 P：瞬时功率一般用处不大，通常讲电路中的功率都是指平均功率。平均功率定义为瞬时功率 $p(t)$ 在一个周期 T 内的平均值，用 P 表示，即

$$\begin{aligned}P=\frac{1}{T}\int_0^T p(t)\mathrm{d}t=\\ \frac{1}{T}\int_0^T[UI\cos(\psi_u-\psi_i)+UI\cos(2\omega t+\psi_u+\psi_i)]\mathrm{d}t=UI\cos(\psi_u-\psi_i)\end{aligned}\tag{5.8.3}$$

或

$$P=UI\cos\varphi\tag{5.8.4}$$

可见 $P\neq UI$，而是还与 $\cos\varphi$ 有关，且与 $\cos\varphi$ 成正比。$\cos\varphi$ 称为阻抗 Z 的功率因数。$\cos\varphi$ 只与阻抗 Z 有关，而与电压 U、电流 I 无关。当 $\cos\varphi=1$ 时，$P=UI$，此时平均功率 P 达最大值。由于平均功率 P 就是电路实际消耗的功率，故又称为有功功率。

从阻抗直角三角形和电压直角三角形中，可知有 $\cos\varphi=\dfrac{R}{|Z|}=\dfrac{U_R}{U}$，代入式(5.8.4)中，并考虑到 $U=|Z|I$，$U_R=RI$，又可得

$$P=UI\frac{R}{|Z|}=RI^2=U_RI=\frac{U_R^2}{R}\tag{5.8.5}$$

其中 $U_R=RI$，为电阻 R 两端电压的有效值。

由式(5.8.5)可知，平均功率 P 实际就是电阻 R 消耗的平均功率，这是因为电抗 X 不消耗功率。

(3) 视在功率 S：视在功率用大写字母 S 表示，定义为

$$S=UI=\frac{1}{2}U_mI_m\tag{5.8.6}$$

由于视在功率 S 并不是电路实际消耗的功率，故其单位不用瓦(W)，而是用伏安(V·A)。更大

的单位还有千伏安(kV·A)。

由式(5.8.6)可知,视在功率S就是平均功率P的最大值UI。

(4) 无功功率Q:无功功率用Q表示,定义为

$$Q = UI\sin\varphi$$

Q表征了电路中的储能元件L,C与电源交换能量的最大速率,其单位既不用W,也不用V·A,而是用乏(Var),以表示区别。

无功功率Q在电力工程中是一个很重要的物理量,但在电子工程中则是不予考虑的。

(5) 功率三角形:由式(5.8.4)、式(5.8.6)、式(5.8.7)可得,S,P,Q三者之间也有直角三角形的关系,如图5.8.2所示,称为功率三角形。故有

$$S = \sqrt{P^2 + Q^2}$$

$$\tan\varphi = \frac{Q}{P},\quad Q = P\tan\varphi,\quad \cos\varphi = \frac{P}{S},\quad \sin\varphi = \frac{Q}{S}$$

功率三角形与阻抗三角形为相似三角形,即给阻抗三角形的每一边乘以I^2,即得功率三角形。

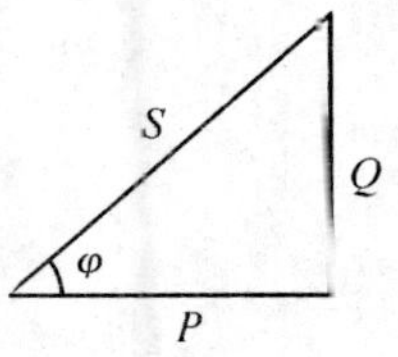

图5.8.2　功率三角形

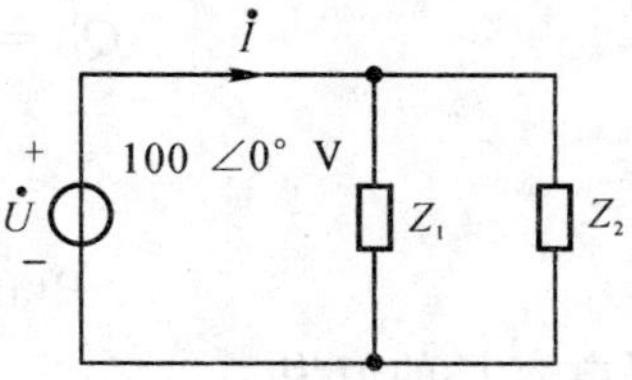

图　5.8.3

例5.8.1　图5.8.3所示电路,负载Z_1为电容性的,其功率$P_1 = 10$ kW,$\cos\varphi_1 = 0.8$;负载Z_2为电感性的,其功率$P_2 = 15$ kW,$\cos\varphi_2 = 0.6$。求电流$\dot{I}$。

解　对负载Z_1,有

$$S_1 = \frac{P_1}{\cos\varphi_1} = 12.5\ \text{kV}\cdot\text{A}$$

$$Q_1 = S_1\sin\varphi_1 = 7.5\ \text{kVar}$$

对负载Z_2,有

$$S_2 = \frac{P_2}{\cos\varphi_2} = 25\ \text{kV}\cdot\text{A}$$

$$Q_2 = S_2\sin\varphi_2 = 20\ \text{kVar}$$

电路的总有功功率为$P = P_1 + P_2 = 25$ kW,总无功功率为$Q = Q_L - Q_C = 12.5$ kVar,总视在功率为$S = \sqrt{P^2 + Q^2} = \sqrt{25^2 + 12.5^2} = 27.95$ kV·A(注:$S \neq S_1 + S_2$),电路负载总的功率因数角为

$$\varphi = \arctan\frac{Q}{P} = 26.6^\circ$$

电源电流有效值为　$I = \dfrac{S}{U} = 27.95$ A

因$Q_2 > Q_1$,故电路呈电感性。因此

$$\dot{I} = I\underline{/\varphi} = 27.95\underline{/-26.6^\circ}\ \text{A}$$

二、功率因数的提高

由式(5.8.4)看出,当负载功率 P 一定且电压 U 给定时,$\cos\varphi$ 越高,则电流 I 就越小,从而消耗在传输线上的功率越小;另外,电流 I 小了,供给的导线可以细些,从而不仅节约了材料,而且降低了传输电能的设备和线路的要求。可见在电力传输过程中,提高功率因数 $\cos\varphi$ 具有极大的经济效益和技术效益。

由于电感性无功功率 Q_L 与电容性无功功率 Q_C 是相互补偿的,所以若在电感性负载(用电设备多为电感性负载)上并联一个适当的电容,即可使负载所需的无功功率部分或全部由电容补偿,从而减少或消除了由电源供给的无功功率,而且不影响负载的有功功率,从而达到提高功率因数的目的。

下面以图 5.8.4(a) 所示电路为例,研究将功率因数从 $\cos\varphi_1$ 提高到 $\cos\varphi_2$ 时,需要并联电容 C 值的公式。图(a)中负载为电感性(R 与 L),其功率 P 为已知,功率因数为 $\cos\varphi_1$;并联电容 C 后,电路的功率因数提高为 $\cos\varphi_2$。由功率三角形有

$$Q_L = P\tan\varphi_1, \quad Q_C = U^2\omega C$$

$$Q = Q_L - Q_C$$

又

$$Q = P\tan\varphi_2$$

有

$$P\tan\varphi_2 = P\tan\varphi_1 - U^2\omega C$$

于是得并联电容 C 的值为

$$C = \frac{P}{\omega U^2}(\tan\varphi_1 - \tan\varphi_2) = \frac{P}{2\pi f U^2}(\tan\varphi_1 - \tan\varphi_2) \tag{5.8.7}$$

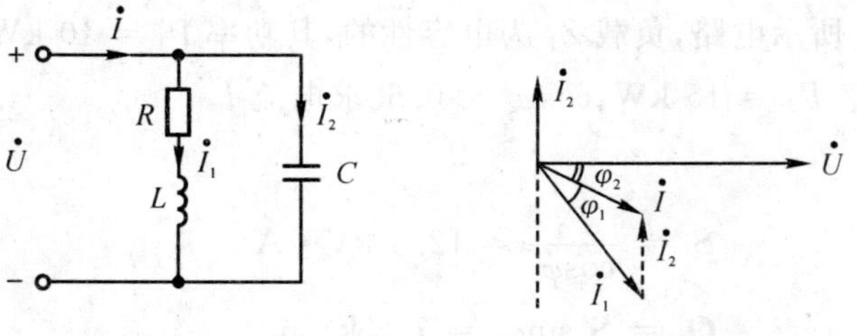

图 5.8.4 电路功率因数的提高

例 5.8.2 图 5.8.4(a) 所示电路,已知 $\dot{U} = 70.7\underline{/30^\circ}$ V,$f = 50$ Hz,$L = 25.5$ mH,$R = 6\ \Omega$。求并联电容 C 前的 P,Q,S 和 $\cos\varphi_1$;若要将功率因数提高到 $\cos\varphi_2 = 0.95$,求并联电容 C 的值应为多大?并求此时的 P,Q,S 和 I。

解 并联电容 C 前 $\quad Z_1 = R + j\omega L = 6 + j8 = 10\underline{/53.1^\circ}\ \Omega$

$$\dot{I} = \frac{\dot{U}}{Z_1} = \frac{70.7\underline{/30^\circ}}{10\underline{/53.1^\circ}} = 7.07\underline{/-23.1^\circ}\ \text{A}, \quad \varphi_1 = 53.1^\circ$$

$$\cos\varphi_1 = \cos 53.1^\circ = 0.6, \quad S = UI = 70.7 \times 7.07 = 500\ \text{V·A}$$

$$P = S\cos\varphi_1 = 500 \times 0.6 = 300\ \text{W}, \quad Q_L = S\sin\varphi_1 = 500 \times 0.8 = 400\ \text{Var}$$

若要将功率因数提高到 $\cos\varphi_2 = 0.95$,即 $\varphi_2 = 18.2^\circ$,并联电容 C 的值由式(5.8.7)求得为

$$C = \frac{300}{2\pi \times 50 \times 70.7^2}(\tan 53.1^\circ - \tan 18.2^\circ) = 191\ \mu\text{F}$$

在此情况下 $\quad P = 300\ \text{W}, \quad Q = P\tan\varphi_2 = 300\tan 18.2^\circ = 100\ \text{Var}$

$$S=\frac{300}{\cos 18.2^\circ}=315.8\ \mathrm{V\cdot A},\quad I=\frac{S}{U}=\frac{315.8}{70.7}=4.47\ \mathrm{A}$$

$$Q_L=400\ \mathrm{Var},\quad Q_C=U^2/X_C\approx 300\ \mathrm{Var}$$

因为 $Q_L>Q_C$，故 $Q=100\ \mathrm{Var}$，即电路对电源仍呈电感性。相量图如图 5.8.4(b) 所示。

例 5.8.3　有一电感性负载，功率 $P=10\ \mathrm{kW}$，$\cos\varphi_1=0.6$，接在 $U=220\ \mathrm{V}$ 的电源上，$f=50\ \mathrm{Hz}$。今要将电路的功率因数提高到 $\cos\varphi=0.95$，求应并联的电容 C 值及并联 C 前和后的电流 I_1，I。

解

$$\cos\varphi_1=0.6,\quad 即\ \varphi_1=53.1^\circ$$
$$\cos\varphi=0.95,\quad 即\ \varphi=18^\circ$$

故

$$C=\frac{10\times10^3}{2\pi\times50\times220^2}(\tan53.1^\circ-\tan18^\circ)=656\ \mu\mathrm{F}$$

未并联 C 时的电流

$$I_1=\frac{P}{U\cos\varphi_1}=\frac{10\times10^3}{220\times0.6}=75.6\ \mathrm{A}$$

并联 C 后的电流

$$I=\frac{P}{U\cos\varphi}=\frac{10\times10^3}{220\times0.95}=47.8\ \mathrm{A}<I_1=75.6\ \mathrm{A}$$

需要指出两点：① 所并联的电容 C 一定要紧靠 $R-L$ 负载，否则就失去了意义；② 工程实际中并不要求将电路的功率因数提高到 1，因为这样会增加电容设备的投资，而带来的经济效益并不显著。

*三、含独立源单口电路的功率

含独立源的单口电路如图 5.8.5(a)A 所示，其频域等效电路为等效电压源电路，如图 5.8.5(b) 所示。其中 $\dot{U}_{OC}$ 和 Z 分别为单口电路 A 的端口开路电压和端口输入阻抗。由于其频域等效电路为一有源支路，故 $\psi_u-\psi_i\neq\varphi=\arctan\dfrac{X}{R}$，故电路 A 吸收的瞬时功率 $p(t)$、平均功率 P、无功功率 Q 只能相应按下列各式计算：

$$p(t)=UI\cos(\psi_u-\psi_i)+UI\cos(2\omega t+\psi_u+\psi_i)$$
$$P=UI\cos(\psi_u-\psi_i)$$
$$Q=UI\sin(\psi_u-\psi_i)$$

但计算视在功率的公式仍为 $S=UI$。

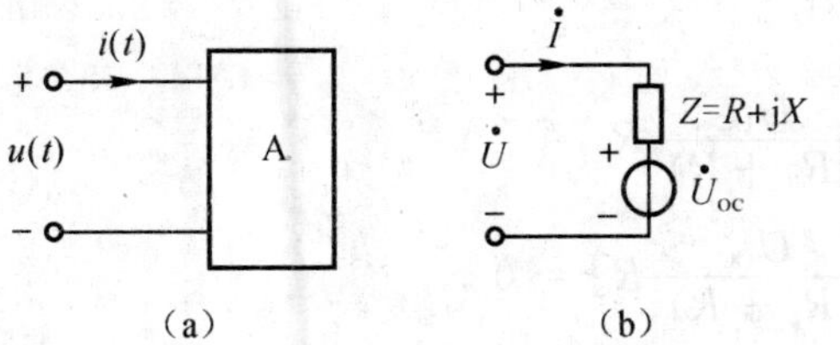

图 5.8.5　含独立源单口电路及其频域等效电路

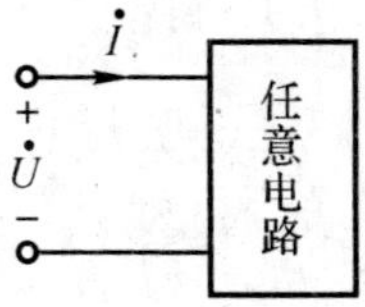

图 5.8.6　任意单口电路

*四、复功率

任意单口电路如图 5.8.6 所示。设 $\dot{U}=U\angle\psi_u$，$\dot{I}=I\angle\psi_i$，$\dot{I}$ 的共轭复数为 $\overset{*}{I}=I\angle-\psi_i$。则定义电路吸收的复功率为

$$\tilde{S} = \dot{U}\overset{*}{I} = U\angle\psi_u I\angle-\psi_i = UI\angle\psi_u - \psi_i =$$
$$UI\cos(\psi_u - \psi_i) + jUI\sin(\psi_u - \psi_i) = P + jQ \tag{5.8.8}$$

可见复功率$\tilde{S}$有明确的物理意义：其实部P与虚部Q分别为电路的有功功率和无功功率，$\tilde{S}$的模$|\tilde{S}| = UI$为电路的视在功率。复功率$\tilde{S}$的引入使电路功率的计算更为简便。

对于不含独立源的单口电路，因有$\psi_u - \psi_i = \varphi$，故

$$\tilde{S} = UI\cos\varphi + jUI\sin\varphi \tag{5.8.9}$$

5.9 最大功率传输

以下分两种情况来研究最大功率传输问题。

一、负载为复阻抗 Z

图 5.9.1(a) 所示为正弦电压源向负载$Z = R + jX = |Z|\angle\varphi_z$供电的电路，$\dot{U}_{OC}$和$Z_0$分别为电源电压和内阻抗，且$Z_0 = R_0 + jX_0 = |Z_0|\angle\varphi_0$为固定值。则电流有效值为

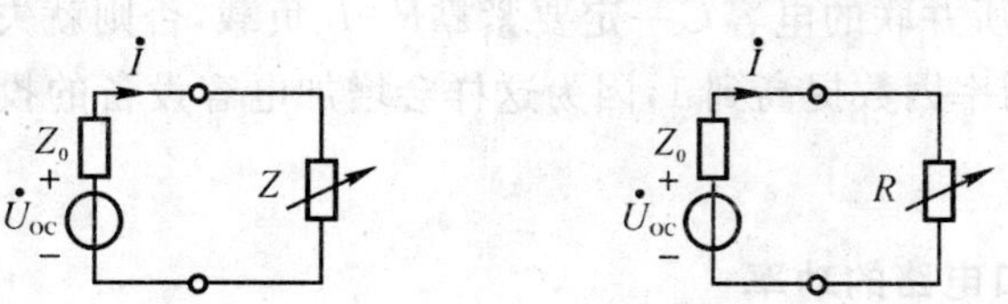

图 5.9.1 最大功率传输

$$I = \frac{U_{OC}}{|Z_0 + Z|} = \frac{U_{OC}}{\sqrt{(R_0 + R)^2 + (X_0 + X)^2}}$$

负载Z吸收的功率为

$$P = I^2R = \frac{U_{OC}^2}{(R_0 + R)^2 + (X_0 + X)^2}R \tag{5.9.1}$$

若R和X均可变，欲使P最大，则应按$\frac{\partial P}{\partial R} = 0$，$\frac{\partial P}{\partial X} = 0$求之。根据$\frac{\partial P}{\partial X} = 0$，可求得$X = -X_0$，代入式(5.9.1)得

$$P = \frac{U_{OC}^2}{(R_0 + R)^2}R \tag{5.9.2}$$

再根据

$$\frac{\partial P}{\partial R} = \frac{\partial}{\partial R}\left[\frac{U_{OC}^2}{(R_0 + R)^2}R\right] = 0$$

可求得$R = R_0$。代入式(5.9.2)得最大功率为

$$P_{max} = \frac{U_{OC}^2}{4R_0} \tag{5.9.3}$$

综上所述，可得传输最大功率的条件为

$$\left.\begin{aligned} R &= R_0 \\ X &= -X_0 \end{aligned}\right\} \tag{5.9.4}$$

即　$$R+\mathrm{j}X=R_0-\mathrm{j}X_0 \tag{5.9.5}$$

或　$$Z=\overset{*}{Z}_0 \tag{5.9.6}$$

我们把满足式(5.9.4)和式(5.9.5),式(5.9.6)条件的电路工作状态称为共轭匹配,此时负载吸收的功率为最大值 $P_{max}=\dfrac{U_{OC}^2}{4R_0}$。

* 二、负载为电阻 R

负载为电阻 R 的供电电路如图 5.9.1(b)所示,此时 R 吸收的功率为

$$P'=I^2R=\frac{U_{OC}^2}{(R_0+R)^2+X_0^2}R \tag{5.9.7}$$

根据 $\dfrac{\mathrm{d}P'}{\mathrm{d}R}=0$ 可得

$$R=|Z_0|=\sqrt{R_0^2+X_0^2} \tag{5.9.8}$$

代入式(5.9.7)得最大功率为

$$P'_{max}=\frac{U_{OC}^2}{(R_0+|Z_0|)^2+X_0^2}|Z_0| \tag{5.9.9}$$

我们把满足式(5.9.8)条件的电路工作状态称为模匹配,此时负载吸收的功率为最大值 P'_{max}。模匹配的情况在含有理想变压器的电路中常遇到。共轭匹配与模匹配统称为最大功率匹配。

例 5.9.1　图 5.9.2(a)所示电路。求:(1)获得最大功率时的 $Z=R+\mathrm{j}X$ 值;(2)P_{max};(3)若 Z 为电阻 R,则 R 获得的最大功率 P'_{max} 为多大?

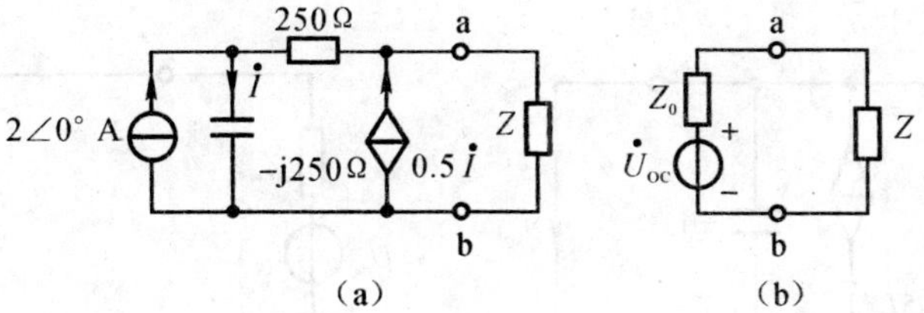

图　5.9.2

解　先求出 a,b 两点以左电路的等效电压源电路,如图 5.9.2(b)所示。其中

$$\dot{U}_{OC}=500-\mathrm{j}1\,000=1\,118\,\underline{/-63.4^\circ}\ \mathrm{V}$$

$$Z_0=R_0+\mathrm{j}X_0=500-\mathrm{j}500=500\sqrt{2}\,\underline{/-45^\circ}\ \Omega$$

故得 Z 获得最大功率的条件为

$$Z=\overset{*}{Z}_0=500+\mathrm{j}500=500\sqrt{2}\,\underline{/45^\circ}\ \Omega$$

其最大功率为　$$P_{max}=\frac{U_{OC}^2}{4R_0}=\frac{1\,118^2}{4\times500}=625\ \mathrm{W}$$

若 Z 为电阻 R,则 R 获得最大功率的条件为

$$R=|Z_0|=500\sqrt{2}\ \Omega$$

其最大功率为　$$P'_{max}=I^2R=\frac{U_{OC}^2|Z_0|}{(R_0+|Z_0|)^2+X_0^2}=517.7\ \mathrm{W}<P_{max}=625\ \mathrm{W}$$

可见有 $P_{\max} > P'_{\max}$，这是因为后者只有一个参数 R 可变，而前者有两个参数 R 和 X 可变。

例 5.9.2 图 5.9.3(a) 所示电路，求负载阻抗 Z 为何值时，它能获得最大功率 P_m，P_m 的值为多少？

解 (1) 根据图 5.9.3(b) 所示电路求端口开路电压 $\dot{U}_{OC}$

$$\dot{I}_C = \dot{I}'_1 - 0.5\dot{I}'_1 = 0.5\dot{I}'_1 = 0.5 \times \frac{6\angle 0^\circ - \dot{U}_{OC}}{3} = 0.5 \times \frac{6 - \dot{U}_{OC}}{3}$$

又有
$$\dot{U}_{OC} = -\mathrm{j}6\dot{I}_C = -\mathrm{j}6 \times 0.5\,\frac{6 - \dot{U}_{OC}}{3} = -\mathrm{j}6 + \mathrm{j}\dot{U}_{OC}$$

故
$$\dot{U}_{OC} = \frac{-\mathrm{j}6}{1-\mathrm{j}1} = \frac{6\angle -90^\circ}{\sqrt{2}\angle -45^\circ} = 3\sqrt{2}\angle -45^\circ\ \mathrm{V}$$

(2) 根据图 5.9.3(c) 所示电路求端口短路电流 $\dot{I}_{SC}$

$$\dot{I}''_1 = \frac{6\angle 0^\circ}{3} = 2\angle 0^\circ\ \mathrm{A}$$

故
$$\dot{I}_{SC} = \dot{I}''_1 - 0.5\dot{I}''_1 = 0.5\dot{I}''_1 = 0.5 \times 2\angle 0^\circ = 1\angle 0^\circ\ \mathrm{A}$$

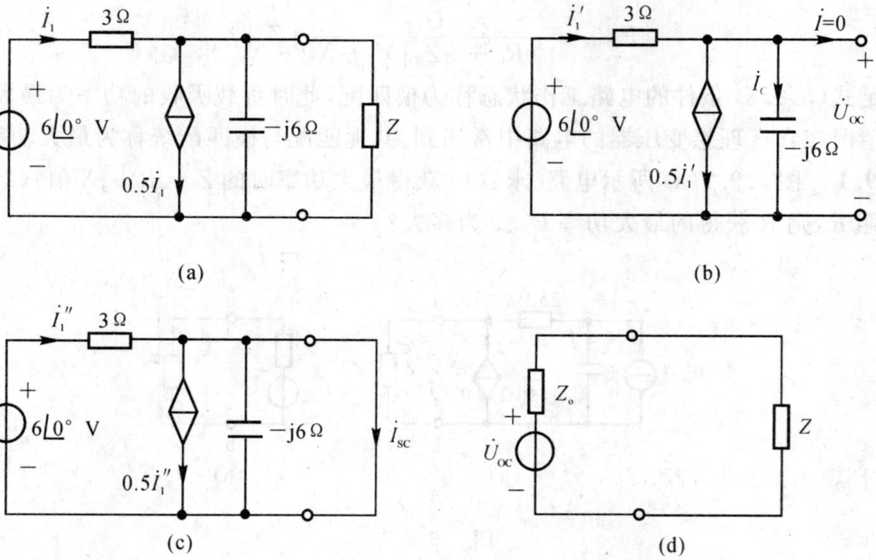

图 5.9.3

(3) 端口输入阻抗为

$$Z_o = \frac{\dot{U}_{OC}}{\dot{I}_{SC}} = \frac{3\sqrt{2}\angle -45^\circ}{1\angle 0^\circ} = 3\sqrt{2}\angle -45^\circ = 3 - \mathrm{j}3\ (\Omega)$$

(4) 于是可画出等效电压源电路，如图 5.9.3(d) 所示。故当 $Z = Z_o^* = 3 + \mathrm{j}3\ (\Omega)$ 时，Z 能获得最大功率 P_m，且

$$P_m = \frac{U_{OC}^2}{4R_o} = \frac{(3\sqrt{2})^2}{4 \times 3} = 1.5\ \mathrm{W}$$

习　题　五

5.1　图题 5.1 所示电路，求电压 $\dot{U}$。(答：10 $\angle 0^\circ$ V)

5.2　图题 5.2 所示电路，已知 $\dot{U}=-\mathrm{j}10$ V，求 $\dot{I}$，$\dot{U}_S$。(答：2 $\angle 0^\circ$ A，8 − j10 V)

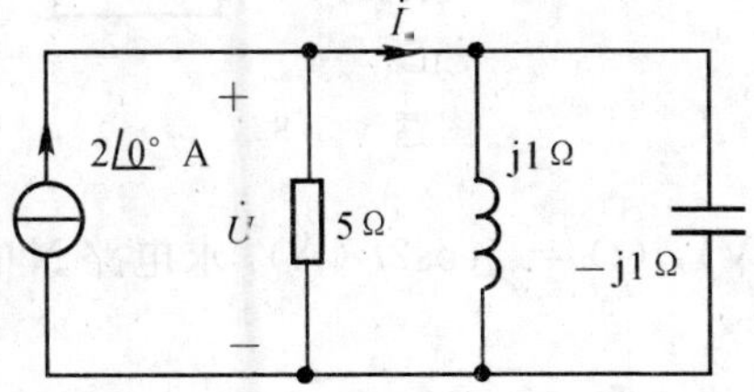

图题　5.1

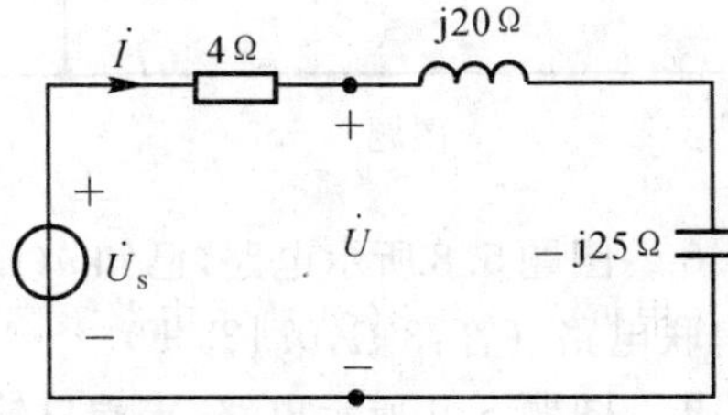

图题　5.2

5.3　图题 5.3 所示正弦电路，已知 $\dot{U}_{ab}=4\angle 0^\circ$ V，求 $\dot{U}_S$。(答：$2\sqrt{2}\angle 45^\circ$ V)

5.4　图题 5.4 所示电路，$\dot{I}_S=2\angle 0^\circ$A，$\dot{U}_S=6\angle 90^\circ$ V，求 $\dot{I}_1$，$\dot{I}_2$。(答：1 $\angle 16.2^\circ$ A，1.44 $\angle 109.4^\circ$ A)

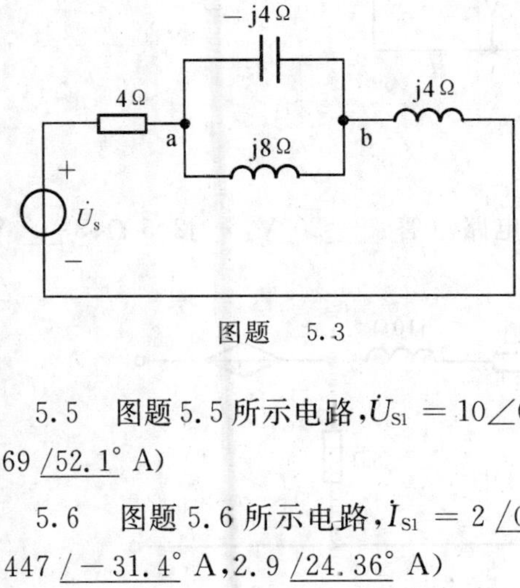

图题　5.3

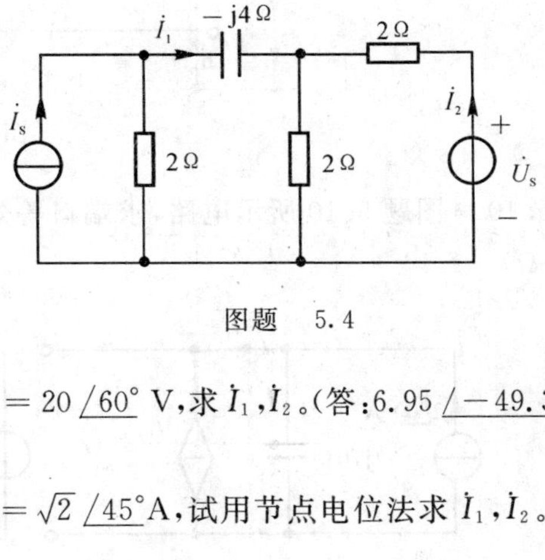

图题　5.4

5.5　图题 5.5 所示电路，$\dot{U}_{S1}=10\angle 0^\circ$ V，$\dot{U}_{S2}=20\angle 60^\circ$ V，求 $\dot{I}_1$，$\dot{I}_2$。(答：6.95 $\angle -49.3^\circ$ A，6.69 $\angle 52.1^\circ$ A)

5.6　图题 5.6 所示电路，$\dot{I}_{S1}=2\angle 0^\circ$ A，$\dot{I}_{S2}=\sqrt{2}\angle 45^\circ$A，试用节点电位法求 $\dot{I}_1$，$\dot{I}_2$。(答：0.447 $\angle -31.4^\circ$ A，2.9 $\angle 24.36^\circ$ A)

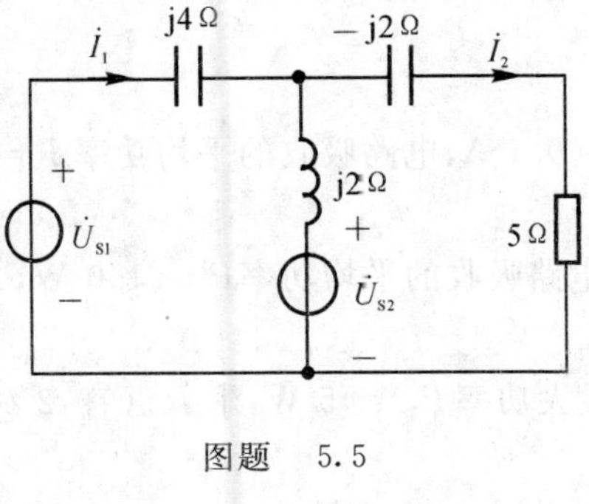

图题　5.5

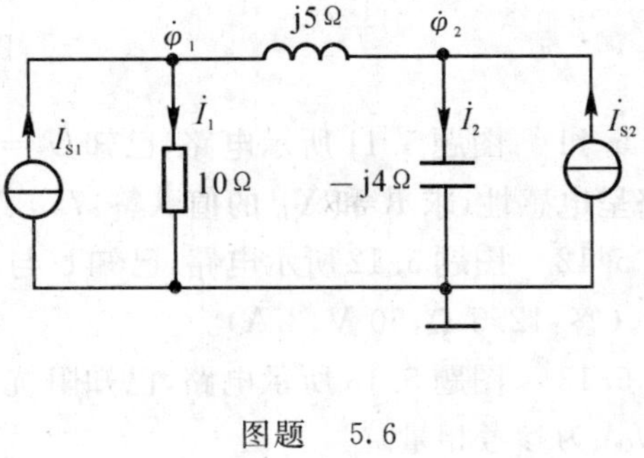

图题　5.6

5.7　图题 5.7 所示电路，求 Z 为何值时它能获得最大功率 P_m，P_m 多大?(答：50 − j50 Ω，9 W)

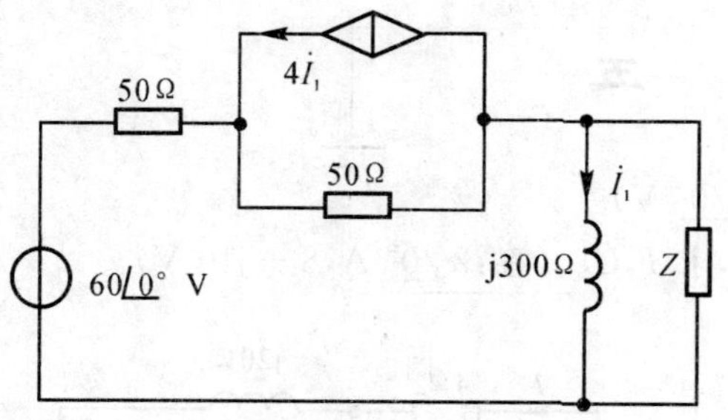

图题　5.7

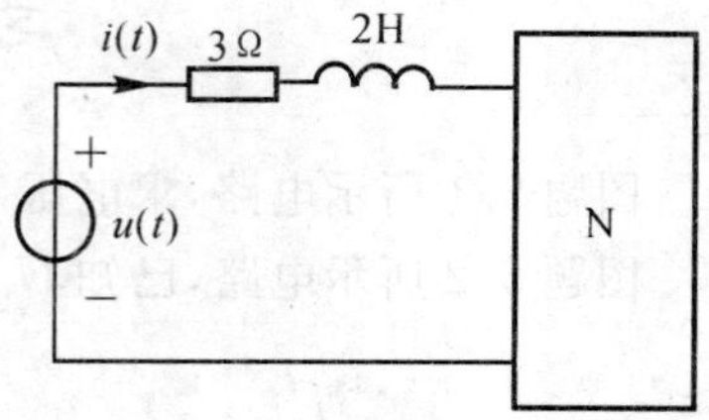

图题　5.8

5.8　图题5.8所示电路，已知 $u(t)=30\cos 2t$ (V)，$i(t)=5\cos 2t$ (A)，求电路N的最简等效串联电路。(答：3 Ω，0.125 F)

5.9　图题5.9所示电路，求端口输入阻抗 Z_o 的值。(答：6 + j17 Ω)

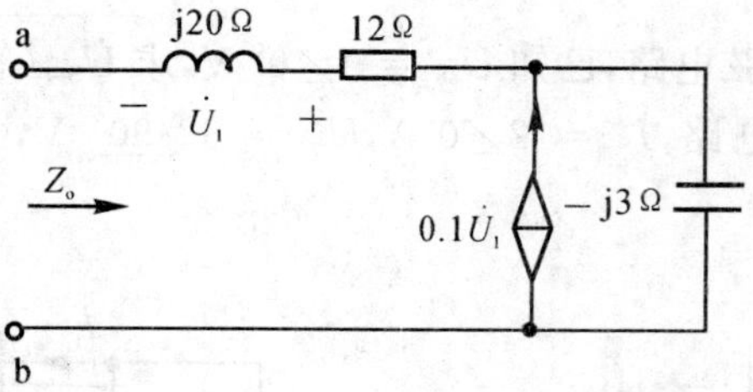

图题　5.9

5.10　图题5.10所示电路，求端口等效电压源电路。(答：−j20 V，−j2.5 Ω；3 $\angle 0^\circ$ V，3 $\angle 0^\circ$ Ω)

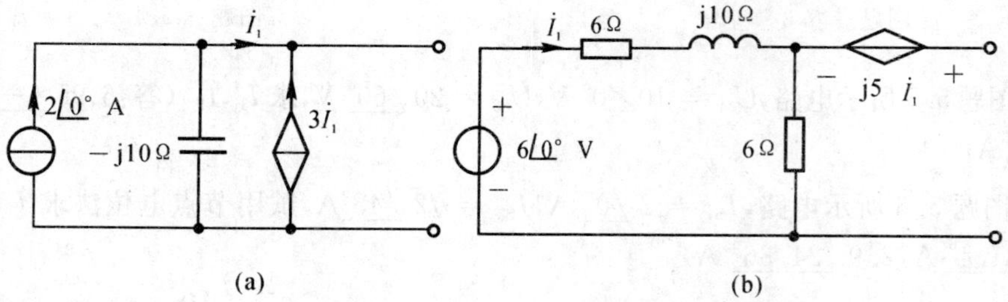

图题　5.10

5.11　图题5.11所示电路，已知 $U=100$ V，$I=0.1$ A，电路吸收的平均功率 $P=6$ W，电路呈电感性，求 R 和 X_L 的值。(答：750 Ω，375 Ω)

5.12　图题5.12所示电路，已知 $\dot{U}$ 与 $\dot{I}$ 同相位，电路吸收的平均功率 $P=150$ W，求 X_C，U，I。(答：12.5 Ω，50 V，3 A)

5.13　图题5.13所示电路，已知阻抗 Z 吸收的最大功率 $P_m=5$ W，求 $\dot{I}_S$。(答：2 $\angle 45^\circ$ A，取 $\dot{U}_{OC}$ 为参考相量)

5.14　图题5.14所示电路，已知 $I_1=10$ A，$I_2=10\sqrt{2}$ A，$U_S=200$ V，$R=5$ Ω，$R_2=X_L$。求 I，R_2，X_L，X_C 的值。(答：10 $\angle 0^\circ$ A，7.5 Ω，7.5 Ω，15 Ω)

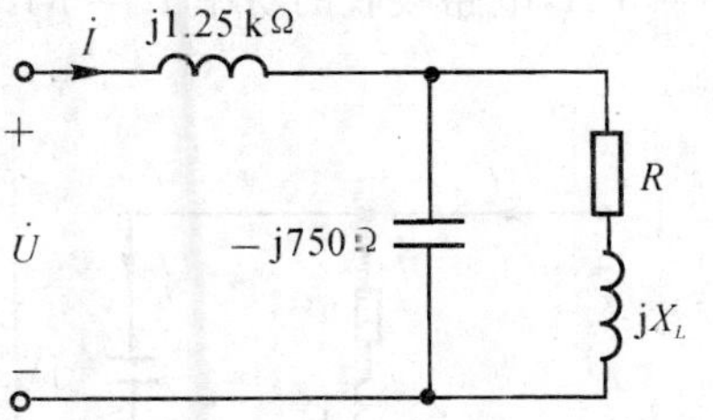

图题　5.11

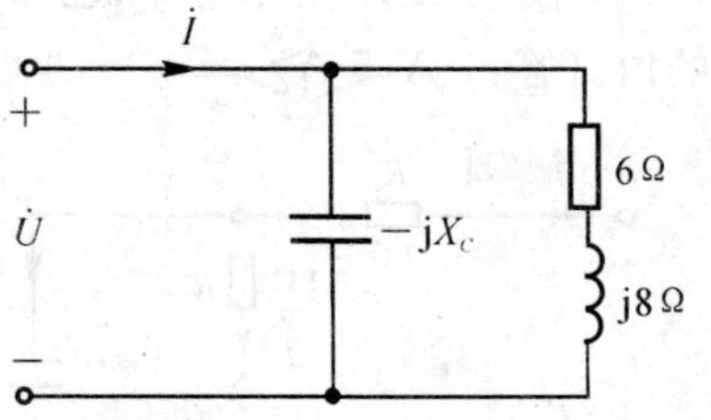

图题　5.12

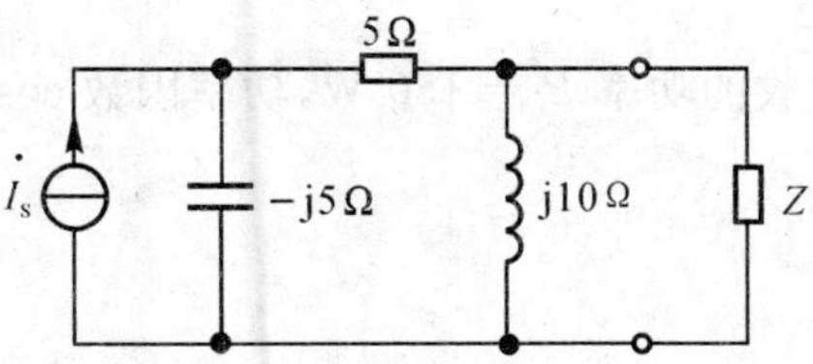

图题　5.13

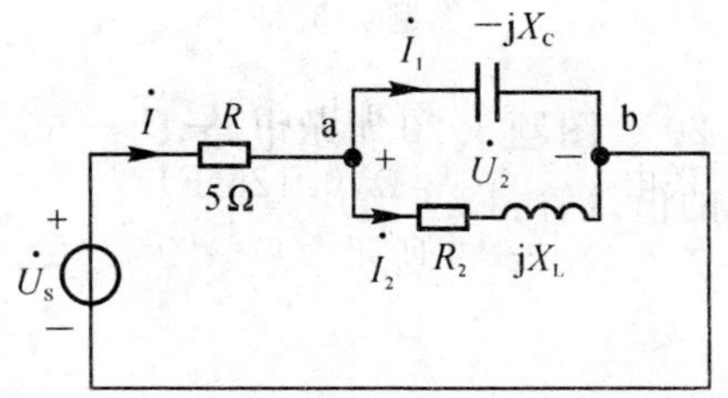

图题　5.14

5.15　图题 5.15 所示电路，已知 $I_1 = I_2 = 10$ A，求 $\dot{I}$ 和 $\dot{U}_S$。(答：$10\sqrt{2}\,\underline{/45^\circ}$ A，$100\,\underline{/90^\circ}$ V)

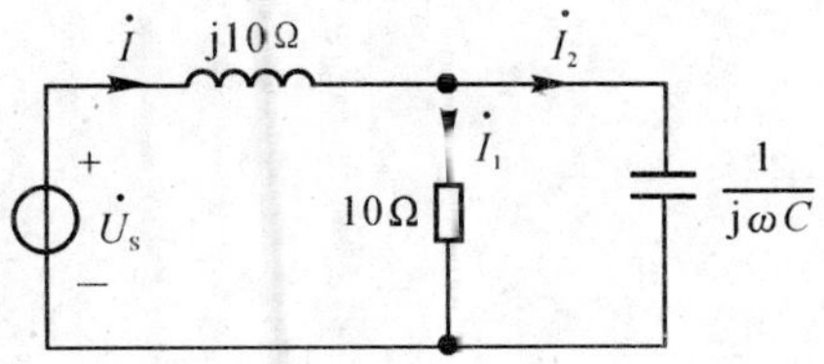

图题　5.15

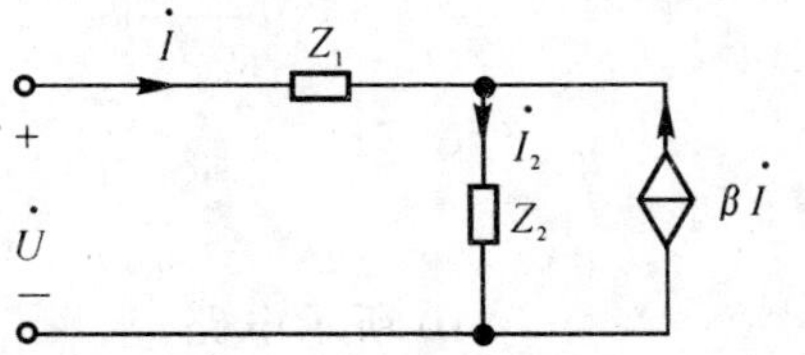

图题　5.16

5.16　图题 5.16 所示电路，已知 $Z_1 = 10 + j50\ \Omega$，$Z_2 = 400 - j1\ 000\ \Omega$。(1) 为使 $\dot{U}$ 与 $\dot{I}_2$ 正交，求 β 的值；(2) 为使电路为电感性，求 β 的取值范围。(答：-41；>19)

5.17　图题 5.17 所示电路，$\omega = 10$ rad/s。(1) 求 $Z = 3\ \Omega$ 时的 $\dot{U}_2$；(2) 欲使 $\dot{U}_2 = -0.6 + j1.8$ V，求 Z 的值。(答：1.5 V；$1 + j3\ \Omega$)

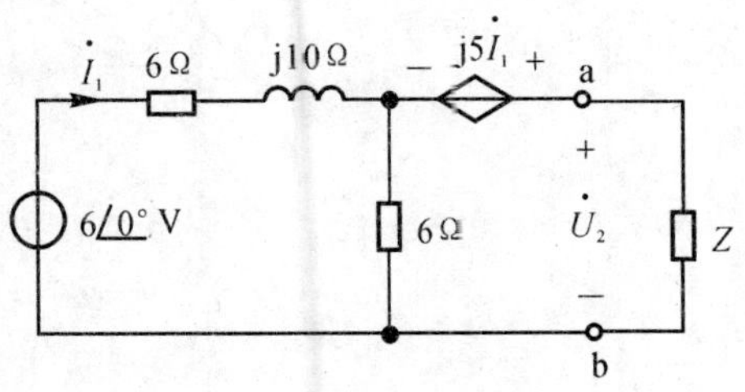

图题　5.17

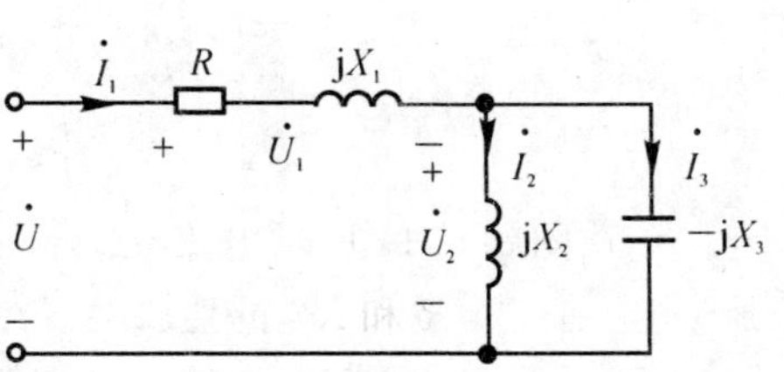

图题　5.18

5.18　图题 5.18 所示电路，已知 $U_1 = 100\sqrt{2}$ V，$U = 500\sqrt{2}$ V，$I_2 = 30$ A，$I_3 = 20$ A，$R = 10\ \Omega$。求 X_1，X_2，X_3 的值。(答：10 Ω，20 Ω，30 Ω)

5.19 图题 5.19 所示电路，已知 $\dot{U}$ 与 $\dot{I}$ 同相，$I = 3$ A，电路吸收的功率 $P = 34$ W。求 I_1 和 I_2 的值。（答：4 A，5 A）

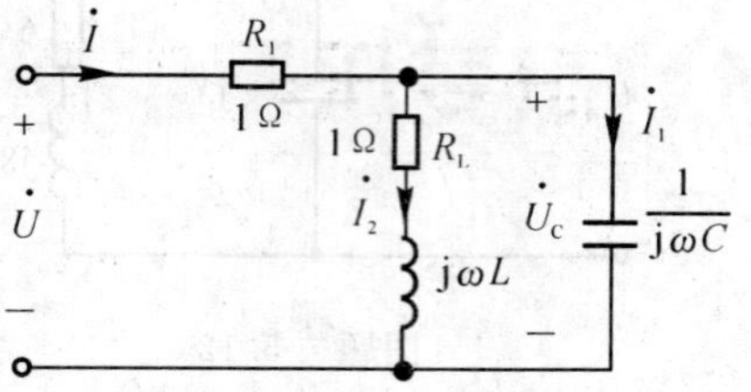

图题 5.19

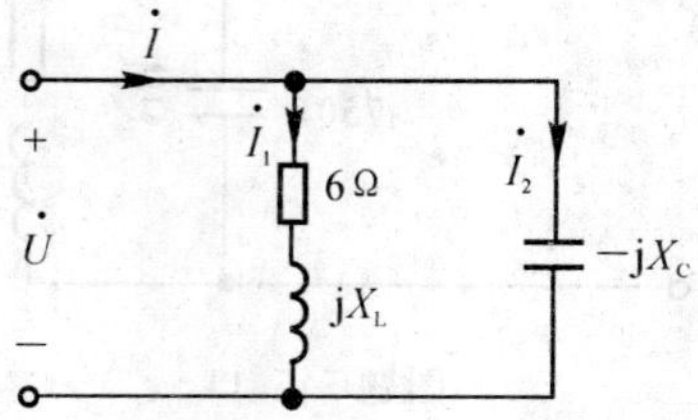

图题 5.20

5.20 图题 5.20 所示电路，$U = 50$ V，电路吸收的功率 $P = 150$ W，功率因数 $\cos\varphi = 1$。求 X_C 的值。（答：12.5 Ω）

第6章　耦合电感与理想变压器电路

内容提要

本章讲述耦合电感元件，耦合电感元件的伏安关系，耦合电感的去耦等效电路，含耦合电感电路的分析计算；理想变压器及其伏安关系，含理想变压器电路的分析计算。

6.1　耦合电感元件

一、定义

彼此靠近放置且认为电阻为零的两个线圈，即构成了一个耦合电感元件，也称互感元件，如图6.1.1所示。可见，耦合电感元件是磁耦合线圈的电路模型。图中 N_1，N_2 分别为线圈Ⅰ和Ⅱ的匝数。

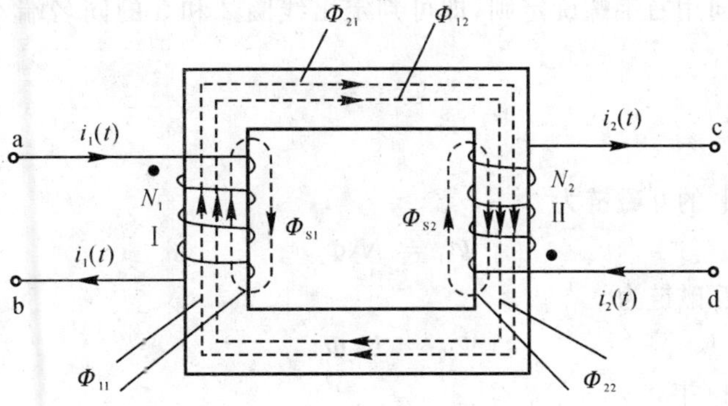

图 6.1.1

二、自磁通、互磁通与漏磁通

今给线圈Ⅰ中通以电流 $i_1(t)$，该电流便要在线圈Ⅰ中产生磁通 Φ_{11}，称为线圈Ⅰ的自磁通，如图6.1.1中所示。Φ_{11} 中的一部分 Φ_{21} 同时还与线圈Ⅱ相链，Φ_{21} 称为线圈Ⅰ对线圈Ⅱ的互磁通；Φ_{11} 中的另一部分 Φ_{S1} 只与线圈Ⅰ相链，称为线圈Ⅰ的漏磁通。显然有 $\Phi_{11}=\Phi_{21}+\Phi_{S1}$。

同样的，当给线圈Ⅱ中通以电流 $i_2(t)$ 时，该电流也要在线圈Ⅱ中产生自磁通 Φ_{22}，如6.1.1中所示，线圈Ⅱ对线圈Ⅰ的互磁通则为 Φ_{12}，Φ_{22} 中的另一部 Φ_{S2} 为线圈Ⅱ的漏磁通。显然有 $\Phi_{22}=\Phi_{12}+\Phi_{S2}$。

三、同名端

如图 6.1.1 所示，当两个线圈中同时通以电流 $i_1(t)$，$i_2(t)$ 时，若这两个电流所产生的互磁通 Φ_{21} 与 Φ_{12} 是互相加强的(即磁感线的方向是一致的)，则称这两个电流通入线圈的两端为同名端，也称同极性端，并用点“•”标志，如图 6.1.1 中所示，即线圈 Ⅰ 的 a 端与线圈 Ⅱ 的 d 端为同名端，当然 b 端与 c 端也为同名端；由此可知 a 端与 c 端，b 端与 d 端即为异名端。

同名端实质上反映了两个或多个线圈相互缠绕的方向。

例 6.1.1 如图 6.1.2(a) 所示电路，试标出 3 个线圈的同名端。

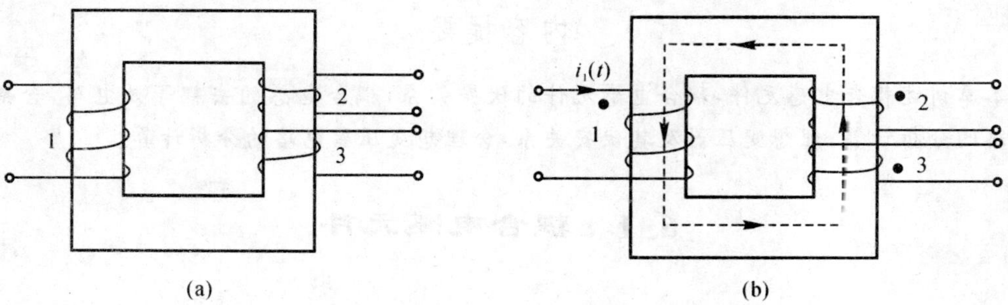

图 6.1.2

解 先设定 3 个线圈中任一个(例如线圈 1) 的同名端，并标以“•”号，如图 6.1.2(b) 中所示。当电流 $i_1(t)$ 从“•”号流入时所产生的磁感线方向如图 6.1.2(b) 中带箭头的虚线所示，于是根据此磁感线的方向用右手螺旋定则，即可判定出线圈 2 和 3 的同名端，如图 6.1.2(b) 中所示。

四、互感(系数)M

线圈 Ⅰ 对线圈 Ⅱ 的互磁链为

$$\Psi_{21} = N_2\Phi_{21}$$

线圈 Ⅱ 对线圈 Ⅰ 的互磁链为

$$\Psi_{12} = N_1\Phi_{12}$$

互磁链的单位也为 Wb(韦)。

定义线圈 Ⅰ 对线圈 Ⅱ 的互感(系数) 为

$$M_{21} = \frac{\Psi_{21}}{i_1(t)} = N_2\,\frac{\Phi_{21}}{i_1(t)}$$

定义线圈 Ⅱ 对线圈 Ⅰ 的互感(系数) 为

$$M_{12} = \frac{\Psi_{12}}{i_2(t)} = N_1\,\frac{\Phi_{12}}{i_2(t)}$$

可以证明(其证明略去) 有 $M_{12} = M_{21} = M$，即

$$M_{21} = M_{12} = M = \frac{\Psi_{21}}{i_1(t)} = \frac{\Psi_{12}}{i_2(t)}$$

M 称为线圈 Ⅰ 与 Ⅱ 之间的互感系数，简称互感，单位为亨[利](H)。M 的物理意义是，一个线圈中的单位电流在另一个线圈中所产生互磁链的能力大小。

互感 M 的大小与线圈的匝数，几何尺寸，相对位置以及媒质的磁导率 μ 有关，而与电压、电流无关。

五、耦合电感元件的电路符号

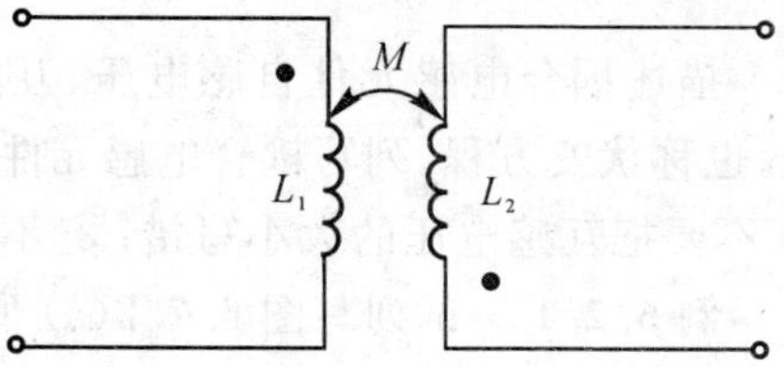

图 6.1.3　耦合电感元件的电路符号

耦合电感元件的电路符号如图 6.1.3 所示，其中 L_1，L_2 分别为两个线圈的自感，M 为两个线圈之间的互感，"•"代表两个线圈的同名端。

耦合电感元件的电路符号有 3 个特点：① 它有两个端口：线圈 1 有一个端口，线圈 2 有一个端口，所以是一个二端口元件；② 必须用 3 个参数 L_1，L_2，M 来描述；③ 还必须标出线圈的同名端。

6.2　耦合电感元件的伏安关系

一、互感电压

(1) 定义。当一个线圈中的电流变化时，在另一个线圈的两端所产生的感应电压，称为互感应电压，简称互感电压，用 $u_M(t)$ 表示。

(2) 互感电压的大小和"+"、"−"号的确定原则。互感电压的大小是与产生它的那个电流的变化率成正比，其比例系数即为互感 M；互感电压"+"、"−"号的确定则与电流的参考方向和互感电压参考极性的设定有关。例如对于图 6.2.1(a) 所示电路，电流 $i_1(t)$ 的参考方向是流入同名端"•"，电流 $i_1(t)$ 变化时在右边线圈两端所产生的互感电压 $u_{M2}(t)$ 参考极性的"+"极端也在同名端"•"($i_1(t)$ 的参考方向与 $u_{M2}(t)$ 参考极性的这种设定，称为符合同名端)，此时互感电压 $u_{M2}(t)$ 为

$$u_{M2}(t) = M\frac{\mathrm{d}i_1(t)}{\mathrm{d}t}$$

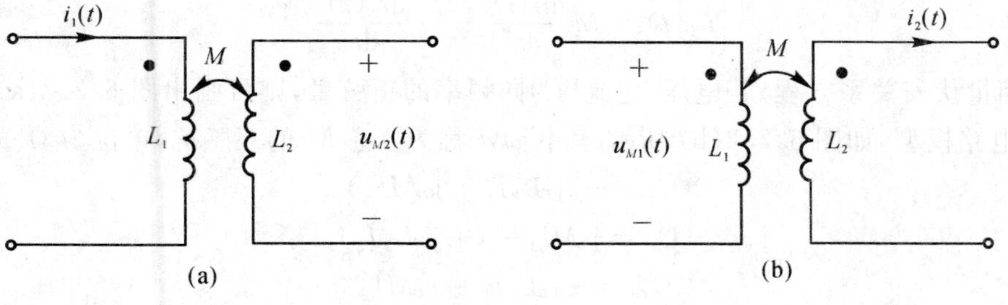

图 6.2.1　互感电压

即等号右端取"+"号。可见，当 $i_1(t)$ 的参考方向与互感电压 $u_{M2}(t)$ 参考极性的设定符合同名端时，互感电压的等号右端取"+"号，否则取"−"号。再例如对于图 6.2.1(b) 电路，电流 $i_2(t)$ 变化时在左边线圈两端所产生的互感电压 $u_{M1}(t)$ 为

$$u_{M1}(t) = -M\frac{\mathrm{d}i_2(t)}{\mathrm{d}t}$$

上式中等号右端取"−"号，是因为 $i_2(t)$ 的参考方向与 $u_{M1}(t)$ 参考极性的设定不符合同名端，

即 $i_2(t)$ 的参考方向是从同名端"•"流出，而 $u_{M1}(t)$ 参考极性的"+"极端是在同名端"•"。

二、耦合电感元件的伏安关系

描述耦合电感元件自感电压、互感电压与电流关系的方程，称为耦合电感元件的伏安关系，也称伏安方程。列写耦合电感元件的伏安方程时，必须注意3点：① 不要把互感电压漏掉；② 不要把互感电压的大小写错；③ 不要把互感电压的"+"、"−"号搞错。

例 6.2.1　试列写图 6.2.2(a) 所示耦合电感电路的时域伏安关系方程与相量伏安关系方程。

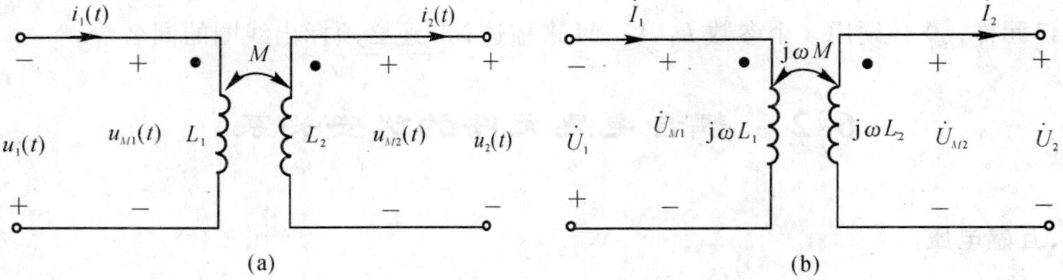

图　6.2.2

解　(1) 时域伏安关系方程。设互感电压的参考极性如图 6.2.2(a) 所示。故有

$$\begin{cases} u_1(t) = -\left(L_1 \dfrac{\mathrm{d}i_1(t)}{\mathrm{d}t} - M\dfrac{\mathrm{d}i_2(t)}{\mathrm{d}t}\right) \\ u_2(t) = M\dfrac{\mathrm{d}i_1(t)}{\mathrm{d}t} - \left(+L_2\ \dfrac{\mathrm{d}i_2(t)}{\mathrm{d}t}\right) \end{cases}$$

即

$$\begin{cases} u_1(t) = -L_1 \dfrac{\mathrm{d}i_1(t)}{\mathrm{d}t} + M\dfrac{\mathrm{d}i_2(t)}{\mathrm{d}t} \\ u_2(t) = M\dfrac{\mathrm{d}i_1(t)}{\mathrm{d}t} - L_2\ \dfrac{\mathrm{d}i_2(t)}{\mathrm{d}t} \end{cases}$$

(2) 相量伏安关系方程。若电压，电流均为同频率的正弦量，则可画出图 6.2.2(a) 所示电路的相量电路模型，如图 6.2.2(b) 所示，其中 $\mathrm{j}\omega M$ 称为互感 M 的互感抗，单位为 Ω。故有

$$\begin{cases} \dot{U}_1 = -(\mathrm{j}\omega L_1\dot{I}_1 - \mathrm{j}\omega M\dot{I}_2) \\ \dot{U}_2 = \mathrm{j}\omega M\dot{I}_1 - (+\mathrm{j}\omega L_2\dot{I}_2) \end{cases}$$

即

$$\begin{cases} \dot{U}_1 = -\mathrm{j}\omega L_1\dot{I}_1 + \mathrm{j}\omega M\dot{I}_2 \\ \dot{U}_2 = \mathrm{j}\omega M\dot{I}_1 - \mathrm{j}\omega L_2\dot{I}_2 \end{cases}$$

例 6.2.2　图 6.2.3(a) 所示电路，试列写出电路的时域伏安方程和相量伏安方程。

解　(1) 时域伏安方程。在图 6.2.3(a) 所示电路中，互感电压的参考极性未予以设定，此时不言而喻，就认为每个线圈中互感电压的参考极性都是与该线圈中电流的参考方向为关联方向，即 $u_{M1}(t)$ 与 $i_1(t)$ 为关联方向，$u_{M2}(t)$ 与 $i_2(t)$ 为关联方向。故图 6.2.3(a) 的时域伏安方程为

$$\begin{cases} u_1(t) = -\left(L_1 \dfrac{di_1(t)}{dt} + M \dfrac{di_2(t)}{dt}\right) \\ u_2(t) = +\left(M \dfrac{di_1(t)}{dt} + L_2 \dfrac{di_2(t)}{dt}\right) \end{cases}$$

即

$$\begin{cases} u_1(t) = -L_1 \dfrac{di_1(t)}{dt} - M \dfrac{di_2(t)}{dt} \\ u_2(t) = M \dfrac{di_1(t)}{dt} + L_2 \dfrac{di_2(t)}{dt} \end{cases}$$

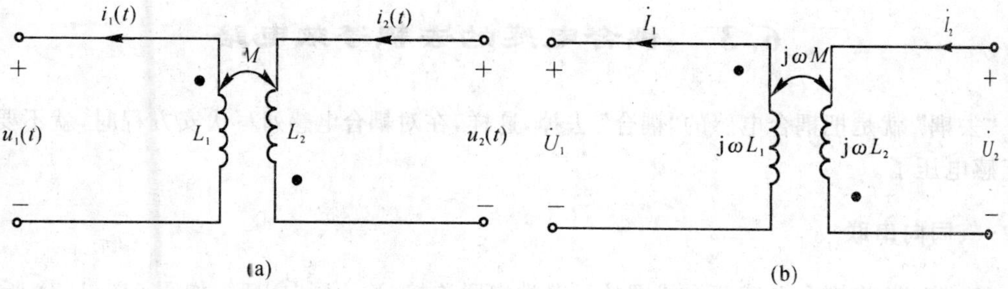

图　6.2.3

(2) 相量伏安方程。若电压、电流均为同频率的正弦量，则可画出图 6.2.3(a) 所示电路的相量电路模型，如图 6.2.3(b) 所示。故有

$$\begin{cases} \dot{U}_1 = -(j\omega L_1 \dot{I}_1 + j\omega M \dot{I}_2) \\ \dot{U}_2 = +(j\omega M \dot{I}_1 + j\omega L_2 \dot{I}_2) \end{cases}$$

即

$$\begin{cases} \dot{U}_1 = -j\omega L_1 \dot{I}_1 - j\omega M \dot{I}_2 \\ \dot{U}_2 = j\omega M \dot{I}_1 + j\omega L_2 \dot{I}_2 \end{cases}$$

例 6.2.3　图 6.2.4 所示电路，已知 $j\omega L_1 = j8\ \Omega$，$j\omega M = j4\ \Omega$，$\dot{I}_S = 2\angle 0^\circ$ A。求端口开路电压 $\dot{U}_{OC}$。

解　由于端口开路，故电流 $\dot{I}_2 = 0$。设 $\dot{I}_S$ 流过线圈 1 时在线圈 2 两端产生的互感电压 $\dot{U}_{M2}$ 的参考极性如图 6.2.4 中所示。故有

$$\dot{U}_{OC} = \dot{U}_{M2} + j\omega L_1 \dot{I}_S = j\omega M \dot{I}_S + j\omega L_1 \dot{I}_S = (j4 + j8) \times 2\angle 0^\circ = j24 = 24\angle 90^\circ \text{ V}$$

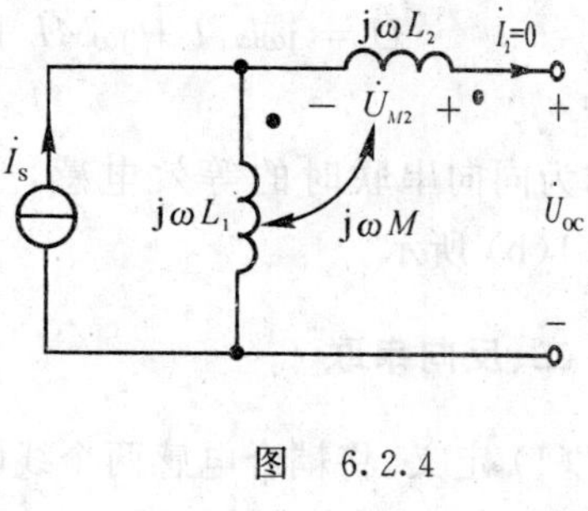

图　6.2.4

例 6.2.4　图 6.2.5 所示电路，求电压表Ⓥ₁与Ⓥ₂的示数。

解　设 $\dot{U}_1$ 与 $\dot{U}_2$ 的参考极性如图 6.2.5 中所示。故有

$$\dot{U}_1 = j8 \times j2 - j4 \times (-j2) = -16 - 8 = -24 = 24\angle 180^\circ \text{ V}$$

$$\dot{U}_2 = j2 \times (-j2) - (j4) \times j2 = 4 + 8 = 12 \text{ V}$$

故Ⓥ₁的示数为 24 V，Ⓥ₂的示数为 12 V。

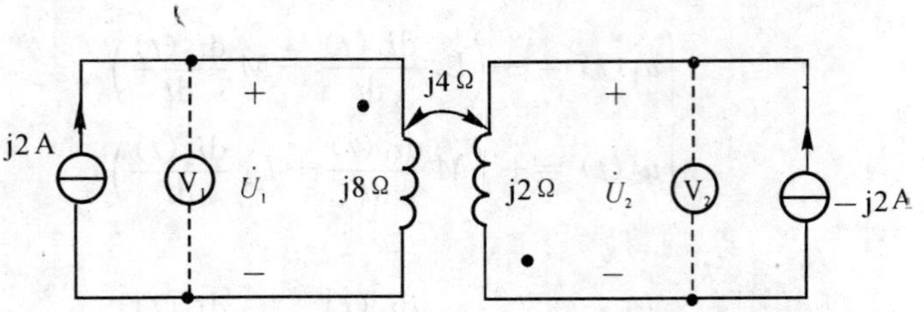

图 6.2.5

6.3 耦合电感的去耦等效电路

“去耦”就是把耦合电感的“耦合”去掉，这样，在对耦合电感列写伏安方程时，就不要再考虑互感电压了。

一、同向串联

(1) 定义。将耦合电感两个线圈的异名端串联连接，称为同向串联，如图 6.3.1(a) 所示。

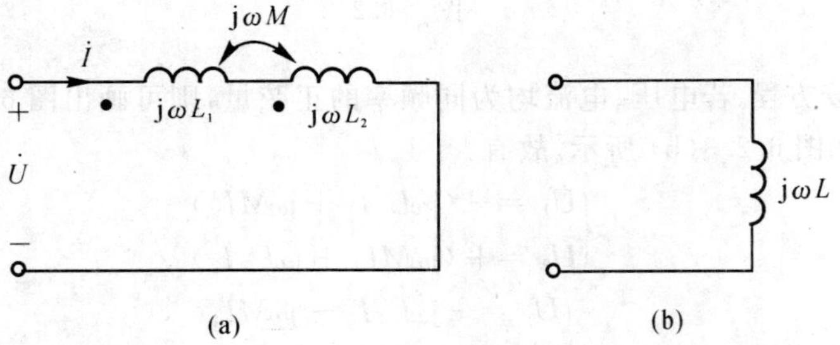

图 6.3.1 同向串联及其等效电路

(2) 等效电感 L。对于图 6.3.1(a) 有

$$\dot{U} = \mathrm{j}\omega L_1\dot{I} + \mathrm{j}\omega M\dot{I} + \mathrm{j}\omega L_2\dot{I} + \mathrm{j}\omega M\dot{I} = \mathrm{j}\omega(L_1 + L_2 + 2M)\dot{I} = \mathrm{j}\omega L\dot{I}$$

式中

$$L = L_1 + L_2 + 2M \geqslant L_1 + L_2$$

L 称为同向串联时的等效电感，也称端口输入电感，且有 $L \geqslant L_1 + L_2$，其等效电路如图 6.3.1(b) 所示。

二、反向串联

(1) 定义。将耦合电感两个线圈的同名端串联连接，称为反向串联，如图 6.3.2(a) 所示。

(2) 等效电感 L。对于图 6.3.2(a) 有

$$\dot{U} = \mathrm{j}\omega L_1\dot{I} - \mathrm{j}\omega M\dot{I} + \mathrm{j}\omega L_2\dot{I} - \mathrm{j}\omega M\dot{I} = \mathrm{j}\omega(L_1 + L_2 - 2M)\dot{I} = \mathrm{j}\omega L\dot{I}$$

式中

$$L = L_1 + L_2 - 2M \leqslant L_1 + L_2$$

L 称为反向串联时的等效电感，也称端口输入电感，且有 $L \leqslant L_1 + L_2$，其等效电路如图 6.3.2(b) 所示。

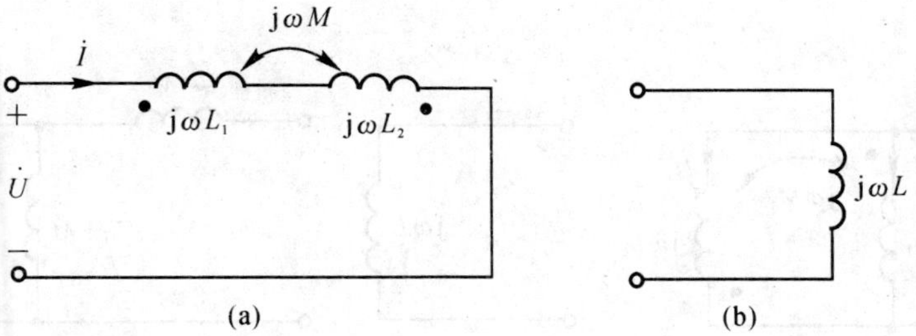

图 6.3.2　反向串联及其等效电路

三、同向并联

(1) 定义。将耦合电感两个线圈的同名端分别连接在一起，称为同向并联，如图 6.3.3(a) 所示。

(2) 等效电感 L。对于图 6.3.3(a) 有

$$\dot{U}=\mathrm{j}\omega L_1\dot{I}_1+\mathrm{j}\omega M\dot{I}_2$$
$$\dot{U}=\mathrm{j}\omega M\dot{I}_1+\mathrm{j}\omega L_2\dot{I}_2$$
$$\dot{I}=\dot{I}_1+\dot{I}_2$$

联立求解得

$$\dot{I}=\frac{\dot{U}}{\mathrm{j}\omega\dfrac{L_1L_2-M^2}{L_1+L_2-2M}}=\frac{\dot{U}}{\mathrm{j}\omega L}$$

式中

$$L=\frac{L_1L_2-M^2}{L_1+L_2-2M}\tag{6.3.1}$$

L 称为同向并联时的等效电感(端口输入电感)，其等效电路如图 6.3.3(b) 所示。

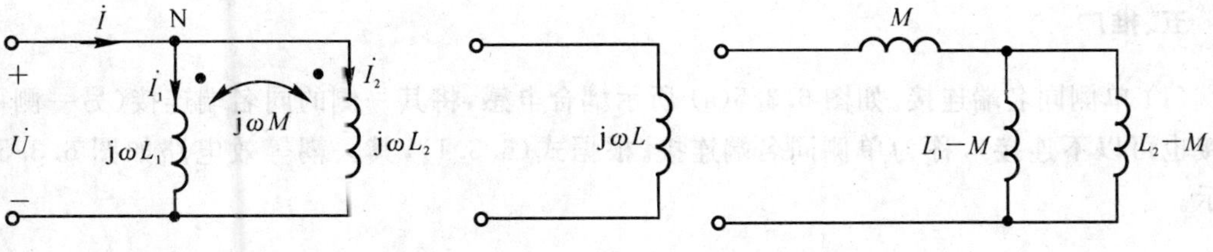

图 6.3.3　同向并联及其去耦等效电路

(3) 去耦等效电路。图 6.3.3(a) 同向并联的去耦等效电路，如图 6.3.3(c) 所示。证明如下：

图 6.3.3(c) 电路的等效电感为

$$L=M+\frac{(L_1-M)(L_2-M)}{(L_1-M)+(L_2-M)}=\frac{L_1L_2-M^2}{L_1+L_2-2M}$$

可见此结果与式(6.3.1) 全同，故此得证。

四、反向并联

(1) 定义。将耦合电感两个线圈的异名端分别连接在一起，称为反向并联，如图 6.3.4(a)

所示。

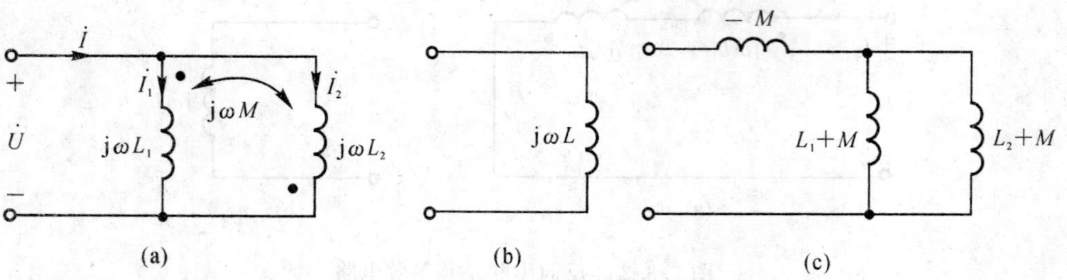

图 6.3.4 反向并联及其去耦等效电路

(2) 等效电感 L。对于图 6.3.4(a) 有

$$\dot{U}=\mathrm{j}\omega L_1\dot{I}_1-\mathrm{j}\omega M\dot{I}_2$$
$$\dot{U}=-\mathrm{j}\omega M\dot{I}_1+\mathrm{j}\omega L_2\dot{I}_2$$
$$\dot{I}=\dot{I}_1+\dot{I}_2$$

联立求解得

$$\dot{I}=\frac{\dot{U}}{\mathrm{j}\omega\dfrac{L_1L_2-M^2}{L_1+L_2+2M}}=\frac{\dot{U}}{\mathrm{j}\omega L}$$

式中
$$L=\frac{L_1L_2-M^2}{L_1+L_2+2M}\tag{6.3.2}$$

L 称为反向并联时的等效电感(端口输入电感),其等效电路如图 6.3.4(b) 所示。

(3) 去耦等效电路。反向并联的去耦等效电路,如图 6.3.4(c) 所示,其证明方法与上面相同,读者自己证明之。

五、推广

(1) 单侧同名端连接。如图 6.3.5(a) 所示耦合电感,将其一侧的同名端连接(另一侧可以连接也可以不连接),称为单侧同名端连接。根据式(6.3.1),其去耦等效电路如图 6.3.5(b) 所示。

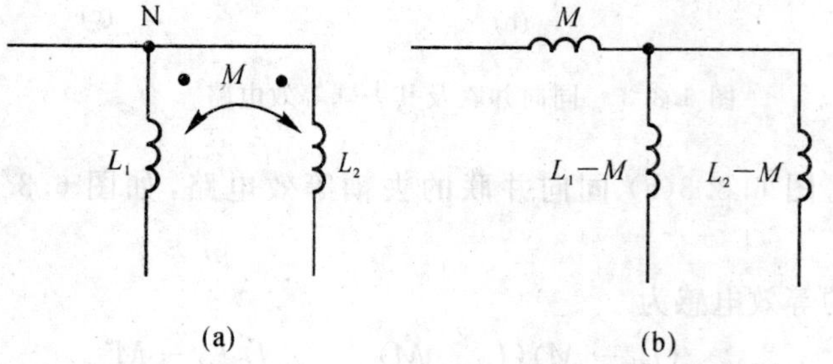

图 6.3.5 单侧同名端连接的去耦等效电路

(2) 单侧异名端连接。如图 6.3.6(a) 所示耦合电感,将其一侧的异名端连接(另一侧任意),称为单侧异名端连接。根据式(6.3.2),其去耦等效电路如图 6.3.6(b) 所示。

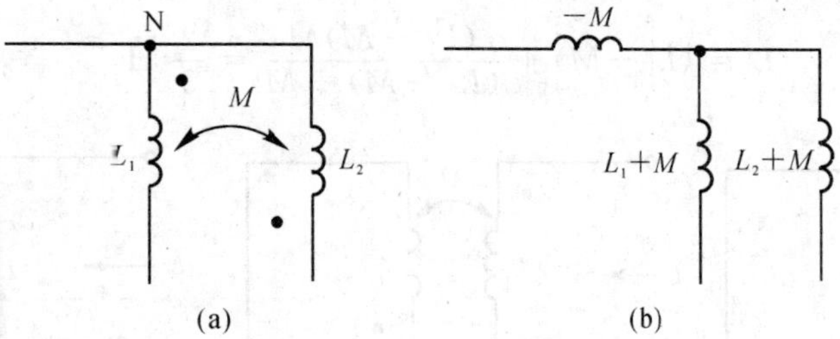

图 6.3.6　单侧异名端连接的去耦等效电路

例 6.3.1　求图 6.3.7 中所示各电路的端口等效电感 L。已知 $L_1 = 6$ H，$L_2 = 3$ H，$M = 4$ H。

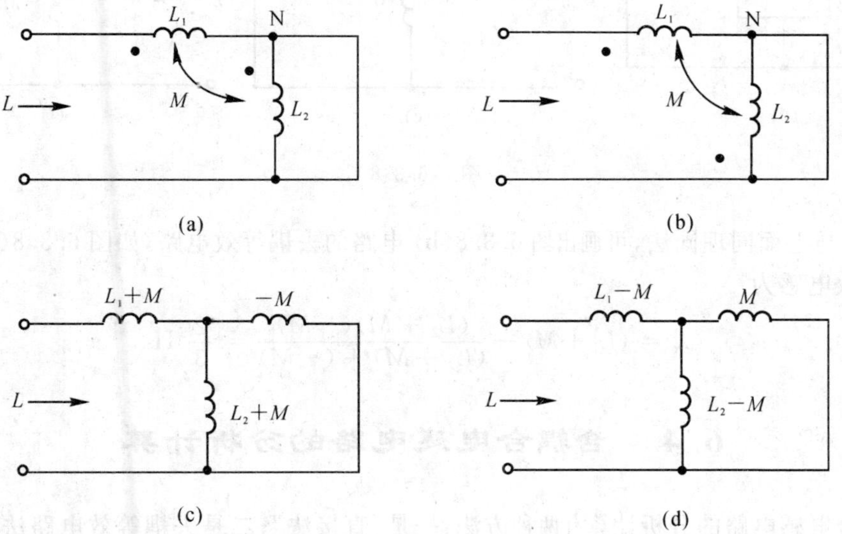

图　6.3.7

解　(1) 图 6.3.7(a) 电路的去耦等效电路如图 6.3.7(c) 所示。故端口等效电感为

$$L = \frac{(L_2+M)(-M)}{(L_2+M)+(-M)} + (L_1+M) = \frac{(3+4)(-4)}{(3+4)-4} + (6+4) = \frac{2}{3}\ \mathrm{H}$$

(2) 图 6.3.7(b) 电路的去耦等效电路如图 6.3.7(d) 所示。故端口等效电感为

$$L = (L_1-M) + \frac{(L_2-M)M}{(L_2-M)+M} = (6-4) + \frac{(3-4)\times 4}{(3-4)+4} = \frac{2}{3}\ \mathrm{H}$$

例 6.3.2　求图 6.3.8(a)，(b) 所示电路的端口等效电感 L。已知 $L_1 = 6$ H，$L_2 = 3$ H，$M = 4$ H。

解　图(a) 用去耦等效电路法求解。为了画出图 6.3.8(a) 所示电路的去耦等效电路，我们对该电路作一些等效变换(对端口等效)。首先将图6.3.8(a) 所示电路的任一侧(例如下面一侧) 连接，这对原电路不产生任何影响，如图 6.3.8(c) 所示。然后再将图 6.3.8(c) 改画成图 6.3.8(d) 所示电路。很显然，图 6.3.8(d) 所示电路为单侧同名端连接，其去耦等效电路如图

6.3.8(e) 所示。于是根据图 6.3.8(e) 电路，即得端口等效电感为

$$L=(L_1-M)+\frac{(L_2-M)M}{(L_2-M)+M}=\frac{2}{3}\ \mathrm{H}$$

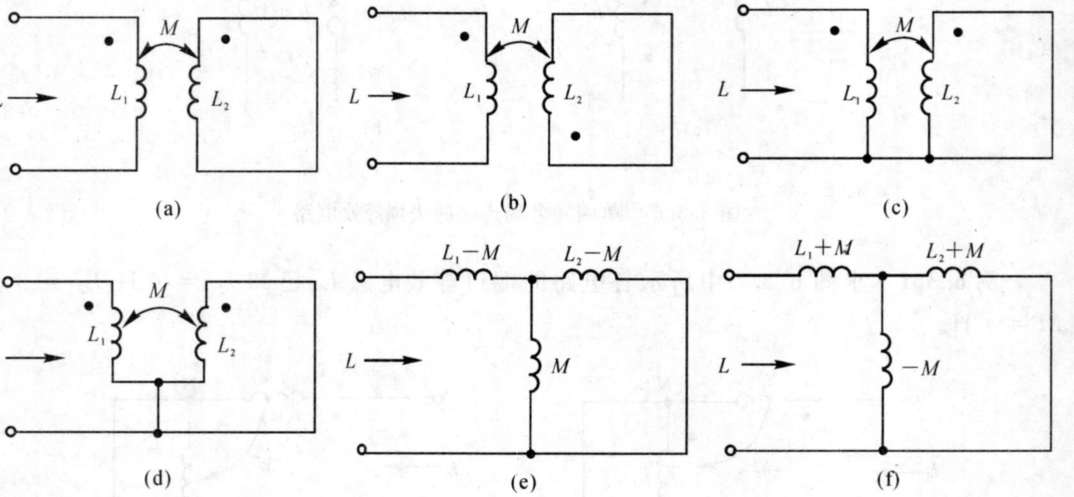

图 6.3.8

图(b) 与上面同理同法，可画出图 6.3.8(b) 电路的去耦等效电路，如图 6.3.8(f) 所示。故得端口等效电感为

$$L=(L_1+M)+\frac{(L_2+M)(-M)}{(L_2+M)+(-M)}=\frac{2}{3}\ \mathrm{H}$$

6.4 含耦合电感电路的分析计算

含耦合电感电路的分析计算有两种方法：一是“直接法”；二是去耦等效电路法。下面举例介绍。

例 6.4.1 图 6.4.1(a) 所示电路，已知 $u(t)=10\sqrt{2}\cos 10t$ V，$L_1=4$ H，$L_2=M=1$ H。求 I_1，I_2，U_2 和电路吸收的功率 P。

解 用直接法求解。图 6.4.1(a) 所示电路的相量电路模型如图 6.4.1(b) 所示。$\dot{U}=10\underline{/0^\circ}$ V，$\mathrm{j}\omega L_1=\mathrm{j}10\times4=\mathrm{j}40\ \Omega$，$\mathrm{j}\omega L_2=\mathrm{j}10\times1=\mathrm{j}10\ \Omega$，$\mathrm{j}\omega M=\mathrm{j}10\times1=\mathrm{j}10\ \Omega$。于是可列出两个网孔回路的 KVL 方程为

$$\begin{cases}\dot{U}=\mathrm{j}\omega L_1\dot{I}_1+\mathrm{j}\omega M\dot{I}_2\\ 0=\mathrm{j}\omega M\dot{I}_1+(R+\mathrm{j}\omega L_2)\dot{I}_2\end{cases}$$

即

$$\begin{cases}10\underline{/0^\circ}=\mathrm{j}40\dot{I}_1+\mathrm{j}10\dot{I}_2\\ 0=\mathrm{j}10\dot{I}_1+(10+\mathrm{j}10)\dot{I}_2\end{cases}$$

联立求解得

$$\dot{I}_1=0.28\underline{/-81.9^\circ}\mathrm{A}$$

$$\dot{I}_2=0.2\underline{/143.1^\circ}\mathrm{A}$$

$$\dot{U}_2=R\dot{I}_2=10\times0.2\underline{/143.1^\circ}=2\underline{/143.1^\circ}\mathrm{V}$$

故得

$$I_1=0.28\ \mathrm{A},\quad I_2=0.2\ \mathrm{A}$$

$$U_2 = 2\ \text{V}$$

电路吸收的功率就是电阻 R 吸收的功率，故

$$P = I_2^2 R = 0.2^2 \times 10 = 0.4\ \text{W}$$

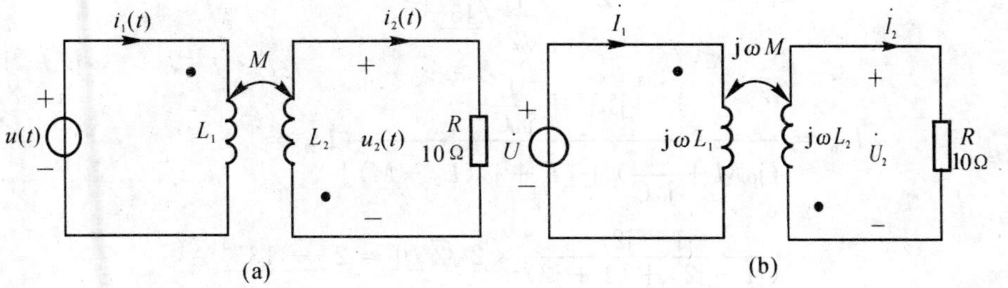

图　6.4.1

例 6.4.2　图 6.4.2(a) 所示电路，已知 $u(t) = 2\cos(2t + 45°)$ (V)，$L_1 = L_2 = 1.5$ H，$M = 0.5$ H，$R = 1\ \Omega$，$C = 0.25$ F。求 I_1，I_2，U_2 和电路吸收的功率 P。

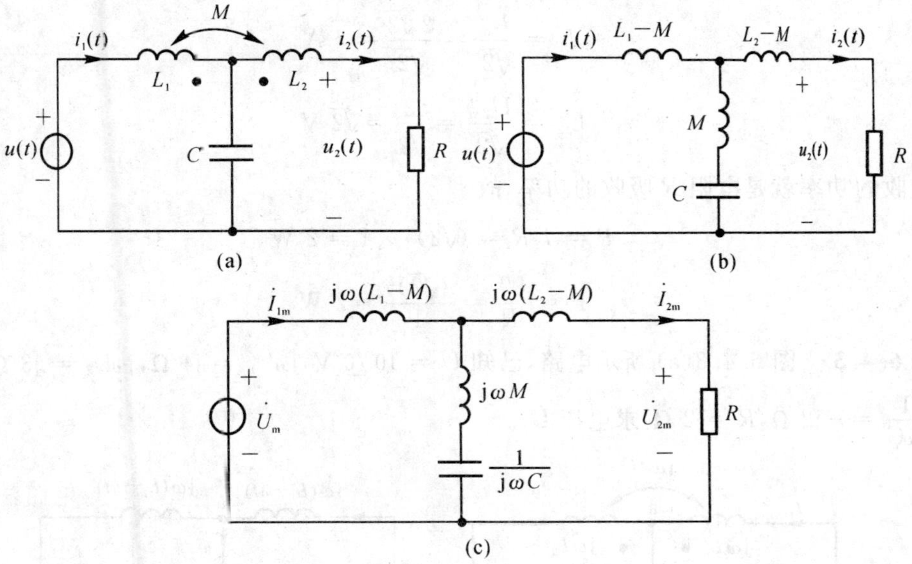

图　6.4.2

解　用去耦等效电路法求解。图 6.4.2(a) 所示电路的去耦等效电路如图 6.4.2(b) 所示，其相量电路模型如图 6.4.2(c) 所示。其中

$$\dot{U}_{\text{m}} = 2\underline{/45°}\ \text{V}$$

$$\text{j}\omega(L_1 - M) = \text{j}2(1.5 - 0.5) = \text{j}2\ \Omega$$

$$\text{j}\omega(L_2 - M) = \text{j}2(1.5 - 0.5) = \text{j}2\ \Omega$$

$$\text{j}\omega M = \text{j}2 \times 0.5 = \text{j}1\ \Omega$$

$$\frac{1}{\text{j}\omega C} = \frac{1}{\text{j}2 \times 0.25} = -\text{j}2\ \Omega$$

电路的输入阻抗为

$$Z = \text{j}\omega(L_1 - M) + \frac{(\text{j}\omega M + \frac{1}{\text{j}\omega C})[\text{j}\omega(L_2 - M) + R]}{(\text{j}\omega M + \frac{1}{\text{j}\omega C}) + [\text{j}\omega(L_2 - M) + R]} =$$

$$j2+\frac{(j1-j2)(1+j2)}{(j1-j2)+(1+j2)}=\frac{1}{\sqrt{2}}\underline{/45^\circ}\ \Omega$$

故
$$\dot{I}_{1m}=\frac{\dot{U}_m}{Z}=\frac{2\underline{/45^\circ}}{\frac{1}{\sqrt{2}}\underline{/45^\circ}}=2\sqrt{2}\underline{/0^\circ}\ \text{A}$$

故
$$\dot{I}_{2m}=\frac{j\omega M+\frac{1}{j\omega C}}{(j\omega M+\frac{1}{j\omega C})+[R+j\omega(L_2-M)]}\dot{I}_{1m}=$$

$$\frac{j1-j2}{(j1-j2)+(1+j2)}\times 2\sqrt{2}\underline{/0^\circ}=2\underline{/-135^\circ}\ \text{A}$$

$$\dot{U}_{2m}=R\dot{I}_{2m}=1\times 2\underline{/-135^\circ}=2\underline{/-135^\circ}\ \text{V}$$

故得
$$I_2=\frac{I_{2m}}{\sqrt{2}}=\frac{2}{\sqrt{2}}=\sqrt{2}\ \text{A}$$

$$I_1=\frac{I_{1m}}{\sqrt{2}}=\frac{2\sqrt{2}}{\sqrt{2}}=2\ \text{A}$$

$$U_2=\frac{U_{2m}}{\sqrt{2}}=\frac{2}{\sqrt{2}}=\sqrt{2}\ \text{V}$$

电路吸收的功率就是电阻 R 吸收的功率，故

$$P=I_2^2R=(\sqrt{2})^2\times 1=2\ \text{W}$$

或
$$P=\frac{U_2^2}{R}=\frac{(\sqrt{2})^2}{1}=2\ \text{W}$$

例 6.4.3 图 6.4.3(a) 所示电路，已知 $\dot{U}=10\underline{/0^\circ}\text{V}$，$j\omega L_1=j4\ \Omega$，$j\omega L_2=j3\ \Omega$，$j\omega M=j2\ \Omega$，$\frac{1}{j\omega C}=-j2\ \Omega$，$R=2\ \Omega$。求电压 $\dot{U}_2$。

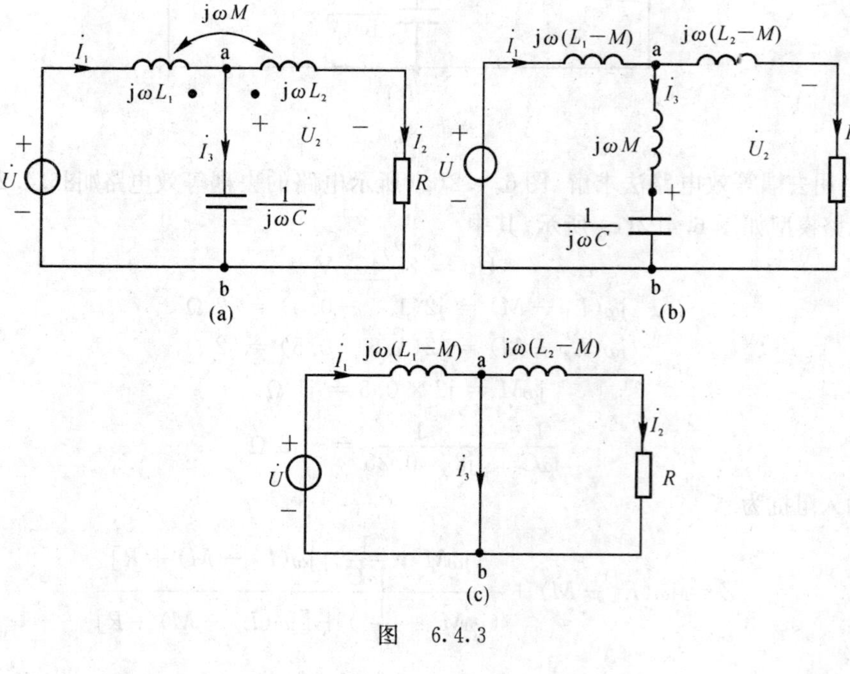

图 6.4.3

解　图 6.4.3(a) 电路的去耦等效电路如图 6.4.3(b) 所示，其中 ab 支路的阻抗为

$$Z_{ab} = j\omega M + \frac{1}{j\omega C} = j2 + (-j2) = 0$$

故图 6.4.3(b) 所示电路可等效画成图 6.4.3(c) 所示电路。根据图 6.4.3(c) 所示电路得

$$\dot I_2 = 0$$

$$\dot I_1 = \dot I_3 = \frac{\dot U}{j\omega(L_1 - M)} = \frac{\dot U}{j\omega L_1 - j\omega M} = \frac{\dot U}{j4 - j2} = \frac{10\,\underline{/0^\circ}}{j2} = -j5\text{ A}$$

故得

$$\dot U_2 = -j\omega M\dot I_1 + j\omega(L_2 - M)\dot I_2 = -j2\times(-j5) = -10\text{ V} = 10\,\underline{/180^\circ}\text{ V}$$

例 6.4.4　图 6.4.4(a) 所示电路，试用去耦等效电路法求端口开路电压 $\dot U_{OC}$ 和电压 $\dot U_1$。已知 $\dot I_S = 2\,\underline{/0^\circ}\text{A}$，$j\omega L_1 = j8\ \Omega$，$j\omega M = j4\ \Omega$。

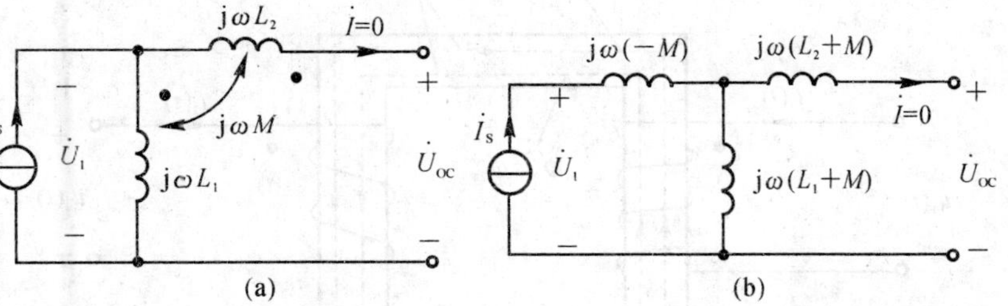

图　6.4.4

解　图 6.4.4(a) 所示电路的去耦等效电路如图 6.4.4(b) 所示。故得

$$\dot U_{OC} = j\omega(L_1 + M)\dot I_S = (j\omega L_1 + j\omega M)\dot I_S = (j8 + j4)\times 2\,\underline{/0^\circ} = j24 = 24\,\underline{/90^\circ}\text{ V}$$

$$\dot U_1 = [-j\omega M + j\omega(L_1 + M)]\dot I_S = [-j\omega M + j\omega L_1 + j\omega M]\dot I_S = $$

$$j\omega L_1\dot I_S = j8\times 2\,\underline{/0^\circ} = j16\text{ V} = 16\,\underline{/90^\circ}\text{ V}$$

例 6.4.5　图 6.4.5 所示电路，求 $\dot I_1$，$\dot I_2$，$\dot U_2$ 和电路吸收的功率 P。

解　用直接列 KVL 方程的方法求解。

$$\begin{cases}(1 + j2)\dot I_1 + j8\dot I_2 = 8\,\underline{/0^\circ} \\ j8\dot I_1 + (j32 - j32)\dot I_2 = 0\end{cases}$$

即

$$\begin{cases}(1 + j2)\dot I_1 + j8\dot I_2 = 8\,\underline{/0^\circ} \\ j8\dot I_1 = 0\end{cases}$$

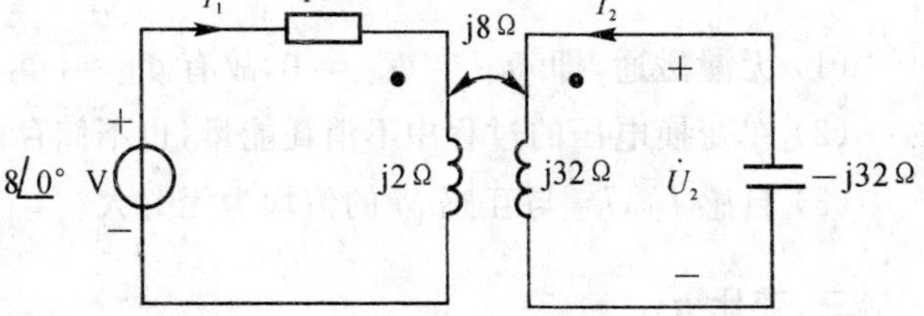

图　6.4.5

故得

$$\dot I_1 = 0$$

$$\dot I_2 = \frac{8\,\underline{/0^\circ}}{j8} = -j1 = 1\,\underline{/-90^\circ}\text{ A}$$

$$\dot U_2 = -(-j32)\dot I_2 = j32\times(-j1) = 32\,\underline{/0^\circ}\text{ V}$$

6.5 理想变压器

一、变压器

用来变换电压的电器称为变压器。

二、理想变压器

图 6.5.1(a) 所示电路是耦合电感的原理结构与磁场分布，把满足下列 3 个条件的耦合电感称为理想变压器：

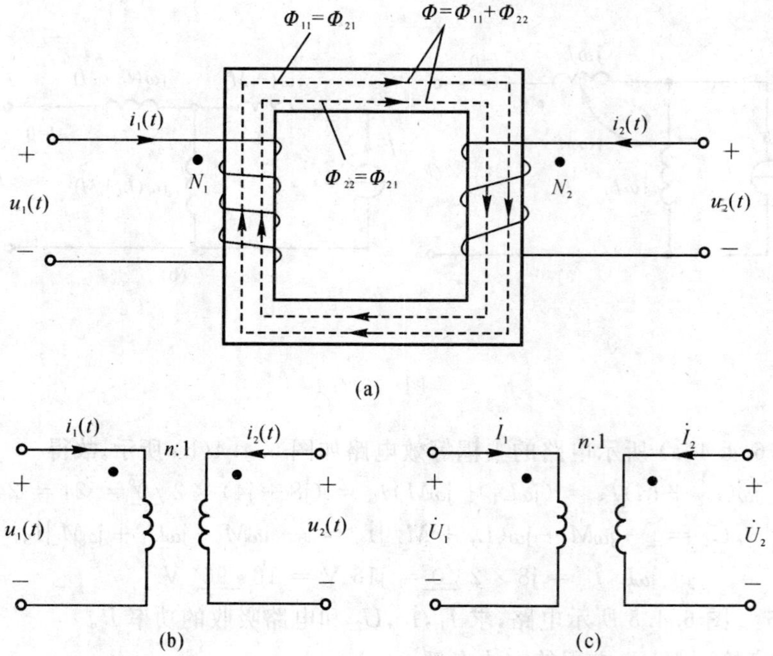

图 6.5.1 理想变压器的定义及电路符号

(1) 无漏磁通，即 $\Phi_{S1}=\Phi_{S2}=0$，故有 $\Phi_{11}=\Phi_{21}$，$\Phi_{22}=\Phi_{12}$。

(2) 在变换电压的过程中不消耗能量，也不储存能量。

(3) 自感 L_1，L_2 与互感 M 的值均为无穷大。

三、变比 *n*

变比 n 的定义为①

$$n=\frac{N_1}{N_2}$$

① 变比也可以定义为 $n=\dfrac{N_2}{N_1}$

四、电路符号

理想变压器的电路符号如图 6.5.1(b),(c) 所示,图 6.5.1(b) 为时域电路,图 6.5.1(c) 为相量电路。

理想变压器的电路符号有 3 个特点:① 是具有两个端口的二端口元件;② 只有一个参数变比 n,n 为大于零的实常数;③ 必须标出同名端。

五、伏安关系

(1) 电压 $u_1(t)$ 与 $u_2(t)$ 的关系。从图 6.5.1(a) 看出,由于 $u_1(t)$,$i_1(t)$ 和 Φ 三者的参考方向互为关联方向,$u_2(t)$,$i_2(t)$ 和 Φ 三者的参考方向也互为关联方向,故有

$$u_1(t) = N_1 \frac{\mathrm{d}\Phi}{\mathrm{d}t}$$

$$u_2(t) = N_2 \frac{\mathrm{d}\Phi}{\mathrm{d}t}$$

故得

$$\frac{u_1(t)}{u_2(t)} = \frac{N_1}{N_2} = n \qquad (6.5.1(1))$$

或

$$u_1(t) = nu_2(t) \qquad (6.5.1(2))$$

从式(6.5.1) 可看出 3 点结论:

1) 两个线圈的电压之比是与两个线圈的匝数成正比。

2) 当 $u_1(t)$ 与 $u_2(t)$ 参考极性的"+"极端均在同名端"•"时,式(6.5.1) 的等号右端取"+"号,否则取"−"号。

3) $u_1(t)$ 与 $u_2(t)$ 均不受电流 $i_1(t)$,$i_2(t)$ 的约束。

当电压、电流均为同频率的正弦量时,式(6.5.1) 可写为相量形式,即

$$\frac{\dot{U}_1}{\dot{U}_2} = \frac{N_1}{N_2} = n \qquad (6.5.1(3))$$

或

$$\dot{U}_1 = n\dot{U}_2 \qquad (6.5.1(4))$$

(2) 电流 $i_1(t)$ 与 $i_2(t)$ 的关系。在图 6.5.1(b) 中,由于理想变压器不消耗也不储存能量,故它吸收的瞬时功率必为零. 即必有

$$u_1(t)i_1(t) + u_2(t)i_2(t) = 0$$

故得

$$\frac{i_1(t)}{i_2(t)} = -\frac{u_2(t)}{u_1(t)} = -\frac{N_2}{N_1} = -\frac{1}{n} \qquad (6.5.2(1))$$

或

$$i_1(t) = -\frac{1}{n} i_2(t) \qquad (6.5.2(2))$$

从式(6.5.2) 也可看出如下结论:

1) 两个线圈的电流之比是与两个线圈的匝数成反比。

2) 当 $i_1(t)$ 与 $i_2(t)$) 的参考方向都是流入同名端"•"时,式(6.5.2) 的等号右端取"−"号,否则取"+"号。

3) $i_1(t)$ 与 $i_2(t)$ 均不受电压 $u_1(t)$,$u_2(t)$ 的约束。

当电压、电流均为同频率的正弦量时,式(6.5.2) 可写为相量形式,即

$$\frac{\dot{I}_1}{\dot{I}_2} = -\frac{N_2}{N_1} = -\frac{1}{n} \qquad (6.5.2(3))$$

或 $$\dot{I}_1 = -\frac{1}{n}\dot{I}_2 \tag{6.5.2(4)}$$

式(6.5.1)与(6.5.2)共同构成了理想变压器的伏安方程。

例 6.5.1 试写出图 6.5.2 中各电路的伏安方程。

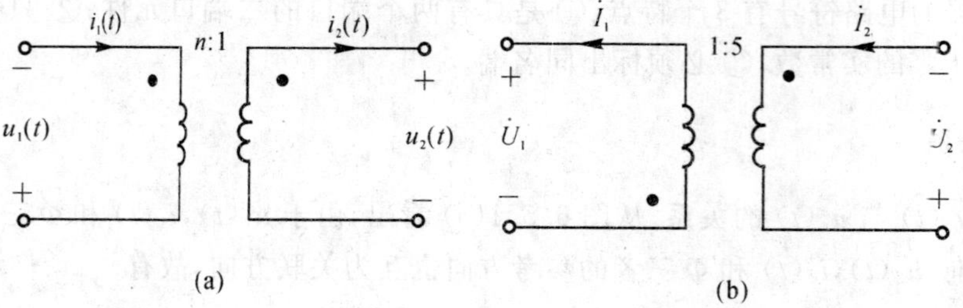

图 6.5.2

解 (a)
$$\begin{cases} \dfrac{u_1(t)}{u_2(t)} = -\dfrac{n}{1} \\ \dfrac{i_1(t)}{i_2(t)} = \dfrac{1}{n} \end{cases}$$

或
$$\begin{cases} u_1(t) = -nu_2(t) \\ i_1(t) = \dfrac{1}{n}i_2(t) \end{cases}$$

(b)
$$\begin{cases} \dfrac{\dot{U}_1}{\dot{U}_2} = \dfrac{1}{5} \\ \dfrac{\dot{I}_1}{\dot{I}_2} = -\dfrac{5}{1} \end{cases}$$

或
$$\begin{cases} \dot{U}_1 = \dfrac{1}{5}\dot{U}_2 \\ \dot{I}_1 = -5\dot{I}_2 \end{cases}$$

六、阻抗变换

设在理想变压器的次级接以阻抗 Z，如图 6.5.3(a) 所示，则初级的输入阻抗 Z_o 为
$$Z_o = \frac{\dot{U}_1}{\dot{I}_1} = \frac{n\dot{U}_2}{\dfrac{1}{n}\dot{I}_2} = n^2 Z \tag{6.5.3}$$

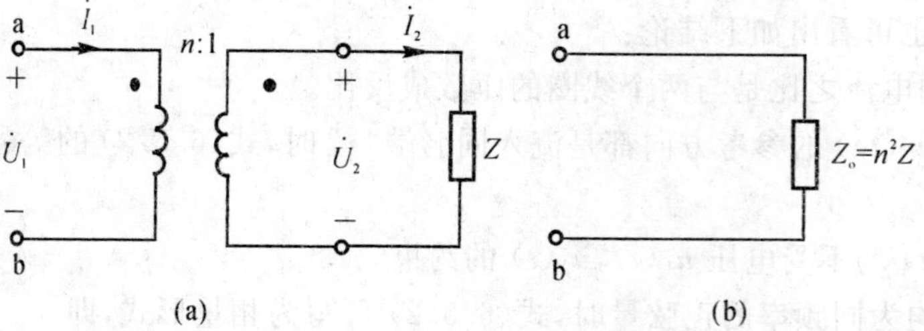

图 6.5.3 理想变压器的阻抗变换作用

式中 $Z=\dfrac{\dot{U}_2}{\dot{I}_2}$。于是可得初级等效电路如图 6.5.3(b) 所示。

从式(6.5.3) 可看出：

(1) 当 $n\neq 1$ 时，有 $Z_o\neq Z$，这说明理想变压器具有阻抗变换作用。$n>1$ 时，$Z_o>Z$；$n<1$ 时，$Z_o<Z$。

(2) 由于 n 为大于零的实常数，故 Z_o 与 Z 的性质相同。

(3) 阻抗变换与同名端无关。

(4) 当 $Z=0$ 时，则 $Z_o=0$，即当次级短路时，相当于初级也短路。

(5) 当 $Z\to\infty$ 时，则 $Z_o\to\infty$，即当次级开路时，相当于初级也开路。

(6) 阻抗变换具有可逆性，即也可将初级的阻抗 Z 变换到次级，如图 6.5.4(a)，(b) 所示。但要注意此时的 Z_o 为

$$Z_o=\frac{1}{n^2}Z$$

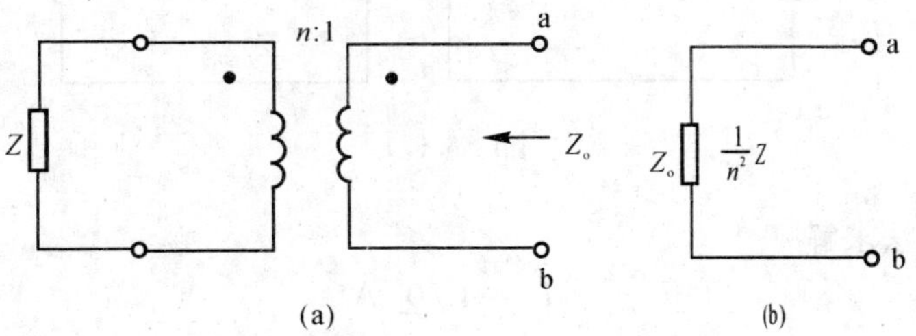

图 6.5.4　理想变压器阻抗变换作用的可逆性

例 6.5.2　试求图 6.5.5 中各电路的输入阻抗 Z_o 或输入电阻 R_o 的值。

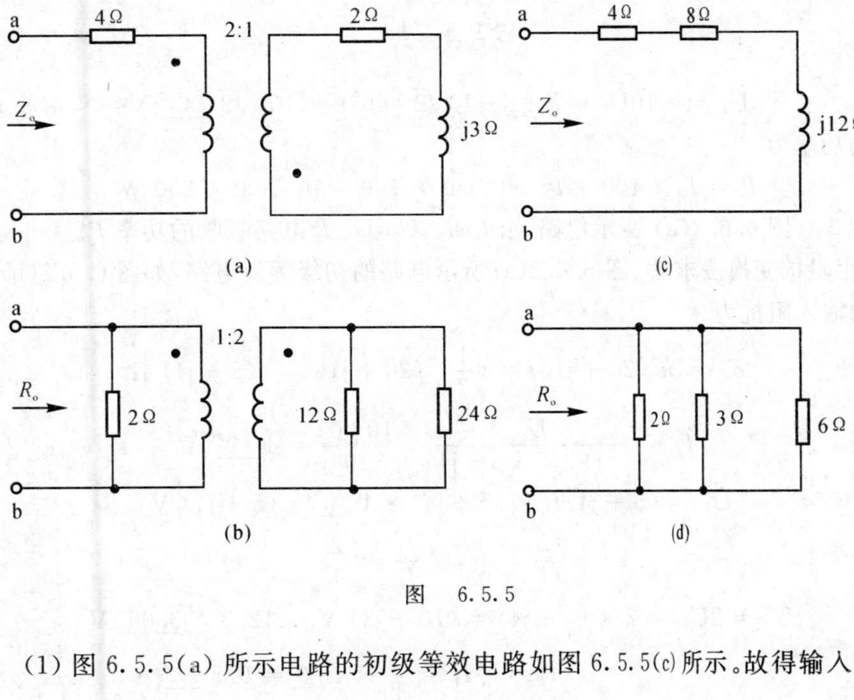

图　6.5.5

解　(1) 图 6.5.5(a) 所示电路的初级等效电路如图 6.5.5(c) 所示。故得输入阻抗为

$$Z_o = (4+8) + j12 = (12 + j12)\ \Omega$$

(2) 图 6.5.5(b) 所示电路的初级等效电路如图 6.5.5(d) 所示。故得输入电阻为

$$R_o = 1\ \Omega$$

6.6 含理想变压器电路的分析计算

含理想变压器电路的分析计算方法有3种:① 直接法,即直接利用理想变压器的伏安关系列方程求解;② 阻抗变换法;③ 等效电源定理法。下面举例介绍。

例 6.6.1 图 6.6.1 所示电路,求 $\dot{U}_1$,$\dot{U}_2$,$\dot{I}_2$ 及电路吸收的功率 P。

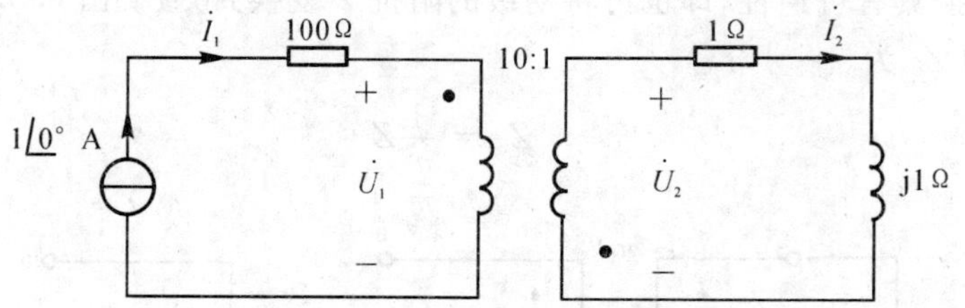

图 6.6.1

解 用直接法求解

$$\dot{I}_1 = 1\angle 0°\ \text{A}$$

$$\frac{\dot{I}_1}{\dot{I}_2} = -\frac{1}{10}$$

故得
$$\dot{I}_2 = -10\dot{I}_1 = -10\times 1\angle 0° = -10 = 10\angle 180°\ \text{A}$$

$$\dot{U}_2 = (1+j1)\dot{I}_2 = \sqrt{2}\angle 45° \times (-10) = -10\sqrt{2}\angle 45° = 10\sqrt{2}\angle -135°\ \text{V}$$

又有
$$\frac{\dot{U}_1}{\dot{U}_2} = -\frac{10}{1}$$

故
$$\dot{U}_1 = -10\dot{U}_2 = -10(-10\sqrt{2}\angle 45°) = 100\sqrt{2}\angle 45°\ \text{V}$$

电路吸收的功率为

$$P = I_1^2 \times 100 + I_2^2 \times 1 = 1^2 \times 100 + 10^2 \times 1 = 200\ \text{W}$$

例 6.6.2 图 6.6.2(a) 所示电路,求 $\dot{I}_1$,$\dot{I}_2$,$\dot{U}_1$,$\dot{U}_2$ 及电路吸收的功率 P。

解 用阻抗变换法求解。图 6.6.2(a) 所示电路的初级等效电路,如图 6.6.2(b) 所示。其中 a,b 端的输入阻抗为

$$Z_{ab} = n^2(20 + j16) = \left(\frac{1}{2}\right)^2(20 + j16) = (5 + j4)\ \Omega$$

故得
$$\dot{I}_1 = \frac{\dot{U}_S}{-j4 + 5 + 5 + j4} = \frac{10\angle 0°}{10} = 1\angle 0°\ \text{A}$$

$$\dot{U}_1 = (5 + j4)\dot{I}_1 = (5 + j4)\times 1\angle 0° = (5 + j4)\ \text{V}$$

又因
$$\frac{\dot{U}_1}{\dot{U}_2} = \frac{1}{2},\quad \frac{\dot{I}_1}{\dot{I}_2} = \frac{2}{1}$$

故得
$$\dot{U}_2 = 2\dot{U}_1 = 2\times(5 + j4) = (10 + j8)\ \text{V} = 12.8\angle 38.66°\ \text{V}$$

$$\dot{I}_2 = \frac{1}{2}\dot{I}_1 = \frac{1}{2}\times 1\angle 0° = 0.5\angle 0°\ \text{A}$$

电路吸收的功率为　　　$P = I_1^2(5+5) = 1^2 \times 10 = 10\ \mathrm{W}$

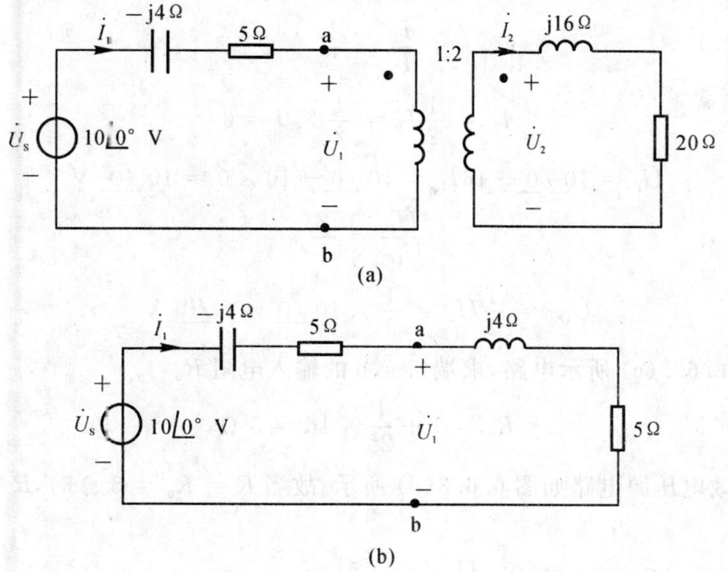

图　6.6.2

例 6.6.3　图 6.6.3(a) 所示电路，求 R 为何值时能获得最大功率 P_m，P_m 为多大？

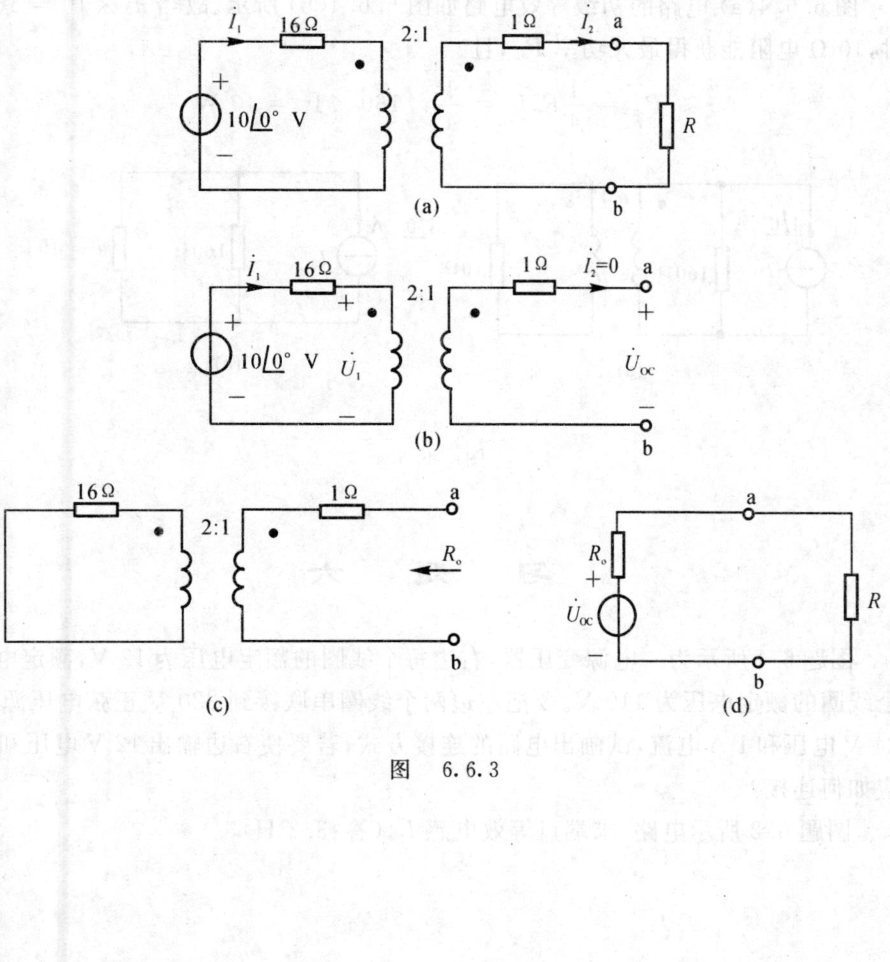

图　6.6.3

解 用等效电压源定理求解。

(1) 根据图 6.6.3(b) 求端口 a,b 的开路电压 $\dot{U}_{OC}$

因有
$$\frac{\dot{I}_1}{\dot{I}_2}=\frac{1}{2}$$

故
$$\dot{I}_1=\frac{1}{2}\dot{I}_2=\frac{1}{2}\times 0=0$$

$$\dot{U}_1=10\angle 0^\circ-16\dot{I}_1=10\angle 0^\circ-10\times 0=10\angle 0^\circ\ \text{V}$$

又有
$$\frac{\dot{U}_1}{\dot{U}_{OC}}=\frac{2}{1}$$

故得
$$\dot{U}_{OC}=\frac{1}{2}\dot{U}_1=\frac{1}{2}\times 10\angle 0^\circ=5\angle 0^\circ\ \text{V}$$

(2) 根据图 6.6.3(c) 所示电路,求端口 a,b 的输入电阻 R_o。

$$R_o=1+\frac{1}{2^2}\times 16=5\ \Omega$$

(3) 画出等效电压源电路如图 6.6.3(d) 所示。故当 $R=R_o=5\ \Omega$ 时,R 能获得最大功率 P_m,且

$$P_m=\frac{U_{OC}{}^2}{4R_o}=\frac{5^2}{4\times 5}=1.25\ \text{W}$$

例 6.6.4 图 6.6.4(a) 所示电路,今欲使 10Ω 电阻能获得最大功率 P_m,求理想变压器的变比 n 及 P_m 的值。

解 图 6.6.4(a) 电路的初级等效电路如图 6.6.4(b) 所示。故当 $n^2\times 10=160\ \Omega$ 时,即 $n=4$ 时,10 Ω 电阻能获得最大功率 P_m,且

$$P_m=\frac{1}{4}R_o I_S^2=\frac{1}{4}\times 160\times 1^2=40\ \text{W}$$

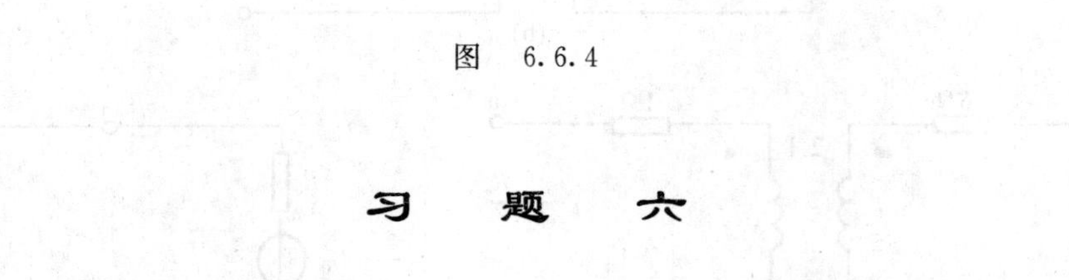

图 6.6.4

习 题 六

6.1 图题 6.1 所示为一电源变压器,右边每个线圈的额定电压为 12 V,额定电流为 1 A,左边每个线圈的额定电压为 110 V。今把左边两个线圈串联接到 220 V 正弦电压源上,要求右边输出24 V电压和 1 A电流,试画出电路的连接方式;若要使右边输出 12 V 电压和 2 A 电流,问电路应如何连接?

6.2 图题 6.2 所示电路,求端口等效电感 L。(答:3.2 H)

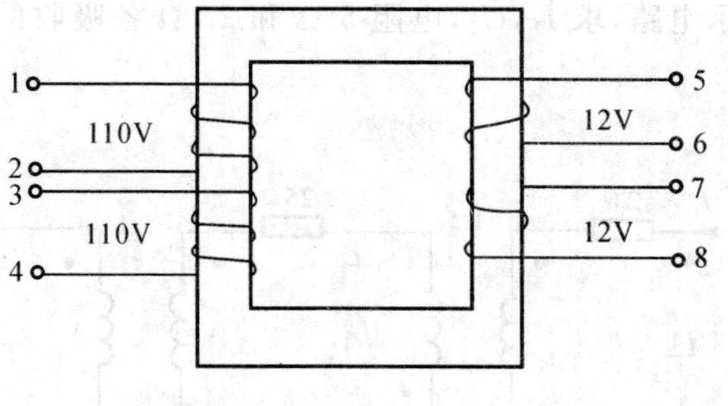

图题　6.1

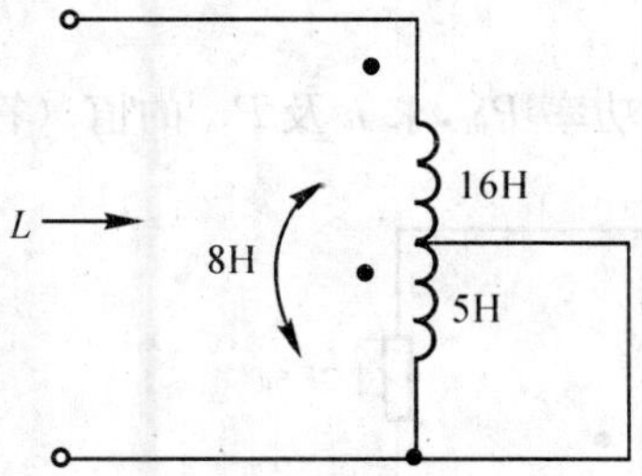

图题　6.2

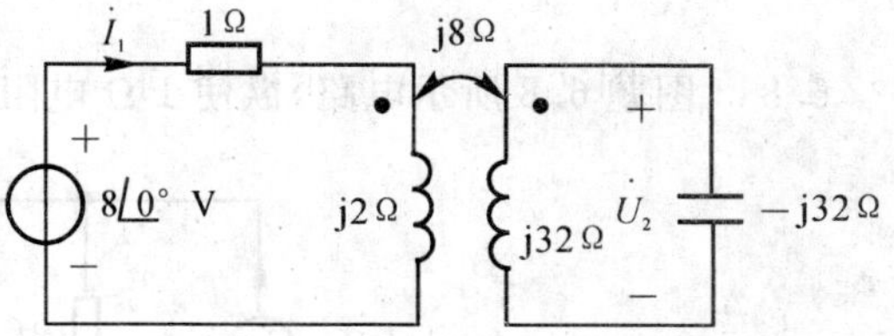

图题　6.3

6.3　图题 6.3 所示电路，求 $\dot{I}_1$，$\dot{U}_2$ 及电压源发出的平均功率 P 的值。(答：0，$32\angle 0^\circ$ V，0)

6.4　图题 6.4 所示电路，求 $\dot{I}_C$，$\dot{U}_C$ 的值。(答：$1.5\angle -90^\circ$ A，-1.5 V)

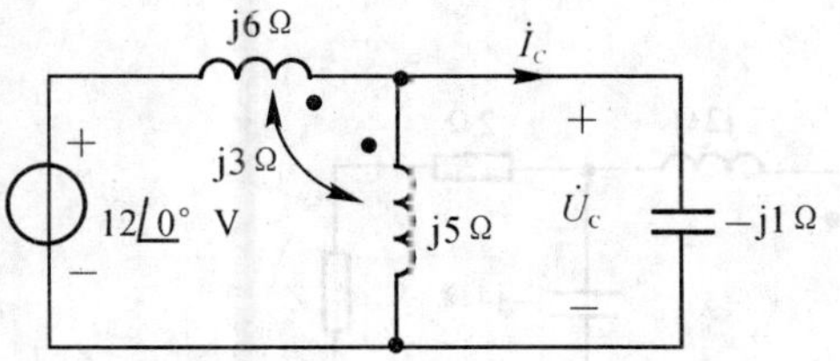

图题　6.4

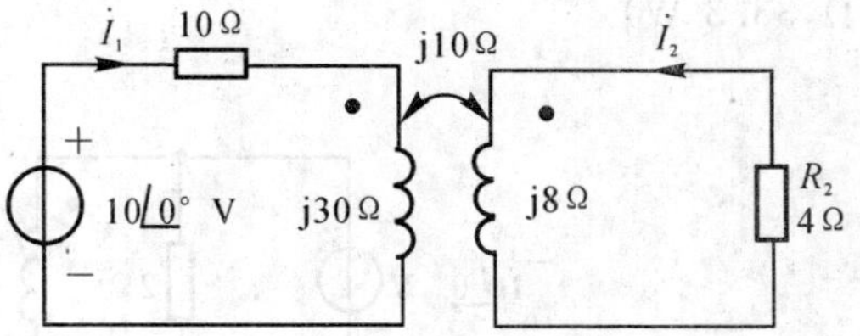

图题　6.5

6.5　图题 6.5 所示电路，求 $\dot{I}_1$，$\dot{I}_2$，R_2 吸收的平均功率 P_2 的值。(答：$4\angle -53.1^\circ$ A，$4.47\angle -26.5^\circ$ A，80 W)

6.6　图题 6.6 所示电路，求 $\dot{U}_S$，$\dot{I}_2$，$\dot{U}_1$，$\dot{U}_2$ 及电流源发出的平均功率 P 的值。(答：$8\angle 0^\circ$ V，0.5 A，$4\sqrt{2}\angle 45^\circ$ V，$8\sqrt{2}\angle 45^\circ$ V，8 W)

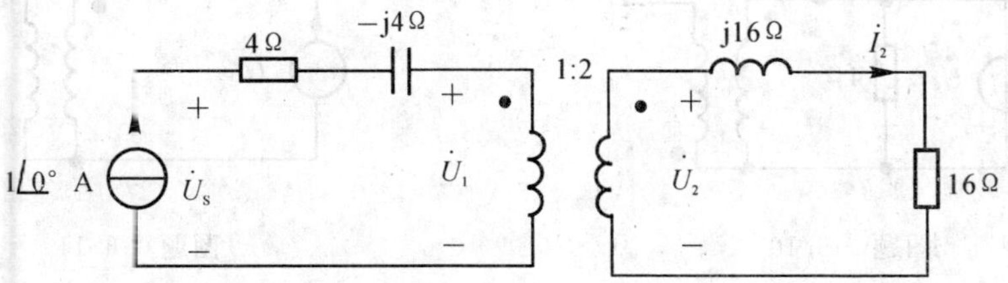

图题　6.6

6.7 图题 6.7 所示电路，求 $\dot{I}_1$，$\dot{U}_2$，电阻 5 Ω 和 25 Ω 各吸收的平均功率。(答：$2\underline{/0^\circ}$ A，-60 V，4 W，20 W)

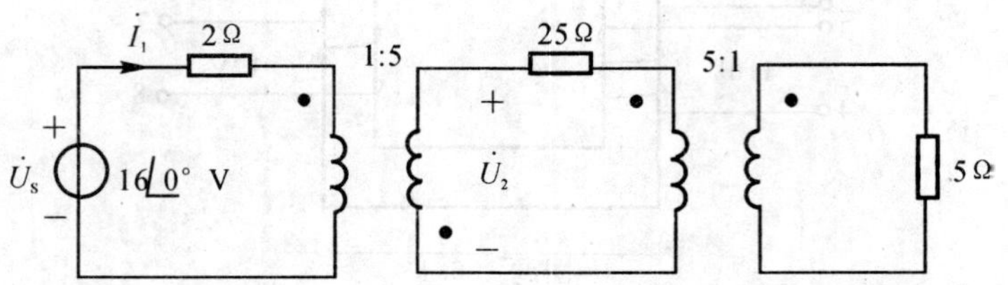

图题 6.7

6.8 图题 6.8 所示电路，欲使 1 Ω 电阻获得最大功率 P_m，求 n 及 P_m 的值。(答：3，9 W)

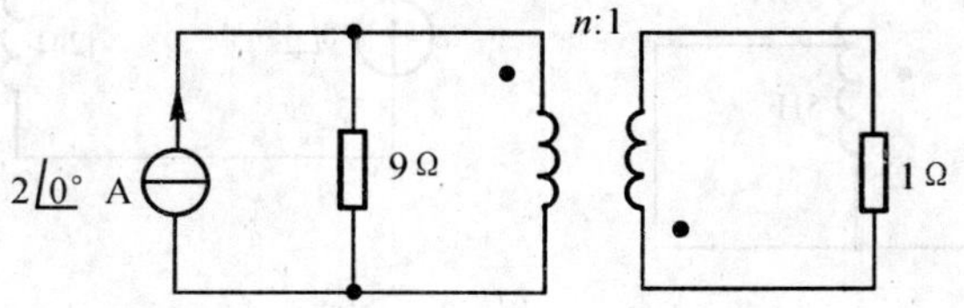

图题 6.8

6.9 图题 6.9 所示电路，求阻抗 Z 为何值时能获得最大功率 P_m，P_m 的值为多大？(答：6 Ω，33.3 W)

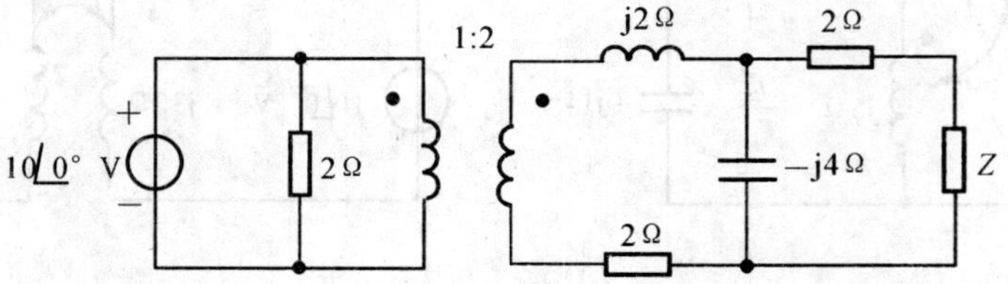

图题 6.9

6.10 图题 6.10 所示电路，$\dot{U}_S = 10\underline{/30^\circ}$ V。求电压源发出的平均功率 P。(答：475 W)

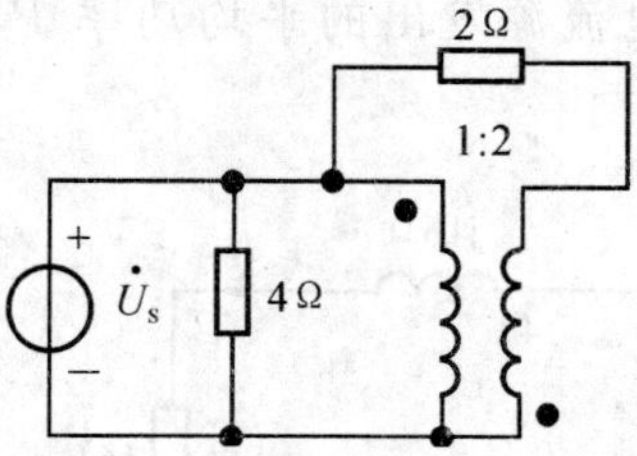

图题 6.10

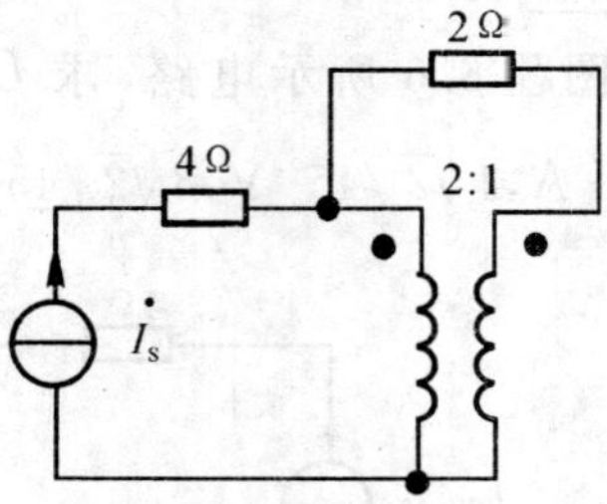

图题 6.11

6.11 图题 6.11 所示电路，$\dot{I}_S = 6\underline{/30^\circ}$ A，求电流源发出的功率 P。(答 432 W)

6.12　图题 6.12 所示电路，求电压 $\dot{U}_2$。(答：$-\mathrm{j}100$ V)

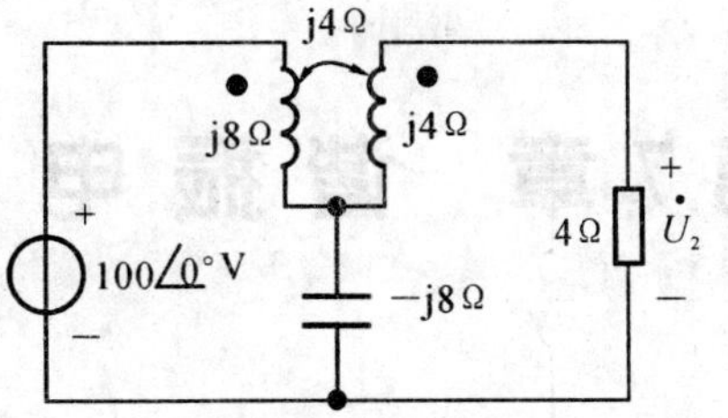

图题　6.12

6.13　图题 6.13 所示电路，求 Z 为何值时能获得最大功率 P_m，P_m 的值多大？(答：$7.5-\mathrm{j}7.5\ \Omega$，$\frac{25}{3}$ W)

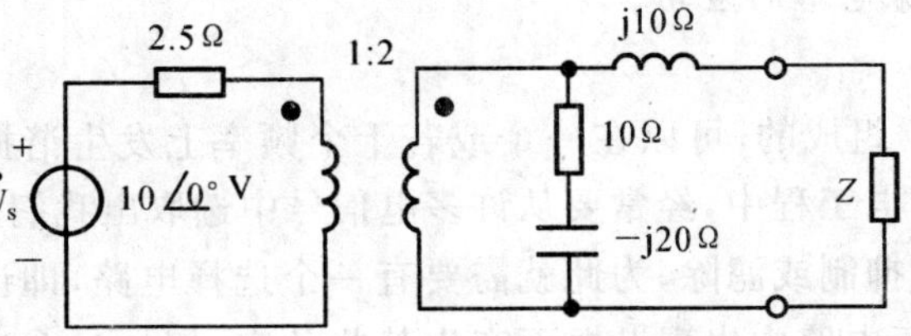

图题　6.13

6.14　图题 6.14 所示电路，求 $\dot{U}_2$ 和电流源发出的功率 $P_{发}$。(答：$3.54\angle -135^\circ$ V，12.53 W)

图题　6.14

第7章 谐振电路

内容提要

本章讲述三种常用的谐振电路(串联谐振电路,并联谐振电路,耦合谐振电路)谐振的定义,谐振的条件,电路的固有谐振频率,谐振时电路的性质,谐振电路的频率特性与通频带,谐振电路调谐的方法,谐振电路的应用。

由电感 L 和电容 C 组成的,可以在一个或若干个频率上发生谐振现象的电路,统称为谐振电路。在电子和无线电工程中,经常要从许多电信号中选取出我们所需要的电信号,而同时把不需要的电信号加以抑制或滤除,为此就需要有一个选择电路,即谐振电路。另一方面,在电力工程中,有可能由于电路中出现谐振而产生某些危害,例如过电压或过电流。所以,对谐振电路的研究,无论是从利用方面,或是从限制其危害方面来看,都有重要意义。

7.1 串联谐振电路

一、谐振与谐振条件

由电感 L 和电容 C 串联而组成的谐振电路,称为串联谐振电路,如图 7.1.1 所示。其中 R 为电路的总电阻,即 $R=R_L+R_C$,R_L 和 R_C 分别为电感元件与电容元件的电阻;$\dot{U}_S$ 为电压源电压,ω 为电源角频率。该电路的输入阻抗为

$$Z=|Z|e^{j\varphi}=R+jX=\sqrt{R^2+X^2}e^{j\arctan\frac{X}{R}}$$

其中 $X=\omega L-\dfrac{1}{\omega C}$。故得 Z 的模和辐角分别为

$$|Z|=\sqrt{R^2+X^2}+\sqrt{R^2+(\omega L-\frac{1}{\omega C})^2} \qquad (7.1.1)$$

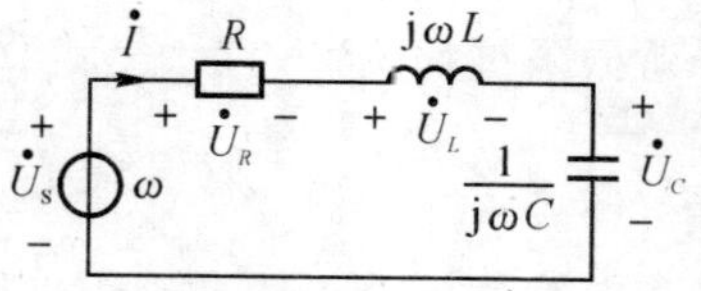

图 7.1.1 串联谐振电路

$$\varphi=\psi_u-\psi_i=\arctan\frac{X}{R}=\arctan\frac{\omega L-\frac{1}{\omega C}}{R} \qquad (7.1.2)$$

由式(7.1.2)可见,当 $X=\omega L-\dfrac{1}{\omega C}=0$ 时,即有 $\varphi=0$,即 $\dot{I}$ 与 $\dot{U}_S$ 同相位,此时就说电路发生了谐振。而电路达到谐振的条件为

$$X=\omega L-\frac{1}{\omega C}=0 \qquad (7.1.3)$$

二、电路的固有谐振频率

由式(7.1.3)可得

$$\omega = \omega_0 = \frac{1}{\sqrt{LC}} \tag{7.1.4}$$

$\omega_0 = \frac{1}{\sqrt{LC}}$ 称为电路的固有谐振角频率，简称谐振角频率，因为它只由电路本身的参数 L,C 所决定。电路的谐振频率则为

$$f_0 = \frac{\omega_0}{2\pi} = \frac{1}{2\pi\sqrt{LC}} \tag{7.1.5}$$

式(7.1.4)表明，当电源的角频率 ω 与电路的固有谐振角频率 ω_0 相等时，电路即发生了谐振。

由式(7.1.4)和式(7.1.5)可见，L 和 C 的值愈小，则 ω_0 和 f_0 的值就愈高。

三、谐振阻抗、特征阻抗与品质因数

电路在谐振时的输入阻抗称为谐振阻抗，用 Z_0 表示。由于谐振时的电抗 $X = 0$，故由式(7.1.1)得谐振阻抗为

$$Z_0 = R$$

可见 Z_0 为纯电阻，且其值为最小。

谐振时的感抗 X_{L0} 和容抗 X_{C0} 称为电路的特征阻抗，用 ρ 表示。即

$$\rho = X_{L0} = \omega_0 L = \frac{1}{\sqrt{LC}}L = \sqrt{\frac{L}{C}}$$

$$\rho = X_{C0} = \frac{1}{\omega_0 C} = \sqrt{\frac{L}{C}}$$

可见 ρ 只与电路参数 L,C 有关，而与 ω 无关，且有 $X_{L0} = X_{C0}$。

品质因数用 Q 表示，定义为特征阻抗 ρ 与电路的总电阻 R 之比，即

$$Q = \frac{\rho}{R} = \frac{X_{L0}}{R} = \frac{X_{C0}}{R} \tag{7.1.6}$$

在电子工程中，Q 值一般在 $10 \sim 500$ 之间。由式(7.1.6)可得

$$\rho = X_{L0} = X_{C0} = QR$$

故得谐振阻抗的又一表示式为

$$Z_0 = R = \frac{\rho}{Q}$$

在电路分析中一般多采用电路元件的品质因数。电感元件与电容元件的品质因数分别定义为

$$Q_L = \frac{\omega_0 L}{R_L} = \frac{X_{L0}}{R_L}, \quad Q_C = \frac{\frac{1}{\omega_0 C}}{R_C} = \frac{X_{C0}}{R_C}$$

因在实际中有 $R_C \approx 0$，故有

$$Q = \frac{X_{L0}}{R} = \frac{X_{L0}}{R_L + R_C} \approx \frac{X_{L0}}{R_L} = Q_L$$

即电路的品质因数 Q，实际上可认为就是电感元件的品质因数 Q_L。以后若提到品质因数 Q，均

是指 Q_L。

四、谐振时电路的特性

谐振电路在谐振时的特性有：

(1) 谐振阻抗 Z_0 为纯电阻，其值为最小，即 $Z_0 = R$。

(2) 电流 $\dot{I}$ 与电源电压 $\dot{U}_S$ 同相位，即 $\varphi = \psi_u - \psi_i = 0$。

(3) 电流 $\dot{I}$ 的模达到最大值，即 $I = I_0 = U_S/R$。I_0 称为谐振电流。

(4) L 和 C 两端均可能出现高电压，即

$$U_{L0} = I_0 X_{L0} = \frac{U_S}{R} X_{L0} = QU_S \tag{7.1.7}$$

$$U_{C0} = I_0 X_{C0} = \frac{U_S}{R} X_{C0} = QU_S \tag{7.1.8}$$

可见当 $Q \gg 1$ 时，即有 $U_{L0} = U_{C0} \gg U_S$，故串联谐振又称为电压谐振。这种出现高电压的现象，在无线电和电子工程中极为有用，但在电力工程中却表现为有害，应予防止。

由式(7.1.7)和式(7.1.8)，又可得到 Q 的另一表示式和物理意义，即

$$Q = \frac{U_{L0}}{U_S} = \frac{U_{C0}}{U_S}$$

即品质因数 Q 也可理解为谐振时 L 两端或 C 两端的电压 $U_{L0} = U_{C0}$，比电源电压 U_S 大的倍数。

(5) 谐振时电路的相量图如图 7.1.2 所示。由图可见，L 和 C 两端的电压 $\dot{U}_{L0}$，$\dot{U}_{C0}$ 大小相等，相位相反，互相抵消了。故有 $\dot{U}_S = \dot{U}_R$。

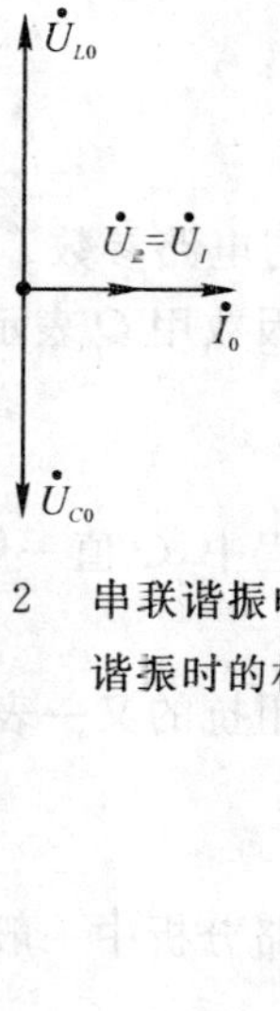

图 7.1.2 串联谐振电路谐振时的相量图

例 7.1.1 一半导体收音机的输入电路为 R，L，C 串联电路，$L = 300\ \mu H$，$R = 10\ \Omega$。当收听频率 $f = 540\ kHz$ 的电台广播时，输入信号电压的有效值 $U_S = 100\ \mu V$。求可变电容 C 的值、电路的 Q 值和输出电压 U_{L0} 的值。

解

$$C = \frac{1}{(2\pi f)^2 L} = 292\ pF$$

$$Q = \frac{\omega_0 L}{R} = \frac{2\pi f L}{R} = 106.8$$

$$U_{L0} = QU_S = 10.68\ mV$$

例 7.1.2 R，L，C 串联电路，已知 $R = 5\ \Omega$，$L = 100\ \mu H$，$C = 400\ pF$，$U_S = 10\ \mu V$。求 ω_0，Z_0，ρ，Q，U_{C0}，I_0，功率 P。

解

$$\omega_0 = \frac{1}{\sqrt{LC}} = 5 \times 10^6\ rad/s$$

$$Z_0 = R = 5\ \Omega$$

$$\rho = X_{L0} = \omega_0 L = 500\ \Omega$$

$$Q = \frac{\rho}{R} = 100$$

$$U_{C0} = QU_S = 1\ 000\ \mu V$$

$$I_0 = \frac{U_S}{R} = 2\ \mu A$$

$$P = I_0^2 R = 2 \times 10^{-11}\ W$$

五、电路的频率特性

电路的各物理量随电源频率 ω 而变化的函数关系,称为电路的频率特性。研究电路频率特性的目的在于进一步研究谐振电路的选择性与通频带问题。

1. 阻抗的模频特性与相频特性

电路的感抗 X_L,容抗 X_C,电抗 X,阻抗的模 $|Z|$ 分别为

$$X_L = \omega L, \quad X_C = \frac{1}{\omega C}$$

$$X = X_L - X_C = \omega L - \frac{1}{\omega C}$$

$$|Z| = \sqrt{R^2 + X^2} = \sqrt{R^2 + (X_L - X_C)^2} = \sqrt{R^2 + (\omega L - \frac{1}{\omega C})^2}$$

它们的频率特性如图 7.1.3(a) 所示,统称为阻抗的模频特性。由图可见,当 $\omega = 0$ 时,$|Z| \to \infty$;当 $0 < \omega < \omega_0$ 时,$X < 0$,电路呈电容性;当 $\omega = \omega_0$ 时,$X = 0$,电路呈纯电阻性,$|Z| = R$;当 $\omega_0 < \omega < \infty$ 时,$X > 0$,电路呈电感性;当 $\omega \to \infty$ 时,$|Z| \to \infty$。

阻抗的相频特性就是阻抗角 φ 随 ω 的变化关系,即

$$\varphi = \arctan\frac{X}{R} = \arctan\frac{\omega L - \frac{1}{\omega C}}{R}$$

当 $\omega = 0$ 时,$\varphi = -\frac{\pi}{2}$;当 $\omega = \omega_0$ 时,$\varphi = 0$;当 $\omega = \infty$ 时,$\varphi = \frac{\pi}{2}$。其曲线如图 7.1.3(b) 所示,称为相位频率特性。

2. 电流频率特性

$$I = \frac{U_S}{|Z|} = \frac{U_S}{\sqrt{R^2 + (\omega L - \frac{1}{\omega C})^2}} \qquad (7.1.9)$$

当 $\omega = 0$ 时,$I = 0$;当 $\omega = \omega_0$ 时,$I = I_0 = \frac{U_S}{R}$;当 $\omega \to \infty$ 时,$I = 0$。其曲线如图 7.1.3(c) 所示,称为电流频率特性。

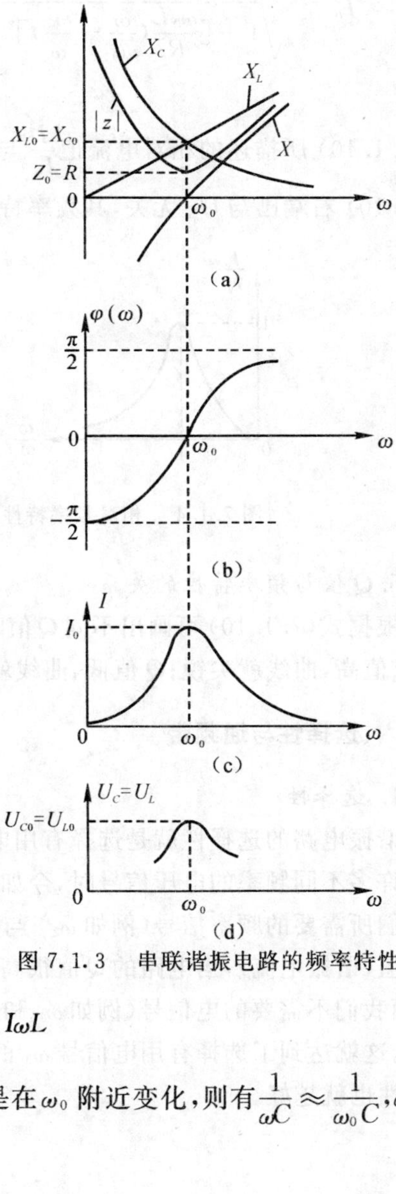

图 7.1.3 串联谐振电路的频率特性

3. 电压频率特性

电容电压和电感电压的有效值分别为

$$U_C = I\frac{1}{\omega C}, \quad U_L = I\omega L$$

由于在电子工程实际中总是有 $Q \gg 1$,ω_0 很高,且 ω 又是在 ω_0 附近变化,则有 $\frac{1}{\omega C} \approx \frac{1}{\omega_0 C}$,$\omega L \approx$

$\omega_0 L$。故上两式可写为

$$U_C = U_L \approx I\frac{1}{\omega_0 C} = I\omega_0 L$$

即 U_C 和 U_L 均近似与电流 I 成正比。U_C,U_L 的频率特性与电流 I 的频率特性相似，如图 7.1.3(d) 所示。图中 $U_{L0} = U_{C0} = I_0 X_{L0} = I_0 X_{C0}$。

4. 相对频率特性

由式(7.1.9)看出，电流 I 不仅与 R,L,C 有关，且与 U_S 有关，这就使我们难以确切地比较电路参数对电路频率特性曲线的影响。为此我们来研究相对电流频率特性。

$$I = \frac{U_S}{\sqrt{R^2+(\omega L-\frac{1}{\omega C})^2}} = \frac{U_S}{R\sqrt{1+\frac{1}{R^2}(\omega L-\frac{1}{\omega C})^2}} = \frac{I_0}{\sqrt{1+[\frac{1}{R}(\frac{\omega_0\omega L}{\omega_0}-\frac{\omega_0}{\omega_0\omega C})]^2}}$$

故有

$$\frac{I}{I_0} = \frac{1}{\sqrt{1+[\frac{\omega_0 L}{R}(\frac{\omega}{\omega_0}-\frac{\omega_0}{\omega})]^2}} = \frac{1}{\sqrt{1+Q^2(\frac{\omega}{\omega_0}-\frac{\omega_0}{\omega})^2}} = \frac{1}{\sqrt{1+Q^2(\frac{f}{f_0}-\frac{f_0}{f})^2}} \tag{7.1.10}$$

式(7.1.10)所描述的相对电流值 $\frac{I}{I_0}$ 与 $\frac{\omega}{\omega_0}$(或 $\frac{f}{f_0}$)的函数关系，即为相对电流频率特性。可见式(7.1.10)右端已与 U_S 无关，其频率特性如图 7.1.4 所示。

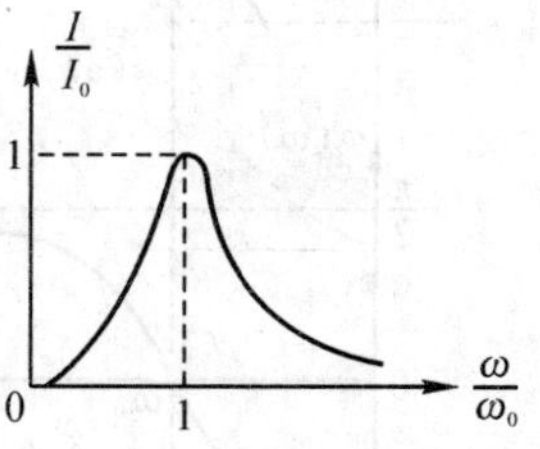

图 7.1.4 相对频率特性

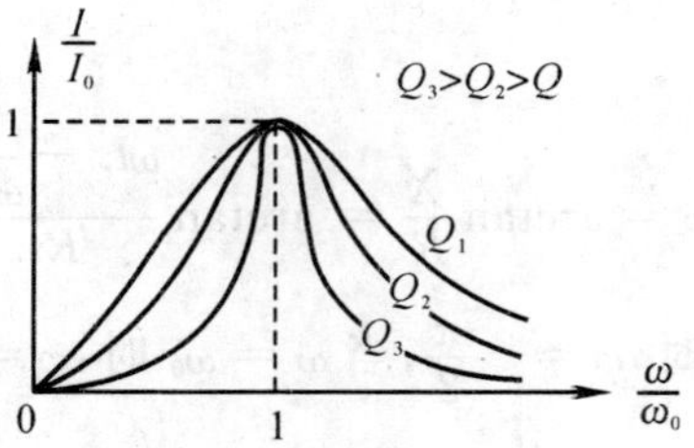

图 7.1.5 Q 值与频率特性的关系

5. Q 值与频率特性的关系

根据式(7.1.10)可画出不同 Q 值时的相对电流频率特性曲线，如图 7.1.5 所示。从图中看出，Q 值高，曲线就尖锐；Q 值低，曲线就平坦，即曲线的锐度与 Q 值成正比。

六、选择性与通频带

1. 选择性

谐振电路的选择性就是选择有用电信号的能力。如图 7.1.6 所示，当 R,L,C 串联电路中接入许多不同频率的电压信号时，今如调节电路的固有谐振频率 ω_0(在此是调节电容 C)，就能使我们所需要的频率信号(例如 ω_2)与电路达到谐振，亦即使 $\omega_0 = \omega_2$，从而电路中的电流达到最大值(谐振电流)，当电路的 Q 值很高时，从 C 两端(或 L 两端)输出的电压 U_C(或 U_L)也就最大；而我们不需要的电信号(例如 ω_1 和 ω_3 的电压)在电路中产生的电流很小，其输出电压当然也小。这就达到了选择有用电信号 ω_2 的目的。显然，电路的 Q 值越高，频率特性就越尖锐，因而选择性也就越好。

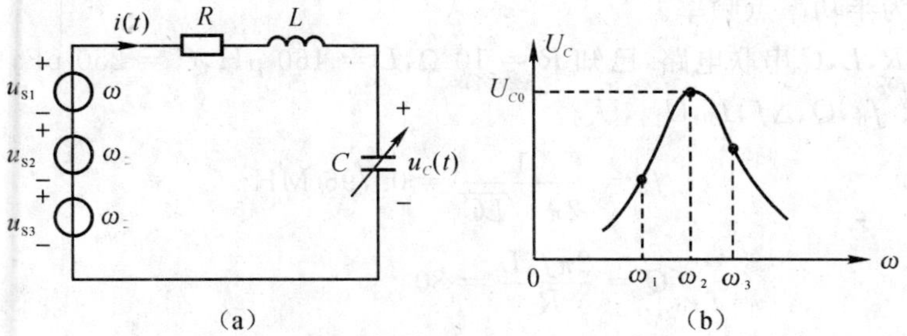

图 7.1.6　串联谐振电路的选择性

2. 通频带

(1) 定义：当电源的 ω(或 f) 变化时，能使电流 $I \geqslant \frac{I_0}{\sqrt{2}}$(或使 $U_C \geqslant \frac{U_{C0}}{\sqrt{2}}$) 的频率范围定义为电路的通频带，如图 7.1.7 所示。通频带用 $\Delta\omega$ 或 Δf 表示，即

$$\Delta\omega = \omega_2 - \omega_1$$

$$\Delta f = f_2 - f_1$$

(2) 计算公式

令 $$I = \frac{I_0}{\sqrt{2}}$$

即 $$\frac{U_S}{\sqrt{R^2 + X^2}} = \frac{U_S}{\sqrt{2}R}$$

故 $$\sqrt{R^2 + X^2} = \sqrt{2}R$$

故得 $$X = \pm R$$

即 $$\omega L - \frac{1}{\omega C} = \pm R$$

当 $\omega = \omega_2$ 时， $$\omega_2 L - \frac{1}{\omega_2 C} = R$$

当 $\omega = \omega_1$ 时， $$\omega_1 L - \frac{1}{\omega_1 C} = -R$$

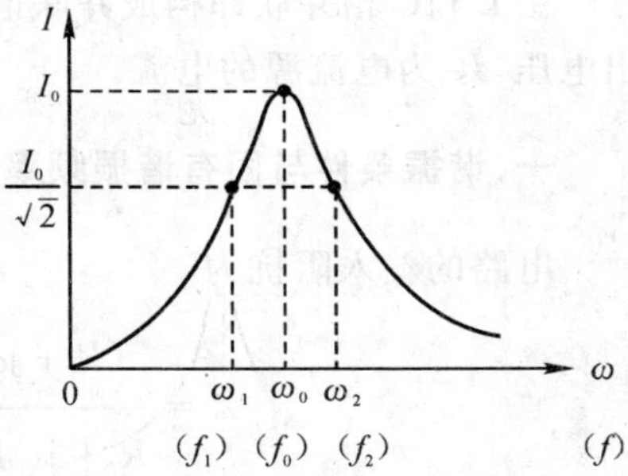

图 7.1.7　电路通频带的定义

联立求解得 $$\Delta\omega = \omega_2 - \omega_1 = \frac{R}{L} = \frac{\omega_0 R}{\omega_0 L} = \frac{\omega_0}{\frac{\omega_0 L}{R}} = \frac{\omega_0}{Q}$$

或 $$\Delta f = f_2 - f_1 = \frac{f_0}{Q}$$

可见，$\Delta\omega$(或 Δf) 与 Q 值成反比，亦即与选择性相矛盾。

定义相对通频带为

$$\frac{\Delta\omega}{\omega_0} = \frac{\Delta f}{f_0} = \frac{1}{Q}$$

(3) 半功率点频率：称 f_1(或 ω_1) 为下边界频率，f_2(或 ω_2) 为上边界频率。由于谐振时电路中消耗的功率为 $P_0 = I_0^2 R$，而在 f_1 和 f_2 时，电路中消耗的功率 $P_1 = P_2 = I^2 R = (\frac{I_0}{\sqrt{2}})^2 R = \frac{1}{2} I_0^2 R = \frac{1}{2} P_0$。可见在上、下边界频率 f_1 和 f_2 处，电路中消耗的功率是等于 P_0 的一半，故又称

上、下边界频率为半功率点频率。

例 7.1.3 R,L,C 串联电路，已知 $R=10\ \Omega,L=160\ \mu\text{H},C=250\ \text{pF}$，电压源电压有效值 $U_S=1\ \text{V}$。求 $f_0,Q,\Delta f,I_0,U_{L0},U_{C0}$。

解

$$f_0=\frac{1}{2\pi\sqrt{LC}}=0.796\ \text{MHz}$$

$$Q=\frac{2\pi f_0 L}{R}=80$$

$$\Delta f=\frac{f_0}{Q}=9.95\ \text{kHz}$$

$$I_0=\frac{U_S}{R}=0.1\ \text{A}$$

$$U_{L0}=U_{C0}=QU_S=80\ \text{V}$$

7.2 并联谐振电路

由 L 和 C 相并联即构成并联谐振电路，如图 7.2.1 所示。其中 R 为电感线圈的电阻，$\dot{U}$ 为输出电压，$\dot{I}_S$ 为电流源的电流。

一、谐振条件与固有谐振频率

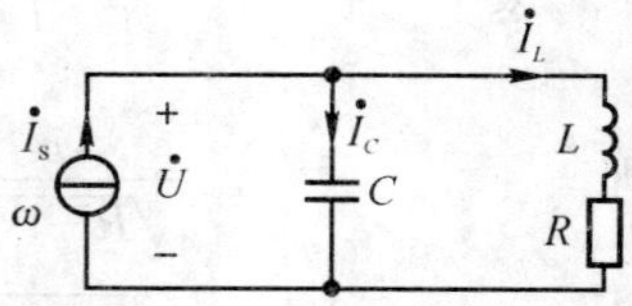

图 7.2.1 并联谐振电路

电路的输入阻抗为

$$Z=\frac{(R+\text{j}\omega L)\dfrac{1}{\text{j}\omega C}}{R+\text{j}(\omega L-\dfrac{1}{\omega C})}$$

因在电子工程实际中总是有 $Q\gg 1$（即 R 十分小），ω_0 很高，且 ω 又是在 ω_0 附近变化，故有 $\omega L\gg R$。故上式可写为

$$Z=\frac{\text{j}\omega L\dfrac{1}{\text{j}\omega C}}{R+\text{j}(\omega L-\dfrac{1}{\omega C})}=\frac{\dfrac{L}{C}}{R+\text{j}X}=\frac{\rho^2}{R+\text{j}X} \tag{7.2.1}$$

其中 $X=\omega L-\dfrac{1}{\omega C}$ 为并联回路的总电抗，$\rho=\sqrt{\dfrac{L}{C}}$ 为并联回路的特征阻抗。

由式(7.2.1)可见，当

$$X=\omega L-\frac{1}{\omega C}=0 \tag{7.2.2}$$

时即有

$$Z=Z_0=\frac{\rho^2}{R}=Q\rho=Q^2R \tag{7.2.3}$$

其中 $Q=\dfrac{\rho}{R}=\dfrac{\sqrt{L/C}}{R}$，为并联回路的品质因数。由式(7.2.3)可见 Z_0 为一纯电阻，亦即 $\dot{I}_S$ 与 $\dot{U}$ 同相位，电路发生了谐振，而式(7.2.2)即为电路发生谐振的条件。可见与串联谐振电路的谐振条件全同。Z_0 称为谐振阻抗。

由式(7.2.2)可求得谐振角频率和频率为

$$\omega_0 = \frac{1}{\sqrt{LC}},\quad f_0 = \frac{1}{2\pi\sqrt{LC}}$$

故特征阻抗、品质因数与谐振阻抗又可写为

$$\rho = \sqrt{\frac{L}{C}} = \omega_0 L = \frac{1}{\omega_0 C}$$

$$Q = \frac{\rho}{R} = \frac{\omega_0 L}{R} = \frac{\frac{1}{\omega_0 C}}{R}$$

$$Z_0 = \frac{\rho^2}{R} = \frac{(\omega_0 L)^2}{R} = \frac{\left(\frac{1}{\omega_0 C}\right)^2}{R}$$

可见 ω_0，ρ，Q，Z_0 的定义，均与串联谐振电路的相同，但 Z_0 的计算公式两者不同。

二、谐振时电路的特性

(1) 输入阻抗 Z 达到最大值，且为纯电阻，即 $Z = Z_0$。

(2)$\dot{I}_S$ 与 $\dot{U}$ 近似同相位。

(3) 输出电压 U 达到最大值 U_0，即

$$U_0 = I_S Z_0 = I_S \cdot Q\rho$$

故可得

$$QI_S = \frac{U_0}{\rho} = \frac{U_0}{\omega_0 L} = \frac{U_0}{\frac{1}{\omega_0 C}}$$

(4) 电感与电容支路中的电流 I_{C0} 和 I_{L0} 均比 I_S 大 Q 倍，即

$$I_{L0} = \frac{U_0}{\sqrt{R^2 + (\omega_0 L)^2}} \approx \frac{U_0}{\omega_0 L} = QI_S$$

$$I_{C0} = \frac{U_0}{\frac{1}{\omega_0 C}} = QI_S$$

可见有 $I_{L0} = I_{C0} = QI_S$。当 $Q \gg 1$ 时，就有 $I_{L0} = I_{C0} \gg I_S$，故并联谐振又称为电流谐振。

(5) 谐振时电路的相量图如图 7.2.2 所示。可见此时 $\dot{I}_{L0}$ 与 $\dot{I}_{C0}$，近似大小相等、相位相反，而 $\dot{I}_S$ 与 $\dot{U}_0$ 同相位。

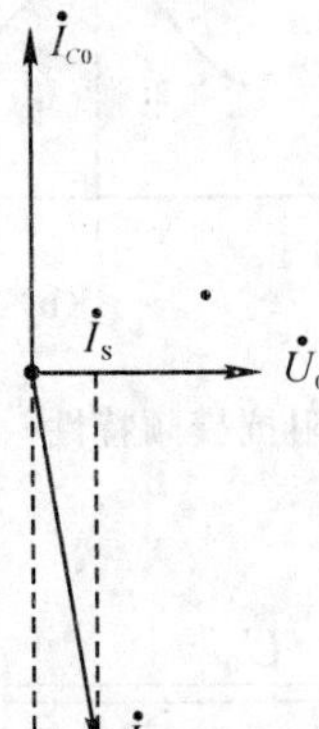

图 7.2.2　并联谐振电路谐振时的相量图

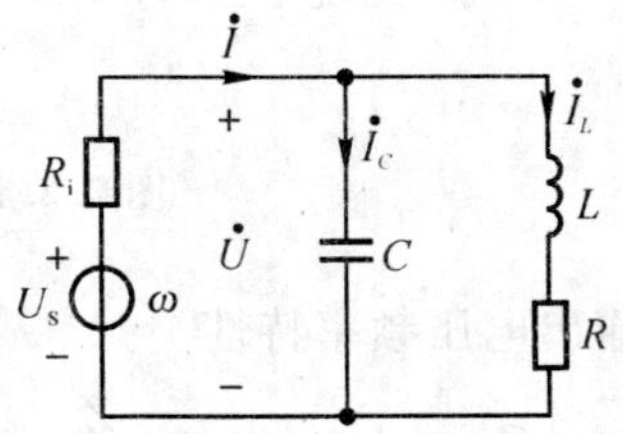

图　7.2.3

例 7.2.1 图 7.2.3 所示电路，$L=100\ \mu\mathrm{H}$，$C=100\ \mathrm{pF}$，并联回路本身的 $Q=50$，$\dot{U}_S=150\angle 0°\ \mathrm{V}$，$R_i=250\ \mathrm{k\Omega}$，电路已达谐振。求 $\dot{I}$，$\dot{I}_{C0}$，$\dot{I}_{L0}$，$\dot{U}_0$，P。

解 因电路已达谐振，且 $Q=50\gg 1$，故有

$$Z_0=Q\rho=Q\sqrt{\frac{L}{C}}=50\ \mathrm{k\Omega}$$

$$\dot{I}=\frac{\dot{U}_S}{R_i+Z_0}=2\times 10^{-3}\angle 0°\ \mathrm{A}$$

$$\dot{I}_{L0}=-\mathrm{j}Q\dot{I}=-\mathrm{j}0.1\ \mathrm{A}$$

$$\dot{I}_{C0}=\mathrm{j}Q\dot{I}=\mathrm{j}0.1\ \mathrm{A}$$

$$\dot{U}_0=Z_0\dot{I}=100\angle 0°\ \mathrm{V}$$

$$P=I^2Z_0=0.2\ \mathrm{W}$$

或

$$P=I_{L0}^2R=I_{L0}^2\frac{\rho}{Q}=0.2\ \mathrm{W}$$

三、频率特性

(1) 阻抗的模频特性

$$Z=\frac{\dfrac{L}{C}}{R+\mathrm{j}\left(\omega L-\dfrac{1}{\omega C}\right)}=\frac{\dfrac{\rho^2}{R}}{1+\mathrm{j}\dfrac{1}{R}\left(\omega L-\dfrac{1}{\omega C}\right)}=\frac{Z_0}{1+\mathrm{j}\dfrac{\omega_0 L}{R}\left(\dfrac{\omega}{\omega_0}-\dfrac{\omega_0}{\omega}\right)}=\frac{Z_0}{1+\mathrm{j}Q\left(\dfrac{\omega}{\omega_0}-\dfrac{\omega_0}{\omega}\right)}$$

故得

$$|Z|=\frac{Z_0}{\sqrt{1+Q^2\left(\dfrac{\omega}{\omega_0}-\dfrac{\omega_0}{\omega}\right)^2}}=\frac{Z_0}{\sqrt{1+Q^2\left(\dfrac{f}{f_0}-\dfrac{f_0}{f}\right)^2}}$$

或

$$\frac{|Z|}{Z_0}=\frac{1}{\sqrt{1+Q^2\left(\dfrac{\omega}{\omega_0}-\dfrac{\omega_0}{\omega}\right)^2}}=\frac{1}{\sqrt{1+Q^2\left(\dfrac{f}{f_0}-\dfrac{f_0}{f}\right)^2}}$$

根据此两式即可画出阻抗的模频特性曲线，如图 7.2.4 所示。

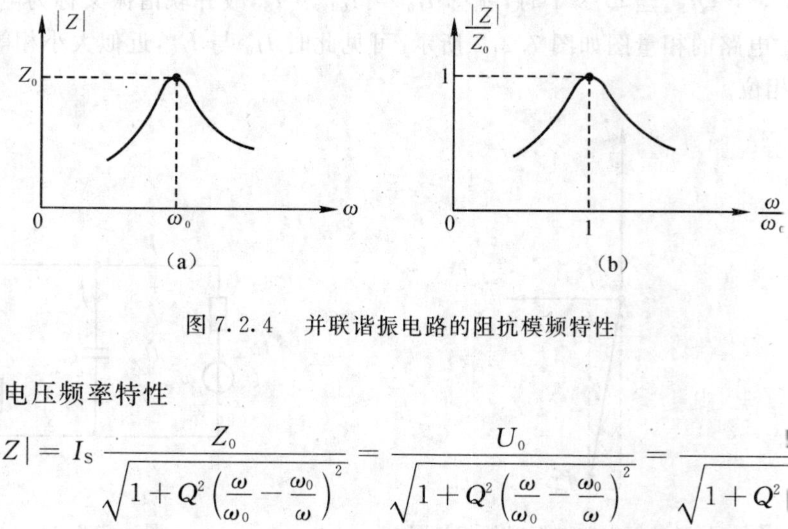

图 7.2.4 并联谐振电路的阻抗模频特性

(2) 输出电压频率特性

$$U=I_S|Z|=I_S\frac{Z_0}{\sqrt{1+Q^2\left(\dfrac{\omega}{\omega_0}-\dfrac{\omega_0}{\omega}\right)^2}}=\frac{U_0}{\sqrt{1+Q^2\left(\dfrac{\omega}{\omega_0}-\dfrac{\omega_0}{\omega}\right)^2}}=\frac{U_0}{\sqrt{1+Q^2\left(\dfrac{f}{f_0}-\dfrac{f_0}{f}\right)^2}}$$

或
$$\frac{U}{U_0}=\frac{1}{\sqrt{1+Q^2\left(\frac{\omega}{\omega_0}-\frac{\omega_0}{\omega}\right)^2}}=\frac{1}{\sqrt{1+Q^2\left(\frac{f}{f_0}-\frac{f_0}{f}\right)^2}}$$

其中 $U_0=I_SZ_0$ 为谐振时的输出电压。根据上两式可画出其电压频率特性如图 7.2.5 所示。它们都与阻抗的模频特性相似。

(3)Q 值与频率特性的关系，与串联谐振电路的结论全同。

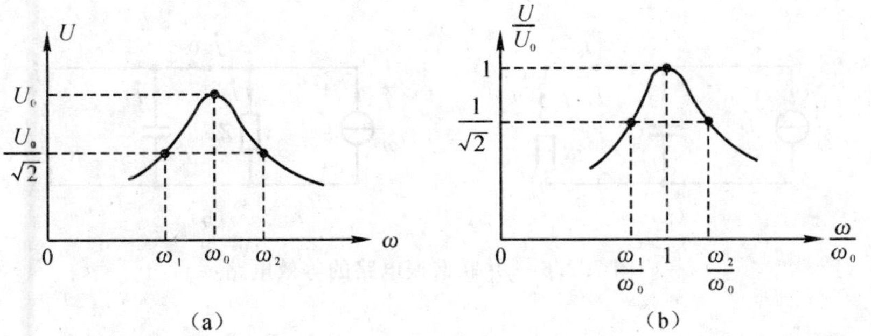

图 7.2.5　输出电压频率特性

四、选择性与通频带

由于谐振时输出电压 U 的值为最大值 U_0，故并联谐振电路也具有选择性，而且电路的 Q 值越高，选择性就越好。

并联谐振电路通频带的定义与串联谐振电路通频带的定义相同，即使输出电压 $U\geqslant U_0/\sqrt{2}$ 的频率范围 $\Delta\omega=\omega_2-\omega_1$，如图 7.2.5(a) 所示。即令
$$U=\frac{U_0}{\sqrt{1+Q^2\left(\frac{\omega}{\omega_0}-\frac{\omega_0}{\omega}\right)^2}}=\frac{U_0}{\sqrt{2}}$$

由此式可求得通频带为
$$\Delta\omega=\omega_2-\omega_1=\frac{\omega_0}{Q}$$

或
$$\Delta f=f_2-f_1=\frac{f_0}{Q}$$

可见与串联谐振电路求通频带的公式也全同。

* 五、等效电路

图 7.2.6(a) 所示并联谐振电路的输入导纳为
$$Y=\frac{1}{R+\mathrm{j}\omega L}+\mathrm{j}\omega C=\frac{R}{R^2+(\omega L)^2}-\mathrm{j}\frac{\omega L}{R^2+(\omega L)^2}+\mathrm{j}\omega C$$

在电子工程实际中，由于 $Q\gg 1$，ω_0 很高，且 ω 又是在 ω_0 的附近变化，故一定有 $(\omega L)^2\gg R^2$，$\omega L\approx\omega_0 L$。故有
$$Y\approx\frac{1}{\frac{(\omega_0 L)^2}{R}}+\frac{1}{\mathrm{j}\omega L}+\mathrm{j}\omega C=\frac{1}{Z_0}+\frac{1}{\mathrm{j}\omega L}+\mathrm{j}\omega C$$

其中 $Z_0=\frac{(\omega_0 L)^2}{R}=\frac{L}{RC}$，为电路的谐振阻抗。根据此式可作出等效电路如图 7.2.6(b) 所示。可见等效电路中三个元件的值是很容易求得的，其中的 L,C 值即为图 7.2.6(a) 中的 L,C 值，Z_0 即为图 7.2.6(a) 电路的谐振阻抗。也可进行相反的变换，即用图 7.2.6(a) 所示电路来等效代替图 7.2.6(b) 所示电路，此时 R 的值为$R=\frac{\frac{L}{C}}{Z_0}$

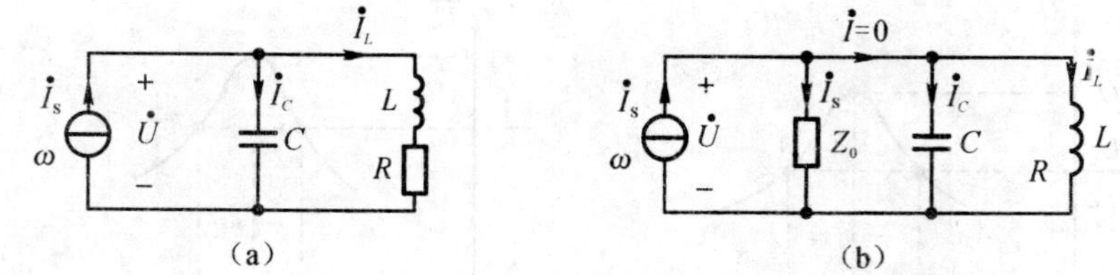

图 7.2.6 并联谐振电路的等效电路

*六、电源内阻 R_i 的影响

若电流源具有内电阻 R_i，如图 7.2.7(a) 所示，则 R_i 将对电路的品质因数、谐振阻抗、通频带产生影响。下面就研究这些问题。

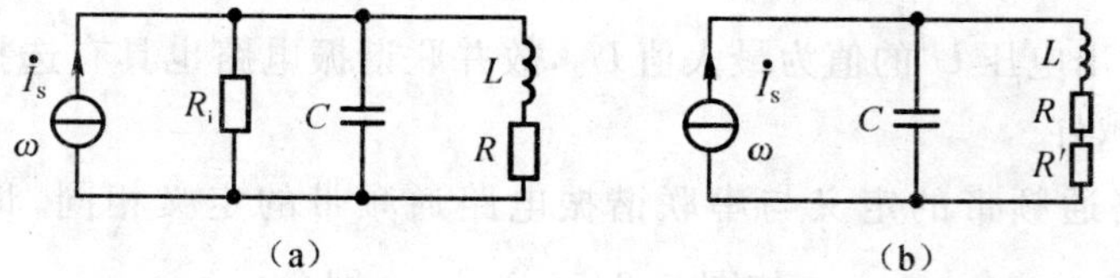

图 7.2.7 电源内阻 R_i 的影响

图 7.2.7(a) 并联谐振回路如下 5 个物理量的求解公式，上面已推导出为

$$\omega_0=\frac{1}{\sqrt{LC}}$$

$$\rho=\sqrt{\frac{L}{C}}=\omega_0 L=\frac{1}{\omega_0 C}$$

$$Q=\frac{\sqrt{\frac{L}{C}}}{R}=\frac{\omega_0 L}{R}=\frac{\frac{1}{\omega_0 C}}{R}$$

$$Z_0=\frac{\frac{L}{C}}{R}=\frac{(\omega_0 L)^2}{R}=\frac{(\frac{1}{\omega_0 C})^2}{R}=Q\rho$$

$$\Delta\omega=\frac{\omega_0}{Q}$$

今用 ω_{0e},ρ_e,Q_e,Z_{0e},$(\Delta\omega)_e$ 表示图 7.2.7(a) 所示包括 R_i 在内的整个电路的谐振频率、特征阻抗、品质因数、谐振阻抗、通频带。为了研究 R_i 对电路工作的影响，可将图 7.2.7(a) 等效变换为图 7.2.7(b) 所示电路。其中

$$R' = \frac{\frac{L}{C}}{R_i} = \frac{L}{R_i C}$$

故对于图 7.2.7(b) 而言有

$$\omega_{0e} = \frac{1}{\sqrt{LC}} = \omega_0$$

$$\rho_e = \sqrt{\frac{L}{C}} = \rho$$

$$Q_e = \frac{\omega_0 L}{R + R'} = \frac{\omega_0 L}{R(1 + \frac{R'}{R})} = \frac{Q}{1 + \frac{\frac{L}{R_i C}}{R}} = \frac{Q}{1 + \frac{Z_0}{R_i}}$$

$$Z_{0e} = Q_e \rho_e = \frac{Q}{1 + \frac{Z_0}{R_i}}\rho = \frac{Z_0}{1 + \frac{Z_0}{R_i}}$$

$$(\Delta\omega)_e = \frac{\omega_{0e}}{Q_e} = \frac{\omega_0}{\frac{Q}{1 + \frac{Z_0}{R_i}}} = (1 + \frac{Z_0}{R_i})\Delta\omega$$

由以上结果可见，由于 $1 + \frac{Z_0}{R_i} \geqslant 1$，故必有 $Q_e \leqslant Q, Z_{0e} \leqslant Z_0, (\Delta\omega)_e \geqslant \Delta\omega$，亦即由于 R_i 的存在而使电路的品质因数和谐振阻抗值下降了，通频带加宽了。电子设备中就是利用这种方法来改变通频带的。

例 7.2.2　图 7.2.8 所示电路，$L = 100\ \mu\text{H}, C = 100\ \text{pF}, R = 25\ \Omega, I_S = 1\ \text{mA}, R_i = 40\ \text{k}\Omega$。求：(1) 回路的 $\omega_0, \rho, Q, Z_0, \Delta\omega$；(2) 包括 R_i 在内的 $\omega_{0e}, \rho_e, Q_e, Z_{0e}, (\Delta\omega)_e$；(3) 谐振时流过各个元件的电流和输出电压 U_o。

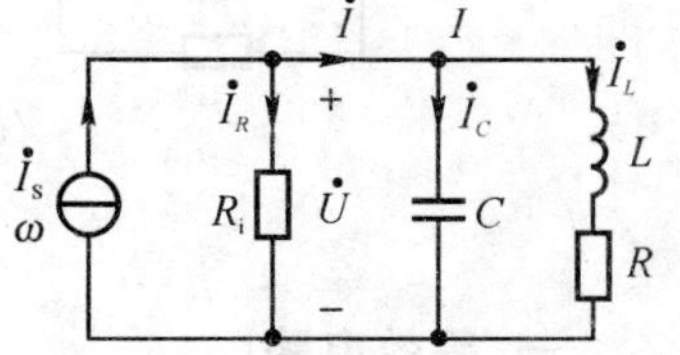

图　7.2.8

解　(1)

$$\omega_0 = \frac{1}{\sqrt{LC}} = 10^7\ \text{rad/s}$$

$$\rho = \sqrt{\frac{L}{C}} = 1\ 000\ \Omega$$

$$Q = \frac{\rho}{R} = 40$$

$$Z_0 = \frac{\rho^2}{R} = 40\ \text{k}\Omega$$

$$\Delta\omega = \frac{\omega_0}{Q} = 2.5 \times 10^5\ \text{rad/s}$$

(2)

$$\omega_{0e} = \omega_0 = 10^7\ \text{rad/s},\quad \rho_e = \rho = 1\ 000\ \Omega,$$

$$Q_e = \frac{Q}{1 + \frac{Z_0}{R_i}} = 20,\quad Z_{0e} = \frac{Z_0}{1 + \frac{Z_0}{R_i}} = 20\ \text{k}\Omega$$

$$(\Delta\omega)_e = \left(1 + \frac{Z_0}{R_i}\right)\Delta\omega = 5 \times 10^5\ \text{rad/s}$$

(3)

$$U_0 = I_S Z_{0e} = 20\ \text{V},\quad I_R = \frac{U_0}{R_i} = 0.5\ \text{mA},\quad I = \frac{U_0}{Z_0} = 0.5\ \text{mA}$$

或　　$I = I_S - I_R = 0.5\ \text{mA}, \quad I_{L0} = I_{C0} = QI = 20\ \text{mA}$

例 7.2.3　图 7.2.9 电路已达到谐振，$U_S = 200\ \text{V}$，$R_i = 100\ \text{k}\Omega$，$\omega_0 = 10^7\ \text{rad/s}$，谐振回路的 $Q = 100$，谐振时电源输出的功率最大。求 $L, C, R, I_0, U_0, P_{max}$。

解　因　　$Z_0 = Q\omega_0 L = Q\dfrac{1}{\omega_0 C} = R_i$

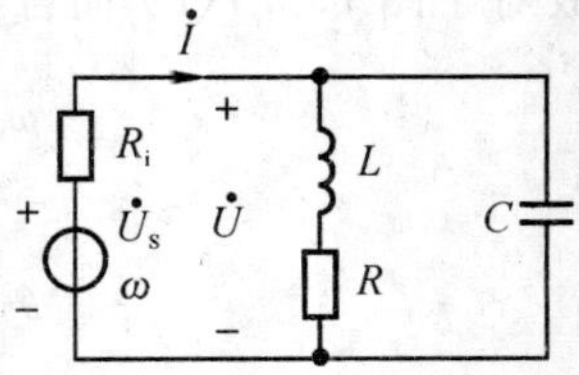

图　7.2.9

故得　　$L = \dfrac{R_i}{Q\omega_0} = \dfrac{100 \times 10^3}{100 \times 10^7} = 0.1\ \text{mH}$

$$C = \frac{Q}{\omega_0 R_i} = 100\ \text{pF}$$

又由式 $Q = \dfrac{\omega_0 L}{R}$ 得

$$R = \frac{\omega_0 L}{Q} = 10\ \Omega, \quad I_0 = \frac{U_S}{R_i + Z_0} = 1\ \text{mA}$$

$$U_0 = I_0 Z_0 = 100\ \text{V}, \quad P_{max} = I_0^2 Z_0 = 0.1\ \text{W}$$

*7.3　耦合谐振电路

两个或两个以上的单谐振电路，按一定方式相互耦合，即构成耦合谐振电路。图 7.3.1(a) 为互感耦合谐振电路，图 7.3.1(b) 为电容耦合谐振电路，C_0 为耦合电容。与单谐振电路相比，耦合谐振电路具有更好的频率特性，能更好地解决选择性与传输均匀性之间的矛盾，还能进行阻抗变换。下面以图 7.3.1(a) 所示互感耦合谐振电路为例介绍其调谐与谐振特性。

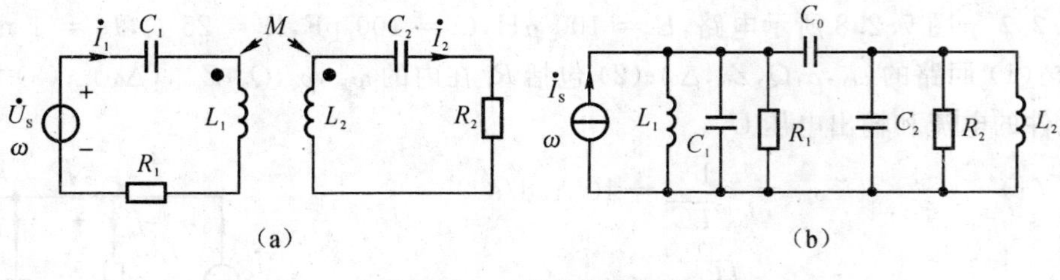

图 7.3.1　耦合谐振电路

一、等效电路

1. 初级等效电路

对于图 7.3.1(a) 所示互感耦合谐振电路，可列出两个独立的 KVL 方程为

$$\left.\begin{aligned} &[R_1 + \mathrm{j}(\omega L_1 - \frac{1}{\omega C_1})]\dot{I}_1 - \mathrm{j}\omega M\dot{I}_2 = \dot{U}_S \\ &-\mathrm{j}\omega M\dot{I}_1 + [R_2 + \mathrm{j}(\omega L_2 - \frac{1}{\omega C_2})]\dot{I}_2 = 0 \end{aligned}\right\} \tag{7.3.1}$$

令　　$X_1 = \omega L_1 - \dfrac{1}{\omega C_1}, \quad X_2 = \omega L_2 - \dfrac{1}{\omega C_2}, \quad X_M = \omega M$

$$Z_1 = R_1 + \mathrm{j}X_1, \quad Z_2 = R_2 + \mathrm{j}X_2$$

代入式(7.3.1) 有

$$\begin{cases} Z_1\dot{I}_1 - jX_M\dot{I}_2 = \dot{U}_S \\ -jX_M\dot{I}_1 + Z_2\dot{I}_2 = 0 \end{cases}$$

联立求解得

$$\dot{I}_1 = \frac{\dot{U}_S}{Z_1 + \frac{X_M^2}{Z_2}} = \frac{\dot{U}_S}{Z_1 + Z'_1} \tag{7.3.2}$$

$$\dot{I}_2 = \frac{jX_M\dot{I}_1}{Z_2} \tag{7.3.3}$$

其中

$$Z'_1 = \frac{X_M^2}{Z_2} = \frac{X_M^2}{R_2 + jX_2} = \frac{X_M^2}{R_2^2 + X_2^2}R_2 + j\frac{-X_M^2}{R_2^2 + X_2^2}X_2 = R'_1 + jX'_1 \tag{7.3.4}$$

$$\left.\begin{aligned} R'_1 &= \frac{X_M^2}{R_2^2 + X_2^2}R_2 \\ X'_1 &= -\frac{X_M^2}{R_2^2 + X_2^2}X_2 \end{aligned}\right\} \tag{7.3.5}$$

Z'_1,R'_1,X'_1 分别称为次级回路对初级回路的反射阻抗、反射电阻、反向电抗,X'_1 与 X_2 的性质恒相反。根据式(7.3.2)即可作出初级等效电路如图7.3.2所示。

在引入了 R'_1 和 X'_1 后,式(7.3.2)又可写为

$$\dot{I}_1 = \frac{\dot{U}_S}{R_1 + R'_1 + j(X_1 + X'_1)} \tag{7.3.6}$$

有效值为

$$I_1 = \frac{U_S}{\sqrt{(R_1 + R'_1)^2 + (X_1 + X'_1)^2}} \tag{7.3.7}$$

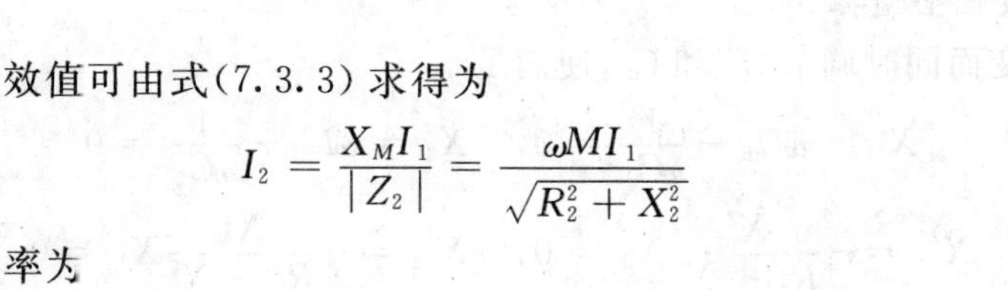

图 7.3.2 初级等效电路

次级回路电流的有效值可由式(7.3.3)求得为

$$I_2 = \frac{X_M I_1}{|Z_2|} = \frac{\omega M I_1}{\sqrt{R_2^2 + X_2^2}} \tag{7.3.8}$$

次级回路消耗的功率为

$$P_2 = I_2^2 R_2 = \frac{(\omega M)^2 I_1^2}{R_2^2 + X_2^2}R_2 = I_1^2 R'_1$$

可见 R'_1 上消耗的功率,即为 R_2 上消耗的功率 P_2。电源提供的功率为

$$P_S = I_1^2(R_1 + R'_1)$$

故得电路的效率为

$$\eta = \frac{P_2}{P_S} = \frac{I_1^2 R'_1}{I_1^2(R_1 + R'_1)} = \frac{R'_1}{R_1 + R'_1}$$

2. 次级等效电路

将式(7.3.2)代入式(7.3.3)有

$$\dot{I}_2=\frac{\mathrm{j}X_M\dot{I}_1}{Z_2}=\frac{\mathrm{j}X_M}{Z_2}\frac{\dot{U}_S}{Z_1+Z'_1}=\frac{\mathrm{j}X_M\dot{U}_S}{Z_2\left(Z_1+\dfrac{X_M^2}{Z_2}\right)}=$$

$$\frac{\mathrm{j}X_M\dot{U}_S}{Z_1Z_2+X_M^2}=\frac{\mathrm{j}X_M\dot{U}_S}{Z_1}\frac{1}{Z_2+\dfrac{X_M^2}{Z_1}}=\frac{\dot{U}'_S}{Z_2+Z'_2} \tag{7.3.9}$$

其中

$$\dot{U}_S{}'=\mathrm{j}X_M\frac{\dot{U}_S}{Z_1} \tag{7.3.10}$$

为次级回路的开路电压；

$$Z'_2=\frac{X_M^2}{Z_1}=\frac{X_M^2}{R_1+\mathrm{j}X_1}=\frac{X_M^2}{R_1^2+X_1^2}R_1+\mathrm{j}\frac{-X_M^2}{R_1^2+X_1^2}X_1=R'_2+\mathrm{j}X'_2 \tag{7.3.11}$$

$$R'_2=\frac{X_M^2}{R_1^2+X_1^2}R_1 \tag{7.3.12}$$

$$X'_2=-\frac{X_M^2}{R_1^2+X_1^2}X_1 \tag{7.3.13}$$

Z'_2，R'_2，X'_2 分别称为初级回路对次级回路的反射阻抗、反射电阻、反向电抗。根据式(7.3.9)即可作出次级等效电路如图 7.3.3 所示。

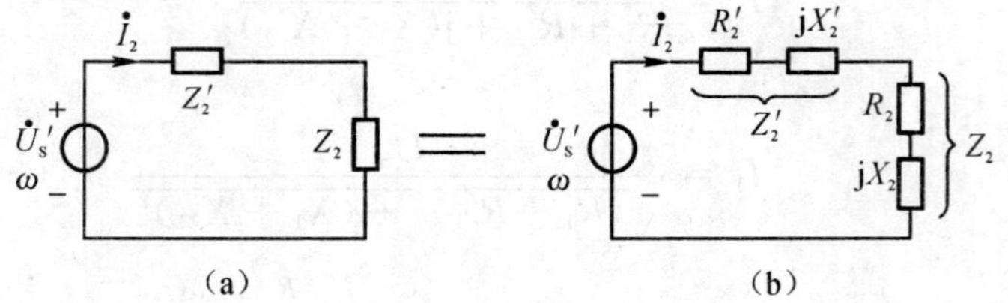

图 7.3.3　次级等效电路

二、调谐与谐振

互感耦合谐振电路的谐振有 3 种情况。

1. 全谐振与最佳全谐振

若保持 M 不变而同时调节 C_1 和 C_2，使满足

$$X_1=\omega L_1-\frac{1}{\omega C_1}=0,\quad X_2=\omega L_2-\frac{1}{\omega C_2}=0$$

则必有

$$X'_1=-\frac{X_M^2}{R_2^2+X_2^2}X_2=0,\quad X'_2=-\frac{X_M^2}{R_1^2+X_1^2}X_1=0$$

进而有

$$X_1+X'_1=0,\quad X_2+X'_2=0$$

即初、次级回路本身和初、次级等效电路都发生了谐振，故称为全谐振。此时初、次级回路电流的有效值根据式(7.3.7)和式(7.3.8)可求得为

$$I_1=\frac{U_S}{R_1+R'_1} \tag{7.3.14}$$

$$I_2=\frac{\omega MI_1}{R_2}=\frac{X_MU_S}{R_2(R_1+R'_1)} \tag{7.3.15}$$

全谐振时的反射电阻 R'_1，根据式(7.3.5)求得为

$$R'_1 = \frac{X_M^2}{R_2} = \frac{(\omega M)^2}{R_2} \tag{7.3.16}$$

若同时调节 C_1, C_2, M，使同时满足

$$X_1 = \omega L_1 - \frac{1}{\omega C_1} = 0$$

$$X_2 = \omega L_2 - \frac{1}{\omega C_2} = 0$$

$$R'_1 = \frac{(\omega M)^2}{R^2} = R_1$$

则电路的这种工作状态称为最佳全谐振。此时的互感值根据上式可求得为

$$M = \frac{\sqrt{R_1 R_2}}{\omega}$$

最佳全谐振时电流的有效值根据式(7.3.14)和式(7.3.15)可求得为

$$I = \frac{U_S}{2R_1}$$

$$I_2 = I_{2m} = \frac{\omega M I_1}{R_2} = \frac{\sqrt{R_1 R_2}}{R_2} \cdot \frac{U_S}{2R_1} = \frac{U_S}{2\sqrt{R_1 R_2}} \tag{7.3.17}$$

2. 初级等效电路谐振与初级复谐振

若 $X_1 \neq 0, X_2 \neq 0$，但满足 $X_1 + X'_1 = 0$，则初级等效电路发生了谐振，称为初级部分谐振。若在满足 $X_1 + X'_1 = 0$ 的同时又满足

$$R'_1 = \frac{(\omega M)^2}{R_2^2 + X_2^2} R_2 = R_1$$

则称为初级复谐振。此时的互感值可根据上式求得为

$$M = \sqrt{\frac{R_1}{R_2}} \; \frac{\sqrt{R_2^2 + X_2^2}}{\omega} \tag{7.3.18}$$

次级电流的有效值根据式(7.3.8)并考虑到式(7.3.18)，可求得为

$$I_2 = I_{2m} = \frac{\omega M I_1}{\sqrt{R_2^2 + X_2^2}} = \frac{\sqrt{\frac{R_1}{R_2}}\sqrt{R_2^2 + X_2^2}}{\sqrt{R_2^2 + X_2^2}} \frac{U_S}{2R_1} = \frac{U_S}{2\sqrt{R_1 R_2}} \tag{7.3.19}$$

3. 次级等效电路谐振与次级复谐振

若 $X_1 \neq 0, X_2 \neq 0$，但满足 $X_2 + X'_2 = 0$，则次级等效电路发生了谐振，称为次级部分谐振。若在满足 $X_2 + X'_2 = 0$ 的同时又满足

$$R'_2 = \frac{(\omega M)^2}{R_1^2 + X_1^2} R_1 = R_2$$

则称为次级复谐振。此时的互感值可根据上式求得为

$$M = \sqrt{\frac{R_2}{R_1}} \; \frac{\sqrt{R_1^2 + X_1^2}}{\omega} \tag{7.3.20}$$

次级电流的有效值根据式(7.3.9)并考虑到式(7.3.19)，可求得为

$$I_2 = I_{2m} = \frac{U'_S}{2R_2} = \frac{1}{2R_2} \frac{X_M U_S}{|Z_1|} = \frac{1}{2R_2} \frac{\omega \sqrt{\frac{R_2}{R_1}} \frac{\sqrt{R_1^2 + X_1^2}}{\omega} U_S}{\sqrt{R_1^2 + X_1^2}} = \frac{U_S}{2\sqrt{R_1 R_2}} \tag{7.3.21}$$

由式(7.3.17)和式(7.3.18)、式(7.3.21)可见，最佳全谐振、初级和次级复谐振时的次级回路电流均相等，且均为最大值 I_{2m}。

例 7.3.1 图7.3.1所示电路，已知 $L_1 = 250\ \mu\text{H}$，$L_2 = 100\ \mu\text{H}$，$C_1 = 50\ \text{pF}$，$C_2 = 80\ \text{pF}$，$R_1 = 20\ \Omega$，$R_2 = 10\ \Omega$，$M = 10\ \mu\text{H}$，$U_S = 10\ \text{V}$，$\omega = 10^7\ \text{rad/s}$。求(1)次级回路消耗的功率 P_2 和效率 η；(2)如调节 C_1 和 M 使 R_2 获得最大功率，此时的 C_1 和 M 值多大？次级回路消耗的功率 P_2 和效率 η 为多大？(3)如调节 C_1，C_2，M 使电路发生最佳全谐振，此时的 C_1，C_2，M 值多大？次级回路消耗的功率 P_2 和效率 η 多大？(4)如欲在全谐振时把电路效率提高到80%，求所需的 M 值和 P_2。

解 (1)
$$X_1 = \omega L_1 - \frac{1}{\omega C_1} = 500\ \Omega,\quad X_2 = \omega L_2 - \frac{1}{\omega C_2} = -250\ \Omega$$

$$X_M = \omega M = 100\ \Omega,\quad \frac{(\omega M)^2}{R_2^2 + X_2^2} = 0.16$$

$$R'_1 = \frac{(\omega M)^2}{R_2^2 + X_2^2} R_2 = 1.6\ \Omega$$

$$X'_1 = -\frac{(\omega M)^2}{R_2^2 + X_2^2} X_2 = -40\ \Omega$$

$$I_1 = \frac{U_S}{\sqrt{(R_1 + R'_1)^2 + (X_1 + X'_1)^2}} = 18.5\ \text{mA}$$

$$P_2 = I_1^2 R'_1 = 0.548\ \text{mW},\quad \eta = \frac{R'_1}{R_1 + R'_1} = 7.41\%$$

可见，次级回路的功率 P_2 很小，效率也很低，这正是由于电路没有谐振。

(2) 由于可调元件为 C_1 和 M，因此欲使 P_2 为最大功率，就必须使初级等效电路发生复谐振。故有

$$M = \sqrt{\frac{R_1}{R_2}} \cdot \frac{\sqrt{R_2^2 + X_2^2}}{\omega} = 35.4\ \mu\text{H}$$

$$X_1 + X'_1 = \omega L_1 - \frac{1}{\omega C_1} - \frac{(\omega M)^2}{R_2^2 + X_2^2} X_2 = 0$$

将 $M = 35.4\ \mu\text{H}$ 代入上式并求解，即得

$$C_1 = 33.3\ \text{pF},\quad I_{2m} = \frac{U_S}{2\sqrt{R_1 R_2}} = 0.35\ \text{A}$$

$$P_2 = I_2^2 R_2 = 1.25\ \text{W},\quad \eta = \frac{R'_1}{R_1 + R'_1} = 50\ \%$$

(3) 由于可调元件为 C_1，C_2，M，因此欲使 P_2 为最大功率，就必须使电路发生最佳全谐振。故有

$$M = \frac{\sqrt{R_1 R_2}}{\omega} = 1.41\ \mu\text{H}$$

可见此时的 M 值小于初级复谐振时的 M 值(35.4 μH)。又因

$$X_1 = \omega L_1 - \frac{1}{\omega C_1} = 0$$

故得
$$C_1 = \frac{1}{\omega^2 L_1} = 40\ \text{pF},\quad X_2 = \omega L_2 - \frac{1}{\omega C_2} = 0$$

又得 $$C_2=\frac{1}{\omega^2 L_2}=100\ \text{pF},\quad I_{2m}=\frac{U_S}{2\sqrt{R_1R_2}}=0.354\ \text{A}$$

$$P_2=I_{2m}^2R_2=1.25\ \text{W},\quad \eta=\frac{R'_1}{R_1+R'_1}=50\%$$

(4) 为了把电路效率提高到 80%,就必须使

$$\eta=\frac{R'_1}{R_1+R'_1}=0.8$$

故得 $$R'_1=80\ \Omega$$

由式(7.3.16) 可求得此时的互感值为

$$M=\frac{1}{\omega}\sqrt{R'_1R_2}=2.83\ \mu\text{H}$$

$$I_1=\frac{U_S}{R_1+R'_1}=\frac{10}{20+80}=0.1\ \text{A}$$

$$P_2=I_1^2R'_1=0.1^2\times 80=0.8\ \text{W}$$

例 7.3.2 图 7.3.4(a) 所示电路,已知 $L_1=L_2=50\ \mu\text{H}$,$R_1=R_2=10\ \Omega$,$C_1=C_2=50\ \text{pF}$,$M=0.5\ \mu\text{H}$,$U_S=10\ \text{V}$,$\omega=2\times10^7\ \text{rad/s}$,$R_S=50\ \text{k}\Omega$。求:(1)$Z_{ab}$;(2)$I_1$,$I_2$;(3)$U_{C1}$,$U_{C2}$。

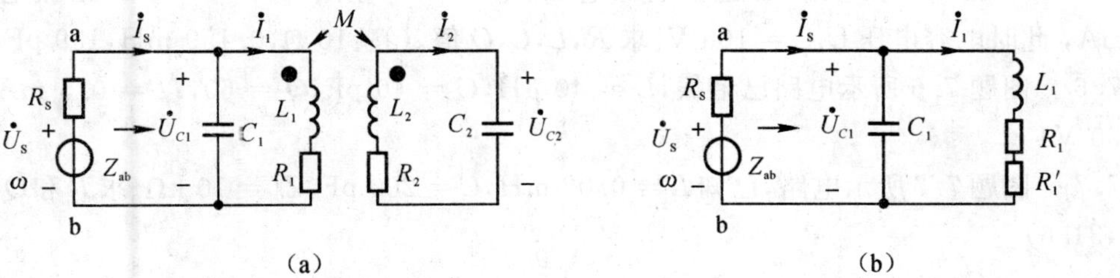

图 7.3.4

解 (1)$$X_1=\omega L_1-\frac{1}{\omega C_1}=2\times10^7\times50\times10^{-6}-\frac{1}{2\times10^7\times50\times10^{-12}}=0$$

$$X_2=\omega L_2-\frac{1}{\omega C_2}=1\,000-1\,000=0$$

$$R'_1=\frac{(\omega M)^2}{R_2}=10\ \Omega=R_1$$

故电路为最佳全谐振状态。初级等效电路如图 7.3.4(b) 所示。根据图 7.3.4(b) 所示并联谐振电路可求得谐振阻抗为

$$Z_{ab}=\frac{\dfrac{L_1}{C_1}}{R_1+R'_1}=50\ \text{k}\Omega$$

(2) $$\dot{I}_S=\frac{\dot{U}_S}{R_S+Z_{ab}}=0.1\angle 0^\circ\ \text{mA}$$

图 7.3.4(b) 电路的品质因数为

$$Q=\sqrt{\frac{L_1}{C_1}}\frac{1}{R_1+R'_1}=50$$

故 $$I_1 = QI_S = 5\ \text{mA},\quad I_2 = \frac{\omega M I_1}{R_2} = 5\ \text{mA}$$

(3) $$U_{C1} = I_S Z_{ab} = 5\ \text{V},\quad U_{C2} = I_2\frac{1}{\omega C_2} = 5\ \text{V}$$

习 题 七

7.1 收音机磁性天线中，$L = 300\ \mu\text{H}$ 的电感与一可变电容 C 组成串联电路。我们在中波段需要从 550 kHz 调到 1.6 MHz。求可变电容 C 的数值范围。(答:279 pF ～ 33 pF)

7.2 R,L,C 串联电路，电源电压 $u_S(t) = 10\sqrt{2}\cos(2\,500t + 15°)$ V，当 $C = 8\ \mu\text{F}$ 时，电路中吸收的功率最大，$P_{\max} = 100$ W。求 L,Q。(答:20 mH,50)

7.3 R,L,C 串联电路，$L = 160\ \mu\text{H}$，$C = 250$ pF，$R = 10\ \Omega$，电源电压 $U_S = 1$ V。求 f_0，Q，Δf，I_0，U_{L0}，U_{C0}。(答:0.796 MHz,80,9.95 kHz,0.1 A,80 V,80 V)

7.4 $R = 10\ \Omega$ 的电阻与 $L = 1$ H 的电感和 C 串联，接到电压 $U_S = 100$ V 的正弦电压源上，电路谐振，此时电流 $I_0 = 10$ A。今把 R,L,C 并联，接到同一电压源上。求 R,L,C 中各电流。已知电源频率 $f = 50$ Hz。(答:10 A,0.32 A,0.32 A)

7.5 R,L,C 串联电路中，正弦电源电压 $U_S = 1$ V，频率 $f = 1$ MHz，谐振电流 $I_0 = 100$ mA，此时电容电压 $U_{C0} = 100$ V。求 R,L,C,Q 值。(答:10 Ω,0.159 mH,159 pF,100)

7.6 图题 7.6 所示电路已谐振，$L = 40\ \mu\text{H}$，$C = 40$ pF，$Q = 60$，$I_S = 0.5$ mA。求 U_0。(答:30 V)

7.7 图题 7.7 所示电路，已知 $L = 0.02$ mH，$C = 200$ pF，$Z_0 = 10$ kΩ。求 R 和 Q 值。(答:10 Ω,31.6)

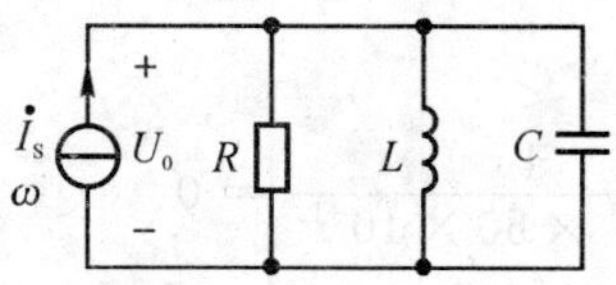

图题 7.6

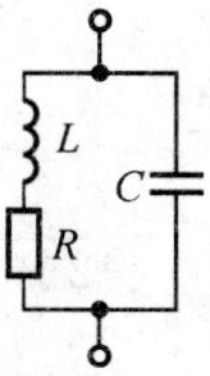

图题 7.7

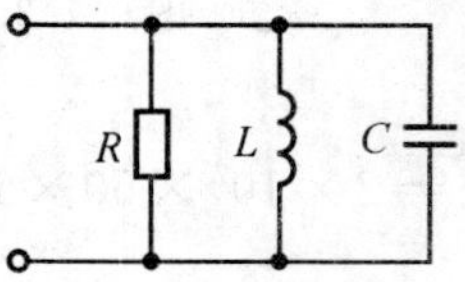

图题 7.8

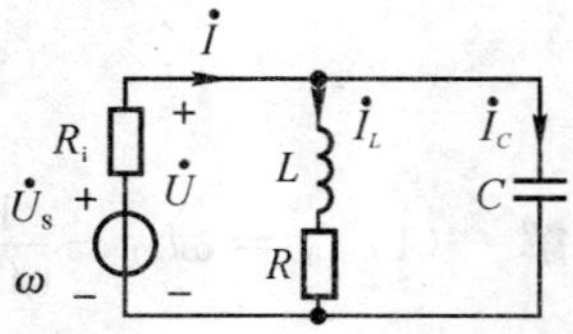

图题 7.9

7.8 图题 7.8 所示电路，已知 $L = 20$ mH，$C = 80$ pF，$R = 250$ kΩ。求 $f_0,Q,\Delta f$。(答:126 kHz,15.8,7.97 kHz)

7.9 图题 7.9 所示电路，$R = 2.5\ \Omega$，$L = 25\ \mu\text{H}$，$C = 400$ pF，$R_i = 25$ kΩ。求:(1) 整个电路的 Q 值和通频带;(2) 若 R_i 增大，通频带将如何变化?(答:50,3.18 kHz,变窄)

7.10 在图题 7.9 的电路中，$U_S = 10$ V。求 I,I_C,U。(答:0.2 mA,20 mA,5 V)

7.11 图题 7.11 所示 4 个电路，L 及 C 已知。求它们每一个的串联谐振频率与并联谐振频率。(答:$\frac{1}{2\pi}\sqrt{\frac{L_1+L_2}{L_1L_2C}}$，$\frac{1}{2\pi}\sqrt{\frac{1}{L_2C}}$；$\frac{1}{2\pi}\sqrt{\frac{1}{L(C_1+C_2)}}$，$\frac{1}{2\pi}\sqrt{\frac{1}{LC_2}}$；$\frac{1}{2\pi}\frac{1}{\sqrt{LC_1}}$，$\frac{1}{2\pi}\sqrt{\frac{C_1+C_2}{LC_1C_2}}$；$\frac{1}{2\pi}\frac{1}{\sqrt{L_1C}}$，$\frac{1}{2\pi}\frac{1}{\sqrt{(L_1+L_2)C}}$)

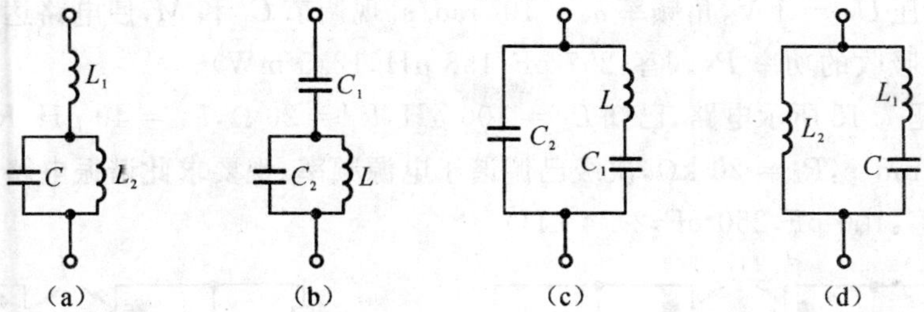

图题　7.11

7.12　图题 7.12 所示电路能否发生谐振?其谐振频率为多大?(答:$\frac{1}{\sqrt{3LC}}$;当 $\mu=-1$ 时,在任何频率下都能发生谐振)

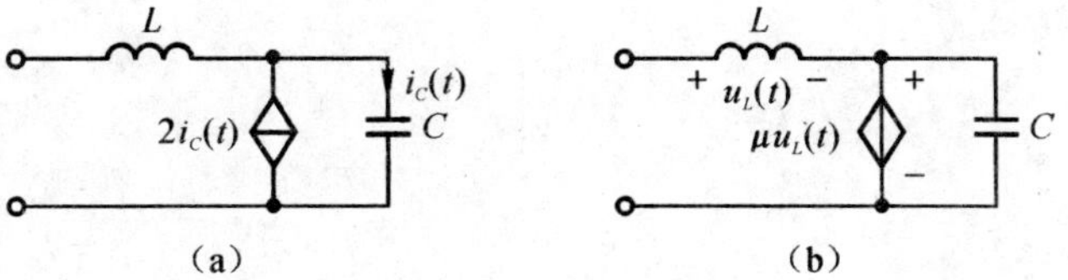

图题　7.12

7.13　简单并联谐振电路,$R=5\ \Omega$,$Q=100$,$\Delta f=100$ kHz。求:(1) L,C 的值;(2) 若 R,f_0 不变,Δf 减小为原来的 1/10 时,L,C 的值又多大?(3) 若 f_0,C 不变,即与(1)相同,Δf 展宽 1 倍,应如何办?(答:7.96 μH,31.8 pF;79.6 μH,3.18 pF;并联 50 kΩ 电阻)

7.14　图题 7.14 所示电路,已知 $L_1=L_2=100\ \mu\text{H}$,$R_1=R_2=5\ \Omega$,$M=1\ \mu\text{H}$,$I_S=50\ \mu\text{A}$,$\omega=10^7$ rad/s,电路工作于全谐振。求:(1) Z_{ab};(2) I_1 和 I_2;(3) U_{C1} 和 U_{C2}。(答:40 kΩ;2 mA,4 mA;2 V,4 V)

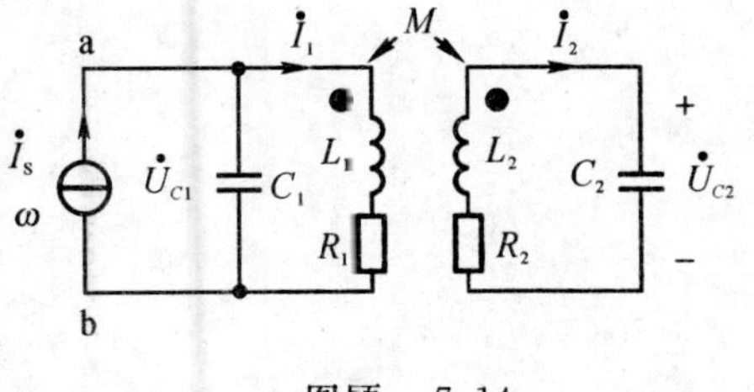

图题　7.14

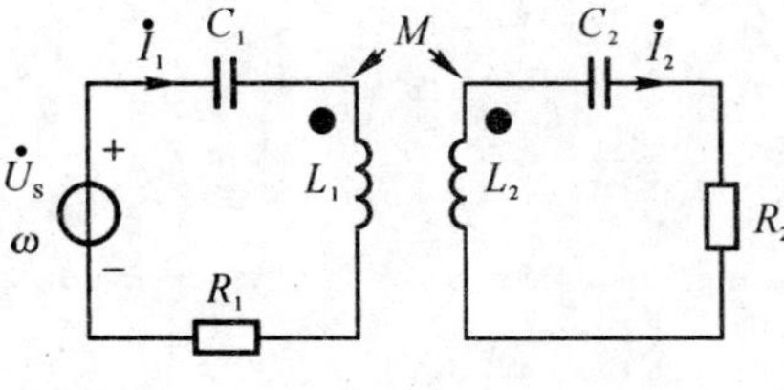

图题　7.15

7.15　图题 7.15 所示电路,已知 $L_1=200\ \mu\text{H}$,$L_2=125\ \mu\text{H}$,$R_1=20\ \Omega$,$R_2=80\ \Omega$,$U_S=10$ V,$\omega=10^7$ rad/s,电路已工作于最佳全谐振。求:(1) C_1,C_2,M 值;(2) I_1,I_2,P_2。(答:50 pF,80 pF,4 μH;0.25 A,0.125 A,1.25 W)

7.16　图题 7.16 所示电路,$L_1=L_2=100\ \mu\text{H}$,$C_1=C_2=100$ pF,$G_1=G_2=10^{-5}$ S。(1) 求初、次级回路的谐振角频率和品质因数;(2) 已知 $I_S=1$ mA,$\omega=10^7$ rad/s,求 $M=0.5\ \mu\text{H}$ 时 C_1 和 C_2 上的电压 U_{C1},U_{C2};(3) 求 $M=1\ \mu\text{H}$,$2\ \mu\text{H}$ 时,C_1 和 C_2 上的电压。(答:10^7 rad/s,100;80 V,40 V;50 V;20 V,40 V)

7.17　图 7.3.1(a) 电路,已知 $L_1=4$ mH,$R_1=20\ \Omega$,$L_2=1$ mH,$R_2=10\ \Omega$,$C_2=$

900 pF，电源电压 $U_S = 1$ V，角频率 $\omega = 10^6$ rad/s。现调节 C_1 和 M，使电路达到初级复谐振。求 C_1，M 值，R_2 吸收的功率 P_2。(答：257 pF，158 μH，12.5 mW)

7.18　图题 7.18 所示电路，已知 $L_1 = 100$ μH，$R_1 = 20\ \Omega$，$L_2 = 40$ μH，$R_2 = 25\ \Omega$，电源角频率 $\omega = 10^7$ rad/s，$R_i = 20$ kΩ，次级已调谐于电源频率。现要求此谐振电路与电源匹配，求 C_1，C_2，M 值。(答：100 pF，250 pF，2.74 μH)

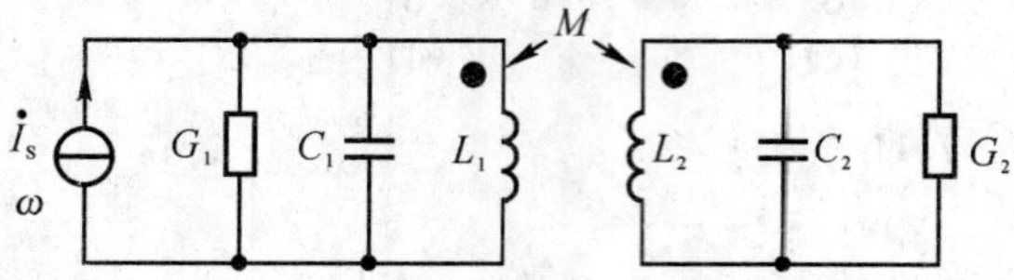

图题　7.16

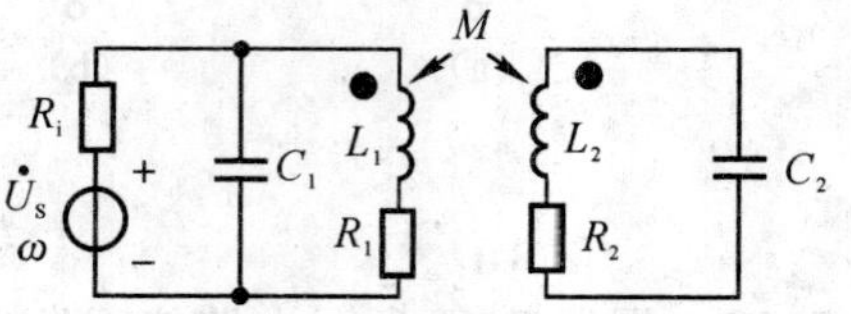

图题　7.18

第 8 章　非正弦周期电流电路

内容提要

本章讲述非正弦周期电压与电流的概念，非正弦周期函数展开成傅里叶级数，非正弦周期电量的有效值，非正弦周期电流电路的稳态分析，非正弦周期电流电路的平均功率，滤波电路的概念。

8.1　非正弦周期电压与电流

在前面几章中研究了正弦电流电路的基本理论与分析计算方法。但在工程实际中大量存在的还有按非正弦周期规律变化的电压 $u(t)$ 和电流 $i(t)$，如图 8.1.1 所示，分别称为非正弦周期电压或电流。其中 T 称为周期，单位为 s；$f=\dfrac{1}{T}$ 称为频率，单位为 Hz；$\Omega=\dfrac{2\pi}{T}=2\pi f$ 称为角频率，单位为 rad/s；U 和 I 分别称为电压 $u(t)$ 和电流 $i(t)$ 的幅度；$u(t)$ 和 $i(t)$ 随时间变化的曲线称为波形。

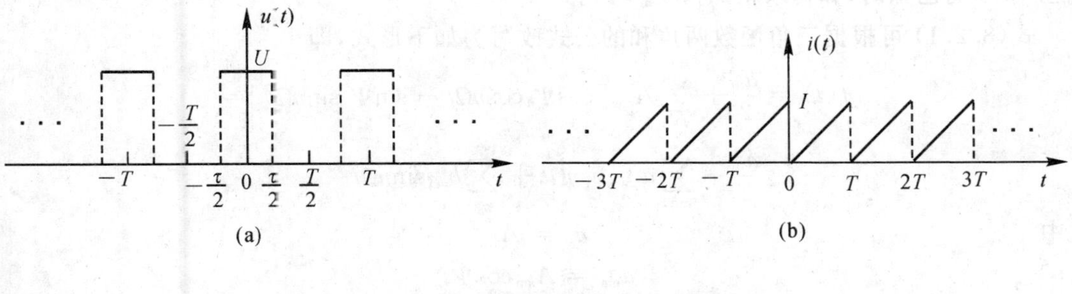

图 8.1.1　非正弦周期电压与电流举例

周期函数的一般定义是：设有一时间函数 $f(t)$，若满足 $f(t)=f(t-nT), n\in\mathbf{Z}$，则称 $f(t)$ 为周期函数，其中 T 为周期。

本章中将研究当线性电路中的电源为非正弦周期电压源或电流源时，电路中的稳态响应如何分析计算。求解此问题的电路原理是叠加定理，其数学原理是傅里叶级数。

8.2 非正弦周期函数展开成傅里叶级数

一、傅里叶级数

设 $f(t)$ 为非正弦周期函数，其周期为 T，频率为 $f=\dfrac{1}{T}$，角频率为 $\Omega=2\pi f=\dfrac{2\pi}{T}$。由于工程实际中的非正弦周期函数，一般都满足狄里赫利条件，故可将它展开成傅里叶级数。即

$$f(t)=\frac{A_0}{2}+A_{1m}\cos(\Omega t+\Psi_1)+A_{2m}\cos(2\Omega t+\Psi_2)+A_{3m}\cos(3\Omega t+\Psi_3)+\cdots+$$

$$A_{nm}\cos(n\Omega t+\Psi_n)=\frac{A_0}{2}+\sum_{n=1}^{\infty}A_{nm}\cos(n\Omega t+\Psi_n),\quad n\in\mathbf{Z}^+ \tag{8.2.1}$$

式中$\dfrac{A_0}{2}$称为 $f(t)$ 的直流分量（或恒定分量）；其余的项都是具有不同振幅，不同初相角且频率成正整数倍关系的一些正弦量。$A_{1m}\cos(\Omega t+\Psi_1)$ 项称为 $f(t)$ 的一次谐波（或基波）分量，A_{1m}，Ψ_1 分别为其振幅和初相角；$A_{2m}\cos(2\Omega t+\Psi_2)$ 项的角频率为基波角频率的 2 倍，称为 $f(t)$ 的二次谐波分量，A_{2m}，Ψ_2 分别为其振幅和初相角；其余的项分别称为 $f(t)$ 的三次谐波分量、四次谐波分量、……、n 次谐波分量等。基波、三次谐波、五次谐波、…… 统称为奇次谐波；二次谐波、四次谐波、…… 统称为偶次谐波。除恒定分量和基波外，其余各项统称为高次谐波。式(8.2.1) 说明，一个非正弦周期函数 $f(t)$ 可以表示成一个直流分量$\dfrac{A_0}{2}$与一系列具有不同频率的正弦量的叠加，此即为把非正弦周期函数 $f(t)$ 展开成傅里叶级数，也称对 $f(t)$ 进行谐波分析。

二、A_0，A_{nm}，Ψ_n 的求法

从式(8.2.1) 中看出，要把 $f(t)$ 展开成傅里叶级数，必须把 A_0，A_{nm}，Ψ_n 求出。下面就来研究当 $f(t)$ 为已知时，如何求得 A_0，A_{nm}，Ψ_n。

式(8.2.1) 可根据三角函数两角和的公式改写为如下形式，即

$$f(t)=\frac{a_0}{2}+\sum_{n=1}^{\infty}A_{nm}[\cos\Psi_n\cos n\Omega t-\sin\Psi_n\sin n\Omega t]=$$

$$\frac{a_0}{2}+\sum_{n=1}^{\infty}a_{nm}\cos n\Omega t+\sum_{n=1}^{\infty}b_{nm}\sin n\Omega t$$

式中

$$a_0=A_0$$

$$a_{nm}=A_{nm}\cos\Psi_n$$

$$b_{nm}=-A_{nm}\sin\Psi_n$$

a_0，a_{nm}，b_{nm} 的求法如下：

$$a_0=\frac{2}{T}\int_{-\frac{T}{2}}^{\frac{T}{2}}f(t)\mathrm{d}t$$

$$a_{nm}=\frac{2}{T}\int_{-\frac{T}{2}}^{\frac{T}{2}}f(t)\cos n\Omega t\,\mathrm{d}t$$

$$b_{nm}=\frac{2}{T}\int_{-\frac{T}{2}}^{\frac{T}{2}}f(t)\sin n\Omega t\,\mathrm{d}t$$

当 a_0, a_{nm}, b_{nm} 求得后，进而即可求得

$$A_0 = a_0$$

$$A_{nm} = \sqrt{a_{nm}^2 + b_{nm}^2}$$

$$\Psi_n = \arctan\frac{-b_n}{a_n} = -\arctan\frac{b_n}{a_n}$$

当 A_0, A_{nm}, Ψ_n 求得后，代入式(8.2.1)中，即求得了非正弦周期函数 $f(t)$ 的傅里叶级数的展开式。

工程实际中所遇到的非正弦周期函数大约有 10 余种，它们的傅里叶级数展开式前人都已做出，可以从各种电子工程师手册中查用。

8.3　非正弦周期电量的有效值

设非正弦周期电量为电流 $i(t)$，则其有效值的定义式仍然是

$$I = \sqrt{\frac{1}{T}\int_{-\frac{T}{2}}^{\frac{T}{2}}[i(t)]^2 \mathrm{d}t} \tag{8.3.1}$$

设 $i(t)$ 的傅里叶级数的展开式为

$$i(t) = I_0 + \sum_{n=1}^{\infty} I_{nm}\cos(n\Omega t + \Psi_n)$$

其中 I_0 和 I_{nm} 分别为 $i(t)$ 的直流分量(I_0 相当于$\frac{A_0}{2}$)与第 n 次谐波的振幅。代入式(8.3.1)中，并考虑到三角函数的正交性质，经过运算即得

$$I = \sqrt{I_0^2 + (\frac{I_{1m}}{\sqrt{2}})^2 + (\frac{I_{2m}}{\sqrt{2}})^2 + \cdots + (\frac{I_{nm}}{\sqrt{2}})^2} = \sqrt{I_0^2 + I_1^2 + I_2^2 + \cdots I_n^2} \tag{8.3.2}$$

式中 $I_n = \frac{I_{nm}}{\sqrt{2}}$ 为第 n 次谐波电流的有效值。可见，非正弦周期电流 $i(t)$ 的有效值 I，是等于其直流分量与各次谐波电流有效值平方和的算术平方根。

同理可得非正弦周期电压 $u(t)$ 的有效值为

$$U = \sqrt{U_0^2 + (\frac{U_{1m}}{\sqrt{2}})^2 + (\frac{U_{2m}}{\sqrt{2}})^2 + \cdots + (\frac{U_{nm}}{\sqrt{2}})^2} = \sqrt{U_0^2 + U_1^2 + U_2^2 + \cdots U_n^2} \tag{8.3.3}$$

式中 $U_n = \frac{U_{nm}}{\sqrt{2}}$ 为第 n 次谐波电压的有效值，U_0 为直流分量。

用普通电压表、电流表测量非正弦周期电流电路中的电压、电流，均为其有效值。

例 8.3.1　已知非正弦周期电压 $u(t) = 40 + 180\cos 314t + 60\cos(2\times 314t + 45°)$ V，求 $u(t)$ 的有效值 U。

解　$U_0 = 40$ V，$U_1 = \frac{180}{\sqrt{2}}$ V，$U_2 = \frac{60}{\sqrt{2}}$ V，故

$$U = \sqrt{U_0^2 + U_1^2 + U_2^2} = \sqrt{40^2 + \left(\frac{180}{\sqrt{2}}\right)^2 + \left(\frac{60}{\sqrt{2}}\right)^2} = 140 \text{ V}$$

例 8.3.2　非正弦周期电流 $i(t) = [2 + 10\sqrt{2}\cos(\Omega t + 30°) + 4\sqrt{2}\cos(2\Omega t - 30°) +$

$2\sqrt{2}\cos 3\Omega t$]A。求 $i(t)$ 的有效值 I。

解 $$I = \sqrt{2^2 + 10^2 + 4^2 + 2^2} = 11.14\ \text{A}$$

例 8.3.3 已知电流 $i(t)$ 的波形如图 8.3.1 所示。求 $i(t)$ 的有效值 I。

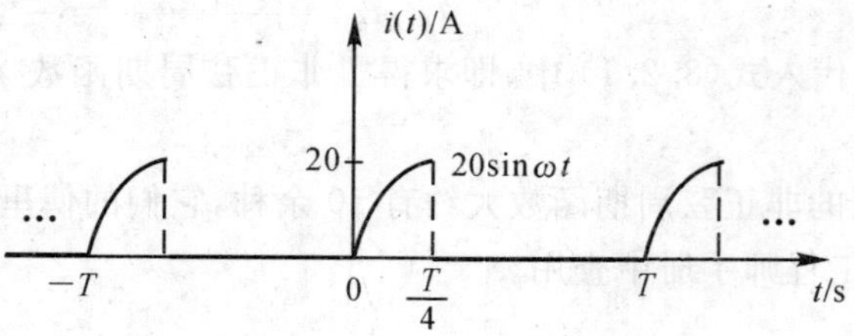

图 8.3.1

解 $$I = \sqrt{\frac{1}{T}\int_0^T [i(t)]^2 \mathrm{d}t} = \sqrt{\frac{1}{T}\left[\int_0^{\frac{T}{4}} (20\sin\omega t)^2 \mathrm{d}t + \int_{\frac{T}{4}}^{T} 0^2 \mathrm{d}t\right]} =$$

$$\sqrt{\frac{200}{T}\int_0^{\frac{T}{4}} (1-\cos 2\omega t)\mathrm{d}t} = 5\sqrt{2}\ \text{A}$$

例 8.3.4 已知电压 $u(t)$ 的波形图如图 8.3.2 所示。求 $u(t)$ 的有效值 U。

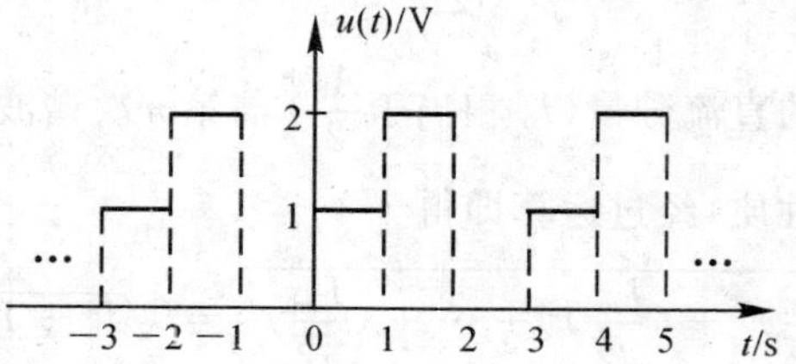

图 8.3.2

解 $$U = \sqrt{\frac{1}{T}\int_0^T [u(t)]^2 \mathrm{d}t} = \sqrt{\frac{1}{3}[\int_0^1 1^2 \mathrm{d}t + \int_1^2 2^2 \mathrm{d}t + \int_2^3 0^2 \mathrm{d}t]} = 1.29\ \text{V}$$

8.4 非正弦周期电流电路稳态分析

非正弦周期电流电路稳态分析的一般步骤是:

(1) 将给定的非正弦周期电压源电压 $u(t)$ 或电流源电流 $i(t)$ 展开成傅里叶级数。

(2) 应用叠加定理对电路进行计算。

(3) 将第(2) 步所得结果在时域中进行叠加,即得最后所需要的结果。

以下举例说明。

例 8.4.1 图 8.4.1(a) 所示电路,已知电源电压 $u(t) = [20 + 10\cos 100t]$ V,求电流 $i(t)$。

解 将图 8.4.1(a) 所示电路画成图 8.4.1(b) 所示电路,其中 $U_0 = 20$ V 为直流电压分量,$u_1(t) = 10\cos 100t$ V 为一次谐波电压分量。根据叠加定理,$U_0 = 20$ V 单独作用时的电路如图 8.4.1(c) 所示,于是得

$$I_0 = \frac{20}{10} = 2\ \text{A}$$

$u_1(t) = 10\cos 100t$ V 单独作用时的电路图 8.4.1(d) 所示，其相应的相量电路模型如图 8.4.1(e) 所示。于是有

$$\dot{I}_{1m} = \frac{\dot{U}_{1m}}{Z_1} = \frac{10\angle 0^\circ}{10 + j\omega L} = \frac{10\angle 0^\circ}{10 + j10} = \frac{10\angle 0^\circ}{10\sqrt{2}\angle 45^\circ} = \frac{1}{\sqrt{2}}\angle -45^\circ\ \text{A}$$

故得
$$i_1(t) = \frac{1}{\sqrt{2}}\cos(100t - 45^\circ)\ \text{A}$$

根据叠加定理得
$$i(t) = I_0 + i_1(t) = 2 + \frac{1}{\sqrt{2}}\cos(100t - 45^\circ)\ \text{A}$$

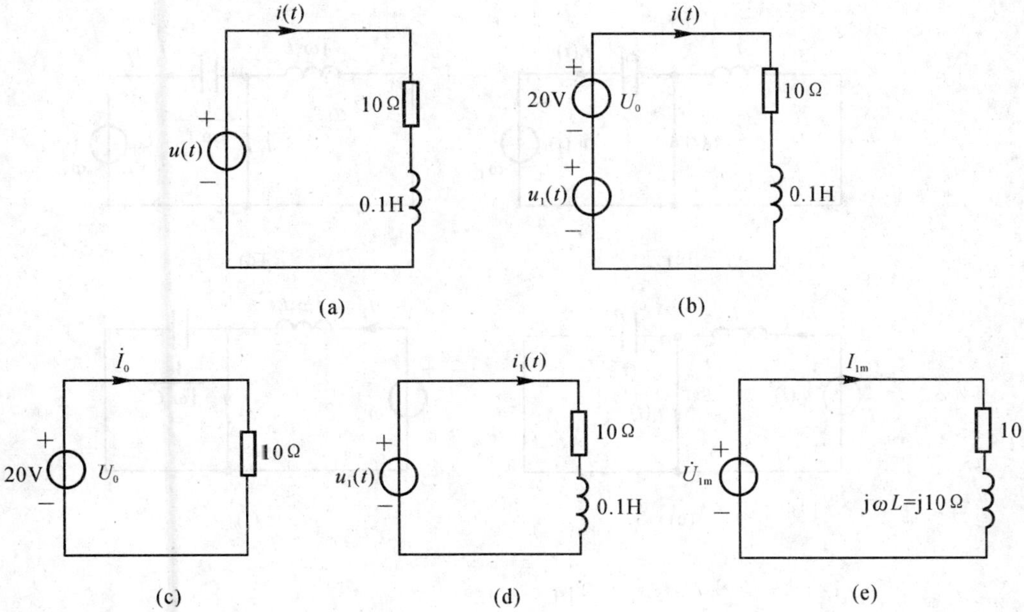

图　8.4.1

例 8.4.2　图 8.4.2(a) 所示电路，已知 $u_1(t) = 8\sqrt{2}\cos(50t + 30^\circ)$ V，$u_2(t) = 6\sqrt{2}\cos 100t$ V，求电流表 Ⓐ 的示数。

解　由于理想电流表的内阻抗为零，故图 8.4.2(a) 所示电路可画成图 8.4.2(b) 所示电路，求电流表的示数实质上就是求图 8.4.2(b) 电路中电流 $i(t)$ 的有效值。又由于电压 $u_1(t)$ 与 $u_2(t)$ 的频率不相等，故图 8.4.2(a)，(b) 所示电路在本质上仍然是非正弦周期电流电路，因而只能用叠加定理求解。

(1) $u_1(t) = 8\sqrt{2}\cos(50t + 30^\circ)$ V 单独作用时的电路如图 8.4.2(c) 所示，其对应的相量电路模型如图 8.4.2(d) 所示，其中 $j\omega_1 L = j50 \times 0.01 = j0.5\ \Omega$，$\frac{1}{j\omega_1 C} = -j\frac{1}{50 \times 0.02} = -j1\ \Omega$，$\dot{U}_1 = 8\angle 30^\circ$ V。于是有

$$\dot{I}_1 = \frac{\dot{U}_1}{\dfrac{1}{\mathrm{j}\omega_1 C}} = \frac{8\angle 30^\circ}{-\mathrm{j}1} = \mathrm{j}8\angle 30^\circ = 8\angle 120^\circ \text{ A}$$

故 $$i_1(t) = 8\sqrt{2}\cos(50t + 120^\circ)\ (\text{A})$$

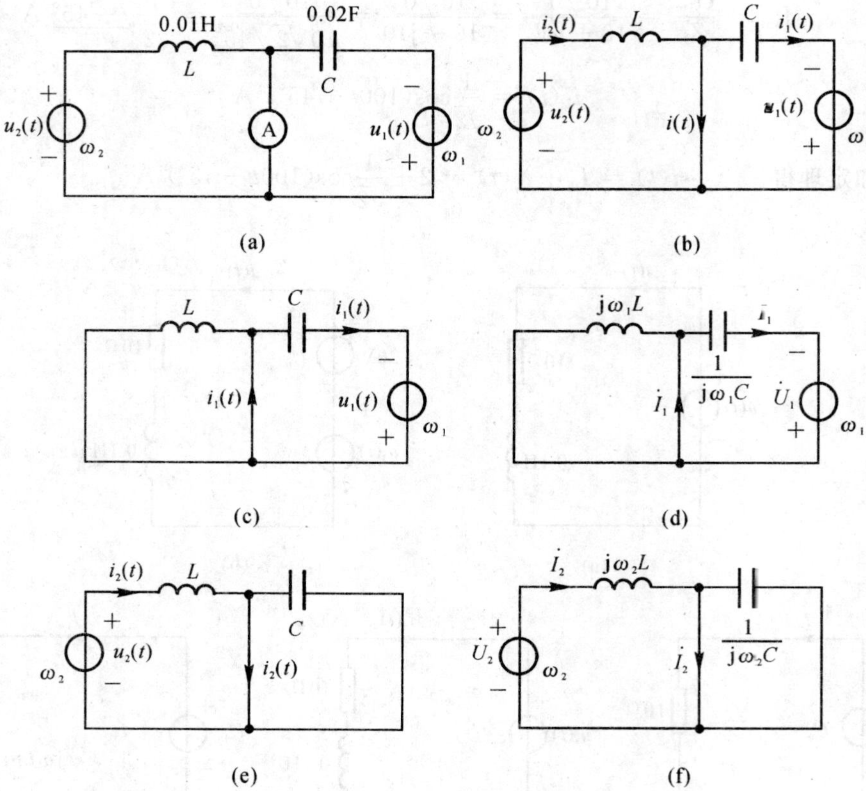

图 8.4.2

(2) $u_2(t) = 6\sqrt{2}\cos 100t$ (V) 单独作用时的电路如图 8.4.2(e) 所示，其对应的相量电路模型如图 8.4.2(f) 所示，其中 $\mathrm{j}\omega_2 L = \mathrm{j}100 \times 0.01 = \mathrm{j}1\ \Omega$，$\dfrac{1}{\mathrm{j}\omega_2 C} = -\mathrm{j}\dfrac{1}{100 \times 0.02} = -\mathrm{j}0.5\ \Omega$，$\dot{U}_2 = 6\angle 0^\circ$ V。于是有

$$\dot{I}_2 = \frac{\dot{U}_2}{\mathrm{j}\omega_2 L} = \frac{6\angle 0^\circ}{\mathrm{j}1} = -\mathrm{j}6\angle 0^\circ = 6\angle -90^\circ \text{ A}$$

故 $$i_2(t) = 6\sqrt{2}\cos(100t - 90^\circ) \text{ A}$$

(3) 根据叠加定理，图 8.4.2(b) 电路中的 $i(t)$ 为

$$i(t) = -i_1(t) + i_2(t) = -8\sqrt{2}\cos(50t + 120^\circ) + 6\sqrt{2}\cos(100t - 90^\circ) =$$
$$8\sqrt{2}\cos(50t - 60^\circ) + 6\sqrt{2}\cos(100t - 90^\circ) \text{ A}$$

故得电流表 Ⓐ 的示数为

$$I = \sqrt{8^2 + 6^2} = 10 \text{ A}$$

例 8.4.3　图 8.4.3(a) 所示电路，已知 $u(t) = 30 + 10\sqrt{2}\cos 1\,000t$ (V)，求电压 $u_C(t)$。

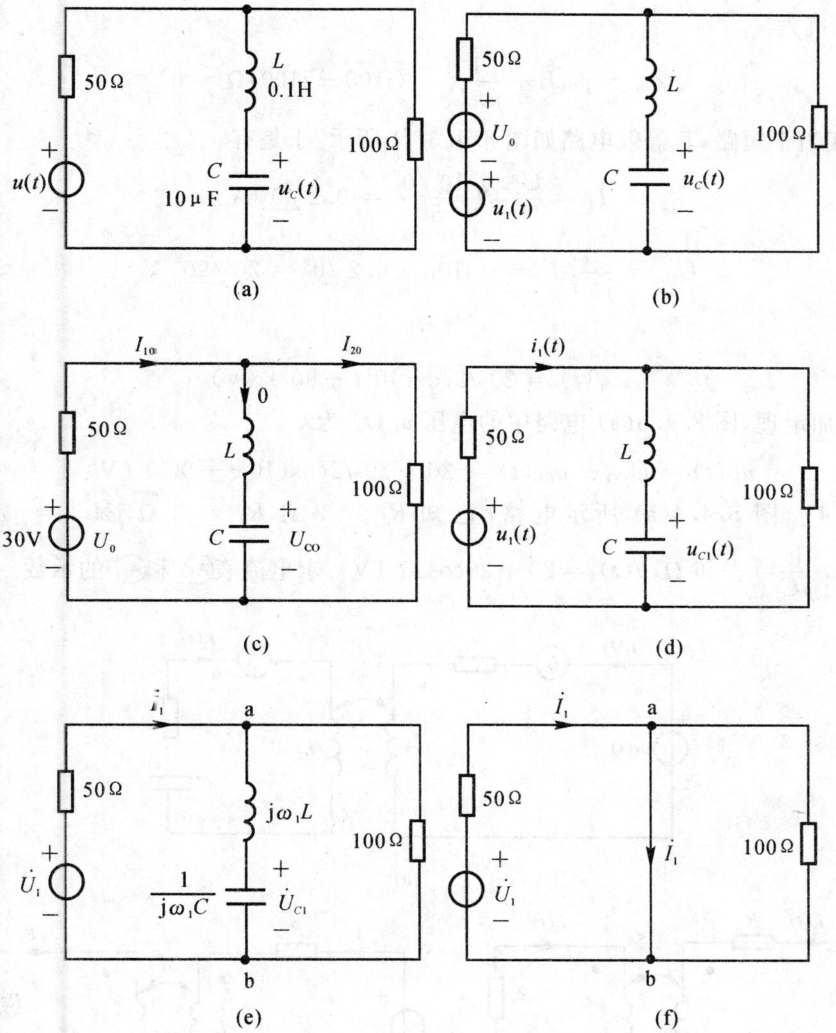

图　8.4.3

解　将图 8.4.3(a) 所示电路画成图 8.4.3(b) 所示电路，其中 $U_0 = 30$ V 为直流电压分量，$u_1(t) = 10\sqrt{2}\cos 1\,000t$ (V) 为一次谐波电压分量。根据叠加定理，$U_0 = 30$ V 单独作用时的电路如图 8.4.3(c) 所示，由于在直流电路中电容 C 相当于开路，故得

$$I_0 = \frac{30}{50 + 100} = 0.2 \text{ A}$$

故　$$U_{CO} = 100 I_0 = 100 \times 0.2 = 20 \text{ V}$$

$u_1(t) = 10\sqrt{2}\cos 1\,000t$ (V) 单独作用时的电路如图 8.4.3(d) 所示，其相应的相量电路模型如图 8.4.3(e) 所示。

$$\dot{U}_1 = 10\,\underline{/0^\circ} \text{ V}$$

$$j\omega_1 L = j10^3 \times 0.1 = j100\ \Omega$$

$$\frac{1}{j\omega_1 C} = -j\frac{1}{10^3 \times 10 \times 10^{-6}} = -j100\ \Omega$$

ab 支路的阻抗为

$$Z_{ab} = j\omega_1 L + \frac{1}{j\omega_1 C} = (j100 - j100)\Omega = 0$$

即 ab 支路相当于短路，其等效电路如图 8.4.3(f) 所示。于是有

$$\dot{I}_1 = \frac{\dot{U}_1}{50} = \frac{10\angle 0^\circ}{50} = 0.2\angle 0^\circ\ \text{A}$$

$$\dot{U}_{C1} = \frac{1}{j\omega_1 C}\dot{I}_1 = -j100 \times 0.2\angle 0^\circ = 20\angle 90^\circ\ \text{V}$$

故得

$$u_{C1}(t) = 20\sqrt{2}\cos(10^3 t - 90^\circ)\ (\text{V})$$

根据叠加定理，图 8.4.3(a) 电路中的电压 $u_C(t)$ 为

$$u_C(t) = U_{C0} + u_{C1}(t) = 20 + 20\sqrt{2}\cos(10^3 t - 90^\circ)\ (\text{V})$$

例 8.4.4 图 8.4.4(a) 所示电路，已知 $R_1 = 2\ \Omega$，$R_2 = 3\ \Omega$，$j\omega L_1 = j\omega L_2 = j4\ \Omega$，$j\omega M = j1\ \Omega$，$\frac{1}{j\omega C} = -j6\ \Omega$，$u(t) = 20 + 20\cos\omega t$ (V)。求电流表Ⓐ₁ 和Ⓐ₂ 的示数。

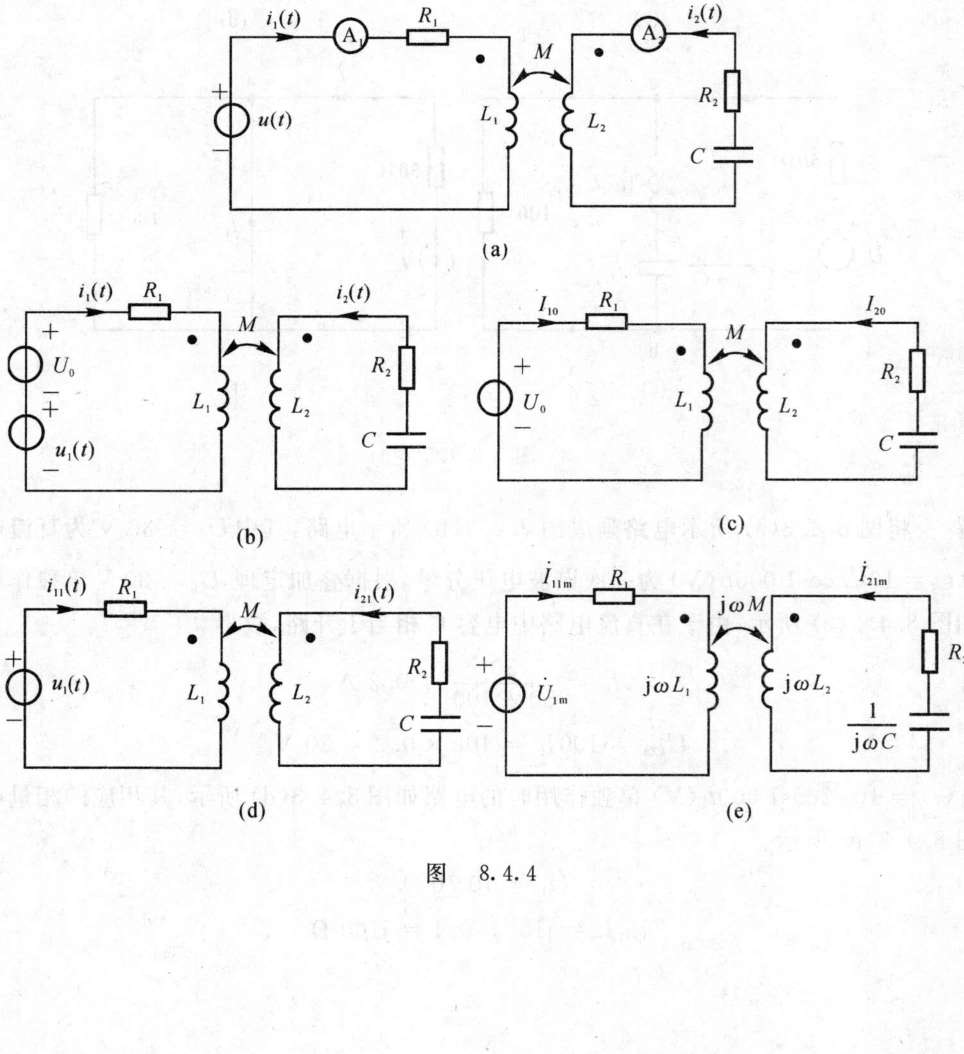

图 8.4.4

解　将图 8.4.4(a) 电路画成图 8.4.4(b) 所示电路，其中 $U_0 = 20$ V 为直流电压分量，$u_1(t) = 20\cos\omega t$ (V) 为一次谐波电压分量。根据叠加定理，$U_0 = 20$ V 单独作用时的电路如图 8.4.4(c) 所示。故得

$$I_{10} = \frac{U_0}{R_1} = \frac{20}{2} = 10\ \text{A}$$

$$I_{20} = 0$$

$u_1(t) = 20\cos\omega t$ (V) 单独作用时的电路如图 8.4.4(d) 所示，其相应的相量电路模型如图 8.4.4(e) 所示，其中 $\dot{U}_{1m} = 20\underline{/0^\circ}$ (V)。于是可列出 KVL 方程为

$$\begin{cases}(R_1 + j\omega L_1)\dot{I}_{11m} + j\omega M\dot{I}_{21m} = \dot{U}_{1m} \\ j\omega M\dot{I}_{11m} + (R_2 + j\omega L_2 + \dfrac{1}{j\omega C})\dot{I}_{21m} = 0\end{cases}$$

代入数据联立求解得

$$\dot{I}_{11m} = 4.24\underline{/-61.8^\circ}\ \text{A}$$

$$\dot{I}_{21m} = 1.18\underline{/-118.1^\circ}\ \text{A}$$

故

$$i_{11}(t) = 4.24\cos(\omega t - 61.8^\circ)\ (\text{A})$$

$$i_{21}(t) = 1.18\cos(\omega t - 118.1^\circ)\ (\text{A})$$

根据叠加定理，图 8.4.4(a) 电路中的电流 $i_1(t)$ 与 $i_2(t)$ 为

$$i_1(t) = I_{10} + i_{11}(t) = 10 + 4.24\cos(\omega t - 6.18^\circ)\ (\text{A})$$

$$i_2(t) = I_{20} + i_{21}(t) = 0 + 1.18\cos(\omega t - 118.1^\circ)\ (\text{A})$$

电流表Ⓐ₁,Ⓐ₂ 的示数各为

$$I_1 = \sqrt{I_{10}^2 + I_{11}^2} = \sqrt{10^2 + \left(\frac{4.24}{\sqrt{2}}\right)^2} = 10.4\ \text{A}$$

$$I_2 = \sqrt{I_{20}^2 + I_{21}^2} = \sqrt{0^2 + \left(\frac{1.18}{\sqrt{2}}\right)^2} = 0.832\ \text{A}$$

8.5　非正弦周期电流电路的平均功率

图 8.5.1 所示为线性任意单口电路，设端口电压 $u(t)$ 为非正弦周期电压，即

$$u(t) = U_0 + U_{1m}\cos(\omega t + \psi_{u1}) + U_{2m}\cos(2\omega t + \psi_{u2}) + \cdots + U_{nm}\cos(n\omega t + \psi_{un}) \qquad (8.5.1)$$

则一定可以求得其端口电流的一般表示式为

$$i(t) = I_0 + I_{1m}\cos(\omega t + \psi_{i1}) + I_{2m}\cos(2\omega t + \psi_{i2}) + \cdots + I_{nm}\cos(n\omega t + \psi_{in}) \qquad (8.5.2)$$

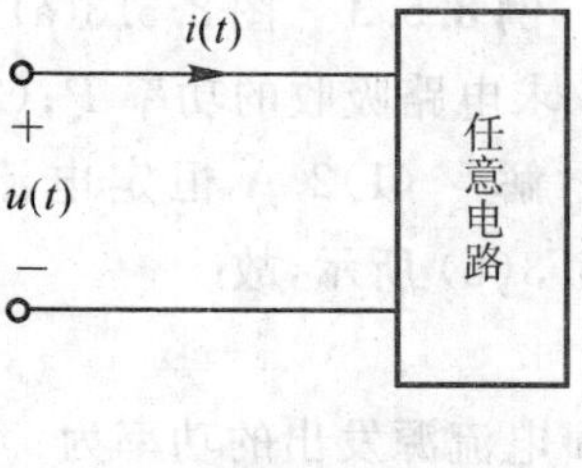

图 8.5.1　任意单口电路

于是可得该单口电路的平均功率(即有功功率)为

$$P = \frac{1}{T}\int_{-\frac{T}{2}}^{\frac{T}{2}} u(t)i(t)\mathrm{d}t$$

将式(8.5.1) 和式(8.5.2) 代入上式，并考虑到三角函数的正交性，可得

$$P = U_0 I_0 + \frac{1}{2} U_{1m} I_{1m} \cos(\psi_{u1} - \psi_{i1}) + \frac{1}{2} U_{2m} I_{2m} \cos(\psi_{u2} - \psi_{i2}) + \cdots + \frac{1}{2} U_{nm} I_{nm} \cos(\psi_{un} - \psi_{in})$$

或

$$P = U_0 I_0 + U_1 I_1 \cos(\psi_{u1} - \psi_{i1}) + U_2 I_2 \cos(\psi_{u2} - \psi_{i2}) + \cdots + U_n I_n \cos(\psi_{un} - \psi_{in}) = U_0 I_0 + \sum_{n=1}^{\infty} U_n I_n \cos(\psi_{un} - \psi_{in}) = P_0 + P_1 + P_2 + \cdots + P_n, \quad n \in \mathbf{Z}^+$$

即平均功率 P 等于直流分量的功率 $U_0 I_0$ 与各次谐波分量单独作用时的平均功率的代数和。

若流过电阻 R 中的非正弦周期电流 $i(t)$ 的有效值已求得为 I，则该电阻 R 吸收的平均功率可直接简便地由下式求得，即

$$P = I^2 R$$

例 8.5.1　图 8.5.1 所示电路，已知 $u(t) = 100 + 50\cos\omega t - 20\cos 2\omega t + 10\cos(3\omega t + 90°)$ (V)，$i(t) = 5 + 2\cos(\omega t - 45°) + \sqrt{2}\cos(3\omega t + 30°)$ (A)，求该单口电路吸收的平均功率 P 的值。

解　应首先将 $u(t)$ 写为标准的形式，即

$$u(t) = 100 + 50\cos\omega t + 20\cos(2\omega t + 180°) + 10\cos(3\omega t + 90°)\ \text{V}$$

故得

$$P = 100 \times 5 + \frac{1}{2} \times 50 \times 2\cos[0° - (-45°)] + \frac{1}{2} \times 20 \times 0\cos(180° - \psi_{i2}) + \frac{1}{2} \times 10 \times \sqrt{2}\cos(90° - 30°) = 500 + 35.36 + 0 + 3.54 = 538.9\ \text{W}$$

例 8.5.2　图 8.5.2 所示电路，$i(t) = 4 + 10\cos(t - 60°) + 4\cos(3t - 135°)$ (A)。求电路吸收的平均功率 P。

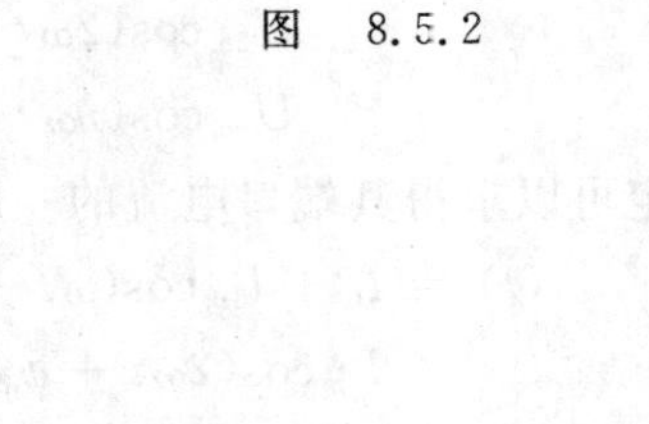

图　8.5.2

解　$I = \sqrt{4^2 + (\frac{10}{\sqrt{2}})^2 + (\frac{4}{\sqrt{2}})^2} = \sqrt{74}$ A

故　　$P = I^2 R = 74 \times 10 = 740$ W

例 8.5.3　图 8.5.3(a) 所示电路，$u_1(t) = 4\sqrt{2}\cos 1t$ V。(1) 求电路吸收的功率 P；(2) 求 $u_C(t)$ 的有效值 U_C。

解　(1)2 A 恒定电流源单独作用时的电路，如图 8.5.3(b) 所示，故

$$U_{C0} = 1 \times 2 = 2\ \text{V}$$

2 A 电流源发出的功率为

$$P_0 = (1 + 1) \times 2^2 = 8\ \text{W}$$

(2)$u_1(t) = 4\sqrt{2}\cos 1t$ V 单独作用时的电路，如图 8.5.3(c) 所示，其相量电路模型如图 8.5.3(d) 所示。其中 $\mathrm{j}\omega L = \mathrm{j}1 \times 1 = \mathrm{j}1\ \Omega$，$\frac{1}{\mathrm{j}\omega C} = -\mathrm{j}\frac{1}{1 \times 1} = -\mathrm{j}1\ \Omega$。ab 支路的阻抗 $Z_{ab} = \mathrm{j}\omega L + \frac{1}{\mathrm{j}\omega C} = \mathrm{j}1 - \mathrm{j}1 = 0$，即 ab 支路相当于短路。故

$$\dot{I}_1 = \frac{\dot{U}_1}{1} = \frac{4\angle 0^\circ}{1} = 4\angle 0^\circ \text{ A}$$

电压源 $u_1(t)$ 发出的功率为

$$P_1 = I_1^2 \times 1 = 4^2 \times 1 = 16 \text{ W}$$

又

$$\dot{U}_{C1} = \frac{1}{\mathrm{j}\omega C}\dot{I}_1 = -\mathrm{j}1 \times 4\angle 0^\circ = 4\angle -90^\circ \text{ V}$$

故

$$u_{C1}(t) = 4\sqrt{2}\cos(1t - 90^\circ) \text{ V}$$

故得

$$u_C(t) = U_{CO} + u_{C1}(t) = 2 + 4\sqrt{2}\cos(1t - 90^\circ) \text{ V}$$

$$U_{CO} = \sqrt{2^2 + 4^2} = 4.47 \text{ V}$$

电路吸收的功率为

$$P = P_0 + P_1 = 8 + 16 = 24 \text{ W}$$

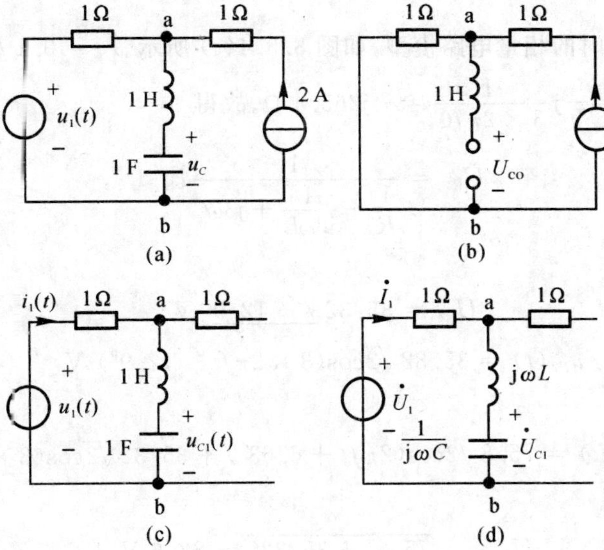

图　8.5.3

例 8.5.4　图 8.5.4(a) 所示电路，$R = 1\ 200\ \Omega$，$L = 1$ H，$C = 4\ \mu$F，$u_S(t) = 50\sqrt{2}\cos(2\pi ft + 30^\circ)$ V，$i_S(t) = 100\sqrt{2}(3 \times 2\pi ft + 60^\circ)$ mA，$f = 50$ Hz。(1) 求 $u_R(t)$ 的有效值 U_R；(2) 求电路吸收的平均功率 P。

解　(1)$u_S(t)$ 单独作用时的相量电路模型，如图 8.5.4(b) 所示。$\dot{U}_S = 50\angle 30^\circ$ V，$\mathrm{j}\omega L = \mathrm{j}2\pi fL = \mathrm{j}2\pi \times 50 \times 1 = \mathrm{j}314\ \Omega$，$\frac{1}{\mathrm{j}\omega C} = -\mathrm{j}\frac{1}{2\pi \times 50 \times 4 \times 10^{-6}} = -\mathrm{j}796.2\ \Omega$，故由节点法可列出 KCL 方程为

$$\left(\frac{1}{R} + \frac{1}{\mathrm{j}\omega L} + \mathrm{j}\omega C\right)\dot{U}_{R1} = \frac{1}{\mathrm{j}\omega L}\dot{U}_S$$

解得

$$\dot{U}_{R1}=\frac{\frac{1}{j\omega L}\dot{U}_S}{\frac{1}{R}+\frac{1}{j\omega L}+j\omega C}=\frac{R\dot{U}_S}{R-\omega^2RLC+j\omega L}=\frac{1\,200\times 50\,\underline{/30^\circ}}{1\,200-473.3+j314}=75.8\,\underline{/6.63^\circ}\ \text{V}$$

故
$$u_{R1}(t)=75.8\sqrt{2}\cos(2\pi ft+6.63^\circ)\ \text{V}$$

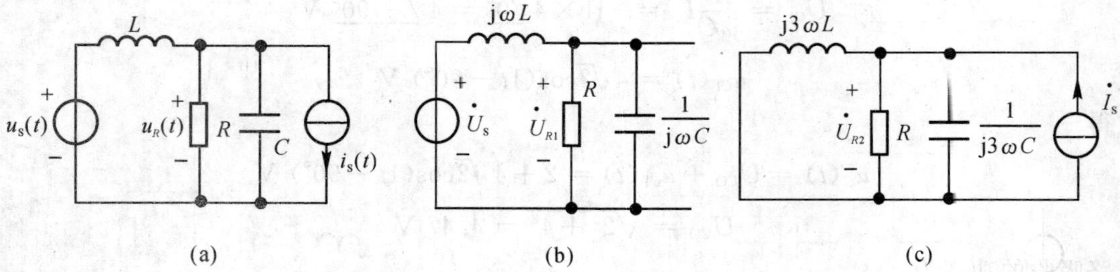

图 8.5.4

(2)$i_S(t)$ 单独作用时的相量电路模型，如图 8.5.4(c) 所示。$\dot{I}_S=0.1\,\underline{/60^\circ}$ A，$j3\omega L=j3\times 2\pi fL=j942\ \Omega$，$\frac{1}{j3\omega C}=-j\frac{1}{3\times 2\pi fC}=-j265.4\ \Omega$。故得

$$\dot{U}_{R2}=\frac{1}{\frac{1}{R}+\frac{1}{j3\omega L}+j3\omega C}\dot{I}_S$$

代入数据得

$$\dot{U}_{R2}=35.32\,\underline{/-12.9^\circ}\ \text{V}$$

故
$$u_{R2}(t)=35.32\sqrt{2}\cos(3\times 2\pi ft-12.9^\circ)\ \text{V}$$

故得

$$u_R(t)=u_{R1}(t)+u_{R2}(t)=75.8\sqrt{2}\cos(2\pi ft+6.63^\circ)+35.32\sqrt{2}\cos(3\times 2\pi ft-12.9^\circ)\ \text{V}$$

$u_R(t)$ 的有效值为

$$U_R=\sqrt{75.8^2+35.32^2}=83.6\ \text{V}$$

电路吸收的平均功率为

$$P=\frac{U_R^2}{R}=\frac{83.6^2}{1\,200}=5.82\ \text{W}$$

*8.6 滤波电路的概念

对不同频率的电信号具有选择性的电路，称为滤波电路，也称滤波器，它只允许某一频率或某一些频率的电信号通过，同时不允许另一些频率的电信号通过。滤波器分为低通滤波器，高通滤波器，带通滤波器，带阻滤波器，全通滤波器。滤波器在电子与通信工程中有着广泛的应用。

例 8.6.1 图 8.6.1(a) 所示电路，已知 $u(t)=U_{1m}\cos(10^3t+\psi_1)+U_{3m}\cos(3\times 10^3t+\psi_3)$ (V)，今欲使 $u_o(t)=U_{1m}\cos(10^3t+\psi_1)$ (V)，求 L_1，C_1 的值。

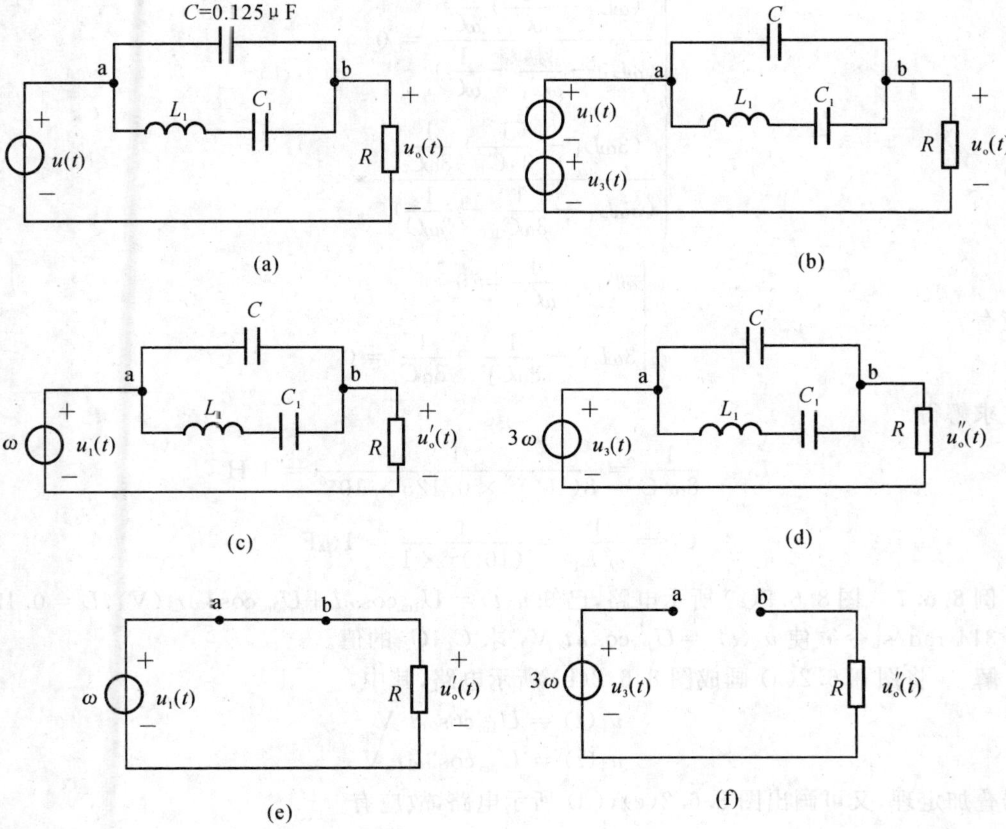

图　8.6.1

解　将图 8.6.1(a) 所示电路画成图 8.6.1(b) 所示电路，其中

$$u_1(t) = U_{1m}\cos(10^3 t + \psi_1)\ (\mathrm{V})$$

$$u_3(t) = U_{3m}\cos(3\times 10^3 t + \psi_3)\ (\mathrm{V})$$

根据叠加定理，可画出图 8.6.1(c)，(d) 所示电路，故应有

$$u_o(t) = u'_o(t) + u''_o(t)$$

由此式可见，当 $u'_o(t) = u_1(t) = U_{1m}\cos(10^3 t + \psi_1)\mathrm{V}$ 且 $u''_o(t) = 0$ 时，即有

$$u_o(t) = u'_o(t) = u_1(t) = U_{1m}\cos(10^3 t + \psi_1)\ (\mathrm{V})$$

今欲使 $u'_o(t) = u_1(t) = U_{1m}\cos(10^3 t + \psi_1)$，就必须使 a，b 两点间的阻抗对 $\omega = 10^3$ rad/s 的值为零(即短路)，如图 3. 6. 1(e) 所示，同时必须使 a，b 两点间的阻抗对 $\omega = 3\times 10^3$ rad/s 的值为无穷大(即开路)，如图 8.6.1(f) 所示，即应同时有

$$\begin{cases} \dfrac{\left(\mathrm{j}\omega L_1 + \dfrac{1}{\mathrm{j}\omega C_1}\right)\dfrac{1}{\mathrm{j}\omega C}}{\mathrm{j}\omega L_1 + \dfrac{1}{\mathrm{j}\omega C_1} + \dfrac{1}{\mathrm{j}\omega C}} = 0 \\ \dfrac{\left(\mathrm{j}3\omega L_1 + \dfrac{1}{\mathrm{j}3\omega C_1}\right)\dfrac{1}{\mathrm{j}3\omega C}}{\mathrm{j}3\omega L_1 + \dfrac{1}{\mathrm{j}3\omega C_1} + \dfrac{1}{\mathrm{j}3\omega C}} \to \infty \end{cases}$$

即

$$\begin{cases} \dfrac{(\omega L_1 - \dfrac{1}{\omega C_1})\dfrac{1}{\omega C}}{(\omega L_1 - \dfrac{1}{\omega C_1} - \dfrac{1}{\omega C})} = 0 \\ \dfrac{(3\omega L_1 - \dfrac{1}{3\omega C_1})\dfrac{1}{3\omega C}}{(3\omega L_1 - \dfrac{1}{3\omega C_1} - \dfrac{1}{3\omega C})} \to \infty \end{cases}$$

故应有

$$\begin{cases} \omega L_1 - \dfrac{1}{\omega C_1} = 0 \\ 3\omega L_1 - \dfrac{1}{3\omega C_1} - \dfrac{1}{3\omega C} = 0 \end{cases}$$

联立求解得

$$L_1 = \frac{1}{8\omega^2 C} = \frac{1}{8(10^3)^2 \times 0.125 \times 10^{-6}} = 1 \text{ H}$$

$$C_1 = \frac{1}{\omega^2 L_1} = \frac{1}{(10^3)^2 \times 1} = 1 \ \mu\text{F}$$

例 8.6.2 图 8.6.2(a) 所示电路，已知 $u(t) = U_{1m}\cos\omega t + U_{3m}\cos 3\omega t$ (V)，$L = 0.12$ H，$\omega = 314$ rad/s。令欲使 $u_o(t) = U_{1m}\cos\omega t$ V，求 C_1, C_2 的值。

解 将图 8.6.2(a) 画成图 8.6.2(b) 所示电路，其中，

$$u_1(t) = U_{1m}\cos\omega t \text{ V}$$

$$u_3(t) = U_{3m}\cos 3\omega t \text{ V}$$

根据叠加定理，又可画出图 8.6.2(c)，(d) 所示电路，故应有

$$u_o(t) = u_o'(t) + u_o''(t)$$

由此式可见，当 $u_o'(t) = u_1(t) = U_{1m}\cos\omega t$ V 且 $u_o''(t) = 0$ 时，即有

$$u_o(t) = u_o'(t) = u_1(t) = U_{1m}\cos\omega t \text{ V}$$

今欲使 $u_o'(t) = u_1(t) = U_{1m}\cos\omega t$ V，就必须使 a，b 两点间的阻抗对 ω 的值为零(即短路)，如图 8.6.2(e) 所示，同时必须使 a，b 两点间的阻抗对 3ω 的值为无穷大(即开路)，如图 8.6.2(f) 所示。即应同时有

$$\begin{cases} \dfrac{\text{j}\omega L \times \dfrac{1}{\text{j}\omega C_1}}{\text{j}\omega L + \dfrac{1}{\text{j}\omega C_1}} + \dfrac{1}{\text{j}\omega C_2} = 0 \\ \dfrac{\text{j}3\omega L \times \dfrac{1}{\text{j}3\omega C_1}}{\text{j}3\omega L + \dfrac{1}{\text{j}3\omega C_1}} + \dfrac{1}{\text{j}3\omega C_2} \to \infty \end{cases}$$

即

$$\begin{cases} \dfrac{\dfrac{L}{C_1}}{(\omega L - \dfrac{1}{\omega C_1})} + \dfrac{1}{\omega C_2} = 0 & (1) \\ \dfrac{\dfrac{L}{C_1}}{(3\omega L - \dfrac{1}{3\omega C_1})} + \dfrac{1}{3\omega C_2} \to \infty & (2) \end{cases}$$

欲使式(2) 成立，则必须有

$$3\omega L - \frac{1}{3\omega C_1} = 0$$

故得

$$C_1 = \frac{1}{9\omega^2 L} = \frac{1}{9 \times 314^2 \times 0.12} = 9.4\ \mu\text{F}$$

将 $C_1 = 9.4\ \mu\text{F}$ 代入式(1)，又得

$$C_2 = 75.13\ \mu\text{F}$$

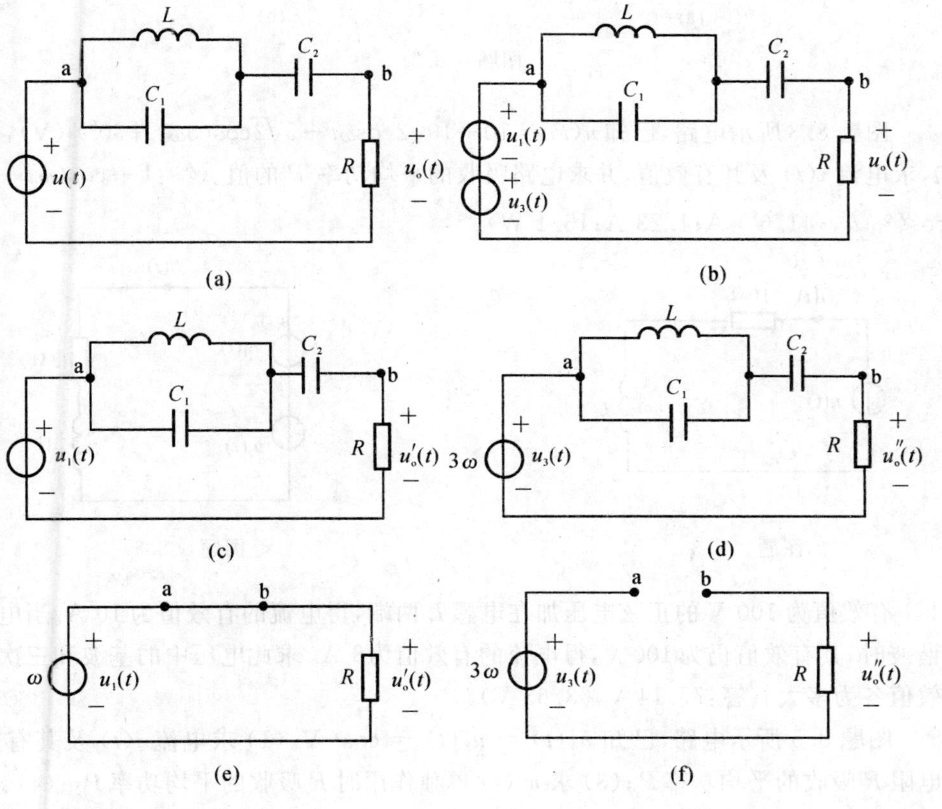

图　8.6.2

习　题　八

8.1　图题 8.1 所示电路，$u(t) = 50 + 190\cos 1\,000t$ (V)，求电压 $u_C(t)$ 及其有效值 U_C 的值。(答：$50 + 95\sqrt{2}\cos(1\,000t - 45°)$ V，107.35 V)

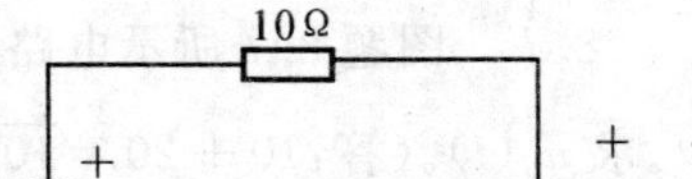

图题　8.1

8.2　图题 8.2(a) 所示电路，$u(t)$ 的波形如图题 8.2(b) 所示，其中正弦分量的角频率为 ω。(1) 写出电压 $u(t)$ 的表示式；(2) 若 $\omega L = 40\ \Omega$，$\frac{1}{\omega C} = 40\ \Omega$，求 $u_C(t)$ 和 $i_L(t)$。(答：$8 + 4\cos(\omega t - 90°)$ V；$4\cos(\omega t - 90°)$ V；$0.2 + 0.1\cos(\omega t - 180°)$ A)

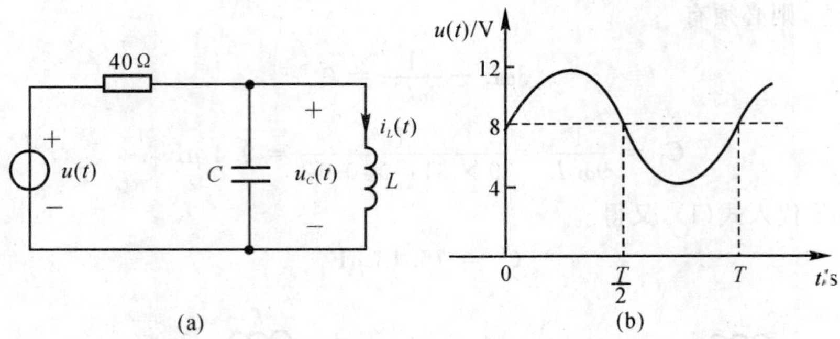

图题　8.2

8.3　图题 8.3 所示电路，已知 $u(t)=10+10\sqrt{2}\cos\omega t+5\sqrt{2}\cos(3\omega t+30^\circ)$ (V)，已知 $\omega L=10\ \Omega$，求电流 $i(t)$ 及其有效值，并求电路吸收的平均功率 P 的值。(答：$1+\cos(\omega t-45^\circ)+0.1\sqrt{5}\cos(3\omega t-41.6^\circ)$ A；1.23 A；15.1 W)

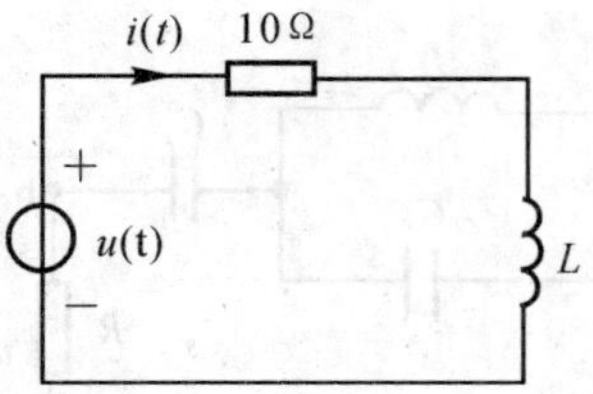

图题　8.3

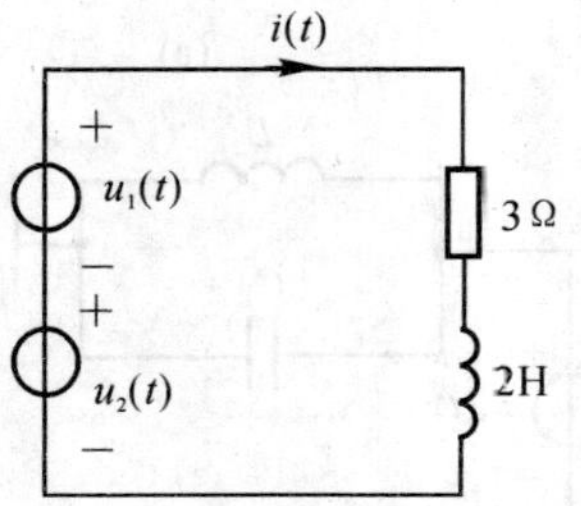

图题　8.5

8.4　有效值为 100 V 的正弦电压加在电感 L 两端，得电流的有效值为 10 A。当电压中还有三次谐波时，其有效值仍为 100 V，得电流的有效值为8 A。求此电压中的基波和三次谐波电压的有效值各为多大?(答：77.14 V，63.63 V)

8.5　图题 8.5 所示电路，已知 $u_1(t)=u_2(t)=\cos t$ V。(1) 求电流 $i(t)$ 及其有效值 I；(2) 求电阻 R 吸收的平均功率 P；(3) 求 $u_1(t)$ 单独作用时 R 吸收的平均功率 P_1；(4) 求 $u_2(t)$ 单独作用时 R 吸收的平均功率 P_2；(5) 由(2)，(3)，(4) 的计算结果能得出什么结论?(答：$0.56\cos(t-33.7^\circ)$ A，0.39 A；0.462 W；0.115 4 W；$P\neq P_1+P_2$)

8.6　图题 8.6 所示电路，已知端口电压和电流分别为

$$u(t)=4+10\sqrt{2}\cos(\omega t-30^\circ)+2\sqrt{2}\cos(2\omega t+45^\circ)\ \text{V}$$

$$i(t)=2+2\sqrt{2}\cos(2\omega t-15^\circ)\ \text{A}$$

求一端口电路 N 吸收的平均功率 P。(答：6 W)

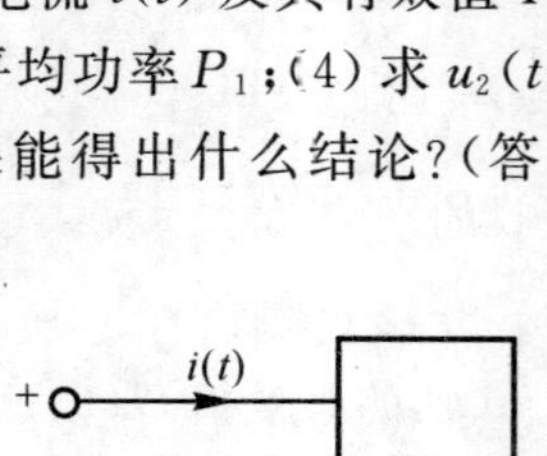

图题　8.6

8.7　图题 8.7 所示电路，$u(t)=10+100\sqrt{2}\cos t+10\sqrt{2}\cos 2t$ V。求 $u_C(t)$。(答：$10+20\sqrt{10}\times\cos(t-63.4^\circ)+\sqrt{10}\cos(2t-116.6^\circ)$ V)

8.8　图题 8.8 所示电路，$u(t)=10+50\sqrt{2}\cos\omega t+30\sqrt{2}\cos 3\omega t$ V，$R=10\ \Omega$，$\omega L_1=30\ \Omega$，$\omega L_2=10\ \Omega$，$\frac{1}{\omega C}=90\ \Omega$。求 $i_1(t)$，$i_2(t)$，$u_2(t)$，电阻 R 吸收的功率和电压源发出的功率。(答：$1+1.18\sqrt{2}\cos(\omega t-76.37^\circ)$ A；$1+1.33\cos(\omega t-76.37^\circ)+\sqrt{2}\cos(3\omega t-90^\circ)$ A；13.25

$\sqrt{2}\cos(\omega t + 13.63°) + 30\sqrt{2}\cos(3\omega t)$ V;24 W,24 W)

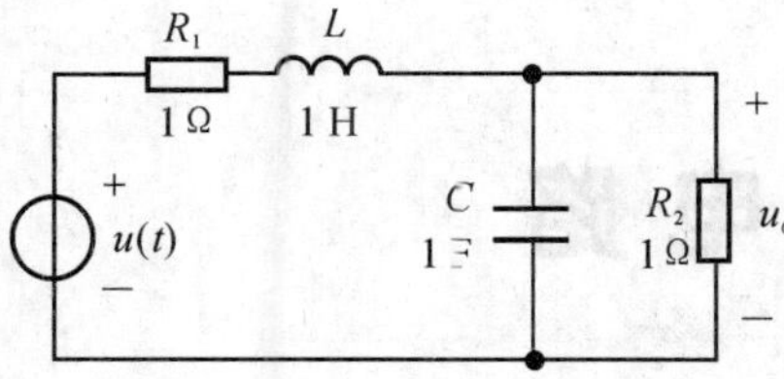

图题　8.7

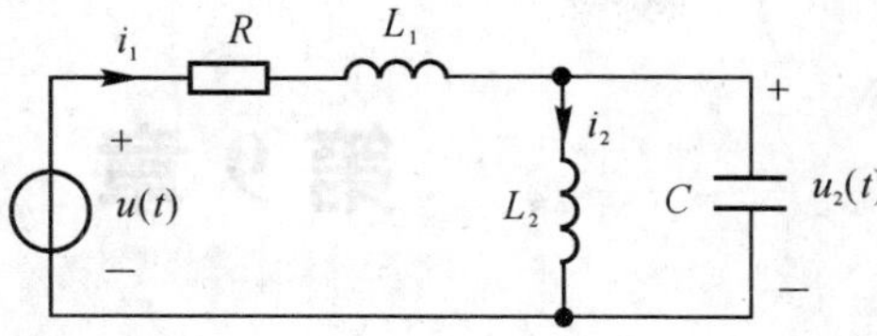

图题 8.8

8.9　图题 8.9 所示电路,$u(t) = \cos t$ V,$i(t) = 1$ A。求 $i_1(t)$。(答:$1 + \frac{3}{\sqrt{5}}\cos(t + 63.4°)$ A)

8.10　图题 8.10 所示电路,$u(t) = U_0 + u_1(t)$,$u_1(t) = \sqrt{2}U_1\cos(\omega t + \psi)$ V,$R_1 = 50\ \Omega$,$R_2 = 100\ \Omega$,$\mathrm{j}\omega L = \mathrm{j}70\ \Omega$,$\frac{1}{\mathrm{j}\omega C} = -\mathrm{j}100\ \Omega$。在稳态下Ⓐ₁ 和Ⓐ₂ 的示数(有效值)分别为 1 A 和 1.5 A。(1) 求 U_0,$u_1(t)$,$u(t)$;(2) 求电压源 $u(t)$ 发出的功率 P。(答:168 V,$144.1\sqrt{2}\cos(\omega t - 33.71°)$ V,$168 + 144.1\sqrt{2}\cos(\omega t - 33.71°)$ V;387 W)

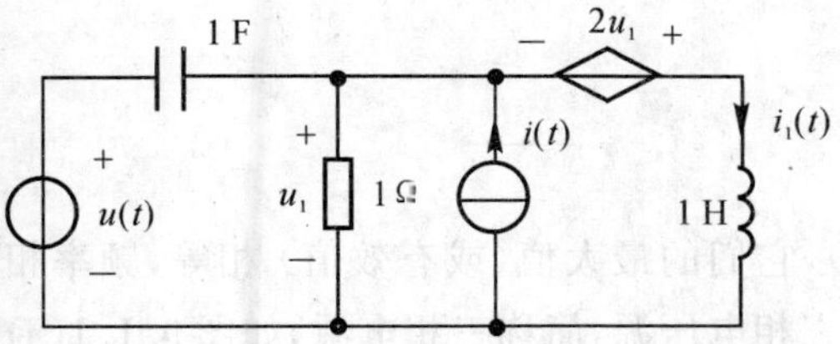

图题　8.9

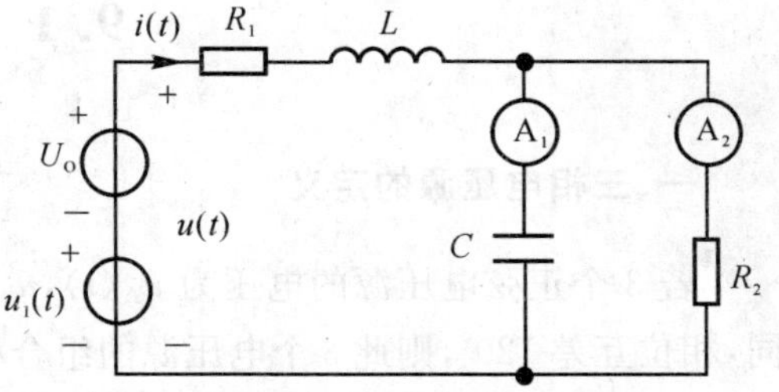

图题　8.10

8.11　图题 8.11 所示电路,$R_1 = 20\ \Omega$,$R_2 = 10\ \Omega$,$\omega L_1 = 6\ \Omega$,$\omega L_2 = 4\ \Omega$,$\omega M = 2\ \Omega$,$\frac{1}{\omega C} = 16\ \Omega$,$u(t) = 100 + 50\cos(2\omega t + 10°)$ V。(1) 求 $i(t)$ 及其有效值 I;(2) 求 R_1 和 R_2 各自吸收的平均功率。(答:$5 + 2.02\cos(2\omega t - 19°)$ A,5.2 A;541 W,3.26 W)

8.12　图题 8.12 所示电路,$u_S(t) = \sqrt{2}\cos 100t$ V,$i_S(t) = 3 + 4\sqrt{2}\cos(100t - 60°)$ A。(1) 求 $u(t)$ 的有效值 U;(2) 求电压源 $u_S(t)$ 发出的平均功率 P。(答:50 V,2 W)

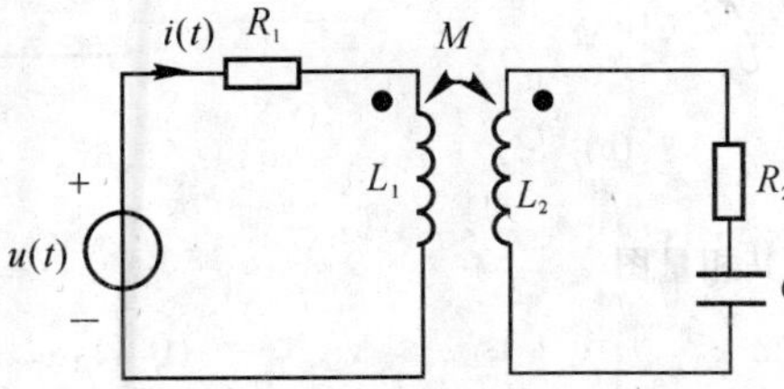

图题　8.11

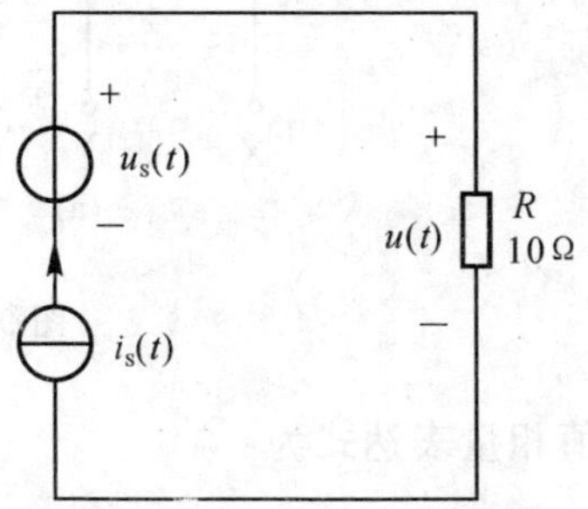

图题　8.12

第9章 三相电路

内容提要

目前的发电、输电、配电系统，基本上都是采用三相制。工农业生产中使用的正弦电源都是三相交流电源。日常生活中使用的单相交流电源则是取自三相电源中的一相。本章讲述三相电源的定义，连接方式，相电压与线电压的关系；三相负载的定义，连接方式，相电流与线电流的关系；对称三相电路中电压、电流与功率的计算；不对称三相电路的概念。

9.1 三相电源

一、三相电压源的定义

若3个正弦电压源的电压为$u_A(t)$，$u_B(t)$，$u_C(t)$，它们的最大值(或有效值)相等，频率相同，相位互差120°，则此3个电压源的组合称为对称三相电压源，简称三相电源，如图9.1.1(a)所示。其中的每一个电压源称为一相，依次称为A相，B相，C相，其时域表示式为

$$\begin{cases} u_A(t)=\sqrt{2}U\cos\omega t\ \text{V} \\ u_B(t)=\sqrt{2}U\cos(\omega t-120^\circ)\ \text{V} \\ u_C(t)=\sqrt{2}U\cos(\omega t-240^\circ)=\sqrt{2}U\cos(\omega t+120^\circ)\ \text{V} \end{cases}$$

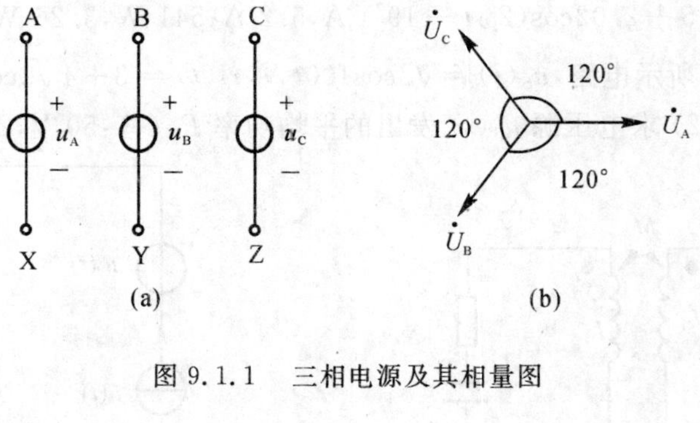

图9.1.1　三相电源及其相量图

其有效值相量表达式为

$$\left.\begin{aligned} \dot{U}_A &= U\underline{/0^\circ}\text{V} \\ \dot{U}_B &= U\underline{/-120^\circ}\text{V} \\ \dot{U}_C &= U\underline{/-240^\circ}=U\underline{/120^\circ}\text{V} \end{aligned}\right\} \tag{9.1.1}$$

其相量图如图 9.1.1(b) 所示。由上两式可得

$$u_A(t)+u_B(t)+u_C(t)=0$$

$$\dot{U}_A+\dot{U}_B+\dot{U}_C=0$$

二、三相电源星形连接

目前三相电源（大型发电机）的连接都是采用星形连接（或称“Y”形连接），即将图 9.1.1(a) 中的 X,Y,Z 三端连接在一起而形成一个节点 N，称为中性点，而将 A,B,C 三端作为引出端，称为端线，也称火线；有时还从中性点 N 引出一根线 NN′，称为中线，也称“地线”或“零线”，如图 9.1.2 所示。图中 $\dot{U}_A$,$\dot{U}_B$,$\dot{U}_C$ 称为相电压，端线 A,B,C 之间的电压 $\dot{U}_{AB}$,$\dot{U}_{BC}$,$\dot{U}_{CA}$ 称为线电压。三相电源星形连接的优点是中性点 N 可以接地，同时能给出两种电压：相电压与线电压。

线电压与相电压的关系：线电压与相电压的关系（大小关系与相位关系），可直接从相量图得到，如图 9.1.3 所示。由图可得

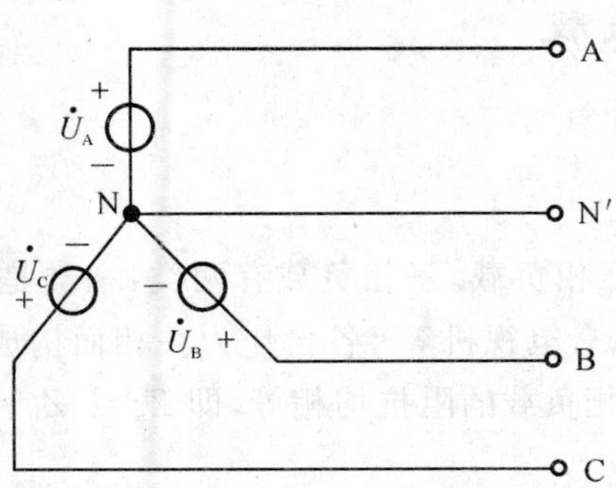

图 9.1.2 三相电源星形连接

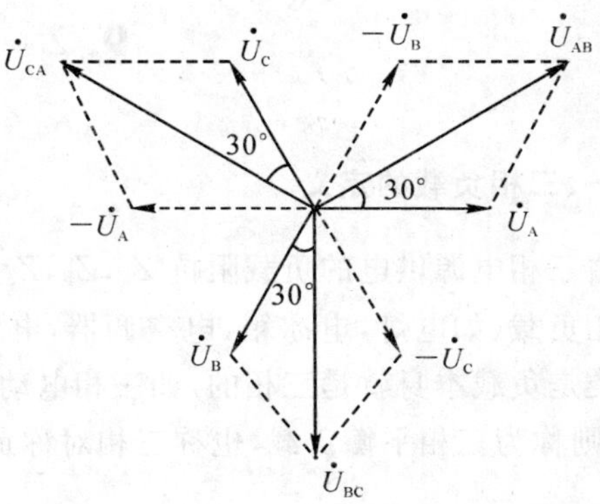

图 9.1.3 三相电源星形连接时线电压与相电压的关系

$$\dot{U}_{AB}=\dot{U}_A-\dot{U}_B=\sqrt{3}\dot{U}_A\angle 30^\circ$$

$$\dot{U}_{BC}=\dot{U}_B-\dot{U}_C=\sqrt{3}\dot{U}_B\angle 30^\circ$$

$$\dot{U}_{CA}=\dot{U}_C-\dot{U}_A=\sqrt{3}\dot{U}_C\angle 30^\circ$$

可见 3 个线电压 $\dot{U}_{AB}$,$\dot{U}_{BC}$,$\dot{U}_{CA}$ 也是对称的，即有

$$\dot{U}_{AB}+\dot{U}_{BC}+\dot{U}_{CA}=0$$

且有

$$U_{线}=\sqrt{3}U_{相}$$

三、三相电源三角形连接

把三相电源的 X 端与 B 端连接，Y 端与 C 端连接，Z 端与 A 端连接，然后再从连接点 A,B,C 向外引出三条端线，即构成三相电源的三角形连接，即 △ 连接，如图 9.1.4 所示。

线电压与相电压的关系：三相电源 △ 连接时，很显然有 $\dot{U}_{AB}=\dot{U}_A$,$\dot{U}_{BC}=\dot{U}_B$,$\dot{U}_{CA}=\dot{U}_C$

且有

$$\dot{U}_{AB}+\dot{U}_{BC}+\dot{U}_{CA}=0$$

$$U_{线}=U_{相}$$

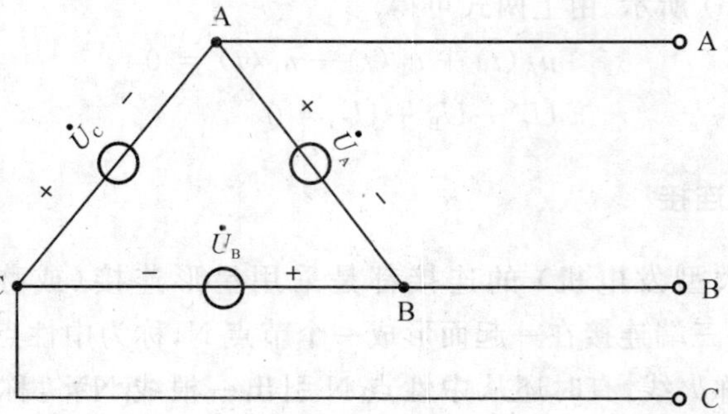

图 9.1.4 三相电源 △ 连接

需要强调的是，由于三相电源都是由发电站提供的，故不言而喻，在正常工作状态下都是对称的，即恒认为有 $\dot{U}_A+\dot{U}_B+\dot{U}_C=0$，$\dot{U}_{AB}+\dot{U}_{BC}+\dot{U}_{CA}=0$。

9.2 三相负载

一、三相负载的定义

由三相电源供电的负载阻抗 Z_a，Z_b，Z_c 构成一个三相负载。三相负载有两类：一类是由 3 个单相负载（如电灯，电冰箱，电空调器，电饭锅，微波炉，电视机等）各自作为一相而构成的；另一类是负载本身就是三相的，如三相电动机等。若每相负载的阻抗均相等，即 $Z_a=Z_b=Z_c=Z$，则称为三相平衡负载，也称三相对称负载。

二、三相负载星形(Y)连接

三相负载的连接也有两种方式：星形(Y)连接和三角形(△)连接。

三相负载星形连接如图 9.2.1 所示。图中 N′ 和引出线 N′N 也分别称为中点和中线；$\dot{U}_{AB}$，$\dot{U}_{BC}$，$\dot{U}_{CA}$ 即为三相电源所提供的线电压；$\dot{U}_A$，$\dot{U}_B$，$\dot{U}_C$ 为各相负载阻抗的相电压；很显然有 $\dot{U}_{AB}\neq\dot{U}_A$，$\dot{U}_{BC}\neq\dot{U}_B$，$\dot{U}_{CA}\neq\dot{U}_C$；$\dot{I}_A$，$\dot{I}_B$，$\dot{I}_C$ 称为端线电流，简称线电流；$\dot{I}_a$，$\dot{I}_b$，$\dot{I}_c$ 称为各相负载阻抗的相电流，很显然有 $\dot{I}_A=\dot{I}_a$，$\dot{I}_B=\dot{I}_b$，$\dot{I}_C=\dot{I}_c$；$\dot{I}_O$ 称为中线电流。

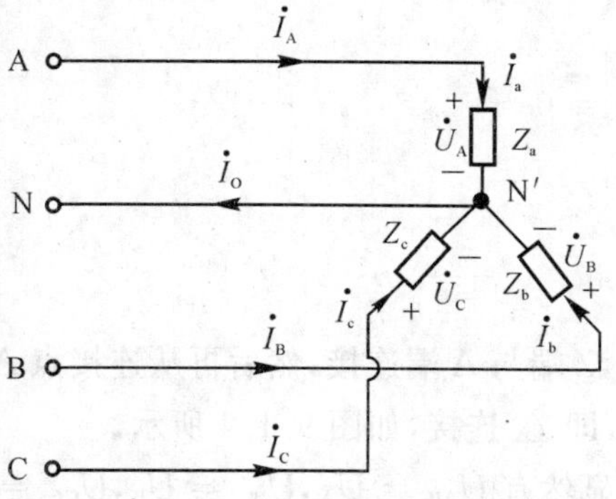

图 9.2.1 三相负载星形连接

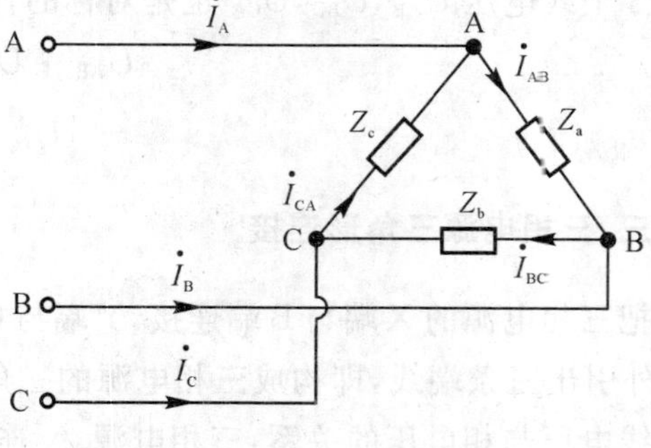

图 9.2.2 三相负载三角形连接

三、三相负载三角形(△)连接

三相负载三角形(△)连接如图 9.2.2 所示。图中 $\dot{U}_{AB}$，$\dot{U}_{BC}$，$\dot{U}_{CA}$ 为三相电源所提供的线电压，在此也是各相负载阻抗的相电压；$\dot{I}_A$，$\dot{I}_B$，$\dot{I}_C$ 为线电流，$\dot{I}_{AB}$，$\dot{I}_{BC}$，$\dot{I}_{CA}$ 为各相负载阻抗的相电流。很显然 $\dot{I}_A \neq I_{AB}$，$\dot{I}_B \neq \dot{I}_{BC}$，$\dot{I}_C \neq \dot{I}_{CA}$。

需要指出，三相负载的连接方式与三相电源的连接方式无关。

9.3　对称三相电路分析计算

一、对称三相电路的定义

若三相电源是对称的，三相负载阻抗也是对称的，则把三相对称电源和三相对称负载连接成的电路，称为对称三相电路。

由于三相电源在正常工作状态下恒是对称的，故只要三相负载阻抗相等，即 $Z_a = Z_b = Z_c = Z$，则三相电路就是对称的。

对称三相电路的特点是电路中的有关电流与电压具有“对称性”关系。充分利用“对称性”关系，会给对称三相电路的分析计算带来极大的简便。

二、对称三相电路的构成

由于三相电源和三相负载阻抗，都可以分别连接成星形(Y)和三角形(△)，因此对称三相电路可以有 4 种构成方式：(1)Y—Y 连接(可以有中线 NN′)；(2)Y—△ 连接；(3)△—Y 连接；(4)△—△ 连接。左边为三相电源的连接法，右边为三相负载的连接法。

三、对称三相电路的分析计算

三相电路实际上是一种复杂的正弦电流电路，因此完全可以用前面已学过的网孔法和节点法分析计算，但由于对称三相电路具有“对称性”的特点，充分利用这个特点，可使对称三相电路的分析计算大为简便，亦即可以使对称三相电路的分析计算，转化为单相电路的分析计算。

1. Y—Y(有中线)连接

Y—Y(有中线)连接的对称三相电路如图 9.3.1(a)所示，Z_o 为中线阻抗。很显然，该电路只有一个独立节点，用节点法分析计算最为简便。选 N 为参考节点，则节点 N′ 的电位即为 $\dot{U}_{N'N}$，故可列出独立节点 N′ 的 KCL 方程为

$$\left(\frac{1}{Z}+\frac{1}{Z}+\frac{1}{Z}+\frac{1}{Z_o}\right)\dot{U}_{N'N} = \frac{\dot{U}_A}{Z}+\frac{\dot{U}_B}{Z}+\frac{\dot{U}_C}{Z}$$

即

$$\left(\frac{3}{Z}+\frac{1}{Z_o}\right)\dot{U}_{N'N} = \frac{1}{Z}(\dot{U}_A+\dot{U}_B+\dot{U}_C)$$

由于 $\dot{U}_A+\dot{U}_B+\dot{U}_C = 0$，故得 $\dot{U}_{N'N} = 0$。

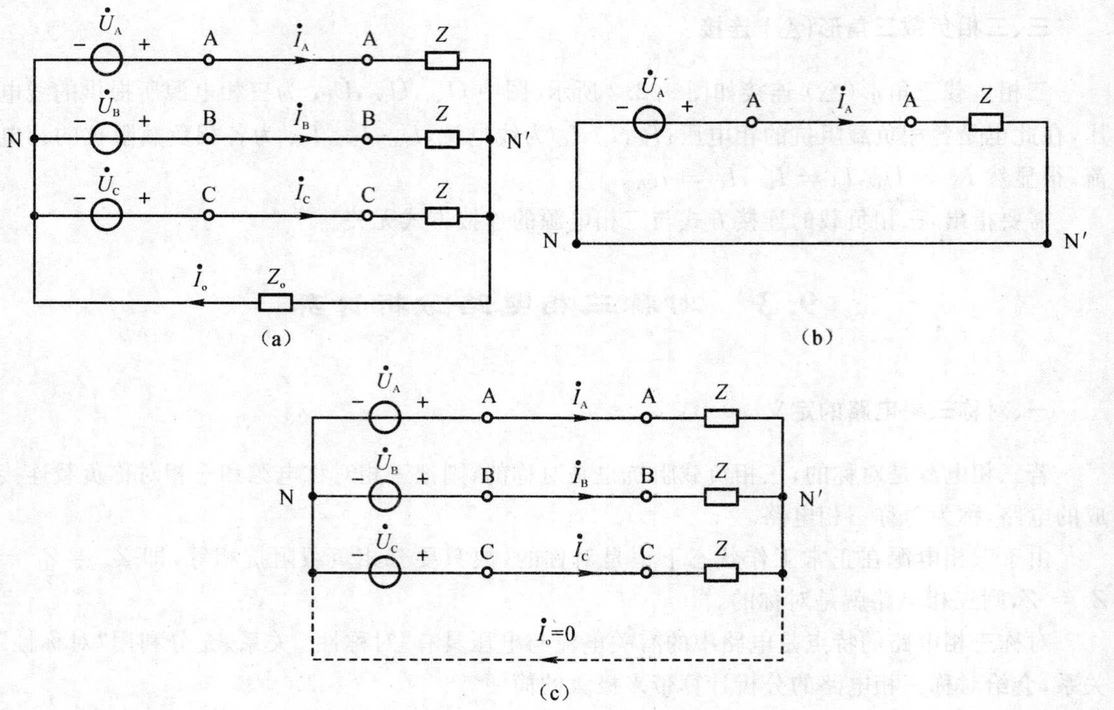

图 9.3.1 Y—Y(有中线) 连接对称三相电路计算

又由于 $\dot{U}_{N'N}=0$,故可将 A,B,C 三个相中的任一个相“单独分离”出来,例如将 A 相“单独分离”出来,即得如图 9.3.1(b) 所示电路(注意,因 $\dot{U}_{N'N}=0$,故图中 N′ 和 N 两节点间可用短路线替代)。根据此电路可得

$$\dot{I}_A=\frac{\dot{U}_A}{Z}$$

再根据对称三相电路的“对称性”关系,可得

$$\dot{I}_B=\dot{I}_A\angle{-120^\circ}=\frac{\dot{U}_A}{Z}\angle{-120^\circ}=\frac{\dot{U}_B}{Z}$$

$$\dot{I}_C=\dot{I}_A\angle{120^\circ}=\frac{\dot{U}_A}{Z}\angle{120^\circ}=\frac{\dot{U}_C}{Z}$$

故得

$$U_{相}=\frac{1}{\sqrt{3}}U_{线}$$

$$I_{相}=I_{线}=\frac{U_{相}}{|Z|}$$

进一步又求得

$$\dot{I}_o=\dot{I}_A+\dot{I}_B-\dot{I}_C=\frac{1}{Z}(\dot{U}_A+\dot{U}_B+\dot{U}_C)=0$$

我们把对称三相电路的这种分析计算法,称为“单相分离计算法”,简称单相计算法。

由于中线电流 $\dot{I}_o=0$,故又可将中线 N′N 断开(即将中线 N′N 去掉),如图 9.3.1(c) 所示(先不看虚线),这对原电路的工作无任何影响。

对于 Y—Y(无中线) 连接的对称三相电路,由于有 $\dot{U}_{N'N}=0$,故为了采用单相计算法分析计算,可直接用短路线将 N′ 和 N 节点连接起来,如图 9.3.1(c) 中的虚线所示。

2. 三相对称负载阻抗三角形(△)连接

三相对称负载阻抗三角形(△)连接的电路,如图 9.3.2(a) 所示(不必考虑三相电源是何种方式连接)。

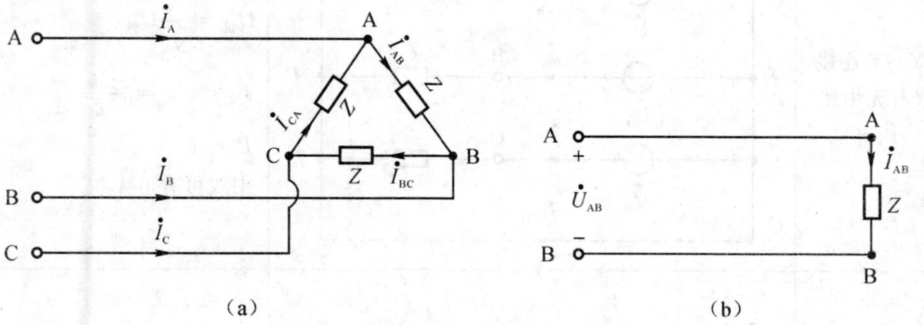

图 9.3.2 对称三相负载 △ 连接

从图中看出,$\dot{U}_{AB}$,U_{BC},$\dot{U}_{CA}$ 既是线电压,也是相电压,即有

$$U_{相} = U_{线}$$

$\dot{I}_A$,$\dot{I}_B$,$\dot{I}_C$ 为线电流,$\dot{I}_{AB}$,$\dot{I}_{BC}$,$\dot{I}_{CA}$ 为相电流。可见 $\dot{I}_A \neq \dot{I}_{AB}$,$\dot{I}_B \neq \dot{I}_{BC}$,$\dot{I}_C \neq \dot{I}_{CA}$。

采用单相计算法,将 A 相单独分离出来,得图 9.3.2(b) 所示电路,故得

$$\dot{I}_{AB} = \frac{\dot{U}_{AB}}{Z}$$

再根据对称三相电路的"对称性"关系,可得

$$\dot{I}_{BC} = \dot{I}_{AB} \angle -120^\circ = \frac{\dot{U}_{AB}}{Z} \angle -120^\circ = \frac{\dot{U}_{BC}}{Z}$$

$$\dot{I}_{CA} = \dot{I}_{AB} \angle 120^\circ = \frac{\dot{U}_{AB}}{Z} \angle 120^\circ = \frac{\dot{U}_{CA}}{Z}$$

取 $\dot{U}_{AB} = U_{AB} \angle 0^\circ$,并设 $Z = R + \mathrm{j}X$ 为电感性阻抗(即阻抗角 $\varphi = \arctan \dfrac{X}{R} > 0$),则可画出电路的相量图,如图 9.3.3 所示。从相量图中可得线电流与相电流的关系为

$$\dot{I}_A = \dot{I}_{AB} - \dot{I}_{CA} = \sqrt{3}\dot{I}_{AB} \angle -30^\circ$$

$$\dot{I}_B = \dot{I}_{BC} - \dot{I}_{AB} = \sqrt{3}\dot{I}_{BC} \angle -30^\circ$$

$$\dot{I}_C = \dot{I}_{CA} - \dot{I}_{BC} = \sqrt{3}\dot{I}_{CA} \angle -30^\circ$$

故有
$$I_{线} = \sqrt{3} I_{相}$$

或
$$I_{相} = \frac{1}{\sqrt{3}} I_{线}$$

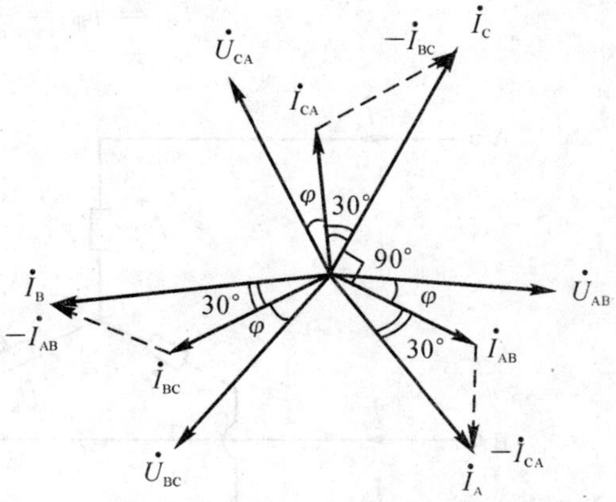

图 9.3.3 三相对称负载三角形连接的相量图

现将以上所得结果汇总于表 9.3.1 中,以便查用。

表 9.3.1 对称三相电路分析计算

名 称	电 路	计算公式
Y—Y 连接（有无中线均可）	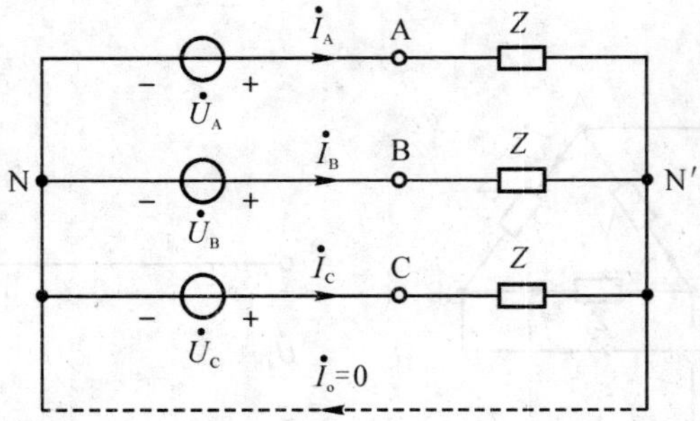	$U_{相}=\frac{1}{\sqrt{3}}U_{线}$ $I_{相}=I_{线}=\frac{U_{相}}{\|Z\|}$ $I_o=0$ 中线可有可无
△ 连接	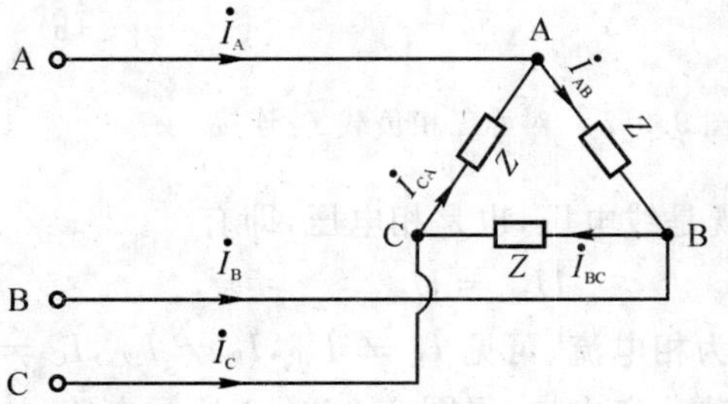	$U_{相}=U_{线}$ $I_{相}=\frac{U_{相}}{\|Z\|}$ $I_{线}=\sqrt{3}I_{相}$

例 9.3.1 三相对称负载电路，每相负载阻抗 $Z=10\angle 53.1^\circ\Omega$，电源线电压 $U_{线}=380$ V。求负载接成星形和三角形时的相电压，线电流和相电流。

解 (1) 接成 Y 形时，其电路如图 9.3.4(a) 所示。

$$U_{相}=\frac{1}{\sqrt{3}}U_{线}=\frac{1}{\sqrt{3}}\times 380=220\ \text{V}$$

$$I_{线}=I_{相}=\frac{U_{相}}{|Z|}=\frac{220}{10}=22\ \text{A}$$

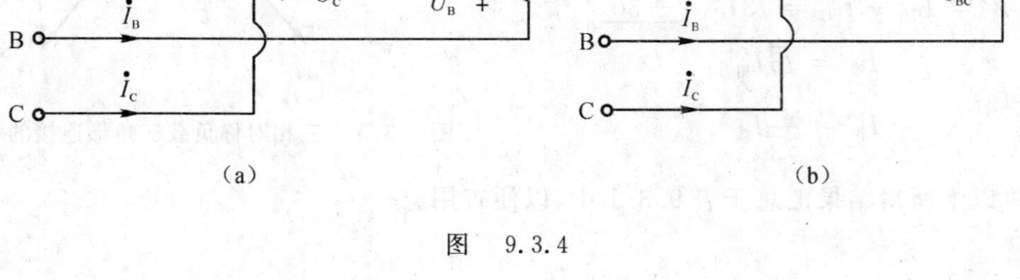

(a) (b)

图 9.3.4

(2) 接成 △ 时，其电路如图 9.3.4(b) 所示。

$$U_{相} = U_{线} = 380\ \text{V}$$

$$I_{相} = \frac{U_{相}}{|Z|} = \frac{380}{10} = 38\ \text{A}$$

$$I_{线} = \sqrt{3} I_{相} = \sqrt{3} \times 380 = 65.8\ \text{A}$$

例 9.3.2　图 9.3.5(a) 所示三相对称电路，已知 $U_{线} = 380\ \text{V}$，$Z_1 = (6 + \text{j}8)\Omega$，$Z_2 = -\text{j}60\ \Omega$。求 $\dot{I}_A$，$\dot{I}_B$，$\dot{I}_C$。

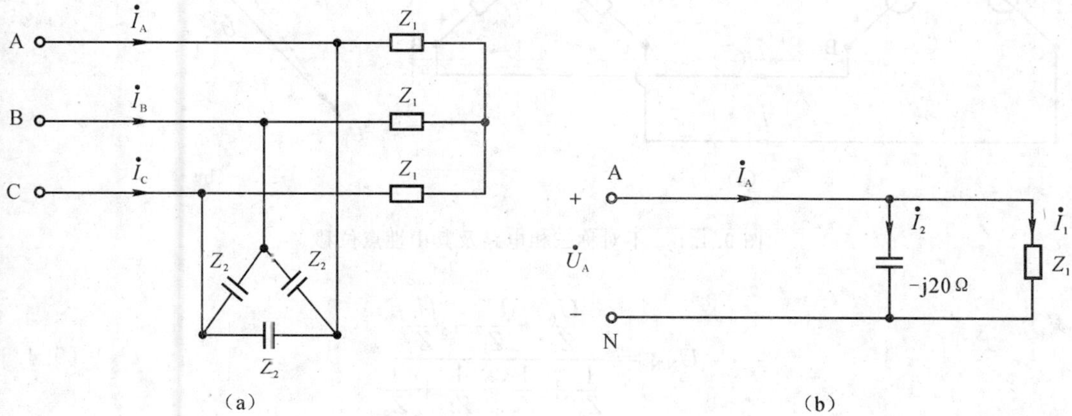

图　9.3.5

解　将三角形负载 Z_2 等效变换为星形负载，然后利用单相计算法计算，如图 9.3.5(b) 所示电路，取 $\dot{U}_A = 220\angle 0^\circ\ \text{V}$。

$$\dot{I}_1 = \frac{\dot{U}_A}{Z_1} = \frac{220\angle 0^\circ}{6 + \text{j}8} = 22\angle -53.1^\circ = (13.2 - \text{j}17.6)\ \text{A}$$

$$\dot{I}_2 = \frac{\dot{U}_A}{-\text{j}20} = \text{j}\,\frac{220\angle 0^\circ}{20} = \text{j}11\ \text{A}$$

故　$\dot{I}_A = \dot{I}_1 + \dot{I}_2 = 13.2 - \text{j}17.6 + \text{j}11 = 13.2 - \text{j}66 = 14.76\angle -26.6^\circ\ \text{A}$

根据对称三相电路的"对称性"关系，又得

$$\dot{I}_B = \dot{I}_A\angle -120^\circ = 14.76\angle -120^\circ - 26.6^\circ = 14.76\angle -146.6^\circ\ \text{A}$$

$$\dot{I}_C = \dot{I}_B\angle -120^\circ = 14.76\angle -120^\circ - 146.6^\circ = 14.76\angle 93.4^\circ\ \text{A}$$

*9.4　不对称三相电路的概念

一、定义

若三相负载阻抗互不相等，即 $Z_a \neq Z_b \neq Z_c$，就称为不对称三相电路。不对称三相电路的分析计算，已不能应用上一节所用的方法和结论了，而应作为一般性的正弦电流电路进行分析计算。

二、中性点位移

图 9.4.1(a) 是具有中线的 Y—Y 连接不对称三相电路，Z_0 为中线阻抗，$Z_a \neq Z_b \neq Z_c$。用

节点法可求得节点电压 $\dot{U}_{N'N}$ 为

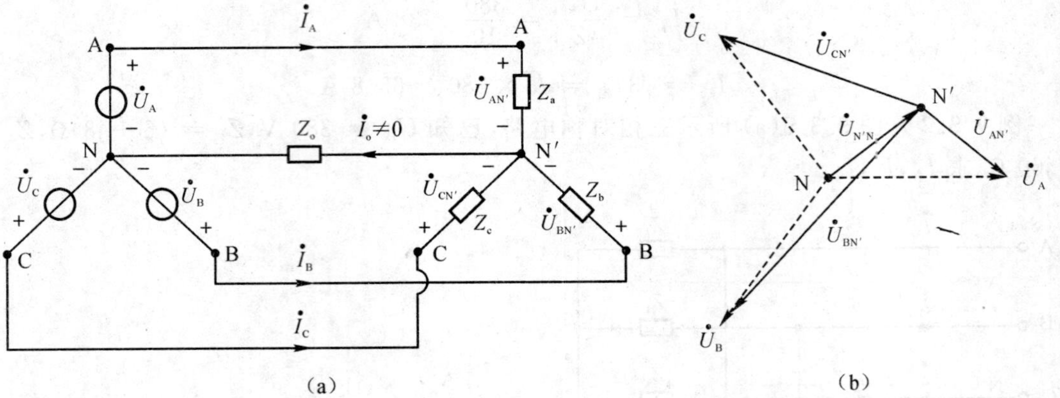

图 9.4.1 不对称三相电路及其中性点位移

$$\dot{U}_{N'N}=\frac{\dfrac{\dot{U}_A}{Z_a}+\dfrac{\dot{U}_B}{Z_b}+\dfrac{\dot{U}_C}{Z_c}}{\dfrac{1}{Z_a}+\dfrac{1}{Z_b}+\dfrac{1}{Z_c}+\dfrac{1}{Z_o}} \tag{9.4.1}$$

由于 $Z_a \neq Z_b \neq Z_c$，故 $\dot{U}_{N'N} \neq 0$，这说明中性点发生了位移。根据 KVL 又可得各负载的相电压为

$$\left.\begin{aligned}\dot{U}_{AN'}&=\dot{U}_A-\dot{U}_{N'N}\\ \dot{U}_{BN'}&=\dot{U}_B-\dot{U}_{N'N}\\ \dot{U}_{CN'}&=\dot{U}_C-\dot{U}_{N'N}\end{aligned}\right\} \tag{9.4.2}$$

电路的相量图如图 9.4.1(b) 所示。从相量图中可看出：

(1)N′ 点与 N 点在相量图上不重合了，即中性点发生了位移，称为中性点位移。

(2) 三相负载的相电压不对称了，即 $\dot{U}_{AN'}+\dot{U}_{BN'}+\dot{U}_{CN'}\neq 0$ 了，从而造成有的相电压升高(如 $\dot{U}_{BN'}$)，可能高过额定值，使该相负载被损坏；有的相电压降低(如 $\dot{U}_{AN'}$)，以致比额定值低了，从而使该相负载不能正常工作。

为了减小或消除中性点位移，应尽量使 Z_o 减小。当 $Z_o=0$ 时，代入式(9.4.1) 可得 $\dot{U}_{N'N}=0$，又从式(9.4.2) 得

$$\dot{U}_{AN'}=\dot{U}_A,\quad \dot{U}_{BN'}=\dot{U}_B,\quad \dot{U}_{CN'}=\dot{U}_C$$

故此时有

$$\dot{U}_{AN'}+\dot{U}_{BN'}+\dot{U}_{CN'}=\dot{U}_A+\dot{U}_B+\dot{U}_C=0$$

即此时三相负载的相电压就变为对称，从而保证了各相负载都能正常工作。这说明，在不对称三相 Y—Y 电路中是必须有中线的，而且中线上不允许接入保险丝或开关，即中线不能断开。如果中线因事故而断开了，将产生严重后果。

例 9.4.1 图 9.4.2(a) 所示为 Y—Y(有中线) 不对称电路，中线阻抗 $Z_o=0$，已知 $U_{线}=380$ V。求中线电流 I_o 的值。

解

$$U_{相}=\frac{1}{\sqrt{3}}U_{线}=\frac{1}{\sqrt{3}}380=220\ \text{V}$$

$$I_A=\frac{220}{10}=22\ \text{A}$$

$$I_B = I_C = \frac{220}{20} = 11\ \text{A}$$

$\dot{I}_A$ 与 $\dot{U}_A$ 同相位，$\dot{I}_B$ 与 $\dot{U}_B$ 同相位，$\dot{I}_C$ 与 $\dot{U}_C$ 同相位，取 $\dot{U}_A = 220\underline{/0^\circ}$ V，其相量图如图 9.4.2(b) 所示。因有 $\dot{I}_o = \dot{I}_A + \dot{I}_B + \dot{I}_C$，故得

$$I_o = 22 - 11 = 11\ \text{A}$$

$\dot{I}_o$ 与 $\dot{U}_A$ 同相，即 $\dot{I}_o = 11\underline{/0^\circ}$ A。

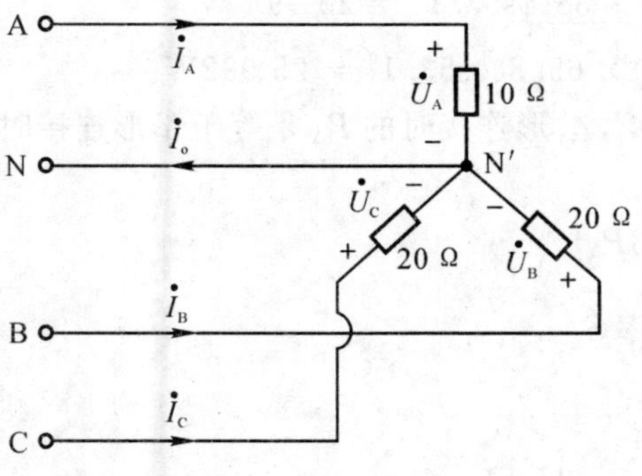

(a)

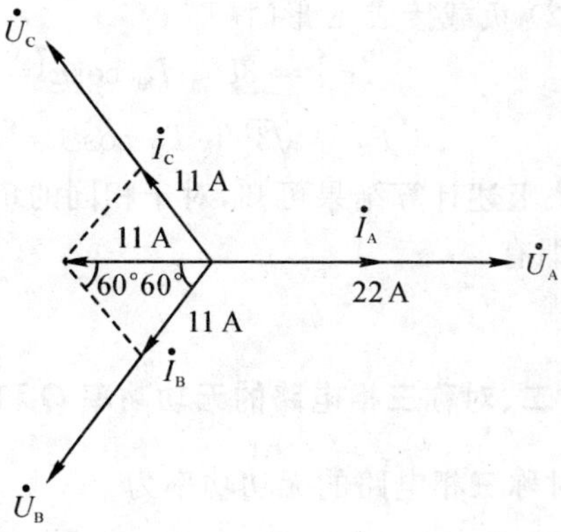

(b)

图　9.4.2

9.5　三相电路的功率及其测量

一、三相电路的有功功率

三相电路的有功功率 P，一般都是指三相负载吸收的总的有功功率。设 U_A，I_A，$\cos\varphi_A$，U_B，I_B，$\cos\varphi_B$，U_C，I_C，$\cos\varphi_C$ 对应为各相负载的相电压、相电流、功率因数，则三相负载吸收的总功率 P 是各相功率之和，即

$$P = P_A + P_B + P_C = U_A I_A \cos\varphi_A + U_B I_B \cos\varphi_B + U_C I_C \cos\varphi_C$$

若为对称三相电路，则有

$$U_A = U_B = U_C = U_{相}$$
$$I_A = I_B = I_C = I_{相}$$
$$\varphi_A = \varphi_B = \varphi_C = \varphi$$

故有

$$P = 3U_{相}\ I_{相}\ \cos\varphi \tag{9.5.1}$$

即对称三相电路的有功功率 P 为一相功率的 3 倍。

在对称三相电路中，若负载为 Y 形连接，则有 $I_{相} = I_{线}$，$U_{相} = \frac{1}{\sqrt{3}}U_{线}$；若负载为 △ 形连接，则有 $U_{相} = U_{线}$，$I_{相} = \frac{1}{\sqrt{3}}U_{线}$。将这些关系式代入式(9.5.1)，得

$$P = \sqrt{3}U_{线}\ I_{线}\ \cos\varphi \tag{9.5.2}$$

式中的 $\varphi = \arctan \dfrac{X}{R}$，$\varphi$ 仍为每相阻抗 Z 的阻抗角，即相电压与相电流的相位差角。

例 9.5.1 求例 9.3.1 中三相负载吸收的功率 P。

解 (1) 负载接成 Y 形时

$$P_{\mathrm{Y}} = 3U_{相}\ I_{相}\ \cos\varphi = 3 \times 220 \times 22\cos53.1^{\circ} = 8\,718\ \mathrm{W}$$

或
$$P_{\mathrm{Y}} = \sqrt{3}U_{线}\ I_{线}\ \cos\varphi = \sqrt{3} \times 380 \times 22\cos53.1^{\circ} = 8\,718\ \mathrm{W}$$

(2) 负载接成 Δ 形时

$$P_{\Delta} = 3U_{相}\ I_{相}\ \cos\varphi = 3 \times 380 \times 38\cos53.1^{\circ} = 25\,992\ \mathrm{W}$$

或
$$P_{\Delta} = \sqrt{3}U_{线}\ I_{线}\ \cos\varphi = \sqrt{3} \times 380 \times 65.8\cos53.1^{\circ} = 25\,992\mathrm{W}$$

从上述计算结果可知，对于相同的负载阻抗 Z，△形连接时的 P_{Δ} 是等于 Y 形连接时 P_{Y} 的 3 倍，即有

$$P_{\Delta} = 3P_{\mathrm{Y}}$$

*二、对称三相电路的无功功率 Q 和视在功率 S

对称三相电路的无功功率为

$$Q = \sqrt{3}U_{线}\ I_{线}\ \sin\varphi = 3U_{相}\ I_{相}\ \sin\varphi$$

其中 $\varphi = \arctan \dfrac{X}{R}$。

对称三相电路的视在功率为

$$S = \sqrt{3}U_{线}\ I_{线} = 3U_{相}\ I_{相}$$

每一相负载的功率因数为
$$\cos\varphi = \frac{P}{S}$$

每一相阻抗的阻抗角为
$$\varphi = \arctan \frac{Q}{P}$$

*三、三相负载有功功率的测量 —— 二瓦计法

三相三线制电路(不论对称与否)的有功功率 P，可以用二瓦计法进行测量，其连接电路中的一种如图 9.5.1(a) 所示，则三相负载吸收的总的有功功率 P 等于两个瓦特表示数 P_1 与 P_2 的代数和，即

$$P = P_1 + P_2 \tag{9.5.3a}$$

式中
$$P_1 = U_{\mathrm{AC}} I_{\mathrm{A}} \cos\Psi_1 \tag{9.5.3b}$$
$$P_2 = U_{\mathrm{BC}} I_{\mathrm{B}} \cos\Psi_2 \tag{9.5.3c}$$

$\Psi_1 =$ 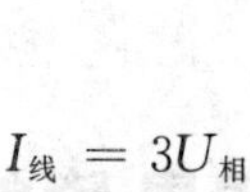

$\Psi_2 =$ 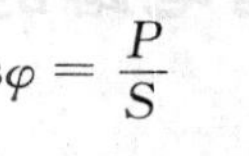

证明如下：

根据功率表的工作原理有

$$P_1 = \frac{1}{T}\int_0^{T} u_{\mathrm{AC}} i_{\mathrm{A}}\, \mathrm{d}t = U_{\mathrm{AC}} I_{\mathrm{A}} \cos\Psi_1$$

$$P_2 = \frac{1}{T}\int_0^T u_{BC} i_B \mathrm{d}t = U_{BC} I_B \cos\Psi_2$$

故

$$P_1 + P_2 = \frac{1}{T}\int_0^T [u_{AC} i_A + u_{BC} i_B]\mathrm{d}t \tag{9.5.4}$$

以下对 Y 形接法和 △ 形接法分别进行证明。

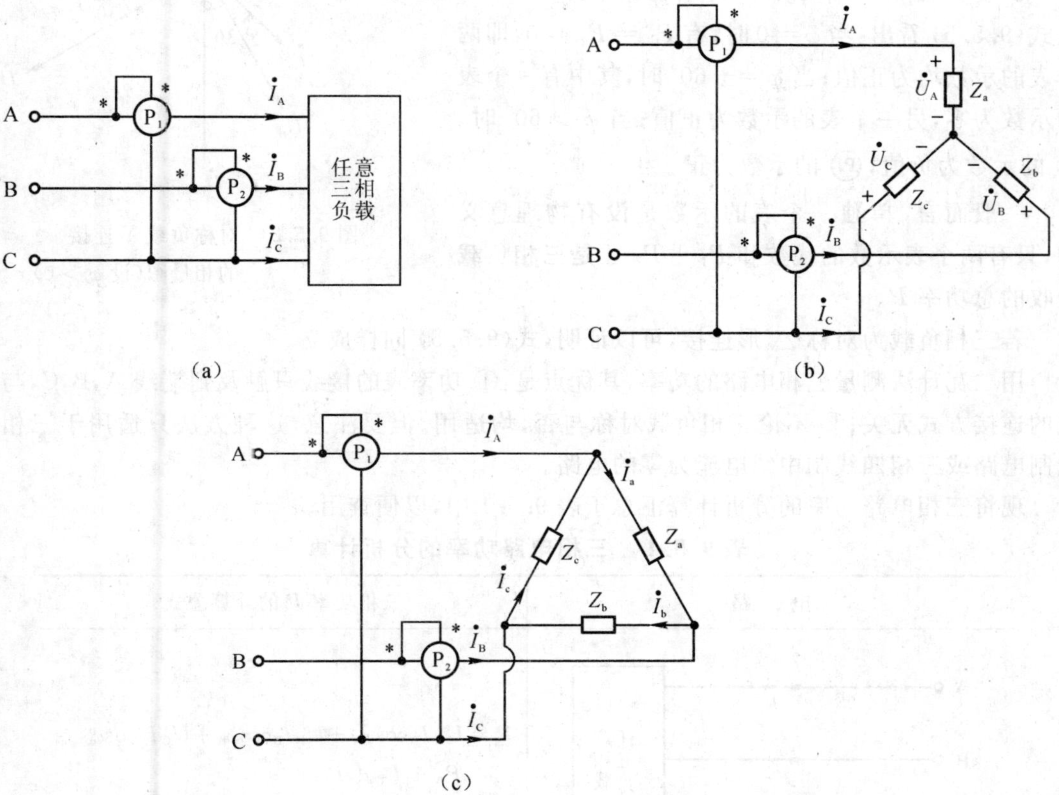

图 9.5.1　用二瓦计法测量三相功率

(1) Y 形接法，如图 9.5.1(b) 所示。因有 $u_{AC} = u_A - u_C$，$u_{BC} = u_B - u_C$，$i_A + i_B = -i_C$，代入式(9.5.4) 有

$$P_1 + P_2 = \frac{1}{T}\int_0^T (u_A i_A + u_B i_B + u_C i_C)\mathrm{d}t =$$

$$\frac{1}{T}\int_0^T u_A i_A \mathrm{d}t + \frac{1}{T}\int_0^T u_B i_B \mathrm{d}t + \frac{1}{T}\int_0^T u_C i_C \mathrm{d}t = P_A + P_B + P_C = P \quad \text{（得证）}$$

(2) △ 形接法，如图 9.5.1(c) 所示。对于 △ 形接法，欲证式(9.5.3) 成立，可将 △ 形接法等效变换为 Y 形接法，而对于 Y 形接法，式(9.5.3) 成立，故对于 △ 形接法，式(9.5.3) 自然也成立。

特例：若三相负载为对称 Y 形连接，此时相量图如图 9.5.2 所示（设阻抗角 $\varphi > 0$）。从相量图中可得

$\Psi_1 =$ 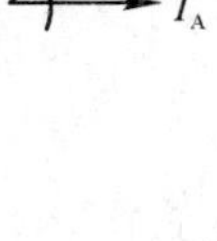 $= 30° - \varphi$

$$\Psi_2 = \angle(\dot{U}_{BC}, \dot{I}_B) = 30^\circ + \varphi$$

代入式(9.5.3)有

$$\left.\begin{aligned} P_1 &= U_{AC} I_A \cos(30^\circ - \varphi) \\ P_2 &= U_{BC} I_B \cos(30^\circ + \varphi) \end{aligned}\right\} \qquad (9.5.5)$$

从式(9.5.5)看出:当 $\varphi = 0$ 时,有 $P_1 = P_2 > 0$,即两个表的示数均为正值;当 $\varphi = \pm 60^\circ$ 时,其中有一个表的示数为零,另一个表的示数为正值;当 $\varphi > 60^\circ$ 时,Ⓟ₂ 的示数为负值,Ⓟ₁ 的示数为正。

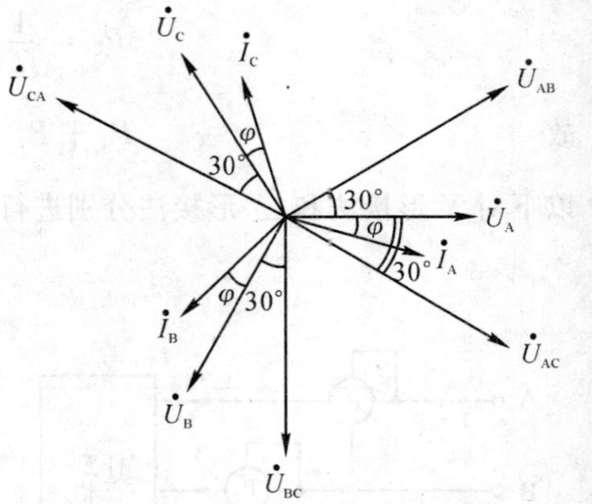

图 9.5.2 对称负载 Y 连接的相量图(设 $\varphi > 0$)

一般而言,单独一个表的示数是没有物理意义的,只有两个表示数的代数和 $P_1 + P_2$ 才是三相负载吸收的总功率 P。

若三相负载为对称 △ 形连接,可以证明,式(9.5.5)同样成立。

用二瓦计法测量三相电路的功率,其优点是:① 功率表的接线只触及到端线 A,B,C,与负载的连接方式无关;② 不论三相负载对称与否,均适用。但要注意,这种方法只适用于三相三线制电路或三相四线制中线电流为零的电路。

现将三相电路功率的分析计算汇总于表 9.5.1 中,以便查用。

表 9.5.1 三相电路功率的分析计算

电 路	三相功率 P 的计算公式
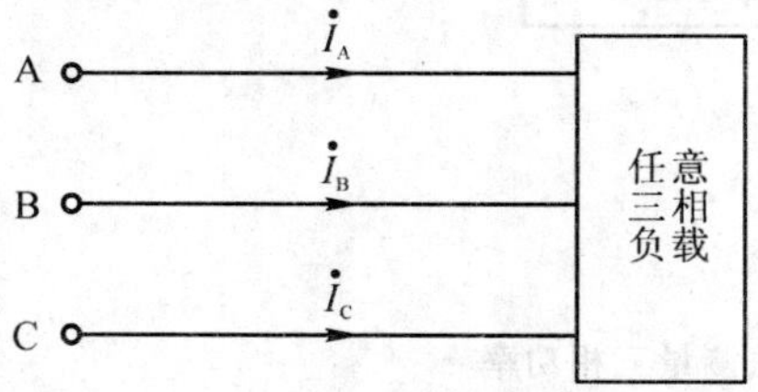	$P = U_A I_A \cos\varphi_A + U_B I_B \cos\varphi_B + U_C I_C \cos\varphi_C = P_A + P_B + P_C$
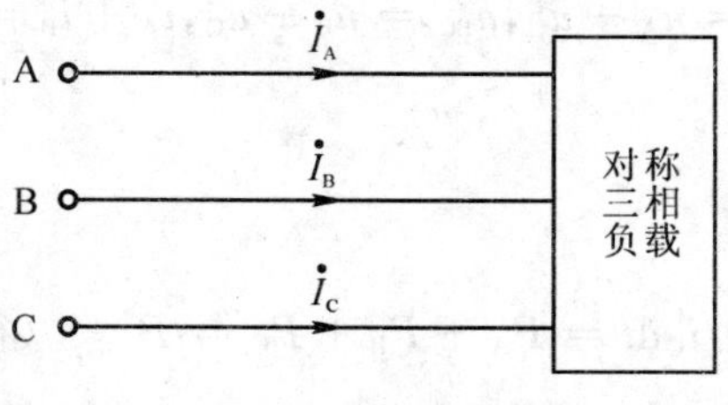	$P = 3U_{相} I_{相} \cos\varphi = \sqrt{3} U_{线} I_{线} \cos\varphi$ $\varphi = \arctan\dfrac{X}{R}$
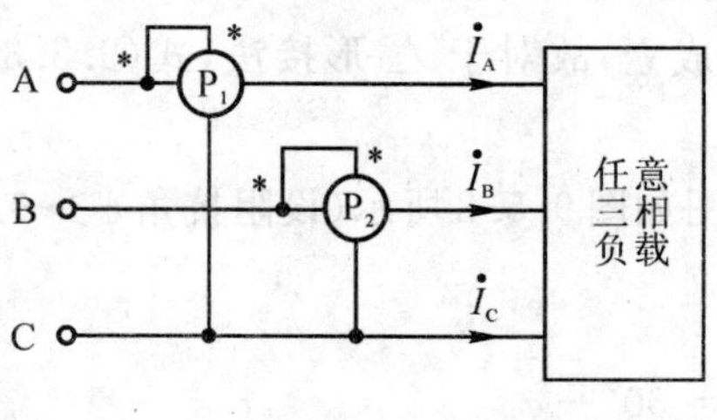	$P = P_1 + P_2$ $P_1 = U_{AC} I_A \cos\angle(\dot{U}_{AC}, \dot{I}_A)$ $P_2 = U_{BC} I_B \cos\angle(\dot{U}_{BC}, \dot{I}_B)$

续表

电　路	三相功率 P 的计算公式
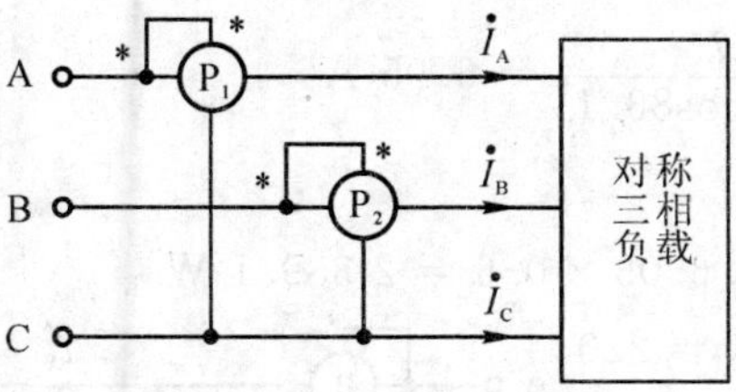	$P=P_1+P_2$ $P_1=U_{AC}I_A\cos(30°-\varphi)$ $P_2=U_{BC}I_B\cos(30°+\varphi)$ $\varphi=\arctan\dfrac{X}{R}$

例 9.5.1　图 9.5.3 所示电路,已知 $\dot{U}_{AB}=380\angle 0°$ V,$\dot{I}_A=1\angle -60°$ A。(1) 求两个功率表的示数 P_1 和 P_2;(2) 求三相负载吸收的总功率 P。

解　(1) 因为是对称三相电路,故有

$$\dot{U}_{BC}=\dot{U}_{AB}\angle -120°=380\angle -120°\ \text{V}$$

$$\dot{I}_C=\dot{I}_A\angle 120°=1\angle -60°\cdot\angle 120°=1\angle 60°\ \text{A}$$

$$\dot{U}_{CB}=-\dot{U}_{BC}=-380\angle -120°=380\angle 60°\ \text{V}$$

$\Psi_1=$ 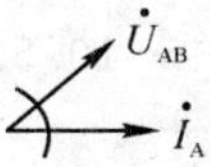 $=0°-(-60°)=60°$

$\Psi_2=$ 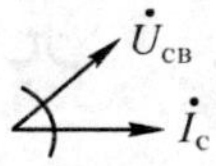 $=60°-60°=0°$

故
$$P_1=U_{AB}I_A\cos\Psi_1=380\times 1\times\cos 60°=190\ \text{W}$$

$$P_2=U_{CB}I_C\cos\Psi_2=380\times 1\times\cos 0°=380\ \text{W}$$

(2)
$$P=P_1+P_2=190+380=570\ \text{W}$$

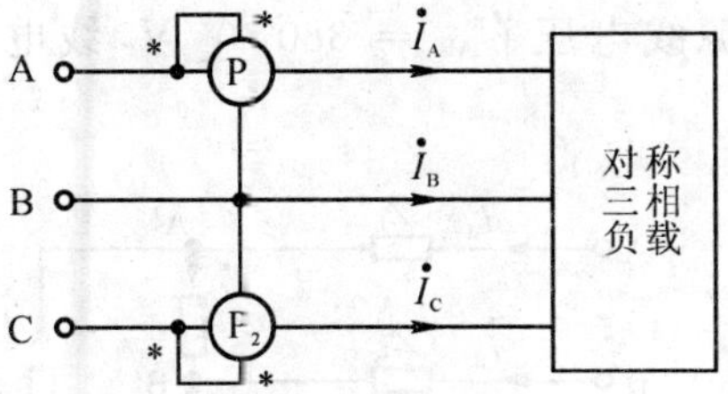

图　9.5.3

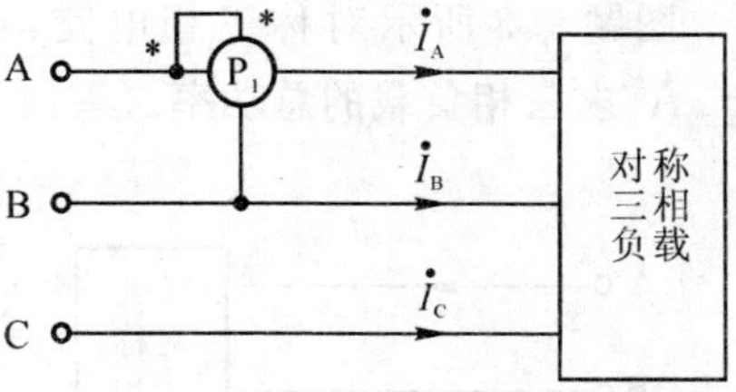

图　9.5.4

例 9.5.2　图 9.5.4 所示电路,已知 $U_{AB}=380$ V,每相负载的 $\cos\varphi=0.6$(电感性),$P_1=275$ W。求三相负载吸收的总功率 P。

解　$\varphi=\arccos 0.6=53.1°$

取　$\dot{U}_{AB}=380\angle 0°$ V

则　$\dot{U}_A=\dfrac{1}{\sqrt{3}}\dot{U}_{AB}\angle -30°=\dfrac{1}{\sqrt{3}}\times 380\angle 0°\cdot\angle -30°=220\angle -30°$ V

故　$\dot{I}_A=I_A\angle -30°-\varphi=I_A\angle -30°-53.1°=\angle -83.1°$ A

$$\Psi_1 =$$ 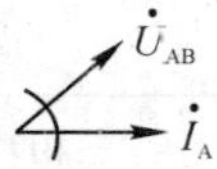 $$= 0° - (-83.1°) = 83.1°$$

因
$$P_1 = U_{AB} I_A \cos\Psi_1$$

故
$$I_A = \frac{P_1}{U_{AB}\cos\Psi_1} = \frac{275}{380 \times \cos 83.1°} = 6.05 \text{ A}$$

故三相负载吸收的总功率为

$$P = \sqrt{3} U_{线} I_{线} \cos\varphi = \sqrt{3} \times 380 \times 6.05 \times 0.6 = 2\,389.1 \text{ W}$$

例 9.5.3 图 9.5.5 所示电路，已知相电压 $\dot{U}_A = 220 \angle 0°$ V，功率表示数 $P_1 = 4$ kW，$P_2 = 2$ kW。求电流 $\dot{I}_B$。

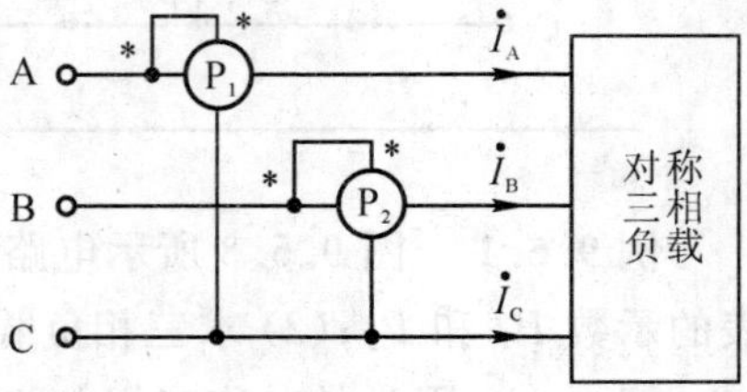

图 9.5.5

解
$$P_1 = U_{AC} I_A \cos(30° - \varphi) = 380 I_{线} \cos(30° - \varphi) = 4\,000$$
$$P_2 = U_{BC} I_B \cos(30° + \varphi) = 380 I_{线} \cos(30° + \varphi) = 2\,000$$

联立求解得 $\varphi = 30°$，$I_{线} = 10.53$ A。因为 $\dot{U}_B = 220 \angle -120°$ V，故 $\dot{U}_{BC} = 380 \angle -90°$ V。又知无论三相对称负载按何种方式连接，都有 $\dot{I}_B$ 滞后 $\dot{U}_{BC}(30° + \varphi)$，故得

$$\dot{I}_B = 10.53 \angle -30° - \varphi - 90° = 10.53 \angle -150° \text{ A}$$

习 题 九

9.1 已知对称三相电路，电源线电压 $U_{线} = 380$ V，每相负载阻抗 $Z = 10 \angle 53.1°$ Ω。求负载为 Y 形和 △ 形连接时的相电流和线电流。(答：22 A，22 A；38 A，65.8 A)

9.2 已知对称三相电路 Y 形负载阻抗 $Z = 165 + \mathrm{j}84$ Ω，端线阻抗 $Z_L = 2 + \mathrm{j}1$ Ω，中线阻抗 $Z_o = 1 + \mathrm{j}1$ Ω，电源线电压 $U_{线} = 380$ V。求负载端的电流和线电压。(答：1.174 A，377.4 V)

9.3 图题 9.3 所示对称三相电路，已知电源线电压 $\dot{U}_{AB} = 380 \angle 0°$ V，线电流 $\dot{I}_A = 10 \angle -75°$ A。求三相负载的总功率。(答：4 654 W)

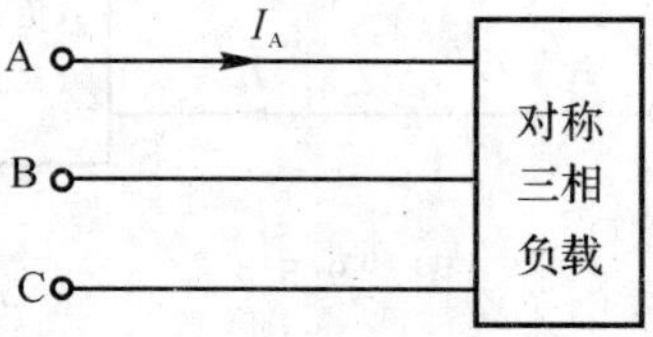

图题 9.3

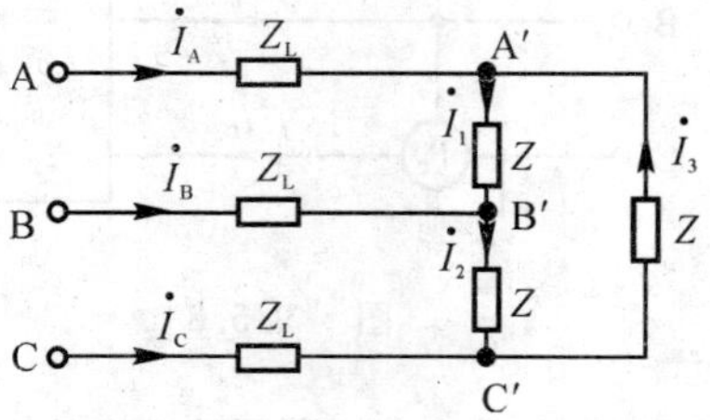

图题 9.4

9.4 图题 9.4 所示对称三相电路，电源线电压 $U_{线} = 380$ V，$Z_L = \mathrm{j}1$ Ω，$Z = 12 + \mathrm{j}6$ Ω。求 $\dot{I}_1$，$\dot{I}_2$，$\dot{I}_3$。(答：$\frac{44}{\sqrt{3}} \angle -6.9°$ A，$\frac{44}{\sqrt{3}} \angle -126.9°$ A，$\frac{44}{\sqrt{3}} \angle 113.1°$ A)

9.5 图题 9.5 所示三相对称电路，电源相电压 $U_{相} = 220$ V，中线阻抗 $Z_N = \mathrm{j}20$ Ω，$Z_1 = 12 + \mathrm{j}5$ Ω，$Z_2 = -\mathrm{j}15$ Ω。求 $\dot{I}_A$，$\dot{I}_B$，$\dot{I}_C$，$\dot{I}_N$。(答：$40.62 \angle 67.38°$ A，$40.62 \angle -52.62°$ A，

40.62 $\underline{/-172.62^\circ}$ A;C)

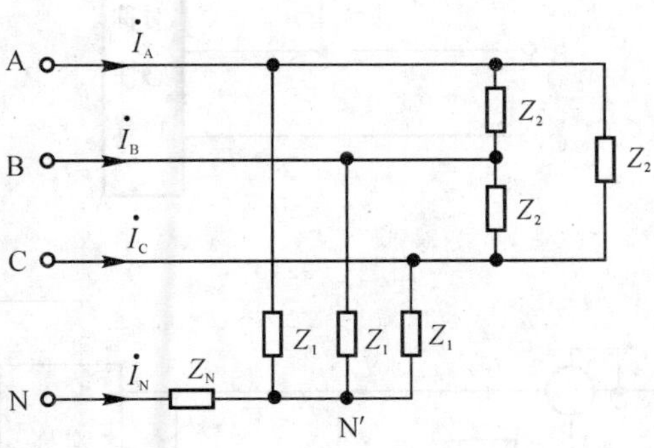

图题　9.5

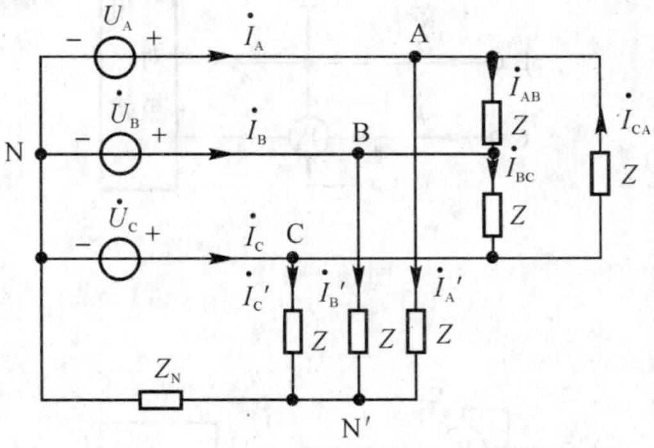

图题　9.6

9.6　图题9.6所示三相对称电路，已知相电压 $\dot{U}_A = 220\underline{/0^\circ}$ V，$Z = 4 + j3\ \Omega$，中线阻抗 $Z_N = 1 + j2\ \Omega$。求线电流，负载相电流和负载吸收的总功率。(答：175.7 $\underline{/-36.9^\circ}$ A，175.7 $\underline{/-156.9^\circ}$ A，175.7 $\underline{/83.1^\circ}$ A；44 $\underline{/-36.9^\circ}$ A，44 $\underline{/-156.9^\circ}$ A，44 $\underline{/83.1^\circ}$ A；76 $\underline{/-6.9^\circ}$ A，76 $\underline{/-126.9^\circ}$ A，76 $\underline{/113.1^\circ}$ A；92.8 kW)

9.7　图题9.7所示电路，对称三相电源线电压为380 V，$Z = 20 + j20\ \Omega$，三相电动机的功率为1.7 kW，功率因数 $\cos\varphi = 0.82$。(1) 求线电流 $\dot{I}_A$，$\dot{I}_B$，$\dot{I}_C$；(2) 求三相电源发出的总功率。(答：26.44 $\underline{/-43.8^\circ}$ A，26.44 $\underline{/-163.8^\circ}$ A，26.44 $\underline{/76.2^\circ}$ A；12.6 kW)

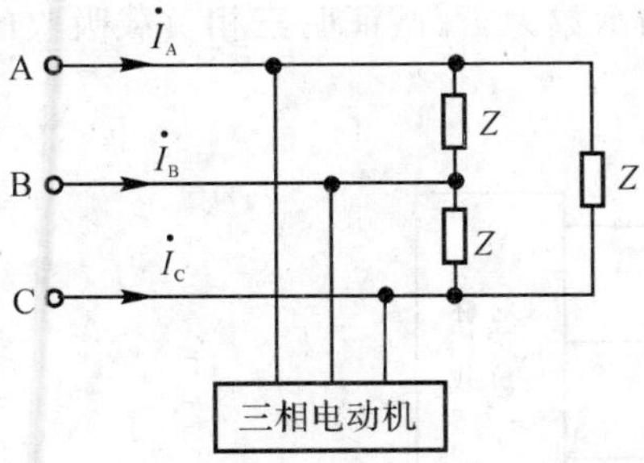

图题　9.7

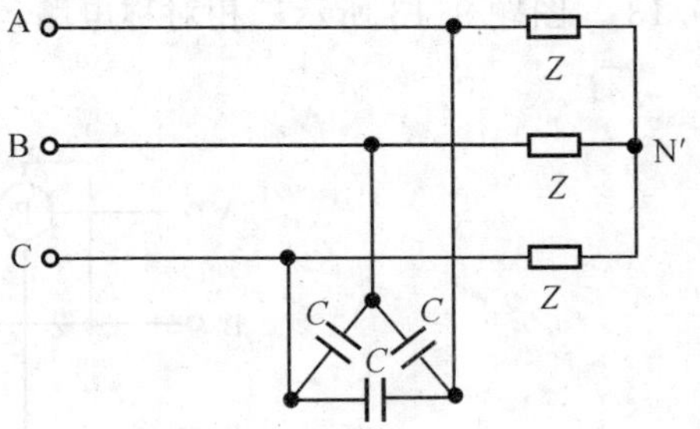

图题　9.8

9.8　图题9.8所示三相对称电路，电源频率 $f = 50$ Hz，$Z = 6 + j8\ \Omega$，在负载端接入三相电容组后，使电路的功率因数提高到了 $\cos\varphi = 0.9$。求每相电容 C 的值。(答：54 μF)

9.9　图题9.9所示三相对称电路，$\dot{U}_{AB} = 380\underline{/0^\circ}$ V，$\dot{I}_A = 1\underline{/-60^\circ}$ A。求各功率表的示数及三相负载吸收的总功率。(答：570 W)

9.10　图题9.10所示三相对称电感性负载电路，已知 $U_{线} = 380$ V，负载功率因数 $\cos\varphi = 0.6$，功率表的示数 $P_1 = 275$ W。求线电流 I_A 的值及三相负载的总功率 $P_{总}$。(答：2 389.1 W)

9.11　图题9.11所示对称三相电路，P_1 和 P_2 为两个功率表的示数。证明：(1) 对称三相负载阻抗吸收的总无功率 $Q = \sqrt{3}(P_1 - P_2)$；(2) 每一相阻抗的阻抗角 $\varphi = \arctan\sqrt{3}\dfrac{P_1 - P_2}{P_1 + P_2}$。

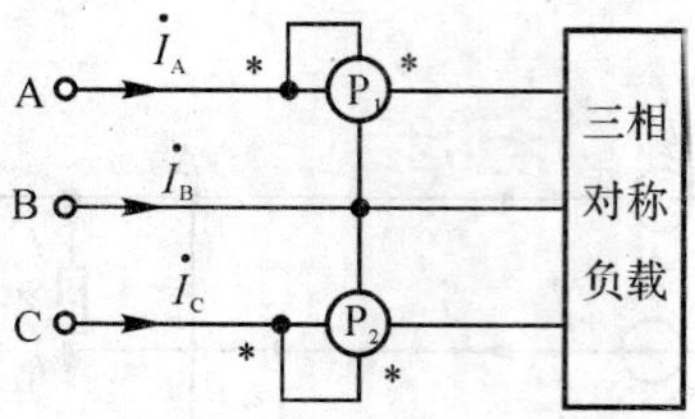

图题 9.9

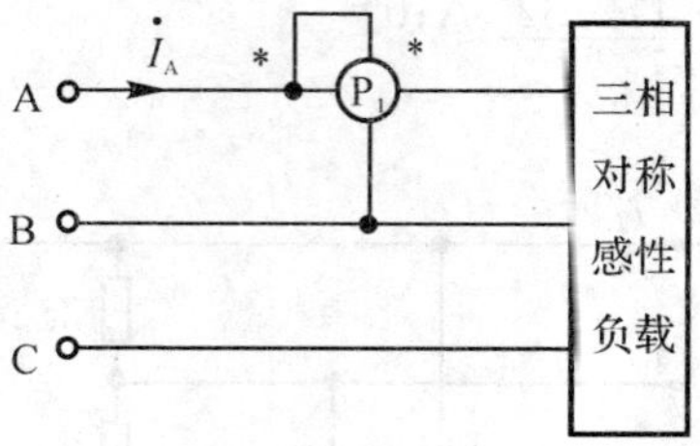

图题 9.10

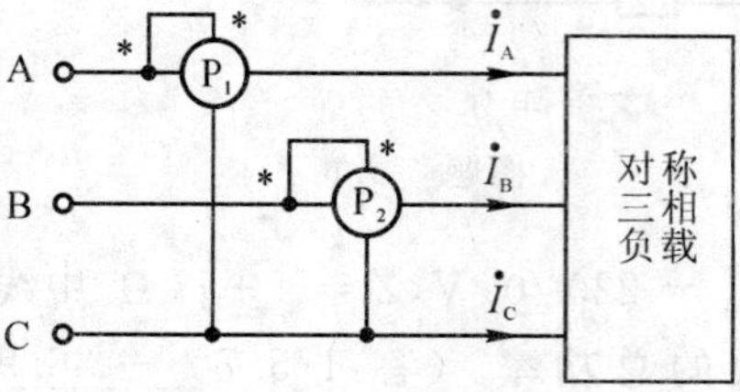

图题 9.11

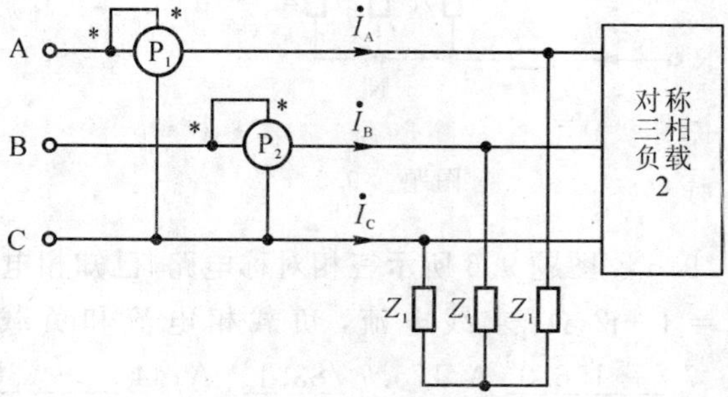

图题 9.12

9.12 图题 9.12 所示对称三相电路，已知相电压为 220 V，$Z_1 = 40 + j30\ \Omega$，负载 2 吸收的总功率 $P_2' = 3$ kW，$\cos\varphi_2 = 0.6(\varphi_2 > 0)$。(1) 求 P_1 和 P_2 的示数；(2) 求整个电路吸收的总功率 P。(答：4 320 W，1 002 W；5 322 W)

9.13 图题 9.13 所示三相对称电路，功率表的示数为 P。试证明三相负载吸收的无功功率 $Q = \sqrt{3}P$。

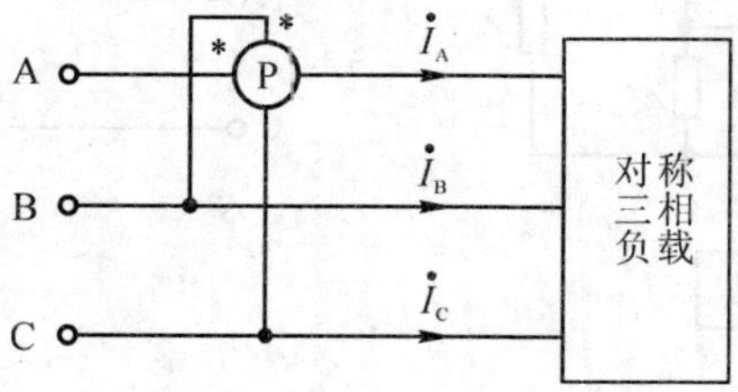

图题 9.13

第10章 网络图论与网络方程

内容提要

本章讲述网络图论的基本定义与概念，节点-支路关联矩阵，基本回路矩阵，基本割集矩阵，KCL，KVL的矩阵形式，支路伏安关系的矩阵形式，电路矩阵分析的节点法、回路法、割集法，特勒根定理及其应用。

我们已经知识，网络分析的主要问题是选择独立、完备的变量，列写网络方程，对网络方程求解计算等三个方面。拓扑学的理论提供了选择独立、完备变量的理论依据，矩阵代数使列写网络方程得以系统化，计算机提供了列写与求解网络方程的有力工具，这三个方面即构成了现代网络分析的基本内容。

10.1 网络图论的基本定义与概念

一、网络的拓扑图

(1) 拓扑支路、拓扑节点与拓扑图。将电路中的每一个元件(有源元件、无源元件)都用一个线条(长、短、曲、直不论)代替，则每一个线条即称为拓扑支路，简称支路。每个支路两端的点称为拓扑节点，简称节点。由支路和节点的集合构成的图形称为网络的拓扑图，简称图，用G表示。例如图10.1.1(a)所示电路，其拓扑图如图10.1.1(b)所示。该图有5个节点，7条支路。但要注意，每一条支路一定连接在且恰好连接在两个节点上，但两个节点之间却不一定必须有支路存在。网络的拓扑图反映了电路元件的互连规律性，而不涉及电路元件的性质。

图论是数学学科的一个分支，是研究点和线连接关系的科学。网络图论是把图论的理论应用在电网络的研究上，从而开拓了电路理论研究的新领域。

需要指出，根据建立一个完整理论体系的需要，在网络图论中对支路的定义是有灵活性的。例如也可将理想电压源与阻抗的串联组合，理想电流源与阻抗的并联组合，各定义为一个支路；也可将几个阻抗的串联组合视为一条支路，但几个阻抗的并联组合一般不视为一条支路。

(2) 连通图与非连通图。从图的某一个节点出发，沿着一些支路连续移动，从而达到另一个指定的节点(也可以是原出发的节点)，其中所经过的支路构成了图G的一条路径。一条支路也是一条路径。若在图G的任意两个节点之间至少存在一条路径，则该图G称为连通图，如图10.1.1(b)所示；否则称为非连通图或分离图，如图10.1.2所示。本章中只研究连通图。

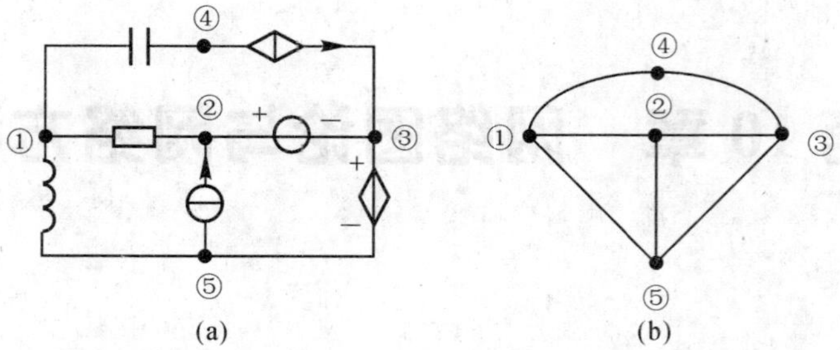

图 10.1.1 网络的拓扑图

(a) 电路图； (b) 拓扑图

(3) 子图。若图 G_1 中的节点和支路，是图 G 中的一部分节点和支路，则称图 G_1 为图 G 的子图。例如设图 10.1.3(a) 为图 G，则图 10.1.3(b)，(c)，(d)，(e) 等都是图 G 的子图。

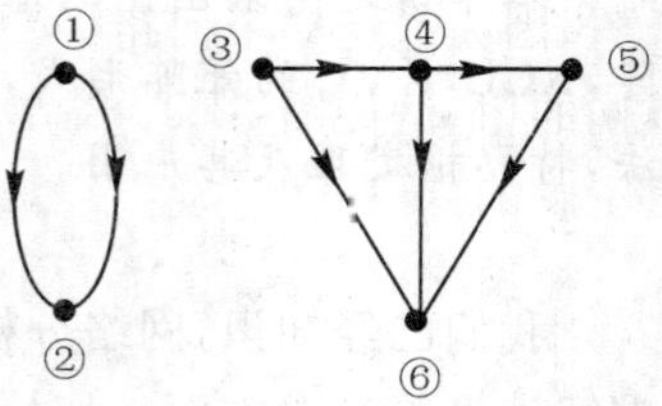

图 10.1.2 非连通图

(4) 有向图与无向图。在拓扑图中，若给每一个支路都规定出参考方向，而且这个参考方向就与该支路电流的参考方向一致，则这种图称为有向图，如图 10.1.2 所示；否则称为无向图，如图 10.1.1(b) 所示。

(5) 平面图与非平面图。能画在平面上且除端点外所有支路均无交叉的图称为平面图，否则为非平面图。

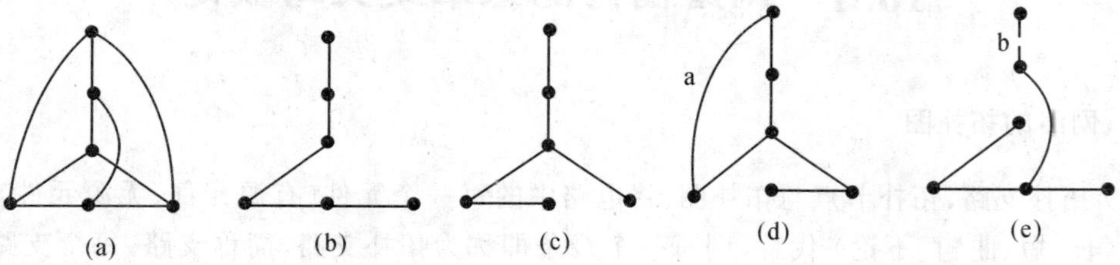

图 10.1.3 子图

(6) 孤立节点。不与任何支路连接的节点称为孤立节点，如图 10.1.4 中的节点 a 即是。

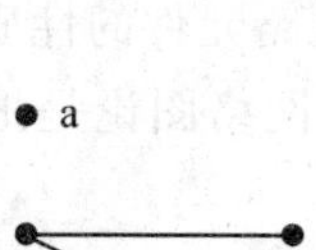

图 10.1.4 孤立节点

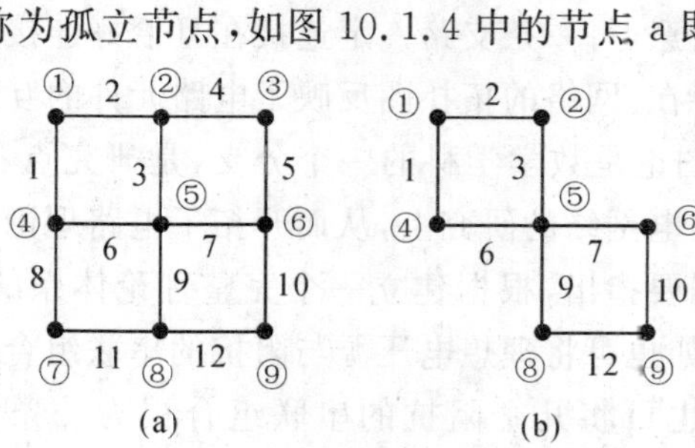

图 10.1.5 回路的定义

二、回路

由支路的集合构成的闭合路径称为回路。图 G 中的一个回路有 4 个特点：① 回路是图 G 的一个子图；② 此子图是一个连通图；③ 与该子图中每个节点连接的支路必须是且只能是两条；

④ 若移去该子图中的任一个支路后，则其余支路便不能再构成闭合路径。例如在图 10.1.5(a) 中，由支路集合(1,2,3,5)、(1,2,4,5,10,12,11,8)、(1,2,4,5,7,6) 分别构成的闭合路径均为回路，但支路集合(1,2,3,9,12,10,7,6) 所构成的闭合路径(见图 10.1.5(b)) 就不是回路，因为与节点 ⑤ 相连接的支路数为 4(＞ 2) 了。

三、树、树支与连支

连接连通图中所有节点的最少支路的集合，称为该连通图的树，用字母 T 表示。可以看出树有 4 个特点：① 树是连通图 G 的一个子图；② 树包含连通图 G 的全部节点；③ 在树中，从任一个节点出发，都可经过树中的支路连续地到达任何其他的节点，即树也是连通的。④ 不包含任何回路。例如对于图 10.1.3(a) 的图来说，图(b) 和(c) 各是它的一个树，但图(d) 就不是一个树，因为它有一个回路；同样，图(e) 也不是一个树，因为它是不连通的。一个图可以有很多不同的树。例如图 10.1.6(a) 所示的图共有 16 个不同的树，图 10.1.6(b)，(c)，(d) 中用实线标出了它的其中的三个树。

树选定后，拓扑图中的支路便被分为两类：一类是组成树的支路，这种支路称为树支；另一类是不属于树的支路，这种支路称为连支。图 10.1.6 中的实线表示相应的树支，虚线则为相应树的连支。连支的集合称为树余。

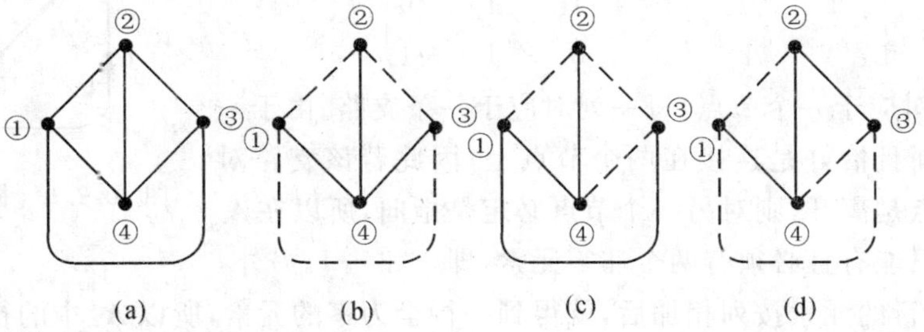

图 10.1.6　树、树支与连支

四、树支数与连支数

设一个连通图 G 的节点数为 n，支路数为 b，则该连通图的树支数和连支数分别为

$$\text{树支数} = n - 1 = \text{独立节点数}$$
$$\text{连支数} = b - (n - 1)$$

现对上两式说明如下：先把图 G 的支路全部移去，于是就只剩下了它的 n 个节点。为了构成图 G 的一个树，先用一条支路把这 n 个节点中的任意两个节点连接起来，此后，每增加一个支路，就连接一个新的节点，而且只能连接一个新的节点。这样，当把 n 个节点按照树的定义全部连接起来之后，正好需要$(n-1)$ 条支路(第一条支路连接了两个节点)，亦即树支数正好是等于$(n-1)$，从而连支数 $= b-(n-1) = b-n+1$。

10.2 节点-支路关联矩阵与基尔霍夫定律的矩阵形式

一、节点-支路关联矩阵

因为图的任何一个支路一定是而且恰好是连接在两个节点上，所以称此支路与这两个节点为彼此有关联。设有一个有向图，其节点数为 n，支路数为 b，给支路和节点予以编号，如图 10.2.1 所示，则节点与支路的关联性质可用一个 $n\times b$ 阶矩阵来描述，记为 $\boldsymbol{A}_a$。它的每个元素 a_{jk} 定义如下：

$a_{jk}=1$，表示支路 k 与节点 j 有关联，且支路 k 的方向是离开节点 j 的，称为同向关联。

$a_{jk}=-1$，表示支路 k 与节点 j 有关联，且支路 k 的方向是指向节点 j 的，称为反向关联。

$a_{jk}=0$，表示支路 k 与节点 j 无关联。

$\boldsymbol{A}_a$ 称为图的节点-支路关联矩阵，简称关联矩阵。例如，对于图 10.2.1 所示的图，可写出它的节点-支路关联矩阵为

$$\boldsymbol{A}_a=\begin{bmatrix}-1 & -1 & 1 & 0 & 0 & 0\\ 0 & 0 & -1 & -1 & 0 & 1\\ 1 & 0 & 0 & 1 & 1 & 0\\ 0 & 1 & 0 & 0 & -1 & -1\end{bmatrix}$$

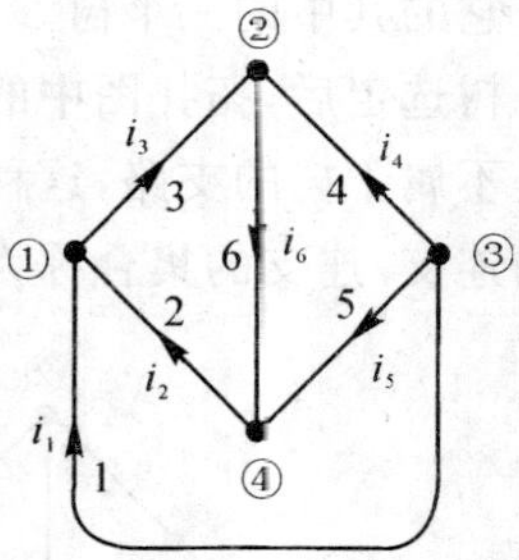

图 10.2.1 图的节点-支路关联矩阵

$\boldsymbol{A}_a$ 中的每一行对应于一个节点，每一列对应于一条支路。由于一个支路一定是而且恰好是连接在两个节点上，因此若该支路对其中的一个节点是离开，则对另一个节点必定是指向，所以在 $\boldsymbol{A}_a$ 的每一列中就只能有且必须有两个非零元素，即 1 和 -1。另外，当把 $\boldsymbol{A}_a$ 中所有行的元素按列相加后，就得到一行全为零的元素，所以 $\boldsymbol{A}_a$ 中的行不是彼此独立的，亦即 $\boldsymbol{A}_a$ 的秩是低于它的行数 n 的。

今若把 $\boldsymbol{A}_a$ 中的任一行划去，剩下的矩阵就变为 $(n-1)\times b$ 阶。我们把这个新的矩阵用 $\boldsymbol{A}$ 表示，并称为降阶关联矩阵。例如若把上述矩阵中的第 4 行划去（与划去的行所对应的节点 ④ 可认为是参考节点），则得

$$\boldsymbol{A}=\begin{bmatrix}-1 & -1 & 1 & 0 & 0 & 0\\ 0 & 0 & -1 & -1 & 0 & 1\\ 1 & 0 & 0 & 1 & 1 & 0\end{bmatrix}$$

可见矩阵 $\boldsymbol{A}$ 中的某些列将只有一个 1 或一个 -1，而每一个这样的列则一定是对应于与划去的节点有关联的一条支路，而且根据该列中非零元素的正负号，即可判断出该支路的方向。例如 $\boldsymbol{A}$ 中的第 2 列是对应于第 2 条支路，这第 2 条支路一定是与节点 ④ 有关联，该列中的非零元素为 -1，所以划去的非零元素一定为 1，而且由于第一行是对应于节点 ①，第 4 行是对应于节点 ④，故支路 2 一定是离开节点 ④ 而指向节点 ①。因此，完全可以从 $\boldsymbol{A}$ 推导出 $\boldsymbol{A}_a$（注意，这只是对连通图而言的）。所以，降阶关联矩阵 $\boldsymbol{A}$ 与关联矩阵 $\boldsymbol{A}_a$ 都同样充分、完整地描述了图的节点与支路的关联性质。

由于今后主要用的是降阶关联矩阵 $\boldsymbol{A}$，因此为了方便，以后将降阶关联矩阵 $\boldsymbol{A}$ 直接就称为关联矩阵。

二、KCL 的矩阵表示形式

对图 10.2.1 中的各独立节点可列出 KCL 方程为

节点 ①：$-\dot{I}_1-\dot{I}_2+\dot{I}_3=0$

节点 ②：$-\dot{I}_3-\dot{I}_4+\dot{I}_6=0$

节点 ③：$\dot{I}_1+\dot{I}_4+\dot{I}_5=0$

写成矩阵形式为

$$\begin{bmatrix}-1 & -1 & 1 & 0 & 0 & 0\\ 0 & 0 & -1 & -1 & 0 & 1\\ 1 & 0 & 0 & 1 & 1 & 0\end{bmatrix}\begin{bmatrix}\dot{I}_1\\ \dot{I}_2\\ \dot{I}_3\\ \dot{I}_4\\ \dot{I}_5\\ \dot{I}_6\end{bmatrix}=\begin{bmatrix}0\\ 0\\ 0\end{bmatrix}$$

即

$$\boldsymbol{A}\dot{\boldsymbol{I}}=\boldsymbol{0} \tag{10.2.1}$$

其中 $\boldsymbol{A}$ 即为上述的关联矩阵；而

$$\dot{\boldsymbol{I}}=[\dot{I}_1\quad \dot{I}_2\quad \dot{I}_3\quad \dot{I}_4\quad \dot{I}_5\quad \dot{I}_6]^{\mathrm{T}}$$

为支路电流列向量。由于 $\boldsymbol{A}$ 的秩为 3，故式(10.2.1) 代表了一组线性独立代数方程。式(10.2.1) 即为用 $\boldsymbol{A}$ 表示的 KCL。

三、KVL 的矩阵表示形式

在图 10.2.1 中，设各节点的电位为 $\dot{\varphi}_1,\dot{\varphi}_2,\dot{\varphi}_3,\dot{\varphi}_4$，若取节点 ④ 为参考节点，则 $\dot{\varphi}_4=0$。另外设各支路电压为 $\dot{U}_1,\dot{U}_2,\dot{U}_3,\dot{U}_4,\dot{U}_5,\dot{U}_6$，其参考极性与支路参考方向为关联。则有

$$\begin{cases}\dot{U}_1=-\dot{\varphi}_1+\dot{\varphi}_3\\ \dot{U}_2=\dot{\varphi}_4-\dot{\varphi}_1=-\dot{\varphi}_1\\ \dot{U}_3=\dot{\varphi}_1-\dot{\varphi}_2\\ \dot{U}_4=-\dot{\varphi}_2+\dot{\varphi}_3\\ \dot{U}_5=\dot{\varphi}_3-\dot{\varphi}_4=\dot{\varphi}_3\\ \dot{U}_6=\dot{\varphi}_2-\dot{\varphi}_4=\dot{\varphi}_2\end{cases}$$

即

$$\begin{bmatrix}\dot{U}_1\\ \dot{U}_2\\ \dot{U}_3\\ \dot{U}_4\\ \dot{U}_5\\ \dot{U}_6\end{bmatrix}=\begin{bmatrix}-1 & 0 & 1\\ -1 & 0 & 0\\ 1 & -1 & 0\\ 0 & -1 & 1\\ 0 & 0 & 1\\ 0 & 1 & 0\end{bmatrix}\begin{bmatrix}\dot{\varphi}_1\\ \dot{\varphi}_2\\ \dot{\varphi}_3\end{bmatrix}$$

即

$$\dot{\boldsymbol{U}}=\boldsymbol{A}^{\mathrm{T}}\dot{\boldsymbol{\varphi}} \tag{10.2.2}$$

其中

$$\dot{\boldsymbol{U}}=[\dot{U}_1\quad \dot{U}_2\quad \dot{U}_3\quad \dot{U}_4\quad \dot{U}_5\quad \dot{U}_6]^{\mathrm{T}}$$

为支路电压列向量；

$$\dot{\boldsymbol{\varphi}} = [\dot{\varphi}_1 \quad \dot{\varphi}_2 \quad \dot{\varphi}_3]^{\mathrm{T}}$$

为独立节点电位列向量；$\boldsymbol{A}^{\mathrm{T}}$ 为 $\boldsymbol{A}$ 的转置矩阵。

式(10.2.2)即为KVL的矩阵表示形式。它描述了支路电压列向量 $\dot{\boldsymbol{U}}$ 与独立节点电位列向量 $\dot{\boldsymbol{\varphi}}$ 的关系，可用来从已知的 $\dot{\boldsymbol{\varphi}}$ 求 $\dot{\boldsymbol{U}}$。

若所选的参考节点不是节点 ④，而是另外某一个节点，则关联矩阵 $\boldsymbol{A}$ 将有所不同，但式(10.2.1)与式(10.2.2)的形式不变。

需要说明的是，式(10.2.1)，式(10.2.2)虽是从图10.2.1这个具体的图推导得到的，但它具有普遍意义。它是KCL与KVL的体现，对于任何的图都是适用的，只是对于不同的图，其中的 $\boldsymbol{A}$ 不同罢了。

10.1　节　点　法

一、一般性支路及其伏安方程

不含互感和受控源的一般性支路如图10.3.1所示。其中 Z_k 为支路复阻抗，$\dot{U}_{Sk}$ 为电压源的电压，$\dot{I}_{Sk}$ 为电流源的电流，$\dot{I}_k$ 和 $\dot{U}_k$ 分别为支路电流和支路电压。它们的参考方向如图中所示，且 $\dot{U}_k$ 与 $\dot{I}_k$ 为关联方向。其伏安方程为

$$\dot{U}_k = Z_k\dot{I}_k + Z_k\dot{I}_{Sk} - \dot{U}_{Sk} \tag{10.3.1}$$

或

$$\dot{I}_k = \frac{\dot{U}_k}{Z_k} + \frac{\dot{U}_{Sk}}{Z_k} - \dot{I}_{Sk} = Y_k\dot{U}_k + Y_k\dot{U}_{Sk} - \dot{I}_{Sk} \tag{10.3.2}$$

其中 $Y_k = \dfrac{1}{Z_k}$ 为支路复导纳。

二、支路伏安关系的矩阵形式

对于具有 n 个节点和 b 个支路的网络，可以写出 b 个支路伏安方程，即

$$\begin{cases} \dot{I}_1 = Y_1\dot{U}_1 + Y_1\dot{U}_{S1} - \dot{I}_{S1} \\ \dot{I}_2 = Y_2\dot{U}_2 + Y_2\dot{U}_{S2} - \dot{I}_{S2} \\ \quad\vdots \qquad \vdots \qquad \vdots \\ \dot{I}_k = Y_k\dot{U}_k + Y_k\dot{U}_{Sk} - \dot{I}_{Sk} \\ \quad\vdots \qquad \vdots \qquad \vdots \\ \dot{I}_b = Y_b\dot{U}_b + Y_b\dot{U}_{Sb} - \dot{I}_{Sb} \end{cases}$$

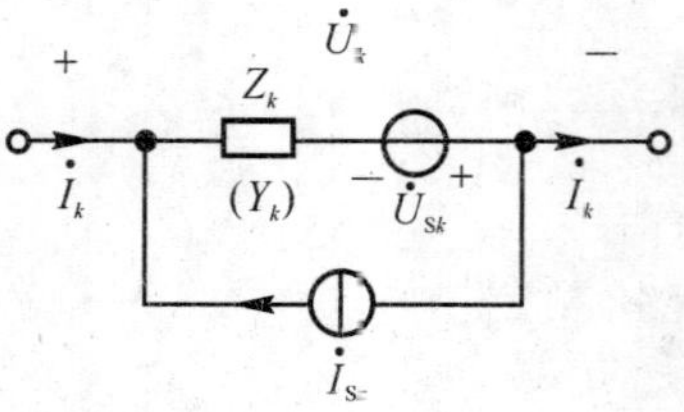

图 10.3.1　一般性支路

写成矩阵形式为

$$\dot{\boldsymbol{I}} = \boldsymbol{Y}\dot{\boldsymbol{U}} + \boldsymbol{Y}\dot{\boldsymbol{U}}_{\mathrm{S}} - \dot{\boldsymbol{I}}_{\mathrm{S}} \tag{10.3.3}$$

式中 $\dot{\boldsymbol{I}} = [\dot{I}_1\ \dot{I}_2\ \dot{I}_3\ \cdots\ \dot{I}_k\ \cdots\ \dot{I}_b]^{\mathrm{T}}$ 为支路电流列向量，$\dot{\boldsymbol{U}} = [\dot{U}_1\ \dot{U}_2\ \cdots\ \dot{U}_k\ \cdots\ \dot{U}_b]^{\mathrm{T}}$ 为支路电压列向量，$\dot{\boldsymbol{U}}_{\mathrm{S}} = [\dot{U}_{S1}\ \dot{U}_{S2}\ \cdots\ \dot{U}_{Sk}\ \cdots\ \dot{U}_{Sb}]^{\mathrm{T}}$ 为电压源电压列向量，$\dot{\boldsymbol{I}}_{\mathrm{S}} = [\dot{I}_{S1}\ \dot{I}_{S2}\ \cdots\ \dot{I}_{Sk}\ \cdots\ \dot{I}_{Sb}]^{\mathrm{T}}$ 为电流源电流列向量。于是有

$$\boldsymbol{Y}=\begin{bmatrix}Y_1 & & & & & \\ & Y_2 & & & \boldsymbol{0} & \\ & & \ddots & & & \\ & & & Y_k & & \\ & \boldsymbol{0} & & & \ddots & \\ & & & & & Y_b\end{bmatrix}=\mathbf{diag}[Y_1\ Y_2\ \cdots\ Y_k\ \cdots\ Y_b]$$

$\boldsymbol{Y}$ 为网络的支路导纳矩阵，无互感和受控源时为一对角阵，有互感时为一对称阵（见例10.3.2），有受控源时则为非对称阵（见例10.3.3）。

给式(10.3.3)等号两端同时左乘以 $\boldsymbol{Y}$ 的逆矩阵 $\boldsymbol{Y}^{-1}$，即得

$$\boldsymbol{Y}^{-1}\dot{\boldsymbol{I}}=\dot{\boldsymbol{U}}+\dot{\boldsymbol{U}}_{\mathrm{S}}-\boldsymbol{Y}^{-1}\dot{\boldsymbol{I}}_{\mathrm{S}}$$

令

$$\boldsymbol{Z}=\boldsymbol{Y}^{-1}=\begin{bmatrix}Z_1 & & & & & \\ & Z_2 & & & \boldsymbol{0} & \\ & & \ddots & & & \\ & & & Z_k & & \\ & \boldsymbol{0} & & & \ddots & \\ & & & & & Z_b\end{bmatrix}$$

则有

$$\dot{\boldsymbol{U}}=\boldsymbol{Z}\dot{\boldsymbol{I}}+\boldsymbol{Z}\dot{\boldsymbol{I}}_{\mathrm{S}}-\dot{\boldsymbol{U}}_{\mathrm{S}}\tag{10.3.4}$$

$\boldsymbol{Z}$ 为网络的支路阻抗矩阵，无互感和受控源时为一对角阵，有互感时为一对称阵，有受控源时则为非对称阵。

式(10.3.3)和式(10.3.4)即为支路伏安关系的两种矩阵形式。根据式(10.3.3)可由已知的 $\dot{\boldsymbol{U}}$ 求出 $\dot{\boldsymbol{I}}$，根据式(10.3.4)可由已知的 $\dot{\boldsymbol{I}}$ 求出 $\dot{\boldsymbol{U}}$。

三、节点导纳矩阵 $\boldsymbol{Y}_{\mathrm{n}}$ 与独立节点电位方程

将式(10.3.3)代入式(10.2.1)有

$$\boldsymbol{AY}\dot{\boldsymbol{U}}+\boldsymbol{AY}\dot{\boldsymbol{U}}_{\mathrm{S}}-\boldsymbol{A}\dot{\boldsymbol{I}}_{\mathrm{S}}=\boldsymbol{0}$$

再将式(10.2.2)代入上式并移项得

$$\boldsymbol{AYA}^{\mathrm{T}}\dot{\boldsymbol{\varphi}}=-\boldsymbol{AY}\dot{\boldsymbol{U}}_{\mathrm{S}}+\boldsymbol{A}\dot{\boldsymbol{I}}_{\mathrm{S}}$$

或写成

$$\boldsymbol{Y}_{\mathrm{n}}\dot{\boldsymbol{\varphi}}=\dot{\boldsymbol{I}}_{\mathrm{n}}\tag{10.3.5}$$

其中

$$\boldsymbol{Y}_{\mathrm{n}}=\boldsymbol{AYA}^{\mathrm{T}}\tag{10.3.6}$$

称为节点导纳矩阵；

$$\dot{\boldsymbol{I}}_{\mathrm{n}}=-\boldsymbol{AY}\dot{\boldsymbol{U}}_{\mathrm{S}}+\boldsymbol{A}\dot{\boldsymbol{I}}_{\mathrm{S}}\tag{10.3.7}$$

称为流入各节点的等效电流源电流列向量。

式(10.3.5)称为独立节点电位方程,简称节点方程。故得

$$\dot{\boldsymbol{\varphi}} = \boldsymbol{Y}_{\mathrm{n}}^{-1}\dot{\boldsymbol{I}}_{\mathrm{n}} \tag{10.3.8}$$

根据此式即可求得 $\dot{\boldsymbol{\varphi}}$。

四、节点法

以独立节点电位列向量 $\dot{\boldsymbol{\varphi}}$ 为求解对象,而对网络进行系统分析的方法称为节点法。下面用实例来说明节点法的程序步骤。

例 10.3.1 求图 10.3.2(a) 所示网络的各支路电流。已知 $Y_1 = 2\ \mathrm{S}, Y_2 = 1\ \mathrm{S}, Y_3 = 3\ \mathrm{S}, Y_4 = Y_5 = 1\ \mathrm{S}, \dot{U}_{\mathrm{S1}} = 1\ \mathrm{V}, \dot{I}_{\mathrm{S5}} = 1\ \mathrm{A}$。

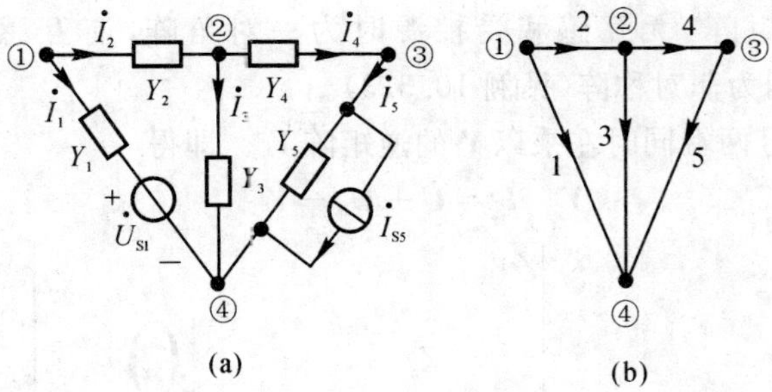

图 10.3.2

解 (1) 画出网络的拓扑图,如图 10.3.2(b) 所示。

(2) 任意选图中的一个节点为参考节点,并对各节点编号。本题中选节点 ④ 为参考节点,其余节点的编号如图中所示。

(3) 对图的各支路编号,并规定出各支路的参考方向,如图中所示。

(4) 写出 $\boldsymbol{A}$,即

$$\boldsymbol{A} = \begin{bmatrix} 1 & 1 & 0 & 0 & 0 \\ 0 & -1 & 1 & 1 & 0 \\ 0 & 0 & 0 & -1 & 1 \end{bmatrix}$$

(5) 写出网络的支路导纳矩阵,即

$$\boldsymbol{Y} = \mathbf{diag}[Y_1 \quad Y_2 \quad Y_3 \quad Y_4 \quad Y_5] = \mathbf{diag}[2 \quad 1 \quad 3 \quad 1 \quad 1]$$

(6) 写出支路电压源电压列向量和支路电流源电流列向量,即

$$\dot{\boldsymbol{U}}_{\mathrm{S}} = [\dot{U}_{\mathrm{S1}} \quad \dot{U}_{\mathrm{S2}} \quad \dot{U}_{\mathrm{S3}} \quad \dot{U}_{\mathrm{S4}} \quad \dot{U}_{\mathrm{S5}}]^{\mathrm{T}} = [-1 \quad 0 \quad 0 \quad 0 \quad 0]^{\mathrm{T}}$$

$$\dot{\boldsymbol{I}}_{\mathrm{S}} = [\dot{I}_{\mathrm{S1}} \quad \dot{I}_{\mathrm{S2}} \quad \dot{I}_{\mathrm{S3}} \quad \dot{I}_{\mathrm{S4}} \quad \dot{I}_{\mathrm{S5}}]^{\mathrm{T}} = [0 \quad 0 \quad 0 \quad 0 \quad -1]^{\mathrm{T}}$$

(7) 根据式(10.3.6) 求节点导纳矩阵 $\boldsymbol{Y}_{\mathrm{n}}$,即

$$\boldsymbol{Y}_{\mathrm{n}} = \boldsymbol{AYA}^{\mathrm{T}} = \begin{bmatrix} 3 & -1 & 0 \\ -1 & 5 & -1 \\ 0 & -1 & 2 \end{bmatrix}$$

(8) 根据式(10.3.7) 求 $\dot{\boldsymbol{I}}_{\mathrm{n}}$,即

$$\dot{\boldsymbol{I}}_{\mathrm{n}} = -\boldsymbol{AY}\dot{\boldsymbol{U}}_{\mathrm{S}} + \boldsymbol{A}\dot{\boldsymbol{I}}_{\mathrm{S}} = \begin{bmatrix} 2 \\ 0 \\ -1 \end{bmatrix}$$

(9) 根据式(10.3.8) 求 $\dot{\boldsymbol{\varphi}}$,即

$$\dot{\boldsymbol{\varphi}}=\begin{bmatrix}\dot{\varphi}_1\\\dot{\varphi}_2\\\dot{\varphi}_3\end{bmatrix}=\boldsymbol{Y}^{-1}\dot{\boldsymbol{I}}_{\mathrm{n}}=\frac{1}{25}\begin{bmatrix}17\\1\\-12\end{bmatrix}$$

(10) 根据式(10.2.2) 求 $\dot{\boldsymbol{U}}$,即

$$\dot{\boldsymbol{U}}=\begin{bmatrix}\dot{U}_1\\\dot{U}_2\\\dot{U}_3\\\dot{U}_4\\\dot{U}_5\end{bmatrix}=\boldsymbol{A}^{\mathrm{T}}\dot{\boldsymbol{\varphi}}=\frac{1}{25}\begin{bmatrix}17\\16\\1\\13\\-12\end{bmatrix}$$

故得各支路电压为 $\dot{U}_1=\dfrac{17}{25}\ \mathrm{V},\dot{U}_2=\dfrac{16}{25}\ \mathrm{V},\dot{U}_3=\dfrac{1}{25}\ \mathrm{V},\dot{U}_4=\dfrac{13}{25}\ \mathrm{V},\dot{U}_5=-\dfrac{12}{25}\ \mathrm{V}$。

(11) 根据式(10.3.4) 求支路电流列向量 $\dot{\boldsymbol{I}}$,即

$$\dot{\boldsymbol{I}}=[\dot{I}_1\quad\dot{I}_2\quad\dot{I}_3\quad\dot{I}_4\quad\dot{I}_5]^{\mathrm{T}}=\boldsymbol{Y}\dot{\boldsymbol{U}}+\boldsymbol{Y}\dot{\boldsymbol{U}}_{\mathrm{S}}-\dot{\boldsymbol{I}}_{\mathrm{S}}=\frac{1}{25}[-16\quad 16\quad 3\quad 13\quad 13]^{\mathrm{T}}$$

故得各支路电流为 $\dot{I}_1=-\dfrac{16}{25}\ \mathrm{A},\dot{I}_2=\dfrac{16}{25}\ \mathrm{A},\dot{I}_3=\dfrac{3}{25}\ \mathrm{A},\dot{I}_4=\dot{I}_5=\dfrac{13}{25}\ \mathrm{A}$。此处要注意电流 $\dot{I}_5$ 在网络中的位置,它是支路 5 的支路电流,而不是元件 Y_5 中的电流,Y_5 中的电流为 $\dot{I}'_5=\dot{I}_5-\dot{I}_{\mathrm{S5}}=-\dfrac{12}{25}\ \mathrm{A}$。

由上述求解步骤可看出,节点法的优点是:① 与图的树无关,即不需要画出图的树;② 对平面网络与非平面网络均适用,故应用广泛。

例 10.3.2　试写出图 10.3.3(a) 所示网络的支路阻抗矩阵 $\boldsymbol{Z}$ 和支路导纳矩阵 $\boldsymbol{Y}$。

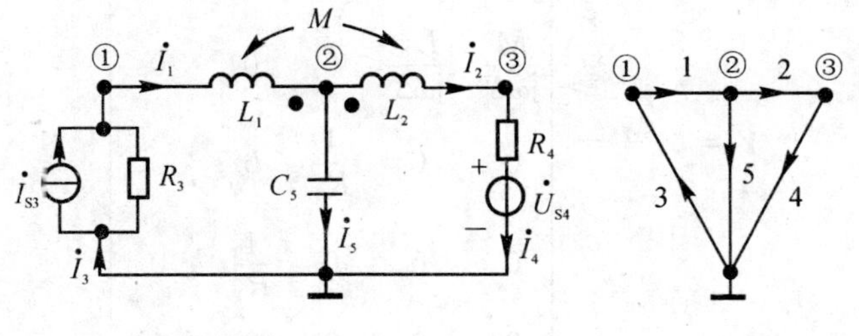

图　10.3.3

解　该网络的图如图 10.3.3(b) 所示。各支路的伏安关系为

$$\dot{U}_1=\mathrm{j}\omega L_1\dot{I}_1-\mathrm{j}\omega M\dot{I}_2$$
$$\dot{U}_2=-\mathrm{j}\omega M\dot{I}_1+\mathrm{j}\omega L_2\dot{I}_2$$
$$\dot{U}_3=R_3\dot{I}_3-R_3\dot{I}_{\mathrm{S3}}$$
$$\dot{U}_4=R_4\dot{I}_4+\dot{U}_{\mathrm{S4}}$$
$$\dot{U}_5=\frac{1}{\mathrm{j}\omega C_5}\dot{I}_5$$

即
$$\begin{bmatrix}\dot U_1\\ \dot U_2\\ \dot U_3\\ \dot U_4\\ \dot U_5\end{bmatrix}=\begin{bmatrix}\mathrm{j}\omega L_1 & -\mathrm{j}\omega M & 0 & 0 & 0\\ -\mathrm{j}\omega M & \mathrm{j}\omega L_2 & 0 & 0 & 0\\ 0 & 0 & R_3 & 0 & 0\\ 0 & 0 & 0 & R_4 & 0\\ 0 & 0 & 0 & 0 & \dfrac{1}{\mathrm{j}\omega C_5}\end{bmatrix}\left\{\begin{bmatrix}\dot I_1\\ \dot I_2\\ \dot I_3\\ \dot I_4\\ \dot I_5\end{bmatrix}+\begin{bmatrix}0\\ 0\\ -\dot I_{S3}\\ 0\\ 0\end{bmatrix}\right\}-\begin{bmatrix}0\\ 0\\ 0\\ -\dot U_{S4}\\ 0\end{bmatrix}$$

即
$$\dot{\boldsymbol U}=\boldsymbol Z\dot{\boldsymbol I}+\boldsymbol Z\dot{\boldsymbol I}_S-\dot{\boldsymbol U}_S$$

其中
$$\dot{\boldsymbol U}=[\dot U_1\quad \dot U_2\quad \dot U_3\quad \dot U_4\quad \dot U_5]^T\qquad \dot{\boldsymbol I}=[\dot I_1\quad \dot I_2\quad \dot I_3\quad \dot I_4\quad \dot I_5]^T$$
$$\dot{\boldsymbol I}_S=[0\quad 0\quad -\dot I_{S3}\quad 0\quad 0]^T\qquad \dot{\boldsymbol U}_S=[0\quad 0\quad 0\quad -\dot U_{S4}\quad 0]^T$$
$$\boldsymbol Z=\begin{bmatrix}\mathrm{j}\omega L_1 & -\mathrm{j}\omega M & 0 & 0 & 0\\ -\mathrm{j}\omega M & \mathrm{j}\omega L_2 & 0 & 0 & 0\\ 0 & 0 & R_3 & 0 & 0\\ 0 & 0 & 0 & R_4 & 0\\ 0 & 0 & 0 & 0 & \dfrac{1}{\mathrm{j}\omega C_5}\end{bmatrix}$$

$\boldsymbol Z$ 为含有互感的网络的支路阻抗矩阵。可见不是对角阵而是对称阵，但仍可根据所给定的网络直接写出。其对角线上的元素为各元件的阻抗，对角线两边的元素为互阻抗，其正负号确定，视有互感的两个元件中电流的参考方向是否符合同名端而定，符合者取“+”号，不符合者取“—”号。

网络的支路导纳矩阵为

$$\boldsymbol Y=\boldsymbol Z^{-1}=\begin{bmatrix}\dfrac{L_2}{\mathrm{j}\omega\Delta} & \dfrac{M}{\mathrm{j}\omega\Delta} & 0 & 0 & 0\\ \dfrac{M}{\mathrm{j}\omega\Delta} & \dfrac{L_1}{\mathrm{j}\omega\Delta} & 0 & 0 & 0\\ 0 & 0 & \dfrac{1}{R_3} & 0 & 0\\ 0 & 0 & 0 & \dfrac{1}{R_4} & 0\\ 0 & 0 & 0 & 0 & \mathrm{j}\omega C_5\end{bmatrix}$$

其中 $\Delta=\begin{vmatrix}L_1 & -M\\ -M & L_2\end{vmatrix}=(L_1L_2-M^2)$。可见含有互感的网络的支路导纳矩阵 $\boldsymbol Y$ 是对称阵而不是对角阵。

对于含有互感的网络的支路导纳矩阵 $\boldsymbol Y$，一般应先写出 $\boldsymbol Z$，然后再按式 $\boldsymbol Y=\boldsymbol Z^{-1}$ 来计算，它较难以根据网络直接写出。

例 10.3.3 图 10.3.4(a) 为含有 VCCS 的电路。试写出支路导纳矩阵 $\boldsymbol Y$。

解 该网络的图如图(b)所示。为了写出含受控源电路的支路导纳矩阵并探索其规律性，可列出各支路的伏安方程为

$$\dot I_1=\frac{1}{R_1}\dot U_1+\frac{1}{R_1}\dot U_{S1}$$

$$\dot I_2=\frac{1}{R_2}\dot U_2-g_m\dot U_4$$

$$\dot I_3=j\omega C_3\dot U_3+\dot I_{S3}$$

$$\dot I_4=\frac{1}{j\omega L_4}\dot U_4$$

$$\dot I_5=\frac{1}{j\omega L_5}\dot U_5$$

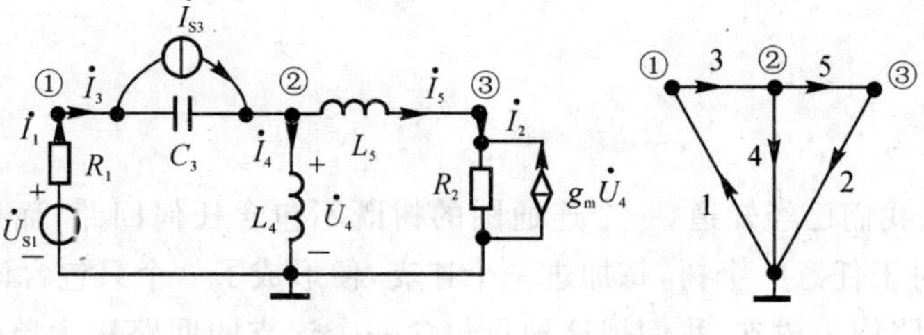

(a)　　　　　　　　(b)

图　10.3.4

写成矩阵形式为

$$\begin{bmatrix}\dot I_1\\ \dot I_2\\ \dot I_3\\ \dot I_4\\ \dot I_5\end{bmatrix}=\begin{bmatrix}\frac{1}{R_1}&0&0&0&0\\ 0&\frac{1}{R_2}&0&-g_m&0\\ 0&0&j\omega C_3&0&0\\ 0&0&0&\frac{1}{j\omega L_4}&0\\ 0&0&0&0&\frac{1}{j\omega L_5}\end{bmatrix}\left\{\begin{bmatrix}\dot U_1\\ \dot U_2\\ \dot U_3\\ \dot U_4\\ \dot U_5\end{bmatrix}+\begin{bmatrix}\dot U_{S1}\\ 0\\ 0\\ 0\\ 0\end{bmatrix}\right\}-\begin{bmatrix}0\\ 0\\ -\dot I_{S3}\\ 0\\ 0\end{bmatrix}$$

即

$$\dot{\boldsymbol I}=\boldsymbol Y\dot{\boldsymbol U}+\boldsymbol Y\dot{\boldsymbol U}_S-\dot{\boldsymbol I}_S$$

其中

$$\dot{\boldsymbol I}=[\dot I_1\quad \dot I_2\quad \dot I_3\quad \dot I_4\quad \dot I_5]^T,\qquad \dot{\boldsymbol U}=[\dot U_1\quad \dot U_2\quad \dot U_3\quad \dot U_4\quad \dot U_5]^T$$

$$\dot{\boldsymbol U}_S=[\dot U_{S1}\quad 0\quad 0\quad 0\quad 0]^T,\qquad \dot{\boldsymbol I}_S=[0\quad 0\quad -\dot I_{S3}\quad 0\quad 0]^T$$

$$\boldsymbol Y=\begin{bmatrix}\frac{1}{R_1}&0&0&0&0\\ 0&\frac{1}{R_2}&0&-g_m&0\\ 0&0&j\omega C_3&0&0\\ 0&0&0&\frac{1}{j\omega L_4}&0\\ 0&0&0&0&\frac{1}{j\omega L_5}\end{bmatrix}$$

$\boldsymbol Y$ 为支路导纳矩阵，可见既不是对角阵，也不是对称阵，而是在 $\boldsymbol Y$ 中增添了一个元素($-g_m$)。该元素的位置是，其行的位置取决于受控源支路的编号(在此例中为第2行)，其列的位置取决于控制量支路的编号(在此例中为第4列)；该元素的正负号取决于受控电流源电流的方向与该支路电流参考方向的关系，若如图10.3.4中所示，则取"－"号，否则取"＋"号。

在写出 $\boldsymbol{Y}$ 后，其余的求解步骤均同前，不再重复。

由于还有其他形式的受控源，其更一般性的讨论，我们不深入进行了。

10.4 回路法

一、基本回路

(1) 基本回路。我们已经知道，一个连通图的树既不包含任何回路，而所有的节点又全部被树支连接。因此对于任意一个树，每加进一个连支，便形成了一个只包含该连支的回路，而构成此回路的其他支路均为树支。我们把这种只包含一个连支的回路称为单连支回路或基本回路。例如图10.4.1(a)，若选取支路4,5,6构成一个树，如图中的实线所示，则当对此树加进连支支路1,2,3时，就构成了三个单连支回路，分别如图10.4.1(b)，(c)，(d)所示。由图可见，单连支回路是唯一的，由单连支回路组成的回路组为一组独立回路组，因为在每一个回路中都包含了其他回路所没有的连支支路。单连支回路的个数等于图的连支数。

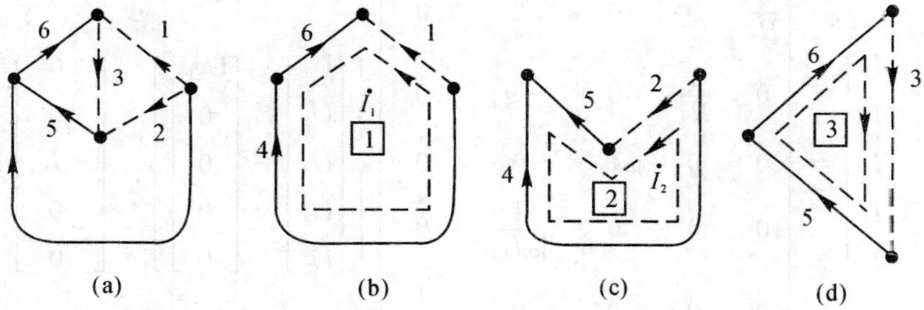

图 10.4.1 单连支回路(基本回路)

(2) 基本回路的编号及其参考方向规定。为了对网络进行系统分析，对基本回路必须给以编号和规定参考方向。编号的顺序一般都取为与连支的编号顺序一致。例如在图10.4.1(a)中，包含连支1,2,3的三个基本回路即相应编号为1,2,3；基本回路的的参考方向一般就规定为该基本回路中所含连支的参考方向，例如在图10.4.1(a)中，三个基本回路的参考方向即相应为连支1,2,3的参考方向。

二、基本回路-支路关联矩阵

若一个基本回路中包含有某一支路，则称此基本回路与该支路有关联，否则为无关联。基本回路与支路的关联性质也可用一个矩阵来描述，称为基本回路-支路关联矩阵，简称基本回路矩阵，用 $\boldsymbol{B}$ 表示，其中任一元素 b_{jk} 的定义为：

$b_{jk}=1$，表示支路 k 与基本回路 j 有关联，且支路 k 与基本回路 j 的参考方向一致，称为同向关联。

$b_{jk}=-1$，表示支路 k 与基本回路 j 有关联，但它们两者的参考方向相反，称为反向关联。

$b_{jk}=0$，表示支路 k 与基本回路 j 无关联。

例如对于图 10.4.1 所示的图，该图共有 3 个基本回路，其参考方向如图中所示。于是根据上述规则即可写出其基本回路矩阵为

$$\boldsymbol{B}=\left[\begin{array}{ccc|ccc}1&0&0&-1&0&-1\\0&1&0&-1&1&0\\0&0&1&0&1&1\end{array}\right]$$

若规定各支路的编号顺序是先连支后树支，同时又规定基本回路的参考方向与构成它的单连支的参考方向一致，则在基本回路矩阵 **B** 中一定要出现一个 $l\times l$ 阶的单位子矩阵（l 为基本回路数，即连支数），如上面 **B** 中虚线左边的子矩阵即是。上面的矩阵 **B** 就是按这种规定写出的。

三、用 *B* 表示的 KVL

根据 KVL，对图 10.4.1 中三个基本回路可列出 KVL 方程为

回路 1：　$\dot{U}_1-\dot{U}_4-\dot{U}_6=0$

回路 2：　$\dot{U}_2-\dot{U}_4+\dot{U}_5=0$

回路 3：　$\dot{U}_3+\dot{U}_5+\dot{U}_6=0$

即

$$\begin{bmatrix}1&0&0&-1&0&-1\\0&1&0&-1&1&0\\0&0&1&0&1&1\end{bmatrix}\begin{bmatrix}\dot{U}_1\\\dot{U}_2\\\dot{U}_3\\\dot{U}_4\\\dot{U}_5\\\dot{U}_6\end{bmatrix}=\begin{bmatrix}0\\0\\0\end{bmatrix}$$

或写成

$$\boldsymbol{B}\dot{\boldsymbol{U}}=\boldsymbol{0}\qquad(10.4.1)$$

其中 **B** 即为上述的基本回路矩阵；$\dot{\boldsymbol{U}}=[\dot{U}_1\quad\dot{U}_2\quad\dot{U}_3\quad\dot{U}_4\quad\dot{U}_5\quad\dot{U}_6]^{\mathrm{T}}$ 为支路电压列向量。式(10.4.1) 即为用 **B** 表示的 KVL。

四、用 *B* 表示的 KCL

从图 10.4.1 中看出，各基本回路电流就是相应的连支电流 $\dot{I}_1,\dot{I}_2,\dot{I}_3$。因此，连支电流可作为网络分析的独立完备变量。从该图中看出，各支路电流与基本回路电流（即连支电流）的关系为

$$\begin{cases}\dot{I}_1=\dot{I}_1\\\dot{I}_2=\dot{I}_2\\\dot{I}_3=\dot{I}_3\\\dot{I}_4=-\dot{I}_1-\dot{I}_2\\\dot{I}_5=\dot{I}_2+\dot{I}_3\\\dot{I}_6=-\dot{I}_1+\dot{I}_3\end{cases}$$

$$\begin{bmatrix} \dot{I}_1 \\ \dot{I}_2 \\ \dot{I}_3 \\ \dot{I}_4 \\ \dot{I}_5 \\ \dot{I}_6 \end{bmatrix} = \begin{bmatrix} 1 & 0 & 0 \\ 0 & 1 & 0 \\ 0 & 0 & 1 \\ -1 & -1 & 0 \\ 0 & 1 & 1 \\ -1 & 0 & 1 \end{bmatrix} \begin{bmatrix} \dot{I}_1 \\ \dot{I}_2 \\ \dot{I}_3 \end{bmatrix}$$

即

即
$$\dot{\boldsymbol{I}} = \boldsymbol{B}^{\mathrm{T}} \dot{\boldsymbol{I}}_l \tag{10.4.2}$$

其中 $\dot{\boldsymbol{I}} = [\dot{I}_1 \quad \dot{I}_2 \cdots \dot{I}_6]^{\mathrm{T}}$ 为支路电流列向量；$\dot{\boldsymbol{I}}_l = [\dot{I}_1 \quad \dot{I}_2 \quad \dot{I}_3]^{\mathrm{T}}$ 为基本回路电流（即连支电流）列向量；$\boldsymbol{B}^{\mathrm{T}}$ 为 $\boldsymbol{B}$ 的转置矩阵。上式即为支路电流列向量 $\dot{\boldsymbol{I}}$ 与基本回路电流列向量 $\dot{\boldsymbol{I}}_l$ 的关系，亦即用 $\boldsymbol{B}$ 表示的 KCL，可用来从已知的 $\dot{\boldsymbol{I}}_l$ 求 $\dot{\boldsymbol{I}}$。

需要指出，式(10.4.1) 和式(10.4.2) 虽是从图 10.4.1 这个具体的图推导出来的，但它适用于任意的图，即具有普遍性。

五、求基本回路电流列向量 $\dot{\boldsymbol{I}}_l$ 的方程

将式(10.4.2) 代入式(10.3.4) 得

$$\dot{\boldsymbol{U}} = \boldsymbol{Z}\boldsymbol{B}^{\mathrm{T}}\dot{\boldsymbol{I}}_l + \boldsymbol{Z}\dot{\boldsymbol{I}}_{\mathrm{S}} - \dot{\boldsymbol{U}}_{\mathrm{S}}$$

再将此式代入式(10.4.1) 并移项有

$$\boldsymbol{B}\boldsymbol{Z}\boldsymbol{B}^{\mathrm{T}}\dot{\boldsymbol{I}}_l = -\boldsymbol{B}\boldsymbol{Z}\dot{\boldsymbol{I}}_{\mathrm{S}} + \boldsymbol{B}\dot{\boldsymbol{U}}_{\mathrm{S}}$$

或写成
$$\boldsymbol{Z}_l\dot{\boldsymbol{I}}_l = \dot{\boldsymbol{U}}_l \tag{10.4.3}$$

其中
$$\boldsymbol{Z}_l = \boldsymbol{B}\boldsymbol{Z}\boldsymbol{B}^{\mathrm{T}}$$

$\boldsymbol{Z}_l$ 称为基本回路阻抗矩阵，为 $l \times l$ 阶矩阵（l 为基本回路数）；无互感和受控源时，$\boldsymbol{Z}_l$ 为对称阵；有互感和受控源时，$\boldsymbol{Z}_l$ 为非对称阵

$$\dot{\boldsymbol{U}}_l = -\boldsymbol{B}\boldsymbol{Z}\dot{\boldsymbol{I}}_{\mathrm{S}} + \boldsymbol{B}\dot{\boldsymbol{U}}_{\mathrm{S}} \tag{10.4.4}$$

为基本回路电压列向量。式(10.4.3) 即为基本回路电流方程。根据此方程即可求出基本回路电流列向量 $\dot{\boldsymbol{I}}_l$，即

$$\dot{\boldsymbol{I}}_l = \boldsymbol{Z}_l^{-1}\dot{\boldsymbol{U}}_l \tag{10.4.5}$$

六、基本回路法

以基本回路电流（连支电流）列向量 $\dot{\boldsymbol{I}}_l$ 为求解对象，而对网络进行系统分析的方法称为基本回路法。其程序步骤如下：

(1) 根据给定的网络画出网络的图；

(2) 按先连支后树支的顺序给各支路编号，并规定出各支路的参考方向；

(3) 选出图的一个树；

(4) 确定基本回路，给予编号，并设定各基本回路的参考方向（与连支的参考方向同）；

(5) 写出基本回路矩阵 $\boldsymbol{B}$；

(6) 写出网络的支路阻抗矩阵 $\boldsymbol{Z}$；

(7) 写出网络的支路电压源电压列向量 $\dot{\boldsymbol{U}}_{\mathrm{S}}$ 和支路电流源电流列向量 $\dot{\boldsymbol{I}}_{\mathrm{S}}$；

(8) 求基本回路阻抗矩阵 $\boldsymbol{Z}_l = \boldsymbol{B}\boldsymbol{Z}\boldsymbol{B}^{\mathrm{T}}$；

(9) 求基本回路电压列向量 $\dot{\boldsymbol{U}}_l = -\boldsymbol{B}\boldsymbol{Z}\dot{\boldsymbol{I}}_{\mathrm{S}} + \boldsymbol{B}\dot{\boldsymbol{U}}_{\mathrm{S}}$；

(10) 求基本回路电流列向量 $\dot{\boldsymbol{I}}_l = \boldsymbol{Z}_l^{-1}\dot{\boldsymbol{U}}_l$；

(11) 求支路电流列向量 $\dot{\boldsymbol{I}} = \boldsymbol{B}^{\mathrm{T}}\dot{\boldsymbol{I}}_l$；

(12) 求支路电压列向量 $\dot{\boldsymbol{U}} = \boldsymbol{Z}\dot{\boldsymbol{I}} + \boldsymbol{Z}\dot{\boldsymbol{I}}_S - \dot{\boldsymbol{U}}_S$。至此，求解工作完毕。

基本回路法对于平面网络和非平面网络均适用。

七、网孔法是回路法的特例

网孔法只是回路法的一种特殊情况。例如图 10.4.2 所示，若选支路 5,6,7,8 构成一个树，此时的基本回路就是网孔回路，基本回路电流就是网孔电流了。

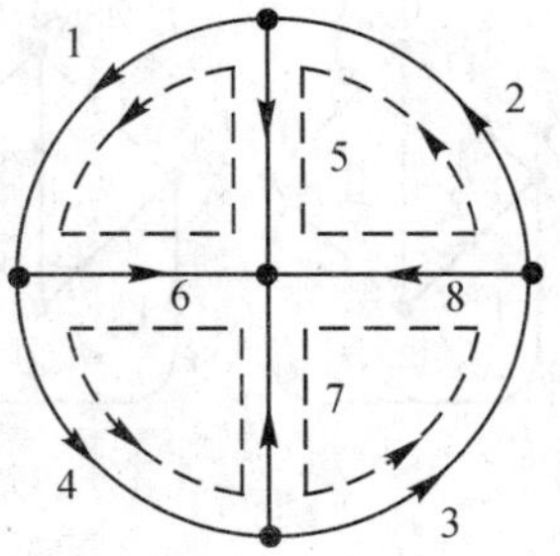

图 10.4.2　回路法的特例 —— 网孔法

*10.5　割　集　法

一、割集与基本割集

(1) 割集。以前曾指出，基尔霍夫电流定律不仅适用于节点，而且也适用于网络中的一个闭合面。对一个连通图来说，一个闭合面可能把图分成两个部分，如图 10.5.1 所示。其中一些节点(① 和 ④) 位于该闭合面的内部，而另一些节点(② 和 ③) 则位于该闭合面的外部。今若把穿过该闭合面的支路 1,2,3,5 移去(但支路两端的节点仍保留)，则原拓扑图即恰好被分割为两个分离的部分(注意，有时其中的一个分离部分中可能只有一个孤立节点)，但只要少移去其中的任意一个支路，则就不能使原拓扑图分成两个分离的部分，亦即图仍然是连通的。由此我们定义割集为：能够把图恰好分成两个分离部分的一个支路集合，但只要少移去此支路集合中的任一支路，则图仍然是而且必须是连通的，则这样的一个支路集合即称为割集，用字母 C 表示。

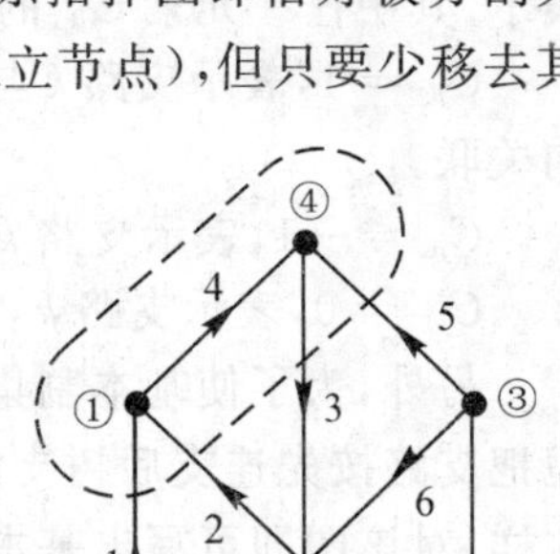

图 10.5.1　割集的定义

正像一个连通图有许多不同的回路一样，一个连通图也有许多不同的割集。例如图 10.5.1 所示的图共有 7 个不同的割集，即支路集合(1,2,4)，(2,3,6)，(1,5,6)，(3,4,5)，(1,2,3,5)，(1,3,4,6)，(2,4,5,6)，但这些割集并不都是独立的。

(2) 基本割集及其个数。任何连支的集合都不能构成割集，因为当把全部连支移去后，将只剩下一个树，而树是连通的。所以每一个割集中应至少包含一个树支。把只含有一个树支的割集称为单树支割集或基本割集。而且对一个已选定了的树来说，它的每一个树支与一些相应的连支只能构成一个割集，即单树支割集（基本割集）是唯一的，是独立割集。

一个具有 n 个节点和 b 个支路的连通图，由于其树支数为 $(n-1)$ 个，因此将有 $(n-1)$ 个单树支割集。$(n-1)$ 个单树支割集构成了一个基本割集组。基本割集组为独立割集组。例如对图 10.5.2(a) 所示的连通图，所选的树是由支路 4,5,6 构成，则它的三个单树支割集（基本割集）即如图 10.5.2(b) 中的实线所示，即(1,2,4)，(1,2,3,5)，(2,3,6)。为了更明显地把割集表示出来，在图 10.5.2(a) 中，还用虚线画出了构成每个单树支割集的闭合面的界线。

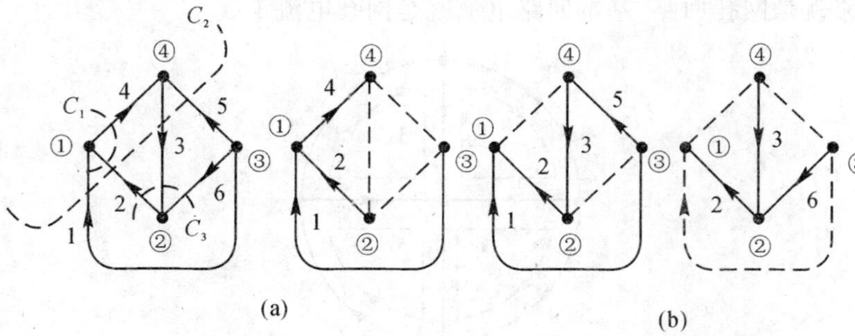

图 10.5.2 单树支割集

(3) 基本割集的编号及其参考方向规定。为了对网络进行系统分析，对基本割集必须给以编号并规定参考方向。编号的顺序一般都取为与树支的编号顺序一致。例如在图 10.5.2(a) 中，包含树支 4,5,6 的三个基本割集即相应编号为 C_1,C_2,C_3，基本割集的参考方向一般就规定为该基本割集中所含树支的参考方向。例如在图 10.5.2(a) 中，三个基本割集 C_1,C_2,C_3 的参考方向即相应为树支 4,5,6 的参考方向。

二、基本割集-支路关联矩阵

若把图的 $(n-1)$ 个基本割集给以编号并规定出参考方向，则基本割集与支路的关联性质可用一个 $(n-1)\times b$ 阶的矩阵来描述，称为基本割集-支路关联矩阵，简称基本割集矩阵，用 $\boldsymbol{C}$ 表示。其中任一元素 C_{jk} 的定义如下：

$C_{jk}=1$，表示支路 k 与基本割集 j 有关联，且支路 k 与基本割集 j 的参考方向一致，称为同向关联。

$C_{jk}=-1$，表示支路 k 与基本割集 j 有关联，但它们两者的参考方向相反，称为反向关联。

$C_{jk}=0$，表示支路 k 与基本割集 j 无关联。

另外，为了使基本割集矩阵 $\boldsymbol{C}$ 中包含有一个 $(n-1)\times(n-1)$ 阶的子单位矩阵，我们有意地把支路按先连支后树支的顺序编号。例如在图 10.5.2(a) 中，我们对支路就是这样编号的。这样，对该图即可写出基本割集矩阵为

$$\boldsymbol{C}=\left[\begin{array}{ccc:ccc}-1 & -1 & 0 & 1 & 0 & 0\\ 1 & 1 & -1 & 0 & 1 & 0\\ 0 & -1 & 1 & 0 & 0 & 1\end{array}\right]$$

三、用 $\boldsymbol{C}$ 表示的 KCL

根据 KCL，可列出图 10.5.2 中各基本割集电流方程为

$$C_1:\quad -\dot I_1-\dot I_2+\dot I_4=0$$
$$C_2:\quad \dot I_1+\dot I_2-\dot I_3+\dot I_5=0$$
$$C_3:\quad -\dot I_2+\dot I_3+\dot I_6=0$$

即
$$\begin{bmatrix}-1 & -1 & 0 & 1 & 0 & 0\\ 1 & 1 & -1 & 0 & 1 & 0\\ 0 & -1 & 1 & 0 & 0 & 1\end{bmatrix}\begin{bmatrix}\dot I_1\\ \dot I_2\\ \dot I_3\\ \dot I_4\\ \dot I_5\\ \dot I_6\end{bmatrix}=\begin{bmatrix}0\\0\\0\end{bmatrix}$$

或写成
$$\boldsymbol{C}\dot{\boldsymbol{I}}=\boldsymbol{0} \tag{10.5.1}$$
其中 $\boldsymbol{C}$ 即为基本割集矩阵。此式即为用 $\boldsymbol{C}$ 表示的 KCL。

四、用 $\boldsymbol{C}$ 表示的 KVL

由于基本割集中只含有一个树支，因此通常就把树支电压定义为该基本割集的电压，称为基本割集电压。又由于树支数为 $(n-1)$ 个，故共有 $(n-1)$ 个树支电压（即基本割集电压），而其余的支路电压则为连支电压。根据 KVL，全部的支路电压都可用 $(n-1)$ 个树支电压来表示，所以基本割集电压（即树支电压）可以作为网络分析的独立完备变量。例如对图 10.5.2，其支路电压与基本割集电压 $\dot U_4,\dot U_5,\dot U_6$ 之间的关系为

$$\begin{cases}\dot U_1=-\dot U_4+\dot U_5\\ \dot U_2=-\dot U_4+\dot U_5-\dot U_6\\ \dot U_3=-\dot U_5+\dot U_6\\ \dot U_4=\dot U_4\\ \dot U_5=\dot U_5\\ \dot U_6=\dot U_6\end{cases}$$

即
$$\begin{bmatrix}\dot U_1\\ \dot U_2\\ \dot U_3\\ \dot U_4\\ \dot U_5\\ \dot U_6\end{bmatrix}=\begin{bmatrix}-1 & 1 & 0\\ -1 & 1 & -1\\ 0 & -1 & 1\\ 1 & 0 & 0\\ 0 & 1 & 0\\ 0 & 0 & 1\end{bmatrix}\begin{bmatrix}\dot U_4\\ \dot U_5\\ \dot U_6\end{bmatrix}$$

即
$$\dot{\boldsymbol{U}}=\boldsymbol{C}^{\mathrm T}\dot{\boldsymbol{U}}_{\mathrm t} \tag{10.5.2}$$
其中 $\dot{\boldsymbol{U}}_{\mathrm t}=[\dot U_4\quad \dot U_5\quad \dot U_6]^{\mathrm T}$ 为基本割集电压（即树支电压）列向量，$\boldsymbol{C}^{\mathrm T}$ 为 $\boldsymbol{C}$ 的转置矩阵。上式即为支路电压列向量 $\dot{\boldsymbol{U}}$ 与基本割集电压列向量 $\dot{\boldsymbol{U}}_{\mathrm t}$ 的关系，亦即用 $\boldsymbol{C}$ 表示的 KVL 方程，可用来从已知的 $\dot{\boldsymbol{U}}_{\mathrm t}$ 求得 $\dot{\boldsymbol{U}}$。

五、求基本割集电压列向量 $\dot{U}_t$ 的方程

将式(10.5.2)代入式(10.3.3)有

$$\dot{\boldsymbol{I}} = \boldsymbol{YC}^{\mathrm{T}}\dot{\boldsymbol{U}}_t + \boldsymbol{Y}\dot{\boldsymbol{U}}_S - \dot{\boldsymbol{I}}_S$$

再将上式代入式(10.5.1)并移项有

$$\boldsymbol{CYC}^{\mathrm{T}}\dot{\boldsymbol{U}}_t = -\boldsymbol{CY}\dot{\boldsymbol{U}}_S + \boldsymbol{C}\dot{\boldsymbol{I}}_S$$

令

$$\boldsymbol{Y}_c = \boldsymbol{CYC}^{\mathrm{T}} \tag{10.5.3}$$

$$\dot{\boldsymbol{I}}_c = -\boldsymbol{CY}\dot{\boldsymbol{U}}_S + \boldsymbol{C}\dot{\boldsymbol{I}}_S \tag{10.5.4}$$

$\boldsymbol{Y}_c$ 称为基本割集导纳矩阵,它是一个$(n-1)\times(n-1)$阶方阵;$\dot{\boldsymbol{I}}_c$ 称为基本割集电流列向量。于是得

$$\boldsymbol{Y}_c\dot{\boldsymbol{U}}_t = \dot{\boldsymbol{I}}_c \tag{10.5.5}$$

或

$$\dot{\boldsymbol{U}}_t = \boldsymbol{Y}_c^{-1}\dot{\boldsymbol{I}}_c$$

式(10.5.5)即为基本割集电压方程,用来从已知的 $\dot{\boldsymbol{I}}_c$ 求 $\dot{\boldsymbol{U}}_t$。

六、基本割集法

以基本割集电压列向量 $\dot{\boldsymbol{U}}_t$ 为求解对象,而对电路进行系统分析的方法,称为基本割集法。其程序步骤如下:

(1) 根据给定的网络画出网络的图;

(2) 按先连支后树支的顺序给各支路编号,并规定出各支路的参考方向;

(3) 选出图的一个树;

(4) 确定基本割集,给予编号,并设定各基本割集的参考方向(与树支的参考方向同);

(5) 写出基本割集矩阵 $\boldsymbol{C}$;

(6) 写出网络的支路导纳矩阵 $\boldsymbol{Y}$;

(7) 写出网络的支路电压源电压列向量 $\dot{\boldsymbol{U}}_S$ 和支路电流源电流列向量 $\dot{\boldsymbol{I}}_S$;

(8) 求基本割集导纳矩阵 $\boldsymbol{Y}_c = \boldsymbol{CYC}^{\mathrm{T}}$;

(9) 求基本割集电流列向量 $\dot{\boldsymbol{I}}_c = -\boldsymbol{CY}\dot{\boldsymbol{U}}_S + \boldsymbol{C}\dot{\boldsymbol{I}}_S$;

(10) 求基本割集电压列向量 $\dot{\boldsymbol{U}}_t = \boldsymbol{Y}_c^{-1}\dot{\boldsymbol{I}}_c$;

(11) 求支路电压列向量 $\dot{\boldsymbol{U}} = \boldsymbol{C}^{\mathrm{T}}\boldsymbol{U}_t$;

(12) 求支路电流列向量 $\dot{\boldsymbol{I}} = \boldsymbol{Y}\dot{\boldsymbol{U}} + \boldsymbol{Y}\dot{\boldsymbol{U}}_S - \dot{\boldsymbol{I}}_S$。至此,求解工作完毕。

七、节点法是割集法的特例

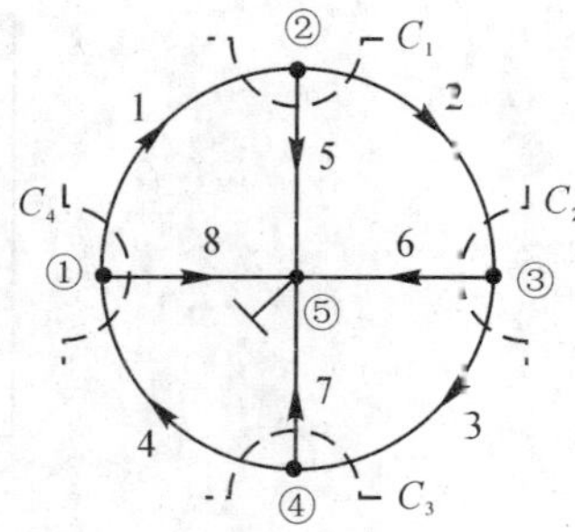

图 10.5.3 节点法是割集法的特例

节点法仅是割集法的一种特例。例如在图10.5.3中,若选支路5,6,7,8构成一个树,选节点⑤为参考节点,则此时①,②,③,④各节点的电位即为5,6,7,8各树支电压,此时,节点法与基本割集法即全同。但这种情况并不始终存在,这与树和参考节点的选择是否合适有关。

*八、基本割集法与基本回路法的对偶关系

由于拓扑图中的基本割集与基本回路是对偶的,因此基本割集法与基本回路法也是对偶

的，其对偶关系如表 10.5.1 所示。

表 10.5.1　基本割集法与基本回路法的对偶关系

网络分析方法	基本割集法	基本回路法
网络概念	基本割集	基本回路
网络分析变量	$\dot{U}_t$（树支电压）	$\dot{I}_l$（连支电流）
关联矩阵	$\boldsymbol{C}$	$\boldsymbol{B}$
求解对象	基本割集电压列向量 $\dot{U}_t$	基本回路电流列向量 $\dot{I}_l$
KCL	$\boldsymbol{C}\dot{I}=0$	$\dot{I}=\boldsymbol{B}^T\dot{I}_l$
KVL	$\dot{U}=\boldsymbol{C}^T\dot{U}_t$	$\boldsymbol{B}\dot{U}=0$
网络的支路伏安关系	$\dot{I}=\boldsymbol{Y}\dot{U}+\boldsymbol{Y}\dot{U}_S-\dot{I}_S$	$\dot{U}=\boldsymbol{Z}\dot{I}+\boldsymbol{Z}\dot{I}_S-\dot{U}_S$
支路矩阵	支路导纳矩阵 $\boldsymbol{Y}$	支路阻抗矩阵 $\boldsymbol{Z}$
网络方程	基本割集导纳矩阵 $\boldsymbol{Y}_c=\boldsymbol{CYC}^T$	基本回路阻抗矩阵 $\boldsymbol{Z}_l=\boldsymbol{BZB}^T$
	基本割集电流列向量 $\dot{I}_c=-\boldsymbol{CY}\dot{U}_S+\boldsymbol{C}\dot{I}_S$	基本回路电压列向量 $\dot{U}_l=-\boldsymbol{BZ}\dot{I}_S+\boldsymbol{B}\dot{U}_S$
	基本割集电压方程 $\dot{U}_t=\boldsymbol{Y}_c^{-1}\dot{I}_c$	基本回路电流方程 $\dot{I}_l=\boldsymbol{Z}_l^{-1}\dot{U}_l$

* 10.6　特勒根定理

一、特勒根定理

定理一　对一个具有 n 个节点、b 个支路的任意网络（线性的、非线性的，定常的、时变的，有源的、无源的），设各支路电压为 $u_1,u_2,\cdots,u_k,\cdots,u_b$，各支路电流为 $i_1,i_2,\cdots,i_k,\cdots,i_b$，它们都是时间变量 t 的函数，其参考方向取为关联。则根据能量守恒，必有下列关系式成立，即

$$u_1i_1+u_2i_2+\cdots+u_ki_k+\cdots+u_bi_b=0$$

即

$$\begin{bmatrix} u_1 & u_2 & \cdots & u_k & \cdots & u_b \end{bmatrix}\begin{bmatrix} i_1 \\ i_2 \\ \vdots \\ i_k \\ \vdots \\ i_b \end{bmatrix}=0$$

即

$$\begin{bmatrix} u_1 \\ u_2 \\ \vdots \\ u_k \\ \vdots \\ u_b \end{bmatrix}^{\mathrm{T}} \begin{bmatrix} i_1 \\ i_2 \\ \vdots \\ i_k \\ \vdots \\ i_b \end{bmatrix} = 0$$

即

$$\boldsymbol{u}^{\mathrm{T}}\boldsymbol{i} = 0 \tag{10.6.1}$$

式(10.6.1)所表示的关系即为特勒根定理一。它说明了一个任意网络全部支路所吸收的瞬时功率的代数和恒等于零；或者说网络中所有独立源发出的瞬时功率的代数和，恒等于所有耗能元件与储能元件以及受控源支路所吸收的瞬时功率的代数和，因此也称为功率守恒定理。证明如下：

将式(10.2.2)等号两端同时转置得

$$\boldsymbol{u}^{\mathrm{T}} = \boldsymbol{\varphi}^{\mathrm{T}}\boldsymbol{A}$$

对上式等号两端同时右乘以 $\boldsymbol{i}$，即

$$\boldsymbol{u}^{\mathrm{T}}\boldsymbol{i} = \boldsymbol{\varphi}^{\mathrm{T}}\boldsymbol{A}\boldsymbol{i}$$

因有 $\boldsymbol{A}\boldsymbol{i} = 0$，故得

$$\boldsymbol{u}^{\mathrm{T}}\boldsymbol{i} = 0 \qquad \text{(证毕)}$$

特勒根定理一的特点是与网络元件的性质无关，它只要求网络满足 KVL 和 KCL，即满足 $\boldsymbol{u} = \boldsymbol{A}^{\mathrm{T}}\boldsymbol{\varphi}$ 和 $\boldsymbol{A}\boldsymbol{i} = 0$，所以它适用于任何网络(线性、非线性，定常、时变，无源、有源网络等)。

定理二　设有两个网络 N 与 $\hat{\mathrm{N}}$，如图 10.6.1(a)，(b)所示。构成它们的各个二端元件可以不同，但两者的有向图相同，如图 10.6.1(c)所示。于是有下列关系式成立，即

$$\begin{cases} u_1\hat{i}_1 + u_2\hat{i}_2 + \cdots + u_k\hat{i}_k + \cdots + u_b\hat{i}_b = 0 \\ \hat{u}_1 i_1 + \hat{u}_2 i_2 + \cdots + \hat{u}_k i_k + \cdots + \hat{u}_b i_b = 0 \end{cases}$$

即

$$\left.\begin{aligned} \boldsymbol{u}^{\mathrm{T}}\hat{\boldsymbol{i}} = 0 \\ \hat{\boldsymbol{u}}^{\mathrm{T}}\boldsymbol{i} = 0 \end{aligned}\right\} \tag{10.6.2}$$

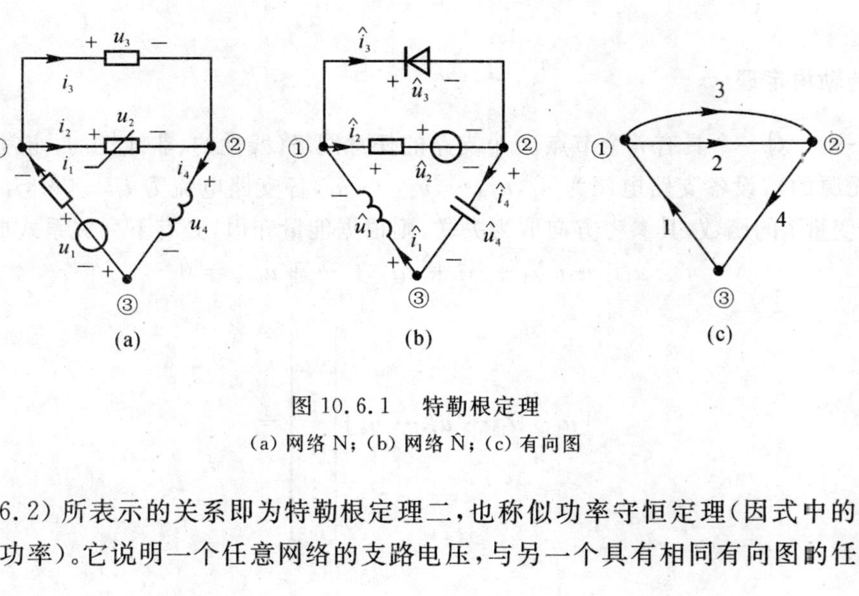

图 10.6.1　特勒根定理

(a) 网络 N；(b) 网络 $\hat{\mathrm{N}}$；(c) 有向图

式(10.6.2)所表示的关系即为特勒根定理二，也称似功率守恒定理(因式中的每一项并不是真正的功率)。它说明一个任意网络的支路电压，与另一个具有相同有向图的任意网络中

相应支路电流乘积的代数和恒等于零。证明如下：因对网络 N 有

$$\boldsymbol{u} = \boldsymbol{A}^{\mathrm{T}}\boldsymbol{\varphi}$$

将此式等号两端同时转置有

$$\boldsymbol{u}^{\mathrm{T}} = \boldsymbol{\varphi}^{\mathrm{T}}\boldsymbol{A}$$

再给上式等号两端同时右乘以 $\hat{\boldsymbol{i}}$ 得

$$\boldsymbol{u}^{\mathrm{T}}\hat{\boldsymbol{i}} = \boldsymbol{\varphi}^{\mathrm{T}}\boldsymbol{A}\hat{\boldsymbol{i}} \tag{10.6.3}$$

由于网络 N 和 $\hat{\mathrm{N}}$ 的有向图相同，故一定有 $\hat{\boldsymbol{A}} = \boldsymbol{A}$。将此关系式代入式(10.6.3) 即得

$$\boldsymbol{u}^{\mathrm{T}}\hat{\boldsymbol{i}} = \boldsymbol{\varphi}^{\mathrm{T}}\hat{\boldsymbol{A}}\hat{\boldsymbol{i}} = \boldsymbol{\varphi}^{\mathrm{T}}\boldsymbol{0} = \boldsymbol{0}$$

此结果即为式(10.6.2) 的第一式。同理可证明式(10.6.2) 的第二式。

二、特勒根定理的应用

下面用特勒根定理来证明互易定理。

图 10.6.2 所示，设网络 P 中有 b 个支路，并设 1,1′ 端口的支路电压和支路电流分别为 $\dot{U}_{\mathrm{I}}$，$\dot{I}_{\mathrm{I}}$，$\hat{\dot{U}}_{\mathrm{I}}$，$\hat{\dot{I}}_{\mathrm{I}}$；2,2′ 端口的支路电压和支路电流分别为 $\dot{U}_{\mathrm{II}}$，$\dot{I}_{\mathrm{II}}$，$\hat{\dot{U}}_{\mathrm{II}}$，$\hat{\dot{I}}_{\mathrm{II}}$。于是根据特勒根定理二有

$$\left.\begin{aligned} \dot{U}_{\mathrm{I}}\hat{\dot{I}}_{\mathrm{I}} + \dot{U}_{\mathrm{II}}\hat{\dot{I}}_{\mathrm{II}} + \sum_{k=1}^{b}\dot{U}_k\hat{\dot{I}}_k = 0 \\ \hat{\dot{U}}_{\mathrm{I}}\dot{I}_{\mathrm{I}} + \hat{\dot{U}}_{\mathrm{II}}\dot{I}_{\mathrm{II}} + \sum_{k=1}^{b}\hat{\dot{U}}_k\dot{I}_k = 0 \end{aligned}\right\} \tag{10.6.4}$$

因为网络 P 是线性无任何电源网络，故有 $\dot{U}_k = Z_k\dot{I}_k$，$\hat{\dot{U}}_k = Z_k\hat{\dot{I}}_k$。将这些关系式代入式(10.6.4) 即有

$$\dot{U}_{\mathrm{I}}\hat{\dot{I}}_{\mathrm{I}} + \dot{U}_{\mathrm{II}}\hat{\dot{I}}_{\mathrm{II}} + \sum_{k=1}^{b}Z_k\dot{I}_k\hat{\dot{I}}_k = 0$$

$$\hat{\dot{U}}_{\mathrm{I}}\dot{I}_{\mathrm{I}} + \hat{\dot{U}}_{\mathrm{II}}\dot{I}_{\mathrm{II}} + \sum_{k=1}^{b}Z_k\hat{\dot{I}}_k\dot{I}_k = 0$$

上两式相减得

$$\dot{U}_{\mathrm{I}}\hat{\dot{I}}_{\mathrm{I}} + \dot{U}_{\mathrm{II}}\hat{\dot{I}}_{\mathrm{II}} = \hat{\dot{U}}_{\mathrm{I}}\dot{I}_{\mathrm{I}} + \hat{\dot{U}}_{\mathrm{II}}\dot{I}_{\mathrm{II}} \tag{10.6.5}$$

对图 10.6.2(a) 有 $\dot{U}_{\mathrm{I}} = \dot{U}_{\mathrm{S}}$，$\dot{U}_{\mathrm{II}} = 0$；对图 10.6.2(b) 有 $\hat{\dot{U}}_{\mathrm{I}} = 0$，$\hat{\dot{U}}_{\mathrm{II}} = \dot{U}_{\mathrm{S}}$。将这些代入式(10.6.5) 即得

$$\hat{\dot{I}}_{\mathrm{I}} = \dot{I}_{\mathrm{II}}$$

这就是互易定理一。同法可证明互易定理二和定理三，读者自己证明之。

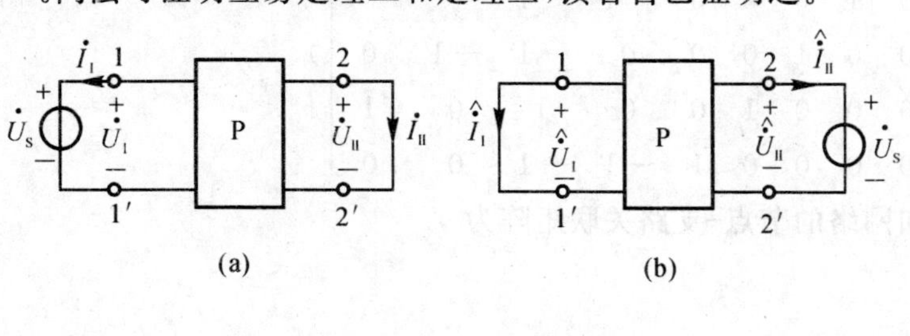

图 10.6.2　互易定理证明

习　题　十

10.1　以节点 ⑤ 为参考节点，写出图题 10.1 所示有向图的节点-支路关联矩阵 $\boldsymbol{A}$。

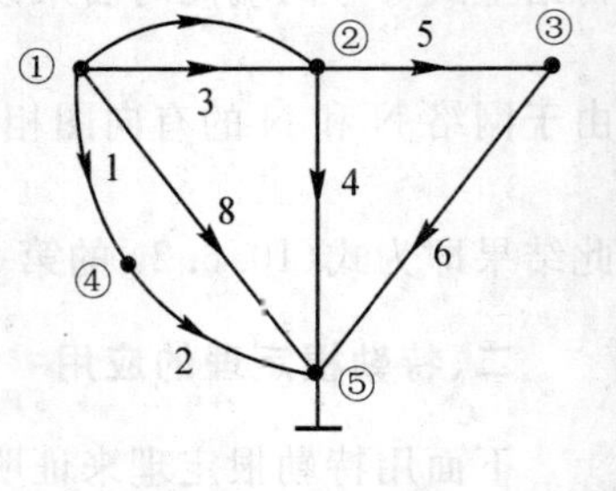

图题　10.1

$$\left(\text{答:}\boldsymbol{A}\begin{bmatrix}1 & 0 & 1 & 0 & 0 & 0 & 1 & 1\\ 0 & 0 & -1 & 1 & 1 & 0 & -1 & 0\\ 0 & 0 & 0 & 0 & -1 & 1 & 0 & 0\\ -1 & 1 & 0 & 0 & 0 & 0 & 0 & 0\end{bmatrix}\right)$$

10.2　图题 10.2 所示有向图。(1) 选支路 1,2,3,7 构成一个树，写出基本回路矩阵 $\boldsymbol{B}$ 和基本割集矩阵 $\boldsymbol{C}$；(2) 写出网孔回路矩阵 $\boldsymbol{M}$。

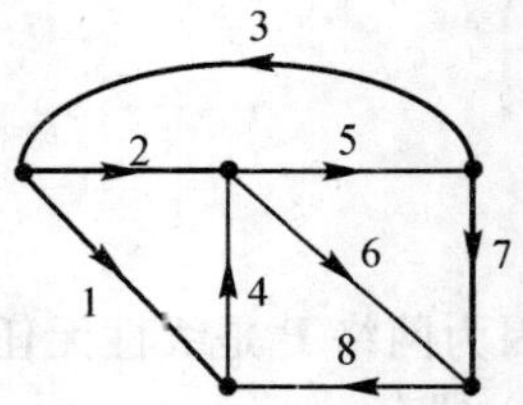

图题　10.2

$$\left(\text{答:}\boldsymbol{B}=\begin{bmatrix}1 & -1 & 0 & 0 & 1 & 0 & 0 & 0\\ 0 & 1 & 1 & 0 & 0 & 1 & 0 & 0\\ 0 & 1 & 1 & -1 & 0 & 0 & 1 & 0\\ -1 & 0 & -1 & 1 & 0 & 0 & 0 & 1\end{bmatrix};\right.$$

$$\boldsymbol{C}=\begin{bmatrix}1 & 0 & 0 & 0 & -1 & 0 & 0 & 1\\ 0 & 1 & 0 & 0 & 1 & -1 & -1 & 0\\ 0 & 0 & 1 & 0 & 0 & -1 & -1 & 1\\ 0 & 0 & 0 & 1 & 0 & 0 & 1 & -1\end{bmatrix};$$

$$\left.\boldsymbol{M}=\begin{bmatrix}-1 & 1 & 0 & -1 & 0 & 0 & 0 & 0\\ 0 & -1 & -1 & 0 & -1 & 0 & 0 & 0\\ 0 & 0 & 0 & 1 & 0 & 1 & 0 & 1\\ 0 & 0 & 0 & 0 & 1 & -1 & 1 & 0\end{bmatrix}\right)$$

10.3　图题 10.3 所示拓扑图，以支路 1,3,4,6,9 构成一个树，试写出 $\boldsymbol{B}$,$\boldsymbol{C}$ 矩阵，并说明 $\boldsymbol{B}$ 与 $\boldsymbol{C}$ 的关系。

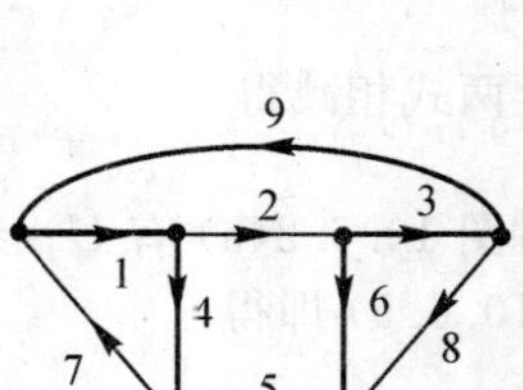

图题　10.3

$$\left(\text{答:}\boldsymbol{B}=\begin{bmatrix}1 & 1 & 0 & 0 & 1 & 1 & 0 & 0 & 0\\ 1 & 1 & 1 & -1 & 1 & 0 & 1 & 0 & 0\\ 1 & 0 & 1 & 0 & 0 & 0 & 0 & 1 & 0\\ 0 & 1 & 0 & -1 & 0 & 0 & 0 & 0 & 1\end{bmatrix};\right.$$

$$\left.\boldsymbol{C}=\begin{bmatrix}1 & 0 & 0 & 0 & 0 & -1 & -1 & -1 & 0\\ 0 & 1 & 0 & 0 & 0 & -1 & -1 & 0 & -1\\ 0 & 0 & 1 & 0 & 0 & 0 & -1 & -1 & 0\\ 0 & 0 & 0 & 1 & 0 & 0 & 1 & 0 & 1\\ 0 & 0 & 0 & 0 & 1 & -1 & -1 & 0 & 0\end{bmatrix}\right)$$

10.4　已知网络的节点-支路关联矩阵为

$$A=\begin{bmatrix}1 & -1 & 0 & 1 & 0 & 0 & -1 & 0\\0 & 1 & 1 & 0 & 1 & 0 & 1 & 0\\-1 & 0 & -1 & 0 & 0 & -1 & 0 & 1\end{bmatrix}$$

(1) 画出此网络的有向图；(2) 选出一个树，使与此树相应的基本割集矩阵 $\boldsymbol{C}=\boldsymbol{A}$；(3) 写出与此树相对应的基本回路矩阵 $\boldsymbol{B}$。

10.5　图题 10.5 所(a) 所示电路。(1) 求独立节点①，② 的电位；(2) 求节点导纳矩阵 $\boldsymbol{Y}_n$；(3) 求各支路电压；(4) 求各支路电流。(答：$\boldsymbol{Y}_n=\begin{bmatrix}0.95 & -0.25\\-0.25 & 1.0\end{bmatrix}$；$\dot{\boldsymbol{\varphi}}=\begin{bmatrix}5\\11\end{bmatrix}$ V；$\dot{\boldsymbol{U}}=[-5\quad 5\quad -6\quad -11\quad 11]^{\mathrm{T}}$ V；$\dot{\boldsymbol{I}}=[1\quad 0.5\quad -1.5\quad 4.25\quad 2.75]^{\mathrm{T}}$ A)

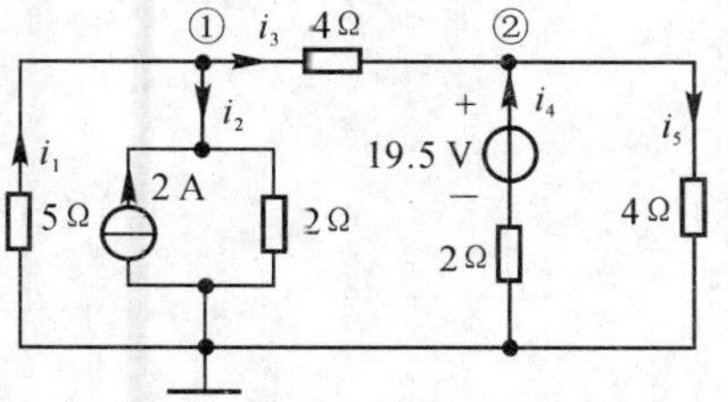

图题　10.5

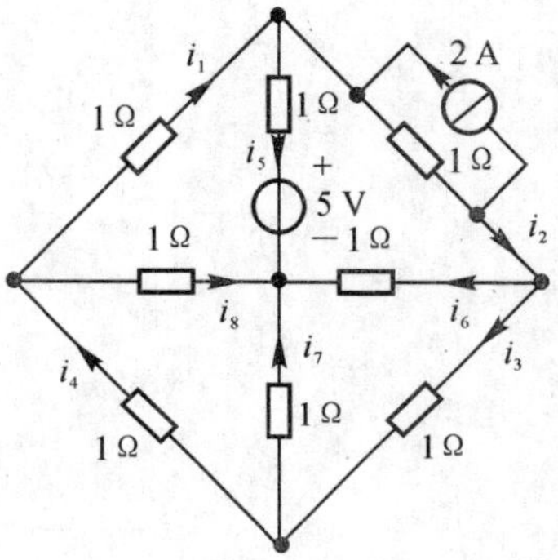

图题　10.6

10.6　图题 10.6 所示电路。(1) 画出其有向图；(2) 以 1,2,6,7 支路构成一个树，试列写出基本回路电流方程。

10.7　图题 10.7 所示电路。(1) 画出其有向图；(2) 以支路 1,2,6,7 构成一个树，试列写出基本割集电压方程。

10.8　图题 10.3 所示电路中的 N 是不含任何电源（独立源和受控源）的电阻电路，对不同的 U_S，R_1，R_2 值进行两次测量，得到数据：$R_1=R_2=2\ \Omega$，$U_S=8$ V 时，$I_1=2$ A，$U_2=2$ V；$R_1=1.4\ \Omega$，$R_2=0.8\ \Omega$，$U_S=9$ V 时，$I_1=3$ A，求 U_2 的值。(答：1.6 V)

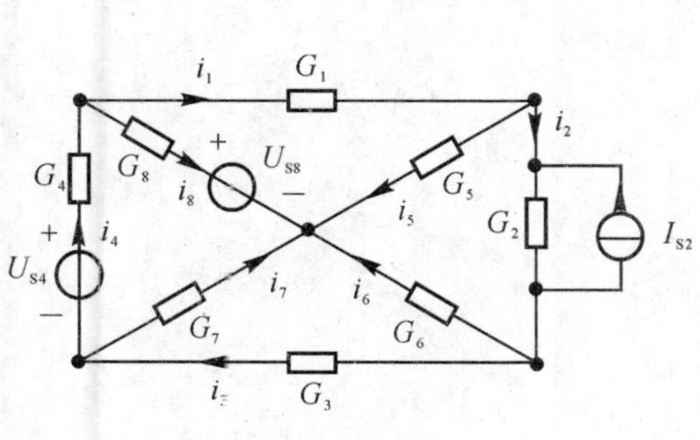

图题　10.7

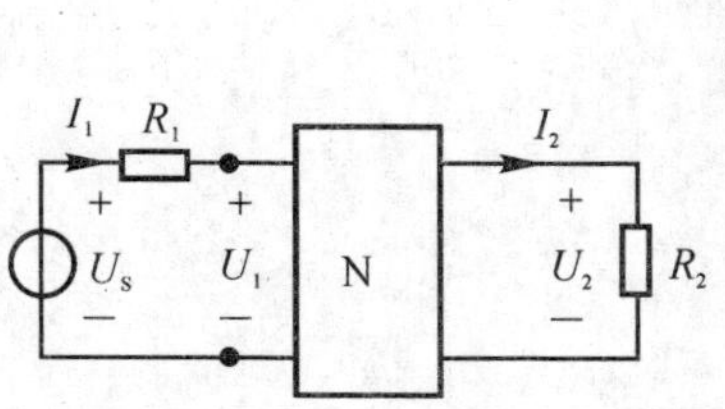

图题　10.8

10.9 图题 10.9 所示电路中的 N 仅由电阻组成。在图(a) 中 $I_2 = 0.5$ A，求图(b) 中的 U_1。(答:7.2 V)

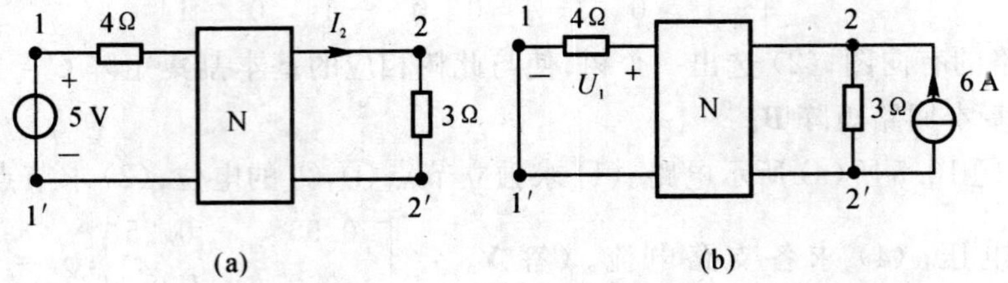

图题 10.9

第 11 章　含运算放大器电路

内容提要

本章讲述运算放大器的基本工作原理及其理想化电路模型，含运算放大器电路的分析计算，简单运算电路，RC 有源滤波器的概念。

11.1　运算放大器及其理想化电路模型

运算放大器是一种多功能有源多端器件。它既可用做放大器来放大电信号，还能完成比例、加法、积分、微分等数学运算，其名即由此而来。但是，它在实际中的应用还远 远超出了这个范围。

运算放大器的电路符号如图 11.1.1(a) 所示，其中矩形中的小"三角形"符号表示的是"放大器"。电源端子 E^+ 和 E^- 接直流偏置电源的"+"极和"−"极，以维持运算放大器内部晶体管的正常工作，在分析运算放大器的放大作用时，可以不画出偏置电源，此时的电路符号如图 11.1.1(b) 所示。有时为了更为简化，还可将图(b) 电路中的接地线略去，而用图 11.1.1(c) 所示的电路符号表示(当然，此接地线实际上还是存在的)。

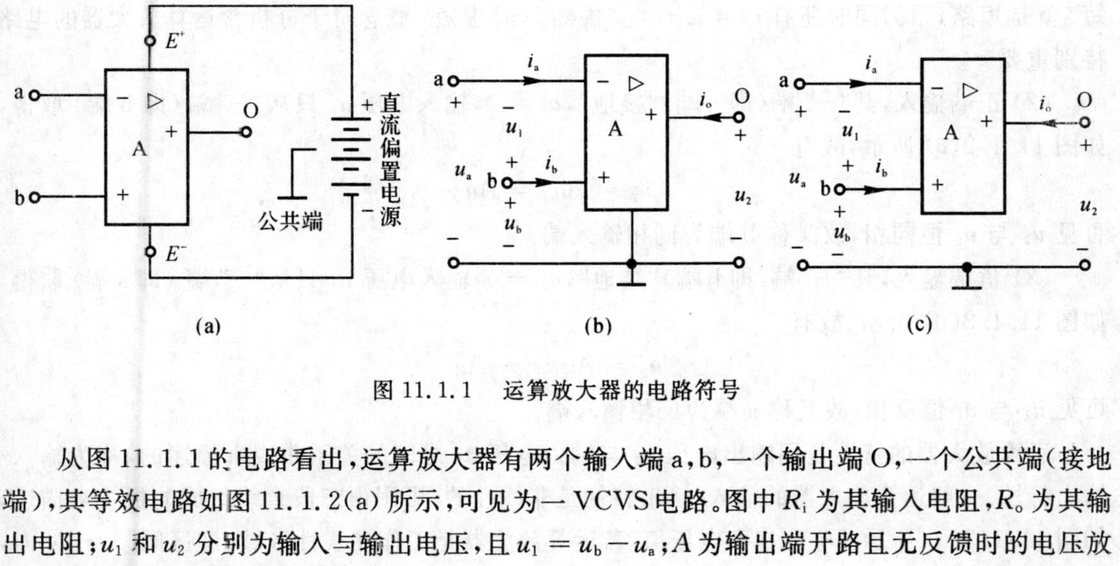

图 11.1.1　运算放大器的电路符号

从图 11.1.1 的电路看出，运算放大器有两个输入端 a，b，一个输出端 O，一个公共端(接地端)，其等效电路如图 11.1.2(a) 所示，可见为一 VCVS 电路。图中 R_i 为其输入电阻，R_o 为其输出电阻；u_1 和 u_2 分别为输入与输出电压，且 $u_1 = u_b - u_a$；A 为输出端开路且无反馈时的电压放大倍数，通称开环电压放大倍数，即

$$A=\frac{u_2}{u_1}=\frac{u_2}{u_b-u_a}$$

在理想条件下，$R_i\to\infty$，$R_o=0$，$A\to\infty$，且与频率无关，其等效电路如图 11.1.2(b) 所示。故在理想条件下必有 $i_a=i_b=0$，这称为“虚断”。

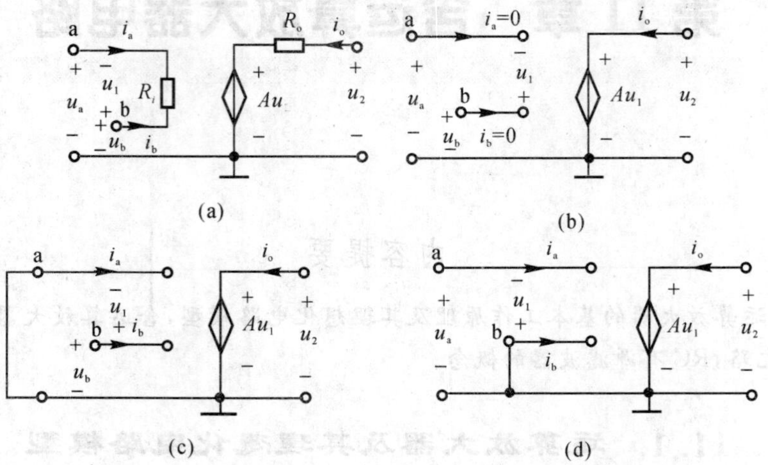

图 11.1.2 运算放大器的等效电路

运算放大器的输入有 3 种方式：

(1) 双端输入（差动输入），即 $u_a\neq0$，$u_b\neq0$，$u_1=u_b-u_a$，如图 11.1.2(b) 所示，此时的输出电压为

$$u_2=Au_1=A(u_b-u_a)$$

u_2 的相位视差值 (u_b-u_a) 而定。由于 u_2 的值总是为有限值（例如 10 V），A 又为 ∞，故必有 $u_1=u_b-u_a\approx0$，即有 $u_a\approx u_b$，亦即 a 端与 b 端之间可视为短路，这称为“虚短”。要注意“虚断”与“虚短”是同时存在的，既不能认为“虚断”就是断开，因为同时还有 $u_1=0$；也不能认为“虚短”就是短路，因为同时还有 $i_a=i_b=0$。“虚断”与“虚短”概念对于分析含运算放大器的电路特别重要。

(2) 正端输入，其“－”端（即 a 端）“接地”，$u_a=0$，输入电压 u_1 只从“＋”端（即 b 端）取得，如图 11.1.2(c) 所示，故有

$$u_2=Au_1=Au_b$$

可见 u_2 与 u_b 恒同相，故又称 b 端为同相输入端。

(3) 负端输入，其“＋”端（即 b 端）“接地”，$u_b=0$，输入电压 u_1 只从“－”端（即 a 端）取得，如图 11.1.2(d) 所示。故有

$$u_2=Au_1=-Au_a$$

可见 u_2 与 u_a 恒反相，故又称 a 端为反相输入端。

运算放大器的特性是用输出电压 u_2 与输入电压 u_1 之间的关系曲线来描述的，称为输入-输出特性。一般运算放大器的输入-输出特性是非线性的，可用由三段直线组成的折线来描述，如图 11.1.3(a) 所示，U_S 为饱和电压值。若运算放大器是工作在线性区域，即区间 $[-\varepsilon,\varepsilon]$ 内，即成为线性运算放大器。若斜率 $A\to\infty$，如图 11.1.3(b) 所示，则称为理想线性运算放大器。因

此，理想线性运算放大器的定义可归结为

$$i_a = i_b = 0 \qquad \text{(虚断)}$$

$$u_1 = u_b - u_a \approx 0 \qquad \text{(虚短)}$$

$$A \to \infty$$

$$u_2 = Au_1 = A(u_b - u_a) \to \infty \times 0 = \text{不定值} \quad (-U_S < u_2 < U_S),$$

u_2 的具体值由外接的负载电路决定。

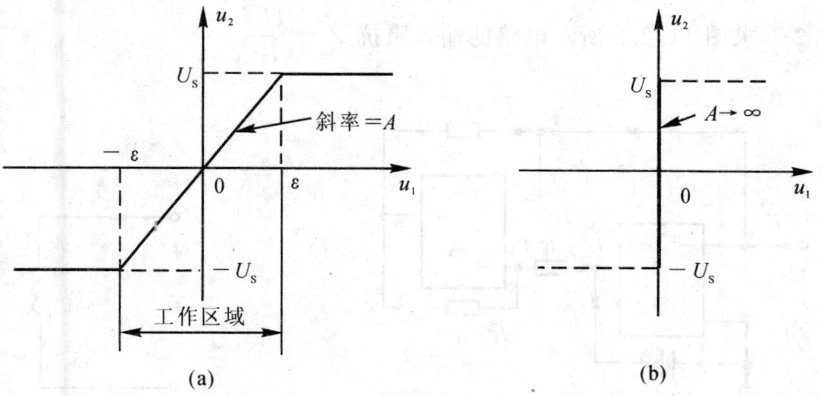

图 11.1.3　运算放大器的输入-输出特性

运算放大器除了两个输入端、一个输出端和一个公共端外，还有相对于“接地”端的电源正极端和负极端。运算放大器的工作特性正是在接有正、负电源（工作电源）的条件下才具有的。

11.2　含运算放大器电路的分析

含运算放大器电路分析的一般方法仍然是节点法与回路法，但要充分注意和利用“虚断”与“虚短”概念。下面举例说明。

例 11.2.1　试证明图 11.2.1(a) 电路是一个能将电压源 u_S 转换成电流源的电源转换器，且 $i_2 = \dfrac{u_S}{R_S}$，即 i_2 只与 u_S、R_S 有关，而与 R_2 无关。

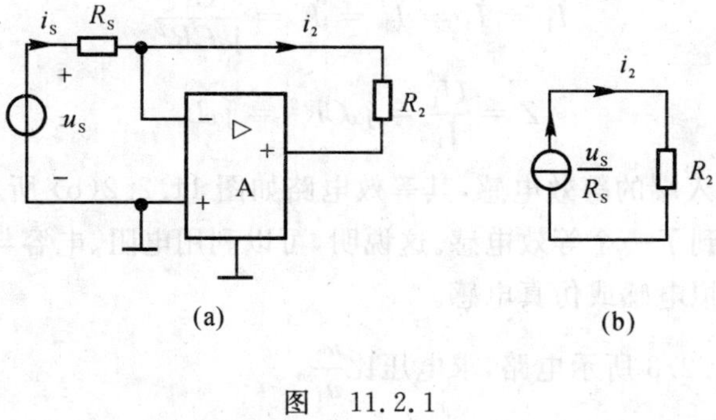

图　11.2.1

解　根据“虚断”与“虚短”概念有

$$i_S = \frac{u_S}{R_S}$$

又
$$i_2 = i_S = \frac{u_S}{R_S}$$

可见负载电流 i_2 与负载电阻 R_2 的大小无关，相当于将 R_2 直接接在电流值为$\frac{u_S}{R_S}$ 的电流源上，且其值可通过改变 u_S 与 R_S 加以调节，其等效电路如图 11.2.1(b) 所示。

例 11.2.2 求图 11.2.2 所示电路的输入阻抗 $Z = \frac{\dot{U}_1}{\dot{I}_1}$。

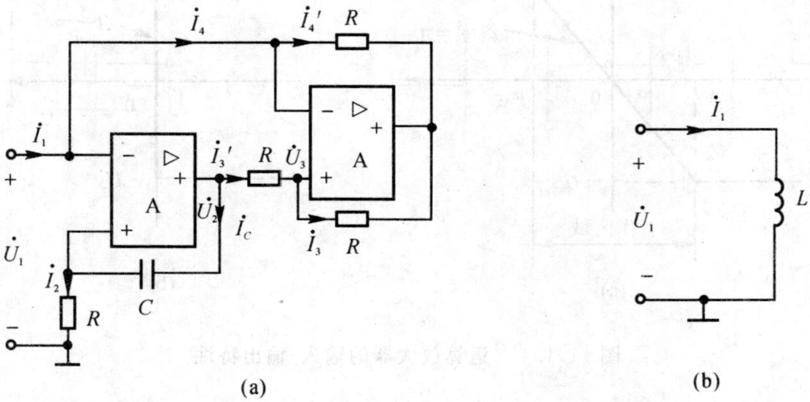

图 11.2.2

解
$$\dot{I}_2 = \dot{I}_C = \frac{\dot{U}_1}{R}$$

$$\dot{U}_2 = \dot{U}_1 + \frac{1}{j\omega C}\dot{I}_C = \dot{U}_1 + \frac{\dot{U}_1}{j\omega CR}$$

$$\dot{U}_3 = \dot{U}_1, \quad \dot{U}_2 - \dot{U}_3 = \dot{U}_2 - \dot{U}_1 = \frac{\dot{U}_1}{j\omega CR}$$

$$\dot{I}_3 = \dot{I}_3' = \frac{\dot{U}_2 - \dot{U}_3}{R} = \frac{\dot{U}_1}{j\omega CR^2}$$

$$R\dot{I}_4' = R\dot{I}_3, \quad \text{即 } \dot{I}_4' = \dot{I}_3$$

又有
$$\dot{I}_1 = \dot{I}_4 = \dot{I}_4' = \dot{I}_3 = \frac{\dot{U}_1}{j\omega CR^2}$$

故得输入阻抗为
$$Z = \frac{\dot{U}_1}{\dot{I}_1} = j\omega CR^2 = j\omega L$$

其中 $L = R^2C$，称为输入端的等效电感，其等效电路如图 11.2.2(b) 所示。可见原电路中并无电感元件，但我们却得到了一个等效电感。这说明，可以利用电阻、电容与运算放大器的组合电路来实现电感，称为模拟电感或仿真电感。

例 11.2.3 图 11.2.3 所示电路，求电压比$\frac{u_2}{u_1}$。

解 设各独立节点电位为 φ_1，φ_2，如图中所示，并考虑到虚断与虚短概念，故可列出 KCL 方程为

$$\varphi_1 = 0$$

$$\frac{\varphi_1 - u_1}{9} + \frac{\varphi_1 - \varphi_2}{2} + \frac{\varphi_1 - u_2}{3} = 0$$

$$\frac{\varphi_2}{4} + \frac{\varphi_2 - u_2}{5} = 0$$

联立求解得

$$\frac{u_2}{u_1} = -0.2$$

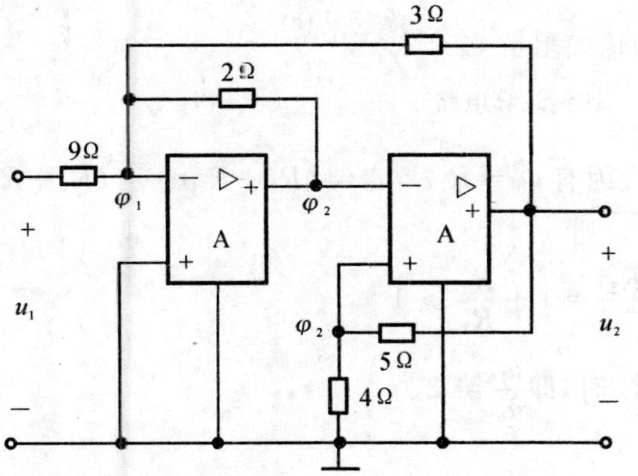

图　11.2.3

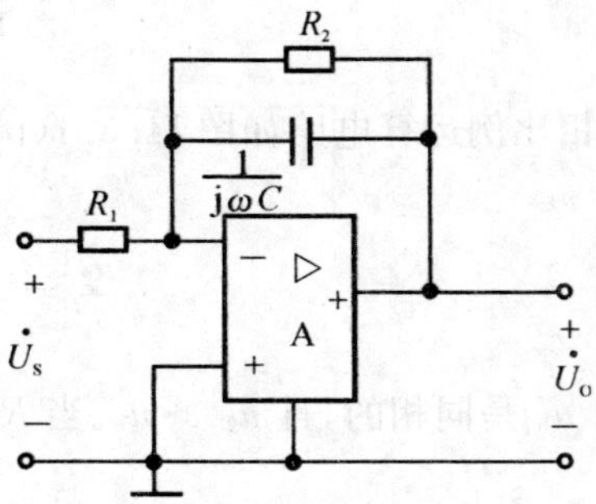

图　11.2.4

例 11.2.4　求图 11.2.4 所示电路的电压比$\dfrac{\dot{U}_o}{\dot{U}_S}$。

解　考虑到虚断与虚短的概念，有

$$\frac{\dot{U}_S}{R_1} = -\left(\frac{1}{R_2} + j\omega C\right)\dot{U}_o$$

故得

$$\frac{\dot{U}_o}{\dot{U}_S} = -\frac{R_2}{R_1(1 + j\omega CR_2)}$$

11.3　简单运算电路

把理想线性运算放大器与 R,C 元件组合连接起来，即可实现一些简单的数学运算电路。

一、比例运算电路

反相比例运算电路如图 11.3.1(a) 所示，根据“虚断”与“虚短”概念，有

$$\frac{u_a}{R} = -\frac{u_2}{R_f}$$

即

$$\frac{u_2}{u_a} = -\frac{R_f}{R}$$

此结果说明，输出电压 u_2 与输入电压 u_a 之比是由比值 R_f/R 确定。由于电阻元件的值可以制造得很精确，故图 11.3.1(a) 所示电路能够给出十分理想的比例运算，而且选择不同的 R_f 和 R 值，即可得到不同的比值 u_2/u_a。当 $R = R_f$ 时，即有 $u_2 = -u_a$，即输出电压 u_2 与输入电压 u_a 大小相等，相位相反。此种情况下的比例运算电路称为反相器。

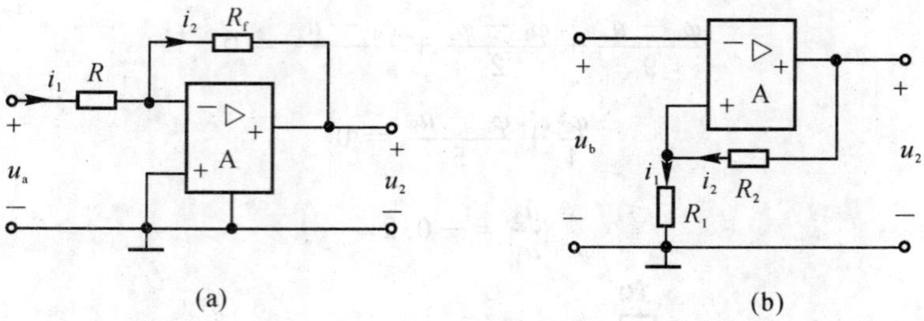

图 11.3.1　比例运算电路

同相比例运算电路如图 11.3.1(b) 所示。因有 $u_b = R_1 i_1$，$u_2 = (R_1 + R_2) i_2 = (R_1 + R_2) i_1$，故得

$$\frac{u_2}{u_b} = \frac{R_1 + R_2}{R_1} = 1 + \frac{R_2}{R_1} > 1$$

即 u_2 与 u_b 是同相的，且 $u_2 > u_b$。当 $R_2 = R_1$ 时，即$\frac{u_2}{u_b} = 2$。

二、加法运算电路

加法运算电路如图 11.3.2 所示。根据"虚断"与"虚短"概念有 $i_1 + i_2 = i_f$，即

$$\frac{u_{a1}}{R_1} + \frac{u_{a2}}{R_2} = -\frac{u_2}{R_f}$$

若取　$R_1 = R_2 = R_f$

则有　$u_2 = -(u_{a1} + u_{a2})$

此结果说明，输出电压 u_2 等于所有输入电压 u_{a1}，u_{a2} 之和且反相。

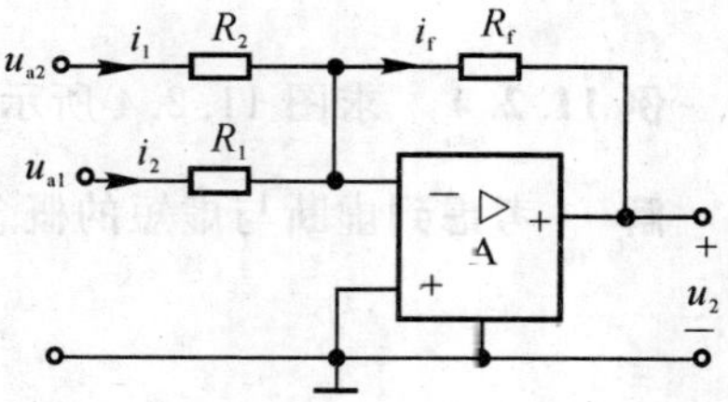

图 11.3.2　加法运算电路

三、减法运算电路

减法运算电路如图 11.3.3 所示。对节点 1，2 可列出 KCL 出方程

$$-\frac{1}{R_1}u_1 + (\frac{1}{R_1} + \frac{1}{R_2})\varphi_1 - \frac{1}{R_2}u_o = 0$$

$$-\frac{1}{R_1}u_2 + (\frac{1}{R_1} + \frac{1}{R_2})\varphi_2 = 0$$

又有　$\varphi_1 = \varphi_2$

联立求解得　$u_o = \frac{R_2}{R_1}(u_2 - u_1)$

即输出电压 u_o 与输入电压 u_2，u_1 之差成正比。当 $R_1 = R_2$ 时，则有

$$u_o = u_2 - u_1$$

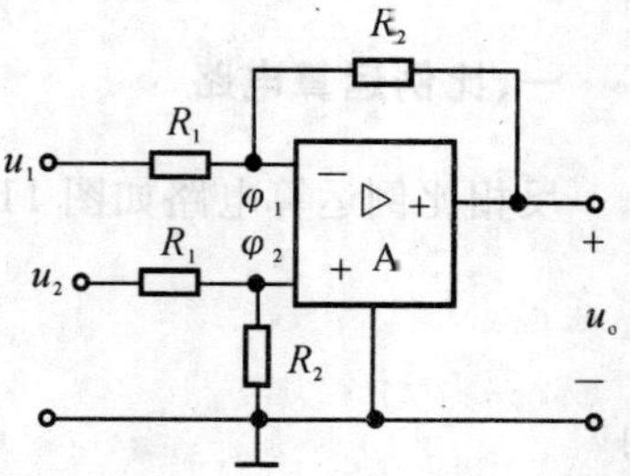

图 11.3.3　减法运算电路

四、积分运算电路

积分运算电路如图 11.3.4 所示。根据“虚断”与“虚短”概念，有 $i_1(t)=i_2(t)$，即

$$\frac{u_a(t)}{R}=C\frac{du_C(t)}{dt}=-C\frac{du_2(t)}{dt}\quad（因有\ u_C(t)=-u_2(t)）$$

故得

$$u_2(t)=-\frac{1}{RC}\int_{-\infty}^{t}u_a(\tau)d\tau=$$

$$-\frac{1}{RC}\int_{-\infty}^{0}u_a(\tau)d\tau-\frac{1}{RC}\int_{0}^{t}u_a(\tau)d\tau=$$

$$u_2(0)-\frac{1}{RC}\int_{0}^{t}u_a(\tau)d\tau=-u_c(0)-\frac{1}{RC}\int_{0}^{t}u_a(\tau)d\tau$$

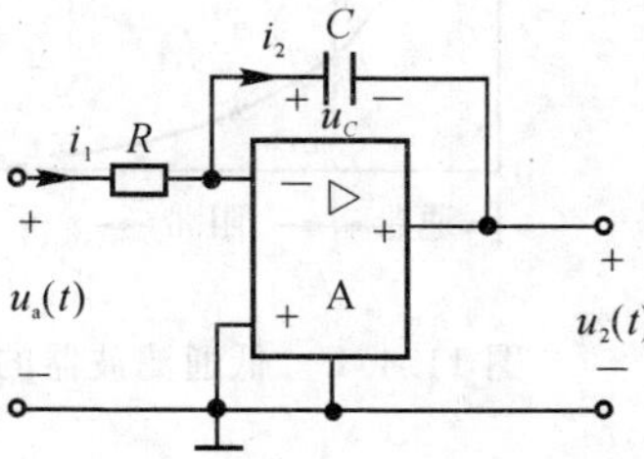

图 11.3.4　积分运算电路

若 $u_C(0)=0$，则上式即可写为

$$u_2(t)=-\frac{1}{RC}\int_{0}^{t}u_a(\tau)d\tau$$

即输出电压 $u_2(t)$ 正比于输入电压 $u_a(t)$ 的积分。若取 $RC=1$ s，则称为理想积分器，即

$$u_2(t)=-\int_{0}^{t}u_a(\tau)d\tau$$

五、微分运算电路

微分运算电路如图 11.3.5 所示。根据“虚断”与“虚短”概念，有 $i_1(t)=i_2(t)$，即

$$C\frac{du_a(t)}{dt}=-\frac{u_2(t)}{R}$$

故得

$$u_2(t)=-RC\frac{du_a(t)}{dt}$$

即输出电压 $u_2(t)$ 正比于输入电压 $u_a(t)$ 的一阶导数。若取 $RC=1$ s，则称为理想微分器，即

$$u_2(t)=-\frac{du_a(t)}{dt}$$

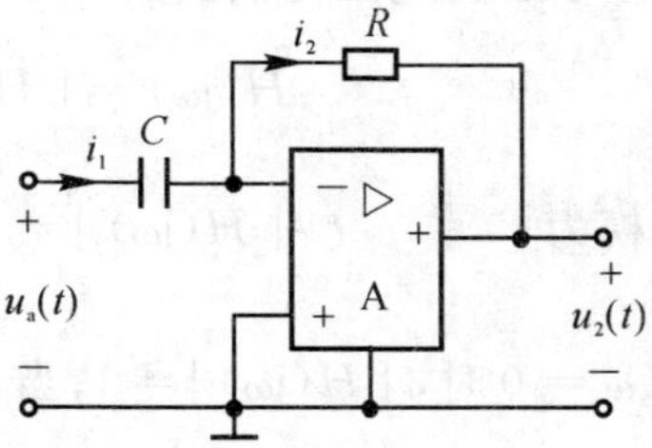

图 11.3.5　微分运算电路

以上介绍了几种简单的数学运算电路，还可利用它们的功能进一步组合成各种复杂的模拟运算电路。

*11.4　RC 有源滤波电路

对不同频率的电信号具有选择性的电路称为滤波电路或滤波器，它只允许一些频率的电信号通过，同时又衰减或抑制另一些频率的电信号。过去的滤波器大都是由 R,L,C 等无源元件组成，称为无源滤波器，现已少用。目前的低频滤波器大都由 R,C 元件与有源器件（如运算放大器）组成，称为 RC 有源滤波器。

常见的滤波器类型有低通滤波器，高通滤波器，带通滤波器，带阻滤波器，全通滤波器等。

一、RC 有源低通滤波器

低通滤波器允许低频电信号通过，而同时衰减或抑制高频电信号。理想低通滤波器的模频

特性如图 11.4.1 中虚线所示，ω_C 为截止频率。

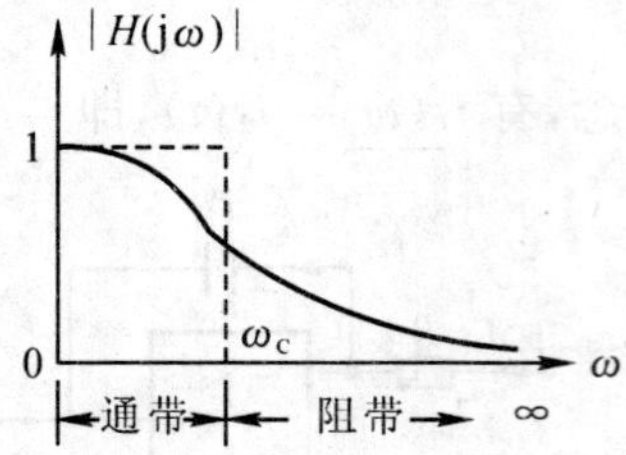

图 11.4.1　低通滤波器的模频特性

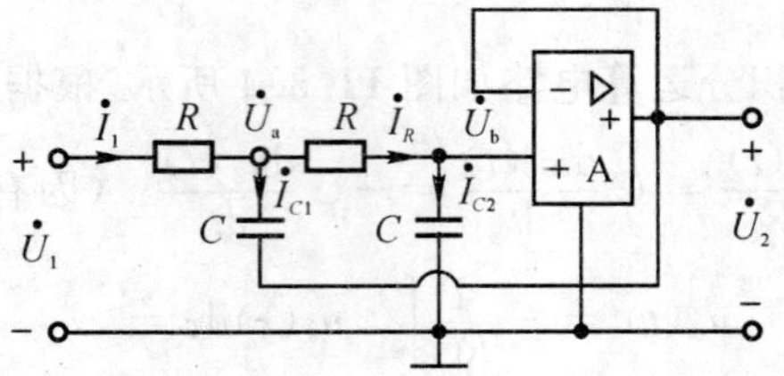

图 11.4.2　RC 有源低通滤波器电路

图 11.4.2 所示为一 RC 有源低通滤波器电路。由图可列出方程

$$\begin{cases}\dot{I}_1=\dot{I}_{C1}+\dot{I}_R\\ \dot{I}_R=\dot{I}_{C2}\end{cases}$$

即

$$\begin{cases}\dfrac{\dot{U}_1-\dot{U}_a}{R}=\dfrac{\dot{U}_a-\dot{U}_2}{\dfrac{1}{j\omega C}}+\dfrac{\dot{U}_a-\dot{U}_b}{R}\\ \dfrac{\dot{U}_a-\dot{U}_b}{R}=\dfrac{\dot{U}_b}{\dfrac{1}{j\omega C}}\end{cases}$$

又有

$$\dot{U}_b=\dot{U}_2$$

联立求解得电压传输函数① 为

$$H(j\omega)=|H(j\omega)|e^{\varphi(\omega)}=\frac{\dot{U}_2}{\dot{U}_1}=\frac{1}{(1-R^2C^2\omega^2)+j2RC\omega}$$

其模为

$$|H(j\omega)|=\frac{1}{\sqrt{(1-R^2C^2\omega^2)^2+4R^2C^2\omega^2}}$$

当 $\omega=0$ 时，$|H(j\omega)|=1$；当 $\omega=\omega_C=\dfrac{1}{RC}$ 时，$|H(j\omega)|=\dfrac{1}{2}$；当 $\omega\to\infty$ 时，$|H(j\omega)|=0$。其模频特性如图 11.4.1 中实线所示，可见为一低通滤波器。

二、RC 有源高通滤波器

高通滤波器允许高频电信号通过，而同时衰减或抑制低频电信号。理想高通滤波器的模频特性如图 11.4.3 中虚线所示，ω_C 为截止频率。

图 11.4.4 所示为一 RC 有源高通滤波器电路。由图可求得电压传输函数为

$$H(j\omega)=|H(j\omega)|e^{j\varphi(\omega)}=\frac{\dot{U}_2}{\dot{U}_1}=\frac{1}{1-\dfrac{1}{R^2C^2\omega^2}-j\dfrac{2}{RC\omega}}$$

其模为

$$|H(j\omega)|=\frac{1}{\sqrt{\left(1-\dfrac{1}{R^2C^2\omega^2}\right)^2+\left(\dfrac{2}{RC\omega}\right)^2}}$$

---

① 电压传输函数 $H(j\omega)$ 定义为输出电压的相量 $\dot{U}_2$ 与输入电压的相量 $\dot{U}_1$ 之比，即 $H(j\omega)=\dfrac{\dot{U}_2}{\dot{U}_1}$，它是 ω 的函数。

当 $\omega=0$ 时，$|H(j\omega)|=0$；当 $\omega=\omega_C=\dfrac{1}{RC}$ 时，$|H(j\omega)|=\dfrac{1}{2}$；当 $\omega\to\infty$ 时，$|H(j\omega)|=1$。其模频特性如图 11.4.3 中实线所示，可见为一高通滤波器。

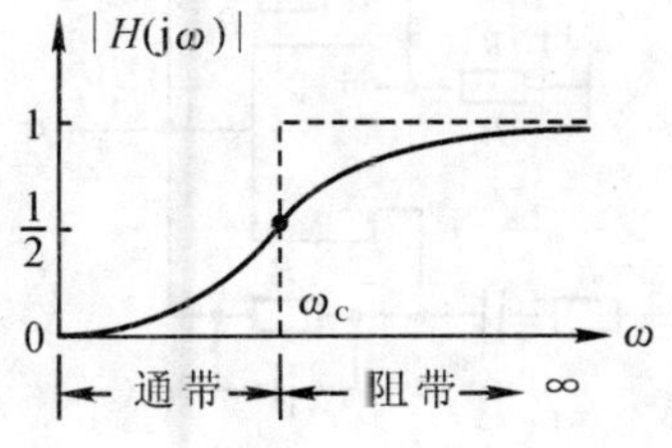

图 11.4.3　高通滤波器的模频特性

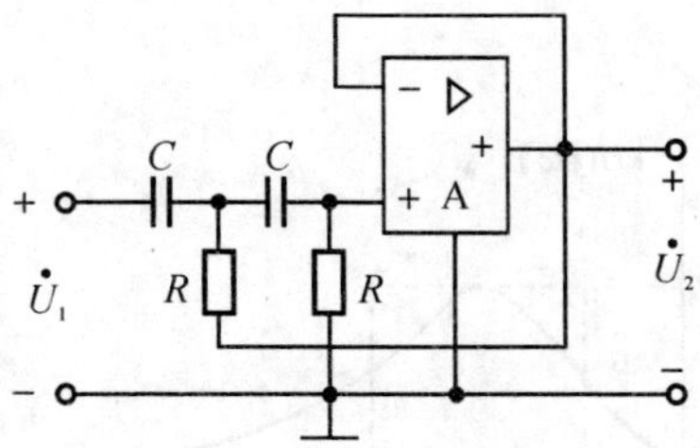

图 11.4.4　*RC* 有源高通滤波器电路

三、*RC* 有源带阻滤波器

带阻滤波器衰减或抑制某一频率范围内的电信号，而允许此频率范围以外的频率的电信号通过。理想带阻滤波器的模频特性如图 11.4.5 中虚线所示，ω_{C2} 和 ω_{C1} 分别为上、下截止频率。

图 11.4.6 所示为一 *RC* 有源带阻滤波器电路。由图可求得电压传输函数为

$$H(j\omega)=|H(j\omega)|e^{j\varphi(\omega)}=\frac{\dot{U}_2}{\dot{U}_1}=\frac{1}{1+j\dfrac{2RC\omega}{1-R^2C^2\omega^2}}$$

其模为

$$|H(j\omega)|=\frac{1}{\sqrt{1+\left(\dfrac{2RC\omega}{1-R^2C^2\omega^2}\right)^2}}$$

当 $\omega=0$ 时，$|H(j\omega)|=1$；当 $\omega=\omega_0=\dfrac{1}{RC}$ 时，$|H(j\omega)|=0$，ω_0 称为无输出频率；当 $\omega\to\infty$ 时，$|H(j\omega)|=1$。其模频特性如图 11.4.5 中实线所示，可见为一带阻滤波器。

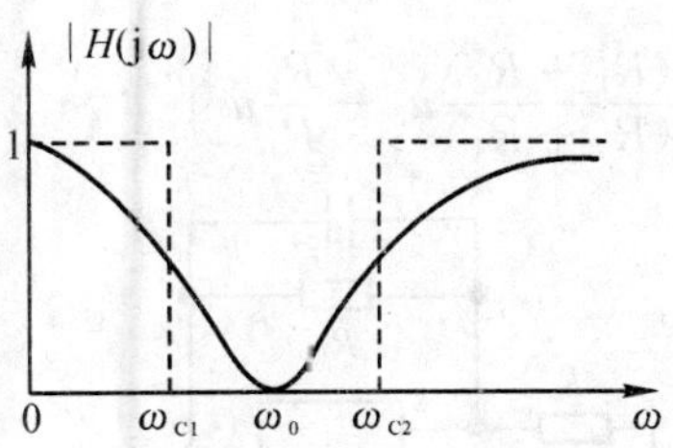

图 11.4.5　带阻滤波器的模频特性

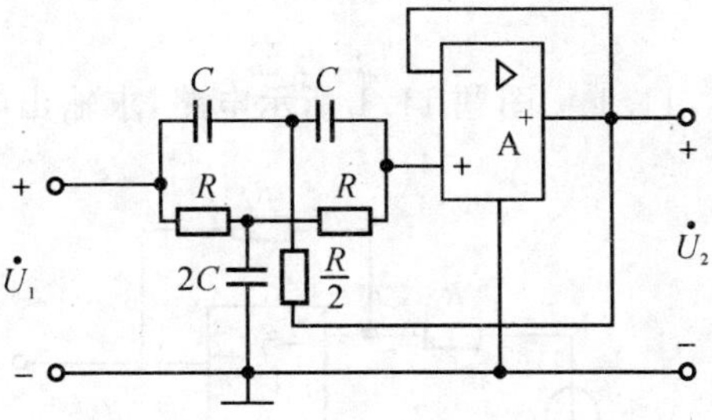

图 11.4.6　*RC* 有源带阻滤波器电路

四、*RC* 有源带通滤波器

带通滤波器允许某一频率范围内的电信号通过，而同时衰减或抑制此频率范围以外的频率的电信号。理想带通滤波器的模频特性如图 11.4.7 中虚线所示，ω_{C2} 和 ω_{C1} 分别为上、下截止

频率。

图 11.4.8 所示为一 RC 有源带通滤波器电路。由图可求得电压传输函数为

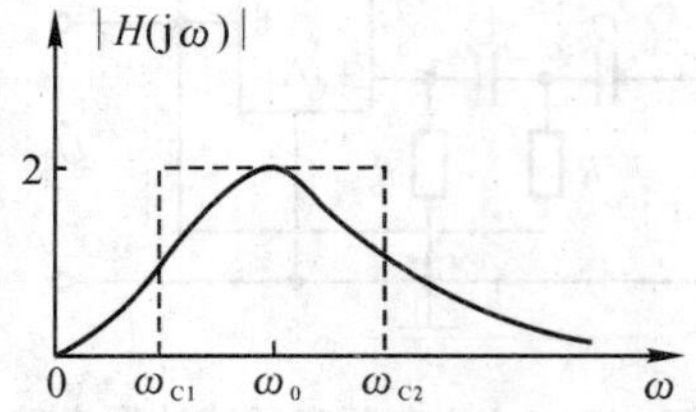

图 11.4.7　带通滤波器的模频特性

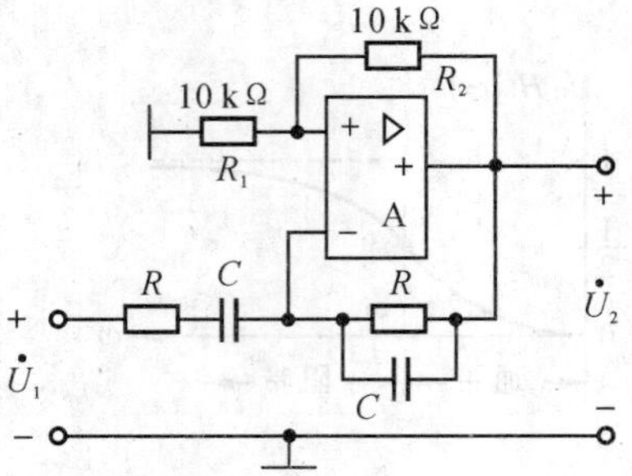

图 11.4.8　RC 有源带通滤波器电路

$$H(\mathrm{j}\omega)=|H(\mathrm{j}\omega)|\,\mathrm{e}^{\mathrm{j}\varphi(\omega)}=\frac{\dot{U}_2}{\dot{U}_1}=\frac{2}{1+\mathrm{j}\left(RC\omega-\dfrac{1}{RC\omega}\right)}$$

其模为
$$|H(\mathrm{j}\omega)|=\frac{2}{\sqrt{1+\left(RC\omega-\dfrac{1}{RC\omega}\right)^2}}$$

当 $\omega=0$ 时，$|H(\mathrm{j}\omega)|=0$；当 $\omega=\omega_0=\dfrac{1}{RC}$ 时，$|H(\mathrm{j}\omega)|=2$；当 $\omega\to\infty$ 时，$|H(\mathrm{j}\omega)|=0$。其模频特性如图 11.4.7 中实线所示，可见为一带通滤波器。

RC 有源滤波电路的优点有：① 由于电路中没有电感元件，因此在制造时更容易实现集成化；② 由于电路中含有运算放大器，因此输出电压的值 U_2 可以大于输入电压 U_1 的值；③ 由于电路中含有运算放大器，因此其频率特性（即 $H(\mathrm{j}\omega)$ 随 ω 变化的曲线）更接近于理想化的曲线。因为具有这些优点，所以它就把由 R,L,C 无源元件构成的无源滤波电路取而代之了。

习　题　十　一

11.1　图题 11.1 所示电路，求输出电压 u_o。（答：$\dfrac{R_4(R_1+R_2)}{R_1(R_3+R_4)}u_2-\dfrac{R_2}{R_1}u_1$）

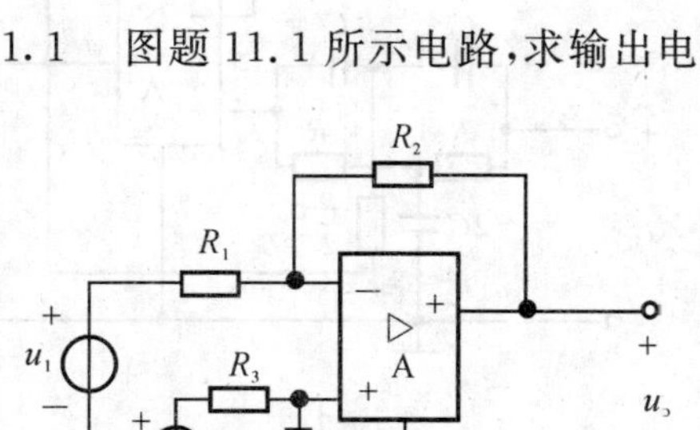

图题　11.1

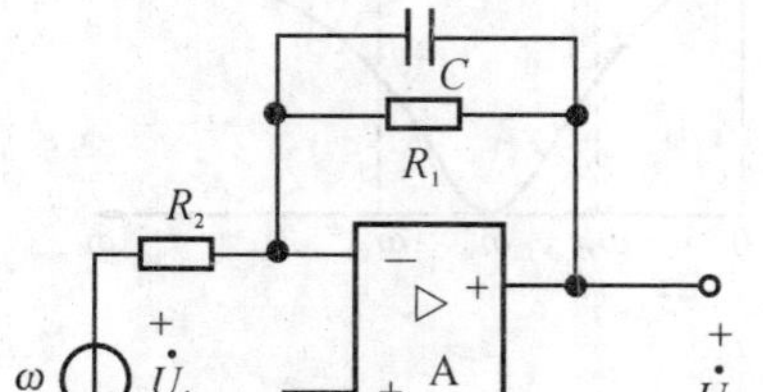

图题　11.2

11.2　图题 11.2 所示电路，求电压比$\dfrac{\dot{U}_2}{\dot{U}_1}$。（答：$\dfrac{-R_1}{R_2(1+\mathrm{j}\omega CR_1)}$）

11.3　求图题11.3所示两个电路的输入阻抗 $Z_{in}=\frac{\dot{U}_1}{\dot{I}_1}$。(答：$R+j\omega CR^2$；$R+\frac{1}{j\omega\frac{L}{R^2}}$)

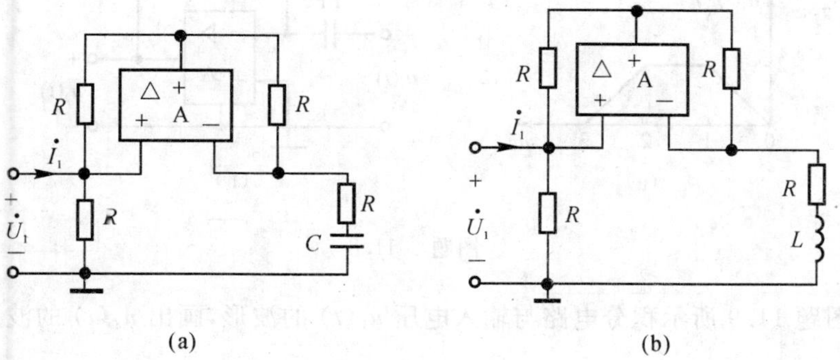

图题　11.3

11.4　图题11.4所示电路，求电压比$\frac{u_o}{u_S}$。(答：$\frac{R_2R_4}{R_1R_2+R_2R_3+R_3R_4}$)

11.5　图题11.5所示电路，$R_1=R_2=1\ \text{k}\Omega$，$C_1=1\ \mu\text{F}$，$C_2=0.01\ \mu\text{F}$。求电压比$\frac{\dot{U}_2}{\dot{U}_1}$。(答：$-\frac{10^5+j100\omega}{10^5+j\omega}$)

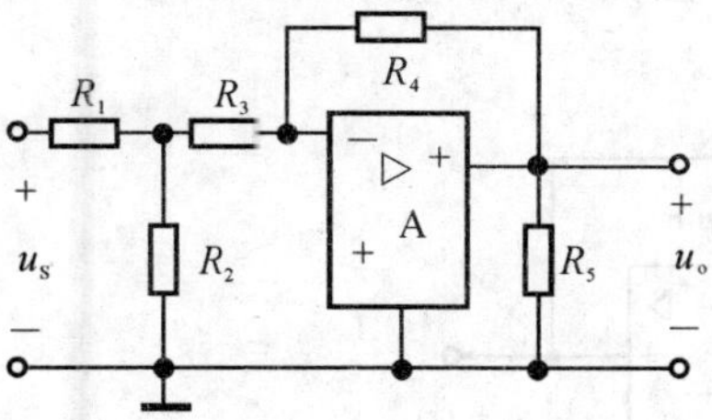

图题　11.4

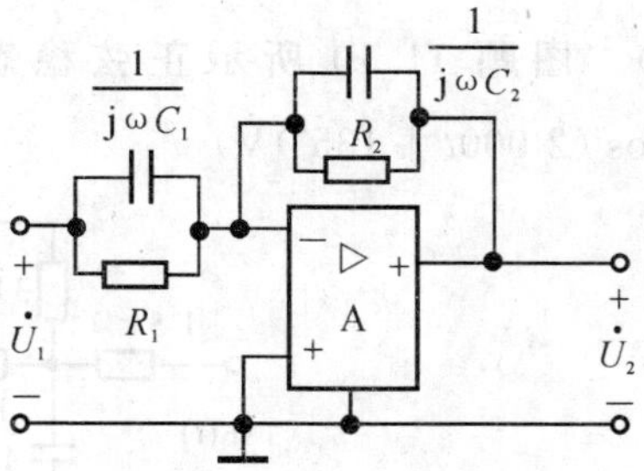

图题　11.5

11.6　图题11.6所示电路，求电压比$\frac{\dot{U}_2}{\dot{U}_1}$。(答：$\frac{\frac{1}{R_1R_2C_1C_2}}{(j\omega)^2+j\omega(\frac{1}{R_1C_1}+\frac{1}{R_2C_1})+\frac{1}{R_1R_2C_1C_2}}$)

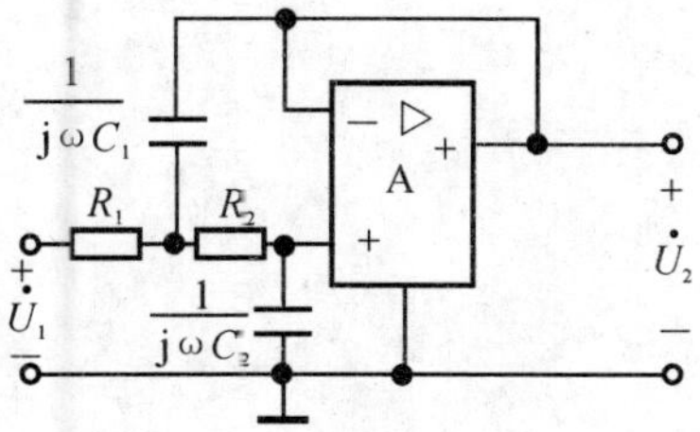

图题　11.6

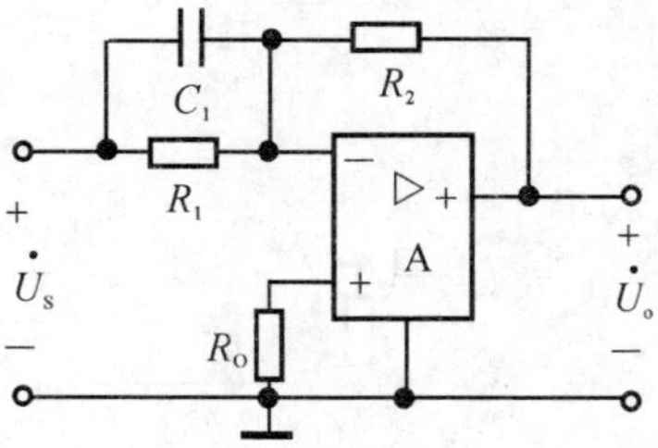

图题　11.7

11.7　求图题11.7所示电路的电压比$\frac{\dot{U}_o}{\dot{U}_S}$。(答：$\frac{R_2(1+j\omega C_1R_1)}{R_1}$)

11.8 图题 11.8 所示微分电路与输入电压 $u_1(t)$ 的波形，画出 $u_2(t)$ 的波形。

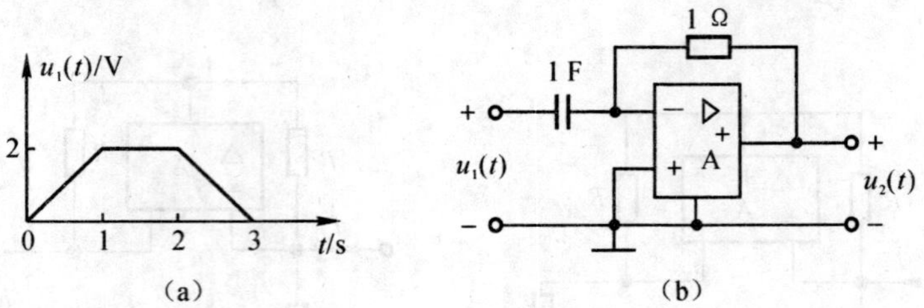

图题 11.8

11.9 图题 11.9 所示积分电路与输入电压 $u_1(t)$ 的波形，画出 $u_2(t)$ 的波形。

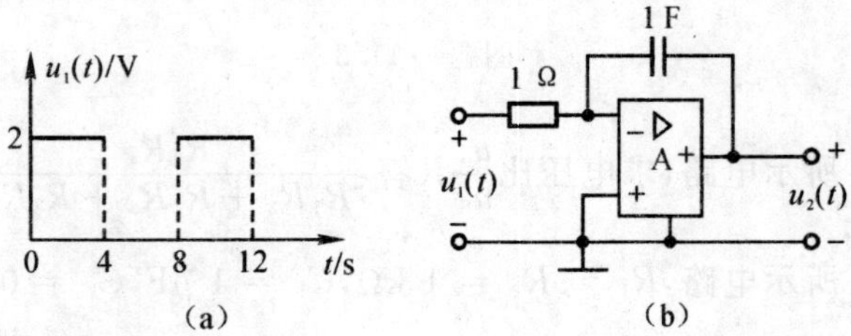

图题 11.9

11.10 图题 11.10 所示正弦稳态电路，已知 $u_1(t) = 2\cos 2\,000t$ V，求 $u_2(t)$。(答：$4\sqrt{2}\cos(2\,000t+135^\circ)$V)

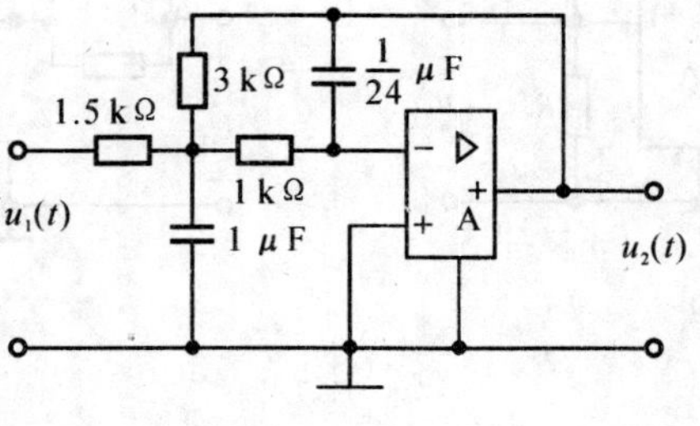

图题 11.10

第 12 章　二端口网络

内容提要

本章讲述二端口网络的定义与概念，二端口网络的方程与参数，二端口网络的网络函数，二端口网络的特性参数．二端口网络的连接，二端口网络的等效二端口网络，二端口元件及其端口伏安关系，有载二端口网络的分析计算。

12.1　二端口网络的定义与概念

一、定义

向外有两个端口的电路称为二端口电路，也称二端口网络，如图 12.1.1 所示。其中 1，1′ 为一个端口，2，2′ 端为一个端口。通常把接电源的端口(例如 1－1′ 端口) 称为输入端口(简称入口)，把接负载的端口(例如 2－2′ 端口) 称为输出端口(简称出口)。输入端口的电压、电流用 $\dot{U}_1$，$\dot{I}_1$ 表示，输出端口的电压、电流用 $\dot{U}_2$，$\dot{I}_2$ 表示，它们的参考极性和参考方向的规定如图中所示。

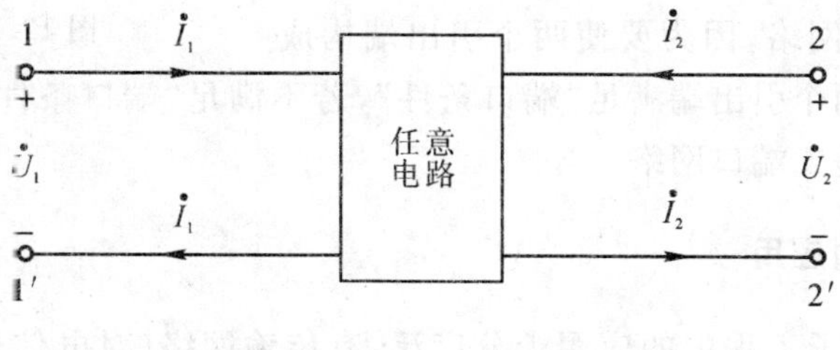

图 12.1.1　二端口网络

二、分类

二端口网络按其内部是否含有独立电源，可分为两类。① 含独立源的二端口网络，如图 12.1.2(a) 所示；② 不含独立源(可以含受控源) 的二端口网络，如图 12.1.2(b) 所示。本章中只研究不含独立源的二端口网络。以后，凡提到二端口网络，均指不含独立源的二端口网络。

三、端口观

对电路(即网络) 进行研究和分析有三种观点(或称方法论)：

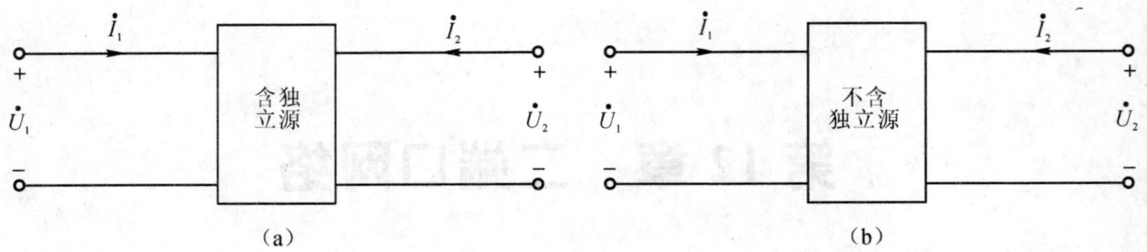

图 12.1.2　二端口网络的分类

(1) 网络观。网络观对电路中的每个支路电压和支路电流都予以关注和求解，像本书第 3 章和第 10 章中所讲述的电路分析方法，就是这种观点和方法论。采用这种观点和方法，能将电路中的每一个信息都直接地显现出来。

(2) 端口观。端口观只关注或着重关注的是电路的端口特性(外部特性)，即端口上的电压与电流之间的关系，而对网络内部的支路电压和支路电流并不关注，本章中对二端口网络的分析研究，应用的就是端口观的方法论。

(3) 状态观。状态观是以描述电路状态的状态变量为研究对象而对电路进行分析的方法论。例如物理学中的动能、动量都是描述物体运动状态的状态变量，从而导出了动能定理、动量定理、动量守恒定律，为物理问题的求解带来了极大的简便，并把物理学从宏观引入到深层次的微观。关于状态观的方法论，在第 17 章中讲述。

四、多端网络的概念

若一个电路(或元件)向外有 n(n 为大于 2 的正整数)个端子，就称为 n 端电路或多端电路(元件)，运算放大器就是一个多端电路元件，图 12.1.3 所示为一个四端电路。需要注意，二端口网络是四端电路，但四端电路不一定是二端口网络。因为要使两个引出端构成一个端口，必须使这两个引出端满足"端口条件"，若不满足"端口条件"，就不能构成端口。所以，四端网络不一定是二端口网络。

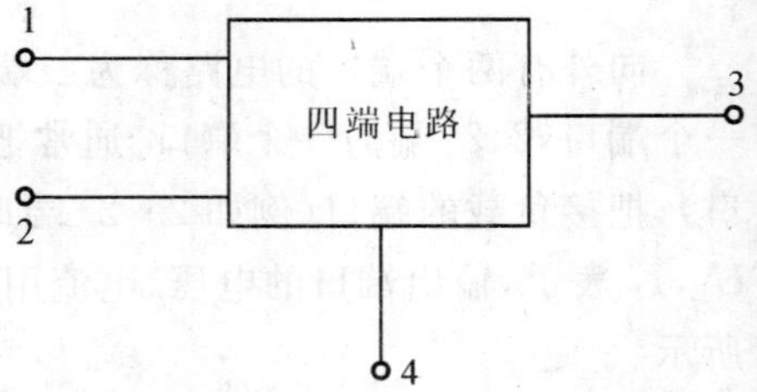

图 12.1.3　四端电路

五、二端口网络的应用

二端口网络在电子工程中的应用十分广泛，有传输网络(对电信号进行传输)，滤波网络(起滤波作用)，匹配网络(起阻抗变换作用，使电路达到匹配工作状态)，相移网络(起相移作用)，衰减网络(起衰减作用)等。这些应用就是研究二端口网络理论的工程背景。

12.2　二端口网络的方程与参数

描述 $\dot{U}_1$，$\dot{I}_1$，$\dot{U}_2$，$\dot{I}_2$ 电量之间关系的方程称为二端口网络的方程，方程中的系数称为二端口网络的参数。按不同的组合方式，二端口网络的方程有 6 组，因而其参数也相应有 6 种。

一、Z 方程与 Z 参数

(1) 方程的一般形式。图 12.2.1 所示网络，可将电流 $\dot{I}_1$，$\dot{I}_2$ 视为激励（$\dot{I}_1$，$\dot{I}_2$ 可用电流源替代），$\dot{U}_1$，$\dot{U}_2$ 视为响应，则根据叠加原理，响应 $\dot{U}_1$，$\dot{U}_2$ 为激励 $\dot{I}_1$，$\dot{I}_2$ 的线性组合函数，即

$$\left.\begin{aligned}\dot{U}_1 &= z_{11}\dot{I}_1 + z_{12}\dot{I}_2\\ \dot{U}_2 &= z_{21}\dot{I}_1 + z_{22}\dot{I}_2\end{aligned}\right\}\qquad(12.1.1)$$

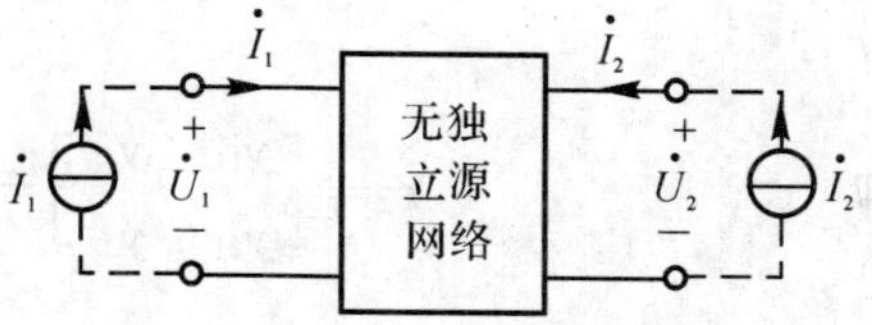

图 12.2.1　二端口网络

此方程称为二端口网络的阻抗方程，简称 Z 方程，其中的系数 z_{11}，z_{12}，z_{21}，z_{22} 具有阻抗的量纲，称为阻抗参数，简称 Z 参数，它只与网络的内部结构、元件值及电源频率 ω 有关，而与电源和负载无关，故可用来描述网络本身的特性。

(2) Z 参数的物理意义。由式(12.1.1)可见，当输出端口开路，即 $\dot{I}_2 = 0$ 时，则有

$$z_{11} = \left.\frac{\dot{U}_1}{\dot{I}_1}\right|_{\dot{I}_2=0}$$，称为输出端口开路时输入端口的输入阻抗；

$$z_{21} = \left.\frac{\dot{U}_2}{\dot{I}_1}\right|_{\dot{I}_2=0}$$，称为输出端口开路时的转移阻抗。

同理，当输入端口开路，即 $\dot{I}_1 = 0$ 时，则有

$$z_{12} = \left.\frac{\dot{U}_1}{\dot{I}_2}\right|_{\dot{I}_1=0}$$，称为输入端口开路时的转移阻抗；

$$z_{22} = \left.\frac{\dot{U}_2}{\dot{I}_2}\right|_{\dot{I}_1=0}$$，称为输入端口开路时输出端口的输入阻抗。

Z 参数统称为开路阻抗参数。根据其物理意义，即可求得给定网络的 Z 参数。

(3) 网络的互易条件。当为互易网络时，根据互易定理一有 $\left.\frac{\dot{U}_1}{\dot{I}_2}\right|_{\dot{I}_1=0} = \left.\frac{\dot{U}_2}{\dot{I}_1}\right|_{\dot{I}_2=0}$，即有 $z_{12} = z_{21}$。此关系即为用 Z 参数表示的互易网络的条件。可见互易网络的 Z 参数中只有三个是独立的。

(4) 网络的对称条件。在 Z 参数中，若同时有 $z_{12} = z_{21}$，$z_{11} = z_{22}$，则称为在电性能上对称的二端口网络，简称对称二端口网络。其物理意义是，将两个端口 1-1′ 与 2-2′ 互换位置后与外电路连接，其端口特性保持不变。

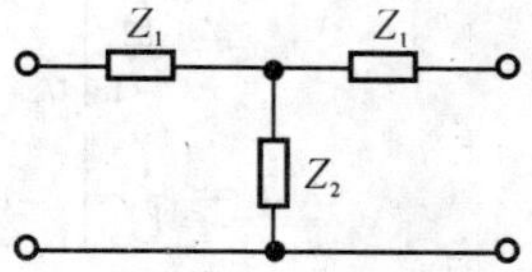

图 12.2.2　结构对称的网络

电路结构对称的二端口网络（例如图 12.2.2 所示）必然同时有 $z_{12} = z_{21}$，$z_{11} = z_{22}$，即在电性能上也一定是对称的。但要注意，在电性能上对称，其电路结构不一定对称。

对称二端口网络的 Z 参数中只有两个是独立的。

(5) Z 方程的矩阵形式。式(12.1.1)可写成矩阵形式为

$$\begin{bmatrix}\dot{U}_1\\ \dot{U}_2\end{bmatrix} = \begin{bmatrix}z_{11} & z_{12}\\ z_{21} & z_{22}\end{bmatrix}\begin{bmatrix}\dot{I}_1\\ \dot{I}_2\end{bmatrix}$$

即

$$\dot{\boldsymbol{U}} = \boldsymbol{Z}\dot{\boldsymbol{I}}\qquad(12.2.2)$$

其中 $\dot{\boldsymbol{U}} = \begin{bmatrix}\dot{U}_1\\ \dot{U}_2\end{bmatrix}$，$\dot{\boldsymbol{I}} = \begin{bmatrix}\dot{I}_1\\ \dot{I}_2\end{bmatrix}$，$\boldsymbol{Z} = \begin{bmatrix}z_{11} & z_{12}\\ z_{21} & z_{22}\end{bmatrix}$。$\boldsymbol{Z}$ 称为二端口网络的阻抗矩阵，简称 $\boldsymbol{Z}$ 矩阵。可见互

易网络的 $\boldsymbol{Z}$ 矩阵为一对称阵，对称网络的 $\boldsymbol{Z}$ 矩阵为交叉对称阵。

二、Y 方程与 Y 参数

将式(12.2.2)对 $\dot{\boldsymbol{I}}$ 求解，若矩阵 $\boldsymbol{Z}$ 为非奇异，即 $\boldsymbol{Z}$ 的行列式 $|\boldsymbol{Z}| = z_{11}z_{22} - z_{12}z_{21} \neq 0$，则得

$$\dot{\boldsymbol{I}} = \boldsymbol{Z}^{-1}\dot{\boldsymbol{U}} = \boldsymbol{Y}\dot{\boldsymbol{U}} \tag{12.2.3}$$

即

$$\boldsymbol{Y} = \begin{bmatrix} y_{11} & y_{12} \\ y_{21} & y_{22} \end{bmatrix} = \begin{bmatrix} z_{11} & z_{12} \\ z_{21} & z_{22} \end{bmatrix}^{-1} = \begin{bmatrix} \dfrac{z_{22}}{|\boldsymbol{Z}|} & -\dfrac{z_{12}}{|\boldsymbol{Z}|} \\ -\dfrac{z_{21}}{|\boldsymbol{Z}|} & \dfrac{z_{11}}{|\boldsymbol{Z}|} \end{bmatrix} \tag{12.2.4}$$

$\boldsymbol{Y}$ 称为二端口网络的导纳矩阵，简称 $\boldsymbol{Y}$ 矩阵。$\boldsymbol{Y}$ 与 $\boldsymbol{Z}$ 互逆。于是式(12.2.3)又可写为

$$\begin{bmatrix} \dot{I}_1 \\ \dot{I}_2 \end{bmatrix} = \begin{bmatrix} y_{11} & y_{12} \\ y_{21} & y_{22} \end{bmatrix} \begin{bmatrix} \dot{U}_1 \\ \dot{U}_2 \end{bmatrix}$$

即

$$\left.\begin{aligned} \dot{I}_1 &= y_{11}\dot{U}_1 + y_{12}\dot{U}_2 \\ \dot{I}_2 &= y_{21}\dot{U}_1 + y_{22}\dot{U}_2 \end{aligned}\right\} \tag{12.2.5}$$

此方程中 $\dot{U}_1$，$\dot{U}_2$ 为自变量，$\dot{I}_1$，$\dot{I}_2$ 为因变量，如图 12.2.3 所示，称为二端口网络的导纳方程，简称 Y 方程，其中的系数 y_{11}，y_{12}，y_{21}，y_{22} 具有导纳的量纲，称为导纳参数，简称 Y 参数。

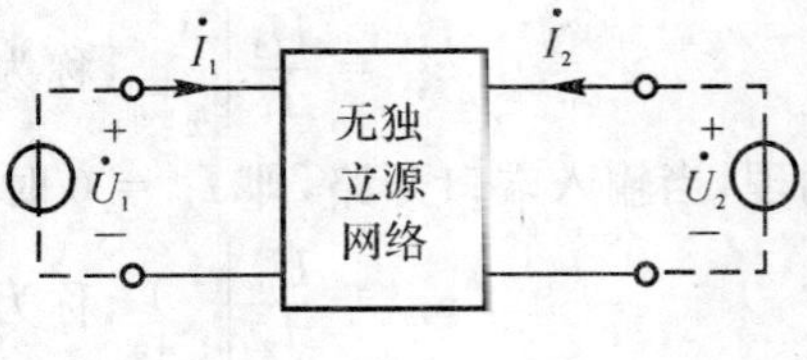

图 12.2.3 二端口网络

由式(12.2.4)可得 Y 参数与 Z 参数的关系为

$$y_{11} = \frac{z_{22}}{|\boldsymbol{Z}|} \qquad y_{12} = -\frac{z_{12}}{|\boldsymbol{Z}|}$$

$$y_{21} = -\frac{z_{21}}{|\boldsymbol{Z}|} \qquad y_{22} = \frac{z_{11}}{|\boldsymbol{Z}|}$$

对于互易网络，因有 $z_{12} = z_{21}$，故有 $y_{12} = y_{21}$；对于对称网络，因有 $z_{12} = z_{21}$，$z_{11} = z_{22}$，故有 $y_{12} = y_{21}$，$y_{11} = y_{22}$。

由式(12.2.5)可得 Y 参数的物理意义为：

$y_{11} = \left.\dfrac{\dot{I}_1}{\dot{U}_1}\right|_{\dot{U}_2=0}$，称为输出端口短路时输入端口的输入导纳；

$y_{21} = \left.\dfrac{\dot{I}_2}{\dot{U}_1}\right|_{\dot{U}_2=0}$，称为输出端口短路时的转移导纳；

$y_{12} = \left.\dfrac{\dot{I}_1}{\dot{U}_2}\right|_{\dot{U}_1=0}$，称为输入端口短路时的转移导纳；

$y_{22} = \left.\dfrac{\dot{I}_2}{\dot{U}_2}\right|_{\dot{U}_1=0}$，称为输入端口短路时输出端口的输入导纳。

它们统称为短路导纳参数。

需要指出，当 $\boldsymbol{Z}$ 为奇异，即当其行列式 $|\boldsymbol{Z}| = 0$ 时，此时即不存在 $\boldsymbol{Y}$ 矩阵。这就是说，对同一个网络而言，这一种参数存在，但另一种参数则可能不存在。

三、A 方程与 B 方程

当研究电信号的传输问题时用 A 方程或 B 方程方便。

(1) A 方程。以 $\dot{U}_2$，$\dot{I}_2$ 为自变量，$\dot{U}_1$，$\dot{I}_1$ 为因变量，将式(12.1.1)对 $\dot{U}_1$，$\dot{I}_1$ 求解，即得

$$\left.\begin{aligned}\dot{U}_1 &= \frac{z_{11}}{z_{21}}\dot{U}_2 + \frac{|\boldsymbol{Z}|}{z_{21}}(-\dot{I}_2) = a_{11}\dot{U}_2 + a_{12}(-\dot{I}_2)\\ \dot{I}_1 &= \frac{1}{z_{21}}\dot{U}_2 + \frac{z_{22}}{z_{21}}(-\dot{I}_2) = a_{21}\dot{U}_2 + a_{22}(-\dot{I}_2)\end{aligned}\right\}\qquad(12.2.6)$$

其中
$$a_{11} = \frac{z_{11}}{z_{21}},\quad a_{12} = \frac{|\boldsymbol{Z}|}{z_{21}},\quad a_{21} = \frac{1}{z_{21}},\quad a_{22} = \frac{z_{22}}{z_{21}}$$

式(12.2.6)称为 A 方程，其中的系数称为 A 参数。方程中 $\dot{I}_2$ 前面的“－”号，是因为 $\dot{I}_2$ 的参考方向被规定为流入网络而出现的。若将 $\dot{I}_2$ 的参考方向规定为流出网络，如图 12.2.4 所示，此时方程中 $\dot{I}_2$ 前面即应为“＋”号。

由式(12.2.6) 可得 A 参数的物理意义为：

$a_{11} = \left.\dfrac{\dot{U}_1}{\dot{U}_2}\right|_{\dot{I}_2=0}$，为输出端口开路时的电压比；

$a_{21} = \left.\dfrac{\dot{I}_1}{\dot{U}_2}\right|_{\dot{I}_2=0}$，为输出端口开路时的转移导纳；

$a_{12} = \left.\dfrac{\dot{U}_1}{-\dot{I}_2}\right|_{\dot{U}_2=0}$，为输出端口短路时的转移阻抗；

$a_{22} = \left.\dfrac{\dot{I}_1}{-\dot{I}_2}\right|_{\dot{U}_2=0}$，为输出端口短路时的电流比。

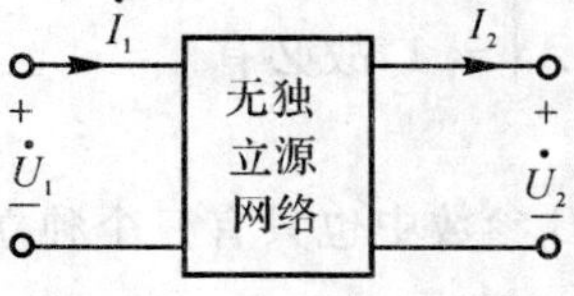

图 12.2.4　$\dot{I}_2$ 的参考方向改变

将式(12.2.6) 写成矩阵形式为

$$\begin{bmatrix}\dot{U}_1\\ \dot{I}_1\end{bmatrix} = \begin{bmatrix}a_{11} & a_{12}\\ a_{21} & a_{22}\end{bmatrix}\begin{bmatrix}\dot{U}_2\\ -\dot{I}_2\end{bmatrix} = \boldsymbol{A}\begin{bmatrix}\dot{U}_2\\ -\dot{I}_2\end{bmatrix}\qquad(12.2.7)$$

其中 $\boldsymbol{A} = \begin{bmatrix}a_{11} & a_{12}\\ a_{21} & a_{22}\end{bmatrix}$，称为 $\boldsymbol{A}$ 矩阵。

对于互易网络，因有 $z_{12} = z_{21}$，故有

$$|\boldsymbol{A}| = a_{11}a_{22} - a_{12}a_{21} = \frac{z_{11}z_{22}}{z_{21}^2} - \frac{z_{11}z_{22} - z_{12}z_{21}}{z_{21}^2} = 1$$

即对于互易网络，A 参数中也只有三个独立。

若网络对称，因有 $z_{11} = z_{22}$，$z_{12} = z_{21}$，故有 $a_{11} = a_{22}$，$|\boldsymbol{A}| = 1$。故对称二端口网络的 A 参数中也只有两个是独立的。

(2)B 方程。当信号反向传输时，以 $\dot{U}_1$，$\dot{I}_1$ 为自变量，$\dot{U}_2$，$\dot{I}_2$ 为因变量方便。由式(12.2.7)得

$$\begin{bmatrix}\dot{U}_2\\ -\dot{I}_2\end{bmatrix} = \boldsymbol{A}^{-1}\begin{bmatrix}\dot{U}_1\\ \dot{I}_1\end{bmatrix} = \begin{bmatrix}\dfrac{a_{22}}{|\boldsymbol{A}|} & -\dfrac{a_{12}}{|\boldsymbol{A}|}\\ -\dfrac{a_{21}}{|\boldsymbol{A}|} & \dfrac{a_{11}}{|\boldsymbol{A}|}\end{bmatrix}\begin{bmatrix}\dot{U}_1\\ \dot{I}_1\end{bmatrix}$$

即

$$\left.\begin{aligned}\dot{U}_2 &= \frac{a_{22}}{|\boldsymbol{A}|}\dot{U}_1 + \frac{a_{12}}{|\boldsymbol{A}|}(-\dot{I}_1) = b_{11}\dot{U}_1 + b_{12}(-\dot{I}_1)\\ \dot{I}_2 &= \frac{a_{21}}{|\boldsymbol{A}|}\dot{U}_1 + \frac{a_{11}}{|\boldsymbol{A}|}(-\dot{I}_1) = b_{21}\dot{U}_1 + b_{22}(-\dot{I}_1)\end{aligned}\right\}\qquad(12.2.8)$$

其中 $b_{11} = \dfrac{a_{22}}{|\boldsymbol{A}|}$，$b_{12} = \dfrac{a_{12}}{|\boldsymbol{A}|}$，$b_{21} = \dfrac{a_{21}}{|\boldsymbol{A}|}$，$b_{22} = \dfrac{a_{11}}{|\boldsymbol{A}|}$，称为 B 参数。式(12.2.8) 称为 B 方程。

将式(12.2.8) 写成矩阵形式为

$$\begin{bmatrix}\dot{U}_2\\\dot{I}_2\end{bmatrix}=\begin{bmatrix}b_{11} & b_{12}\\b_{21} & b_{22}\end{bmatrix}\begin{bmatrix}\dot{U}_1\\-\dot{I}_1\end{bmatrix}=\boldsymbol{B}\begin{bmatrix}\dot{U}_1\\-\dot{I}_1\end{bmatrix}\tag{12.2.9}$$

其中 $\boldsymbol{B}=\begin{bmatrix}b_{11} & b_{12}\\b_{21} & b_{22}\end{bmatrix}$，称为 $\boldsymbol{B}$ 矩阵。

注意 $\boldsymbol{B}$ 与 $\boldsymbol{A}$ 不为互逆。

当为互易网络时，因有 $|\boldsymbol{A}|=1$，故得

$$\boldsymbol{B}=\begin{bmatrix}b_{11} & b_{12}\\b_{21} & b_{22}\end{bmatrix}=\begin{bmatrix}a_{22} & a_{12}\\a_{21} & a_{11}\end{bmatrix}$$

可见互易网络的 $\boldsymbol{B}$ 矩阵仅是 $\boldsymbol{A}$ 矩阵中的 a_{11} 与 a_{22} 互换了位置。同时看出，当为互易网络时，因有 $|\boldsymbol{A}|=1$，故必有

$$|\boldsymbol{B}|=b_{11}b_{22}-b_{12}b_{21}=1$$

即 B 参数中也只有三个独立。故互易网络的 B 方程又可写为

$$\left.\begin{aligned}\dot{U}_2&=a_{22}\dot{U}_1+a_{12}(-\dot{I}_1)\\\dot{I}_2&=a_{21}\dot{U}_1+a_{11}(-\dot{I}_1)\end{aligned}\right\}\tag{12.2.10}$$

对于对称网络，因有 $a_{11}=a_{22}$，$|\boldsymbol{A}|=1$，故有 $b_{11}=b_{22}$，$|\boldsymbol{B}|=1$。故对称二端口网络的 B 参数中也只有两个独立。

四、H 方程与 G 方程

(1)H 方程。在分析低频晶体管电路时，以 $\dot{I}_1$，$\dot{U}_2$ 为自变量，$\dot{U}_1$，$\dot{I}_2$ 为因变量方便。这时可得 H 方程和 H 参数为

$$\left.\begin{aligned}\dot{U}_1&=h_{11}\dot{I}_1+h_{12}\dot{U}_2\\\dot{I}_2&=h_{21}\dot{I}_1+h_{22}\dot{U}_2\end{aligned}\right\}\tag{12.2.11}$$

H 参数的物理意义为

$h_{11}=\left.\dfrac{\dot{U}_1}{\dot{I}_1}\right|_{\dot{U}_2=0}$，为输出端口短路时输入端口的输入阻抗；

$h_{21}=\left.\dfrac{\dot{I}_2}{\dot{I}_1}\right|_{\dot{U}_2=0}$，为输出端口短路时的电流比；

$h_{12}=\left.\dfrac{\dot{U}_1}{\dot{U}_2}\right|_{\dot{I}_1=0}$，为输入端口开路时的电压比；

$h_{22}=\left.\dfrac{\dot{I}_2}{\dot{U}_2}\right|_{\dot{I}_1=0}$，为输入端口开路时输出端口的输入导纳。

将式(12.2.11)写成矩阵形式为

$$\begin{bmatrix}\dot{U}_1\\\dot{I}_2\end{bmatrix}=\begin{bmatrix}h_{11} & h_{12}\\h_{21} & h_{22}\end{bmatrix}\begin{bmatrix}\dot{I}_1\\\dot{U}_2\end{bmatrix}=\boldsymbol{H}\begin{bmatrix}\dot{I}_1\\\dot{U}_2\end{bmatrix}\tag{12.2.12}$$

其中 $\boldsymbol{H}=\begin{bmatrix}h_{11} & h_{12}\\h_{21} & h_{22}\end{bmatrix}$，称为 $\boldsymbol{H}$ 矩阵。

可以证明，当为互易网络时有 $h_{12}=-h_{21}$；当网络对称时有 $|\boldsymbol{H}|=h_{11}h_{22}-h_{12}h_{21}=1$，$h_{12}=-h_{21}$。

(2)G 方程。以 $\dot{U}_1$，$\dot{I}_2$ 为自变量，$\dot{I}_1$，$\dot{U}_2$ 为因变量，可得 G 方程和 G 参数为

$$\left.\begin{aligned}\dot{I}_1 &= g_{11}\dot{U}_1 + g_{12}\dot{I}_2\\ \dot{U}_2 &= g_{21}\dot{U}_1 + g_{22}\dot{I}_2\end{aligned}\right\}\tag{12.2.13}$$

写成矩阵形式为

$$\begin{bmatrix}\dot{I}_1\\ \dot{U}_2\end{bmatrix} = \boldsymbol{G}\begin{bmatrix}\dot{U}_1\\ \dot{I}_2\end{bmatrix}\tag{12.2.14}$$

其中 $\boldsymbol{G} = \begin{bmatrix}g_{11} & g_{12}\\ g_{21} & g_{22}\end{bmatrix}$，称为 $\boldsymbol{G}$ 矩阵。

比较式(12.2.12) 和(12.2.14)，可得 $\boldsymbol{G} = \boldsymbol{H}^{-1}$，$\boldsymbol{H} = \boldsymbol{G}^{-1}$。

可以证明，对于互易网络有 $g_{12} = -g_{21}$；对于对称网络有 $|\boldsymbol{G}| = g_{11}g_{22} - g_{12}g_{21} = 1$，$g_{12} = -g_{21}$。

上面介绍了 6 种方程和参数，它们在描述网络本身特性方面是等价的，相互之间存在着互求关系，在分析问题时应选择其方便者用之。现将 6 种方程和参数汇总于表 12.2.1 中，以便查用。

表 12.2.1　二端口网络的方程与参数

参数	网络方程	参数矩阵	互易网络的条件	对称网络的条件
Z 参数	$\dot{U}_1 = z_{11}\dot{I}_1 + z_{12}\dot{I}_2$ $\dot{U}_2 = z_{21}\dot{I}_1 + z_{22}\dot{I}_2$	$\boldsymbol{Z} = \begin{bmatrix}z_{11} & z_{12}\\ z_{21} & z_{22}\end{bmatrix}$	$z_{12} = z_{21}$	$z_{12} = z_{21}$ $z_{11} = z_{22}$
$\boldsymbol{Y}$ 参数	$\dot{I}_1 = y_{11}\dot{U}_1 + y_{12}\dot{U}_2$ $\dot{I}_2 = y_{21}\dot{U}_1 + y_{22}\dot{U}_2$	$\boldsymbol{Y} = \begin{bmatrix}y_{11} & y_{12}\\ y_{21} & y_{22}\end{bmatrix}$	$y_{12} = y_{21}$	$y_{12} = y_{21}$ $y_{11} = y_{22}$
$\boldsymbol{A}$ 参数	$\dot{U}_1 = a_{11}\dot{U}_2 - a_{12}(-\dot{I}_2)$ $\dot{I}_1 = a_{21}\dot{U}_2 + a_{22}(-\dot{I}_2)$	$\boldsymbol{A} = \begin{bmatrix}a_{11} & a_{12}\\ a_{21} & a_{22}\end{bmatrix}$	$\|\boldsymbol{A}\| = 1$	$\|\boldsymbol{A}\| = 1$ $a_{11} = a_{22}$
B 参数	$\dot{U}_2 = b_{11}\dot{U}_1 - b_{12}(-\dot{I}_1)$ $\dot{I}_2 = b_{21}\dot{U}_1 - b_{22}(-\dot{I}_1)$	$\boldsymbol{B} = \begin{bmatrix}b_{11} & b_{12}\\ b_{21} & b_{22}\end{bmatrix}$	$\|\boldsymbol{B}\| = 1$	$\|\boldsymbol{B}\| = 1$ $b_{11} = b_{22}$
H 参数	$\dot{U}_1 = h_{11}\dot{I}_1 + h_{12}\dot{U}_2$ $\dot{I}_2 = h_{21}\dot{I}_1 + h_{22}\dot{U}_2$	$\boldsymbol{H} = \begin{bmatrix}h_{11} & h_{12}\\ h_{21} & h_{22}\end{bmatrix}$	$h_{12} = -h_{21}$	$h_{12} = -h_{21}$ $\|\boldsymbol{H}\| = 1$
G 参数	$\dot{I}_1 = g_{11}\dot{U}_1 + g_{12}\dot{I}_2$ $\dot{U}_2 = g_{21}\dot{U}_1 + g_{22}\dot{I}_2$	$\boldsymbol{G} = \begin{bmatrix}g_{11} & g_{12}\\ g_{21} & g_{22}\end{bmatrix}$	$g_{12} = -g_{21}$	$g_{12} = -g_{21}$ $\|\boldsymbol{G}\| = 1$

例 12.1.1　求图 12.2.5 所示网络的 Z 参数。

解　根据 Z 参数的物理意义可得

$$z_{11} = \left.\frac{\dot{U}_1}{\dot{I}_1}\right|_{\dot{I}_2=0} = Z_1 + Z_2 \qquad z_{21} = \left.\frac{\dot{U}_2}{\dot{I}_1}\right|_{\dot{I}_2=0} = Z_2$$

$$z_{12} = \left.\frac{\dot{U}_1}{\dot{I}_2}\right|_{\dot{I}_1=0} = Z_2 \qquad z_{22} = \left.\frac{\dot{U}_2}{\dot{I}_2}\right|_{\dot{I}_1=0} = Z_2 + Z_3$$

此题也可以根据直接写出二端口网络的方程来求。即

$$\dot U_1 = Z_1\dot I_1 + Z_2(\dot I_1 + \dot I_2) = (Z_1 + Z_2)\dot I_1 + Z_2\dot I_2$$

$$\dot U_2 = Z_3\dot I_2 + Z_2(\dot I_1 + \dot I_2) = Z_2\dot I_1 + (Z_2 + Z_3)\dot I_2$$

故得 $z_{11} = Z_1 + Z_2, z_{12} = Z_2, z_{21} = Z_2, z_{22} = Z_2 + Z_3$。可见，两种方法所得结果全同。

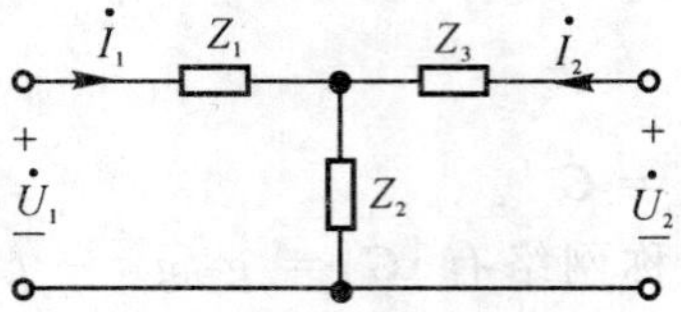

图 12.2.5 T型网络

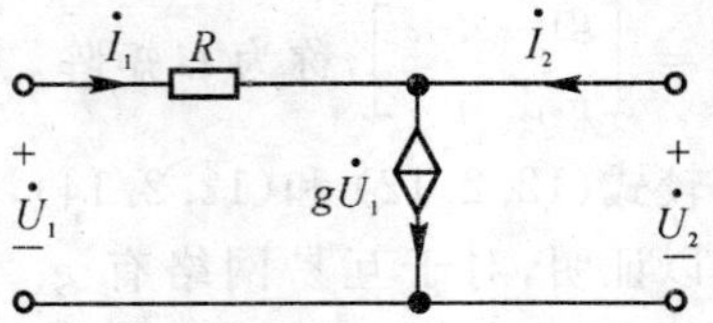

图 12.2.6

例 12.2.2 求图 12.2.6 所示网络的 Y 参数矩阵 $\boldsymbol{Y}$。

解

$$\dot I_1 = \frac{1}{R}(\dot U_1 - \dot U_2) = \frac{1}{R}\dot U_1 - \frac{1}{R}\dot U_2$$

$$\dot I_2 = g\dot U_1 + \frac{1}{R}(\dot U_2 - \dot U_1) = (g - \frac{1}{R})\dot U_1 + \frac{1}{R}\dot U_2$$

故得

$$\boldsymbol{Y} = \begin{bmatrix} \frac{1}{R} & -\frac{1}{R} \\ g - \frac{1}{R} & \frac{1}{R} \end{bmatrix}$$

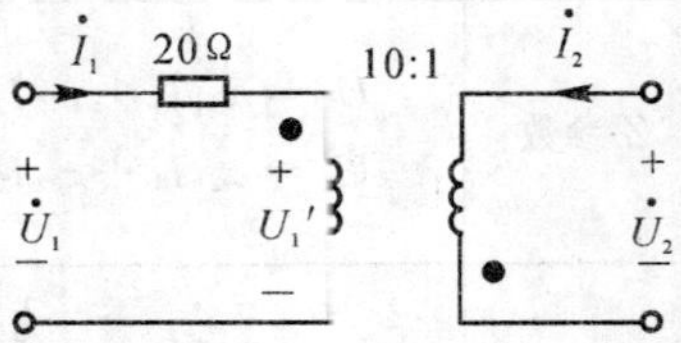

图 12.2.7

例 12.2.3 求图 12.2.7 所示网络的 H 参数矩阵 $\boldsymbol{H}$。

解

$$\dot U'_1 = -10\dot U_2$$

$$\dot U_1 = 20\dot I_1 + \dot U'_1 = 20\dot I_1 + (-10)\dot U_2$$

$$\dot I_2 = 10\dot I_1 + 0\dot U_2$$

故得

$$\boldsymbol{H} = \begin{bmatrix} 20 & -10 \\ 10 & 0 \end{bmatrix}$$

例 12.2.4 求图 12.2.8(a) 所示 T 形二端口网络的 $\boldsymbol{A}$ 参数。

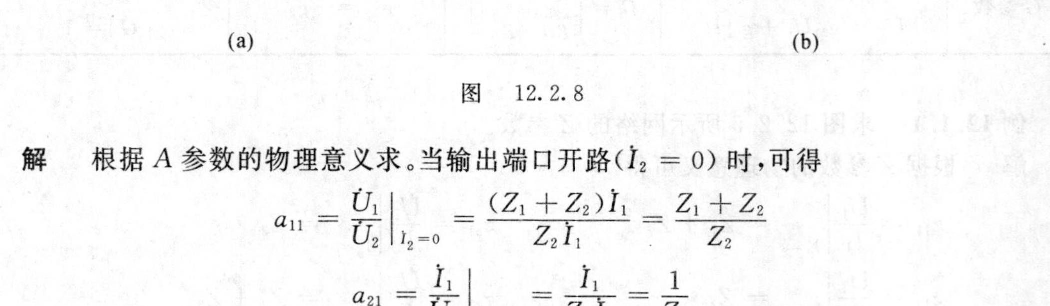

图 12.2.8

解 根据 A 参数的物理意义求。当输出端口开路($\dot I_2 = 0$) 时，可得

$$a_{11} = \frac{\dot U_1}{\dot U_2}\bigg|_{\dot I_2 = 0} = \frac{(Z_1 + Z_2)\dot I_1}{Z_2\dot I_1} = \frac{Z_1 + Z_2}{Z_2}$$

$$a_{21} = \frac{\dot I_1}{\dot U_2}\bigg|_{\dot I_2 = 0} = \frac{\dot I_1}{Z_2\dot I_1} = \frac{1}{Z_2}$$

当输出端口短路($\dot{U}_2=0$)时,如图 12.2.8(b) 所示,可得

$$a_{22}=\left.\frac{\dot{I}_1}{-\dot{I}_2}\right|_{\dot{U}_2=0}=\frac{\dot{I}_1}{\dfrac{Z_2}{Z_2+Z_3}\dot{I}_1}=\frac{Z_2+Z_3}{Z_2}$$

又因

$$\dot{I}_1=\frac{\dot{U}_1}{Z+\dfrac{Z_2Z_3}{Z_2+Z_3}},\ -\dot{I}_2=\frac{Z_2}{Z_2+Z_3}\dot{I}_1=\frac{Z_2\dot{U}_1}{Z_1Z_2+Z_2Z_3+Z_3Z_1}$$

故

$$a_{12}=\left.\frac{\dot{U}_1}{-\dot{I}_2}\right|_{\dot{U}_2=0}=\frac{Z_1Z_2+Z_2Z_3+Z_3Z_1}{Z_2}$$

12.3　二端口网络的网络函数

前面引入的 6 种网络参数描述了网络本身的特性,与负载和电源无关。但在实际使用时,网络总是接有电源和负载。因此,我们还必须研究网络在接有电源和负载时响应与激励的关系,这些关系统称为网络函数。频域网络函数定义为响应相量与激励相量之比,即

$$\text{网络函数}=\frac{\text{响应相量}}{\text{激励相量}}$$

网络函数分两类,一类是响应与激励在同一端口,称为策动点函数;另一类是响应与激励在不同端口,称为转移函数(或传输函数)。这些网络函数可用任何一种网络参数表示,下面以 A 参数为例来研究。

一、策动点函数

(1) 输入阻抗。二端口网络的输出端口接以负载 Z_L,如图 12.3.1 所示,则输入阻抗为

$$Z_{in}=\frac{\dot{U}_1}{\dot{I}_1}=\frac{a_{11}\dot{U}_2+a_{12}(-\dot{I}_2)}{a_{21}\dot{U}_2+a_{22}(-\dot{I}_2)}=\frac{a_{11}\dfrac{\dot{U}_2}{(-\dot{I}_2)}+a_{12}}{a_{21}\dfrac{\dot{U}_2}{(-\dot{I}_2)}+a_{22}}=\frac{a_{11}Z_L+a_{12}}{a_{21}Z_L+a_{22}}\tag{12.3.1}$$

一般情况下 $Z_L\neq Z_n$,这说明二端口网络具有阻抗变换作用。

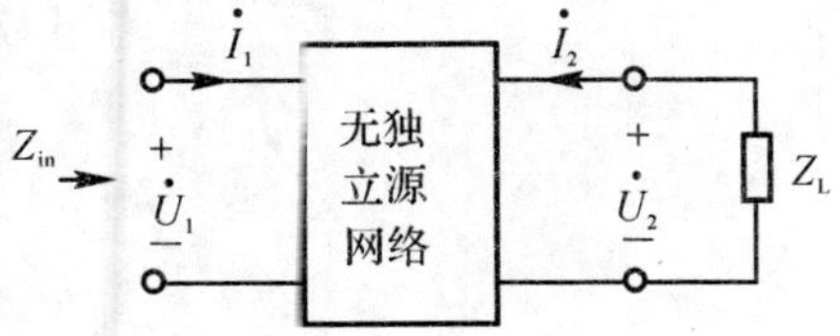

图 12.3.1　输入阻抗

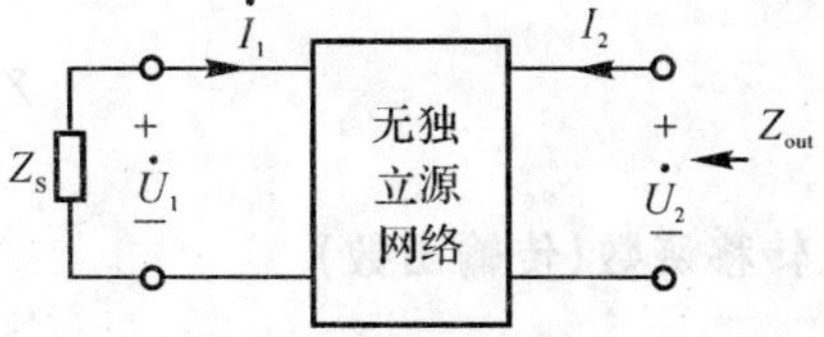

图 12.3.2　输出阻抗

(2) 输出阻抗。若将阻抗 Z_S 接在输入端口,如图 12.3.2 所示,则输出阻抗为

$$Z_{cut}=\frac{\dot{U}_2}{\dot{I}_2}=\frac{b_{11}\dot{U}_1+b_{12}(-\dot{I}_1)}{b_{21}\dot{U}_1+b_{22}(-\dot{I}_1)}=\frac{b_{11}\dfrac{\dot{U}_1}{(-\dot{I}_1)}+b_{12}}{b_{21}\dfrac{\dot{U}_1}{(-\dot{I}_1)}+b_{22}}=\frac{b_{11}Z_S+b_{12}}{b_{21}Z_S+b_{22}}$$

当为互易网络时,因有 $b_{11}=a_{22}$,$b_{12}=a_{12}$,$b_{21}=a_{21}$,$b_{22}=a_{11}$,代入上式得

$$Z_{out}=\frac{a_{22}Z_S+a_{12}}{a_{21}Z_S+a_{11}}\tag{12.3.2}$$

(3) 开路输入阻抗与开路输出阻抗。$Z_L = Z_S \to \infty$ 时的输入阻抗与输出阻亢，分别称为开路输入阻抗与开路输出阻抗，相应用 $Z_{in\infty}$ 和 $Z_{out\infty}$ 表示，如图 12.3.3 所示。由式(12.3.1)，式(12.3.2) 得

$$\left.\begin{aligned} Z_{in\infty} &= \frac{a_{11}}{a_{21}} \\ Z_{out\infty} &= \frac{a_{22}}{a_{21}} \end{aligned}\right\} \tag{12.3.3}$$

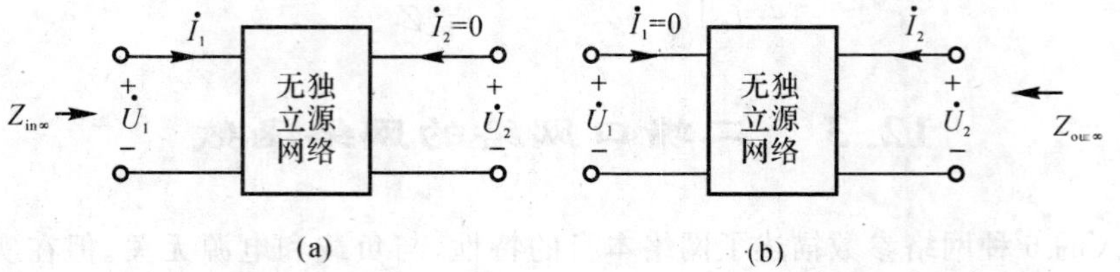

图 12.3.3 开路输入阻抗与开路输出阻抗

(4) 短路输入阻抗与短路输出阻抗。$Z_L = Z_S = 0$ 时的输入阻抗与输出阻抗，分别称为短路输入阻抗与短路输出阻抗，相应用 Z_{in0} 和 Z_{out0} 表示，如图 12.3.4 所示。由式(12.3.1) 和式(12.3.2) 得

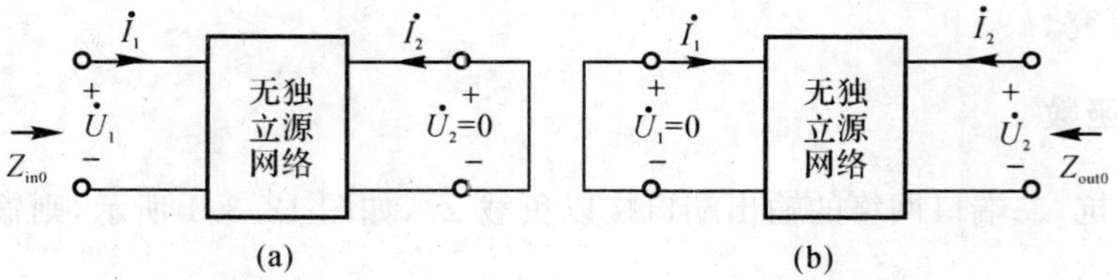

图 12.3.4 短路输入阻抗与短路输出阻抗

$$\left.\begin{aligned} Z_{in0} &= \frac{a_{12}}{a_{22}} \\ Z_{out0} &= \frac{a_{12}}{a_{11}} \end{aligned}\right\} \tag{12.3.4}$$

二、转移函数(传输函数)

转移函数共有 4 个：电压比函数，电流比函数，转移阻抗函数，转移导纳函数。电压比函数与电流比函数分别定义为

$$H(j\omega) = \frac{\dot{U}_2}{\dot{U}_1} = \frac{\dot{U}_2}{a_{11}\dot{U}_2 + a_{12}(-\dot{I}_2)} = \frac{\dfrac{\dot{U}_2}{(-\dot{I}_2)}}{a_{11}\dfrac{\dot{U}_2}{(-\dot{I}_2)} + a_{12}} = \frac{Z_L}{a_{11}Z_L + a_{12}} \tag{12.3.5}$$

$$H(j\omega) = \frac{\dot{I}_2}{\dot{I}_1} = \frac{\dot{I}_2}{a_{21}\dot{U}_2 + a_{22}(-\dot{I}_2)} = \frac{-1}{a_{21}\dfrac{\dot{U}_2}{(-\dot{I}_2)} + a_{22}} = \frac{-1}{a_{21}Z_L + a_{22}} \tag{12.3.6}$$

现将电压比函数的物理意义说明如下：

$$H(j\omega)=|H(j\omega)|e^{j\varphi(\omega)}=\frac{\dot{U}_2}{\dot{U}_1}=\frac{U_2e^{j\psi_{u2}}}{U_1e^{j\psi_{u1}}}=\frac{U_2}{U_1}e^{j(\psi_{u2}-\psi_{u1})}$$

其中 $|H(j\omega)|=\dfrac{U_2}{U_1}$，为输出端口电压与输入端口电压有效值之比，称为模频特性；$\varphi(\omega)=\psi_{u2}-\psi_{u1}$，为 $\dot{U}_2$ 超前 $\dot{U}_1$ 的相位差，称为相频特性。模频特性与相频特性统称为频率特性或频率响应。

$Z_L\to\infty$ 时的电压比函数，称为开路电压比函数。根据式(12.3.5)可得开路电压比函数为

$$H(j\omega)=\frac{1}{a_{11}}$$

此式十分有用。

转移阻抗函数(用 Z_T 表示)和转移导纳函数(用 Y_T 表示)分别定义为

$$Z_T=\frac{\dot{U}_2}{\dot{I}_1}=\frac{\dot{U}_2}{a_{21}\dot{U}_2+a_{22}(-\dot{I}_2)}=\frac{\dfrac{\dot{U}_2}{(-\dot{I}_2)}}{a_{21}\dfrac{\dot{U}_2}{(-\dot{I}_2)}+a_{22}}=\frac{Z_L}{a_{21}Z_L+a_{22}}$$

$$Y_T=\frac{\dot{I}_2}{\dot{U}_1}=\frac{\dot{I}_2}{a_{11}\dot{U}_2+a_{12}(-\dot{I}_2)}=\frac{-1}{a_{11}\dfrac{\dot{U}_1}{(-\dot{I}_2)}+a_{12}}=\frac{-1}{a_{11}Z_L+a_{12}}$$

注意：Y_T 与 Z_T 之间不存在互倒关系，即

$$Z_TY_T=\frac{\dot{U}_2}{\dot{I}_1}\times\frac{\dot{I}_2}{\dot{U}_1}\neq 1$$

现将二端口网络函数的定义与计算公式汇总于表 12.3.1 中，以便查用。

表 12.3.1　二端口网络函数的定义与计算公式(用 A 参数表示)

网　络	网络函数的定义与计算公式
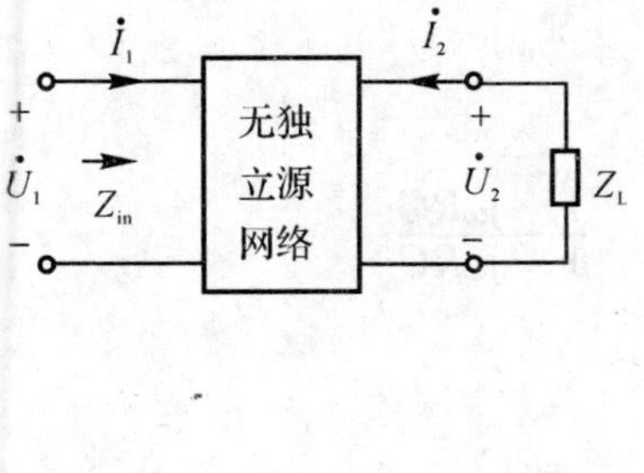	输入阻抗 $Z_{in}=\dfrac{\dot{U}_1}{\dot{I}_1}=\dfrac{a_{11}Z_L+a_{12}}{a_{21}Z_L+a_{22}}$
	输入导纳 $Y_{in}=\dfrac{1}{Z_{in}}$
	电压比 $H(j\omega)=\dfrac{\dot{U}_2}{\dot{U}_1}=\dfrac{Z_L}{a_{11}Z_L+a_{12}}$
	电流比 $H(j\omega)=\dfrac{\dot{I}_2}{\dot{I}_1}=\dfrac{-1}{a_{21}Z_L+a_{22}}$
	转移阻抗 $Z_T=\dfrac{\dot{U}_2}{\dot{I}_1}=\dfrac{Z_L}{a_{21}Z_L+a_{22}}$
	转移导纳 $Y_T=\dfrac{\dot{I}_2}{\dot{U}_1}=\dfrac{-1}{a_{11}Z_L+a_{12}}$
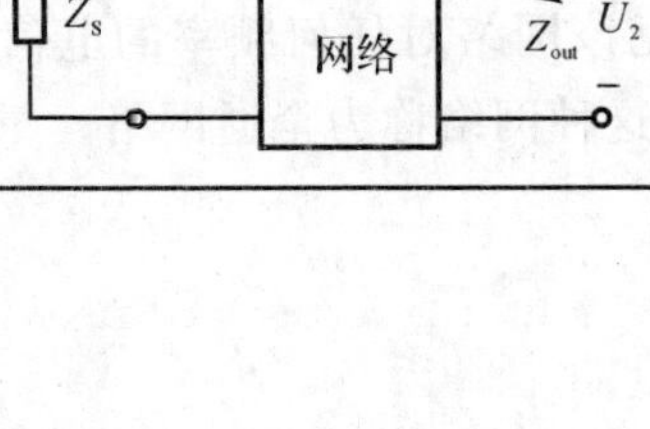	输出阻抗 $Z_{out}=\dfrac{\dot{U}_2}{\dot{I}_2}=\dfrac{a_{22}Z_S+a_{12}}{a_{21}Z_S+a_{11}}$
	输出导纳 $Y_{out}=\dfrac{1}{Z_{out}}$

例 12.3.1 图 12.3.5 所示网络，已知 $\dot{U}_S = 10\angle 0°\ \text{V}$，$\omega = 10^5\ \text{rad/s}$，$C = 0.01\ \mu\text{F}$，$L = 10\ \text{mH}$，$R_L = 1\,000\ \Omega$。求电流 $\dot{I}_2$。

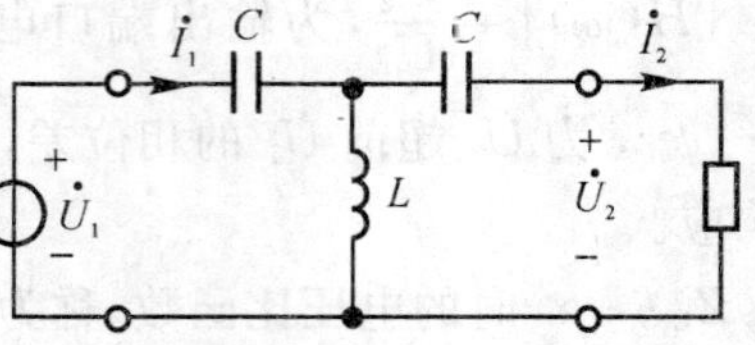

图 12.3.5

解 $Z_1 = \dfrac{1}{j\omega C} = -j\dfrac{1}{10^5 \times 0.01 \times 10^{-6}} = -j10^3\ \Omega$

$Z_2 = j\omega L = j10^5 \times 10 \times 10^{-3} = j10^3\ \Omega$

故得 $a_{11} = \dfrac{Z_1 + Z_2}{Z_2} = \dfrac{-j10^3 + j10^3}{j10^3} = 0$

$$a_{12} = \frac{2Z_1Z_2 + Z_1^2}{Z_2} = -j10^3\ \Omega$$

$$a_{21} = \frac{1}{Z_2} = -j10^{-3}\ \text{S}$$

因网络对称，故有 $a_{22} = a_{11} = 0$。由式(12.3.5)得

$$H(j\omega) = \frac{\dot{U}_2}{\dot{U}_1} = \frac{R_L}{a_{11}R_L + a_{12}} = \frac{1\,000}{0 - j1\,000} = j1$$

故

$$\dot{U}_2 = H(j\omega)\dot{U}_1 = j1 \times \dot{U}_S = j10\ \text{V}$$

$$\dot{I}_2 = \frac{\dot{U}_2}{R_L} = \frac{j10}{1\,000} = j0.01\ \text{A}$$

例 12.3.2 求图 12.3.6(a)所示网络的开路电压比 $H(j\omega) = \dfrac{\dot{U}_2}{\dot{U}_1}$。

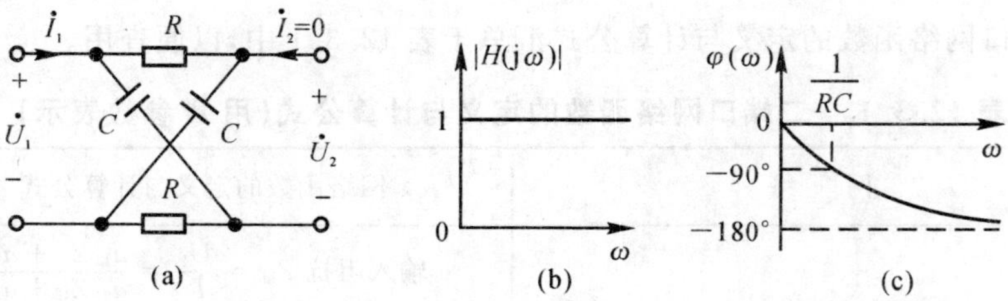

图 12.3.6

解 可求得参数 a_{11} 为

$$a_{11} = \frac{\dot{U}_1}{\dot{U}_2} = \frac{R + \dfrac{1}{j\omega C}}{\dfrac{1}{j\omega C} - R} = \frac{1 + j\omega RC}{1 - j\omega RC}$$

故得开路电压比为

$$H(j\omega) = |H(j\omega)|e^{j\varphi(\omega)} = \frac{1}{a_{11}} = \frac{1 - j\omega RC}{1 + j\omega RC} = 1 \times e^{-j2\arctan\omega RC}$$

故得模和辐角为

$$|H(j\omega)| = 1$$

$$\varphi(\omega) = -2\arctan\omega RC$$

其模频和相频特性分别如图 12.3.6(b)，(c) 所示。可见该网络对任何频率的电信号都能均匀地通过，只是对不同频率的电信号产生了不同的相移。这种网络称为全通网络。

例 12.3.3　图 12.3.7(a) 所示网络，已知其 A 参数矩阵 $\mathbf{A}=\begin{bmatrix}2 & 1\\1 & 1\end{bmatrix}$。求 R 为何值时能获得最大功率 P_m，P_m 为多大？此时 10 V 电压源产生的功率 P_S 为多大？传输效率 η 多大？

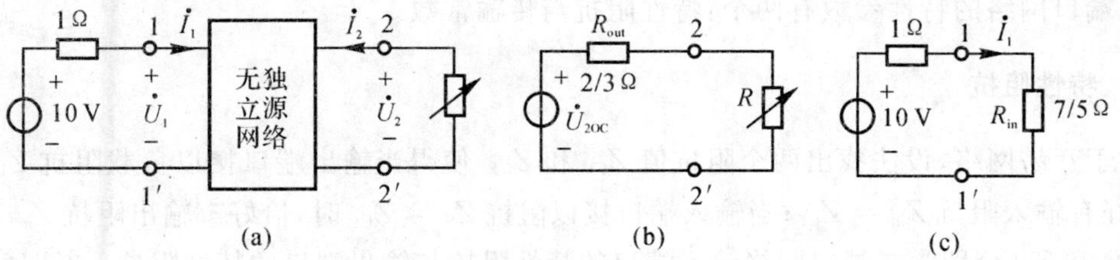

图　12.3.7

解　由已知的 **A** 可直接写出 A 方程为

$$\begin{cases}\dot{U}_1=2\dot{U}_2+(-\dot{I}_2)\\ \dot{I}_1=\dot{U}_2+(-\dot{I}_2)\end{cases}$$

当输出端口开路，即当 $\dot{I}_2=0$ 时，由上式有

$$\begin{cases}\dot{U}_{1OC}=2\dot{U}_{2OC}\\ \dot{I}_{1OC}=\dot{U}_{2OC}\end{cases}$$

又由输入端口有

$$\dot{U}_{1OC}=10-1\times\dot{I}_{1OC}$$

即

$$2\dot{U}_{2OC}=10-\dot{U}_{2OC}$$

故得

$$\dot{U}_{2OC}=\frac{10}{3}\ \text{V}$$

网络的输出电阻根据式(12.3.2)可求得为

$$R_{out}=\frac{a_{22}Z_S+a_{12}}{a_{21}Z_S+a_{11}}=\frac{1\times1+1}{1\times1+2}=\frac{2}{3}\ \Omega$$

于是可画出输出端口的等效电压源电路，如图 12.3.7(b) 所示。故当 $R=\frac{2}{3}\ \Omega$ 时有

$$P_m=\frac{U_{2OC}^2}{4R_{out}}=\frac{\left(\frac{10}{3}\right)^2}{4\times\frac{2}{3}}=\frac{100}{24}=4.17\ \text{W}$$

网络的输入电阻根据式(12.3.1)可求得为

$$R_{in}=\frac{a_{11}Z_L+1}{a_{21}Z_L+a_{22}}=\frac{2\times\frac{2}{3}+1}{1\times\frac{2}{3}+1}=\frac{7}{5}\ \Omega$$

于是可画出输入端口的等效电压源电路，如图 12.3.7(c) 所示。故

$$I_1=\frac{10}{1+7/5}=\frac{50}{12}=4.17\ \text{A}$$

$$P_S=10\times4.17=41.7\ \text{W}$$

$$\eta=\frac{P_m}{P_S}=\frac{4.17}{41.7}=10\%$$

*12.4 二端口网络的特性参数

二端口网络的特性参数有两个:特性阻抗与传输常数。

一、特性阻抗

对于互易网络,设法找出两个阻抗值 Z_{C1} 和 Z_{C2},使得当输出端口接以负载阻抗 $Z_L = Z_{C2}$ 时,恰好有输入阻抗 $Z_{in} = Z_{C1}$;当输入端口接以阻抗 $Z_S = Z_{C1}$ 时,恰好有输出阻抗 $Z_{out} = Z_{C2}$,则称 Z_{C1} 和 Z_{C2} 分别为二端口网络输入端口的特性阻抗与输出端口的特性阻抗.如图12.4.1所示。将上述约定的值代入式(12.3.1)和式(12.3.2),即有

$$Z_{C1} = \frac{a_{11}Z_{C2} + a_{12}}{a_{21}Z_{C2} + a_{22}}$$

$$Z_{C2} = \frac{a_{22}Z_{C1} + a_{12}}{a_{21}Z_{C1} + a_{11}}$$

联立求解得

$$\left.\begin{aligned} Z_{C1} &= \sqrt{\frac{a_{11}a_{12}}{a_{21}a_{22}}} \\ Z_{C2} &= \sqrt{\frac{a_{22}a_{12}}{a_{21}a_{11}}} \end{aligned}\right\} \quad (12.4.1)$$

将式(12.3.3)和式(12.3.4)代入式(12.4.1),又可得

$$\left.\begin{aligned} Z_{C1} &= \sqrt{Z_{in0}Z_{in\infty}} \\ Z_{C2} &= \sqrt{Z_{out0}Z_{out\infty}} \end{aligned}\right\} \quad (12.4.2)$$

对于对称网络,因有 $a_{11} = a_{22}$,$Z_{in\infty} = Z_{out\infty} = Z_\infty$,$Z_{in0} = Z_{out0} = Z_0$,故有

$$Z_{C1} = Z_{C2} = Z_C = \sqrt{\frac{a_{12}}{a_{21}}} = \sqrt{Z_\infty Z_0} \quad (12.4.3)$$

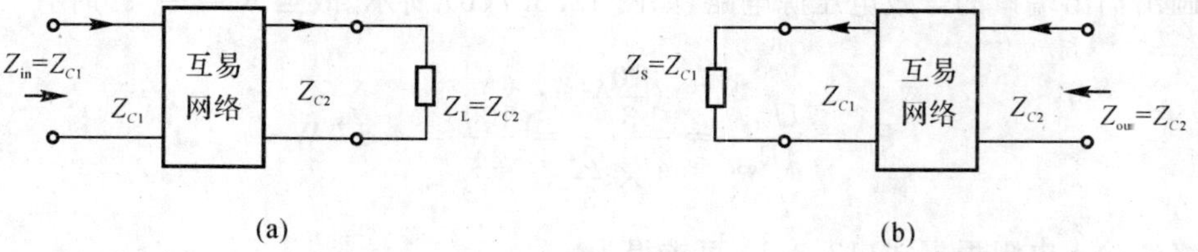

图 12.4.1 特性阻抗

可见特性阻抗也只与网络参数有关,而与负载和电源无关。但要注意,仅当 $Z_L = Z_{C2}$ 时,才有 $Z_{in} = Z_{C1}$,若 $Z_L \neq Z_{C2}$,则 $Z_{in} \neq Z_{C1}$;同样,仅当 $Z_S = Z_{C1}$ 时,才有 $Z_{out} = Z_{C2}$,若 $Z_S \neq Z_{C1}$,则 $Z_{out} \neq Z_{C2}$。

例 12.4.1 求图 12.4.2 所示网络的特性阻抗。

解 由于为对称网络,故开路输入阻抗与短路输入阻抗分别为

$$Z_\infty = (Z_1 + Z_2)/2$$

$$Z_0 = \frac{Z_1 Z_2}{Z_1 + Z_2} + \frac{Z_1 Z_2}{Z_1 + Z_2} = 2\,\frac{Z_1 Z_2}{Z_1 + Z_2}$$

故得特性阻抗为

$$Z_C = \sqrt{Z_\infty Z_0} = \sqrt{Z_1 Z_2} \tag{12.4.4}$$

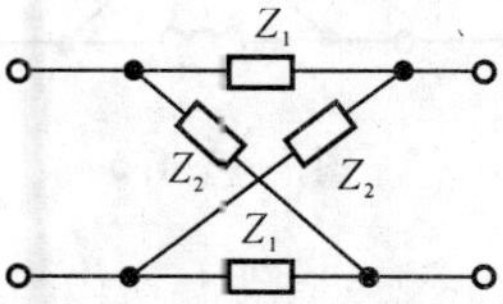

图　12.4.2

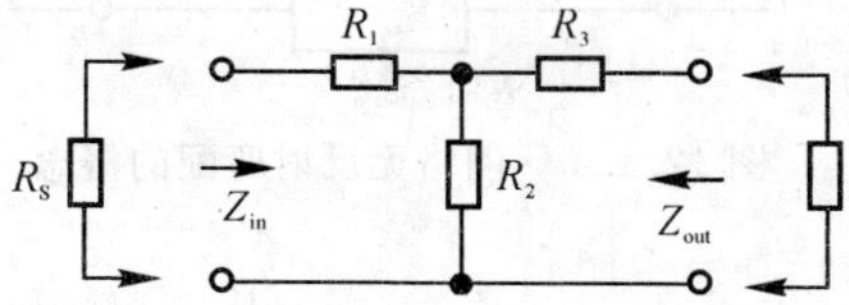

图　12.4.3

例 12.4.2　图 12.4.3 所示网络，已知 $R_1 = 500\ \Omega$，$R_2 = 1\,000\ \Omega$，$R_3 = 200\ \Omega$。求：(1) Z_{C1} 和 Z_{C2}；(2) 若 $R_L = 800\ \Omega$，$R_S = 1\,000\ \Omega$，则 Z_{in} 和 Z_{out} 多大？(3) 若 $R_L = 1\,300\ \Omega$，Z_{in} 又为多大？

解　(1)

$$a_{11} = \frac{R_1 + R_2}{R_2} = 1.5$$

$$a_{12} = \frac{R_1 R_2 + R_2 R_3 + R_3 R_1}{R_2} = 800\ \Omega$$

$$a_{21} = \frac{1}{R_2} = 0.001\ \text{S}$$

$$a_{22} = \frac{R_2 + R_3}{R_2} = 1.2$$

故得特性阻抗为

$$Z_{C1} = \sqrt{\frac{a_{11} a_{12}}{a_{21} a_{22}}} = 1\,000\ \Omega$$

$$Z_{C2} = \sqrt{\frac{a_{22} a_{12}}{a_{21} a_{11}}} = 800\ \Omega$$

(2) $R_L = 800\ \Omega$，由于满足 $R_L = Z_{C2}$，故 $Z_{in} = Z_{C1} = 1\,000\ \Omega$；$R_S = 1\,000\ \Omega$，由于满足 $R_S = Z_{C1}$，故 $Z_{out} = Z_{C2} = 800\ \Omega$。

(3) 当 $R_L = 1\,300$ 时，其输入阻抗为

$$Z_{in} = \frac{a_{11} R_L + a_{12}}{a_{21} R_L + a_{22}} = 1\,100\ \Omega$$

可见 $Z_{in} \neq Z_{C1} = 1\,000\ \Omega$。

* 二、网络无反射匹配的概念

网络工作时若满足 $Z_L = Z_{C2}$，则称为输出端口匹配；若满足 $Z_S = Z_{C1}$，则称为输入端口匹配；若同时满足 $Z_L = Z_{C2}$ 与 $Z_S = Z_{C1}$，则称为全匹配，也称影像匹配，如图 12.4.4 所示。

需要指出，此处的“匹配”不是最大功率匹配（即共轭匹配），而是无反射匹配，指的是电信号在传输过程中，在输入端口和输出端口均不产生电磁波的反射。

例 12.4.3　图 12.4.5 所示 X 型相移网络。(1) 求特性阻抗；(2) 若网络工作在全匹配，求 $\dfrac{U_2}{U_S}$。

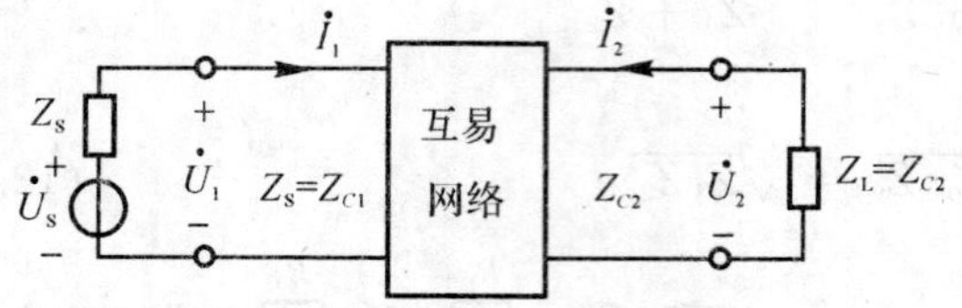

图 12.4.4 网络无反射匹配的概念

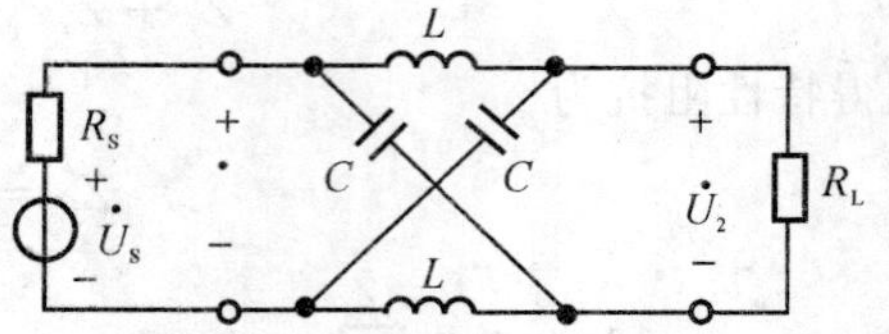

图 12.4.5

解 (1)$Z_1 = j\omega L$，$Z_2 = \dfrac{1}{j\omega C}$，且网络对称。故由式(12.4.4)可得特性阻抗为

$$Z_{C1} = Z_{C2} = Z_C = \sqrt{Z_1 Z_2} = \sqrt{\frac{L}{C}}$$

(2)因网络对称且为全匹配，故有 $R_S = Z_{C1} = Z_{C2} = R_L$，则网络输入端口从电源获得的功率为最大，即

$$P_{max} = \frac{U_S^2}{4R_S}$$

又由于网络为纯电抗元件构成，本身不消耗功率，故负载 R_L 吸收的功率必为

$$P_L = P_{max} = \frac{U_S^2}{4R_S} = \frac{U_2^2}{R_L}$$

故得

$$\frac{U_2}{U_S} = \sqrt{\frac{R_L}{4R_S}} = \frac{1}{2}$$

*三、传输常数

1. 正向传输常数 Γ

在二端口互易网络的输出端口接以阻抗 $Z_L = Z_{C2}$，如图 12.4.6(a) 所示，则定义其正向传输常数为

$$\Gamma = \frac{1}{2}\ln\frac{\dot{U}_1\dot{I}_1}{\dot{U}_2\dot{I}_2} = \ln\sqrt{\frac{\dot{U}_1\dot{I}_1}{\dot{U}_2\dot{I}_2}} \tag{12.4.5}$$

因有

$$\dot{U}_1 = a_{11}\dot{U}_2 + a_{12}\dot{I}_2 = a_{11}\dot{U}_2 + a_{12}\frac{\dot{U}_2}{Z_{C2}} = (a_{11} + a_{12}\frac{1}{Z_{C2}})\dot{U}_2$$

$$\dot{I}_1 = a_{21}\dot{U}_2 + a_{22}\dot{I}_2 = a_{21}Z_{C2}\dot{I}_2 + a_{22}\dot{I}_2 = (a_{21}Z_{C2} + a_{22})\dot{I}_2$$

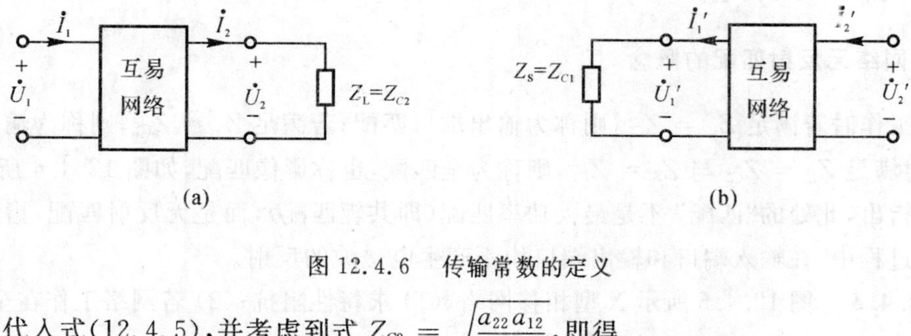

图 12.4.6 传输常数的定义

将上两式代入式(12.4.5)，并考虑到式 $Z_{C2} = \sqrt{\dfrac{a_{22}a_{12}}{a_{21}a_{11}}}$，即得

$$\Gamma = \ln(\sqrt{a_{11}a_{22}} + \sqrt{a_{12}a_{21}})$$

2. 反向传输常数 Γ'

同理,在二端口互易网络的输入端口接以阻抗 $Z_S = Z_{C1}$,如图 12.4.6(b) 所示,则定义反向传输常数为

$$\Gamma' = \frac{1}{2}\ln\frac{\dot{U}'_2\dot{I}'_2}{\dot{U}'_1\dot{I}'_1} = \ln\sqrt{\frac{\dot{U}'_2\dot{I}'_2}{\dot{U}'_1\dot{I}'_1}} \tag{12.4.6}$$

因有

$$\dot{U}'_2 = a_{22}\dot{U}'_1 + a_{12}\dot{I}'_1 = a_{22}\dot{U}'_1 + a_{12}\frac{\dot{U}'_1}{Z_{C1}} = (a_{22} + a_{12}\frac{1}{Z_{C1}})\dot{U}'_1$$

$$\dot{I}'_2 = a_{21}\dot{U}'_1 + a_{11}\dot{I}'_1 = a_{21}Z_{C1}\dot{I}'_1 + a_{11}\dot{I}'_1 = (a_{21}Z_{C1} + a_{11})\dot{I}'_1$$

将上两式代入式(12.4.6),并考虑到式 $Z_{C1} = \sqrt{\dfrac{a_{11}a_{12}}{a_{21}a_{22}}}$,即得

$$\Gamma' = \ln(\sqrt{a_{11}a_{22}} + \sqrt{a_{12}a_{21}}) = \Gamma$$

可见二端口互易网络的正、反向传输常数相等,此即互易性(互易定理)的真正含义。

3. 传输常数的物理意义

将式(12.4.5)改写为

$$\Gamma = \frac{1}{2}\ln\frac{U_1 e^{j\psi_{u1}} I_1 e^{j\psi_{i1}}}{U_2 e^{j\psi_{u2}} I_2 e^{j\psi_{i2}}} = \frac{1}{2}\ln\frac{U_1 I_1}{U_2 I_2}e^{j[(\psi_{u1}-\psi_{u2})+(\psi_{i1}-\psi_{i2})]} =$$

$$\frac{1}{2}\ln\frac{U_1 I_1}{U_2 I_2} + j\frac{1}{2}[(\psi_{u1} - \psi_{u2}) + (\psi_{i1} - \psi_{i2})] = \alpha + j\beta$$

其中

$$\alpha = \frac{1}{2}\ln\frac{U_1 I_1}{U_2 I_2}$$

称为衰减常数,单位为奈培(Np)。其物理意义是输入端口与输出端口视在功率之比的自然对数的 1/2,反映了二端口网络在传输电信号过程中电压与电流大小的衰减情况。

$$\beta = \frac{1}{2}[(\psi_{u1} - \psi_{u2}) + (\psi_{i1} - \psi_{i2})]$$

称为相移常数,单位为弧度(rad)。其物理意义是输入端口与输出端口电压的相位差与电流的相位差之和的 1/2,反映了二端口网络在传输电信号过程中电压与电流的相位变化情况。

*12.5　二端口网络的连接

二端口网络的连接方式有 5 种:级联,串联,并联,串并联,并串联。研究二端口网络的连接,主要是研究复合二端口网络与各个简单二端口网络参数之间的关系,并根据这种关系从简单网络的参数求出复合网络的参数。

两个简单二端口网络 a 和 b,将网络 b 的输入端口与网络 a 的输出端口相连接,如图 12.5.1 所示。这种连接称为级联,也称链联。设两个简单二端口网络的 A 参数矩阵分别为 $\boldsymbol{A}_a$,$\boldsymbol{A}_b$,复合二端口网络的 A 参数矩阵为 $\boldsymbol{A}$,则可证

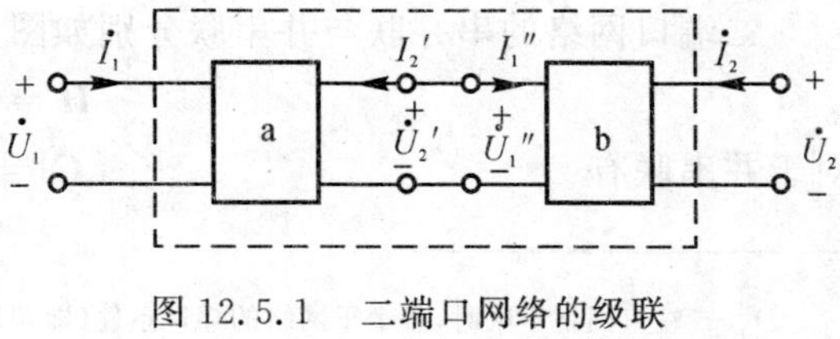

图 12.5.1　二端口网络的级联

明有

$$\boldsymbol{A}=\boldsymbol{A}_a\boldsymbol{A}_b$$

证明：因有

$$\begin{bmatrix}\dot{U}_1\\\dot{I}_1\end{bmatrix}=\boldsymbol{A}_a\begin{bmatrix}\dot{U}'_2\\-\dot{I}'_2\end{bmatrix}\tag{12.5.1}$$

$$\begin{bmatrix}\dot{U}''_1\\\dot{I}''_1\end{bmatrix}=\boldsymbol{A}_b\begin{bmatrix}\dot{U}_2\\-\dot{I}_2\end{bmatrix}\tag{12.5.2}$$

又有$\begin{bmatrix}\dot{U}'_2\\-\dot{I}'_2\end{bmatrix}=\begin{bmatrix}\dot{U}''_1\\\dot{I}''_1\end{bmatrix}$。将式(12.5.2)代入式(12.5.1)得

$$\begin{bmatrix}\dot{U}_1\\\dot{I}_1\end{bmatrix}=\boldsymbol{A}_a\boldsymbol{A}_b\begin{bmatrix}\dot{U}_2\\-\dot{I}_2\end{bmatrix}=\boldsymbol{A}\begin{bmatrix}\dot{U}_2\\-\dot{I}_2\end{bmatrix}$$

故得 $\boldsymbol{A}=\boldsymbol{A}_a\boldsymbol{A}_b$ 证毕

二端口网络的串联①如图 12.5.2 所示。可看出有

$$\dot{I}_1=\dot{I}'_1=\dot{I}''_1\qquad \dot{I}_2=\dot{I}'_2=\dot{I}''_2$$

$$\dot{U}_1=\dot{U}'_1+\dot{U}''_1\qquad \dot{U}_2=\dot{U}'_2+\dot{U}''_2$$

设两个简单二端口网络a，b的Z矩阵分别为$\boldsymbol{Z}_a$，$\boldsymbol{Z}_b$，复合二端口网络的Z矩阵为$\boldsymbol{Z}$，则可证明有

$$\boldsymbol{Z}=\boldsymbol{Z}_a+\boldsymbol{Z}_b$$

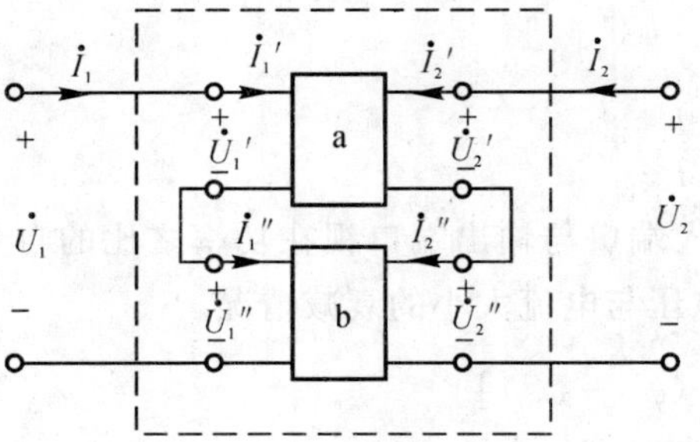

图 12.5.2 二端口网络的串联

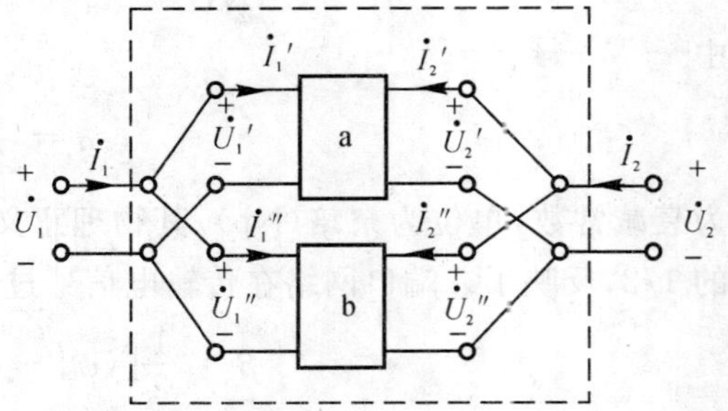

图 12.5.3 二端口网络的并联

二端口网络的并联如图 12.5.3 所示。可看出有

$$\dot{I}_1=\dot{I}'_1+\dot{I}''_1\qquad \dot{I}_2=\dot{I}'_2+\dot{I}''_2$$

$$\dot{U}_1=\dot{U}'_1=\dot{U}''_1\qquad \dot{U}_2=\dot{U}'_2=\dot{U}''_2$$

设两个简单二端口网络a，b的Y矩阵分别为$\boldsymbol{Y}_a$，$\boldsymbol{Y}_b$，复合二端口网络的Y矩阵为$\boldsymbol{Y}$，则可证明有

$$\boldsymbol{Y}=\boldsymbol{Y}_a+\boldsymbol{Y}_b$$

二端口网络的串并联与并串联分别如图 12.5.4(a)，(b) 所示。可以证明，对于串并联有

$$\boldsymbol{H}=\boldsymbol{H}_a+\boldsymbol{H}_b$$

对于并串联有

$$\boldsymbol{G}=\boldsymbol{G}_a+\boldsymbol{G}_b$$

① 二端口网络串联时，每个子网络的端口条件（即端口上流入一个端子的电流与流出另一个端子的电流为同一电流）不能被破坏，否则所得结论和公式不再适用。对于并联、串并联、并串联也同样。

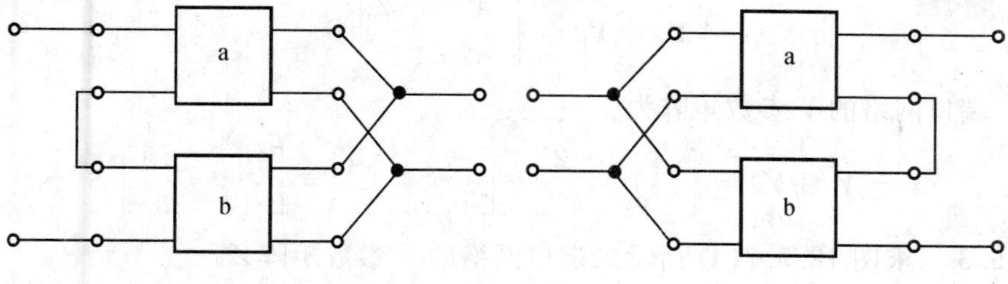

(a)　　　　(b)

图 12.5.4　二端口网络的串并联与并串联

例 12.5.1　图 12.5.5(a) 所示二端口网络，是由理想变压器与线性定常电阻 R 组成。此二端口网络的 A 参数为 $a_{11} = 4, a_{21} = 0.05\ \mathrm{S}, a_{22} = 0.25$。求 n 与 R。

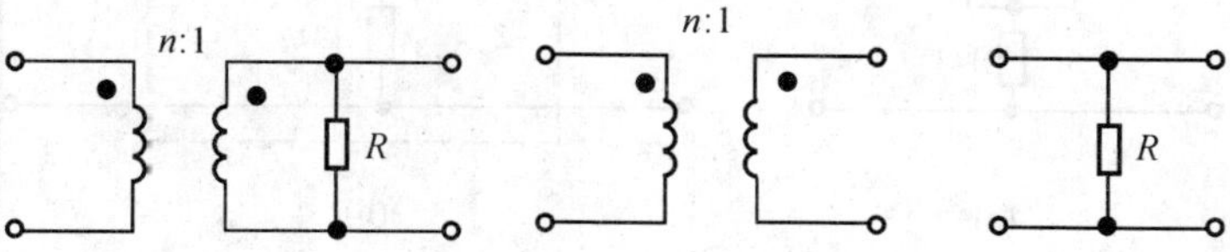

(a)　　　　(b)　　　　(c)

图　12.5.5

解　因为是互易网络，故有 $a_{11}a_{22} - a_{12}a_{21} = 1$。将已知数据代入得 $a_{12} = 0$。所给二端口网络可以看成是图 12.5.5(b)，(c) 两个简单二端口网络的级联，故有

$$\mathbf{A} = \mathbf{A}_b \mathbf{A}_c$$

即

$$\begin{bmatrix} 4 & 0 \\ 0.05 & 0.25 \end{bmatrix} = \begin{bmatrix} n & 0 \\ 0 & \dfrac{1}{n} \end{bmatrix} \begin{bmatrix} 1 & 0 \\ \dfrac{1}{R} & 1 \end{bmatrix} = \begin{bmatrix} n & 0 \\ \dfrac{1}{nR} & \dfrac{1}{n} \end{bmatrix}$$

故得 $n = 4, R = 5\ \Omega$。

例 12.5.2　图 12.5.6(a) 为双 T 型网络，试求其 Y 参数矩阵 $\boldsymbol{Y}$。

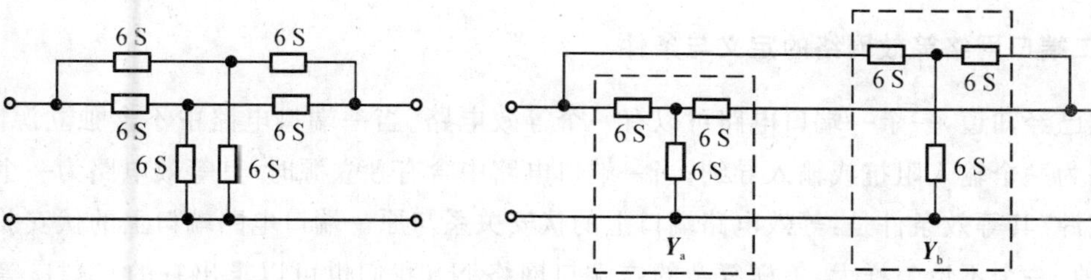

(a)　　　　(b)

图 12.5.6　双 T 型二端口网络

解　图 12.5.6(a) 双 T 型二端口网络可视作两个 T 型网络的并联，如图 12.5.6(b) 所示。今可求得

$$\boldsymbol{Y}_a = \boldsymbol{Y}_b = \begin{bmatrix} 4 & -2 \\ -2 & 4 \end{bmatrix} \text{S}$$

故双T型二端口网络的Y参数矩阵为

$$\boldsymbol{Y} = \boldsymbol{Y}_a + \boldsymbol{Y}_b = \begin{bmatrix} 4 & -2 \\ -2 & 4 \end{bmatrix} + \begin{bmatrix} 4 & -2 \\ -2 & 4 \end{bmatrix} = \begin{bmatrix} 8 & -4 \\ -4 & 8 \end{bmatrix} \text{S}$$

例 12.5.3 求图 12.5.7(a) 所示二端口网络的Z参数矩阵$\boldsymbol{Z}$。

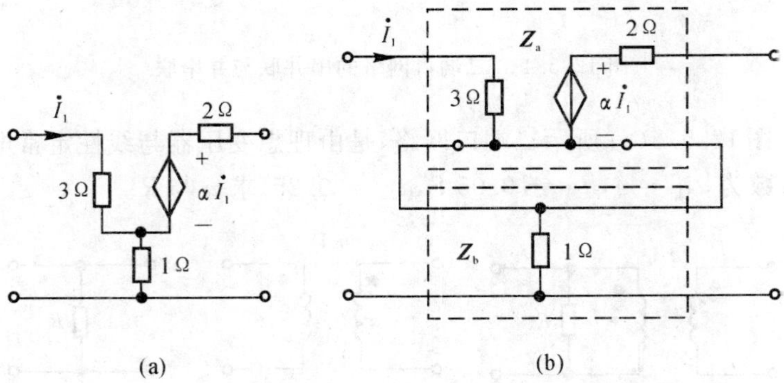

图 12.5.7

解 可以将图 12.5.7(a) 所示网络分解为图 12.5.7(b) 所示两个二端口网络的串联，于是可分别求得

$$\boldsymbol{Z}_a = \begin{bmatrix} 3 & 0 \\ \alpha & 2 \end{bmatrix}, \qquad \boldsymbol{Z}_b = \begin{bmatrix} 1 & 1 \\ 1 & 1 \end{bmatrix}$$

故得

$$\boldsymbol{Z} = \boldsymbol{Z}_a + \boldsymbol{Z}_b = \begin{bmatrix} 3 & 0 \\ \alpha & 2 \end{bmatrix} + \begin{bmatrix} 1 & 1 \\ 1 & 1 \end{bmatrix} = \begin{bmatrix} 4 & 1 \\ 1+\alpha & 3 \end{bmatrix} \Omega$$

*12.6 二端口网络的等效二端口网络

一、二端口网络等效网络的定义与条件

我们已经知道，一个一端口电路可以有一个等效电路。当一端口电路中不含独立源时，其等效电路为一个输入阻抗或输入导纳；当一端口电路中含有独立源时，其等效电路为一个电压源或电流源。其等效条件是：等效电路端口上的伏安关系与原一端口电路端口上的伏安关系全同。同样地，一个不论怎样大、怎样复杂的二端口网络 N_a，我们也可以求出它的二端口等效网络 N_b，如图 12.6.1 所示。其等效条件是：N_b 与 N_a 具有相同的端口伏安关系，即端口上的电压和电流关系方程完全相同，亦即网络的基本参数或特性参数完全相同。

研究二端口网络等效网络的理论和实用意义在于，有时可使问题求解、计算简便；当对网络进行综合设计时，可使网络元件的数量减少。

由于每一个二端口网络都有六组参数矩阵，因而就有六种等效二端口网络，但在工程实际中，应用较多的是Z参数，Y参数，H参数三种等效二端口网络。

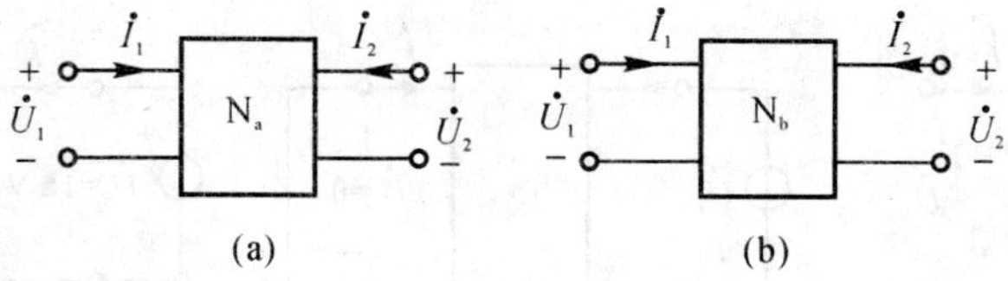

图 12.6.1　二端口网络等效网络的定义与条件

二、Z 参数等效二端口网络

图 12.6.2(a) 所示为线性二端口网络 N，若已知其 Z 方程为

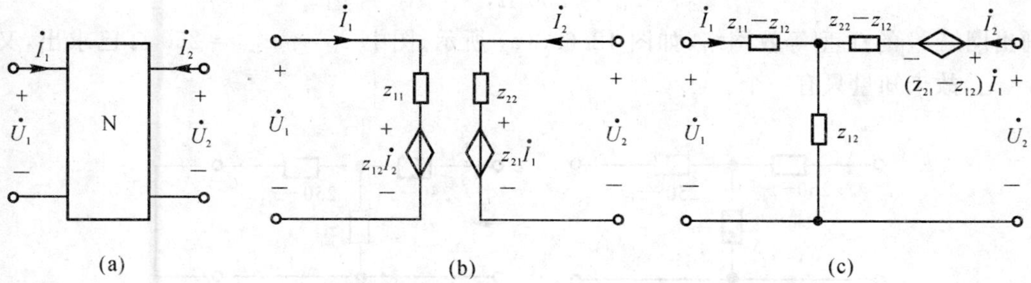

图 12.6.2　两种 Z 参数等效二端口网络

$$\begin{cases}\dot{U}_1 = z_{11}\dot{I}_1 + z_{12}\dot{I}_2 \\ \dot{U}_2 = z_{21}\dot{I}_1 + z_{22}\dot{I}_2\end{cases}$$

上式是一组 KVL 方程，根据此式可画出与之对应的含双受控源的 Z 参数等效网络，如图 12.6.2(b) 所示。

将上式加以改写，即

$$\begin{cases}\dot{U}_1 = (z_{11} - z_{12})\dot{I}_1 + z_{12}(\dot{I}_1 + \dot{I}_2) \\ \dot{U}_2 = (z_{22} - z_{12})\dot{I}_2 + z_{12}(\dot{I}_1 + \dot{I}_2) + (z_{21} - z_{12})\dot{I}_1\end{cases}$$

根据此式可画出与之对应的含一个受控源的 T 型等效网络，如图 12.6.2(c) 所示。

特殊情况：当网络 N 为互易网络时，因有 $z_{12} = z_{21}$，故图 12.6.2(c) 中的受控电压源 $(z_{21} - z_{12})\dot{I}_1 = 0$，即为短路，于是变为如图 12.6.3 所示的无受控源 T 型网络。

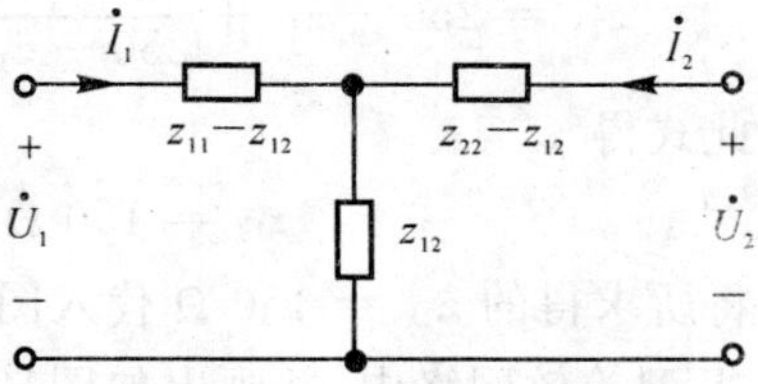

图 12.6.3　互易网络的 Z 参数无源 T 型等效网络

图 12.6.2(b)，(c) 和图 12.6.3 统称为二端口网络的 Z 参数等效二端口网络。

例 12.6.1　对一个对称二端口网络 N 进行如图 12.6.4(a)，(b) 所示的测试，其测试结果为：出口开路时，如图(a) 所示，$\dot{U}_1 = 16$ V，$\dot{I}_1 = 0.064$ A；出口短路时，如图 12.6.4(b) 所示，$\dot{U}_1 = 16$ V，$\dot{I}_1 = 0.1$ A。求图 12.6.4(c) 所示网络中的电流 $\dot{I}_2$。

解　本题若不用 Z 参数等效二端口网络求解，则是比较困难的。因对图(a) 有

$$z_{11} = \left.\frac{\dot{U}_1}{\dot{I}_1}\right|_{\dot{I}_2=0} = \frac{16}{0.064} = 250\ \Omega$$

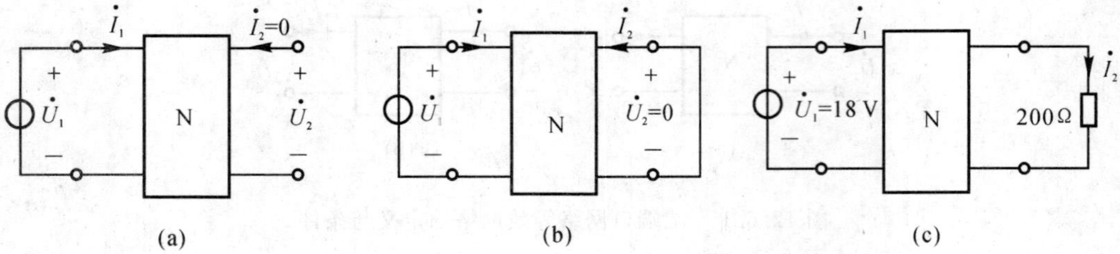

图 12.6.4

又已知网络是对称的，故有

$$z_{22} = z_{11} = 250\ \Omega, \qquad z_{12} = z_{21}$$

现画出网络 N 的 T 型等效网络，如图 12.6.5(a) 所示。图中 $z_{11} = z_{22} = 250\ \Omega$ 已求出，又有 $z_{12} = z_{21}$，故未知量只有一个。

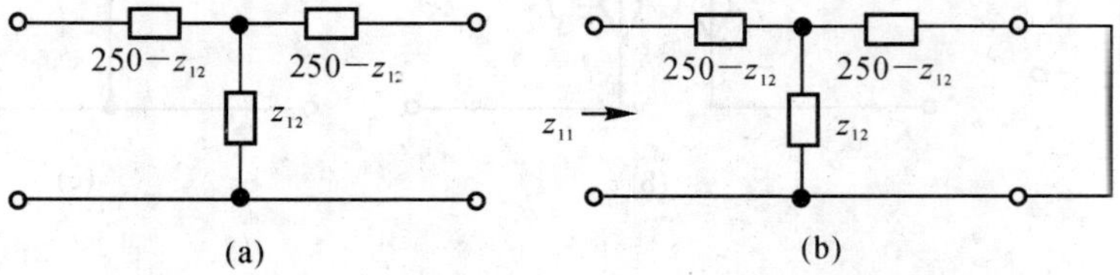

图 12.6.5 网络 N 的 Z 参数 T 型等效网络

又根据图 12.6.4(b) 网络求得

$$z_{11} = \left.\frac{\dot{U}_1}{\dot{I}_1}\right|_{\dot{U}_2=0} = \frac{16}{0.1} = 160\ \Omega$$

根据图 12.6.5(b) 求得

$$z_{11} = 250 - z_{12} + \frac{(250 - z_{12})z_{12}}{250 - z_{12} + z_{12}} = 160$$

解此式得

$$z_{12} = 150\ \Omega$$

再将所求得的 $z_{12} = 150\ \Omega$ 代入图 12.6.5(a) 所示的无源 T 型等效网络中，并画出如图12.6.6 所示的网络，根据此网络即可很容易地求得 $\dot{I}_2 = 0.03$ A。

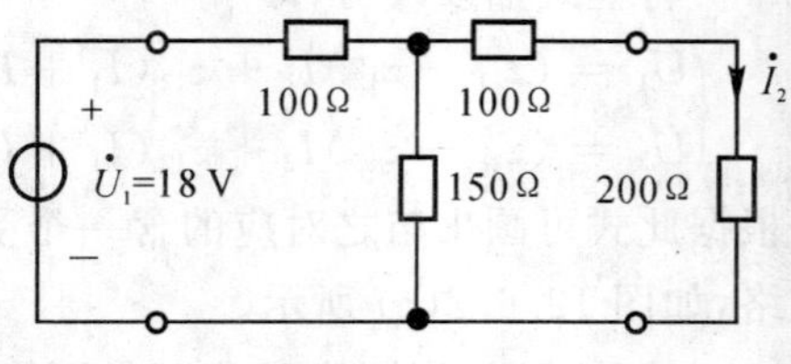

图 12.6 6

三、Y 参数等效二端口网络

对于图 12.6.2(a) 所示的线性二端口网络 N，若已知其 Y 方程为

$$\begin{cases} \dot{I}_1 = y_{11}\dot{U}_1 + y_{12}\dot{U}_2 \\ \dot{I}_2 = y_{21}\dot{U}_1 + y_{22}\dot{U}_2 \end{cases}$$

上式是一组 KCL 方程，根据此式可画出与之对应的含双受控源的 Y 参数等效网络，如图 12.6.7(a) 所示。

将上式加以改写，即

$$\begin{cases}\dot{I}_1=(y_{11}+y_{12})\dot{U}_1-y_{12}(\dot{U}_1-\dot{U}_2)\\ \dot{I}_2=(y_{22}+y_{12})\dot{U}_2-y_{12}(\dot{U}_2-\dot{U}_1)+(y_{21}-y_{12})\dot{U}_1\end{cases}$$

根据此式可画出与之对应的含一个受控源的等效网络，如图 12.6.7(b) 所示。

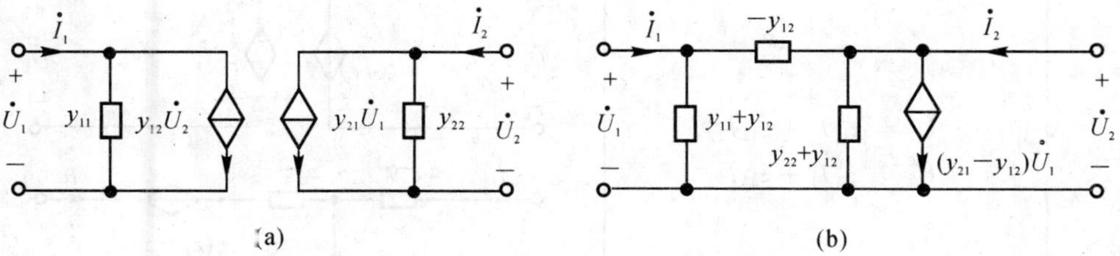

图 12.6.7　两种 Y 参数等效二端口网络

特殊情况：当网络 N 为互易网络时，因有 $y_{12}=y_{21}$，故图 12.6.7(b) 中的受控电流源 $(y_{21}-y_{12})\dot{U}_1=0$，即为开路，于是变为图 12.6.8 所示的无源 ∏ 形网络。

图 12.6.7(a)，(b) 和图 12.6.8，统称为二端口网络的 Y 参数等效二端口网络。

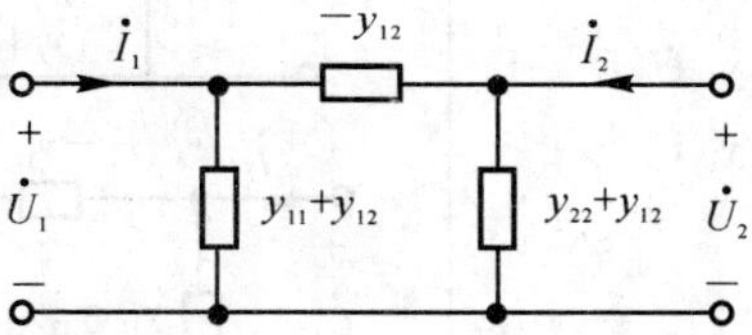

图 12.6.8　互易网络的 Y 参数∏ 型等效网络

四、*H* 参数等效二端口网络

对于图 12.6.2(a) 所示的线性二端口网络 N，若已知其 H 方程为

$$\begin{cases}\dot{U}_1=h_{11}\dot{I}_1+h_{12}\dot{U}_2\\ \dot{I}_2=h_{21}\dot{I}_1+h_{22}\dot{U}_2\end{cases}$$

根据此式可画出与之对应的含双受控源的 H 参数等效二端口网络，如图 12.6.9 所示，称为 H 参数等效二端口网络。

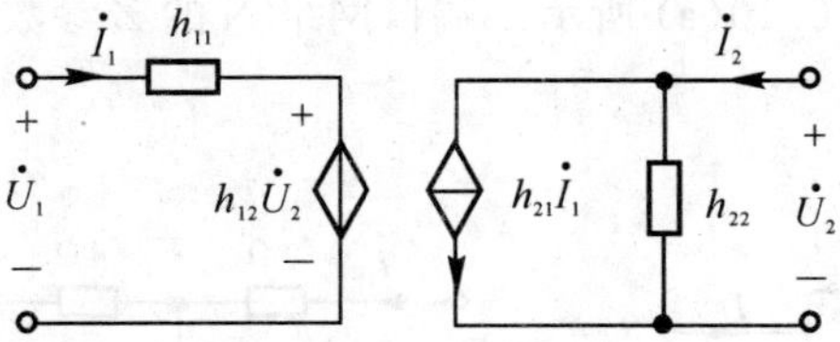

图 12.6.9　H 参数等效二端口网络

现将二端口网络的等效二端口网络汇总于表 12.6.1 中，以便查用。

表 12.6.1 二端口网络的等效二端口网络

	已知的参数和方程	等效二端口网络
Z	$\dot{U}_1 = z_{11}\dot{I}_1 + z_{12}\dot{I}_2$ $\dot{U}_2 = z_{21}\dot{I}_1 + z_{22}\dot{I}_2$	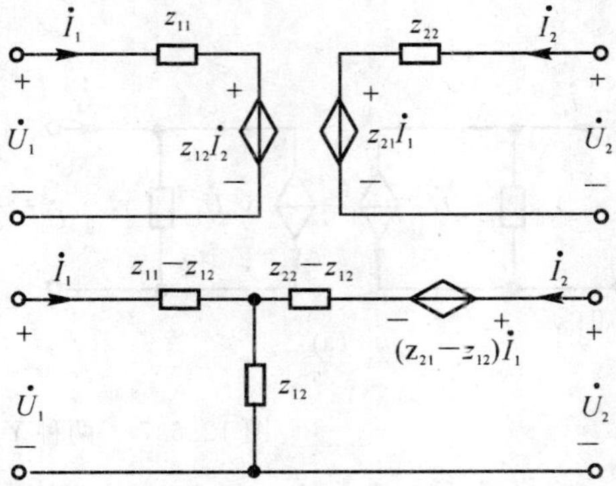
Y	$\dot{I}_1 = y_{11}\dot{U}_1 + y_{12}\dot{U}_2$ $\dot{I}_2 = y_{21}\dot{U}_1 + y_{22}\dot{U}_2$	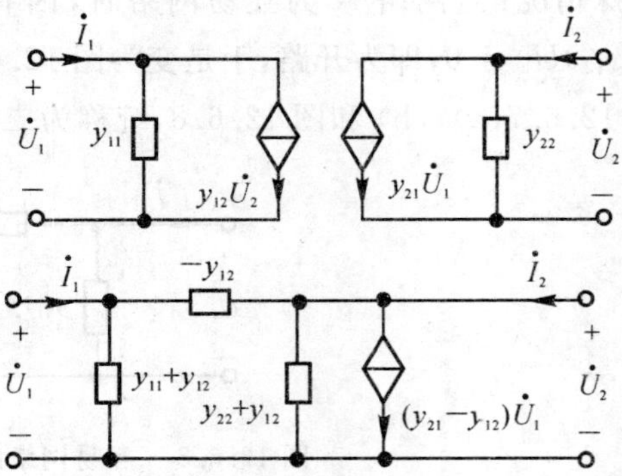
H	$\dot{U}_1 = h_{11}\dot{I}_1 + h_{12}\dot{U}_2$ $\dot{I}_2 = h_{21}\dot{I}_1 + h_{22}\dot{U}_2$	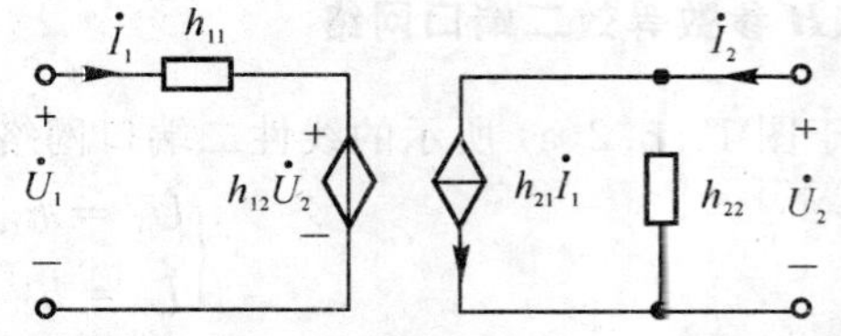

例 12.6.1 已知图 12.6.10(a) 所示二端口网络 N 的 Z 参数矩阵 $\mathbf{Z} = \begin{bmatrix} 6 & 4 \\ 2 & 8 \end{bmatrix}\Omega$，试求其 T 型等效二端口网络。

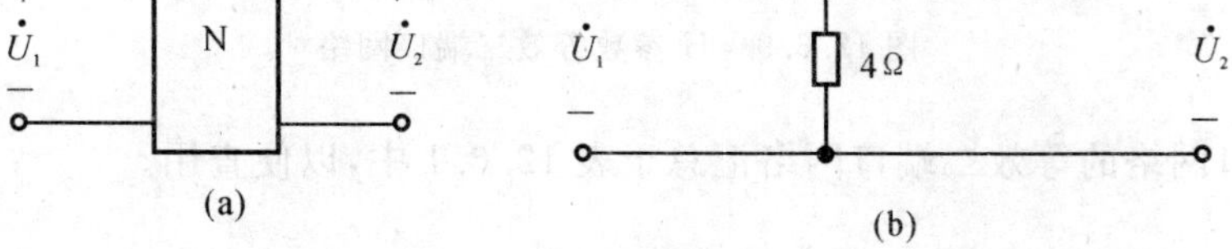

图 12.6.10

解　$z_{11}=6\ \Omega, z_{12}=4\ \Omega, z_{21}=2\ \Omega, z_{22}=8\ \Omega$。将这些数据代入图 12.6.2(c) 中，即得其 T 型等效二端口网络，如图 12.6.10(b) 所示，可见为一含受控源的网络，这是因为已知的网络 N 为非互易网络。

例 12.6.2　已知图 12.6.11(a) 所示二端口网络 N 的 Y 参数矩阵为 $\boldsymbol{Y}=\begin{bmatrix}1 & -0.25\\ -0.25 & 0.5\end{bmatrix}$ S，试求其∏型等效二端口网络。

解　$y_{11}=1\ \text{S}, y_{12}=-0.25\ \text{S}, y_{21}=-0.25\ \text{S}, y_{22}=0.5\ \text{S}$。将这些数据代入图12.6.7(b)中，即得其∏型等效二端口网络，如图 12.6.11(b) 所示。可见为一不含受控源的网络，这是因为已知的网络 N 为互易网络。

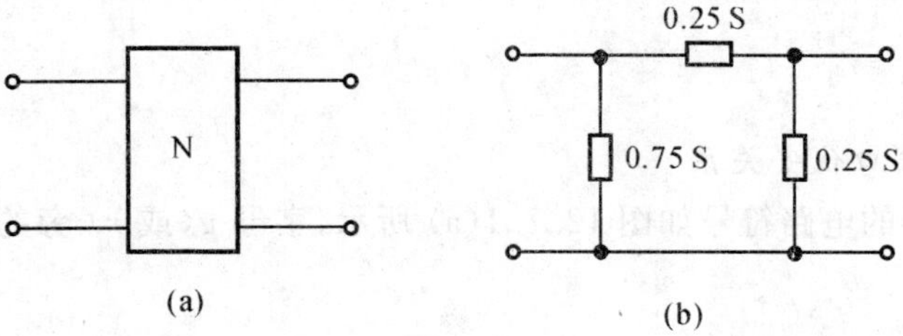

图　12.6.11

例 12.6.3　已知图 12.6.12(a) 中二端口网络 N 的 Z 参数矩阵为 $\boldsymbol{Z}=\begin{bmatrix}6 & 4\\ 4 & 6\end{bmatrix}$，求 R 为何值时能获得最大功率 P_m，P_m 的值为多大？

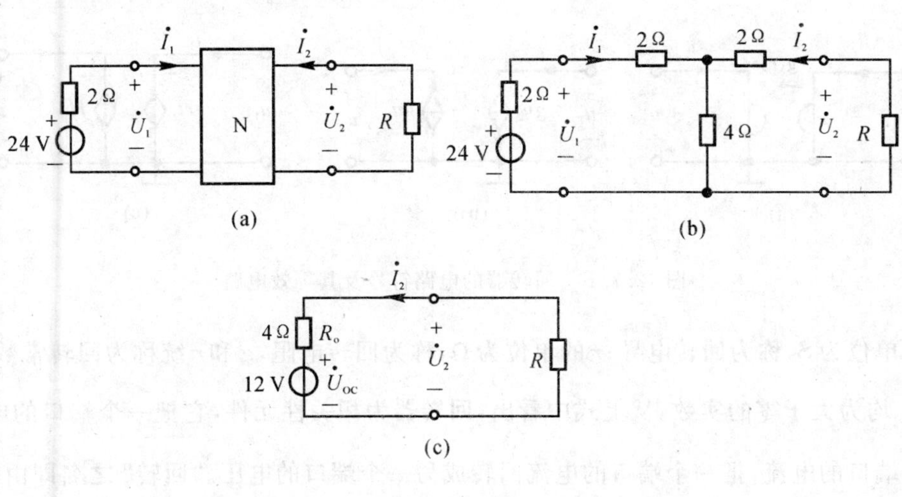

图　12.6.12

解　$z_{11}=6\ \Omega, z_{12}=4\ \Omega, z_{21}=4\ \Omega, z_{22}=6\ \Omega$。将这些数据代入图 12.6.2(c) 中，即得其 T 型等效二端口网络，如图 12.6.12(b) 中所示。然后再由等效电压源定理可求得图 12.6.12(c) 所示的等效电压源电路。其中

$$U_{OC}=\frac{24}{2+2+4}\times 4=12\ \text{V}$$

$$R_o = \frac{4 \times 4}{4+4} + 2 = 4\ \Omega$$

故当 $R = R_o = 4\ \Omega$ 时，R 能获得最大功率 P_m，且

$$P_m = \frac{U_{OC}^2}{4R_o} = \frac{12^2}{4 \times 4} = 9\ \text{W}$$

*12.7 二端口元件

具有两个端口的电路元件，称为二端口元件。第 6 章中讲述的耦合电感元件和理想变压器，都是二端口电路元件。在本节中，再介绍两种新型的二端口元件。

一、回转器

1. 电路符号与端口伏安关系

理想线性回转器的电路符号如图 12.7.1(a) 所示，字母 g(或 r) 旁的箭头表示回转方向，其伏安关系为

$$\left.\begin{aligned} i_1 &= gu_2 \\ i_2 &= -gu_1 \end{aligned}\right\} \tag{12.7.1a}$$

或

$$\left.\begin{aligned} u_1 &= -\frac{1}{g}i_2 = -ri_2 \\ u_2 &= \frac{1}{g}i_1 = ri_1 \end{aligned}\right\} \tag{12.7.1b}$$

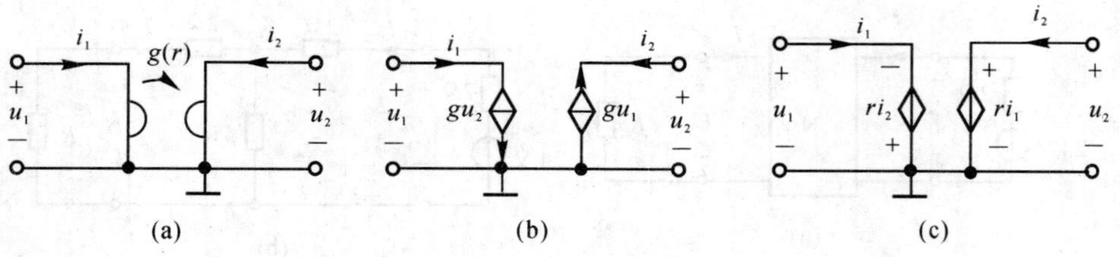

图 12.7.1 回转器的电路符号及其等效电路

式中 g 的单位为 S，称为回转电导；r 的单位为 Ω，称为回转电阻，g 和 r 统称为回转常数，且 $g = \frac{1}{r}$。r 和 g 均为大于零的实数。从上式中看出，回转器为相关性元件，它把一个端口的电压回转成另一个端口的电流，把一个端口的电流回转成另一个端口的电压。"回转"之名即由此而来。

将上两式写成矩阵形式即为

$$\begin{bmatrix} i_1 \\ i_2 \end{bmatrix} = \begin{bmatrix} 0 & g \\ -g & 0 \end{bmatrix} \begin{bmatrix} u_1 \\ u_2 \end{bmatrix} \tag{12.7.1c}$$

$$\begin{bmatrix} u_1 \\ u_2 \end{bmatrix} = \begin{bmatrix} 0 & -r \\ r & 0 \end{bmatrix} \begin{bmatrix} i_1 \\ i_2 \end{bmatrix} \tag{12.7.1d}$$

此两式说明理想回转器为非互易元件。

根据式(12.7.1)可作出理想线性回转器的两种等效电路，相应如图 12.7.1(b)，(c) 所示。

由式(12.7.1) 可得

$$u_1(t)i_1(t)+u_2(t)i_2(t)=0$$

即在任意时刻 t 理想回转器都不消耗能量，也不贮存能量，所以是一个无源的、非能量的、无记忆元件。

回转器可以用运算放大器来实现，读者可参看集成电路方面的书籍。

2. 回转器的阻抗逆变换作用

若在回转器的输出端接负载阻抗 Z，如图 12.7.2(a) 所示，则其输入阻抗为

$$Z_0=\frac{\dot{U}_1}{\dot{I}_1}=\frac{\frac{1}{g}(-\dot{I}_2)}{g\dot{U}_2}=\frac{1}{g^2}\frac{1}{\left(\frac{\dot{U}_2}{-\dot{I}_2}\right)}=\frac{1}{g^2Z}=r^2\frac{1}{Z}\qquad(12.7.2)$$

可见输入阻抗 Z_0 与 Z 成反比，此即为阻抗的逆变换作用。图 12.7.2(b) 则为其等效电路。

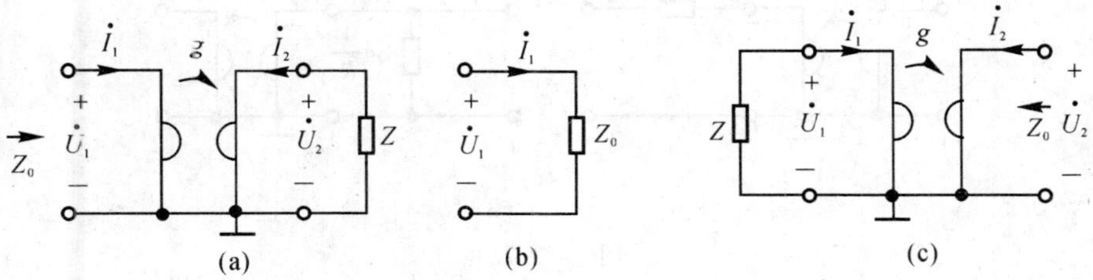

图 12.7.2　回转器的阻抗逆变换作用

从式(12.7.2) 看出：

(1)Z_0 与 Z 的性质相反，即能将 R,L,C 相应回转为电导 g^2R、电容 g^2L、电感 r^2C，特别是将电容回转成电感这一性质尤为宝贵。因为到目前为止，在集成电路中要实现一个电感还有困难，但实现一个电容却很容易。利用回转器将电容 C 回转成电感 $L=r^2C$ 的电路如图 12.7.3 所示，这只要将 $Z=\dfrac{1}{j\omega C}$ 代入式(12.7.2) 即可证明。

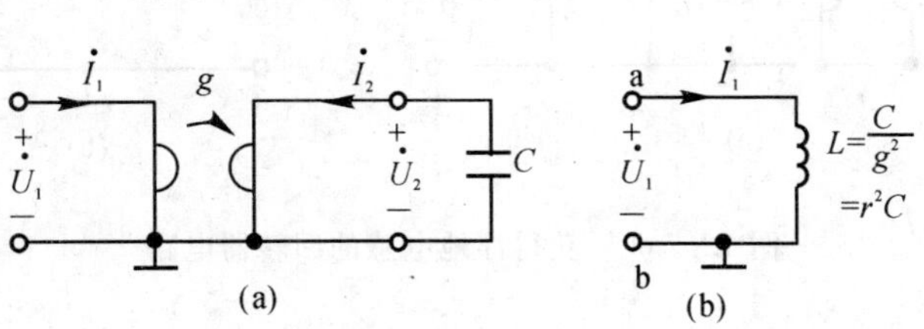

图 12.7.3　回转器将电容 C 回转为电感 $L=r^2C$

(2) 阻抗的逆变换作用具有可逆性，即若将 Z 接在输入端口，如图 12.7.2(c) 所示，则可证明输出端口的输入阻抗仍为 $Z_0=\dfrac{1}{g^2Z}=r^2\dfrac{1}{Z}$。

(3) 当 $Z=0$ 时，$Z_0\to\infty$，即当一个端口短路时，相当于另一个端口开路。

(4) 当 $Z\to\infty$ 时，$Z_0=0$，即当一个端口开路时，相当于另一个端口短路。

(5) 一个端口的串联(并联) 连接回转成另一个端口为并联(串联) 连接，如图 12.7.4 中各对电路所示。

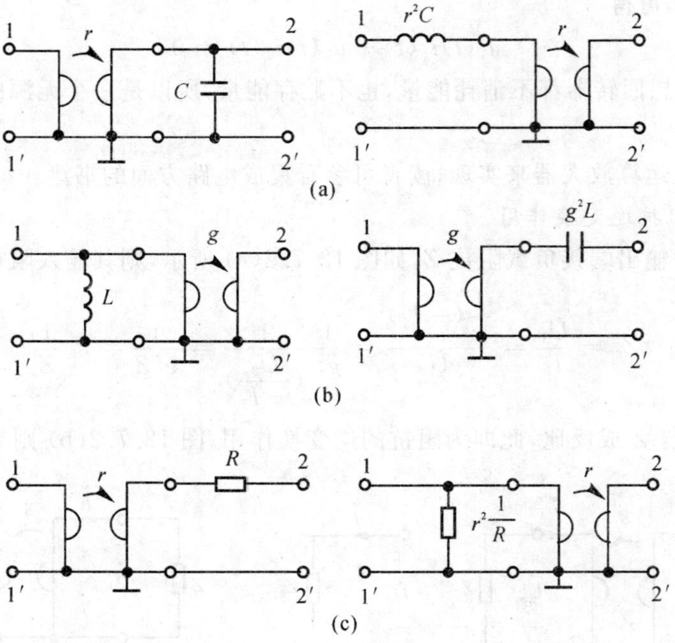

图 12.7.4

由于图 12.7.3(a) 中回转器的两个端口有公共的"接地"端，故得到的等效电感 L 也是"接地"的，如图 12.7.3(b) 所示，称为接地电感。今为了获得不接地的电感(称为浮地电感)，可采用图 12.7.5(a) 所示电路，图 12.7.5(b) 则为其等效电路。可见等效电感 L 已经"浮地"了。现推证如下：取两个回转器的回转常数均为 g，则对图 12.7.5(a) 有

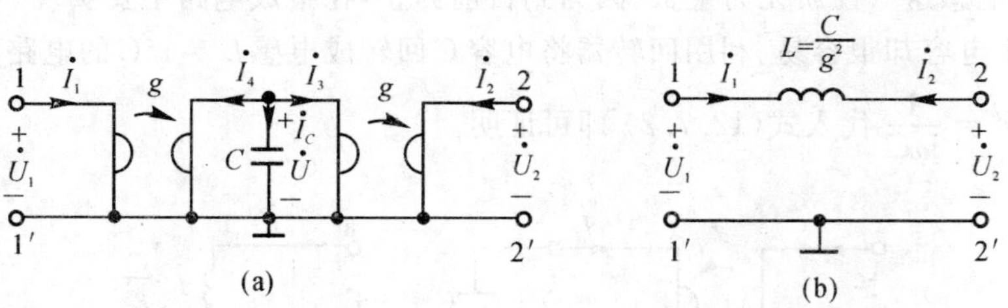

图 12.7.5 获得浮地电感的回转器电路

$$\dot{I}_1 = g\dot{U}$$

$$\dot{I}_2 = -g\dot{U}$$

故有

$$\dot{I}_1 = -\dot{I}_2$$

又有

$$-\dot{I}_4 = \dot{I}_C + \dot{I}_3$$

即

$$g\dot{U}_1 = j\omega C\dot{U} + g\dot{U}_2$$

故得

$$\dot{U} = j\omega\frac{C}{g^2}\dot{I}_1 + \dot{U}_2$$

可见与此方程对应的电路正好就是图 12.7.5(b) 所示电路，其中 $L = \frac{C}{g^2} = r^2 C$ 即为浮地电感。

*二、理想变压器与理想回转器的比较

在电路理论中，理想回转器与理想变压器是姊妹元件，它们两者与 R,L,C,M 组成了电路的 6 个基本的无源元件。理想变压器与理想回转器的比较如表 12.7.1 所示。

表 12.7.1　理想变压器与理想回转器的比较

序号	理想变压器	理想回转器
1	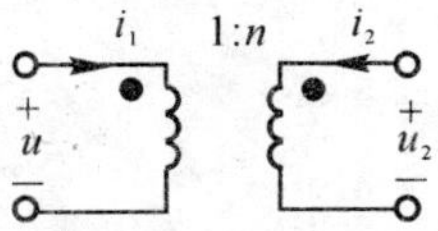	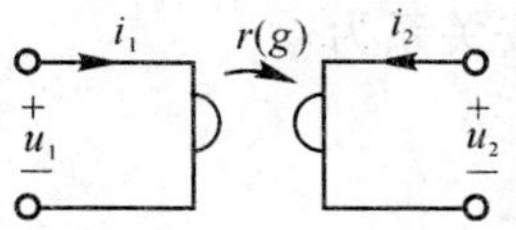
2	$\begin{cases}u_1=\dfrac{1}{n}u_2\\ i_1=-ni_2\end{cases}$；$\begin{cases}u_2=nu_1\\ i_2=-\dfrac{1}{n}i_1\end{cases}$ $\boldsymbol{A}=\begin{bmatrix}\dfrac{1}{n} & 0\\ 0 & n\end{bmatrix}$；$\boldsymbol{B}=\begin{bmatrix}n & 0\\ 0 & \dfrac{1}{n}\end{bmatrix}$	$\begin{cases}u_1=-ri_2\\ u_2=ri_1\end{cases}$；$\begin{cases}i_1=gu_2\\ i_2=-gu_1\end{cases}$ $\boldsymbol{Z}=\begin{bmatrix}0 & -r\\ r & 0\end{bmatrix}$；$\boldsymbol{Y}=\begin{bmatrix}0 & g\\ -g & 0\end{bmatrix}$
3	唯一参数 n	唯一参数 g(或 r)
4	有互易性	无互易性
5	为静态(非记忆、无源)元件	为静态(非记忆、无源)元件
6	将电压变换为电压	将电压回转为电流
7	将电流变换为电流	将电流回转为电压
8	将阻抗 Z 变换为阻抗　$Z_0=\dfrac{1}{n^2}Z$	将阻抗 Z 回转为导纳　$Y_0=g^2Z$
9	将电阻 R 变换为电阻　$R_0=\dfrac{1}{n^2}R$	将电阻 R 回转为电导　$G_0=g^2R$
10	将电容 C 变换为电容　$C_0=n^2C$	将电容 C 回转为电感　$L=r^2C$
11	将电感 L 变换为电感　$L_0=\dfrac{1}{n^2}L$	将电感 L 回转为电容　$C=g^2L$
12	将开路变换为开路	将开路回转为短路
13	将短路变换为短路	将短路回转为开路
14	将串联变换为串联	将串联回转为并联
15	将并联变换为并联	将并联回转为串联
16	为非相关性元件	为相关性元件

*三、负阻抗变换器

1. 电路符号与端口伏安关系

负阻抗变换器(简写为 NIC①)是一种二端口元件,其电路符号如图 12.7.6(a)所示,分为电流倒置型(CNIC)与电压倒置型(VNIC)两种。在理想情况下,前者的端口伏安关系为

$$\left.\begin{aligned}\dot{U}_1 &= \dot{U}_2\\ \dot{I}_1 &= K_1\dot{I}_2\end{aligned}\right\} \tag{12.7.3a}$$

后者的伏安关系为

$$\left.\begin{aligned}\dot{U}_1 &= -K_2\dot{U}_2\\ \dot{I}_1 &= -\dot{I}_2\end{aligned}\right\} \tag{12.7.3b}$$

式中 K_1, K_2 均为大于 0 的实常数。

由式(12.7.3a)可见,输入电压 $\dot{U}_1$ 经传输后等于输出电压 $\dot{U}_2$,大小和极性均未改变,但电流 $\dot{I}_1$ 经传输后变为 $K_1\dot{I}_2$,即大小和方向都变了,故名电流倒置型;由式(12.7.3b)可见,经传输后,电流的大小和方向未变,但电压的大小和正负极性都变了,故名电压倒置型。

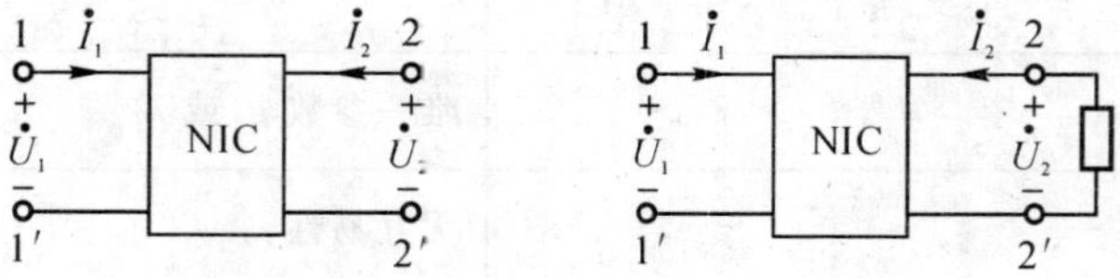

图 12.7.6 负阻抗变换器

2. 阻抗负变换作用

今在 NIC 的输出端接以阻抗 Z,如图 12.7.6(b)所示,则其输入阻抗可由式(12.7.3a)求得为

$$Z_{in} = \frac{\dot{U}_1}{\dot{I}} = \frac{\dot{U}_2}{K_1\dot{I}_2} = -\frac{\dot{U}_2}{-K_1(-\dot{I}_2)} = -\frac{1}{K_1}Z$$

或由式(12.7.3b)得

$$Z_{in} = \frac{\dot{U}_1}{\dot{I}_1} = -\frac{-K_2\dot{U}_2}{-\dot{I}_2} = -K_2Z$$

可见 Z_{in} 为 Z 的 $(-\frac{1}{K_2})$ 倍或 $(-K_2)$ 倍,即把正阻抗 Z 变换成了负阻抗,亦即能把 R, L, C 元件分别变换为 $-\frac{1}{K_1}R, -\frac{1}{K_1}L, -\frac{1}{K_1}C$(或 $-K_2R, -K_2L, -K_2C$),故名负阻抗变换器。

负阻抗变换器可用运算放大器来实现。

现将常用二端口电路元件的电路符号及其端口伏安关系汇总于表 12.7.2 中,以便记忆和查用。

① Negative Impedance Converter

表 12.7.2　二端口电路元件的电路符号及其端口伏安关系

名　称	电路符号	端口伏安关系
耦合电感元件	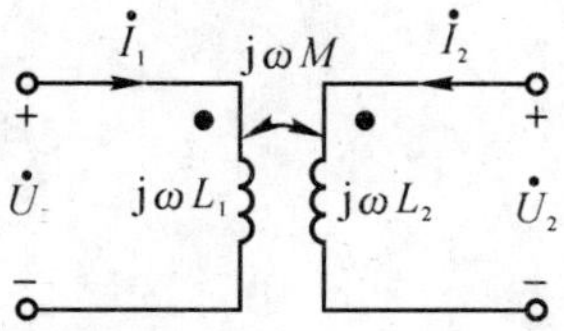	$\dot U_1 = j\omega L_1 \dot I_1 + j\omega M \dot I_2$ $\dot U_2 = j\omega M \dot I_1 + j\omega L_2 \dot I_2$
理想变压器	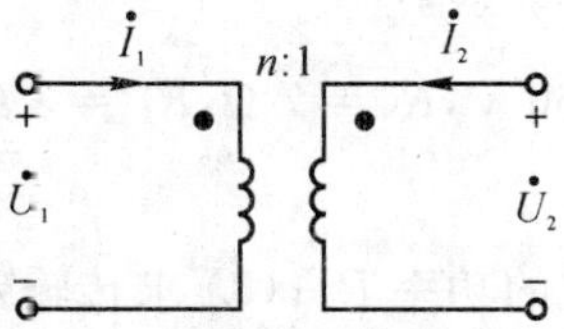	$\dfrac{\dot U_1}{\dot U_2} = \dfrac{n}{1}$ $\dfrac{\dot I_1}{\dot I_2} = -\dfrac{1}{n}$
回转器	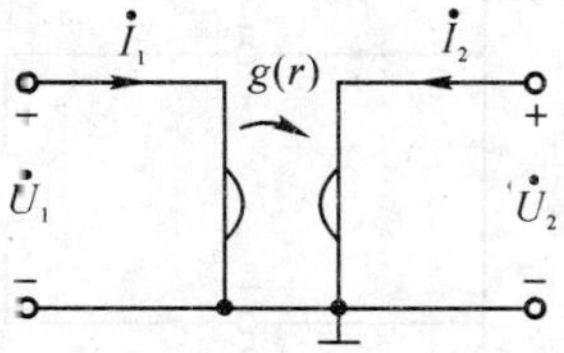	$\begin{cases}\dot I_1 = g\dot U_2 \\ \dot I_2 = -g\dot U_1\end{cases}$ $\begin{cases}\dot U_1 = -r\dot I_2 \\ \dot U_2 = r\dot I_1\end{cases}$
负阻抗变换器	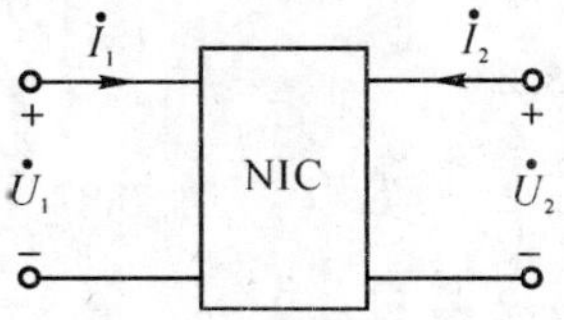	$\begin{cases}\dot U_1 = \dot U_2 \\ \dot I_1 = K_1 \dot I_2\end{cases}$ $\begin{cases}\dot U_1 = -K_2 \dot U_2 \\ \dot I_1 = -\dot I_2\end{cases}$

12.8　有载二端口网络分析计算

一、定义

二端口网络的输入端口接有电源，输出端口接有负载阻抗 Z_L，就称为有载二端口网络，如图 12.8.1 所示。

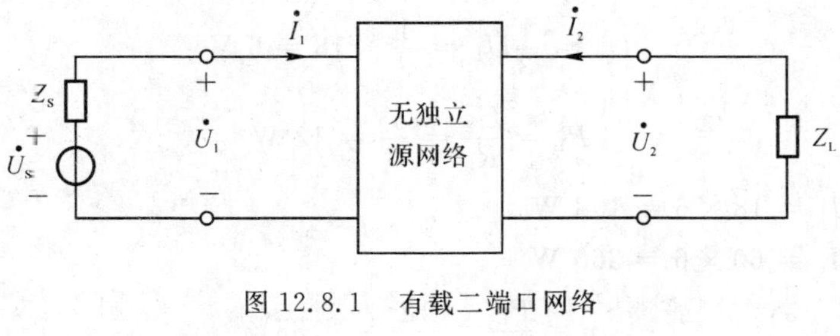

图 12.8.1　有载二端口网络

二、分析计算的任务

有载二端口网络分析计算的任务有两类：第 1 类是，已知二端口网络的参数和 U_S，Z_S，Z_L，

求端口变量 $\dot{U}_1,\dot{I}_1,\dot{U}_2,\dot{I}_2$；第2类是，已知端口变量 $\dot{U}_1,\dot{I}_1,\dot{U}_2,\dot{I}_2$，求二端口网络的参数。

三、分析计算的理论依据(以 A 参数为例)

$$\left.\begin{aligned}\dot{U}_1 &= a_{11}\dot{U}_2 + a_{12}(-\dot{I}_2)\\ \dot{I}_1 &= a_{21}\dot{U}_2 + a_{22}(-\dot{I}_2)\end{aligned}\right\}\text{网络方程}$$

$$\left.\begin{aligned}\dot{U}_1 &= \dot{U}_S - Z_S\dot{I}_1\\ \dot{U}_2 &= -Z_L\dot{I}_2\end{aligned}\right\}\text{端接支路的伏安方程}$$

例 12.8.1 图12.8.2所示电路，已知 $U_S = 60\ \text{V}, R_S = 7\ \Omega, R_L = 3\ \Omega, \boldsymbol{A} = \begin{bmatrix}\frac{5}{2} & \frac{3}{2}\Omega\\ \frac{1}{2}\text{S} & \frac{3}{2}\end{bmatrix}$。(1) 求 R_L 吸收的功率 P_L；(2) 求 $1-1'$ 端口吸收的功率 P_1；(3) 求传输效率 η。

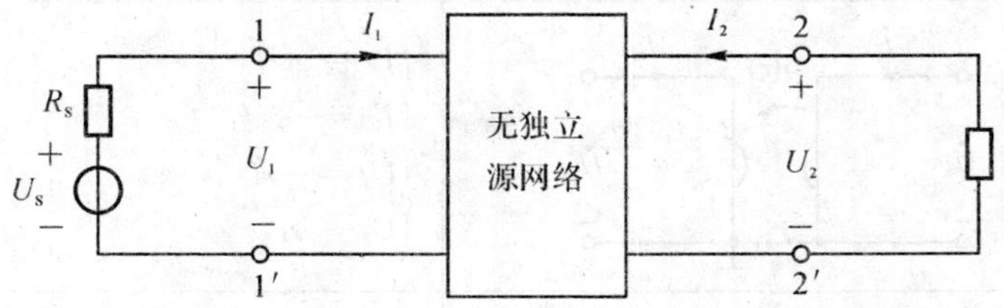

图 12.8.2

解 (1) $1-1'$ 端口的输入电阻为

$$R_{in} = \frac{a_{11}R_L + a_{12}}{a_{21}R_L + a_{22}} = \frac{\frac{5}{2}\times 3 + \frac{3}{2}}{\frac{1}{2}\times 3 + \frac{3}{2}} = 3\ \Omega$$

$$I_1 = \frac{U_S}{R_S + R_{in}} = \frac{60}{7+3} = 6\ \text{A}$$

$$U_1 = U_S - R_S I_1 = 60 - 7\times 6 = 18\ \text{V}$$

$$\frac{U_2}{U_1} = \frac{R_L}{a_{11}R_L + a_{12}} = \frac{3}{\frac{5}{2}\times 3 + \frac{3}{2}} = \frac{1}{3}$$

故得
$$U_2 = \frac{1}{3}U_1 = \frac{1}{3}\times 18 = 6\ \text{V}$$

$$P_L = \frac{U_2^2}{R_L} = \frac{6^2}{3} = 12\ \text{W}$$

(2) $P_1 = U_1 I_1 = 18\times 6 = 108\ \text{W}$

(3) $P_S = U_S I_1 = 60\times 6 = 360\ \text{W}$

$$\eta = \frac{P_L}{P_S} = \frac{12}{360} = 8.33\%$$

例 12.8.2 图12.8.3所示电路，已知 $\boldsymbol{H} = \begin{bmatrix}40\ \Omega & 0.4\\ 10 & 0.1\text{S}\end{bmatrix}$。(1) 求 $10\ \Omega$ 电阻吸收的功率 P_2；(2) 求 $1-1'$ 端口吸收的功率 P_1；(3) 求 1 V 电压源发出的功率 P_S。

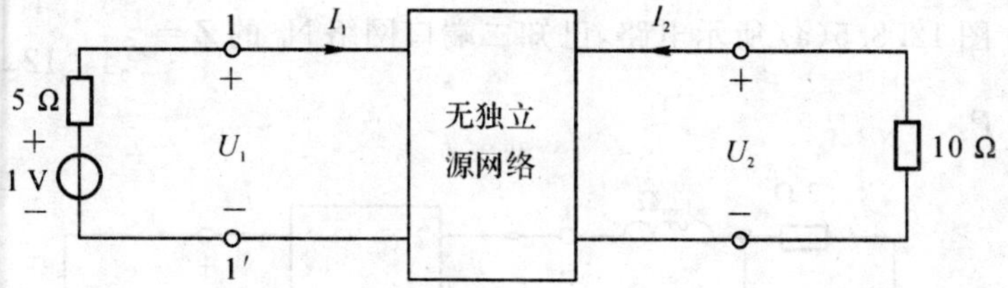

图　12.8.3

解　(1) $U_1 = 40I_1 + 0.4U_2$,　$I_2 = 10I_1 + 0.1U_2$

又有　$U_1 = 1 - 5I_1$,　$I_2 = -\dfrac{U_2}{10} = -0.1U_2$

联立求解得 $I_1 = 0.04\ \text{A}, U_2 = -2\ \text{V}, U_1 = 0.8\ \text{V}, I_2 = 0.2\ \text{A}$。故得

$$P_2 = -U_2I_2 = -(-2)\times 0.2 = 0.4\ \text{W}$$
$$P_1 = U_1I_1 = 0.8\times 0.04 = 0.032\ \text{W}$$
$$P_S = 1I_1 = 1\times 0.04 = 0.04\ \text{W}$$

例 12.8.3　图 12.8.4 所示电路,已知 $\boldsymbol{H} = \begin{bmatrix} 40\ \Omega & 0.4 \\ 10 & 0.1\ \text{S} \end{bmatrix}$。求$\dfrac{\dot{U}_2}{\dot{U}_S}$。

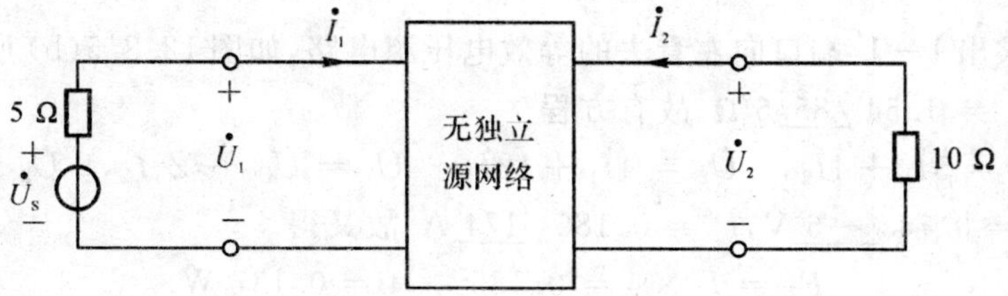

图　12.8.4

解　$\dot{U}_1 = 40\dot{I}_1 + 0.4\dot{U}_2$

$\dot{I}_2 = 10\dot{I}_1 + 0.1\dot{U}_2$

端接支路伏安关系为

$$\dot{U}_1 = \dot{U}_S - 5\dot{I}_1$$
$$\dot{I}_2 = -\frac{1}{10}\dot{U}_2$$

整理以上 4 个方程,得

$$45\dot{I}_1 = \dot{U}_S - 0.4\dot{U}_2$$
$$10\dot{I}_1 = -0.2\dot{U}_2$$

将上两式相比,得

$$4.5 = \frac{\dot{U}_S - 0.4\dot{U}_2}{-0.2\dot{U}_2}$$

解得
$$\frac{\dot{U}_2}{\dot{U}_S} = \frac{1}{-0.5} = -2$$

注意:$\dfrac{\dot{U}_2}{\dot{U}_S} \neq \dfrac{\dot{U}_2}{\dot{U}_1}$。

例 12.8.4　图 12.8.5(a)所示电路，已知二端口网络 N_0 的 $\boldsymbol{Z}=\begin{bmatrix}5 & 4\\4 & 12\end{bmatrix}\Omega$，求 $\dot{U}_2$，$\dot{I}_2$，4 Ω 电阻吸收的功率 P_2。

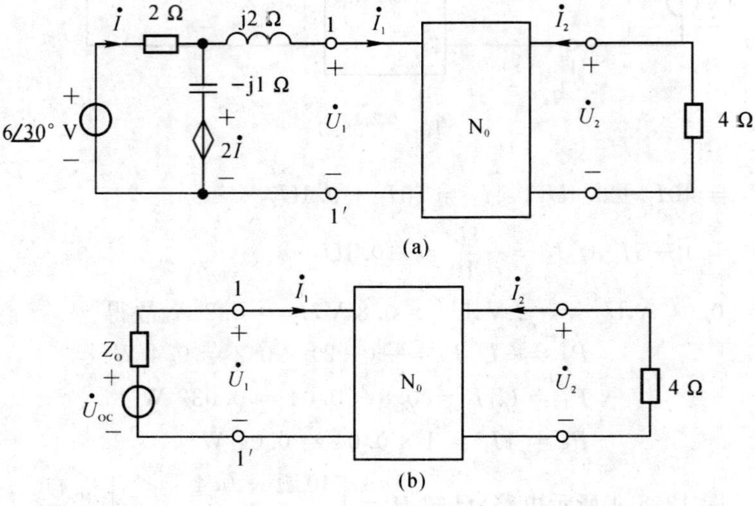

图　12.8.5

解　可以求出 1－1′端口向左看去的等效电压源电路，如图 12.8.5(b)所示，其中 $\dot{U}_{OC}=3.26\angle 17.43^\circ$，$Z_o=1.54\angle 85.6^\circ\Omega$。故有方程

$$\dot{U}_1=5\dot{I}_1+4\dot{I}_2,\quad \dot{U}_2=4\dot{I}_1+12\dot{I}_2,\quad \dot{U}_1=\dot{U}_{OC}-Z_o\dot{I}_1,\quad \dot{U}_2=-4\dot{I}_2$$

联立求解得 $\dot{U}_2=0.74\angle -6^\circ\text{V}$，$\dot{I}_2=0.185\angle 174^\circ\text{A}$。故又得

$$P_2=I_2^2\times 4=0.185^2\times 4=0.137\text{ W}$$

习　题　十　二

12.1　求图题 12.1 所示二端口网络的 Z 参数矩阵 $\boldsymbol{Z}$。(答：$\begin{bmatrix}4 & 1\\4 & 3\end{bmatrix}$)

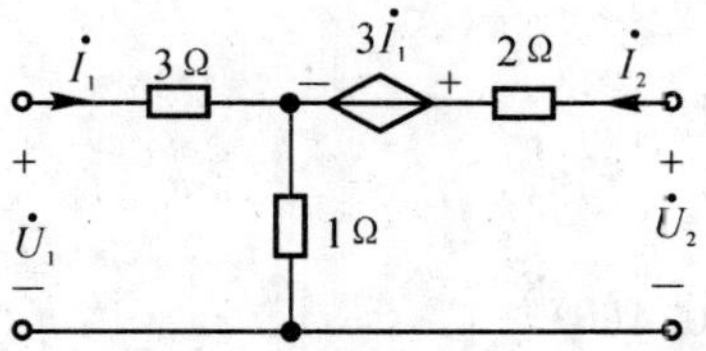

图题　12.1

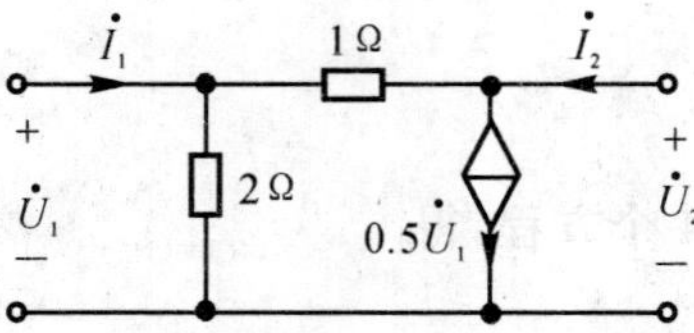

图题　12.2

12.2　求图题 12.2 所示二端口网络的 Y 参数矩阵 $\boldsymbol{Y}$。(答 $\begin{bmatrix}1.5 & -1\\-0.5 & 1\end{bmatrix}$)

12.3　求图题 12.3 所示二端口网络的 Y 参数矩阵 $\boldsymbol{Y}$。(答：$\begin{bmatrix}\frac{3}{2} & -\frac{1}{2}\\-5 & 3\end{bmatrix}$)

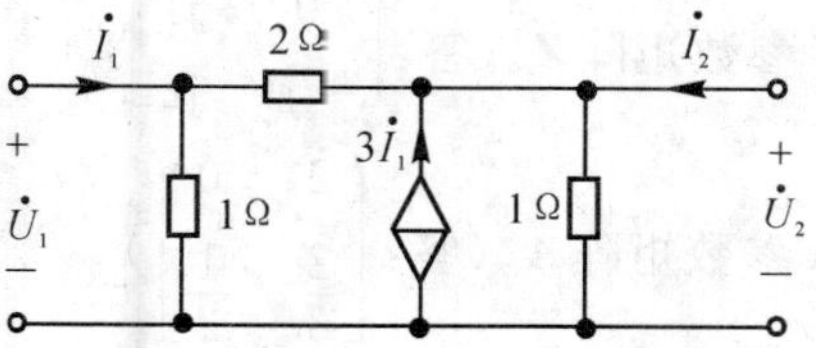

图题　12.3

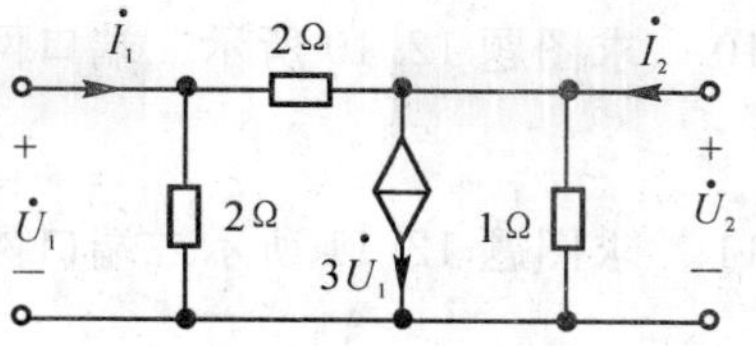

图题　12.4

12.4　求图题 12.4 所示二端口网络的 H 参数矩阵 $\boldsymbol{H}$。(答：$\begin{bmatrix} 1 & \frac{1}{2} \\ 2.5 & 2.75 \end{bmatrix}$)

12.5　欲使图题 12.5 所示二端口网络为互易网络，求 μ 和 α 之间的关系。(答：$\alpha = \mu \neq 1$)

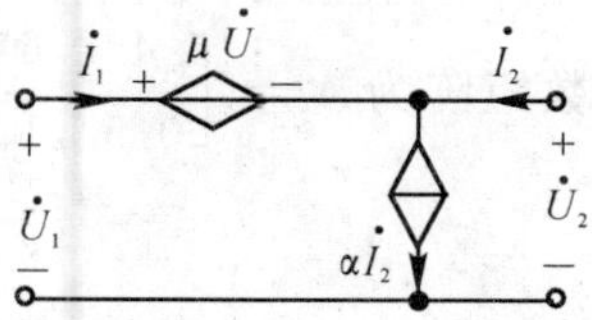

图题　12.5

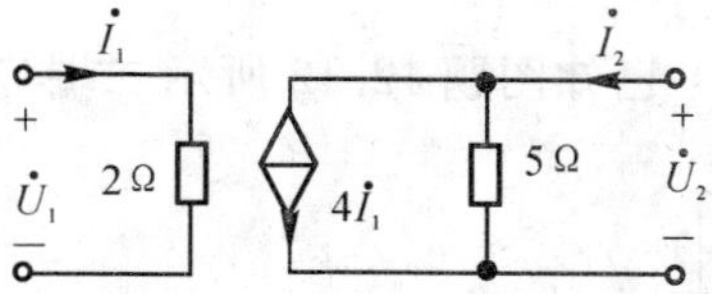

图题　12.6

12.6　求图题 12.6 所示二端口网络的 A 参数矩阵 $\boldsymbol{A}$。(答：$\begin{bmatrix} -0.1 & -0.5\ \Omega \\ -0.05\ \text{S} & -0.25 \end{bmatrix}$)

12.7　图题 12.7 所示网络，已知 $R = \sqrt{\dfrac{L}{C}}$，求输入端口的输入阻 R_{in}。(答：R)

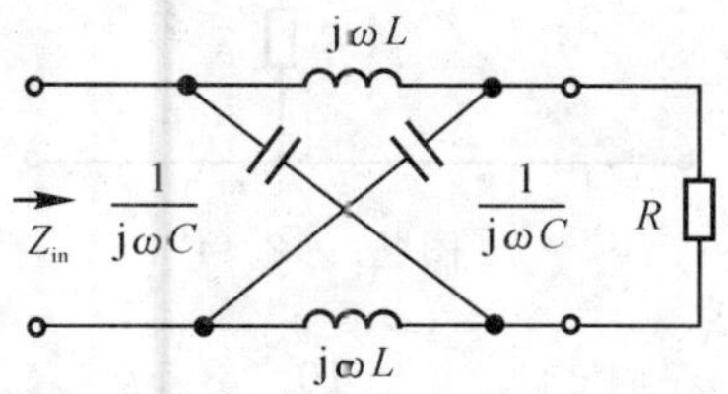

图题　12.7

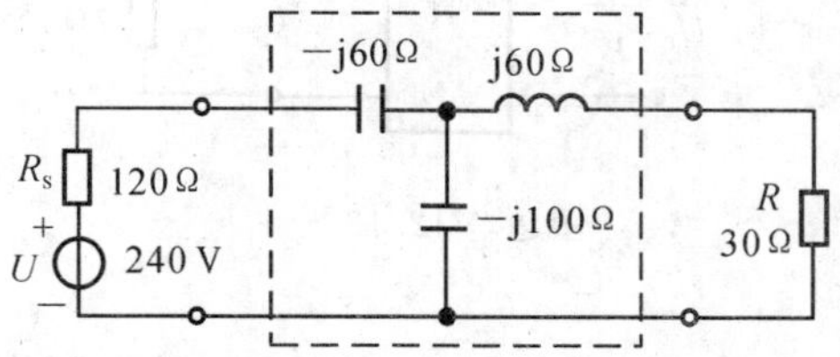

图题　12.8

12.8　图题 12.8 所示网络，(1) 求二端口网络的特性阻抗 Z_{C1}，Z_{C2}；(2) 求 R 吸收的功率 P_R。(答：120 Ω，30 Ω；120 W)

12.9　图题 12.9 所示二端口网络，$L = 0.1$ H，$C = 0.1$ F，$\omega = 10^4$ rad/s。(1) 求特性阻抗 Z_C；(2) 当二端口网络接上负载电阻 $R = Z_C$ 时，求电压比 $H(j\omega) = \dfrac{\dot{U}_2}{\dot{U}_1}$。(答：1 000 Ω；−j1)

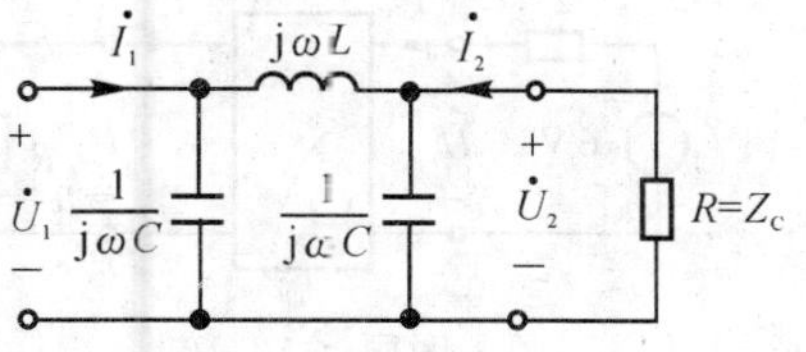

图题　12.9

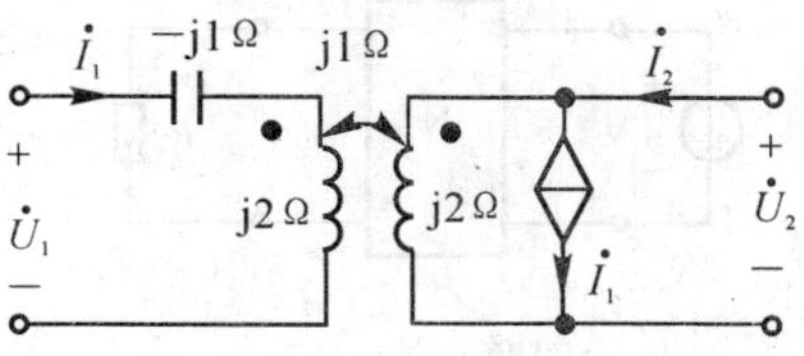

图题　12.10

12.10　求图题 12.10 所示二端口网络的 Z 参数矩阵 $\boldsymbol{Z}$。(答：$\begin{bmatrix} 0 & \mathrm{j}1 \\ -\mathrm{j}1 & \mathrm{j}2 \end{bmatrix}$)

12.11　求图题 12.11 所示二端口网络的 A 参数矩阵 $\boldsymbol{A}$。(答：$\begin{bmatrix} 2 & 0 \\ \frac{2}{3} & \frac{1}{2} \end{bmatrix}$)

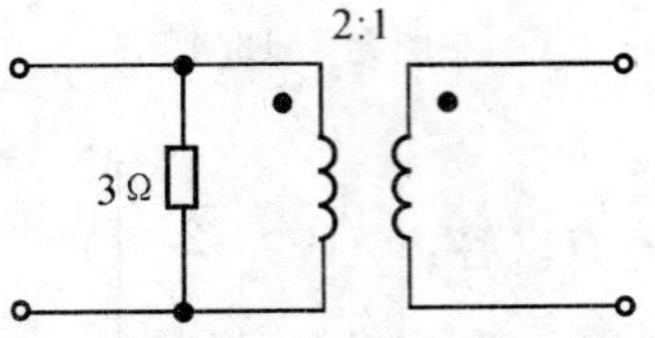

图题　12.11

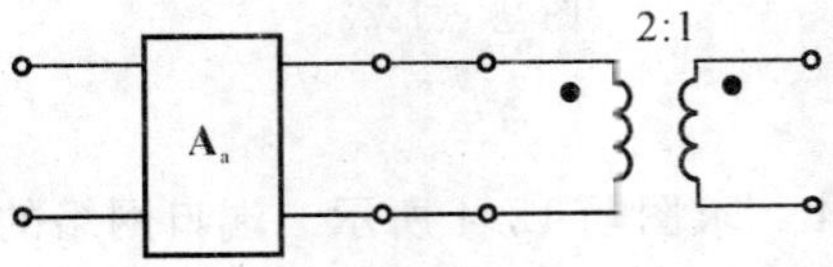

图题　12.12

12.12　已知图题 12.12 所示二端口网络的 A 参数矩阵为 $\boldsymbol{A}=\begin{bmatrix} 4 & 6 \\ 0.5 & 1 \end{bmatrix}$。求 $\boldsymbol{A}_a$。(答：$\begin{bmatrix} 2 & 12 \\ 0.25 & 2 \end{bmatrix}$)

12.13　已知图题 12.13 所示二端口网络 N 的 Z 参数矩阵为 $\boldsymbol{Z}=\begin{bmatrix} 5 & 3 \\ 3 & 7 \end{bmatrix}\ \Omega$，求输入端口的输入电阻 $R_{in}=\dfrac{\dot{U}_1}{\dot{I}_1}$。(答：4 Ω)

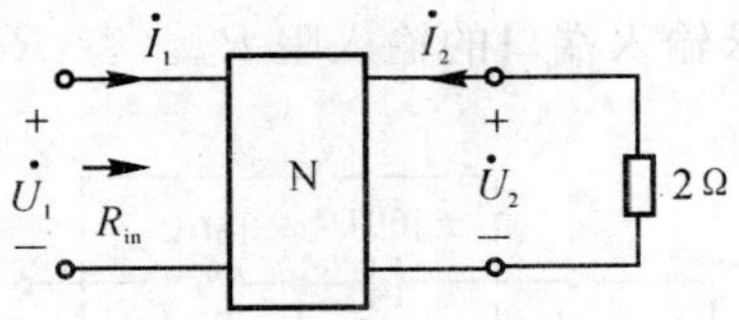

图题　12.13

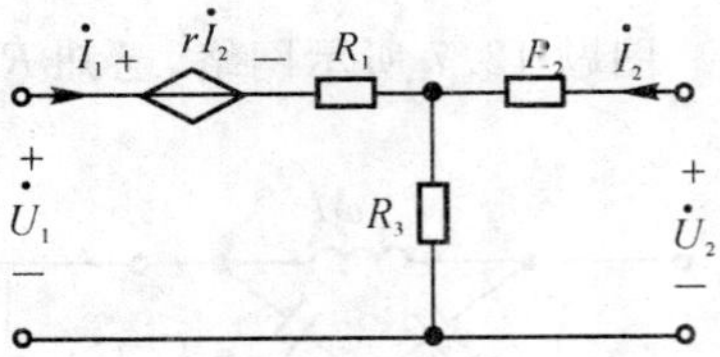

图题　12.14

12.14　已知图题 12.14 所示二端口网络的 Z 参数矩阵为 $\boldsymbol{Z}=\begin{bmatrix} 10 & 8 \\ 5 & 10 \end{bmatrix}$，求 R_1,R_2,R_3,r 的值。(答：5 Ω，5 Ω，5 Ω，3 Ω)

12.15　已知图题 12.15 所示二端口网络 N 的 Y 参数矩阵为 $\boldsymbol{Y}=\begin{bmatrix} 1 & -0.25 \\ -0.25 & 0.5 \end{bmatrix}$ S。(1) 求 R 为何值时能获得最大功率 P_m，P_m 的值多大？(2) 求此时 4 V 电压源发出的功率 P_S。(答：2 Ω，0.5 W；15 W)

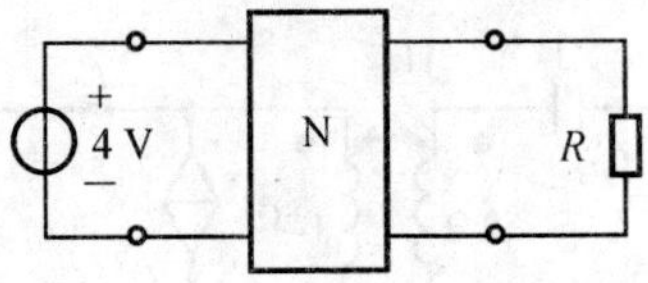

图题　12.15

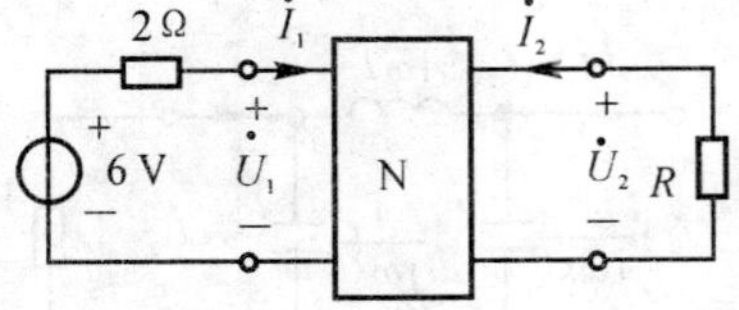

图题　12.16

12.16　已知图题 12.16 所示二端口网络 N 的 A 参数矩阵为 $\boldsymbol{A}=\begin{bmatrix} 2 & 8\ \Omega \\ 0.5\ \mathrm{S} & 2.5 \end{bmatrix}$。求 R 为

何值时能获得最大功率 P_m，P_m 的值多大？（答：$\frac{13}{3}$ Ω，0.231 W）

12.17　已知图题 12.17 所示二端口网络 N 的 H 参数矩阵为 $\boldsymbol{H} = \begin{bmatrix} 2\ \Omega & \frac{1}{2} \\ 5 & \frac{2}{5}\ \text{S} \end{bmatrix}$，$R_S = 2\ \Omega$，$\dot{U}_S = 100\ \underline{/0^\circ}$ V，$Z = 4 + \text{j}3\ \Omega$。求阻抗 Z 吸收的功率 P。（答：135×10^3 W）

12.18　图题 12.18 所示二端口网络。(1) 求 A 参数矩阵 $\boldsymbol{A}$；(2) 欲使 $\dot{U}_2$ 与 $\dot{U}_1$ 反相，求此时的角频率 ω 及电压比 $H(\text{j}\omega) = \frac{\dot{U}_2}{\dot{U}_1}$。

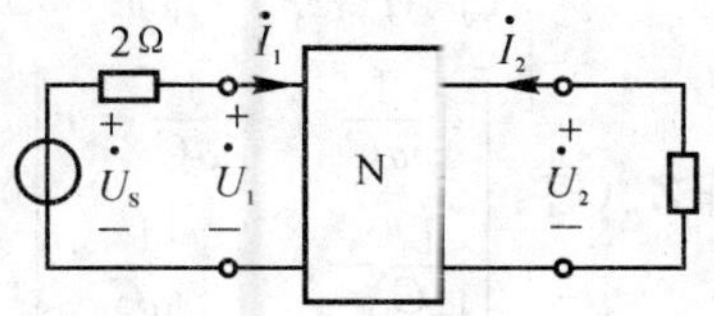

图题　12.17

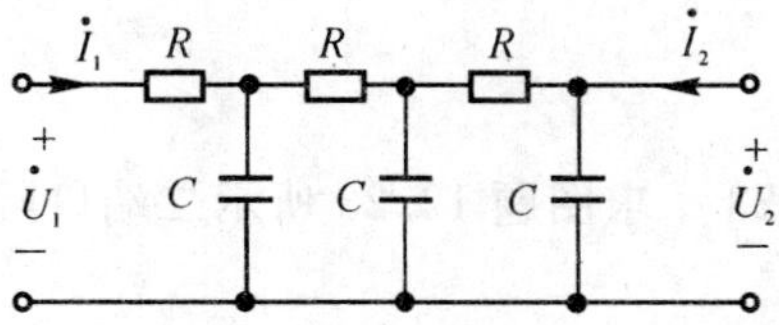

图题　12.18

12.19　求图题 12.19 所示二端口网络的 Z 参数矩阵 $\boldsymbol{Z}$。

（答：$\begin{bmatrix} 0 & -\frac{n}{g} \\ \frac{n}{g} & 0 \end{bmatrix}$）

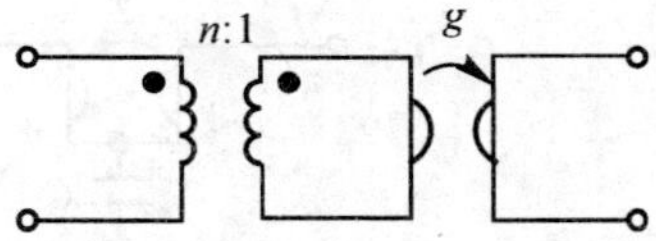

图题　12.19

12.20　证明图题 12.20 中各对电路相互等效。

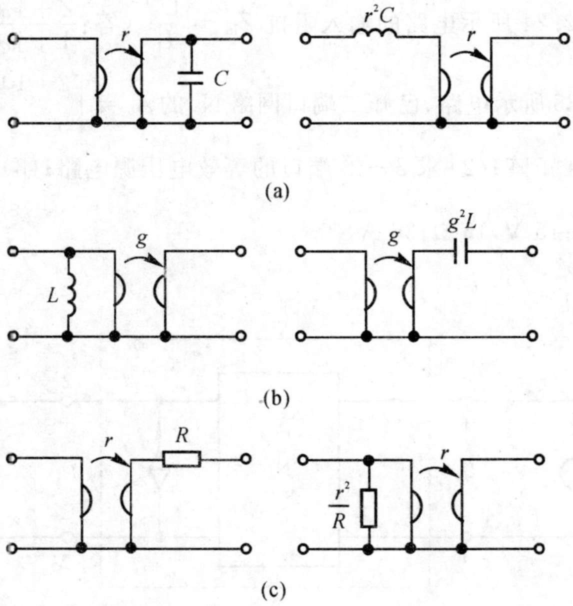

图题　12.20

12.21　求图题 12.21 所示二端口网络的 H 参数矩阵 $\boldsymbol{H}$。（答：$\begin{bmatrix} 0 & -n \\ -n & 0 \end{bmatrix}$）

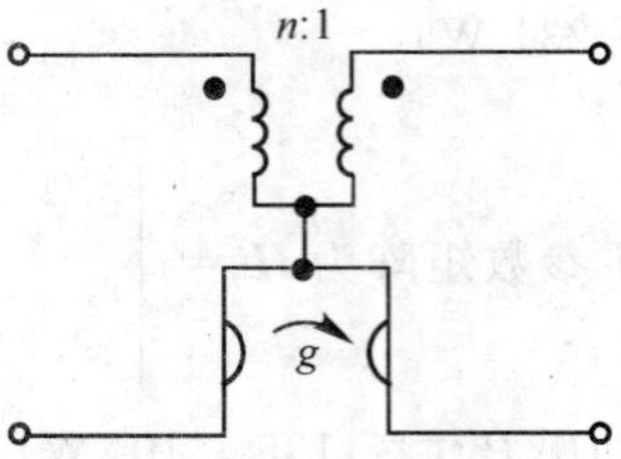

图题　12.21

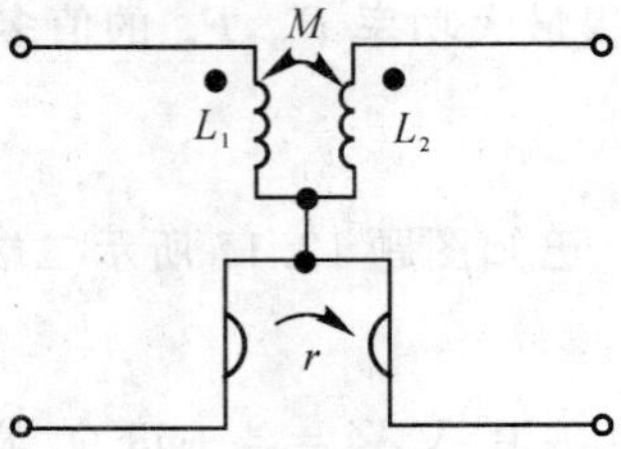

图题　12.22

12.22　求图题 12.22 所示二端口网络的 Z 参数矩阵 $\mathbf{Z}$。(答：$\begin{bmatrix} j\omega L_1 & j\omega M - r \\ j\omega M + r & j\omega L_2 \end{bmatrix}$)

12.23　求图题 12.23 所示二端口网络的 Z 参数矩阵 $\mathbf{Z}$。(答：$\begin{bmatrix} \dfrac{1}{j\omega C} & \dfrac{1}{j\omega C} - r \\ \dfrac{1}{j\omega C} + r & \dfrac{1}{j\omega C} \end{bmatrix}$)

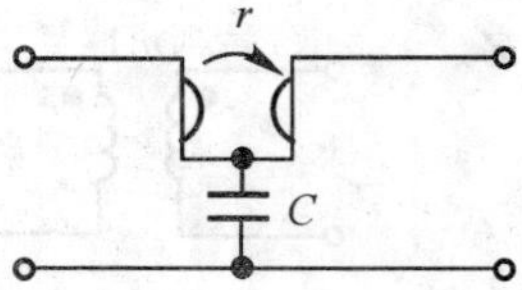

图题　12.23

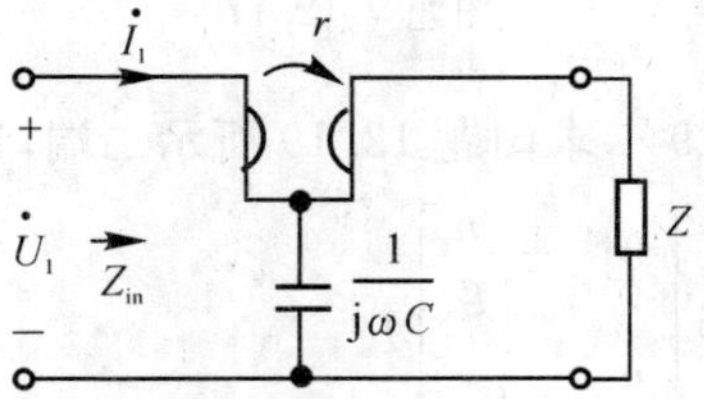

图题　12.24

12.24　求图题 12.24 所示电路的输入阻抗 $Z_{in} = \dfrac{\dot{U}_1}{\dot{I}_1}$。(答：$\dfrac{Z + j\omega C r^2}{1 + j\omega C Z}$)

12.25　图题 12.25 所示电路，已知二端口网络 N_0 的 $\mathbf{A}_0 = \begin{bmatrix} 2 & 10 \\ 5 & 1 \end{bmatrix}$，$U_S = 30$ V。(1) 求虚线复合二端口网络的 $\mathbf{A}$ 矩阵；(2) 求 $2-2'$ 端口的等效电压源电路；(3) 求 R_L 获得最大功率时的 I_1 值。(答：$\begin{bmatrix} 2 & 30 \\ 5 & 3 \end{bmatrix}$；15 V，15 Ω；36 A)

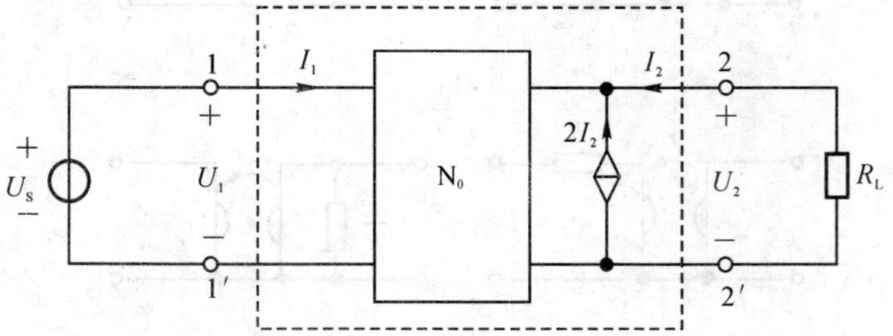

图题　12.25

第 13 章　一阶电路时域分析

内容提要

本章讲述电路的基本电信号，换路定律，电荷守恒与磁链守恒，电路变量初始值的求解，线性电路的性质，RC 一阶电路响应分析，RL 一阶电路响应分析，求一阶电路阶跃激励全响应的三要素公式，一阶电路的冲激响应，一阶电路的正弦激励响应，卷积积分，用卷积积分法求电路的零状态响应。

以前各章中研究的都是电路工作在稳定状态的情况。但实际上电路在达到一种稳定工作状态之前一般是要经历一个过渡过程的，称为瞬态过程。研究电路瞬态过程的规律，可更深刻地理解电路稳态工作的由来与本质，同时也提供了利用瞬态过程的理论根据。在本章和下章中，我们将利用建立和求解电路微分方程的方法(称为时域经典法)来研究电路瞬态过程的规律，同时介绍用卷积积分法求电路零状态响应的方法。

13.1　基本电信号

凡随时间变化并带有信息的物理量或物理现象称为信号。若信号为电压、电流等，则称为电信号。信号一般情况下是时间变量 t 的函数。

信号随时间变量 t 变化的函数曲线称为信号的波形。

应当注意，信号与函数在概念的内涵与外延上是有差别的：① 信号是时间变量 t 的函数，但函数不一定都是信号，因为信号是实际的物理量，而函数则可能只是一种抽象的数学定义；② 信号的值一定是单值的，而函数的值则可以是多值的。本书中对信号与函数两个概念混用，不予区分。例如正弦信号也说成正弦函数，或者相反；凡提到函数，指的均是信号。

电路分析中的基本电信号有 7 种。

一、直流信号

直流信号也称常量信号，其函数式为

$$f(t) = A, \quad t \in \mathbf{R}$$

其波形如图 13.1.1 所示。

二、单边实指数信号

单边实指数信号的函数式为

$$f(t)=\begin{cases}0, & t<0\\ Ae^{at}, & t>0\end{cases}$$

其波形如图 13.1.2 所示。其中 a 为实常数，可大于、等于、小于零。

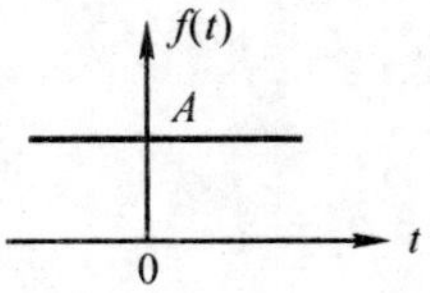

图 13.1.1　直流信号

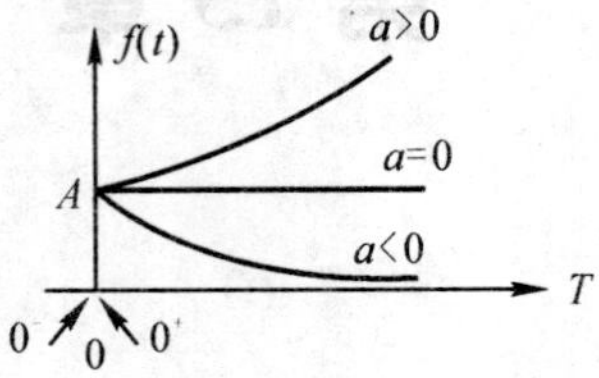

图 13.1.2　单边实指数信号

单边实指数信号的一个重要特点是，在 $t=0$ 时刻函数不连续，$t=0^-$ 时刻，$f(0^-)=0$；$t=0^+$ 时刻，$f(0^+)=A$，即在 $t=0$ 时刻，函数发生了跳变，由 $f(0^-)=0$ 跳变到了 $f(0^+)=A$。$f(0^+)=A$ 称为信号 $f(t)$ 的初始值。

三、振幅按指数规律衰减的正弦信号

振幅按指数规律衰减的正弦信号的函数式为

$$f(t)=\begin{cases}Ae^{-at}\sin\omega t, & t\geqslant 0\\ 0, & t<0\end{cases}$$

其波形如图 13.1.3 所示。其中 a 为大于零的实常数。

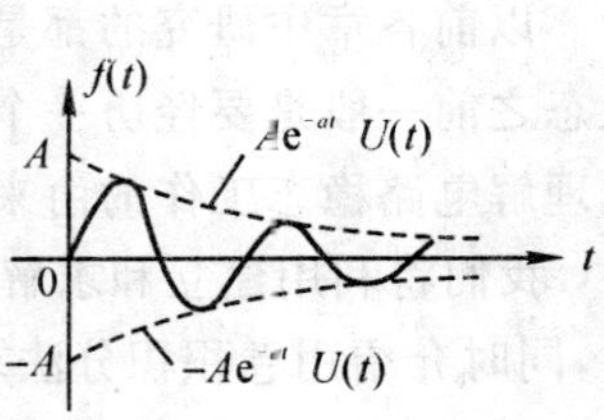

图 13.1.3　单边衰减正弦信号

四、单位阶跃信号

单位阶跃信号用 $U(t)$ 表示，其函数式为

$$U(t)=\begin{cases}1, & t>0\\ 0, & t<0\end{cases}$$

其波形如图 13.1.4(a) 所示。可见在 $t=0$ 时刻发生了跳变，从 $U(0^-)=0$ 跳变到了 $U(0^+)=1$。

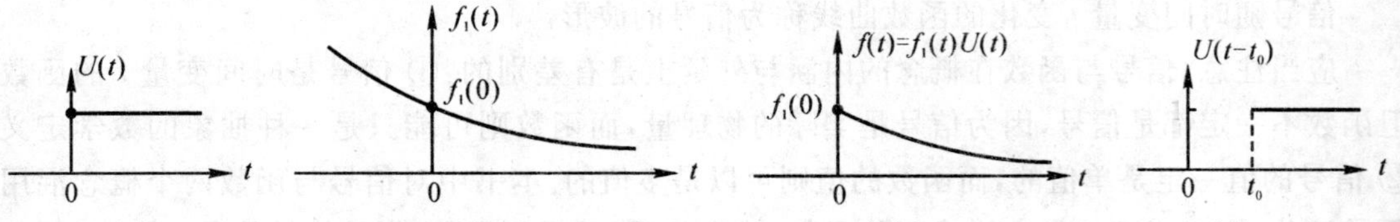

图 13.1.4　单位阶跃信号及其“切除”作用

单位阶跃信号具有“切除”作用。设 $f_1(t)$ 为任意时间信号，时间变量 t 的定义域为 $(-\infty,\infty)$，其波形如图 13.1.4(b) 所示。则将 $f_1(t)$ 与 $U(t)$ 相乘即得一新的信号

$$f(t)=f_1(t)U(t)$$

$f(t)$ 的波形如图 13.1.4(c) 所示。可见 $f(t)$ 具有单边特性，为一右单边信号。这就是 $U(t)$ 的“切除”作用。

单位阶跃信号在电路中还起开关作用，可用来描述电路与直流电源接通的情况。如图 13.1.5(a) 所示电路，其中 $U(t)$ 为单位阶跃电压源，此电路可用图 13.1.5(b) 所示电路代替，

称为开关等效电路。在图 13.1.5(b) 中，$t<0$ 时，开关 S 在 1，a，b 两点间的电压 $u(t)=0$；今于 $t=0$ 的瞬间将开关 S 从 1 扳到 2，则在 $t>0$ 时电压 $u(t)=1$ V。可见在区间 $-\infty<t<\infty$ 上有 $u(t)=U(t)$。所以 $U(t)$ 又称为开关信号。

延迟 t_0（t_0 为大于零的实常数）的单位阶跃信号为 $U(t-t_0)$，其波形如图 13.1.4(d) 所示。

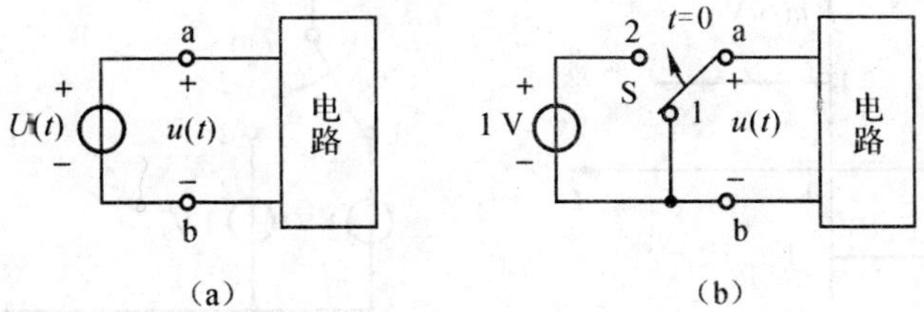

图 13.1.5　单位阶跃激励的开关等效电路

五、单位门函数

门宽为 τ，门高为 1 的单位门函数用符号 $G_\tau(t)$ 表示，即

$$G_\tau(t)=\begin{cases}1, & -\dfrac{\tau}{2}<t<\dfrac{\tau}{2}\\[2mm] 0, & t>\dfrac{\tau}{2}, t<-\dfrac{\tau}{2}\end{cases}$$

其波形如图 13.1.6(a) 所示，其中 τ 为门宽，且 $\tau>0$。

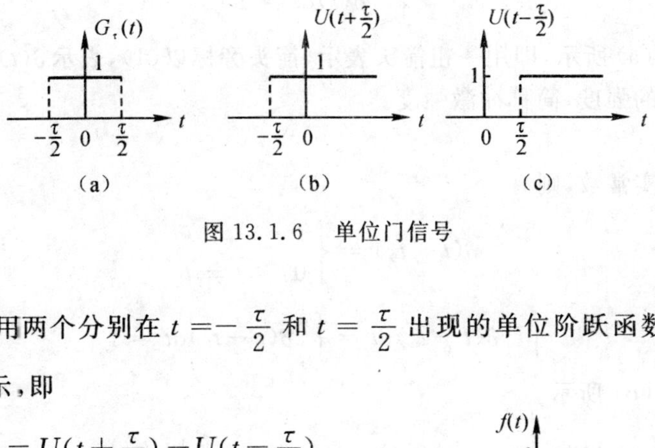

图 13.1.6　单位门信号

单位门函数可用两个分别在 $t=-\dfrac{\tau}{2}$ 和 $t=\dfrac{\tau}{2}$ 出现的单位阶跃函数之差来表示，如图 13.1.6(b)，(c) 所示，即

$$G_\tau(t)=U(t+\frac{\tau}{2})-U(t-\frac{\tau}{2})$$

例 13.1.1　试用阶跃函数 $U(t)$ 的线性组合表示图 13.1.7 所示的信号 $f(t)$。

解　$f(t)=U(t)+2U(t-2)-5U(t-3)+2U(t-4)$

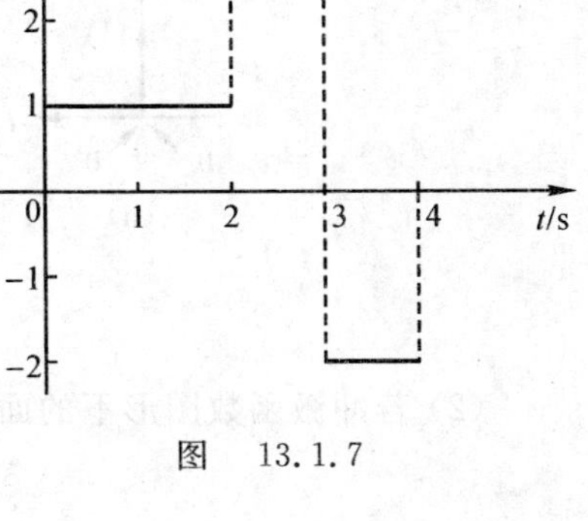

图　13.1.7

例 13.1.2　试画出图 13.1.8(a) 所示电压信号 $u(t)$ 的开关等效电路。

解　其开关等效电路如图 13.1.8(b) 所示。$t<0$ 时开关 S 在“1”，$u(t)=-1$ V；今在 $t=0$ 时刻，将开关 S 从“1”扳到“2”，$t>0$ 时 $u(t)=1$ V。故

$$u(t)=\begin{cases}-1\ \text{V}, & t<0\\ 1\ \text{V}, & t>0\end{cases}$$

或者写成
$$u(t)=-U(-t)+U(t)\ (\text{V})$$

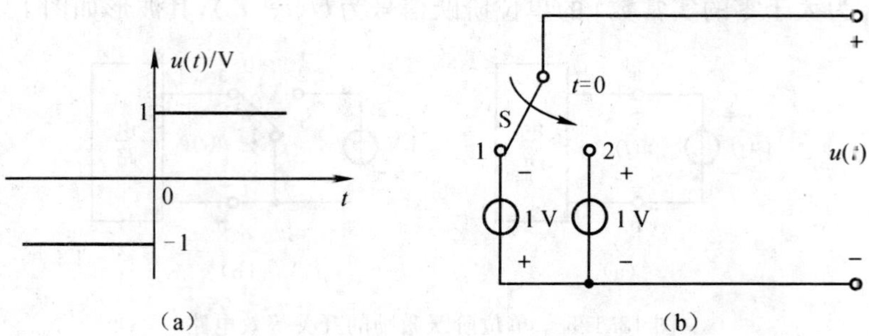

图 13.1.8

六、单位冲激函数

1. 定义

单位冲激信号用 $\delta(t)$ 表示，其函数式为

$$\delta(t)=\begin{cases}\infty, & t=0\\ 0, & t\neq 0\end{cases}$$

且面积
$$\int_{-\infty}^{\infty}\delta(t)\mathrm{d}t=1$$

其波形如图 13.1.9(a) 所示，即用一粗箭头表示，箭头旁标以(1)，表示 $\delta(t)$ 图形下的面积为 1，称为单位冲激函数的强度，简称冲激强度。

推广：

(1) 设 t_0 为正实常数，则有

$$\delta(t-t_0)=\begin{cases}\infty, & t=t_0\\ 0, & t\neq t_0\end{cases}$$

$$\int_{-\infty}^{\infty}\delta(t-t_0)\mathrm{d}t=\int_{t_0^-}^{t_0^+}\delta(t-t_0)\mathrm{d}t=1$$

其波形如图 13.1.9(b) 所示。

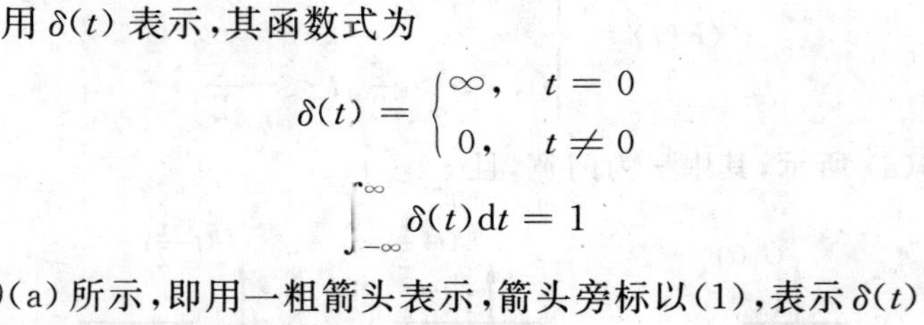

图 13.1.9 单位冲激信号

(2) 若冲激函数图形下的面积(即强度) 为 A，则可写为

$$A\delta(t-t_0)=\begin{cases}\infty, & t=t_0\\ 0, & t\neq t_0\end{cases}$$

且
$$\int_{-\infty}^{\infty}A\delta(t-t_0)\mathrm{d}t=A\int_{-\infty}^{\infty}\delta(t-t_0)\mathrm{d}t=A$$

其波形如图 13.1.9(c) 所示，箭头旁标以(A)。

2. $\delta(t)$ 的性质

(1) 设 $f(t)$ 为任意有界函数，且在 $t=0$ 与 $t=t_0$ 时刻连续，其函数值分别为 $f(0)$ 和 $f(t_0)$，则有

$$f(t)\delta(t)=f(0)\delta(t)$$
$$f(t)\delta(t-t_0)=f(t_0)\delta(t-t_0)$$

即任意时间函数 $f(t)$ 与单位冲激函数相乘，就等于单位冲激函数出现时刻，$f(t)$ 的函数值 $f(0)$ 或 $f(t_0)$ 与单位冲激函数相乘。

(2) 抽样性(筛选性)

$$\int_{-\infty}^{\infty}f(t)\delta(t)\mathrm{d}t=\int_{-\infty}^{\infty}f(0)\delta(t)\mathrm{d}t=f(0)\int_{-\infty}^{\infty}\delta(t)\mathrm{d}t=f(0)$$
$$\int_{-\infty}^{\infty}f(t)\delta(t-t_0)\mathrm{d}t=\int_{-\infty}^{\infty}f(t_0)\delta(t-t_0)\mathrm{d}t=f(t_0)\int_{-\infty}^{\infty}\delta(t-t_0)\mathrm{d}t=f(t_0)$$

即任意时间函数 $f(t)$ 与 $\delta(t)$ 相乘后在无穷区间$(-\infty,\infty)$的积分值，等于单位冲激函数出现时刻 $f(t)$ 的函数值 $f(0)$ 或 $f(t_0)$。此即为 $\delta(t)$ 函数的抽样性，$f(0)$ 或 $f(t_0)$ 为 $f(t)$ 的抽样值。

(3) $\delta(t)$ 为偶函数，即有 $\delta(-t)=\delta(t)$。证明如下：

$$\int_{-\infty}^{\infty}\delta(-t)f(t)\mathrm{d}t=\int_{\infty}^{-\infty}\delta(t')f(-t')\mathrm{d}(-t')=$$
$$\int_{-\infty}^{\infty}\delta(t')f(-t')\mathrm{d}t'=\int_{-\infty}^{\infty}\delta(t')f(0)\mathrm{d}t'=f(0)$$

又有
$$\int_{-\infty}^{\infty}\delta(t)f(t)\mathrm{d}t=f(0)$$

故得
$$\delta(-t)=\delta(t)$$
(证毕)

3. $\delta(t)$ 与 $U(t)$ 的关系

$\delta(t)$ 与 $U(t)$ 互为微分与积分的关系，即

$$U(t)=\int_{-\infty}^{t}\delta(\tau)\mathrm{d}\tau \tag{13.1.1}$$

$$\delta(t)=\frac{\mathrm{d}}{\mathrm{d}t}U(t) \tag{13.1.2}$$

先证明式(13.1.1)：当 $t<0$ 时有

$$\int_{-\infty}^{t}\delta(\tau)\mathrm{d}\tau=\int_{-\infty}^{t}0\times\mathrm{d}\tau=0$$

当 $t>0$ 时有

$$\int_{-\infty}^{t}\delta(\tau)\mathrm{d}\tau=\int_{-\infty}^{0^-}0\cdot\mathrm{d}\tau+\int_{0^-}^{0^+}\delta(\tau)\mathrm{d}\tau+\int_{0^+}^{t}0\cdot\mathrm{d}\tau=0+1+0=1$$

故有
$$\int_{-\infty}^{t}\delta(\tau)\mathrm{d}\tau=\left.\begin{cases}1 & t>0\\ 0 & t>0\end{cases}\right\}=U(t)$$
(证毕)

对式(13.1.1)求导即得式(13.1.2)。

例 13.1.3 求下列积分。(1)$\int_{0_-}^{\infty} 2\cos t\,\delta(t-\pi)\mathrm{d}t$;(2)$\int_{0_-}^{t} 2\cos\tau\,\delta(\tau-\pi)\mathrm{d}\tau$。

解 (1)$\int_{0_-}^{\infty} 2\cos t\,\delta(t-\pi)\mathrm{d}t = 2\int_{0_-}^{\infty}\cos\pi\,\delta(t-\pi)\mathrm{d}t = -2\int_{0_-}^{\infty}\delta(t-\pi)\mathrm{d}t = -2$

(2)$\int_{0_-}^{t} 2\cos\tau\,\delta(t-\pi)\mathrm{d}\tau = 2\int_{0_-}^{t}\cos\pi\,\delta(t-\pi)\mathrm{d}\tau = -2\int_{0_-}^{t}\delta(\tau-\pi)\mathrm{d}\tau = -2U(t-\pi)$

注意:这两个积分是不同的。(1)是定积分,积分结果是(-2);(2)是含参变量t的积分,积分结果是函数$-2U(t-\pi)$。

例 13.1.4 求图 13.1.10(a),(b)所示两个信号$f(t)$的一阶导数$f'(t)$,画出$f'(t)$的曲线。

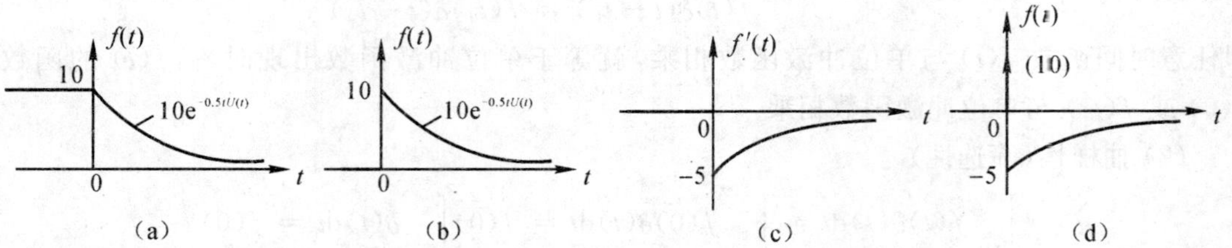

图 13.1.10

解 (a)$f(t)=\begin{cases}10, & t<0\\ 10e^{-0.5t}, & t\geqslant 0\end{cases}$

$$f'(t)=\begin{cases}0, & t<0\\ -5e^{-0.5t}, & t>0\end{cases}$$

或
$$f'(t) = -5e^{-0.5t}U(t)$$

$f'(t)$的曲线如图 13.1.10(c)所示。

(b)$f'(t) = 10e^{-0.5t}\dfrac{\mathrm{d}}{\mathrm{d}t}U(t) - 5e^{-0.5t}U(t) =$

$$10e^{-0.5t}\delta(t) - 5e^{-0.5t}U(t) = 10\delta(t) - 5e^{-0.5t}U(t)$$

$f'(t)$的曲线如图 13.1.10(d)所示。可见,$f'(t)$在$t=0$时刻有冲激函数$10\delta(t)$出现,这是因为$f(t)$在$t=0$时刻发生了从0到10的跳变。所以在有跳变时,其一阶导数中必须有冲激出现,不能漏掉。

七、单位冲激偶信号

$\delta(t)$的一阶导数$\delta'(t)$称为单位冲激偶信号,即

$$\delta'(t) = \frac{\mathrm{d}}{\mathrm{d}t}\delta(t)$$

例如,图 13.1.11(a)电路中的电感电压

$$u_L(t) = L\frac{\mathrm{d}}{\mathrm{d}t}\delta(t) = \delta'(t)$$

图 13.1.11(b)电路中的电容电流

$$i_C(t) = C\frac{\mathrm{d}}{\mathrm{d}t}\delta(t) = \delta'(t)$$

$u_L(t)$ 和 $i_C(t)$ 均为单位冲激偶信号。

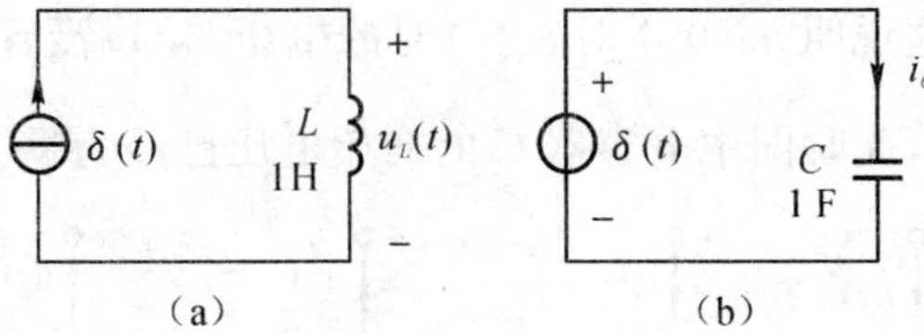

图　13.1.11

以上介绍的阶跃函数、冲激函数、冲激偶函数，它们之中或者本身具有不连续点(跳变点)，或者其导数具有不连续点，这种类型的函数统称为奇异函数或奇异信号。关于对奇异函数严格的理论分析已超出了本书的范围。

13.2　换路定律

一、换路的定义

由任何原因所引起的电路结构与参数的改变，统称为换路，如电路的接通，断开，参数改变，连接方式改变，激励改变等。

在对电路进行分析时，通常把换路的瞬间作为计算时间的起点(0 点)，即坐标原点，而把换路的前一瞬间用 0^- 表示，把换路后的一瞬间用 0^+ 表示，如图 13.2.1 所示。区间$(0^-,0^+)$是一个无穷小的区间。

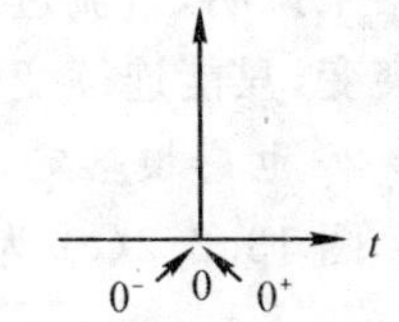

图 13.2.1　换路瞬间的表示

二、换路定律

1. 电容换路定律

图 13.2.2(a) 为一电容电路，电容量为 C，其端电压和电流相应为 $u_C(t)$，$i(t)$。因有

$$i(t)=\frac{\mathrm{d}u_C(t)}{\mathrm{d}t}$$

故有

$$u_C(t)=\frac{1}{C}\int_{-\infty}^{t}i(\tau)\mathrm{d}\tau$$

即

$$u_C(t)=\frac{1}{C}\int_{-\infty}^{0^-}i(\tau)\mathrm{d}\tau+\frac{1}{C}\int_{0^-}^{t}i(\tau)\mathrm{d}\tau=\frac{1}{C}q(0^-)+\frac{1}{C}\int_{0^-}^{t}i(\tau)\mathrm{d}\tau=u_C(0^-)+\frac{1}{C}\int_{0^-}^{t}i(\tau)\mathrm{d}\tau \tag{13.2.1}$$

其中

$$q(0^-)=\int_{-\infty}^{0^-}i(\tau)\mathrm{d}\tau$$

$$u_C(0^-)=\frac{1}{C}q(0^-)=\frac{1}{C}\int_{-\infty}^{0^-}i(\tau)\mathrm{d}\tau$$

它们分别为 $t=0^-$ 时刻电容器的电量与电压，称为电容器的初始条件或初始状态。$u_C(0^-)$总结了从 $-\infty$ 到 0^- 期间电容器的工作状态，故电容器具有记忆功能，为一记忆元件，也称动态元件。

式(13.2.1)说明了电容电压 $u_C(t)$,是等于初始电压 $u_C(0^-)$ 与 $t>0$ 时由电流 $i(t)$ 充电所得电压 $\frac{1}{C}\int_{0^-}^{t} i(\tau)\mathrm{d}\tau$ 之和,这说明 $u_C(0^-)$ 对 $t>0$ 时的电压 $u_C(t)$ 要产生作用,其等效电路如图 13.2.2(b) 所示。但要注意,此时图中电容器 C 的初始电压已经为零了。

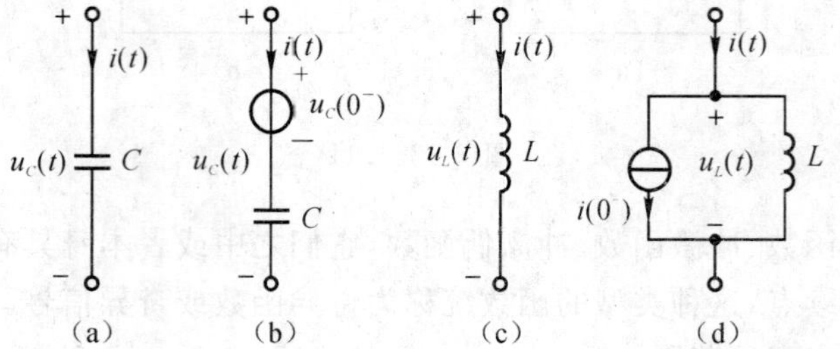

图 13.2.2　换路定律推证

当 $t=0^+$ 时有

$$u_C(0^+)=u_C(0^-)+\frac{1}{C}\int_{0_-}^{0^+} i(\tau)\mathrm{d}\tau$$

由此式可见,若 $i(t)$ 为有限值,则必有 $\int_{0^-}^{0^+} i(\tau)\mathrm{d}\tau=0$,故有

$$u_C(0^+)=u_C(0^-)$$

此结果说明,若流过 C 中的电流 $i(t)$ 为有限值,则电容两端的电压在换路瞬间($t=0$ 瞬间)不会突变,只能连续变化。此结论即为电容换路定律

2. 电感换路定律

图 13.2.2(c) 为一电感电路,电感量为 L,其端电压和电流分别为 $u_L(t)$,$i(t)$。因有

$$u_L(t)=L\frac{\mathrm{d}i(t)}{\mathrm{d}t}$$

故有
$$i(t)=\frac{1}{L}\int_{-\infty}^{t} u_L(\tau)\mathrm{d}\tau$$

即
$$i(t)=\frac{1}{L}\int_{-\infty}^{0^-} u_L(\tau)\mathrm{d}\tau+\frac{1}{L}\int_{0^-}^{t} u_L(\tau)\mathrm{d}\tau=$$

$$\frac{1}{L}\psi(0^-)+\frac{1}{L}\int_{0^-}^{t} u_L(\tau)\mathrm{d}\tau=i(0^-)+\frac{1}{L}\int_{0^-}^{t} u_L(\tau)\mathrm{d}\tau \qquad (13.2.2)$$

其中
$$\psi(0^-)=\int_{-\infty}^{0^-} u_L(\tau)\mathrm{d}\tau$$

$$i(0^-)=\frac{1}{L}\psi(0^-)=\frac{1}{L}\int_{-\infty}^{0^-} u_L(\tau)\mathrm{d}\tau$$

它们分别为 $t=0^-$ 时刻电感器的磁链和电流,称为电感的初始条件或初始状态。$i(0^-)$ 总结了从 $-\infty$ 到 0^- 期间电感器的工作状态,故电感器也具有记忆功能,为一记忆元件(动态元件)。

式(13.2.2)说明了电感电流 $i(t)$,是等于初始电流 $i(0^-)$ 与 $t>0$ 时由电压 $u_L(t)$ 所产生的电流 $\frac{1}{L}\int_{0^-}^{t} u_L(\tau)\mathrm{d}\tau$ 之和,这说明 $i(0^-)$ 对 $t>0$ 时的电流 $i(t)$ 要产生作用,其等效电路如图 13.2.2(d) 所示。但要注意,此时图(d) 中电感器的初始电流已经为零了。

当 $t=0^+$ 时有

$$i(0^+) = i(0^-) + \frac{1}{L}\int_{0^-}^{0^+} u_L(\tau)\mathrm{d}\tau$$

由此式可见，若电压 $u_L(t)$ 为有限值，则必有 $\int_{0^-}^{0^+} u_L(\tau)\mathrm{d}\tau = 0$，故有

$$i(0^+) = i(0^-)$$

此结果说明，若加在电感 L 两端的电压 $u_L(t)$ 为有限值，则电感中的电流在换路瞬间（$t=0$ 瞬间）不会突变，只能连续变化。此结论即为电感换路定律。

由上述可知，换路定律的成立是有条件的，即必须满足流过电容器的电流 $i(t)$ 为有限值，加在电感两端的电压 $u_L(t)$ 为有限值。如若流过电容的电流和加在电感两端的电压为无穷大值，则换路定律不再成立。

三、换路定律的应用

换路定律主要是用来在换路瞬间（$t=0$ 瞬间），由电路的初始条件 $u_C(0^-)$，$i_L(0^-)$，求电路中电容电压和电感电流的初始值 $u_C(0^+)$，$i_L(0^+)$。

*13.3　电荷守恒与磁链守恒

一、电荷守恒

我们用图 13.3.1 所示电路来说明电荷守恒的概念。设换路前一瞬间（即 $t=0^-$ 瞬间），各电容电压值为 $u_1(0^-)$，$u_2(0^-)$，换路后一瞬间（即 $t=0^+$ 瞬间）各电容电压值为 $u_1(0^+)$，$u_2(0^+)$。对节点 a 有

$$i_{C1}(t) + i_{R1}(t) = i_{C2}(t) + i_{R2}(t)$$

即
$$C_1\frac{\mathrm{d}u_1(t)}{\mathrm{d}t} + \frac{1}{R_1}u_1(t) = C_2\frac{\mathrm{d}u_2(t)}{\mathrm{d}t} + \frac{1}{R_2}u_2(t)$$

故
$$C_1\int_{0^-}^{0^+}\frac{\mathrm{d}u_1(t)}{\mathrm{d}t}\mathrm{d}t + \frac{1}{R_1}\int_{0^-}^{0^+}u_1(t)\mathrm{d}t = C_2\int_{0^-}^{0^+}\frac{\mathrm{d}u_2(t)}{\mathrm{d}t}\mathrm{d}t + \frac{1}{R_2}\int_{0^-}^{0^+}u_2(t)\mathrm{d}t$$

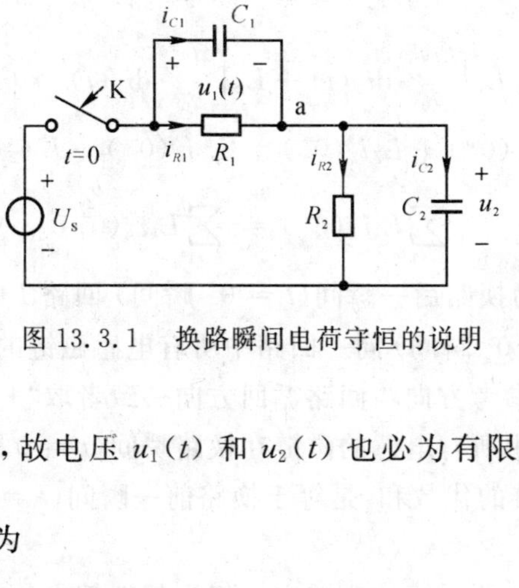

图 13.3.1　换路瞬间电荷守恒的说明

由于电源电压 U_s 为有限值，故电压 $u_1(t)$ 和 $u_2(t)$ 也必为有限值，必有积分 $\int_{0^-}^{0^+}u_1(t)\mathrm{d}t = \int_{0^-}^{0^+}u_2(t)\mathrm{d}t = 0$。于是上式变为

$$C_1\int_{u_1(0^-)}^{u_1(0^+)} \mathrm{d}u_1(t) = C_2\int_{u_2(0^-)}^{u_2(0^+)} \mathrm{d}u_2(t)$$

即

$$C_1u_1(0^+) - C_1u_1(0^-) = C_2u_2(0^+) - C_2u_2(0^-)$$

$$-C_1u_1(0^+) + C_2u_2(0^+) = -C_1u_1(0^-) + C_2u_2(0^-)$$

$$\sum_{k=1}^{2} C_ku_k(0^+) = \sum_{k=1}^{2} C_ku_k(0^-) \tag{13.3.1}$$

式(13.3.1)等号左端为换路后一瞬间($t=0^+$ 瞬间)连接在节点 a(节点 a 不与电压源相接)上所有电容器极板上电荷的代数和,等号右端为换路前一瞬间($t=0^-$ 瞬间)连接在同一节点 a 上所有电容器极板上电荷的代数和,电荷的正、负号由各电压的参考极性确定。

结论:连接在同一节点 a(节点 a 不与电压源相接)上所有电容器极板上的电荷在换路瞬间($t=0$ 瞬间)守恒,即换路后一瞬间电荷的代数和等于换路前一瞬间电荷的代数和。

电荷守恒具有普遍性,换路瞬间的电荷守恒仅为其特例之一。

二、磁链守恒

图 13.3.2 所示电路,设 $t<0$ 时开关 S 闭合,并设 $t=0^-$ 瞬间 L_1 和 L_2 中的电流分别为 $i_1(0^-)$,$i_2(0^-)$。今于 $t=0$ 时刻将 S 打开,则对于 $t>0$ 时有

$$R_1i_1(t) + R_2i_2(t) + L_1\frac{\mathrm{d}i_1(t)}{\mathrm{d}t} + L_2\frac{\mathrm{d}i_2(t)}{\mathrm{d}t} = U_S$$

即

$$R_1\int_{0^-}^{0^+} i_1(t)\mathrm{d}t + R_2\int_{0^-}^{0^+} i_2(t)\mathrm{d}t + L_1\int_{0^-}^{0^+}\frac{\mathrm{d}i_1(t)}{\mathrm{d}t}\mathrm{d}t + L_2\int_{0^-}^{0^+}\frac{\mathrm{d}i_2(t)}{\mathrm{d}t}\mathrm{d}t = \int_{0^-}^{0^+} U_S\mathrm{d}t$$

即

$$R_1\int_{0^-}^{0^+} i_1(t)\mathrm{d}t + R_2\int_{0^-}^{0^+} i_2(t)\mathrm{d}t + L_1\int_{i_1(0^-)}^{i_1(0^+)}\mathrm{d}i_1(t) + L_2\int_{i_2(0^-)}^{i_2(0^+)}\mathrm{d}i_2(t) = \int_{0^-}^{0^+} U_S\mathrm{d}t$$

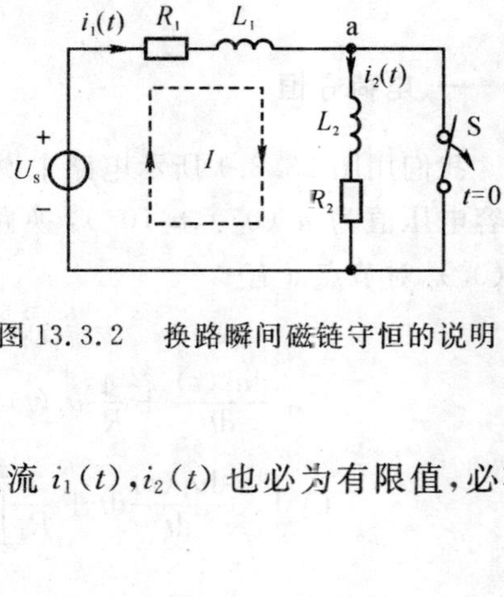

图 13.3.2 换路瞬间磁链守恒的说明

由于电源电压 U_S 为有限值,电路中又有电阻 R_1,R_2,故电流 $i_1(t)$,$i_2(t)$ 也必为有限值,必有 $\int_{0^-}^{0^+} i_1(t)\mathrm{d}t = \int_{0^-}^{0^+} i_2(t)\mathrm{d}t = \int_{0^-}^{0^+} U_S\mathrm{d}t = 0$。故上式变为

$$L_1\int_{i_1(0^-)}^{i_1(0^+)}\mathrm{d}i_1(t) + L_2\int_{i_2(0^-)}^{i_2(0^+)}\mathrm{d}i_2(t) = 0$$

即

$$L_1i_1(0^+) + L_2i_2(0^+) = L_1i_1(0^-) + L_2i_2(0^-)$$

即

$$\sum_{k=1}^{2} L_ki_k(0^+) = \sum_{k=1}^{2} L_ki_k(0^-) \tag{13.3.2}$$

式(13.3.2)等号左端为换路后一瞬间($t=0^+$ 瞬间)回路 I 中所有电感磁链的代数和,等号右端为换路前一瞬间($t=0^-$ 瞬间)同一回路中所有电感磁链的代数和,磁链的正、负号由各电流的参考方向确定,电流参考方向与回路循回方向一致者取"+"号,不一致者取"−"号。

结论:连接在同一回路中所有电感的磁链在换路瞬间($t=0$ 瞬间)守恒,即换路后一瞬间($t=0^+$ 瞬间)所有电感磁链的代数和,是等于换路前一瞬间($t=0^-$ 瞬间)同一回路中所有电感磁链的代数和。

磁链守恒具有普遍性,换路瞬间的磁链守恒仅为其特例之一。

三、电荷守恒与磁链守恒的应用

电荷守恒与磁链守恒概念，也都主要是用来求解电容电压和电感电流的初始值的。当电路中存在有由纯电容构成的回路（或由纯电容和理想电压源构成的回路）时，在换路瞬间求电容电压的初始值，就必须应用电荷守恒；当电路中存在有由纯电感构成的割集（或由纯电感与理想电流源构成的割集）时，在换路瞬间求电感电流的初始值，就必须应用磁链守恒。

13.4　电路变量初始值的求解

一、初始值的定义

$t=0^+$ 时刻电路中的电压、电流以及它们的各阶导数值，统称为电路变量的初始值，简称电路的初始值。

二、求电路初始值的理论依据和方法

求电路初始值的理论依据仍然是 KCL，KVL，R，L，C 元件的伏安关系，再加上换路定律，电荷守恒与磁链守恒。

求电路初始值的方法仍然是网孔法，节点法，叠加定理法，等效电源定理法，以及电路的各种等效变换原理等。

三、两个重要概念

当电路中作用的独立源为直流电源或阶跃电源且电路已工作于稳定状态时，电容元件 C 相当于开路，电感元件 L 相当于短路，如图 13.4.1 所示。

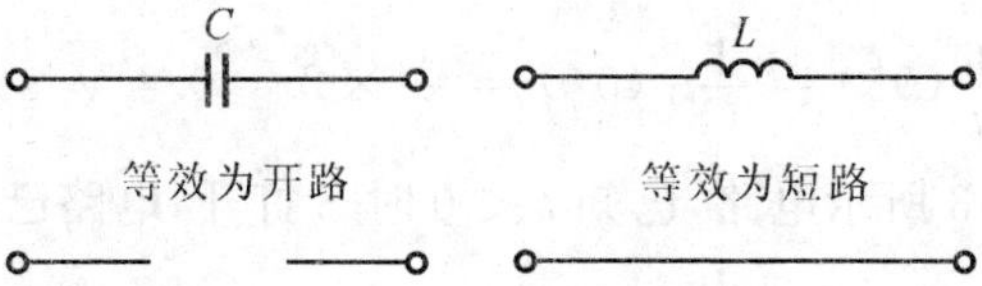

图　13.4.1

四、电路变量初始值的求解

以下分两种情况研究。

1. 电路中无突变的情况

例 13.4.1　图 13.4.2(a) 所示电路，$t<0$ 时 S 闭合，电路已达稳态。今于 $t=0$ 时刻打开 S，求初始值 $i_L(0^+)$，$u_C(0^+)$，$i(0^+)$，$i_C(0^+)$，$u_L(0^+)$，$\frac{\mathrm{d}i_L}{\mathrm{d}t}(0^+)$，$\frac{\mathrm{d}u_C}{\mathrm{d}t}(0^+)$。

解　该电路中的激励为恒定激励。在恒定激励下，当电路达到稳定状态时，电路中的电容相当于开路，电感相当于短路。$t<0$ 时，S 闭合，电路已达稳态，故根据图 13.4.2(a) 有

$$i_L(0^-) = \frac{6}{\frac{(1+2)\times 3}{(1+2)+3}} = 4\ \text{A}$$

$$i_1(0^-) = \frac{1}{2}i_L(0^-) = 2\ \text{A}$$

$$u_C(0^-) = 2i_1(0^-) = 4\ \text{V}$$

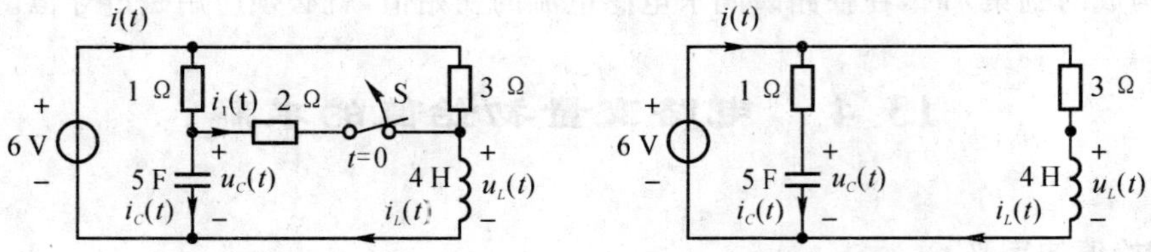

图　13.4.2

(a) $t<0$ 时的电路；　(b) $t>0$ 时的电路

$t>0$ 时 S 打开，其电路如图 13.4.2(b)，故根据换路定律有

$$u_C(0^+) = u_C(0^-) = 4\ \text{V}$$

$$i_L(0^+) = i_L(0^-) = 4\ \text{A}$$

$$i_C(0^+) = \frac{6-u_C(0^+)}{1} = 2\ \text{A}$$

$$i(0^+) = i_C(0^+) + i_L(0^+) = 2+4 = 6\ \text{A}$$

$$u_L(0^+) = 6-3i_L(0^+) = 6-3\times 4 = -6\ \text{V}$$

又因有　　$u_L(t) = L\frac{\mathrm{d}i_L}{\mathrm{d}t},\quad i_C(t) = C\frac{\mathrm{d}u_C}{\mathrm{d}t}$

故得

$$\frac{\mathrm{d}i_L}{\mathrm{d}t}(0^+) = \frac{1}{L}u_L(0^+) = \frac{1}{4}(-6) = -1.5\ \text{A/s}$$

$$\frac{\mathrm{d}u_C}{\mathrm{d}t}(0^+) = \frac{1}{C}i_C(0^+) = \frac{1}{5}\times 2 = 0.4\ \text{V/s}$$

例 13.4.2　图 13.4.3 所示电路，已知 $t<0$ 时 S 打开，电路已工作于稳态。今于 $t=0$ 时刻闭合 S，求 $i(0^+)$，$i_C(0^+)$，$u_L(0^+)$，$\frac{\mathrm{d}u_C}{\mathrm{d}t}(0^+)$。

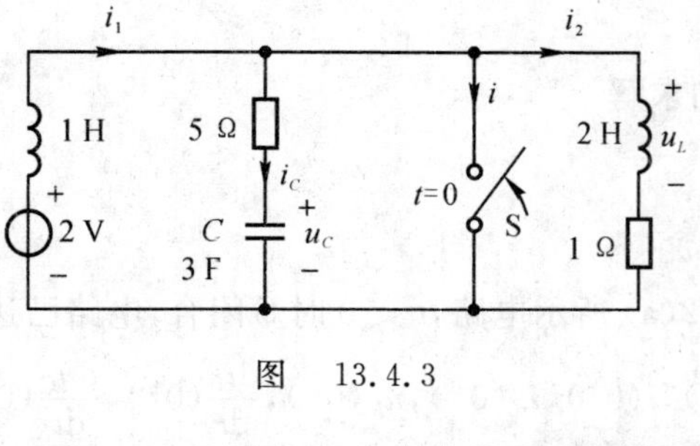

图　13.4.3

解　$t<0$ 时 S 打开，电路已工作于稳态，各电感相当于短路，电容相当于开路，故有

$$i_1(0^-) = i_2(0^-) = \frac{2}{1} = 2\ \text{A}$$

$$u_C(0^-)=1i_2(0^-)=1\times 2=2\ \text{V}$$

$t>0$ 时 S 闭合，故有

$$i_1(0^+)=i_1(0^-)=2\ \text{A}$$

$$i_2(0^+)=i_2(0^-)=2\ \text{A}$$

$$u_C(0^+)=u_C(0^-)=2\ \text{V}$$

$$u_L(0^+)=-1i_2(0^+)=-1\times 2=-2\ \text{V}$$

$$i_C(0^+)=-\frac{u_C(0^+)}{5}=-\frac{2}{5}=-0.4\ \text{A}$$

因有

$$i_1(0^+)=i_C(0^+)+i(0^+)+i_2(0^+)$$

故

$$i(0^+)=i_1(0^+)-i_C(0^+)-i_2(0^+)=0.4\ \text{A}$$

又因有

$$i_C(t)=C\frac{\mathrm{d}u_C}{\mathrm{d}t},\quad 即\frac{\mathrm{d}u_C}{\mathrm{d}t}=\frac{1}{C}i_C(t)$$

故得

$$\frac{\mathrm{d}u_C}{\mathrm{d}t}(0^+)=\frac{1}{C}i_C(0^+)=\frac{1}{3}\times(-0.4)=-\frac{2}{15}\ \text{V/s}$$

2. 电路中有突变的情况

当电路中存在以下两种情况时，换路定律即不再成立，在换路瞬间，电路中的电容电压和电感电流就要发生突变(即跳变)。

(1) 电路中作用有冲激电源 $\delta(t)$，此时欲求换路后电容电压与电感电流的初始值，只能从电路的两种约束(KCL，KVL)着手。

(2) 电路中存在有由纯电容构成的回路或者由纯电容与理想电压源构成的回路，如图 13.4.4 所示；电路中存在有由纯电感支路构成的割集或者由电感支路与理想电流源构成的割集，如图 13.4.2 所示。在这两种情况下，欲求换路后电容电压与电感电流的初始值 $u_C(0^+)$，$i_L(0^+)$，就必须相应用电荷守恒或磁链守恒概念。

例 13.4.3　图 13.4.4(a) 所示电路，$t<0$ 时 S 打开，电路已达稳定。求 S 闭合后的初始值 $u_1(0^+)$，$u_2(0^+)$。

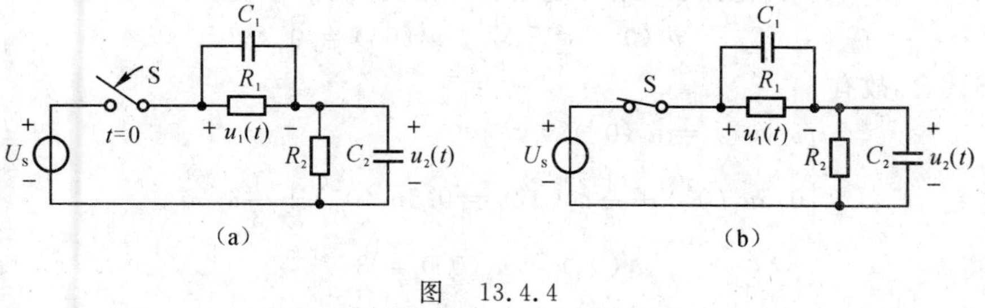

图　13.4.4

(a) $t<0$ 时的电路；(b) $t>0$ 时的电路

解　该电路最外面的回路是由纯电容 C_1，C_2 和电压源 U_S 组成的，故在换路瞬间($t=0$ 瞬间) $u_1(t)$，$u_2(t)$ 必有突变。因 $t<0$ 时，S 打开，电路已达稳定，故有

$$u_1(0^-)=u_2(0^-)=0$$

$t>0$ 时 S 闭合，其电路如图 13.4.4(b) 所示。根据电荷守恒，对于连接在节点 a 上的极板有

$$-C_1u_1(0^+)+C_2u_2(0^+)=-C_1u_1(0^-)+C_2u_2(0^-) \qquad ①$$

又根据 KVL 有

$$u_1(0^+) + u_2(0^+) = U_S \quad ②$$

①,② 两式联立求解得

$$u_1(0^+) = \frac{C_2}{C_1 + C_2} U_S$$

$$u_2(0^+) = \frac{C_1}{C_1 + C_2} U_S$$

例 13.4.4 图 13.4.5 所示电路，$t < 0$ 时 S 闭合，电路已工作于稳态。今于 $t = 0$ 时刻打开 S，求 $i_1(0^+)$ 和 $i_2(0^+)$。

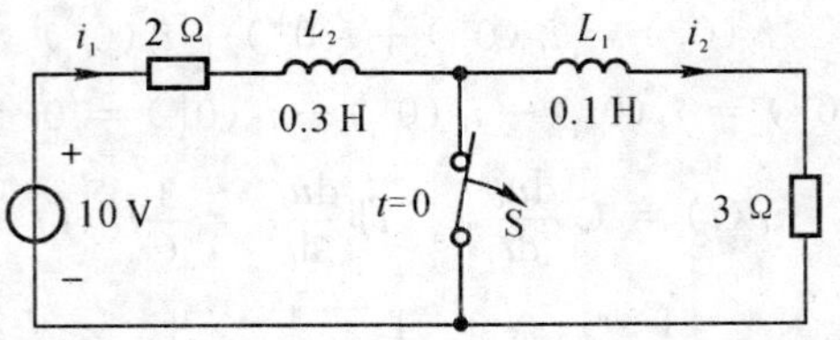

图 13.4.5

解 $t < 0$ 时 S 闭合，电路已工作于稳态，各电感相当于短路，故有

$$i_1(0^-) = \frac{10}{2} = 5 \text{ A}$$

$$i_2(0^-) = 0$$

$t > 0$ 时 S 打开，故有

$$\begin{cases} i_1(0^+) = i_2(0^+) \\ 0.3i_1(0^+) + 0.1i_2(0^+) = 0.3i_1(0^-) + 0.4i_2(0^-) \end{cases}$$

联立求解得 $$i_1(0^+) = i_2(0^+) = 3.75 \text{ A}$$

例 13.4.5 图 13.4.6 所示电路，$t < 0$ 时 S 打开，电路已工作于稳态，$u_2(0^-) = 0$。今于 $t = 0$ 时刻闭合 S，求 $u_1(0^+)$ 和 $u_2(0^+)$。

解 $t < 0$ 时 S 打开，电路已工作于稳态，C 相当于开路，故有

$$u_1(0^-) = 5 \text{ V}, \quad u_2(0^-) = 0$$

$t > 0$ 时 S 闭合，故有

$$\begin{cases} u_1(0^+) = u_2(0^+) \\ 0.5u_1(0^+) + \frac{1}{3}u_2(0^+) = 0.5u_1(0^-) + \frac{1}{3}u_2(0^-) \end{cases}$$

联立求解得 $$u_1(0^+) = u_2(0^+) = 3 \text{ V}$$

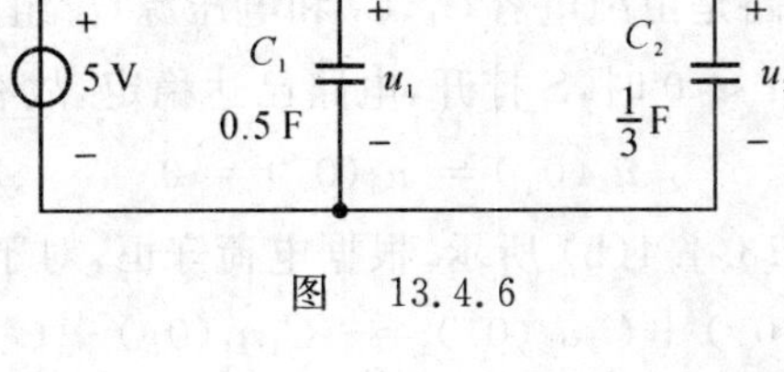

图 13.4.6

13.5　线性电路的性质

电路参数不随时间变化的电路称为定常电路或时不变电路。若电路同时又满足叠加性与齐次性，则称为线性定常电路或线性时不变电路。线性定常电路有一些重要性质，其中此性质在第 4 章中已作了介绍，但为了给读者关于这些性质的一个完整概念，我们在此再简要提及。为了简明，采用方框图来说明。

一、齐次性

若激励 $f(t)$ 产生的响应为 $r(t)$，则激励 $Af(t)$ 产生的响应即为 $Ar(t)$，如图 13.5.1 所示，其中 A 为任意常数。此结论即为齐次性。

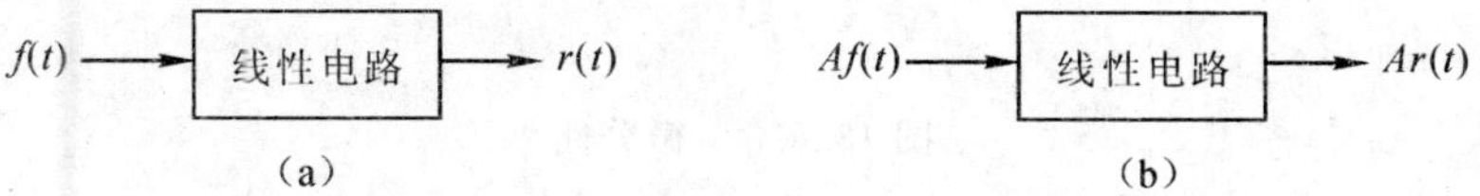

图 13.5.1　齐次性

二、叠加性

若激励 $f_1(t)$ 产生的响应为 $r_1(t)$，激励 $f_2(t)$ 产生的响应为 $r_2(t)$，则激励 $f_1(t)+f_2(t)$ 产生的响应即为 $r_1(t)+r_2(t)$，如图 13.5.2 所示。此结论即为叠加性。

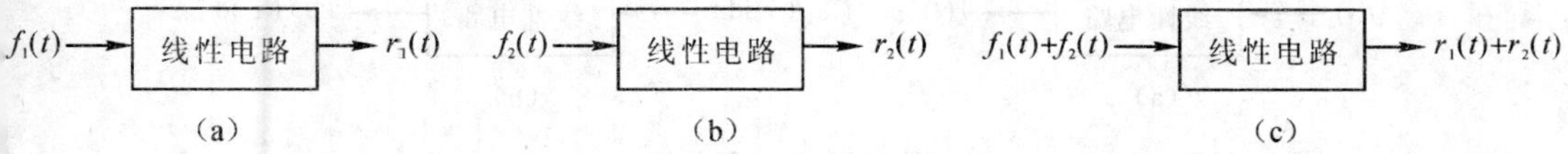

图 13.5.2　叠加性

三、线性

设激励 $f_1(t)$，$f_2(t)$ 产生的响应分别为 $r_1(t)$，$r_2(t)$，A_1 和 A_2 为两个任意常数，则激励 $A_1f_1(t)+A_2f_2(t)$ 产生的响应即为 $A_1r_1(t)+A_2r_2(t)$。此结论即为线性，如图 13.5.3 所示。

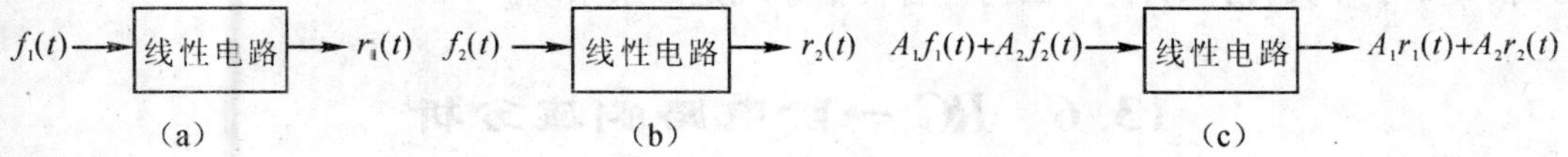

图 13.5.3　线性

四、时不变性

设激励 $f(t)$ 产生的响应为 $r(t)$，则激励 $f(t-t_0)$ 产生的响应即为 $r(t-t_0)$，此结论即为时不变性，如图 13.5.4 所示。它说明当激励延迟时间 t_0 时，其输出响应也同样延迟时间 t_0，波形不变。时不变性也称定常性或延迟性。

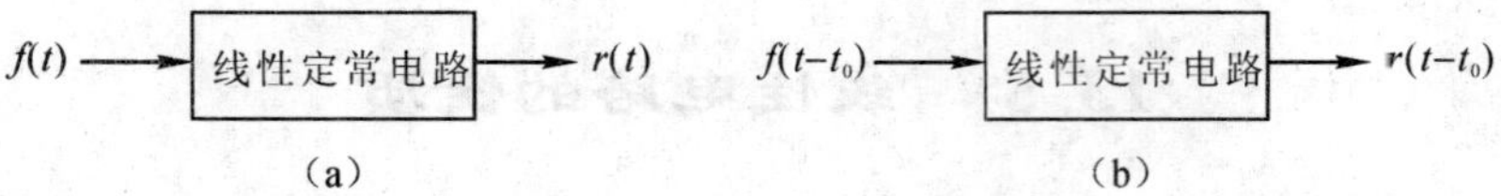

图 13.5.4　时不变性

五、微分性

设激励 $f(t)$ 产生的响应为 $r(t)$，则激励$\dfrac{\mathrm{d}f(t)}{\mathrm{d}t}$产生的响应即为$\dfrac{\mathrm{d}r(t)}{\mathrm{d}t}$，如图 13.5.5 所示。此结论即为微分性。

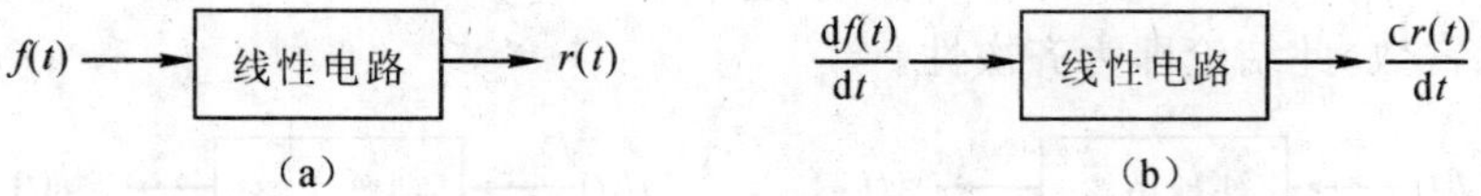

图 13.5.5　微分性

六、积分性

设激励 $f(t)$ 产生的响应为 $r(t)$，则激励$\int_{-\infty}^{t} f(\tau)\mathrm{d}\tau$产生的响应即为$\int_{-\infty}^{t} r(\tau)\mathrm{d}\tau$。此结论即为积分性，如图 13.5.6 所示。

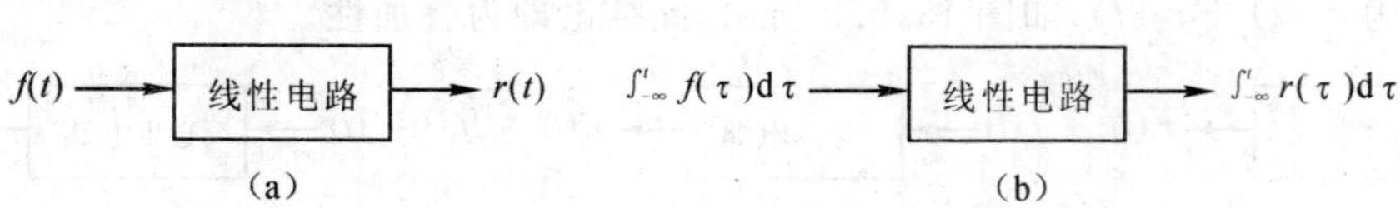

图 13.5.6　积分性

七、因果性

$t > 0$ 时作用在电路中的激励，不会 $t < 0$ 时在电路中产生响应，此结论即为因果性。它说明激励是产生响应的原因，响应是激励产生的结果，无原因即不会有结果。例如，我们绝不会在昨天就听见了今天打钟的钟声，因为声音传播系统是因果系统。

13.6　*RC* 一阶电路响应分析

从本节起，开始研究在各种信号激励下电路响应的求解问题。求解的一般步骤是：

(1) 求 $t = 0^-$ 时刻电路的初始条件 $u_C(0^-)$，$i_L(0^-)$。

(2) 列写出 $t > 0$ 时电路待求变量的微分方程。对于线性电路，此方程为一常系数线性常微分方程。

(3) 写出微分方程的通解式。

(4) 根据换路定律或电荷与磁链守恒，求 $t = 0^+$ 时刻电路变量的初始值，初始值的个数与微分方程的阶数相等。

(5) 根据初始值确定通解式中的积分常数。

(6) 将所求得的积分常数代入通解表达式中即得最后解，并画出响应的波形。

一、零输入响应

外加激励为零但初始条件不为零的电路，称为零输入电路。电路的初始条件也称为内激励。仅由内激励（即初始条件）产生的响应称为零输入响应。

图 13.6.1 为 RC 串联零输入电路，设初始条件 $u_C(0^-)=U_0\neq 0$。故 $t>0$ 时电路中的 $u_C(t)$，$u_R(t)$ 和 $i(t)$ 即均为零输入响应。

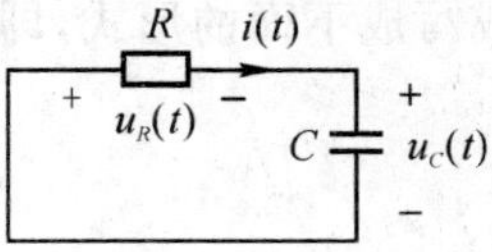

图 13.6.1　RC 串联零输入电路

根据 KVL 有

$$Ri(t)+u_C(t)=0$$

即

$$\begin{cases}RC\dfrac{\mathrm{d}u_C(t)}{\mathrm{d}t}+u_C(t)=0, & t\geqslant 0\\ u_C(0^+)=u_C(0^-)=U_0\end{cases}$$

这是一个待求变量为 $u_C(t)$ 的一阶线性常系数齐次常微分方程。把能用一阶微分方程描述的电路称为一阶电路。从电路结构看，只包含一个独立动态元件的电路即为一阶电路。

上述方程的特征方程为

$$RCp+1=0$$

故得方程的特征根（也称电路的固有频率或自然频率）为

$$p=-\frac{1}{RC}=-\frac{1}{\tau}$$

其中 $\tau=RC$，单位为秒(s)，称为 RC 电路的时间常数。故得 $u_C(t)$ 的通解式为

$$u_C(t)=A\mathrm{e}^{pt}=A\mathrm{e}^{-\frac{1}{\tau}t}$$

积分常数 A 根据初始值 $u_C(0^+)$ 确定。当 $t=0^+$ 时有

$$u_C(0^+)=A$$

故

$$A=u_C(0^+)=u_C(0^-)=U_0$$

故得电路方程的解为

$$u_C(t)=U_0\mathrm{e}^{-\frac{1}{\tau}t},\quad t\geqslant 0 \tag{13.6.1}$$

或写成

$$u_C(t)=U_0\mathrm{e}^{-\frac{1}{\tau}t}U(t)$$

根据式(13.6.1)画出 $u_C(t)$ 波形如图 13.6.2(a) 所示。可见 $u_C(t)$ 为随时间 t 而衰减的指数曲线，衰减的快慢取决于 τ 的大小，τ 大衰减的慢，τ 小衰减的快。

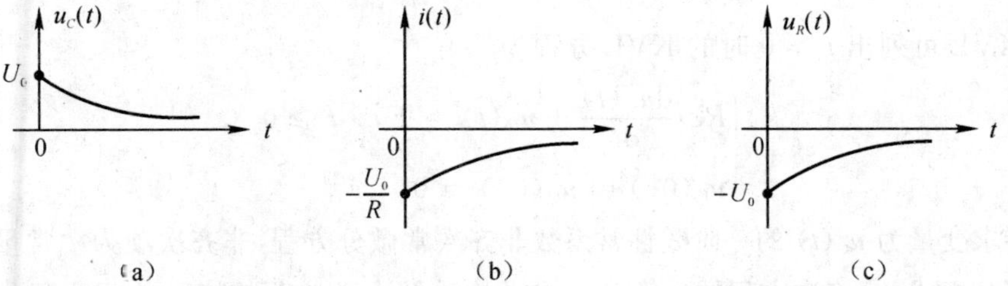

图 13.6.2　RC 串联电路的零输入响应

电路从一种稳定状态变化到另一种新的稳定状态，其间所经历的过程称为瞬态过程。由式(13.6.1)可看出，当$t\to\infty$时有$u_C(\infty)=0$。$u_C(\infty)$称为$u_C(t)$的稳态值。但实际上，当$t=5\tau$时，则有$u_C(5\tau)\approx 0$，即经历大约5τ的时间，可认为电路已达到了新的稳定状态。

响应电压$u(t)$和响应电流$i(t)$分别为

$$u_R(t)=-u_C(t)=-U_0\mathrm{e}^{-\frac{1}{\tau}t},\quad t>0$$

$$i(t)=\frac{u_R(t)}{R}=-\frac{U_0}{R}\mathrm{e}^{-\frac{1}{\tau}t},\quad t>0$$

或写成下面的形式，即

$$i(t)=-\frac{U_0}{R}\mathrm{e}^{-\frac{1}{\tau}t}U(t)$$

$$u_R(t)=-U_0\mathrm{e}^{-\frac{1}{\tau}t}U(t)$$

$i(t)$和$u_R(t)$的波形分别如图13.6.2(b)，(c)所示。

整个放电过程中电阻R消耗的电能为

$$W=\int_0^\infty i^2R\mathrm{d}t=\int_0^\infty\left(-\frac{U_0}{R}\mathrm{e}^{-\frac{1}{\tau}t}\right)^2R\mathrm{d}t=\frac{1}{2}CU_0^2$$

可见电容器原来的全部贮能$\frac{1}{2}CU_0^2$被电阻R耗尽，这是符合能量守恒定律的。

二、零状态响应与阶跃响应

初始条件为零的电路称为零状态电路。仅由外加激励在零状态电路中产生的响应称为零状态响应。单位阶跃激励$U(t)$在零状态电路中产生的响应称为单位阶跃响应，简称阶跃响应。

图13.6.3(a)所示为阶跃电压源$EU(t)$激励下的RC串联电路，其开关等效电路如图13.6.3(b)所示，其中E为直流电压源电压。因此也可将阶跃激励$EU(t)$作用下电路的阶跃响应，等效为电路与直流电压E接通后的响应。

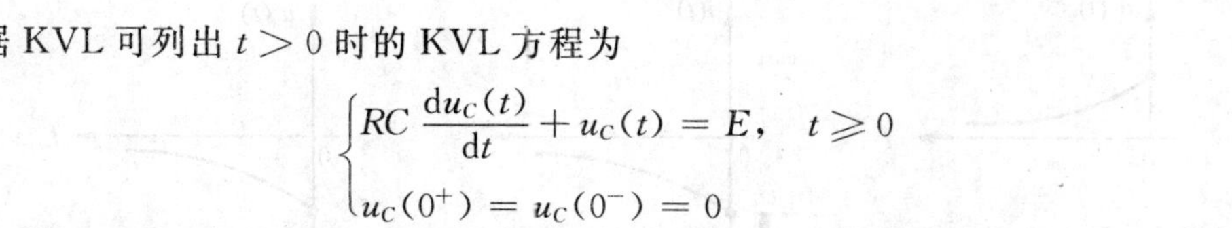

图13.6.3 *RC*串联电路

根据KVL可列出$t>0$时的KVL方程为

$$\begin{cases}RC\dfrac{\mathrm{d}u_C(t)}{\mathrm{d}t}+u_C(t)=E, & t\geqslant 0\\ u_C(0^+)=u_C(0^-)=0\end{cases}$$

这是一个待求变量为$u_C(t)$的一阶线性常系数非齐次常微分方程，非齐次项为一常量E。该方程的解由两部分组成：①齐次方程的通解Be^{pt}，称为自由解，p为方程的特征根，B为积分常数；②强迫解，其形式取决于外加激励的形式，此电路中的外加激励为常量E，故强迫解即为E。

上述方程的特征方程为

$$RCp + 1 = 0$$

故得方程的特征根(即电路的固有频率或自然频率)为

$$p = -\frac{1}{RC} = -\frac{1}{\tau}$$

其中 $\tau = RC$ 为电路的时间常数。故得方程的自由解为

$$\text{自由解} = Be^{pt} = Be^{-\frac{1}{\tau}t}$$

于是方程的全解为

$$u_C(t) = \text{自由解} + \text{强迫解}$$

即

$$u_C(t) = Be^{-\frac{1}{\tau}t} + E$$

积分常数 B 应根据初始值 $u_C(0^+) = u_C(0^-) = 0$ 确定,即

$$u_C(0^+) = B + E = 0$$

故得

$$B = -E$$

代入全解式即得

$$u_C(t) = E(1 - e^{-\frac{1}{\tau}t})U(t) \tag{13.6.2}$$

$u_C(t)$ 的波形如图 13.6.4(a) 所示。可见 $u_C(t)$ 为一随时间 t 而增长的指数曲线,增长的快慢取决于电路时间常数 τ 的大小,τ 大增长的慢,τ 小增长的快。

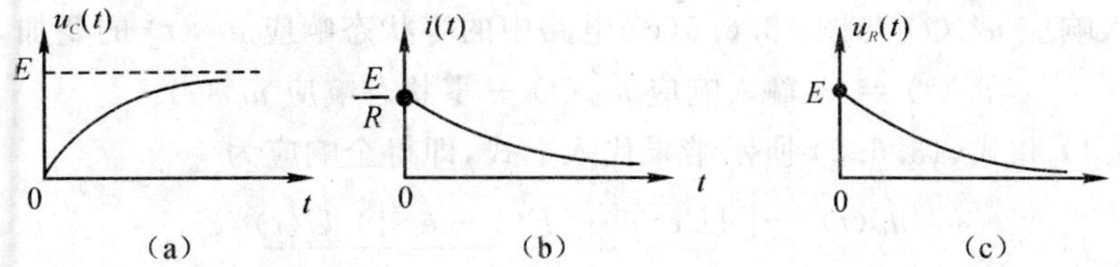

图 13.6.4　RC 串联电路的阶跃响应

在理论上,当 $t \to \infty$ 时,$u_C(\infty) = E$,但实际上,当 $t = 5\tau$ 时,则有 $u_C(5\tau) \approx E$,即认为经历大约 5τ 的时间后,电容器 C 的充电即告完成,电路达到了新的稳定状态。

电路的时间常数 $\tau = RC$,应按图 13.6.3(c) 求之。该图是令图 13.6.3(a) 或(b) 中的激励为零而得到的,称为无激励电路。

响应电压 $u_R(t)$ 和响应电流 $i(t)$ 分别为

$$u_R(t) = E - u_C(t) = E - E(1 - e^{-\frac{1}{\tau}t}) = Ee^{-\frac{1}{\tau}t}U(t)$$

$$i(t) = \frac{u_R(t)}{R} = \frac{E}{R}e^{-\frac{1}{\tau}t}U(t)$$

$u_R(t)$ 和 $i(t)$ 的波形分别如图 13.6.4(b),(c) 所示。

从上式中看出,在恒定激励的电路中,当 $t \to \infty$ 时有 $i(\infty) = 0$,即电路达到新的稳定状态时,电容相当于开路。

整个充电过程中电阻 R 消耗的电能为

$$W = \int_0^\infty i^2(t)R\mathrm{d}t = \int_0^\infty \left[\frac{E}{R}e^{-\frac{1}{\tau}t}\right]^2 R\mathrm{d}t = \frac{1}{2}CE^2$$

可见整个充电过程中电阻 R 消耗的电能 W,是等于充电结束后电容器的储能 $\frac{1}{2}CE^2$,因此充电效率为 50%,即充电效率不高。

三、阶跃激励下的全响应

若电路中既有外加激励且初始条件(即内激励)又不为零,则电路中产生的响应称为全响应。即外加激励与内激励共同产生的响应,称为全响应。

图13.6.5(a)为非零状态的RC串联电路,其外加激励为阶跃电压$EU(t)$,并设电路的初始条件为$u_C(0^-)=U_0\neq 0$。

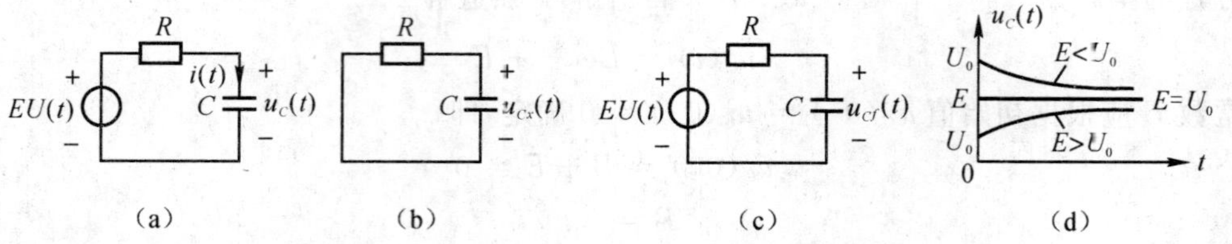

图13.6.5 RC串联电路阶跃激励的全响应

(a) 非零状态电路; (b) 零输入电路; (c) 零状态电路; (d) 全响应

根据叠加原理,可将图13.6.5(a)所示电路分解成图13.6.5(b)所示零输入电路与图13.6.5(c)所示零状态电路的叠加。于是图13.6.5(a)电路中的全响应$u_C(t)$,即等于图13.6.5(b)电路中的零输入响应$u_{Cx}(t)$与图13.6.5(c)电路中的零状态响应$u_{Cf}(t)$的叠加,即

$$u_C(t)=\text{零输入响应}\ u_{Cx}(t)+\text{零状态响应}\ u_{Cf}(t)$$

将式(13.6.1)和式(13.6.2)所示结果代入上式,即得全响应为

$$u_C(t)=[\underbrace{U_0\mathrm{e}^{-\frac{1}{\tau}t}}_{\text{零输入响应}}+\underbrace{E(1-\mathrm{e}^{-\frac{1}{\tau}t})}_{\text{零状态响应}}]U(t) \tag{13.6.3a}$$

或

$$u_C(t)=[\underbrace{(U_0-E)\mathrm{e}^{-\frac{1}{\tau}t}}_{\text{自由响应}}+\underbrace{E}_{\text{强迫响应}}]U(t) \tag{13.6.3b}$$

相应于$E>U_0$,$E=U_0$,$E<U_0$三种情况下的$u_C(t)$的波形,如图13.6.5(d)所示,其增长或衰减的快慢取决于时间常数τ。

四、全响应的三种分解方式

电路的全响应可按3种方式分解:

(1) 按响应产生的原因分,全响应可分解为零输入响应与零状态响应之和,即

$$\text{全响应}=\text{零输入响应}+\text{零状态响应}$$

此结论已如上述。

(2) 按响应的变化规律是否受外激励变化规律的约束分,全响应可分解为自由响应与强迫响应之和,即

$$\text{全响应}=\text{自由响应}+\text{强迫响应}$$

式(13.6.3b)等号右端第一项的变化规律与外加激励的变化规律无关,称为自由响应分量;等号右端第二项的变化规律与外加激励的变化规律相同,称为强迫响应分量。

(3) 按响应存在的方式分,全响应可分解为瞬态响应与稳态响应之和,即

$$\text{全响应}=\text{瞬态响应}+\text{稳态响应}$$

在式(13.6.3b)中,由于τ为大于零的实常数,故随着t的增大,等号右端第一项$(U_0-$

$E)e^{-\frac{1}{\tau}t}U(t)$ 不断减小. 当 $t \to \infty$ 时,$(U_0 - E)e^{-\frac{1}{\tau}t}U(t) \to 0$,故称此项为瞬态响应分量。等号右端第二项 $EU(t)$ 为全响应 $u_C(t)$ 的稳态响应分量。即

$$u_C(t) = [\underbrace{(U_0 - E)e^{-\frac{1}{\tau}t}}_{\text{瞬态响应}} + \underbrace{E}_{\text{稳态响应}}]U(t) \tag{13.6.4}$$

应指出,稳态响应一定是强迫响应,但强迫响应不一定是稳态响应。

13.7 RL 一阶电路响应分析

一、零输入响应

图 13.7.1 所示电路,已知 $t < 0$ 时 S 在 a,今于 $t = 0$ 时刻将 S 从 a 扳到 b,并设初始条件 $i(0^-) = I_0 \neq 0$,求 $t > 0$ 时的响应 $i(t)$,$u_L(t)$。很显然,$i(t)$,$u_L(t)$ 均为 RL 电路的零输入响应。

根据 KVL 可列出 $t > 0$ 时的 KVL 方程为

$$\begin{cases} L\dfrac{di(t)}{dt} + Ri(t) = 0, & t \geqslant 0 \\ i(0^+) = i(0^-) = I_0 \end{cases}$$

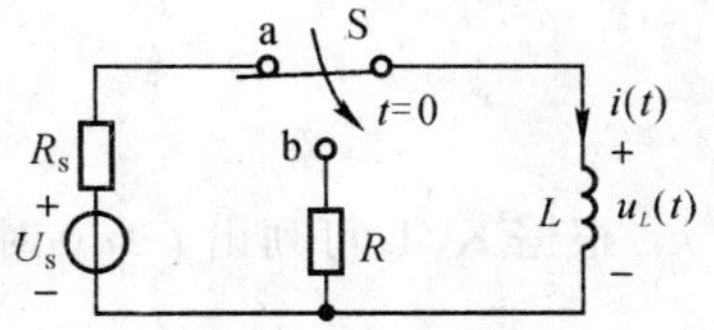

图 13.7.1　RL 零输入电路与零输入响应

这是一个待求变量为 $i(t)$ 的一阶线性常系数齐次常微分方程,其特征方程为

$$Lp + R = 0$$

故得特征根为

$$p = -\frac{R}{L} = -\frac{1}{\tau}$$

其中 $\tau = \dfrac{L}{R}$,单位为秒(s),称为 RL 电路的时间常数。故得 $i(t)$ 的通解为

$$i(t) = Ae^{pt} = Ae^{-\frac{1}{\tau}t}$$

积分常数 A 根据初始值 $i(0^+)$ 确定。当 $t = 0^+$ 时有

$$i(0^+) = A$$

故

$$A = i(0^+) = i(0^-) = I_0$$

故得电路方程的解为

$$i(t) = I_0 e^{-\frac{1}{\tau}t}, \qquad t \geqslant 0$$

或写成

$$i(t) = I_0 e^{-\frac{1}{\tau}t}U(t) \tag{13.7.1}$$

$i(t)$ 的波形如图 13.7.2(a) 所示。可见 $i(t)$ 为一随时间 t 而衰减的指数曲线,衰减的快慢取决于 τ 的大小。τ 大衰减的慢,τ 小衰减的快。

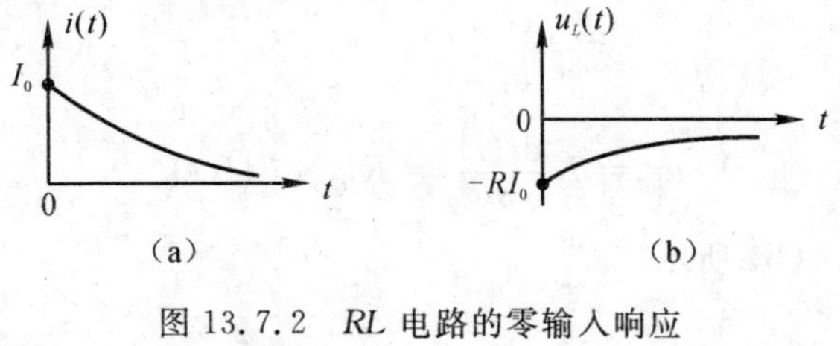

图 13.7.2　RL 电路的零输入响应

响应电压 $u_L(t)$ 为

$$u_L(t) = L\frac{\mathrm{d}i(t)}{\mathrm{d}t} = -RI_0\mathrm{e}^{-\frac{1}{\tau}t}U(t)$$

$u_L(t)$ 的波形如图 13.7.2(b) 所示。

二、阶跃响应

图 13.7.3(a) 所示为阶跃电流源 $I_SU(t)$ 激励下的 RL 并联零状态电路，其开关等效电路如图 13.7.3(b) 所示，其中 I_S 为直流电流源电流。因此，同样可将阶跃激励 $I_SU(t)$ 作用下电路的阶跃响应，等效为电路与直流电流源 I_S 接通后的响应。

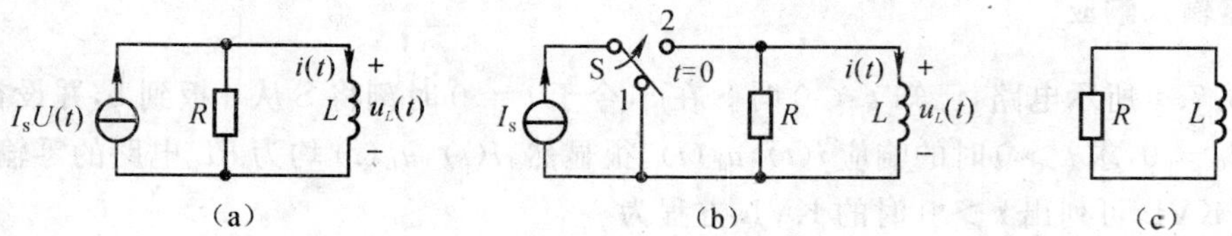

图 13.7.3　RL 并联电路

根据 KCL 可列出 $t>0$ 时的 KCL 方程为

$$\frac{1}{R}u_L(t) + i(t) = I_S,\quad t \geqslant 0$$

即

$$\begin{cases}\dfrac{L}{R}\dfrac{\mathrm{d}i(t)}{\mathrm{d}t} + i(t) = I_S, & t \geqslant 0 \\ i(0^+) = i(0^-) = 0\end{cases}$$

该方程的全解为

$$i(t) = B\mathrm{e}^{-\frac{1}{\tau}t} + I_S$$

积分常数 B 根据初始值 $i(0^+) = i(0^-) = 0$ 确定，即

$$i(0^+) = B + I_S = 0$$

故得

$$B = -I_S$$

代入全解式得

$$i(t) = I_S(1-\mathrm{e}^{-\frac{1}{\tau}t})U(t) \tag{13.7.2}$$

$i(t)$ 的波形如图 13.7.4(a) 所示。可见 $i(t)$ 为一随时间 t 而增长的指数曲线，增长的快慢取决于电路时间常数 τ 的大小。τ 大增长的慢，τ 小增长的快。

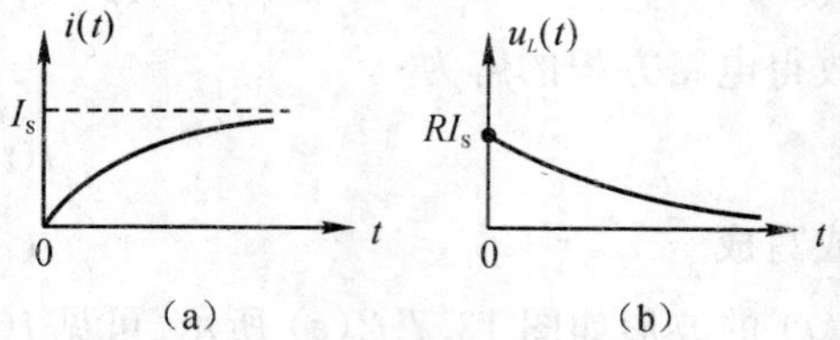

图 13.7.4　RL 并联电路的阶跃响应

电路的时间常数 $\tau = \dfrac{L}{R}$，应按图 13.7.3(c) 求之。该图是令 13.7.3(a) 或(b) 中的激励为零而得到的无激励电路。

响应电压 $u_L(t)$ 为

$$u_L = L\frac{\mathrm{d}i(t)}{\mathrm{d}t} = RI_S\mathrm{e}^{-\frac{1}{\tau}t}U(t)$$

$u_L(t)$ 的波形如图 13.7.4(b) 所示。

三、阶跃激励下的全响应

图 13.7.5(a) 为非零状态的 RL 并联电路，其外加激励为阶跃电流源 $I_S U(t)$，并设电路的初始条件为 $i(0^-)=I_0\neq 0$，图 13.7.5(b) 为其开关等效电路。

由于全响应 = 零输入响应 + 零状态响应，故根据式(13.7.1)和式(13.7.2)的结果，可得阶跃激励下的全响应电流为

$$i(t)=I_0 e^{-\frac{1}{\tau}t}+I_S(1-e^{-\frac{1}{\tau}t})=[I_S+(I_0-I_S)e^{-\frac{1}{\tau}t}]U(t)$$

相应于 $I_S>I_0$，$I_S=I_0$，$I_S<I_0$ 三种情况下的 $i(t)$ 的波形如图 13.7.5(c) 所示。

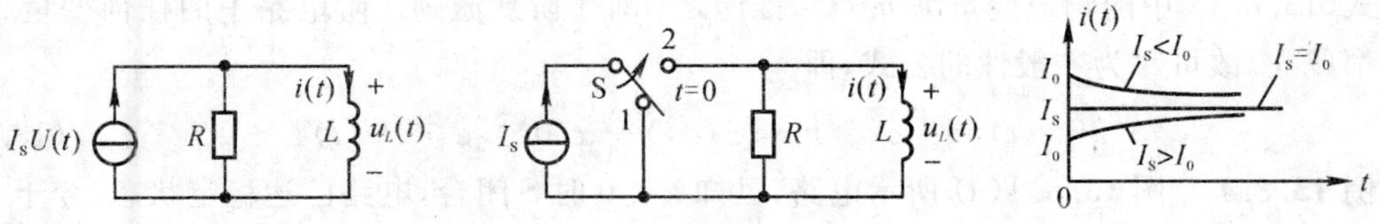

(a)　　(b)　　(c)

图 13.7.5　RL 并联电路阶跃激励的全响应

现将一阶电路单位阶跃响应汇总于表 13.7.1 中，以便查用。

表 13.7.1　一阶电路的单位阶跃响应

电　路	响应表示式	响应波形
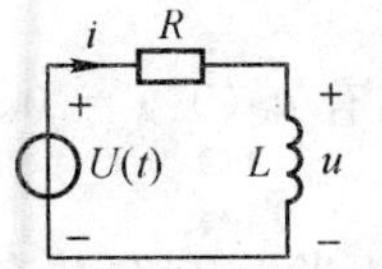	$i=\frac{1}{R}(1-e^{-\frac{1}{\tau}t})U(t)$ $u=e^{-\frac{1}{\tau}t}U(t)$	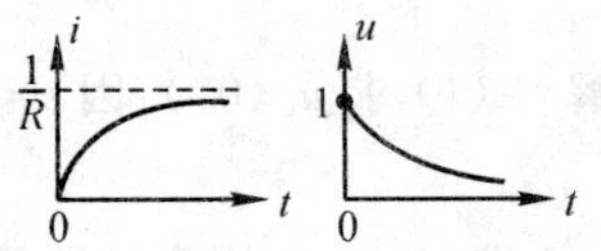
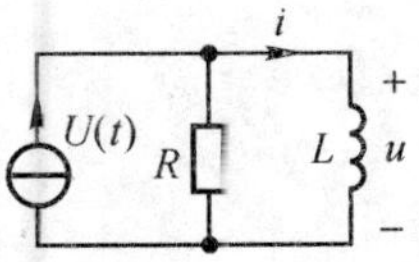	$i=(1-e^{-\frac{1}{\tau}t})U(t)$ $u=Re^{-\frac{1}{\tau}t}U(t)$	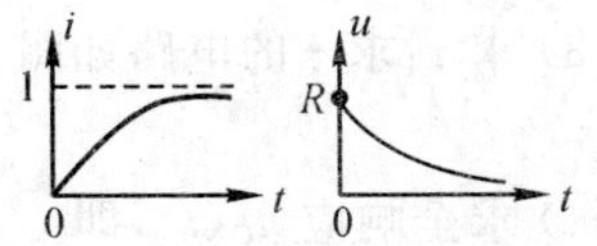
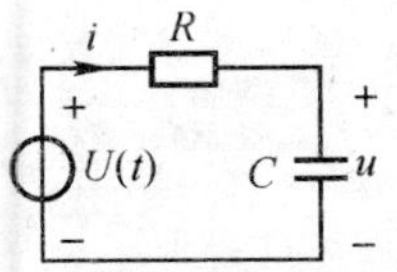	$i=\frac{1}{R}e^{-\frac{1}{\tau}t}U(t)$ $u=(1-e^{-\frac{1}{\tau}t})U(t)$	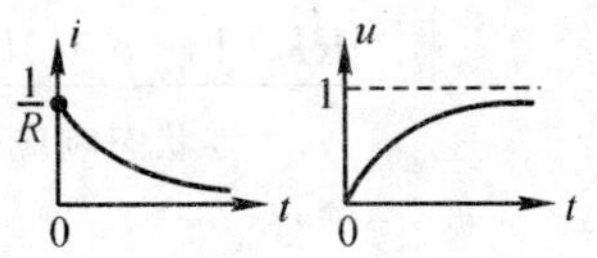
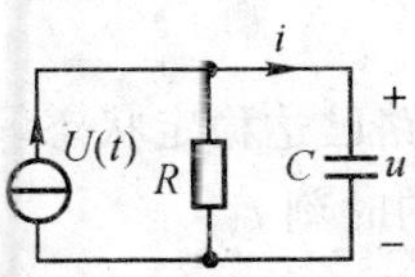	$i=e^{-\frac{1}{\tau}t}U(t)$ $u=R(1-e^{-\frac{1}{\tau}t})U(t)$	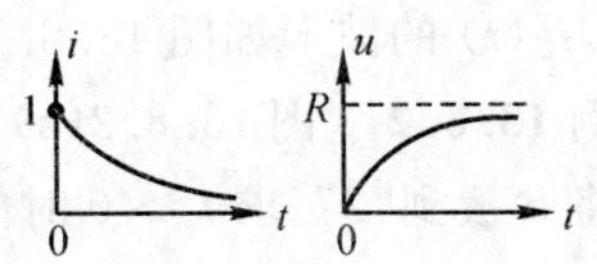

13.8 求一阶电路阶跃激励全响应的三要素公式

在式(13.6.4)中，当 $t=0^+$ 时有 $u_C(0^+)=U_0$，为电路的初始值；当 $t\to\infty$ 时有 $u_C(\infty)=E$，为电路的稳态值；τ 为电路的时间常数。于是可将式(13.6.4)改写为

$$u_C(t)=\{u_C(\infty)-[u_C(\infty)-u_C(0^+)]\mathrm{e}^{-\frac{1}{\tau}t}\}U(t) \qquad (13.8.1)$$

此式称为求阶跃激励一阶电路全响应的三要素公式。即对于阶跃激励的一阶电路，只要求得了 $u_C(0^+)$，$u_C(\infty)$ 和 τ 这三个要素值，然后代入此式，即可得电路的全响应。

式(13.8.1)中的响应变量为 $u_C(t)$。推广之，对于阶跃激励一阶电路中的任何变量 $x(t)$，此式都成立。故可写为一般性的公式，即

$$x(t)=\{x(\infty)-[x(\infty)-x(0^+)]\mathrm{e}^{-\frac{1}{\tau}t}\}U(t) \qquad (13.8.2)$$

例 13.8.1 图 13.8.1(a)所示电路，已知 $t<0$ 时 S 闭合，电路已达稳定状态。今于 $t=0$ 时刻打开 S。求 $t>0$ 时的响应 $u_C(t)$ 和 $i_C(t)$。

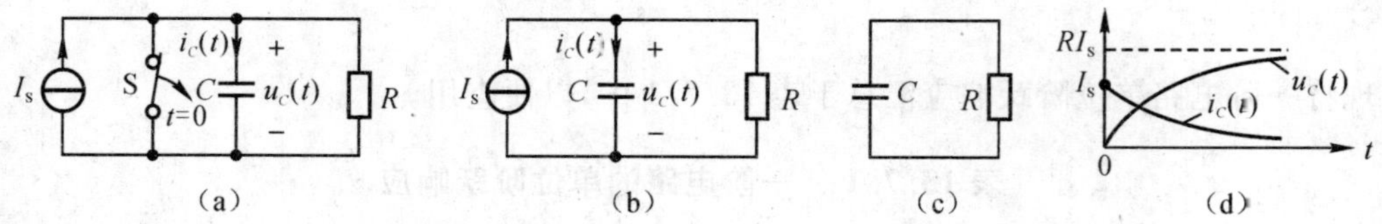

图 13.8.1

(a) $t<0$ 时的电路； (b) $t>0$ 时的电路； (c) 求 τ 的电路； (d) 波形

解 (1) 求 $u_C(0^+)$：因 $t<0$ 时 S 闭合，电路已达稳定状态，故有 $u_C(0^-)=0$。故得

$$u_C(0^+)=u_C(0^-)=0$$

(2) 求 $u_C(\infty)$：因在阶跃激励下电路达到稳定状态时，电容 C 相当于开路，故有

$$u_C(\infty)=RI_S$$

(3) 求 τ：求 τ 的电路如图 13.8.1(c)所示。故得

$$\tau=RC$$

(4) 求全响应 $u_C(t)$，即

$$u_C(t)=u_C(\infty)-[u_C(\infty)-u_C(0^+)]\mathrm{e}^{-\frac{1}{\tau}t}=$$

$$\underbrace{RI_S(1-\mathrm{e}^{-\frac{1}{\tau}t})U(t)}_{\text{零状态响应}}=\Big[\underbrace{RI_S}_{\substack{\text{稳态响应}\\\text{(强迫响应)}}}+\underbrace{(-RI_S\mathrm{e}^{-\frac{1}{\tau}t})}_{\substack{\text{瞬态响应}\\\text{(自由响应)}}}\Big]U(t)$$

又
$$i_C(t)=C\frac{\mathrm{d}u_C(t)}{\mathrm{d}t}=I_S\mathrm{e}^{-\frac{1}{\tau}t}U(t)$$

$u_C(t)$，$i_C(t)$ 的波形如图 13.8.1(d)所示。

例 13.8.2 图 13.8.2(a)所示电路，已知 $t<0$ 时 S 在“1”，电路已达稳定状态。今于 $t=0$ 时刻将 S 扳到“2”。求 $t>0$ 时的响应 $u_C(t)$，并求 $u_C(t)$ 经过零值的时刻 t_0。

解 (1) 求 $u_C(0^+)$：因 $t<0$ 时 S 在 1，电路已达稳定状态，故有

$$u_C(0^-)=10\ \mathrm{V}$$

$t>0$ 时 S 在 2，其电路如图 13.8.2(b) 所示。故得

$$u_C(0^+)=u_C(0^-)=10\ \text{V}$$

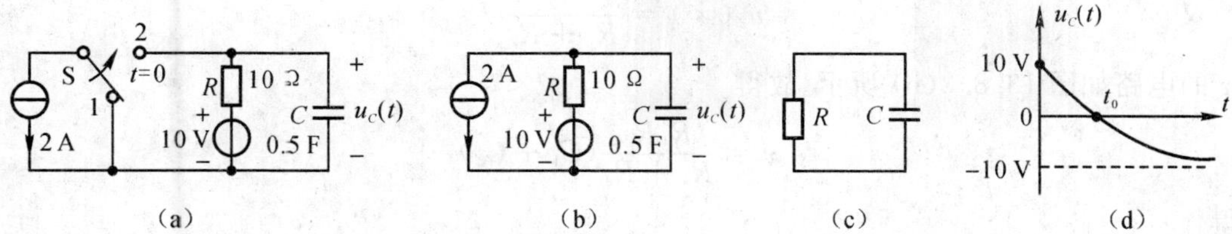

图　13.8.2

(a)$t<0$ 时的电路；(b)$t>0$ 时的电路；(c) 求 τ 的电路；(d) 波形

(2) 求 $u_C(\infty)$：根据图 13.8.2(b) 得

$$u_C(\infty)=10-10\times 2=-10\ \text{V}$$

(3) 求 τ：求 τ 的电路如图 13.8.2(c) 所示。故得

$$\tau=RC=10\times 0.5=5\ \text{s}$$

(4) $$u_C(t)=u_C(\infty)-[u_C(\infty)-u_C(0^+)]\mathrm{e}^{-\frac{1}{\tau}t}=$$

$$-10-(-10-10)\mathrm{e}^{-\frac{1}{\tau}t}=(-10+20\mathrm{e}^{-0.2t})U(t)\ \text{V}$$

$u_C(t)$ 的波形如图 13.8.2(d) 所示。由图(d) 可见，在瞬态过程中，$u_C(t)$ 在 $t=t_0$ 时刻的值为零。t_0 可如下求得：

$$u_C(t_0)=-10+20\mathrm{e}^{0.2t_0}=0$$

故得

$$t_0=\frac{\ln 0.5}{-0.2}=3.466\ \text{s}$$

例 13.8.3　图 13.8.3(a) 所示零状态电路，求 $u_2(t)$。

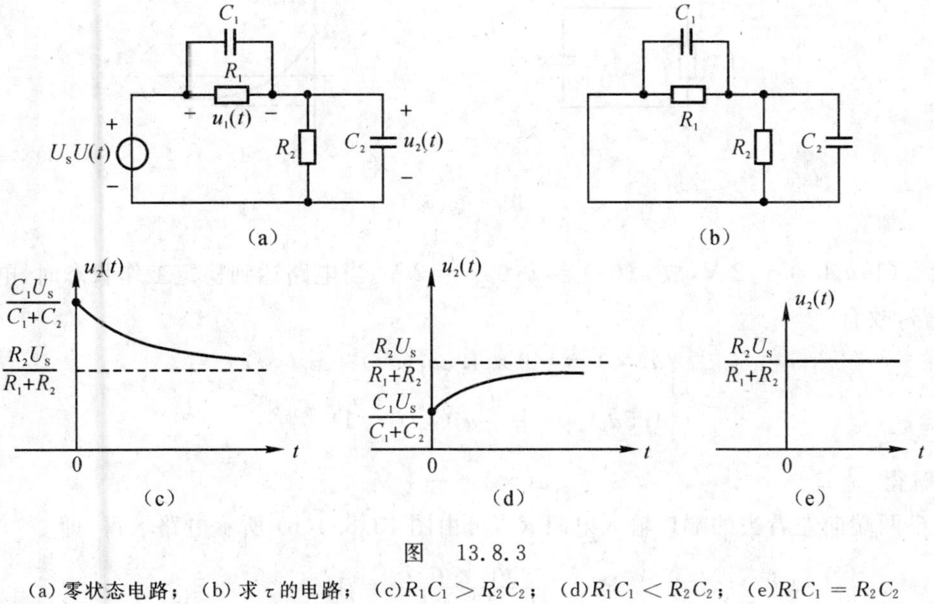

图　13.8.3

(a) 零状态电路；(b) 求 τ 的电路；(c)$R_1C_1>R_2C_2$；(d)$R_1C_1<R_2C_2$；(e)$R_1C_1=R_2C_2$

解　这是有强迫跃变的电路，在例 13.4.3 中已求得初始值 $u_2(0^+)=\dfrac{C_1}{C_1+C_2}U_S$。

又
$$u_2(\infty)=\frac{R_2}{R_1+R_2}U_s$$

求 τ 的电路如图 13.8.3(b) 所示。故得
$$\tau=\frac{R_1R_2}{R_1+R_2}(C_1+C_2)$$

故得
$$u_2(t)=u_2(\infty)-[u_2(\infty)-u_2(0^+)]e^{-\frac{1}{\tau}t}=$$
$$\frac{R_2}{R_1+R_2}U_S-[\frac{R_2U_S}{R_1+R_2}-\frac{C_1}{C_1+C_2}U_S]e^{-\frac{1}{\tau}t},\quad t>0$$

其波形如图 13.8.3(c)，(d)，(e) 所示，分别对应于 $\dfrac{C_1}{C_1+C_2}>\dfrac{R_2}{R_1+R_2}$（即 $R_1C_1>R_2C_2$），$\dfrac{C_1}{C_1+C_2}<\dfrac{R_2}{R_1+R_2}$（即 $R_1C_1<R_2C_2$），$\dfrac{C_1}{C_1+C_2}=\dfrac{R_2}{R_1+R_2}$（即 $R_1C_1=R_2C_2$）三种情况。

例 13.8.4　图 13.8.4(a) 所示电路，$u(0^-)=2$ V。(1) 求全响应 $u(t)$，画出 $u(t)$ 的波形；(2) 求 $u(t)$ 的零输入响应 $u_x(t)$ 和零状态响应 $u_f(t)$；(3) 若 $u(0^-)=4$ V，其他条件不变，再求全响应 $u(t)$。

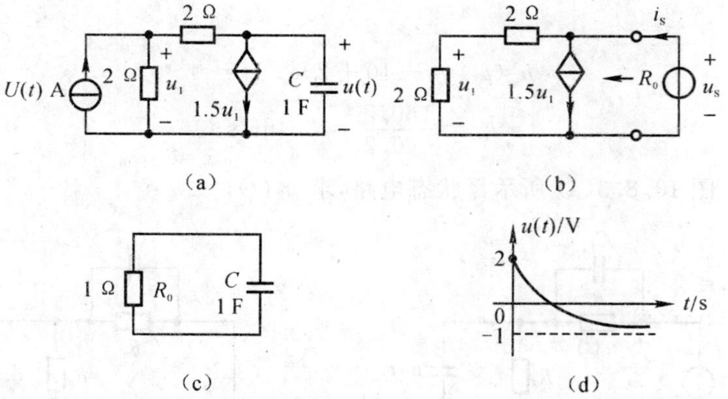

图　13.8.4

解　(1) $u(0^-)=2$ V，故 $u(0^+)=u(0^-)=2$ V。当电路达到稳定工作状态时，电容 C 相当于开路，故有
$$\begin{cases}u(\infty)=-2\times1.5u_1(\infty)+u_1(\infty)\\1.5u_1(\infty)+\dfrac{1}{2}u_1(\infty)=1\end{cases}$$

联立求解得
$$u(\infty)=-1\text{ V}$$

从电容 C 两端向左看去的端口输入电阻 R_0，可由图 13.8.4(b) 所示电路求得。即
$$R_0=\frac{u_1+u_1}{\dfrac{1}{2}u_1+1.5u_1}=1\,\Omega$$

求 τ 的电路如图 13.8.4(c) 所示。故

$$\tau = R_0 C = 1 \times 1 = 1\ \text{s}$$

故得
$$u(t) = u(\infty) - [u(\infty) - u(0^+)]\mathrm{e}^{-\frac{1}{\tau}t} =$$
$$-1 - [-1-2]\mathrm{e}^{-t} = (-1 + 3\mathrm{e}^{-t})U(t)\ \text{V}$$

$u(t)$ 的波形如图 13.8.4(d) 所示。

(2) 根据上面所求得的 $u(0^+) = 2$ V，$u(\infty) = -1$ V，$\tau = 1$ s，可直接写出零输入响应和零状态响应分别为

$$u_x(t) = 2\mathrm{e}^{-t}U(t)\ \text{V}$$
$$u_f(t) = -(1 - \mathrm{e}^{-t})U(t)\ \text{V}$$

(3) 当 $u(0^-) = 4$ V 时，此时的零输入响应为

$$u_x(t) = 2 \times 2\mathrm{e}^{-t}U(t) = 4\mathrm{e}^{-t}U(t)\ \text{V}$$

零状态响应不变。故得全响应为

$$u(t) = 4\mathrm{e}^{-t}U(t) - (1 - \mathrm{e}^{-t})U(t)\ \text{V}$$

例 13.8.5　图 13.8.5(a) 所示电路，电流 $i_S(t)$ 的波形如图 13.8.5(b) 所示。求零状态响应 $i(t)$。

解　$i_S(t) = 2U(t) - 2U(t-2)$ A

(1) 先求激励 $2U(t)$A 产生的零状态响应 $i_1(t)$

$$i(0^+) = i(0^-) = 0$$

当电路达到稳定工作状态时，L 相当于短路，故有

$$1 = i(\infty) + 1.5u_1 = i(\infty) + 1.5 \times 1 \times 2$$

故得
$$i(\infty) = -2\ \text{A}$$

从电感 L 两端向左看去的端口输入电阻 R_0，按图 13.8.5(c) 所示电路求得为

$$R_0 = 1\ \Omega$$

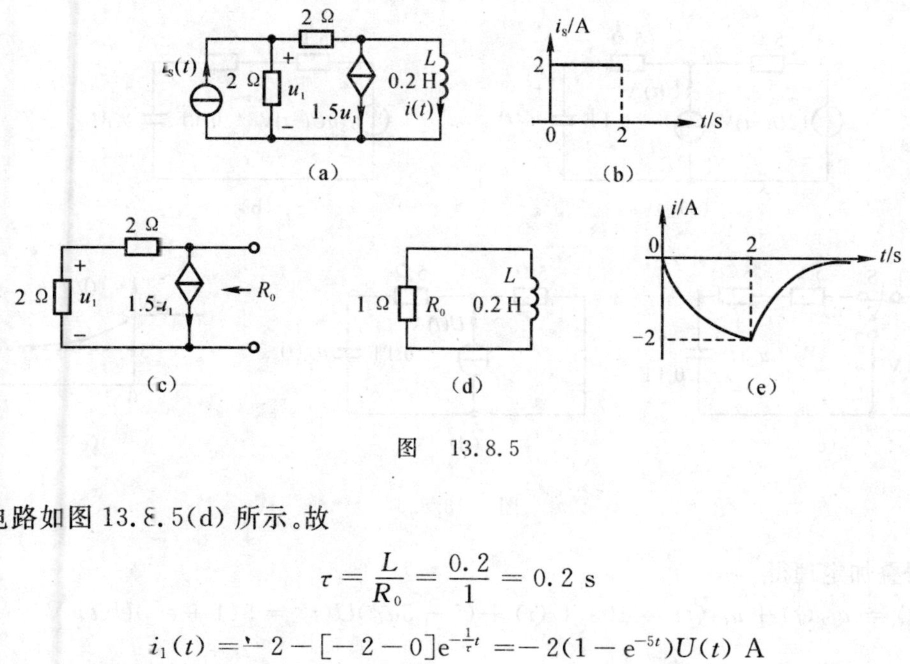

图　13.8.5

求 τ 的电路如图 13.8.5(d) 所示。故

$$\tau = \frac{L}{R_0} = \frac{0.2}{1} = 0.2\ \text{s}$$

故得
$$i_1(t) = -2 - [-2-0]\mathrm{e}^{-\frac{1}{\tau}t} = -2(1 - \mathrm{e}^{-5t})U(t)\ \text{A}$$

(2) 再求激励 $2U(t-2)$ A 产生的零状态响应 $i_2(t)$。根据线性电路的时不变性，得

$$i_2(t) = i_1(t-2) = -2[1-e^{-5(t-2)}]U(t-2)\ \text{A}$$

(3) 根据叠加定理得，零状态响应为

$$i(t) = i_1(t) - i_2(t) = -2(1-e^{-5t})U(t) + 2[1-e^{-5(t-2)}]U(t-2)\ \text{A}$$

$i(t)$ 的曲线如图 13.8.5(e) 所示。

例 13.8.6 图 13.8.6(a) 所示电路，求响应 $u_C(t)$，$t \in \mathbf{R}$，并画出曲线。

解 应用叠加定理求解。

(1)$10U(-t)$ V 电压源单独作用时的电路，如图 13.8.6(b) 所示，其开关等效电路如图 13.8.6(c) 所示。当 $t<0$ 时 S 在"1"位置，电路已达稳态，C 相当于开路，故有

$$u_{C1}(0^-) = 10\ \text{V}$$

当 $t>0$ 时 S 在"2"，故有

$$u_{C1}(0^+) = u_{C1}(0^-) = 10\ \text{V}$$

$$u_{C1}(\infty) = 0$$

$$\tau = (5+5)\times 0.1 = 1\ \text{s}$$

故得

$$u_{C1}(t) = 0-(0-10)e^{-\frac{1}{\tau}t} = 10e^{-t}U(t)\ \text{V}$$

(2)$U(t)$ A 电流源单独作用时的电路，如图 13.8.6(d) 所示。因当 $t<0$ 时，$U(t)=0$，电路已达稳态，C 相当于开路，故有

$$u_{C2}(0^-) = 0$$

当 $t>0$ 时，$U(t)=1$ A，故有

$$u_{C2}(0^+) = u_{C2}(0^-) = 0$$

$$u_{C2}(\infty) = 5\times 1 = 5\ \text{V}$$

$$\tau = (5+5)\times 0.1 = 1\ \text{s}$$

故得

$$u_{C2}(t) = 5-(5-0)e^{-\frac{1}{\tau}t} = (5-5e^{-t})U(t)\ \text{V}$$

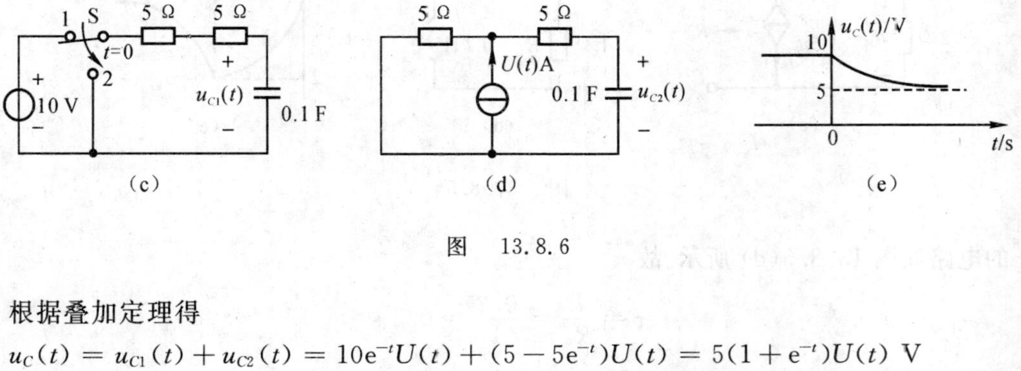

图 13.8.6

根据叠加定理得

$$u_C(t) = u_{C1}(t) + u_{C2}(t) = 10e^{-t}U(t) + (5-5e^{-t})U(t) = 5(1+e^{-t})U(t)\ \text{V}$$

考虑到 $t \in \mathbf{R}$，故得

$$u_C(t) = \begin{cases} 10\ \text{V}, & t < 0 \\ 5(1+\mathrm{e}^{-t}),(\text{V}), & t \geqslant 0 \end{cases}$$

$u_C(t)$ 的波形如图 13.8.6(e) 所示。

13.9　一阶电路的冲激响应

单位冲激激励 $\delta(t)$ 在零状态电路中产生的响应，称为单位冲激响应，简称冲激响应。

一、单一元件电路

图 13.9.1(a) 为单位冲激电流源 $\delta(t)$ 与单一电容元件 C 并联的电路，其冲激响应电压 $u_C(t)$ 为

$$u_C(t) = \frac{1}{C}\int_{-\infty}^{t} i(\tau)\mathrm{d}\tau = \frac{1}{C}\int_{-\infty}^{t}\delta(\tau)\mathrm{d}\tau = \frac{1}{C}U(t)$$

$u_C(t)$ 的波形如图 13.9.1(c) 所示。

令 $t = 0^+$，得 $u_C(t)$ 的初始值为

$$u_C(0^+) = \frac{1}{C}U(0^+) = \frac{1}{C}\times 1 = \frac{1}{C}\ \text{V}$$

因 $t > 0$ 时 $\delta(t) = 0$，故可得 $t > 0$ 时的等效电路如图 13.9.1(b) 所示。这就是说，与电容 C 并联的电流源 $\delta(t)$，在 $t > 0$ 时，可等效为初始值 $u_C(0^+) = \frac{1}{C}$ V 的零输入电路(见图 13.9.1b)。

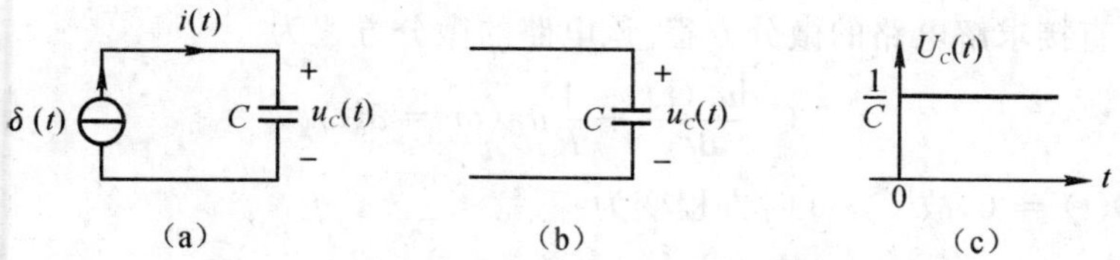

图 13.9.1　单一电容元件的冲激响应

(a) 零状态电路；(b) $t > 0$ 时的等效电路；(c) 波形

图 13.9.2(a) 为单位冲激电压源 $\delta(t)$ 与单一电感元件 L 串联的电路，其冲激响应电流为

$$i(t) = \frac{1}{L}\int_{-\infty}^{t} u_L(\tau)\mathrm{d}\tau = \frac{1}{L}\int_{-\infty}^{t}\delta(\tau)\mathrm{d}\tau = \frac{1}{L}U(t)$$

$i(t)$ 的波形如图 13.9.2(c) 所示。

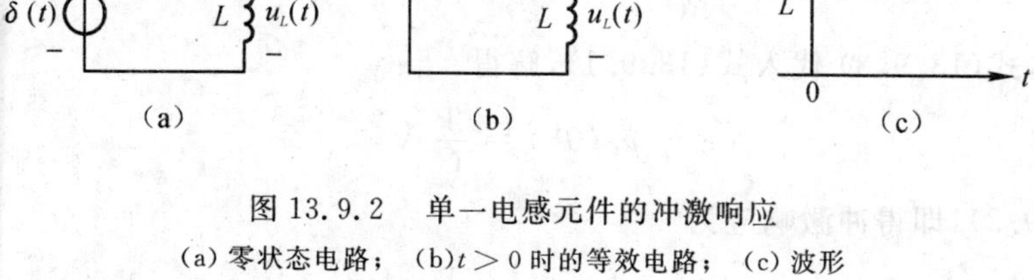

图 13.9.2　单一电感元件的冲激响应

(a) 零状态电路；(b) $t > 0$ 时的等效电路；(c) 波形

令 $t=0^+$，得 $i(t)$ 的初始值为

$$i(0^+)=\frac{1}{L}U(0^+)=\frac{1}{L}\times 1=\frac{1}{L}\text{A}$$

因 $t>0$ 时 $\delta(t)=0$，故可得 $t>0$ 时的等效电路如图 13.9.2(b) 所示。这就是说，与电感 L 串联的电压源 $\delta(t)$，在 $t>0$ 时，可等效为初始值 $i(0^+)=\dfrac{1}{L}$ A 的零输入电路（见图 13.9.2(b)）。

二、RC 并联电路

图 13.9.3(a) 为 RC 并联电路，其激励为单位冲激电流源 $\delta(t)$。以下用 3 种方法求冲激响应 $u_C(t)$，$i_C(t)$。

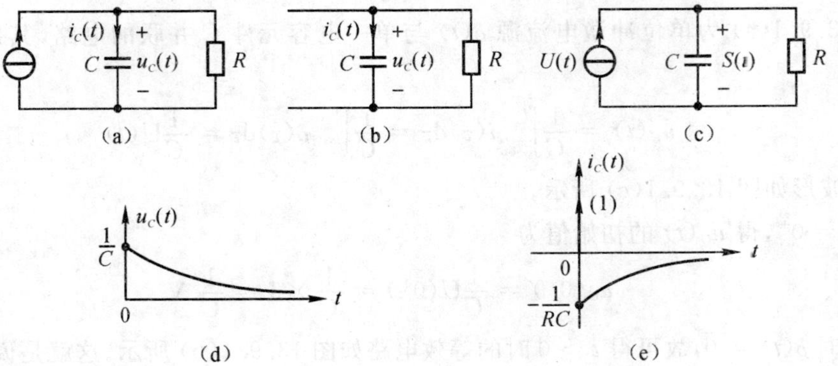

图 13.9.3 RC 并联电路的冲激响应

方法一 直接求解电路的微分方程。该电路的微分方程为

$$C\frac{\mathrm{d}u_C(t)}{\mathrm{d}t}+\frac{1}{R}u_C(t)=\delta(t) \tag{13.9.1}$$

由于 $t>0$ 时 $\delta(t)=0$，故 $t>0$ 时方程变为

$$C\frac{\mathrm{d}u_C(t)}{\mathrm{d}t}+\frac{1}{R}u_C(t)=0,\quad t>0$$

此方程的通解为

$$u_C(t)=u_C(0^+)\mathrm{e}^{-\frac{1}{\tau}t}U(t) \tag{13.9.2}$$

$u_C(0^+)$ 为 $u_C(t)$ 的初始值，也可理解为积分常数。下面求 $u_C(0^+)$：

将式(13.9.2) 求导一次，即

$$\frac{\mathrm{d}u_C(t)}{\mathrm{d}t}=\frac{\mathrm{d}}{\mathrm{d}t}[u_C(0^+)\mathrm{e}^{-\frac{1}{\tau}t}U(t)]u_C(0^+)\mathrm{e}^{-\frac{1}{RC}t}\delta(t)-\frac{1}{RC}u_C(0^+)\mathrm{e}^{-\frac{1}{RC}t}U(t)=$$

$$u_C(0^+)\delta(t)-\frac{1}{RC}u_C(0^+)\mathrm{e}^{-\frac{1}{RC}t}U(t) \tag{13.9.3}$$

将式(13.9.2)，式(13.9.3) 代入式(13.9.1)，解得

$$u_C(0^+)=\frac{1}{C}\ \text{V}$$

再代入式(13.9.2)，即得冲激响应为

$$u_C(t)=\frac{1}{C}\mathrm{e}^{-\frac{1}{RC}t}U(t) \tag{13.9.4}$$

又得

$$i_C(t) = C\frac{\mathrm{d}u_C(t)}{\mathrm{d}t} = C\frac{\mathrm{d}}{\mathrm{d}t}\left[\frac{1}{C}\mathrm{e}^{-\frac{1}{RC}t}U(t)\right] = \delta(t) - \frac{1}{RC}\mathrm{e}^{-\frac{1}{RC}t}U(t) \tag{13.9.5}$$

$u_C(t)$ 和 $i_C(t)$ 的波形如图 13.9.3(d),(e) 所示。

式(13.9.4) 和式(13.9.5) 说明,在 t 从 0^- 到 0^+ 的区间,电容 C 受到无穷大电流 $\delta(t)$ 的充电,因而其上电压从 $u_C(0^-)=0$ 突跳到 $u_C(0^+)=\frac{1}{C}$;当 $t>0$ 时,$\delta(t)=0$,电流源开路,其电路如图 13.9.1(b) 所示,电容 C 又进行放电,放电电流的实际方向与充电电流的实际方向相反,故为负值。

方法二　等效电路法。$t>0$ 时的等效电路如图 13.9.1(b) 所示,电容电压的初始值 $u_C(0^+)=\frac{1}{C}$ V。此电路为一 RC 串联电路,故得响应为

$$u_C(t) = u_C(0^+)\mathrm{e}^{-\frac{1}{RC}t}U(t) = \frac{1}{C}\mathrm{e}^{-\frac{1}{RC}t}U(t)$$

与式(13.9.4) 全同。这说明,我们可将单位冲激响应等效为初始值 $u_C(0^+)=\frac{1}{C}$ V 的零输入响应。

方法三　利用线性电路的微分性质求。即先根据图 13.9.3(c) 电路求出单位阶跃响应 $S(t)$,再求 $S(t)$ 的一阶导数即得单位冲激响应。利用三要素公式极易求得

$$S(t) = R(1-\mathrm{e}^{-\frac{1}{RC}t})U(t)$$

故得单位冲激响应

$$u_C(t) = \frac{\mathrm{d}S(t)}{\mathrm{d}t} = \frac{\mathrm{d}}{\mathrm{d}t}R(1-\mathrm{e}^{-\frac{1}{RC}t})U(t) = \frac{1}{C}\mathrm{e}^{-\frac{1}{RC}t}U(t)$$

与式(13.9.4) 也全同。

利用与上面完全相同的方法,还可求得 RC 串联电路、RL 并联电路、RL 串联电路的单位冲激响应。现将其结果列于表 13.9.1 中。

表 13.9.1　一阶电路的单位冲激响应

电　路	响应的表示式	波　形
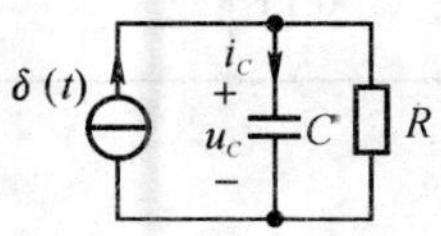	$u_C = \frac{1}{C}\mathrm{e}^{-\frac{1}{RC}t}U(t)$ $i_C = \delta(t) - \frac{1}{RC}\mathrm{e}^{-\frac{1}{RC}t}U(t)$	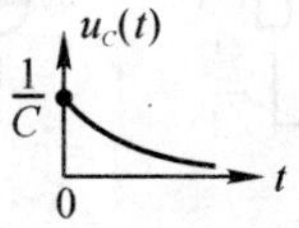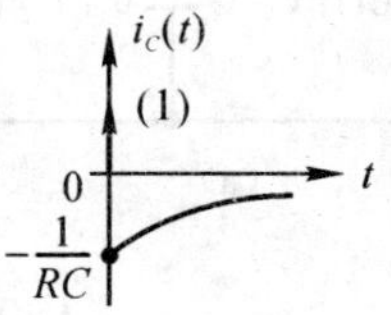
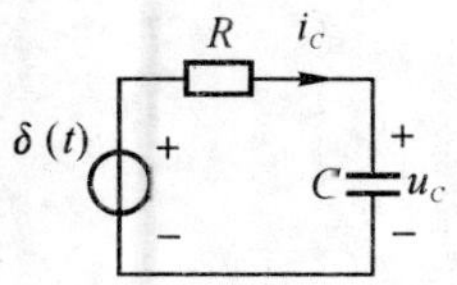	$u_C = \frac{1}{RC}\mathrm{e}^{-\frac{1}{RC}t}U(t)$ $i_C = \frac{1}{R}\delta(t) - \frac{1}{R^2C}\mathrm{e}^{-\frac{1}{RC}t}U(t)$	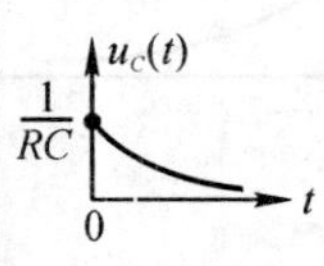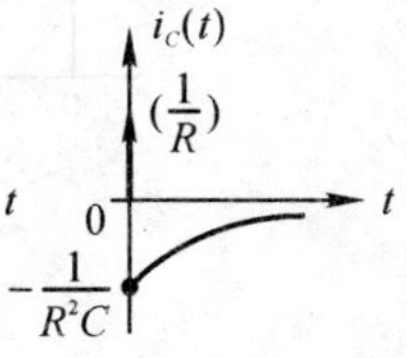

续表

电　路	响应的表示式	波　形
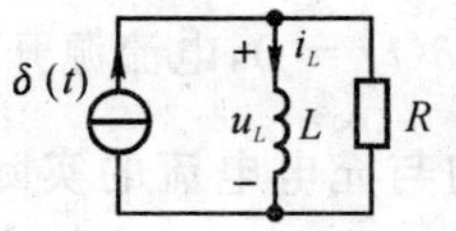	$i_L = \frac{R}{L}e^{-\frac{R}{L}t}U(t)$ $u_L = R\delta(t) - \frac{R^2}{L}e^{-\frac{R}{L}t}U(t)$	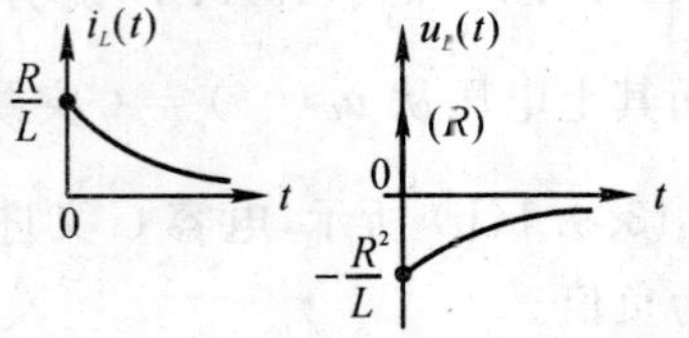
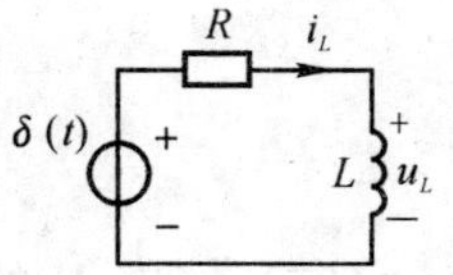	$i_L = \frac{1}{L}e^{-\frac{R}{L}t}U(t)$ $u_L = \delta(t) - \frac{R}{L}e^{-\frac{R}{L}t}U(t)$	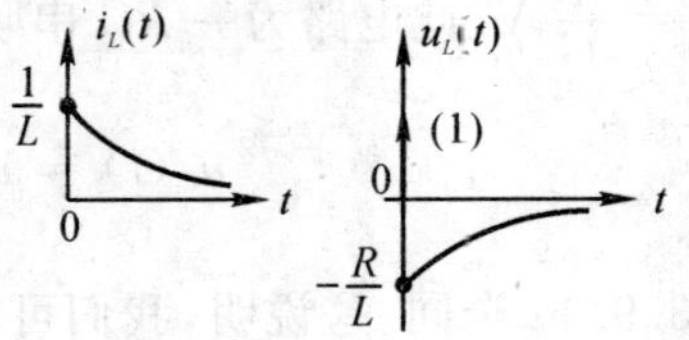

例 13.9.1　图 13.9.4(a) 所示电路，求响应 $u(t)$ 和 $i(t)$，画出它们的曲线。

解　将图(a)电路等效变换为图(b)电路，于是得 $t>0$ 时的等效电路，如图(c)所示，在图(c)电路中 $u(0^+) = \frac{1}{C} = \frac{1}{0.1} = 10$ V。故根据图(c)电路，用三要素公式可求得

$$u(t) = 10\,e^{-5t}U(t)\ \text{V}$$

$u(t)$ 的曲线如图(d)所示。

$$i(t) = 0.1\frac{du}{dt} = 0.1\frac{d}{dt}[10e^{-5t}U(t)] = e^{-5t}\frac{d}{dt}U(t) - 5e^{-5t}U(t) =$$
$$e^{-5t}\delta(t) - 5e^{-5t}U(t) = \delta(t) - 5e^{-5t}U(t)\ \text{A}$$

$i(t)$ 的曲线如图(e)所示。

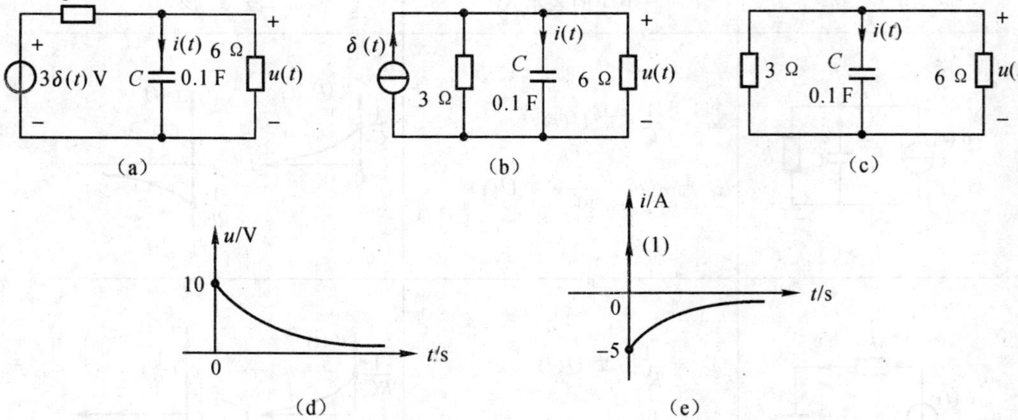

图　13.9.4

例 13.9.2　图 13.9.5(a) 所示电路，求响应 $i(t)$ 和 $u(t)$，画出曲线。

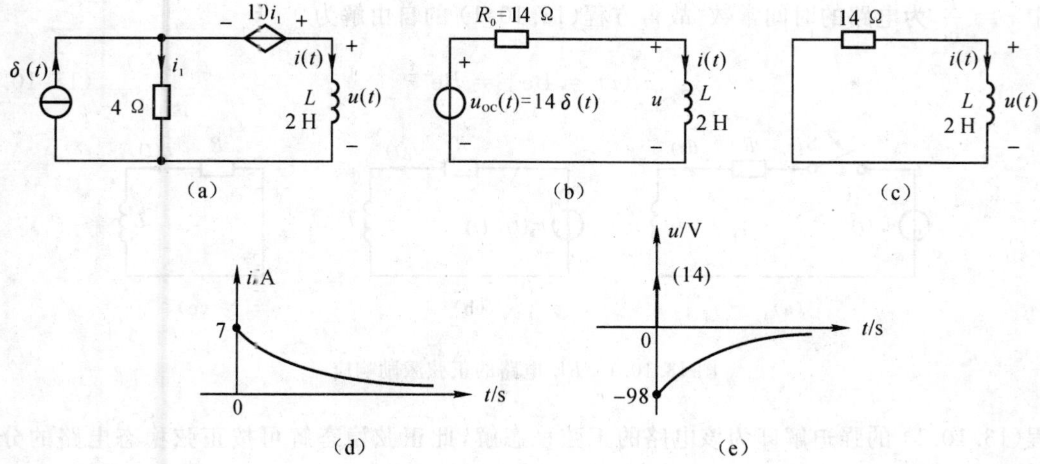

图　13.9.5

解　可求得从电感 L 两端向左看去的端口等效电压源电路，如图(b) 所示。于是又得 $t>0$ 时的等效电路如图(c) 所示，在图(c) 电路中，$i(0^+)=14\,\dfrac{1}{L}=14\times\dfrac{1}{2}=7$ A。故根据图(c) 电路，用三要素公式可求得

$$i(t)=7\mathrm{e}^{-7t}U(t)\ \mathrm{A}$$

$i(t)$ 的曲线如图(d) 所示。

$$u(t)=L\frac{\mathrm{d}i}{\mathrm{d}t}=2\,\frac{\mathrm{d}}{\mathrm{d}t}[7\mathrm{e}^{-7t}U(t)]=14[\mathrm{e}^{-7t}\,\frac{\mathrm{d}}{\mathrm{d}t}U(t)-7\mathrm{e}^{-7t}U(t)]=$$
$$14\mathrm{e}^{-7t}\delta(t)-98\mathrm{e}^{-7t}U(t)=14\delta(t)-98\mathrm{e}^{-7t}U(t)\ (\mathrm{V})$$

$u(t)$ 的曲线如图(e) 所示。

*13.10　一阶电路的正弦激励响应

正弦激励在零状态电路中产生的响应称为正弦响应。

图 13.10.1(a) 所示为 RL 串联电路与正弦电压源接通的电路，正弦电压 $u_S(t)=U_m\cos(\omega t+\theta)$。设 $t<0$ 时 S 打开，且设 $i(0^-)=I_0\neq 0$。今于 $t=0$ 时刻闭合 S，求 $t>0$ 时的全响应 $i(t)$。

一、零状态响应

求零状态响应 $i_f(t)$ 的电路如图 13.10.1(b) 所示。$t>0$ 时电路的 KVL 方程为

$$\left.\begin{aligned}&L\frac{\mathrm{d}i_f(t)}{\mathrm{d}t}+Ri_f(t)=U_m\cos(\omega t+\theta),\quad t\geqslant 0\\&i_f(0^+)=i_f(0^-)=0\end{aligned}\right\}\tag{13.10.1}$$

特征方程为

$$Lp+R=0$$

特征根为
$$p=-\frac{R}{L}=-\frac{1}{L/R}=-\frac{1}{\tau}$$

其中 $\tau=\dfrac{L}{R}$ 为电路的时间常数。故得方程(13.10.1)的自由解为

$$i_t(t)=Be^{pt}=Be^{-\frac{1}{\tau}t} \tag{13.10.2}$$

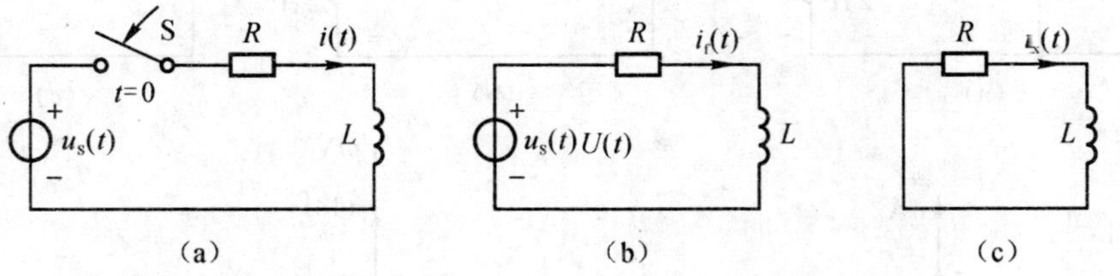

图 13.10.1 *RL* 电路的正弦激励响应

方程(13.10.1)的强迫解即为该电路的正弦稳态解，此正弦稳态解可按正弦稳态电路的分析方法(相量法)求得。即

$$\dot{U}_m=U_m\angle\theta$$

$$Z=R+j\omega L=|Z|\angle\varphi$$

其中

$$|Z|=\sqrt{R^2+(\omega L)^2}$$

$$\varphi=\arctan\frac{\omega L}{R}$$

φ 为电路的阻抗角。故得

$$\dot{I}_m=\frac{\dot{U}_m}{Z}=\frac{U_m\angle\theta}{|Z|\angle\varphi}=I_m\angle\theta-\varphi$$

其中 $I_m=\dfrac{\dot{U}_m}{|Z|}$ 为正弦稳态电流的振幅值。故得正弦稳态电流(即强迫解)的解为

$$i_p(t)=I_m\cos[\omega t+(\theta-\varphi)] \tag{13.10.3}$$

故得零状态响应为

$$i_f(t)=\text{强迫解}\ i_p(t)+\text{自由解}\ i_t(t)=I_m\cos[\omega t+(\theta-\varphi)]+Be^{-\frac{1}{\tau}t} \tag{13.10.4}$$

积分常数 B 根据初始值 $i_f(0^+)=i_f(0^-)=0$ 确定，即

$$i_f(0^+)=0=I_m\cos(\theta-\varphi)+B$$

故得

$$B=-I_m\cos(\theta-\varphi)$$

代入式(13.10.4)，得零状态响应为

$$i_f(t)=\{\underbrace{I_m\cos[\omega t+(\theta-\varphi)]}_{\substack{\text{正弦稳态响应}\\ \text{(强迫解)}}}\underbrace{-I_m\cos(\theta-\varphi)e^{-\frac{1}{\tau}t}}_{\substack{\text{瞬态响应}\\ \text{(自由解)}}}\}U(t) \tag{13.10.5}$$

由此式看出，若正好有 $\theta=\varphi\pm\dfrac{\pi}{2}$，则瞬态响应 $I_m\cos(\theta-\varphi)e^{-\frac{1}{\tau}t}=0$，即在换路后电路就立即进入稳态，而在零状态响应中不出现瞬态响应。

二、零输入响应

求零输入响应 $i_x(t)$ 的电路如图 13.10.1(c) 所示。用三要素公式可求得零输入响应为

$$i_x(t)=I_0e^{-\frac{1}{\tau}t}U(t) \tag{13.10.6}$$

三、全响应 $i(t)$

$$i(t) = \text{零状态响应}\ i_f(t) + \text{零输入响应}\ i_x(t) =$$

$$\{I_m\cos[\omega t + (\theta - \varphi)] - I_m\cos(\theta-\varphi)e^{-\frac{1}{\tau}t} + I_0 e^{-\frac{1}{\tau}t}\}U(t) =$$

$$\{\underbrace{I_m\cos[\omega t + (\theta - \varphi)]}_{\substack{\text{正弦稳态响应}\\ \text{(强迫响应)}}} + \underbrace{[-I_m\cos(\theta-\varphi) + I_0]e^{-\frac{1}{\tau}t}}_{\substack{\text{瞬态响应}\\ \text{(自由响应)}}}\}U(t)$$

由此式看出，当 $I_0 = I_m\cos(\theta-\varphi)$ 时，全响应 $i(t)$ 中的瞬态响应分量 $[-I_m\cos(\theta-\varphi)+I_0]e^{-\frac{1}{\tau}t} = 0$，即在换路后全响应中就不出现瞬态响应。

例 13.10.1　图 13.10.2(a) 所示电路，已知 $u_S(t) = \cos 2t$ V，$t < 0$ 时，开关 S 打开，$u(0^-) = U_0 = 2$ V。今于 $t = 0$ 时刻闭合 S。(1) 求 $t > 0$ 时的全响应 $u(t)$；(2) 确定一个 U_0 值，使 $t > 0$ 时电路中只存在正弦稳态响应。

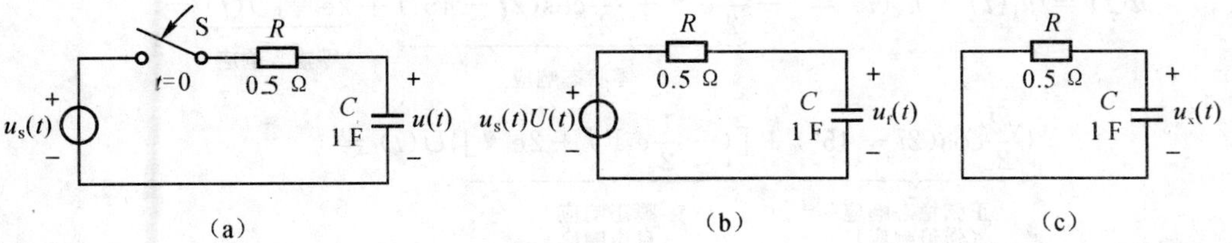

图　13.10.2

解　(1)① 求零状态响应 $u_f(t)$，其电路如图 13.10.2(b) 所示。零状态响应

$$u_f(t) = \text{自由解}\ u_t(t) + \text{强迫解}\ u_p(t)$$

其中
$$u_t(t) = Be^{-\frac{1}{\tau}t},\quad u_p(t) = U_m\cos(2t+\varphi)$$

故
$$u_f(t) = Be^{-\frac{1}{\tau}t} + U_m\cos(2t+\varphi)$$

其中 $\tau = RC = 0.5\times 1 = 0.5$ s，为电路时间常数；B 为积分常数，根据初始值确定。$u_p(t)$ 如下求得：

$$Z = R + \frac{1}{j\omega C} = 0.5 + \frac{1}{j2\times 1} = \frac{\sqrt{2}}{2}\angle -45^\circ\ \Omega$$

$$\dot{I}_m = \frac{\dot{U}_{sm}}{Z} = \frac{1\angle 0^\circ}{\frac{\sqrt{2}}{2}\angle -45^\circ} = \sqrt{2}\angle 40^\circ\ \text{A}$$

$$\dot{U}_m = U_m\angle\varphi = \dot{I}_m \times \frac{1}{j\omega C} = \sqrt{2}\angle 45^\circ \times \frac{1}{j2\times 1} = \frac{\sqrt{2}}{2}\angle 45^\circ\ \text{V}$$

得
$$u_p(t) = \frac{\sqrt{2}}{2}\cos(2t - \angle 45^\circ)\ \text{V}$$

故得零状态响应为

$$u_f(t) = Be^{-\frac{1}{\tau}t} + \frac{\sqrt{2}}{2}\cos(2t - 45^\circ)\ \text{V}$$

因有
$$u_f(0^+) = u(0^-) = 0$$

故
$$u_{\mathrm{f}}(0^{+}) = 0 = B + \frac{\sqrt{2}}{2}\cos(-45°)$$

得
$$B = -\frac{\sqrt{2}}{2}\cos(-45°) = -\frac{1}{2}$$

故得
$$u_{\mathrm{f}}(t) = \underbrace{-\frac{1}{2}\mathrm{e}^{-2t}}_{\substack{\text{瞬态响应}\\\text{(自由响应)}}} + \underbrace{\frac{\sqrt{2}}{2}\cos(2t-45°)}_{\substack{\text{正弦稳态响应}\\\text{(强迫响应)}}}\ \mathrm{V}, \qquad t \geqslant 0$$

② 求零输入响应 $u_{\mathrm{x}}(t)$，其电路如图 13.10.1(c) 所示。在 13.6 节中已求得 RC 串联电路的零输入响应为

$$u_{\mathrm{x}}(t) = U_0\mathrm{e}^{-\frac{1}{\tau}t} = 2\mathrm{e}^{-2t}U(t)\ \mathrm{V}$$

③ 全响应为

$$u(t) = u_{\mathrm{f}}(t) + u_{\mathrm{x}}(t) = \{\underbrace{-\frac{1}{2}\mathrm{e}^{-2t} + \frac{\sqrt{2}}{2}\cos(2t-45°)}_{\text{零状态响应}} + \underbrace{2\mathrm{e}^{-2t}}_{\text{零输入响应}}\}U(t) =$$

$$\{\underbrace{\frac{\sqrt{2}}{2}\cos(2t-45°)}_{\substack{\text{正弦稳态响应}\\\text{(强迫响应)}}} + \underbrace{[(-\frac{1}{2}\mathrm{e}^{-2t}) + 2\mathrm{e}^{-2t}]}_{\substack{\text{瞬态响应}\\\text{(自由响应)}}}\}U(t) =$$

$$[\frac{\sqrt{2}}{2}\cos(2t-45°) + \frac{3}{2}\mathrm{e}^{-2t}]U(t)\ \mathrm{V}$$

(2) 因全响应为

$$u(t) = \left[\frac{\sqrt{2}}{2}\cos(2t-45°) + (-\frac{1}{2}\mathrm{e}^{-2t}) + U_0\mathrm{e}^{-2t}\right]U(t) =$$

$$[\frac{\sqrt{2}}{2}\cos(2t-45°) + (-\frac{1}{2} + U_0)\mathrm{e}^{-2t}]U(t)\ \mathrm{V}$$

可见当 $U_0 = \frac{1}{2}$ V 时，全响应 $u(t)$ 中即不存在瞬态响应而只有正弦稳态响应，即

$$u(t) = \frac{\sqrt{2}}{2}\cos(2t-45°)U(t)\ \mathrm{V}$$

13.11 卷积积分

一、定义

设有两个任意时间函数，例如 $f(t) = U(t)$ 和 $h(t) = A\mathrm{e}^{-\alpha t}U(t)$（$\alpha$ 为大于零的实常数），其波形分别如图 13.11.1(a)，(b) 所示。利用图解法进行如下 5 个步骤的运算，从而引出卷积积分的定义。

(1) 将函数 $f(t)$，$h(t)$ 中的自变量 t 改换为 τ，从而得到 $f(\tau)$，$h(\tau)$，这并不影响函数的性质和图形，因为函数的性质和图形与自变量的符号无关，故其波形仍如图 13.11.1(a)，(b) 所示。

(2) 将函数 $h(\tau)$ 以纵坐标轴为轴折叠，从而得到折叠信号 $h(-\tau)$，如图 13.11.1(c) 所示。

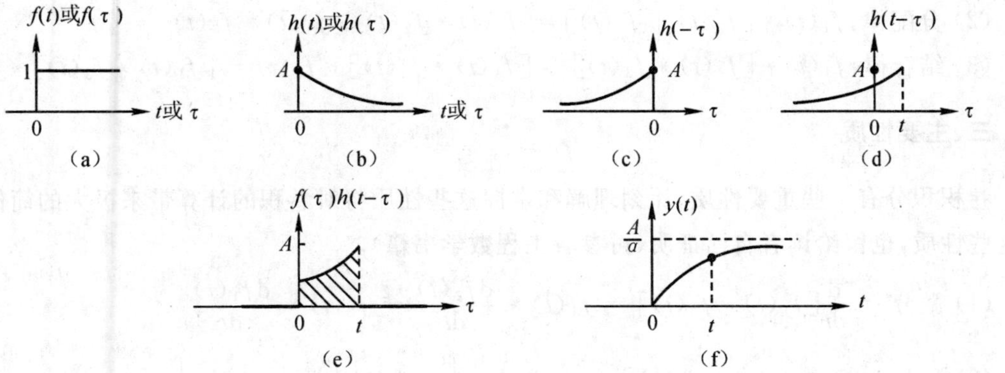

图 13.11.1　卷积积分的图解与定义

(3) 将折叠信号 $h(-\tau)$ 沿 τ 轴平移 t，t 为参变量，从而得到平移信号 $h[-(\tau-t)]=h(t-\tau)$，如图 13.11.1(d) 所示。$t>0$ 时为向右平移，$t<0$ 时为向左平移。

(4) 将 $f(\tau)$ 与 $h(\tau)$ 相乘，从而得到相乘信号 $f(\tau)h(t-\tau)$，其波形如图 13.11.1(e) 所示。

(5) 将函数 $f(\tau)h(t-\tau)$ 在区间 $(-\infty,\infty)$ 上积分，即

$$y(t)=\int_{-\infty}^{\infty}f(\tau)h(t-\tau)\mathrm{d}\tau$$

由于积分变量为 τ，其积分结果必为参变量 t 函数，故用 $y(t)$ 表示。该积分就是相乘函数 $f(\tau)h(t-\tau)$ 曲线下的面积[图 13.11.1(e) 中画斜线的部分]。上式所描述的内容即称为函数 $f(t)$ 与 $h(t)$ 的卷积积分，用符号“ * ”表示，即

$$y(t)=f(t)*h(t)=\int_{-\infty}^{\infty}f(\tau)h(t-\tau)\mathrm{d}\tau \tag{13.11.1}$$

读作 $f(t)$ 与 $h(t)$ 的卷积积分，简称卷积。

观察图(e)可见，当 $\tau<0^-$ 和 $\tau>t$ 时，被积函数 $f(\tau)h(t-\tau)=0$，这是因为 $f(\tau)=U(\tau)$、$h(\tau)=Ae^{-\alpha t}U(\tau)$ 均为单边函数的原故。故式(13.11.1) 中的积分限可改写为 $(0^-,t)$，即

$$y(t)=\int_{0^-}^{t}f(\tau)h(t-\tau)\mathrm{d}\tau \tag{13.11.2}$$

但要注意，卷积积分的严格定义式仍然是式(13.11.1)。

若将 $f(t)=U(\tau)$ 与 $h(\tau)=Ae^{-\alpha t}U(\tau)$ 这两个具体的函数代入式(13.11.2) 中并积分即得

$$y(t)=\int_{0^-}^{t}U(\tau)Ae^{-\alpha(t-\tau)}U(t-\tau)\mathrm{d}\tau=\int_{0^-}^{t}1\times Ae^{-\alpha t}e^{\alpha\tau}\times 1\mathrm{d}\tau=$$

$$\frac{A}{\alpha}e^{-\alpha t}[e^{\alpha\tau}]_{0^-}^{t}=\frac{A}{\alpha}(1-e^{-\alpha t})U(t)$$

$y(t)$ 的曲线如图(f) 所示，称为卷积积分曲线。

二、运算规律

卷积积分的运算遵从代数学中的一些运算规律。关于这些运算规律，留给读者自己证明(可参看工程数学书籍)。

(1) 交换律：$f_1(t)*f_2(t)=f_2(t)*f_1(t)$

(2) 分配律：$f_1(t)*[f_2(t)+f_3(t)]=f_1(t)*f_2(t)+f_1(t)*f_3(t)$

(3) 结合律：$f_1(t)*[f_2(t)*f_3(t)]=[f_1(t)*f_2(t)]*f_3(t)=[f_1(t)*f_3(t)]*f_2(t)$

三、主要性质

卷积积分有一些重要性质，深刻理解和掌握这些性质将对卷积的计算带来极大的简便。关于这些性质，也留给读者自己证明(可参看工程数学书籍)。

(1) 微分 $\dfrac{d}{dt}[f_1(t)*f_2(t)]=f_1(t)*\dfrac{df_2(t)}{dt}=f_2(t)*\dfrac{df_1(t)}{dt}$

(2) 积分 $\int_{-\infty}^{t}[f_1(\tau)*f_2(\tau)]d\tau=f_1(t)*\int_{-\infty}^{t}f_2(\tau)d\tau=f_2(t)*\int_{-\infty}^{t}f_1(\tau)d\tau$

(3) $f_1(t)$ 的微分与 $f_2(t)$ 的积分的卷积

$$\frac{df_1(t)}{dt}*\int_{-\infty}^{t}f_2(\tau)d\tau=f_1(t)*f_2(t)$$

应用上式的充要条件是式 $f_1(t)=\int_{-\infty}^{t}\dfrac{df_1(\tau)}{d\tau}d\tau$ 成立，亦即必须满足条件 $\lim\limits_{t\to-\infty}f_1(t)=0$。

(4) $f(t)$ 与 $\delta(t)$ 的卷积

$$f(t)*\delta(t)=f(t)$$

推论：

$$f(t)*\delta(t-T)=f(t-T)$$

$$f(t-T_1)*\delta(t-T_2)=f(t-T_1-T_2)$$

$$\delta(t-T_1)*\delta(t-T_2)=\delta(t-T_1-T_2)$$

(5) $f(t)$ 与 $U(t)$ 的卷积

$$f(t)*U(t)=\int_{-\infty}^{t}f(\tau)d\tau$$

(6) $f(t)$ 与 $\delta'(t)$ 的卷积

$$f(t)*\delta'(t)=f'(t)*\delta(t)=f'(t)$$

13.12 用卷积积分法求电路的零状态响应

线性电路对任意激励 $f(t)$ 的零状态响应 $y_f(t)$，可用 $f(t)$ 与其单位冲激响应 $h(t)$ 的卷积积分求得，即

$$y_f(t)=f(t)*h(t)=\int_{-\infty}^{+\infty}f(\tau)h(t-\tau)d\tau \tag{13.12.1}$$

式(13.12.1)的推证过程如图 13.12.1 所示。

用卷积积分法求电路零状态响应的步骤是：

(1) 求电路的单位冲激响应 $h(t)$。

(2) 根据式(13.12.1)求零状态响应 $y_f(t)$，并画出 $y_f(t)$ 的波形。

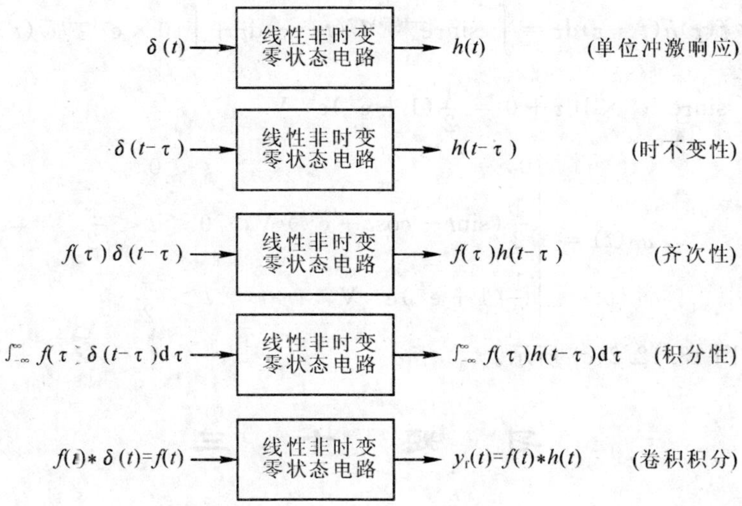

注：$f(\tau)=f(t)|_{t=\tau}$

图 13.12.1　式 $y_f(t)=f(t)*h(t)$ 的推导

例 13.12.1　图 13.12.2(a) 所示电路，已知 $f(t)=\sin t[U(t)-U(t-\frac{\pi}{2})]$，其波形如图 13.12.2(b) 所示。求零状态响应 $u_C(t)$。

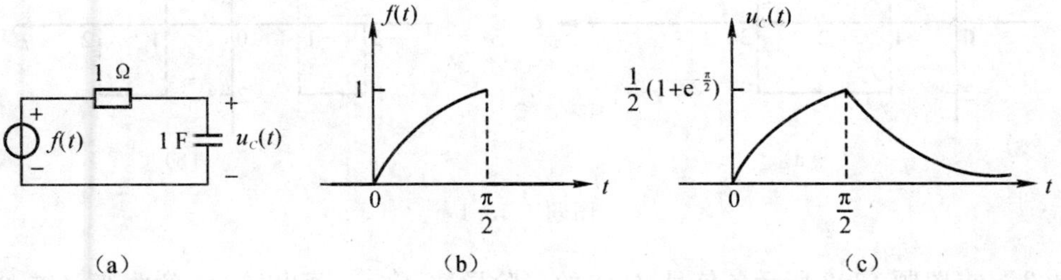

图　13.12.2

解　由表 13.9.1 查得该电路的单位冲激响应为

$$h(t)=e^{-t}U(t)\ \text{V}$$

故得零状态响应为

$$u_C(t)=f(t)*h(t)=\int_{-\infty}^{t}f(\tau)h(t-\tau)d\tau$$

$t<0$ 时，有

$$u_C(t)=\int_{-\infty}^{t}0\times e^{-(t-\tau)}U(t-\tau)d\tau=0$$

$0\leqslant t<\frac{\pi}{2}$ 时，有

$$u_C(t)=\int_{0^-}^{t}\sin\tau e^{-(t-\tau)}U(t-\tau)d\tau=\int_{0}^{t}\sin\tau e^{-t}e^{\tau}\times 1d\tau=\frac{1}{2}(\sin t-\cos t+e^{-t})\ \text{V}$$

$t>\frac{\pi}{2}$ 时，有

$$u_C(t)=\int_0^t f(\tau)h(t-\tau)\mathrm{d}\tau=\int_0^{\frac{\pi}{2}}\sin\tau \mathrm{e}^{-(t-\tau)}U(t-\tau)\mathrm{d}\tau+\int_{\frac{\pi}{2}}^t 0\times \mathrm{e}^{-(t-\tau)}U(t-\tau)\mathrm{d}\tau=$$

$$\int_0^{\frac{\pi}{2}}\sin\tau \mathrm{e}^{-t}\mathrm{e}^{\tau}\times 1\mathrm{d}\tau+0=\frac{1}{2}(1+\mathrm{e}^{\frac{\pi}{2}})\mathrm{e}^{-t}\ \mathrm{V}$$

故得
$$u_C(t)=\begin{cases}0, & t<0\\ \frac{1}{2}(\sin t-\cos t+\mathrm{e}^{-t})\ \mathrm{V}, & 0\leqslant t<\frac{\pi}{2}\\ \frac{1}{2}(1+\mathrm{e}^{\frac{\pi}{2}})\mathrm{e}^{-t}\ \mathrm{V}, & t>\frac{\pi}{2}\end{cases}$$

$u_C(t)$ 的波形如图 13.12.2(c) 所示。

习 题 十 三

13.1 试将图题 13.1 所示信号 $f(t)$ 表示成单位阶跃函数 $U(t)$ 的加权和。(答:$2U(t)-4U(t-1)+6U(t-3)$;$-2U(t+2)+4U(t+1)-4U(t-1)+2U(t-2)$)

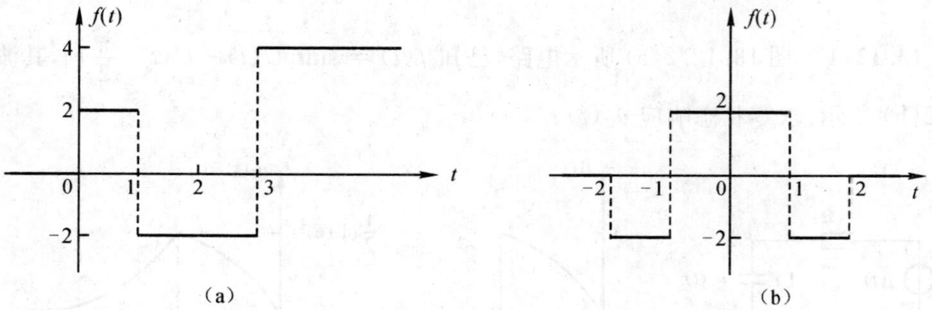

图题 13.1

13.2 求图题 13.2 所示各信号 $f(t)$ 的一阶导数 $f'(t)$,画出 $f'(t)$ 的曲线。(答:$2\delta(t)-2\delta(t-2)$;$5\delta(t)-10\mathrm{e}^{-2t}U(t)$)

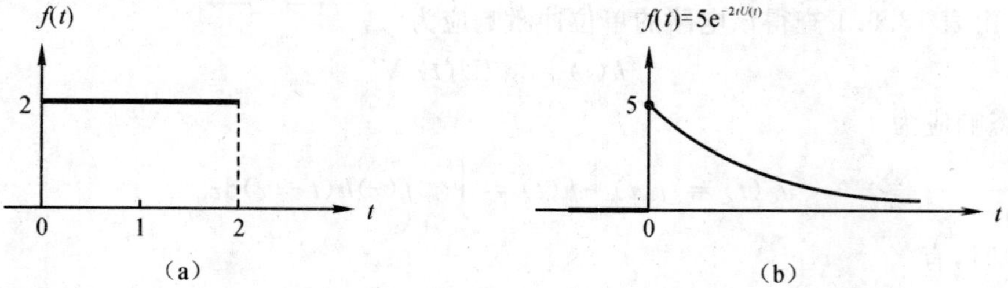

图题 13.2

13.3 求下列积分。(1)$\int_{0_-}^{\infty}2\delta(t^2+4)\delta(t)\mathrm{d}t$;(2)$\int_{0_-}^{t}2(\tau^2+4)\delta(\tau)\mathrm{d}\tau$。(答:8;$8U(t)$)

13.4 图题 13.4 所示电路,$t<0$ 时 S 打开,电路已工作于稳态。今于 $t=0$ 时刻闭合 S,求 $i_L(0^+)$,$i_C(0^+)$,$i(0^+)$,$u_L(0^+)$,$u_C(0^+)$。(答:0,-5 A,5 A,10 V,0)

13.5 图题 13.5 所示电路,$t<0$ 时 S 打开,电路已工作于稳态。今于 $t=0$ 时刻闭合 S,

求 $u_C(0^+)$，$i_2(0^+)$，$i(0^+)$，$i_C(0^+)$，$u_L(0^+)$，$u_C'(0^+)$，并求 $t=0^+$ 时刻各电感的储能 $W_L(0^+)$ 和电容的储能 $W_C(0^+)$。（答：2 V，2 A，0.4 A，-0.4 A，-2 V，$-\frac{2}{15}$ V/s，2 J，4 J，6 J）

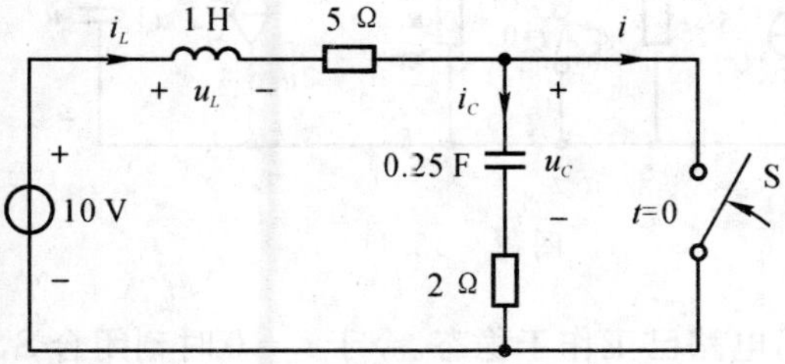

图题　13.4

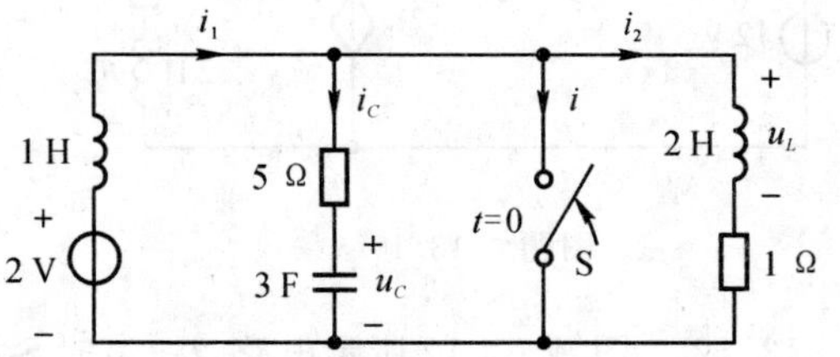

图题　13.5

13.6　图题 13.6 所示电路，$t<0$ 时 S 打开，电路已工作于稳态。今于 $t=0$ 时刻闭合 S。求 $i_C(0^+)$ 和 $u(0^+)$。（答：1.2 A，4.8 V）

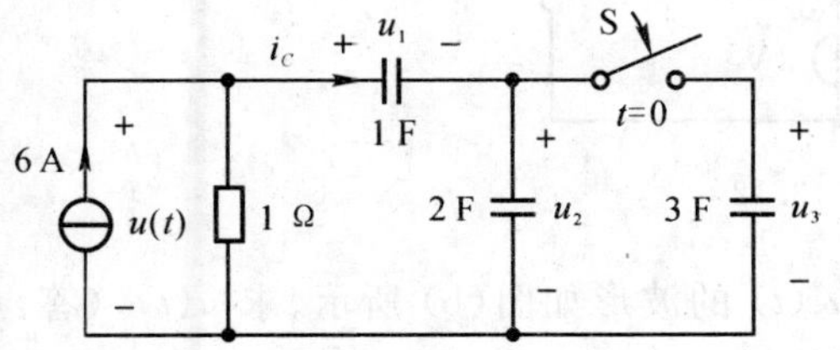

图题　13.6

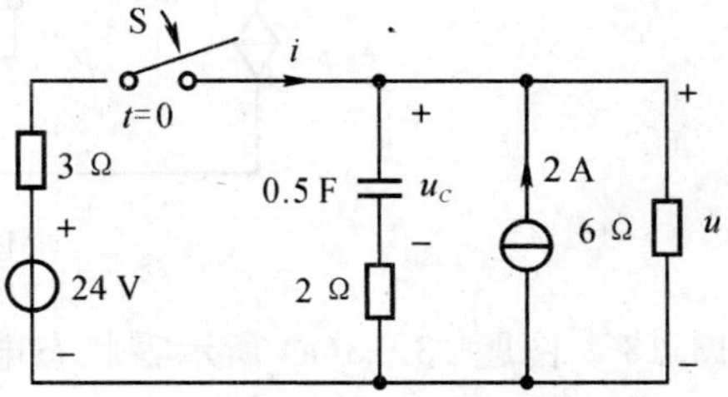

图题　13.7

13.7　图题 13.7 所示电路，$t<0$ 时 S 打开，电路已工作于稳态。今于 $t=0$ 时刻闭合 S，求 $t>0$ 时的响应 $u(t)$ 和 $i(t)$，画出其曲线。（答：$(20-4e^{-0.5t})U(t)$ V；$\frac{4}{3}(1+e^{-0.5t})U(t)$ A）

13.8　图题 13.8 所示电路，$t<0$ 时 S 打开，电路已工作于稳态。今于 $t=0$ 时刻闭合 S。求 $t>0$ 时的 $u(t)$，画出 $u(t)$ 的曲线。（答：$(6+3e^{-t})U(t)$ V）

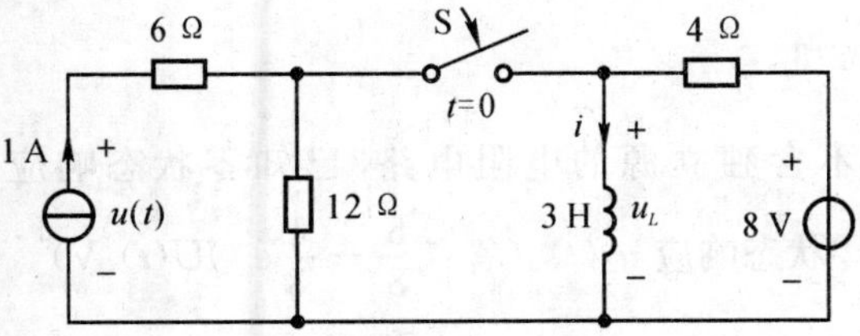

图题　13.8

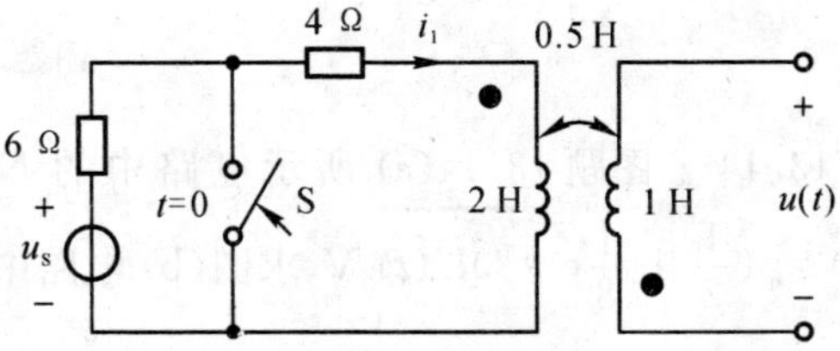

图题　13.9

13.9　图题 13.9 所示电路，$u_S(t)=10\cos 5t$ V，$t<0$ 时 S 打开，电路已工作于稳态。今于 $t=0$ 时刻闭合 S。求 $t>0$ 时的 $u(t)$。（答：$0.5e^{-2t}U(t)$ V）

13.10　图题 13.10 所示电路，$t<0$ 时 S 打开，电路已工作于稳态。今于 $t=0$ 时刻闭合 S。求 $t>0$ 时的 $u_L(t)$。（答：$-6e^{-t}U(t)$ V）

13.11　图题 13.11 所示电路，$t<0$ 时 S 闭合，电路已工作于稳态。今于 $t=0$ 时刻打开 S。求 $t>0$ 时的 $u_C(t)$，画出其曲线。（答：$-13.5(1-e^{-\frac{1}{1.5}\times 10^6 t})U(t)$ V）

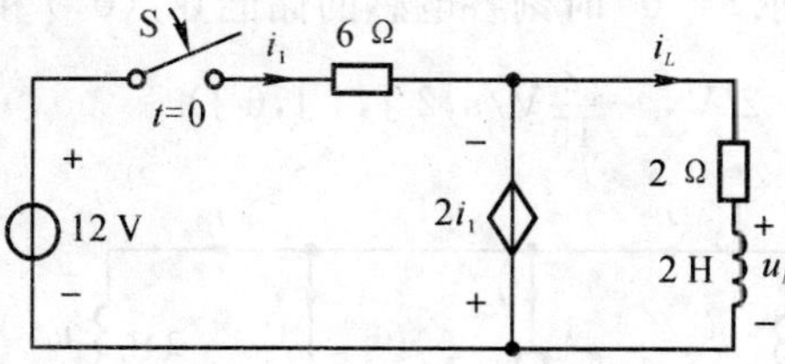

图题　13.10

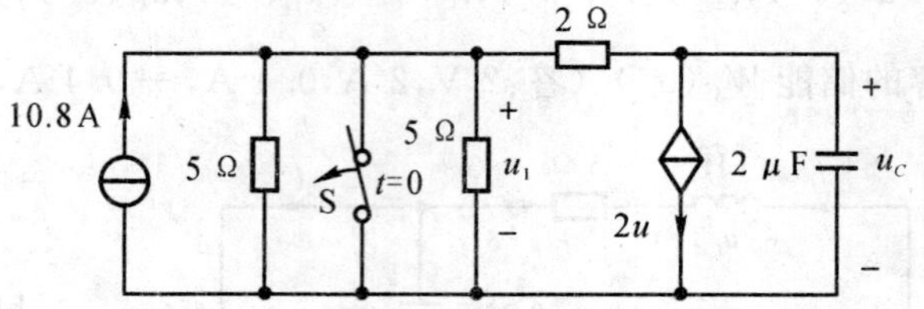

图题　13.11

13.12　图题 13.12 所示电路，$t<0$ 时 S 打开，电路已工作于稳态。今于 $t=0$ 时刻闭合 S，求 $t>0$ 时的 $u(t)$。(答：$2e^{-1.5t}U(t)$ V)

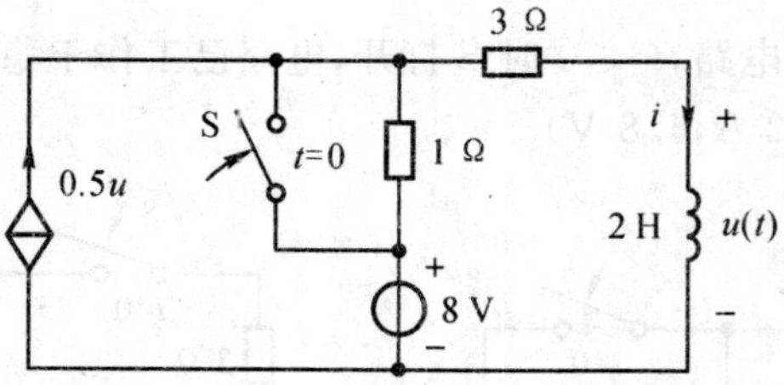

图题　13.12

13.13　图题 13.13(a) 所示零状态电路，$u_S(t)$ 的波形如图(b) 所示。求 $u(t)$。(答：$(3-e^{-4t})U(t)-[3-e^{4(t-1)}]U(t-1)$ V)

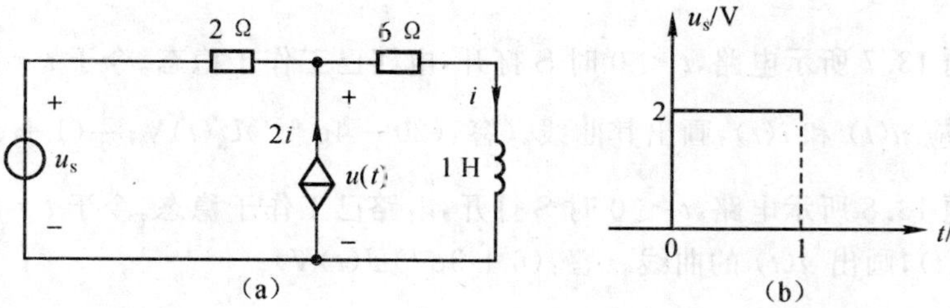

图题　13.13

13.14　图题 13.14(a) 所示电路中的 N 为不含独立源的电阻电路，已知零状态响应 $u_1(t)=(\frac{1}{2}+\frac{1}{8}e^{-2.5t})U(t)$ V。求图(b) 电路中的零状态响应 $u_2(t)$。(答：$(\frac{5}{8}-\frac{1}{8}e^{-t})U(t)$ V)

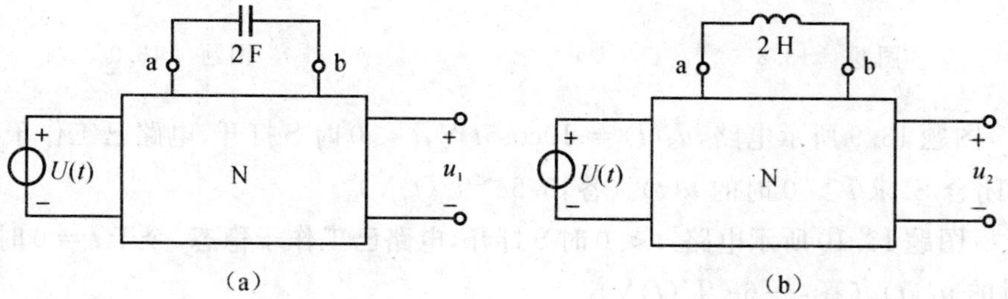

图题　13.14

13.15　图题 13.15 所示电路，$t<0$ 时 S 闭合，电路已工作于稳态。今于 $t=0$ 时刻打开 S，求 $t>0$ 时的 $i_1(t)$，$i_2(t)$，并画出它们的曲线。（答：$i_1=i_2=(\frac{1}{3}+\frac{2}{3}e^{-2.4t})U(t)$ A）

13.16　图题 13.16 所示电路，$t<0$ 时 S 打开，电路已工作于稳态，$u_2(0^-)=0$。今于 $t=0$ 时刻闭合 S，求 $t>0$ 时的 $u_1(t)$ 和 $u_2(t)$，画出它们的曲线。（答：$u_1=u_2=(5-2e^{-0.6t})U(t)$ V）

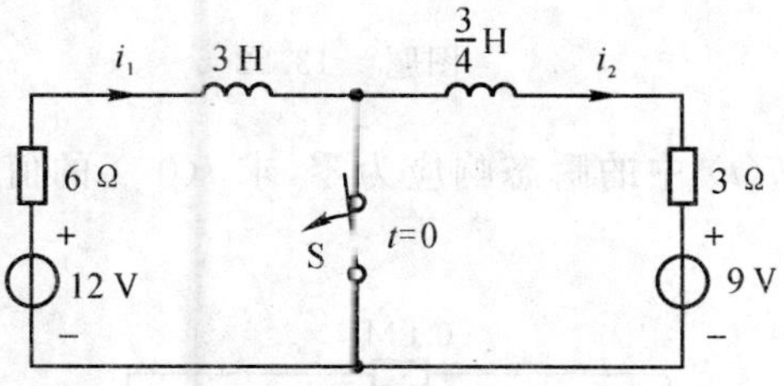

图题　13.15

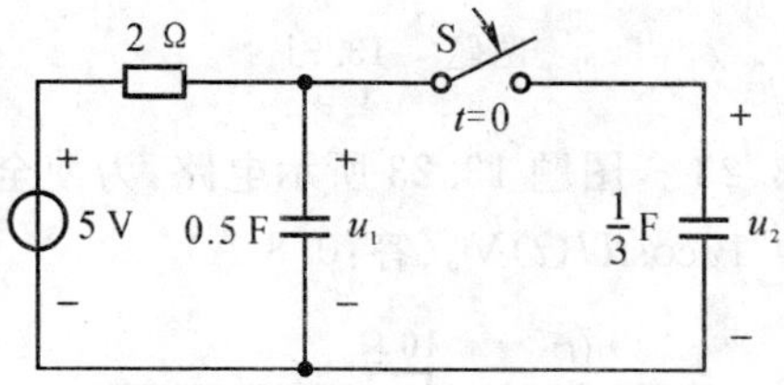

图题　13.16

13.17　图题 13.17 所示电路，$t=0$ 时刻闭合 S，已知全响应 $u_C(t)=(12-4e^{-0.5t})U(t)$ V。(1) 求零状态响应 $u_{Cf}(t)$ 和零输入响应 $u_{Cx}(t)$；(2) 求电容的初始电压 $u_C(0^-)$；(3) 求含独立源电阻电路 N 的等效电压源电路。（答：4 Ω，12 V）

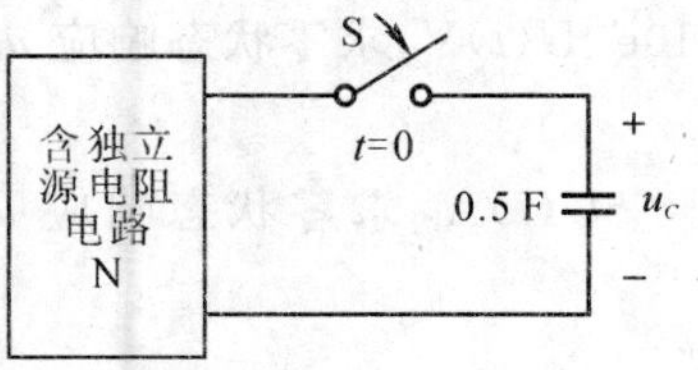

图题　13.17

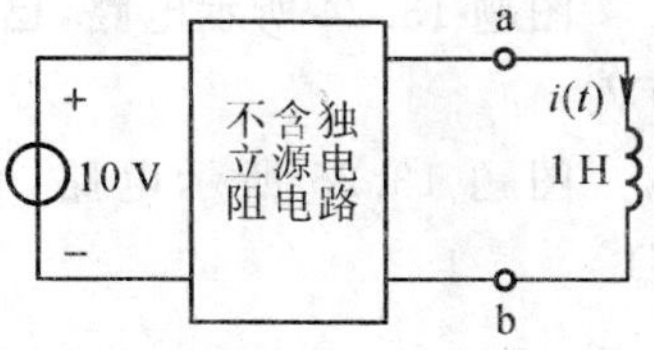

图题　13.18

13.18　图题 13.18 所示电路，$t=0$ 时刻闭合 S，已知全响应 $i(t)=(2-e^{-t})U(t)$ A。(1) 求零状态响应 $i_f(t)$ 和零输入响应 $i_x(t)$；(2) 求电感的初始电流 $i(0^-)$；(3) 求端口 a，b 以左电路的等效电压源电路。（答：1 Ω，2 V）

13.19　图题 13.19 所示电路，求冲激响应 $u(t)$。（答：$10e^{-5t}U(t)$ V）

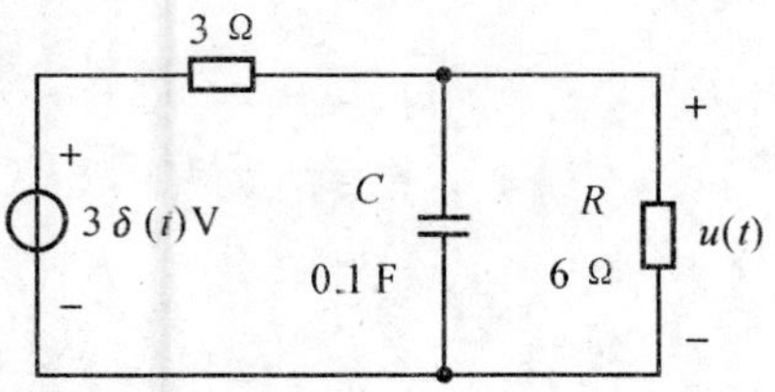

图题　13.19

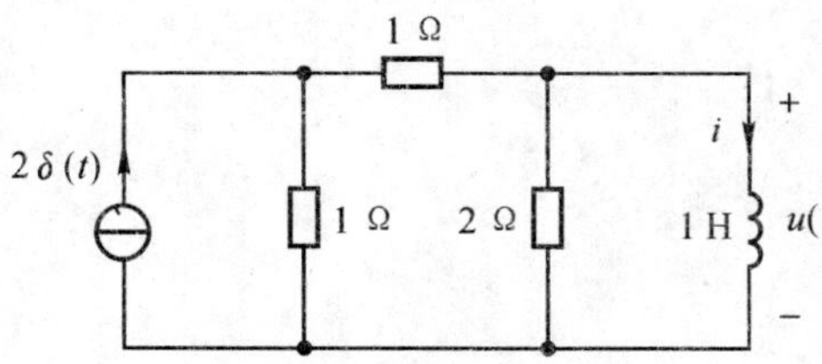

图题　13.20

13.20　图题 13.20 所示电路，求冲激响应 $u(t)$。（答：$\delta(t)-e^{-t}U(t)$ V）

13.21　图题 13.21 所示电路，求冲激响应 $u(t)$。（答：$e^{-\frac{1}{6}t}U(t)$ V）

13.22　图题 13.22 所示电路，$t<0$ 时 S 在 1，电路已工作于稳态。今于 $t=0$ 时刻将 S 扳到 2，此时欲使电流 $i(t)$ 中只存在正弦稳态响应，求 R_1 应取多大的值。已知 $u(t)=10\cos 2t$ V。（答：1 Ω）

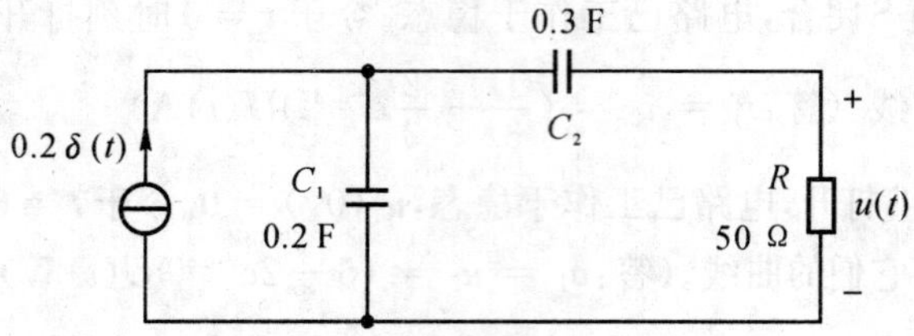

图题　13.21

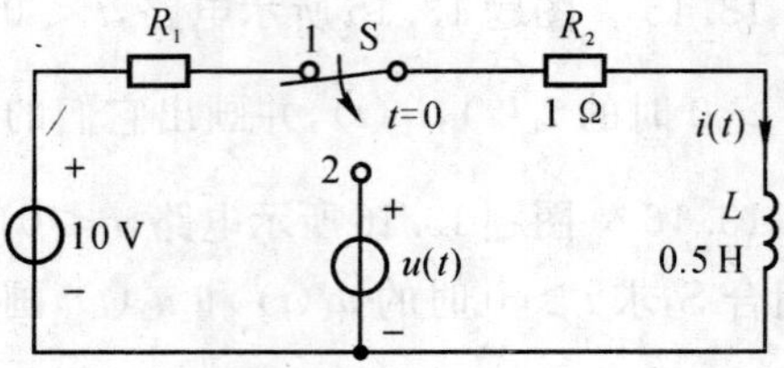

图题　13.22

13.23　图题 13.23 所示电路，为使全响应 $i(t)$ 中的瞬态响应为零，求 $i(0^-)$ 的值。已知 $u(t)=10\cos tU(t)$ V。(答：0.8 A)

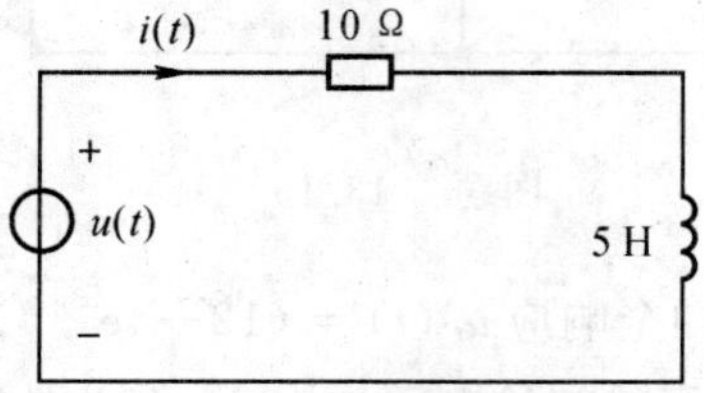

图题　13.23

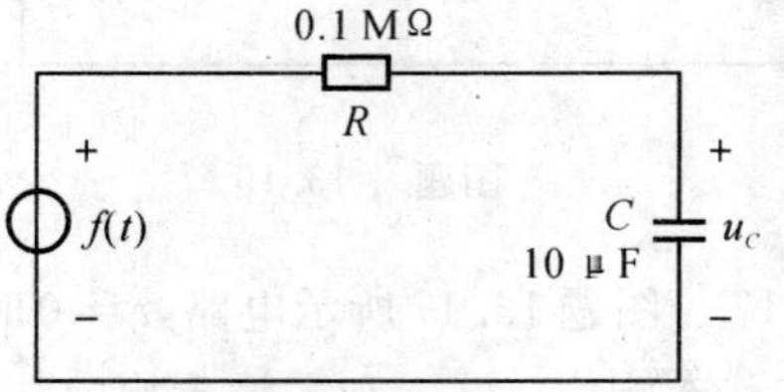

图题　13.24

13.24　图题 13.24 所示电路，已知激励 $f(t)=10e^{-t}U(t)$ V，求零状态响应 $u_C(t)$。(答：$10te^{-t}U(t)$ V)

13.25　图题 13.25 所示电路，已知激励 $f(t)=5U(t)$ A，求零状态响应 $u(t)$。(答：$5e^{-t}U(t)$ V)

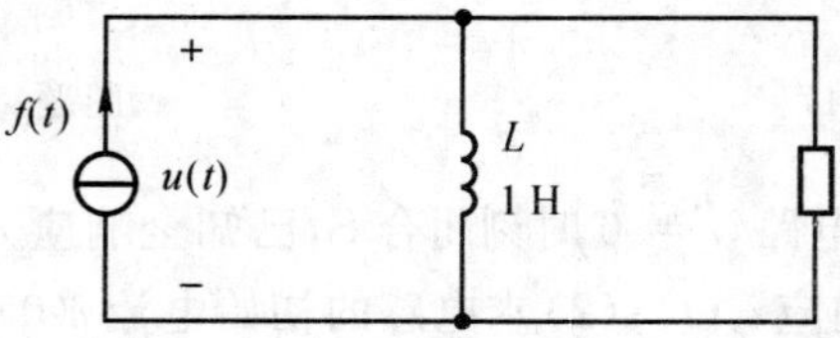

图题　13.25

第 14 章　二阶电路时域分析

内容提要

本章讲述二阶电路的定义，RLC 串联电路微分方程的建立及其零输入响应、阶跃响应、冲激响应的分析，RLC 并联电路微分方程的建立及其零输入响应、阶跃响应、冲激响应的分析。

14.1　RLC 串联电路的零输入响应

一、电路的微分方程

能用二阶微分方程描述的电路，称为二阶电路。在电路结构上含有两个独立的动态电路元件。

图 14.1.1(a) 所示为 RLC 串联二阶电路。已知 $t<0$ 时 S 在 a。今在 $t=0$ 时刻将 S 从 a 扳到 b，并设初始条件为 $i(0^-)\neq 0$，$u_C(0^-)\neq 0$，求 $t>0$ 时的响应 $u_C(t)$ 和 $i(t)$。很显然，$u_C(t)$ 和 $i(t)$ 均为 RLC 串联电路的零输入响应。

$t>0$ 时电路的 KVL 方程为

$$L\frac{\mathrm{d}i(t)}{\mathrm{d}t}+Ri(t)+u_C(t)=0$$

将 $i(t)=C\frac{\mathrm{d}u_C(t)}{\mathrm{d}t}$ 代入上式，得该电路的微分方程为

$$\left.\begin{aligned}&LC\frac{\mathrm{d}^2u_C(t)}{\mathrm{d}t^2}+RC\frac{\mathrm{d}u_C(t)}{\mathrm{d}t}+u_C(t)=0\\&u_C(0^+)=u_C(0^-)\neq 0\\&i(0^+)=i(0^-)\neq 0\end{aligned}\right\}\qquad(14.1.1)$$

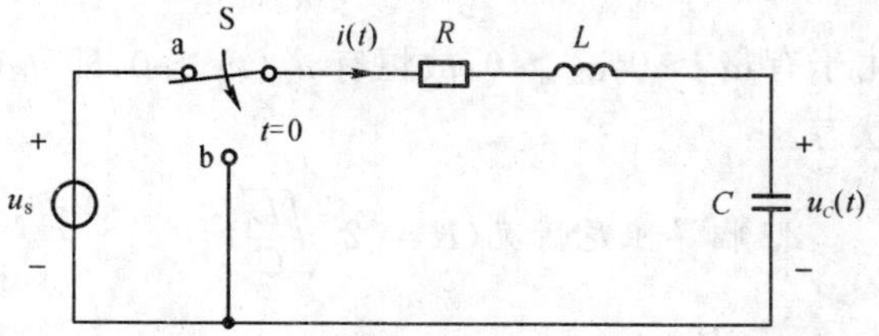

图 14.1.1　RLC 串联电路的零输入响应

这是一个待求变量为 $u_C(t)$ 的二阶线性常系数齐次常微分方程，其特征方程为

$$LCp^2+RCp+1=0$$

特征根为

$$p_1=-\frac{R}{2L}-\sqrt{\left(\frac{R}{2L}\right)^2-\frac{1}{LC}}=-\alpha-\sqrt{\alpha^2-\omega_0^2}\qquad(14.1.2\text{a})$$

$$p_2=-\frac{R}{2L}+\sqrt{\left(\frac{R}{2L}\right)^2-\frac{1}{LC}}=-\alpha+\sqrt{\alpha^2-\omega_0^2}\qquad(14.1.2\text{b})$$

其中 $\alpha = \dfrac{R}{2L}$，称为电路的衰减常数，单位为$\dfrac{1}{\mathrm{s}}$；$\omega_0 = \dfrac{1}{\sqrt{LC}}$，称为电路的固有振荡角频率，单位为 rad/s。特征根 p_1, p_2 也称为电路的固有频率或自然频率，只与电路的结构和元件数值及 ω 有关，而与激励和响应无关。

二、零输入响应 $u_C(t)$ 的通解形式

当特征根 p_1 和 p_2 不相等时，$u_C(t)$ 的通解形式为

$$u_C(t) = A_1 e^{p_1 t} + A_2 e^{p_2 t}$$

当特征根相等，即 $p_1 = p_2 = p$ 时，$u_C(t)$ 的通解形式为

$$u_C(t) = A_1 e^{pt} + A_2 t e^{pt}$$

上两式中的 A_1 和 A_2 为积分常数，根据电路的初始值 $i(0^+), u_C(0^+)$ 确定。

三、零输入响应的性质

零输入响应的性质与电路元件的数值有关，即与特征根 p_1, p_2 的大小有关。以下分 4 种情况分析。

1. 过阻尼情况（$R > 2\sqrt{\dfrac{L}{C}}$）

当$(\dfrac{R}{2L})^2 > \dfrac{1}{LC}$（即 $\alpha > \omega_0, R > 2\sqrt{\dfrac{L}{C}}$）时，有

$$p_1 = -\frac{R}{2L} - \sqrt{(\frac{R}{2L})^2 - \frac{1}{LC}} = -\alpha_1 \qquad (14.1.3a)$$

$$p_2 = -\frac{R}{2L} + \sqrt{(\frac{R}{2L})^2 - \frac{1}{LC}} = -\alpha_2 \qquad (14.1.3b)$$

其中

$$\alpha_1 = \frac{R}{2L} + \sqrt{(\frac{R}{2L})^2 - \frac{1}{LC}} > 0, \quad \alpha_2 = \frac{R}{2L} - \sqrt{(\frac{R}{2L})^2 - \frac{1}{LC}} > 0$$

式(14.1.3)说明 p_1 和 p_2 为两个不相等的负实根，此时零输入响应为

$$u_C(t) = (A_1 e^{-\alpha_1 t} + A_2 e^{-\alpha_2 t})U(t)$$

由于有 $\alpha_1 > 0, \alpha_2 > 0$，故恒有 $u_C(t) > 0$，即 $u_C(t)$ 为单调衰减的，电路的这种状态称为过阻尼状态。

2. 临界阻尼情况（$R = 2\sqrt{\dfrac{L}{C}}$）

当$(\dfrac{R}{2L})^2 = \dfrac{1}{LC}$（即 $\alpha = \omega_0, R = 2\sqrt{\dfrac{L}{C}}$）时，由式 14.1.2 有

$$p_1 = p_2 = -\alpha$$

即 p_1 和 p_2 为两个相等的负实根。此时零输入响应为

$$u_C(t) = (A_1 e^{-\alpha t} + A_2 t e^{-\alpha t})U(t)$$

由于 $\alpha = \dfrac{R}{2L} > 0$，故恒有 $u_C(t) > 0$，即 $u_C(t)$ 仍为单调衰减的，电路的这种状态称为临界阻尼状态，$R = 2\sqrt{\dfrac{L}{C}}$ 称为临界电阻。

3. 欠阻尼情况($R < 2\sqrt{\dfrac{L}{C}}$)

当$(\dfrac{R}{2L})^2 < \dfrac{1}{LC}$(即 $\alpha < \omega_0$，$R < 2\sqrt{\dfrac{L}{C}}$)时，由式(14.1.2)有

$$p_1 = -\alpha + \mathrm{j}\sqrt{\omega_0^2 - \alpha^2} = -\alpha + \mathrm{j}\omega$$

$$p_2 = -\alpha - \mathrm{j}\sqrt{\omega_0^2 - \alpha^2} = -\alpha - \mathrm{j}\omega = p_1^*$$

式中

$$\omega = \sqrt{\omega_0^2 - \alpha^2}$$

ω 称为电路的自由振荡角频率。同时看出，$p_1 \neq p_2$，但 p_1 与 p_2 共轭。此时零输入响应为

$$u_C(t) = A_1 \mathrm{e}^{(-\alpha+\mathrm{j}\omega)t} + A_2 \mathrm{e}^{(-\alpha-\mathrm{j}\omega)t} = \mathrm{e}^{-\alpha t}(A_1 \mathrm{e}^{\mathrm{j}\omega t} + A_2 \mathrm{e}^{-\mathrm{j}\omega t})U(t)$$

可见，此时 $u_C(t)$ 已不再具有单调衰减的性质，而是具有周期性了，其周期为 $T = \dfrac{2\pi}{\omega}$，称为自由振荡周期。又由于 $\alpha > 0$，故 $u_C(t)$ 作衰减的周期性振荡，电路的这种状态称为欠阻尼状态。

4. 无阻尼情况($R = 0$)

当 $R = 0$ 时，则有 $\alpha = \dfrac{R}{2L} = 0$，$\omega = \sqrt{\omega_0^2 - \alpha^2} = \omega_0$，$p_1 = \mathrm{j}\omega_0$，$p_2 = -\mathrm{j}\omega_0 = p_1^*$。此时零输入响应为

$$u_C(t) = (A_1 \mathrm{e}^{\mathrm{j}\omega_0 t} + A_2 \mathrm{e}^{-\mathrm{j}\omega_0 t})U(t)$$

可见，此时 $u_C(t)$ 已变为等幅正弦振荡，其振荡周期为 $T = \dfrac{2\pi}{\omega_0}$。电路的这种工作状态称为无阻尼状态。

现将 RLC 串联电路零输入响应 $u_C(t)$ 的性质汇总于表 14.1.1 中，以备查用。

表 14.1.1　零输入响应的性质

性质名称	电路参数条件	零输入响应 $u_C(t)$ 的形式	响应的性质
过阻尼	$R > 2\sqrt{\dfrac{L}{C}}$	$A_1 \mathrm{e}^{-\alpha_1 t} + A_2 \mathrm{e}^{-\alpha_2 t}, t \geqslant 0$	单调衰减
临界阻尼	$R = 2\sqrt{\dfrac{L}{C}}$	$A_1 \mathrm{e}^{-\alpha t} + A_2 t \mathrm{e}^{-\alpha t}, t \geqslant 0$	单调衰减
欠阻尼	$R < 2\sqrt{\dfrac{L}{C}}$	$\mathrm{e}^{-\alpha t}(A_1 \mathrm{e}^{\mathrm{j}\omega t} + A_2 \mathrm{e}^{-\mathrm{j}\omega t})$	衰减正弦振荡
无阻尼	$R = 0$	$A_1 \mathrm{e}^{\mathrm{j}\omega_0 t} + A_2 \mathrm{e}^{-\mathrm{j}\omega_0 t}, t \geqslant 0$	等幅正弦振荡

例 14.1.1　图 14.1.2 电路，已知 $i(0^-) = 1$ A，$u_C(0^-) = -7$ V。求零输入响应 $i(t)$。

解　该电路的微分方程为

$$\frac{\mathrm{d}^2}{\mathrm{d}t^2}i(t) + 5\frac{\mathrm{d}}{\mathrm{d}t}i(t) + 6i(t) = 0,\quad t \geqslant 0$$

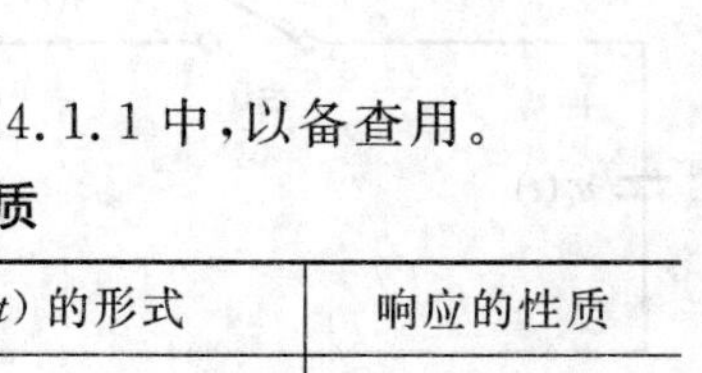

图　14.1.2

特征方程为　$p^2 + 5p + 6 = 0$

特征根为 $p_1 = -2$，$p_2 = -3$，电路为过阻尼状态。故零输入响应为

$$i(t) = A_1 \mathrm{e}^{-2t} + A_2 \mathrm{e}^{-3t}$$

又 $$i'(t) = -2A_1e^{-2t} - 3A_2e^{-3t}$$

故有
$$\begin{cases} i(0^+) = A_1 + A_2 & ① \\ i'(0^+) = -2A_1 - 3A_2 & ② \end{cases}$$

根据换路定律有

$$i(0^+) = i(0^-) = 1\ \mathrm{A}$$

下面求 $i'(0^+)$。因有

$$u_C(t) + L\frac{\mathrm{d}i(t)}{\mathrm{d}t} + Ri(t) = 0$$

故 $$u_C(0^+) + 1i'(0^+) + 5i(0^+) = 0$$

故得 $$i'(0^+) = -u_C(0^+) - 5i(0^+) = -(-7) - 5\times 1 = 2\ \mathrm{A/s}$$

将 $i(0^+) = 1\ \mathrm{A}$ 和 $i'(0^+) = 2\ \mathrm{A/s}$ 代入式 ① 和式 ②，有

$$\begin{cases} A_1 + A_2 = 1 \\ -2A_1 - 3A_2 = 2 \end{cases}$$

联立求解得 $A_1 = 5, A_2 = -4$。于是得零输入响应为

$$i(t) = (5e^{-2t} - 4e^{-3t})U(t)\ \mathrm{A}$$

例 14.1.2 图 14.1.3(a) 所示电路为无线电发射机中振荡电路的电路模型。$t<0$ 时 S 打开，已知 $u_C(0^-) = U_m, i(0^-) = 0$。今于 $t = 0$ 时刻闭合 S，求 $t > 0$ 时的零输入响应 $u_C(t)$ 和 $i(t)$。

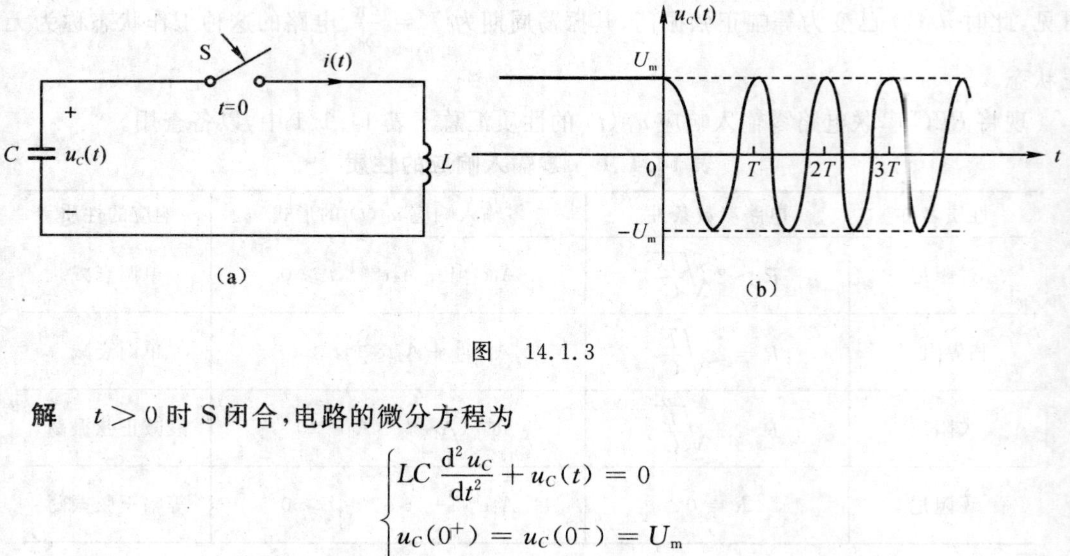

图 14.1.3

解 $t > 0$ 时 S 闭合，电路的微分方程为

$$\begin{cases} LC\dfrac{\mathrm{d}^2u_C}{\mathrm{d}t^2} + u_C(t) = 0 \\ u_C(0^+) = u_C(0^-) = U_m \\ i(0^+) = i(0^-) = 0 \end{cases}$$

微分方程的特征方程为

$$LCp^2 + 1 = 0$$

特征根为 $p_1 = \mathrm{j}\omega_0, p_2 = -\mathrm{j}\omega_0$，其中 $\omega_0 = \dfrac{1}{\sqrt{LC}}$ 为电路的固有振荡角频率。故

$$u_C(t) = A_1e^{\mathrm{j}\omega_0 t} + A_2e^{-\mathrm{j}\omega_0 t}$$

又有 $$\frac{\mathrm{d}u_C}{\mathrm{d}t} = -\frac{1}{C}i(t) = \mathrm{j}\omega_0A_1e^{\mathrm{j}\omega_0 t} - \mathrm{j}\omega_0A_2e^{-\mathrm{j}\omega_0 t}$$

故有
$$\begin{cases} u_C(0^+) = A_1 + A_2 = U_m \\ -\dfrac{1}{C}i(0^+) = j\omega_0 A_1 - j\omega_0 A_2 = 0 \end{cases}$$

联立求解得 $A_1 = A_2 = \dfrac{1}{2}U_m$。故得
$$u_C(t) = \frac{1}{2}U_m e^{j\omega_0 t} + \frac{1}{2}U_m e^{-j\omega_0 t} = U_m \cos\omega_0 t U(t)$$

又得
$$i(t) = -C\frac{du_C}{dt} = U_m\sqrt{\frac{C}{L}}\cos(\omega_0 t - 90°)U(t)$$

$u_C(t)$ 的波形如图 14.1.3(b) 所示，其固有振荡周期为
$$T_0 = \frac{2\pi}{\omega_0} = 2\pi\sqrt{LC}$$

14.2　*RLC* 串联电路的阶跃响应

图 14.2.1(a) 所示为阶跃电压源 $U_S U(t)$ 激励的 *RLC* 串联零状态电路，图 14.2.1(b) 为其开关等效电路。求 $t > 0$ 时的 $u_C(t)$，$i(t)$。求解步骤如下：

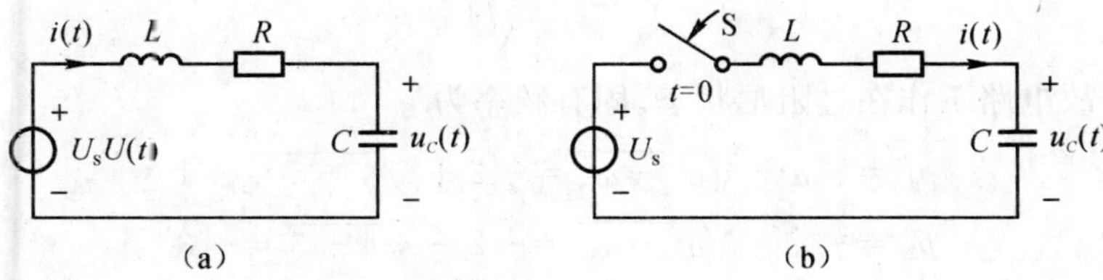

图 14.2.1　*RLC* 串联电路的阶跃响应

(1) 列写 $t > 0$ 时电路的微分方程，即
$$\left.\begin{aligned} &LC\frac{d^2u_C}{dt^2} + RC\frac{du_C}{dt} + u_C = U_S \\ &u_C(0^+) = u_C(0^-) = 0 \\ &i(0^+) = i(0^-) = 0 \end{aligned}\right\} \tag{14.2.1}$$

(2) 写出微分方程的特征方程并求特征根，即
$$LCp^2 + RCp + 1 = 0$$

其特征根(固有频率)为
$$p_1 = -\frac{R}{2L} - \sqrt{\left(\frac{R}{2L}\right)^2 - \frac{1}{LC}} = -\alpha - \sqrt{\alpha^2 - \omega_0^2}$$
$$p_2 = -\frac{R}{2L} + \sqrt{\left(\frac{R}{2L}\right)^2 - \frac{1}{LC}} = -\alpha + \sqrt{\alpha^2 - \omega_0^2}$$

(3) 写出微分方程的自由解 $u_{Ct}(t)$。若 $p_1 \neq p_2$，则自由解的形式为
$$u_{Ct}(t) = B_1 e^{p_1 t} + B_2 e^{p_2 t}$$

若 $p_1 = p_2 = p$，则自由解的形式为

$$u_{Ct}(t)=(B_1+B_2t)e^{pt}$$

(4) 写出微分方程的强迫解 $u_{Cf}(t)$ 为

$$u_{Cf}(t)=U_S$$

(5) 写出微分方程的全解表达式，即

$$u_C(t)=\text{自由解}\ u_{Ct}(t)+\text{强迫解}\ u_{Cf}(t)=B_1e^{p_1t}+B_2e^{p_2t}+U_S \tag{14.2.2a}$$

或

$$u_C(t)=u_{Ct}(t)+u_{Cf}(t)=(B_1+B_2t)e^{pt}+U_S \tag{14.2.2b}$$

(6) 根据换路定律求初始值，即 $i(0^+)=i(0^-)=0,u_C(0^+)=u_C(0^-)=0$，并根据初始值确定上式中的积分常数 B_1,B_2。

(7) 将所确定的积分常数 B_1,B_2 代入式(14.2.2)，即得满足初始值的全解的表达式，并画出波形图。至此求解工作即告完毕。

例 14.2.1 图 14.2.1(a) 所示零状态电路，已知 $L=1$ H，$C=\frac{1}{3}$ F，$R=4\ \Omega$，激励 $u_S(t)=16U(t)$ V。求 $u_C(t),i(t)$。

解 该电路的微分方程如式(14.2.1) 所示。

$$\alpha=\frac{R}{2L}=\frac{4}{2\times 1}=2\ 1/\text{s}$$

$$\omega_0=\frac{1}{\sqrt{LC}}=\frac{1}{\sqrt{1\times\frac{1}{3}}}=\sqrt{3}\ \text{rad/s}$$

由于有 $\alpha>\omega_0$，故电路工作在过阻尼状态。固有频率为

$$p_1=-\alpha+\sqrt{\alpha^2-\omega_0^2}=-2+\sqrt{4-3}=-1$$

$$p_2=-\alpha-\sqrt{\alpha^2-\omega_0^2}=-2-\sqrt{4-3}=-3$$

代入式(14.2.2a)，得通解为

$$u_C(t)=B_1e^{-t}+B_2e^{-3t}+16 \tag{14.2.3}$$

故 $\quad u_C(0^+)=u_C(0^-)=B_1+B_2+16=0 \quad$ ①

又 $\quad \dfrac{du_C}{dt}=-B_1e^{-t}-3B_2e^{-3t}=\dfrac{1}{C}i(t)$

故 $\quad \dfrac{du_C}{dt}(0^+)=-B_1-3B_2=\dfrac{1}{C}i(0^+)=\dfrac{1}{C}i(0^-)=\dfrac{1}{C}\times 0=0 \quad$ ②

由式 ①，② 联立求解得

$$B_1=-24,\qquad B_2=8$$

代入式(14.2.3) 得

$$u_C(t)=(-24e^{-t}+8e^{-3t}+16)U(t)\ \text{V}$$

又得

$$i(t)=C\frac{du_C}{dt}=8(e^{-t}-e^{-3t})U(t)\ \text{A}$$

其波形如图 14.2.2 所示。

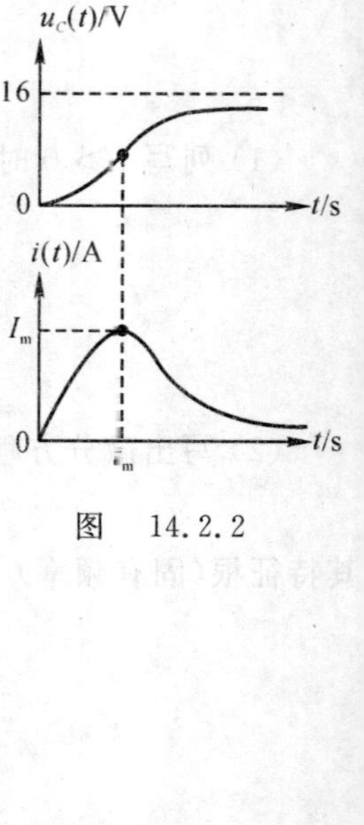

图 14.2.2

*14.3 *RLC* 串联电路的冲激响应

图 14.3.1(a) 为单位冲激电压源激励的零状态电路，$u_C(0^-)=i(0^-)=0$。该电路的微分

方程为

$$LC\frac{d^2u_C(t)}{dt^2}+RC\frac{du_C(t)}{dt}+u_C(t)=\delta(t)$$

从上式中看出，$u_C(t)$ 在 $t=0$ 时刻必为连续。因若不连续，则上式等号左边第二项 $\frac{du_C(t)}{dt}$ 将包含一个冲激函数，而第一项 $\frac{d^2u_C(t)}{dt^2}$ 将包含一个冲激偶函数；但等号右边并无冲激偶函数，方程将失去平衡。故必有 $u_C(0^+)=u_C(0^-)=0$。

下面用两种方法来求单位冲激响应 $u_C(t)$。

一、等效电路法

该电路在 $t>0$ 时的等效电路如图 14.3.1(b) 所示，其中初始值 $i(0^+)=\frac{1}{L}$ A，$u_C(0^+)=u_C(0^-)=0$。可见，只要求得了图(b) 电路中的零输入响应，就可求得图(a) 电路中的单位冲激响应 $u_C(t)$。而图(b) 电路中零输入响应的求法，在 14.1 中已掌握了，这里不再赘述。

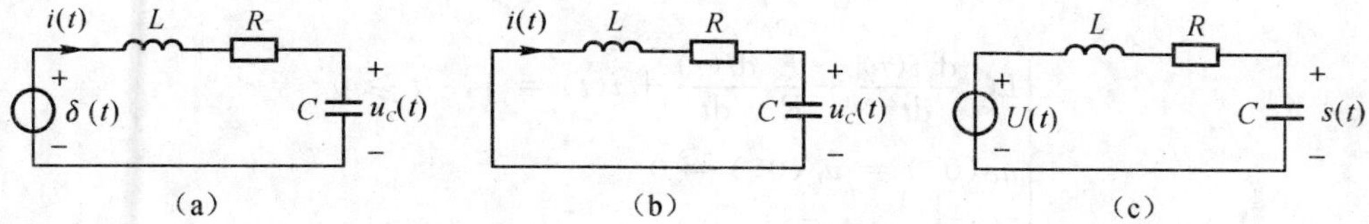

图 14.3.1　*RLC* 串联电路的冲激响应

(a) 电路单位冲激响应；(b) $t>0$ 时的等效电路；(c) 单位阶跃响应 s

二、根据电路的微分性质求

按 14.2 节所述方法，先求图 14.3.1(a) 电路的单位阶跃响应 $s(t)$，如图(c) 所示。然后根据线性电路的微分性质，再求单位阶跃响应 $s(t)$ 的一阶导数 $\frac{ds(t)}{dt}$，即得图(a) 电路的单位冲激响应为 $u_C(t)=\frac{ds(t)}{dt}$。

*14.4　*RLC* 并联电路

一、零输入响应

激励为零、初始条件 $u_C(0^-)\neq 0$，$i(0^-)\neq 0$ 的 *RLC* 并联电路，如图 14.4.1(a) 所示。$t>0$ 时电路的微分方程为

$$C\frac{du(t)}{dt}+\frac{1}{R}u(t)+i(t)=0$$

即
$$\begin{cases} LC\dfrac{d^2 i(t)}{dt^2}+\dfrac{L}{R}\dfrac{di(t)}{dt}+i(t)=0, \quad t\geqslant 0 \\ u_C(0^+)=u_C(0^-)\neq 0 \\ i(0^+)=i(0^-)\neq 0 \end{cases}$$

解此方程即得零输入响应 $i(t)$。

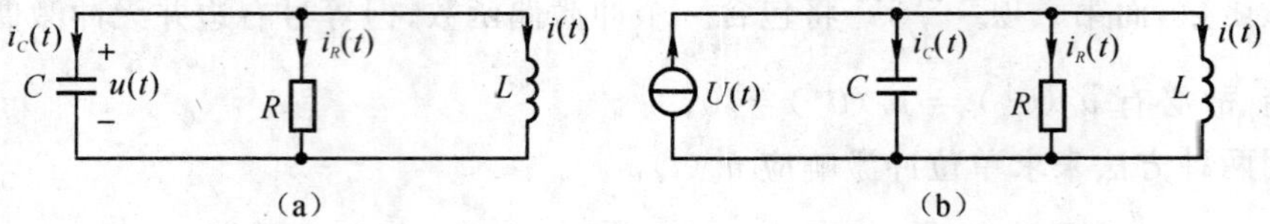

图 14.4.1 *RLC* 并联电路

(a) 零输入电路； (b) 阶跃激励零状态电路与阶跃响应

二、阶跃响应

单位阶跃电流源激励的 *RLC* 并联零状态电路如图 14.4.1(b) 所示。$t>0$ 时电路的微分方程为

$$\begin{cases} LC\dfrac{d^2 i(t)}{dt^2}+\dfrac{L}{R}\dfrac{di(t)}{dt}+i(t)=1, \quad t\geqslant 0 \\ u_C(0^+)=u_C(0^-)=0 \\ i(0^+)=i(0^-)=0 \end{cases}$$

解此方程即得阶跃响应 $i(t)$。

三、冲激响应

单位冲激电流源激励的 *RLC* 并联零状态电路，如图 14.4.2(a) 所示，$u(0^-)=i(0^-)=0$。该电路的微分方程为

$$LC\frac{d^2 i(t)}{dt^2}+\frac{L}{R}\frac{di(t)}{dt}+i(t)=\delta(t)$$

由此式看出，$i(t)$ 在 $t=0$ 时刻必为连续，即必有 $i(0^+)=i(0^-)=0$，其理由与 14.3 节中所述相同。

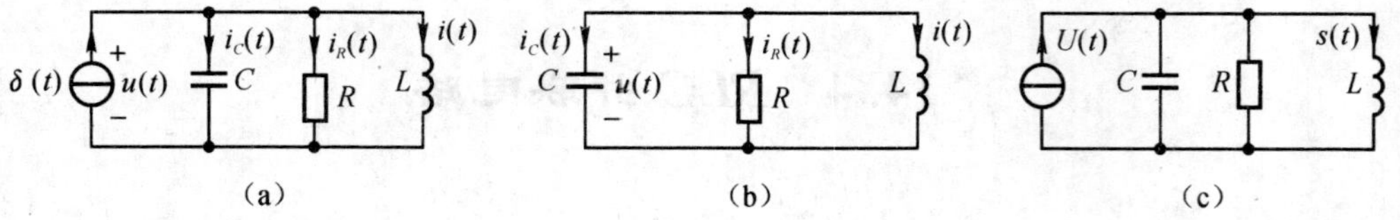

图 14.4.2 *RLC* 并联电路的冲激响应

(a) 单位冲激响应； (b) $t>0$ 时的等效电路； (c) 单位阶跃响应

为了求得单位冲激响应 $i(t)$，同样可用两种方法。

(1) 等效电路法。该电路在 $t>0$ 时的等效电路如图 14.4.2(b) 所示，其初始值为 $u(0^+)=$

$\dfrac{1}{C}$ V,$i(0^+) = i(0^-) = 0$。可见只要求得了图(b) 电路中的零输入响应 $i(t)$,就可求得图(a) 电路中的单位冲激响应 $i(t)$。而图(b) 电路中零输入响应的求法已在上面的"一"中研究过了,这里不再赘述。

(2) 先求图(a) 电路中的单位阶跃响应 $s(t)$,如图(c) 所示。然后根据线性电路的微分性质,再求单位阶跃响应 $s(t)$ 的一阶导数$\dfrac{\mathrm{d}s(t)}{\mathrm{d}t}$,即得图(a) 电路的单位冲激响应为 $i(t) = \dfrac{\mathrm{d}s(t)}{\mathrm{d}t}$。

例 14.4.1　图 14.4.3(a) 所示零状态电路。(1)$i_S(t) = U(t)$A,求单位阶跃响应 $i(t)$;(2)$i_s(t) = \delta(t)$A,求单位冲激响应 $u_C(t)$。

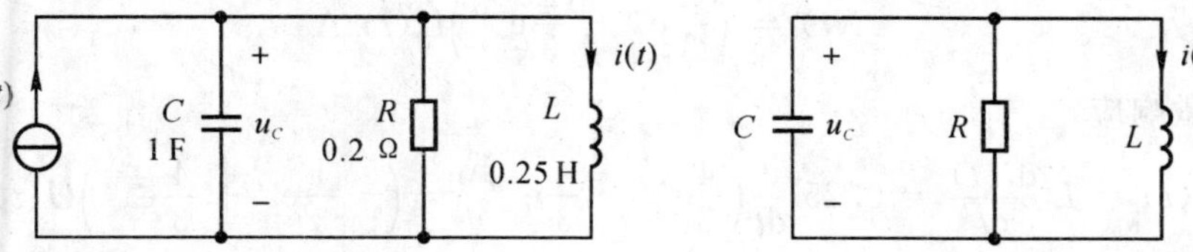

(a)　　　　(b)

图　14.4.3

解　(1)$t > 0$ 时电路的微分方程为

$$LC\frac{\mathrm{d}^2 i(t)}{\mathrm{d}t^2} + \frac{L}{R}\frac{\mathrm{d}i(t)}{\mathrm{d}t} + i(t) = 1$$

代入数据得

$$\begin{cases} 0.25\dfrac{\mathrm{d}^2 i(t)}{\mathrm{d}t^2} + 1.25\dfrac{\mathrm{d}i(t)}{\mathrm{d}t} + i(t) = 1, & t \geqslant 0 \\ u_C(0^+) = u_C(0^-) = 0 \\ i(0^+) = i(0^-) = 0 \end{cases}$$

特征方程为
$$0.25p^2 + 1.25p + 1 = 0$$
即
$$p^2 + 5p + 4 = 0$$
解得特征根为 $p_1 = -1, p_2 = -4$。故得自由解为
$$\text{自由解} = A_1 \mathrm{e}^{-1t} + A_2 \mathrm{e}^{-4t}$$
微分方程的强迫解为 1。故得
$$i(t) = \text{自由解} + \text{强迫解}$$
即
$$i(t) = A_1 \mathrm{e}^{-1t} + A_2 \mathrm{e}^{-4} + 1$$
$$i'(t) = -A_1 \mathrm{e}^{-1t} - 4A_2 \mathrm{e}^{-4t}$$
故
$$i(0^+) = A_1 + A_2 + 1 = 0 \qquad ①$$
$$i'(0^+) = -A_1 - 4A_2$$
又有
$$u_C(t) = L\frac{\mathrm{d}i(t)}{\mathrm{d}t} = 0.25i'(t)$$
故
$$u_C(0^+) = 0.25(-A_1 - 4A_2) = 0$$
即
$$-0.25A_1 - A_2 = 0 \qquad ②$$
式 ①,② 联立求解得 $A_1 = -\dfrac{4}{3}, A_2 = \dfrac{1}{3}$。故得单位阶跃响应为

$$i(t)=\left(-\frac{4}{3}e^{-t}+\frac{1}{3}e^{-4t}+1\right)U(t)\ \mathrm{A}$$

(2) 当 $i_S(t)=\delta(t)$ A 时，可得 $t>0$ 时的等效电路如图 14.4.3(b) 所示。于是 $t>0$ 时该电路的微分方程为

$$\begin{cases}0.25\dfrac{d^2i(t)}{dt^2}+1.25\dfrac{di(t)}{dt}+i(t)=0, & t\geqslant 0\\ u_C(0^+)=\dfrac{1}{C}=\dfrac{1}{1}=1\ \mathrm{V}\\ i(0^+)=i(0^-)=0\end{cases}$$

解此方程得

$$i(t)=\left(\frac{4}{3}e^{-t}-\frac{4}{3}e^{-4t}\right)U(t)\ \mathrm{A}$$

故得单位冲激响应

$$u_C(t)=L\frac{di(t)}{dt}=0.25\frac{d}{dt}\left(\frac{4}{3}e^{-t}-\frac{4}{3}e^{-4t}\right)=\left(-\frac{1}{3}e^{-t}+\frac{4}{3}e^{-4t}\right)U(t)\ \mathrm{V}$$

习 题 十 四

14.1 试判断图题 14.1 所示两个电路是欠阻尼还是过阻尼情况。(答：临界阻尼；过阻尼)

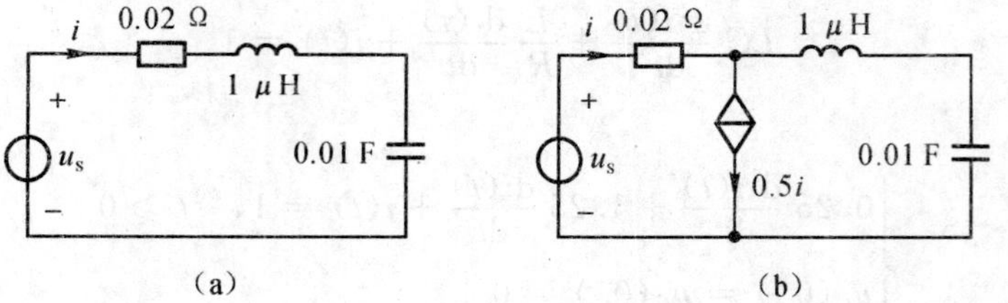

图题 14.1

14.2 图题 14.2 所示电路，列写变量 $u_C(t)$ 的微分方程，求电路的自然频率，说明电路工作于何种状态。(答：$-1\pm j\sqrt{3}$；欠阻尼)

14.3 图题 14.3 所示电路，$t<0$ 时 S 闭合，电路已工作于稳态。今于 $t=0$ 时刻打开 S，求 $t>0$ 时的 $u_C(t)$。(答：$(4+4t)e^{-2t}U(t)$V)

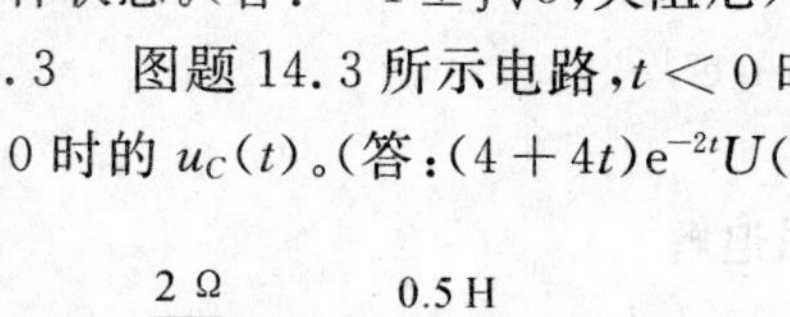

图题 14.2

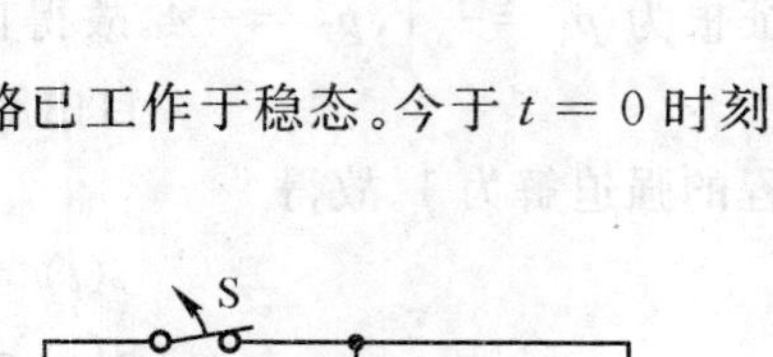

图题 14.3

14.4 图题 14.4 所示电路，已知 $u_C(0^-)=1$ V，$i(0^-)=1$ A。求 $u_C(t)$ 和 $i(t)$。(答：$\sqrt{2}\cos(\frac{1}{4}t-45°)U(t)$V；$\sqrt{2}\cos(\frac{1}{4}t+45°)U(t)$A)

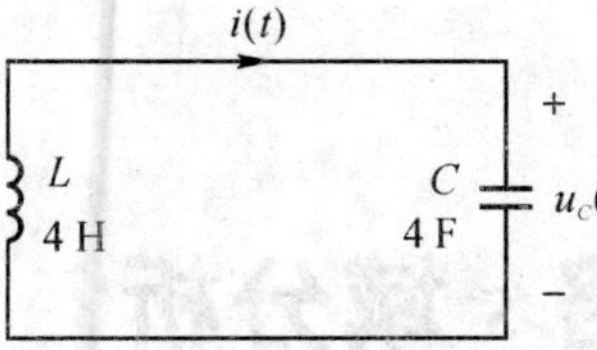

图题　14.4

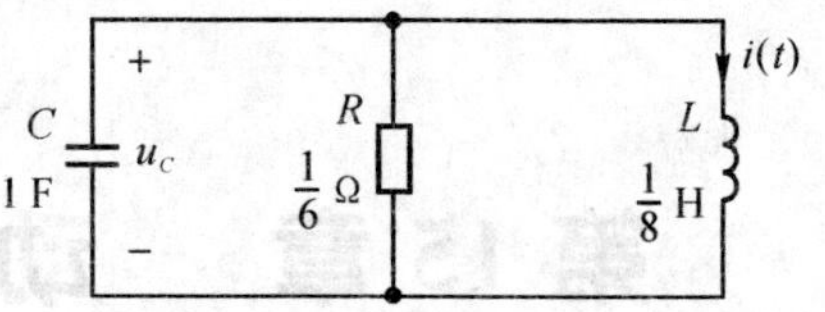

图题　14.5

14.5　图题 14.5 所示电路，已知 $i(0^-)=0$，$u_C(0^-)=10$ V。(1) 列写变量 $u_C(t)$ 的微分方程；(2) 求 $t>0$ 时的 $u_C(t)$ 和 $i(t)$。（答：$(-10e^{-2t}+20e^{-4t})U(t)$V；$(40e^{-2t}-40e^{-4t})U(t)$A）

14.6　图题 14.6 所示电路，求单位冲激响应 $u_C(t)$ 和 $i(t)$。（答：$(e^{-t}-e^{-1.5t})U(t)$ V；$(-\frac{1}{2}e^{-t}+e^{-1.5t})U(t)$ A）

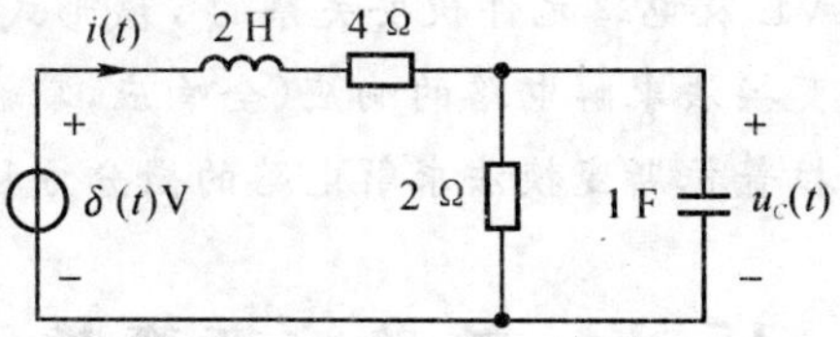

图题　14.6

第 15 章 动态电路 s 域分析

内容提要

本章主要讲述如何用拉普拉斯变换法求解线性电路的响应。首先讲述数学知识——拉普拉斯变换；然后讲述 KCL，KVL 及电路元件伏安关系的 s 域形式，s 域阻抗和 s 域导纳；在此基础上再讲述如何用拉普拉斯变换法求解电路的响应(全响应，零输入响应，零状态响应，单位冲激响应)。最后再介绍如何用拉普拉斯变换法求解电路的微分方程。

15.1 拉普拉斯变换

一、定义

对于一个在时间区间 $t \in [0^-, \infty)$ 内定义的时间函数 $f(t)$，可列出定积分

$$\int_{0^-}^{\infty} f(t)\mathrm{e}^{-st}\mathrm{d}t$$

式中 $s=\sigma+\mathrm{j}\omega$ 为复数变量，称为复频率。σ 的单位为 1/s，ω 的单位为 rad/s。若这个定积分在复频率变量 s 平面上的某个区域内收敛，则由它确定的函数可用 $F(s)$ 表示，即

$$F(s)=\int_{0^-}^{\infty} f(t)\mathrm{e}^{-st}\mathrm{d}t \qquad (15.1.1)$$

复频域函数 $F(s)$ 称为时间函数 $f(t)$ 的单边拉普拉斯变换，简称拉普拉斯变换，也称为 $f(t)$ 的像函数。一般记为

$$F(s)=\mathscr{L}[f(t)]$$

符号 $\mathscr{L}[\cdot]$ 为一算子，表示对括号内的时间函数 $f(t)$ 进行拉普拉斯变换。

若 $F(s)$ 是 $f(t)$ 的像函数，则由 $F(s)$ 求 $f(t)$ 的公式为

$$f(t)=\frac{1}{2\pi\mathrm{j}}\int_{\sigma-\mathrm{j}\infty}^{\sigma+\mathrm{j}\infty} F(s)\mathrm{e}^{st}\mathrm{d}s, \quad t>0 \qquad (15.1.2)$$

式(15.1.2) 记为

$$f(t)=\mathscr{L}^{-1}[F(s)]$$

$f(t)$ 称为 $F(s)$ 的拉普拉斯反变换或 $F(s)$ 的原函数。$\mathscr{L}^{-1}[\cdot]$ 也是一个算子，表示对括号内的像函数 $F(s)$ 进行拉普拉斯反变换。

式(15.1.1) 与式(15.1.2) 构成了一对拉普拉斯变换对，通常用符号 $f(t) \leftrightarrow F(s)$ 表示。根据式(15.1.1)，可从已知的 $f(t)$ 求得 $F(s)$；根据式(15.1.2)，可从已知的 $F(s)$ 求得 $f(t)$。

二、复频率平面

以复频率 $s=\sigma+\mathrm{j}\omega$ 的实部 σ 和虚部 $\mathrm{j}\omega$ 为相互垂直的坐标轴而构成的平面，称为复频率平面，简称 s 平面，如图 15.1.1 所示。复频率平面(即 s 平面)上有 3 个区域：jω 轴以左的区域为左半开平面；jω 轴以右的区域为右半开平面；jω 轴本身也是一个区域，它是左半开平面与右半开平面的分界轴。将 s 平面划分为这样 3 个区域，对以后研究问题将有很大方便。图中 Re[s] 表示取 s 的实部，Im[s] 表示取 s 的虚部，即 $\mathrm{Re}[s]=\sigma$，$\mathrm{Im}[s]=\omega$。

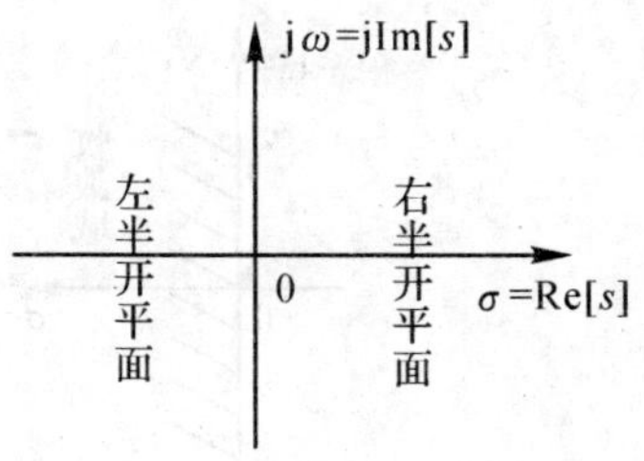

图 15.1.1　复频率平面

三、拉普拉斯变换存在的条件与收敛域

因为
$$F(s)=\int_{0_-}^{\infty}f(t)\mathrm{e}^{-st}\mathrm{d}t=\int_{0_-}^{\infty}f(t)\mathrm{e}^{-\sigma t}\mathrm{e}^{-\mathrm{j}\omega t}\mathrm{d}t$$

由此式可见，欲使此积分存在，则必须使
$$\lim_{t\to\infty}f(t)\mathrm{e}^{-\sigma t}=0 \tag{15.1.3}$$

在 s 平面上满足上式的 σ 的取值范围，称为 $f(t)$ 或 $F(s)$ 的收敛域，亦即 σ 只有在收敛域内取值，$f(t)$ 的拉普拉斯变换才存在。工程实际中的信号，其拉普拉斯变换都是存在的。

例 15.1.1　求下列各单边函数拉普拉斯变换的收敛域：

(1) $f(t)=\delta(t)$；

(2) $f(t)=U(t)$；

(3) $f(t)=\mathrm{e}^{-2t}U(t)$；

(4) $f(t)=\mathrm{e}^{2t}U(t)$；

(5) $f(t)=\cos\omega_0 tU(t)$。

解　(1) $\lim\limits_{t\to\infty}\delta(t)\mathrm{e}^{-\sigma t}=0$

可见，欲使上式成立，则必须有 $\sigma>-\infty$，故其收敛域为全 s 平面。

(2) $\lim\limits_{t\to\infty}U(t)\mathrm{e}^{-\sigma t}=0$

可见，欲使上式成立，则必须有 $\sigma>0$，故其收敛域为 s 平面的右半开平面，如图 15.1.2(a) 所示。

(3) $\lim\limits_{t\to\infty}\mathrm{e}^{-2t}\mathrm{e}^{-\sigma t}=\lim\limits_{t\to\infty}\mathrm{e}^{-(2+\sigma)t}=0$

可见，欲使上式成立，则必须有 $2+\sigma>0$，即 $\sigma>-2$，故其收敛域如图 15.1.2(b) 所示。

(4) $\lim\limits_{t\to\infty}\mathrm{e}^{2t}\mathrm{e}^{-\sigma t}=\lim\limits_{t\to\infty}\mathrm{e}^{-(\sigma-2)t}=0$

可见，欲使上式成立，则必须有 $\sigma-2>0$，即 $\sigma>2$，故其收敛域如图 15.1.2(c) 所示。

(5) $\lim\limits_{t\to\infty}\cos\omega_0 t\mathrm{e}^{-\sigma t}=0$

可见，欲使上式成立，则必须有 $\sigma>0$，故其收敛域为 s 平面的右半开平面，如图 15.1.2(a) 所示。

对于工程实际中的信号，只要把 σ 的值选取的足够大，式(15.1.3) 总是可以满足的，所以它们的拉普拉斯变换都是存在的。又由于本书仅讨论和应用单边拉普拉斯变换，其收敛域必定存在，故在今后的讨论中，一般不再说明函数是否收敛，也不再注明其收敛域。

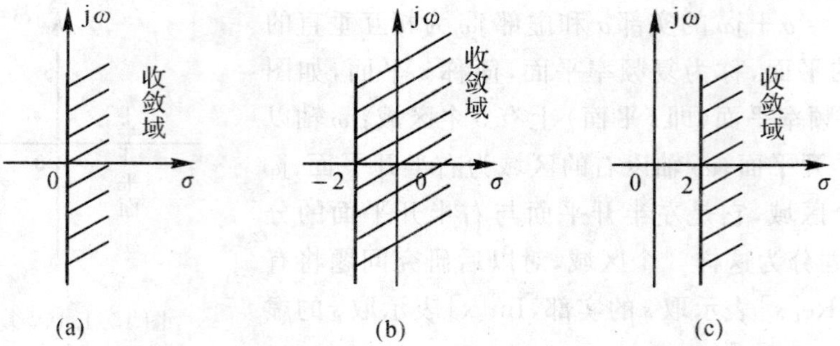

图 15.1.2　$f(t)$ 或 $F(s)$ 的收敛域

四、拉普拉斯变换的基本性质

拉普拉斯变换的性质揭示了信号的时域特性与复频域特性之间的关系。利用这些性质可使求取拉普拉斯正、反变换来得简便。

关于拉普拉斯变换的基本性质，在表 15.1.1 中列出。对于这些性质，由于读者在工程数学课中已学过了，所以不再进行证明，读者可复习有关的工程数学书籍。对这些性质，重在应用，要求会用即可。

表 15.1.1　拉普拉斯变换的基本性质

序　号	性质名称	$f(t)U(t)$	$F(s)$
1	唯一性	$f(t)$	$F(s)$
2	齐次性	$Af(t)$	$AF(s)$
3	叠加性	$f_1(t)+f_2(t)$	$F_1(s)+F_2(s)$
4	线　性	$A_1f_1(t)+A_2f_2(t)$	$A_1F_1(s)+A_2F_2(s)$
5	尺度性	$f(at), a>0$	$\frac{1}{a}F\left(\frac{s}{a}\right)$
6	时移性	$f(t-t_0)U(t-t_0)$, $t_0>0$	$F(s)e^{-t_0s}$
7	时域微分	$f'(t)$	$sF(s)-f(0^-)$
		$f''(t)$	$s^2F(s)-sf(0^-)-f'(0^-)$
		$f^{(n)}(t)$	$s^nF(s)-s^{n-1}f(0^-)-s^{n-2}f'(0^-)\cdots-f^{n-1}(0^-)$
8	复频域微分	$tf(t)$	$(-1)^1\frac{dF(s)}{ds}$
		$t^nf(t)$	$(-1)^n\frac{d^nF(s)}{ds^n}$

续 表

序　号	性质名称	$f(t)U(t)$	$F(s)$
9	复频移性	$f(t)e^{-at}$	$F(s+a)$
10	时域积分	$\int_{0_-}^{t} f(\tau)d\tau$	$\frac{F(s)}{s}$
11	复频域积分	$\frac{f(t)}{t}$	$\int_{s}^{\infty} F(s)ds$
12	时域卷积	$f_1(t) * f_2(t)$	$F_1(s)F_2(s)$
13	复频域卷积	$f_1(t)f_2(t)$	$\frac{1}{2\pi j}F_1(s) * F_2(s)$
14	初值定理	$f(0^+) = \lim\limits_{t\to 0^+} f(t) = \lim\limits_{s\to\infty} sF(s)$	
15	终值定理	$f(\infty) = \lim\limits_{t\to\infty} f(t) = \lim\limits_{s\to 0} sF(s)$	
16	调制定理	$f(t)\cos\omega_0 t$	$\frac{1}{2}[F(s-j\omega_0)+F(s+j\omega_0)]$
		$f(t)\sin\omega_0 t$	$\frac{1}{2j}[F(s-j\omega_0)-F(s+j\omega_0)]$

五、常用时间函数的单边拉普拉斯变换表

利用式(15.1.1)和拉普拉斯变换的性质，可以求出一些常用时间函数 $f(t)U(t)$ 的拉普拉斯变换式，如表 15.1.2 中所列。利用此表可以方便地查出待求的像函数 $F(s)$ 或原函数 $f(t)$。

表 15.1.2　单边拉普拉斯变换表

序　号	$f(t)U(t)$	$F(s)$
1	$\delta(t)$	1
2	$\delta^{(n)}(t)$	s^n
3	$U(t)$	$\frac{1}{s}$
4	t	$\frac{1}{s^2}$
5	t^n（n 为正整数）	$\frac{n!}{s^{n+1}}$
6	$e^{-\alpha t}$	$\frac{1}{s+\alpha}$
7	$te^{-\alpha t}$	$\frac{1}{(s+\alpha)^2}$

续表

序　号	$f(t)U(t)$	$F(s)$
8	$t^n e^{-\alpha t}$（n 为正整数）	$\frac{n!}{(s+\alpha)^{n-1}}$
9	$e^{-j\omega_0 t}$	$\frac{1}{s+j\omega_0}$
10	$\sin\omega_0 t$	$\frac{\omega_0}{s^2+\omega_0^2}$
11	$\cos\omega_0 t$	$\frac{s}{s^2+\omega_0^2}$
12	$e^{-\alpha t}\sin\omega_0 t$	$\frac{\omega_0}{(s+\alpha)^2+\omega_0^2}$
13	$e^{-\alpha t}\cos\omega_0 t$	$\frac{s+\alpha}{(s+\alpha)^2+\omega_0^2}$
14	$t\sin\omega_0 t$	$\frac{2\omega_0 s}{(s^2+\omega_0^2)^2}$
15	$t\cos\omega_0 t$	$\frac{s^2-\omega_0^2}{(s^2+\omega_0^2)^2}$
16	$\sinh\omega_0 t$	$\frac{\omega_0}{s^2-\omega_0^2}$
17	$\cosh\omega_0 t$	$\frac{s}{s^2-\omega_0^2}$
18	$\sum_{n=0}^{\infty}\delta(t-nT)$	$\frac{1}{1-e^{-sT}}$
19	$\sum_{n=0}^{\infty}f_1(t-nT)$	$\frac{F_1(s)}{1-e^{-sT}}$
20	$\sum_{n=0}^{\infty}[U(t-nT)-U(t-nT-\tau)],T>\tau$	$\frac{1-e^{-s\tau}}{s(1-e^{-sT})}$

例 15.1.2　求 $f(t)=(2+3e^{-4t}+3te^{-5t})U(t)-6e^{-(t-2)}U(t-2)$ 的 $F(s)$。

解　$F(s)=\frac{2}{s}+\frac{3}{s+4}+\frac{3}{(s+5)^2}-\frac{6}{s+2}e^{-2s}$

例 15.1.3　已知 $f(t)$ 的波形如图 15.1.3(a),(b) 所示,求 $F(s)$。

解　(a)

$$f(t)=t[U(t)-U(t-2)]+2[U(t-2)-U(t-4)]=$$
$$tU(t)-tU(t-2)+2U(t-2)-2U(t-4)=$$
$$tU(t)-(t-2)U(t-2)-2U(t-4)$$

故得

$$F(s)=\frac{1}{s^2}-\frac{1}{s^2}e^{-2s}-\frac{2}{s}e^{-4s}$$

(b) $f(t)=e^{-t}[U(t)-U(t-2)]=e^{-t}U(t)-e^{-t}U(t-2)=e^{-t}U(t)-e^{-2}e^{-(t-2)}U(t-2)$

故得
$$F(s)=\frac{1}{s+1}-e^{-2}\frac{1}{s+1}e^{-2s}$$

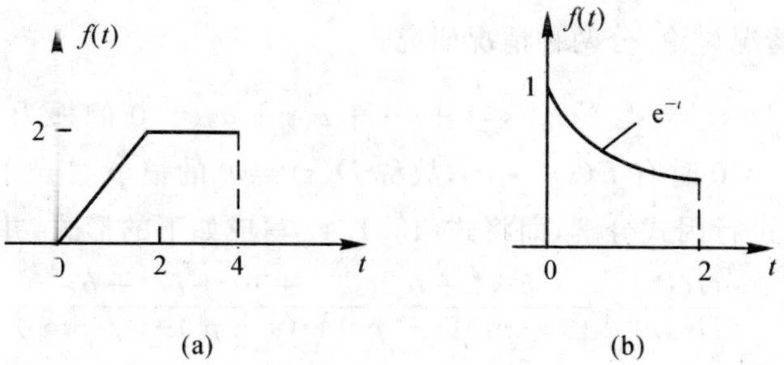

图　15.1.3

例 15.1.4　已知 $f(t)$ 的波形如图 15.1.4 所示，求 $F(s)$。

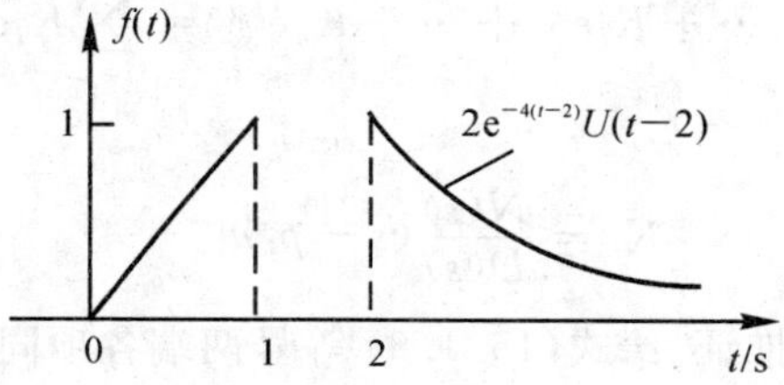

图　15.1.4

解
$$\begin{aligned}f(t)=&t[U(t)-U(t-1)+2e^{-4(t-2)}U(t-2)]=\\&tU(t)-tU(t-1)+2e^{-4(t-2)}U(t-2)=\\&tU(t)-(t-1)U(t-1)-U(t-1)+2e^{-4(t-2)}U(t-2)\end{aligned}$$

故
$$F(s)=\frac{1}{s^2}-\frac{1}{s^2}e^{-s}-\frac{1}{s}e^{-s}+\frac{2}{s+4}e^{-2s}$$

六、拉普拉斯反变换

从已知的像函数 $F(s)$ 求与之对应的原函数 $f(t)$，称为拉普拉斯反变换。通常有两种方法。

1. 部分分式法

由于工程实际中电路响应的像函数 $F(s)$ 通常都是复变量 s 的两个有理多项式之比，亦即是 s 的一个有理分式，即

$$F(s)=\frac{N(s)}{D(s)}=\frac{b_ms^m+b_{m-1}s^{m-1}+\cdots+b_1s+b_0}{s^n+a_{n-1}s^{n-1}+\cdots+a_1s+a_0}\tag{15.1.4}$$

式中，$a_0,a_1,\cdots,a_n$ 和 $b_0,b_1,\cdots,b_m$ 等均为实系数；m 和 n 均为正整数，故可将像函数 $F(s)$ 展开成部分分式，然后再查拉普拉斯变换表来求得对应的原函数 $f(t)$。

欲将 $F(s)$ 展开成部分分式，首先应将式(15.1.4)化成真分式。即当 $m\geqslant n$ 时，应先用除法将 $F(s)$ 表示成一个 s 的多项式与一个余式 $\frac{N_0(s)}{D(s)}$ 之和，即 $F(s)=\frac{N(s)}{D(s)}=B_{m-n}s^{m-n}+\cdots+B_1s+$

$B_0+\frac{N_0(s)}{D(s)}$，这样余式$\frac{N_0(s)}{D(s)}$已为一真分式。对应于多项式$Q(s)=B_{m-n}s^{m-n}+\cdots+B_1s+B_0$各项的时间函数，是冲激函数的各阶导数与冲激函数本身。所以，在下面的分析中，均按$F(s)=\frac{N(s)}{D(s)}$已是真分式的情况讨论。分两种情况研究：

(1) 分母多项式$D(s)=s^n+a_{n-1}s^{n-1}+\cdots+a_1s+a_0=0$的根为$n$个单根$p_1,p_2,\cdots,p_i,\cdots,p_n$。由于$D(s)=0$时有$F(s)\to\infty$，故称$D(s)=0$的根$p_i(i=1,2,\cdots,n)$为$F(s)$的极点。此时可将$F(s)$进行因式分解，而将式(15.1.4)写成如下的形式，并展开成部分分式，即

$$F(s)=\frac{N(s)}{D(s)}=\frac{b_ms^m+b_{m-1}s^{m-1}+\cdots+b_1s+b_0}{(s-p_1)(s-p_2)\cdots(s-p_i)\cdots(s-p_n)}=$$

$$\frac{K_1}{s-p_1}+\frac{K_2}{s-p_2}+\cdots+\frac{K_i}{s-p_i}+\cdots+\frac{K_n}{s-p_n}\tag{15.1.5}$$

式中$K_i(i=1,2,\cdots,n)$为待定系数。可见，只要将待定系数K_i求出，则$F(s)$的原函数$f(t)$即可通过查表15.1.2中序号6的公式而求得为

$$f(t)=K_1e^{p_1t}+K_2e^{p_2t}+\cdots+K_ie^{p_it}+\cdots+K_ne^{p_nt}=\sum_{i=1}^{n}K_ie^{p_it}U(t),\quad i=1,2,\cdots,n$$

待定系数K_i按下式求得，即

$$K_i=\frac{N(s)}{D(s)}(s-p_i)\Big|_{s=p_i}\tag{15.1.6}$$

下面对式(15.1.6)加以推证。给式(15.1.5)等号两端各项同乘以$(s-p_i)$，即有

$$\frac{N(s)}{D(s)}(s-p_i)=\frac{K_1}{s-p_1}(s-p_i)+\frac{K_2}{s-p_2}(s-p_i)+\cdots+K_i+\cdots+\frac{K_n}{s-p_n}(s-p_i)$$

再取$s=p_i$，此时等号右端除了第K_i项存在外，其余的项全为零了，故得

$$K_i=\frac{N(s)}{D(s)}(s-p_i)\Big|_{s=p_i}\qquad\text{(证毕)}$$

例 15.1.5 求像函数$F(s)=\frac{s^2+s+2}{s^3+3s^2+2s}$的原函数$f(t)$。

解 $D(s)=s^3+3s^2+2s=s(s+1)(s+2)=0$的根(即$F(s)$的极点)为$p_1=0$，$p_2=-1$，$p_3=-2$。这是单实根的情况，故$F(s)$的部分分式为

$$F(s)=\frac{s^2+s+2}{s(s+1)(s+2)}=\frac{K_1}{s+0}+\frac{K_2}{s+1}+\frac{K_3}{s+2}\tag{15.1.7}$$

式中

$$K_1=\frac{s^2+s+2}{s(s+1)(s+2)}(s+0)\Big|_{s=0}=1$$

$$K_2=\frac{s^2+s+2}{s(s+1)(s+2)}(s+1)\Big|_{s=-1}=-2$$

$$K_3=\frac{s^2+s+2}{s(s+1)(s+2)}(s+2)\Big|_{s=-2}=2$$

代入式(15.1.7)有

$$F(s)=\frac{1}{s}-\frac{2}{s+1}+\frac{2}{s+2}$$

故查表 15.1.2 中序号 3,6 得

$$f(t)=U(t)-2\mathrm{e}^{-t}U(t)+2\mathrm{e}^{-2t}U(t)=(1-2\mathrm{e}^{-t}+2\mathrm{e}^{-2t})U(t)$$

例 15.1.6　求像函数 $F(s)=\dfrac{2s^2+6s+6}{(s+2)(s^2+2s+2)}$ 的原函数 $f(t)$。

解　$D(s)=(s+2)(s+1+\mathrm{j}1)(s+1-\mathrm{j}1)=0$ 的根(即 $F(s)$ 的极点)为 $p_1=-2$, $p_2=-1-\mathrm{j}1$, $p_3=-1+\mathrm{j}1=\overset{*}{p}_2$。这是有单复数根的情况。单复数根一定是共轭成对出现,故 $F(s)$ 的部分分式为

$$F(s)=\frac{2s^2+6s+6}{(s+2)(s+1+\mathrm{j}1)(s+1-\mathrm{j}1)}=\frac{K_1}{s+2}+\frac{K_2}{s+1+\mathrm{j}1}+\frac{K_3}{s+1-\mathrm{j}1} \tag{15.1.8}$$

式中

$$K_1=\frac{2s^2+6s+6}{(s+2)(s+1+\mathrm{j}1)(s+1-\mathrm{j}1)}(s+2)\bigg|_{s=-2}=1$$

$$K_2=\frac{2s^2-6s+6}{(s+2)(s+1+\mathrm{j}1)(s+1-\mathrm{j}1)}(s+1+\mathrm{j}1)\bigg|_{s=-1-\mathrm{j}1}=\frac{1}{2}+\mathrm{j}\frac{1}{2}=\frac{1}{\sqrt{2}}\mathrm{e}^{\mathrm{j}45^\circ}$$

$$K_3=\frac{2s^2+6s+6}{(s+2)(s+1+\mathrm{j}1)(s+1-\mathrm{j}1)}(s+1-\mathrm{j}1)\bigg|_{s=-1+\mathrm{j}1}=\frac{1}{2}-\mathrm{j}\frac{1}{2}=\frac{1}{\sqrt{2}}\mathrm{e}^{-\mathrm{j}45^\circ}=\overset{*}{K}_2$$

可见 K_3 与 K_2 是互为共轭的,故当 K_2 求得时,K_3 即可根据共轭关系直接写出,而无须再详细求解。代入式(15.1.8)有

$$F(s)=\frac{1}{s+2}+\frac{1}{\sqrt{2}}\mathrm{e}^{\mathrm{j}45^\circ}\frac{1}{s+1+\mathrm{j}1}+\frac{1}{\sqrt{2}}\mathrm{e}^{-\mathrm{j}45^\circ}\frac{1}{s+1-\mathrm{j}1}$$

故查表 15.1.2 中序号 6 得

$$f(t)=\mathrm{e}^{-2t}U(t)+\frac{1}{\sqrt{2}}\mathrm{e}^{\mathrm{j}45^\circ}\mathrm{e}^{-(1+\mathrm{j}1)t}U(t)+\frac{1}{\sqrt{2}}\mathrm{e}^{-\mathrm{j}45^\circ}\mathrm{e}^{-(1-\mathrm{j}1)t}U(t)=$$

$$\left\{\mathrm{e}^{-2t}+\frac{1}{\sqrt{2}}\mathrm{e}^{-t}\left[\mathrm{e}^{\mathrm{j}(t-45^\circ)}+\mathrm{e}^{-\mathrm{j}(t-45^\circ)}\right]\right\}U(t)=\left\{\mathrm{e}^{-2t}+\sqrt{2}\mathrm{e}^{-t}\cos(t-45^\circ)\right\}U(t)$$

例 15.1.7　求像函数 $F(s)=\dfrac{s}{s^2+4}$ 的原函数 $f(t)$。

解　$D(s)=s^2+4=(s+\mathrm{j}2)(s-\mathrm{j}2)=0$ 的根(即 $F(s)$ 的极点)为 $p_1=-\mathrm{j}2$, $p_2=\mathrm{j}2=\overset{*}{p}_1$。这是单虚根情况,故 $F(s)$ 的部分分式为

$$F(s)=\frac{s}{(s+\mathrm{j}2)(s-\mathrm{j}2)}=\frac{K_1}{s+\mathrm{j}2}+\frac{K_2}{s-\mathrm{j}2} \tag{15.1.9}$$

式中

$$K_1=\frac{s}{(s+\mathrm{j}2)(s-\mathrm{j}2)}(s+\mathrm{j}2)\bigg|_{s=-\mathrm{j}2}=\frac{1}{2}$$

$$K_2=\frac{s}{(s+\mathrm{j}2)(s-\mathrm{j}2)}(s-\mathrm{j}2)\bigg|_{s=\mathrm{j}2}=\frac{1}{2}=\overset{*}{K}_1$$

代入式(15.1.9)有

$$F(s)=\frac{1}{2}\,\frac{1}{s+\mathrm{j}2}+\frac{1}{2}\,\frac{1}{s-\mathrm{j}2}$$

故查表 15.1.2 中序号 6 得

$$f(t)=\frac{1}{2}e^{-j2t}U(t)+\frac{1}{2}e^{j2t}U(t)=\cos 2tU(t)$$

例 15.1.8 求 $F(s)=\dfrac{s^3+5s^2+9s+7}{s^2+3s+2}$ 的原函数 $f(t)$。

解 因为 $F(s)$ 是假分式($m=3>n=2$)，故应先化为真分式，然后再展开成部分分式。$D(s)=s^2+3s+2=(s+1)(s+2)=0$ 的根为 $p_1=-1, p_2=-2$，故有

$$F(s)=s+2+\frac{s+3}{(s+1)(s+2)}=s+2+\frac{2}{s+1}-\frac{1}{s+2}$$

故查表 15.1.2 中序号 1,2,6 得

$$f(t)=\delta'(t)+2\delta(t)+(2e^{-t}-e^{-2t})U(t)$$

例 15.1.9 求 $F(s)=\dfrac{1-e^{-2s}}{s^2+7s+12}$ 的原函数 $f(t)$。

解 $$F(s)=\frac{1}{s^2+7s+12}-\frac{1}{s^2+7s+12}e^{-2s}=F_0(s)-F_0(s)e^{-2s}$$

式中

$$F_0(s)=\frac{1}{s^2+7s+12}=\frac{1}{(s+3)(s+4)}=\frac{1}{s+3}-\frac{1}{s+4}$$

故

$$f_0(t)=\mathscr{L}^{-1}[F_0(s)]=(e^{-3t}-e^{-4t})U(t)$$

故根据拉普拉斯变换的时移性(表 15.1.1 中的序号 6) 得

$$f(t)=\mathscr{L}^{-1}[F(s)]=f_0(t)-f_0(t-2)=$$
$$(e^{-3t}-e^{-4t})U(t)-[e^{-3(t-2)}-e^{-4(t-2)}]U(t-2)$$

(2) $D(s)=s^n+a_{n-1}s^{n-1}+\cdots+a_1s+a_0=0$ 的根(即 $F(s)$ 的极点) 含有重根，例如含有一个三重根 p_1 和一个单根 p_2，则部分分式的展开形式应为

$$F(s)=\frac{N(s)}{D(s)}=\frac{N(s)}{(s-p_1)^3(s-p_2)}=\frac{K_{11}}{(s-p_1)^3}+\frac{K_{12}}{(s-p_1)^2}+\frac{K_{13}}{s-p_1}+\frac{K_2}{s-p_2} \tag{15.1.10}$$

可见，只要求得了各待定系数，则 $F(s)$ 的原函数 $f(t)$，即可通过查表 15.1.2 中序号 6,7,8 的公式而求得。

下面研究 K_{11},K_{12},K_{13},K_2 的求法。为了求得 K_{11}，可给上式等号两端同乘以 $(s-p_1)^3$，即

$$\frac{N(s)}{D(s)}(s-p_1)^3=K_{11}+K_{12}(s-p_1)+K_{13}(s-p_1)^2+(s-p_1)^3\frac{K_2}{s-p_2} \tag{15.1.11}$$

由于式(15.1.11) 为恒等式，故可令 $s=p_1$，故式(15.1.11) 中等号右端除了 K_{11} 项外，其余项均为零了，于是即得求 K_{11} 的公式为

$$K_{11}=\frac{N(s)}{D(s)}(s-p_1)^3\Big|_{s=p_1}$$

为了求得 K_{12}，可将式(15.1.11) 对 s 求一阶导数，即

$$\frac{d}{ds}\left[\frac{N(s)}{D(s)}(s-p_1)^3\right]=0+K_{12}+2K_{13}(s-p_1)+\frac{d}{ds}\left[(s-p_1)^3\frac{K_2}{s-p_2}\right] \tag{15.1.12}$$

由于式(15.1.12) 也为恒等式，故可令 $s=p_1$，故式(15.1.12) 中等号右端除了 K_{12} 项外，其余项全为零了，于是即得求 K_{12} 的公式为

$$K_{12}=\frac{\mathrm{d}}{\mathrm{d}s}\left[\frac{N(s)}{D(s)}(s-p_1)^3\right]\bigg|_{s=p_1}$$

为了求得 K_{13}，可将式(15.1.11)对 s 求二阶导数[亦即对式(15.1.12)求一阶导数]，即

$$\frac{\mathrm{d}^2}{\mathrm{d}s^2}\left[\frac{N(s)}{D(s)}(s-p_1)^3\right]=0+0+2K_{13}+\frac{\mathrm{d}^2}{\mathrm{d}s^2}\left[(s-p_1)^3\frac{K_2}{s-p_2}\right]$$

由于上式仍为恒等式，故可令 $s=p_1$，于是即得求 K_{13} 的公式为

$$K_{13}=\frac{1}{2!}\frac{\mathrm{d}^2}{\mathrm{d}s^2}\left[\frac{N(s)}{D(s)}(s-p_1)^3\right]\bigg|_{s=p_1}$$

推广之，当 $D(s)=0$ 的根含有 m 阶重根 p_1 时，则待定系 K_{1m} 即如下求得，即

$$K_{1m}=\frac{1}{(m-1)!}\frac{\mathrm{d}^{(m-1)}}{\mathrm{d}s^{(m-1)}}\left[\frac{N(s)}{D(s)}(s-p_1)^m\right]\bigg|_{s=p_1}\tag{15.1.13}$$

至于系数 K_2 的求法仍与前面的(1)全同，即

$$K_2=\frac{N(s)}{D(s)}(s-p_2)\bigg|_{s=p_2}$$

例 15.1.10　求 $F(s)=\dfrac{s+2}{(s+1)^2(s+3)s}$ 的原函数 $f(t)$。

解　$D(s)=(s+1)^2(s+3)s=0$ 的根(即 $F(s)$ 的极点)为 $p_1=-1$(二重根)，$p_2=-3$，$p_3=0$。故 $F(s)$ 的部分分式为

$$F(s)=\frac{K_{11}}{(s+1)^2}+\frac{K_{12}}{s+1}+\frac{K_2}{s+3}+\frac{K_3}{s}\tag{15.1.14}$$

式中

$$K_{11}=\frac{s+2}{(s+1)^2(s+3)s}(s+1)^2\bigg|_{s=-1}=-\frac{1}{2}$$

$$K_{12}=\frac{\mathrm{d}}{\mathrm{d}s}\left[\frac{s+2}{(s+1)^2(s+3)s}(s+1)^2\right]\bigg|_{s=-1}=-\frac{3}{4}$$

$$K_2=\frac{s+2}{(s+1)^2(s+3)s}(s+3)\bigg|_{s=-3}=\frac{1}{12}$$

$$K_3=\frac{s+2}{(s+1)^2(s+3)s}(s+0)\bigg|_{s=0}=\frac{2}{3}$$

代入式(15.1.14)有

$$F(s)=-\frac{1}{2}\frac{1}{(s+1)^2}-\frac{3}{4}\frac{1}{s+1}+\frac{1}{12}\frac{1}{s+3}+\frac{2}{3}\frac{1}{s}$$

故查表 15.1.2 中序号 6,8 得

$$f(t)=\left(-\frac{1}{2}t\mathrm{e}^{-t}-\frac{3}{4}\mathrm{e}^{-t}+\frac{1}{12}\mathrm{e}^{-3t}+\frac{2}{3}\right)U(t)$$

例 15.1.11　求 $F(s)=\dfrac{\frac{1}{3}}{s^2(s^2+4)}$ 的原函数 $f(t)$。

解　$D(s)=s^2(s+\mathrm{j}2)(s-\mathrm{j}2)=0$ 的根为 $p_1=0$(二重根)，$p_2=-\mathrm{j}2$，$p_3=\mathrm{j}2=\overset{*}{p}_2$。故 $F(s)$ 的部分分式为

$$F(s)=\frac{K_{11}}{s^2}+\frac{K_{12}}{s}+\frac{K_2}{s+\mathrm{j}2}+\frac{K_3}{s-\mathrm{j}2}\tag{15.1.15}$$

式中

$$K_{11}=\left.\frac{\frac{1}{3}}{s^2(s^2+4)}s^2\right|_{s=0}=\frac{1}{12}$$

$$K_{12}=\left.\frac{\mathrm{d}}{\mathrm{d}s}\left[\frac{\frac{1}{3}}{s^2(s^2+4)}s^2\right]\right|_{s=0}=0$$

$$K_2=\left.\frac{\frac{1}{3}}{s^2(s+\mathrm{j}2)(s-\mathrm{j}2)}(s+\mathrm{j}2)\right|_{s=-\mathrm{j}2}=\frac{1}{\mathrm{j}48}=\frac{1}{48}\mathrm{e}^{-\mathrm{j}90^\circ}$$

$$K_3=\overset{*}{K}_2=\frac{1}{48}\mathrm{e}^{\mathrm{j}90^\circ}$$

代入式(15.1.15)有

$$F(s)=\frac{1}{12}\frac{1}{s^2}+\frac{0}{s}+\frac{1}{48}\mathrm{e}^{-\mathrm{j}90^\circ}\frac{1}{s+\mathrm{j}2}+\frac{1}{48}\mathrm{e}^{\mathrm{j}90^\circ}\frac{1}{s-\mathrm{j}2}$$

故查表 15.1.2 中序号 4,6,7 得

$$f(t)=\left(\frac{1}{12}t+\frac{1}{48}\mathrm{e}^{-\mathrm{j}90^\circ}\mathrm{e}^{-\mathrm{j}2t}+\frac{1}{48}\mathrm{e}^{\mathrm{j}90^\circ}\mathrm{e}^{\mathrm{j}2t}\right)U(t)=\frac{1}{12}\left[t+\frac{1}{2}\cos(2t+90^\circ)\right]U(t)$$

*2. 留数法

根据式(15.1.2)知,拉普拉斯的反变换式为

$$f(t)=\frac{1}{2\pi\mathrm{j}}\int_{\sigma-\mathrm{j}\infty}^{\sigma+\mathrm{j}\infty}F(s)\mathrm{e}^{st}\mathrm{d}s,\quad t>0$$

这是一个复变函数的线积分,其积分路径是 s 平面内平行于 $\mathrm{j}\omega$ 轴的 $\sigma=C_1$ 的直线 AB(亦即直线 AB 必须在收敛轴 σ_0 以右),如图 15.1.5 所示。直接求这个积分是困难的,但从复变函数理论知,可将求此线积分的问题,转化为求 $F(s)$ 的全部极点在一个闭合回线内部的全部留数的代数和。这种方法称为留数法,也称围线积分法。闭合回线确定的原则是,必须把 $F(s)$ 的全部极点都包围在此闭合回线的内部。因此,从普遍性考虑,此闭合回线应是由直线 AB 与直线 AB 左侧半径 $R\to\infty$ 的圆 C_R 所组成,如图 15.1.5 所示。这样,求拉普拉斯反变换的运算,就转化为求被积函数 $F(s)\mathrm{e}^{st}$ 在 $F(s)$ 全部极点上留数的代数和,即

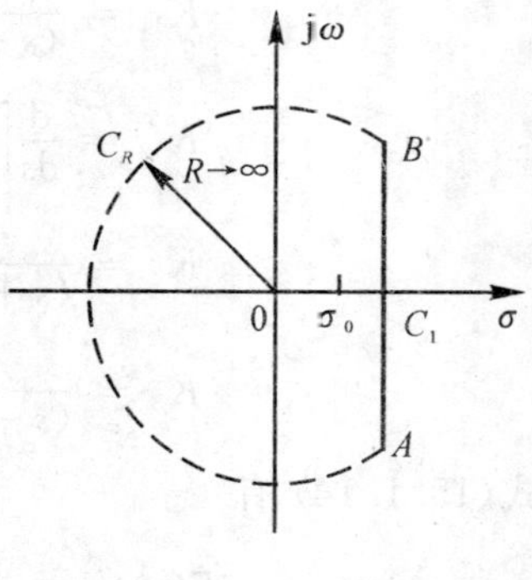

图 15.1.5 $F(s)$ 的回线积分路径

$$f(t)=\frac{1}{2\pi\mathrm{j}}\int_{\sigma-\mathrm{j}\infty}^{\sigma+\mathrm{j}\infty}F(s)\mathrm{e}^{st}\mathrm{d}s=\frac{1}{2\pi\mathrm{j}}\int_{AB}F(s)\mathrm{e}^{st}\mathrm{d}s+\frac{1}{2\pi\mathrm{j}}\int_{C_R}F(s)\mathrm{e}^{st}\mathrm{d}s=\frac{1}{2\pi\mathrm{j}}\oint_{AB+C_R}F(s)\mathrm{e}^{st}\mathrm{d}s=\sum_{i=1}^{n}\mathrm{Res}[p_i]$$

式中

$$\int_{AB}F(s)\mathrm{e}^{st}\mathrm{d}s=\int_{\sigma-\mathrm{j}\infty}^{\sigma+\mathrm{j}\infty}F(s)\mathrm{e}^{st}\mathrm{d}s$$

$$\int_{C_R} F(s)\mathrm{e}^{st}\mathrm{d}s = 0$$

$p_i(i = 1,2,\cdots,n)$ 为 $F(s)$ 的极点，亦即 $D(s) = 0$ 的根；$\mathrm{Res}[p_i]$ 为极点 p_i 的留数。

以下分两种情况介绍留数的具体求法。

(1) 若 p_i 为 $D(s) = 0$ 的单根（即 $F(s)$ 的一阶极点），则其留数为

$$\mathrm{Res}[p_i] = F(s)\mathrm{e}^{st}(s - p_i)\Big|_{s=p_i} \tag{15.1.16}$$

(2) 若 p_i 为 $D(s) = 0$ 的 m 阶重根（即 $F(s)$ 的 m 阶极点），则其留数为

$$\mathrm{Res}[p_i] = \frac{1}{(m-1)!}\frac{\mathrm{d}^{(m-1)}}{\mathrm{d}s^{(m-1)}}[F(s)\mathrm{e}^{st}(s - p_i)^m]\Big|_{s=p_i} \tag{15.1.17}$$

将式(15.1.16)和(15.1.17)分别与式(15.1.6)和(15.1.13)相比较，可看出部分分式的系数与留数的差别与一致，它们在形式上有差别，但在本质上是一致的。

与部分分式相比，留数法的优点：不仅能处理有理函数，也能处理无理函数；若 $F(s)$ 有重阶极点，此时用留数法求拉普拉斯反变换要略为简便些。

例 15.1.12　用留数法求 $F(s) = \dfrac{s+2}{(s+1)^2(s+3)s}$ 的原函数 $f(t)$。

解　$D(s) = (s+1)^2(s+3)s = 0$ 的根为 $p_1 = -1$（二重根，即二阶极点），$p_2 = -3$，$p_3 = 0$。故根据式(15.1.16)和(15.1.17)可求得各极点上的留数为

$$\mathrm{Res}[p_1] = \frac{1}{(2-1)!}\frac{\mathrm{d}^{2-1}}{\mathrm{d}s^{2-1}}\left[\frac{s+2}{(s+1)^2(s+3)s}\mathrm{e}^{st}(s+1)^2\right]\Bigg|_{s=-1} = \frac{\mathrm{d}}{\mathrm{d}s}\left[\frac{s+2}{(s+3)s}\mathrm{e}^{st}\right]\Bigg|_{s=-1} =$$

$$\frac{s+2}{(s+3)s}t\mathrm{e}^{st}\Bigg|_{s=-1} + \frac{s(s+3)-(s+2)(2s+3)}{s^2(s+3)^2}\mathrm{e}^{st}\Bigg|_{s=-1} = -\frac{1}{2}t\mathrm{e}^{-t} - \frac{3}{4}\mathrm{e}^{-t}$$

$$\mathrm{Res}[p_2] = \frac{s+2}{(s+1)^2(s+3)s}\mathrm{e}^{st}(s+3)\Bigg|_{s=-3} = \frac{1}{12}\mathrm{e}^{-3t}$$

$$\mathrm{Res}[p_3] = \frac{s+2}{(s+1)^2(s+3)s}\mathrm{e}^{st}(s+0)\Bigg|_{s=0} = \frac{2}{3}$$

故得

$$f(t) = \sum_{i=1}^{3}\mathrm{Res}[p_i] = \mathrm{Res}[p_1] + \mathrm{Res}[p_2] + \mathrm{Res}[p_3] =$$

$$\left(-\frac{1}{2}t\mathrm{e}^{-t} - \frac{3}{4}\mathrm{e}^{-t} + \frac{1}{12}\mathrm{e}^{-3t} + \frac{2}{3}\right)U(t)$$

与例 15.1.10 的结果全同，但计算过程要比例 15.1.10 中的计算稍简便些。

15.2　基尔霍夫定律的 s 域形式

一、KCL 的 s 域形式

我们已经知道，对于电路中的任一个节点 A，其时域形式的 KCL 方程为

$$\sum_{k=1}^{n} i_k(t) = 0, \qquad k \in \mathbf{Z}^+$$

式中 n 为连接在节点 A 上的支路数。对上式进行拉普拉斯变换，得

$$\mathscr{L}\left[\sum_{k=1}^{n} i_k(t)\right] = \mathscr{L}[0]$$

即
$$\sum_{k=1}^{n}\mathscr{L}[i_k(t)]=0$$

故
$$\sum_{k=1}^{n}I_k(s)=0$$

式中 $I_k(s)=\mathscr{L}[i_k(t)]$，为支路电流 $i_k(t)$ 的像函数。上式即为 KCL 的 s 域形式。它说明集中于电路中任一节点 A 上的所有支路电流像函数的代数和等于零。

二、KVL 的 s 域形式

对于电路中的任一回路，其时域形式的 KVL 方程为

$$\sum_{k=1}^{n}u_k(t)=0,\qquad k\in\mathbf{Z}^+$$

式中 n 为回路中所含支路的个数。对上式进行拉普拉斯变换得

$$\sum_{k=1}^{n}U_k(s)=0$$

式中 $U_k(s)=\mathscr{L}[u_k(t)]$，为支路电压 $u_k(t)$ 的像函数。上式即为 KVL 的 s 域形式。它说明任一回路中所有支路电压像函数的代数和等于零。

15.3 电路元件的 s 域电路模型与 s 域伏安关系

电路中的无源元件有电阻 R，电容 C，电感 L，耦合电感元件，理想变压器。

一、电阻元件

电阻元件的时域电路模型如图 15.3.1(a) 所示，其时域伏安关系为

$$u(t)=Ri(t)$$

或
$$i(t)=\frac{1}{R}u(t)=Gu(t)$$

对上两式求拉普拉斯变换，即得其 s 域的伏安关系为

$$U(s)=RI(s)$$

或
$$I(s)=GU(s)$$

式中 $U(s)=\mathscr{L}[u(t)]$，$I(s)=\mathscr{L}[i(t)]$。其 s 域电路模型如图 15.3.1(b) 所示。

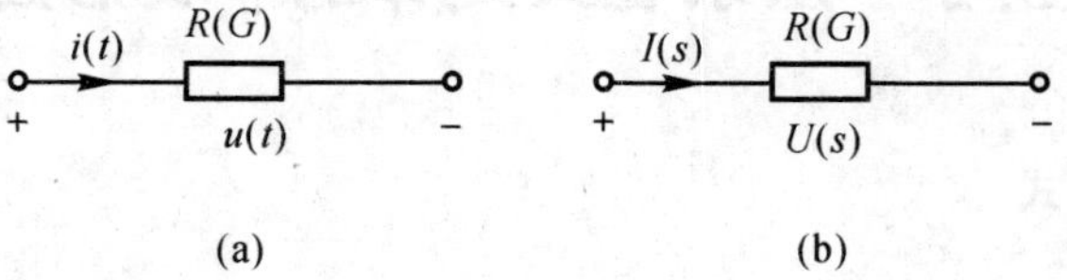

图 15.3.1 电阻元件的 s 域电路模型

(a) 时域电路； (b) s 域电路

二、电容元件

电容元件的时域电路模型如图 15.3.2(a) 所示，其时域伏安关系为

$$i(t) = C\frac{\mathrm{d}u(t)}{\mathrm{d}t}$$

或
$$u(t) = u(0^-) + \frac{1}{C}\int_{0^-}^{t} i(\tau)\mathrm{d}\tau$$

式中 $u(0^-)$ 为 $t = 0^-$ 时刻电容 C 上的初始电压。对上两式求拉普拉斯变换，并根据拉普拉斯变换的微分性质与积分性质，即得其 s 域伏安关系为

$$I(s) = CsU(s) - Cu(0^-) = \frac{U(s)}{\frac{1}{Cs}} - Cu(0^-)$$

或
$$U(s) = \frac{1}{s}u(0^-) + \frac{1}{Cs}I(s)$$

式中，$I(s) = \mathscr{L}[i(t)]$，$U(s) = \mathscr{L}[u(t)]$；$\frac{1}{Cs}$ 称为电容 C 的 s 域容抗，其倒数 Cs 称为电容 C 的 s 域容纳；$\frac{1}{s}u(0^-)$ 为电容元件初始电压 $u(0^-)$ 的像函数，可等效表示为附加的独立电压源；$Cu(0^-)$ 可等效表示为附加的独立电流源。$\frac{1}{s}u(0^-)$ 和 $Cu(0^-)$ 均称为电容 C 的内激励。根据上两式即可画出电容元件的 s 域电路模型，分别如图 15.3.2(b)，(c) 所示，前者为并联电路模型，后者为串联电路模型。

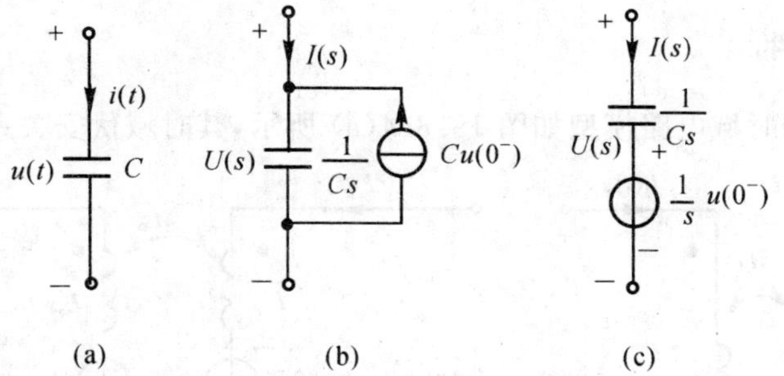

图 15.3.2　电容元件的 s 域电路模型

三、电感元件

电感元件的时域电路模型如图 15.3.3(a) 所示，其时域伏安关系为

$$u(t) = L\frac{\mathrm{d}i(t)}{\mathrm{d}t}$$

或
$$i(t) = i(0^-) + \frac{1}{L}\int_{0^-}^{t} u(\tau)\mathrm{d}\tau$$

其中 $i(0^-)$ 为 $t = 0^-$ 时刻电感 L 中的初始电流。对上两式求拉普拉斯变换，并根据拉普拉斯变换的微分性质与积分性质，即得其 s 域伏安关系为

$$U(s) = LsI(s) - Li(0^-)$$

或
$$I(s) = \frac{1}{s}i(0^-) + \frac{1}{Ls}U(s)$$

式中，$U(s)=\mathscr{L}[u(t)]$，$I(s)=\mathscr{L}[i(t)]$；Ls 称为电感 L 的 s 域感抗，其倒数 $\frac{1}{Ls}$ 称为电感 L 的 s 域感纳；$\frac{1}{s}i(0^-)$ 为电感元件初始电流 $i(0^-)$ 的像函数，可等效表示为附加的独立电流源；$Li(0^-)$ 可等效表示为附加的独立电压源。$\frac{1}{s}i(0^-)$ 和 $Li(0^-)$ 均称为电感 L 的内激励。根据上两式即可画出电感元件的 s 域电路模型，分别如图 15.3.3(b)，(c) 所示，前者为串联电路模型，后者为并联电路模型。

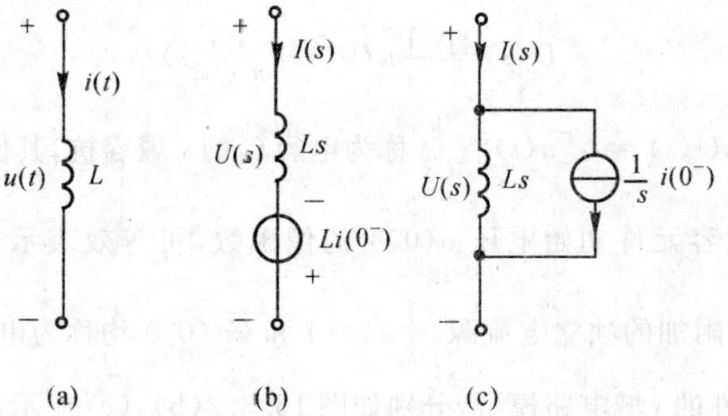

图 15.3.3　电感元件的 s 域电路模型

四、耦合电感元件

耦合电感元件的时域电路模型如图 15.3.4(a) 所示，其时域伏安关系为

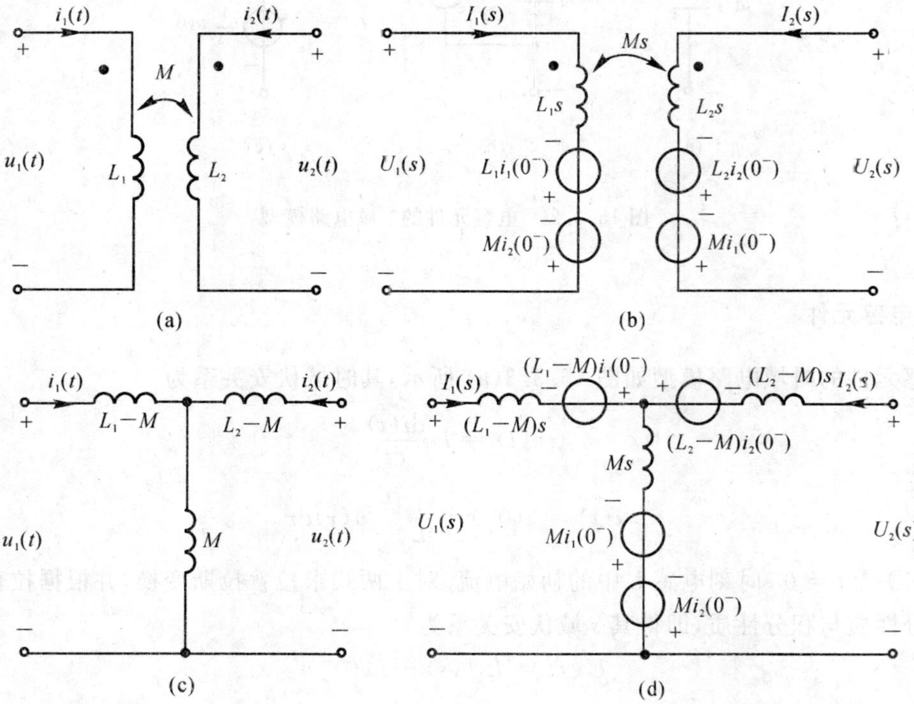

图 15.3.4　耦合电感元件的 s 域电路模型

$$u_1(t)=L_1\frac{\mathrm{d}i_1(t)}{\mathrm{d}t}+M\frac{\mathrm{d}i_2(t)}{\mathrm{d}t}$$

$$u_2(t)=M\frac{\mathrm{d}i_1(t)}{\mathrm{d}t}+L_2\frac{\mathrm{d}i_2(t)}{\mathrm{d}t}$$

对上两式求拉普拉斯变换，并根据拉普拉斯变换的微分性质，即得其 s 域伏安关系为

$$U_1(s)=L_1sI_1(s)-L_1i_1(0^-)+MsI_2(s)-Mi_2(0^-)$$

$$U_2(s)=MsI_1(s)-Mi_1(0^-)+L_2sI_2(s)-L_2i_2(0^-)$$

式中，$U_1(s)=\mathscr{L}[u_1(t)]$，$U_2(s)=\mathscr{L}[u_2(t)]$，$I_1(s)=\mathscr{L}[i_1(t)]$，$I_2(s)=\mathscr{L}[i_2(t)]$；$i_1(0^-)$，$i_2(0^-)$ 分别为电感 L_1，L_2 中的初始电流；Ms 称为耦合电感元件的 s 域互感抗；$L_1i_1(0^-)$，$L_2i_2(0^-)$，$Mi_1(0^-)$，$Mi_2(0^-)$ 均可等效表示为附加的独立电压源，均为耦合电感元件的内激励。根据上两式即可画出耦合电感元件的 s 域电路模型，如图 15.3.4(b) 所示。

若将图 15.3.4(a) 所示耦合电感的去耦等效电路画出，则如图 15.3.4(c) 所示，与之对应的 s 域电路模型则如图 15.3.4(d) 所示。

五、理想变压器

理想变压器的时域电路模型如图 15.3.5(a) 所示，其时域伏安关系为

$$\begin{cases}u_1(t)=nu_2(t)\\ i_1(t)=-\dfrac{1}{n}i_2(t)\end{cases}$$

对上两式求拉普拉斯变换，即得 s 域伏安关系为

$$\begin{cases}U_1(s)=nU_2(s)\\ I_1(s)=-\dfrac{1}{n}I_2(s)\end{cases}$$

根据此两式即可画出理想变压器的 s 域电路模型，如图 15.3.5(b) 所示。

现将电路元件的 s 域电路模型与伏安关系汇总于表 15.3.1 中，以备记忆和查用。

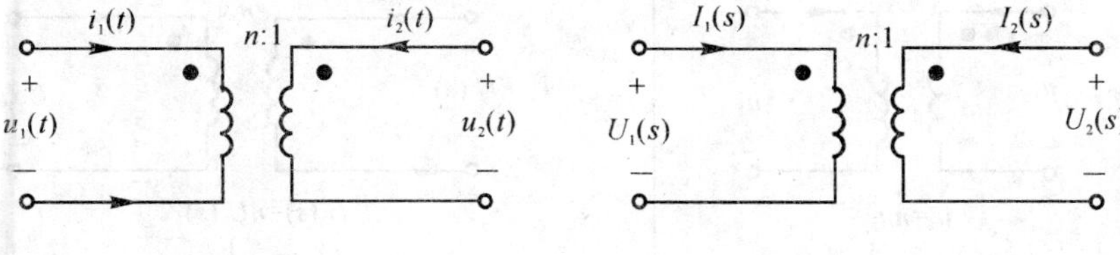

(a)　　　　(b)

图 15.3.5　理想变压器的 s 域电路模型

表 15.3.1　电路元件的 s 域电路模型与伏安关系

元　件	时　域	s　域
R	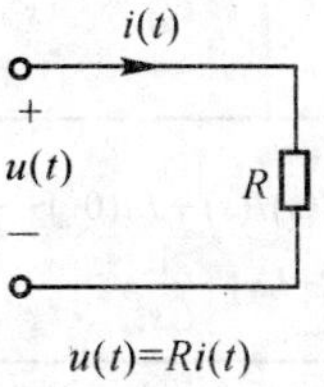 $u(t)=Ri(t)$	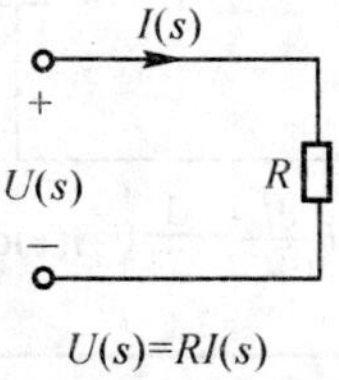 $U(s)=RI(s)$

续表

元　件	时　域	s　域
L	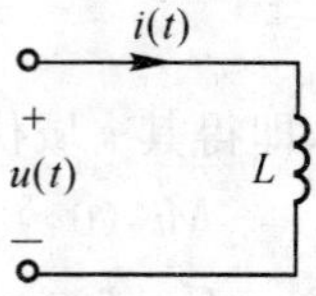 $u(t)=L\frac{di}{dt}$ $i(t)=i(0^-)+\frac{1}{L}\int_{0^-}^{t}u(\tau)d(\tau)$	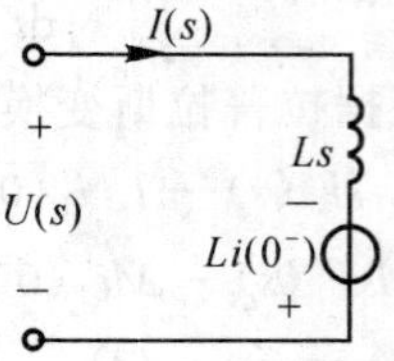 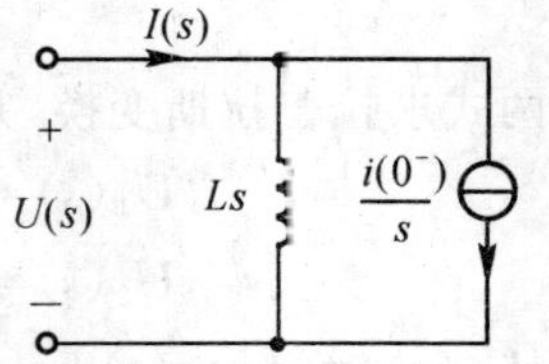 $U(s)=LsI(s)-Li(0^-)$　　$I(s)=\frac{1}{Ls}U(s)+\frac{1}{s}i(0^-)$
C	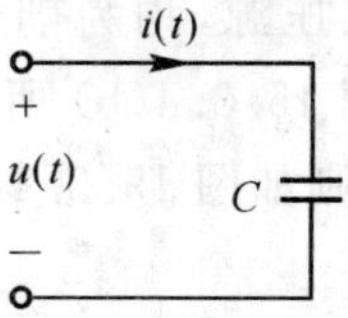 $i(t)=C\frac{du(t)}{dt}$ $u(t)=u(0^-)+\frac{1}{C}\int_{0^-}^{t}i(\tau)d(\tau)$	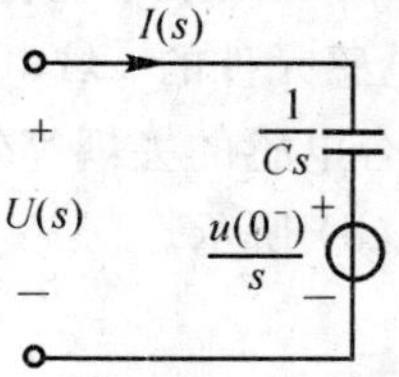 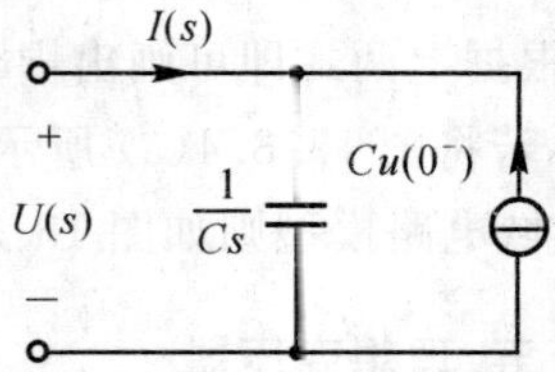 $U(s)=\frac{1}{Cs}I(s)+\frac{1}{s}u(0^-)$　　$I(s)=CsU(s)-Cu(0^-)$
M	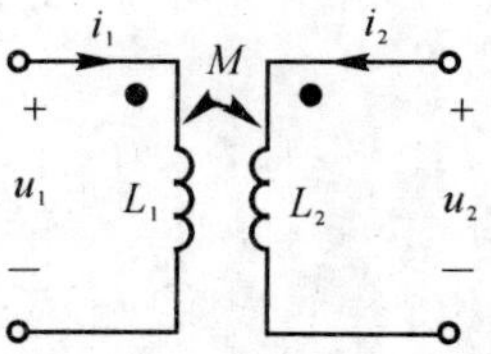 $u_1=L_1\frac{di_1}{dt}+M\frac{di_2}{dt}$ $u_2=M\frac{di_1}{dt}+L_2\frac{di_2}{dt}$	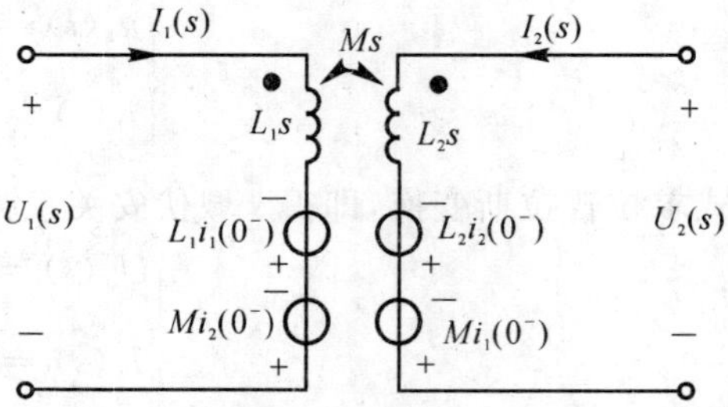 $U_1(s)=L_1sI_1(s)+MsI_2(s)-L_1i_1(0^-)-Mi_2(0^-)$ $U_2(s)=MsI_1(s)+L_2sI_2(s)-Mi_1(0^-)-L_2i_2(0^-)$
理想变压器	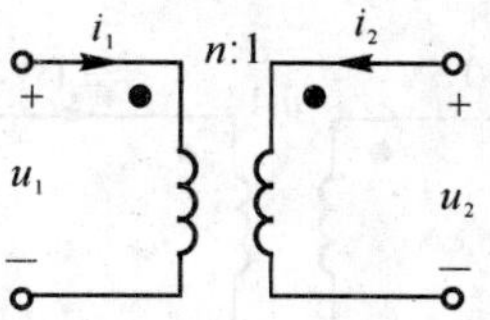 $u_1=nu_2$ $i_1=-\frac{1}{n}i_2$	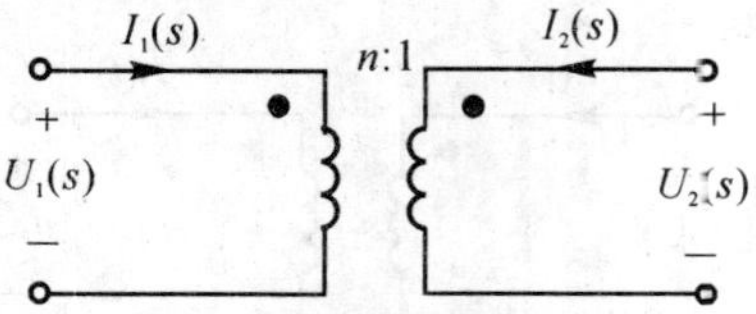 $U_1(s)=nU_2(s)$ $I_1(s)=-\frac{1}{n}I_2(s)$
RLC 串联支路	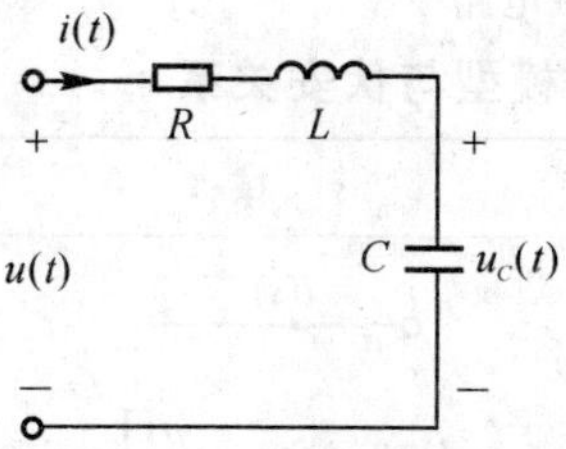 $u=Ri+L\frac{di}{dt}+\frac{1}{C}\int_{-\infty}^{t}i(\tau)d\tau$	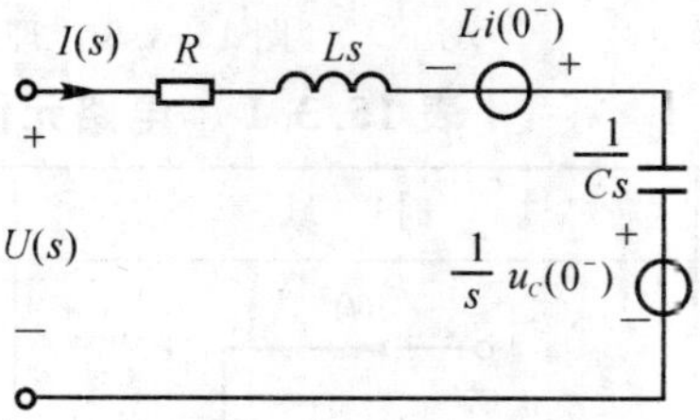 $U(s)=Z(s)I(s)-Li(0^-)+\frac{1}{s}u_C(0^-)$ $Z(s)=R+Ls+\frac{1}{Cs}$

15.4　s 域阻抗与 s 域导纳

图 15.4.1(a) 所示为时域 RLC 串联电路模型，设电感 L 的初始电流为 $i(0^-)$，电容 C 的初始电压为 $u_C(0^-)$。于是可画出其 s 域电路模型如图 15.4.1(b) 所示，进而可写出 KVL 方程为

$$U(s)=\left(R+Ls+\frac{1}{Cs}\right)I(s)-Li(0^-)+\frac{1}{s}u_C(0^-)$$

故得

$$I(s)=\frac{U(s)+Li(0^-)-\frac{1}{s}u_C(0^-)}{R-Ls+\frac{1}{Cs}}=\underbrace{\frac{U(s)}{Z(s)}}_{s\text{域零状态响应}}+\underbrace{\frac{Li(0^-)-\frac{1}{s}u_C(0^-)}{Z(s)}}_{s\text{域零输入响应}}\tag{15.4.1}$$

式中

$$Z(s)=R+Ls+\frac{1}{Cs}$$

$Z(s)$ 称为支路的 s 域阻抗，它只与电路参数 R,L,C 及复频率 s 有关，而与电路的激励(包括内激励)无关。

令

$$Y(s)=\frac{1}{Z(s)}=\frac{1}{R+Ls+\frac{1}{Cs}}$$

$Y(s)$ 称为支路的 s 域导纳。可见 $Y(s)$ 与 $Z(s)$ 互倒，即有 $Y(s)Z(s)=1$。

式(15.4.1) 中等号右端的第一项只与激励 $U(s)$ 有关，故为 s 域中的零状态响应；等号右端的第二项只与初始条件 $i(0^-)$，$u_C(0^-)$ 有关，故为 s 域中的零输入响应；等号左端的 $I(s)$ 则为 s 域中的全响应。

若 $i(0^-)=u_C(0^-)=0$，则式(15.4.1) 变为

$$I(s)=\frac{U(s)}{Z(s)}=Y(s)U(s)$$

或

$$U(s)=Z(s)I(s)=\frac{I(s)}{Y(s)}$$

上两式即为 s 域形式的欧姆定律。

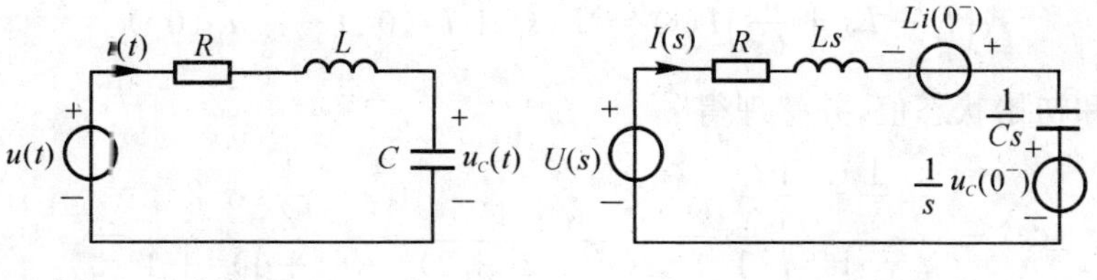

(a)　　(b)

图　15.4.1

15.5　动态电路 s 域分析法

由于 s 域形式的 KCL，KVL 及欧姆定律，在形式上与相量形式的 KCL，KVL 及欧姆定律

全同，因此关于电路相量分析的各种方法（节点法、网孔法、回路法）、各种定理（齐次定理、叠加定理、等效电源定理、替代定理、互易定理等）以及电路的各种等效变换方法与原则，均适用于 s 域电路的分析，只是此时必须在 s 域中进行，所有电量用相应的像函数表示，各无源支路用 s 域阻抗或 s 域导纳代替，但相应的运算仍为复数运算。其一般步骤如下：

（1）根据换路前的电路（即 $t<0$ 时的电路）求 $t=0^-$ 时刻电感的初始电流 $i_L(0^-)$ 和电容的初始电压 $u_C(0^-)$。

（2）求电路激励（电源）的拉普拉斯变换（即像函数）。

（3）画出换路后电路（即 $t>0$ 时的电路）的 s 域电路模型。

（4）应用节点法、网孔法、回路法及电路的各种等效变换、电路定理，对 s 域电路模型列写 KCL，KVL 方程组，并求解此方程组，从而求得全响应解的像函数。

（5）对所求得的全响应解的像函数进行拉普拉斯反变换，即得时域中的全响应解，并画出其波形。至此，求解工作即告完毕。

例 15.5.1 图 15.5.1(a) 所示电路，已知 $R=1\ \Omega$，$L=0.5\ \text{H}$，$C=1\ \text{F}$，$f(t)=U(t)\ \text{V}$，初始状态 $i(0^-)=0.5\ \text{A}$，$u_C(0^-)=0$。求全响应 $i(t)$。

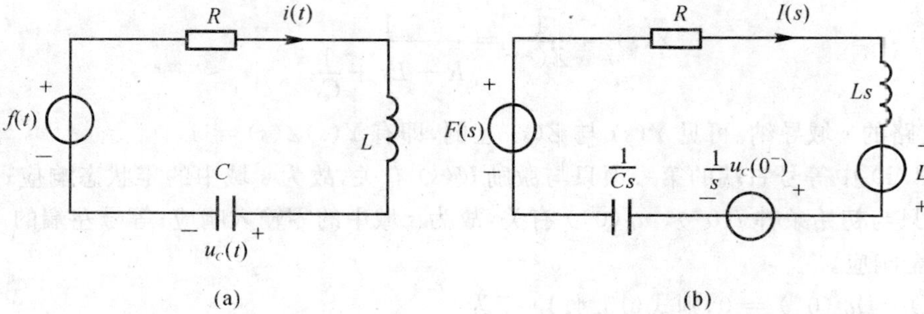

图 15.5.1

解 其 s 域电路模型如图 15.5.1(b) 所示，其中 $F(s)=\mathscr{L}[f(t)]=\dfrac{1}{s}$，故可列出 KVL 方程为

$$\left(R+Ls+\frac{1}{Cs}\right)I(s)=F(s)+Li(0^-)-\frac{1}{s}u_C(0^-)$$

代入元件数值和初始状态值，并整理得

$$I(s)=\frac{\dfrac{1}{s}+\dfrac{1}{4}}{1+\dfrac{1}{2}s+\dfrac{1}{s}}=\frac{s+4}{2(s^2+2s+2)}=\frac{\dfrac{1}{2}s+2}{(s+1)^2+1}=$$

$$\frac{\dfrac{1}{2}s+2}{(s+1-\text{j}1)(s+1+\text{j}1)}=\frac{K_1}{s+1-\text{j}1}+\frac{K_2}{s+1+\text{j}1}$$

式中

$$K_1=\left.\frac{\dfrac{1}{2}s+2}{(s+1-\text{j}1)(s+1+\text{j}1)}(s+1-\text{j}1)\right|_{s=-1+\text{j}1}=0.25-\text{j}0.75=0.79\text{e}^{-\text{j}71.6^\circ}$$

$$K_2 = \overset{*}{K}_1 = 0.25 + \mathrm{j}0.75 = 0.79\mathrm{e}^{\mathrm{j}71.6°}$$

故

$$I(s) = \frac{0.79\mathrm{e}^{-\mathrm{j}71.6°}}{s+1-\mathrm{j}1} + \frac{0.79\mathrm{e}^{\mathrm{j}71.6°}}{s+1+\mathrm{j}1}$$

故得

$$i(t) = 0.79\mathrm{e}^{-\mathrm{j}71.6°}\mathrm{e}^{-(1-\mathrm{j}1)t} + 0.79\mathrm{e}^{\mathrm{j}71.6°}\mathrm{e}^{-(1+\mathrm{j}1)t} = 1.58\mathrm{e}^{-t}\frac{\mathrm{e}^{\mathrm{j}(t-71.6°)} + \mathrm{e}^{-\mathrm{j}(t-71.6°)}}{2} =$$

$$1.58\mathrm{e}^{-t}\cos(t - 71.6°)U(t)\ \mathrm{A}$$

例 15.5.2　图 15.5.2(a) 所示电路，已知 $R = 1\ \Omega, I = 2\ \mathrm{H}, C = 0.5\ \mathrm{F}, f(t) = U(t)\ \mathrm{V}$，$i(0^-) = 2\ \mathrm{A}$，$u_C(0^-) = 1\ \mathrm{V}$。求全响应 $u_C(t)$。

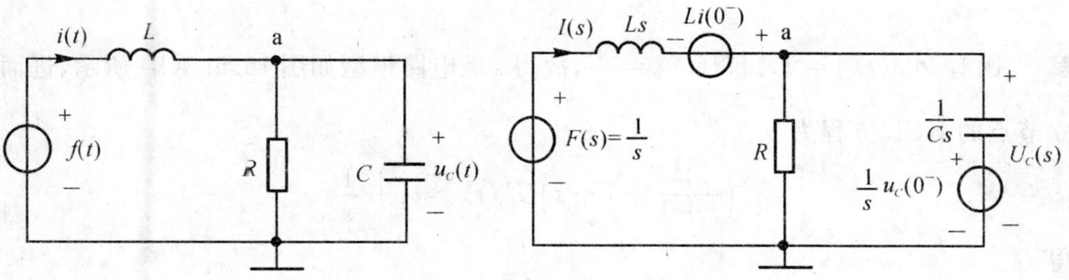

(a)　　　　　　(b)

图　15.5.2

解　其 s 域电路模型如图 15.5.2(b) 所示，其中 $F(s) = \frac{1}{s}$。于是对节点 a 可列写出 KCL 方程为

$$\left(\frac{1}{Ls} + \frac{1}{R} + Cs\right)U_C(s) = \frac{\frac{1}{s} + Li(0^-)}{Ls} + \frac{\frac{1}{s}u_C(0^-)}{\frac{1}{Cs}}$$

代入元件值和初始状态值，并整理得

$$U_C(s) = \frac{s^2+4s+1}{s(s^2+2s+1)} = \frac{s^2+4s+1}{s(s+1)^2} = \frac{K_1}{s} + \frac{K_{22}}{(s+1)^2} + \frac{K_{21}}{s+1}$$

式中

$$K_1 = \frac{s^2+4s+1}{s(s+1)^2}s\bigg|_{s=0} = 1$$

$$K_{22} = \frac{s^2+4s+1}{s(s+1)^2}(s+1)^2\bigg|_{s=-1} = 2$$

$$K_{21} = \frac{\mathrm{d}}{\mathrm{d}s}\left[\frac{s^2+4s+1}{s(s+1)^2}(s+1)^2\right]\bigg|_{s=-1} = \frac{\mathrm{d}}{\mathrm{d}s}\left[\frac{s^2+4s+1}{s}\right]\bigg|_{s=-1} =$$

$$\frac{s(2s+4)-(s^2+4s+1)}{s^2}\bigg|_{s=-1} = 0$$

故

$$U_C(s) = \frac{1}{s} + \frac{2}{(s+1)^2}$$

故得

$$u_C(t) = U(t) + 2t\mathrm{e}^{-t}U(t) = (1 + 2t\mathrm{e}^{-t})U(t)\ \mathrm{V}$$

例 15.5.3 图 15.5.3(a) 所示电路，求零状态响应 $u_C(t)$。

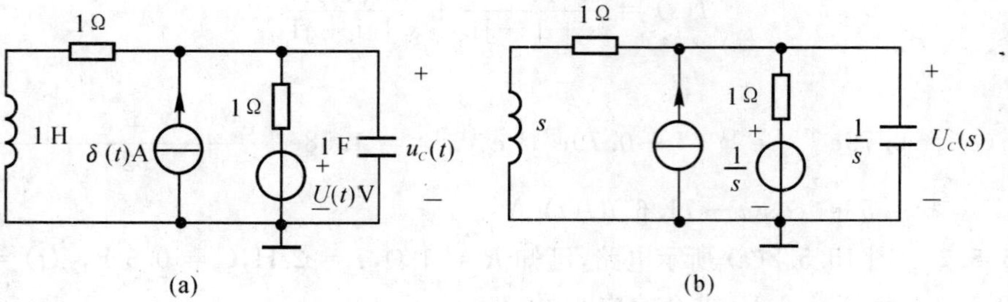

图 15.5.3

解 因有 $\mathscr{L}[\delta(t)]=1, \mathscr{L}[U(t)]=\frac{1}{s}$，故得 s 域电路模型如图 15.5.3(b) 所示，进而可列出独立节点的 KCL 方程为

$$\left(\frac{1}{s+1}+1+s\right)U_C(s)=1+\frac{1}{s}$$

解之得

$$U_C(s)=\frac{s^2+2s+1}{s^3+2s^2+2s}=\frac{s^2+2s+1}{s(s+1-\mathrm{j}1)(s+1+\mathrm{j}1)}=\frac{\frac{1}{2}}{s}+\frac{\frac{1}{4}\sqrt{2}\mathrm{e}^{-\mathrm{j}45^\circ}}{s+1-\mathrm{j}1}+\frac{\frac{1}{4}\sqrt{2}\mathrm{e}^{\mathrm{j}45^\circ}}{s+1+\mathrm{j}1}$$

故得 $u_C(t)=\mathscr{L}^{-1}[U_C(s)]=\frac{1}{2}+\frac{1}{4}\sqrt{2}\mathrm{e}^{-\mathrm{j}45^\circ}\mathrm{e}^{-(1-\mathrm{j}1)t}+\frac{1}{4}\sqrt{2}\mathrm{e}^{\mathrm{j}45^\circ}\mathrm{e}^{-(1+\mathrm{j}1)t}=$

$$\frac{1}{2}\left[1+\sqrt{2}\mathrm{e}^{-t}\frac{\mathrm{e}^{\mathrm{j}(t-45^\circ)}+\mathrm{e}^{-\mathrm{j}(t-45^\circ)}}{2}\right]U(t)=\frac{1}{2}[1+\sqrt{2}\mathrm{e}^{-t}\cos(t-45^\circ)]U(t)\ \mathrm{V}$$

例 15.5.4 图 15.5.4(a) 所示为雷达磁控管中振荡电路的电路模型，已知 S 打开时 $u_1(0^-)=U_m$，$u_2(0^-)=0$，$i(0^-)=0$，$C_1=C_2=C$。今于 $t=0$ 时刻闭合 S。求 $t>0$ 时的响应 $u_1(t)$，$u_2(t)$，并画出波形。

解 S 打开时的时域等效电路如图 15.5.4(b) 所示。$t>0$ 时的 s 域电路模型如图 15.5.4(c) 所示。

$$Z(s)=\frac{1}{C_1 s}+Ls+\frac{1}{C_2 s}=\frac{2}{Cs}+Ls$$

$$I(s)=\frac{\frac{1}{s}u_1(0^-)}{Z(s)}=\frac{U_m}{s\left(Ls+\frac{2}{Cs}\right)}=\frac{U_m}{L\left(s^2+\frac{2}{LC}\right)}=\frac{U_m}{L(s^2+\omega_0^2)}$$

$$U_2(s)=\frac{1}{C_2 s}I(s)=\frac{U_m}{LCs\left(s^2+\frac{2}{LC}\right)}=\frac{\frac{U_m}{2}}{s}-\frac{U_m}{2}\frac{s}{s^2+\omega_0^2}$$

式中，$\omega_0=\sqrt{\frac{2}{LC}}$。故得

$$u_2(t)=\mathscr{L}^{-1}[U_2(s)]=\frac{U_m}{2}[1-\cos\omega_0 t]U(t)\ \mathrm{V}$$

又　　$u_1(t)=u_1(0^-)+u'_1(t)=U_m-u_2(t)=\frac{U_m}{2}[1+\cos\omega_0 t]U(t)$ V

其波形如图 15.5.4(d),(e) 所示。

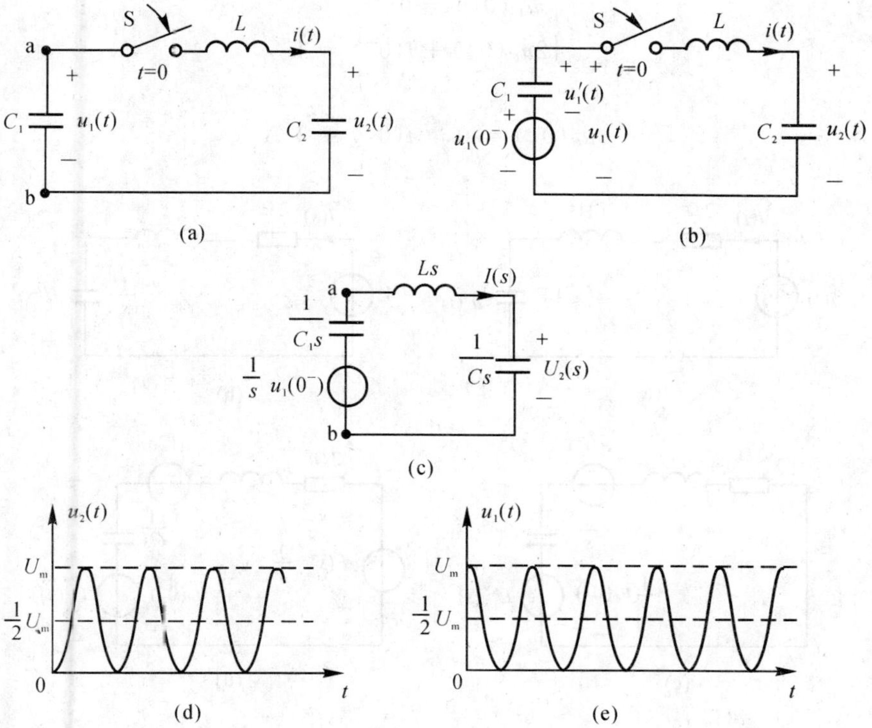

图　15.5.4

例 15.5.5　图 15.5.5(a) 所示电路，$u_C(t)$ 为响应。(1) 求单位冲激响应 $h(t)$；(2) 求电路的初始状态 $i(0^-)$，$u_C(0^-)$，以使电路的零输入响应 $u_{Cx}(t)=h(t)$；(3) 求电路的初始状态 $i(0^-)$，$u_C(0^-)$，以使电路对 $U(t)$ 的全响应 $u_C(t)$ 仍为 $U(t)$。

解　(1) 该电路在单位冲激 $\delta(t)$ 激励下的 s 域电路模型如图 15.5.5(b) 所示，其中 $H(s)=\mathscr{L}[h(t)]$，$1=\mathscr{L}[\delta(t)]$，故得

$$H(s)=\frac{1}{2+s+\frac{1}{s}}\frac{1}{s}=\frac{1}{s^2+2s+1}=\frac{1}{(s+1)^2}$$

求拉普拉斯反变换得

$$h(t)=\mathscr{L}^{-1}[H(s)]=te^{-t}U(t)\text{ V}$$

(2) 在零输入条件下电路的 s 域模型如图 15.5.5(c) 所示。故得

$$U_{Cx}(s)=\frac{i(0^-)-\frac{1}{s}u_C(0^-)}{2+s+\frac{1}{s}}\frac{1}{s}+\frac{1}{s}u_C(0^-)=\frac{(s+2)u_C(0^-)+i(0^-)}{s^2+2s+1}$$

依题意要求，应使 $U_{Cx}(s)=H(s)$，即

$$\frac{(s+2)u_C(0^-)+i(0^-)}{s^2+2s+1}=\frac{1}{s^2+2s+1}$$

故得
$$(s+2)u_C(0^-)+i(0^-)=1$$
即
$$su_C(0^-)+2u_C(0^-)+i(0^-)=1$$
故有
$$\begin{cases}su_C(0^-)=0\\2u_C(0^-)+i(0^-)=1\end{cases}$$
故得
$$u_C(0^-)=0,\quad i(0^-)=1\ \text{A}$$

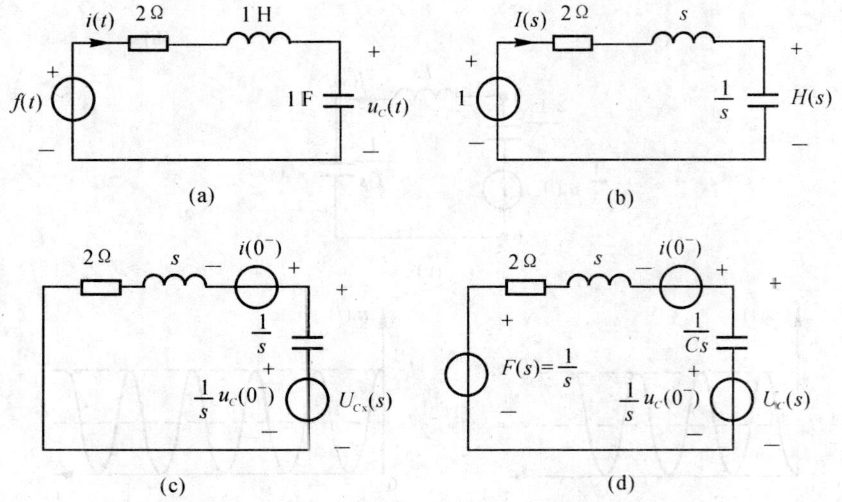

图 15.5.5

(3) 当激励 $f(t)=U(t)$ 时，$F(s)=\mathscr{L}[U(t)]=\frac{1}{s}$，其 s 域电路模型如图 15.5.5(d) 所示。故得

$$U_C(s)=\frac{\frac{1}{s}+i(0^-)-\frac{1}{s}u_C(0^-)}{2+s+\frac{1}{s}}\frac{1}{s}+\frac{1}{s}u_C(0^-)=\frac{1}{s(s^2+2s+1)}+\frac{(s+2)u_C(0^-)+i(0^-)}{s^2+2s+1}=$$
$$\frac{1}{s}-\frac{s+2}{s^2+2s+1}+\frac{(s+2)u_C(0^-)+i(0^-)}{s^2+2s+1}$$

按题意要求，应使 $U_C(s)=\frac{1}{s}$。故代入上式应有

$$-\frac{s+2}{s^2+2s+1}+\frac{(s+2)u_C(0^-)+i(0^-)}{s^2+2s+1}=0$$
即
$$(s+2)u_C(0^-)+i(0^-)=s+2$$
$$su_C(0^-)+2u_C(0^-)+i(0^-)=s+2$$
故有
$$\begin{cases}su_C(0^-)=s\\2u_C(0^-)+i(0^-)=2\end{cases}$$
故得
$$u_C(0^-)=1\ \text{V},\quad i(0^-)=0$$

例 15.5.6　图 15.5.6(a) 所示电路，以 $i(t)$ 为响应。(1) 求单位冲激响应 $h(t)$；(2) 已知 $f(t)=U(t)$ V，$u_1(0^-)=0$，$u_2(0^-)=2$ V，求全响应 $i(t)$。

解　(1) $f(t)=\delta(t)$ 时的 s 域电路模型如图 15.5.6(b) 所示，其中 $\mathscr{L}[\delta(t)]=1$，故得

$$H(s)=\frac{1}{\dfrac{1}{1+s}+\dfrac{1}{s}}=\frac{s(s+1)}{2s+1}=\frac{1}{2}s+\frac{1}{4}-\frac{1}{8}\frac{1}{s+\dfrac{1}{2}}$$

故得
$$h(t)=\mathscr{L}[H(s)]=\left[\frac{1}{2}\delta'(t)+\frac{1}{4}\delta(t)-\frac{1}{8}e^{-\frac{1}{2}t}U(t)\right]\text{A}$$

(2) 此时的 s 域电路模型如图 15.5.6(c) 所示，故得

$$I(s)=\frac{\dfrac{1}{s}-\dfrac{2}{s}}{\dfrac{1}{1+s}+\dfrac{1}{s}}=-\frac{s+1}{2s+1}=-\left[\frac{1}{2}+\frac{1}{4}\frac{1}{s+\dfrac{1}{2}}\right]$$

故得
$$i(t)=\mathscr{L}^{-1}[I(s)]=\left[-\frac{1}{2}\delta(t)-\frac{1}{4}e^{-\frac{1}{2}t}U(t)\right]\text{A}$$

(t) 的波形如图 15.5.6(d) 所示。

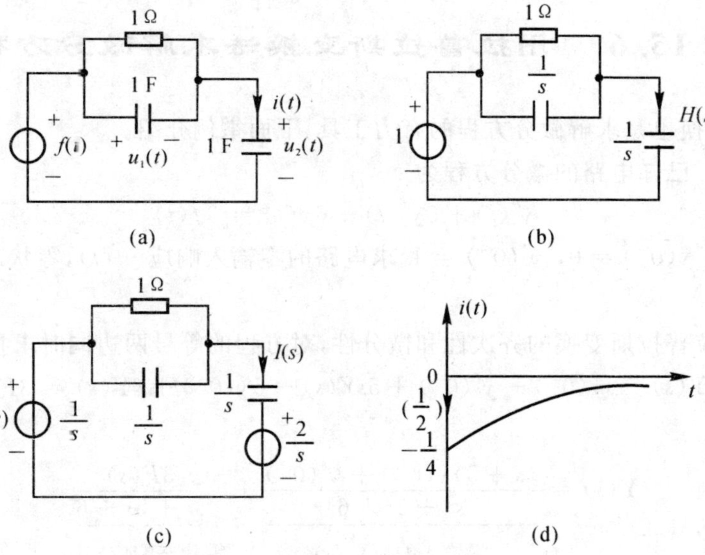

图　15.5.6

例 15.5.7　图 15.5.7(a) 所示电路，$f(t)=e^{-2t}U(t)$ V，求零状态响应 $u(t)$。

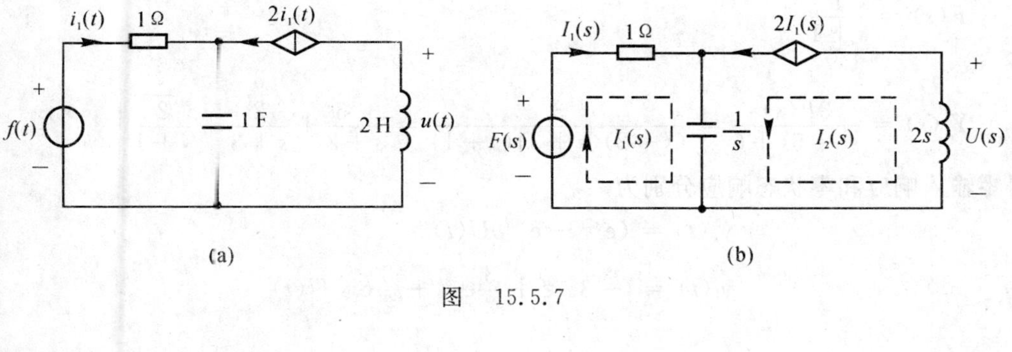

图　15.5.7

解 其 s 域电路模型如图 15.5.7(b) 所示，其中 $F(s)=\dfrac{1}{s+2}$，对两个网孔回路列出 KVL 方程为

$$\begin{cases}\left(1+\dfrac{1}{s}\right)I_1(s)+\dfrac{1}{s}I_2(s)=F(s)=\dfrac{1}{s+2}\\ I_2(s)=2I_1(s)\end{cases}$$

联立求解得

$$I_1(s)=\frac{s}{(s+2)(s+3)}$$

$$I_2(s)=\frac{2s}{(s+2)(s+3)}$$

又得

$$U(s)=-2sI_2(s)=-\frac{4s^2}{(s+2)(s+3)}=-4+\frac{20s+24}{(s+2)(s+3)}=-4+\frac{-16}{s+2}+\frac{36}{s+3}$$

故得

$$u(t)=[-4\delta(t)+(-16e^{-2t}+36e^{-3t})U(t)]\ \text{V}$$

*15.6 用拉普拉斯变换法求解微分方程

拉普拉斯变换也是求解微分方程的有力工具。下面举例介绍。

例 15.6.1 已知电路的微分方程为

$$y''(t)+5y'(t)+6y(t)=3f(t)$$

$f(t)=e^{-t}U(t)$，$y(0^-)=0$，$y'(0^-)=1$。求电路的零输入响应 $y_x(t)$，零状态响应 $y_f(t)$，全响应 $y(t)$。

解 根据拉普拉斯变换的齐次性和微分性，对方程的等号两边同时求拉普拉斯变换，有

$$s^2Y(s)-sy(0^-)-y'(0^-)+5sY(s)-5y(0^-)+6Y(s)=3F(s)$$

整理得

$$Y(s)=\underbrace{\frac{(s+5)y(0^-)+y'(0^-)}{s^2+5s+6}}_{\text{零输入响应}Y_x(s)}+\underbrace{\frac{3F(s)}{s^2+5s+6}}_{\text{零状态响应}Y_f(s)}$$

故

$$Y_x(s)=\frac{(s+5)y(0^-)+y'(0^-)}{s^2+5s+6}=\frac{1}{(s+2)(s+3)}=\frac{1}{s+2}+\frac{-1}{s+3}$$

$$F(s)=\frac{1}{s+1}$$

$$Y_f(s)=\frac{3F(s)}{s^2+5s+6}=\frac{3}{(s+2)(s+3)(s+1)}=\frac{-3}{s+2}+\frac{\frac{3}{2}}{s+3}+\frac{\frac{3}{2}}{s+1}$$

故得零输入响应和零状态响应分别为

$$y_x(t)=(e^{-2t}-e^{-3t})U(t)$$

$$y_f(t)=\left(-3e^{-2t}+\frac{3}{2}e^{-3t}+\frac{3}{2}e^{-t}\right)U(t)$$

全响应为　$y(t) = y_x(t) + y_f(t) = (-2e^{-2t} + \frac{1}{2}e^{-2t} + \frac{3}{2}e^{-t})U(t)$

习　题　十　五

15.1　求下列时间函数 $f(t)$ 的拉普拉斯变换 $F(s)$。

(1) $f(t) = (\sin 2t + 5\cos 4t)U(t)$

(2) $f(t) = 4te^{-2t}U(t)$

(3) $f(t) = e^{-3t}\sin 2tU(t)$

(答：$\frac{2}{s^2+4} + \frac{5s}{s^2+16}$；$\frac{4}{(s-2)^2}$；$\frac{2}{(s+3)^2+4}$)

15.2　求图题 15.2 所示各时间函数 $f(t)$ 的像函数 $F(s)$。

(答：$\frac{2}{s^2} - 4e^{-2s} - \frac{1}{s^2}e^{-2s}$；$\frac{1}{s+1} - e^{-2}\frac{1}{s+1}e^{-2s}$)

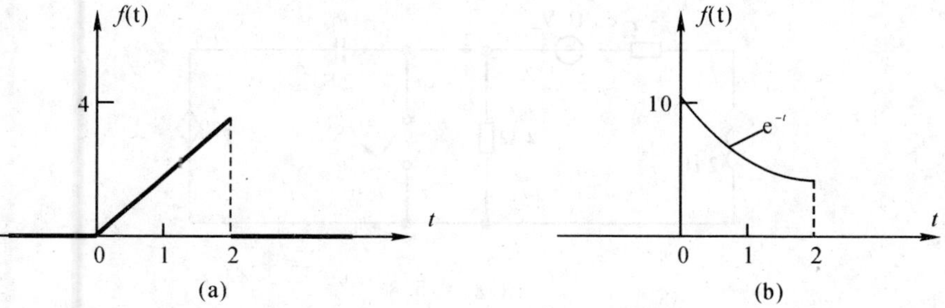

图题　15.2

15.3　求 $F(s) = \frac{1-e^{-2s}}{s^2+7s+12}$ 的原函数 $f(t)$。

(答：$(e^{-3t} - e^{-4t})U(t) - [e^{-3(t-2)} - e^{-4(t-2)}]U(t-2)$)

15.4　求下列 $F(s)$ 的原函数 $f(t)$。

(1) $F(s) = \frac{s^2+15s+18}{s^3+5s^2+6s}$

(2) $F(s) = \frac{3s^2+18s+28}{s^2+5s+6}$

(答：$(3+4e^{-2t}-6e^{-3t})U(t)$；$3\delta(t) + (4e^{-2t} - e^{-3t})U(t)$)

15.5　求下列 $F(s)$ 的原函数 $f(t)$。

(1) $F(s) = \frac{s+4}{(s+2)^3(s+1)}$

(2) $F(s) = \frac{s}{s^2+2s+5}$

(答：$(-2t^2e^{-2t} - 3te^{-2t} - 3e^{-2t} + 3e^{-t})U(t)$；$(e^{-t}\cos 2t - \frac{1}{2}e^{-t}\sin 2t)U(t)$)

15.6　图题 15.6 所示电路，$t<0$ 时 S 打开，电路已工作于稳态，且已知 $u_2(0^-) = 0$。今于 $t=0$ 时刻闭合 S，求 $t>0$ 时的响应 $u_1(t)$ 和 $u_2(t)$，画出它们的曲线。(答：$u_1(t) = u_2(t) =$

$(5-2e^{-0.6t})U(t)$V)

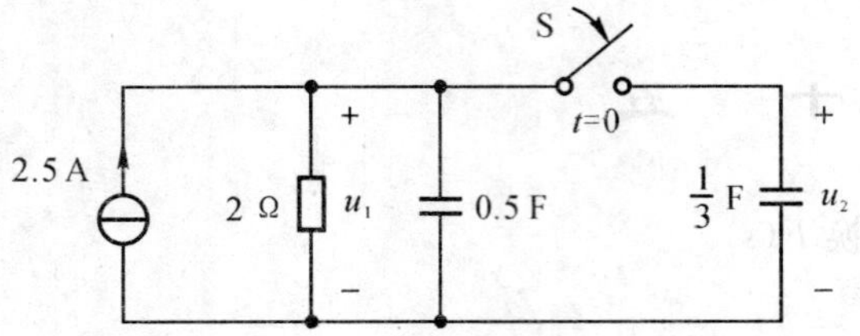

图题 15.6

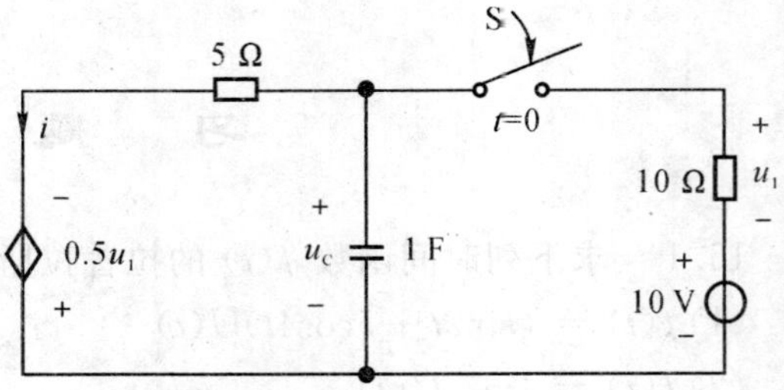

图题 15.7

15.7 图题 15.7 所示电路，$t<0$ 时 S 打开，电路已工作于稳态。今于 $t=0$ 时刻闭合 S，求 $t>0$ 时的 $u_C(t)$ 和 $i(t)$，画出它们的曲线。(答：$(5-5e^{-0.4t})U(t)$V；$(0.5-1.5e^{-0.4t})U(t)$A)

15.8 图题 15.8 所示电路，$t<0$ 时 S 打开，电路已工作于稳态。今于 $t=0$ 时刻闭合 S，求 $t>0$ 时的 $i(t)$，画出 $i(t)$ 的曲线。(答：$(5-27.5e^{-t})U(t)+10\delta(t)$A)

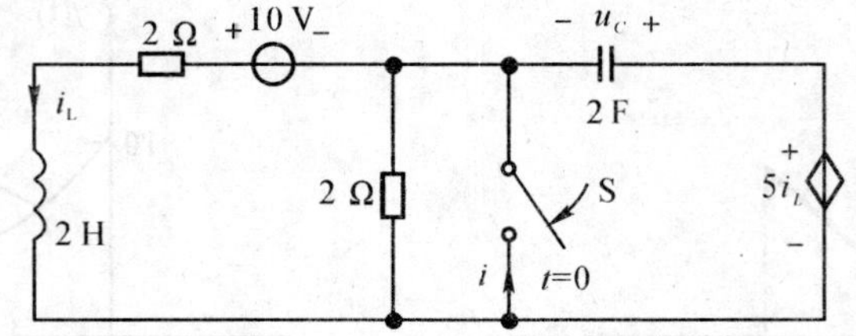

图题 15.8

15.9 图题 15.9 所示电路，$t<0$ 时 S 打开，电路已处于稳态，且 $u_1(0^-)=0$。今于 $t=0$ 时刻闭合 S，求 $t>0$ 时的 $u_2(t)$，画出其曲线。(答：$(3+3e^{-0.5t})U(t)$V)

15.10 图题 15.10 所示零状态电路，求零状态响应 $u_C(t)$。(答：$\left[\frac{1}{2}e^{-t}(\cos t+\sin t)-\frac{1}{2}\right]U(t)$V)

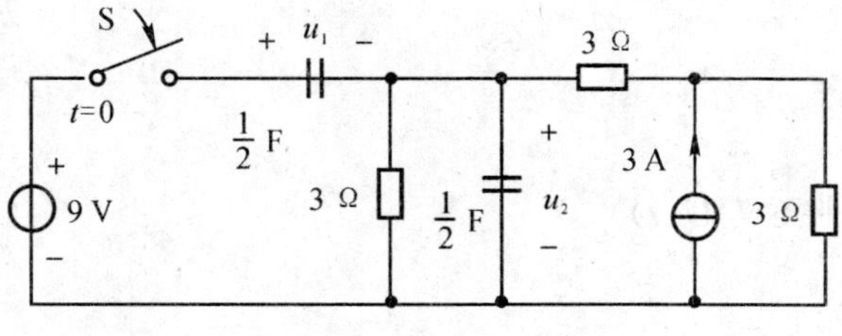

图题 15.9

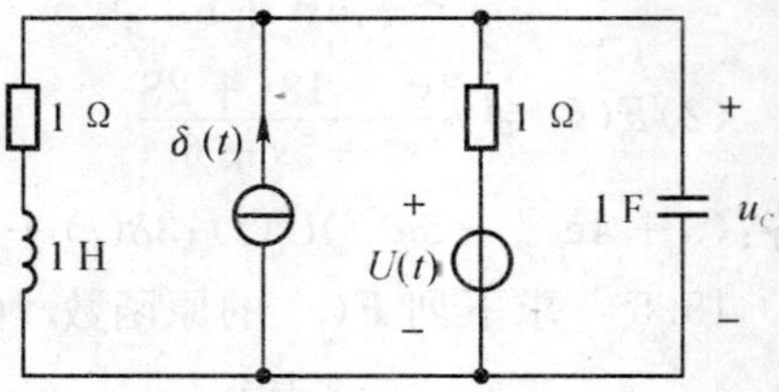

题图 15.10

15.11 图题 15.11 所示电路，求 $t>0$ 时的响应 $i(t)$，已知 $u_S(t)=-30U(-t)+15U(t)$V。(答：$(3+7e^{-t}-16e^{-2.5t})U(t)$A)

15.12 图题 15.12 所示零状态电路，激励 $f(t)=0.1e^{-5t}U(t)$V。求零状态响应 $i(t)$。(答：$(te^{-5t}-e^{-5t}+e^{-6t})U(t)$A)

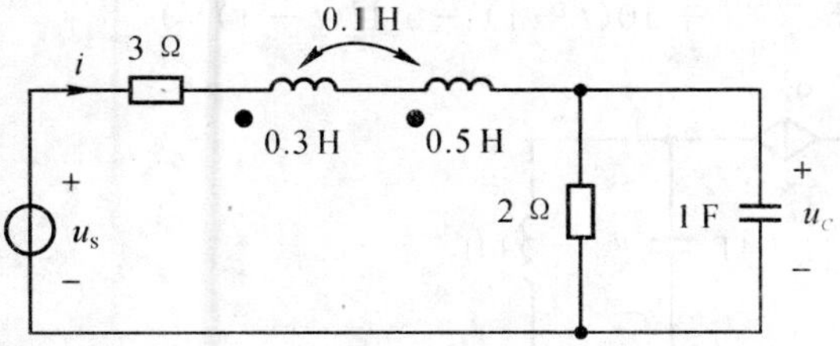

图题　15.11

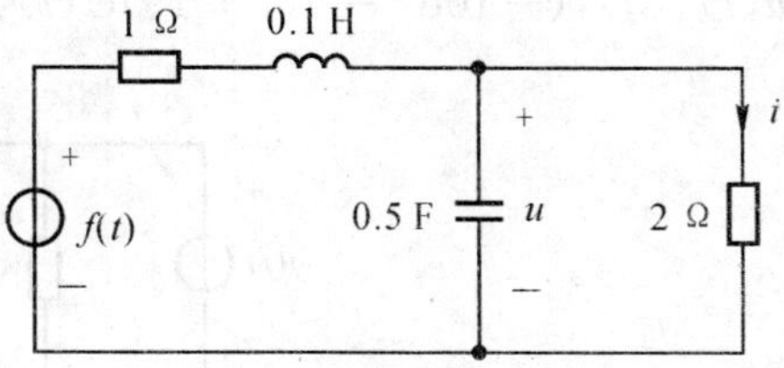

图题　15.12

15.13　图题 15.13 所示零状态电路，求零状态响应 $u_1(t)$ 和 $u_2(t)$。(答：$\left(\frac{2}{3}-\frac{2}{3}e^{-3t}\right)U(t)$ V；$\left(\frac{1}{3}+\frac{2}{3}e^{-3t}\right)U(t)$ V)

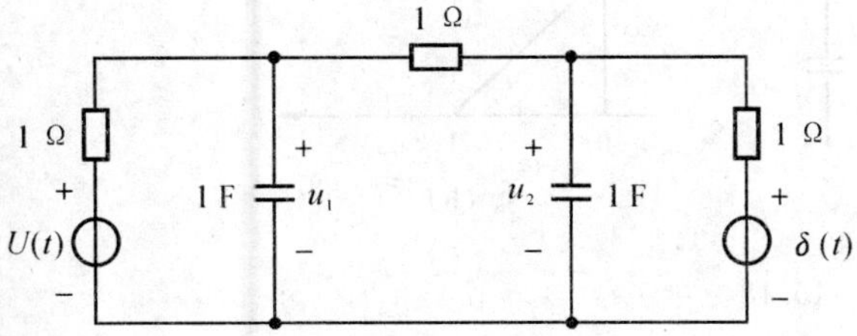

图题　15.13

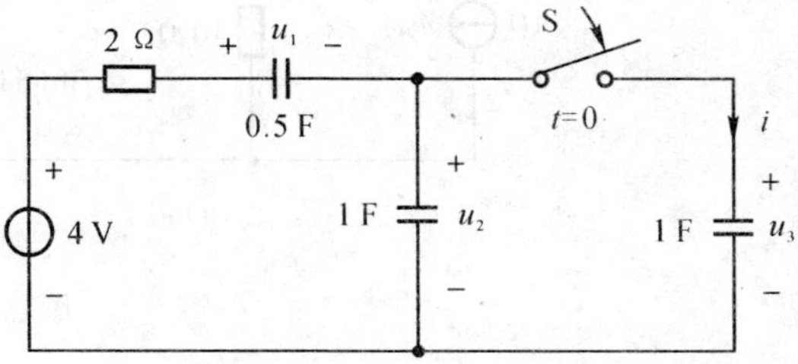

图题　15.14

15.14　图题 15.14 所示电路，$t<0$ 时 S 打开，电路已工作于稳态，$u_2(0^-)=0$。今于 $t=0$ 时刻闭合 S，求 $u_3(t)$，$u_2(t)$ 和 $i(t)$。(答：$u_3(t)=u_2(t)=(0.8-\frac{2}{15}e^{-\frac{5}{4}t})U(t)$ V；$\frac{2}{3}\delta(t)+\frac{1}{6}e^{-\frac{5}{4}t}U(t)$ A)

15.15　图题 15.15 所示零状态电路，求零状态响应 $i_2(t)$。已知 $f_1(t)=3e^{-t}U(t)$ V，$f_2(t)=e^{-2t}U(t)$ V。(答：$(-e^{-t}-3e^{-2t}+13e^{-3t}-9e^{-4t})U(t)$ A)

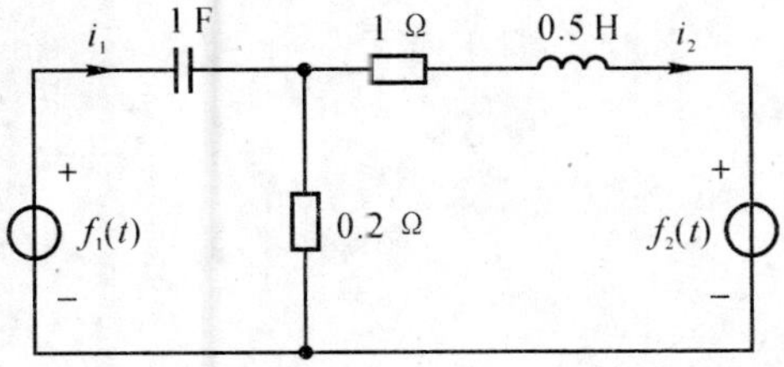

图题　15.15

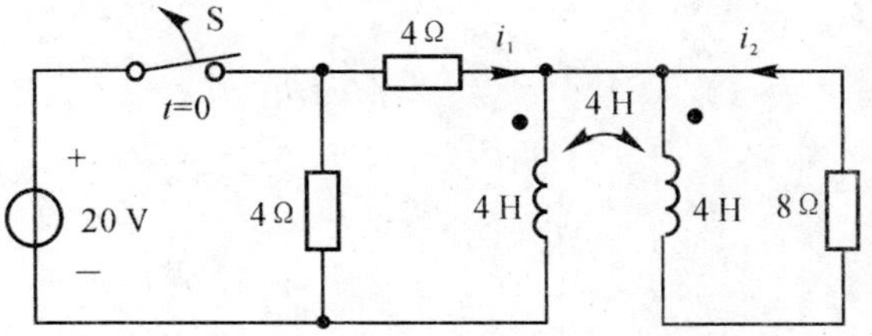

图题　5.16

15.16　图题 15.16 所示电路，$t<0$ 时 S 闭合，电路已工作于稳态。今于 $t=0$ 时刻打开 S，求 $t>0$ 时的 $i_1(t)$ 和 $i_2(t)$。(答：$i_1=i_2=2.5e^{-t}U(t)$ A)

15.17　图题 15.17 所示零状态电路，激励 $f(t)=30\sin tU(t)$ V。求零状态响应 $u(t)$。(答：$-\cos\frac{1}{2}t+\cos t)U(t)$ V)

15.18　图题 15.18(a) 所示电路，已知激励 $f(t)$ 的波形如图题 15.18(b) 所示。求零状态

响应 $u(t)$。(答:$(-10e^{-t}-10t+15)U(t)+[5e^{-(t-1)}+10(t-1)-5]U(t-1)$ V)

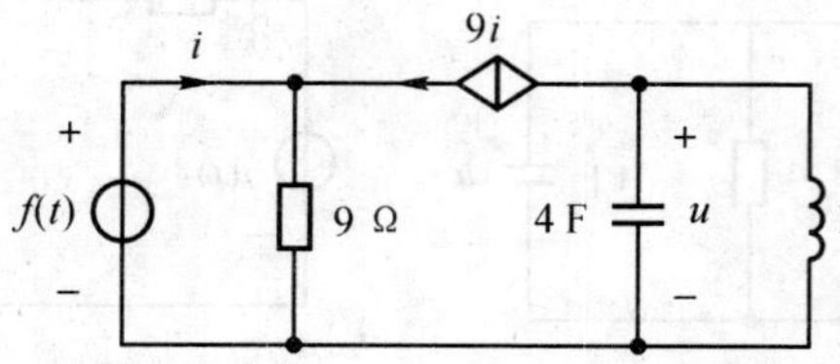

图题 15.17

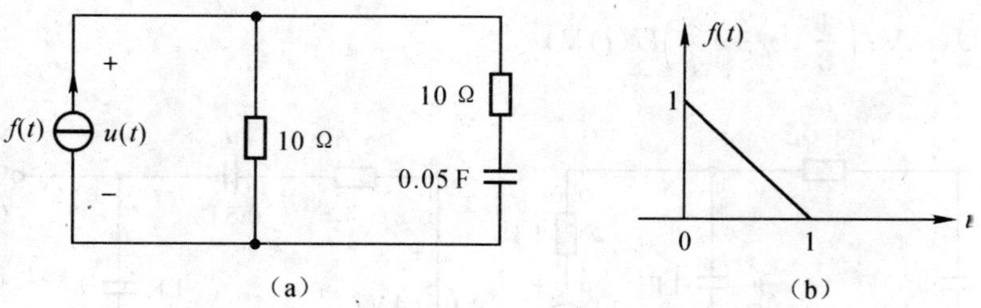

图题 15.18

15.19 已知电路的微分方程为

$$\begin{cases} y''(t)+5y'(t)+6y(t)=2f'(t)+8f(t) \\ y(0^-)=3 \\ y'(0^-)=2 \end{cases}$$

$f(t)=e^{-t}U(t)$。求电路的全响应 $y(t)$,并指出零输入响应 $y_x(t)$,零状态响应 $y_f(t)$。(答:$y(t)=(3e^{-t}+7e^{-2t}-7e^{-3t})U(t)$,$y_x(t)=(11e^{-2t}-8e^{-3t})U(t)$,$y_f(t)=(3e^{-t}-4e^{-2t}+e^{-3t})U(t)$)

第16章　网络函数

内容提要

电路的响应一方面与外加激励和内激励有关，同时也与网络本身有关。网络函数就是描述网络本身特性的，它在电路与系统理论中占有重要地位。本章讲述网络函数的定义，求法，物理意义，一般表示式，零点与极点概念，以及网络函数在9个方面的应用。

16.1　网络函数的定义与分类

一、定义

电路零状态响应 $y(t)$ 的拉普拉斯变换 $Y(s)$ 与激励 $f(t)$ 的拉普拉斯变换 $F(s)$ 之比，定义为网络函数，用 $H(s)$ 表示。即

$$H(s)=\frac{\mathscr{L}[y(t)]}{\mathscr{L}[f(t)]}=\frac{Y(s)}{F(s)} \tag{16.1.1}$$

二、物理意义

因电路的零状态响应 $y(t)$ 是等于激励 $f(t)$ 与单位冲激响应 $h(t)$ 的卷积，即

$$y(t)=h(t)*f(t)$$

设 $Y(s)=\mathscr{L}[y(t)]$，$H(s)=\mathscr{L}[h(t)]$，$F(s)=\mathscr{L}[f(t)]$，则对上式等号两端同时求拉普拉斯变换，得

$$Y(s)=H(s)F(s)$$

故得

$$H(s)=\frac{Y(s)}{F(s)}$$

可见网络函数 $H(s)$ 就是单位冲激响应 $h(t)$ 的拉普拉斯变换，即 $H(s)=\mathscr{L}[h(t)]$。故 $H(s)$ 与 $h(t)$ 构成拉普拉斯变换对：$H(s)\leftrightarrow h(t)$。

三、分类

网络函数分为两类：

(1) 驱动点函数。当响应与激励在同一端口时，则称为驱动点函数。如图16.1.1所示的零状态无独立源二端口网络，若视 $I_1(s)$ 为响应，$U_1(s)$ 为激励则网络函数为

$$H(s)=Y(s)=\frac{I_1(s)}{U_1(s)}$$

称为驱动点导纳；若视 $U_1(s)$ 为响应，$I_1(s)$ 为激励，则网络函数为

$$H(s)=Z(s)=\frac{U_1(s)}{I_1(s)}$$

称为驱动点阻抗。且有 $Z(s)Y(s)=1$，即两者为互倒。

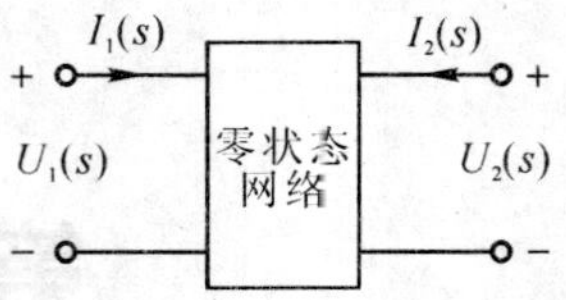

图 16.1.1　零状态无独立源网络

(2) 转移(或传递) 函数。如当响应与激励在不同端口时，则称为转移(或传递) 函数。如图 16.1.1 中，若视 $I_2(s)$ 为响应，$U_1(s)$ 为激励，则网络函数为

$$H(s)=Y_{21}(s)=\frac{I_2(s)}{U_1(s)}$$

称为转移导纳；若视 $U_2(s)$ 为响应，$I_1(s)$ 为激励，则网络函数为

$$H(s)=Z_{21}(s)=\frac{U_2(s)}{I_1(s)}$$

称为转移阻抗；若视响应为 $U_2(s)$，激励为 $U_1(s)$，则网络函数为

$$H(s)=\frac{U_2(s)}{U_1(s)}$$

称为电压比函数；若视响应为 $I_2(s)$，激励为 $I_1(s)$，则网络函数为

$$H(s)=\frac{I_2(s)}{I_1(s)}$$

称为电流比函数。

驱动点函数与转移函数两者在性质上有相同处，也有不同处。这是我们将网络函数分为两类的原因之一。

四、*H*(*s*) 的求法

(1) 由电路的单位冲激响应 $h(t)$ 求，即

$$H(s)=\mathscr{L}[h(t)]$$

(2) 对零状态电路的微分方程求拉普拉斯变换，按定义式(16.1.1)求。

(3) 根据 s 域电路模型按定义式(16.1.1)求。

16.2　网络函数的一般表示式及其零、极点

网络函数 $H(s)$ 通常都是复数变量 s 的两个有理多项式之比，亦即是 s 的一个有理分式，故可将其写成一般的表示式为

$$H(s)=\frac{b_ms^m+b_{m-1}s^{m-1}+\cdots+b_1s+b_0}{a_ns^n+a_{n-1}s^{n-1}+\cdots+a_1s+a_0}=\frac{N(s)}{D(s)} \tag{16.2.1}$$

对于线性电路，式(16.2.1) 中 n,m 均为正整数，$a_j(j=1,2,\cdots,n)$，$b_i(i=1,2,\cdots,m)$ 均为实数，n 可能大于、等于、或小于 m，且

$$D(s)=a_ns^n+a_{n-1}s^{n-1}+\cdots+a_1s+a_0$$

$$N(s)=b_ms^m+b_{m-1}s^{m-1}+\cdots+b_1s+b_0$$

二、零点、极点与零、极点图

将式(16.2.1) 等号右边的分子 $N(s)$，分母 $D(s)$ 多项式各分解因式(设为单根情况)，即可

将其写成因式分解的形式，即

$$H(s)=\frac{N(s)}{D(s)}=\frac{b_m(s-z_1)(s-z_2)\cdots(s-z_i)\cdots(s-z_m)}{a_n(s-p_1)(s-p_2)\cdots(s-p_j)\cdots(s-p_n)}=H_0\frac{\prod_{i=1}^{m}(s-z_i)}{\prod_{j=1}^{n}(s-p_j)}$$

式中 $H_0=\dfrac{b_m}{a_n}$ 为实常数，$p_j(j=1,2,\cdots,n)$ 为 $D(s)=0$ 的根，$z_i(i=1,2,\cdots,m)$ 为 $N(s)=0$ 的根。

由上式可见，当复数变量 $s=z_i$ 时，即有 $H(s)=0$，故称 z_i 为网络函数 $H(s)$ 的零点，且 z_i 就是分子多项式 $N(s)=b_ms^m+b_{m-1}s^{m-1}+\cdots+b_1s+b_0=0$ 的根；当复数变量 $s=p_j$ 时，即有 $H(s)\to\infty$，故称 p_j 为 $H(s)$ 的极点，且 p_j 就是分母多项式 $D(s)=a_ns^n+a_{n-1}s^{n-1}+\cdots+a_1s+a_0=0$ 的根。$H(s)$ 的极点也称为电路的自然频率或固有频率。

将 $H(s)$ 的零点 z_i 与极点 p_j 画在 s 平面(复频率平面)上而构成的图形，称为 $H(s)$ 的零、极点图。其中零点用符号"○"表示，极点用符号"×"表示，同时在图中将 H_0 的值也标出。若 $H_0=1$，则也可以不标出。

在描述电路特性方面，$H(s)$ 与其零、极点图是等价的。

例 16.2.1　已知电路的单位冲激响应为 $h(t)=(1+2e^{-4t}+3te^{-5t})U(t)-3e^{-(t-2)}U(t-2)$。求网络函数 $H(s)$。

解　$H(s)=\dfrac{1}{s}+\dfrac{2}{s+4}+\dfrac{3}{(s+5)^2}-\dfrac{3}{s+1}e^{-2s}$

例 16.2.2　已知电路的单位冲激响应为 $h(t)=(5\cos2t+5e^{-t}\sin2t)U(t)$，求网络函数 $H(s)$。

解　$H(s)=\dfrac{5s}{s^2+4}+\dfrac{10}{(s+1)^2+4}$

例 16.2.3　图 16.2.1(a) 所示电路，求响应 $u(t)$ 对激励 $f(t)$ 的网络函数 $H(s)=\dfrac{U(s)}{F(s)}$。

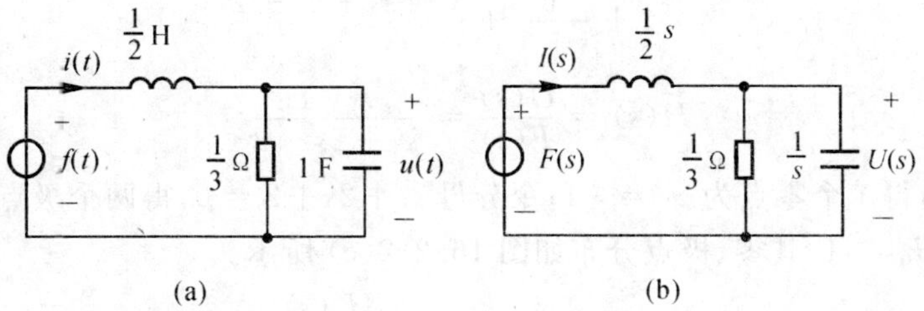

图　16.2.1

解　图 16.2.1(a) 的 s 域电路模型如图 16.2.1(b) 所示。于是

$$I(s)=\frac{F(s)}{\frac{1}{2}s+\frac{\frac{1}{3}\times\frac{1}{s}}{\frac{1}{3}+\frac{1}{s}}}=\frac{2(s+3)}{s^2+3s+2}F(s)$$

$$U(s)=\frac{\frac{1}{3}\times\frac{1}{s}}{\frac{1}{3}+\frac{1}{s}}I(s)=\frac{2}{s^2+3s+2}F(s)$$

故得
$$H(s)=\frac{U(s)}{F(s)}=\frac{2}{s^2+3s+2}$$

例 16.2.4 已知电路的微分方程为 $y''(t)+3y'(t)+2y(t)=f'(t)+3f(t)$。求网络函数 $H(s)=\dfrac{Y(s)}{F(s)}$。

解 对方程等号两边同时求零状态条件下的拉普拉斯变换，有
$$s^2Y(s)+3sY(s)+2Y(s)=sF(s)+3F(s)$$

故得
$$H(s)=\frac{Y(s)}{F(s)}=\frac{s+3}{s^2+3s+2}$$

例 16.2.5 图 16.2.2(a) 所示电路，求响应 $u(t)$ 对激励 $f(t)$ 的网络函数 $H(s)=\dfrac{U(s)}{F(s)}$，并画出 $H(s)$ 的零、极点图，指出 H_0 的值。

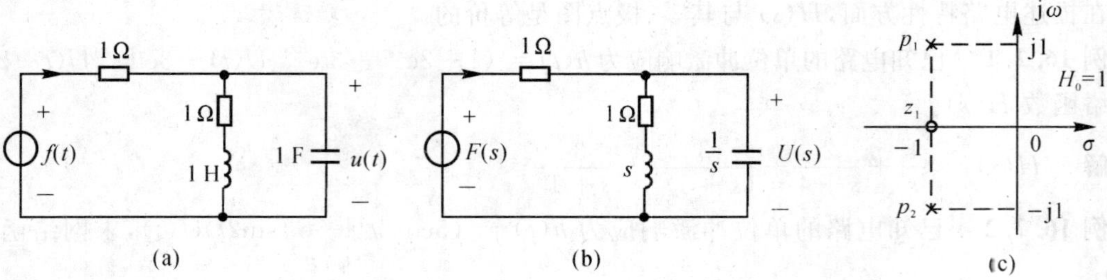

图 16.2.2

解 作出零状态条件下的 s 域电路模型，如图 16.2.2(b) 所示。于是
$$U(s)=\frac{F(s)}{1+\frac{1}{s+1}+s}=\frac{s+1}{s^2+2s+2}F(s)$$

故得
$$H(s)=\frac{U(s)}{F(s)}=\frac{s+1}{s^2+2s+2}$$

令分子 $s+1=0$，得 1 个零点为 $z_1=-1$；令分母 $s^2+2s+2=0$，得两个极点为 $p_1=-1+\mathrm{j}$，$p_2=-1-\mathrm{j}$，且 $H_0=1$。其零、极点分布如图 16.2.2(c) 所示。

例 16.2.6 图 16.2.3(a) 所示电路，求 $H(s)=\dfrac{U_2(s)}{U_1(s)}$，并画出零、极点图，指出 H_0 的值。

解 可列出节点 KCL 方程为
$$\left(\frac{1}{1}+s+\frac{1}{1}\right)\varphi_1(s)-s\varphi_2(s)-\frac{1}{1}U_2(s)=\frac{U_1(s)}{1}$$
$$-sU_1(s)+\left(s+s+\frac{1}{1}\right)\varphi_2(s)=0$$
$$U_2(s)=\varphi_2(s)$$

联立求解得
$$H(s)=\frac{s}{s^2+4s+2}$$

令分子 $s=0$，得 1 个零点为 $z_1=0$；令分母 $s^2+4s+2=0$，得两个极点为 $p_1=-0.586$，$p_2=-3.414$；$H_0=1$。其零、极点分布如图 16.2.3(b) 所示。

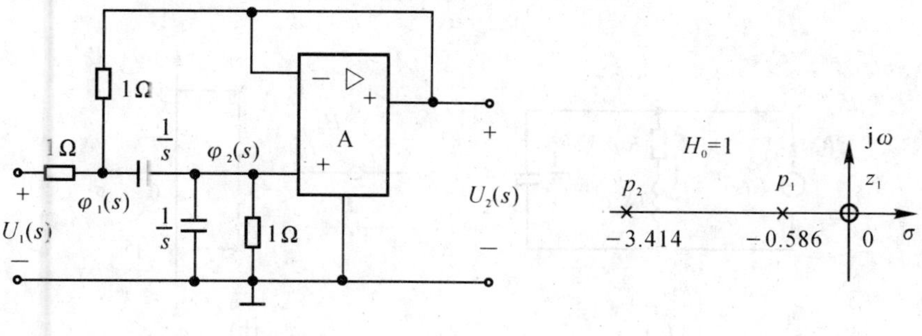

(a)　　(b)

图　16.2.3

例 16.2.7　图 16.2.4(a) 所示电路，已知二端口网络 N 的 Z 参数矩阵为 $\boldsymbol{Z}=\begin{bmatrix} s+3 & 1 \\ 1 & s+2 \end{bmatrix}$。求网络函数 $H(s)=\dfrac{U_2(s)}{U_S(s)}$，画出 $H(s)$ 的零、极点图，指出 H_0 的值。

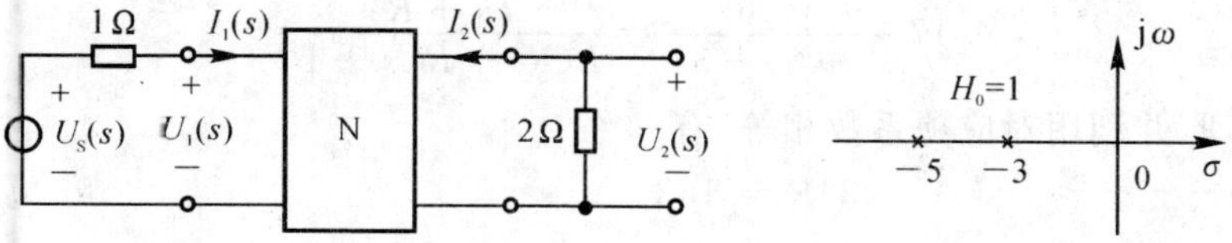

(a)　　(b)

图　16.2.4

解　可列出方程为

$$U_S(s)-I_1(s)=(s+3)I_1(s)+I_2(s)$$

$$U_2(s)=I_1(s)+(s+2)I_2(s)$$

$$I_2(s)=-\frac{1}{2}U_2(s)$$

联立求解得

$$H(s)=\frac{U_2(s)}{U_S(s)}=\frac{2}{s^2+8s+15}$$

令分母 $s^2+8s+15=0$，得两个极点为 $p_1=-3$，$p_2=-5$；没有零点；$H_0=1$。零、极点分布如图 16.2.4(b) 所示。

例 16.2.8　已知图 16.2.5(a) 所示电路 $H(s)=\dfrac{U(s)}{I(s)}$ 的零、极点分布如图 16.2.5(b) 所示，且 $H(0)=3\ \Omega$。求 R,L,C 的值。

解　由图 16.2.5(b) 可知

$$H(s)=H_0\frac{s+6}{(s+3-j5)(s+3+j5)}=H_0\frac{s+6}{s^2+6s+34}$$

又知

$$H(0)=\frac{H_0\times 6}{34}=3$$

即 $$H_0 = 17$$

故得 $$H(s) = 17\frac{s+6}{s^2+6s+34}$$

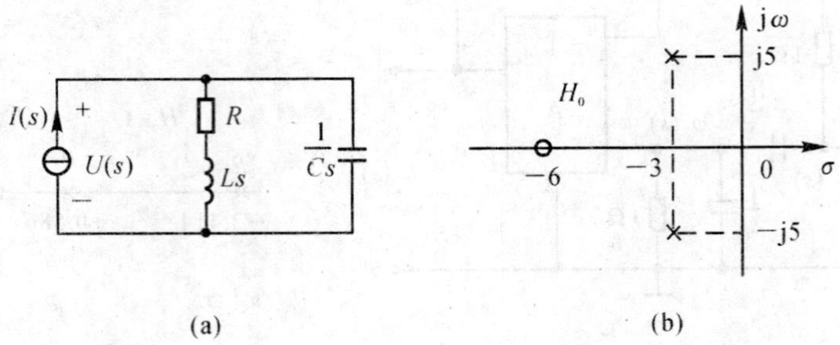

图 16.2.5

又从图 16.2.5(a) 电路求得

$$H(s) = \frac{U(s)}{I(s)} = \frac{(R+Ls)\frac{1}{Cs}}{R+Ls+\frac{1}{Cs}} = \frac{Ls+R}{LCs^2+RCs+1}$$

故有 $$17\frac{s+6}{s^2+6s+34} = \frac{Ls+R}{LCs^2+RCs+1}$$

将上式进行整理，并利用对应项系数相等，有

$$34R = 102$$
$$6R + 34L = 17 + 102RC$$
$$L = 17LC$$

联立求解得 $R = 3\ \Omega$, $L = 0.5$ H, $C = \frac{1}{17}$ F。

例 16.2.9 图 16.2.6(a) 所示电路，求电压比函数 $H(s) = \frac{U_2(s)}{U_1(s)}$，并画出零、极点图。

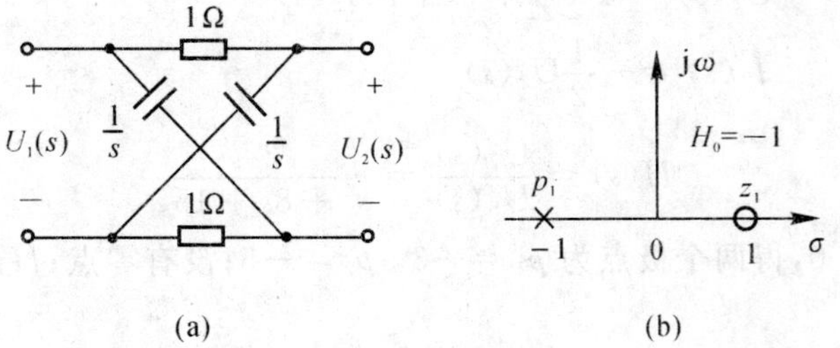

图 16.2.6

解 $$U_2(s) = \frac{U_1(s)}{1+\frac{1}{s}}\frac{1}{s} - \frac{U_1(s)}{\frac{1}{s}+1}\times 1 = -\frac{s-1}{s+1}U_1(s)$$

故得 $$H(s) = \frac{U_2(s)}{U_1(s)} = -1\times\frac{s-1}{s+1}$$

其中 $H_0=-1$。可见 $H(s)$ 有一个零点 $z_1=1$，一个极点 $p_1=-1$，其零、极点分布如图 16.2.6(b) 所示。可见零点与极点的分布是以 $j\omega$ 轴左右对称。具有这种特点的电路称为全通网络。

16.3　网络函数的应用

本节将从 9 个方面研究 $H(s)$ 的应用。

一、从 $H(s)$ 可求得电路的自然频率

因为
$$H(s)=\frac{N(s)}{D(s)}=\frac{N(s)}{a_ns^n+a_{n-1}s^{n-1}+\cdots+a_ns+a_0}$$
令 $D(s)=a_ns^n+a_{n-1}s^{n-1}+\cdots+a_1s+a_0=0$，其根为 $H(s)$ 的极点，也就是电路的自然频率，它只与电路本身的结构和元件参数有关，而与激励和响应均无关。

要强调指出：电路的自然频率与电路变量的自然频率不完全是一个概念，主要是它们两者的个数不一定相等。电路变量的自然频率一定是电路的自然频率，但电路的自然频率并不是其中的每一个都必然能反映在电路的变量之中，它们之间的关系可用集合的语言表示为

$$\text{电路变量的自然频率}\subseteq\text{电路的自然频率}$$

例 16.3.1　图 16.3.1(a) 所示电路为无激励电路(即外激励与内激励均为零的电路)，求电路的自然频率。

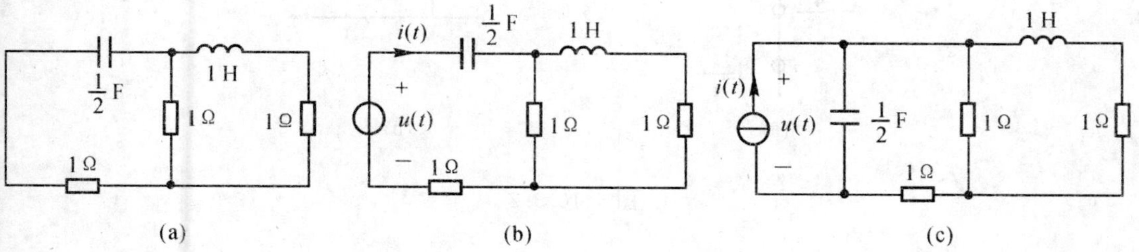

图　16.3.1

解　因为电路的自然频率与激励和响应均无关，故可用施加电源(电压源或电流源)的方法求任意处的响应。施加电压源时，此电压源应与电路中的任一支路串联；施加电流源时，此电流源应与电路中的任一支路并联。只有这样，才能保证原无激励电路的拓扑结构不发生改变。

(1) 施加电压源 $u(t)$，并任意选 $i(t)$ 为响应，如图 16.3.1(b) 所示电路。根据此电路可求得

$$H(s)=\frac{I(s)}{U(s)}=\frac{s^2+2s}{2s^2+5s+4}$$

令分母 $D(s)=2s^2+5s+4=0$，得两个极点为 $p_1=-\frac{5}{4}+j\frac{\sqrt{7}}{4}$，$p_2=-\frac{5}{4}-j\frac{\sqrt{7}}{4}$。$p_1$ 和 p_2 即为所求电路的自然频率。

(2) 施加电流源 $i(t)$，并任意选 $u(t)$ 为响应，如图 16.3.1(c) 所示电路。根据此电路可求得

$$H(s)=\frac{U(s)}{I(s)}=\frac{4s+6}{2s^2+5s+4}$$

令分母 $D(s)=2s^2+5s+4=0$，其根同上。

从(1)和(2)两个计算结果可看出，所得 $H(s)$ 的极点是相同的，即电路的自然频率是相同的。这是因为 $H(s)$ 的极点(即电路的自然频率)与激励和响应均无关，而只与电路本身的结构和元件值有关。

二、求单位冲激响应 $h(t)$

因有
$$H(s)=\mathscr{L}[h(t)]$$
故得
$$h(t)=\mathscr{L}^{-1}[H(s)]$$

例 16.3.2 已知 $H(s)=\dfrac{1-e^{-s\tau}}{s}$。求 $H(s)$ 的零点与极点，画出零、极点图；求 $h(t)$，并画出 $h(t)$ 的波形。

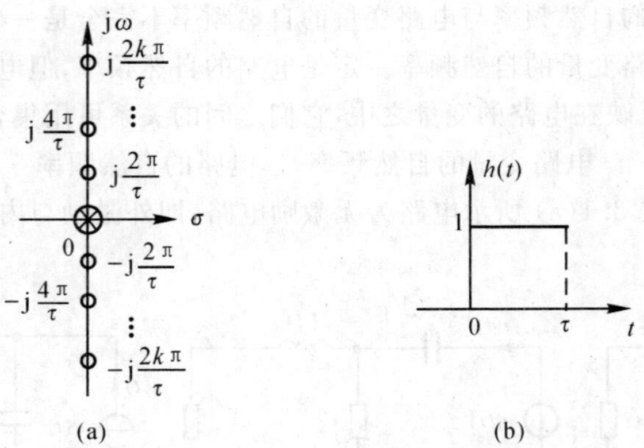

图 16.3.2

解 该 $H(s)$ 只有一个极点 $p_1=0$；其零点求之如下：

令
$$1-e^{-s\tau}=0$$
即
$$e^{-s\tau}=1$$
$$e^{s\tau}=1=e^{j2k\pi},\quad k\in\mathbf{Z}$$
故得
$$s\tau=j2k\pi,\quad s=j\frac{2k\pi}{\tau}$$

故得零点为 $z_0=0$；$z_1=-j\dfrac{2\pi}{\tau}$，$z_2=j\dfrac{2\pi}{\tau}=\overset{*}{z}_1$；$z_3=-j\dfrac{4\pi}{\tau}$，$z_4=j\dfrac{4\pi}{\tau}=\overset{*}{z}_3$；…。其零、极点分布如图 16.3.2(a) 所示。故 $H(s)$ 又可写为

$$H(s)=\frac{s\left(s+j\frac{2\pi}{\tau}\right)\left(s-j\frac{2\pi}{\tau}\right)\left(s+j\frac{4\pi}{\tau}\right)\left(s-j\frac{4\pi}{\tau}\right)\cdots\left(s+j\frac{2k\pi}{\tau}\right)\left(s-j\frac{2k\pi}{\tau}\right)}{s}=$$

$$\left(s+j\frac{2\pi}{\tau}\right)\left(s-j\frac{2\pi}{\tau}\right)\left(s+j\frac{4\pi}{\tau}\right)\left(s-j\frac{4\pi}{\tau}\right)\cdots\left(s+j\frac{2k\pi}{\tau}\right)\left(s-j\frac{2k\pi}{\tau}\right)$$

其中位于坐标原点上的极点与零点“对消”了，即分母与分子中的公因子 s“相消”了，从而使该

$H(s)$ 在 s 平面上没有极点而只有零点。

将 $H(s)$ 的表示式改写为

$$H(s)=\frac{1}{s}-\frac{1}{s}e^{-s\tau}$$

反变换得

$$h(t)=\mathscr{L}^{-1}[H(s)]=U(t)-U(t-\tau)$$

$h(t)$ 的波形如图 16.3.2(b) 所示。可见 $h(t)$ 为一时限信号。由此可得到一个结论：所有时限信号在 s 平面上没有极点，只有零点，且零点全都分布在 $j\omega$ 轴上。

例 16.3.3　已知网络函数 $H(s)=\dfrac{s}{s^2+4s+8}$，求 $h(t)$。

解

$$H(s)=\frac{s+2-2}{(s+2)^2+2^2}=\frac{s+2}{(s+2)^2+s^2}-\frac{2}{(s+2)^2+2^2}$$

故得

$$h(t)=(e^{-2t}\cos 2t-e^{-2t}\sin 2t)U(t)=e^{-2t}(\cos 2t-\sin 2t)U(t)$$

三、$H(s)$ 的极点、零点分布对 $h(t)$ 的影响

$h(t)$ 随时间变化的波形形状只由 $H(s)$ 的极点决定，与 $H(s)$ 的零点无关；$h(t)$ 的大小和相位由 $H(s)$ 的极点和零点共同决定。

例 16.3.4　画出下列各网络函数的零、极点分布图及单位冲激响应 $h(t)$ 的波形。

(1) $H(s)=\dfrac{s+1}{(s+1)^2+2^2}$；　(2) $H(s)=\dfrac{s}{(s+1)^2+2^2}$；

(3) $H(s)=\dfrac{(s+1)^2}{(s+1)^2+2^2}$。

解　所给三个网络函数的极点相同，均为 $p_1=-1+j2$，$p_2=-1-j2=\overset{*}{p}_1$，但零点是各不相同的。

(1) $h(t)=\mathscr{L}^{-1}\left[\dfrac{s+1}{(s+1)^2+2^2}\right]=e^{-t}\cos 2tU(t)$

(2) $h(t)=\mathscr{L}^{-1}\left[\dfrac{s}{(s+1)^2+2^2}\right]=\mathscr{L}^{-1}\left[\dfrac{s+1}{(s+1)^2+2^2}-\dfrac{1}{2}\dfrac{2}{(s+1)^2+2^2}\right]=$

$e^{-t}\cos 2tU(t)-\dfrac{1}{2}e^{-t}\sin 2tU(t)=e^{-t}\left(\cos 2t-\dfrac{1}{2}\sin 2t\right)U(t)=$

$\dfrac{\sqrt{5}}{2}e^{-t}\cos(2t-26.57°)U(t)$

(3) $h(t)=\mathscr{L}^{-1}\left[\dfrac{(s+1)^2}{(s+1)^2+2^2}\right]=\mathscr{L}^{-1}\left[1-2\dfrac{2}{(s+1)^2+2^2}\right]=$

$\delta(t)-2e^{-t}\sin 2tU(t)=\delta(t)-2e^{-t}\cos(2t-90°)U(t)$

它们的零、极点分布及 $h(t)$ 的波形，分别如图 16.3.3(a)，(b)，(c) 所示。

从上述分析结果和图 16.3.3 看出，由于三个 $H(s)$ 的极点相同，所以三个 $h(t)$ 的波形形状是相似的，但当零点从 -1 移到原点 0 时，$h(t)$ 的波形幅度和相位均发生了变化；当 -1 处的零点由一阶变为二阶时，则不仅 $h(t)$ 波形的幅度和相位发生了变化，而且其中还出现了冲激函数 $\delta(t)$。

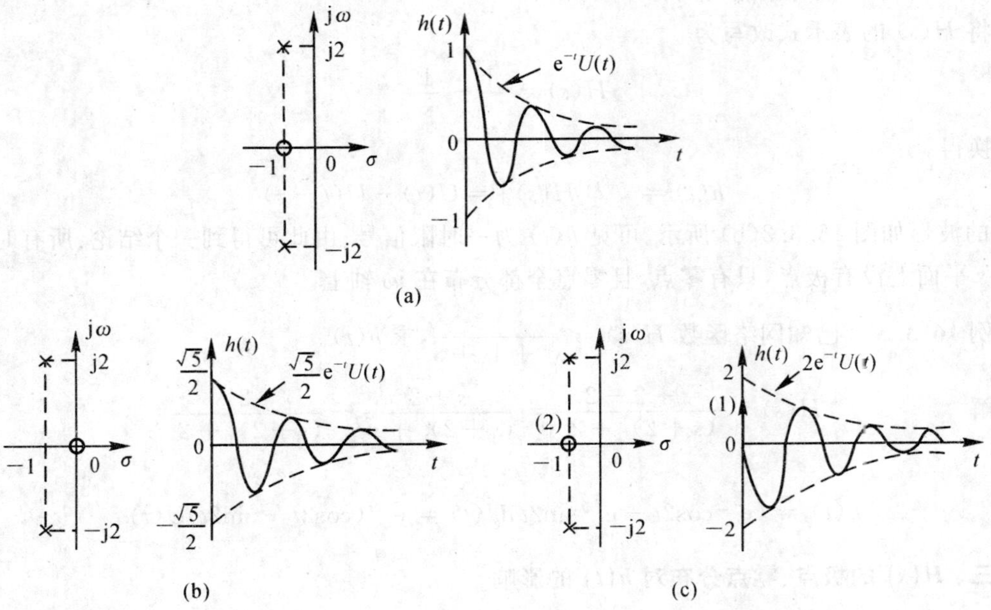

图 16.3.3

四、根据 $H(s)$ 的极点分布判断电路的稳定性

若电路的单位冲激响应 $h(t)$ 绝对可积，即满足式$\int_{-\infty}^{\infty} |h(t)|\,\mathrm{d}t < \infty$ 时，电路的工作就是稳定的。

若 $H(s)$ 的极点全部位于 s 平面的左半开平面上，则电路就是稳定的。

若 $H(s)$ 的极点中，除了左半开 s 平面上有极点外，在 $\mathrm{j}\omega$ 轴上还有单阶极点，则电路就是临界稳定的。

若 $H(s)$ 的极点中，只要至少有一个极点位于右半开 s 平面上，则电路就是不稳定的；若在 $\mathrm{j}\omega$ 轴上有重阶极点，则电路也是不稳定的。

所有的工程实际电路，都必须是稳定的。不具有稳定性的电路是不能正常工作的。

五、根据 $H(s)$ 可写出电路的微分方程

若 $H(s)$ 的分子、分母多项式无公因式相消，则可根据 $H(s)$ 的表达式写出它所联系的响应 $y(t)$ 与激励 $f(t)$ 之间关系的微分方程。例如设

$$H(s) = \frac{s+2}{s^3+4s^2+5s+10}$$

则其微分方程为

$$\frac{\mathrm{d}^3}{\mathrm{d}t^3}y(t) + 4\frac{\mathrm{d}^2}{\mathrm{d}t^2}y(t) + 5\frac{\mathrm{d}y(t)}{\mathrm{d}t} + 10y(t) = \frac{\mathrm{d}f(t)}{\mathrm{d}t} + 2f(t)$$

六、根据给定或求得的电路的初始值，从 $H(s)$ 的极点求电路的零输入响应 $y_x(t)$

若 $H(s)$ 的分子、分母多项式无公因式相消，则 $H(s)$ 的极点即为电路微分方程的特征根，

亦即电路的自然频率，故可由 $H(s)$ 的极点直接写出电路零输入响应 $y_x(t)$ 的时域变化模式。若为单极点 p_1, p_2, …, p_n，则

$$y_x(t) = A_1 e^{p_1 t} + A_2 e^{p_2 t} + \cdots + A_n e^{p_n t} = \sum_{i=1}^{n} A_i e^{p_i t}, \quad i = 1,2,\cdots,n$$

若为 n 重极点 p，即 $p_1 = p_2 = \cdots = p_n = p$，则

$$y_x(t) = A_1 e^{pt} + A_2 t e^{pt} + \cdots + A_n t^{n-1} e^{pt}$$

式中系数 A_1, A_2, …, A_n 由电路的初始值 $y_x(0^+)$, $y_x'(0^+)$, $y_x''(0^+)$, …, $y_x^{(n-1)}(0^+)$ 确定。

例 16.3.5　图 16.3.4(a) 所示电路，已知 $i(0^-) = -2$ A, $u(0^-) = 2$ V。求零输入响应 $u(t)$。

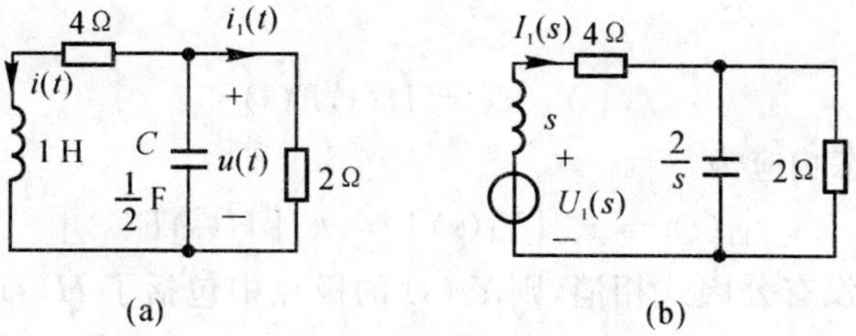

图　16.3.4

解　由于电路的自然频率(即 $H(s)$ 的极点)与激励和响应无关，故可利用图 16.3.4(b) 所示电路求电路的自然频率。这是因为同一个电路中，不管对哪一个响应，电路的自然频率都是相同的。即

$$H(s) = \frac{I_1(s)}{U_1(s)} = \frac{1}{\dfrac{U_1(s)}{I_1(s)}} = \frac{1}{Z(s)}$$

令
$$Z(s) = 4 + s + \frac{2 \times \dfrac{2}{s}}{2 + \dfrac{2}{s}} = \frac{s^2 + 5s + 6}{s + 1}$$

得
$$H(s) = \frac{1}{Z(s)} = \frac{s+1}{s^2 + 5s + 6}$$

令
$$D(s) = s^2 + 5s + 6 = (s+2)(s+3) = 0$$

得两个极点为 $p_1 = -2$, $p_2 = -3$。故零输入响应为

$$u(t) = A_1 e^{-2t} + A_2 e^{-3t} \qquad ①$$

$$u'(t) = -2A_1 e^{-2t} - 3A_2 e^{-3t}$$

故
$$u(0^+) = u(0^-) = A_1 + A_2 = 2 \qquad ②$$

$$u'(0^+) = -2A_1 - 3A_2 \qquad ③$$

又从图 16.3.4(a) 得

$$i_1(0^+) = \frac{u(0^+)}{2} = \frac{2}{2} = 1 \text{ A}$$

又有
$$Cu'(t) = -i(t) - i_1(t)$$

故
$$\frac{1}{2}u'(0^+) = -i(0^+) - i_1(0^+) = -i(0^-) - i_1(0^+) = 2 - 1 = 1 \text{ A}$$

得 $$u'(0^+) = 2\ \text{V/s}$$

代入式 ③ 有 $$-2A_1 - 3A_2 = 2 \quad ④$$

联立求解式 ②,④,得 $A_1 = 8$, $A_2 = -6$。代入式 ① 得

$$u(t) = (8e^{-2t} - 6e^{-3t})\ \text{V}, \qquad t \geqslant 0$$

当然,此题也可用第 15 章的方法求解,读者试求解。

七、对给定的激励 $f(t)$ 求电路的零状态响应 $y_f(t)$

设 $$F(s) = \mathscr{L}[f(t)]$$
$$Y_f(s) = \mathscr{L}[y_f(t)]$$

则根据式(16.1.1) 有

$$Y_f(s) = H(s)F(s)$$

进行反变换即得零状态响应为

$$y_f(t) = \mathscr{L}^{-1}[Y_f(s)] = \mathscr{L}^{-1}[H(s)F(s)]$$

若 $Y_f(s)$ 的分子、分母没有公因式相消,则 $Y_f(s)$ 的极点中包括了 $H(s)$ 和 $F(s)$ 的全部极点。其中 $H(s)$ 的极点确定了零状态响应 $y_f(t)$ 中自由响应分量的时间模式;而 $F(s)$ 的极点则确定了 $y_f(t)$ 中强迫响应分量的时间模式。

例 16.3.6 图 16.3.5(a) 所示电路。已知 $f(t) = 20e^{-2t}U(t)$ V,求零状态响应 $u(t)$。

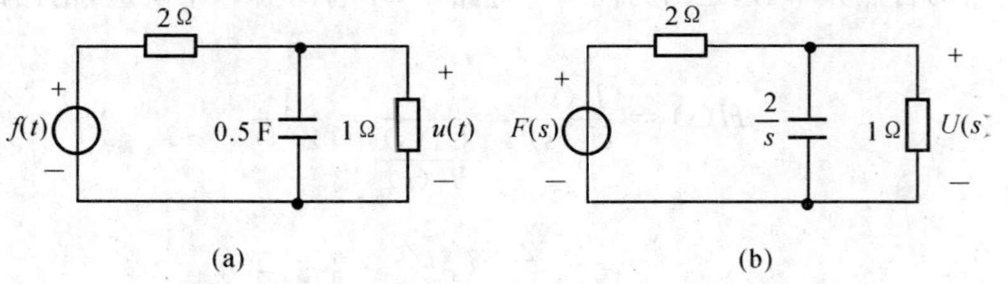

图 16.3.5

解 其 s 域电路如图 16.3.5(b) 所示。

$$H(s) = \frac{U(s)}{F(s)} = \frac{1}{2 + \dfrac{1}{1 + 0.5s}} \frac{1}{1 + 0.5s} = \frac{1}{s+3}$$

$$F(s) = \mathscr{L}[f(t)] = \frac{20}{s+2}$$

$$U(s) = H(s)F(s) = \frac{1}{s+3}\frac{20}{s+2} = \frac{-20}{s+3} + \frac{20}{s+2}$$

故得

$$u(t) = \underbrace{\underbrace{\underbrace{-20e^{-3t}U(t)}_{\text{自由响应}} + \underbrace{20e^{-2t}U(t)}_{\text{强迫响应}}}_{\text{瞬态响应}}\ \text{V}}_{\text{零状态响应}}$$

例 16.3.7　图 16.3.6(a) 所示电路，已知二端口网络 N 的 Y 参数矩阵为 $\boldsymbol{Y}=\begin{bmatrix}10+\dfrac{4}{s} & -\dfrac{4}{s}\\ -\dfrac{4}{s} & 5+\dfrac{4}{s}\end{bmatrix}$，$f(t)$ 的波形如图 16.3.6(b) 所示。求零状态响应 $u_2(t)$。

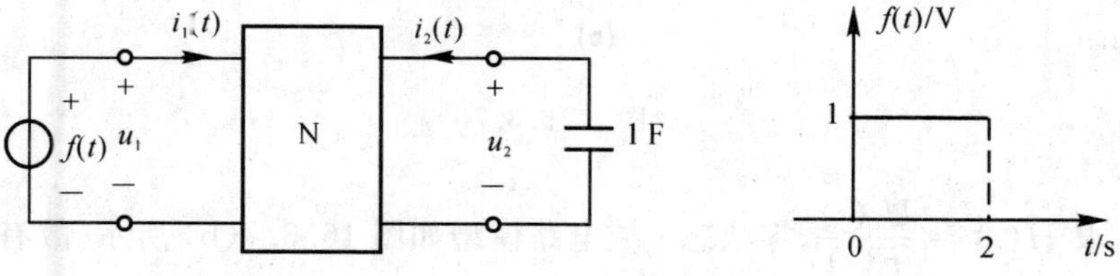

(a)　　(b)

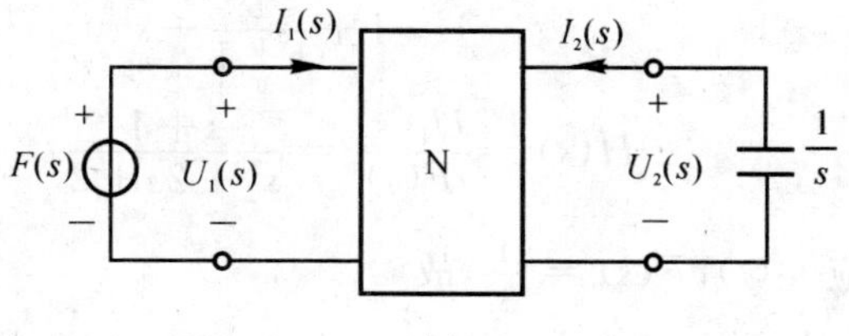

(c)

图　16.3.6

解　s 域电路模型如图 16.3.6(c) 所示。因有

$$I_2(s)=-\frac{4}{s}U_1(s)+\left(5+\frac{4}{s}\right)U_2(s)$$

令 $I_2(s)=-sU_2(s)$，$U_1(s)=F(s)$，代入上式有

$$-sU_2(s)=-\frac{4}{s}F(s)+\left(5+\frac{4}{s}\right)U_2(s)$$

解得

$$H(s)=\frac{U_2(s)}{F(s)}=\frac{4}{s^2+5s+4}$$

又因

$$f(t)=U(t)-U(t-2)$$

故

$$F(s)=\frac{1}{s}-\frac{1}{s}e^{-2s}=\frac{1}{s}(1-e^{-2s})$$

$$U_2(s)=H(s)F(s)=\frac{4}{s^2+5s+4}\times\frac{1}{s}(1-e^{-2s})=\frac{4}{s(s+1)(s+4)}(1-e^{-2s})=$$

$$\left[\frac{1}{s}+\frac{-\frac{4}{3}}{s+1}+\frac{\frac{1}{3}}{s+4}\right](1-e^{-2s})=\left[\frac{1}{s}-\frac{\frac{4}{3}}{s+1}+\frac{\frac{1}{3}}{s+4}\right]-\left[\frac{1}{s}-\frac{\frac{4}{3}}{s+1}+\frac{\frac{1}{3}}{s+4}\right]e^{-2s}$$

故得

$$u_2(t)=\left(1-\frac{4}{3}e^{-t}+\frac{1}{3}e^{-4t}\right)U(t)+\left[1-\frac{4}{3}e^{-(t-2)}+\frac{1}{3}e^{-4(t-2)}\right]U(t-2)\ \text{V}$$

例 16.3.8　图 16.3.7(a) 所示电路。(1) 求 $H(s)=\dfrac{U(s)}{F(s)}$；(2) 若 $f(t)=U(t)$ V，$i(0^-)=0$，$u(0^-)=1$ V，求全响应 $u(t)$。

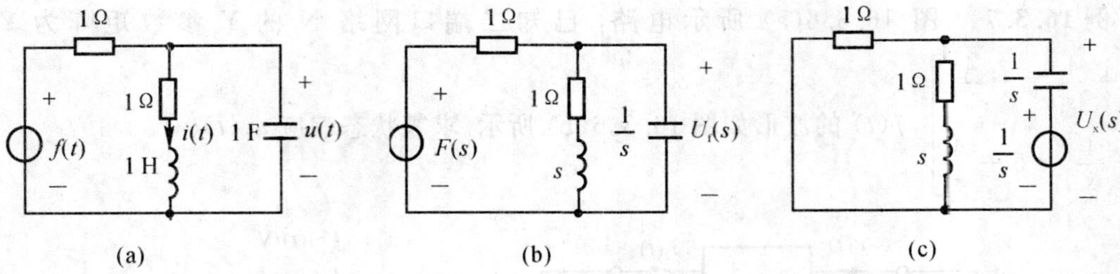

图 16.3.7

解 (1) 求 $H(s)=\dfrac{U_f(s)}{F(s)}$。零状态 s 域电路模型如图 16.3.7(b) 所示。故有

$$U_f(s)=\frac{F(s)}{1+\dfrac{1}{s+1}+s}$$

故得
$$H(s)=\frac{U_f(s)}{F(s)}=\frac{s+1}{s^2+2s+2}$$

(2) 求零状态响应 $u_f(t)$。$F(s)=\dfrac{1}{s}$，故

$$U_f(s)=H(s)F(s)=\frac{s+1}{s^2+2s+2}\times\frac{1}{s}=\frac{s+1}{s(s+1+\mathrm{j}1)(s+1-\mathrm{j}1)}=$$

$$\frac{K_1}{s}+\frac{K_2}{s+1+\mathrm{j}1}+\frac{K_3}{s+1-\mathrm{j}1}=\frac{\frac{1}{2}}{s}+\frac{-\frac{\sqrt{2}}{4}\mathrm{e}^{-\mathrm{j}45^\circ}}{s+1+\mathrm{j}1}+\frac{-\frac{\sqrt{2}}{4}\mathrm{e}^{\mathrm{j}45^\circ}}{s+1-\mathrm{j}1}$$

故得

$$u_f(t)=\frac{1}{2}-\frac{\sqrt{2}}{4}\mathrm{e}^{-\mathrm{j}45^\circ}\mathrm{e}^{-(1+\mathrm{j}1)t}-\frac{\sqrt{2}}{4}\mathrm{e}^{\mathrm{j}45^\circ}\mathrm{e}^{-(1-\mathrm{j}1)t}=\left[\frac{1}{2}-\frac{\sqrt{2}}{2}\mathrm{e}^{-t}\cos(t-45^\circ)\right]U(t)\ \mathrm{V}$$

(3) 求零输入响应 $u_x(t)$。零输入 s 域电路模型如图 16.3.7(c) 所示。故有

$$U_x(s)=\frac{1}{1+\dfrac{1}{s+1}+s}=\frac{s+1}{(s+1)^2+1}$$

故得零输入响应为
$$u_x(t)=\mathrm{e}^{-t}\cos t\,U(t)\ \mathrm{V}$$

(4) 全响应为 $u(t)=u_f(t)+u_x(t)$，即

$$u(t)=\left[\frac{1}{2}-\frac{\sqrt{2}}{2}\mathrm{e}^{-t}\cos(t-45^\circ)+\mathrm{e}^{-t}\cos t\right]U(t)\ \mathrm{V}$$

八、求电路的频率特性(即频率响应)$H(\mathrm{j}\omega)$

对于稳定和临界稳定电路，可令 $H(s)$ 中的 $s=\mathrm{j}\omega$ 而求得 $H(\mathrm{j}\omega)$。①即

$$H(\mathrm{j}\omega)=H(s)\big|_{s=\mathrm{j}\omega}=\left.\frac{b_m s^m+\cdots+b_1 s+b_0}{a_n s^n+\cdots+a_1 s+a_0}\right|_{s=\mathrm{j}\omega}=$$

$$\frac{b_m(\mathrm{j}\omega)^m+\cdots+b_1\mathrm{j}\omega+b_0}{a_n(\mathrm{j}\omega)^n+\cdots+a_1\mathrm{j}\omega+a_0}\qquad(16.3.1$$

① 不稳定的电路不存在 $H(\mathrm{j}\omega)$，不能用式 $H(s)\big|_{s=\mathrm{j}\omega}=H(\mathrm{j}\omega)$ 求 $H(\mathrm{j}\omega)$。

$H(j\omega)$ 一般为 $j\omega$ 的复数函数，故可写为

$$H(j\omega) = |H(j\omega)|e^{j\varphi(\omega)}$$

$|H(j\omega)|$ 和 $\varphi(\omega)$ 分别称为电路的模频特性与相频特性。

例 16.3.9　求图 16.3.8 所示两个电路的频率特性。图 16.3.8(a) 电路为一阶低通滤波电路，图 16.3.8(b) 电路为一阶高通滤波电路。

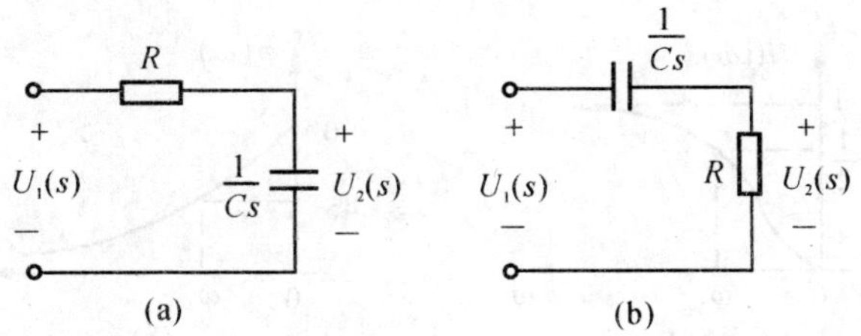

图　16.3.8

解　(a) $H(s) = \dfrac{U_2(s)}{U_1(s)} = \dfrac{\frac{1}{Cs}}{R + \frac{1}{Cs}} = \dfrac{1}{1 + CRs}$

故得
$$H(j\omega) = |H(j\omega)|e^{j\varphi(\omega)} = \frac{1}{1 + j\omega RC}$$

即
$$|H(j\omega)| = \frac{1}{\sqrt{1 + (\omega RC)^2}}$$

$$\varphi(\omega) = -\arctan(RC\omega)$$

根据上两式即可画出模频特性与相频特性，如图 16.3.9 所示，可见为一低通滤波器。当 $\omega = \omega_C = \dfrac{1}{RC}$ 时，$|H(j\omega)| = \dfrac{1}{\sqrt{2}}$，$\varphi(\omega) = -45°$。$\omega_C = \dfrac{1}{RC}$ 称为截止频率，0 到 ω_C 的频率范围称为低通滤波器的通频带。通频带就等于 ω_C。

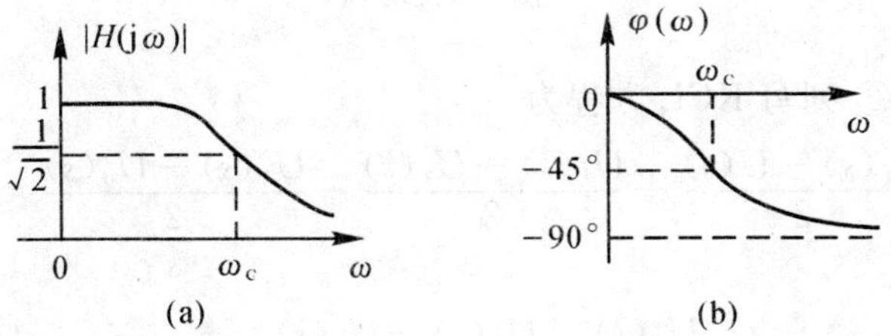

图　16.3.9

(b) $H(s) = \dfrac{U_2(s)}{U_1(s)} = \dfrac{R}{R + \frac{1}{Cs}} = \dfrac{RCs}{RCs + 1}$

故得
$$H(j\omega) = |H(j\omega)|e^{j\varphi(\omega)} = \frac{j\omega RC}{j\omega RC + 1}$$

即
$$|H(j\omega)| = \frac{RC\omega}{\sqrt{1 + (RC\omega)^2}}$$

$$\varphi(\omega) = \operatorname{acrtan}\frac{1}{RC\omega}$$

其频率特性如图 16.3.10 所示，可见为一高通滤波器。当 $\omega = \omega_C = \dfrac{1}{RC}$ 时，$|H(j\omega)| = \dfrac{1}{\sqrt{2}}$，$\varphi(\omega) = 45°$。$\omega_C = \dfrac{1}{RC}$ 为其截止频率，从 ω_C 到 ∞ 的频率范围为其通频带。

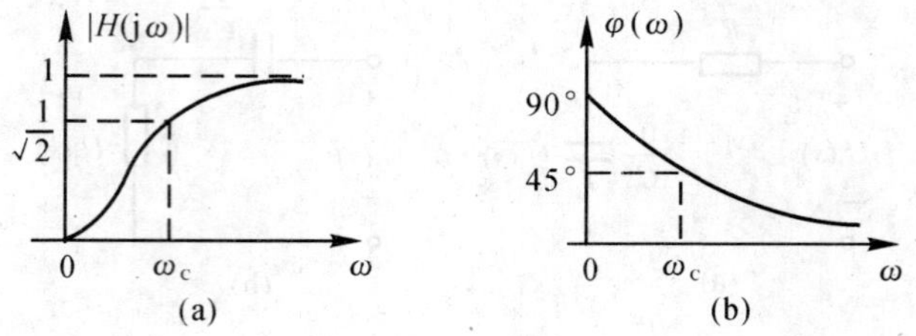

图 16.3.10

例 16.3.10 求图 16.3.11(a) 所示有源二阶电路的频率特性。

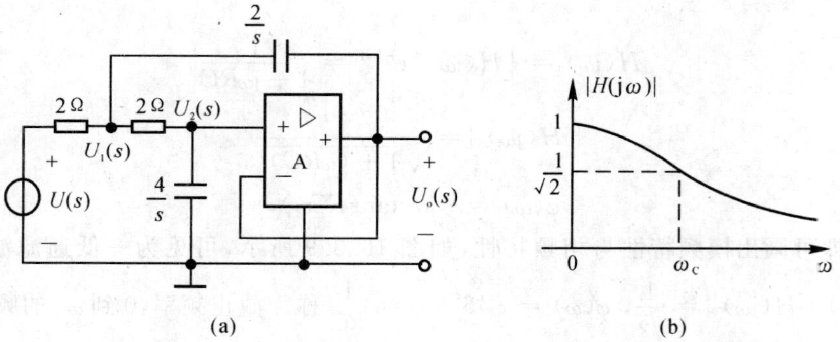

图 16.3.11

解 对节点 ①，② 列写 KCL 方程为

节点 ①：
$$\frac{U_1(s)-U(s)}{2}+\frac{U_1(s)-U_2(s)}{2}+\frac{U_1(s)-U_o(s)}{\frac{2}{s}}=0$$

节点 ②：
$$\frac{U_2(s)}{\frac{4}{s}}+\frac{U_2(s)-U_1(s)}{2}=0$$

联立求解得
$$H(s)=\frac{U_o(s)}{U(s)}=\frac{2}{s^2+2s+2}$$

由于 $H(s)$ 的分母多项式为二次多项式，各项中的系数均为正实数，故电路必为稳定的。故得

$$H(j\omega)=|H(j\omega)|e^{j\varphi(\omega)}=\frac{2}{(j\omega)^2+j2\omega+2}=\frac{2}{(2-\omega^2)+j2\omega}=$$

$$\frac{2}{\sqrt{(2-\omega^2)^2+4\omega^2}}e^{-j\arctan\frac{2\omega}{2-\omega^2}}$$

故
$$|H(j\omega)| = \frac{2}{\sqrt{(2-\omega^2)^2+4\omega^2}} = \frac{2}{\sqrt{4+\omega^4}}$$
$$\varphi(\omega) = -\arctan\frac{2\omega}{2-\omega^2}$$

当 $\omega=0$ 时，$|H(j\omega)|=1$；当 $\omega=\omega_C=\sqrt{2}$ rad/s 时，$|H(j\omega)|=\frac{1}{\sqrt{2}}$；当 $\omega\to\infty$ 时，$|H(j\omega)|=0$。其模频特性如图 16.3.11(b) 所示，可见为一有源二阶 RC 低通滤波器。$\omega_C=\sqrt{2}$ rad/s 为其截止频率。

需要指出的是，含有运算放大器的 RC 电路，其 $|H(j\omega)|$ 的最大值是可以设计成大于等于 1 的。

九、求电路的正弦稳态响应 $y_s(t)$

1. 定义

因为只有在具有稳定性的电路中才能存在稳态响应。所以研究电路正弦稳态响应问题的前提是，电路必须具有稳定性。

对于稳定电路，当正弦激励 $f(t)=F_m\cos(\omega_0 t+\psi)$ 在 $t=0$ 时刻作用于电路时，经过无穷长的时间(实际上只需要有限长时间)后，电路即达到稳定工作状态。此时电路中的所有瞬态响应已衰减为零，系统中只存在稳态响应了，此稳态响应即为电路的正弦稳态响应。

2. 求解方法与步骤

(1) 求网络函数 $H(s)$。

(2) 求电路的频率特性 $H(j\omega)$，即
$$H(j\omega) = H(s)|_{s=j\omega} = |H(j\omega)|\ e^{j\varphi(\omega)}$$

(3) 求 $|H(j\omega_0)|$ 和 $\varphi(\omega_0)$，即
$$|H(j\omega)|_{\omega=\omega_0} = |H(j\omega_0)|$$
$$\varphi(\omega)|_{\omega=\omega_0} = \varphi(\omega_0)$$

(4) 将所求得的 $|H(j\omega_0)|$ 和 $\varphi(\omega_0)$ 代入式
$$y_s(t) = F_m\ |H(j\omega_0)|\ \cos[(\omega_0 t+\psi+\varphi(\omega_0)]$$
即得正弦稳态响应 $y_s(t)$。可见电路的正弦稳态响应 $y_s(t)$，仍为与激励 $f(t)$ 同频率 ω_0 的正弦函数，但振幅增大为$|H(j\omega_0)|$倍，相位增加了 $\varphi(\omega_0)$。

例 16.3.11　已知 $H(s)=4\times\frac{s}{s^2+2s+2}$。(1) 求模频与相频特性 $|H(j\omega)|$ 和 $\varphi(\omega)$，并画出曲线；(2) 已知正弦激励 $f(t)=100\cos(2t+45°)$，求正弦稳态响应 $y_s(t)$。

解　(1) 由于 $H(s)$ 的分母为二次多项式，且各项中的系数均为正实数，故电路是稳定的。故有
$$H(j\omega) = H(s)|_{s=j\omega} = \frac{4j\omega}{(j\omega)^2+2j\omega+2} = \frac{4\omega\angle 90°}{2-\omega^2+j2\omega}$$

故得
$$|H(j\omega)| = \frac{4\omega}{\sqrt{(2-\omega^2)^2+(2\omega)^2}}$$
$$\varphi(\omega) = 90° - \arctan\frac{2\omega}{2-\omega^2}$$

根据上两式画出的曲线如图 16.3.12(a),(b) 所示,可见为一带通滤波器。

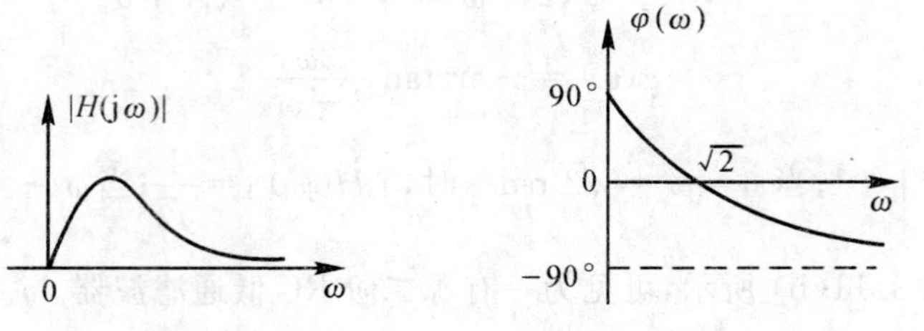

(a) (b)

图 16.3.12

(2) 将 $\omega = 2$ rad/s 代入上两式得

$$|H(\mathrm{j}2)| = 1.79$$

$$\varphi(2) = -26.57^\circ$$

故得正弦稳态响应为

$$y_s(t) = |H(\mathrm{j}2)| F_m \cos[2t + 45^\circ + \varphi(2)] =$$
$$1.79 \times 100 \cos[2t + 45^\circ - 26.57^\circ] = 179 \cos(2t + 18.43^\circ)$$

例 16.3.12 已知网络函数 $H(s)$ 的零、极点分布如图 16.3.13 所示,且知 $h(0^+) = 2$,激励 $f(t) = \sin\frac{\sqrt{3}}{2}tU(t)$。求正弦稳态响应 $y_s(t)$。

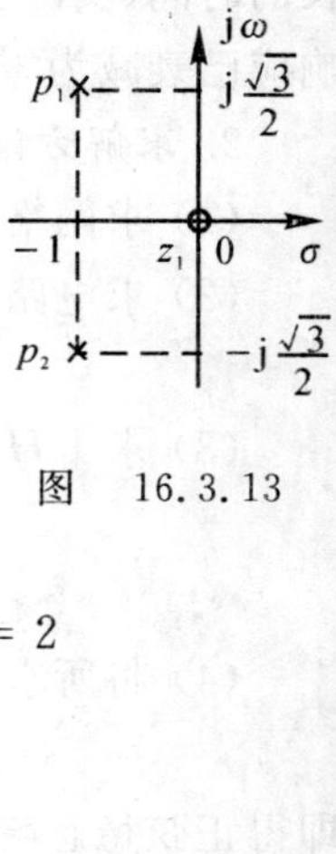

图 16.3.13

解 由图 16.3.13 可写出

$$H(s) = H_0 \frac{s}{\left(s + 1 + \mathrm{j}\frac{\sqrt{3}}{2}\right)\left(s + 1 - \mathrm{j}\frac{\sqrt{3}}{2}\right)} = H_0 \frac{s}{(s+1)^2 + \left(\frac{\sqrt{3}}{2}\right)^2}$$

根据初值定理有

$$\lim_{t \to 0^+} h(t) = h(0^+) = \lim_{s \to \infty} sH(s) = \lim_{s \to \infty} s \frac{H_0 s}{(s+1)^2 + \left(\frac{\sqrt{3}}{2}\right)^2} = H_0 = 2$$

故
$$H(s) = 2 \times \frac{s}{(s+1)^2 + \left(\frac{\sqrt{3}}{2}\right)^2}$$

故得
$$H\left(\mathrm{j}\frac{\sqrt{3}}{2}\right) = H(s)\big|_{s=\mathrm{j}\frac{\sqrt{3}}{2}} = \frac{2\mathrm{j}\frac{\sqrt{3}}{2}}{\left(\mathrm{j}\frac{\sqrt{3}}{2} + 1\right)^2 + \left(\frac{\sqrt{3}}{2}\right)^2} = \frac{\mathrm{j}\sqrt{3}}{1 + \mathrm{j}\sqrt{3}} = \frac{\sqrt{3}}{2} e^{30^\circ}$$

故得正弦稳态响应为

$$y_s(t) = \frac{\sqrt{3}}{2} \sin\left(\frac{\sqrt{3}}{2}t + 30^\circ\right)$$

例 16.3.13 图 16.3.14(a) 所示电路。(1) 求 $H(s) = \frac{U_2(s)}{U_1(s)}$;(2) 画出 $H(s)$ 的零、极点图,指出 H_0 的值;(3) 求电路的频率特性 $H(\mathrm{j}\omega)$,画出模频特性曲线,说明是什么滤波器;

(4) 已知激励 $u_1(t) = 90\cos(\sqrt{2}t + 30°)$ V,求正弦稳态响应 $u_2(t)$。

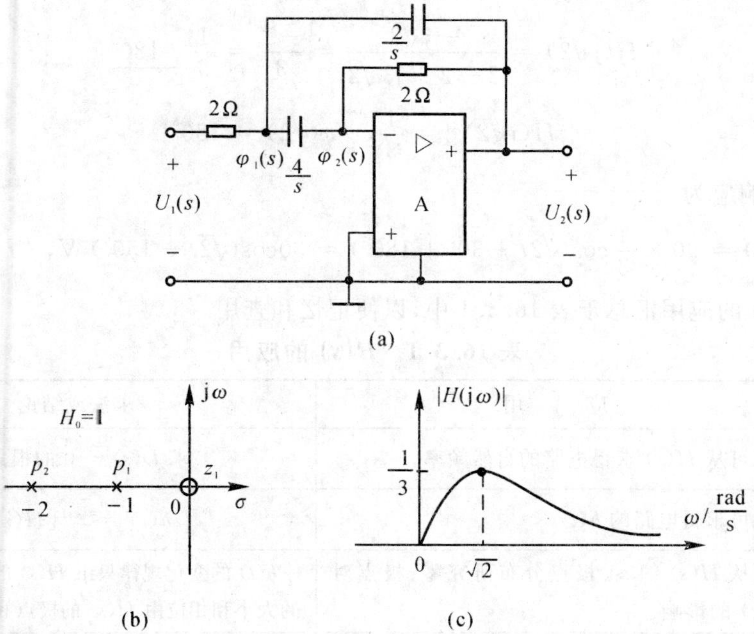

图　16.3.14

解　(1) 列出独立节点的 KCL 方程为

$$\left(\frac{1}{2}+\frac{s}{4}+\frac{s}{2}\right)\varphi_1(s)-\frac{s}{4}\varphi_2(s)-\frac{s}{2}U_2(s)=\frac{1}{2}U_1(s)$$

$$-\frac{s}{4}U_1(s)+\left(\frac{1}{2}+\frac{s}{4}\right)\varphi_2(s)-\frac{1}{2}U_2(s)=0$$

$$\varphi_2(s)=0$$

联立求解得

$$H(s)=\frac{U_2(s)}{U_1(s)}=\frac{-s}{s^2+3s+2}$$

令分子 $s=0$,得 1 个零点为 $z_1=0$;令分母 $s^2+3s+2=0$,得两个极点为 $p_1=-1$, $p_2=-2$; $H_0=1$。其零、极点分布如图 16.3.14(b) 所示。

(2) 因 $H(s)$ 的板点全部位于 s 平面的左半开平面上,电路为稳定的,故

$$H(j\omega)=H(s)\big|_{s=j\omega}$$

即
$$H(j\omega)=\frac{-j\omega}{(j\omega)^2+j3\omega+2}=\frac{-j\omega}{2-\omega^2+j3\omega}$$

故得
$$|H(j\omega)|=\frac{\omega}{\sqrt{(2-\omega^2)^2+9\omega^2}}=\frac{1}{\sqrt{\dfrac{(2-\omega^2)^2}{\omega^2}+9}}$$

当 $\omega=0$ 时,$|H(j\omega)|=0$;当 $\omega=\sqrt{2}$ 时,$|H(j\omega)|=\dfrac{1}{3}$ 为最大值;当 $\omega\to\infty$ 时,$|H(j\omega)|\to 0$。

$|H(j\omega)|$ 随 ω 变化的曲线如图 16.3.14(c) 所示。可见为一带通滤波器。

(3) 求 $u_1(t)=90\cos(\sqrt{2}t+30^\circ)$ V 激励下的正弦稳态响应 $u_2(t)$。当 $\omega=\sqrt{2}$ rad/s 时，有

$$H(j\sqrt{2})=\frac{-j\sqrt{2}}{2-2+j3\sqrt{2}}=\frac{-1}{3}=\frac{1}{3}\angle 180^\circ$$

故
$$|H(j\sqrt{2})|=\frac{1}{3},\quad \varphi(\sqrt{2})=180^\circ$$

故得正弦稳态响应为

$$u_2(t)=90\times\frac{1}{3}\cos(\sqrt{2}t+30^\circ+180^\circ)=30\cos(\sqrt{2}t-150^\circ)\ \text{V},\quad t\in\mathbf{R}$$

现将 $H(s)$ 的应用汇总于表 16.3.1 中，以便记忆和查用。

表 16.3.1 $H(s)$ 的应用

序 号	应 用	求法或结论
1	可从 $H(s)$ 求得电路的自然频率	求 $D(s)=0$ 的根即是
2	可求得电路的 $h(t)$	$h(t)=\mathscr{L}^{-1}[H(s)]$
3	从 $H(s)$ 的零、极点分布研究零、极点对 $h(t)$ 的影响	$h(t)$ 的变化规律只由 $H(s)$ 的极点决定，$h(t)$ 的大小和相位由 $H(s)$ 的极点和零点共同决定
4	从 $H(s)$ 的极点分布可判断电路是否具有稳定性	分析 $D(s)=0$ 的根在 s 平面上的分布
5	根据 $H(s)$ 可写出电路的微分方程	
6	从 $H(s)$ 的极点可写出电路零输入响应的通解形式	$y_x(t)=A_1e^{p_1t}+A_2e^{p_2t}+\cdots+A_ne^{p_nt}$ (单根) $y_x(t)=A_1e^{pt}+A_2te^{pt}+\cdots+A_nt^{n-1}e^{pt}$ (n 重根)
7	求电路的零状态响应 $y_f(t)$	$y_f(t)=\mathscr{L}^{-1}[H(s)F(s)]$
8	从 $H(s)$ 求电路的 $H(j\omega)$	$H(j\omega)=H(s)\vert_{s=j\omega}$
9	求电路的正弦稳态响应 $y_s(t)$	$y_s(t)=F_m\vert H(j\Omega)\vert\cos[\Omega t+\psi+\varphi(\Omega)]$

十、$H(s)$ 应用综合举例

例 16.3.14 已知网络函数 $H(s)=\dfrac{Y_f(s)}{F(s)}=\dfrac{s+3}{s^2+3s+2}$。(1) 若激励 $f(t)=U(t)$ V 时，全响应的初始值 $y(0^+)=2$，$y'(0^+)=1$，求零状态响应 $y_f(t)$，零输入响应 $y_x(t)$，全响应 $y(t)$；(2) 若 $f(t)=\cos t$ V，$t\in\mathbf{R}$，求电路的正弦稳态响应 $y(t)$。

解 (1) $F(s)=\dfrac{1}{s}$，故

$$Y_f(s)=H(s)F(s)=\frac{s+3}{s^2+3s+2}\times\frac{1}{s}=\frac{\frac{3}{2}}{s}+\frac{-2}{s+1}+\frac{\frac{1}{2}}{s+2}$$

故得零状态响应为

$$y_f(t)=\left(\frac{3}{2}-2e^{-t}+\frac{1}{2}e^{-2t}\right)U(t)\ \text{V}$$

(2) 求零输入响应 $y_x(t)$ 和全响应 $y(t)$。令 $H(s)$ 的分母 $s^2+3s+2=0$，得极点为 $p_1=-1, p_2=-2$。故零输入响应为

$$y_x(t)=(A_1e^{-t}+A_2e^{-2t})U(t)\ \text{V}$$

全响应为 $$y(t)=y_f(t)+y_x(t)=\left(\frac{3}{2}-2e^{-t}+\frac{1}{2}e^{-2t}\right)+(A_1e^{-t}+A_2e^{-2t})$$

又有 $$y'(t)=2e^{-t}-e^{-2t}-A_1e^{-t}-2A_2e^{-2t}$$

代入初始值有

$$y(0^+)=A_1+A_2=2$$
$$y'(0^+)=2-1-A_1-2A_2=1$$

联立求解得 $$A_1=4,\quad A_2=-2$$

故得零输入响应和全响应为

$$y_x(t)=(4e^{-t}-2e^{-2t})U(t)\ \text{V}$$

$$y(t)=\left(\frac{3}{2}-2e^{-t}+\frac{1}{2}e^{-2t}\right)+(4e^{-t}-2e^{-2t})=\left(\frac{3}{2}+2e^{-t}-\frac{3}{2}e^{-2t}\right)U(t)\ \text{V}$$

(3) 因电路具有稳定性，故

$$H(j\omega)=H(s)\big|_{s=j\omega}=\frac{j\omega+3}{(j\omega)^2+j3\omega+2}$$

令 $\omega=1$ rad/s，代入上式有

$$H(j1)=\frac{3+j1}{1+j3}=1\angle-53.1^\circ$$

故得正弦稳态响应为

$$y(t)=1\times\cos(1t-53.1^\circ)=\cos(t-53.1^\circ)\ \text{V}$$

例 16.3.15　图 16.3.15(a) 所示电路，其中 N 为不含独立源的线性电路，已知关于 $u(t)$ 的零输入响应为 $u_x(t)=6e^{-2t}U(t)$ V，网络函数 $H(s)=\dfrac{U_f(s)}{F(s)}=\dfrac{2s}{s+2}$。(1) $f(t)=5U(t)$ A，求全响应 $u(t)$；(2) 画出一种与 N 等效的最简电路。

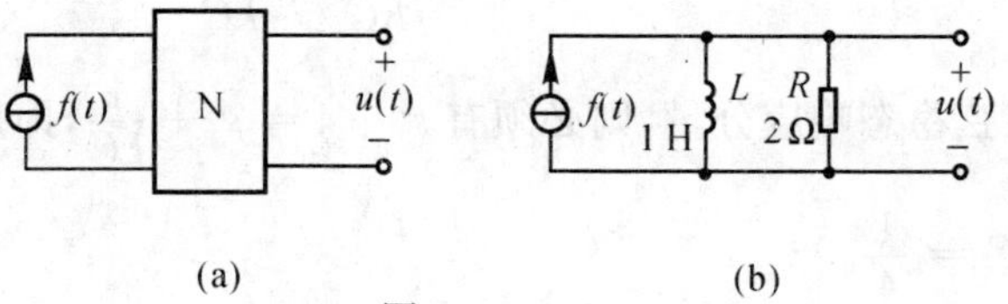

图　16.3.15

解　(1) $F(s)=\dfrac{5}{s}$，则

$$U_f(s)=H(s)F(s)=\frac{2s}{s+2}\times\frac{5}{s}=\frac{10}{s+2}$$

故得零状态响应为

$$u_f(t)=10e^{-2t}U(t)\ \text{V}$$

(2) 全响应为 $u(t)=u_x(t)+u_f(t)=6e^{-2t}+10e^{-2t}=16e^{-2t}U(t)$ V。

(3) 由于 $H(s)$ 只有一个极点，故电路一定是含有电阻的一阶电路；又由于激励 $f(t)$ 是电流源，故此一阶电路一定是并联的；因为有 $u(\infty)=0$，故此一阶电路一定是电阻 R 与电感 L 的并联，如图 16.3.15(b) 所示；因为有 $u_f(0^+)=10$ V，故 $R=\frac{10}{5}=2\ \Omega$；因为 $\tau=\frac{L}{R}=\frac{1}{2}$，故 $L=\frac{1}{2}R=\frac{1}{2}\times 2=1$ H。故得 N 的等效电路如图 16.3.15(b) 所示。

例 16.3.16 图 16.3.16(a) 所示电路。(1) 求 $H(s)=\frac{U_2(s)}{F(s)}$；(2) 若 $f(t)=\cos 2t$ V，为使零状态响应中不存在正弦稳态响应分量，求乘积 LC 的值；(3) 若 $R=1\ \Omega$，$L=1$ H，试按第 (2) 条件求 $u_2(t)$。

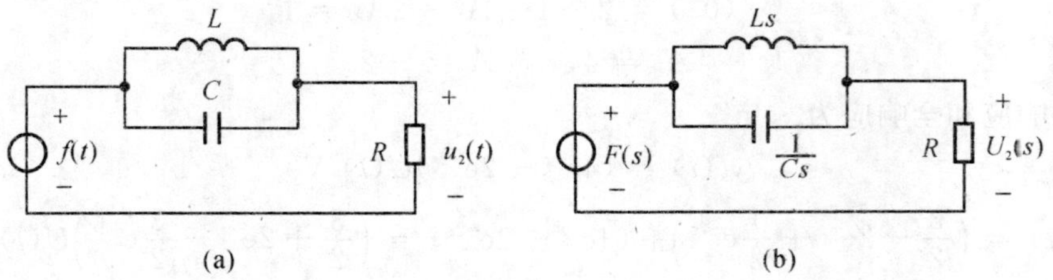

图 16.3.16

解 (1) 其 s 域电路模型如图 16.3.16(b) 所示。故

$$H(s)=\frac{R}{\dfrac{Ls\times\dfrac{1}{Cs}}{Ls+\dfrac{1}{Cs}}+R}=\frac{s^2+\dfrac{1}{LC}}{s^2+\dfrac{1}{RC}s+\dfrac{1}{LC}}$$

(2) $F(s)=\frac{s}{s^2+4}$，故

$$U_2(s)=H(s)F(s)=\frac{s^2+\dfrac{1}{LC}}{s^2+\dfrac{1}{RC}s+\dfrac{1}{LC}}\times\frac{s}{s^2+4}$$

欲使 $u_2(t)$ 中不存在正弦稳态响应分量，则必须有 $s^2+4=s^2+\frac{1}{LC}$，即用 $H(s)$ 的零点把 $F(s)$ 的极点抵消，故解得 $LC=\frac{1}{4}$。

(3) 已知 $L=1$ H，故得 $C=\frac{1}{4}$ F。故

$$U_2(s)=\frac{s}{s^2+\dfrac{1}{RC}s+\dfrac{1}{LC}}=\frac{s}{s^2+4s+4}=\frac{1}{s+2}-\frac{2}{(s+2)^2}$$

故得
$$u_2(t)=(e^{-2t}-2te^{-2t})U(t)\ \text{V}$$

例 16.3.17 图 16.3.17(a) 所示电路，已知关于 $i(t)$ 的单位冲激响应 $h(t)=$

$e^{-2t}\cos tU(t)$ A。试画出一种与电路 N 等效的最简单电路。

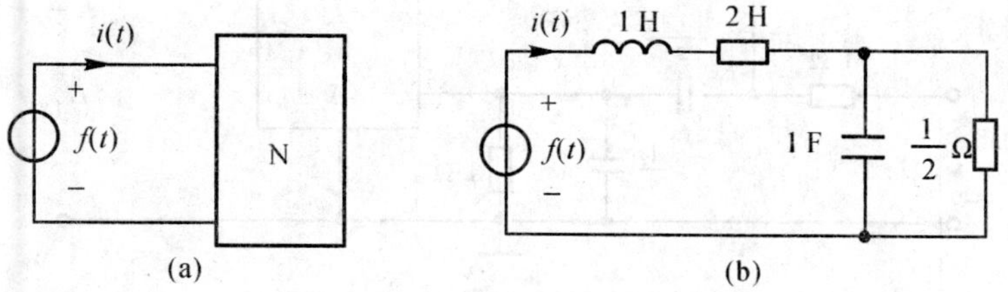

图 16.3.17

解
$$H(s)=\frac{I(s)}{F(s)}=Y(s)=\frac{s+2}{(s+2)^2+1}$$

故得端口输入阻抗为

$$Z(s)=\frac{1}{Y(s)}=\frac{(s+2)^2+1}{s+1}=s+2+\frac{1}{s+2}=s+2+\frac{\frac{1}{s}\times\frac{1}{2}}{\frac{1}{s}+\frac{1}{2}}$$

根据此式即可画出一种最简单的等效电路，如图 16.3.17(b) 所示。

习 题 十 六

16.1 图题 16.1 所示电路，求网络函数 $H(s)=\dfrac{I_2(s)}{I_1(s)}$，指出 H_0 的值，画出 $H(s)$ 的零、极点图。（答：$\dfrac{1}{(s+1)^2+1}$，1）

16.2 图题 16.2 所示电路，求网络函数 $H(s)=\dfrac{I_2(s)}{U_1(s)}$，指出 H_0 的值，画出 $H(s)$ 的零、极点图。（答：$\dfrac{0.5s}{s^2+3s+2}$，0.5）

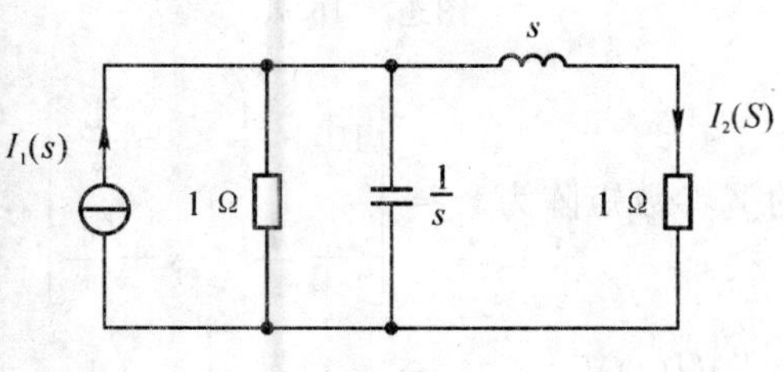

图题 16.1

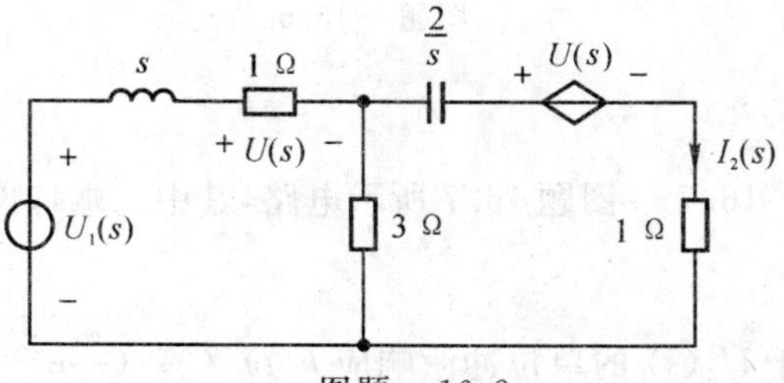

图题 16.2

16.3 图题 16.3 所示电路，求网络函数 $H(s)=\dfrac{U_2(s)}{U_1(s)}$，指出 H_0 的值，画出 $H(s)$ 的零、极点图。（答：$\dfrac{s}{s^2+4s+2}$，1）

16.4 图题 16.4 所示电路，求关于 $U_2(s)$ 的单位冲激响应 $h(t)$。（答：$3te^{-2t}U(t)$ V）

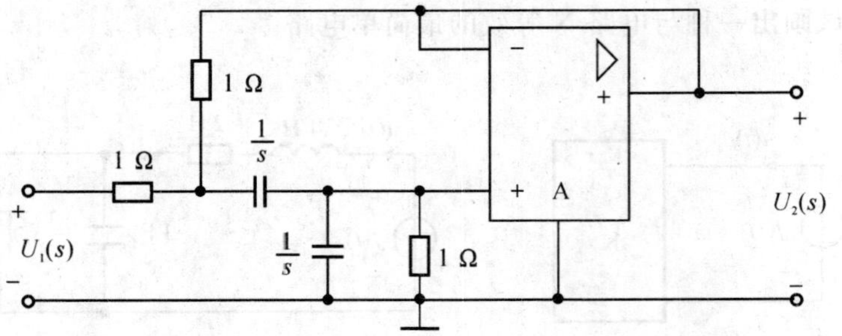

图题 16.3

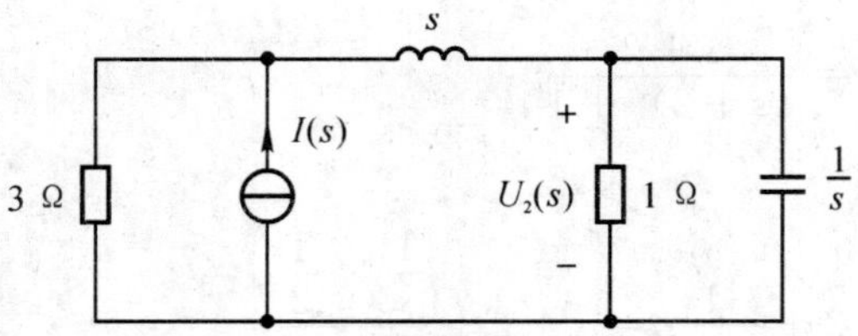

图题 16.4

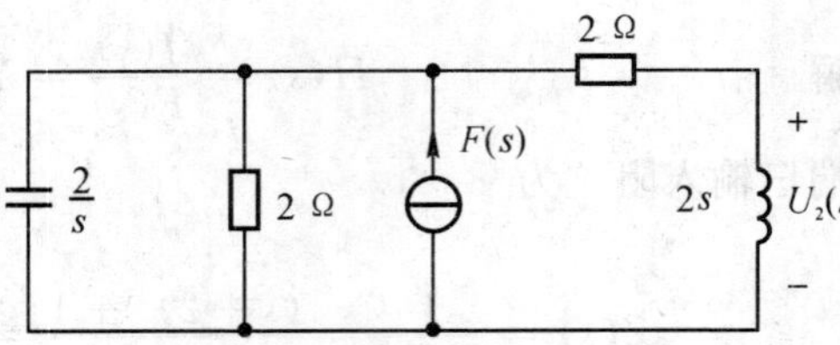

图题 16.5

16.5 图题 16.5 所示电路，求关于 $U_2(s)$ 的单位冲激响应 $h(t)$。(答：$(2\sqrt{2}e^{-t}\cos(t+45°)U(t)$V)

16.6 图题 16.6 所示电路，其中二端口网络的 Z 参数矩阵为 $\boldsymbol{Z}=\begin{bmatrix} s+3 & 1 \\ 1 & s+2 \end{bmatrix}$。求关于 $U_2(s)$ 的单位冲激响应 $h(t)$。(答：$(e^{-3t}-e^{-5t})U(t)$V)

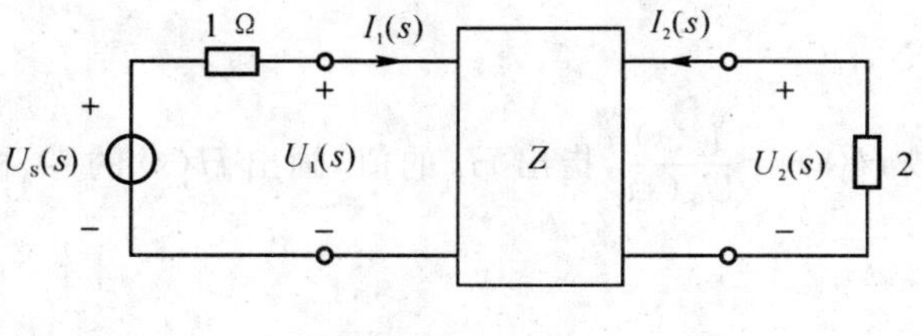

图题 16.6

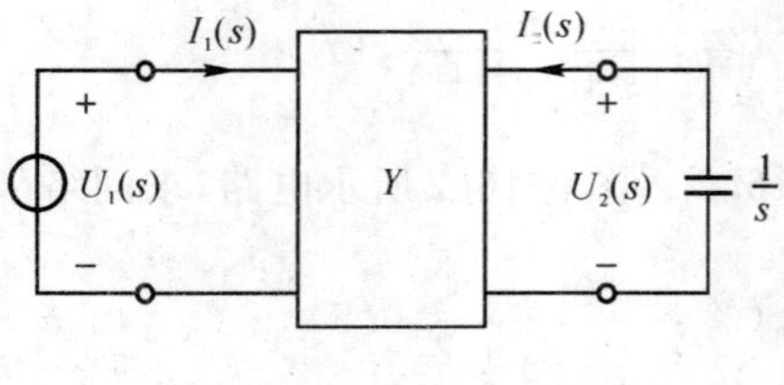

图题 16.7

16.7 图题 16.7 所示电路，其中二端口网络的 Y 参数矩阵为 $\boldsymbol{Y}=\begin{bmatrix} 10+\frac{4}{s} & -\frac{4}{s} \\ -\frac{4}{s} & s+\frac{4}{s} \end{bmatrix}$。求关于 $U_2(s)$ 的单位冲激响应 $h(t)$。(答：$(\frac{4}{3}e^{-t}-\frac{4}{3}e^{-4t})U(t)$V)

16.8 已知电路的单位阶跃响应为 $g(t)=(1-e^{-2t})U(t)$，零状态响应为 $y(t)=(1-e^{-2t}-te^{-2t})U(t)$。求电路的激励 $f(t)$。(答：$(1-\frac{1}{2}e^{-2t})U(t)$)

16.9 已知电路的单位冲激响应 $h(t)=\delta(t)-(\frac{1}{3}e^{-t}+\frac{8}{3}e^{-4t})U(t)$。(1) 设激励为 $f(t)$，零状态响应为 $y(t)$，求网络函数 $H(s)=\frac{Y(s)}{F(s)}$；(2) 写出该电路的微分方程；(3) 画出一种与

$H(s)$ 相对应的最简单电路，并标出电路元件的值。（答：$\dfrac{s^2+2s}{s^2+5s+4}$；$y''(t)+5y'(t)+4y(t)=f''(t)+2f'(t)$）

16.10 已知电路的网络函数 $H(s)=\dfrac{Y(s)}{F(s)}=\dfrac{s}{s^2+3s+2}$，激励 $f(t)=10U(t)\text{V}$。(1) 求电路的零状态响应 $y(t)$；(2) 画出 $H(s)$ 相对应的一种最简单电路。（答：$(10\mathrm{e}^{-t}-10\mathrm{e}^{-2t})U(t)\text{V}$；$H(s)=\dfrac{1}{s+2+\frac{2}{s}+1}$）

16.11 图题16.11所示电路。(1) 求 $H(s)=\dfrac{U(s)}{F(s)}$ 和单位冲激响应 $h(t)$；(2) 欲使电路的零输入响应 $u_x(t)=h(t)$，求电路的初始条件 $i(0^-)$ 和 $u(0^-)$；(3) 欲使电路在单位阶跃 $U(t)$ 激励下的全响应 $u(t)=U(t)$，求电路的初始条件 $i(0^-)$ 和 $u(0^-)$。（答：$\dfrac{1}{(s+1)^2}$，$t\mathrm{e}^{-t}U(t)\text{V}$；1 A；0；0，1 V）

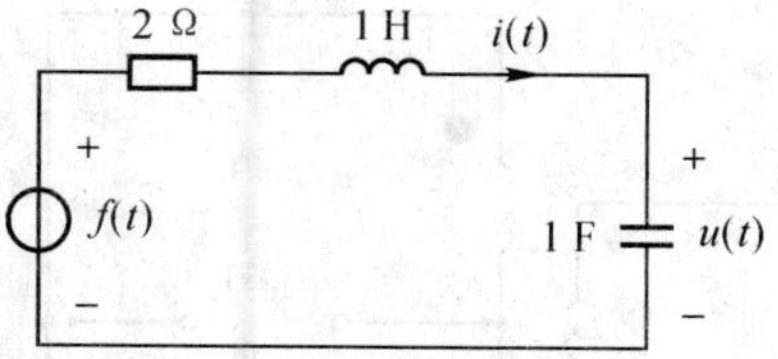

图题 16.11

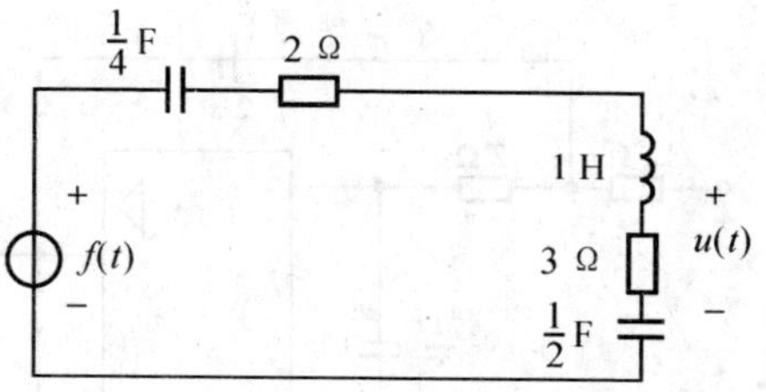

图题 16.12

16.12 图题16.12所示电路，已知 $f(t)=U(t)+\mathrm{e}^{-t}U(t)\text{V}$，全响应 $u(t)=(4\mathrm{e}^{-2t}-\frac{4}{3}\mathrm{e}^{-3t}+\frac{1}{3})U(t)\text{V}$。求电路的零状态响应 $u_f(t)$ 和零输入响应 $u_x(t)$。（答：$(\frac{1}{3}+\frac{5}{3}\mathrm{e}^{-3t})U(t)\text{V}$；$(4\mathrm{e}^{-2t}-3\mathrm{e}^{-3t})U(t)\text{V}$）

16.13 图题16.13所示电路。(1) 已知激励 $f(t)=8\mathrm{e}^{-t}U(t)\text{V}$，求零状态响应 $u(t)$；(2) 若 $f(t)=10\cos t\text{V}$，求正弦稳态响应 $u(t)$。（答：$8\mathrm{e}^{-t}\sin tU(t)\text{V}$；$6.32\cos(t-18.43°)\text{V}$）

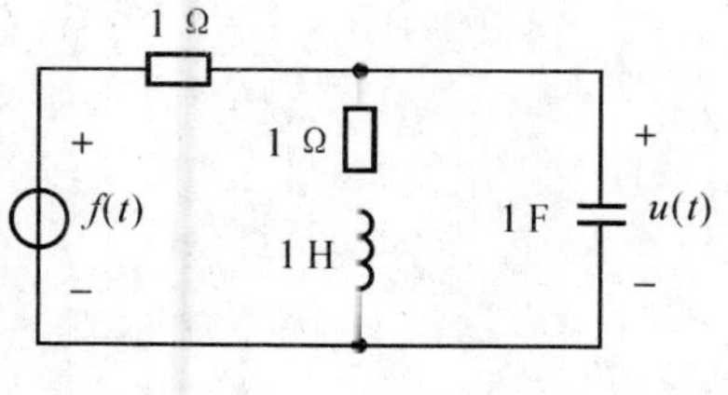

图题 16.13

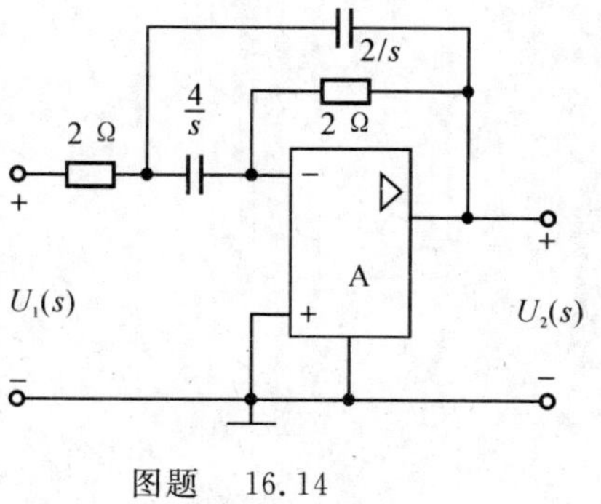

图题 16.14

16.14 图题16.14所示电路。(1) 求 $H(s)=\dfrac{U_2(s)}{U_1(s)}$ 和单位冲激响应 $h(t)$；(2) 求电路的

频率特性 $H(\mathrm{j}\omega)$，画出模频特性 $|H(\mathrm{j}\omega)|$ 的曲线，说明是哪一类滤波器；(3) 若 $u_1(t)=30\cos(\sqrt{2}t+60^\circ)\mathrm{V}$，求电路的正弦稳态响应 $u_2(t)$。(答：$-\dfrac{s}{s^2+3s+2}$，$(\mathrm{e}^{-t}-2\mathrm{e}^{-2t})U(t)\mathrm{V}$；带通滤波器；$10\cos(\sqrt{2}t-120^\circ)\mathrm{V}$)

16.15 图题 16.15 所示电路。(1) 求 $H(s)=\dfrac{U_2(s)}{U_1(s)}$ 和单位冲激响应 $h(t)$；(2) 求频率特性 $H(\mathrm{j}\omega)$，画出 $|H(\mathrm{j}\omega)|$ 的曲线，说明是哪一类滤波器；(3) 若 $u_1(t)=100\sqrt{2}\cos(\sqrt{2}t+45^\circ)\mathrm{V}$，求正弦稳态响应 $u_2(t)$。(答：$\dfrac{2}{s^2+2s+2}$，$2\mathrm{e}^{-t}\sin tU(t)\mathrm{V}$；低通滤波器；$100\cos(\sqrt{2}t-45^\circ)\mathrm{V}$)

16.16 图题 16.16 所示为含理想变压器的电路，求电压比函数 $H(s)=\dfrac{U_2(s)}{U_1(s)}$，画出零、极点分布图，说明是否为全通网络。(答：$\dfrac{s-\frac{1}{RC}}{s+\frac{1}{RC}}$，为全通网络)

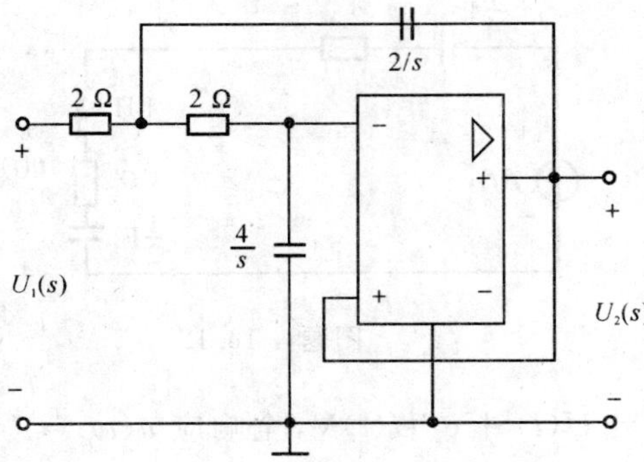

图题 16.15

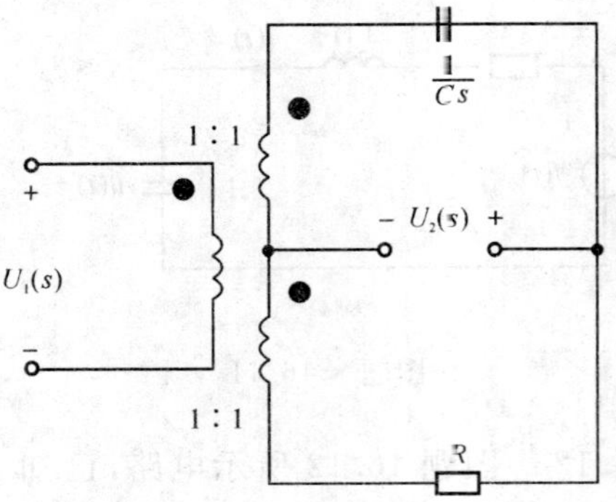

图题 16.16

第 17 章　状态变量法

内容提要

本章讲述状态变量法的基本概念与定义，状态方程与输出方程的列写，状态方程与输出方程的 s 域解法和时域解法。

17.1　状态变量法的基本概念与定义

一、状态变量、状态向量与初始状态向量

对于动态电路，在任意时刻 t，都能与激励一起用一组线性代数方程确定电路全部响应的一组独立完备的变量，称为电路的状态变量。如图 17.1.1 所示电路中的电感电流 $x_1(t)$ 和电容电压 $x_2(t)$，即为该电路的一组状态变量。因为若取电压 $y_1(t)$，$y_2(t)$ 为响应，且当 $x_1(t)$，$x_2(t)$ 为已知时，即可得

$$\left.\begin{aligned} y_1(t) &= [f_1(t) - x_1(t)]R_1 = -R_1x_1(t) + R_1f_1(t) \\ y_2(t) &= x_2(t) - f_2(t) \end{aligned}\right\} \tag{17.1.1}$$

可见 $x_1(t)$，$x_2(t)$ 符合状态变量的定义。上式称为电路的输出方程。其特点是每一个响应都是等于状态变量与激励的线性组合，即响应与状态变量、激励之间是线性代数方程的关系。

若电路中有 n 个状态变量 $x_1(t)$，$x_2(t)$，…，$x_n(t)$，将此 n 个状态变量排成一个 $n\times 1$ 阶的列矩阵 $x(t)$，即

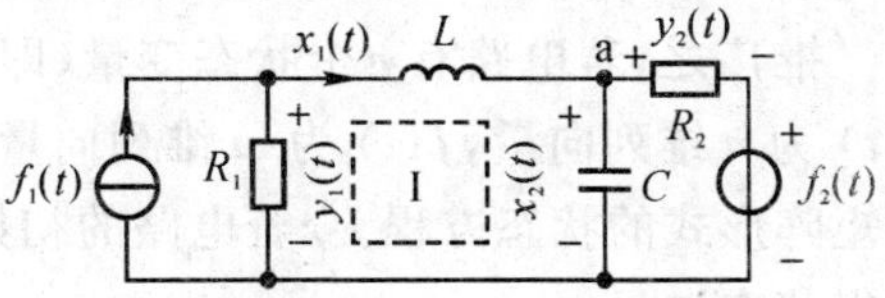

图 17.1.1　状态变量的定义

$$\boldsymbol{x}(t) = \begin{bmatrix} x_1(t) \\ x_2(t) \\ \vdots \\ x_n(t) \end{bmatrix} = [x_1(t) \quad x_2(t) \quad \cdots \quad x_n(t)]^{\mathrm{T}}$$

则此列矩阵 $\boldsymbol{x}(t)$ 称为 n 维状态向量，简称状态向量。式中的字母“T”表示矩阵转置。

由 $t=0^-$ 时刻状态变量的值构成的 n 维列向量 $\boldsymbol{x}(0^-)$，称为初始状态向量，简称初始状态。即

$$\boldsymbol{x}(0^-) = \begin{bmatrix} x_1(0^-) \\ x_2(0^-) \\ \vdots \\ x_n(0^-) \end{bmatrix} = [x_1(0^-) \quad x_2(0^-) \quad \cdots \quad x_n(0^-)]^{\mathrm{T}}$$

二、状态方程

用来从已知的激励和初始状态 $\boldsymbol{x}(0^-)$ 求状态向量 $\boldsymbol{x}(t)$ 的一组一阶微分方程，称为电路的状态方程。例如图 17.1.1 所示电路，对网孔 I 可列出 KVL 方程为

$$L\frac{\mathrm{d}x_1(t)}{\mathrm{d}t}=y_1(t)-x_2(t)=-R_1x_1(t)-x_2(t)+R_1f_1(t)$$

对节点 a 可列出 KCL 方程为

$$C\frac{\mathrm{d}x_2(t)}{\mathrm{d}t}=x_1(t)-\frac{1}{R_2}y_2(t)=x_1(t)-\frac{1}{R_2}x_2(t)+\frac{1}{R_2}f_2(t)$$

即
$$\begin{cases}\dfrac{\mathrm{d}x_1(t)}{\mathrm{d}t}=-\dfrac{R_1}{L}x_1(t)-\dfrac{1}{L}x_2(t)+\dfrac{R_1}{L}f_1(t)\\[2ex]\dfrac{\mathrm{d}x_2(t)}{\mathrm{d}t}=\dfrac{1}{C}x_1(t)-\dfrac{1}{R_2C}x_2(t)+\dfrac{1}{R_2C}f_2(t)\end{cases}$$

此式即为该电路的状态方程。其特点是，每个方程等号的左端只为一个状态变量的一阶导数，而等号右端则为各状态变量与各激励的线性组合。写成矩阵形式为

$$\begin{bmatrix}\dot{x}_1(t)\\ \dot{x}_2(t)\end{bmatrix}=\begin{bmatrix}-\dfrac{R_1}{L} & -\dfrac{1}{L}\\[2ex] \dfrac{1}{C} & -\dfrac{1}{R_2C}\end{bmatrix}\begin{bmatrix}x_1(t)\\ x_2(t)\end{bmatrix}+\begin{bmatrix}\dfrac{R_1}{L} & 0\\[2ex] 0 & \dfrac{1}{R_2C}\end{bmatrix}\begin{bmatrix}f_1(t)\\ f_2(t)\end{bmatrix}$$

再简写成一阶向量微分方程的形式为

$$\dot{\boldsymbol{x}}(t)=\boldsymbol{A}\boldsymbol{x}(t)+\boldsymbol{B}\boldsymbol{f}(t) \tag{17.1.2}$$

其中 $\dot{\boldsymbol{x}}(t)=[\dot{x}_1(t)\ \dot{x}_2(t)]^{\mathrm{T}}$ 为二维向量；$\boldsymbol{x}(t)=[x_1(t)\ x_2(t)]^{\mathrm{T}}$ 为二维状态向量；$\boldsymbol{f}(t)=[f_1(t)\ f_2(t)]^{\mathrm{T}}$ 为二维激励向量；

$$\boldsymbol{A}=\begin{bmatrix}-\dfrac{R_1}{L} & -\dfrac{1}{L}\\[2ex] \dfrac{1}{C} & -\dfrac{1}{R_2C}\end{bmatrix},\qquad \boldsymbol{B}=\begin{bmatrix}\dfrac{R_1}{L} & 0\\[2ex] 0 & \dfrac{1}{R_2C}\end{bmatrix}$$

均为由电路结构与参数值决定的系数矩阵。

推广之，若电路有 n 个状态变量(即电路为 n 阶的)，有 m 个激励，则式(17.1.2)中的 $\dot{\boldsymbol{x}}(t)$，$\boldsymbol{x}(t)$ 为 n 维列向量，$\boldsymbol{f}(t)$ 为 m 维列向量，$\boldsymbol{A}$ 为 $n\times n$ 阶方阵，$\boldsymbol{B}$ 为 $n\times m$ 阶矩阵。式(17.1.2)称为矩阵形式的状态方程。今若电路的初始状态 $\boldsymbol{x}(0^-)$ 和激励 $\boldsymbol{f}(t)$ 已知，则求解方程(17.1.2)可得状态向量 $\boldsymbol{x}(t)$。

三、输出方程

将式(17.1.1)写成矩阵形式为

$$\begin{bmatrix}y_1(t)\\ y_2(t)\end{bmatrix}=\begin{bmatrix}-R_1 & 0\\ 0 & 1\end{bmatrix}\begin{bmatrix}x_1(t)\\ x_2(t)\end{bmatrix}+\begin{bmatrix}R_1 & 0\\ 0 & -1\end{bmatrix}\begin{bmatrix}f_1(t)\\ f_2(t)\end{bmatrix}$$

再简写成一般形式为

$$\boldsymbol{y}(t)=\boldsymbol{C}\boldsymbol{x}(t)+\boldsymbol{D}\boldsymbol{f}(t) \tag{17.1.3}$$

其中 $\boldsymbol{y}(t)=[y_1(t)\ y_2(t)]^{\mathrm{T}}$ 为二维响应向量；$\boldsymbol{x}(t)$ 为二维状态向量；$\boldsymbol{f}(t)$ 为二维激励向量；$\boldsymbol{C}$，$\boldsymbol{D}$ 均为由电路结构与参数值决定的系数矩阵，且有

$$C=\begin{bmatrix}-R_1 & 0\\ 0 & 1\end{bmatrix},\qquad D=\begin{bmatrix}R_1 & 0\\ 0 & -1\end{bmatrix}$$

推广之，若电路有 n 个状态变量，m 个激励，r 个响应，则 $\boldsymbol{C}$ 为 $r\times n$ 阶矩阵，$\boldsymbol{D}$ 为 $r\times m$ 阶矩阵。式(17.1.3) 称为矩阵形式的输出方程，可见为一矩阵代数方程。

状态方程与输出方程，共同构成了描述电路特性的完整方程。

四、状态变量法

以状态方程与输出方程为研究对象，而对电路进行系统分析的方法，称为状态变量法。其一般步骤如下：

(1) 选取电路的状态变量；

(2) 列出电路的状态方程；

(3) 求解状态方程，以得到状态变量；

(4) 列写电路的输出方程；

(5) 将第(3) 步求得的状态变量代入输出方程，即得所要求的响应。

17.2　状态方程的列写

状态方程列写的一般步骤是：

(1) 选所有独立电容电压和独立电感电流作为状态变量；

(2) 为保证所列出的状态方程等号左端只为一个状态变量的一阶导数，必须对每一个独立电容列出只含此独立电容电压一阶导数在内的节点 KCL 方程，对每一个独立电感列出只含此独立电感电流一阶导数在内的回路 KVL 方程；

(3) 若在第(2) 步所列出的方程中含有非状态变量，则应利用适当的节点 KCL 方程和回路 KVL 方程，将非状态变量消去，即用激励和状态变量表示出非状态变量，然后整理成式(17.1.2) 的标准矩阵形式。

例 17.2.1　列出图 17.2.1 所示电路的状态方程。

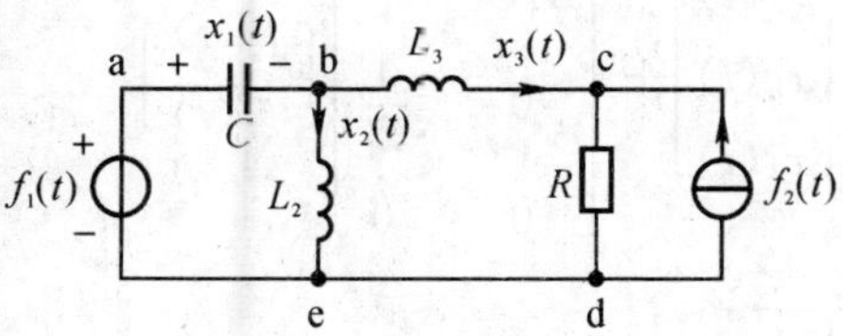

图　17.2.1

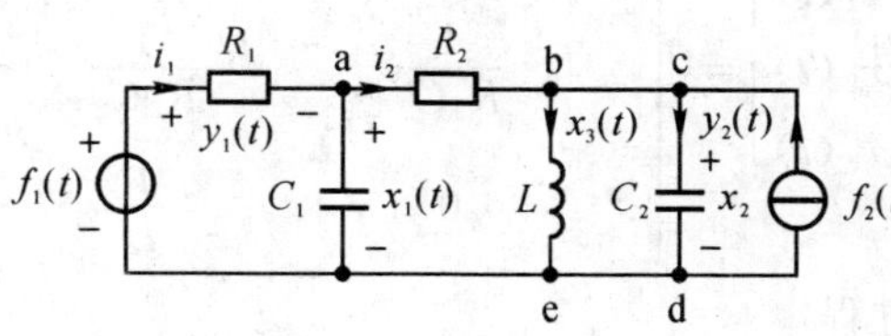

图　17.2.2

解　该电路中的三个动态元件 C,L_2,L_3 是独立的，故选电容电压 $x_1(t)$，电感电流 $x_2(t)$，$x_3(t)$ 为状态变量。对只连接一个独立电容 C 的节点 b 列 KCL 方程为

$$C\frac{\mathrm{d}x_1(t)}{\mathrm{d}t}=x_2(t)+x_3(t)$$

对只含一个独立电感 L_2 的回路 abea 和只含一个独立电感 L_3 的回路 abcdea 分别列 KVL 方程为

$$L_2\frac{\mathrm{d}x_2(t)}{\mathrm{d}t}=-x_1(t)+f_1(t)$$

$$L_3\frac{\mathrm{d}x_3(t)}{\mathrm{d}t}=-x_1(t)-Rx_3(t)+f_1(t)-Rf_2(t)$$

将以上3式整理，即得矩阵形式的状态方程为

$$\begin{bmatrix}\dot{x}_1(t)\\\dot{x}_2(t)\\\dot{x}_3(t)\end{bmatrix}=\begin{bmatrix}0&\frac{1}{C}&\frac{1}{C}\\-\frac{1}{L_2}&0&0\\-\frac{1}{L_3}&0&-\frac{R}{L_3}\end{bmatrix}\begin{bmatrix}x_1(t)\\x_2(t)\\x_3(t)\end{bmatrix}+\begin{bmatrix}0&0\\\frac{1}{L_2}&0\\\frac{1}{L_3}&-\frac{R}{L_3}\end{bmatrix}\begin{bmatrix}f_1(t)\\f_2(t)\end{bmatrix}$$

例 17.2.2 列出图17.2.2所示电路的状态方程。以电压 $y_1(t)$，电流 $y_2(t)$ 为响应，再列出输出方程。

解 选电容电压 $x_1(t)$，$x_2(t)$ 和电感电流 $x_3(t)$ 为状态变量。对只连接一个独立电容 C_1 的节点 a 和只连接一个独立电容 C_2 的节点 c，分别列出 KCL 方程并消去非状态变量。即

$$C_1\frac{\mathrm{d}x_1(t)}{\mathrm{d}t}=i_1-i_2=\frac{f_1(t)-x_1(t)}{R_1}-\frac{x_1(t)-x_2(t)}{R_2}=$$

$$-\left(\frac{1}{R_1}+\frac{1}{R_2}\right)x_1(t)+\frac{1}{R_2}x_2(t)+\frac{1}{R_1}f_1(t)$$

$$C_2\frac{\mathrm{d}x_2(t)}{\mathrm{d}t}=-x_3(t)+i_2(t)+f_2(t)=-x_3(t)+\frac{x_1(t)-x_2(t)}{R_2}+f_2(t)=$$

$$\frac{1}{R_2}x_1(t)-\frac{1}{R_2}x_2(t)-x_3(t)+f_2(t)$$

对只含一个独立电感 L 的回路 bcdeb 列 KVL 方程为

$$L\frac{\mathrm{d}x_3(t)}{\mathrm{d}t}=x_2(t)$$

将以上3式整理，即得矩阵形式的状态方程为

$$\begin{bmatrix}\dot{x}_1(t)\\\dot{x}_2(t)\\\dot{x}_3(t)\end{bmatrix}=\begin{bmatrix}-\left(\frac{1}{R_1C_1}+\frac{1}{R_2C_1}\right)&\frac{1}{R_2C_1}&0\\\frac{1}{R_2C_2}&\frac{1}{R_2C_2}&-\frac{1}{C_2}\\0&\frac{1}{L}&0\end{bmatrix}\begin{bmatrix}x_1(t)\\x_2(t)\\x_3(t)\end{bmatrix}+\begin{bmatrix}\frac{1}{R_1C_1}&0\\0&\frac{1}{C_2}\\0&0\end{bmatrix}\begin{bmatrix}f_1(t)\\f_2(t)\end{bmatrix}$$

输出方程

$$y_1(t)=-x_1(t)+f_1(t)$$

$$y_2(t)=\frac{1}{R_2}x_1(t)-\frac{1}{R_2}x_2(t)-x_3(t)+f_2(t)$$

写成矩阵形式为

$$\begin{bmatrix}y_1(t)\\y_2(t)\end{bmatrix}=\begin{bmatrix}-1&0&0\\\frac{1}{R_2}&-\frac{1}{R_2}&-1\end{bmatrix}\begin{bmatrix}x_1(t)\\x_2(t)\\x_3(t)\end{bmatrix}+\begin{bmatrix}1&0\\0&1\end{bmatrix}\begin{bmatrix}f_1(t)\\f_2(t)\end{bmatrix}$$

例 17.2.3 图17.2.3所示电路，以 $x_1(t)$，$x_2(t)$ 为状态变量，列写状态方程；以 $y_1(t)$

$y_2(t)$ 为响应，列写输出方程。

解　对节点 a 列 KCL 方程为

$$\dot{x}_1(t)=\frac{f_1(t)-x_1(t)}{4}-x_2(t)=-\frac{1}{4}x_1(t)-x_2(t)+\frac{1}{4}f(t)$$

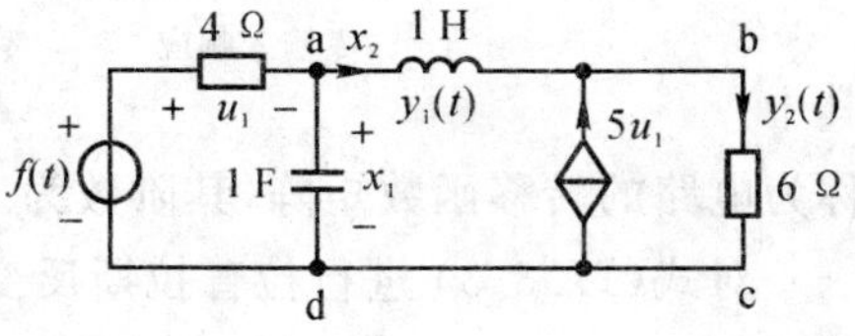

图　17.2.3

对 abcd 回路列 KVL 方程为

$$\dot{x}_2(t)=x_1(t)-5[x_2(t)+5u_1]=x_1(t)-6x_2(t)-30u_1=$$
$$x_1(t)-6x_2(t)-30[f(t)-x_1(t)]=31x_1(t)-6x_2(t)-30f(t)$$

写成矩阵形式为

$$\begin{bmatrix}\dot{x}_1(t)\\ \dot{x}_2(t)\end{bmatrix}=\begin{bmatrix}-\frac{1}{4} & -1\\ 31 & -6\end{bmatrix}\begin{bmatrix}x_1(t)\\ x_2(t)\end{bmatrix}+\begin{bmatrix}\frac{1}{4}\\ -30\end{bmatrix}[f(t)]$$

输出方程为

$$y_1(t)=\dot{x}_2(t)=31x_1(t)-6x_2(t)-30f(t)$$
$$y_2(t)=x_2(t)+5u_1=x_2(t)-5[f(t)-x_1(t)]=-5x_1(t)+x_2(t)-5f(t)$$

写成矩阵形式为

$$\begin{bmatrix}y_1(t)\\ y_2(t)\end{bmatrix}=\begin{bmatrix}31 & -6\\ -5 & 1\end{bmatrix}\begin{bmatrix}x_1(t)\\ x_2(t)\end{bmatrix}+\begin{bmatrix}-30\\ -5\end{bmatrix}[f(t)]$$

17.3　状态方程与输出方程的 s 域解法

一、状态方程的复频域解

对式(17.1.2)求拉普拉斯变换得

$$s\boldsymbol{X}(s)-\boldsymbol{x}(0^-)=\boldsymbol{A}\boldsymbol{X}(s)+\boldsymbol{B}\boldsymbol{F}(s)$$

即

$$\{s\boldsymbol{I}-\boldsymbol{A}\}\boldsymbol{X}(s)=\boldsymbol{x}(0^-)+\boldsymbol{B}\boldsymbol{F}(s)$$

其中　$\boldsymbol{X}(s)=\mathscr{L}[\boldsymbol{x}(t)]$，$\boldsymbol{F}(s)=\mathscr{L}[\boldsymbol{f}(t)]$，$\boldsymbol{x}(0^-)$ 为初始状态向量，$\boldsymbol{I}$ 为与 $\boldsymbol{A}$ 同阶的单位矩阵。对上式等号两端同时左乘以矩阵 $\{s\boldsymbol{I}-\boldsymbol{A}\}^{-1}$ 即有

$$\boldsymbol{X}(s)=\{s\boldsymbol{I}-\boldsymbol{A}\}^{-1}\boldsymbol{x}(0^-)+\{s\boldsymbol{I}-\boldsymbol{A}\}^{-1}\boldsymbol{B}\boldsymbol{F}(s)=\boldsymbol{\Phi}(s)\boldsymbol{x}(0^-)+\boldsymbol{\Phi}(s)\boldsymbol{B}\boldsymbol{F}(s) \tag{17.3.1}$$

其中

$$\boldsymbol{\Phi}(s)=\{s\boldsymbol{I}-\boldsymbol{A}\}^{-1}$$

称为预解矩阵，为 $n\times n$ 阶，即与 $\boldsymbol{A}$ 同阶。

对式(17.3.1)进行拉普拉斯反变换，即得状态向量的时域解为

$$\boldsymbol{x}(t)=\boldsymbol{\varphi}(t)\boldsymbol{x}(0^-)+\mathscr{L}^{-1}\{\boldsymbol{\Phi}(s)\boldsymbol{B}\boldsymbol{F}(s)\} \tag{17.3.2}$$

其中

$$\boldsymbol{\varphi}(t)=\mathscr{L}^{-1}[\boldsymbol{\Phi}(s)]$$

称为状态过渡矩阵。可见 $\boldsymbol{\varphi}(t)$ 与 $\boldsymbol{\Phi}(s)$ 为一对拉普拉斯变换，即 $\boldsymbol{\varphi}(t)\leftrightarrow\boldsymbol{\Phi}(s)$。

二、输出方程的复频域解与转移函数矩阵 $\boldsymbol{H}(s)$

对式(17.1.3)求拉普拉斯变换，并将式(17.3.1)代入，即得响应的 s 域解为

$$\boldsymbol{Y}(s)=\boldsymbol{C}\boldsymbol{X}(s)+\boldsymbol{D}\boldsymbol{F}(s)=\boldsymbol{C}\boldsymbol{\Phi}(s)\boldsymbol{x}(0^-)+\{\boldsymbol{C}\boldsymbol{\Phi}(s)\boldsymbol{B}+\boldsymbol{D}\}\boldsymbol{F}(s)=$$

$$\underbrace{\boldsymbol{C\Phi}(s)\boldsymbol{x}(0^-)}_{\text{零输入响应}}+\underbrace{\boldsymbol{H}(s)\boldsymbol{F}(s)}_{\text{零状态响应}} \tag{17.3.3}$$

其中

$$\boldsymbol{H}(s)=\boldsymbol{C\Phi}(s)\boldsymbol{B}+\boldsymbol{D} \tag{17.3.4}$$

称为电路的转移函数矩阵，其阶数为 $r\times m$ 阶，即与 $\boldsymbol{D}$ 同阶。

对式(17.3.3)进行拉普拉斯反变换，即得响应向量的时域解为

$$\boldsymbol{y}(t)=\underbrace{\boldsymbol{C\varphi}(t)\boldsymbol{x}(0^-)}_{\text{零输入响应}}+\underbrace{\mathscr{L}^{-1}[\boldsymbol{H}(s)\boldsymbol{F}(s)]}_{\text{零状态响应}} \tag{17.3.5}$$

需要指出，也可将根据式(17.3.2)求得的 $\boldsymbol{x}(t)$ 直接代入式(17.1.3)而求得响应向量 $\boldsymbol{y}(t)$，这更为简便。

例 17.3.1 已知电路的状态方程与输出方程分别为

$$\begin{cases}\begin{bmatrix}\dot{x}_1(t)\\ \dot{x}_2(t)\end{bmatrix}=\begin{bmatrix}1 & 2\\ 0 & -1\end{bmatrix}\begin{bmatrix}x_1(t)\\ x_2(t)\end{bmatrix}+\begin{bmatrix}0 & 1\\ 1 & 0\end{bmatrix}\begin{bmatrix}U(t)\\ \delta(t)\end{bmatrix}\\ \boldsymbol{x}(0^-)=\begin{bmatrix}x_1(0^-)\\ x_2(0^-)\end{bmatrix}=\begin{bmatrix}1\\ -1\end{bmatrix}\end{cases}$$

$$\begin{bmatrix}y_1(t)\\ y_2(t)\end{bmatrix}=\begin{bmatrix}1 & 1\\ 0 & -1\end{bmatrix}\begin{bmatrix}x_1(t)\\ x_2(t)\end{bmatrix}+\begin{bmatrix}1 & 0\\ 1 & 0\end{bmatrix}\begin{bmatrix}U(t)\\ \delta(t)\end{bmatrix} \tag{17.3.6}$$

求状态向量 $\boldsymbol{x}(t)$ 与响应向量 $\boldsymbol{y}(t)$。

解 $\boldsymbol{\Phi}(s)=\{s\boldsymbol{I}-\boldsymbol{A}\}^{-1}=\{s\begin{bmatrix}1 & 0\\ 0 & 1\end{bmatrix}-\begin{bmatrix}1 & 2\\ 0 & -1\end{bmatrix}\}^{-1}=\begin{bmatrix}\frac{1}{s-1} & \frac{2}{(s-1)(s+1)}\\ 0 & \frac{1}{s+1}\end{bmatrix}$

$$\boldsymbol{F}(s)=\mathscr{L}\begin{bmatrix}U(t)\\ \delta(t)\end{bmatrix}=\begin{bmatrix}\frac{1}{s}\\ 1\end{bmatrix}$$

故 $\boldsymbol{X}(s)=\boldsymbol{\Phi}(s)\boldsymbol{x}(0^-)+\boldsymbol{\Phi}(s)\boldsymbol{BF}(s)=\begin{bmatrix}\frac{1}{s+1}\\ -\frac{1}{s+1}\end{bmatrix}+\begin{bmatrix}\frac{2}{s-1}+\frac{1}{s+1}-\frac{2}{s}\\ \frac{1}{s}+\frac{-1}{s+1}\end{bmatrix}$

故得

$$\boldsymbol{x}(t)=\begin{bmatrix}e^{-t}\\ -e^{-t}\end{bmatrix}+\begin{bmatrix}2e^{t}+e^{-t}-2\\ 1-e^{-t}\end{bmatrix}=\begin{bmatrix}2e^{t}+2e^{-t}-2\\ 1-2e^{-t}\end{bmatrix},\quad t>0 \tag{17.3.7}$$

将式(17.3.7)代入式(17.3.6)得

$$\begin{bmatrix}y_1(t)\\ y_2(t)\end{bmatrix}=\begin{bmatrix}1 & 1\\ 0 & -1\end{bmatrix}\begin{bmatrix}2e^{t}+2e^{-t}-2\\ 1-2e^{-t}\end{bmatrix}+\begin{bmatrix}U(t)\\ U(t)\end{bmatrix}=\begin{bmatrix}0\\ e^{-t}\end{bmatrix}+\begin{bmatrix}2e^{t}-1\\ e^{-t}-1\end{bmatrix}+\begin{bmatrix}1\\ 1\end{bmatrix}=$$

$$\underbrace{\begin{bmatrix}0\\ e^{-t}\end{bmatrix}}_{\substack{\text{零输入}\\ \text{响应}}}+\underbrace{\begin{bmatrix}2e^{t}\\ e^{-t}\end{bmatrix}}_{\substack{\text{零状态}\\ \text{响应}}}=\underbrace{\begin{bmatrix}2e^{t}\\ 2e^{-t}\end{bmatrix}U(t)}_{\text{(全响应)}}$$

三、矩阵 A 的特征值与电路的自然频率

将式(17.3.4)改写为

$$\boldsymbol{H}(s)=\boldsymbol{C}\{s\boldsymbol{I}-\boldsymbol{A}\}^{-1}\boldsymbol{B}+\boldsymbol{D}=\boldsymbol{C}\frac{\mathrm{adj}\{s\boldsymbol{I}-\boldsymbol{A}\}}{|s\boldsymbol{I}-\boldsymbol{A}|}\boldsymbol{B}+\boldsymbol{D}=\frac{\boldsymbol{C}\mathrm{adj}\{s\boldsymbol{I}-\boldsymbol{A}\}\boldsymbol{B}+|s\boldsymbol{I}-\boldsymbol{A}|\boldsymbol{D}}{|s\boldsymbol{I}-\boldsymbol{A}|}$$

其中 $\mathrm{adj}\{s\boldsymbol{I}-\boldsymbol{A}\}$ 为矩阵 $\{s\boldsymbol{I}-\boldsymbol{A}\}$ 的伴随矩阵。矩阵 $\{s\boldsymbol{I}-\boldsymbol{A}\}$ 称为矩阵 $\boldsymbol{A}$ 的特征矩阵；行列式 $|s\boldsymbol{I}-\boldsymbol{A}|$ 的展开式称为矩阵 $\boldsymbol{A}$ 的特征多项式；$|s\boldsymbol{I}-\boldsymbol{A}|=0$ 称为矩阵 $\boldsymbol{A}$ 的特征方程，其根即为矩阵 $\boldsymbol{A}$ 的特征值，亦即 $\boldsymbol{H}(s)$ 中每一个元素的极点，也称电路的自然频率或固有频率。

例 17.3.2　求下列矩阵 $\boldsymbol{A}$ 的特征值(即电路的自然频率)。

$$(1)\boldsymbol{A}=\begin{bmatrix}0&2\\-1&-2\end{bmatrix}\qquad(2)\boldsymbol{A}=\begin{bmatrix}-2&0&0\\0&-1&0\\0&0&-3\end{bmatrix}$$

解　$(1)\ |s\boldsymbol{I}-\boldsymbol{A}|=\left|s\begin{bmatrix}1&0\\0&1\end{bmatrix}-\begin{bmatrix}0&2\\-1&-2\end{bmatrix}\right|=s^2+2s+2=0$

故得特征值为 $p_1=-1+\mathrm{j}1, p_2=-1-\mathrm{j}1=\overset{*}{p}_1$。

$$(2)\ |s\boldsymbol{I}-\boldsymbol{A}|=\left|s\begin{bmatrix}1&0&0\\0&1&0\\0&0&1\end{bmatrix}-\begin{bmatrix}-2&0&0\\0&-1&0\\0&0&-3\end{bmatrix}\right|=(s+2)(s+1)(s+3)=0$$

故得特征值为 $p_1=-2, p_2=-1, p_3=-3$。可见当 $\boldsymbol{A}$ 为对角阵时，其对角线上的元素即为其特征值。

17.4　状态方程与输出方程的时域解法

一、状态方程的时域解

给式(17.1.2)等号两端同时左乘以 $\mathrm{e}^{-\boldsymbol{A}t}$，得

$$\mathrm{e}^{-\boldsymbol{A}t}\dot{\boldsymbol{x}}(t)=\mathrm{e}^{-\boldsymbol{A}t}\boldsymbol{A}\boldsymbol{x}(t)+\mathrm{e}^{-\boldsymbol{A}t}\boldsymbol{B}\boldsymbol{f}(t)$$

$$\mathrm{e}^{-\boldsymbol{A}t}\dot{\boldsymbol{x}}(t)-\mathrm{e}^{-\boldsymbol{A}t}\boldsymbol{A}\boldsymbol{x}(t)=\mathrm{e}^{-\boldsymbol{A}t}\boldsymbol{B}\boldsymbol{f}(t)$$

即

$$\frac{\mathrm{d}}{\mathrm{d}t}\{\mathrm{e}^{-\boldsymbol{A}t}\boldsymbol{x}(t)\}=\mathrm{e}^{-\boldsymbol{A}t}\boldsymbol{B}\boldsymbol{f}(t)$$

对上式等号两端同时积分，得

$$\int_{0^-}^{t}\frac{\mathrm{d}}{\mathrm{d}\tau}\{\mathrm{e}^{-\boldsymbol{A}\tau}\boldsymbol{x}(\tau)\}\mathrm{d}\tau=\int_{0^-}^{t}\mathrm{e}^{-\boldsymbol{A}\tau}\boldsymbol{B}\boldsymbol{f}(\tau)\mathrm{d}\tau$$

即

$$\mathrm{e}^{-\boldsymbol{A}t}\boldsymbol{x}(\tau)\Big|_{0^-}^{t}=\int_{0^-}^{t}\mathrm{e}^{-\boldsymbol{A}\tau}\boldsymbol{B}\boldsymbol{f}(\tau)\mathrm{d}\tau$$

$$\mathrm{e}^{-\boldsymbol{A}t}\boldsymbol{x}(t)-\mathrm{e}^{-\boldsymbol{A}0^-}\boldsymbol{x}(0^-)=\int_{0^-}^{t}\mathrm{e}^{-\boldsymbol{A}\tau}\boldsymbol{B}\boldsymbol{f}(\tau)\mathrm{d}\tau$$

即

$$\mathrm{e}^{-\boldsymbol{A}t}\boldsymbol{x}(t)=\boldsymbol{x}(0^-)+\int_{0^-}^{t}\mathrm{e}^{-\boldsymbol{A}\tau}\boldsymbol{B}\boldsymbol{f}(\tau)\mathrm{d}\tau$$

对上式等号两端同时左乘以 $\mathrm{e}^{\boldsymbol{A}t}$，即得状态向量的时域解为

$$\boldsymbol{x}(t)=\mathrm{e}^{\boldsymbol{A}t}\boldsymbol{x}(0^-)+\int_{0^-}^{t}\mathrm{e}^{(\boldsymbol{A}-\tau)}\boldsymbol{B}\boldsymbol{f}(\tau)\mathrm{d}\tau=\mathrm{e}^{\boldsymbol{A}t}\boldsymbol{x}(0^-)+\mathrm{e}^{\boldsymbol{A}t}\boldsymbol{B}*\boldsymbol{f}(t)\qquad(17.4.1)$$

其中 $\mathrm{e}^{\boldsymbol{A}t}$ 称为矩阵指数函数，符号“ * ”表示卷积。

二、矩阵函数的卷积与 e^{At} 的求解

从式(17.4.1)看出，欲求得 $\boldsymbol{x}(t)$，一是必须知道 e^{At}，二是必须进行矩阵函数卷积的运算。下面分别介绍。

设有两个矩阵函数为

$$\boldsymbol{f}(t)=\begin{bmatrix}f_{11}(t) & f_{12}(t)\\ f_{21}(t) & f_{22}(t)\end{bmatrix},\quad \boldsymbol{g}(t)=\begin{bmatrix}g_{11}(t)\\ g_{21}(t)\end{bmatrix}$$

则求它们两者卷积的运算规则与两矩阵的乘法运算规则全同，即

$$\boldsymbol{f}(t)*\boldsymbol{g}(t)=\begin{bmatrix}f_{11}(t) & f_{12}(t)\\ f_{21}(t) & f_{22}(t)\end{bmatrix}*\begin{bmatrix}g_{11}(t)\\ g_{21}(t)\end{bmatrix}=\begin{bmatrix}f_{11}(t)*g_{11}(t)+f_{12}(t)*g_{21}(t)\\ f_{21}(t)*g_{11}(t)+f_{22}(t)*g_{21}(t)\end{bmatrix}$$

欲求得 e^{At}，可将式(17.4.1)与式(17.3.2)加以比较，即可明显看出有

$$e^{At}=\boldsymbol{\varphi}(t)=\mathscr{L}^{-1}[\boldsymbol{\Phi}(s)]=\mathscr{L}^{-1}\{s\boldsymbol{I}-\boldsymbol{A}\}^{-1}$$

故又得

$$\boldsymbol{\Phi}(s)=\mathscr{L}\left[e^{At}\right] \tag{17.4.2}$$

即 $\boldsymbol{\Phi}(s)$ 与 $e^{At}=\boldsymbol{\varphi}(t)$ 为一对拉普拉斯变换，即 $\boldsymbol{\Phi}(s)\leftrightarrow\boldsymbol{\varphi}(t)=e^{At}$。

三、输出方程的时域解与单位冲激响应矩阵 $\boldsymbol{h}(t)$。

将式(17.4.1)代入式(17.1.3)，即得响应的时域解为

$$\boldsymbol{y}(t)=\boldsymbol{C}\{e^{At}\boldsymbol{x}(0^-)+e^{At}\boldsymbol{B}*\boldsymbol{f}(t)\}+\boldsymbol{D}\boldsymbol{f}(t) \tag{17.4.3}$$

因有 $\delta(t)*f(t)=f(t)$，仿此，可引入一个 $m\times m$（m 为激励的个数）阶的单位冲激励对角矩阵 $\boldsymbol{\delta}(t)$，即

$$\boldsymbol{\delta}(t)=\begin{bmatrix}\delta(t) & & & 0\\ & \ddots & & \\ & & \delta(t) & \\ & & & \ddots & \\ 0 & & & & \delta(t)\end{bmatrix}_{m\times m\text{阶}}$$

则因有 $\boldsymbol{\delta}(t)*\boldsymbol{f}(t)=\boldsymbol{f}(t)$，于是可将式(17.4.3)加以改写，可得时域解的另一表达式为

$$\begin{aligned}\boldsymbol{y}(t)&=\boldsymbol{C}e^{At}\boldsymbol{x}(0^-)+\boldsymbol{C}e^{At}\boldsymbol{B}*\boldsymbol{f}(t)+\boldsymbol{D}\boldsymbol{\delta}(t)*\boldsymbol{f}(t)=\\ &\boldsymbol{C}e^{At}\boldsymbol{x}(0^-)+\{\boldsymbol{C}e^{At}\boldsymbol{B}+\boldsymbol{D}\boldsymbol{\delta}(t)\}*\boldsymbol{f}(t)=\underbrace{\boldsymbol{C}e^{At}\boldsymbol{x}(0^-)}_{\text{零输入响应}}+\underbrace{\boldsymbol{h}(t)*\boldsymbol{f}(t)}_{\text{零状态响应}}\end{aligned} \tag{17.4.4}$$

其中

$$\boldsymbol{h}(t)=\boldsymbol{C}e^{At}\boldsymbol{B}+\boldsymbol{D}\boldsymbol{\delta}(t)=\boldsymbol{C}\boldsymbol{\varphi}(t)\boldsymbol{B}+\boldsymbol{D}\boldsymbol{\delta}(t) \tag{17.4.5}$$

称为电路的单位冲激响应矩阵。

将式(17.4.5)进行拉普拉斯变换得

$$\mathscr{L}\left[\boldsymbol{h}(t)\right]=\boldsymbol{C}\boldsymbol{\Phi}(s)\boldsymbol{B}+\boldsymbol{D}=\boldsymbol{H}(s)$$

可见 $\boldsymbol{h}(t)$ 与 $\boldsymbol{H}(s)$ 为一对拉普拉斯变换。故又有

$$\boldsymbol{h}(t)=\mathscr{L}^{-1}[\boldsymbol{H}(s)]$$

例 17.4.1 已知电路状态方程的系数矩阵 $\boldsymbol{A}=\begin{bmatrix}1 & 2\\ 0 & -1\end{bmatrix}$，$\boldsymbol{B}=\begin{bmatrix}0 & 1\\ 1 & 0\end{bmatrix}$，$\boldsymbol{C}=\begin{bmatrix}1 & 1\\ 0 & -1\end{bmatrix}$，$\boldsymbol{D}=\begin{bmatrix}1 & 0\\ 1 & 0\end{bmatrix}$。求 $\boldsymbol{H}(s)$，$\boldsymbol{\Phi}(t)$，$\boldsymbol{h}(t)$。

解　$\boldsymbol{\Phi}(s)=\{s\boldsymbol{I}-\boldsymbol{A}\}^{-1}=\left\{s\begin{bmatrix}1&0\\0&1\end{bmatrix}-\begin{bmatrix}1&2\\0&-1\end{bmatrix}\right\}^{-1}$

$$\begin{bmatrix}s-1&-2\\0&s+1\end{bmatrix}^{-1}=\frac{1}{(s-1)(s+1)}\begin{bmatrix}s+1&2\\0&s-1\end{bmatrix}=$$

$$\begin{bmatrix}\dfrac{1}{s-1}&\dfrac{2}{(s-1)(s+1)}\\0&\dfrac{1}{s+1}\end{bmatrix}=\begin{bmatrix}\dfrac{1}{s-1}&\dfrac{1}{(s-1)}-\dfrac{1}{(s+1)}\\0&\dfrac{1}{s+1}\end{bmatrix}$$

$$\boldsymbol{H}(s)=\boldsymbol{C\Phi}(s)\boldsymbol{B}+\boldsymbol{D}=\begin{bmatrix}\dfrac{s}{s-1}&\dfrac{1}{s-1}\\\dfrac{s}{s+1}&0\end{bmatrix}=\begin{bmatrix}1+\dfrac{1}{s-1}&\dfrac{1}{(s-1)}\\1+\dfrac{1}{s+1}&0\end{bmatrix}$$

故

$$\boldsymbol{\Phi}(t)=\mathscr{L}^{-1}[\boldsymbol{\Phi}(s)]=\begin{bmatrix}e^{t}&e^{t}-e^{-t}\\0&e^{-t}\end{bmatrix},\quad t>0$$

$$\boldsymbol{h}(t)=\mathscr{L}^{-1}[\boldsymbol{H}(s)]=\begin{bmatrix}\delta(t)+e^{t}&e^{t}\\\delta(t)-e^{-t}&0\end{bmatrix},\quad t>0$$

习　题　十　七

17.1　图题 17.1 所示电路，试说明下列各对变量中，哪几对变量不能作为状态变量。(1)u_C,i_L；(2)u_C,i_C；(3)u_L,i_L；(4)u_C,i_1。(答：(4) 不能)

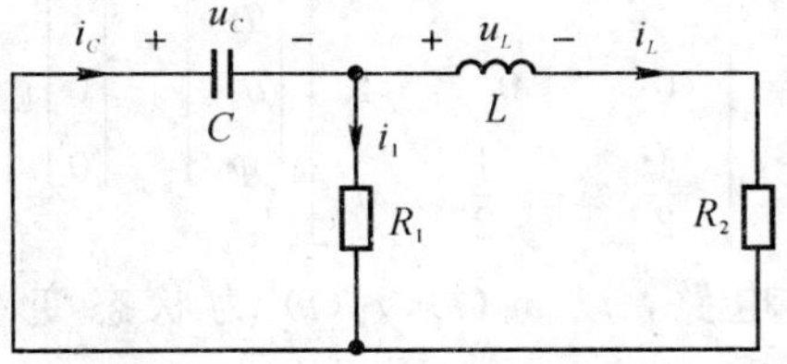

图题　17.1

17.2　图题 17.2 所示电路，以 $x_1(t),x_2(t)$ 为状态变量，列写电路的状态方程。

$$\left(\text{答：}\begin{bmatrix}-\dfrac{R}{L}&-\dfrac{1}{L}\\\dfrac{1}{C}&0\end{bmatrix}\begin{bmatrix}x_1(t)\\x_2(t)\end{bmatrix}+\begin{bmatrix}\dfrac{1}{L}\\0\end{bmatrix}[f(t)];\quad\begin{bmatrix}0&\dfrac{1}{L}\\-\dfrac{1}{C}&-\dfrac{1}{RC}\end{bmatrix}\begin{bmatrix}x_1\\x_2\end{bmatrix}+\begin{bmatrix}0\\\dfrac{1}{C}\end{bmatrix}[f(t)]\right)$$

17.3　列写图题 17.3 所示电路的状态方程，以 $y_1(t),y_2(t)$ 为响应，列写电路的输出方程。

$$\left(\text{答：}\begin{bmatrix}0&\dfrac{1}{2}&\dfrac{1}{2}\\-1&-1&0\\1&0&-1\end{bmatrix}\begin{bmatrix}x_1\\x_2\\x_3\end{bmatrix}+\begin{bmatrix}0\\1\\0\end{bmatrix}[f(t)],\quad\begin{bmatrix}0&1&0\\0&0&1\end{bmatrix}\begin{bmatrix}x_1\\x_2\\x_3\end{bmatrix};\quad\begin{bmatrix}-2&-1\\-1&-1\end{bmatrix}\begin{bmatrix}x_1\\x_2\end{bmatrix}+\right.$$

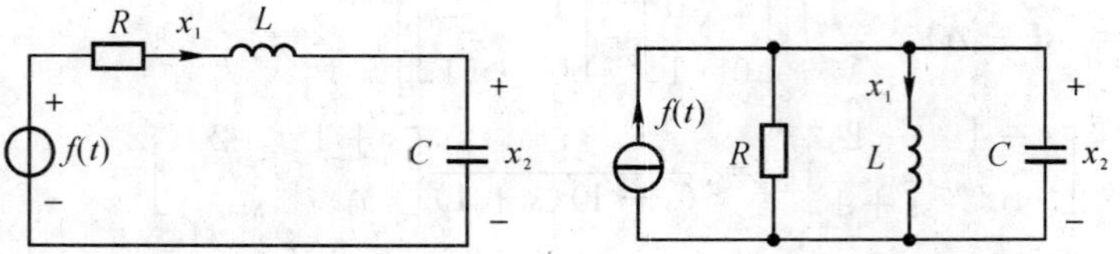

（a）（b）

图题 17.2

$$\begin{bmatrix}2 & -1\\1 & -1\end{bmatrix}\begin{bmatrix}f_1(t)\\f_2(t)\end{bmatrix};\begin{bmatrix}-1 & 0\\-1 & -1\end{bmatrix}\begin{bmatrix}x_1\\x_2\\x_3\end{bmatrix}+\begin{bmatrix}1 & 0\\1 & 0\end{bmatrix}\begin{bmatrix}f_1(t)\\f_2(t)\end{bmatrix}\Bigg)$$

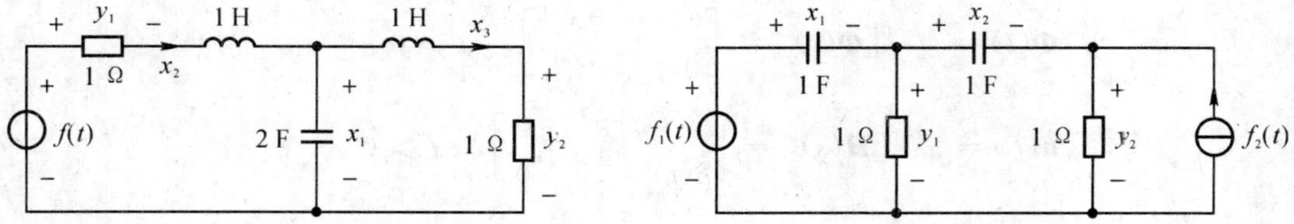

（a）（b）

图题 17.3

17.4 图题 17.4 所示电路，以电容电量 $q_1(t)$，$q_2(t)$ 和电感磁链 $\Psi_3(t)$ 为状态变量，列写电路的状态方程。$\left(答：\begin{bmatrix}\dot{q}_1\\\dot{q}_2\\\dot{\Psi}_3\end{bmatrix}=\begin{bmatrix}-\frac{1}{2} & 0 & -1\\0 & 0 & 1\\\frac{1}{2} & -\frac{1}{2} & 0\end{bmatrix}\begin{bmatrix}q_1\\q_2\\\Psi_3\end{bmatrix}+\begin{bmatrix}1\\0\\0\end{bmatrix}[f(t)]\right)$

17.5 图题 17.5 所示电路，以 $x_1(t)$，$x_2(t)$ 为状态变量，列写电路的状态方程。$\left(答：\begin{bmatrix}-\frac{1}{8} & \frac{1}{8}\\\frac{1}{4} & -\frac{1}{4}\end{bmatrix}\begin{bmatrix}x_1\\x_2\end{bmatrix}+\begin{bmatrix}\frac{1}{2}\\-1\end{bmatrix}[f(t)]\right)$

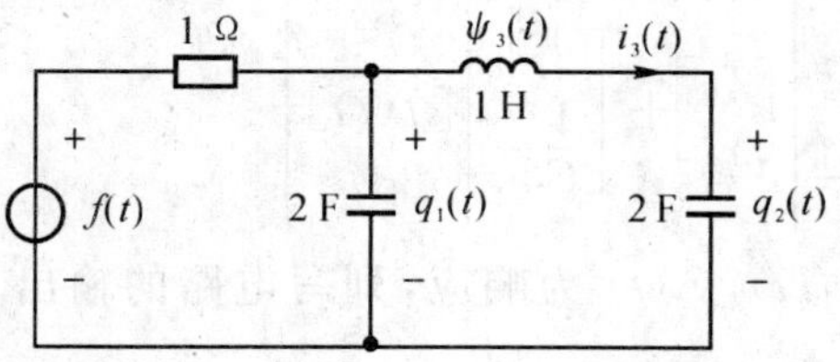

图题 17.4

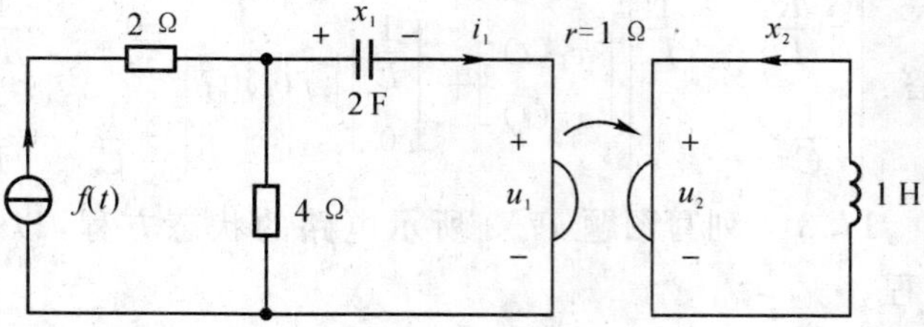

图题 17.5

17.6 已知电路状态方程的 **A** 矩阵如下，求状态转移矩阵 $\boldsymbol{\Phi}(t)=e^{\boldsymbol{A}t}$。

(1)$\boldsymbol{A}=\begin{bmatrix}-1 & 1\\0 & -2\end{bmatrix}$；(2)$\boldsymbol{A}=\begin{bmatrix}0 & 2\\-1 & -2\end{bmatrix}$。

$$\left(\text{答}:\begin{bmatrix} e^{-t} & e^{-t}-e^{-2t} \\ 0 & e^{-2t} \end{bmatrix} U(t);\begin{bmatrix} e^{-t}(\cos t+\sin t) & 2e^{-t}\sin t \\ -e^{-t}\sin t & e^{-t}(\cos t-\sin t) \end{bmatrix} U(t)\right)$$

17.7　求图题 17.7 所示电路的自然频率。(答：$p=-2\pm \mathrm{j}2;-2,-4$)

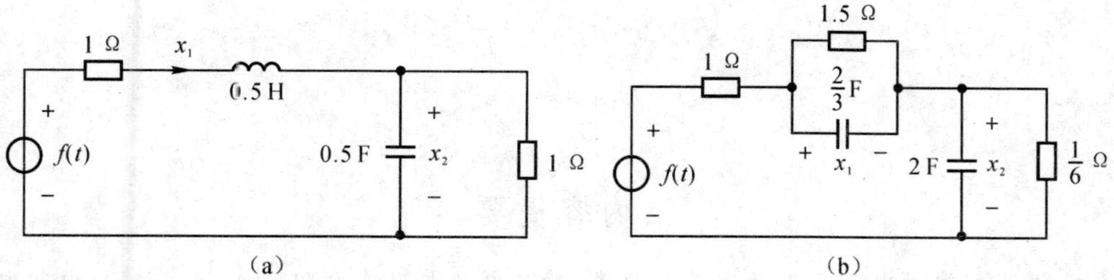

图题　17.7

17.8　图题 17.8 所示电路，已知 $x_1(0^-)=1$ V，$x_2(0^-)=1$ A。(1) 求状态向量 $\boldsymbol{x}(t)$ 的零输入解；(2) 求状态向量的单位冲激解。$\left(\text{答}:\begin{bmatrix} e^{-t}(\cos t-2\sin t) \\ e^{-t}(\cos t+0.5\sin t) \end{bmatrix} U(t);\begin{bmatrix} 2e^{-t}\cos t \\ e^{-t}\sin t \end{bmatrix} U(t)\right)$

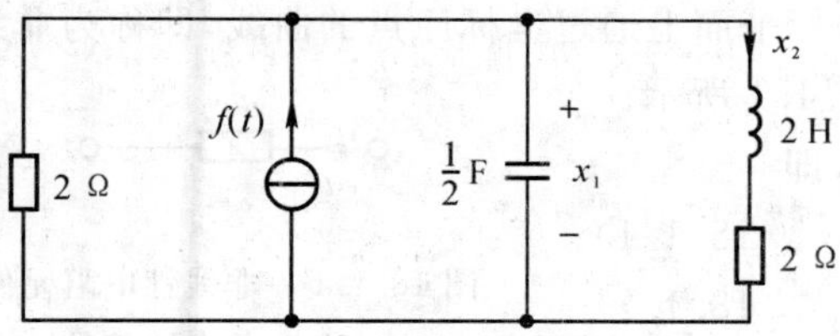

图题　17.8

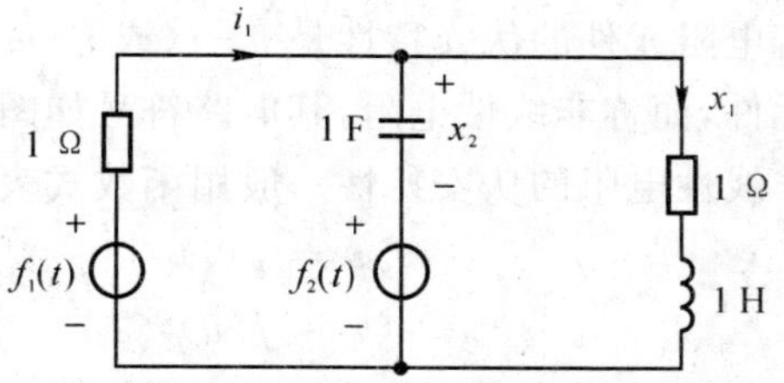

图题　17.9

17.9　图题 17.9 所示零状态电路。(1) 以 $x_1(t)$，$x_2(t)$ 为状态变量，列写电路的状态方程；(2) 以 $y_1(t)=x_1(t)$，$y_2(t)=i_1(t)$ 为响应，列写电路的输出方程；(3) 求电路的转移函数矩阵 $\boldsymbol{H}(s)$ 和单位冲激响应矩阵阵 $\boldsymbol{h}(t)$。

$$\left(\text{答}:\begin{bmatrix} -1 & 1 \\ -1 & -1 \end{bmatrix}\begin{bmatrix} x_1 \\ x_2 \end{bmatrix}+\begin{bmatrix} 0 & 1 \\ 1 & -1 \end{bmatrix}\begin{bmatrix} f_1(t) \\ f_2(t) \end{bmatrix};\begin{bmatrix} 1 & 0 \\ 0 & -1 \end{bmatrix}\begin{bmatrix} x_1 \\ x_2 \end{bmatrix}+\begin{bmatrix} 0 & 0 \\ 1 & -1 \end{bmatrix}\begin{bmatrix} f_1(t) \\ f_2(t) \end{bmatrix};\right.$$

$$\left.\begin{bmatrix} \dfrac{1}{(s+1)^2+1} & \dfrac{s+1-1}{(s+1)^2+1} \\ 1-\dfrac{s+1}{(s+1)^2+1} & 1+\dfrac{s+1+1}{(s+1)^2+1} \end{bmatrix};\begin{bmatrix} e^{-t}\sin t & e^{-t}(\cos t-\sin t) \\ \delta(t)-e^{-t}\cos t & \delta(t)+e^{-t}(\cos t+\sin t) \end{bmatrix} U(t)\right)$$

第 18 章　非线性电阻电路

内容提要

本章讲述非线性电阻元件的定义与分类，静态电阻与动态电阻的概念，非线性电阻电路的图解分析法，非线性电阻电路的串联与并联，小信号等效电路分析法，分段线性化分析法。

18.1　非线性电阻元件的定义与分类

一、非线性电阻元件的定义

若电阻元件的伏安特性是 u-i(或 i-u) 坐标平面上通过坐标原点的曲线，即称为非线性电阻元件，简称非线性电阻，其电路符号如图 18.1.1 所示。

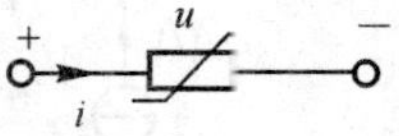

图 18.1.1　非线性电阻元件的电路符号

非线性电阻的伏安特性一般用函数式表示，即

$$u = g(i) \tag{18.1.1}$$

$$i = f(u) \tag{18.1.2}$$

式(18.1.1) 表示 u 是 i 的非线性函数，式(18.1.2) 表示 i 是 u 的非线性函数。

二、非线性电阻元件的分类

1. 流控型电阻

对于式(18.1.1) 而言，电阻两端的电压 u 是其中电流 i 的单值函数，其典型伏安特性如图 18.1.2 所示。这种电阻称为电流控制型电阻，简称流控电阻。充气二极管即具有这样的伏安特性。但要注意，对于同一电压 u 值，电流 i 可能是多值的。例如当 $u = u_0$ 时，电流 i 就有 3 个不同的值 i_1, i_2, i_3，如图 18.1.2 所示。

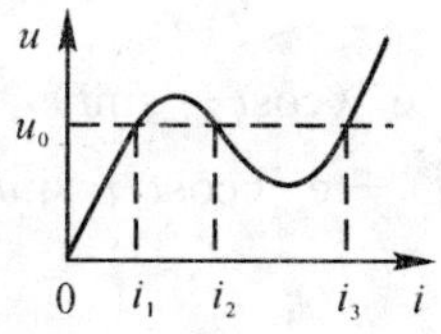

图 18.1.2　流控电阻

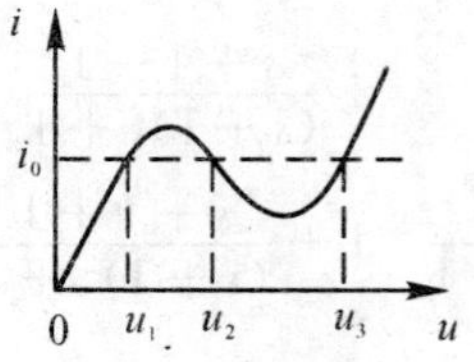

图 18.1.3　压控电阻

2. 压控型电阻

对于式(18.1.2) 而言，电阻中的电流 i 是其两端电压 u 的单值函数，其典型伏安特性如图 18.1.3 所示。这种电阻称为电压控制型电阻，简称压控电阻。隧道二极管即具有这样的伏安特

性。但要注意，对于同一电流 i 值，电压 u 可能是多值的。例如当 $i=i_0$ 时，电压 u 就有 3 个不同的值 u_1，u_2，u_3，如图 18.1.3 所示。

3. 流控压控型电阻

另有一类非线性电阻，它既是流控的又是压控的，其典型伏安特性如图 18.1.4 所示，其中图(a) 为白炽灯泡的伏安特性，图(b) 为半导体二极管的伏安特性。此类非线性电阻的伏安特性既可用 $u=g(i)$ 描述，也可用 $i=f(u)=g^{-1}(u)$ 描述，其中 f 为 g 的逆。从图中看出，曲线的斜率 $\dfrac{\mathrm{d}i}{\mathrm{d}u}$ 对所有的 u 值都是正值，即为单调增长型的。图 18.1.4(a) 的伏安特性对坐标原点对称，具有双向性；图 18.1.4(b) 的伏安特性对坐标原点不对称，具有单方向性，这种性质可用来整流和检波。流控压控型电阻也称单调性非线性电阻。

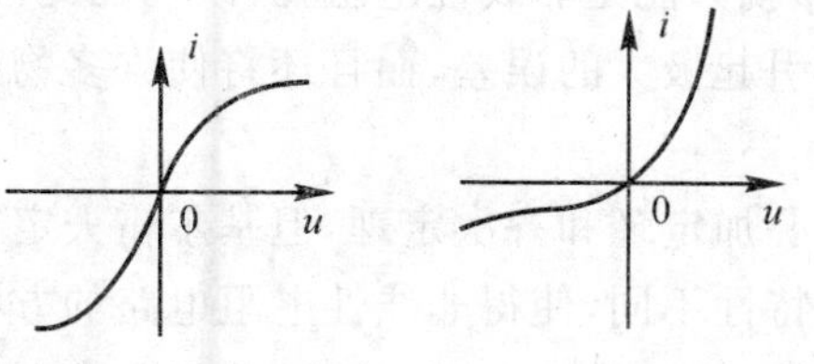

(a)　　(b)

图 18.1.4　单调增长的伏安特性

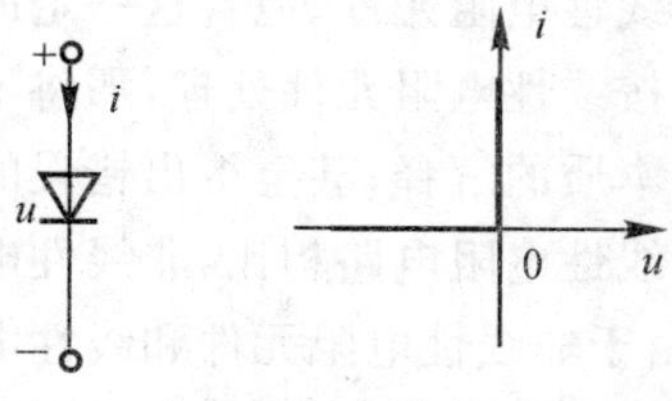

(a)　　(b)

图 18.1.5　理想半导体二极管的符号及其伏安特性

4. 既非流控也非压控型电阻

还有一类非线性电阻，它既不是流控的，也不是压控的。理想半导体二极管(图 18.1.5(a))的伏安特性即属此类，如图 18.1.5(b) 所示。其数学描述为

$$\left.\begin{aligned} i=0, \qquad & u<0 \\ u=0, \qquad & i>0 \end{aligned}\right\} \tag{18.1.3}$$

由式(18.1.3) 或图 18.1.5(b) 可见，由于在 $u<0$ 时 $i=0$，故此时理想半导体二极管相当于开路；在 $i>0$ 时 $u=0$，故此时理想半导体二极管相当于短路。

需要指出的是，上面所谈的伏安特性均指静态伏安特性，即在直流情况下测得的伏安特性，一般是用实验方法求得，且用曲线或表格给出；也有用解析式描述的，不过这种解析式有时颇复杂，并不便于应用。

三、静态电阻与动态电阻

为了计算与分析上的需要，我们引入静态电阻 R 与动态电阻 R_{d} 的概念。其定义分别为

P 点的静态电阻：　$R=\left.\dfrac{U}{I}\right|_{\text{P点}}$

P 点的动态电阻：　$R_{\mathrm{d}}=\left.\dfrac{\mathrm{d}u}{\mathrm{d}i}\right|_{\text{P点}}$

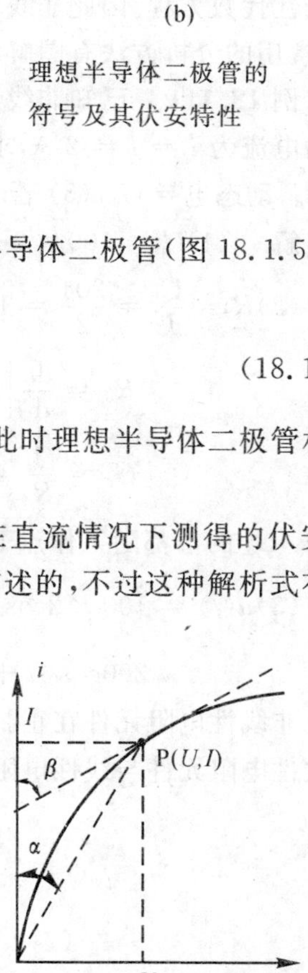

图 18.1.6　静态电阻与动态电阻的定义

如图 18.1.6 所示。P 点称为工作点。可见 R 和 R_{d} 的值都随工作点 P 而变化，亦即都是 u 和 i 的函数，且 P 点的 R 正比于 $\tan\alpha$，

P点的 R_d 正比于 $\tan\beta$。

R_d 的倒数称为动态电导，即

$$G_d = \frac{1}{R_d} = \left.\frac{di}{du}\right|_{P点}$$

当研究非线性电阻上的直流电压和直流电流的关系时，应采用静态电阻 R；当研究其上的变化电压与变化电流的关系时，应采用动态电阻 R_d 或动态电导 G_d。

四、非线性与线性的对立统一与转化

在实际中，一切电阻元件严格说都是非线性的。但在工程计算中，在一定条件下，对有些电阻元件可近似看作是线性的。例如一个金属丝电阻器，当环境温度变化不大时，即可近似看作是一个线性电阻元件。但若这一定的条件不满足，那就只能是非线性电阻元件了。在此情况下，若还要按线性电阻元件处理，那将不但在量的方面引起极大的误差，而且还将使许多物理现象得不到本质的解释，甚至得出错误的结果。

与线性电阻电路相比，非线性电阻电路不满足叠加定理和齐次定理，但基尔霍夫定律仍然适用。由于非线性电阻元件和线性电阻元件的伏安特性不同，使得非线性电阻电路的方程变为非线性代数方程。因此非线性电阻电路的分析和求解，要比线性电阻电路的分析和求解困难得多。常用的分析方法有图解法、分段线性化法、小信号等效电路法、数值法等。

例 18.1.1 已知非线性电阻元件的伏安特性为 $u = 100i + i^2$ (V)，$i \geqslant 0$。(1) 设工作点P上的电流为 $i = I = 2$ A，求工作点P上的电压值 U；(2) 求工作点P上的静态电阻 R，动态电阻 R_d，动态电导 G_d；(3) 若 $i(t) = 2\cos\omega t$ A，求对应的 $u(t)$。

解 (1) $U = 100 \times 2 + 2^2 = 204$ V，故工作点为 $P(I,U) = P(2,204)$。

(2) $R = \dfrac{U}{I} = \dfrac{204}{2} = 102\ \Omega$

$$R_d = \left.\frac{du}{di}\right|_{i=2} = \left.\frac{d}{di}(100i + i^2)\right|_{i=2} = \left.100 + 2i\right|_{i=2} = 104\ \Omega$$

$$G_d = \frac{1}{R_d} = \frac{1}{104}\ \text{S}$$

R，R_d，G_d 的值都随工作点P的不同而不同。

(3) $u(t) = 100 \times 2\cos\omega t + (2\cos\omega t)^2 = 200\cos\omega t + 4 \times \dfrac{1 + \cos 2\omega t}{2} =$

$$200\cos\omega t + 2 + 2\cos 2\omega t = 2 + 200\cos\omega t + 2\cos 2\omega t\ \text{(V)}$$

可见非线性电阻元件在正弦信号激励下，其响应电压 $u(t)$ 中产生了 2ω 的新的频率分量。这是非线性电阻元件与线性电阻元件的差别之一。

18.2 图解分析法

一、曲线相交法

图 18.2.1(a) 所示为一线性电阻 R 与非线性电阻串联的电路，直流电压源电压为 U_S，非线性电阻的伏安特性为 $i = f(u)$，如图 18.2.1(b) 所示。

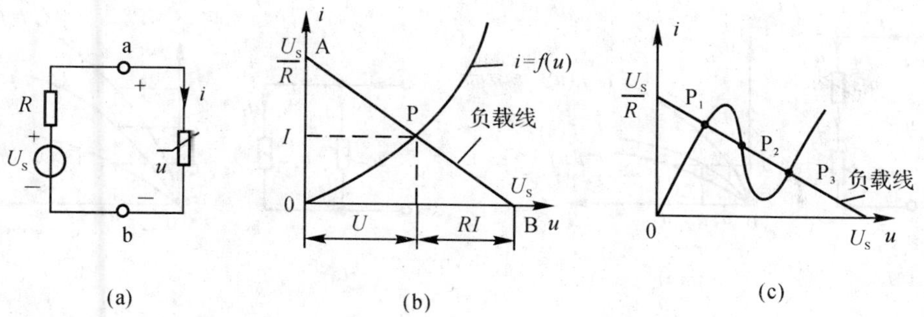

图 18.2.1　电路静态工作点的图解

对于图 18.2.1(a) 中 a,b 两点以左的电路，根据 KVL 可写出方程

$$u = U_S - Ri$$

这是一直线方程，因此可在 $i-u$ 平面上画出一条直线AB，如图 18.2.1(b) 中所示。

对于图 18.2.1(a) 中 a,b 两点以右的电路有方程

$$i = f(u),\quad u \geqslant 0$$

它就是非线性电阻的伏安特性。电路的解必然是图 18.2.1(b) 中两条曲线交点 P 的坐标所确定的值 U 和 I，即所求得的解答为 $u = U, i = I$。交点 P 称为静态工作点，直线AB 称为负载线。电阻 R 上的电压值也可从图上求得为 $u_R = RI$。

若非线性电阻的伏安特性如图 18.2.1(c) 所示，则电路的解答将有 3 个，即交点 P_1，P_2，P_3 所分别确定的电压、电流值。

二、曲线相加法

当非线性电阻元件串联或并联时，只要求出它们等效电阻的伏安特性，即可根据已知的电压求电流，或根据已知的电流求电压。

对图 18.2.2(a) 所示两个非线性电阻的串联电路，设其伏安特性分别为 $i_1 = f_1(u_1)$，$i_2 = f_2(u_2)$，如图 18.2.2(b) 所示。根据 KCL 和 KVL，有

$$i = i_1 = i_2$$

$$u = u_1 + u_2$$

故将曲线 $i_1 = f_1(u_1)$ 与 $i_2 = f_2(u_2)$ 在同一电流值 i 下的横坐标值 u_1，u_2 相加，即得此串联组合的等效电阻的伏安特性 $i = f(u)$，如图 18.2.2(b) 所示。

对图 18.2.3(a) 所示两个非线性电阻的并联电路，设其伏安特性分别为 $i_1 = f_1(u_1)$，$i_2 = f_2(u_2)$，如图 18.2.3(b) 所示。根据 KCL 和 KVL，有

$$u = u_1 = u_2$$

$$i = i_1 + i_2$$

故将曲线 $i_1 = f_1(u_1)$ 与 $i_2 = f_2(u_2)$ 在同一电压值 u 下的纵坐标值 i_1，i_2 相加，即得 $i = f(u)$，如图 18.2.3(b) 所示。

图解法的优点是直观，缺点是准确度不高，实际计算也很麻烦。当电路中含有多个非线性电阻时，图解法实际上已无法使用。另外，它也不适于编写程序，因而不适于用计算机计算。

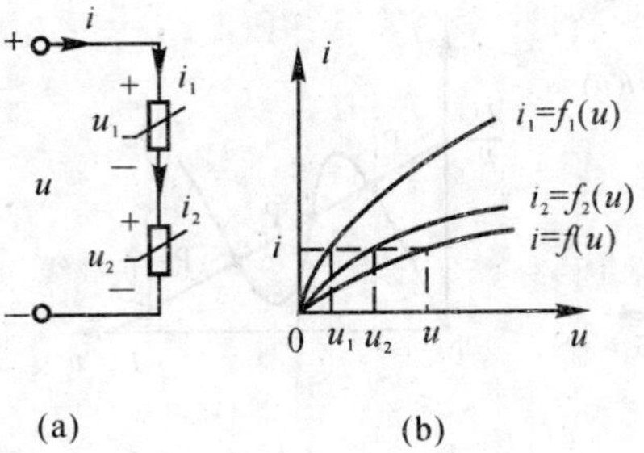

图 18.2.2 非线性电阻的串联

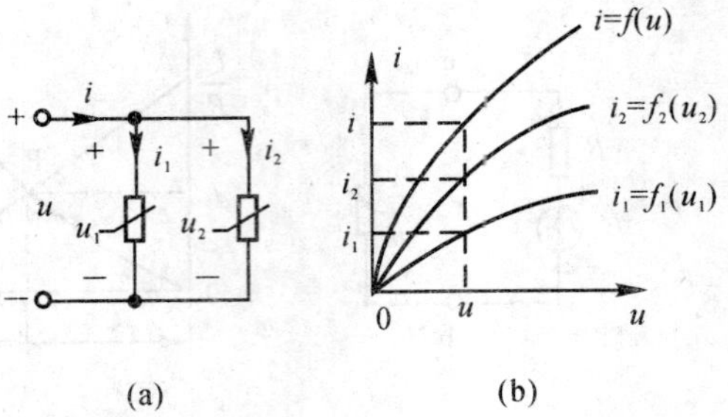

图 18.2.3 非线性电阻的并联

例 18.2.1 图 18.2.4(a) 所示电路，试画出端口等效伏安特性(即 u-i 关系) 曲线 $i=f(u)$。

解
$$\begin{cases} u=2i, & u\geqslant 0 \\ i=0, & u<0 \end{cases}$$

其端口等效伏安特性曲线如图 18.2.4(b) 所示。可以看出，此伏安特性的特点是由两段直线构成。实际中常用这种分段线性化的伏安特性，替代图 18.1.4(b) 所示实际半导体二极管的伏安特性。这种替代称为实际的伏安特性的分段线性化。

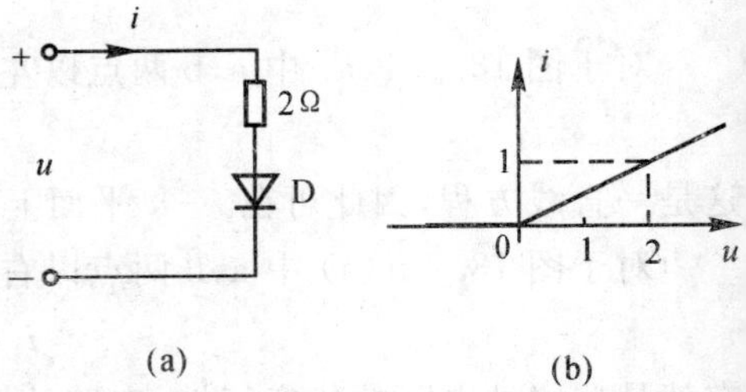

图 18.2.4

例 18.2.2 图 18.2.5(a)，(b) 所示两个电路，试画出它们的端口等效伏安特性曲线。

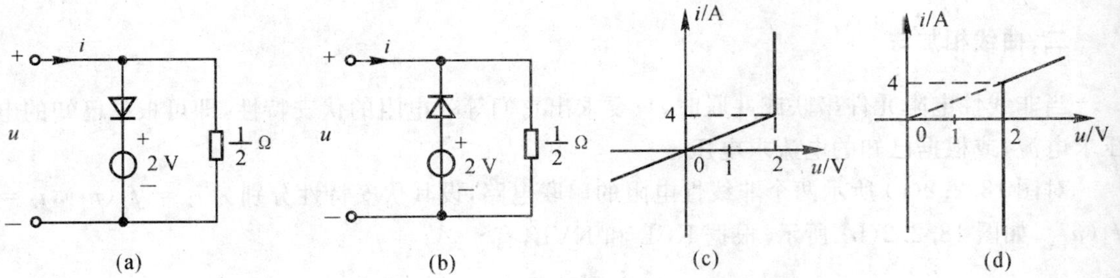

图 18.2.5

解 (a)
$$\begin{cases} i=\text{不定值}, & u\geqslant 2\ \mathrm{V} \\ i=\dfrac{u}{\dfrac{1}{2}}=2u, & u<2\ \mathrm{V} \end{cases}$$

其端口等效伏安特性曲线如图 18.2.5(c) 所示。

(b)
$$\begin{cases} i=\dfrac{u}{\dfrac{1}{2}}=2u, & u\geqslant 2\ \mathrm{V} \\ i=\text{不定值}, & u<2\ \mathrm{V} \end{cases}$$

其端口等效伏安特性曲线如图 18.2.5(d) 所示。

从此例题可见，我们可以利用线性电阻，独立电源，理想二极管等二端元件，综合出所需要的各种非线性伏安特性，从而开拓了非线性电阻的实现领域。

例 18.2.3　图 18.2.6(a) 所示为含有理想半导体二极管的电路，$u_S(t)$ 的波形如图 18.2.6(b) 所示。试求解并画出 $u_o(t)$ 的波形。

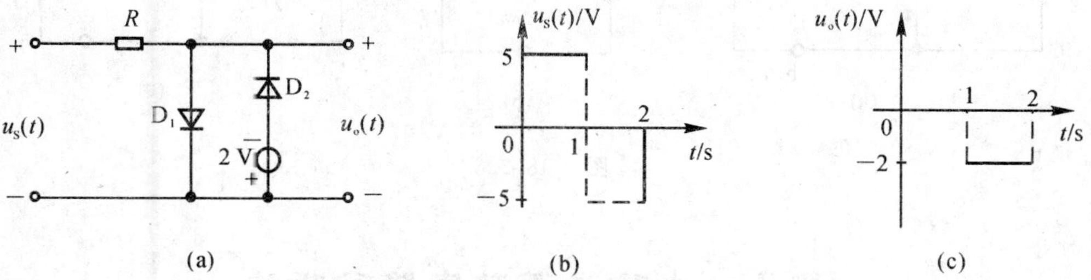

图　18.2.6

解　在 0 ～ 1 s 之间，$u_S(t) = 5$ V，D_1 导通，D_2 截止，故 $u_o(t) = 0$。

在 1 ～ 2 s 之间，$u_S(t) = -5$ V，D_1 截止，D_2 导通，故 $u_o(t) = -2$ V。

故 $u_o(t)$ 的波形如图 18.2.6(c) 所示。

例 18.2.4　图 18.2.7(a) 所示电路，已知非线性电阻的伏安曲线如图 18.2.7(b) 中所示。求 u 和 i 的值，即求静态工作点 $P(I,U)$。

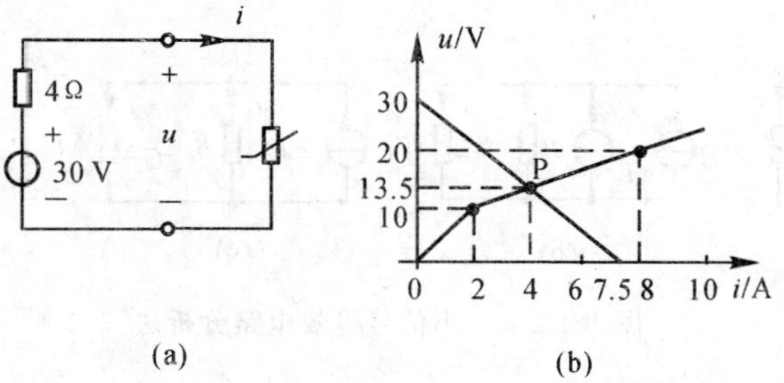

图　18.2.7

解　其端口伏安关系为 $u = 30 - 4i$，于是可画出负载线，如图 18.2.7(b) 中直线所示，它与非线性电阻的伏安曲线交于 P 点，P 点的坐标为 $i = I = 4.1$ A，$u = U = 13.5$ V。故得静态工作点为 $P(I,U) = P(4.1, 13.5)$。

例 18.2.5　图 18.2.8(a) 所示电路，已知非线性电阻的伏安特性为 $i = 2u^2$ A，$u \geqslant 0$。求电流 i_o。

解　先求图 18.2.8(a) 中 ab 端口以左电路的等效电压源电路，如图 18.2.8(b) 所示。根据图(b) 电路可列出如下方程组：

$$\begin{cases} u = 3 - 1i \\ i = 2u^2 \end{cases}$$

消元后得 $2u^2 + u - 3 = 0$，解之得 $u = 1$ V(u 的另一根 -1.5 V 舍去)，$i = 2$ A。再应用替代定理(用电压源或电流源替代均可)，得图 18.2.8(c) 所示电路。于是根据图(c) 电路即可求得

$$i_o = 4\ \text{A}$$

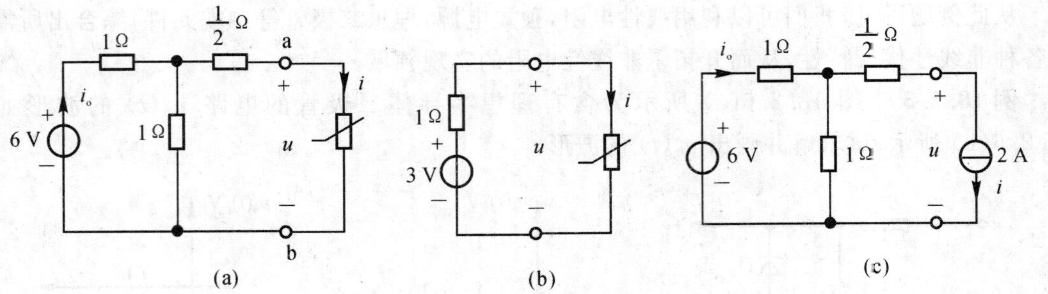

图 18.2.8

18.3 小信号等效电路分析法

我们采用图 18.3.1(a),(b) 所示电路来介绍小信号等效电路分析法,其中 $i=f(u)$ 为非线性电阻。将图(b) 与图(a) 电路比较,可看出它们两者相似,只是图(b) 电路中增加了一个电流源 Δi_S。电流源 Δi_S 可理解为图(a) 电路中电流源 i_S 的增量。设 u^* 为图(a) 电路中电压 u 的真实解,则在 $\Delta i_S=0$ 时,图(b) 电路中的 u 值即等于图(a) 电路中的 u^*,即 $u=u^*$,且一定有

$$i_S-\frac{1}{R}u^*-f(u^*)=0 \tag{18.3.1}$$

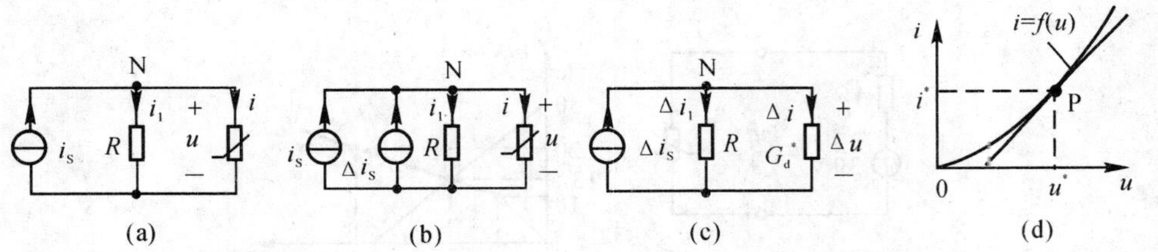

图 18.3.1 小信号等效电路分析法

今若 $\Delta i_S\neq 0$,则对于图 18.3.1(b) 电路可列出 KCL 方程为

$$(i_S+\Delta i_S)-\frac{u}{R}-f(u)=0$$

设当激励由 i_S 变化到 $i_S+\Delta i_S$ 时,节点 N 的电压相应地由 u^* 变化到了 $u=u^*+\Delta u$。故有

$$(i_S+\Delta i_S)-\frac{1}{R}(u^*+\Delta u)-f(u^*+\Delta u)=0 \tag{18.3.2}$$

将函数 $f(u^*+\Delta u)$ 在 u^* 点的邻域展开为泰勒级数并略去高阶项,即有

$$f(u^*+\Delta u)\approx f(u^*)+f'(u^*)\Delta u$$

代入式(18.3.2) 得

$$(i_S+\Delta i_S)-\frac{1}{R}(u^*+\Delta u)-f(u^*)-f'(u^*)\Delta u=0$$

即

$$i_S-\frac{1}{R}u^*-f(u^*)+\Delta i_S-\frac{1}{R}\Delta u-f'(u^*)\Delta u=0$$

将式(18.1.1) 代入此式,即有

$$\Delta i_S-\frac{1}{R}\Delta u-f'(u^*)\Delta u=0$$

即
$$\Delta i_S - \frac{1}{R}\Delta u - G_d^* \Delta u = 0 \qquad (\text{因 } G_d^* = f'(u^*))$$
根据此式即可画出图 18.3.1(c) 所示的等效电路。其中 $G_d^* = f'(u^*)$ 为非线性电阻的伏安特性在 $u = u^*$ 点的动态电导，如图 18.3.1(d) 所示。由于 Δi_S 比 i_S 小得多，故把图 18.3.1(c) 所示电路称为小信号等效电路。根据此电路即可求得
$$\Delta u = \frac{\Delta i_S}{\frac{1}{R} + G_d^*}$$
然后再把 u^* 与 Δu 相加即得图 18.3.1(b) 电路中的解 u，即
$$u = u^* + \Delta u$$
这种分析法称为小信号等效电路分析法。它对于非线性电路在输入激励只有较小的变化时作近似计算极为有效。

例 18.3.1　图 18.3.1(b) 电路中的 $i_S = 10$ A，$\Delta i_S = \cos t$ (A)，$R = \frac{1}{3}\ \Omega$，非线性电阻为压控的，即 $i = f(u) = \begin{cases} u^2 (\text{A}), & u \geqslant 0 \\ 0, & u < 0 \end{cases}$。求静态工作点，在工作点上由 Δi_S 产生的 Δu 和 Δi，以及电压 u 和电流 i。

解　由于 $\Delta i_S = \cos t$ 是在 +1 与 −1 之间变化，其幅值仅为 $i_S = 10$ A 的 $\frac{1}{10}$，故可按小信号等效电路分析法求解。

首先求出图 18.3.1(a) 电路中节点电压的真实解 u^*。为此可列出节点 N 的 KCL 方程为
$$i_S - \frac{1}{R}u^* - i^* = 0$$
即
$$i_S - \frac{1}{R}u^* - (u^*)^2 = 0$$
代入已知数据并移项整理得
$$(u^*)^2 + 3u^* - 10 = 0$$
用因式分解法可求得其真实解为
$$u^* = 2 \text{ V} (\text{另一根} -5 \text{ 舍去})$$
又得
$$i^* = (u^*)^2 = 2^2 = 4 \text{ A}$$
故得静态工作点为 $P(u^*, i^*) = P(2,4)$，如图 18.3.1(d) 中的 P 点所示。

再根据图 18.3.1(c) 求 Δu 和 Δi。静态工作点 P 处的动态电导为
$$G_d^* = \frac{di}{du}\Big|_{u=u^*} = \frac{df(u)}{du}\Big|_{u=u^*} = 2u\Big|_{u=2} = 4 \text{ S}$$
故得
$$\Delta u = \frac{\Delta i_S}{\frac{1}{R} + G_d^*} = \frac{\cos t}{3+4} = \frac{1}{7}\cos t \ (\text{V})$$
$$\Delta i = G_d^* \Delta u = 4 \times \frac{1}{7}\cos t = \frac{4}{7}\cos t \ (\text{A})$$
又得
$$u = u^* + \Delta u = 2 + \frac{1}{7}\cos t \ (\text{V})$$

$$i = i^* + \Delta i = 4 + \frac{4}{7}\cos t\ (\text{A})$$

例 18.3.2 图 18.3.2(a) 所示电路，非线性电阻的伏安特性为 $u = 2i + i^3$ (V)，$u_S(t) = 0$ 时 $i = I = 1$ A，$u_S(t) = \cos\omega t$ V。求电流 i 和电压 u。

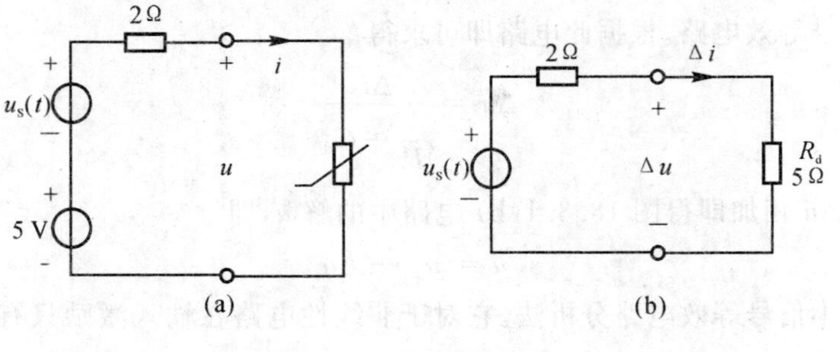

图 18.3.2

解 $u_S(t) = 0$ 时，电压 $u = U = 2\times1 + 1^3 = 3$ V，故静态工作点为 $P(I,U) = P(1,3)$。动态电阻为

$$R_d = \frac{du}{di}\bigg|_{i=1} = \frac{d}{di}(2i + i^3)\bigg|_{i=1} = 2 + 3i^2\bigg|_{i=1} = 5\ \Omega$$

故可画出小信号等效电路如图 18.3.2(b) 所示。故

$$\Delta i = \frac{u_S(t)}{2 + R_d} = \frac{1}{2+5}\cos\omega t = \frac{1}{7}\cos\omega t\ (\text{A})$$

故得

$$i = I + \Delta i = 1 + \frac{1}{7}\cos\omega t\ (\text{A})$$

又得

$$\Delta u = R_d\Delta i = 5\times\frac{1}{7}\cos\omega t = \frac{5}{7}\cos\omega t\ (\text{V})$$

$$u = U + \Delta u = 3 + \frac{5}{7}\cos\omega t\ (\text{V})$$

*18.4 分段线性化分析法

一、有条件线性化法

若非线性电阻的伏安特性曲线中有一区段近似于直线，而且该非线性电阻实际工作时也正好是在这一区段中，则可用一条直线来代替这一段曲线，因此这一段曲线的近似解析式即为直线方程，而直线方程可以很容易地写出来。

例如设非线性电阻的伏安特性为 $i = f(u)$，如图 18.4.1(a) 所示，其中的 AB 段即可近似认为是一直线。若工作正好是在 AB 段，则在该段上非线性电阻上的电压 u 与其中电流 i 之间的关系，即可近似地用通过 AB 段中心点 P 的切线方程来描述，即

$$u = U_0 + R_d i \tag{18.4.1}$$

式中 R_d 为非线性电阻在 P 点的动态电阻，U_0 是该切线在 u 轴上的截距所对应的电压值。根据上式，该非线性电阻即可用图 18.4.1(b) 所示的线性含源支路来代替。这样，可以把非线性电阻支路转化成为线性含源支路了。这种处理方法称为有条件线性化法，也称直线代替法。

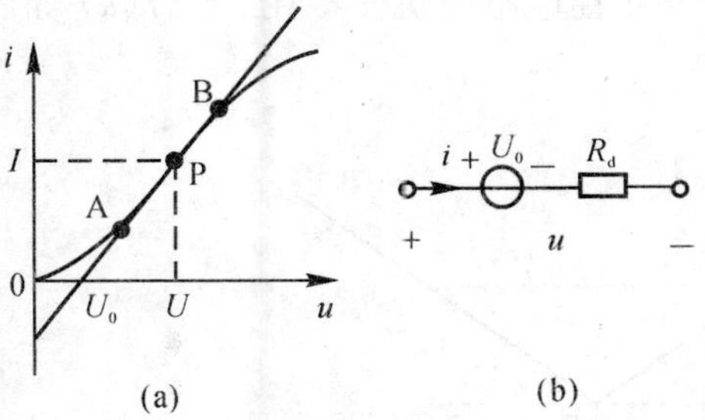

图 18.4.1　有条件线性化法

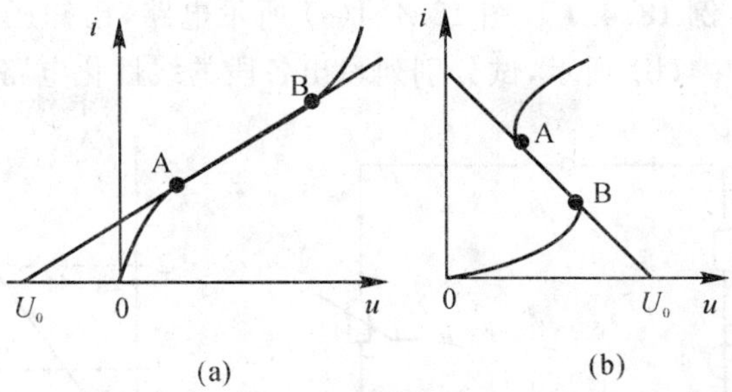

图 18.4.2　非线性电阻元件的伏安特性

式(18.4.1)是从图 18.4.1(a)这个具体的伏安特性写出的，但这种形式具有一般意义。式中的 R_d 和 U_0 均可为正值或负值。例如图 18.4.2(a)所示镇流管的伏安特性，当镇流管工作在近似直线段 AB 时，U_0 为负值，R_d 为正值；图 18.4.2(b)所示电弧的伏安特性，当电弧工作在曲线下倾部分的近似直线 AB 段时，R_d 为负值，U_0 为正值。

由上述讨论可知，若把电路中的非线性电阻用相应的线性含源支路等效代替，则替代后的电路即为一线性电路了，从而即可按线性电路的计算方法进行计算。这正是有条件线性化法的优点。

二、分段线性化法

非线性电阻的伏安特性虽为一曲线，但在不影响工程计算精确度的前提下，可以用由若干段直线组成的折线来近似表示它。例如，可以将图 18.4.3 所示的曲线用三段直线（01 段，12 段，23 段）组成的折线来近似地表示，而对其中的每一段直线又都可以画出一个线性的等效电路来作为该非线性电阻在该段的等效电路模型，如表 18.4.1 所示。把电路中每个非线性电阻的伏安特性都用一个折线代替，从而采用已掌握的线性电路分析方法来对非线性电路进行研究，这种方法称为分段线性化法，也称折线法，是一种常用的方法。

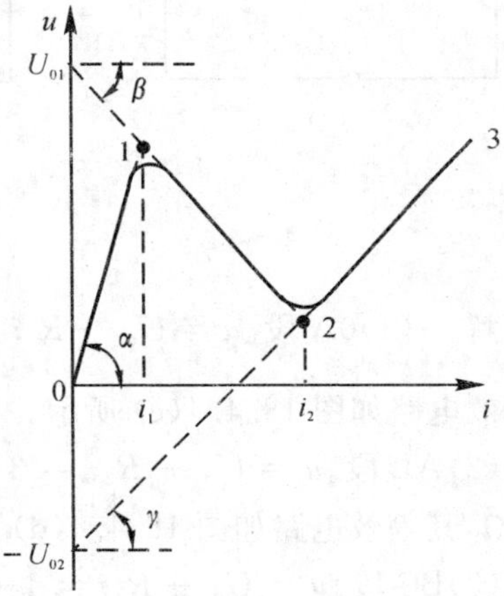

图 18.4.3　非线性电阻伏安特性的折线表示

表　18.4.1

直线段编号	电流区间	等效电路及其伏安关系	说明
01 段	$0 \leqslant i < i_1$	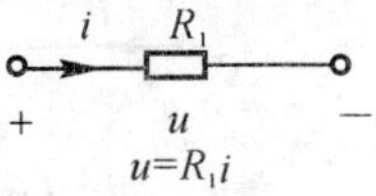 $u=R_1 i$	动态电阻 R_1 本身为正值
12 段	$i_1 \leqslant i < i_2$	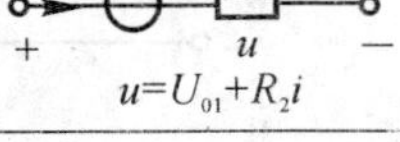 $u=U_{01}+R_2 i$	U_{01} 本身为正值，动态电阻 R_2 本身为负值
23 段	$i_2 \leqslant i < \infty$	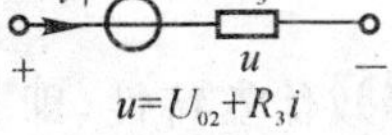 $u=U_{02}+R_3 i$	U_{02} 本身为负值，动态电阻 R_3 本身为正值

例 18.4.1　图 18.4.4(a) 所示电路，已知压控型非线性电阻的伏安特性 $i = f(u)$ 如图 18.4.4(b) 所示，试分别列写出各段的线性化电路模型。

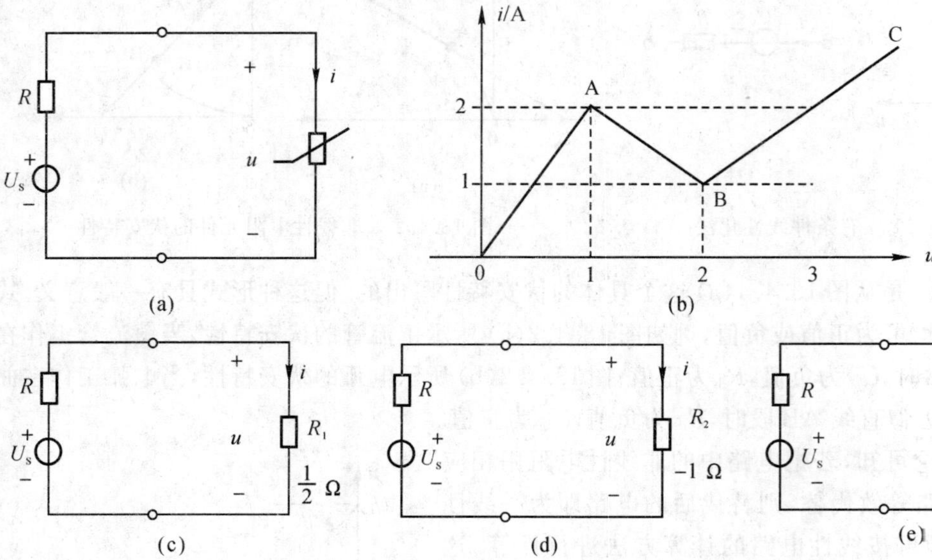

图　18.4.4

解　(1)0A 段。$u = U_{o1} + R_1 i = \frac{1}{2}i$，$(0 \leqslant u \leqslant 1\ \mathrm{V}, 0 \leqslant i \leqslant 2\ \mathrm{A})$，$U_{o1} = 0$，$R_1 = \frac{1}{2}\ \Omega$，其等效电路如图 18.4.4(c) 所示。

(2)AB 段。$u = U_{o2} + R_2 i = 3 - i$，$(1\ \mathrm{V} \leqslant u \leqslant 2\ \mathrm{V}, 1\ \mathrm{A} \leqslant i \leqslant 2\ \mathrm{A})$，$U_{o2} = 3\ \mathrm{V}$，$R_2 = -1\ \Omega$，其等效电路如图 18.4.4(d) 所示。

(3)BC 段。$u = U_{o3} + R_3 i = 1 + i$，$(u \geqslant 2\ \mathrm{V}, i \geqslant 1\ \mathrm{A})$，$U_{o3} = 1\ \mathrm{V}$，$R_3 = 1\ \Omega$，其等效电路如图 18.4.4(e) 所示。

习　题　十　八

18.1　图题 18.1 所示电路，试画出端口等效伏安特性(即 u-i 关系) 曲线。

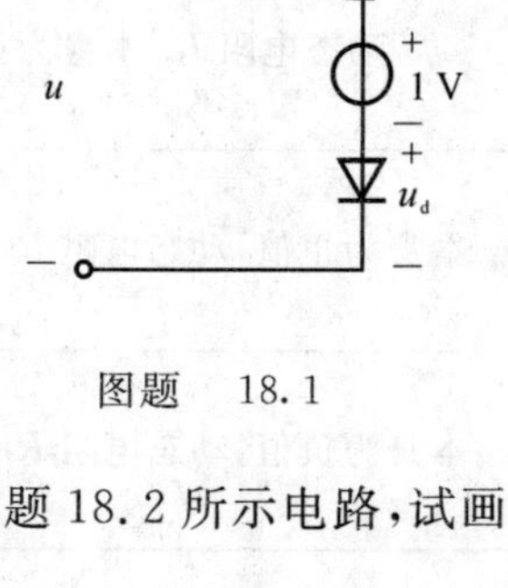

图题　18.1

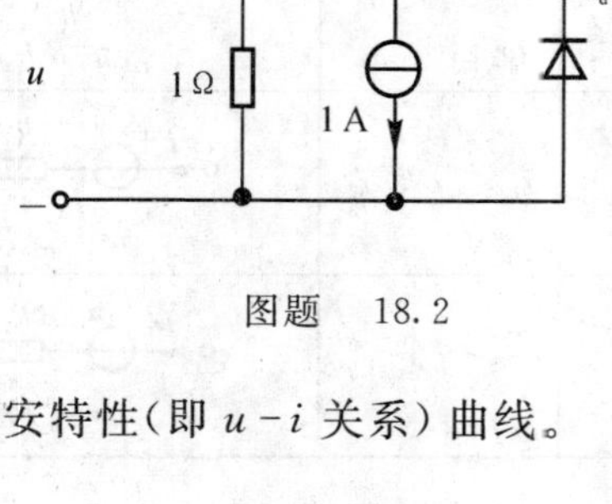

图题　18.2

18.2　图题 18.2 所示电路，试画出端口等效伏安特性(即 u-i 关系) 曲线。

18.3　图题 18.3 所示电路，试画出端口等效伏安特性（即 $u-i$ 关系）曲线。

18.4　试利用独立源、理想二极管、线性电阻等电路元件，组成一个一端口电路，使其端口伏安特性（即 $u-i$ 关系）曲线如图题 18.4 所示。

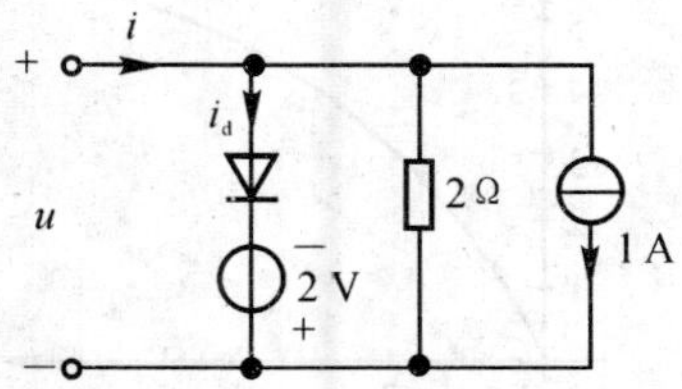

图题　18.3

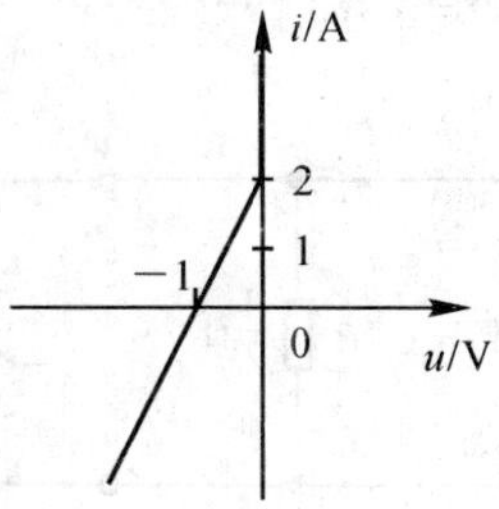

图题　18.4

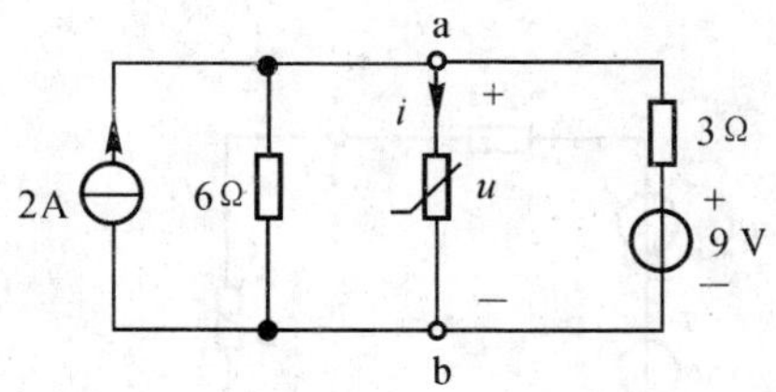

图题　18.5

18.5　图题 18.5 所示电路，已知非线性电阻的伏安特性为 $i = u^2$ A，$u \geqslant 0$。求电路的静态工作点 P 及其在工作点 P 处的静态电阻 R，动态电阻 R_d，动态电导 G_d。（答：P(2,4)，$\frac{1}{2}$ Ω，0.25 Ω，4 S）

18.6　两个非线性电阻的伏安特性曲线如图题 18.6(a)，(b) 所示。求这两个非线性电阻按图题 18.6(c) 和(d) 两种不同方式串联时的端口伏安特性曲线（即 $u-i$ 关系曲线）。

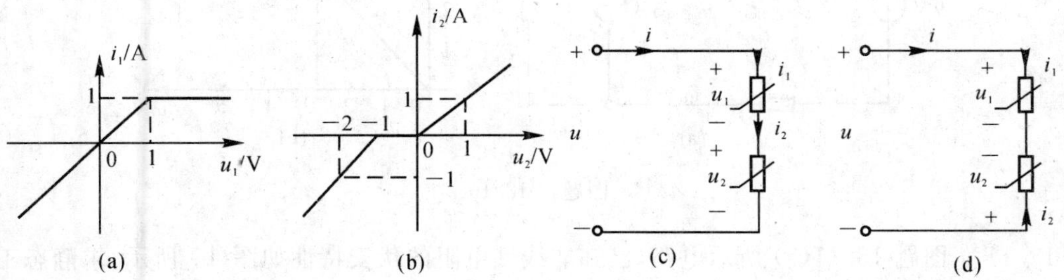

图题　18.6

18.7　图题 18.7(a) 所示电路中非线性电阻的伏安特性曲线如图(b) 所示。试用图解分析法求静态工作点 P，并求此时非线性电阻元件吸收的功率 P。（答：2 V，2 A，4 W）

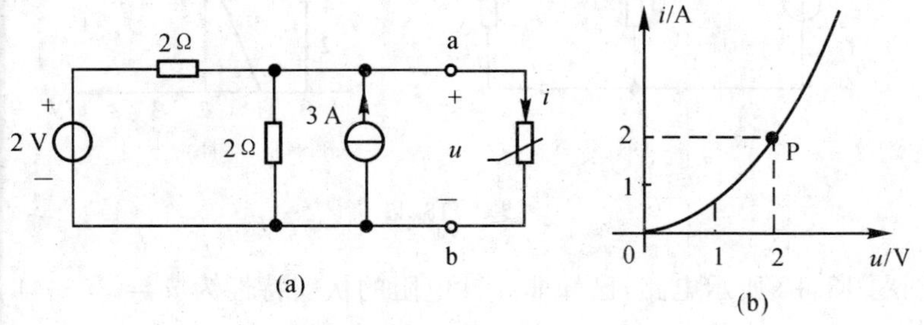

图题　18.7

18.8　图题 18.3 所示电路，已知非线性电阻的伏安特性为 $u = -2i + \frac{1}{3}i^3$ (V)，$u_S(t) =$

$\cos\omega t$ V。求电流 i。(答:$3-\frac{1}{9}\cos\omega t$ (A))

18.9　图题 18.9(a) 所示电路,已知非线性电阻的伏安特性如图(b) 所示。试用分段线性化分析法求相应直线段的线性化电路模型,并求相应的静态工作点。

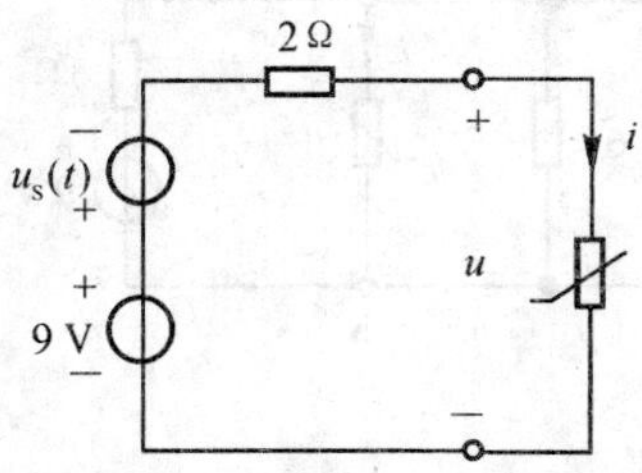

图题　18.8

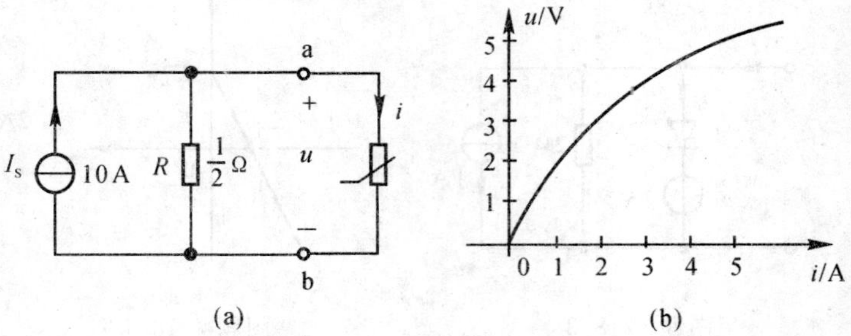

图题　18.9

18.10　图题 18.10(a) 所示电路,已知非线性电阻的伏安特性如图(b) 所示。求工作点 P 处的电压 U 和电流 I。(答:2 V,2 A)

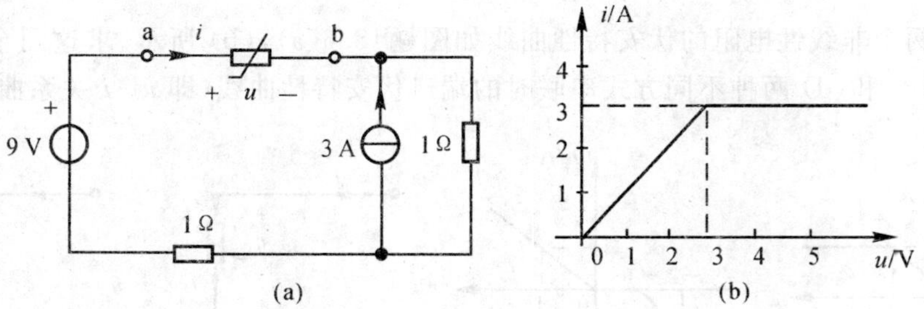

图题　18.10

18.11　图题 18.11(a) 所示电路,已知非线性电阻的伏安特性如图(b) 所示。求静态工作点 P(U,I)。(答:P($\frac{53}{42}$,$\frac{11}{7}$))

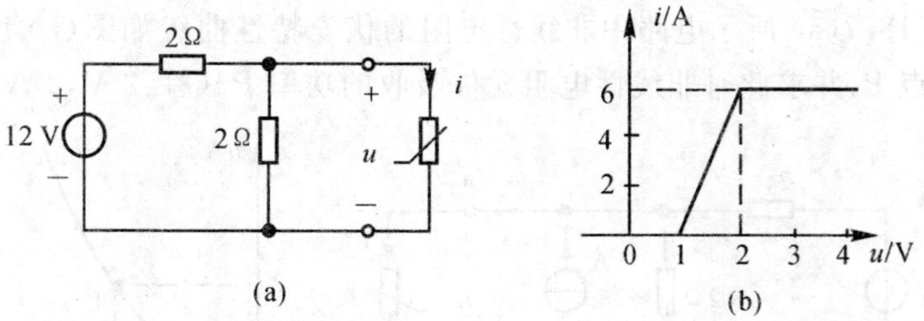

图题　18.11

18.12　图题 18.12 所示电路,已知非线性电阻的伏安特性为 $u=2i^2+1$ V。求电压 u_1。(答:$8\pm2\sqrt{2}$ V)

18.13　图题 18.13 所示电路,已知非线性电阻的伏安特性为 $i=0.02u^2$ A,$u\geqslant0$,$u_S(t)=15\times10^{-3}\cos\omega t$ V。(1) 求电路的工作点 P(U,I);(2) 求工作点 P 处 $u_S(t)$ 产生的电压 Δu 和电流 Δi;(3) 求工作点 P 处的 u 和 i。(答:(1,0.02);$3.125\times10^{-3}\cos\omega t$ V,$0.125\times10^{-3}\cos\omega t$ A;

$1+3.125\times10^{-3}\cos\omega t$ V，$0.02+0.125\times10^{-3}\cos\omega t$ A）

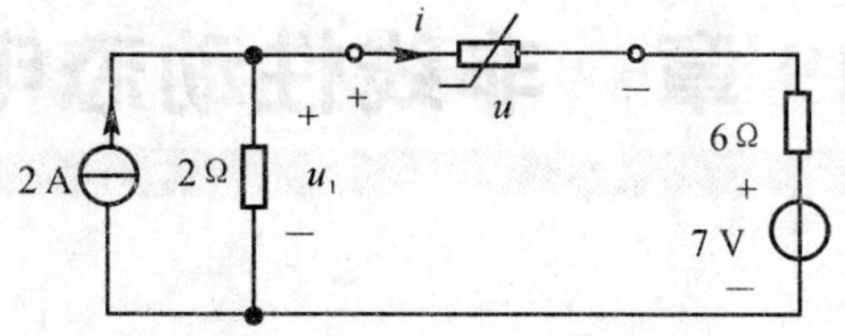

图题　18.12

18.14　图题 18.14 所示电路，求 U 和 I。（答：2 V，0.5 A）

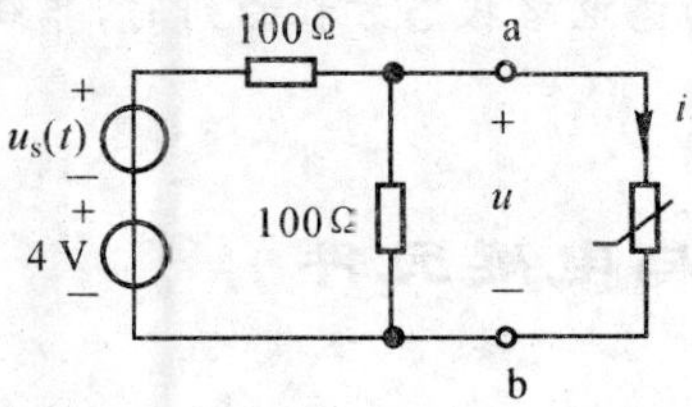

图题　18.13

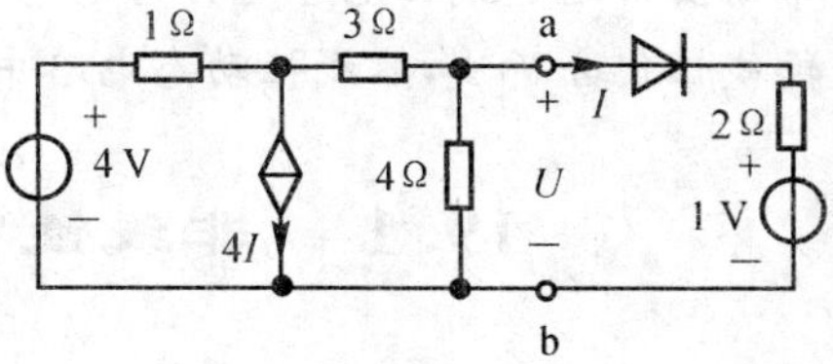

图题　18.14

第 19 章　非线性动态电路

内容提要

本章简要讲述非线性电容元件与电感元件，非线性动态电路状态方程的列写，非线性动态电路分段线性化分析法，非线性动态电路中的特殊问题。

19.1　非线性电容元件与电感元件

一、非线性电容元件

电容元件是一个二端储能元件，其特性可用它的端电压 u 和电荷 q 的关系（称为库伏关系或库伏特性）表示。若 $q-u$ 的关系是一条通过 $q-u$ 平面上坐标原点的直线，则称为线性电容元件，否则为非线性电容元件，如图 19.1.1(b)，(c)，(d) 所示。非线性电容元件的电路符号如图 19.1.1(a) 所示。

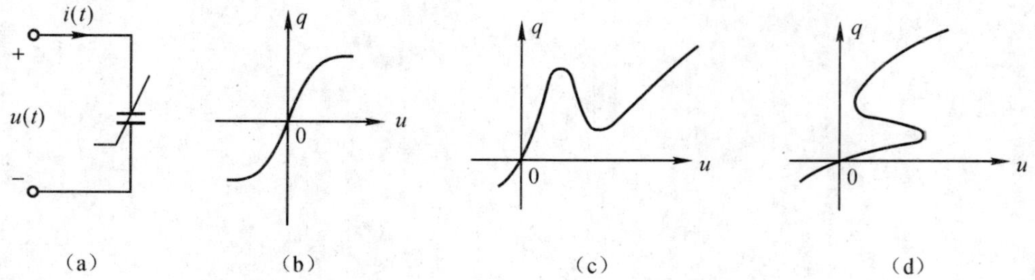

图 19.1.1　非线性电容元件的电路符号与库伏特性

非线性电容元件的库伏关系一般用函数式表示：

$$q = f(u) \tag{19.1.1}$$

或

$$u = h(q) \tag{19.1.2}$$

其中 f，h 分别为 u 或 q 的非线性函数。

对于式(19.1.1) 而言，电容的电荷 q 是电压 u 的单值函数，这种电容称为电压控制型电容，简称压控电容。其典型的 $q-u$ 特性如图 19.1.1(c) 所示，但要注意，对应于同一电荷值 q，其电压 u 可能是多值的。

对于式(19.1.2) 而言，电压 u 是电荷 q 的单值函数，这种电容称为电荷控制型电容，简称荷 控电容，其典型的 $q-u$ 特性如图 19.1.1(d) 所示。但要注意，对应于同一电压 u 值，其电荷 q

可能是多值的。

若非线性电容元件的库伏特性如图 19.1.1(b) 所示，此库伏特性的特点是，当电压 u 增大或减小时，电荷 q 也随着单调地增大或减小，这种非线性电容元件称为单调型电容。单调型电容既是压控的，也是荷控的；其库伏关系既可用式(19.1.1) 表示，也可用式(19.1.2) 表示。

为了计算与分析的需要，引入静态电容 C 和动态电容 C_d 的概念，其定义分别如下：

P 点的静态电容：　$C = \left.\dfrac{q}{u}\right|_{P点}$

P 点的动态电容：　$C_d = \left.\dfrac{dq}{du}\right|_{P点}$

如图 19.1.2 所示，其中 P 点称为工作点。工作点不同，C 和 C_d 的值也就不同，它们都是电压 u 或电荷 q 的函数。

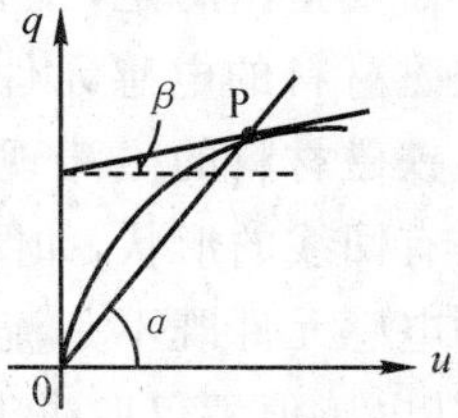

图 19.1.2　静态电容与动态电容的定义

下面推导非线性电容元件电压与电流的关系。设非线性电容为压控的，即 $q = f(u)$。则电流为

$$i = \frac{dq}{dt} = \frac{df(u)}{dt} = \frac{df(u)}{du}\frac{du}{dt} = C_d\frac{du}{dt} \tag{19.1.3}$$

可见，电流 i 是等于动态电容 C_d 与电压对时间的变化率(或一阶导数) 的乘积。

二、非线性电感元件

电感元件也是一种二端储能元件，其特性用磁链 Ψ 与电流 i 之间的关系(称为韦安关系或韦安特性) 表示。如果 Ψ-i 特性是通过 Ψ-i 平面上坐标原点的直线，则称为线性电感元件，否则为非线性电感元件。非线性电感元件的电路符号如图 19.1.3 所示。

非线性电感元件的磁链 Ψ 与电流 i 的关系，一般用函数表示：

$$\Psi = f(i) \tag{19.1.4}$$

或

$$i = h(\Psi) \tag{19.1.5}$$

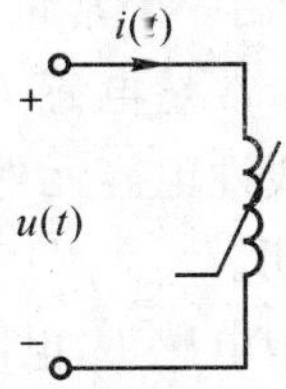

图 19.1.3　非线性电感元件的电路符号

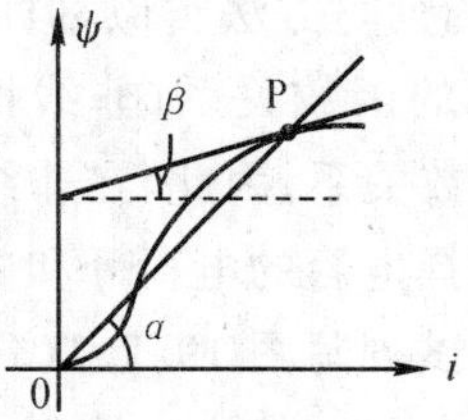

图 19.1.4　静态电感与动态电感的定义

对应于式(19.1.4) 的电感元件，其磁链 Ψ 可以表示为电流 i 的单值函数，这种电感元件称为电流控制型电感，简称流控电感；对应于式(19.1.5) 的电感元件，因其电流 i 为磁链 Ψ 的单值函数，称为磁链控制型电感，简称磁控电感。非线性电感元件也可能是单调型的，这种单调型电感元件，既可以为流控型的，也可以为磁控型的。

同样，为了计算与分析的需要，也引入静态电感 L 和动态电感 L_d 的概念。其定义分别为

P 点的静态电感：　$L = \left.\dfrac{\Psi}{i}\right|_{P点}$

P 点的动态电感：
$$L_d = \left.\frac{d\Psi}{di}\right|_{P点}$$
如图 19.1.4 所示，其中 P 点称为工作点。工作点不同，L 和 L_d 的值也就不同，它们都是电流 i 或磁链 Ψ 的函数。

需要指出的是，工程上大量使用的含有铁磁材料的电感元件(称为铁心线圈)，由于铁磁材料的磁滞现象，造成其特性曲线具有回线的形状，如图 19.1.5(a) 所示。这种电感元件既不是流控的，也不是磁控的，其电感值不仅取决于现在的工作点，而且还与原先的工作状态有关。但在有些情况下，也可以忽略这种磁滞特性，用近似于曲线 oa 段的一条叫做平均磁化曲线的曲线来表示，如图 19.1.5(b) 所示，此时，这种元件即变为单调型的。

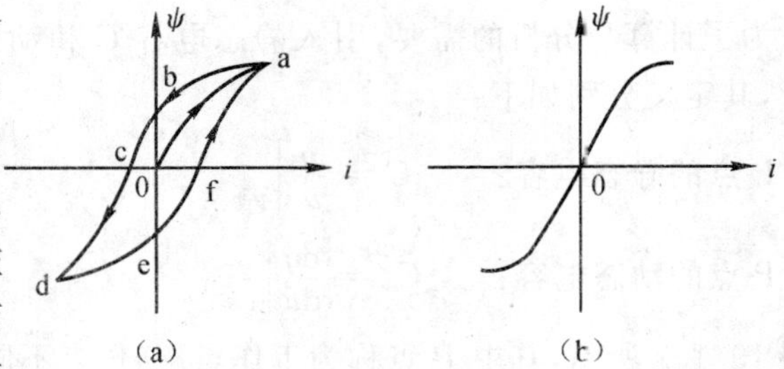

图 19.1.5 铁磁材料的 $\Psi - i$ 曲线

由于 $u = \frac{d\Psi}{dt}$，此公式既适用于线性电感元件，也适用于非线性电感元件。若设电感为流控型的，即 $\Psi = f(i)$，则可得非线性电感元件的端电压 u 与电流 i 的关系为
$$u = \frac{d\Psi}{dt} = \frac{df(i)}{dt} = \frac{df(i)}{di}\frac{di}{dt} = L_d\frac{di}{dt} \tag{19.1.6}$$
可见，电压 u 是等于动态电感 L_d 与电流 i 的一阶导数的乘积。

19.2 非线性动态电路状态方程的列写

分析非线性动态电路，目前常采用状态变量法。非线性动态电路状态方程的列写方法与线性电路状态方程的列写方法类似，但由于非线性电容的特性不能用一个常量电容 C 表示，一般具有 $u_C = f_C(q)$ 的函数关系；非线性电感的特性也不能用一个常量电感 L 表示，一般具有 $i_L = f_L(\Psi)$ 的函数关系。因此，在非线性动态电路中，若含有非线性电容元件或非线性电感元件，状态变量宜选择电容的电荷 q 和电感的磁链 Ψ。下面举例说明。

例 19.2.1 试列写图 19.2.1(a) 所示电路的状态方程。其中电感 L，电阻 R_3 和电容 C 为线性元件，非线性电阻元件为压控型，其 $u-i$ 特性为 $i_4 = f(u_4)$。

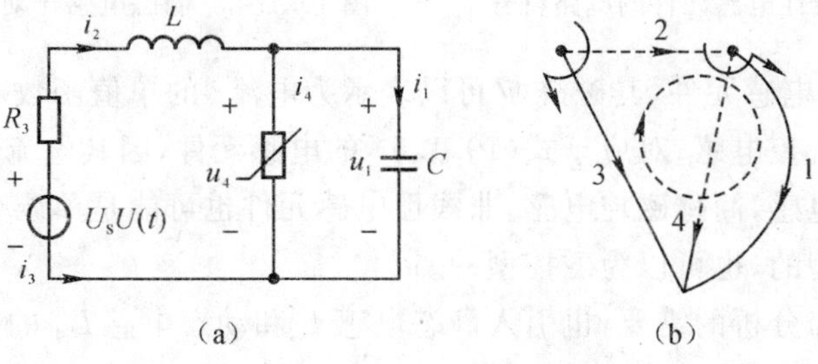

图 19.2.1

解　由于电感和电容元件为线性的，故可选电容电压 u_1 和电感电流 i_2 为状态变量。为分析方便，画出电路的拓扑图如图(b) 所示。其中实线为树支，虚线为连支。

对包含电容树支的基本割集列电流方程为

$$C\frac{\mathrm{d}u_1}{\mathrm{d}t} = i_2 - i_4 \tag{19.2.1}$$

对包含电感连支的基本回路列电压方程为

$$L\frac{\mathrm{d}i_2}{\mathrm{d}t} = U_S + i_3R_3 - u_1 \tag{19.2.2}$$

消去非状态变量 i_3, i_4 和 u_4。由电路知有

$$i_3 = -i_2, \qquad u_4 = u_1$$

由元件特性知

$$i_4 = f(u_4) = f(u_1)$$

将上述关系代入式(19.2.1) 和式(19.2.2) 中并整理，即得电路的状态方程为

$$\left.\begin{aligned}\frac{\mathrm{d}u_1}{\mathrm{d}t} &= -\frac{1}{C}f(u_1) + \frac{1}{C}i_2\\ \frac{\mathrm{d}i_2}{\mathrm{d}t} &= -\frac{1}{L}u_1 - \frac{R_3}{L}i_2 + \frac{U_S}{L}\end{aligned}\right\} \tag{19.2.3}$$

例 19.2.2　试列写图 19.2.2(a) 所示电路的状态方程。其中，非线性电容均为荷控的，其 u-q 特性为 $u_1 = f_1(q_1)$，$u_2 = f_2(q_2)$；非线性电感为磁控的，其 Ψ-i 特性为 $i_3 = f_3(\Psi_3)$。非线性电阻为压控的，其 u-i 特性为 $i_4 = f_4(u_4)$。

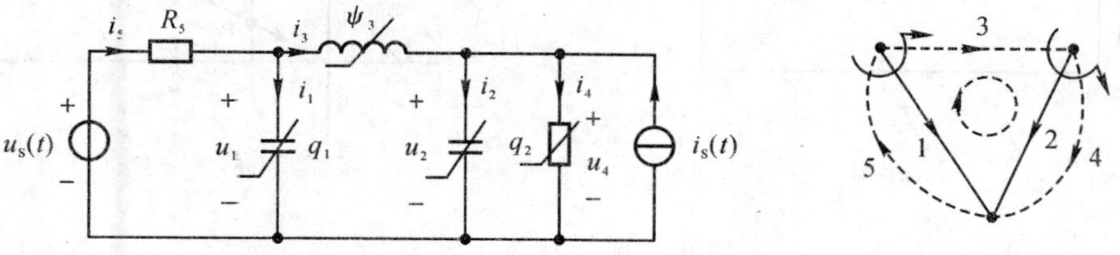

(a)　　　　(b)

图　19.2.2

解　电路图(a) 的拓扑图如图(b) 所示，虚线为连支，实线为树支，选电容电荷 q_1 和 q_2，电感磁链 Ψ_3 为状态变量。

对每一个电容树支列写割集电流方程为

$$\frac{\mathrm{d}q_1}{\mathrm{d}t} = i_5 - i_3 \tag{19.2.4}$$

$$\frac{\mathrm{d}q_2}{\mathrm{d}t} = i_3 - i_4 + i_s \tag{19.2.5}$$

对电感连支列写基本回路电压方程为

$$\frac{\mathrm{d}\Psi_3}{\mathrm{d}t} = u_1 - u_2 \tag{19.2.6}$$

消去非状态变量 i_3, i_5, i_4, u_1 和 u_2：由电路及元件特性知：$i_3 = f_3(\Psi_3)$，$i_5 = \dfrac{u_S - u_1}{R_5}$，$i_4 = f_4(u_4)$，$u_1 = f_1(q_1)$，$u_2 = f_2(q_2)$，$u_4 = u_2$。将上述关系代入式(19.2.4)，式(19.2.5) 和式(19.2.6)，整理得状态方程为

$$\left.\begin{aligned}\frac{dq_1}{dt} &= -\frac{f_1(q_1)}{R_5} - f_3(\Psi_3) + \frac{u_S(t)}{R_5}\\ \frac{dq_2}{dt} &= -f_4[f_2(q_2)] + f_3(\Psi_3) + i_S(t)\\ \frac{d\Psi_3}{dt} &= f_1(q_1) - f_2(q_2)\end{aligned}\right\}\qquad(19.2.7)$$

19.3　分段线性化分析法

非线性动态电路的分段线性化分析法与非线性电阻电路的分段线性化分析法，有异曲同工之处。下面用实例简要介绍一阶非线性动态电路的分段线性化分析法。

例 19.3.1　图 19.3.1(a) 所示电路，非线性电阻的伏安特性如图 19.3.1(b) 所示；$t<0$ 时 S 打开，$u_C(0^-)=3$ V。今于 $t=0$ 时刻闭合 S，求 $t>0$ 时的 $u(t)$ 和 $i(t)$。

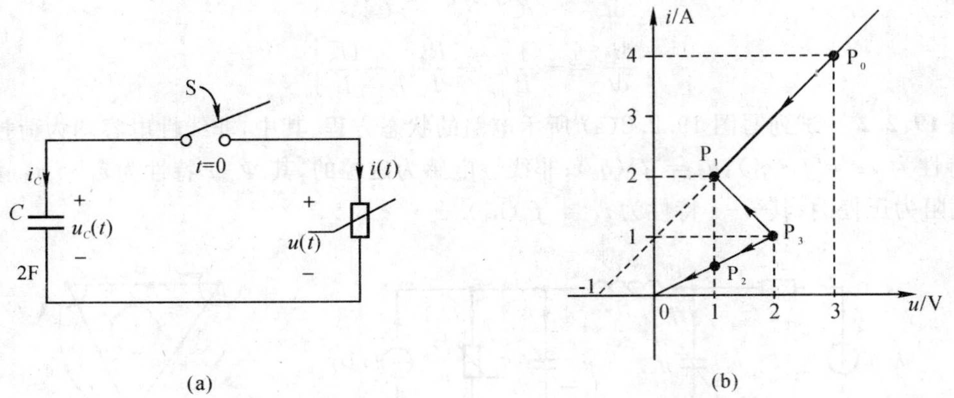

图　19.3.1

解　$t<0$ 时，S 打开，$u_C(0^-)=3$ V

$t>0$ 时，S 闭合，故有 $u_C(0^+)=u_C(0^-)=3$ V

(1) 确定初始点 P_0：

$u(0^+)=u_C(0^+)=3$ V，故得初始点为 P_0(3 V，4 A)

(2) 确定动态路径。由图(a) 知，有 $u(t)=u_C(t)$，$i(t)=-i_C(t)=-C\dfrac{du(t)}{dt}$，故$\dfrac{du(t)}{dt}=-\dfrac{1}{C}i(t)$。由于在初始点 P_0 上，$i(t)>0$，$\dfrac{du(t)}{dt}<0$，故 $u(t)$ 将下降，即路径为从点 $P_0\to P_1$。

(3) 分段线性化分析计算：

P_0P_1 段：$u(0^+)=u_C(0^+)=3$ V，P_0P_1 段直线的动态电阻 $R'=1\ \Omega$，在 u 轴上的截距 $U_{01}=-1$ V，$\tau=R'C=1\times2=2$ s。故由三要素公式得

$$u_C(t)=-1-(-1-3)e^{-\frac{1}{2}t}=(-1+4e^{-\frac{1}{2}t})\text{V}$$

$$i_C(t)=C\frac{du_C}{dt}=2\frac{d}{dt}(-1+4e^{-\frac{1}{2}t})=-4e^{-\frac{1}{2}t}\text{A}$$

即

$$u(t)=(-1+4e^{-\frac{1}{2}t})\text{V}$$

$$i(t) = 4e^{-\frac{1}{2}t}\text{A}$$

到达 P_1 点时 $u(t_1) = -1 + 4^{-\frac{1}{2}t_1} = 1$，解得 $t_1 = 1.4$ s。

在 P_1 点，由于仍有 $\frac{du(t)}{dt} < 0$，即 $u(t)$ 继续下降，故路径从 P_1 点跳变到 P_2 点。

$P_2 0$ 段：$u_C(t_1) = 1$ V，$U_{02} = 0$，$R'' = 2\ \Omega$，$\tau = R''C = 2 \times 2 = 4$ s。从三要素公式得

$$u_C(t) = e^{-\frac{1}{4}(t-t_1)}\text{V}$$

$$i_C(t) = C\frac{du_C(t)}{dt} = -0.5e^{-\frac{1}{4}(t-t_1)}\text{ A}$$

即

$$u(t) = e^{-\frac{1}{4}(t-t_1)}\text{ V}$$

$$i(t) = 0.5e^{-\frac{1}{4}(t-t_1)}\text{ A}$$

到 0 点时，由于 $i(t) = 0$，故 $\frac{du(t)}{dt} = 0$，$u(t)$ 不再变化。

例 19.3.2　图 19.3.2(a) 所示电路，已知非线性电阻的伏安特性如图 19.3.2(b) 所示，$t < 0$ 时 S 闭合，电路已工作于稳态。今于 $t = 0$ 时刻打开 S，求 $t > 0$ 时的电压 $u_C(t)$。

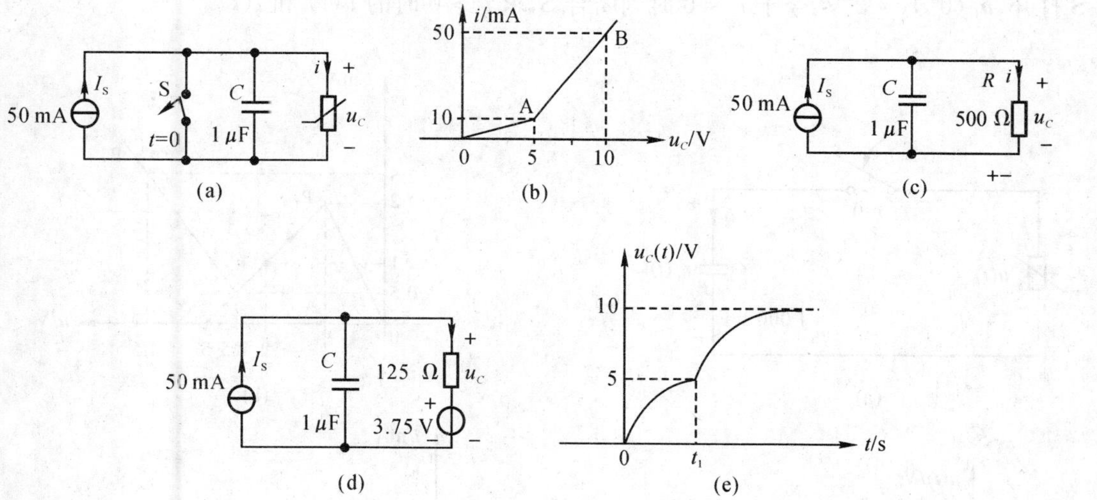

图　19.3.2

解　本题为求解一阶非线性电路的零状态响应。将非线性电阻的伏安特性进行分段线性化处理。$t < 0$ 时 S 闭合，电路已工作于稳态，故有

$$u_C(0^-) = 0$$

$t > 0$ 时，S 打开，故有 $u_C(0^+) = u_C(0^-) = 0$

(1)0A 段，其等效电路为一电阻，即

$$R = \frac{5}{10 \times 10^{-3}} = 500\ \Omega,\quad 0 \leqslant u_C \leqslant 5\text{ V}$$

其等效电路如图 19.3.2(c) 所示。用三要素法求解。

$$u_C(0^+) = u_C(0^-) = 0,\quad u_C(\infty) = 500 \times 50 \times 10^{-3} = 25\text{ V}$$

$$\tau = RC = 500 \times 1 \times 10^{-6} = 5 \times 10^{-4}\text{s}$$

故得

$$u_C(t) = RI_s(1 - e^{-\frac{1}{\tau}t}) = 25(1 - e^{2\,000t_1})\text{V}$$

当 $u_C(t_1)=5$ V 时，有

$$5=25(1-\mathrm{e}^{2\,000t})$$

解得　$t_1=111.6\times10^{-6}$ s。故

$$u_C(t)=25(1-\mathrm{e}^{-2\,000t})\ \mathrm{V},\quad 0\leqslant t\leqslant t_1$$

$u_C(t)$ 的曲线如图 19.3.2(e) 所示。

(2)AB 段，其等效电路为含有电压源的支路，即

$$u_C=3.75+125i,\quad u\geqslant5\ \mathrm{V}$$

故可画出等效电路如图 19.3.2(d) 所示。用三要素法求解。

$$u_C(t_1^+)=5\ \mathrm{V}$$

$$u_C(\infty)=125\times50\times10^{-3}+3.75=10\ \mathrm{V}$$

$$\tau=RC=125\times10^{-6}\ \mathrm{s}$$

故得

$$u_C(t)=10-\mathrm{e}^{-8\times10^3(t-111.6\times10^{-6})}\ \mathrm{V},\quad t\geqslant t_1$$

$u_C(t)$ 的曲线如图 19.3.2(e) 所示。

例 19.3.3　图 19.3.3(a) 所示电路，非线性电阻的伏安特性如图 19.3.3(b) 所示；$t<0$ 时 S 打开，$u_C(0^-)=2$ V。今于 $t=0$ 时刻闭合 S，求 $t>0$ 时的 $u(t)$ 和 $i(t)$。

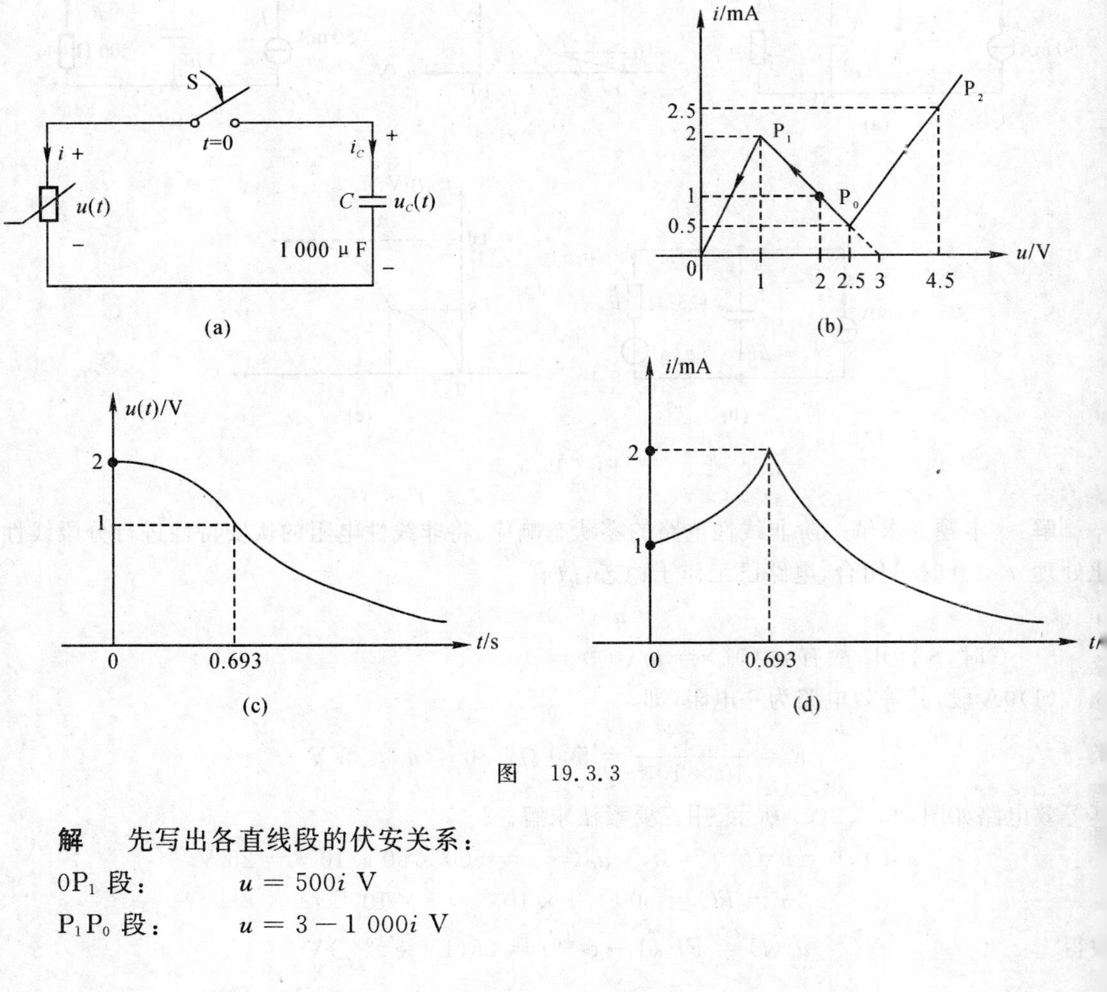

图　19.3.3

解　先写出各直线段的伏安关系：

$0P_1$ 段：　　$u=500i$ V

P_1P_0 段：　　$u=3-1\,000i$ V

P_0P_2 段：　$u = 2 + 1\,000i$ V

$t < 0$ 时，S 打开，$u_C(0^-) = 2$ V

$t > 0$ 时，S 闭合，故有 $u_C(0^+) = u_C(0^-) = 2$ V

(1) 确定初始点 P_0：

$u(0^+) = u_C(0^+) = 2$ V，故得初始点为 $P_0(2\text{ V}, 1\text{ mA})$

(2) 确定动态路径。由图(a)知，有 $i(t) = -i_C(t) = -C\dfrac{du_C(t)}{dt} = -C\dfrac{du(t)}{dt}$。由于在初始点 P_0 上，$i(t) > 0$，$\dfrac{du(t)}{dt} < 0$，故 $u(t)$ 将下降，即路径为从 $P_0 \to P_1$。

(3) 分段线性化分析计算：

P_0P_1 段：$u(0^+) = u_C(0^+) = 2$ V，P_0P_1 段直线的动态电阻 $R' = -1\,000\ \Omega$，在 u 轴上的截距为 $U_{01} = 3$ V，$\tau = R'C = -1\,000 \times 1\,000 \times 10^{-6} = -1$ s。故由三要素公式得

$$u(t) = 3 - (3-2)e^{-\frac{1}{\tau}t} = 3 - e^{t}\ \text{V}$$

$$i(t) = -C\frac{du(t)}{dt} = 10^{-3}e^{t}\ \text{A}$$

到达 P_1 点时，$u(t_1) = 1 = 3 - e^{t_1}$，解得 $t_1 = 0.693$ s。

在 P_1 点时，由于仍有 $\dfrac{du(t)}{dt} < 0$，即 $u(t)$ 继续下降，直到 0 点。

P_10 段：$u_C(t_1) = 1$ V，$U_{02} = 0$，$R'' = 5\,000\ \Omega$，$\tau = R''C = 500 \times 1\,000 \times 10^{-6} = 0.5$ s。由三要素公式得

$$u(t) = u_C(t) = 1e^{-\frac{1}{0.5}(t-t_1)} = e^{-2(t-t_1)}\ \text{V}$$

$$i(t) = -C\frac{du(t)}{dt} = 2 \times 10^{-3}e^{-2(t-t_1)}\ \text{A}$$

$u(t)$ 和 $i(t)$ 的曲线如图 19.3.3(c)，(d) 所示。

*19.4　非线性动态电路中的特殊问题

在线性电路中，若激励是直流或正弦交流，则电路经过过渡过程达到稳态后，响应也是直流或同频率的正弦量，情况比较简单。相比之下，非线性电路的过渡过程就比较复杂，有的还不可预见；在激励为直流时，响应可能是周期振荡的；当激励为周期信号时，响应可能是周期信号，也可能是非周期的，其频率可能与激励相同，也可能是激励频率的整数倍或分数倍；还可能出现响应频率和激励频率之比为非有理数的拟周期振荡。此外，在非线性电路中，还会出现许多引人入胜的现象，如分叉、滞后、突变、共振、锁频、锁相、闪烁以及界于确定性和随机性二者之间的混沌现象等。随着非线性电子器件在现代设备中的广泛应用，研究并解释这些特殊现象的理论急待发展。目前，虽然研究的成果不断出现，但还很不完善，需要人们去深入探索、发现、驾驭。这些已超出了本书所讨论的范围。本节只对其中比较常见的自激振荡现象加以分析，以便说明非线性电路中的过渡过程与线性电路中的过渡过程，有本质上的区别。

一、自激振荡

图 19.4.1(a) 所示电路为一非线性动态电路，它是由直流电源 U_S，线性电阻 R_1，线性电容

C 和氖管(非线性电阻)组成。氖管的伏安特性如图 19.4.1(b) 所示。为分析方便，将其用图 19.4.1(c) 所示的特性来近似表示，其 bc 直线段的延长线通过原点。并设电路的初始状态为零。

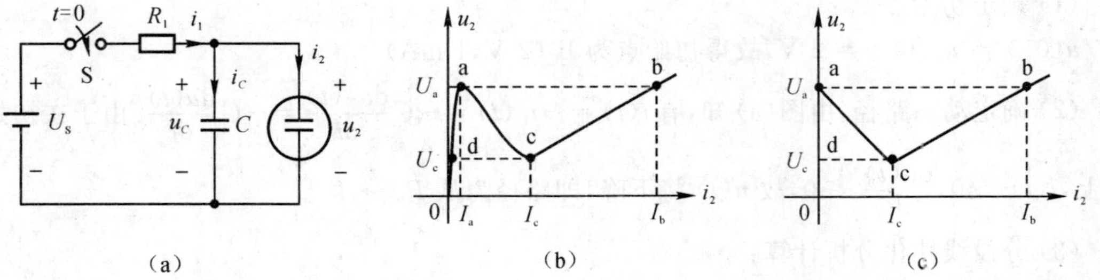

图 19.4.1 张弛振荡电路

在 $t=0$ 时，合上开关 S，电源将通过电路 R_1 对电容器 C 充电，电容器 C 的电压 $u_C(t)$ 从零开始增加。在 $u_C(t)$ 低于氖管的导通电压(或起燃电压)U_a 时，氖管截止，电流近似为零[参看图 19.4.1(c) 的特性]，在此期间，充电电路是由电阻 R_1 和电容 C 串联组成，故 $u_C(t)$ 为

$$u_C(t) = U_S(1 - e^{-\frac{1}{R_1C}t})$$

电流 $i_2(t)$ 为

$$i_2(t) = 0$$

当 $t=t_1$ 时，$u_C(t_1)=U_a$，即 $t_1 = R_1C\ln\dfrac{U_S}{U_S-U_a}$，氖管导通，氖管电流 i_2 急剧增加，而管压 u_2 却因氖管与电容并联，电容器 C 电压不能跃变，使 u_2 不能跃变，从而导致工作点由 a 点跃变到 b 点。这时，电容器 C 开始通过氖管放电，随着放电，电流 i_2 和电压 u_2 逐渐减小，氖管的工作点也由特性曲线的 b 点沿着 bc 段向左移动。在放电期间，由于氖管导通，其电阻很小，故放电电路可看做由氖管特性曲线 bc 段的斜率所确定的等效电阻 R_2 和电容 C 组成。故电容电压 $u_C(t)$ 为

$$u_C(t) = U_a e^{-\frac{t-t_1}{R_2C}}$$

电流 $i_2(t)$ 为

$$i_2(t) = \frac{U_a}{R_2}e^{-\frac{t-t_1}{R_2C}}$$

由于 $R_2 \ll R_1$，放电速度比充电速度快，使 u_C 迅速减小。在 $t=t_2$ 时，u_C 降到氖管的截止电压(或熄灭电压)U_c，氖管停止放电，i_2 由 I_c 变到零，而电压 u_2 却不能跃变，故使氖管的工作点由特性曲线的 c 点跃变到 d 点。这时电源又开始对电容器 C 充电，只不过这次充电是从 U_d(即 U_c) 开始的，充电到 $u_C(t)=U_a$ 又开始重复上述过程。

图 19.4.2(a)，(b) 分别画出了 $u_C(t)$ 和 $i_2(t)$ 的波形。从波形可以看出，在此非线性电路中，出现了线性电路中没有的现象：外加激励是直流，响应却是周期性的振荡，这种由电路元件特性而决定的振荡称为自激振荡，它与线性 L,C 电路中的自由振荡不同，也称张弛振荡。另外，线性电路中加直流激励，其响应都是连续变化的，而在这种张弛振荡电路中，却出现了响应的跳跃现象，即 i_2 由零跳变到 I_b，又由 I_c 跳变到零。

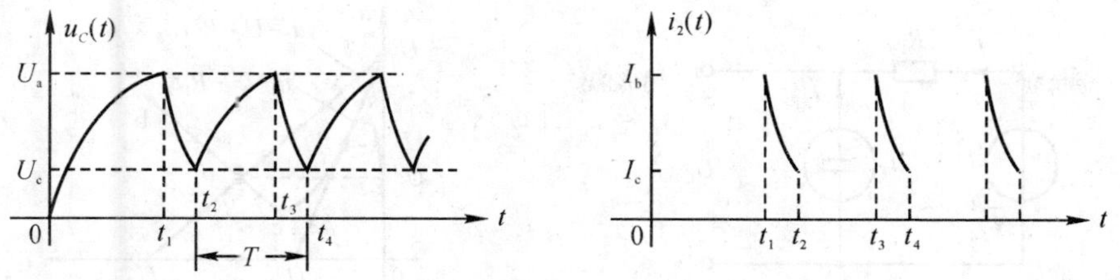

(a)　　(b)

图 19.4.2　图 19.4.1 电路的响应 u_C 和 i_2 的波形

二、产生张弛振荡的条件

需要指出的是，并不是在任何情况下，合上开关 S，电路都会产生振荡，也就是说产生振荡需要电路的参数满足一定的条件。为了说明这个问题，先介绍一下电路的平衡点及稳定性的概念。

1. 平衡点

在自治电路中，通常把响应不随时间变化时的工作状态称为平衡状态。由于一阶电路状态方程的形式为

$$\frac{\mathrm{d}x}{\mathrm{d}t} = F(x)$$

要使响应 x 不随时间变化，则要求有

$$\frac{\mathrm{d}x}{\mathrm{d}t} = F(x) = 0$$

而由 $F(x) = 0$ 求到的解 x_0 称为平衡工作点，简称平衡点。对于非线性电路来说，平衡点可能有一个或几个。

若状态变量选电容电压或电感电流，则求电路平衡点的公式为

$$\frac{\mathrm{d}u_C}{\mathrm{d}t} = 0 \quad 或 \quad \frac{\mathrm{d}i_L}{\mathrm{d}t} = 0$$

由于 $i_C = C_d \dfrac{\mathrm{d}u_C}{\mathrm{d}t}$，$u_L = L_d \dfrac{\mathrm{d}i_L}{\mathrm{d}t}$，故可改写成

$$i_C = 0 \quad 或 \quad u_L = 0$$

由于有 $i_C = 0$，相当于电容开路；$u_L = 0$，相当于电感短路。因此求一阶非线性电路的平衡点，就是电路中电容开路时的电压 u_C 或电感短路时的电流 i_L。

对于图 19.4.1(a) 所示电路的平衡点，可将电容开路，这时 $i_1 = i_2$，其等效电路如图 19.4.3 所示。利用图 19.4.3，可求得电容开路时的开路电压 u_C 为

$$u_C = u_2 = U_S - R_1 i_1 = U_S - R_1 i_2$$

由于氖管电压 u_2 和电流 i_2 除满足上述关系外，还必须满足其伏安特性。为此，由上式画出的直线与特性曲线的交点 P，即为图 19.4.1(a) 所示电路的平衡点，如图 19.4.4 所示。选择不同的 R_1 值，电路的平衡点也不同。若将 R_1 换成 R'_1，且 $R'_1 < R_1$，平衡点就由 P 点变为 P′ 点。所以电路的平衡点取决于电路参数的选择。

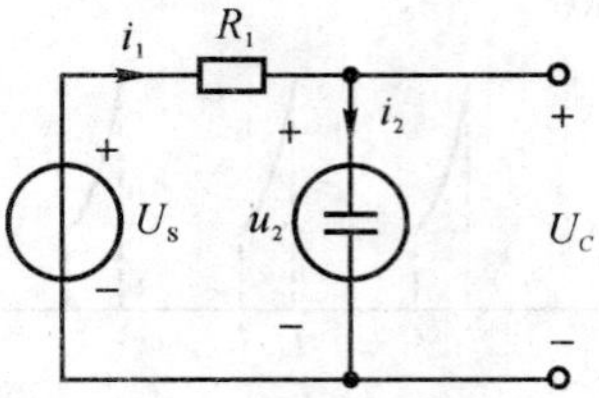

图 19.4.3　计算平衡点的等效电路

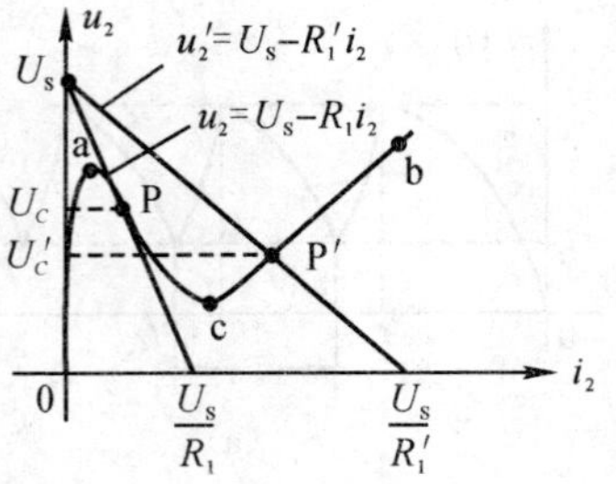

图 19.4.4　电路的平衡点

2. 平衡点的稳定性

动态电路的平衡点，可能是稳定的，也可能是不稳定的。若某种原因使电路偏离平衡点，当这种原因消失后，电路能自动回到原来的平衡点，则此平衡点是稳定的，否则就是不稳定的。对于图 19.4.4 所示的张弛振荡电路的两个平衡点 P 和 P′，它们的稳定性如何呢？下面就来讨论这个问题。

从稳定性的定义可以看出，平衡点 P 和 P′ 稳定与否，就要看由干扰引起电压、电流偏离平衡点，当干扰消失后电路的恢复情况，即要看电路在平衡点处零输入响应的性质。为此，设由干扰引起的电压、电流偏离平衡点的微小增量分别为 Δu_C 和 Δi_2，对于这个微小变化而言，氖管可用平衡点的动态电阻 R_d 来代替，并考虑该支路的分布电感 L_2 的很小。画出适用于工作点附近的等效运算电路如图 19.4.5 所示。由等效电路，写出其回路方程为

$$\begin{cases}(R_1+\frac{1}{sC})\Delta I_1(s)-\frac{1}{sC}\Delta I_2(s)=-\frac{\Delta u_C(0^-)}{s}\\-\frac{1}{sC}\Delta I_1(s)+(L_2s+R_d+\frac{1}{sC})\Delta I_2(s)=\frac{\Delta u_C(0^-)}{S}+L_2\Delta i_2(0^-)\end{cases}$$

由于零输入响应的性质取决于特征根的性质，因此，列出电路的特征方程为

$$\begin{vmatrix}R_1+\frac{1}{sC} & -\frac{1}{sC}\\-\frac{1}{sC} & L_2s+R_d+\frac{1}{sC}\end{vmatrix}=0$$

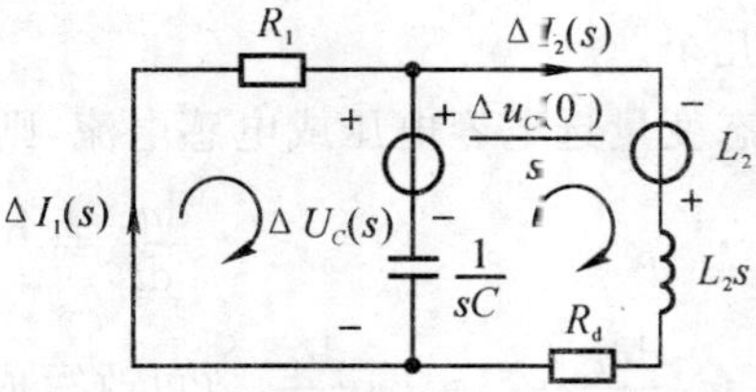

图 19.4.5　分析张弛振荡电路稳定性的等效电路

即

$$R_1L_2Cs^2+(R_1R_dC+L_2)s+(R_1+R_d)=0$$

求出特征根为

$$s_1=-\alpha+\sqrt{\alpha^2-\omega_0^2},\quad s_2=-\alpha-\sqrt{\alpha^2-\omega_0^2}$$

式中

$$\begin{cases}\alpha=\frac{R_1R_dC+L_2}{2R_1L_2C}\\\omega_0^2=\frac{R_1+R_d}{R_1L_2C}\end{cases}$$

由于 L_2 很小，故有

$$\alpha\approx\frac{R_d}{2L_2}$$

若动态电阻 $R_d>0$，则 $\alpha>0$，其等效电路的特征根的实部为负，即位于 s 平面的左半部，电路是稳定的；若动态电阻 $R_d<0$，则 $\alpha<0$，其等效电路的特征根的实部为正，即位于 s 平面的右半部，则电路是不稳定的。

根据上述分析可知，若图 19.4.1(a) 所示电路的平衡点在 P 点，由于 $R_d < 0$，则一旦某种原因使电压、电流偏离 P 点，由于电路不稳定，偏离将越来越大，所以 P 点是不稳定的平衡点。相反，P′ 点为稳定的平衡点。

3. 产生张弛振荡的条件

如果选择 $U_S > U_a$，且使平衡点落在特性曲线的 bc 段，即 P′ 点，则电路一接通电源，就开始给电容充电，当电容电压充至 U_a 时，氖管导通，电流跳变到 I_b，工作点由特性曲线的 a 点变到 b 点，然后沿 bc 段向电压减小的方向移动，移至 P′ 点就稳定下来，而不会产生振荡。若选择 U_S，R_1 使平衡点落在特性曲线的 ac 段，如 P 点，则电路接通电源后，电路的工作过程将按 0abcdab… 变动，就会产生振荡。由于 P 点为不稳定平衡点，振荡过程中，实际上是达不到此点的。

综上所述，若电路平衡点的动态电阻为正，则不会产生张弛振荡；若平衡点的动态电阻为负，才会产生张弛振荡。也就是说，适当地选择 U_S 和 R_1，使平衡点落入特性曲线的 ac 段，电路就能产生张弛振荡。

习　题　十　九

19.1　非线性电容元件的 $q-u$ 关系为 $q=\frac{1}{2}u^2C$，已知 $u=2\sin t$ V。求电流 $i(t)$。(答：$2\sin t$ A)

19.2　已知非线性电容的库伏特性为 $u(t)=1+2q+3q^2$ V。(1) 求从 $q(0)=0$ 充电到 $q(t)=1$ C时，此电容吸收的能量 $W(t)$；(2) 求 $q(t)=1$ C时的静态电容 C 和动态电容 C_d。(答：3J；$\frac{1}{6}$F，$\frac{1}{8}$F)

19.3　已知非线性电感的 $\Psi-i$ 特性为 $\Psi=i+\frac{1}{3}i^3$ Wb。(1) 求 $i=2$ A 时的动态电感 L_d(2) 求 $i=\sin t$ A 时的电感电压 u_L。(答：5H；$\frac{5}{4}\cos t-\frac{1}{4}\cos 3t$V)

19.4　非线性电感的韦安特性如图题 19.4 所示。(1) 写出 $\Psi-i$ 的函数表达式；(2) 求动态电感 L_d。(答：$\frac{1}{150}$H)。

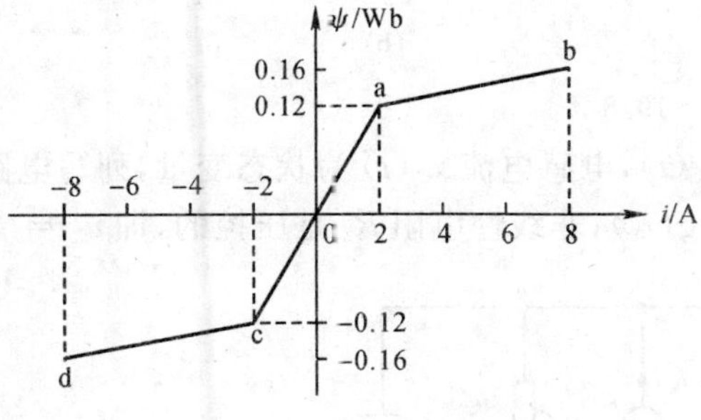

图题　19.4

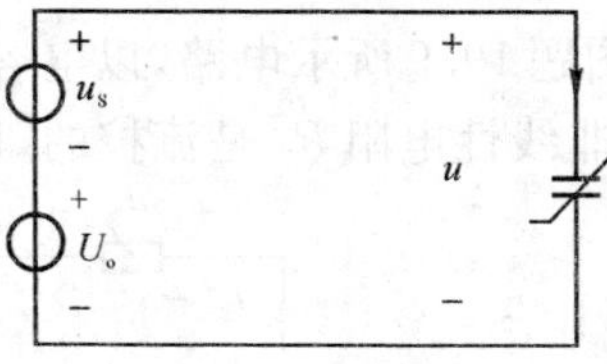

图题　19.5

19.5　图题 19.5 所示电路，非线性电容的库伏特性为 $q=\frac{1}{3}\times10^{-6}u^3$(C)。(1) 求动态电容 C_d；(2) 若输入信号 $u_S \ll U_o$，当 $1\text{ V}\leqslant U_o\leqslant 10\text{ V}$ 时，求动态电容 C_d 变化的范围。(答：

$10^{-6}u^2$ F；1 μF ≤ C_d ≤ 100 μF）

19.6　图题19.6(a)所示电路，$t<0$时，S打开，$u_C(0^-)=3$ V，非线性电阻的伏安特性如图(b)所示。今于$t=0$时刻闭合S。求$t>0$时的$u_C(t)$。

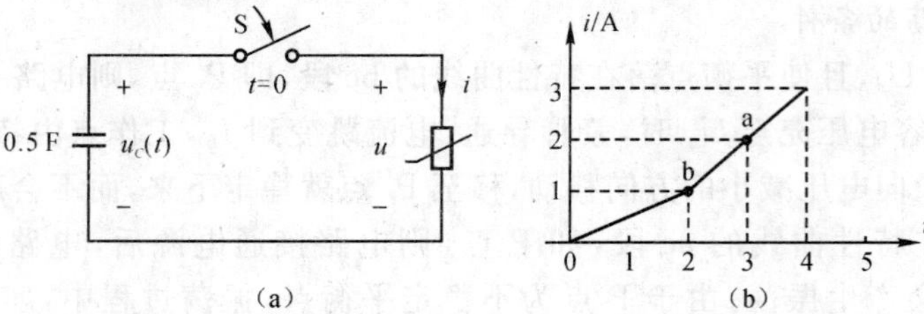

图题　19.6

19.7　图题19.7(a)所示电路，$I_S=4U(t)$A，非线性电阻元件的伏安特性如图(b)所示，电路为零状态。求$t>0$时的响应$i_L(t)$。

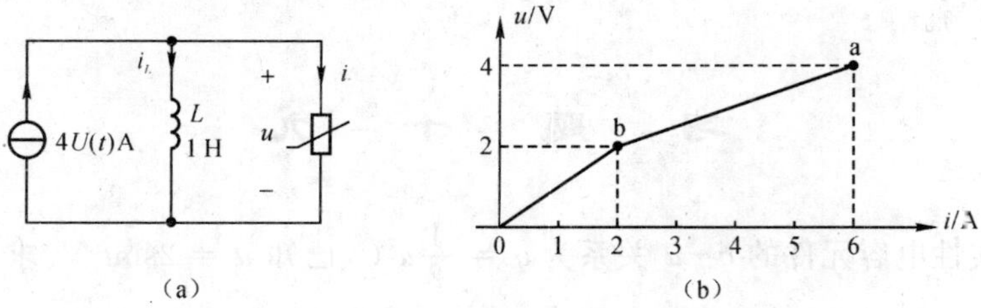

图题 19.7

19.8　图题19.8(a)所示为用非线性电容对电路进行调谐的电路。其中直流电压U_o为偏置电压，是用来进行控制的；u_S为输入的信号电压，$u_S \ll U_o$；非线性电容的$q-u$关系为$q=0.5Ku^2$C，其曲线如图(b)所示。试分析其调谐的工作原理，并求电路的固有谐振频率f_o。$\left(答:\dfrac{1}{2\pi\sqrt{LC_d}}\right)$

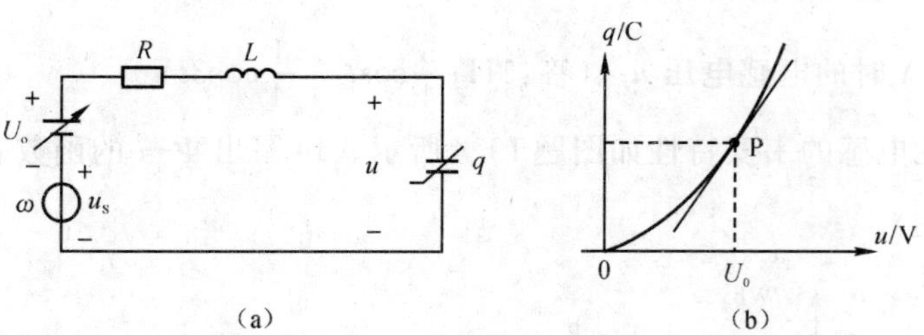

图题　19.8

19.9　图题19.9所示电路，以电容电压$x_1(t)$，电感电流$x_2(t)$为状态变量，列写电路的状态方程。已知非线性电阻R_1是流控的，即$u_1=g(i_1)$；非线性电阻R_2是压控的，即$u_2=f(u_2)$。

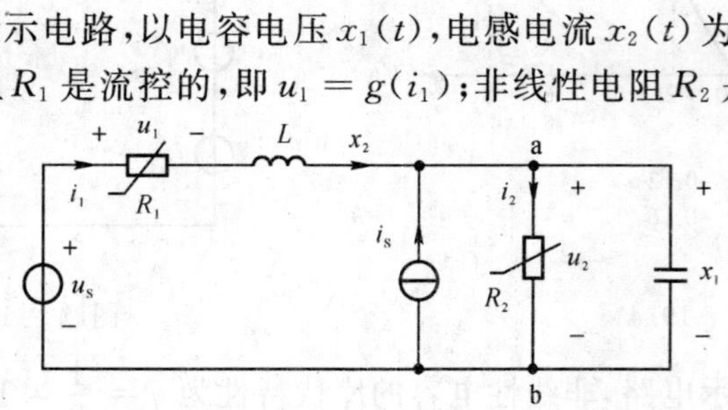

图题　19.9

第20章 均匀传输线

内容提要

本章讲述分布参数电路与均匀传输线的定义与概念，均匀传输线的方程，均匀传输线方程的正弦稳态解，均匀传输线上的行波，均匀传输线的特性参数，均匀传输线的负载效应，无损耗均匀传输线上的驻波，无损耗均匀传输线的负载效应。

在以前各章中，研究的都是由集总参数电路元件连接成的电路，称为集总参数电路。在本章中，研究分布参数电路。均匀传输线是最基本也是最重要的分布参数电路，在电子、通信、计算机、自动控制、电力传输等技术工程中，都有广泛应用。因此，我们的研究是以均匀传输线为对象。研究的内容有：分布参数电路与均匀传输线的概念；均匀传输线的方程及其正弦稳态解；均匀传输线上电压、电流的波动性（行波，入射波，反射波）；均匀传输线的特性参数与负载效应；无损耗均匀传输线上电压与电流的驻波与输入阻抗；无损耗均匀传输线的负载效应。

20.1 分布参数电路与均匀传输线

一、分布参数电路

由分布参数电路元件连接成的电路称为分布参数电路。

对于一个给定的电路，是把它作为集总参数电路研究，还是作为分布参数电路研究，主要是看电路的外形尺寸——“长度”l与电路中所传输的电压、电流波长λ的相对大小而定。理论和实验都证明，当实际电路的“长度”l与所传输的电压、电流的波长λ在数量上接近时，就应作为分布参数电路研究，如果仍作为集总参数电路研究，不仅产生极大的误差，更重要的是对许多表现出来的物理现象和特性不能给出正确地解释。例如工业供电电压的频率$f = 50$ Hz，其波长$\lambda = \frac{C}{f} = \frac{3 \times 10^8}{50} = 6\ 000$ km，若供电线路的长度$l = 50$ km $\ll \lambda$，此时就可作为集总参数电路研究；但若供电线路的长度$l = 1\ 500$ km $= \frac{\lambda}{4}$，此时就必须作为分布参数电路研究。再例如，电视信号的频率$f = 200$ MHz，其波长$\lambda = \frac{C}{f} = \frac{3 \times 10^8}{200 \times 10^6} = 1.5$ m，此信号经过长$l = 0.75$ m $= \frac{\lambda}{2}$的电缆线传输，此时，此电缆虽然“很短”，但也必须作为分布参数电路研究。

二、均匀传输线

工程中应用最多也是最典型的传输线，是放置在均匀介质中的两根平行直导体构成的，如图 20.1.1 所示，其中图(a) 为两线架空线，图(b) 为同轴电缆，图(c) 为二芯电缆，它们统称为双导线传输线。

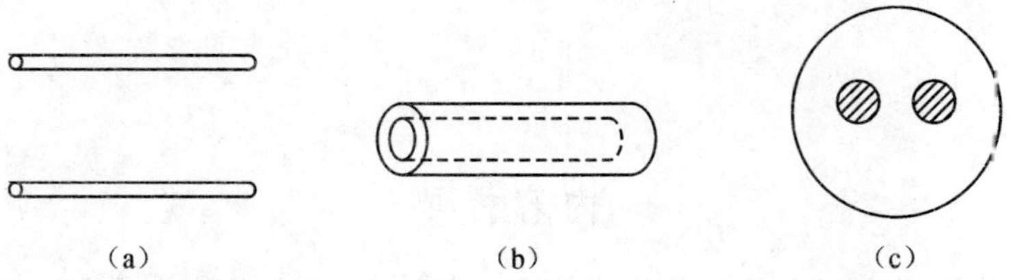

图 20.1.1　几种常用的传输线

传输线的特性是由它的固有参数(也称原始参数，简称原参数) 决定的。固有参数有：

R_0—— 导线(包括来回线) 单位长度具有的电阻，单位为 Ω/m；

L_0—— 导线单位长度具有的电感，单位为 H/m；

G_0—— 导线单位长度上两导线间的漏电导，单位为 S/m；

C_0—— 导线单位长度上两导线间的电容，单位为 F/m。

R_0，L_0，G_0，C_0 的数值大小取决于传输线导线所用的材料，传输线的结构和介质的材料，其计算公式可用电磁场理论推导出来，在电工手册中均有列出，可供查用。

如果沿着传输线，其固有参数的分布处处相等，则称为均匀传输线。工程实际中不存在均匀传输线，均匀传输线只是一种理想的电路模型。在本章中，主要研究均匀传输线。

20.2　均匀传输线方程

要研究均匀传输线的传输特性，首先要建立均匀传输线的数学模型 —— 均匀传输线方程。

图 20.2.1(a) 为一均匀传输线，接电源的一端称为始端，接负载的一端称为终端。两根导线中，上面从始端到终端的导线称为去线，下面从终端到始端的导线称为回线。传输线的总长度为 l。建立数轴 x，数轴的原点 O 定在传输线的始端。设传输线上任意处 A，B 到原点(即始端) 的距离为 x，$\mathrm{d}x$ 为一个微分段。由于微分段 $\mathrm{d}x$ 极短，故可忽略该段上电路参数的分布性，用图 20.2.1(b) 所示的集总参数电路模型等效替代。其中 $R_0\mathrm{d}x$，$L_0\mathrm{d}x$，$G_0\mathrm{d}x$，$C_0\mathrm{d}x$ 分别为微分 $\mathrm{d}x$ 段的电阻、电感、电导、电容。这样，整个均匀传输线就相当于由无穷多个这样的微分段级联而成。对于确定的时间 t 而言，沿 x 正方向电压的距离增加率为 $\frac{\partial u}{\partial x}$，电流的距离增加率为 $\frac{\partial i}{\partial x}$，[①] 若设图 20.2.1(b) 中 A 点的电压、电流分别为 u，i，则在 A′，B′ 处的电压、电流即分别为 $u+\frac{\partial u}{\partial x}\cdot\mathrm{d}x$，

① 这里把电压、电流的距离增加率写成偏微分 $\frac{\partial u}{\partial x}$，$\frac{\partial i}{\partial x}$ 的形式，是因为传输线中的电压 u，电流 i 都是时间变量 t 与距离变量 x 的二元函数。

$i+\frac{\partial i}{\partial x}\cdot \mathrm{d}x$。故对节点 A′ 可列出 KCL 方程为

$$i-(i+\frac{\partial i}{\partial x}\mathrm{d}x)=G_0(u+\frac{\partial u}{\partial x}\mathrm{d}x)\mathrm{d}x+C_0\frac{\partial}{\partial t}(u+\frac{\partial u}{\partial x}\cdot \mathrm{d}x)\mathrm{d}x$$

对回路 AA′B′AA′ 可列出 KVL 方程为

$$u-(u+\frac{\partial u}{\partial x}\mathrm{d}x)=R_0 i\mathrm{d}x+L_0\frac{\partial i}{\partial t}\mathrm{d}x$$

将上两式加以整理化简，并略去二阶无穷小量，即得均匀传输线的方程为

$$\left.\begin{aligned}-\frac{\partial u}{\partial x}&=R_0 i+L_0\frac{\partial i}{\partial t}\\-\frac{\partial i}{\partial x}&=G_0 u+C_0\frac{\partial u}{\partial t}\end{aligned}\right\}\tag{20.2.1}$$

可见，它是一组偏微分方程。第一个方程的物理意义是，单位长度上电压的减小率$(-\frac{\partial u}{\partial x})$，等于单位长度上的电阻电压降 $R_0 i$ 与单位长度上的电感电压降 $L_0\frac{\partial i}{\partial t}$ 之和；第二个方程的物理意义是，单位长度上电流的减小率$\left(-\frac{\partial i}{\partial t}\right)$，等于单位长度上的电导电流 $G_0 u$ 与单位长度上的电容电流$C_0\frac{\partial u}{\partial t}$之和。今若传输线的边界条件(即始端和终端的情况)与初始条件(即时间起始时刻的条件)已知，则求解此方程，即可得传输线中的电压 $u=u(t,x)$ 和电流 $i=i(t,x)$，u 和 i 都是时间变量 t 和距离变量 x 的二元函数。这是分布参数电路与集总参数电路的显著差别之一。

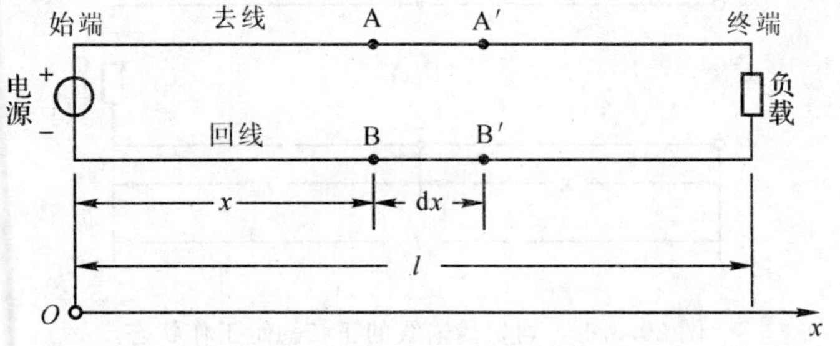

(a)

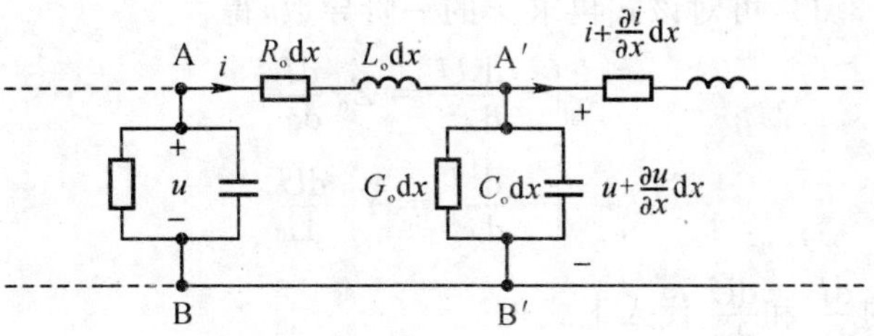

(b)

图 20.2.1　均匀传输线及其等效电路

(a) 均匀传输线；(b) 均匀传输线的等效电路

20.3 均匀传输线方程的正弦稳态解

若均匀传输线的始端由角频率为 ω 的正弦电压源激励，则当传输线达到稳定工作状态时，沿线各处的电压 u 和电流 i 就都是同一角频率 ω 的正弦时间函数，因此，可以用相量法分析传输线上的电压和电流。

设距离始端为 x 处的电压和电流相量为 $\dot{U}(x)$ 和 $\dot{I}(x)$，如图 20.3.1 中所示，$\dot{U}(x)$ 和 $\dot{I}(x)$ 都已只是距离变量 x 的函数而与时间变量 t 无关了。为了方便，可将 $\dot{U}(x)$，$\dot{I}(x)$ 简写为 $\dot{U}$，$\dot{I}$。此时式(20.2.1) 即可写成相量形式为

$$\left.\begin{aligned} -\frac{\mathrm{d}\dot{U}}{\mathrm{d}x} &= (R_{\mathrm{o}}+\mathrm{j}\omega L_{\mathrm{o}})\dot{I} = Z_{\mathrm{o}}\dot{I} \\ -\frac{\mathrm{d}\dot{I}}{\mathrm{d}x} &= (G_{\mathrm{o}}+\mathrm{j}\omega C_{\mathrm{o}})\dot{U} = Y_{\mathrm{o}}\dot{U} \end{aligned}\right\} \qquad (20.3.1)$$

式中 $Z_{\mathrm{o}} = R_{\mathrm{o}} + \mathrm{j}\omega L_{\mathrm{o}}$ 为传输线单位长度的阻抗，$Y_{\mathrm{o}} = G_{\mathrm{o}} + \mathrm{j}\omega C_{\mathrm{o}}$ 为传输线单位长度的导纳。式(20.3.1) 是一组常微分方程：第一个方程的物理意义是，单位长度上电压相量的减小率$\left(-\frac{\mathrm{d}\dot{U}}{\mathrm{d}x}\right)$，等于单位长度阻抗 Z_{o} 上的电压降 $Z_{\mathrm{o}}\dot{I}$；第二个方程的物理意义是，单位长度上电流相量的减小率$\left(-\frac{\mathrm{d}\dot{I}}{\mathrm{d}x}\right)$，等于单位长度导纳 Y_{o} 中的电流 $Y_{\mathrm{o}}\dot{U}$。求解上式，即可得沿线电压和电流的相量 $\dot{U}$ 和 $\dot{I}$。

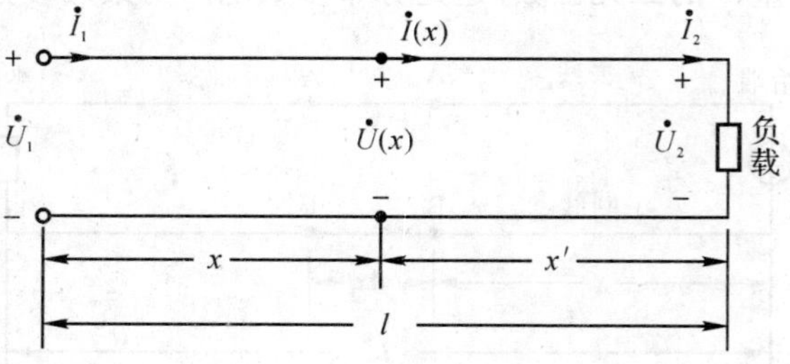

图 20.3.1 均匀传输线的正弦稳定工作状态

为了求解式(20.3.1)，可对该式再求 x 的一阶导数，得

$$\begin{cases} -\dfrac{\mathrm{d}^2\dot{U}}{\mathrm{d}x^2} = Z_{\mathrm{o}}\dfrac{\mathrm{d}\dot{I}}{\mathrm{d}x} \\ -\dfrac{\mathrm{d}^2\dot{I}}{\mathrm{d}x^2} = Y_{\mathrm{o}}\dfrac{\mathrm{d}\dot{U}}{\mathrm{d}x} \end{cases}$$

再将式(20.3.1) 中的$\frac{\mathrm{d}\dot{I}}{\mathrm{d}x}$和$\frac{\mathrm{d}\dot{U}}{\mathrm{d}x}$代入上式得

$$\begin{cases} \dfrac{\mathrm{d}^2\dot{U}}{\mathrm{d}x^2} = Z_{\mathrm{o}}Y_{\mathrm{o}}\dot{U} \\ \dfrac{\mathrm{d}^2\dot{I}}{\mathrm{d}x^2} = Z_{\mathrm{o}}Y_{\mathrm{o}}\dot{I} \end{cases}$$

令 $\gamma = \alpha + \mathrm{j}\beta = \sqrt{Z_{\mathrm{o}}Y_{\mathrm{o}}} = \sqrt{(R_{\mathrm{o}}+\mathrm{j}\omega L_{\mathrm{o}})(G_{\mathrm{o}}+\mathrm{j}\omega C_{\mathrm{o}})}$，代入上式得

$$\left.\begin{aligned}\frac{\mathrm{d}^2\dot{U}}{\mathrm{d}x^2}&=\gamma^2\dot{U}\\\frac{\mathrm{d}^2\dot{I}}{\mathrm{d}x^2}&=\gamma^2\dot{I}\end{aligned}\right\}\tag{20.3.2}$$

这是一组常系数线性二阶常微分方程组，解之即得沿线电压、电流的相量 $\dot{U}$ 和 $\dot{I}$。式中 γ 称为传输常数，由传输线的固有参数决定，它是随角频率 ω 而变化的复数，其物理意义将在 20.5 节中研究。从高等数学中知，上式的通解为

$$\left.\begin{aligned}\dot{U}&=A_1\mathrm{e}^{-\gamma x}+A_2\mathrm{e}^{\gamma x}\\\dot{I}&=B_1\mathrm{e}^{-\gamma x}+B_2\mathrm{e}^{\gamma x}\end{aligned}\right\}\tag{20.3.3}$$

式中 A_1,A_2,B_1,B_2 为积分常数，它们之间存在着确定的关系（见下面推导）。

由式(20.3.1)的第一式可得

$$\begin{aligned}\dot{I}&=-\frac{1}{Z_o}\cdot\frac{\mathrm{d}\dot{U}}{\mathrm{d}x}=-\frac{1}{Z_o}(-A_1\gamma\mathrm{e}^{-\gamma x}+A_2\gamma\mathrm{e}^{\gamma x})=\\&\frac{1}{Z_o}\cdot\gamma(A_1\mathrm{e}^{-\gamma x}-A_2\mathrm{e}^{\gamma x})=\frac{1}{Z_o}\cdot\sqrt{Z_oY_o}(A_1\mathrm{e}^{-\gamma x}-A_2\mathrm{e}^{\gamma x})=\\&\frac{A_1}{\sqrt{\frac{Z_o}{Y_o}}}\cdot\mathrm{e}^{-\gamma x}-\frac{A_2}{\sqrt{\frac{Z_o}{Y_o}}}\cdot\mathrm{e}^{\gamma x}=\frac{A_1}{Z_C}\mathrm{e}^{-\gamma x}-\frac{A_2}{Z_C}\mathrm{e}^{\gamma x}=B_1\mathrm{e}^{-\gamma x}+B_2\mathrm{e}^{\gamma x}\end{aligned}$$

故得 A_1 与 B_1，A_2 与 B_2 的关系为 $B_1=\dfrac{A_1}{Z_C}$，$B_2=-\dfrac{A_2}{Z_C}$。式中

$$Z_C=\sqrt{\frac{Z_o}{Y_o}}=\sqrt{\frac{R_o+\mathrm{j}\omega L_o}{G_o+\mathrm{j}\omega C_o}}$$

Z_C 称为传输线的特性阻抗或波阻抗，为一复数，由传输线的固有参数决定，也是角频率 ω 的函数，其物理意义也留在 20.5 节中研究。于是式(20.3.3)又可写为

$$\left.\begin{aligned}\dot{U}&=A_1\mathrm{e}^{-\gamma x}+A_2\mathrm{e}^{\gamma x}\\\dot{I}&=\frac{A_1}{Z_C}\mathrm{e}^{-\gamma x}-\frac{A_2}{Z_C}\mathrm{e}^{\gamma x}\end{aligned}\right\}\tag{20.3.4}$$

式中的积分常数 A_1,A_2，可根据已知的传输线的边界条件确定。边界条件有两种可能的情况：一种是始端的电压 $\dot{U}_1$，电流 $\dot{I}_1$ 为已知；一种是终端的电压 $\dot{U}_2$，电流 $\dot{I}_2$ 为已知。下面分别研究。

一、已知始端的电压 $\dot{U}_1$ 和电流 $\dot{I}_1$

从图 20.3.1 中看出，始端的电压 $\dot{U}_1$ 和电流 $\dot{I}_1$，就是 $x=0$ 处的电压 $\dot{U}$ 和电流 $\dot{I}$，故将 $x=0$ 代入式(20.3.4)即有

$$\begin{cases}\dot{U}_1=A_1+A_2\\\dot{I}_1=\dfrac{A_1}{Z_C}-\dfrac{A_2}{Z_C}\end{cases}$$

联立求解得

$$\begin{cases}A_1=\dfrac{1}{2}(\dot{U}_1+Z_C\dot{I}_1)\\A_2=\dfrac{1}{2}(\dot{U}_1-Z_C\dot{I}_1)\end{cases}$$

再代入式(20.3.4)中，即得传输线上距始端任意 x 处的电压和电流相量为

$$\left.\begin{aligned}\dot{U}&=\frac{1}{2}(\dot{U}_1+Z_C\dot{I}_1)\mathrm{e}^{-\gamma x}+\frac{1}{2}(\dot{U}_1-Z_C\dot{I}_1)\mathrm{e}^{\gamma x}\\ \dot{I}&=\frac{1}{2}(\frac{\dot{U}_1}{Z_C}+\dot{I}_1)\mathrm{e}^{-\gamma x}-\frac{1}{2}(\frac{\dot{U}_1}{Z_C}-\dot{I}_1)\mathrm{e}^{\gamma x}\end{aligned}\right\}\tag{20.3.5}$$

根据双曲线正弦、余弦函数的公式：$\cosh(\gamma x)=\frac{1}{2}(\mathrm{e}^{\gamma x}+\mathrm{e}^{-\gamma x})$，$\sinh(\gamma x)=\frac{1}{2}(\mathrm{e}^{\gamma x}-\mathrm{e}^{-\gamma x})$，上式又可写为双曲线函数形式

$$\left.\begin{aligned}\dot{U}&=\dot{U}_1\cosh(\gamma x)-Z_C\dot{I}_1\sinh(\gamma x)\\ \dot{I}&=\dot{I}_1\cosh(\gamma x)-\frac{\dot{U}_1}{Z_C}\sinh(\gamma x)\end{aligned}\right\}\tag{20.3.6}$$

上两式即为在已知 $\dot{U}_1$ 和 $\dot{I}_1$ 边界条件下均匀传输线方程的正弦稳态解答。

二、已知终端的电压 $\dot{U}_2$ 和电流 $\dot{I}_2$

从图 20.3.1 中看出，终端的电压 $\dot{U}_2$ 和电流 $\dot{I}_2$，就是 $x=l$ 处的电压 $\dot{U}$ 和电流 $\dot{I}$，故将 $x=l$ 代入式(20.3.4) 即有

$$\begin{cases}\dot{U}_2=A_1\mathrm{e}^{-\gamma l}+A_2\mathrm{e}^{\gamma l}\\ \dot{I}_2=\frac{A_1}{Z_C}\mathrm{e}^{-\gamma l}-\frac{A_2}{Z_C}\mathrm{e}^{\gamma l}\end{cases}$$

联立求解得

$$\begin{cases}A_1=\frac{1}{2}(\dot{U}_2+Z_C\dot{I}_2)\mathrm{e}^{\gamma l}\\ A_2=\frac{1}{2}(\dot{U}_2-Z_C\dot{I}_2)\mathrm{e}^{-\gamma l}\end{cases}$$

再代入式(20.3.4)，即得传输线上距始端任意 x 处的电压和电流相量为

$$\dot{U}=\frac{1}{2}(\dot{U}_2+Z_C\dot{I}_2)\mathrm{e}^{\gamma l}\cdot\mathrm{e}^{-\gamma x}+\frac{1}{2}(\dot{U}_2-Z_C\dot{I}_2)\mathrm{e}^{-\gamma l}\cdot\mathrm{e}^{\gamma x}=\frac{1}{2}(\dot{U}_2+Z_C\dot{I}_2)\mathrm{e}^{\gamma(l-x)}+$$
$$\frac{1}{2}(\dot{U}_2-Z_C\dot{I}_2)\mathrm{e}^{-\gamma(l-x)}=\frac{1}{2}(\dot{U}_2+Z_C\dot{I}_2)\mathrm{e}^{\gamma x'}+\frac{1}{2}(\dot{U}_2-Z_C\dot{I}_2)\mathrm{e}^{-\gamma x'}$$

$$\dot{I}=\frac{1}{2}(\frac{\dot{U}_2}{Z_C}+\dot{I}_2)\mathrm{e}^{\gamma(l-x)}-\frac{1}{2}(\frac{\dot{U}_2}{Z_C}-\dot{I}_2)\mathrm{e}^{-\gamma(l-x)}=\frac{1}{2}(\frac{\dot{U}_2}{Z_C}+\dot{I}_2)\mathrm{e}^{\gamma x'}-\frac{1}{2}(\frac{\dot{U}_2}{Z_C}-\dot{I}_2)\mathrm{e}^{-\gamma x'}$$

上两式中的 $x'=l-x$ 为传输线上任意 x 处到终端的距离，如图 20.3.1 中所示。

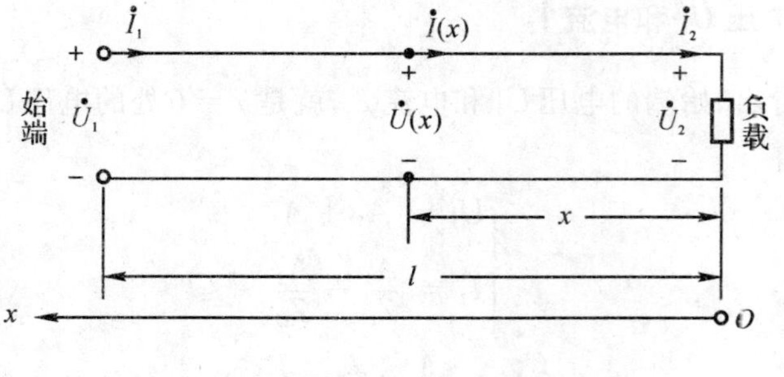

图 20.3.2　均匀传输线的正弦稳定工作状态

为了更为简便清晰，可把计算距离的起点改在传输线的终端，然后再把变量字母 x' 改写为 x，如图 20.3.2 所示。这样，上式即可写为

$$\left.\begin{aligned}\dot{U} &= \frac{1}{2}(\dot{U}_2 + Z_C\dot{I}_2)e^{\gamma x} + \frac{1}{2}(\dot{U}_2 - Z_C\dot{I}_2)e^{-\gamma x} \\ \dot{I} &= \frac{1}{2}(\frac{\dot{U}_2}{Z_C} + \dot{I}_2)e^{\gamma x} - \frac{1}{2}(\frac{\dot{U}_2}{Z_C} - \dot{I}_2)e^{-\gamma x}\end{aligned}\right\} \tag{20.3.7}$$

或写成双曲线函数形式

$$\left.\begin{aligned}\dot{U} &= \dot{U}_2\cosh(\gamma x) + Z_C\dot{I}_2\sinh(\gamma x) \\ \dot{I} &= \dot{I}_2\cosh(\gamma x) + \frac{\dot{U}_2}{Z_C}\sinh(\gamma x)\end{aligned}\right\} \tag{20.3.8}$$

上两式即为在已知 $\dot{U}_2$ 和 $\dot{I}_2$ 边界条件下均匀传输方程的正弦稳态解答。

例 20.3.1 双导线架空线，$R_o = 0.107\ \Omega/\text{km}$，$L_o = 1.36\ \text{mH/km}$，$C_o = 0.0084\ \mu\text{F/km}$，$G_o = 0$，负载电压有效值 $U_2 = 124\ \text{kV}$，负载功率 $P_2 = 53.33\ \text{MW}$，功率因数 $\cos\varphi_2 = 0.9$(电感性)，线长 $l = 200\ \text{km}$，工作频率 $f = 50\ \text{Hz}$。求始端电 U_1，电流 I_1 及传输效率 η。

解

$$Z_o = R_o + j\omega L_o = R_o + j2\pi f L_o = 0.44\ \underline{/75.9^\circ}\ \Omega/\text{km}$$

$$Y_o = G_o + j\omega C_o = 0 + j2\pi f C_o = 2.66\times10^{-6}\ \underline{/90^\circ}\ \text{S/km}$$

$$Z_C = \sqrt{\frac{Z_o}{Y_o}} = 406\ \underline{/-7.05^\circ}\ \Omega$$

$$\gamma = \sqrt{Z_o Y_o} = 1.082\times10^{-3}\ \underline{/83^\circ}\ \frac{1}{\text{km}}$$

$$\gamma l = 1.082\times10^{-3}\ \underline{/83^\circ}\times200 = 0.216\ \underline{/83^\circ} = 0.0263 + j0.214$$

$$e^{\gamma l} = 1.027e^{j12.27^\circ} = 1.0034 + j0.218$$

$$e^{-\gamma l} = \frac{1}{e^{\gamma l}} = 0.974e^{-j12.27^\circ} = 0.952 - j0.207$$

$$\cosh\gamma l = \frac{1}{2}(e^{\gamma l} + e^{-\gamma l}) = 0.978 + j0.0055 = 0.978\ \underline{/0^\circ}$$

$$\sinh\gamma l = \frac{1}{2}(e^{\gamma l} - e^{-\gamma l}) = 0.0257 + j0.2125 = 0.214\ \underline{/83^\circ}$$

取 $\dot{U}_2 = U_2\ \underline{/0^\circ} = 124\times10^3\ \underline{/0^\circ}\ \text{V}$

$$I_2 = \frac{P_2}{U_2\cos\varphi_2} = \frac{53.33\times10^6}{124\times10^3\times0.9} = 0.478\ \text{kA}$$

$$\varphi_2 = \arccos0.9 = 25.8^\circ$$

故 $\dot{I}_2 = I_2\ \underline{/-\varphi_2} = 0.478\ \underline{/-25.8^\circ}\ \text{kA}$

根据式(20.3.8)，当 $x = l = 200\times10^3\ \text{m}$ 时，即得始端电压和电流为

$$\dot{U} = \dot{U}_2\cosh\gamma l + Z_C\dot{I}_2\sinh\gamma l =$$
$$124\times10^3\times0.978 + 406\ \underline{/-7.05^\circ}\times0.478\times10^3\ \underline{/-25.8^\circ}\times0.214\ \underline{/83^\circ} =$$
$$147.9\times10^3 + j31.8\times10^3 = 151.2\ \underline{/12.1^\circ}\ \text{kV}$$

$$\dot{I}_2 = \dot{I}_2\cosh\gamma l + \frac{\dot{U}_2}{Z_C}\sin\gamma l = 0.420\times10^3 - j0.1376\times10^3 = 0.442\ \underline{/-18.1^\circ}\ \text{kA}$$

故得始端功率为

$$P_1 = U_1 I_1\cos\varphi_1 = 151.2\times10^3\times0.442\times10^3\cos(12.1^\circ + 18.1^\circ) =$$
$$66.83\times10^6\times\cos30.2^\circ = 57.76\ \text{MW}$$

故效率为

$$\eta = \frac{P_2}{P_1} = \frac{53.33}{57.76} = 92.3\ \%$$

20.4 均匀传输线上的行波

从均匀传输线方程正弦稳态解答的通解式(20.3.4)可以看出，传输线上任意x处(以始端为计算距离的起点)的电压$\dot{U}$和电流$\dot{I}$，都可以看成是由两个分量$\dot{U}^+$和$\dot{U}^-$叠加组成，即

$$\left.\begin{aligned}\dot{U} &= A_1\mathrm{e}^{-\gamma x} + A_2\mathrm{e}^{\gamma x} = \dot{U}^+ + \dot{U}^- \\ \dot{I} &= \frac{A_1}{Z_C}\mathrm{e}^{-\gamma x} - \frac{A_2}{Z_C}\mathrm{e}^{\gamma x} = \dot{I}^+ - \dot{I}^-\end{aligned}\right\} \tag{20.4.1}$$

式中分量

$$\left.\begin{aligned}\dot{U}^+ &= A_1\mathrm{e}^{-\gamma x} = \frac{1}{2}(\dot{U}_1 + Z_C\dot{I}_1)\mathrm{e}^{-\gamma x} \\ \dot{I}^+ &= \frac{A_1}{Z_C}\mathrm{e}^{-\gamma x} = \frac{1}{2}(\frac{\dot{U}_1}{Z_C} + \dot{I}_1)\mathrm{e}^{-\gamma x}\end{aligned}\right\} \tag{20.4.2}$$

分别称为电压$\dot{U}$和电流$\dot{I}$的入射波相量，简称入射波；分量

$$\left.\begin{aligned}\dot{U}^- &= A_2\mathrm{e}^{\gamma x} = \frac{1}{2}(\dot{U}_1 - Z_C\dot{I}_1)\mathrm{e}^{\gamma x} \\ \dot{I}^- &= \frac{A_2}{Z_C}\mathrm{e}^{\gamma x} = \frac{1}{2}(\frac{\dot{U}_1}{Z_C} - \dot{I}_1)\mathrm{e}^{\gamma x}\end{aligned}\right\} \tag{20.4.3}$$

分别称为电压$\dot{U}$和电流$\dot{I}$的反射波相量，简称反射波。下面分别对它们进行研究。

一、电压入射波

令 $A_1 = |A_1|\mathrm{e}^{\mathrm{j}\psi^+}$ (ψ^+为A_1的辐角)

代入式(20.4.2)的第一式有

$$\dot{U}^+ = |A_1|\mathrm{e}^{\mathrm{j}\psi^+}\cdot\mathrm{e}^{-(\alpha+\mathrm{j}\beta)x} = |A_1|\mathrm{e}^{-\alpha x}\cdot\mathrm{e}^{\mathrm{j}(-\beta x+\psi^+)}$$

于是可写出电压入射波相量$\dot{U}^+$的时间函数表达式为

$$\begin{aligned}u^+(t,x) &= \mathrm{Re}[\sqrt{2}\dot{U}^+\mathrm{e}^{\mathrm{j}\omega t}] = \mathrm{Re}[\sqrt{2}|A_1|\mathrm{e}^{-\alpha x}\cdot\mathrm{e}^{\mathrm{j}(\omega t-\beta x+\psi^+)}] = \\ &\sqrt{2}|A_1|\mathrm{e}^{-\alpha x}\cdot\cos(\omega t-\beta x+\psi^+)\end{aligned} \tag{20.4.4}$$

$u^+(t,x)$是时间变量t和距离变量x的二元函数，可看出，在传输线上任意指定x处(即x为定值)，$u^+(t,x)$是随时间变量t按正弦规律变化的；在任意指定的时间t(即t为定值)，$u^+(t,x)$是沿线按衰减的(因α是大于零的)① 正弦规律而分布的，如图20.4.1中的实线所示。$u^+(t,x)$的相位角为

$$\theta = \omega t - \beta x + \psi^+$$

从此式可看出，当时间变量t增大时，如欲使θ的值保持不变，则x的值也必须相应地增大，亦即$u^+(t,x)$的相位角θ保持定值的点的位置，应是随着时间t的增大而沿x的正方向移动，如图20.4.1中的虚线即为$t = t_2 = t_1 + \Delta t$时刻$u^+(t,x)$的分布曲线，它比$t = t_1$时刻$u^+(t,x)$的分布曲线(实线)向右(即x的正方向)移动了一段距离Δx。我们把随着时间变量t的增大而沿传输线向一定方向移动的波称为行波。

---

① 因$\gamma = \sqrt{(R_0+\mathrm{j}\omega L_0)(G_0+\mathrm{j}\omega C_0)}$，由于$R_0, L_0, G_0, C_0$均为正值，故传输常数$\gamma$的辐角只能在$0\sim 90°$的范围内，因而它的实部$\alpha$和虚部$\beta$均应为正值，即$\alpha>0, \beta>0$。

为了求得行波的传播速度 v，应令 $u^+(t,x)$ 的相位角（$\omega t-\beta x+\psi^+$）等于常数 C，即

$$\omega t-\beta x+\psi^+=C$$

将此式对变量 t 求一阶导数得

$$\omega-\beta\frac{\mathrm{d}x}{\mathrm{d}t}=0$$

故得行波的传播速度为

$$v=\frac{\mathrm{d}x}{\mathrm{d}t}=\frac{\omega}{\beta}$$

v 称为相移速度，简称相速. 因为它是传输线上相位角 θ 为定值的点的位置移动的速度。

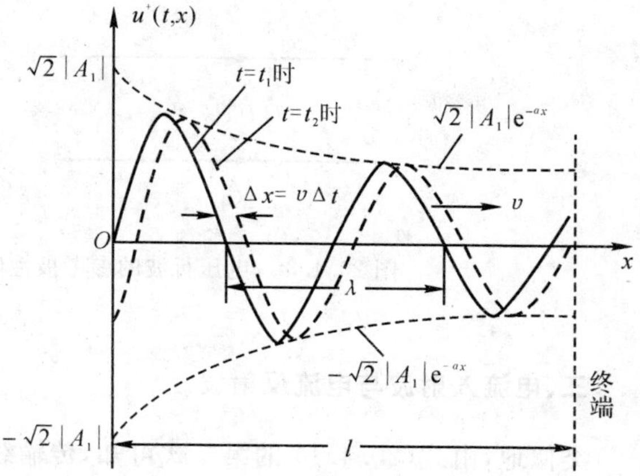

图 20.4.1　传输线上电压入射波 $u^+(t,x)$ 沿线的分布规律

在一个周期 T 的时间内行波所移动的距离，称为行波的波长，用 λ 表示。即

$$\lambda=vT=v\frac{1}{f}=\frac{\omega}{\beta f}=\frac{2\pi f}{\beta f}=\frac{2\pi}{\beta}$$

上述电压行波 $u^+(t,x)$ 的行进方向是从传输线的始端到终端，即从电源到负载，故称为正向行波，也称入射波。其振幅 $\sqrt{2}|A_1|e^{-\alpha x}$ 是随着波的前进方向（即 x 增大的方向）而按指数 $e^{-\alpha x}$ 的规律减小的。

二、电压反射波

同理，可以说明式(20.4.3)中电压反射波相量 $\dot{U}^-=A_2e^{\gamma x}=|A_2|e^{j\psi^-}\cdot e^{(\alpha+j\beta)x}=|A_2|e^{\alpha x}\cdot e^{j(\beta x+\psi^-)}$ 的时间函数表达式为

$$u^-(t,x)=\sqrt{2}|A_2|e^{\alpha x}\cdot\cos(\omega t+\beta x+\psi^-)\qquad(20.4.5)$$

$u^-(t,x)$ 也是行波，如图 20.4.2 所示，它的相速 v 与波长 λ 均与入射波相同，但由于它的相位角（$\omega t+\beta x+\psi^-$）中所含有的与 x 有关的项是（$+\beta x$），而不是（$-\beta x$），所以此行波的行进方向与入射波的行进方向相反，是从传输线的终端到始端，即从负载到电源，因此称为反向行波，也称反射波，其振幅 $\sqrt{2}|A_2|e^{\alpha x}$ 也是随着波的前进方向（即 x 减小的方向）而按指数 $e^{\alpha x}$ 的规律减小的。

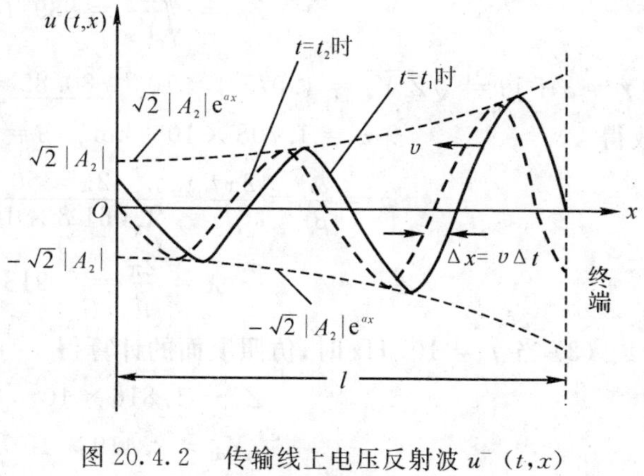

图 20.4.2　传输线上电压反射波 $u^-(t,x)$ 沿线的分布规律

归纳以上"一"，"二"分析的结果可得到结论：传输线上各处的线间电压 $\dot{U}$，都可视为是由两个沿相反方向传播的行波 — 入射波与反射波 — 相叠加而成。又因式(20.4.1)中第一式等号右端的两项均为"+"号，这说明 $\dot{U}^+$ 与 $\dot{U}^-$ 的参考极性都与 $\dot{U}$ 的参考极性相同，如图 20.4.3(a) 中所示，故 $u(t,x)=$ 电压入射波 $u^+(t,x)+$ 电压反射波 $u^-(t,x)$。

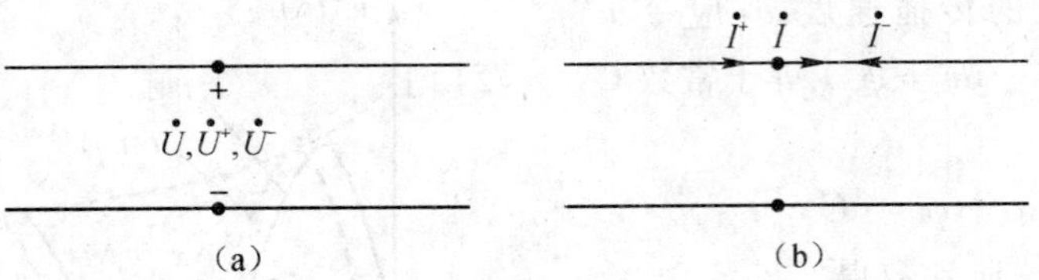

图 20.4.3 电压行波的参考极性(a)与电流行波的参考方向(b)

三、电流入射波与电流反射波

类似地，由式(20.4.1)的第二式可知，传输线上各处的电流 $\dot{I}$，也可看成是由正向电流行波 $\dot{I}^{+}$ 与反向电流行波 $\dot{I}^{-}$ 叠加的结果，即 $\dot{I}=\dot{I}^{+}-\dot{I}^{-}=\dot{I}^{+}+(-\dot{I}^{-})$，但因此式等号右端 $\dot{I}^{-}$ 前面带有"−"号，故 $\dot{I}^{-}$ 的参考方向应与 $\dot{I}$ 和 $\dot{I}^{+}$ 的参考方向相反，如图 20.4.3(b) 中所示。电流行波的波速 v 与波长 λ 均与电压行波的波速 v 与波长 λ 全同。它们的时间函数表达式分别为

$$\left.\begin{aligned} i^{+}(t,x)&=\mathrm{Re}[\sqrt{2}\dot{I}^{+}\cdot e^{j\omega t}]=\sqrt{2}\,\frac{|A_1|}{|Z_C|}\cdot e^{-\alpha x}\cos(\omega t-\beta x+\varphi^{+}-\theta)\\ i^{-}(t,x)&=\mathrm{Re}[\sqrt{2}\dot{I}^{-}\cdot e^{j\omega t}]=\sqrt{2}\,\frac{|A_2|}{|Z_C|}\cdot e^{\alpha x}\cos(\omega t+\beta x+\varphi^{-}-\theta)\end{aligned}\right\}\quad(20.4.6)$$

式中 θ 为特性阻抗 Z_C 的辐角，即 $Z_C=|Z_C|e^{j\theta}$。

例 20.4.1 架空双导线，$R_o=0.3\ \Omega/\mathrm{km}$，$L_o=2.89\times10^{-3}\ \mathrm{H/km}$，$C_o=3.85\times10^{-9}\ \mathrm{F/km}$，$G_o=0$。(1) 求工作频率 $f=50$ Hz 时 Z_C,γ,v,λ；(2) 当 $f=10^4$ Hz 时，再求 Z_C,γ,v,λ。

解 (1) 当 $f=50$ Hz 时

$$Z_o=R_o+j\omega L_o=R_o+j2\pi fL_o=0.956\,2\,\underline{/71.72^\circ}\ \Omega/\mathrm{km}$$

$$Y_o=G_o+j\omega C_o=0+j2\pi fC_o=1.209\,5\times10^{-6}\,\underline{/90^\circ}\ \mathrm{S/km}$$

$$Z_C=\sqrt{\frac{Z_o}{Y_o}}=889.14\,\underline{/-9.14^\circ}\ \Omega$$

$$\gamma=\alpha+j\beta=\sqrt{Z_oY_o}=1.075\,4\times10^{-3}\,\underline{/80.85^\circ}=1.708\,7\times10^{-4}+j1.061\,8\times10^{-3}\ \mathrm{km}^{-1}$$

故得

$$\alpha=1.708\times10^{-4}\ \mathrm{km}^{-1},\beta=1.061\,8\times10^{-3}\ \mathrm{km}^{-1}$$

$$v=\frac{\omega}{\beta}=\frac{2\pi f}{\beta}=\frac{2\pi\times50}{1.061\,8\times10^{-3}}=2.959\times10^{8}\ \mathrm{m/s}$$

$$\lambda=\frac{2\pi}{\beta}=5.918\times10^{3}\ \mathrm{km}$$

(2) 当 $f=10^4$ Hz 时，仿照上面的计算得

$$Z_o=1.816\times10^{2}\,\underline{/89.91^\circ}\ \Omega/\mathrm{km}$$

$$Y_o=2.419\times10^{-4}\,\underline{/90^\circ}\ \mathrm{S/km}$$

$$Z_C=8.664\times10^{2}\,\underline{/-4.37^\circ}\ \Omega$$

$$\gamma=\alpha+j\beta=1.731\,3\times10^{-4}+j2.095\,8\times10^{-1}\ \mathrm{km}^{-1}$$

$$v=2.997\,9\times10^{8}\ \mathrm{m/s}$$

$$\lambda=2.998\ \mathrm{km}$$

由以上的计算结果可以看出，架空双导线上行波的波速 v 均接近于光速 c，即 $v\approx c=3\times$

10^8 m/s，而且频率越高，v 越接近于光速 C。此结论可用电磁场理论加以证明和证实。

例 20.4.2　已知均匀传输线的长度 $l = 300$ km，在频率 $f = 50$ Hz 时，传输常数 $\gamma = 1.06 \times 10^{-3} \angle 84.7^\circ\ \text{km}^{-1}$，特性阻抗 $Z_C = 400 \angle -5.3^\circ\ \Omega$，始端电压为 $\dot{U}_1 = 120 \angle 0^\circ$ kV，始端电流为 $\dot{I}_1 = 30 \angle -10^\circ$ A。求：(1) 行波的相速 v；(2) 距始端 $x = 50$ km 处电压、电流入射波 $u^+(t,x)$，$i^+(t,x)$ 和反射波 $u^-(t,x)$，$i^-(t,x)$ 的时间函数表达式。

解　$\gamma = 1.06 \times 10^{-3} \angle 84.7^\circ = (0.979 \times 10^{-4} + \text{j}1.055 \times 10^{-3})\ \text{km}^{-1}$

$$v = \frac{\omega}{\beta} = \frac{2\pi f}{\beta} = \frac{2\pi \times 50}{1.055 \times 10^{-3}} = 2.98 \times 10^5\ \text{km/s}$$

$$A_1 = \frac{1}{2}(\dot{U}_1 + Z_C\dot{I}_1) = \frac{1}{2}(120 \times 10^3 \angle 0^\circ + 400 \angle -5.3^\circ \times 30 \angle -10^\circ) = 65.806 \times 10^3 \angle -1.38^\circ\ \text{V}$$，故得 $|A_1| = 65.806 \times 10^3$ V

$$A_2 = \frac{1}{2}(\dot{U}_1 - Z_C\dot{I}_1) = 54.236 \times 10^3 \angle 1.67^\circ\ \text{V}$$，故得 $|A_2| = 54.236 \times 10^3$ V

代入式(20.4.4)和(20.4.5)，即得传输线上任意 x 处的电压入射波 $u^+(t,x)$ 和反射波 $u^-(t,x)$ 的时间函数表达式为

$$u^+(t,x) = \sqrt{2}65.806 \times 10^3 \text{e}^{-0.979\times10^{-4}x}\cos(314t - 1.055 \times 10^{-3}x - 1.38^\circ)\ \text{V}$$

$$u^-(t,x) = \sqrt{2}54.236 \times 10^3 \text{e}^{-0.979\times10^{-4}x}\cos(314t + 1.055 \times 10^{-3}x + 1.67^\circ)\ \text{V}$$

令上两式中的 $x = 50$ km，代入即得 $x = 50$ km 处的电压入射波和反射波的时间函数表达式为

$$u^+(t,50 \times 10^3) = \sqrt{2}65.485 \times 10^3\cos(314t - 4.4^\circ)\ \text{V}$$

$$u^-(t,50 \times 10^3) = \sqrt{2}54.502 \times 10^3\cos(314t + 4.7^\circ)\ \text{V}$$

根据式(20.4.6)又可求得 $x = 50$ km 处的电流入射波和反射波的时间函数表达式为

$$i^+(t,50 \times 10^3) = \sqrt{2}163.7\cos(314t + 0.9^\circ)\ \text{A}$$

$$i^-(t,50 \times 10^3) = \sqrt{2}136.2\cos(314t + 10^\circ)\ \text{A}$$

由上述结果看出，在确定的 $x = 50$ km 处，电压、电流的入射波和反射波就都只是时间变量 t 的函数了。

20.5　均匀传输线的特性参数

为了揭示和描述传输线上行波的传输特性与规律，我们引进特性参数。均匀传输线的特性参数有特性阻抗(即波阻抗)Z_C 和传输常数 $\gamma = \alpha + \text{j}\beta$。

一、特性阻抗 Z_C

由式(20.4.2)和式(20.4.3)可得

$$Z_C = \frac{\dot{U}^-}{\dot{I}^+} = \frac{\dot{U}^-}{\dot{I}^-} = |Z_C| \text{e}^{\text{j}\theta}$$

即传输线的特性阻抗 $Z_C = |Z_C| \text{e}^{\text{j}\theta}$，就等于传输线上沿同一方向行进的电压行波和电流行波的相量之比。Z_C 也称波阻抗，Z_C 的一般表示为

$$Z_C = \sqrt{\frac{R_0 + \text{j}\omega L_0}{G_0 + \text{j}\omega C_0}} \tag{20.5.1}$$

从式(20.5.1)看出，Z_C 在一般情况下为复数，它不仅与传输线的固有参数 R_o，L_o，G_o，C_o 有关，而且与电源的角频率 ω 有关，亦即是 ω 的函数。

将上式加以改写，即 $Z_C=\sqrt{\dfrac{L_o}{C_o}}\cdot\sqrt{\dfrac{\dfrac{R_o}{L_o}+j\omega}{\dfrac{G_o}{C_o}+j\omega}}$ 从此式看出，当 $\dfrac{\dfrac{R_o}{L_o}+j\omega}{\dfrac{G_o}{C_o}+j\omega}=1$，即当

$$\frac{R_o}{L_o}=\frac{G_o}{C_o} \tag{20.5.2}$$

时，就有

$$Z_C=\sqrt{\frac{L_o}{C_o}} \tag{20.5.3}$$

即此时 Z_C 即为纯电阻，且与 ω 无关。式(20.5.2)称为传输线的频率无畸变(不失真)条件，满足此 条件的传输线称为频率无畸变线，简称无畸变线。

若传输线所传输的信号的频率很高，则称为高频传输线，简称高频线。对于高频线，因为总能有 $\omega L_o \gg R_o$，$\omega C_o \gg G_o$，故高频线的特性阻抗也可近似视为与 ω 无关的纯电阻，即

$$Z_C=\sqrt{\frac{R_o+j\omega L_o}{G_o+j\omega C_o}}\approx\sqrt{\frac{L_o}{C_o}}$$

即高频传输线都可近似视为频率无畸变线。

二、传输常数 γ

从式(20.4.2)和式(20.4.3)中看出，传播常数 γ 表示行波前进单位长度(即 1m)后，其振幅和相位变化的规律。其表示式为

$$\gamma=\alpha+j\beta=\sqrt{(R_o+j\omega L_o)(G_o+j\omega C_o)} \tag{20.5.4}$$

γ 的实部 $\alpha>0$，称为衰减常数，其值表示行波每向前行进 1m 后，波的振幅就减小到原振幅的 e^{α} 分之一，单位是奈贝/m(Np/m)或分贝/m(dB/m)；γ 的虚部 $\beta>0$，称为相移常数，其值表示行波每向前行进 1m 后，波在相位上滞后的弧度数，单位是弧度/m(rad/m)。

将式(20.5.4)等号两边同时平方有

$$\alpha^2-\beta^2+j2\alpha\beta=(R_o+j\omega L_o)(G_o+j\omega C_o)=(R_oG_o-\omega^2L_oC_o)+j\omega(G_oL_o+R_oC_o)$$

故有

$$\begin{cases}\alpha^2-\beta^2=R_oG_o-\omega^2L_oC_o\\ 2\alpha\beta=\omega(G_oL_o+R_oC_o)\end{cases}$$

联立求解得

$$\alpha=\sqrt{\frac{1}{2}\left[(R_oG_o-\omega^2L_oC_o)+\sqrt{(R_o^2+\omega^2L_o^2)(G_o^2+\omega^2C_o^2)}\right]} \tag{20.5.5}$$

$$\beta=\sqrt{\frac{1}{2}\left[(\omega^2L_oC_o-R_oG_o)+\sqrt{(R_o^2+\omega^2L_o^2)(G_o^2+\omega^2C_o^2)}\right]} \tag{20.5.6}$$

为了减少信号在传输过程中的能量损失，一般情况下总是要求 α 的值越小越好。因此，可将式(20.5.5)中的 α 对任意一个固有参数求一阶导数，并令其等于零，这样即可求得衰减为最小的条件是

$$\frac{R_o}{L_o}=\frac{G_o}{C_o}$$

可见，传输线的最小衰减条件与频率无畸变条件完全相同。将此条件代入式(20.5.5)，式(20.5.6)，即得最小衰减和频率无畸变传输线的衰减常数和相移常数为

$$\alpha = \sqrt{R_0 G_0}$$

$$\beta = \omega\sqrt{L_0 C_0} = 2\pi f\sqrt{L_0 C_0}$$

此结果表明，当 α 是与 ω 无关的常量时，传输线在传输宽频带信号时就不会产生频率失真(即幅度失真)。

当电源的频率 ω 很高时，由于此时有 $\omega L_0 \gg R_0$，$\omega C_0 \gg G_0$，于是式(20.5.4)可改写为

$$\gamma = \alpha + j\beta = \sqrt{(R_0 + j\omega L_0)(G_0 + j\omega C_0)} = j\omega\sqrt{L_0 C_0}\left(1 + \frac{R_0}{j\omega L_0}\right)^{\frac{1}{2}} \cdot \left(1 + \frac{G_0}{j\omega C_0}\right)^{\frac{1}{2}}$$

将此式用二项式定理展开并略去各高次项得

$$\gamma = \alpha + j\beta \approx j\omega\sqrt{L_0 C_0}\left(1 + \frac{1}{2}\cdot\frac{R_0}{j\omega L_0}\right)\left(1 + \frac{1}{2}\cdot\frac{G_0}{j\omega C_0}\right) \approx$$

$$j\omega\sqrt{L_0 C_0}\left(1 - j\frac{R_0}{2\omega L_0} - \frac{G_0}{2\omega C_0}\right) \approx \frac{R_0}{2}\sqrt{\frac{C_0}{L_0}} + \frac{G_0}{2}\sqrt{\frac{L_0}{C_0}} + j\omega\sqrt{L_0 C_0}$$

由于高频时有 $Z_C \approx \sqrt{\frac{L_0}{C_0}}$，代入上式，即得高频传输线的 α 和 β 分别为

$$\alpha = \frac{R_0}{2}\sqrt{\frac{C_0}{L_0}} + \frac{G_0}{2}\sqrt{\frac{L_0}{C_0}} = \frac{R_0}{2Z_C} + \frac{G_0 Z_C}{2} \qquad (20.5.7)$$

$$\beta = \omega\sqrt{L_0 C_0} = 2\pi f\sqrt{L_0 C_0} \qquad (20.5.8)$$

可见，高频传输线的 α 是与频率 ω 无关的常量，而 β 则与频率 ω 成线性关系。这些结论都与频率无畸变条件全同和一致。

对于高频传输线，因为实际有 $G_0 \approx 0$，代入式(20.5.7)，此时高频传输线的衰减常数为

$$\alpha = \frac{R_0}{2Z_C} \qquad (20.5.9)$$

例 20.5.1　已知双导线架空线的 $R_0 = 0.83\ \Omega/\text{m}$，$L_0 = 2\ \mu\text{H/m}$，$G_0 \approx 0$，$C_0 = 5.55\ \text{pF/m}$，电源频率 $f = 100\ \text{MHz}$。求 Z_C，α，β，v。

解　$Z_C \approx \sqrt{\frac{L_0}{C_0}} = \sqrt{\frac{2\times10^{-6}}{5.55\times10^{-12}}} = 600\ \Omega$

$$\alpha = \frac{R_0}{2Z_C} = \frac{0.83}{2\times600} = 0.69\times10^{-3}\ \text{NP/m}$$

$$\beta = 2\pi f\sqrt{L_0 C_0} = 2\pi\times100\times10^6\sqrt{2\times10^{-6}\times5.55\times10^{-12}} = 2.09\ \text{rad/m}$$

$$v = \frac{\omega}{\beta} = \frac{\omega}{\omega\sqrt{L_0 C_0}} = \frac{1}{\sqrt{L_0 C_0}} = 3\times10^8\ \text{m/s}$$

此结果说明，高频架空线上行波的波速 v 等于光速。

20.6　均匀传输线的负载效应

在上节中，研究了向同一方向行进的电压波和电流波之间的关系，即 $\dot{U}^+$ 和 $\dot{I}^+$ 之间，$\dot{U}^-$ 和 $\dot{I}^-$ 之间的关系，并引入了特性阻抗 Z_C。本节中进一步研究电压的两个行波 $\dot{U}^+$ 和 $\dot{U}^-$ 之间的关

系以及电流的两个行波 $\dot{I}^+$ 和 $\dot{I}^-$ 之间的关系。研究这些问题时，为了方便和清晰，我们把终端定为计算距离 x 的起点“0”，如图20.6.1所示。但要注意，此时仍称由电源端（始端）向负载端（终端）行进（即沿 $-x$ 方向行进）的波为入射波，称由负载端（终端）向电源端（始端）行进（即沿 $+x$ 方向行进）的波为反射波。这样，由式(20.3.7)可知，传输线上任意 x 处的电压和电流相量可表示为入射波与反射波的叠加，即

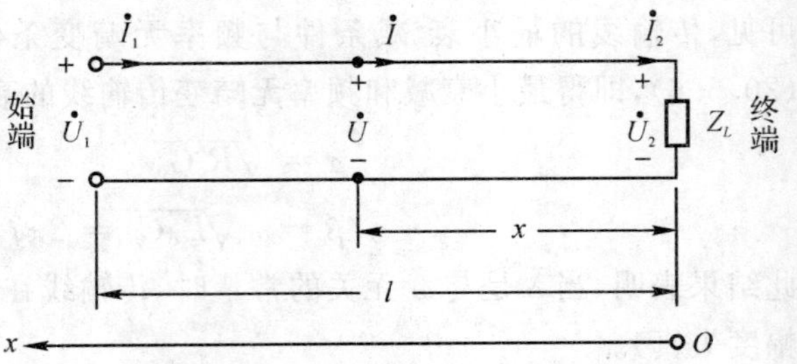

图 20.6.1　终端接负载 Z_L 的均匀传输线

$$\dot{U} = \dot{U}^+ + \dot{U}^-$$

$$\dot{I} = \dot{I}^+ - \dot{I}^-$$

其中

$$\left.\begin{aligned}\dot{U}^+ &= \frac{1}{2}(\dot{U}_2 + Z_C\dot{I}_2)e^{\gamma x}\\ \dot{U}^- &= \frac{1}{2}(\dot{U}_2 - Z_C\dot{I}_2)e^{-\gamma x}\end{aligned}\right\} \tag{20.6.1}$$

$$\left.\begin{aligned}\dot{I}^+ &= \frac{1}{2}(\frac{\dot{U}_2}{Z_C} + \dot{I}_2)e^{\gamma x}\\ \dot{I}^- &= \frac{1}{2}(\frac{\dot{U}_2}{Z_C} - \dot{I}_2)e^{-\gamma x}\end{aligned}\right\} \tag{20.6.2}$$

$\dot{U}^+$ 和 $\dot{U}^-$ 分别为电压入射波和反射波相量，$\dot{I}^+$ 和 $\dot{I}^-$ 分别为电流入射波和反射波相量。

一、反射系数 $N(x)$

为了揭示反射波与入射波之间的大小关系与相位关系，我们引入反射系数 $N(x)$ 的概念，$N(x)$ 可简写为 N。其定义为传输线上任意 x 处的反射波电压 $\dot{U}^-$（或电流 $\dot{I}^-$）与入射波电压 $\dot{U}^+$（或电流 $\dot{I}^+$）之比，即

$$N(x) = N = \frac{\dot{U}^-}{\dot{U}^+} = \frac{\dot{I}^-}{\dot{I}^+}$$

将式(20.6.1)代入上式得

$$N = \frac{\frac{1}{2}(\dot{U}_2 - Z_C\dot{I}_2)e^{-\gamma x}}{\frac{1}{2}(\dot{U}_2 + Z_C\dot{I}_2)e^{\gamma x}} = \frac{\frac{\dot{U}_2}{\dot{I}_2} - Z_C}{\frac{\dot{U}_2}{\dot{I}_2} + Z_C} \cdot e^{-2\gamma x}$$

考虑到 $Z_L = \frac{\dot{U}_2}{\dot{I}_2}$，故上式可写为

$$N = \frac{Z_L - Z_C}{Z_L + Z_C} \cdot e^{-2\gamma x} \tag{20.6.3}$$

由此式可见，反射系数 $N = N(x)$ 是距离变量 x 的函数。N 不仅与 Z_C 和 γ 有关，而且与 Z 有关。

取 $x = 0$，即得终端（负载端）的反射系数为

$$N(0) = N_2 = \frac{Z_L - Z_C}{Z_L + Z_C} \tag{20.6.4}$$

当引入终端反射系数 N_2 后，式(20.3.7) 可以改写为

$$\dot{U}=\frac{1}{2}(\dot{U}_2+Z_C\dot{I}_2)\left(e^{\gamma x}+\frac{\dot{U}_2-Z_C\dot{I}_2}{\dot{U}_2+Z_C\dot{I}_2}\cdot e^{-\gamma x}\right)$$

$$\dot{I}=\frac{1}{2Z_C}(\dot{U}_2+Z_C\dot{I}_2)\left(e^{\gamma x}-\frac{\dot{U}_2-Z_C\dot{I}_2}{\dot{U}_2+Z_C\dot{I}_2}\cdot e^{-\gamma x}\right)$$

将 $N_2=\dfrac{Z_L-Z_C}{Z_L+Z_C}=\dfrac{\dot{U}_2-Z_C\dot{I}_2}{\dot{U}_2-Z_C\dot{I}_2}$ 代入上式得

$$\left.\begin{aligned}\dot{U}&=\frac{1}{2}(\dot{U}_2+Z_C\dot{I}_2)(e^{\gamma x}+N_2e^{-\gamma x})\\ \dot{I}&=\frac{1}{2Z_C}(\dot{U}_2+Z_C\dot{I}_2)(e^{\gamma x}-N_2e^{-\gamma x})\end{aligned}\right\}\qquad(20.6.5)$$

二、输入阻抗 $Z_{in}(x)$

传输线上任意 x 处两导线之间的电压相量 $\dot{U}$ 与该处电流相量 $\dot{I}$ 之比，称为 x 处的输入阻抗，用 $Z_{in}(x)$ 表示，即

$$Z_{in}(x)=\frac{\dot{U}}{\dot{I}}$$

将式(20.3.8) 代入上式得

$$Z_{in}(x)=\frac{\dot{U}_2\cosh(\gamma x)+Z_C\dot{I}_2\sinh(\gamma x)}{\dfrac{\dot{U}_2}{Z_C}\sinh(\gamma x)+\dot{I}_2\cosh(\gamma x)}$$

考虑到 $Z_L=\dfrac{\dot{U}_2}{\dot{I}_2}$，代入上式并整理得

$$Z_{in}(x)=Z_C\cdot\frac{Z_L+Z_C\tanh(\gamma x)}{Z_C+Z_L\tanh(\gamma x)}\qquad(20.6.6)$$

$Z_{in}(x)$ 在一般情况下为复数，且是距离变量 x 的函数。

三、终端接特性阻抗 Z_C 的均匀传输线

1. 负载与传输线无反射匹配的定义

当传输线终端所接负载阻抗 $Z_L=Z_C$ 时，由式(20.6.3) 和式(20.6.4) 知，此时传输线上任意 x 处的反射系数 $N(x)=N=0$，终端反射系数 $N_2=0$，这就是说，此时传输线的终端及传输线上的任意 x 处均没有了反射波，而只有入射波。传输线的这种工作状态称为负载与传输线的无反射匹配，简称匹配。

2. 匹配时，传输线上电压、电流有效值的分布规律

将 $N_2=0$ 和 $\dot{U}_2=Z_L\dot{I}_2=Z_C\dot{I}_2$ 代入式(20.6.5)，可得匹配条件下传输线上任意 x 处的电压和电流相量为

$$\left.\begin{aligned}\dot{U}&=\frac{1}{2}(\dot{U}_2+\dot{U}_2)e^{\gamma x}=\dot{U}_2e^{\alpha x}\cdot e^{j\beta x}\\ \dot{I}&=\frac{1}{2Z_C}(\dot{U}_2+\dot{U}_2)e^{\gamma x}=\dot{I}_2e^{\alpha x}\cdot e^{j\beta x}\end{aligned}\right\}\qquad(20.6.7)$$

其有效值分别为

$$\left.\begin{aligned} U &= U_2 e^{\alpha x} \\ I &= I_2 e^{\alpha x} \end{aligned}\right\} \tag{20.6.8}$$

当 $x = l$ 时，得始端电压 和电流的有效值为

$$U_1 = U_2 e^{\alpha l}$$
$$I_1 = I_2 e^{\alpha l}$$

根据式(20.6.8)可画出 U, I 随 x 变化的曲线，如图 20.6.2 所示。可见，当从终端向始端看时，U 和 I 是随 x 的增大而按指数规律增大；当从始端向终端看时，U 和 I 则是随 x 的减小而按指数规律减小。

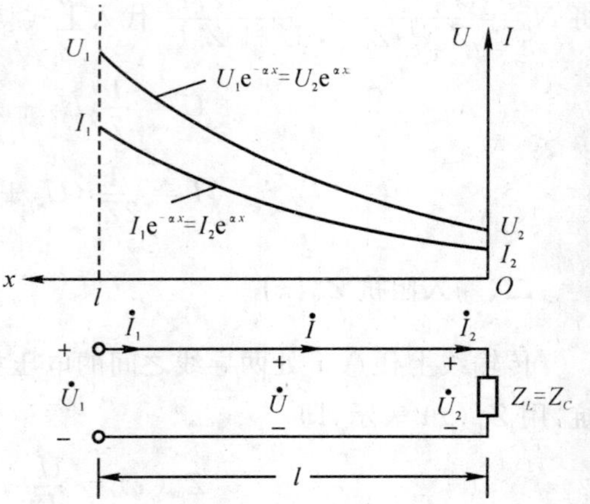

图 20.6.2 匹配时传输线上电压、电流有效值的分布规律

将 $Z_L = Z_C$ 代入式(20.6.6)得

$$Z_{\text{in}}(x) = Z_C$$

即在匹配条件下，传输线上任意 x 处的输入阻抗 $Z_{\text{in}}(x)$ 都相同，且都等于特性阻抗 Z_C；当然，始端的输入阻抗 Z_1 也是等于 Z_C，即 $Z_1 = \dfrac{\dot{U}_1}{\dot{I}_1} = Z_C$。

3. 匹配时，传输线的传输功率与效率

匹配时，负载吸收的有功功率为

$$P_2 = U_2 I_2 \cos\varphi_C$$

式中 φ_C 为负载阻抗 $Z_L = Z_C$ 的阻抗角；匹配时，始端传送出去的有功功率为

$$P_1 = U_1 I_1 \cos\varphi_C$$

式中 φ_C 为始端输入阻抗 $Z_1 = Z_C$ 的阻抗角。故传输线在匹配时的效率为

$$\eta = \frac{P_2}{P_1} = \frac{U_2 I_2 \cos\varphi_C}{U_1 I_1 \cos\varphi_C} = \frac{U_2 I_2}{U_2 e^{\alpha l} \cdot I_2 e^{\alpha l}} = e^{-2\alpha l}$$

在电子工程中，通常传输线都应力求工作在匹配状态。

例 20.6.1 高频同轴线，长 35 m，工作波长 $\lambda = 12$ m，固有参数 $R_o = 0.35\ \Omega/\text{m}$，$L_o = 0.376\ \mu\text{H/m}$，$C_o = 66.9\ \text{pF/m}$，$G_o = 0$；始端功率 $P_1 = 300$ W，传输线与终端匹配。求负载阻抗 Z_L，波速 v，效率 η，始端电压与电流的有效值 U_1, I_1，终端电压与电流的有效值 I_2, I_2。

解 由于传输线是高频同轴电缆，故其特性阻抗为

$$Z_C \approx \sqrt{\frac{L_o}{C_o}} = \sqrt{\frac{0.376 \times 10^{-6}}{66.9 \times 10^{-12}}} = 75\ \Omega$$

故得终端匹配时的负载阻抗为

$$Z_L = Z_C = 75\ \Omega$$

根据式 $v = \dfrac{\omega}{\beta}$，并将式(20.5.8)代入，可求得波速为

$$v = \frac{\omega}{\beta} = \frac{\omega}{\omega\sqrt{L_o C_o}} = \frac{1}{\sqrt{L_o C_o}} = \frac{1}{\sqrt{0.376 \times 10^{-6} \times 66.9 \times 10^{-12}}} = 2 \times 10^8\ \text{m/s}$$

由于是高频同轴电缆，故衰减常数为

$$\alpha = \frac{R_o}{2Z_C} = \frac{0.35}{2 \times 75} = 2.33 \times 10^{-3}\ \text{NF/m}$$

又得　$\alpha l = 2.33 \times 10^{-3} \times 35 = 0.0816\ \text{NP}$

故　$\eta = e^{-2\alpha l} = e^{-2\times 0.0816} = 0.85 = 85\%$

由于终端是匹配的，故始端输入阻抗 $Z_1 = Z_C = 75\ \Omega$，为纯电阻，故得

$$U_1 = \sqrt{P_1 Z_1} = \sqrt{P_1 Z_C} = \sqrt{300 \times 75} = 150\ \text{V}$$

$$I_1 = \frac{U_1}{Z_1} = \frac{U_1}{Z_C} = \frac{150}{75} = 2\ \text{A}$$

又　$P_2 = \eta P_1 = 0.85 \times 300 = 255\ \text{W}$

故　$U_2 = \sqrt{P_2 Z_C} = \sqrt{255 \times 75} = 138\ \text{V}$

$$I_2 = \frac{U_2}{Z_C} = \frac{138}{75} = 1.84\ \text{A}$$

或者　$U_2 = U_1 e^{-\alpha l} = 150 e^{-0.0816} = 138\ \text{V}$

$$I_2 = I_1 e^{-\alpha l} = 2 e^{-0.0816} = 1.84\ \text{A}$$

四、终端不匹配的均匀传输线

传输线的终端不匹配可能有 3 种情况：$Z_L \to \infty$（终端开路）；$Z_L = 0$（终端短路）；$Z_L \neq Z_C$，即 Z_L 为任意值。下面逐一研究。

1. 终端开路（即 $Z_L \to \infty$）

当传输线终端开路，即 $Z_L \to \infty$ 时，$\dot{I}_2 = 0$，终端反射系数为

$$N_2 = \frac{Z_L - Z_C}{Z_L + Z_C} = \frac{Z_L}{Z_L} = 1$$

由式(20.3.8)可得此种情况下传输线上任意 x 处的电压和电流为

$$\left.\begin{aligned} \dot{U} &= \dot{U}_{\text{OC}} = \dot{U}_2 \text{ch}(\gamma x) \\ \dot{I} &= \dot{I}_{\text{OC}} = \frac{\dot{U}_2}{Z_C} \text{sh}(\gamma x) \end{aligned}\right\} \tag{20.6.9}$$

式中下标"OC"表示开路(Open Circuit)。

为了求得传输线上任意 x 处电压的有效值 U_{OC}，可将 $\gamma = \alpha + j\beta$ 代入式(20.6.9)，即

$$U_{\text{OC}} = U_2 \mid \text{ch}(\alpha + j\beta)x \mid = U_2 \mid \text{ch}\alpha x \cos\beta x + j\text{sh}\alpha x \sin\beta x \mid =$$

$$U_2 \sqrt{\text{ch}^2 \alpha x \cdot \cos^2 \beta x + \text{sh}^2 \alpha x \cdot \sin^2 \beta x} = U_2 \sqrt{\frac{1}{2}(\text{ch}2\alpha x - \cos 2\beta x)}$$

同样的计算，可得任意 x 处电流的有效值为

$$I_{\text{oc}} = \frac{U_2}{\mid Z_C \mid} \sqrt{\frac{1}{2}(\text{ch}2\alpha x - \cos 2\beta x)}$$

上两式即为终端开路时，传输线上电压有效值 U_{oc} 和电流有效值 I_{oc} 随 x 而分布的规律。将上两式平方，并将 $\beta = \frac{2\pi}{\lambda}$ 代入，则有

$$\begin{cases} U_{\text{oc}}^2 = \dfrac{1}{2} U_2^2 \left[\text{ch}2\alpha x + \cos 2\dfrac{2\pi}{\lambda} x\right] \\ I_{\text{oc}}^2 = \dfrac{1}{2} \cdot \dfrac{U_2^2}{\mid Z_C \mid^2} \left[\text{ch}2\alpha x - \cos 2\dfrac{2\pi}{\lambda} x\right] \end{cases}$$

由于上式中 $\cos(2\frac{2\pi}{\lambda}x)$ 一项是随 x 作周期性变化，故当 $\cos(2\frac{2\pi}{\lambda}x) = 1$ 时，即当 $x = \frac{1}{2} n\lambda$

$(n \in \mathbf{N})$ 时，U_{OC}^2 接近于极大值，I_{OC}^2 接近于极小值。又因 $\mathrm{ch}2\alpha x$ 是随 x 的增加而单调增加，故 U_{OC}^2 和 I_{OC}^2 都是从始端到终端以一条衰减的曲线为“轴”按余弦规律分布的，如图 20.6.3 所示。相应地，其有效值 U_{OC} 和 I_{OC} 随 x 的变化，与 U_{OC}^2，I_{OC}^2 相似，只是波动变小了一些。

由上述分析可见，当传输线终端开路时，$N_2 = 1$，终端发生全反射，终端的入射波和反射波数值相等且同相，传输线上电压、电流有效值从始端到终端作衰减的波动分布，若传输线长度 $l < \dfrac{\lambda}{4}$，则终端的电压 U_2 就要高于始端的电压 U_1。

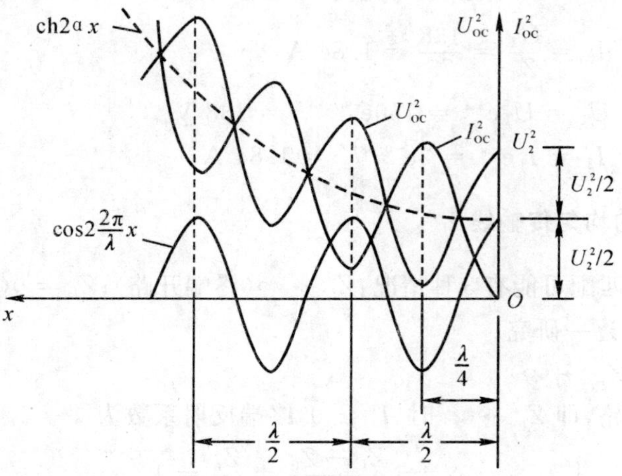

图 20.6.3　终端开路时，传输线上 U_{OC}^2，I_{OC}^2 沿线的分布规律

2. 终端短路(即 $Z_L = 0$)

当终端短路，即 $Z_L = 0$ 时，$\dot{U}_2 = 0$，终端反射系数为

$$N_2 = \frac{Z_L - Z_C}{Z_L + Z_C} = -1$$

由式(20.3.8)可得此种情况下传输线上任意 x 处的电压和电流相量为

$$\left.\begin{aligned}\dot{U} = \dot{U}_{SC} = Z_C \dot{I}_2 \,\mathrm{sh}\gamma x \\ \dot{I} = \dot{I}_{SC} = \dot{I}_2 \,\mathrm{ch}\gamma x\end{aligned}\right\} \tag{20.6.10}$$

式中下标“SC”表示短路(Short Circuit)。

仿照与上面“1”中相同的分析方法可得

$$U_{SC}^2 = \frac{1}{2} \mid Z_C \mid^2 I_2^2 [\mathrm{ch}(2\alpha x) - \cos(2\,\frac{2\pi}{\lambda}x)]$$

$$I_{SC}^2 = \frac{1}{2} I_2^2 [\mathrm{ch}(2\alpha x) + \cos(2\,\frac{2\pi}{\lambda}x)]$$

U_{SC}^2 和 I_{SC}^2 随 x 变化的分布曲线如图 20.6.4 所示。可见，其分布曲线正好与开路时的情况相反。

由上述分析可知，当传输线终端短路时，$N_2 = -1$，终端发生全反射，终端的入射波与反射波数值相等但相位相反，线上电流、电压有效值 I_{SC}^2，U_{SC}^2 从始端到终端作衰减的波动分布。若传输线的长度 $l < \dfrac{\lambda}{4}$，则终端的电流 I_2 就要大于始端的电流 I_1。

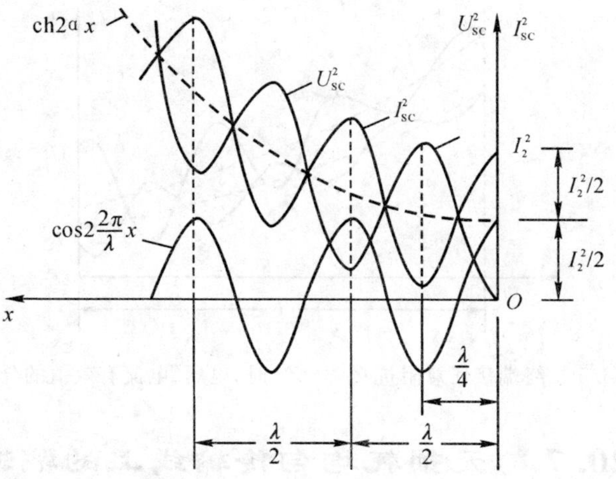

图 20.6.4　终端短路时，传输线上 U_{SC}^2 和 I_{SC}^2 沿线的分布规律

3. 终端接任意阻抗（$Z_L=\frac{\dot{U}_2}{\dot{I}_2}$，$Z_L\neq Z_C$）

当传输线终端接任意阻抗 $Z_L=\frac{\dot{U}_2}{\dot{I}_2}$，且 $Z_L\neq Z_C$ 时，由式(20.3.8)可得传输线上任意 x 处的输入阻抗为

$$Z_{in}(x)=\frac{\dot{U}_2\mathrm{ch}(\gamma x)+Z_C\dot{I}_2\mathrm{sh}(\gamma x)}{\dot{I}_2\mathrm{ch}(\gamma x)+\frac{\dot{U}_2}{Z_C}\mathrm{sh}(\gamma x)}$$

考虑到 $Z_L=\frac{\dot{U}_2}{\dot{I}_2}$，则上式变为

$$Z_{in}(x)=\frac{Z_L\mathrm{ch}(\gamma x)+Z_C\mathrm{sh}(\gamma x)}{\mathrm{ch}(\gamma x)+\frac{Z_L}{Z_C}\mathrm{sh}(\gamma x)} \tag{20.6.11}$$

或由式(20.6.5)，传输线上任意 x 处的输入阻抗还可表示为

$$Z_{in}(x)=\frac{\dot{U}}{\dot{I}}=Z_C\cdot\frac{\mathrm{e}^{\gamma x}+N_2\mathrm{e}^{-\gamma x}}{\mathrm{e}^{\gamma x}-N_2\mathrm{e}^{-\gamma x}} \tag{20.6.12}$$

由式(20.6.11)和式(20.6.12)可见，当 $Z_L=Z_C$ 时，则有 $Z_{in}(x)=Z_C$，亦即终端匹配是终端不匹配时的特殊情况。或者反过来说，在终端阻抗不匹配时，其输入阻抗 $Z_{in}(x)$ 一般不等于特性阻抗 Z_C。

当传输线终端接任意阻抗 $Z_L\neq Z_C$ 时，线上任意 x 处的电压 $\dot{U}$，电流 $\dot{I}$ 按式(20.3.8)计算，或按式(20.6.5)计算。在此情况下，传输线上电压、电流有效值 U，I 随 x 的分布曲线，都是从始端到终端沿一条衰减曲线上下摆动，如图 20.6.5 所示。这是因为存在有反射波，从而在线上有些点处，入射波与反射波的相位接近同相，因而该处的有效值极大，称为波腹；而在另一些点处，入射波与反射波的相位接近反相，因而该处的有效值极小，称为波节。又因为反射波是由终端向始端传输的，且在传输过程中是衰减的，因而愈接近始端处，反射波的幅度就越小，所以越接近始端，波腹与波节处的电压（或电流）数值相差的就越小。另外，从图 20.6.5 中还看出，在此种情况下，终端电压 U_2 和电流 I_2 均不等于零。

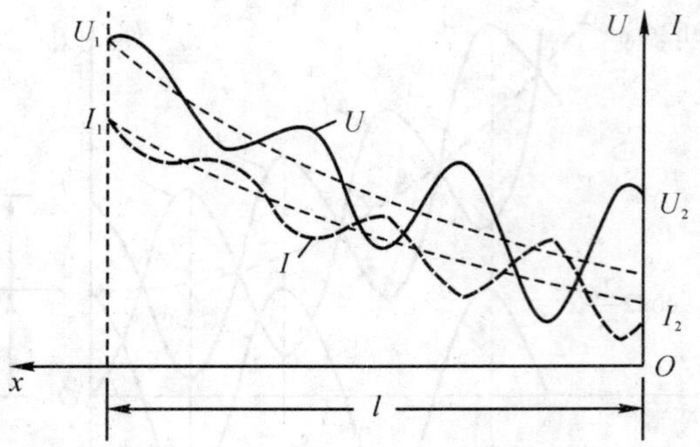

图 20.6.5 终端接任意阻抗 $Z_L \neq Z_C$ 时,电压、电流有效值的分布曲线

20.7 无损耗均匀传输线上的驻波

一、无损耗均匀传输线的定义

固有参数 $R_o = G_o = 0$ 的均匀传输线,称为无损耗均匀传输线,简称无损耗线。另外,在无线电工程中,由于工作频率很高,一般都能满足 $\omega L_o \gg R_o$,$\omega C_o \gg G_o$,所以在研究高频传输线时,可近似地将 R_o 与 G_o 略去不计,而作为无损耗线处理。

二、无损耗线的特性参数与输入阻抗

1. 特性阻抗 Z_C

由于无损耗线的 $R_o = G_o = 0$,故特性阻抗为

$$Z_C = \sqrt{\frac{R_o + j\omega L_o}{G_o + j\omega C_o}} = \sqrt{\frac{L_o}{C_o}} \tag{20.7.1}$$

可见为纯电阻性的,其值与角频率 ω 无关。

2. 传输常数 γ 与行波速度 v

$$\gamma = \alpha + j\beta = \sqrt{(R_o + j\omega L_o)(G_o + j\omega C_o)} = j\omega\sqrt{L_o C_o}$$

故得

$$\alpha = 0, \quad \beta = \omega\sqrt{L_o C_o} \tag{20.7.2}$$

即无损耗线的衰减常数 $\alpha = 0$,而相移常数 β 与角频率 ω 成正比。$\alpha = 0$,说明无损耗线上的行波不衰减。

无损耗线上行波传播的速度为

$$v = \frac{\omega}{\beta} = \frac{\omega}{\omega\sqrt{L_o C_o}} = \frac{1}{\sqrt{L_o C_o}} \tag{20.7.3}$$

3. 输入阻抗 $Z_{in}(x)$

由于 $\alpha = 0$ 时有 $\tanh\gamma x = \tan j\beta x = j\tan\beta x$,故由式(20.6.6)得无损耗线上任意 x 处的输入阻抗为

$$Z_{in}(x) = Z_C \cdot \frac{Z_L + jZ_C\tan\beta x}{Z_C + jZ_L\tan\beta x} = Z_C \cdot \frac{Z_L + jZ_C\tan\frac{2\pi}{\lambda}x}{Z_C + jZ_L\tan\frac{2\pi}{\lambda}x} \tag{20.7.4}$$

4. 传输线上任意 x 处的电压、电流相量

对于无损耗线，因有 $\alpha = 0, \gamma = j\beta$，代入式(20.6.5)，得传输线上任意 x 处的电压、电流相量为

$$\left.\begin{aligned}\dot{U} &= \frac{1}{2}(\dot{U}_2 + Z_C\dot{I}_2)(e^{j\beta x} + N_2 e^{-j\beta x})\\ \dot{I} &= \frac{1}{2Z_C}(\dot{U}_2 + Z_C\dot{I}_2)(e^{j\beta x} - N_2 e^{-j\beta x})\end{aligned}\right\} \tag{20.7.5}$$

三、终端匹配的无损耗线

当无损耗线终端 接的负载阻抗 Z_L 为纯电阻且 $Z_L = Z_C = \sqrt{\frac{L_0}{C_0}}$ 时，无损耗线即与负载匹配。此时，终端反射系数 $N_2 = \frac{Z_L - Z_C}{Z_L + Z_C} = 0$，传输线上只有入射波而无反射波。考虑到此时有 $\dot{U}_2 = Z_L\dot{I}_2 = Z_C\dot{I}_2$，代入式(20.7.5)，得线上任意 x 处的电压、电流相量为

$$\dot{U} = \dot{U}_2 e^{j\beta x}, \quad \dot{I} = \dot{I}_2 e^{j\beta x}$$

令 $\dot{U}_2 = U_2 e^{j\varphi_2}$，$\varphi_2$ 为 $\dot{U}_2$ 的初相角，且由于有 $Z_L = Z_C$ 为纯电阻，故有 $\dot{I}_2 = I_2 e^{j\varphi_2}$。故上两式可写为

$$\dot{U} = U_2 e^{j(\beta x + \varphi_2)}, \quad \dot{I} = I_2 e^{j(\beta x + \varphi_2)}$$

于是电压、电流的时间函数表达式为

$$\left.\begin{aligned}u(t,x) &= \sqrt{2}U_2\cos(\omega t + \beta x + \varphi_2)\\ i(t,x) &= \sqrt{2}I_2\cos(\omega t + \beta x + \varphi_2)\end{aligned}\right\} \tag{20.7.6}$$

上两式的相位角均为 $\omega t + \beta x + \varphi_2$，它表明随着 t 的增大，其等相位点将向 $(-x)$ 方向移动。这说明 $u(t,x)$ 和 $i(t,x)$ 均为从始端到终端的行波，且线上各处电压、电流的有效值与 x 无关，处处都等于终端的电压 U_2 和电流 I_2，这是因为传输线无损耗，$\alpha = 0$。图 20.7.1(a) 画出了电流行波 $i(t,x)$ 沿线的分布曲线，图(b) 则是行波电压、电流有效值 U, I 沿线分布的曲线。

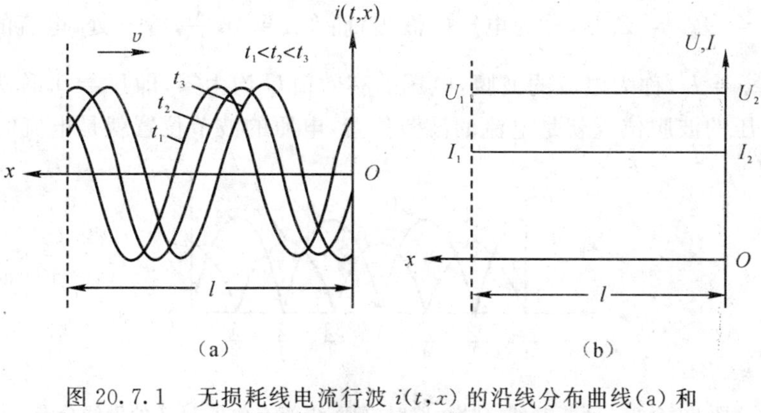

图 20.7.1　无损耗线电流行波 $i(t,x)$ 的沿线分布曲线(a) 和行波电压、电流有效值 U, I 的沿线分布曲线(b)

由于终端是匹配的，故由式(20.7.4) 得输入阻抗为 $Z_{in}(x) = Z_C$(纯电阻性)，这说明线上任意 x 处的 $\dot{U}$ 和 $\dot{I}$ 是同相位的。

四、终端短路的无损耗线

无损耗线终端短路时有 $Z_L=0,\dot{U}_2=0,N_2=\dfrac{Z_L-Z_C}{Z_L+Z_C}=-1$，将这些代入式(20.7.5)，并考虑到 $\beta=\dfrac{2\pi}{\lambda}$，得线上电压、电流相量为

$$\left.\begin{aligned}\dot{U}&=\frac{1}{2}\cdot Z_C\dot{I}_2(\mathrm{e}^{\mathrm{j}\beta x}-\mathrm{e}^{-\mathrm{j}\beta x})=\mathrm{j}Z_C\dot{I}_2\sin\frac{2\pi}{\lambda}x\\ \dot{I}&=\frac{1}{2}\cdot\dot{I}_2(\mathrm{e}^{\mathrm{j}\beta x}+\mathrm{e}^{-\mathrm{j}\beta x})=\dot{I}_2\cos\frac{2\pi}{\lambda}x\end{aligned}\right\}\qquad(20.7.7)$$

设 $\dot{I}_2=I_2\mathrm{e}^{\mathrm{j}\varphi_2}$（$\varphi_2$ 为 $\dot{I}_2$ 的初相角），则线上电压、电流瞬时值的表达式为

$$\left.\begin{aligned}u(t,x)&=\sqrt{2}Z_CI_2\sin\frac{2\pi}{\lambda}x\cdot\cos(\omega t+90^\circ+\varphi_2)\\ i(t,x)&=\sqrt{2}I_2\cos\frac{2\pi}{\lambda}x\cdot\cos(\omega t+\varphi_2)\end{aligned}\right\}\qquad(20.7.8)$$

由式(20.7.8)可见，电压 $u(t,x)$ 的相位角$(\omega t+90^\circ+\varphi_2)$和电流 $i(t,x)$ 的相位角$(\omega t+\varphi_2)$，都与距离 x 无关。这说明，随着时间变量 t 的增大，电压 $u(t,x)$ 和电流 $i(t,x)$ 的波形不沿 x 方向(或 $-x$ 方向)移动，即不再是行波，而是驻定不动的波了。这种波称为驻波。驻波是不传送有功功率的。实际上，由于是无损耗线，终端又短路，传输线和负载都不消耗有功功率。

由式(20.7.8)看出，线上任意 x 处电压、电流的有效值分别为

$$\left.\begin{aligned}U(x)&=U=Z_CI_2\cdot\left|\sin\frac{2\pi}{\lambda}x\right|\\ I(x)&=I=I_2\cdot\left|\cos\frac{2\pi}{\lambda}x\right|\end{aligned}\right\}\qquad(20.7.9)$$

根据此两式即可画出电压、电流有效值的沿线分布曲线，如图 20.7.2 所示。从图中看出，在距离终端 $x=\dfrac{\lambda}{4},\dfrac{3\lambda}{4},\dfrac{5\lambda}{4},\cdots$ 处，电流的有效值均为零，即 $I=0$，称为电流的波节，电压的有效值 U 均为最大，即 $U=U_{\max}=Z_CI_2$，称为电压的波腹；而在 $x=0,\dfrac{\lambda}{2},\lambda,\cdots$ 处，电流的有效值 I 均为最大，即 $I=I_{\max}=I_2$，称为电流的波腹，电压的有效值 U 均为零，即 $U=0$，称为电压 的波节。而且可看出，电压的波腹位置就是电流的波节位置，电压的波节位置就是电流的波腹位置。

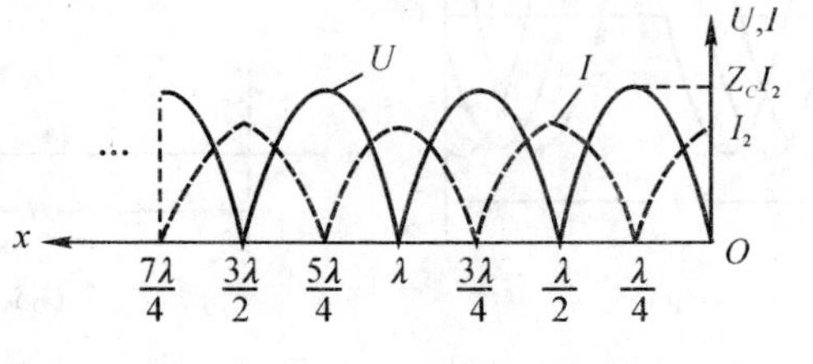

图 20.7.2　无损耗线终端短路时电压、电流有效值 U,I 的沿线分布

将 $Z_L=0$ 代入式(20.7.4)，得线上任意 x 处的输入阻抗为

$$Z_{\text{in}}(x)=\frac{\dot{U}}{\dot{I}}=\mathrm{j}Z_C\tan\frac{2\pi}{\lambda}x\qquad(20.7.10)$$

由此式可见，$Z_{in}(x)$ 为纯电抗性，这是因为 $R_0 = G_0 = 0$，$Z_L = 0$，故整个线路上都不消耗有功功率。$Z_{in}(x)$ 随 x 分布的曲线如图 20.7.3 所示。由图可见，在 $x = 0, \frac{\lambda}{2}, \lambda, \cdots$ 的各点（这些点是电压的波节，电流的波腹），$Z_{in}(x) = 0$，相当于串联谐振；在 $x = \frac{\lambda}{4}, \frac{3\lambda}{4}, \frac{5\lambda}{4}, \cdots$ 的各点（这些点是电压的波腹，电流的波节），$Z_{in}(x) = \infty$，相当于并联谐振；在 $0 < x < \frac{\lambda}{4}, \frac{\lambda}{2} < x < \frac{3\lambda}{4}, \cdots$，$Z_{in}(x) > 0$，为纯电感性的，各处电压 $\dot{U}$ 超前于电流 $\dot{I}$ 90°；在 $\frac{\lambda}{4} < x < \frac{\lambda}{2}, \frac{3\lambda}{4} < x < \lambda, \cdots$，$Z_{in}(x) < 0$，为纯电容性的，各处电压 $\dot{U}$ 落后于电流 $\dot{I}$ 90°。

由图 20.7.3 看出，当终端短路的无损耗线的长度 $l < \frac{\lambda}{4}$ 时，其输入阻抗为纯电感性的，故 $l < \frac{\lambda}{4}$ 的无损耗短路线可用来代替电感，即可等效为一个电感 L。

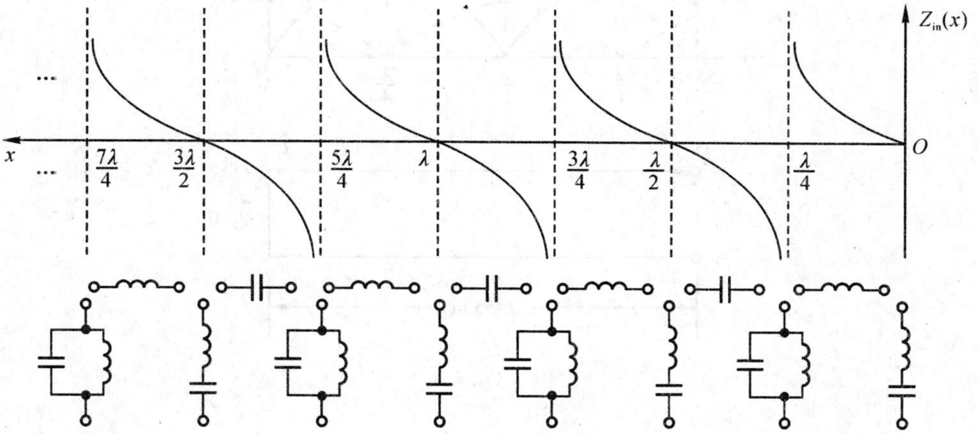

图 20.7.3　无损耗线终端短路时输入阻抗 $Z_{in}(x)$ 的沿线分布曲线

例 20.7.1　高频传输线，长度 $l = 55$ m，终端短路，始端电压 $U_1 = 100$ V，工作频率 $f = 5$ MHz，特性阻抗 $Z_C = 500\ \Omega$。求：(1) 始端输入阻抗 Z_1；(2) 始端电流 I_1 和终端电流 I_2；(3) 电压与电流波腹值 U_{max}, I_{max}；(4) 画出线上电压、电流有效值 U, I 的沿线分布曲线。

解　(1)

$$\lambda = \frac{C}{f} = \frac{3 \times 10^8}{5 \times 10^6} = 60 \text{ m}$$

$$\beta l = \frac{2\pi}{\lambda} \cdot l = \frac{360^\circ}{60} \times 55 = 330^\circ$$

将 $x = l = 55$ m 代入式(20.7.10)，得始端输入阻抗为

$$Z_{in}(l) = Z_1 = jZ_C \tan \frac{2\pi}{\lambda} \cdot l = j500 \cdot \tan 330^\circ = -j289\ \Omega$$

(2) 设 $\dot{U}_1 = U_1 e^{j0^\circ} = 100e^{j0^\circ}$ V，得始端电流为

$$\dot{I}_1 = \frac{\dot{U}_1}{Z_1} = \frac{100}{-j289} = j0.346 \text{ A}$$

由式(20.7.7) 得终端电流为

$$\dot{I}_2=\frac{\dot{I}_1}{\cos\frac{2\pi}{\lambda}\cdot l}=\frac{\text{j}0.346}{\cos 330^\circ}=-\text{j}0.4\ \text{A}$$

其有效值 $I_2=0.4$ A。

(3) $I_2=0.4$ A 就是电流的波腹值，即 $I_{max}=0.4$ A。将 $x=\frac{\lambda}{4}$ 代入式(20.7.7)，得电压波腹值为

$$\dot{U}_{max}=\text{j}Z_C\dot{I}_2\cdot\sin\frac{2\pi}{\lambda}\cdot\frac{\lambda}{4}=\text{j}500\times\text{j}0.4\sin\frac{\pi}{2}=-200\text{V}$$

故 $U_{max}=200$ V。

(4) 传输线上电压、电流有效值随 x 的分布曲线，如图 20.7.4 所示。

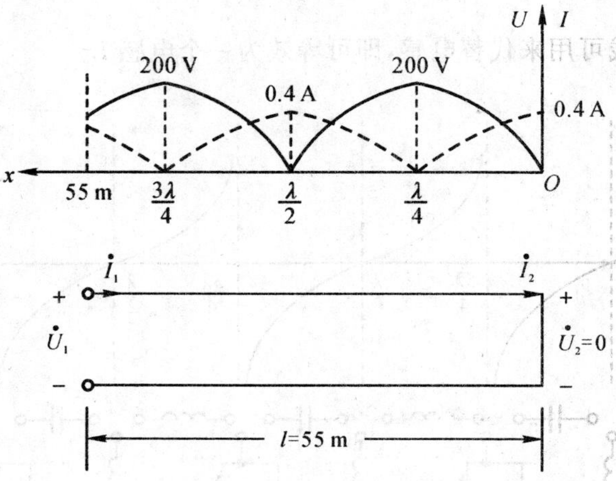

图　20.7.4

例 20.7.2　高频信号源的谐振电路，是由一段长度 $l=0.5$ m 的无损耗短路线和晶体管的极间电容组成，如图 20.7.5(a) 所示，无损耗线的 $L_o=9.18\ \mu\text{H/m}$，$C_o=100$ pF/m，信号源的工作波长 $\lambda=3$ m，电路处于并联谐振工作状态。求 C。

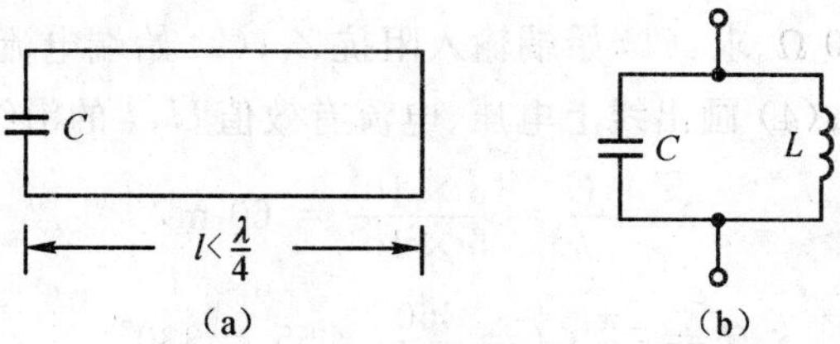

图　20.7.5

解　因 $l=0.5\ \text{m}<\frac{\lambda}{4}=0.75$ m，故此无损耗短路线的输入阻抗 Z_{in} 必为纯感抗。

$$Z_C\approx\sqrt{\frac{L_o}{C_o}}=\sqrt{\frac{9.18\times10^{-6}}{100\times10^{-12}}}=303\ \Omega$$

$$Z_{in}=\text{j}Z_C\cdot\tan\frac{2\pi}{\lambda}\cdot l=\text{j}303\cdot\tan\frac{360^\circ}{3}\times0.5=\text{j}524\ \Omega$$

这段长 l 的无损耗短路线相当于一个电感 L，其等效电路如图 20.7.5(b) 所示。其感抗为

$$j\omega L = j524$$

故得等效电感为

$$L = \frac{524}{\omega}$$

又知并联谐振电路的谐振角频率 $\omega = \dfrac{1}{\sqrt{LC}}$，故得

$$C = \frac{1}{\omega^2 L} = \frac{1}{\omega^2 \dfrac{524}{\omega}} = \frac{1}{524\omega} = \frac{1}{524 \times 2\pi f} = \frac{1}{524 \times 2\pi \dfrac{C}{\lambda}} = \frac{3}{524 \times 2\pi \times 3 \times 10^8} =$$

$$3.04 \times 10^{-12}\ \mathrm{F} = 3.04\ \mathrm{pF}$$

五、终端开路的无损耗线

无损耗线终端开路时，负载阻抗 $Z_L \to \infty$，此时有 $\dot{I}_2 = 0$，$N_2 = \dfrac{Z_L - Z_C}{Z_L + Z_C} = 1$，将这些代入式(20.7.5)，并考虑到 $\beta = \dfrac{2\pi}{\lambda}$，得

$$\left.\begin{aligned} \dot{U} &= \frac{1}{2} \cdot \dot{U}_2 (e^{j\beta x} + e^{-j\beta x}) = \dot{U}_2 \cos \frac{2\pi}{\lambda} x \\ \dot{I} &= \frac{\dot{U}_2}{2Z_C} (e^{j\beta x} - e^{-j\beta x}) = j\,\frac{\dot{U}_2}{Z_C} \sin \frac{2\pi}{\lambda} x \end{aligned}\right\} \tag{20.7.11}$$

代入式(20.7.4)，得输入阻抗为

$$Z_{in}(x) = \frac{\dot{U}}{\dot{I}} = -jZ_C \cot \frac{2\pi}{\lambda} x \tag{20.7.12}$$

将式(20.7.11)，(20.7.12) 与式(20.7.7) 和式(20.7.10) 对应比较，可见开路情况与短路情况具有相似性和对偶性。即开路时，线上也形成驻波，不过电流驻波的波节在距终端 $x = 0, \dfrac{\lambda}{2}, \lambda, \cdots$ 等处，波腹在距终端 $x = \dfrac{\lambda}{4}, \dfrac{3\lambda}{4}, \dfrac{5\lambda}{4}, \cdots$ 等处；电流的波节恰好是电压的波腹，电流的波腹恰好是电压的波节。沿线的电流(或电压) 驻波分布，恰好与短路时的电流(或电压) 驻波分布相差 $\dfrac{\lambda}{4}$。根据式(20.7.11) 可画出电压有效值 $U = U_2 \left| \cos \dfrac{2\pi}{\lambda} x \right|$ 与电流有效值 $I = \dfrac{U_2}{Z_C} \left| \sin \dfrac{2\pi}{\lambda} x \right|$ 的沿线分布曲线，如图 20.7.6 所示。根据式(20.7.12) 可画出输入阻抗 $Z_{in}(x)$ 的沿线分布曲线，如图 20.7.7 所示。读者可将此两图与图 20.7.2 和图 20.7.3 对应比较，也可看出开路情况与短路情况的相似性与对偶性。

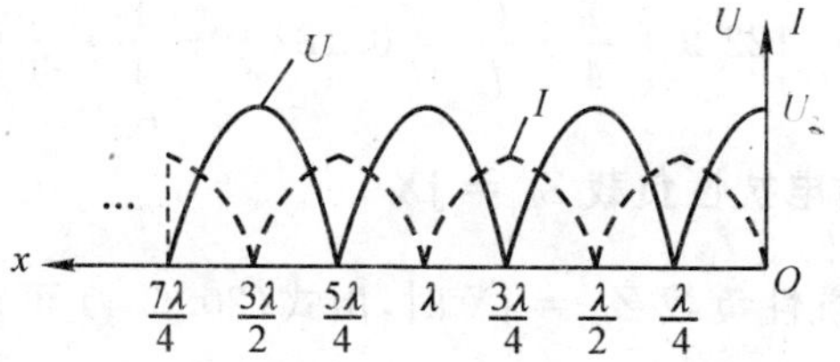

图 20.7.6　无损耗线终端开路时电压、电流有效值 U, I 的沿线分布曲线

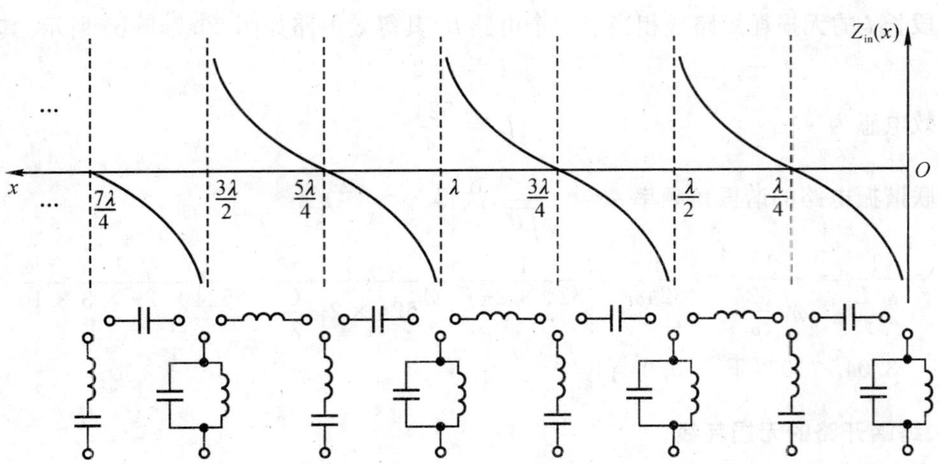

图 20.7.7 无损耗线终端开路时输入阻抗的沿线分布曲线

由图20.7.7中看出，当终端开路的无损耗线的长度 $l<\frac{\lambda}{4}$ 时，其输入阻抗为纯电容性的，故 $l<\frac{\lambda}{4}$ 的无损耗开路线可用来代替电容，即可等效为一个电容 C。

例 20.7.3 已知无损耗线的特性阻抗 $Z_C=75\ \Omega$，工作频率 $f=600\ \text{MHz}$，现要用它来实现一个 $L=0.758\,9\ \mu\text{H}$ 的电感，求线的最短长度 l。

解 为了要用最短的无损耗线来实现一个 $L=0.758\,9\ \mu\text{H}$ 的电感，可有两种方法

(1) 用长度 $l<\frac{\lambda}{4}$ 的无损耗终端短路线。由式(20.7.10)有

$$Z_{in}(l)=Z_1=\mathrm{j}Z_C\tan\frac{2\pi}{\lambda}\cdot l=\mathrm{j}Z_C\tan\frac{2\pi}{\frac{C}{f}}\cdot l$$

即
$$\mathrm{j}\omega L=\mathrm{j}2\pi fL=\mathrm{j}75\tan\frac{360^\circ\cdot fl}{C}$$

故
$$\tan\frac{360^\circ\cdot 600\times10^6\cdot l}{3\times10^8}=\frac{2\pi\cdot 600\times10^6\cdot 0.758\,9\times10^{-6}}{75}=38.146$$

即
$$2\cdot 360^\circ\cdot l=\arctan 38.146=88.498^\circ$$

故得
$$l=\frac{88.498^\circ}{720^\circ}=0.122\,9\ \text{m}$$

(2) 用无损耗终端开路线。此时线的最短长度应为

$$l'=0.122\,9+\frac{\lambda}{4}=0.122\,9+\frac{1}{4}\cdot\frac{C}{f}=0.122\,9+\frac{1}{4}\cdot\frac{3\times10^8}{600\times10^5}==0.247\,9\ \text{m}$$

六、无损耗线终端接纯电抗性负载 $Z_L=\mathrm{j}X$

无损耗线终端接纯电抗性负载 $Z_L=\mathrm{j}X$ 时，由式(20.6.4)可得此种情况下终端反射系数 N_2 的模为(注意 Z_C 为实数)

$$|N_2|=\left|\frac{Z_L-Z_C}{Z_L+Z_C}\right|=\left|\frac{\mathrm{j}X-Z_C}{\mathrm{j}X+Z_C}\right|=1$$

$|N_2|=1$ 表明，反射波的有效值(或振幅)与入射波的有效值(或振幅)相等，故也是全反射，因而线路上也形成电压和电流的驻波。以下分 X 为纯感抗 X_L 和纯容抗 X_C 两种情况，来研究线路上电压和电流驻波的分布规律和分析方法。

(1) X 为纯感抗，即 $X=X_L$，如图 20.7.8(a) 所示。

已经知道，$l<\dfrac{\lambda}{4}$ 的无损耗短路线的输入阻抗为一纯感抗，因此，可以在原无损耗线的终端续接一段长度 $l_0<\dfrac{\lambda}{4}$ 的无损耗短路线来等效替代 X_L，如图 20.7.8(b) 所示，这就相当于把原线路延长了 l_0，然后再使终端短路。这样，原线路上电压和电流驻波的分布情况，就和这一延长了 l_0 的无损耗短路线上电压、电流驻波的分布情况全同，如图 20.7.8(c) 所示。其输入阻抗 $Z_{in}(x)$ 的分布规律亦然。

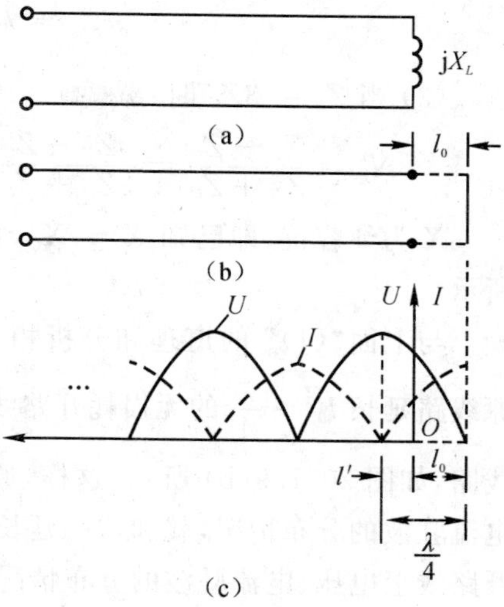

图 20.7.8　无损耗线终端接纯感抗 X_L

所延长的长度 l_0 应如下计算，即根据式 $Z_{in}(x)=jZ_C\tan\dfrac{2\pi}{\lambda}x$，有

$$jX_L=jZ_C\tan\frac{2\pi}{\lambda}\cdot l_0$$

故得

$$l_0=\frac{\lambda}{2\pi}\cdot\arctan\frac{X_L}{Z_C}$$

线路上第一个电流波节(第一个电压波腹)出现在离终端 l' 处，故可求得

$$l'=\frac{\lambda}{4}-l_0$$

例 20.7.4　无损耗均匀传输线，$R_o=0$，$L_o=2\ \mu H/m$，$C_o=5.55\ pF/m$，$G_o=0$，工作波长 $\lambda=60\ m$。(1) 求 Z_C，β，v；(2) 终端接一个 $L=0.01\ mH$ 的电感，求距负载端最近处的电压波腹和电流波腹的位置坐标；(3) 若 $Z_L=3Z_C$，求终端反射系数 N_2。

解　(1)

$$Z_C=\sqrt{\frac{L_o}{C_o}}=600\ \Omega$$

$$\beta=\frac{2\pi}{\lambda}=\frac{6.28}{60}=0.104\ 7\ \frac{1}{m}$$

$$v=\frac{1}{\sqrt{L_oC_o}}=3\times10^8\ m/s$$

(2)

$$X_L=\omega L=2\pi fL=2\pi\frac{v}{\lambda}L=314\ \Omega$$

$$l_0=\frac{\lambda}{2\pi}\cdot\arctan\frac{X_L}{Z_C}=\frac{60}{360^\circ}\cdot\arctan\frac{314}{600}=4.6\ m$$

求得线上第一个电流波节(即第一个电压波腹)的位置坐标为

$$l'=\frac{\lambda}{4}-l_0=\frac{60}{4}-4.6=10.4\ m$$

求得第一个电流波腹(即第一个电压波节)的位置坐标为

$$x_{\max} = l' + \frac{\lambda}{4} = 10.4 + \frac{60}{4} = 25.4 \text{ m}$$

(3) 当 $Z_L = 3Z_C$ 时

$$N_2 = \frac{Z_L - Z_C}{Z_L + Z_C} = \frac{3Z_C - Z_C}{3Z_C + Z_C} = 0.5$$

X 为纯容抗，即已知 $X = X_C$，如图 20.7.9(a) 所示。

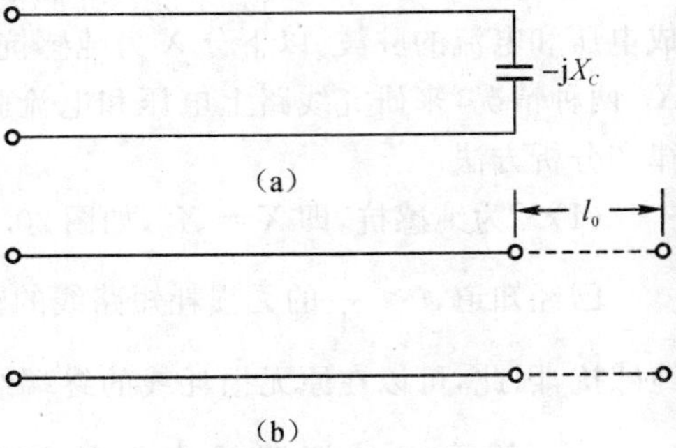

图 20.7.9　无损耗线终端接纯容抗 X_C

与上面“(1)”的道理和分析相类似，可以用将原线路延长 $l_0 < \frac{\lambda}{4}$ 的无损耗开路线来等效代替原线路，如图 20.7.9(b) 所示。这样，原线路上电压和电流驻波的分布情况，就和这一延长了 l_0 的无损耗开路线上电压、电流驻波的分布情况全同。其输入阻抗 $Z_{\text{in}}(x)$ 的分布亦然。其具体分析计算可看下面的例 20.7.5。

例 20.7.5　已知无损耗线的特性阻抗 $Z_C = 550\ \Omega$，终端接纯电容性负载 $X_C = 400\ \Omega$，负载电流 $\dot{I}_o = 1\underline{/0^\circ}$ A，工作波长 $\lambda = 20$ m，如图 20.7.10(a) 所示。求线上电压波腹值和电流波腹值。

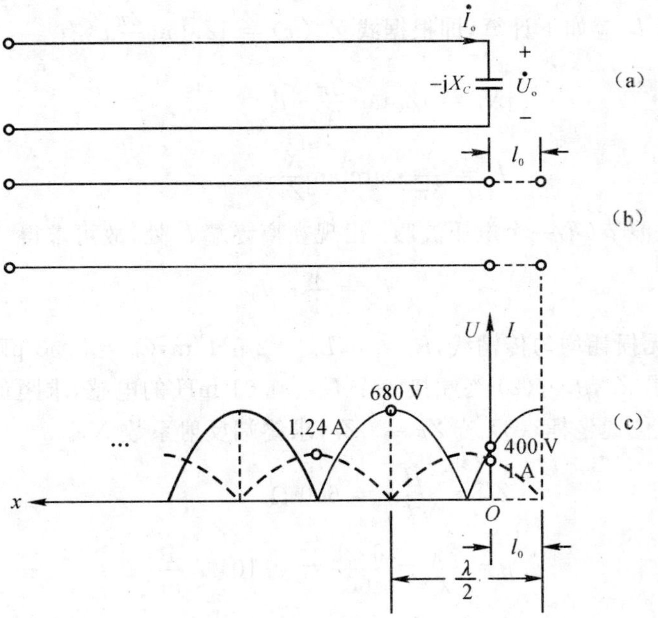

图　20.7.10

解　将纯电容性电抗 $X_C = 400\ \Omega$，等效为长 $l_0 < \frac{\lambda}{4}$ 的无损耗开路线，如图 20.7.10(b 所示。根据式(20.7.12) 有

$$-\text{j}X_C = -\text{j}Z_C \cdot \cot\frac{2\pi}{\lambda} \cdot l_0$$

即

$$l_0 = \frac{\lambda}{2\pi} \cdot \text{arccot}\,\frac{X_C}{Z_C}$$

代入数据得　$l_0 = \frac{20}{360^\circ} \cdot \text{arccot}\frac{400}{550} = \frac{2}{360^\circ} \cdot \text{arccot}(0.727\,3) = 3\ \text{m}$

于是得第一个电流波腹（第一个电压波节）和第一个电压波腹（第一个电流波节）的位置坐标分别为

$$x = l_i = \frac{\lambda}{4} - l_0 = \frac{20}{4} - 3 = 2\ \text{m}$$

$$x = l_u = \frac{\lambda}{2} - l_0 = \frac{20}{2} - 3 = 7\ \text{m}$$

因已知 $\dot{I}_o = 1\underline{/0^\circ}$ A，故得原线路的终端电压为

$$\dot{U}_o = -\text{j}X_C \cdot \dot{I}_o = -\text{j}400 \cdot 1\underline{/0^\circ} = -\text{j}400\ \text{V}$$

其有效值 $U_o = 400$ V。

根据式(20.7.11)，对延长了 l_0 的等效开路线而言，在 $x = l_0$ 处和 $x = l_0 + l_u = \frac{\lambda}{2}$ 处的电压分别为

$$\dot{U}_o = \dot{U}_2\cos\frac{2\pi}{\lambda} \cdot l_0 = \dot{U}_2\cos\frac{360^\circ}{20} \cdot 3 = \dot{U}_2\cos 54^\circ$$

$$\dot{U}_{max} = \dot{U}_2\cos\frac{2\pi}{\lambda} \cdot \frac{\lambda}{2} = \dot{U}_2\cos\pi = \dot{U}_2\cos 180^\circ$$

式中 $\dot{U}_{max}$ 为电压波腹的有效值相量。此两式相比有

$$\frac{\dot{U}_{max}}{\dot{U}_o} = \frac{\cos 180^\circ}{\cos 54^\circ} = \frac{-1}{0.587\,8}$$

即　$$\dot{U}_{max} = \frac{-1}{0.587\,8} \cdot \dot{U}_o = \frac{-1}{0.587\,8} \cdot (-\text{j}400) = \text{j}680\ \text{V}$$

故得电压波腹值为 $U_{max} = 680$ V

同理，根据式(20.7.11)，对延长了 l_0 的等效开路线而言，在 $x = l_0$ 处和 $x = l_0 + l_i = \frac{\lambda}{4}$ 处的电流分别为

$$\dot{I}_o = \text{j}\frac{\dot{U}_2}{Z_C}\sin\frac{2\pi}{\lambda} \cdot l_0 = \text{j}\frac{\dot{U}_2}{Z_C} \cdot \sin\frac{360^\circ}{20} \cdot 3 = \text{j}\frac{\dot{U}_2}{Z_C} \cdot \sin 54^\circ$$

$$\dot{I}_{max} = \text{j}\frac{\dot{U}_2}{Z_C}\sin\frac{2\pi}{\lambda} \cdot \frac{\lambda}{4} = \text{j}\frac{\dot{U}_2}{Z_C} \cdot \sin 90^\circ = \text{j}\frac{\dot{U}_2}{Z_C} \cdot 1$$

上两式相比有

$$\frac{\dot{I}_{max}}{\dot{I}_o} = \frac{1}{\sin 54^\circ} = \frac{1}{0.809}$$

即　$$\dot{I}_{max} = \frac{\dot{I}_o}{0.809} = \frac{1\underline{/0^\circ}}{0.809} = 1.24\underline{/0^\circ}\ \text{A}$$

故得电流波腹值为 $I_{max} = 1.24$ A。其电压、电流的沿线分布曲线如图 20.7.10(c) 所示。

七、无损耗短路线与开路线的应用举例

在波长较短（例如米波，分米波，厘米波等）的电子设备中，其谐振电路常由无损耗短路线与开路线组合构成。如图 20.7.11(a) 所示是由左边的无损耗开路线（长度为 l_1）和右边的无损耗短路线（长度为 l_2）组成的并联谐振电路，与之对应的等效电路如图 20.7.11(b) 所示，Z_1 和

Z_2 分别为对应的等效阻抗.

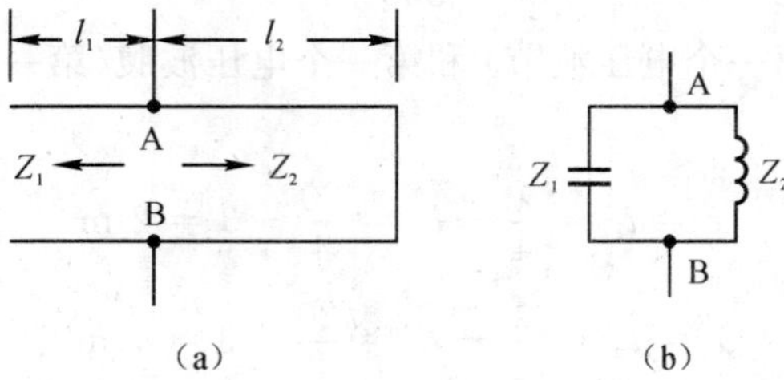

图 20.7.11 用无损耗短路线与开路线组成并联谐振电路

由式(20.7.12)得从 A,B 两点向左看去的无损耗开路线的输入阻抗为

$$Z_1 = -\mathrm{j}Z_C \cdot \cot\frac{2\pi}{\lambda} \cdot l_1$$

由式(20.7.10)得从 A,B 两点向右看去的无损耗短路线的输入阻抗为

$$Z_2 = \mathrm{j}Z_C \cdot \tan\frac{2\pi}{\lambda} \cdot l_2$$

当 $Z_2 = -Z_1$ 时,电路发生并联谐振。故有

$$\mathrm{j}Z_C \cdot \tan\frac{2\pi}{\lambda}l_2 = \mathrm{j}Z_C \cdot \cot\frac{2\pi}{\lambda}l_1$$

即

$$\tan\frac{2\pi}{\lambda}l_2 = \cot\frac{2\pi}{\lambda}l_1 = \frac{1}{\tan\frac{2\pi}{\lambda}l_1}$$

$$\tan\frac{2\pi}{\lambda}l_1 \cdot \tan\frac{2\pi}{\lambda}l_2 = 1$$

由三角函数两角和的公式

$$\tan(A+B) = \frac{\tan A + \tan B}{1 - \tan A \cdot \tan B}$$

知,当 $\tan A \cdot \tan B = 1$ 时,必有 $\tan(A+B) = \infty$,故有 $A + B = \frac{2n+1}{2} \cdot \pi(n \in \mathbf{N})$。于是

$$\frac{2\pi}{\lambda} \cdot l_1 + \frac{2\pi}{\lambda} \cdot l_2 = \frac{2n+1}{2} \cdot \pi$$

故得

$$l_1 + l_2 = (2n+1) \cdot \frac{\lambda}{4} \qquad (n \in \mathbf{N})$$

可见,当无损耗线的总长度 $l_1 + l_2$ 等于 $\frac{\lambda}{4}$ 的奇数倍时,即生并联谐振。当取 $n = 0$ 时,可得最短长度为

$$(l_1 + l_2)_{\min} = \frac{\lambda}{4}$$

此结论同时说明,利用 $\frac{\lambda}{4}$ 长的无损耗线构成并联谐振电路,与 A,B 点在线上的具体位置无关。即不论 A,B 点在何位置,只要满足 $l_1 + l_2 = \frac{\lambda}{4}$,即可构成并联谐振电路且发生并联谐振。

20.8　无损耗均匀传输线的负载效应

一、线上电压、电流有效值的分布规律

无损耗均匀传输线的终端接任意负载 $Z_L = R_L + \mathrm{j}X_L (Z_L \neq 0, \neq \infty, \neq Z_C)$，如图 20.8.1 所示。此时终端反射波系数为

$$N_2 = \frac{Z_L - Z_C}{Z_L + Z_C} = \frac{R_L + \mathrm{j}X_L - Z_C}{R_L + \mathrm{j}X_L + Z_C} = | N_2 | \mathrm{e}^{\mathrm{j}\xi_2} \tag{20.8.1}$$

式中 $| N_2$ 和 ξ_2 分别为终端反射系数的模与辐角，即

$$| N_2 | = \sqrt{\frac{(R_L - Z_C)^2 + X_L^2}{(R_L + Z_C)^2 + X_L^2}} \tag{20.8.1}$$

$$\xi_2 = \arctan\frac{X_L}{R_L - Z_C} - \arctan\frac{X_L}{R_L + Z_C} \tag{20.8.3}$$

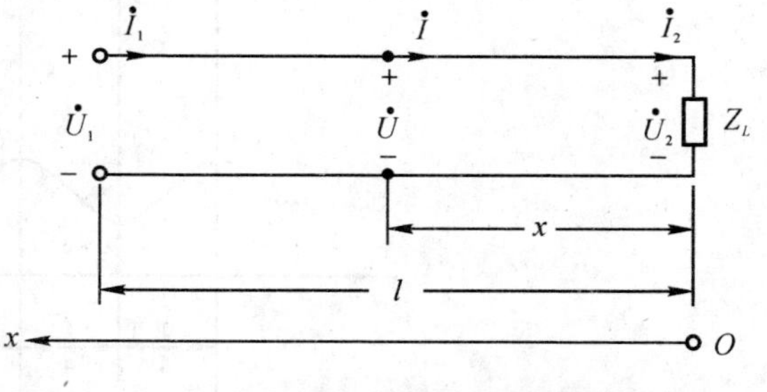

图 20.8.1　无损耗均匀传输线终端接任意负载 Z_L

由式(20.8.2)看出，由于根号中分子的值比分母的值小，故必有 $0 < | N_2 | < 1$。$0 < | N_2 | < 1$ 说明，无损耗均匀传输线终端接任意负载 Z_L 时，线上既不是纯行波，也不是纯驻波，而是既有行波成分，也有驻波成分。但由于有 $| N_2 | < 1$，这又说明反射波的幅度要比入射皮的幅度小。当线上任意 x 处的入射波与反付波同相位时，合成波的幅度即为最大，为波复；而相位相反时，合成波的幅度即为最小，为波节；但由于入射波与反射波的幅度不相等，故王波节处合成波的值并不为零。

将 $Z_L = \dfrac{\dot{U}_2}{\dot{I}_2}$ 和式(20.8.1)代入式(20.7.5)有

$$\dot{U} = \frac{1}{2}(\dot{U}_2 + Z_C \frac{\dot{U}_2}{Z_L})(\mathrm{e}^{\mathrm{j}\beta x} + | N_2 | \mathrm{e}^{\mathrm{j}\xi_2} \cdot \mathrm{e}^{-\mathrm{j}\beta x}) = \frac{\dot{U}_2}{2}(1 + \frac{Z_C}{Z_L})\mathrm{e}^{\mathrm{j}\beta x}[1 + | N_2 | \mathrm{e}^{-\mathrm{j}(2\beta x - \xi_2)}]$$

$$\dot{I} = \frac{\dot{U}_2}{2Z_C}(1 + \frac{Z_C}{Z_L})\mathrm{e}^{\mathrm{j}\beta x}[1 - | N_2 | \mathrm{e}^{-\mathrm{j}(2\beta x - \xi_2)}]$$

令入射波电玉和入射波电流的有效值相量为

$$\dot{U}^+ = \frac{\dot{U}_2}{2}(1 + \frac{Z_C}{Z_L})\mathrm{e}^{\mathrm{j}\beta x}, \quad \dot{I}^+ = \frac{\dot{U}_2}{2Z_C}(1 + \frac{Z_C}{Z_L})\mathrm{e}^{\mathrm{j}\beta x}$$

弋入上两式 则线上任意 x 处的电压相量 $\dot{U}$ 和电流相量 $\dot{I}$ 即可写为

$$\left.\begin{aligned} \dot{U} &= \dot{U}^+ [1 + | N_2 | \mathrm{e}^{-\mathrm{j}(2\beta x - \xi_2)}] \\ \dot{I} &= \dot{I}^+ [1 - | N_2 | \mathrm{e}^{-\mathrm{j}(2\beta x - \xi_2)}] = \frac{\dot{U}^+}{Z_C}[1 - | N_2 | \mathrm{e}^{-\mathrm{j}(2\beta x - \xi_2)}] \end{aligned}\right\} \tag{20.8.4}$$

由于有 $1 \pm | N_2 | \mathrm{e}^{-\mathrm{j}(2\beta x - \xi_2)} = 1 \pm | N_2 | \cos(2\beta x - \xi_2) \mp \mathrm{j} | N_2 |) \cdot \sin(2\beta x - \xi_2)$，故有

$$| 1 \pm | N_2 | \mathrm{e}^{-\mathrm{j}(2\beta x - \xi_2)} | = \sqrt{[1 \pm | N_2 | \cos(2\beta x - \xi_2)]^2 + [| N_2 | \sin(2\beta x - \xi_2)]^2} =$$

$$\sqrt{1 + | N_2 |^2 \pm 2 | N_2 | \cos(2\beta x - \xi_2)}$$

故线上任意 x 处的电压、电流有效值可写为

$$\left.\begin{aligned} U &= U^+\sqrt{1+|N_2|^2+2|N_2|\cos(2\beta x-\xi_2)} \\ I &= I^+\sqrt{1+|N_2|-2|N_2|\cos(2\beta x-\xi_2)} \end{aligned}\right\} \tag{20.8.5}$$

式中

$$\left.\begin{aligned} U^+ &= \frac{U_2}{2}\left|1+\frac{Z_C}{Z_L}\right| \\ I^+ &= \frac{U_2}{2Z_C}\left|1+\frac{Z_C}{Z_L}\right| = \frac{U^+}{Z_C} \end{aligned}\right\} \tag{20.8.6}$$

根据式(20.8.5)即可画出电压、电流有效值 U, I 沿线分布的曲线，如图 20.8.2(a)所示。

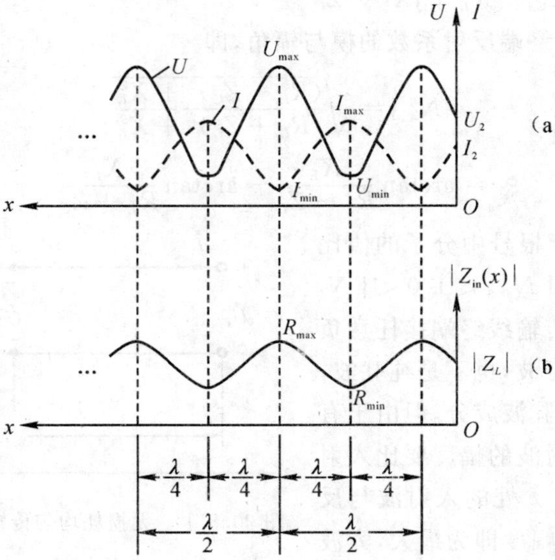

图 20.8.2 无损耗均匀线终端接任意负载 Z_L 时，电压、电流有效值 U, I 和输入阻抗 $|Z_{in}(x)|$ 的分布曲线

从式(20.8.5)可看出，当 $2\beta x-\xi_2=2n\pi(n\in\mathbf{N})$ 时，有 $\cos(2\beta x-\xi_2)=1$，电压的有效值为最大 U_{max}(波腹)，而电流的有效值为最小 I_{min}(波节)。此因当 $2\beta x-\xi_2=2n\pi$ 时(由式(20.8.4)知，$2\beta x-\xi_2$ 就是入射波与反射波的相位差)，入射波电压与反射波电压同相位，入射波电流与反射波电流反相位(反射波电流前为"—"号)。

设电压波腹 U_{max}(亦即电流波节 I_{min})出现在 $x=x_{max}$ 处，则有

$$2\beta x_{max}-\xi_2=2n\pi$$

将 $\beta=\dfrac{2\pi}{\lambda}$ 代入，即得

$$x_{max}=\frac{\xi_2+2n\pi}{2\beta}=\frac{\xi_2+2n\pi}{2\dfrac{2\pi}{\lambda}}$$

即

$$x_{max}=\frac{\xi_2\lambda}{4\pi}+\frac{n\lambda}{2}\qquad(n\in\mathbf{N}) \tag{20.8.7}$$

此时，由式(20.8.5)得电压波腹和电流波节的有效值为

$$\left.\begin{aligned} U_{max} &= U^+(1+|N_2|) \\ I_{min} &= I^+(1-|N_2|) \end{aligned}\right\} \tag{20.8.8}$$

又从式(20.8.5)看出，当 $2\beta x-\xi_2=(2n+1)\pi$ 时，有 $\cos(2\beta x-\xi_2)=-1$，电压的有效值

为最小 $U_{\min}$(波节),电流的有效值为最大 $I_{\max}$(波腹)。此因当 $2\beta x-\xi_2=(2n+1)\pi$ 时,入射波电压与反射波电压反相位,入射波电流与反射波电流同相位。

设电压波节 $U_{\min}$(亦即电流波腹 $I_{\max}$)出现在 $x=x_{\min}$ 处,则有

$$2\beta x_{\min}-\xi_2=(2n+1)\pi$$

将 $\beta=\dfrac{2\pi}{\lambda}$ 代入,即得

$$x_{\min}=\frac{\xi_2\lambda}{4\pi}+\frac{(2n+1)\lambda}{4}\qquad(n\in\mathbf{N})\tag{20.8.9}$$

此时,由式(20.8.5)得电压波节和电流波腹的有效值为

$$\left.\begin{aligned}U_{\min}&=U^{+}(1-|N_2|)\\I_{\max}&=I^{+}(1+|N_2|)\end{aligned}\right\}\tag{20.8.10}$$

根据式(20.8.6)有 $Z_C=\dfrac{U^{+}}{I^{+}}$,再由式(20.8.9)和式(20.8.10)有

$$\frac{U_{\max}}{I_{\max}}=\frac{U^{+}(1+|N_2|)}{I^{+}(1+|N_2|)}=\frac{U^{+}}{I^{+}}=Z_C$$

$$\frac{U_{\min}}{I_{\min}}=\frac{U^{+}(1-|N_2|)}{I^{+}(1-|N_2|)}=\frac{U^{+}}{I^{+}}=Z_C$$

可见,电压波腹 $U_{\max}$ 与电流波腹 $I_{\max}$ 之比,电压波节 $U_{\min}$ 与电流波节 $I_{\min}$ 之比,都等于特性阻抗 Z_C。

二、驻波系数 ρ

为了评价传输线上电压和电流分布的起伏程度,我们引入驻波系数 ρ 的概念,定义为

$$\rho=\frac{U_{\max}}{U_{\min}}=\frac{I_{\max}}{I_{\min}}=\frac{1+|N_2|}{1-|N_2|}\tag{20.8.11}$$

由于有 $0\leqslant|N_2|\leqslant1$,故有 $1\leqslant\rho<\infty$。当线上只有行波时,因有 $|N_2|=0$,故 $\rho=1$;当线上只有驻波时,因有 $|N_2|=1$,故 $\rho\to\infty$。驻波系数 ρ 也称驻波比。

三、输入阻抗 $Z_{in}(x)$

由式(20.8.4)可得线上任意 x 处的输入阻抗为

$$Z_{in}(x)=\frac{\dot U}{\dot I}=Z_C\cdot\frac{1+|N_2|\,\mathrm{e}^{-\mathrm{j}(2\beta x-\xi_2)}}{1-|N_2|\,\mathrm{e}^{-\mathrm{j}(2\beta x-\xi_2)}}\tag{20.8.12}$$

由式(20.8.12)可见,由于辐角 $(2\beta x-\xi_2)$ 每隔 $\dfrac{\lambda}{2}$ 的距离就变化 2π,故输入阻抗 $Z_{in}(x)$ 的"空间周期"为 $\dfrac{\lambda}{2}$。

在电压波腹(即电流波节)处,$2\beta x-\xi_2=2n\pi$,此时线上的电压、电流同相位,故该处的输入阻抗为纯电阻性,且为最大值(相当于并联谐振),用 $R_{\max}$ 表示。故由上式得

$$R_{\max}=Z_C\cdot\frac{1+|N_2|}{1-|N_2|}=\rho Z_C\tag{20.8.13}$$

在电压波节(即电流波腹)处,$2\beta x-\xi_2=(2n+1)\pi$,此时线上的电压、电流也是同相位,故该处的输入阻抗也为纯电阻性,且为最小值(相当于串联谐振),用 $R_{\min}$ 表示。故由式(20.8.12)

得

$$R_{min} = Z_C \cdot \frac{1-|N_2|}{1+|N_2|} = \frac{Z_C}{\rho} \tag{20.8.14}$$

由于输入阻抗 $Z_{in}(x)$ 的空间周期为$\frac{\lambda}{2}$，故相邻的 R_{max} 与 R_{min} 之间的距离即为$\frac{\lambda}{4}$。根据式(20.8.12)可画出输入阻抗的模 $|Z_{in}(x)|$ 沿线分布的曲线，如图 20.8.2(b) 所示。

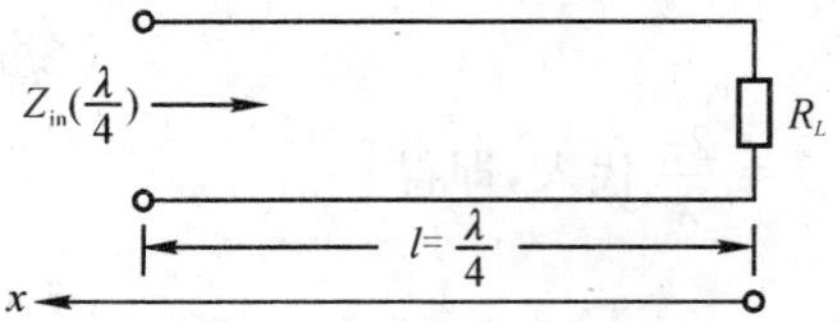

图 20.8.3 $\frac{\lambda}{4}$ 长的无损耗线用作阻抗变换器

今若无损耗均匀线的长度 $l=\frac{\lambda}{4}$，终端接一纯电阻负载 R_L，如图 20.8.3 所示。于是由式(20.7.4)可求得这种$\frac{\lambda}{4}$线的始端输入阻抗为

$$Z_{in}(\frac{\lambda}{4}) = Z_1 = Z_C \cdot \frac{R_L + jZ_C \tan\frac{2\pi}{\lambda}\cdot\frac{\lambda}{4}}{Z_C + jR_L \tan\frac{2\pi}{\lambda}\cdot\frac{\lambda}{4}} = Z_C \cdot \frac{R_L + jZ_C\cdot\tan\frac{\pi}{2}}{Z_C + jR_L\tan\frac{\pi}{2}} =$$

$$Z_C \cdot \frac{jZ_C\cdot\tan\frac{\pi}{2}}{jR_L\cdot\tan\frac{\pi}{2}} = \frac{Z_C^2}{R_L} \tag{20.8.15}$$

由此式可见，当 $R_L \neq Z_C$ 时，即有 $Z_1 \neq R_L$。这说明$\frac{\lambda}{4}$长的无损耗传输线可用来作阻抗变换器。

四、传输功率

由于无损耗线本身不消耗功率，因此用无损耗线传输功率时，线上任意 x 处的功率都与负载吸收的功率 P_2 相等。因此，我们可以用波腹或波节处的电压、电流值来求负载吸收的功率 P_2（注意，在波腹处或波节处，线上电压与电流都是同相位的），即

$$P_2 = U_{max}I_{min} = U_{min}I_{max} \tag{20.8.16}$$

将式(20.8.8)或式(20.8.10)代入上式，得

$$P_2 = U^+(1+|N_2|)\cdot I^+(1-|N_2|) = U^+I^+[1-|N_2|^2] =$$
$$U^+I^+ - U^+|N_2|\cdot I^+|N_2|$$

根据反射系数的定义式有 $|N_2| = \frac{U^-}{U^+} = \frac{I^-}{I^+}$，代入上式有

$$P_2 = U^+I^+ - U^-I^- = P^+P^- \tag{20.8.17}$$

此结果说明，无损耗均匀传输线终端负载 Z_L 吸收的功率 P_2 等于入射波功率 P^+ 与反射波功率 $P^- = U^-I^-$ 之差。

例 20.8.1 已知无损耗均匀传输线的特性阻抗 $Z_C = 500\ \Omega$，线长 $l = 35$ m，负载阻抗 $Z_L = 300 + j400\ \Omega$，始端电压有效值 $U_1 = 500$ V，工作波长 $\lambda = 40$ m。求：(1) 终端反射系数 N_2；(2) 驻波系数 ρ；(3) 线上电压、电流波腹和波节的位置坐标 x_{max}, x_{min}；(4) 电压、电流波腹值和波节值 $U_{max}, U_{min}, I_{max}, I_{min}$，负载电压 U_2 和负载电流 I_2，并画出电压、电流有效值 U, I 的沿线分布曲线；(5) 负载吸收的有功功率 P_2。

解　(1)$N_2=\dfrac{Z_L-Z_C}{Z_L+Z_C}=\dfrac{300+\mathrm{j}400-500}{300+\mathrm{j}400+500}=0.5\mathrm{e}^{\mathrm{j}90^\circ}$

故
$$|N_2|=0.5,\xi_2=90^\circ=\frac{\pi}{2}$$

(2)$\rho=\dfrac{1+|N_2|}{1-|N_2|}=\dfrac{1+0.5}{1-0.5}=3$

(3) 第一个电压波腹(电流波节)的位置坐标为
$$x_{\max}=\frac{\frac{\pi}{2}\cdot\lambda}{4\pi}=\frac{\lambda}{8}=\frac{40}{8}=5\ \mathrm{m}$$

相邻电压波节(电流波腹)的位置坐标为
$$x_{\min}=\frac{\lambda}{8}+\frac{\lambda}{4}=\frac{3\lambda}{8}=\frac{3\times40}{8}=15\ \mathrm{m}$$

(4) 根据式(20.8.5),当 $x=l=35$ m 时有
$$U_1=U^+\sqrt{1+(0.5)^2+2\cdot0.5\cdot\cos(2\cdot\frac{2\pi}{40}\times35-\frac{\pi}{2})}=\frac{1}{2}U^+$$

故得
$$U^+=2U_1=2\times500=1\ 000\ \mathrm{V}$$

又
$$I^+=\frac{U^+}{Z_C}=\frac{1\ 000}{500}=2\ \mathrm{A}$$

故
$$U_{\max}=U^+(1+|N_2|)=1\ 000(1+0.5)=1500\ \mathrm{V}$$
$$U_{\min}=\frac{U_{\max}}{\rho}=\frac{1500}{3}=500\ \mathrm{V}$$
$$I_{\max}=I^+(1+|N_2|)=2(1+0.5)=3\ \mathrm{A}$$
$$I_{\min}=\frac{I_{\max}}{\rho}=\frac{3}{3}=1\ \mathrm{A}$$

根据式(20.8.5),当 $x=0$ 时,可得负载电压 U_2 为
$$U_2=U^+\sqrt{1+0.5^2+2\times0.5\cos(-\frac{\pi}{2})}=1\ 118\ \mathrm{V}$$

进一步又求得负载电流 I_2 为
$$I_2=\frac{U_2}{|Z_L|}=\frac{1\ 118}{\sqrt{300^2+400^2}}=2.24\ \mathrm{A}$$

线上电压、电流有效值 U,I 的沿线分布曲线如图 20.8.4 所示。

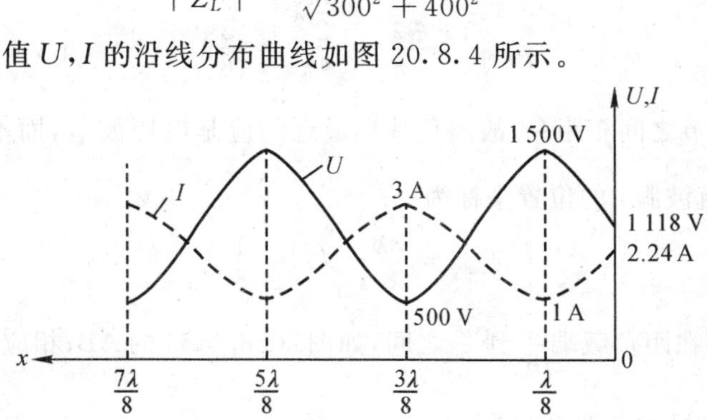

图　20.8.4

(5) $$P_2 = U_{max} \cdot I_{min} = 1\,500 \times 1 = 1\,500\ \text{W}$$

或 $$P_2 = U_{min} \cdot I_{max} = 500 \times 3 = 1\,500\ \text{W}$$

或 $$P_2 = I_2^2 R_2 = 2.24^2 \times 300 = 1\,500\ \text{W}$$

例 20.8.2 已知无损耗均匀线的 $Z_C = 500\ \Omega$，负载阻抗 $Z_L = 400 - \text{j}300\ \Omega$。今为了实现匹配，要求在距负载端（即终端）最近的波腹（或波节）处，接入一个 $\frac{\lambda}{4}$ 阻抗变换器，以使其电源一侧的线路上只有行波，如图 20.8.5(a) 所示。(1) 求 $\frac{\lambda}{4}$ 线接入的位置坐标及其特性阻抗 Z'_C；(2) 求各段线上的驻波系数 ρ；(3) 若负载电压有效值 $U_2 = 790\text{V}$，求各电压、电流的波腹值和波节值。

解 (1) $$|N_2| = \sqrt{\frac{(R_L - Z_C)^2 + X_L^2}{(R_L + Z_C)^2 + X_L^2}} = \sqrt{\frac{(400-500)^2 + (-300)^2}{(400+500)^2 + (-300)^2}} = \frac{1}{3}$$

$$\xi_2 = \arctan\frac{X_L}{R_L - Z_C} - \arctan\frac{X_L}{R_L + Z_C} = \arctan\frac{-300}{400-500} - \arctan\frac{-300}{400+500} =$$

$$\arctan\frac{-3}{-1} - \arctan\frac{-3}{9} = 251.6° - (-18.4°) = \frac{3\pi}{2}\text{rad}$$

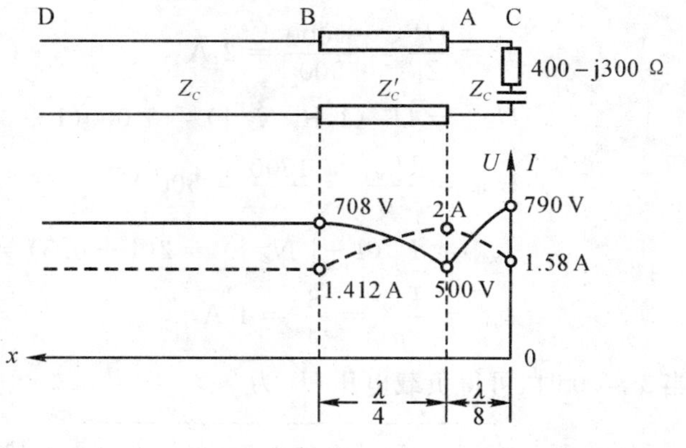

图 20.8.5

故得第一个电压波腹（电流波节）的位置坐标为

$$x_{max1} = \frac{\xi_2 \lambda}{4\pi} = \frac{\frac{3\pi}{2}\lambda}{4\pi} = \frac{3}{8}\lambda$$

由于相邻的波腹与波节之间相距 $\frac{\lambda}{4}$，故离负载端最近的应是电压波节，而不是电压波腹。故得第一个电压波节（电流波腹）的位置坐标为

$$x_{min1} = \frac{3\lambda}{8} - \frac{\lambda}{4} = \frac{\lambda}{8}$$

故 $\frac{\lambda}{4}$ 阻抗变换器应接在距负载端 $\frac{\lambda}{8}$ 到 $\frac{3\lambda}{8}$ 之间，如图 20.8.5(a) 的 AB；相应地，线上 AC 段的长度即为 $\frac{\lambda}{8}$。于是得 AC 段的驻波系数为

$$\rho_{AC}=\frac{1+|N_2|}{1-|N_2|}=\frac{1+\frac{1}{3}}{1-\frac{1}{3}}=2$$

于是根据式(20.8.14),又得 A 处的输入阻抗为

$$R_{\min}=\frac{Z_C}{\rho_{AC}}=\frac{500}{2}=250\ \Omega$$

为了使电源一侧的线路上只有行波,就必须使 B 处的输入阻抗等于原传输线的特性阻抗 $Z_C=500\ \Omega$。故根据式(20.8.15),即可求得$\frac{\lambda}{4}$线的特性阻抗 Z'_C,即

$$(Z'_C)^2=Z_CR_{\min}$$

$$Z'_C=\sqrt{Z_CR_{\min}}=\sqrt{500\times 250}=354\ \Omega$$

(2) 上面已求得 AC 段的驻波系数 $\rho_{AC}=2$。A 处的反射系数为

$$N_A=\frac{Z'_C-R_{\min}}{Z'_C+R_{\min}}=\frac{250-354}{250+354}=-0.172$$

故 $|N_A|=0.172$。故得 AB 段的驻波系数为

$$\rho_{AB}=\frac{1+|N_A|}{1-|N_A|}=\frac{1+0.172}{1-0.172}=1.416$$

对于 BD 段,由于线路在 B 处已工作于匹配状态,故其驻波系数 $\rho_{BD}=1$。

(3) 根据式(20.8.5),当 $x=0$ 时,可得负载电压 U_2 为

$$U_2=U^+\sqrt{1+|N_2|^2+2|N_2|\cos(-\xi_2)}$$

即
$$790=U^+\sqrt{1+(\frac{1}{3})^2+2\times\frac{1}{3}\cos(-\frac{3\pi}{2})}=\frac{\sqrt{10}}{3}U^+$$

故得
$$U^+=790\times\frac{3}{\sqrt{10}}=750\ \text{V}$$

又得
$$I^+=\frac{U^+}{Z_C}=\frac{750}{500}=1.5\ \text{A}$$

进而得在 A 点出现的电压波节值和电流波腹值为

$$U_{\min}=U^+(1-|N_2|)=750(1-\frac{1}{3})=500\ \text{V}$$

$$I_{\max}=I^+(1+|N_2|)=1.5(1+\frac{1}{3})=2\ \text{A}$$

对于 AB 段,因 A 处是电压的波节和电流的波腹,故 B 处就是电压波腹和电流波节,故得 B 处的电压波腹值和电流波节值为

$$U_{B\max}=\rho_{AB}\cdot U_{\min}=1.416\times 500=708\ \text{V}$$

$$I_{B\min}=\frac{I_{\max}}{\rho_{AB}}=\frac{2}{1.416}=1.412\ \text{A}$$

在 BD 段,由于传输线是工作在纯行波状态(即匹配状态),故线上电压、电流的有效值已与 x 无关,且处处都等于 708 V 和 1.412 A。

负载电流有效值　$I_2=\frac{U_2}{|Z_L|}=\frac{U_2}{\sqrt{400^2+300^2}}=\frac{790}{500}=1.58\ \text{A}$

电压、电流有效值U,I的沿线分布曲线如图20.8.5(b)所示。

习 题 二 十

20.1 同轴电缆,$R_0 = 7\ \Omega/\text{km}$,$L_0 = 0.3\ \text{mH/km}$,$C_0 = 0.2\ \mu\text{F/km}$,$G_0 = 0.5\times 10^{-6}\text{S/km}$,$f = 800\ \text{Hz}$。求$Z_C$,$\gamma$,$v$,$\lambda$。 (答:$34.40\ \underline{/-38.91^\circ}\ \Omega$,$(5.332+\text{j}6.599)\times 10^{-2}\dfrac{1}{\text{km}}$,$7.616\times 10^7\ \text{m/s}$,$95.20\ \text{km}$)

20.2 高频传输线,长$l = 150\ \text{m}$,$R_0 = 0.83\ \Omega/\text{m}$,$L_0 = 2\ \mu\text{H/m}$,$C_0 = 5.55\ \text{pF/m}$,$G_0 = 0$,始端电压$U_1 = 300\ \text{V}$,电源频率$f = 100\ \text{MHz}$,负载阻抗$Z_L = Z_C$。求:(1)$Z_C$,$\gamma$,$v$;(2)负载电压$U_2$和电流$I_2$;(3)传输效率$\eta$。 (答:$600\ \Omega$;$\alpha = 0.69\times 10^{-3}\ \text{Np/m}$,$\beta = 2.09\ \text{rad/m}$;$v = 3\times 10^8\ \text{m/s}$;$270\ \text{V}$,$0.45\ \text{A}$;$\eta = 82\ \%$)

20.3 高压输电线长$l = 300\ \text{km}$,$R_0 = 0.06\ \Omega/\text{km}$,$L_0 = 1.40\times 10^{-3}\ \text{H/km}$,$C_0 = 9.0\times 10^{-9}\ \text{pF/km}$,$G_0 = 3.75\times 10^{-8}\ \text{S/km}$,$f = 50\ \text{Hz}$,负载为纯电阻$R_L$,负载电压$U_2 = 220\ \text{kV}$,负载电流$I_2 = 455\ \text{A}$。求始端电压$\dot{U}_1$和电流$\dot{I}_1$。 (答:$224.09\ \underline{/15.73^\circ}\ \text{kV}$,$470.45\ \underline{/23.41^\circ}\ \text{A}$)

20.4 传输线长$l = 100\ \text{m}$,$Z_C = 500\ \Omega$,衰减常数$\alpha = 0.7\times 10^{-3}\ \text{Np/m}$,负载阻抗$Z_L = 500\ \underline{/0^\circ}\ \Omega$,始端功率$P_1 = 600\ \text{W}$。求:(1)传输效率$\eta$;(2)始端电压和电流$U_1$,$I_1$;(3)负载电压和电流$U_2$,$I_2$;(4)负载吸收的有功功率$P_2$。 (答:$87\ \%$;$545\ \text{V}$,$1.09\ \text{A}$;$506\ \text{V}$,$1.02\ \text{A}$;$520\ \text{W}$)

20.5 高频同轴电缆,长$l = 1.5\ \text{m}$,$Z_C = 72\ \Omega$,$\lambda = 5\ \text{m}$,终端短路。求始端输入阻抗Z_1。(答:$-\text{j}216\ \Omega$)

20.6 无损耗均匀传输线,当终端短路时,其始端输入阻抗为$Z_1 = \text{j}1\ 000\ \Omega$;当终端开路时,其始端输入阻抗为$Z'_1 = -\text{j}250\ \Omega$。求传输线的长度$l$(用波长$\lambda$表示)和特性阻抗$Z_C$。(答:$l = 0.176\lambda + \dfrac{1}{2}n\lambda$或$l = 0.324\lambda + \dfrac{1}{2}n\lambda$;$500\ \Omega$)

20.7 无损耗均匀传输线,长$l = 25\ \text{m}$,$Z_L = 1\ 200\ \underline{/0^\circ}\ \Omega$,$Z_C = 400\ \Omega$,$U_1 = 260\ \text{V}$,$\lambda = 30\ \text{m}$。求:(1)终端反射系数$N_2$;(2)驻波系数$\rho$;(3)线上电压、电流波腹和波节的位置坐标$x_{\max}$,$x_{\min}$;(4)线上电压、电流的波腹值和波节值;(5)负载吸收的功率P_2。 (答:0.5;3;$x_{\min} = 7.5\ \text{m}$(距终端);$450\ \text{V}$,$150\ \text{V}$;$1.125\ \text{A}$,$0.375\ \text{A}$;$168.75\ \text{W}$)

20.8 高频传输线,长$l = 25\ \text{m}$,$L_0 = 18\ \mu\text{H/m}$,$C_0 = 67\ \text{pF/m}$,终端短路,始端电压有效值$U_1 = 150\ \text{V}$,工作波长$\lambda = 60\ \text{m}$。求始端输入阻抗Z_1,始端电流$\dot{I}_1$,终端电流$\dot{I}_2$,电压波腹值$U_{\max}$,电流波腹值$I_{\max}$,画出线上电压、电流有效值U,I的分布曲线。 (答:$-\text{j}300\ \Omega$;$\text{j}0.5\ \text{A}$;$-\text{j}0.577\ \text{A}$;$300\ \text{V}$;$0.577\ \text{A}$)

20.9 无损耗均匀传输线,$Z_C = 500\ \Omega$,负载阻抗$Z_L = 400+\text{j}300\ \Omega$,工作波长$\lambda = 40\ \text{m}$,负载电压有效值$U_2 = 790\ \text{V}$。(1)求线上电压、电流波腹和波节的位置坐标$x_{\max}$,$x_{\min}$;(2)求电压、电流波腹值和波节值$U_{\max}$,$U_{\min}$,$I_{\max}$,$I_{\min}$;(3)求负载吸收的有功功率$P_2$。 (答:$x_{\max} = \dfrac{\lambda}{8} + \dfrac{n\lambda}{2}$,$x_{\max 1} = 5\ \text{m}$,$x_{\min} = 15\ \text{m}$;$1\ 000\ \text{V}$,$500\ \text{V}$,$2\ \text{A}$,$1\ \text{A}$;$1\ 000\ \text{W}$)

20.10 图题20.10所示无损耗传输线,已知各个段的特性阻抗Z_C均为$500\ \Omega$,$I_2 = 2\ \text{A}$。

求各段线上电压、电流的波腹值 U_{max}，I_{max}，画出各段线上电压、电流有效值 U，I 的分布曲线.

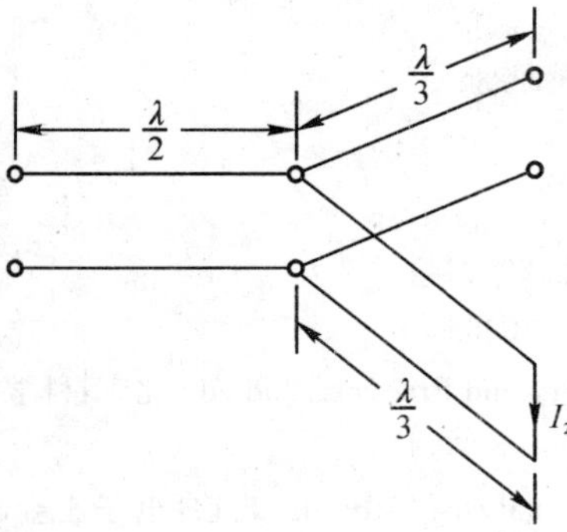

图题　20.10

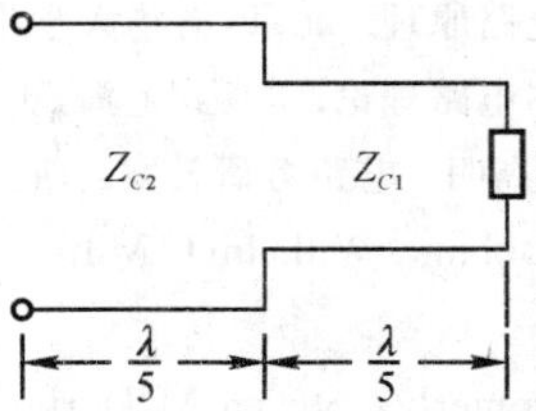

图题　20.11

20.11　图题 20.11 所示无损耗传输线，$Z_{C1}=75\ \Omega$，$Z_{C2}=50\ \Omega$，$Z_L=50+\mathrm{j}50\ \Omega$，$l_1=l_2=\dfrac{\lambda}{5}$。求始端的输入阻抗。　(答：40.5＋j46.28 Ω)

20.12　无损耗均匀传输线，$Z_L=400-\mathrm{j}600\ \Omega$，$Z_C=400\ \Omega$。求：终端反射系数 N_2；驻波系数 ρ；距终端最近的电压波腹位置 x_{max1}（用波长 λ 表示）；电压波腹和波节处的输入阻抗；若已知电压波腹值为 800 V，求电流波腹和波节值及负载电压、电流的有效值 U_2，I_2。
(答：$0.6e^{-\mathrm{j}53.1^\circ}$；4；0.4λ；100 Ω，1 600 Ω；2 A，0.5 A，270 V，1 A)

20.13　在题 20.12 中，为了实现无反射匹配，(1) 在距负载端最近的电压波腹处接入 $\dfrac{\lambda}{4}$ 阻抗变换器，求此 $\dfrac{\lambda}{4}$ 线的特性阻抗；(2) 若在距负载端最近的电压波节处接入 $\dfrac{\lambda}{4}$ 阻抗变换器，求此 $\dfrac{\lambda}{4}$ 线的特性阻抗。　(答：800 Ω；200 Ω)

20.14　无损耗均匀传输线的 $Z_C=300\ \Omega$，长 $l=\dfrac{\lambda}{4}$，$\dot{U}_1=1\angle 0^\circ\ \mathrm{V}$，$Z_L=100\angle 0^\circ\ \Omega$。求驻波系数 ρ；终端电压、电流有效值 U_2，I_2，始端电流 I_1。　(答：$\dfrac{1}{3}$ V，$\dfrac{1}{300}$ A；$\dfrac{1}{900}$ A)

参考文献

[1] 邱关源. 电路. 4 版. 北京:高等教育出版社,2001.

[2] 江缉光. 电路原理. 北京:清华大学出版社,1997.

[3] 王蔼. 基本电路理论. 3 版. 上海:上海科学技术文献出版社,2002.

[4] 范世贵,付高明. 电路考研教案. 西安:西北工业大学出版社,2006.

[5] Allan H Robbins, Wilhelm C Milter. Circuit Analysis: Theory and Practice. 2nd ed. 北京:科学出版社,2003.

[6] Jack E Kemmerly, Steven M Durbin. Engineering Circuit Analysis. 6th ed. 北京:电子工业出版社,2002.